AF577517

Guido Pelzer, Jonas Rifisch, Marian Nabbefeld

Google Ads

Das umfassende Handbuch

Liebe Leserin, lieber Leser,

Sie möchten durch gezieltes Marketing mehr Kunden und Websitebesucher gewinnen? Mit Google Ads steht Ihnen hierzu ein mächtiges Tool zur Verfügung, das Ihre Website genau dann sichtbar macht, wenn potenzielle Kunden nach Ihren Produkten und Dienstleistungen suchen. Sie können Ihre Zielgruppe präzise ansprechen – zum richtigen Zeitpunkt und am gewünschten Standort. Und behalten dabei stets Ihr Werbebudget im Blick.

In dieser aktualisierten Auflage erfahren Sie alles über die neuesten Entwicklungen und Funktionen von Google Ads. Die Autoren führen Sie beispielsweise umfassend in die Nutzung von Performance-Max-Kampagnen ein und erläutern den innovativen Einsatz von Künstlicher Intelligenz.

Unsere Experten begleiten Sie Schritt für Schritt durch den gesamten Prozess der Kampagnenerstellung. Sie lernen, wie Sie eine Ads-Kampagne von Anfang an planen, relevante Keywords finden, Ihr Budget optimal festlegen und laufende Kampagnen analysieren und optimieren. Die erfahrenen Autoren führen Sie behutsam in das Suchmaschinenmarketing ein und präsentieren Ihnen viele spezielle Themen der Ads-Werbung.

Dieses Buch wurde mit großer Sorgfalt lektoriert und produziert. Sollten Sie dennoch Fehler finden oder inhaltliche Anregungen haben, zögern Sie nicht, mit mir Kontakt aufzunehmen. Ihre Fragen und Änderungswünsche sind jederzeit willkommen.

Ich wünsche Ihnen viel Spaß und Erfolg!

Ihr Stephan Matteschecck
Lektorat Rheinwerk Computing

stephan.matteschecck@rheinwerk-verlag.de
www.rheinwerk-verlag.de
Rheinwerk Verlag · Rheinwerkallee 4 · 53227 Bonn

Auf einen Blick

Wir hoffen, dass Sie Freude an diesem Buch haben und sich Ihre Erwartungen erfüllen. Ihre Anregungen und Kommentare sind uns jederzeit willkommen. Bitte bewerten Sie doch das Buch auf unserer Website unter **www.rheinwerk-verlag.de/feedback**.

An diesem Buch haben viele mitgewirkt, insbesondere:

Lektorat Stephan Mattescheck, Anne Scheibe
Korrektorat Sibylle Feldmann, Düsseldorf
Herstellung Stefanie Meyer
Typografie und Layout Vera Brauner
Einbandgestaltung Noah Neuhaus
Satz III-satz, Kiel
Druck Beltz Grafische Betriebe, Bad Langensalza

Dieses Buch wurde gesetzt aus der TheAntiquaB (9,35/13,7 pt) in FrameMaker.

Gedruckt wurde es mit mineralölfreien Farben auf chlorfrei gebleichtem, FSC®-zertifiziertem Offsetpapier (90 g/m²).

Hergestellt in Deutschland.

Bibliografische Information der Deutschen Nationalbibliothek:
Die Deutsche Nationalbibliothek verzeichnet diese Publikation in der Deutschen Nationalbibliografie; detaillierte bibliografische Daten sind im Internet über *http://dnb.dnb.de* abrufbar.

ISBN 978-3-8362-9913-8

4., aktualisierte Auflage 2024

Informationen zu unserem Verlag und Kontaktmöglichkeiten finden Sie auf unserer Verlagswebsite **www.rheinwerk-verlag.de**. Dort können Sie sich auch umfassend über unser aktuelles Programm informieren und unsere Bücher und E-Books bestellen.

Inhalt

15 Google Ads und Analytics (GA 4) 639

16 Google Ads optimieren 669

Vorwort

Sie halten gerade die vierte aktualisierte und erweiterte Auflage des umfassenden Google-Ads-Buchs in den Händen. Dies ist das erste und bisher einzige Buch zum neuen Google-Ads-Design mit den aktuellen Kampagnentypen. Herzlichen Glückwunsch zu Ihrer Wahl! Bald werden Sie in der Lage sein, erfolgreich online für Ihr Unternehmen oder Ihren Bereich zu werben. Vor allem aber werden Sie sich mit dem Wissen aus diesem Buch einen deutlichen Vorsprung vor den meisten Ihrer Wettbewerber verschaffen.

Bevor wir fortfahren, möchten wir Ihnen kurz skizzieren, wie Sie dieses Buch am besten einsetzen können, um den größtmöglichen Nutzen aus den Informationen zu ziehen.

Google Ads – warum dieses Buch?

Wahrscheinlich arbeiten Sie schon mit Google Ads oder haben zumindest davon gehört. Google Ads ist seit 2000 das Werbeprogramm der Suchmaschine Google, und Google ist eines der ersten Unternehmen, die genannt werden, wenn der Begriff *Internet* fällt. Ob in der Schule, im Studium, am Arbeitsplatz oder zu Hause bei der Suche nach Geschenkideen, der Urlaubsplanung und so weiter – überall wird »gegoogelt«. Googeln hat als Synonym für »online suchen« längst Einzug in unseren Sprachgebrauch gehalten.

Google Ads liefert Werbeeinblendungen passend zur Suchanfrage. Die Vermarktung der Google-Ads-Werbung ist bis heute immer noch die Haupteinnahmequelle für Google. Google Ads ist ein wichtiger Baustein im Online-Marketing vieler erfolgreicher Unternehmen, da über diesen Kanal viel Traffic auf die beworbenen Webseiten gelenkt wird und Produkte und Dienstleistungen leicht vermarktet werden können.

Warum aber haben wir ein Buch über diese Online-Marketing-Möglichkeit geschrieben? Wurde das Grundprinzip nicht bereits vielfach erklärt? Werden nicht ohnehin alle Fragen in der umfangreichen aktuellen Online-Hilfe beantwortet? Gibt es nicht eine Vielzahl weiterer Ressourcen wie Webseiten und Blogs, die als Hilfestellung zur Verfügung stehen?

Unser Argument ist ganz einfach: Selbstverständlich gibt es online eine Menge einzelner Informationen zu diesem umfangreichen Thema. Wenn Sie also viel Zeit haben und genau wissen, wonach Sie suchen, können Sie sich aus der Vielzahl an Quellen gewiss mit der Zeit die nötigen Inhalte beschaffen. Unsere Erfahrung allerdings zeigt, dass die wenigsten Unternehmer oder Marketing-Entscheider eben diese Zeit und Geduld haben. Sie suchen vielmehr nach einer Mach-erst-dies-und-dann-das-Anleitung, um möglichst schnell erste Erfolge ihrer Google-Ads-Werbemaßnahmen verbuchen zu können. Und genau aus diesem Grund haben wir das vorliegende Buch zusammengestellt.

Neben den Google-Ads-Grundlagen zeigen wir darüber hinaus die weiterentwickelten aktuellen Möglichkeiten des Suchmaschinenmarketings mit Google Ads auf. Außerdem konnten auch wir uns in den fast 25 Jahren mit Google Ads weiterentwickeln. Wir haben in dieser Zeit viele Dinge in der Praxis getestet und aus den Ergebnissen gelernt. Anders als in der Google-Online-Hilfe vermittelt dieses Buch Praxiswissen, zeigt echte Beispiele und gibt Tipps, die nicht immer der offiziellen Google-Meinung folgen, sich aber als erfolgreiche Vorgehensweisen herausgestellt haben.

Was lernen Sie in diesem Buch?

In diesem Buch teilen wir mit Ihnen – ganz egal, ob Sie Google-Ads-Neuling oder bereits fortgeschrittener Anwender sind – eine Fülle an Hinweisen, Strategien und Erfahrungen. Das »Tun« steht dabei im Vordergrund. Der Großteil der Inhalte ist darauf ausgelegt, dass Sie bei bestehenden oder neuen Google-Ads-Kampagnen aktiv »Hand anlegen«. Daher ist es ratsam, dieses Buch tatsächlich in der Nähe Ihres Google-Ads-Accounts zu lesen, denn Sie werden bereits nach wenigen Seiten feststellen, dass Sie das Erlernte unmittelbar ausprobieren wollen.

Wir wünschen Ihnen an dieser Stelle, dass Sie dieses Buch gleichermaßen als Informations- und Inspirationsquelle für erfolgreiche Google-Ads-Kampagnen nutzen können. Der praktische *Return on Investment (ROI)* dieses Buchs wird für Sie umso höher ausfallen, je detaillierter und umfangreicher Sie die Funktionen von Google Ads aktiv anwenden.

Machen Sie sich eines der erfolgreichsten Werbeprogramme der Gegenwart zunutze, um mit Ihrer Dienstleistung, Ihrem Produkt bzw. Ihrem Unternehmen weiter zu wachsen!

Für wen ist dieses Buch?

Sie lernen in unserem Buch alles Notwendige zu Google Ads. Wir müssen jedoch vorwegschicken, dass Google Ads sich laufend weiterentwickelt. Dies haben wir auch bei der Arbeit erfahren müssen, und so haben wir während des Schreibens bis kurz vor Schluss noch aktuelle Google-Ads-Neuerungen eingebaut. Möglicherweise werden sich einige Details bereits wieder geändert haben, wenn Sie dieses Buch lesen. Dennoch erwerben Sie hiermit ein solides Wissen – von den Grundlagen bis zu den speziellen Google-Ads-Kampagnen –, sodass Sie nach etwas Übung absolut in der Lage sein werden, etwaige Änderungen schnell zu verstehen und in Ihre tägliche Arbeit einzubauen. Wichtiger ist, dass Sie das Erlernte möglichst zügig in der Praxis anwenden. Wir zeigen Ihnen verschiedene Möglichkeiten und geben Ihnen Beispiele aus echten Google-Ads-Konten sowie Praxistipps mit auf den Weg. Diese anschaulichen Beispiele und Tipps können Sie dann an Ihre Dienstleistung, Ihre Produkte oder Ihr Unternehmen anpassen.

Das Buch richtet sich vor allem an folgende Gruppen:

- **Webmaster und Website-Betreiber**
  Sie haben eine Website, aber noch keine bzw. zu wenige Besucher? Perfekt! Denn mit einfachen Google-Ads-Kampagnen können Sie schnell und effizient gezielt Besucherverkehr auf Ihre Website lenken. Wie das geht, lernen Sie vor allem im ersten Drittel des Buchs.
- **(Online-)Marketer und Marketingplaner**
  Sie haben Kampagnenbudgets zur Verfügung und wollen Google Ads in Ihren Marketingplänen berücksichtigen? Unabhängig davon, ob Sie persönlich für die unmittelbare Kampagnenschaltung verantwortlich sind oder Dritte (externe Teams, Partner oder Agenturen) damit beauftragen: Ein umfangreiches Fachwissen ist in beiden Fällen unerlässlich. Beginnend bei den Grundlagen – und hier vor allem bei den strategischen Überlegungen –, lernen Sie, wie Google Ads optimal in den Marketingmix integriert werden kann. Ob es dann rein textorientierte Suchkampagnen sind, Bannerschaltungen im Google Displaynetzwerk oder erweiterte Videokampagnen auf YouTube: Sie erhalten in diesem Buch einen umfassenden Überblick, um optimal bewerten zu können, welche Rolle Google Ads in Ihrem Marketingplan spielen kann.
- **Search Engine Marketer**
  Sie haben bereits erste praktische Erfahrungen mit Google Ads gemacht? Auch dann kann Ihnen dieses Buch weiterhelfen! Vertiefen Sie Ihr Wissen, um Ihre Kampagnen noch besser zu machen. Es spielt hier keine Rolle, ob Ihre bisherige Erfahrung nur wenige Euro Budgetausgaben oder aber bereits Tausende von erzielten Klicks umfasst. Schauen Sie sich vor allem die Tipps zur Analyse und Optimierung

sowie die speziellen Google-Ads-Kampagnen an. Optimieren Sie Ihr Fachwissen und damit auch Ihre Kampagnen!

- **(Klein-)Unternehmer und Existenzgründer**
  Sie haben eine neue Geschäftsidee und möchten diese am Markt auf ihre Praxistauglichkeit untersuchen? Hierfür ist Google Ads ein sehr geeignetes Instrument: Nutzen Sie es zunächst weniger als »Werbemaßnahme« denn als Marktforschungs- und Vertriebsinstrument! Wie viele potenzielle Interessenten an einem Produkt gibt es? Es spielt bei Google Ads keine Rolle, ob Sie die Zielgruppe für Ihre neue Unternehmung in der unmittelbaren Nähe Ihres Standorts oder auch in – vermeintlich exotischen – Regionen wie z. B. Südafrika finden möchten. Lernen Sie mithilfe dieses Buchs, wie Sie Google-Ads-Kampagnen als internationale »Testballons« aufsetzen können, um wertvolle Details über Quantität und Qualität Ihrer potenziellen Kunden- und Zielgruppen herauszufinden. Nach der Testphase und einem erfolgreichen Start Ihres Unternehmens können Sie Google Ads in Ihren Marketingplan aufnehmen und spezielle Google-Ads-Werbekampagnen aufsetzen.

Bei den meisten Leserinnen und Lesern dieses Buchs gehen wir davon aus, dass sie bereits einige Vorkenntnisse im Bereich des (Online-)Marketings mitbringen. Obwohl Vorkenntnisse in den folgenden Bereichen nicht zwingend erforderlich sind, sind sie beim Thema Google Ads durchaus von Vorteil:

- **Basiskenntnisse in Sachen Internet**
  Sie sollten beispielsweise wissen, was eine Website, ein Browser oder eine URL ist. Für die Arbeit mit Google Ads müssen Sie nicht zwingend Kenntnisse oder Erfahrung in der Erstellung bzw. Wartung und Bearbeitung von Websites haben. Es ist jedoch sehr vorteilhaft, wenn Sie kleine Änderungen auf den Websites, die Sie in den Google-Ads-Kampagnen verwenden, selbst durchführen können.
- **Basiskenntnisse im Marketing**
  Da der strategische Part in diesem Buch einige allgemeingültige Marketingthemen beinhalten bzw. zumindest anschneiden wird, ist es von Vorteil, wenn Sie zum Beispiel bereits vom *AIDA-Modell* oder der Berechnung des *Return on Investment* (*ROI*) gehört haben.

Der Aufbau des Buchs – wie sollten Sie es lesen?

Sie können dieses Buch vom Einstieg in das Suchmaschinenmarketing (Kapitel 1) bis hin zur Optimierung der Google-Ads-Kampagnen (Kapitel 16) durchlesen, um einen umfassenden Einblick in das Thema Google Ads zu erhalten. Im ersten Teil konzentrieren wir uns auf die Grundlagen des Suchmaschinenmarketings und des Google-Ads-Programms. Besonderes Augenmerk legen wir auf die Keyword-Recherche und das Conversion-Tracking, da diese häufig in der Praxis vernachlässigt werden, jedoch entscheidend zum Erfolg Ihrer Google-Ads-Werbung beitragen. Zum Einstieg in die Google-Ads-Welt gehört auch die Beschreibung, wie eine erste Kampagne aufgesetzt wird und wie man sich schneller in dem umfassenden und sehr leistungsstarken Google-Ads-Backend zurechtfindet.

Für diejenigen, die bereits mit den Grundlagen vertraut sind, bieten wir ab Kapitel 5 Einblicke in weitere Kampagnentypen der Google-Ads-Werbung, darunter:

- das umfangreiche Google Displaynetzwerk, über das Sie für Ihre potenziellen Website-Besucher und Kunden zusätzlich Banner-Anzeigen ausspielen können,
- Tipps und Hinweise zu Shopping-Kampagnen mit Schwerpunkt auf Datenfeeds und Benchmarking im Bereich E-Commerce,
- eine Einführung in die vielfältigen Möglichkeiten von Videokampagnen, die zunehmend an Beliebtheit gewinnen, und
- schließlich eine Einführung in Performance Max-Kampagnen, die von Google stark beworben werden und auf künstlicher Intelligenz basieren.

Ab Kapitel 17 finden Sie spezielle Informationen zu unterschiedlichen Themen, wie zum Beispiel die Beschreibung eines Google-Ads-Verwaltungskontos, das speziell für Agenturen gedacht ist, sowie auch ein Kapitel mit den Antworten auf häufig gestellte Fragen zu Google Ads.

In Kapitel 21 beschreiben wir die verschiedenen Buttons und Symbole im Google-Ads-Konto, die Ihnen die Arbeit erleichtern. Da wir davon ausgehen müssen, dass Google auch zukünftig neue Elemente hinzufügt, erhalten Sie hier Hinweise zu den Prinzipien der Bedienung, die auch auf neue Funktionen angewendet werden können. In unserem Index finden Sie zudem noch einmal die wichtigsten Begriffe, die im Zusammenhang mit dem Google-Ads-Programm auftauchen.

Sie können also das vorliegende Buch auch stets als Nachschlagewerk nutzen, wenn Sie eine bestimmte Fragestellung haben oder eine neue Werbekampagne aufsetzen möchten. Neben dem Inhaltsverzeichnis hilft Ihnen der umfangreiche Index zu diesem Buch, schnell die gesuchte Information zu finden.

Zum Schluss noch ein Hinweis zu den Beispielen und Screenshots: Für unsere Beispiele haben wir nicht eine Firma, eine bestimmte Branche oder ein Produkt verwendet, sondern verschiedene Produkte und Dienstleistungen aus diversen Branchen betrachtet, sodass vom lokalen Geschäft über den Dienstleistungssektor bis hin zu

Online-Webshops Beispiele aus ganz unterschiedlichen Unternehmensgrößen und Geschäftsmodellen auftauchen. Da es kein Google-Ads-Konto mit Testdaten gibt, haben wir Screenshots aus echten Google-Ads-Konten genommen, die wir jedoch verändert oder anonymisiert haben.

Danke

Wir bedanken uns bei all unseren Kunden, Kollegen und Partnern, die uns mit ihren anspruchsvollen Zielsetzungen, herausfordernden Briefings und kniffligen Detailfragen die Möglichkeit gegeben haben, immer tiefer in das Universum von Google Ads einzutauchen.

Ein besonderer Dank geht an das Team des Rheinwerk Verlags und an die Lektoren, die unser Buchprojekt professionell begleitet und mit ihren Anmerkungen und Tipps stets verbessert haben.

Last, but not least gilt unser Dank allen Menschen, die uns im Rahmen dieses Buchprojekts unterstützt und unaufhörlich mit Motivation und Energie gestärkt haben. Dies gilt vor allem für unsere Familien und Freunde, die manche Abende und Wochenenden auf uns verzichten mussten.

Jetzt ist es an der Zeit, gemeinsam loszulegen: Wir wünschen Ihnen viel Freude beim Lesen und Anwenden dieses Buchs sowie großen Erfolg mit Google Ads!

Guido Pelzer, Jonas Rifisch & Marian Nabbefeld

Kapitel 1
Suchmaschinenmarketing (SEM) und Google

Die Google-Suche hat unser Leben verändert. Es ist ganz selbstverständlich, Informationen, Anleitungen, Tipps, Dienstleistungen und Produkte im Internet zu suchen. Wir googeln und finden schnell die passenden Informationen. Zukünftig wird Google uns sogar Antworten liefern, bevor wir selber wissen, was wir suchen!

In diesem ersten Kapitel erfahren Sie zunächst grundlegende Dinge zum Thema »Suchmaschinen und Marketing«. Wir beleuchten dabei, was und wie gesucht wird, und erörtern die Rolle, die Google in diesem Zusammenhang spielt. Sie lernen außerdem die grundlegende Funktionsweise und die Möglichkeiten des Werbeprogramms Google Ads kennen. Diese Vorkenntnisse sind wichtige Grundlagen, damit Sie später die richtigen Entscheidungen für Ihre Suchmaschinenmarketing-Strategie treffen können.

Der Begriff *Suchmaschinenmarketing* beschreibt die Möglichkeit, mithilfe einer Suchmaschine im Internet interessierte potenzielle Kunden auf die eigene Website zu leiten. In einem zweiten Schritt sollten dann die Besucher auf der eigenen Webseite in Interessenten oder noch besser in Kunden umgewandelt werden.

Marketing mithilfe einer Suchmaschine ist aus den folgenden zwei Gründen das wichtigste Online-Marketing-Instrument geworden: Zum einen beginnen viele Internetaktivitäten auf der Startseite einer Suchmaschine, und zum anderen sind die Webseitenbesucher, die über eine Suchmaschine Ihre Webseite erreichen, sehr interessierte und engagierte Besucher. Diese Besucher haben nämlich zuvor aktiv nach Begriffen gesucht, die mit Ihren Produkten, Dienstleistungen oder Ihrer Marke in Verbindung stehen.

Diese aktive Suche unterscheidet sich ganz grundlegend von der passiven Aufnahme einer Werbebotschaft, wie wir sie von Plakatwänden, Zeitschriften oder auch aus der Radio- und Fernsehwerbung kennen. In diesen Medien kommt die Werbung nämlich eher zufällig daher und muss erst um Aufmerksamkeit kämpfen. Wenn Sie gerade kein Kleinkind haben, sind Sie garantiert nicht an einer Werbung für Babywindeln interessiert – da kann diese noch so gut sein! Falls Sie jedoch »Ferienhaus Toskana mieten« in eine Suchmaschine eingegeben haben, dann ist ein gesteigertes Interesse an einem Urlaub in einem Ferienhaus in der Toskana zu vermuten.

Das Suchmaschinenmarketing oder auch *Search Engine Marketing*, kurz SEM, wird sehr oft in Verbindung mit der Suchmaschine Google genannt, weil Google, zumindest in der westlichen Welt, die mit Abstand meistgenutzte Suchmaschine ist. Dieses Grundlagenbuch beschäftigt sich daher nicht zufällig mit Google Ads, dem Werbeprogramm der Google-Suchmaschine. Wenn das Suchmaschinenmarketing für Sie eine interessante Werbestrategie ist, dann kommen Sie an Google Ads nicht vorbei.

1.1 Warum benötigen wir Suchmaschinen?

Suchmaschinen unterstützen, wie der Name bereits suggeriert, bei der Informationsrecherche im Internet. Angesichts der wachsenden Informationsmenge im World Wide Web gewinnen sie kontinuierlich an Bedeutung. Folgende Kennzahlen unterstreichen eindrücklich das Wachstum der Datenmengen im Internet sowie die Zunahme der Domains:

Laut DENIC (Deutsches Network Information Center, *https://www.denic.de*) waren im November 2023 etwa 17,7 Millionen Websites unter der deutschen Top-Level-Domain (TLD) .de registriert.

VeriSign, ein Registrator für *.com*-Domains, meldete zum Ende des ersten Quartals 2023 rund 354 Millionen weltweit registrierte Websites:

https://blog.verisign.com/domain-names/verisign-q1-2023-the-domain-name-industry-brief/

Nun hat nicht jede Top-Level-Domain auch Inhalte in Form von eigenen Unterseiten. Viele Domains werden lediglich zum Markenschutz oder zur Registrierung für einzelne Produkte erworben, ohne tatsächlich aktiv genutzt zu werden. In manchen Fällen werden prägnante Domainnamen registriert, um sie auf eine andere Domain umzuleiten. Wenn jedoch eine Domain aktiv genutzt wird, kann sie mehrere Unterseiten enthalten. Ein Beispiel hierfür ist eine Site-Abfrage bei Google zu »wikipedia.org« (*site:wikipedia.org*), die allein für diese Domain etwa 5 Milliarden Ergebnisse zeigt (siehe Abbildung 1.1). Das heißt, die Domain besitzt 5 Milliarden und mehr Unterseiten, da die Site-Abfrage nicht alle Unterseiten genau erfasst. Das bedeutet, dass Wikipedia.org möglicherweise über 5 Milliarden Unterseiten verfügt, wobei zu beachten ist, dass die Site-Abfrage nicht jede einzelne Unterseite exakt erfassen kann. Jede dieser Wikipedia-Unterseiten repräsentiert ein individuelles Suchergebnis bei Google.

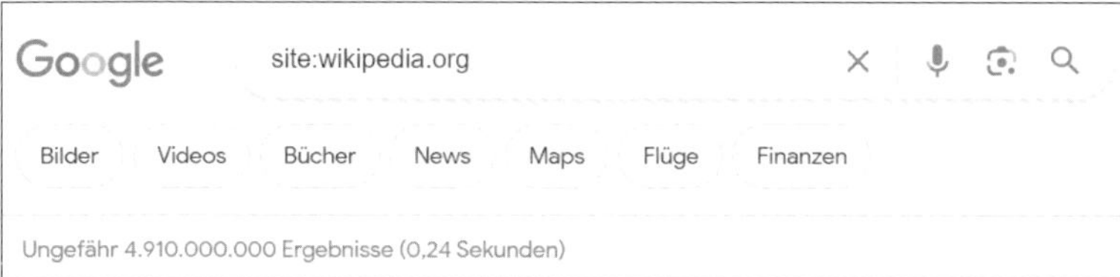

Abbildung 1.1 Google-Site-Abfrage zu Wikipedia

Der Informationsgehalt im Internet ist also immens hoch. Dies wird beispielsweise deutlich, wenn Sie eine Suchanfrage zu einem sehr allgemeinen Keyword, z. B. *Sonnenbrillen*, im Internet durchführen (siehe Abbildung 1.2). Oberhalb der Suchergebnisse liefert Google eine ungefähre Anzahl der einzelnen Webseiten, die zu dem eingegebenen Suchbegriff gefunden wurden. Unser Test liefert ungefähr 15,5 Millionen Webseiten, PDF- oder andere Dokumente (Word-, PowerPoint-, Excel-Dokumente etc.), die zum Zeitpunkt der Abfrage zum Begriff *Sonnenbrillen* gefunden wurden.

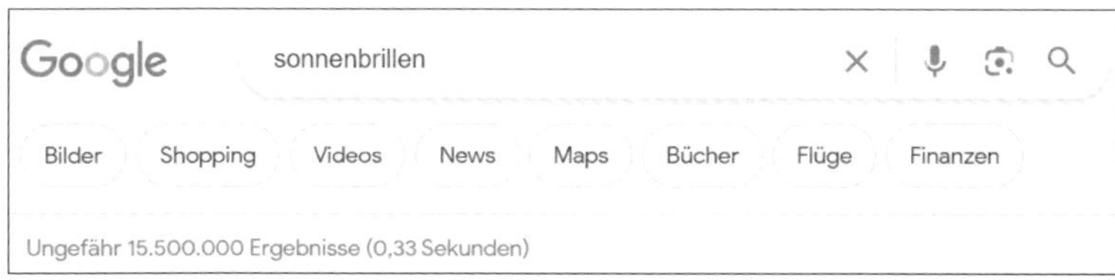

Abbildung 1.2 Google zeigt die ungefähre Anzahl der Suchergebnisse an.

Ob es wirklich 15,5 Millionen Seiten zu diesem Thema bei Google gibt, können wir natürlich nicht nachprüfen – aber allein diese ungefähre Zahl von knapp 15 Millionen Google-Treffern zu einem einzelnen Suchbegriff vermittelt einen Eindruck davon, welche Datenmengen im Internet auffindbar und demzufolge vorher von der Suchmaschine Google in einer Datenbank registriert worden sind.

Letztlich ist das Ergebnis von 15 Millionen Seiten für den durchschnittlichen Nutzer jedoch nebensächlich, da in der Regel nur die ersten 10 bis 30 Ergebnisse betrachtet werden. Nutzer von Suchmaschinen erwarten, dass die relevantesten Treffer zu Beginn der Ergebnisliste stehen. Daher werden nachfolgende Ergebnisse oft als weniger relevant empfunden und übersehen.

Ein entscheidender Vorteil von Suchmaschinen für die Nutzer ist daher die Vorselektion und Sortierung der Informationen. Dies gewährleistet, dass vermeintlich relevante Ergebnisse zuerst angezeigt werden. Dadurch sparen Nutzer viel Zeit. In vielen Fällen vertiefen sie sich nicht in weiterführende Ergebnisseiten, sondern sind mit den Top-Treffern zufrieden. Finden sie dort nicht das Gewünschte, modifizieren sie eher ihre Suchbegriffe, anstatt weiter auf der Ergebnisseite noch unten zu scrollen.

Nicht nur die Anzahl der registrierten Domains und der Suchtreffer beeindruckt. Wir haben noch weitere Kennzahlen zusammengetragen, die zeigen, welche riesigen Informationsmengen im Internet zu finden sind. So wurden beispielsweise laut einer Untersuchung aus dem Jahr 2021 jede Minute 695.000 Stories bei Instagram geteilt, und 500 Stunden neues YouTube-Videomaterial wurde hochgeladen.

Darüber hinaus fanden 2021 innerhalb einer Minute im Internet folgende Aktivitäten statt:[1]

- Ca. 9.000 Menschen vernetzten sich bei LinkedIn.
- Ca. 1,6 Millionen US-Dollar Umsatz wurden in Webshops generiert.
- Ca. 69 Millionen Nachrichten wurden via Insta oder WhatsApp versandt.

Google hält sich bei den Daten zu den Suchanfragen sehr zurück, aber nach Durchsicht verschiedener Artikel in der Fachpresse kann man von ca. 6 Millionen Suchanfragen pro Minute auf Google ausgehen.

Bei so vielen Informationen benötigt der Internetnutzer auf jeden Fall entsprechende Hilfestellungen: Suchmaschinen zeigen schnell jeweils die passenden Informationen zu den eingegebenen Keywords. Dabei orientieren sie sich zunehmend an der aktuellen Situation des Suchenden. Anfragen mit lokalem Interesse enthalten verstärkt Hinweise zu Geschäften vor Ort inklusive einer Wegbeschreibung zu einem nahe gelegenen Standort. Außerdem lernt die Suchmaschine aus dem Suchverhalten. Falls Sie z. B. über den Routenplaner eine bestimmte Wegstrecke gesucht haben und danach die Frage »Wie wird das Wetter?« stellen, erhalten Sie Wetterauskünfte, die sich nicht auf Ihren Standort, sondern auf die gesuchte Zielregion beziehen. Diese Funktionen zementieren die Bedeutung der Suchmaschine als Startpunkt jeder Art von Webrecherche. Die gewaltigen Informationsmengen des Internets werden nur durch eine Suchmaschine einigermaßen beherrschbar.

1.1.1 Wer sucht im Internet?

Auf die simple Frage »Wer sucht im Internet?« passt die einfache Antwort: »Alle!« Die Nutzung des Internets hat mittlerweile fast alle Altersgruppen durchdrungen. Die Grafik (siehe Abbildung 1.3) des *Statistischen Bundesamts* zeigt, dass bei den Altersgruppen von 16 bis 64 Jahre über 95 % das Internet nutzen – und auch die Altersgruppe von 65 bis 74 Jahre ist mit 83 % im Internet vertreten.

Internetnutzung bedeutet gleichzeitig auch Suchmaschinennutzung! Eine zweite Grafik des Statistischen Bundesamts aus dem Jahr 2022 zeigt, dass im privaten Be-

1 Quelle: *https://de.statista.com/infografik/2425/das-passiert-in-einer-minute-im-internet/*

reich rund 60 % der Internetaktivitäten aus der Suche nach Informationen zu Waren und Dienstleistungen bestehen. Solch ein Verhalten unterstreicht die zentrale Rolle, die Suchmaschinen in unserem digitalen Alltag spielen. Besonders für die Suchmaschinenwerbung mit Google Ads bietet diese Erkenntnis wertvolle Einblicke, um potenzielle Kunden gezielt anzusprechen.

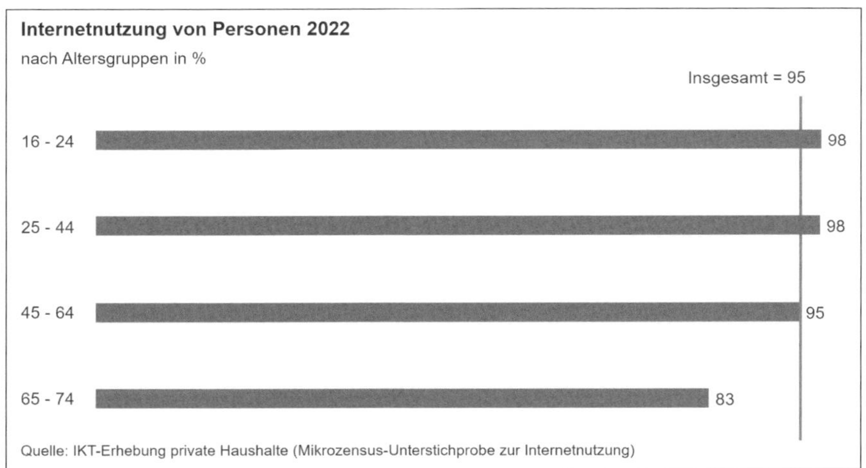

Abbildung 1.3 Internetnutzung nach Altersgruppen (Angaben in Prozent), Statistisches Bundesamt 2023

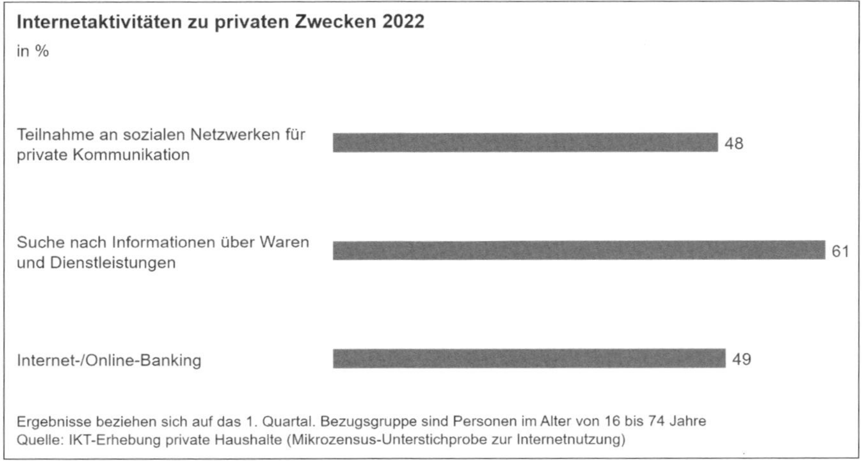

Abbildung 1.4 Internetaktivitäten (Angaben in Prozent), Statistisches Bundesamt 2023

1.1.2 Wie viele Suchmaschinen gibt es?

Unsere Lieblingsfrage zu Beginn eines jeden Vortrags lautet: »Wie viele Suchmaschinen gibt es?« Die Antworten aus dem Auditorium variieren zwischen einer Handvoll an Suchmaschinen und Hunderten von unterschiedlichen Suchanbietern. Wir geben zu, dass wir nie alle Suchmaschinen wirklich gezählt haben. Wir können ad hoc auch keine wissenschaftliche Untersuchung nennen, die wirklich alle Suchmaschinen des Internets auflistet. Daher lässt sich die Anzahl letztlich nicht genau beziffern.

Manchmal kommt jedoch auch folgende Antwort aus dem Auditorium: »Es gibt nur eine Suchmaschine!« Damit nähern wir uns der Lösung, auf die wir hinauswollten. Suchmaschinen, die für die Themen Suchmaschinenmarketing und Werbung interessant sind, gibt es wirklich nur wenige. Natürlich bezieht sich Suchmaschinenmarketing auf alle Suchmaschinen! Faktisch gibt es in Europa und vor allem in Deutschland jedoch nur drei Anbieter, die aus Marketingsicht interessant sind, weil diese drei Suchmaschinen ca. 97 % der täglichen Suchanfragen abdecken.

Diese drei Big Player sind:

- Google
- Yahoo (ist seit 2016 Mitglied der Verizon-Unternehmensgruppe)
- Bing (die Microsoft-Suchmaschine)

Da Microsoft und Yahoo eng zusammenarbeiten, kann man diese zwei historisch eigenständigen Suchmaschinen mittlerweile als eine vereinte Suchmaschine betrachten. Also gibt es in Deutschland nur zwei wichtige Suchmaschinen. International kommen außerdem noch zwei bedeutende Suchmaschinen hinzu, und zwar Yandex für Russland und Baidu, die in China den größten Anteil an Anfragen aufweisen kann. Google hatte sich nämlich im Jahr 2010 nach einem Streit über die Internetzensur der staatlichen Stellen aus China zurückgezogen.

Weltweit ist jedoch Google die wichtigste Suchmaschine, weil der Gigant knapp 85 % der täglichen Suchanfragen[2] beantwortet. Eine gute Platzierung bei Google, sei es in den organischen (also den natürlichen) Suchergebnissen oder in den bezahlten Werbeeinblendungen, ist für alle Branchen und Unternehmensgrößen immens wichtig. Betriebswirtschaftlich gesehen, lohnt es sich deswegen, zunächst seine ganze Energie und Zeit in die Optimierung einer Google-Platzierung zu investieren und den finanziellen Aufwand auf diese eine Suchmaschine zu konzentrieren. Eine Ausrichtung auf Bing/Yahoo (zusammen ca. 11 %) ist somit nur als Ergänzung des Suchmaschinenmarketings sinnvoll. Aus diesem Grunde beschäftigt sich dieses Buch auch nur mit Google Ads.

---

2 Quelle: *https://de.statista.com/statistik/daten/studie/225953/umfrage/die-weltweit-meistgenutzten-suchmaschinen/*

1.1.3 Die Vormachtstellung von Google

Da Google der Vorreiter bei den Suchmaschinen ist, wirkt sich dies auch auf die Analysetools aus. Die Recherche nach Begriffen und die Analyse von Suchtrends führen unweigerlich zu Tools der Firma Google, weil sie in diesem Bereich die beste Expertise und die größten Datenbanken besitzt.

Die Suchmaschine Google bietet also als Schnittstelle zwischen den Suchenden im Internet und der gigantischen Menge an Informationen auf Webseiten eine hervorragende Möglichkeit, um die eigene Webseite den Internetnutzern zu präsentieren. Der große Vorteil des sogenannten Suchmaschinenmarketings bezieht sich dabei auf die Tatsache, dass Suchmaschinen qualifizierte Besucher auf die eigene Webseite lenken können. Die Besucher sind insofern qualifiziert, weil diese Gruppe über die Eingabe in das Suchfeld bereits geäußert hat, welche Informationen oder Produkte sie benötigt.

Sicher haben Sie selbst schon vielfach die Google-Suche genutzt und einen Suchbegriff bzw. eine Kombination von Suchbegriffen in das Google-Suchfeld eingegeben und dann [↵] auf Ihrer Tastatur gedrückt bzw. mit der Maus auf den blauen Button mit der Lupe geklickt. Danach wurde im Browser eine Google-Suchergebnisseite, die *Search Engine Result Page* oder abgekürzt SERP, bereitgestellt (siehe Abbildung 1.5).

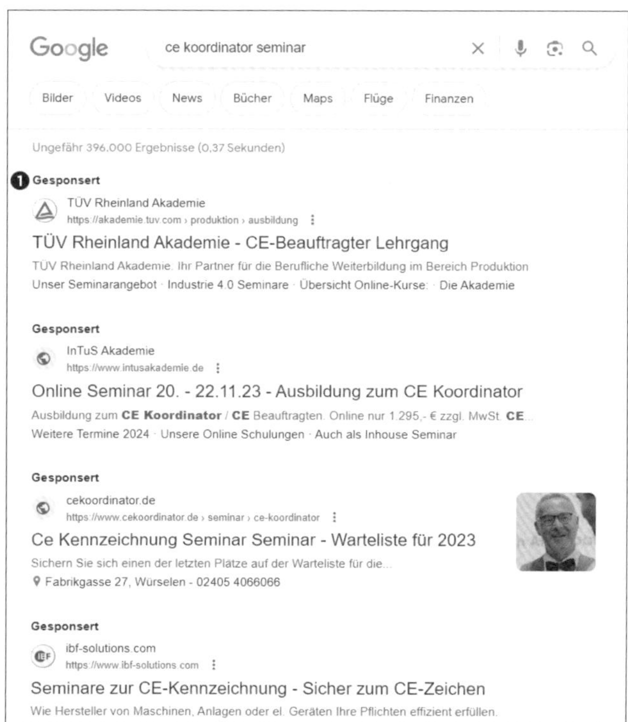

Abbildung 1.5 Google-Suchergebnisseite (SERP) mit bezahlten Anzeigen

Diese Google-Suchergebnisseite besteht grundsätzlich aus zwei »Ergebnisblöcken«:

- aus den *organischen*, nach Relevanz sortierten Ergebnissen aus den Google-Datenbanken
- aus den *bezahlten*, in Bezug auf Qualität sortierten Ergebnissen aus dem Google-Werbeprogramm

Wie wird die Werbung bei Google gekennzeichnet?

Die Markierung von Anzeigen in den Suchergebnissen von Google blickt auf eine lange Geschichte zurück. Seit Herbst 2022 werden die Google-Ads-Anzeigen mit dem Hinweis *Gesponsert* ❶ in schwarzer Schrift (in Abbildung 1.5) gekennzeichnet. Google hat zur Kennzeichnung der bezahlten Ergebnisse in der Vergangenheit bereits verschiedene Möglichkeiten getestet. So wurden unter anderem die Werbebereiche mit unterschiedlichen Hintergrundfarben gekennzeichnet. Hier bestand das Problem darin, dass die Einfärbung oft nicht wirklich von dem weißen Hintergrund der organischen Rankings zu unterscheiden war.

Inwiefern Google in Zukunft den Hinweis *Gesponsert* beibehält, ist nicht sicher. Die Markierungen der Anzeigen werden und wurden stets kontrovers diskutiert. Für manche Werbetreibende ist die Kennzeichnung als Werbung zu auffällig – und darum werden Besucherrückgänge über die Werbeanzeigen befürchtet. Andere Internetexperten sind genau der entgegengesetzten Meinung und kritisieren, dass die Kennzeichnung noch zu unauffällig ist und so organische und bezahlte Suchergebnisse nicht gut zu unterscheiden sind. Daher werden sicherlich zukünftig noch weitere »Google-Experimente« zu diesem Thema folgen.

Für das *Suchmaschinenmarketing* (SEM) sind grundsätzlich beide Ranking-Möglichkeiten auf der Google-Ergebnisseite interessant. Während die Platzierung des organischen Rankings durch Suchmaschinenoptimierung (SEO = *Search Engine Optimization*) unterstützt wird, wird die bezahlte Werbung unter dem Begriff SEA (= *Search Engine Advertising*) zusammengefasst.

Verwirrung bei der richtigen Bezeichnung

Bitte beachten Sie die unterschiedliche Nutzung der Begriffe. SEM und SEA werden oft gleichgesetzt, da Suchmaschinenmarketing nur mit der bezahlten Werbung in Suchmaschinen verbunden wird. Zu SEM gehört für viele Experten jedoch auch die Platzierung in den organischen Ergebnissen, die mithilfe von SEO verbessert wird. Auch eine vordere Positionierung der Webseite im organischen Ranking ist Marketing und bringt interessierte Besucher, also potenzielle Kunden, auf die eigene Website.

Daher ist es begrifflich sauberer, wenn *Suchmaschinenmarketing* (SEM) als Oberbegriff genutzt wird, der die Suchmaschinenoptimierung (SEO) und die bezahlten Anzeigen auf der Suchergebnisseite (SEA) vereint.

Ein weiterer Fehler bei der korrekten Wortwahl besteht darin, SEA nur mit Google Ads gleichzusetzen. Da es Werbung aber auch in anderen Suchmaschinen (z. B. Bing) gibt, ist eine Reduzierung auf das Google-Werbeprogramm nicht ganz korrekt.

1.1.4 Wie wird gesucht? – Verschiedene Arten von Suchanfragen

Es gibt verschiedene Arten der Suche. Google unterscheidet dabei grundsätzlich drei Arten von Suchanfragen. Diese werden auch als *Do-Know-Go* bezeichnet. Was steckt nun hinter diesen drei Begriffen?

Do-Anfragen

Zum einen gibt es Suchanfragen, die auf eine bestimmte Aktion hinauslaufen. Das sind die sogenannten Do-Anfragen. »Do« bedeutet hier, dass die Google-User etwas tun möchten. Ein Beispiel für Do-Anfragen sind Suchanfragen, die den Download eines Programms oder die Ausführung eines Diensts zum Ziel haben. Wer z. B. eine Inhaberabfrage zum Auffinden der entsprechenden Domain stellen möchte, der gibt meistens nicht die URL eines entsprechenden Dienstleisters in die Adresszeile des Browsers ein, sondern stellt die Suchanfrage nach *domaininhaber herausfinden* oder *whois* bei Google ein. Das gleiche Verhalten erkennt man auch bei der Suche nach dem PDF-Reader von Adobe, der installiert werden soll. Da die entsprechende Adobe-Unterseite nicht bekannt oder als Favorit gespeichert ist, werden einfach die Begriffe *adobe* und *reader* in das Google-Suchfeld eingegeben (siehe Abbildung 1.6).

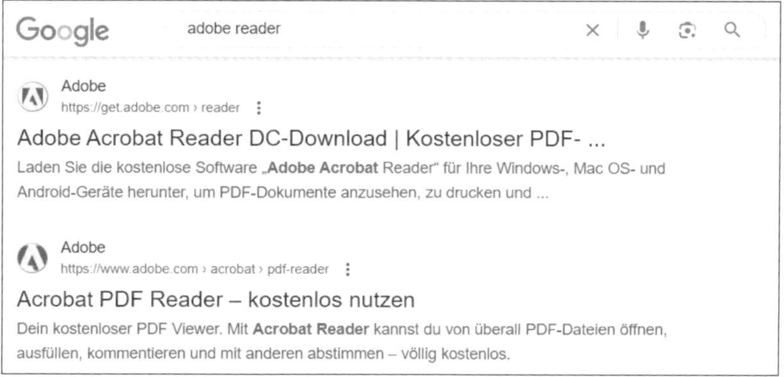

Abbildung 1.6 Do-Suche nach dem Adobe-PDF-Reader

Weitere typische Do-Anfragen sind:

- Aufruf von Online-Games
- Musik-Download
- Abspielen von Videofilmen
- Dienstleister, die dem Suchenden bekannt sind, z. B. ein Blumenversand

Know-Anfragen

Bei der zweiten Art von Suchanfragen handelt es sich um sogenannte Informationsanfragen , die als Know-Anfragen bezeichnet werden. Der Google-Nutzer möchte also etwas wissen (»know«).

Zu dieser Gruppe zählen sicher die meisten Anfragen, die täglich bei Google gestellt werden. Eine Informationsanfrage kann z. B. eine Recherchearbeit für ein Referat sein, wobei dann letztlich eine spezielle Wikipedia-Seite gefunden wird. Es kann aber auch um Problemlösungen gehen, die später in vielen Fällen zum Kauf eines Produkts führen. Falls Sie beispielsweise ein individuelles Geschenk für Ihre Tochter zum Geburtstag suchen, kann dies Sie zunächst zu Webseiten führen, die Geschenkideen zum Geburtstag auflisten. Die Ergebnisse dieser Suche bringen Sie dann auf eine spezielle Geschenkidee, sodass Sie im zweiten Teil Ihrer Recherche vielleicht nach der Möglichkeit für einen individuellen T-Shirt-Druck suchen (siehe Abbildung 1.7). Beide Arten der Suchanfrage gehören jedoch zum Bereich Informationsanfrage.

Eine Anfrage bei Google kann aber auch direkt mit einer Kaufabsicht starten, wenn es nur noch darum geht, das passende Sommerkleid zu einem günstigen Preis online zu erwerben oder einen Anwalt in der Umgebung zum Thema Baurecht zu finden. In beiden Fällen ist die Entscheidung, ein Produkt zu kaufen bzw. einen Auftrag zu vergeben, schon gefallen. Die Suchmaschine wird nur noch dazu genutzt, den passenden Anbieter zu finden.

Zu Informationsanfragen gehört aber auch die Suche nach:

- Produktbewertungen
- Preisvergleichen
- Installations- oder Bauanleitungen

Mit den unterschiedlichen Arten der Informationsanfrage sollten Sie sich auf jeden Fall beschäftigen, wenn Sie Google-Ads-Werbung schalten oder schalten möchten. Sie sollten immer versuchen, sich selbst in die Situation Ihrer potenziellen Kunden hineinzuversetzen. Sind Ihre gebuchten Google-Ads-Keywords nämlich zu allgemein gehalten, erscheinen Ihre Anzeigen oft bei Suchanfragen, bei denen kein Kaufinteresse besteht. Dies kann hohe Werbekosten verursachen, weil zwar Klicks, aber keine Kunden generiert werden. Auf der anderen Seite können aber auch Informationsanfragen bereits potenzielle Kunden auf das eigene Angebot aufmerksam machen. Sie sollten also bei der Keyword-Recherche und später dann bei der Analyse bestehender Keywords genau überprüfen, welche Effekte Sie mit Ihren Keywords erreichen.

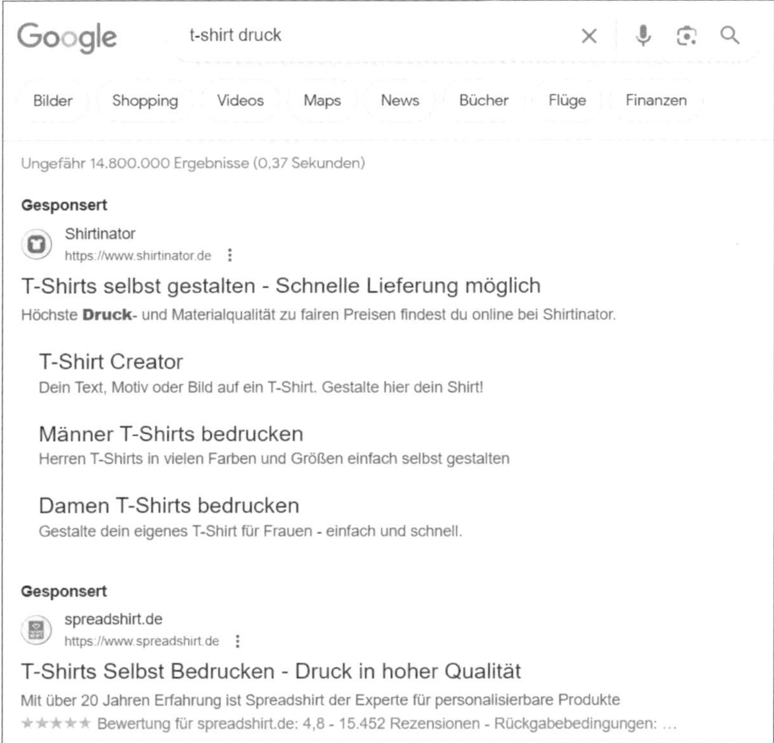

Abbildung 1.7 Beispiel für eine Informationsanfrage

Go-Anfragen

Die dritte Gruppe, die Google unterscheidet, sind sogenannte Navigationsanfragen (Go-Anfragen). Hier ist das Unternehmen, die Marke oder die Webseite zwar grundsätzlich bekannt, aber die genaue Schreibweise der Webseiten-URL oder einer speziellen thematischen Unterseite kennt der Suchende nicht. Bevor der Internetnutzer daher zu viel Zeit mit der direkten Eingabe verliert, die eventuell noch einmal korrigiert werden muss, wird einfach direkt die Suchmaschine zurate gezogen. Der Unternehmensname, eventuell zusammen mit der Domain, wird in das Suchfeld eingegeben. Daher sind z. B. Suchanfragen nach *xing*, aber auch die Eingabe von *www xing de* bei

Google keine Seltenheit, obwohl die Eingabe von *xing.de* in das Adressfeld des Browsers auf einfachere Weise direkt zum Ziel führen würde (siehe Abbildung 1.8).

Zur Gruppe der Go-Anfragen gehören z. B. Suchanfragen nach:

- Markennamen
- Firmennamen
- Namen sozialer Netzwerke

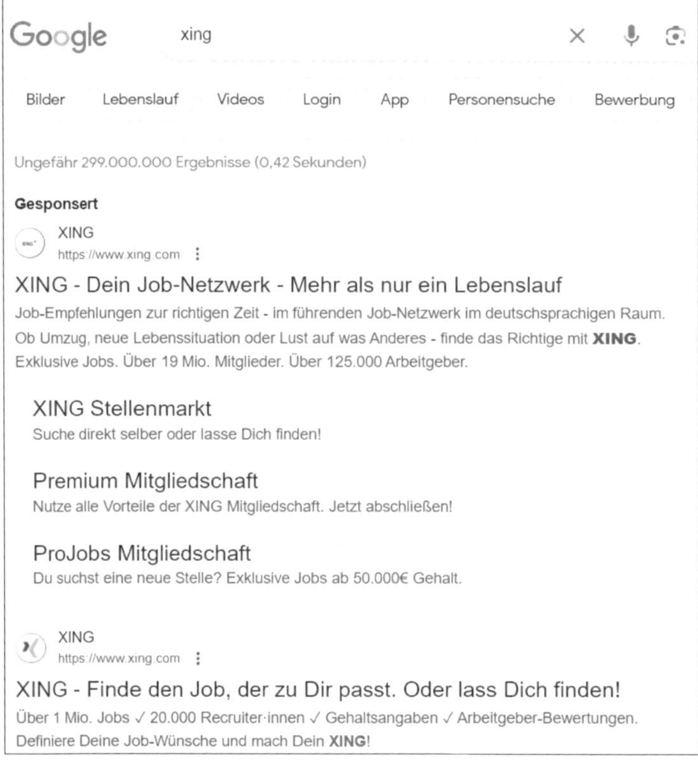

Abbildung 1.8 Suche nach »xing« als Beispiel für eine Go-Anfrage

Suchintentionen

Es gibt natürlich auch Suchanfragen, die nicht ganz exakt in eine bestimmte Schublade gesteckt werden können, sondern Mischformen darstellen. Außerdem schlagen Experten noch eine weitere Einteilung nach bestimmten Suchintentionen vor. Die Suchanfragen werden z. B. in *Navigational Queries* eingeteilt. Diese kombinieren Produkte mit bestimmten Webseiten. So werden oft Produkte in Kombination mit den Begriffen *ebay* oder auch *amazon* gesucht. Andererseits suchen Google-User Musikstücke in Kombination mit *youtube*. Der Suchende hat bereits die gewünschte Website vor Augen, startet die tiefergehende Suche zu dieser Website aber nicht vor Ort im Suchbereich der Webseite, also direkt bei Amazon, eBay oder YouTube, sondern bereits vorher im Google-Suchfeld.

Eine zweite Suchintention wird *Informational Query* genannt. Hier werden oft Fragen zu bestimmten Produkten oder Dienstleistungen gestellt. Erwartet werden dann z. B. Testberichte oder Testimonials zu den Produkten/Dienstleistungen. Eine Informational Query könnte z. B. *bestes Smartphone für Einsteiger* lauten.

Anfragen mit sehr konkreter Kaufabsicht werden dagegen als *Transactional Queries* bezeichnet. Hier spielt die Transaktion, also letztlich der Kauf, bei der Suchanfrage schon eine wichtige Rolle. Diese Suchanfragen werden oft in Form einer Suchphrase gestellt, weil damit mehrere Informationen kombiniert werden. Bei den Transactional Queries wurden bereits vorher genügend Informationen gesammelt; der Online-Kauf ist quasi schon beschlossene Sache. Typische Transactional Queries lauten dann z. B. *webshop laufschuhe* oder ganz konkret zu einem speziellen Produkt: *iPhone 11 kaufen*.

Viele Google-User haben die Erfahrung gemacht, dass ein einzelner Suchbegriff oft wenig weiterhilft, darum wird der Hauptbegriff meistens mit einem zweiten oder dritten Begriff kombiniert. Eine Google-Suche beinhaltet daher meistens keinen richtigen Satz, sondern stellt eine Aneinanderreihung von Begriffen dar. Die sogenannten *Stopp-Wörter* wie *der*, *einer* und *an* werden in den meisten Suchanfragen nicht verwendet. Es gibt aber auch Google-Nutzer, die eine komplette Frage formulieren, z. B. *wie setze ich windows 11 auf windows 10 zurück*, und diesen Satz dann in das Google-Suchfeld eingeben (siehe Abbildung 1.9).

Abbildung 1.9 Sucheingabe eines kompletten Satzes

Eine Anfrage als kompletten Satz zu formulieren, ist momentan noch die Ausnahme, weil es einfach zu viel Arbeit bedeutet, ganze Sätze in das Suchfeld einzutippen – und der Mensch, vor allem der Internetnutzer, ist zunächst einmal bequem.

Komplette Fragen werden aber hauptsächlich deswegen eingegeben, weil sich der Suchende davon bessere Ergebnisse erwartet. Diese Suchanfragen nehmen jedoch zu, da immer häufiger mithilfe der Spracherfassung, vor allem über Smartphones, gesucht wird. Die Eingabe über Tastatur entfällt. Mit der Spracherfassung wird die Suche dann eher als kompletter Satz formuliert.

Für manche User ist die Google-Suche auch eine Art Zeitvertreib, um lustige Seiten zu finden. Es werden nämlich durchaus viele sinnlose Dinge gesucht. *Google Autocomplete*, besser bekannt als *Google Suggest*, nennt man die automatischen Vorschläge (engl. »to suggest« – dt. »vorschlagen«), die von der Google-Suche angeboten werden. Gibt man bei Google die Keywords *google ist* ein, erscheinen teilweise lustige Ergänzungen. Dabei ist anzumerken, dass die Vorschläge das Suchverhalten der Google-User widerspiegeln. Die Ergänzungen zeigen in Abbildung 1.10, was andere Google-Nutzer in Zusammenhang mit den vorgegebenen Begriffen in der Vergangenheit bereits gesucht haben.

Abbildung 1.10 Google Suggest zur Eingabe »google ist ...«

In einem zweiten Beispiel erfahren wir über Google Suggest, was Bayern München so alles hat (siehe Abbildung 1.11). Interessanterweise erscheint auch *bayern münchen cap* unter den ersten Vorschlägen. Da eine Suchmaschine auch mit unterschiedlichen Sprachen zurechtkommen muss, hat Google in dem Fall ein starke Verbindung zwischen zwei Kopfbedeckungen erkannt und einen Hut mit einer Kappe verknüpft: »hat«, zu Deutsch »Hut«, sowie »cap«, zu Deutsch »Kappe«).

Google Suggest können Sie allerdings auch sinnvoll nutzen, denn mithilfe der Live-Vorschläge (siehe Abbildung 1.12) erhalten Sie thematisch passende Ergänzungen zu den eigenen, vorgegebenen Begriffen. Geben Sie dazu einfach Ihre wichtigsten Keywords in das Google-Suchfeld ein und schauen Sie, was Suggest als Erweiterung vorschlägt. So analysieren Sie live, wonach potenzielle Kunden im Zusammenhang mit Ihren Keywords suchen.

Abbildung 1.11 Google Suggest zur Eingabe »bayern münchen hat …«

Abbildung 1.12 Google Suggest zur Eingabe »sonnenbrillen online …«

Diese interessanten Vorschläge sollten Sie auf jeden Fall in Ihre Keyword-Liste aufnehmen. Auf diese Weise erhöhen Sie die Chance auf passende Treffer und interessierte Webseitenbesucher. Andererseits sollten Sie Vorschläge von Google Suggest, die zwar oft im Zusammenhang mit Ihren Keywords eingegeben werden, aber nicht zu Ihrem Webseitenangebot passen, direkt in Ihre ausschließende Keyword-Liste übernehmen. Weitere Informationen zur Keyword-Recherche und den jeweiligen Listen erhalten Sie in Kapitel 3, »Keywords«.

Bedenken Sie, dass Google Suggest auf Google-Statistiken zurückgreift und bei Ihren wichtigsten Keywords daher auch immer das Suchverhalten Ihrer potenziellen Kunden widerspiegelt. Dieses Google-Tool ist somit ein wertvoller Baustein Ihrer Keyword-Recherche.

1.1.5 Ein Wust von Suchergebnissen – welche führen zum Ziel?

Die Google-Suchergebnisseite war in früheren Zeiten sehr übersichtlich und aufgeräumt. Damals dominierte eine weiße Fläche mit wenigen »Textinseln«, die dann die interessantesten Suchtreffer lieferten. »Dekoriert« wurden diese organischen Ergebnisse von wenigen Anzeigen, die zum Teil oberhalb der organischen Treffer platziert waren, aber größtenteils rechts neben den natürlichen Suchergebnissen standen.

Heutzutage ist das Erscheinungsbild der Google-Ergebnisseite jedoch viel bunter und durch verschiedene Spezialergebnisse geprägt. Diese unterschiedlichen Ergebnisse werden wir uns in den folgenden Abschnitten einmal näher anschauen. Denn die Google-Ergebnisse sind auf das jeweilige Suchbedürfnis der User abgestimmt. Dadurch entstehen sehr unterschiedliche Darstellungen. Vermutet Google eine Produktsuche, werden z. B. Produktbilder in Form von Shopping-Ergebnissen ausgeliefert. Ordnet Google die Suchanfrage als Anfrage mit lokalem Interesse ein, wird direkt ein Kartenausschnitt von Google Maps ausgespielt und eine Liste mit Google-Places-Einträgen angeboten. Bei einer Hotel- oder Flugsuche werden spezielle Reiseergebnisse mit zugehörigen Preisvergleichen angezeigt. Wird jedoch der Name eines Prominenten in das Google-Suchfeld eingegeben, dann werden News, Bilder und Videos zu diesem Prominenten auf der Ergebnisseite bereitgestellt.

In den folgenden Abschnitten schauen wir uns die verschiedenen Bereiche der Google-Suchergebnisseite genauer an.

Obere Positionen der Ergebnisse

An den ersten Positionen befinden sich oberhalb der organischen Ergebnisse oft ein bis maximal vier sogenannte Top-Ergebnisse (siehe Abbildung 1.13). Dieser Platz oberhalb der organischen Suchanfragen war historisch gesehen für große Google-Werbepartner bestimmt, die den Bereich in der Google-Ads-Anfangszeit als Werbefläche buchen konnten. Google hat dies jedoch bereits wenige Monate nach Einführung von Google Ads geändert. Aktuell finden sich auf den oberen Positionen diejenigen Google-Ads-Anzeigen, die sich von der Konkurrenz vor allem durch eine höhere Qualität unterscheiden. Google macht das z. B. an einer vergleichsweise besseren Klickrate fest. Zusätzlich müssen die Anzeigen auf den ersten Positionen natürlich auch einen guten *Ad Rank* besitzen. Dieser wird von Google bei jeder Suchanfrage neu berechnet. Der Ad Rank oder Anzeigenrang gibt an, welche Stelle die Anzeige auf der Google-Ergebnisseite einnimmt. Die Berechnung des Ad Rank stellen wir Ihnen später in Abschnitt 1.3.5, »Der Qualitätsfaktor nimmt Einfluss auf die Platzierung«, vor.

Die Anzeigen, die über den organischen Suchergebnissen positioniert sind, erhalten größere Aufmerksamkeit von den Suchenden. Aufgrund ihrer hervorgehobenen

Platzierung werden sie nicht nur schneller wahrgenommen, sondern auch häufiger angeklickt, da sie oft als besonders relevant für die Suchanfrage betrachtet werden.

Werfen wir einen ersten Blick auf die Gestaltung der Google-Ads-Textanzeigen (siehe Abbildung 1.13). Neben einem kleinen Logo ❶ kann der Unternehmensname ❷ angezeigt werden, sofern beide Informationen im Ads-Konto hinterlegt sind. Ein zentraler Bestandteil der Anzeige ist der Titel ❸, der bis zu drei separate Anzeigentitel umfassen kann, gefolgt von einem Beschreibungstext ❹. Weitere Elemente, die nicht standardmäßig in einer Textanzeige enthalten sind, sind sogenannte Assets (früher: Erweiterungen). In unserer Abbildung sind beispielsweise die Bewertungssterne ❺ sowie die Sitelinks ❻ zu sehen, die zu den Assets gehören.

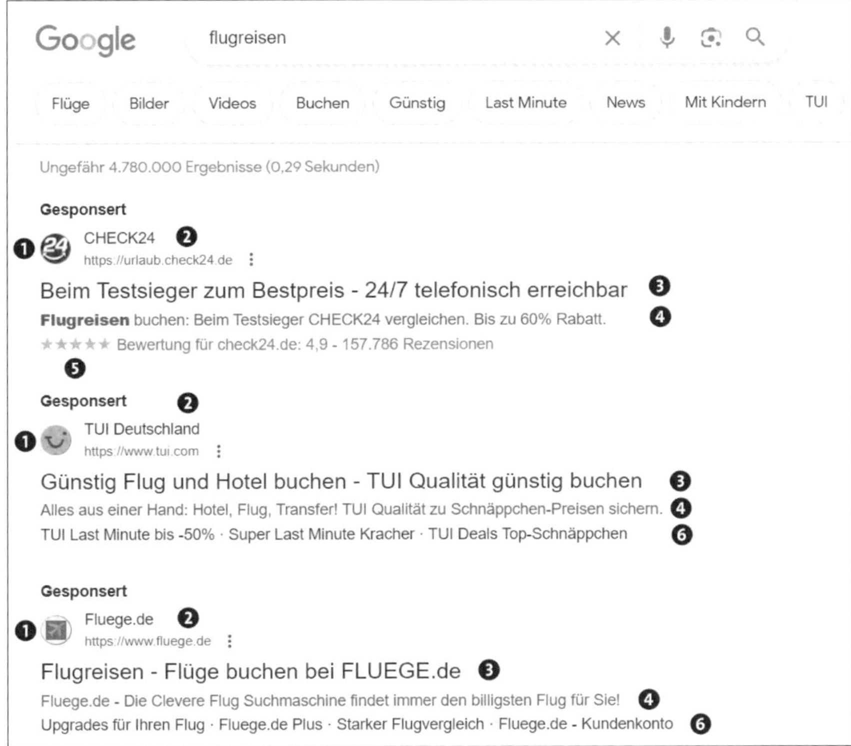

Abbildung 1.13 Top-Suchergebnisse

Weitere Ergebnisse zwischen den organischen Treffer

Früher wurden die Google-Suchergebnisse in Seiten unterteilt. Standardmäßig umfasste eine Seite etwa zehn organische Ergebnisse sowie eventuell hinzukommende

Anzeigen. Somit wurden weitere Anzeigen, die nicht die ersten vier Positionen belegten, unter den organischen Ergebnissen der jeweiligen Seite angezeigt.

Google hat jedoch die Seiteneinteilung auf dem Desktop-Computer abgeschafft und präsentiert die Ergebnisse nun, analog zur Darstellung auf Smartphones, in einer kontinuierlichen Reihenfolge. Dadurch erscheinen weitere Anzeigen zwischen den organischen Treffern. Es kann sogar vorkommen, dass sich Anzeigen wiederholen, die bereits an den ersten Positionen gezeigt wurden.

Da Google-Nutzer die Ergebnisse meistens »scannen« und durchscrollen, kann eine Position zwischen den organischen Treffern, zudem mit einem günstigeren Klickpreis, immer noch ein attraktiver Werbeplatz sein.

Produktanzeigen

Die Google-Shopping-Ergebnisse (siehe Abbildung 1.14), die seit 2013 als bezahlte Anzeigen über Google Ads gesteuert werden, dominieren das Bild der Ergebnisseiten, sobald nach einem bestimmten Produkt gesucht wird.

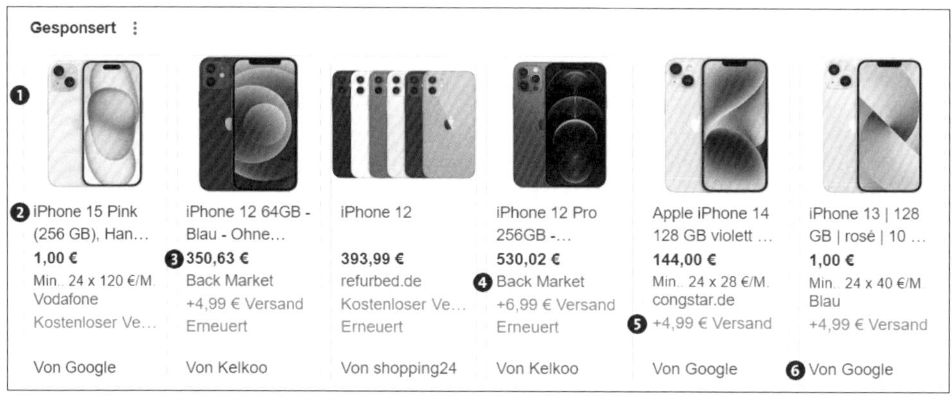

Abbildung 1.14 Shopping-Anzeigen mit Bildern

Diese Werbemöglichkeit ist normalerweise nur für Webshops interessant, wobei zukünftig auch noch andere Formate denkbar sind, z. B. Schulungsangebote. Aktuell können Webshop-Besitzer neben den Beschreibungen und Preisangaben etc. die Bilder ihrer Produkte bei Google Ads als Link hinterlegen. Anzeigen mit Bildern funktionieren recht gut in der Google-Suche, weil Bilder die Blicke der Suchenden »anziehen« und somit die Anzeige mehr Aufmerksamkeit erhält. Sie können sich also darauf einstellen, dass die Google-Ergebnisse zukünftig noch bunter, d. h. mit Bildern geschmückt werden.

Die Shopping-Anzeigen (siehe Abbildung 1.14) befinden sich auf der Google-Ergebnisseite meist oberhalb der organischen Ergebnisse. Sie enthalten neben dem Bild ❶ einen kurzen Titel ❷, der Informationen zu dem Produkt liefert, den Produktpreis ❸, den Namen des jeweiligen Webshops ❹, eine Angabe zu den Versandkosten ❺ sowie die Quelle der Anzeige ❻.

Organische Ergebnisse

Die organischen Suchergebnisse bilden das Herzstück und die zentrale Säule des Google-Suchdiensts. Auf der Qualität dieser Ergebnisse fußt der ganze Erfolg von Google. Diese hohe Relevanz und die Qualität der Suchergebnisse haben Google zu dem gemacht, was es heute ist, und bilden den Grundpfeiler des anhaltenden Unternehmenserfolgs.

In ihrer äußeren Erscheinung zeigen sich organische Suchergebnisse und Google-Ads-Textanzeigen auffallend ähnlich. Dies kann insbesondere für Google-Nutzer, die nicht täglich mit der Plattform arbeiten, zu Verwechslungen führen. Ein typisches organisches Suchergebnis präsentiert sich mit einer hervorstechenden Titelzeile in blauer Schrift, die als aktiver Hyperlink dient und den Nutzer direkt zur zugehörigen Webseite leitet. Über dieser Titelzeile, in einem dezenten Grauton, können zusätzliche Informationen wie der Name des Unternehmens, die genaue URL oder ein Navigationspfad zur entsprechenden Seite dargestellt sein. Direkt unter dem Titel erhält der Nutzer durch zwei zusätzliche Textzeilen eine kurze, prägnante Zusammenfassung des Inhalts der Webseite oder des spezifischen Themas, das sie behandelt.

Bei den organischen Ergebnissen gibt es eine Titelzeile in blauer Schrift, die als Link auf die zugehörige Webseite verweist. In grauer Farbe wird darüber eventuell der Name des Unternehmens sowie die URL oder der Navigationspfad zur Ergebnisseite dargestellt. Unter dem Titel befinden sich zwei Textzeilen, die eine kurze Beschreibung zur Erläuterung des Ergebnisses geben. Es ist kein Zufall, dass sich die organischen und bezahlten Ergebnisse sehr ähneln. Google testet ständig, welche Darstellungen der Ergebnisse von den Suchenden angenommen werden. Die *User Experience*, also das Nutzererlebnis, steht immer im Vordergrund.

Google verfolgt mit seinen Anpassungen nicht nur altruistische Ziele, sondern ist sich bewusst, dass zufriedene Nutzer der Suchmaschine treu bleiben und somit maßgeblich zum Erfolg des Unternehmens beitragen. Wie sich die Ergebnisse verbessern lassen, wird ständig getestet. So wurden einige Neuerungen, wie zum Beispiel die Integration von Bewertungssternen, zuerst in bezahlten Anzeigen erprobt, bevor sie in die organischen Ergebnisse übertragen wurden. Andererseits wurden Funktionen wie Sitelinks zunächst in den organischen Ergebnissen getestet, ehe sie als erweiterte Sitelinks in die bezahlten Anzeigen integriert wurden.

Universal-Search- bzw. OneBox-Ergebnisse

Die organischen Suchergebnisse werden bei bestimmten Anfragen durch Ergebnisse aus der Google-Spezialsuche unterbrochen. Diese Darstellung der Suchergebnisseite nennt man auch *Universal Search*. Google mischt die Standard-Google-Ergebnisse immer wieder mit Ergebnissen aus anderen Google-Datenbanken, z. B. den Google News (den aktuellen Nachrichten) (siehe Abbildung 1.15). Diese Ergebnisse werden innerhalb sogenannter *OneBoxes* dargestellt. Am bekanntesten und auffälligsten sind die Google Images. Diese tauchen bei Suchanfragen zu prominenten Personen regelmäßig auf. Die Ergebnisse stammen aus der Google-Bilder-Datenbank.

Wann die Ergebnisse aus der Spezialsuche in die SERPs eingebaut werden, hängt wieder sehr stark von der Art der Suche ab. Wird z. B. nach aktuellen Ereignissen oder auch nach Persönlichkeiten gesucht, besteht eine große Chance, dass auf der ersten Seite Ergebnisse aus den Google News angezeigt werden. Bei der Suche nach einem Produkt ist es unwahrscheinlicher, aber auch nicht ausgeschlossen, dass eine News eingestreut wird. Ein neues Produkt, über das in den Nachrichten berichtet wird, kann mit einem Newsbeitrag auf der Ergebnisseite rechnen.

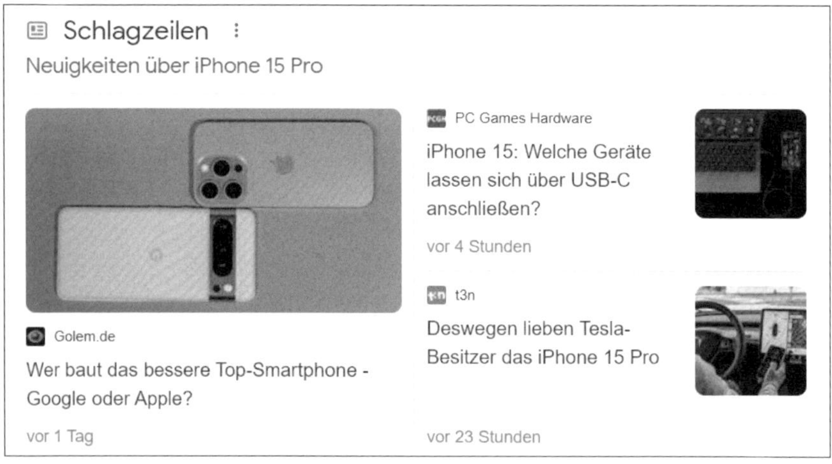

Abbildung 1.15 OneBox-Ergebnisse mit News zur Suchanfrage

Die Ergebnisse, die in den OneBoxes dargestellt werden, kann man auch als Spezialsuche bei Google abrufen. In den meisten Fällen nutzen Google-User diesen speziellen Google-Ergebnisdienst jedoch nicht. Die Darstellung der OneBoxes innerhalb der organischen Suchergebnisse ist für Google daher auch eine Art Eigenwerbung für die Spezialsuche. Es gibt verschiedene Möglichkeiten zu einer spezialisierten Google-Suche. Diese Möglichkeiten werden von Zeit zu Zeit durch Google auch verändert bzw. ausgetauscht. Aktuell werden folgende Unterbereiche der Google-Suche aufgeführt:

- BILDER
- SHOPPING
- VIDEOS
- NEWS
- MAPS
- BÜCHER
- FLÜGE
- FINANZEN

Die spezifischen Suchfunktionen befinden sich über den Suchergebnissen auf der Google-Ergebnisseite, sobald eine Suche durchgeführt wurde (siehe Abbildung 1.16). Die Anordnung dieser Optionen kann sich je nach Suchbegriff ändern. Die spezialisierten Suchmöglichkeiten, wie zum Beispiel BILDER ❶, SHOPPING ❷ etc., sind nach der Suche direkt unterhalb des Eingabefelds zu finden. Durch Anklicken einer dieser Optionen passt sich die Ergebnisseite an und präsentiert die Resultate entsprechend der gewählten Suche.

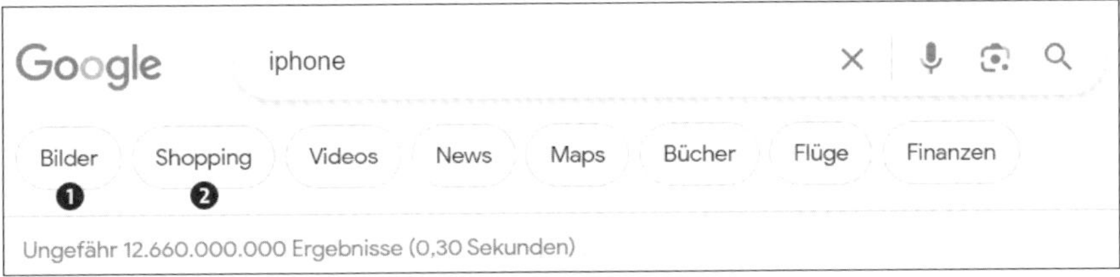

Abbildung 1.16 Verschiedene Möglichkeiten für die Spezialsuche

Google Knowledge Graph und Unternehmensdarstellung

Bei der Suche nach Persönlichkeiten, Marken oder Unternehmen zeigt Google in der rechten oberen Ecke der SERPs häufig zusätzliche Informationen an, die den Wissensdurst der Suchenden auf einem Blick befriedigen sollen. Bei Persönlichkeiten kommen die Informationen aus dem Google Knowledge Graph, einer speziellen Google-Wissensdatenbank. Bei der Suche nach Persönlichkeiten, z. B. Steve Jobs, werden dann Bilder, persönliche Daten und weitere Informationen unter INFO ❶ angezeigt (siehe Abbildung 1.17).

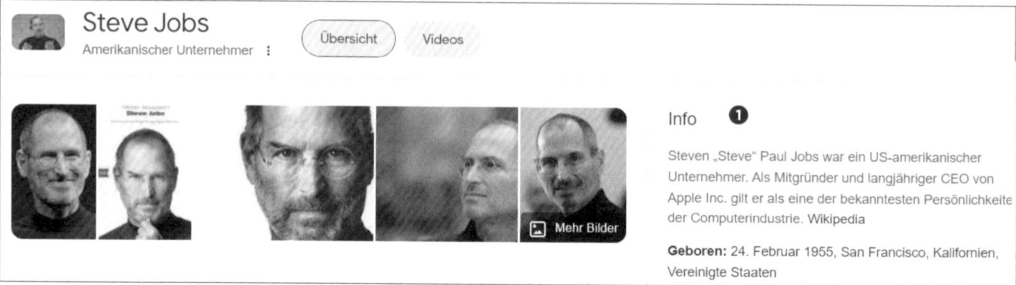

Abbildung 1.17 Informationen aus dem Google Knowledge Graph

Verfügt ein Unternehmen über Google-Bewertungen, werden diese Bewertungen zur Unternehmenssuche im *Google Unternehmensprofil* auf der rechten Seite angezeigt (siehe Abbildung 1.18)

Abbildung 1.18 Firmenprofil mit Google-Bewertungen

Bei der Suche nach Marken oder Unternehmen können ebenfalls Zusatzinformationen aus einem Wikipedia-Eintrag in Kombination mit dem Logo (siehe Abbildung 1.19) und bei lokalen Unternehmen die Informationen und Bilder aus dem Eintrag aus dem Google Unternehmensprofil rechts oben angezeigt werden.

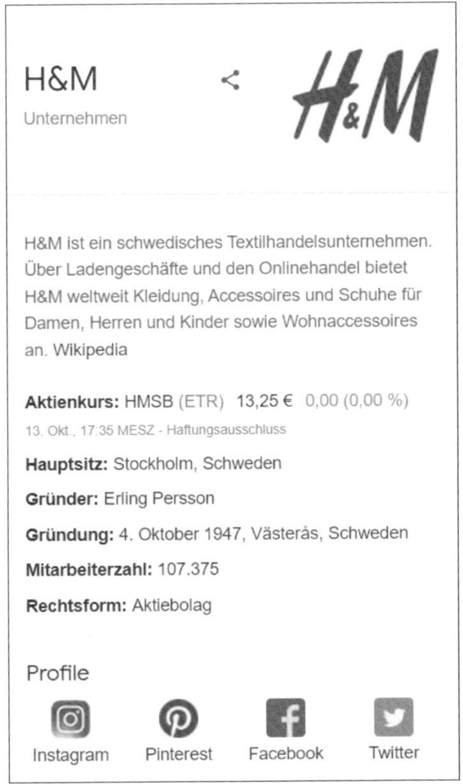

Abbildung 1.19 Unternehmensinformationen

Lokale Treffer aus dem Unternehmensprofil (früher: Google My Business)

Vermutet Google ein lokales Interesse bei der Eingabe eines Suchbegriffs, also z. B. bei der Suche nach einem Arzt, dem Friseur, Bäcker oder Anwalt etc., so erscheint neben einem Google-Maps-Ausschnitt oberhalb von den organischen Suchergebnissen eine Liste mit lokalen Ergebnissen, bei der Google auf den kostenlosen Google-Brancheneintrag zurückgreift. Dieser Brancheneintrag hatte im Laufe der Zeit schon unterschiedliche Bezeichnungen: Aktuell (2024) nennt Google den Eintrag Firmenprofil, davor hieß er My-Business-Eintrag oder Google-Places-Eintrag). Diese Einträge beinhalten neben dem Namen und der Website-URL Hinweise zur Bewertung des Unternehmens ❶, die Adresse mit Telefonnummer ❷ und einen Marker ❸, der auf der entsprechenden Google-Karte den Standort identifiziert (siehe Abbildung 1.20). Weitere Informationen zum Google Unternehmensprofil und zu entsprechenden Werbemöglichkeiten in diesem Umfeld finden Sie in Kapitel 10, »Spezielle Google-Ads-Werbestrategien«.

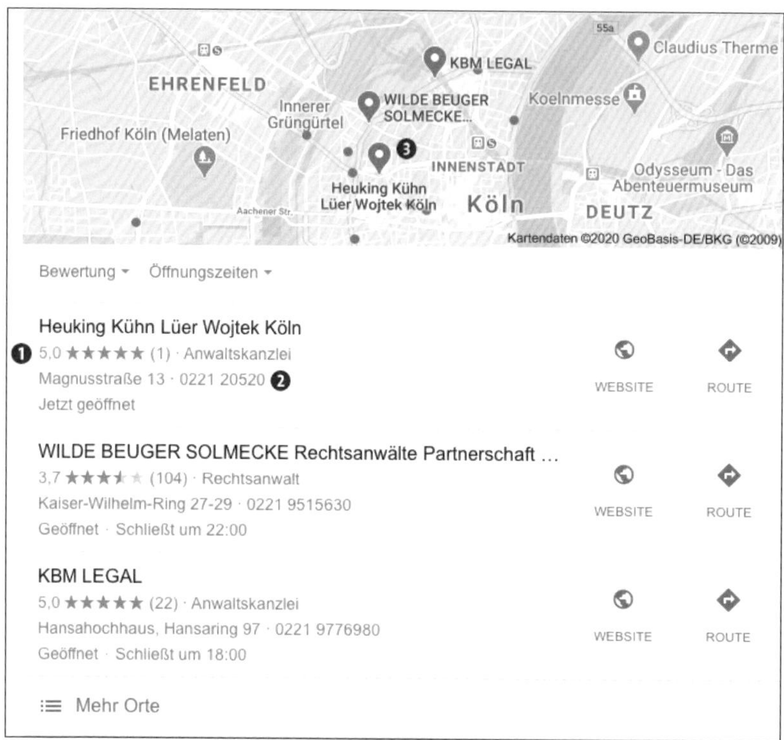

Abbildung 1.20 Lokale Ergebnisse mit Adresse und Marker

1.2 Die Grundidee des Suchmaschinenmarketings

Die Idee des Suchmaschinenmarketings lässt sich ganz einfach in folgender Aussage zusammenfassen: »Internetnutzer suchen aktiv nach Ihren Produkten bzw. Dienstleistungen.«

Eine große Anzahl von Usern, die täglich das Internet in Kombination mit einer gezielten Fragestellung nutzen, aus der sehr oft auch ein konkreter kommerzieller Bedarf abgeleitet werden kann, hat die Suchmaschinen zu einer ganz besonderen Schnittstelle im Internet gemacht.

Eine Suchmaschine ist ein wundervoller Marktplatz, der regelmäßig besucht wird. Genau hier hat sich die Idee des Suchmaschinenmarketings entwickelt. Denn die Suchmaschinen verbinden im Internet die Suchenden mit den Informations-, Produkt- und Dienstleistungsanbietern. Die Suchmaschine präsentiert dabei Webseiten, auf denen neben Informationen auch die zur jeweiligen Suchanfrage passenden Produkte oder Dienstleistungen angezeigt werden.

Beim Suchmaschinenmarketing geht es nun nur noch darum, dass die eigene Webseite zu den angefragten Begriffen möglichst weit vorne auf der ersten Suchergebnisseite der Suchmaschine erscheint. Neben dem SEM gibt es natürlich auch noch andere Formen des Online-Marketings, z. B. die Bannerwerbung oder das E-Mail-Marketing. Suchmaschinenmarketing ist jedoch bei richtiger Strategie sehr effektiv, weil es auf potenzielle Kunden trifft, die oft schon einen Bedarf in Form einer Suchanfrage geäußert haben. SEM ist daher ein sehr bedeutender Bestandteil des Online-Marketings. Es geschieht zwar sehr häufig, dass Suchmaschinenmarketing direkt mit dem Online-Marketing gleichgesetzt wird, wie Sie nun aber wissen, ist das nicht immer ganz korrekt.

1.2.1 Push-Marketing vs. Pull-Marketing

Um Ihnen die Idee des Suchmaschinenmarketings noch besser zu verdeutlichen, schauen wir uns kurz die beiden Klassiker im Bereich der Marketingstrategien an: die Push-Strategie und die Pull-Strategie. Diese Strategien werden immer wieder zur Erläuterung der Google-Ads-Werbeformen herangezogen.

Push-Strategie

Bei der Push-Strategie versucht man, mit geeigneten Kommunikationsmaßnahmen die Produkte oder Dienstleistungen in den Markt zu drücken. Die Konsumenten kennen das beworbene Produkt noch nicht und suchen daher nicht aktiv danach. Sie wissen auch nicht, dass bereits bestimmte Lösungen für ihre Probleme existieren.

Mit der Push-Strategie wird also zunächst auf das Produkt aufmerksam gemacht. Informationen zum Produkt werden im Internet verteilt. Auf diese Weise wird ein gewisses Bedürfnis erst geweckt. Falls Sie z. B. eine neue Erfindung in Form einer Flüssigkeit, die Marmortische vor Säure schützt, vertreiben möchten, benötigen Sie eine Push-Strategie. Ihre zukünftigen Kunden wissen ja noch nicht, dass Ihre tolle Erfindung existiert. Daher müssen Sie mit entsprechenden Maßnahmen im Internet über Ihr Produkt informieren und Neugierde wecken, sodass dann dieser spezielle Säureschutz für Marmortische angefragt und online bestellt wird.

Merkmale des Push-Marketings im Internet

Beim Push-Marketing muss erst ein Bedürfnis geschaffen werden. Dies gilt vor allem für Produkte oder Dienstleistungen, die noch nicht so bekannt sind und daher auch selten gesucht werden. Mithilfe des Online-Marketings soll vor allem die Bekanntheit durch eine große Reichweite der Werbung gesteigert werden. Hierzu eignet sich vor allem Bannerwerbung, die auf thematisch passenden Webseiten geschaltet wird.

Für diese Push-Strategie eignen sich z. B. Bannerwerbungen, die gezielt auf Seiten mit Haushaltstipps geschaltet werden. Eine Push-Strategie benötigen Sie also vor allem, wenn Sie neue und/oder unbekannte Produkte in einen bestehenden Markt einführen möchten.

Pull-Strategie

Bei der Pull-Strategie erzeugt der Konsument eine Nachfrage. Das Produkt oder eine Lösung für sein Problem ist dem Suchenden bereits bekannt. Nun nutzt er das Internet, um ein passendes Unternehmen, günstige Preise oder bessere Lieferkonditionen zu finden. Oft werden auch Referenzen oder Produkterfahrungen online gesucht. Wenn Sie beispielsweise bestimmte Office-Seminare online anbieten, können die räumliche Nähe zum Kunden, der Preis, aber auch bestehende Kundenreferenzen wichtige Gründe für eine Anfrage sein. Beim Pull-Marketing sind die Produkte und Dienstleistungen also bekannt und werden vom Kunden nachgefragt. Im Internet ist daher das Suchmaschinenmarketing die geeignete Form des Pull-Marketings.

Merkmale des Pull-Marketings im Internet

Beim Pull-Marketing im Internet soll vor allem ein vorhandenes Bedürfnis befriedigt werden. Über eine Suchmaschine werden Produkte, Hilfestellungen und Lösungen für Probleme gesucht. Eine Textanzeige direkt als Suchergebnis wirkt quasi als Problemlöser für den Suchenden. Mit *Sponsored Ads* können Internetnutzer sehr zielgerichtet die passende Werbebotschaft erhalten. Suchmaschinenmarketing ist daher das geeignete Mittel für das Pull-Marketing im Internet.

1.2.2 Suchmaschinenoptimierung (SEO)

Eine vordere Position bei den organischen Ergebnissen zu erzielen, ist die Aufgabe der Suchmaschinenoptimierung, kurz SEO. Die Suchmaschinenoptimierung beinhaltet, vereinfacht gesagt, zum einen verschiedene Verbesserungen des Webseitencodes sowie eine optimierte Darstellung des Webseiteninhalts für die Suchmaschinen. Dadurch können die Programme der Suchmaschinenbetreiber (sogenannte Robots, Spider bzw. Crawler) die gefundenen Texte einfacher nach bestimmten Kriterien, Wörtern und Bedeutungen filtern, zuordnen und in riesigen Datenbanken ablegen. Die Programme ordnen die Begriffe oder Kombinationen von Begriffen den einzelnen Webseiten zu.

Der zweite und, wie die Experten betonen, ebenso wichtige Bereich der Suchmaschinenoptimierung besteht aus der sogenannten *Off-Page-* und *Off-Site-Optimierung*.

Dieser SEO-Bestandteil ist nicht so leicht zu beeinflussen. Hier geht es zum größten Teil darum, Webseitenempfehlungen in Form von Backlinks aufzubauen. Dieses Online-Empfehlungsmarketing zur Verbesserung des Google-Rankings wird für die SEOs immer schwieriger, da Google verstärkt darauf achtet, dass es wirklich echte Empfehlungen sind.

Man kann heutzutage also nur nachhelfen und die echten Fans (Linkgeber) motivieren, auch wirklich einen *Backlink* zu setzen, wenn sie eine Empfehlung aussprechen möchten. Ein »unnatürlicher Linkaufbau« wird von Google entdeckt und bestraft. Dies geschieht zum einen durch einen kompletten Ausschluss aus den Suchergebnissen oder als mildere Strafe durch Herabstufung im Ranking.

Ein unnatürlicher Linkaufbau resultiert meistens aus dem Ankauf von Backlinks. Dieser Aufbau ist oft sehr schematisch und läuft nach einem gleichen Muster ab. Daher wird er auch von Google aufgedeckt. Ein Muster könnte beispielsweise ein schneller Aufbau innerhalb kurzer Zeit sein oder eine Linkempfehlung, die immer den genau gleichen Linktext beinhaltet. Diese Muster sind im Vergleich mit der Verlinkung, die Google aus einer großen Anzahl an Linkanalysen aus dem Netz ziehen kann, unnatürlich.

Wenn eine Website Empfehlungen erhält, ohne diese Verlinkung bewusst zu beeinflussen, dann gibt es, auf lange Zeit gesehen, eine gleichmäßige zeitliche Verteilung. Externe Linkgeber werden zudem öfter das Logo oder den Firmennamen sowie die Domain verlinken und nicht nur die wichtigen Keywords, zu denen eine Website bei Google rankt. SEO wird also in Zukunft noch kreativer sein müssen. Der natürliche Linkaufbau und eine stärkere Markenbildung werden dabei im Vordergrund stehen.

Als Zusammenfassung kann man SEO so beschreiben: Google berechnet aus den Informationen zum Webseiteninhalt und den Verlinkungen der Webseite ein Ranking für jede einzelne Webseite in Verbindung mit einem Suchbegriff bzw. einer Suchphrase (Kombination mehrerer Begriffe).

Auf diese Weise ergeben sich Rankings zu bestimmten Suchbegriffen im organischen Teil der Suchergebnisseite (siehe Abbildung 1.21) – direkt unterhalb der bezahlten Anzeigen, falls Anzeigen zu dem Thema ausgeliefert werden.

Google erhält aber nicht nur Informationen aus der Programmierung und den Inhalten der Webseite sowie aus den externen Empfehlungen, sondern es zieht auch Schlüsse aus dem Such- und dem Klickverhalten der einzelnen Nutzer auf der Google-Ergebnisseite.

Werden also Firmen in Kombination mit bestimmten Keywords häufiger gesucht, merkt Google sich die Marke in Kombination mit den Keywords, also z. B. *MisterSpex* und *Sonnenbrille*. Zusätzlich registriert Google auch, ob das organische Ergebnis, das oben gelistet wird, entsprechend häufig angeklickt wird. Falls ein Ergebnis mit schlechterem Ranking im Verhältnis besser angeklickt wird, so wird es zukünftig im Ranking steigen.

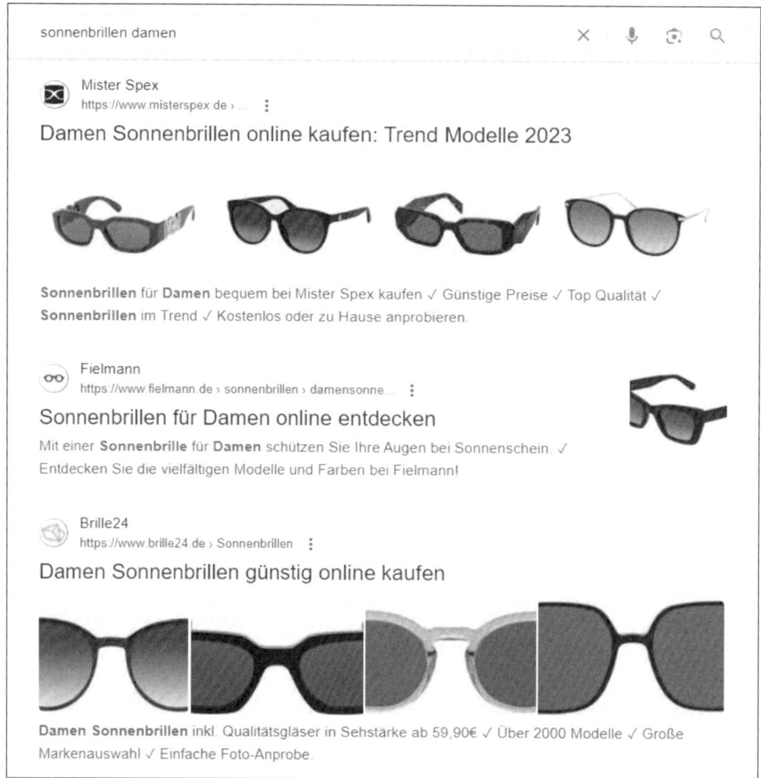

Abbildung 1.21 Organische Rankings – SEO zur Suchanfrage »sonnenbrillen damen«

Im nächsten Schritt registriert Google auch noch, ob Besucher innerhalb einer Session nach kurzer Zeit die gefundene Website verlassen, auf die Suchergebnisseite zurückkehren und sich einem anderen Ergebnis zuwenden. Dies ist ein eindeutiges Signal für Google, dass der gesuchte Begriff bzw. – noch wichtiger – die gesuchte Information auf der Landingpage nicht gefunden wurde. Wird ein Ausstieg zu einem Keyword sehr häufig einer Website zugeordnet, erhält diese Website virtuelle Minuspunkte bei Google in Verbindung mit dem Suchbegriff.

Wichtiger Hinweis: Google gibt an, dass Klickraten und Absprungraten nicht in die Bewertung des Rankings einfließen. Wir vermuten jedoch, dass diese Aussage vor allem dazu dient, SEO-Experten davon abzuhalten, durch unerlaubte Maßnahmen und Programmierungen das natürliche Verhalten der Google-Nutzer bzw. die Google-Statistiken zu beeinflussen.

Google kann aus dem Nutzerverhalten Schlüsse ziehen, da der Suchmaschinengigant über große Datenmengen und damit über eine sehr aussagekräftige Statistik verfügt.

Alle diese Analysen führen letztlich dazu, dass SEO nicht, wie oft vermutet, aus einer Art »Zauberei« und aus Programmiertricks besteht, sondern dass auch klassisches Marketing, z. B. eine Positionierung als Marke, in diesem Bereich sehr wichtig ist!

1.2.3 Bezahlte Suchergebnisse – Anzeigen mit PPC (SEA)

Neben SEO ist SEA ein weiterer Bestandteil des Suchmaschinenmarketings. Google platziert bezahlte Textanzeigen über sein Werbeprogramm, Google Ads. Die attraktivsten Positionen für diese Textanzeigen befinden sich, wie bereits erwähnt, auf der Google-Suchergebnisseite oberhalb der organischen Suchergebnisse. Dort können bis zu vier Anzeigen gleichzeitig angezeigt werden (siehe Abbildung 1.22).

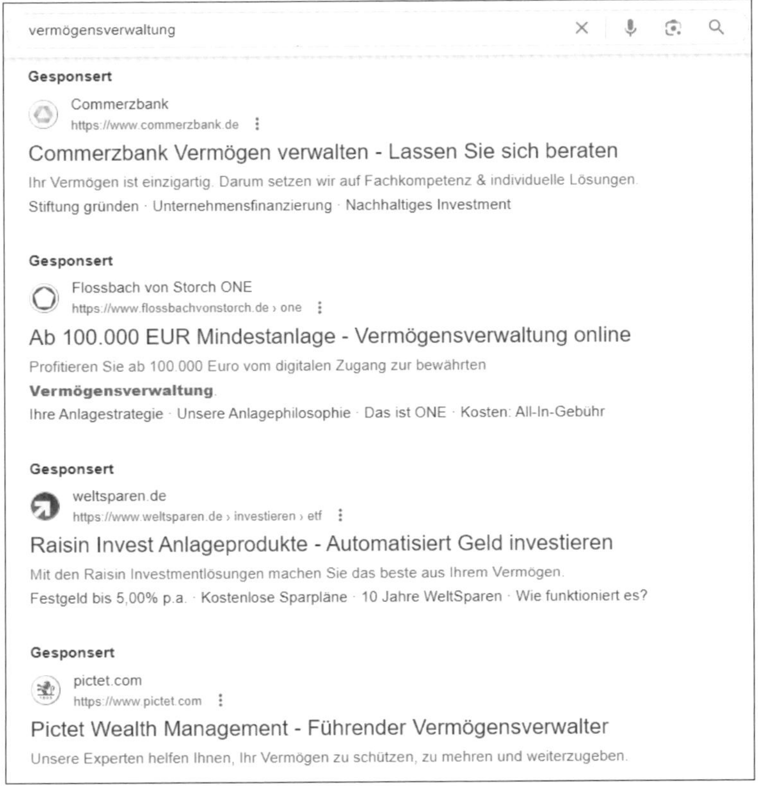

Abbildung 1.22 Paid Listings – SEA zur Suchanfrage »vermögensverwaltung«

Seit Google die Darstellung von etwa zehn organischen Treffern pro Ergebnisseite aufgehoben hat, fügt das Google-Ads-System regelmäßig zusätzliche Anzeigen zwischen den organischen Suchergebnissen ein.

Die folgenden Begriffe werden oft zur Beschreibung von bezahlten Textanzeigen in Suchmaschinen verwendet und beziehen sich alle auf dieselbe Methode im Suchmaschinenmarketing:

- PPC
- Paid Listings
- Sponsored Links
- Sponsored Listings
- Pay-per-Click Advertising
- Keyword Advertising

1.2.4 SEO vs. SEA – was ist besser?

Viele Webseitenbetreiber stellen sich die Frage, wo die eigene Website bei den Google-Suchergebnissen besser positioniert ist. Ist eine vordere Platzierung bei den organischen Suchergebnissen zu den wichtigsten Suchbegriffen nicht ausreichend?

Wo sollte also Ihre Website bei den Google-Suchergebnissen auftauchen, welche Art des Suchmaschinenmarketings ist besser und effektiver? Die Antwort auf diese Fragen ist nicht so einfach, wie Sie dies sicher gern hätten.

Es gibt viele SEO-Berater, die zur reinen Optimierung von Webseiten raten, um das Geld für Google Ads zu sparen. Es gibt sogar Google-Ads-Partner, die diesen Status als Werbung für Ihre SEO-Angebote nutzen. Andere Online-Marketer schwören auf die Vorteile von Google Ads und verweisen auf die Schwierigkeiten der Suchmaschinenoptimierung. Nach unserer Auffassung gibt es bei dieser Frage nicht die *eine* Lösung, die für jedes Unternehmen und jedes Produkt bzw. jede Dienstleistung gilt. Als Unternehmens- oder Marketingverantwortlicher sollten Sie die Vor- und Nachteile der verschiedenen Ansätze kennen und sich dann Ihre Strategie zur Positionierung Ihrer Website in der Suchmaschine Google zurechtlegen. Unserer Erfahrung nach liegt die Wahrheit meistens in der Mitte. Es ist somit oft eine Mischung beider Möglichkeiten des Suchmaschinenmarketings, die letztlich zum Erfolg führt.

Die Aussage, dass SEO kostenlos ist, während SEA bezahlt werden muss, ist aber auf jeden Fall zu relativieren. Sie müssen verstehen, dass auch die Suchmaschinenoptimierung Kosten verursacht. Je nach Suchbegriff und Konkurrenz können diese Kosten sogar erheblich sein. Bei der Suchmaschinenoptimierung muss zuerst die bestehende Webseite programmiertechnisch angepasst werden. Neben einer Änderung der Programmierung müssen Partner gefunden werden, die Ihre Webseite verlinken. Hinzu kommt die laufende Pflege der Webseiteninhalte, um für Google auch über einen längeren Zeitraum interessant zu bleiben, außerdem die Kontrolle und Pflege der alten Backlinks sowie die Beobachtung der Konkurrenzseiten, um rechtzeitig auf Veränderungen reagieren zu können.

Bei grundlegenden Änderungen durch Google-Updates passiert es oft, dass ein Teil der Arbeiten auch wieder verloren geht. Es kann sogar vorkommen, dass plötzlich Optimierungen durchgeführt werden müssen, die völlig konträr zu Ihren vorangegangenen Optimierungsarbeiten sind. Es ist beispielsweise bemerkenswert, dass viele SEO-Agenturen lange Zeit Geld damit verdienten, um Links abzubauen, die vorher als Linkaufbau teuer erkauft worden sind.

Diese SEO-Optimierungsarbeiten binden entweder die Zeit des Unternehmers oder Marketingleiters in einer Firma oder kosten Geld, das an externe Dienstleister bezahlt werden muss. Der entscheidende Punkt ist jedoch, dass eine vordere Position nicht garantiert werden kann und eine Optimierung oft nur auf wenige Hauptsuchbegriffe beschränkt ist.

Außerdem kann Google zukünftig, wie bereits erwähnt, die Spielregeln ändern. Dann gehen vorher schwer erkämpfte Ranking-Positionen auch schnell wieder verloren. Der Vorteil einer vorderen Position in dem organischen Listing besteht natürlich darin, dass keine zusätzlichen Klickkosten entstehen.

Das heißt, wenn Sie in der organischen Listung einmal vorne stehen, ist es in Bezug auf die Kosten egal, ob zwei oder hundert Besucher am Tag über dieses Suchergebnis auf Ihre Webseite kommen. Ein Klick auf die Google-Ads-Werbung hingegen verursacht natürlich bei jedem neuen Besuch eines Interessenten entsprechende Klickkosten. Da die Google-Ads-Werbung prominent oberhalb der organischen Suchergebnisse erscheint, fällt sie dem Google-User auf jeden Fall auf.

Vor allem bei der relevanten Zielgruppe, die auf der Suche nach Produkten oder Dienstleistungen ist, steht die Google-Ads-Werbung stärker im Fokus und wird auch öfter geklickt.

Analysieren Sie das Klickverhalten in Bezug auf Ihre Ranking-Position

Das Klickverhalten Ihrer Zielgruppe bei den unterschiedlichen Positionierungen sollten Sie in jedem Fall analysieren. Ziehen Sie dann Ihre Rückschlüsse in Bezug auf Ihre optimale Position.

Schauen wir uns im Vergleich zu SEO einmal die Vorteile der bezahlten Anzeigenwerbung in Suchmaschinen an. Diese Punkte sollten Sie in Ihre Entscheidung für oder gegen SEA einfließen lassen.

Keywords und Positionen bestimmen

Mit Google Ads können Sie Keywords relativ frei wählen. Darunter fallen auch sehr stark umkämpfte Suchbegriffe, bei denen Sie im organischen Ranking keine Chance haben, da starke Marken mit einer langen Historie die vorderen Rankings belegen. Mit SEA können Sie bei entsprechenden Klickgeboten auch vordere Anzeigepositionen erreichen und in gewissem Umfang bestimmen.

Dabei muss die erste Position nicht für jedes Produkt die beste Position sein. Selbst die vierte Position auf der ersten Seite der SERPs bei den bezahlten Textanzeigen hat eine bessere Sichtbarkeit als die neunte Position im organischen Ranking. Eine Beobachtung der Positionsergebnisse in Kombination mit entsprechender Anpassung Ihrer Google-Ads-Gebote ermöglicht es, bestimmte Ranking-Positionen zu erzielen, auch wenn diese nicht ganz exakt vorherzusagen sind. Bei SEA können im Gegensatz zu SEO abhängig von den finanziellen Ressourcen die Platzierungen in gewissen Positionen »garantiert« werden.

Zeitfaktor

Die Google-Ads-Werbung ist nach der Erstellung direkt innerhalb von ca. 15 Minuten auf der ersten Seite bei Google sichtbar, während die Auswirkungen von SEO-Maßnahmen teilweise erst nach Wochen oder Monaten spürbar sind. Wie viel Zeit vergeht, bis SEO-Maßnahmen wirken, hat immer mit dem jeweiligen Keyword und der entsprechenden Konkurrenz im Internet zu tun.

Individuelle Werbetexte

Ein weiterer Vorteil der Google-Ads-Anzeigen liegt in der Möglichkeit, individuelle Werbeaussagen in Ihren Anzeigentexten zu platzieren. Die Anzeigentexte können zudem schnell geändert werden. So ist es möglich, innerhalb sehr kurzer Zeit mithilfe der Google-Ads-Anzeigen auf neue Aktionen, Angebote oder Änderungen Ihres Werbeslogans zu reagieren. Dies dauert bei den organischen Suchergebnissen natürlich viel länger und ist außerdem nicht so exakt zu steuern. Hinzu kommt, dass Sie für Änderungen im SEO-Bereich meistens Unterstützung von Programmierern und SEO-Fachleuten benötigen.

KI-unterstützte Google-Tests

Da Google zunehmend KI für die Erstellung und das Testen von Titeln und Beschreibungstexten verwendet, werden die Ads-Anzeigen ständig von Google getestet. Als Werbetreibender können Sie daraus wertvolle Erkenntnisse ziehen, da in diese Tests auch Erkenntnisse aus ähnlich strukturierten Google-Ads-Konten einbezogen werden.

Kurzfristige Trends bewerben

Bei Keyword-Trends wie z. B. *Coronavirus*, die nur für eine kurze Zeit aktuell sind und danach wieder aus den Suchanfragen verschwinden, ergibt nur eine bezahlte Werbung Sinn. Ein Trend-Suchbegriff ist nach relativ kurzer Zeit für Werbende wieder uninteressant. Hier lohnt sich der Aufwand für die Suchmaschinenoptimierung erst gar nicht.

> **Achten Sie auch auf kurzfristige Trends**
>
> Reagieren Sie schnell auf neue »Suchtrends«. Die Schaltung einer Google-Ads-Anzeige lohnt sich bei solch neuen Begriffen, die dann zum Hype werden, meist nur zu Beginn, weil danach die Keywords zu teuer werden. Ein gutes Hilfstool zur Beobachtung neuer Entwicklungen im Suchmarkt ist *Google Trends* (*https://trends.google.de/trends*).

Besondere Möglichkeiten der Darstellung

Bei den bezahlten Anzeigen entwickelt Google immer wieder neue Möglichkeiten, damit Google-Ads-Anzeigen auffällig platziert werden können. Neben den zusätzlichen Sitelinks und den Bewertungssternen werden aktuell vermehrt Bilder als Eyecatcher in die Google-Ads-Werbung aufgenommen. Sie können dies zum einen bei den bezahlten Shopping-Kampagnen sehen, mit denen die Produkte aus Webshops beworben werden, zum anderen werden auch die Top-Ergebnisse in bestimmten Branchen bereits mit zusätzlichen Fotos verziert. Fotos ziehen die Blicke der Google-User unwillkürlich an und erhöhen somit die Aufmerksamkeit und letztlich die Klickrate der Anzeigen. Die Fotos nutzt Google mittlerweile auch bei den organischen Ergebnissen. Bei SEA-Anzeigen haben Sie jedoch wieder den Vorteil, dass Sie die Bilder bewusst auswählen und passend für Ihre Werbeaussage einsetzen können.

Spezielle Landingpage zum Keyword und zur Anzeige

Mit SEA können Sie viel gezielter die Inhalte der Unterseite bestimmen, die als Google-Ergebnis erscheinen soll. Denn die Unterseite wird direkt als Ziel zum Anzeigentext vom Werbenden selbst festgelegt, während die Zielseite im organischen Ranking in letzter Konsequenz durch Google bestimmt wird. Sie können zwar auch bei SEO im organischen Ranking Google die passende Zielseite »anbieten«, aber Google kann sich, anders als bei der bezahlten Werbung, auch für eine andere Zielseite entscheiden. Es gibt also bei SEO im Gegensatz zu SEA nicht die Sicherheit, die gewünschte Zielseite in den Google-Ergebnissen zu platzieren.

Fazit

Es gibt viele Argumente für Google-Ads-Anzeigen. Insbesondere zu Beginn des Suchmaschinenmarketings spielt SEA eine entscheidende Rolle, um die Potenziale dieses Marketingkanals auszuloten und Konzepte zu testen. Ein Gegenargument für den Einsatz von SEA sind jedoch die Kosten pro Klick auf einen Sponsored Link sowie das geringere Vertrauen (Trust), das bezahlte Anzeigen bei einigen Google-Nutzern nach wie vor genießen.

Sie sollten versuchen, möglichst beide Positionen (organisches und bezahltes Listing) zu besetzen. Verschiedene Studien haben gezeigt, dass viele Suchergebnisse zu einem Unternehmen in den SERPs das Vertrauen in eine Webseite stärken und dass letztlich die Klicks insgesamt zunehmen.

Aus Marketingsicht ist dies verständlich. Ein Firmen- bzw. Markenname oder eine Website, die öfter in den Suchergebnissen auftaucht, stärkt die Markenbildung und wird dann auch häufiger aus einer großen Anzahl an Suchergebnissen »unbewusst« ausgewählt und angeklickt.

Grundsätzlich bedeutet Suchmaschinenmarketing immer auch »testen, testen, testen«. Analysieren Sie daher auf jeden Fall, welche Platzierungen Ihnen bessere Ergebnisse in Form potenzieller Kunden liefern.

Falls Sie mit einer neuen Website starten und Ihr SEO-Projekt noch ganz am Anfang ist, sollten Sie auf jeden Fall mithilfe von Google Ads die Möglichkeiten des Suchmaschinenmarketings bezüglich Ihrer Produkte oder Dienstleistungen und Ihrer Website testen.

Durch die Schaltung Ihrer Anzeigen über einen begrenzten Zeitraum können Sie aus Ihrer Google-Ads-Statistik die folgenden wichtigen Informationen gewinnen:

- die durchschnittliche Anzahl der Suchanfragen für Ihre Suchbegriffe
- die Klickrate auf die wichtigsten Begriffe
- lohnende Suchbegriffe, die zu Conversions führen
- Anzeigentexte, die Ihre Zielgruppe ansprechen
- Landingpages, die Conversions erzeugen

Während des Testzeitraums sollten Sie täglich Ihr Google-Ads-Konto kontrollieren und Anpassungen vornehmen. Statten Sie Ihre Testkampagne auch mit genügend Budget aus, damit Sie relevante Zahlen für Ihre Statistik sammeln können. Auf Grundlage Ihrer Marktforschung erhalten Sie zum einen wichtige Kennzahlen zur Planung Ihrer Hauptkampagnen, und zum anderen finden Sie die lohnenden Suchbegriffe für Ihre SEO-Optimierung.

Sie sparen außerdem Geld bei Google Ads und für Ihr SEO-Projekt, wenn Sie z. B. direkt zu Beginn erkennen, dass Ihre Webseite gar nicht zum Verkauf oder zur Kontaktaufnahme animiert. In diesem Fall sollten Sie zunächst möglichst schnell eine veränderte Landingpage testen. Erst wenn Ihre Webseite auch Kunden oder Kontakte generiert, lohnen sich weitere Investitionen in SEO oder SEA.

Kann SEA das SEO-Ranking beeinflussen?

Immer wieder taucht die Vermutung auf, dass man sich mit Google-Ads-Werbung ein gutes SEO-Ranking bei Google »erkaufen« könne. Da es dafür bis jetzt keine Beweise gibt, kann man diese Vermutung nur in den Bereich der Mythen einordnen. Ein strikter Grundsatz der Google-Politik ist die Trennung bezahlter Werbung in der Google-Suchmaschine von der Platzierung in der organischen Suche. Sollte es nachweisbare Beeinflussungen geben, würde Google große Probleme bei der Kundenakzeptanz bekommen. Es gibt weder eine Bevorzugung noch einen Ausschluss in der organischen Listung, wenn eine Webseite bei Google Ads zu einem Begriff vorne gelistet ist.

Es gibt jedoch oft einen persönlich empfundenen Einfluss auf die Suchergebnisseiten, da die Suchergebnisse auf anderen Computern ein abweichendes Ergebnis von dem liefern, was man auf dem eigenen Rechner sieht. Es passiert z. B., dass die eigene Webseite aus unerklärlichen Gründen bei der Google-Ads-Werbung und auch bei der organischen Suche steigt oder fällt.

Diese Phänomene sind jedoch eher auf die Personalisierung der Google-Suchergebnisse zurückzuführen. Google personalisiert Ihre Suchergebnisse, auch wenn Sie nicht bei einem Google-Dienst wie Google Mail, dem Google-Ads-Programm, den Google Webmaster-Tools etc. angemeldet sind. Die Personalisierung funktioniert über sogenannte Browser-Cookies.

Durch die Personalisierung kann es passieren, dass Ihre eigene Werbung im Anzeigenrang fällt, da Sie ja nicht auf die eigenen Anzeigen klicken und Google somit Ihre Werbung als nicht relevant für Ihre Suche einstuft.

1.3 Die Google-Revolution

Man glaubt es zwar heutzutage nicht mehr, aber die Suchmaschinen wurden nicht durch Google erfunden, denn es gab bereits Suchmaschinen, bevor Google die Bühne des Internets betrat. Ehemalige Suchmaschinen wie *Lycos* (die mit dem schwarzen Schnüffelhund) oder auch *Excite* hatten jedoch andere Vorstellungen davon, wie mit einer Suchmaschine im Internet Geld verdient werden sollte.

Die Suchergebnisseiten von Lycos und Excite waren z. B. sehr bunt und mit vielen Informationen und Werbefenstern überzogen. Die Geschäftsidee bestand darin, auf den Suchseiten Werbeplätze zu verkaufen. Die Technik, die als Grundlage der Suchmaschinen von Lycos oder Excite diente, war jedoch bei Weitem nicht so gut wie die von Google bzw. *BackRub*. So hieß die erste Suchmaschine, die der Google-Mitgründer Larry Page 1996 entwickelt hatte.

Interessanterweise wollte Larry Page BackRub 1997 an Excite verkaufen. Bei einem Treffen von Larry Page und George Bell, einem Aufsichtsrat von Excite, wurde darum im Vorfeld der Verkaufsverhandlungen ein Suchexperiment durchgeführt. Hier ein Auszug aus dem Buch *Google Inside*, das dieses Treffen beschreibt:

> *»Die erste Testabfrage lautete ›Internet‹. Laut Hassan handelte es sich bei den ersten Excite-Ergebnissen um chinesische Webseiten, in denen sich das englische Wort ›Internet‹ in einem Durcheinander chinesischer Zeichen verbarg. Dann gab das Team ›Internet‹ in BackRub ein. Die ersten beiden Ergebnisse führten zu Seiten, auf denen die Nutzung verschiedener Browser erklärt wurde. Das waren genau die hilfreichen Ergebnisse, die jemand, der eine derartige Abfrage eingäbe, zufriedenstellen würden.«*[3]

Zusammenfassend kann man sagen, dass die Suchmaschine BackRub zum einen schneller war und zum anderen bessere Ergebnisse lieferte als die Excite-Suchmaschine. Dies führte jedoch dazu, dass Bell als Verantwortlicher von Excite den Kauf von BackRub ablehnte. Die Begründung war aus Sicht der Excite-Manager sehr simpel und einleuchtend. Aus ihrer Sicht war die Schlussfolgerung sogar richtig, weil es einen anderen Denkansatz gab: Die Suchmaschine von Larry Page war einfach zu schnell und lieferte dadurch direkt passende Suchergebnisse. Dies bedeutete aber in der Logik der Excite-Verantwortlichen auch eine kürzere Kundenkontaktzeit in ihrem Suchportal. Die Excite-Nutzer wären also schneller zu den Suchergebnissen gelangt und hätten damit das Suchportal schneller wieder verlassen. Dadurch hätte aber das Geschäftsmodell gelitten, denn eine wichtige Argumentation bei der Schaltung von Werbebannern waren die Kundenkontaktzeiten: Je länger sich Besucher in einem Portal aufhalten, desto besser können die Werbeflächen vermarket werden.

3 Steven Levy: Google Inside. mitp-Verlag, 2012, S. 41.

Die Google-Revolution bestand nun darin, dass die Google-Startseite fast nur aus weißer Fläche bestand und das Suchfeld – und nicht die Werbung! – im Vordergrund stand. Ganz im Sinne der Nutzer konzentrierte man sich auf den Suchvorgang und auf entsprechend gute Ergebnisse. Für Google war die Suchergebnisseite wichtiger, denn hier wurde die Werbung verkauft – und zwar nach dem Pay-per-Click-Modell. Nicht die Einblendung der Werbung kostete also Geld, sondern der Klick auf die Werbung! Das war die Revolution. Interessanterweise ergaben Befragungen in den Anfangszeiten von Google Ads, dass die Werbung von den Google-Usern gar nicht als Werbung wahrgenommen wurde.

Wichtiger Hinweis

Google testet derzeit die Anzeige sogenannter Discovery-Ergebnisse, die personalisierten Inhalt bieten und auf der Startseite der Google-Suche angezeigt werden sollen. Dies könnte dazu führen, dass die Google-Startseite in Zukunft nicht mehr von einer leeren weißen Fläche geprägt ist. Das grundlegende Prinzip der Werbeschaltung auf der Ergebnisseite bleibt von dieser Neuerung jedoch unberührt.

Google Ads oder AdWords, wie es damals hieß, war der Start der Google-Werbung. Andere Google-Geschäftsmodelle wie die Vermarktung über das Google Displaynetzwerk im Zusammenspiel mit *Google AdSense* oder die Videowerbung auf YouTube kamen erst später hinzu. Der große Erfolg von Google beruht auf der Pay-per-Click-Werbung sowie auf den schnellen und mit Blick auf die Konkurrenz qualitativ besseren Suchergebnissen.

Was ist AdSense?

Google AdSense ist ein spezielles Programm von Google, das die Möglichkeit zur Vermarktung von Werbeplätzen außerhalb des Google-Suchnetzwerks anbietet. Mithilfe des AdSense-Programms können kleine und große Webseitenbetreiber Werbeplätze auf ihren Webseiten über Google vermarkten.

Diese Webseiten werden als Placements im Google Displaynetzwerk angeboten. Zunächst wurden über dieses Netzwerk nur Textanzeigen angeboten, seit 2009 besteht jedoch auch die Möglichkeit, Werbebanner über Google AdSense zu vermarkten. Während Google also über Google Ads die Nachfrage nach Werbeplätzen organisiert, wird über AdSense das Angebot an Werbeplätzen im Content-Netzwerk gesteuert.

AdSense wurde 2003 von Google gestartet. 2013 hatte die Plattform weltweit bereits über zwei Millionen Publisher, deren Werbeflächen über Google Ads gebucht werden konnten. Für viele kleine Webseitenbetreiber ist AdSense eine der wichtigsten Einnahmequellen.

Das Geschäftsmodell *Pay-per-Click*, also für einen Klick auf ein Ergebnis zu bezahlen, revolutionierte das Modell des Suchmaschinenmarketings. Statt für Anzeigen auf der Plattform zu bezahlen, bezahlten die Werbetreibenden für die Suchergebnisse, die Suchende auf ihre Webseite führten. Dies war eine Win-win-Situation für beide Gruppen: für Google und für die Werbetreibenden.

Die Google-Idee ging jedoch noch weiter, denn Google wollte immer auch eine Gewinnsituation für die Suchenden generieren. Darum bestand Google von Anfang an auf einer gewissen Qualität bei den Werbeanzeigen. Google-User finden also nicht nur passende Ergebnisse im organischen Teil, auch die Werbeeinblendungen sollen idealerweise passende Informationen zu den gesuchten Problemen, Produkten und Dienstleistungen liefern.

1.3.1 Google Ads, die Grundlage des Google-Systems

Das Pay-per-Click Advertising, Google Ads, bildet also die Grundlage des kommerziellen Erfolgs von Google. Mit der Idee, Werbende für einen Klick auf ihre Anzeige bezahlen zu lassen, hat Google bis jetzt den bei Weitem größten Teil seines Geldes verdient. Die bezahlten Anzeigen in der Suchmaschine und bei den Google-Suchpartnern, ergänzt um die Anzeigen im Google Displaynetzwerk, verhelfen Google zu einem riesigen Umsatz in Milliardenhöhe – 58,1 Milliarden US-Dollar waren es beispielsweise im zweiten Quartal 2023 bei einem Gesamtumsatz der Google-Mutter Alphabet von 74,6 Milliarden US-Dollar.[4]

Googles wichtige Aufgabe in der Zukunft wird es sein, die Möglichkeiten der Google-Suche weiter zu optimieren und die Suchergebnisse laufend zu verbessern. Solange die Internetnutzer Google als Suchmaschine annehmen, ist die Vermarktung der Google-Ads-Anzeigen gesichert.

1.3.2 Für das Ranking bieten: Anzeigenpositionen als Auktionsmodell

Wie funktioniert die Vermarktung der Werbung in der Google-Suchmaschine? Das Grundprinzip möchten wir hier kurz auf einfache Weise erläutern, auch wenn der Vorgang insgesamt viel komplexer ist. Vereinfacht gesagt, bieten die Werbenden in einer Auktion um die besten Plätze im Google-Ranking. Diese Auktion startet jedes Mal aufs Neue, wenn ein Suchender einen Begriff in das Google-Suchfeld eingibt. Bei jeder neuen Suchanfrage wird also in Bruchteilen von Sekunden berechnet, mit wel-

4 Siehe: *https://abc.xyz/investor/*

chem Gebot welche Anzeige platziert werden kann und in welcher Reihenfolge das geschieht.

Der Werbende (oder das Ads-System bei automatisierter Gebotsstrategie) legt mithilfe eines sogenannten *maximalen CPC* den maximal gewünschten Klickpreis vorher fest. Der maximale CPC stellt den Höchstbetrag dar, der für einen Klick auf eine Anzeige ausgegeben werden darf. Die Gebote beziehen sich dabei auf das Keyword, das die Schaltung der Anzeige auslösen wird. Der berechnete Klickpreis, der meistens niedriger als der maximale Klickpreis ist, fällt erst dann an, wenn auch auf die Anzeige geklickt und der Google-User dann auf die Webseite des Werbenden weitergeleitet wurde.

1.3.3 Qualität ist wichtig: Anzeigenrelevanz beachten

Der wichtigste Unterschied zwischen der Google-Ads-Anzeigenauktion und einer normalen Auktion besteht im sogenannten *Qualitätsfaktor*. Die Qualität der Google-Ads-Anzeigen spielt eine wichtige Rolle. Denn für die Schaltung und die Position einer Anzeige ist nicht allein das maximale Gebot für das jeweilige Keyword wichtig, sondern aus Google-Sicht muss die Werbeanzeige auch optimal zur Suchanfrage passen. Dies macht Google, vereinfacht gesagt, an dem Faktor Qualität fest. Besitzt der Werbende eine gute (d. h. qualitativ hochwertige) Anzeige, die gut zum geschalteten Keyword bzw. zur Suchanfrage des Google-Users passt, und bietet der Werbende darüber hinaus auch noch eine passende Landingpage zur Textanzeige an, bewertet Google dies mit einer hohen Qualität. Google weist dem Keyword anhand verschiedener Daten einen Qualitätsfaktor auf einer Skala von 1 (niedrig) bis 10 (hoch) zu. Weitere Details zum Qualitätsfaktor zeigen wir Ihnen in Abschnitt 16.5, »Der Qualitätsfaktor spart bares Geld«.

Achten Sie auf den Qualitätsfaktor

Als Werbender bei Google sollten Sie immer auf eine hohe Qualität Ihrer Keywords, Anzeigen und Landingpages achten. Denn eine hohe Qualität bedeutet, dass Sie im Vergleich zu Ihren Konkurrenten entweder weniger für Ihre Anzeigenposition bezahlen – oder dass Sie bei gleichem Gebot höher platziert werden. Falls Sie also mit einem niedrigeren Ranking zufrieden sind, spart die verbesserte Qualität bares Geld. Ihr Google-Ads-Ranking, sprich Ihre Anzeigenposition, setzt sich nämlich aus dem maximalen CPC multipliziert mit dem Qualitätsfaktor zusammen.

1.3.4 Der Google Ads Discounter

Der *Google Ads Discounter* ist ein spezielles Tool, das in Google Ads integriert ist. Dieses Tool sorgt dafür, dass der Bieter nicht automatisch sein Maximalgebot bezahlen muss, sondern nur das Gebot, das notwendig ist, um den nächsttiefer platzierten Konkurrenten zu überbieten. Der Discounter überwacht alle Mitbewerber der jeweiligen Auktion und senkt automatisch den effektiven Cost-per-Click. So funktioniert der Google Ads Discounter in der Praxis.

Stellen wir uns ein einfaches Beispiel vor: Für einen Suchbegriff (Keyword) haben zu einem bestimmten Zeitpunkt drei Anbieter Gebote abgegeben. Zum besseren Verständnis lassen wir in der vereinfachten Version zunächst den Qualitätsfaktor außen vor.

Die drei Anbieter haben die folgenden maximalen CPC-Gebote eingestellt (siehe Abbildung 1.23):

- Anbieter A bietet 1,00 €.
- Anbieter B bietet 2,00 €.
- Anbieter C bietet 3,00 €.

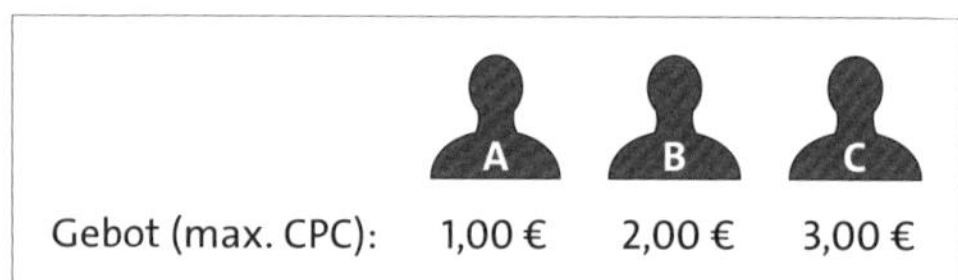

Abbildung 1.23 Maximale Klickgebote je Anbieter

Die Anzeigen würden in diesem Beispiel nach dem Auktionsprinzip in folgender Reihenfolge geschaltet. An erster Stelle steht die Anzeige von Anbieter C, gefolgt von Anbieter B, und zum Schluss erscheint dann Anbieter A.

Dabei würde Anbieter A, der an letzter Stelle mit seiner Anzeige steht, in dieser vereinfachten Version 1,00 € pro Klick bezahlen. Anbieter B, der zwar 2,00 € bietet, würde aufgrund des Google Ads Discounter nur 1,01 € bezahlen (siehe Abbildung 1.24). Dies wäre das Gebot, das notwendig ist, um Anbieter A zu übertrumpfen.

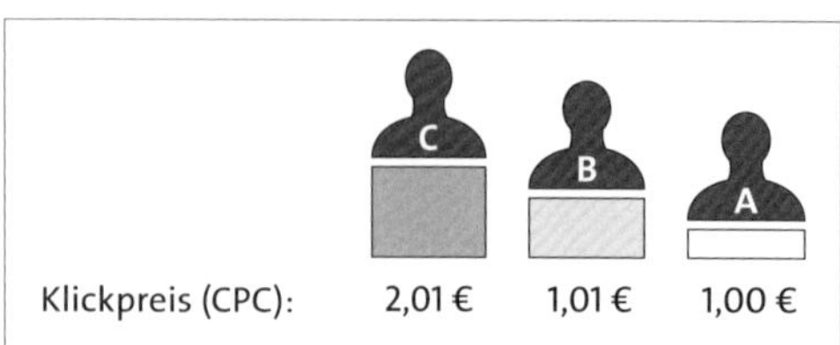

Abbildung 1.24 Positionen und Klickpreise – vereinfachte Version!

Anbieter C wiederum, der in unserem kleinen Beispiel an erster Stelle der Suchergebnisse steht, würde 2,01 € bezahlen. Auch dieser Klickpreis ist für ihn das niedrigste Gebot, das erforderlich ist, um Anbieter B zu überbieten.

Die Funktionsweise des Google Ads Discounter basiert also auf der Unterscheidung zwischen dem maximalen Cost-per-Click-Gebot eines Werbekunden und dem tatsächlichen Klickpreis, der notwendig ist, um eine höhere Position als der direkte Konkurrent zu erreichen. Diese Funktionsweise wurde von vielen Werbekunden als fair anerkannt und begründete den schnellen Erfolg von Google Ads in den Anfangszeiten dieses Werbeprogramms.

1.3.5 Der Qualitätsfaktor nimmt Einfluss auf die Platzierung

Jetzt kommt jedoch noch der Qualitätsfaktor ins Spiel. Denn bei Google Ads zählen nicht nur die reinen Gebote für eine Platzierung, sondern auch die Qualität der Anzeigen sowie die Zielseite zum angefragten Keyword spielen, wie bereits erwähnt, eine sehr wichtige Rolle für das Ranking. Zudem hat der Qualitätsfaktor auch Einfluss auf den tatsächlich zu zahlenden Klickpreis. Unser aufgeführtes Beispiel muss also noch um den Qualitätsfaktor erweitert werden (siehe Abbildung 1.25).

Dabei ist es zuerst wichtig, dass Sie wissen, wie die Anzeigenpositionen von Google Ads berechnet werden. Dafür wird zunächst der Ad Rank, das Anzeigen-Ranking, berechnet. Für diese Berechnung wird der maximale CPC, also das Gebot, das der Anbieter maximal für einen Klick auf seine Anzeige ausgeben möchte, mit dem Qualitätsfaktor des Keywords multipliziert. Aus diesem Anzeigen-Ranking wird dann die Anzeigenposition bestimmt, wobei der Anbieter mit dem höchsten Ad Rank dann an Position eins steht.

Erweitern wir also unser Beispiel nun um den Qualitätsfaktor:

- Anbieter A bietet 1,00 € und besitzt den Qualitätsfaktor 8.
- Anbieter B bietet 2,00 € und besitzt den Qualitätsfaktor 2.
- Anbieter C bietet 3,00 € und besitzt den Qualitätsfaktor 3.

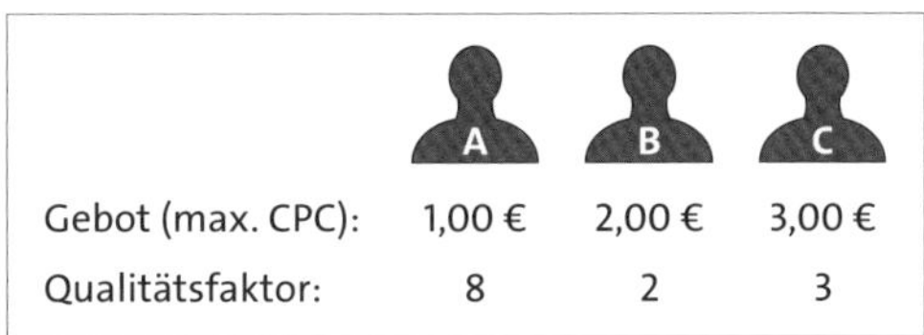

Abbildung 1.25 Gebote und Qualitätsfaktoren der einzelnen Anbieter

Aus diesen Vorgaben ergeben sich folgende Rankings:

- Ad Rank A: 1,00 × 8 = 8
- Ad Rank B: 2,00 × 2 = 4
- Ad Rank C: 3,00 × 3 = 9

Aus den Ad Ranks wird dann die Reihenfolge der Anzeigenschaltung ermittelt, wobei die Anzeige zum Keyword mit dem höchsten Ad Rank an erster Stelle steht. Für unser Beispiel ergibt sich daher folgende Reihenfolge der Anzeigenschaltung (siehe Abbildung 1.26): Anbieter C, Anbieter A, Anbieter B.

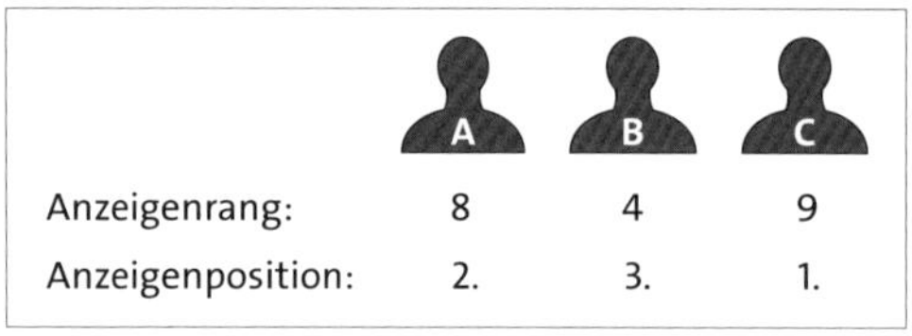

	A	B	C
Anzeigenrang:	8	4	9
Anzeigenposition:	2.	3.	1.

Abbildung 1.26 Berechnung zu Anzeigenrang und -position

Wenn die Reihenfolge feststeht, kann mit der folgenden Formel der tatsächliche Klickpreis berechnet werden:

Anzeigenrang des nächsttiefer gelegenen Konkurrenten ÷ eigenen Qualitätsfaktor in € + 0,01 €

Der Anbieter an der untersten Position (in unserem Beispiel Position 3) bezahlt jedoch immer nur sein Mindestgebot. Dieses Mindestgebot wird von Google Ads für jeden Anbieter unter Einbeziehung seines Qualitätsfaktors individuell berechnet. In unserem Beispiel belegt Anbieter B den letzten Platz (siehe Abbildung 1.27).

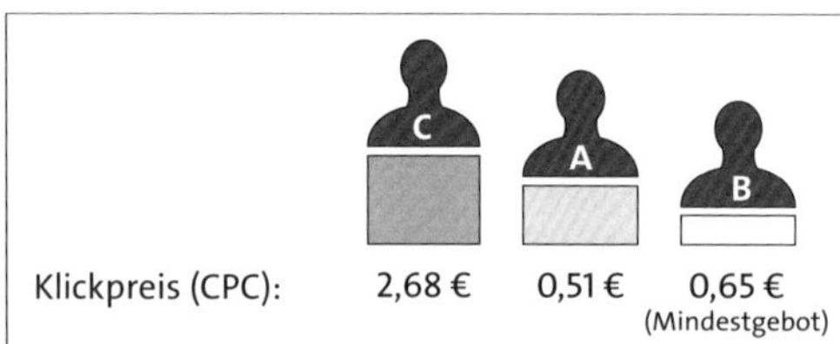

Abbildung 1.27 Klickpreis unter Berücksichtigung des Qualitätsfaktors

Was ist ein Mindestgebot bei Google Ads?

Google Ads legt für jedes Keyword ein Mindestgebot fest. Dieses Mindestgebot hängt zum großen Teil vom jeweiligen Qualitätsfaktor des Keywords ab. Bei einer manuellen Gebotsstrategie erhält der Kontomanager in Abhängigkeit vom eingegebenen maximalen CPC im Google-Ads-System eine Rückmeldung, ob das Gebot für das Keyword den Anforderungen des Mindestgebots entspricht. Wird das Gebot nicht erhöht, dann wird das Keyword quasi von der Auktion um die Anzeigenplätze ausgeschlossen.

Zurück zu unserem Beispiel: Anbieter A, der eine Position über B gelistet ist, bezahlt nur den Klickpreis, der notwendig ist, um den direkten Konkurrenten zu überbieten.

Auch unter Berücksichtigung des Qualitätsfaktors orientiert sich der Klickpreis zunächst an dem Höchstgebot des direkten Konkurrenten. Hinzu kommt nun jedoch auch noch das Verhältnis der Qualitätsfaktoren beider Konkurrenten.

Der Zusammenhang zwischen maximalem CPC und den beiden Qualitätsfaktoren wird deutlich, wenn wir die Formel einmal »auseinandernehmen«.

Hier sehen Sie zunächst noch einmal die Formel zur Berechnung des Klickpreises:

Anzeigenrang des nächsttiefer gelegenen Konkurrenten ÷
eigenen Qualitätsfaktor in € + 0,01 €

Dabei setzt sich der Anzeigenrang folgendermaßen zusammen:

Anzeigenrang = max. CPC × Qualitätsfaktor

Daraus ergibt sich:

[max. CPC (Konkurrent) € × Qualitätsfaktor (Konkurrent) ÷
Qualitätsfaktor (eigener)] + 0,01 €

Diese Formel kann man noch etwas übersichtlicher schreiben:

[Qualitätsfaktor (Konkurrent) ÷ Qualitätsfaktor (eigener) ×
max. CPC (Konkurrent) €] + 0,01 €

Besitzen beide Konkurrenten den gleichen Qualitätsfaktor, ergibt sich unsere Berechnung aus dem vereinfachten Beispiel. Der höher gelistete Anbieter zahlt nur einen Cent mehr als das maximale Gebot des direkten Konkurrenten:

1 × max. CPC (Konkurrent) € + 0,01 €

1.3.6 Das Budget – Was kostet Google Ads?

Sie haben bereits gesehen, dass es keine festen Klickpreise bei Google Ads gibt. Die Klickpreise variieren je nach der allgemeinen Nachfrage nach einem bestimmten Keyword, der Anzahl der Konkurrenten für eine gegebene Suchanfrage sowie dem Qualitätsfaktor des Keywords und des gesamten Google-Ads-Kontos.

In der Regel sind sehr allgemeine Keywords relativ teuer, da sie häufig gesucht und dann auch oft angeklickt werden. Solche Keywords haben meist viele Konkurrenten, was zu einer schlechten Klickrate und damit auch zu einem schlechten Qualitätsfaktor führt. Spezifischere Keywords sind darum entsprechend günstiger.

Es ist kompliziert, genaue Aussagen über die Klickpreise einzelner Keywords zu treffen, und noch herausfordernder ist es, Empfehlungen für ein generelles Budget bei Google Ads abzugeben.

Da es keine allgemeinen Aussagen zum Budget gibt, müssen Sie zunächst das ungefähr notwendige Budget für Ihre Kampagnen ermitteln. Sie sollten also jedes Mal eine Abschätzung zu einer neuen Google-Ads-Kampagne durchführen. Für eine erste Abschätzung sollten Sie sich zunächst sehr intensiv mit Ihren Keywords beschäftigen, die Sie für eine neue Kampagne nutzen möchten.

Der *Google Ads Keyword-Planer* ist dabei ein sehr hilfreiches und wertvolles Tool, das Sie auch für Ihre Budgetabschätzungen nutzen können. Nach Auswahl Ihrer zentralen und laut Google häufig angeklickten Keywords zeigt Ihnen der Keyword-Planer die Anzahl der Suchanfragen, die voraussichtlichen Klicks sowie das geschätzte Tagesbudget basierend auf Ihren Vorgaben. Beachten Sie allerdings, dass es sich hierbei stets um grobe Schätzungen handelt. Für eine erste Budgeteinschätzung sind diese jedoch ausreichend.

Nachdem Sie eine Einschätzung von Google zum notwendigen Budget (siehe Abbildung 1.28) aufgesplittet in monatliche Kosten ❶ und Tagesbudget ❷ mithilfe Ihrer wichtigsten Keywords für Ihre Kampagne ermittelt haben, sollten Sie diesen Wert dem zur Verfügung stehenden Werbebudget gegenüberstellen. Grundsätzlich sollten Sie (bzw. der Budgetverantwortliche im Unternehmen) Ihr Werbebudget immer selbst bestimmen und nicht die Vorgaben des Google-Tools ungefragt übernehmen. Die Handhabung des Google Ads Keyword-Planer mit den Möglichkeiten der Budgetabschätzung zeigen wir Ihnen in Abschnitt 2.7.1.

Weicht die Budgetvorgabe aus dem Keyword-Planer zu stark von Ihren Möglichkeiten ab, müssen Sie überlegen, durch welche Maßnahmen Sie Ihre Kampagnen beschränken können, um so das notwendige Budget zu reduzieren. Bei unbegrenztem Budget können Sie natürlich alles machen, was Google vorschlägt – aber diese Situation kommt in der Praxis sehr selten vor.

Sie müssen daher Ihre Kampagnen eventuell begrenzen. Dies kann beispielsweise dadurch erfolgen, dass Sie Ihre Kampagnen nur in ausgewählten Zielregionen schalten oder die Kampagnen auf bestimmte Tage oder Tageszeiten beschränken. Auch eine Reduktion auf die wichtigsten Keywords kann eine sinnvolle Möglichkeit sein, um die Kosten Ihrer Google-Ads-Kampagnen zu deckeln. Bei allen Beschränkungen müssen Sie jedoch immer darauf achten, dass Sie genug Tagesbudget zur Verfügung haben, damit auch die teuren Keywords Ihrer Kampagne eine Chance zur Ausspielung haben, sodass zu diesen Keywords Anzeigen geschaltet werden und die Chance auf Conversions besteht.

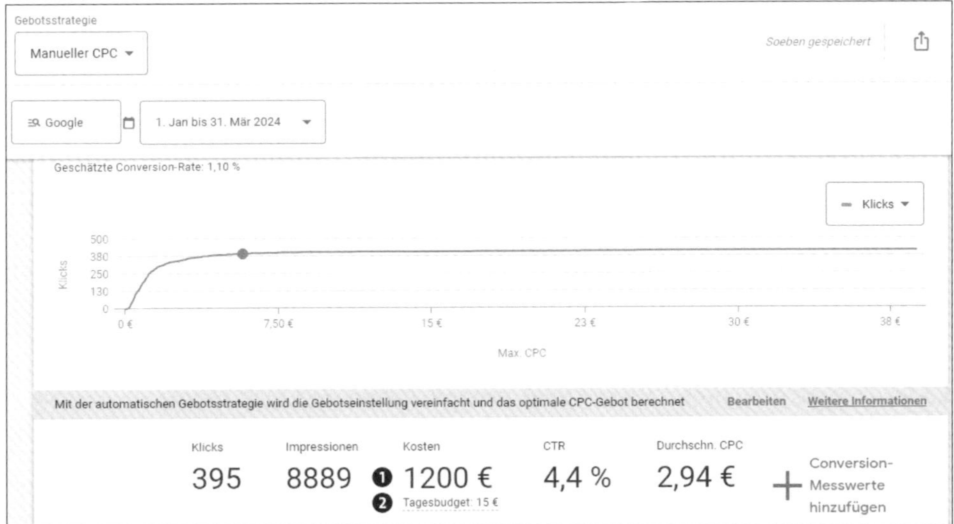

Abbildung 1.28 Budgetabschätzung mit dem Keyword-Planer

Führen Sie also Ihre Google-Ads-Werbung zunächst als Test in einem beschränkten Umfang durch. Wenn Ihre Kampagne mit entsprechenden Optionen und passenden Texten sowie der Landingpage optimiert ist, können Sie diese Kampagne Schritt für Schritt erweitern, das heißt neue Regionen, Zeiten und Keywords hinzunehmen. Gleichzeitig erhöhen Sie dazu dann Ihr Kampagnenbudget.

1.3.7 Lokal, regional, global – die Welt als Markplatz für Ihr Geschäft

Unter dem Begriff *Geotargeting* oder auch *Geolocation* werden die Möglichkeiten zusammengefasst, Google-Ads-Werbung sehr zielgerichtet auf unterschiedliche Regionen auszurichten.

Obwohl Sie grundsätzlich mit Suchmaschinenmarketing Ihre Kunden auf der ganzen Welt via World Wide Web erreichen können, kann es auch sinnvoll sein, Ihre Google-Ads-Werbung nur für Ihre Stadt zu schalten. Das Geotargeting ist dabei immer abhängig von Ihrem Produkt- oder Dienstleistungsangebot und Ihrer spezifischen Zielgruppe. Für einen Unternehmer, der beispielsweise eine Dienstleistung als Handwerker anbieten möchte, ist es sinnvoll, Google Ads nur in einem bestimmten Umkreis (z. B. 100 Kilometer rund um seine Firmenadresse) auszuspielen. Ein Webshop-Besitzer möchte jedoch verständlicherweise im gesamten deutschsprachigen Raum (z. B. Deutschland, Österreich, Schweiz) mithilfe von Ads gefunden werden. Und dazwischen gibt es noch unzählige Kombinationen aus Zielregionen, die für bestimmte Zwecke sinnvoll sind. Die verschiedenen regionalen Ausrichtungen der Werbung sind alle in Google Ads möglich. Sie können Ihre Werbung also lokal, regional, national, aber auch international schalten. Welche Regionen Sie dafür auswählen, hat mit Ihrer Online-Strategie zu tun.

Dabei ist die Ausrichtung auf verschiedene Zielregionen nicht nur für die Suche möglich, auch im Displaynetzwerk können Sie z. B. bei großen Online-Zeitschriften Ihre Werbung nur für Besucher aus Ihrer Stadt buchen. In allen übrigen Zielregionen (also außerhalb Ihrer Stadt) erscheint währenddessen auf derselben Werbefläche Werbung von anderen Google-Kunden.

1.3.8 Google Ads, mehr als nur SEM: Image, Video und Rich Media

Wie bereits erwähnt, wird Google Ads zwar primär mit dem Thema Suchmaschinenmarketing verbunden, das Ads-Werbeprogramm bietet jedoch mehr Möglichkeiten als nur die Schaltung von Textanzeigen auf Google-Suchergebnisseiten. Mithilfe des Google-Ads-Programms können Sie auch Banneranzeigen und animierte Bilder bis hin zu Videoclips auf verschiedenen Webseiten, in verschiedenen Portalen und Foren sowie auf YouTube schalten.

Der größte Werbebereich neben der Google-Suche nennt sich *Google Displaynetzwerk* (GDN). Für dieses Netzwerk gibt es unterschiedliche Möglichkeiten, Anzeigen zu schalten. Im Unterschied zum Suchnetzwerk besteht im Displaynetzwerk die Möglichkeit, Werbebanner (siehe Abbildung 1.29) oder auch Videoclips auszuliefern. Diese Werbeform sollten Sie nutzen, wenn Sie eher Branding-Effekte erzielen möchten. Die Botschaften der Image-Anzeigen werden zum Teil auch unbewusst wahrgenommen, selbst wenn nicht auf die Anzeigen geklickt wird.

Neben der Schaltung von Image-Anzeigen und Videos ist es im GDN jedoch auch möglich, Textanzeigen zu schalten. Diese Textanzeigen unterscheiden sich in ihrer Aufmachung von den Anzeigen, die Sie aus der Google-Suche kennen. Grundsätzlich kann Google Ads jedoch die Textbausteine der Anzeigen aus dem Suchnetzwerk auch für das Displaynetzwerk verwenden. Diese textlastigen Anzeigen werden auf den Content-Seiten dann ein wenig anders und somit – im Vergleich zu den einfachen Textanzeigen auf den Google-Suchergebnisseiten – auch interessanter (siehe Abbildung 1.30) dargestellt.

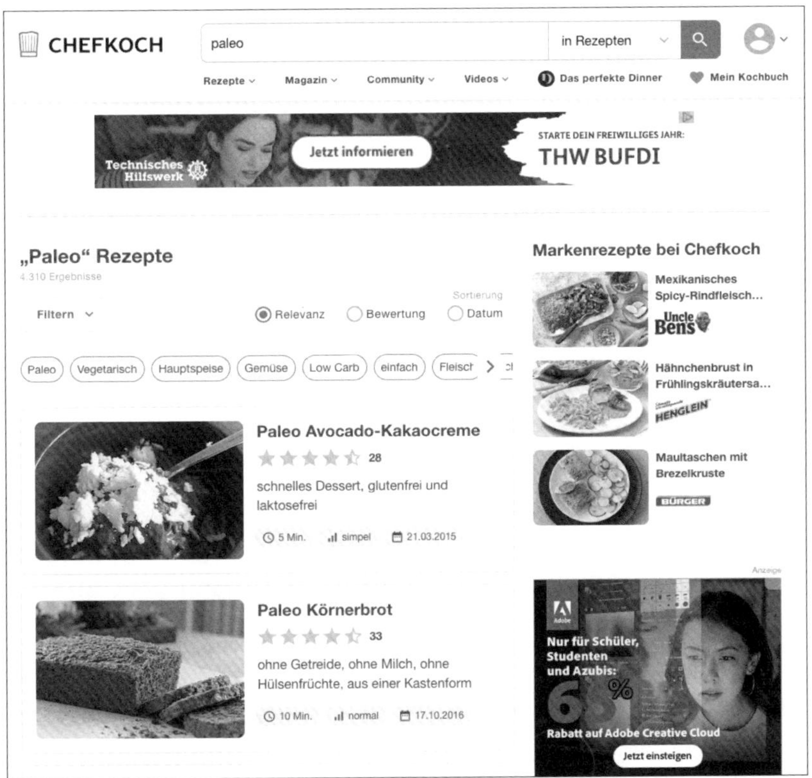

Abbildung 1.29 Image-Anzeigen im Displaynetzwerk

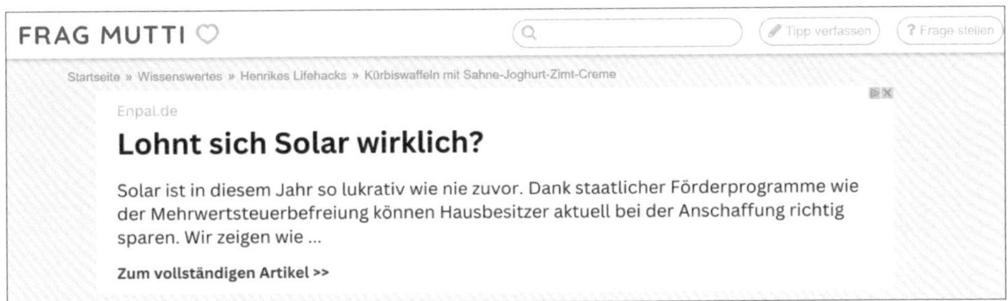

Abbildung 1.30 Eine Textanzeige im Displaynetzwerk

Auch in YouTube, der nach der Google-Suche zweitgrößten Suchmaschine, können Sie über das Google-Ads-Backend Werbung in Form von Videofilmen oder auch Banneranzeigen schalten. Bei der Suche in YouTube werden diese gesponserten Videos deutlich als Anzeigen gekennzeichnet und beispielsweise an den ersten Positionen der Suchergebnisse gelistet (siehe Abbildung 1.31).

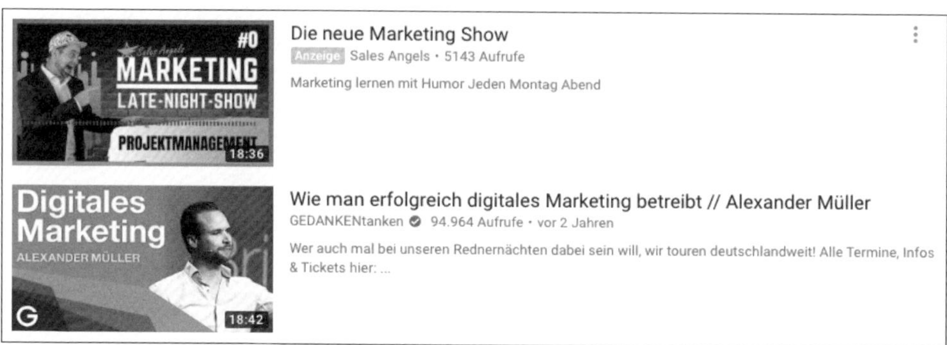

Abbildung 1.31 Videoanzeigen auf der YouTube-Suchergebnisseite

1.3.9 Werbung in verschiedenen Google-Netzwerken

Wie Sie gesehen haben, können Sie mithilfe von Google Ads Ihre Anzeigen in verschiedenen Netzwerken schalten. In Abbildung 1.32 haben wir noch einmal die verschiedenen Möglichkeiten und die Angabe von Beispielseiten in einem Überblick zusammengefasst.

Der größte und auch wichtigste Bereich ist dabei die Suche im Google-Suchnetzwerk. Das *Google-Suchnetzwerk* beinhaltet alle Google-Seiten, bei denen auch eine Suchfunktion eingesetzt wird.

Abbildung 1.32 Google-Ads-Netzwerke zur Anzeigenschaltung mit Beispielseiten

Die Erweiterung des Google-Suchnetzwerks sind dann die *Google-Suchnetzwerk-Partner*, denn hierzu gehören auch alle Google-Suchpartner, wie z. B. T-Online (siehe Abbildung 1.33), Web.de, Aol.de und weitere.

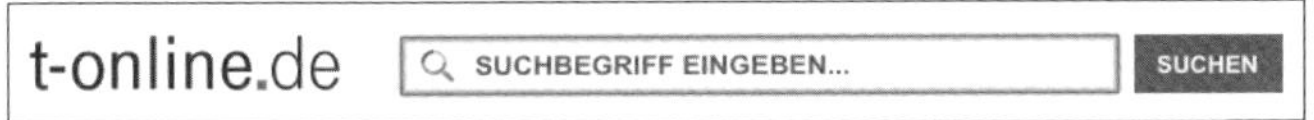

Abbildung 1.33 Suchfeld beim Google-Partner »T-Online«

Auch bei den Partnern funktioniert die Suche analog zur Google-Suche. Neben den organischen Treffern, die aus der Google-Datenbank kommen, werden dort die Google-Ads-Textanzeigen geschaltet (siehe Abbildung 1.34).

Der dritte große Bereich der Google-Ads-Werbung besteht aus dem *Google Displaynetzwerk* (GDN). In diesem Netzwerk bietet Google z. B. die Seiten der AdSense-Partner als Werbefläche an. Die Werbung wird im GDN auf Webseiten wie z. B. Foren, Informationsportalen, Online-Magazinen, Blogs, Community-Seiten etc. geschaltet. Im Google Displaynetzwerk können Textanzeigen, Image-Anzeigen sowie animierte Bilder bis hin zu Videos geschaltet werden. Im mobilen Bereich ist zudem die Schaltung von Anzeigen innerhalb von Apps möglich.

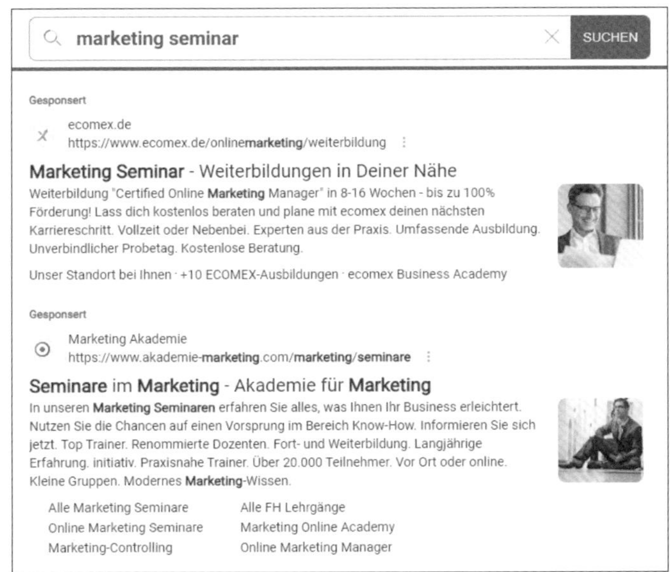

Abbildung 1.34 Google-Ads-Anzeigen auf der T-Online-Ergebnisseite

Als eigenständige Plattform der Google-Werbung sollte noch einmal YouTube hervorgehoben werden. Auch bei dieser Google-Tochter können, wie bereits geschildert, verschiedene Werbeformate platziert werden. Dabei sind vor allem Videofilme interessant, die zu einem bestimmten Themenbereich auf YouTube platziert werden können.

1.4 Die Grenzen des Suchmaschinenmarketings

Suchmaschinenmarketing ist ein wichtiger Bestandteil des Online-Marketings, aber es hat auch seine Grenzen. Mithilfe der Suchmaschinen können Sie zwar neue potenzielle Kunden auf Ihre Webseite lenken, Sie haben aber keine Garantie, dass aus den Webseitenbesuchern dann auch echte Kunden werden. Die Bedeutung von Suchmaschinen für den Kaufvorbereitungsprozess ist natürlich sehr groß, aber nicht jeder Webseitenbesucher bestellt dann auch online. Darum ist es manchmal schwierig, den gesamten Weg des Kunden (die *Customer Journey*) von der Suchmaschine bis zum Kauf zu verfolgen.

Ein weiteres Problem des Suchmaschinenmarketings besteht darin, dass Suchmaschinen nur Traffic auf die Webseite bringen können, wenn die passenden Suchbegriffe, das Produkt oder die Dienstleistung auch bekannt sind oder wenn der Suchende vermutet, dass es eine bestimmte Lösung für sein Problem gibt. Unbekannte bzw. neue Produkte, die noch nicht so bekannt sind, werden selten oder gar nicht bei Google gesucht. Hier versagt dann das Medium Suchmaschine. Für diese Produkte müssen andere Strategien entwickelt werden. Bei unbekannten Produkten ergibt es z. B. eher Sinn, entsprechende Werbung auf thematisch passenden Seiten mithilfe von Image-Anzeigen oder Videoclips zu präsentieren. So kann dann mithilfe der Push-Strategie ein Bedürfnis für ein bestimmtes Produkt geschaffen werden.

1.5 Fazit

In diesem ersten Kapitel haben Sie das Suchmaschinenmarketing und die Rolle von Google für diese Marketingstrategie kennengelernt. Sie kennen nun auch die grundlegenden Möglichkeiten von Google Ads und wissen, wie Ihr Gebot und der Google-Qualitätsfaktor zusammen das Ranking und den Klickpreis Ihrer Google-Ads-Werbung beeinflussen.

1.6 Checkliste

Welche der unterschiedlichen Werbemöglichkeiten mit Google Ads ist am besten für Ihre Dienstleistung oder Ihr Produkt geeignet? Machen Sie einen »Quick-Check«.

Ich möchte folgende Produkte/Dienstleistungen bewerben	Google-Ads-Werbeform
Ich habe eine bekannte Dienstleistung bzw. ein bekanntes Produkt.	SUCHNETZWERK • TEXTANZEIGEN
Ich habe eine unbekannte Dienstleistung bzw. ein unbekanntes Produkt.	DISPLAYNETZWERK • IMAGE- ANZEIGEN
Ich habe eine Lösung für ein Problem.	SUCHNETZWERK • TEXTANZEIGEN DISPLAYNETZWERK • TEXTANZEIGEN und DISPLAYNETZWERK • IMAGE- ANZEIGEN
Ich habe ein lokales Geschäft.	SUCHNETZWERK • TEXTANZEIGEN (regionale Ausrichtung)
Ich habe einen Online-Webshop.	SUCHNETZWERK • TEXTANZEIGEN und SUCHNETZWERK • GOOGLE SHOPPING • PERFORMANCE MAX-KAMPAGNE
Ich möchte die Bekanntheit meiner Marke stärken.	DISPLAYNETZWERK • TEXTANZEIGEN und DISPLAYNETZWERK • IMAGE- BZW. RESPONSIVE-ANZEIGEN
Ich möchte zu meiner Marke oder meiner Firma gefunden werden.	SUCHNETZWERK • TEXTANZEIGEN
Ich habe bereits unterhaltsame und interessante Werbevideos erstellt und möchte meine Dienstleistungen bzw. Produkte einer breiten Zielgruppe vorstellen und meine Marke stärken.	DISPLAYNETZWERK • VIDEOKAMPAGNEN YOUTUBE • VIDEOKAMPAGNEN

Tabelle 1.1 Vorgaben und passende Google-Ads-Werbemöglichkeit

Tipps, Tricks und Lustiges zur Google-Suche

So machen Sie sich die Suche mit Google-Suchoperatoren leichter:

- **Suchergebnisse filtern:** Durch Auswahl von ALLE, SHOPPING, BILDER, VIDEOS, NEWS, MAPS, BÜCHER, FLÜGE, FINANZEN etc. unterhalb des Sucheingabefelds können Sie die Suchergebnisse nach den jeweiligen Kategorien filtern. Wenn Sie rechts in dieser Navigationsleiste auf OPTIONEN klicken, erscheint eine zusätzliche Filtermöglichkeit, mit der Sie Ihre Suchergebnisse weiter eingrenzen können, und zwar nach Land, Sprache und Zeit.

- **Suchoperatoren:** Neben Filtern können Sie Ihre Suchbegriffe direkt durch bestimmte Zeichen enger eingrenzen. Hier stellen wir Ihnen die wichtigsten vor.
  - **Anführungszeichen (""):** Wenn Sie Ihren Suchbegriff oder die gesuchte Wortgruppe in Anführungszeichen setzen, liefert die Google-Suche als Ergebnis nur solche Seiten, in denen exakt dieser Suchbegriff vorkommt.
  - **Minuszeichen (-):** Mit dem Minuszeichen schließen Sie aus Ihren Suchergebnissen bestimmte Begriffe aus. So liefert »filmfestspiele -cannes« z. B. nur Ergebnisse zu Filmfestspielen, die nicht in Cannes stattfinden.
  - **Sternchen (*):** Das Sternchen übernimmt eine Platzhalterfunktion. Für den Platzhalter können dann alle passenden Varianten als Ergänzung von Google übernommen werden.
  - **Der Operator *Site* (site:):** Auflistung von Seiten einer Domain, die bei Google indexiert sind, oder spezifische Inhalte einer bestimmten Seite können mit dem Operator »site« gefunden werden, z. B. »site:wikipedia.org«.
  - **Der Operator *All In* (allin):** Mithilfe von »allin« erhalten Sie nur Suchergebnisse, die alle von Ihnen gesuchten Begriffe enthalten, und zwar bei »allintext« im Text der Seite, bei »allintitle« im Seitentitel und bei »allinurl« in der URL der Seite. So liefert »allinurl:google faq« alle Seiten, in deren URL sowohl »Google« als auch »FAQ« vorkommen.
- **Umrechnungen:** Geben Sie einfach direkt ins Suchfeld den Wert für eine Einheit und die Zieleinheit ein (beispielsweise »1 euro in dollar«), und schon erhalten Sie direkt von Google das Ergebnis. Das funktioniert für Währungen, aber auch für Gewicht und Masse, Längenangaben und Temperatur etc.
- **Lustige** *Easter Eggs*: So nennt man die Spiele oder Funktionen, die die Google-Entwickler im Code versteckt haben. Schauen Sie einfach einmal, was passiert, wenn Sie folgende Begriffe in den Suchschlitz eintragen: »askew« oder »blink html« oder »flip a coin« oder »do a barrel roll«. Das sind nur einige der Google Easter Eggs. Vielleicht finden Sie noch weitere Ostereier von Google – viel Spaß beim Ausprobieren!

Kapitel 2
Google Ads – die Vorbereitung

»Starten Sie mit Google Ads – Ihre Werbung ist in wenigen Minuten online.« So ähnlich klingen häufig Werbeversprechen zum Thema Google Ads. Ihre neue Google-Ads-Kampagne ist in der Tat in wenigen Minuten online. Für eine erfolgreiche Google-Ads-Werbung sollten Sie sich jedoch mehr als nur ein paar Minuten Zeit nehmen, es lohnt sich!

Bevor Sie Ihre erste Google-Ads-Kampagne erstellen, sollten Sie etwas Zeit in die Planung Ihrer Kampagne stecken. Überlegen Sie sich, welche Ziele Sie erreichen und wen Sie auf welche Weise mit Ihrer Werbung ansprechen möchten. Je besser Sie im Vorfeld planen, desto einfacher können Sie später starten. Wir zeigen Ihnen, welche wichtigen Vorüberlegungen notwendig sind, um eine Google-Ads-Kampagne an den Start zu bringen. Die Erstellung einer Werbekampagne über Google Ads ist mit einigen Vorbereitungen und daher mit einem gewissen Arbeitsaufwand verbunden. Für diejenigen, die schneller und einfacher eine erste Werbung bei Google platzieren möchten, hält Google eine Alternative bereit. *Smart Campaign* ist quasi die kleine Schwester von Google Ads. Wir zeigen Ihnen, wie Sie auch dort eine Werbekampagne für die Suchmaschine schalten können.

2.1 Vor dem Start – die Vorbereitung ist wichtig

Sind Sie schon einmal dem Schritt-für-Schritt-Einstieg bei Google Ads gefolgt und haben unter Google-Anleitung eine erste Google-Ads-Kampagne eingestellt? Sollten Sie diesen Prozess bereits durchlaufen haben, sind Sie sicher auf Einstellungen und Eingabefelder gestoßen, bei denen Sie konkrete Entscheidungen treffen mussten, auf die Sie vielleicht noch gar nicht vorbereitet waren. Denn Sie müssen beim Anlegen einer neuen Google-Ads-Kampagne die Frage nach Ihrem Tagesbudget beantworten, eine Gebotsstrategie festlegen und entscheiden, welche Keywords passend sind. Zusätzlich müssen Sie auch noch eine sinnvolle Textanzeige erstellen – die Betonung liegt dabei auf »sinnvoll«! Und das sind noch nicht einmal alle Entscheidungen, die beim Anlegen einer Kampagne anstehen. Ohne entsprechende Vorbereitung werden diese Angaben mehr aus dem Bauch heraus getroffen, anstatt auf fundierte Fakten zu setzen.

Der bessere Weg ist somit, vorab die wichtigsten Fakten zu recherchieren und sich Strategien sowie Vorgaben zu notieren. Vor dem Start einer Google-Ads-Kampagne sollten Sie zum Beispiel interessante und sinnvolle Suchbegriffe zusammentragen, die sich auf Ihre Produkte oder Ihre Dienstleistungen beziehen. Sie müssen außerdem Ihre Zielgruppe vor Augen haben und definieren, welche Google-Nutzer Sie zu welcher Zeit und an welchen Orten mit Ihrer Google-Ads-Werbung erreichen möchten.

Um optimale Anzeigen zu verfassen, sollten Sie die Vorteile Ihrer Produkte oder Dienstleistungen genau kennen und wissen, wo Sie Ihrem Wettbewerb voraus sind bzw. an welcher Stelle eine Konkurrenzfähigkeit gegebenenfalls nicht ausreichend gegeben ist. Setzen Sie mit Ihrer Werbung nicht auf Themen, bei denen Sie schlechter als der Wettbewerb abschneiden, z. B. falls Sie höhere Lieferkosten berechnen. Zu diesem Zweck sollten Sie vorher intensiv Ihre direkten Online-Konkurrenten analysieren und wissen, welche Begriffe und Anzeigenthemen diese bei Google Ads schalten. Wenn Ihnen bekannt ist, mit welchen Vorteilen Sie punkten können, dann haben Sie bereits einen guten Ansatz für eine Top-Anzeige. Bevor wir uns jedoch diesen Fragen widmen, verschaffen wir uns zunächst einen Überblick über das Google-Ads-Programm. Erfahren Sie, wie man quasi per Kaltstart in das Google-Ads-Programm einsteigt.

2.2 Der Google-Login als Basis für das Google-Ads-Konto

Um das Google-Ads-Werbeprogramm nutzen zu können, benötigen Sie zunächst einen Google-Login. Dieser besteht immer aus einer E-Mail-Adresse und einem Passwort. Wenn Sie erst einmal einen Google-Login besitzen, können Sie ihn nicht nur für Google Ads, sondern auch für alle anderen Google-Produkte nutzen. Die folgenden Produkte sind vor allem für Unternehmen wichtig:

- Google Analytics (*https://marketingplatform.google.com/about/analytics*)
- Unternehmensprofil (*https://www.google.de/business*)
- Google Merchant-Center (*https://www.google.com/retail/*)
- Google Search Central (ehemals Webmaster-Tools) (*https://developers.google.com/search?hl=de*)

Tipp: Nutzen Sie einen Google-Login für alle Produkte!

Erstellen Sie einen Google-Login mit Admin-Rechten für Ihren Firmen-Account, der nicht zur privaten Nutzung anderer Google-Produkte eingesetzt wird – vermischen Sie dies nicht! Legen Sie mit diesem Login alle Firmenkonten für die unterschiedlichen Google-Produkte an, die Sie nutzen möchten. Durch diese Vorgehensweise können die einzelnen Produkte später bei Bedarf einfacher miteinander verknüpft werden.

Zur Erstellung Ihres Google-Logins klicken Sie auf der Startseite der Google-Suche einfach auf den blauen Button ANMELDEN (siehe Abbildung 2.1).

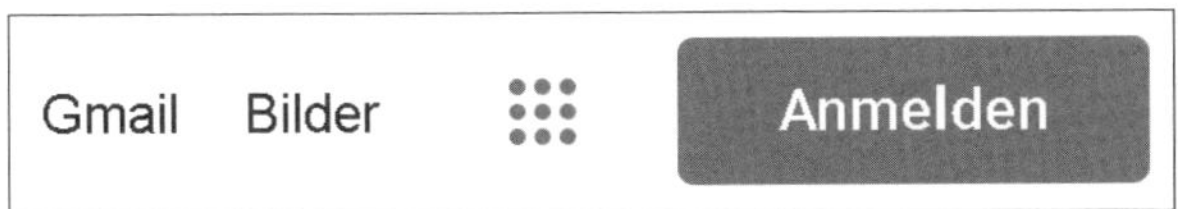

Abbildung 2.1 Der »Anmelden«-Button auf der Google-Startseite

Falls Sie bereits ein Google-Konto besitzen, können Sie sich im nächsten Schritt per Mailadresse oder Telefonnummer ❶ anmelden und nach einem Klick auf den Button WEITER ❷ das Passwort eingeben. Ansonsten klicken Sie auf den Link KONTO ERSTELLEN ❸ (siehe Abbildung 2.2).

Abbildung 2.2 Google-Login oder neues Konto erstellen

Nach dem Klick auf KONTO ERSTELLEN durchlaufen Sie Schritt für Schritt verschiedene Eingabeformulare zur Aufnahme der relevanten Daten. Zunächst entscheiden Sie, welche Art von Google-Login angelegt werden soll. In den meisten Fällen wird Google Ads zu Unternehmenszwecken eingesetzt, aus diesem Grund konzentrieren wir uns im weiteren Verlauf auf die Erstellung eines Logins der Art FÜR DIE ARBEIT ODER MEIN UNTERNEHMEN. Die Schritte zur Erstellung unterscheiden sich dabei nur unwesentlich von denen eines privaten Logins, sodass auch beim Firmen-Login personenbezogene Daten abgefragt werden. Dennoch aktiviert Google im Hintergrund bestimmte Einstellungen und Funktionen, die für geschäftliche oder berufliche Zwecke konzipiert sind.

Geben Sie zunächst Ihren Namen ein, der Nachname ist hier optional. Mit Klick auf den Button WEITER bestätigen Sie Ihre Eingabe und gelangen zum nächsten Schritt. Diese Vorgehensweise setzt sich für den gesamten Erstellungsprozess fort. Im nächsten Schritt werden Geburtsdatum und Geschlecht abgefragt. Bei der Anlage Ihres Google-Logins sollten Sie beachten, dass das Mindestalter 18 Jahre beträgt.

Anmerkung

Die Tatsache, dass Google Name und Geburtsdatum abfragt, steht etwas im Widerspruch zu einer echten Erstellung eines Firmen-Logins. Dies ist für größere Unternehmen ein Problem, das kreativ gelöst werden muss.

Als Nächstes gelangen Sie zur Auswahl der Mailadresse, die für den neuen Login genutzt werden soll (siehe Abbildung 2.3). Dabei stehen Ihnen verschiedene Optionen zur Verfügung:

1. **Registrierung einer neuen Google-Mail-Adresse**

   Neben den Vorschlägen von Google ❶ können Sie mit Aktivierung der Option GMAIL-ADRESSE ERSTELLEN ❷ eine eigene Mailadresse für die Registrierung festlegen ❸. Gegebenenfalls benötigen Sie hier mehrere Anläufe, bis Google die Mailadresse akzeptiert, da diese bisher nicht existieren darf. Beachten Sie auch die Vorgaben, die Google unterhalb des Eingabefelds anzeigt ❹.

2. **Verwendung einer bestehenden Mailadresse**

   Durch einen Klick auf den Link VORHANDENE E-MAIL-ADRESSE VERWENDEN ❺ lässt sich eine bestehende Mailadresse, etwa eine Firmen-Mailadresse, nutzen.

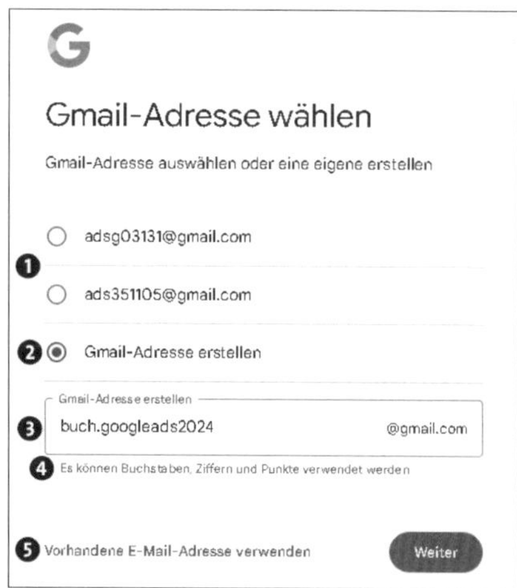

Abbildung 2.3 Auswahl der Mailadresse zur Kontoerstellung

Warum ist eine Google-Mail-Adresse vorteilhaft?

Falls Sie eine Google-Mail-Adresse für Ihr Google-Konto nutzen, reicht es zukünftig, für den Login nur Ihren Nutzernamen einzutippen, also den Namen, der vor dem @ steht. Sie benötigen im Gegensatz zu einer gewöhnlichen Mailadresse nicht die komplette E-Mail-Adresse für den Login.

Die Verwaltung des Google-Ads-Kontos ist immer an den Login mit einem Google-Konto gebunden. Wir empfehlen Ihnen daher, einen eigenen Google-Login für das berufliche Umfeld zu erstellen. Nutzen Sie dazu nicht Ihre private Mailadresse. In einem größeren Unternehmen ist es sinnvoll, den Google-Login so weit wie möglich »neutral« zu halten. Auf diese Weise kann ein Login später eventuell von einem anderen Mitarbeiter übernommen werden.

Nun legen Sie Ihr Passwort fest und bestätigen dieses durch eine erneute Eingabe. In den nächsten beiden Schritten bietet Google Ihnen optional die Angabe einer E-MAIL-ADRESSE ZUR KONTOWIEDERHERSTELLUNG und die Angabe eine Telefonnummer an. Beide Informationen dienen insbesondere der Sicherheit Ihres Kontos, beispielsweise im Rahmen einer Zwei-Faktor-Authentifizierung oder der Passwortwiederherstellung. Wir empfehlen mindestens die Angabe einer dieser beiden Optionen, da ansonsten bei Verlust des Passworts die Wiederherstellung des Kontozugriffs nur noch schwer möglich ist. Beide Informationen können auch zu einem späteren Zeitpunkt in der Kontoverwaltung ergänzt werden. Es kann außerdem vorkommen, dass Google eine dieser beiden Informationen als Pflichtangabe fordert.

Wir haben die Erfahrung gemacht, dass im Zuge der wachsenden Bedeutung des Datenschutzes insbesondere zwei Punkte als kritisch eingeordnet werden:

1. **Das Geburtsdatum wird abgefragt**

   Hier die Google-Begründung zur Abfrage:

   »Geburtsdatum: Geben Sie Ihr Geburtsdatum ein. Für manche Google-Dienste ist ein Mindestalter erforderlich. [...] Ihr Alter bzw. Ihr Geburtstag ist nur dann für andere sichtbar, wenn Sie dies generell oder für bestimmte Nutzer erlauben.«[1]

2. **Eine Mobiltelefonnummer soll angegeben werden**

   Hier die Google-Begründung zur Abfrage:

   »Wenn Sie ein Mobiltelefon besitzen, sollten Sie diese Information bereitstellen, müssen es aber nicht. Je nachdem, wie Sie Ihrem Konto eine Telefonnummer hinzufügen, kann diese in verschiedenen Google-Diensten verwendet werden. Beispielsweise kann Ihnen die Telefonnummer zur Kontowiederherstellung bei der Kontoanmeldung helfen, falls Sie Ihr Passwort vergessen haben.«

1 *https://support.google.com/accounts/answer/1733224?hl=de*

Nachdem Sie Ihre Angaben im nächsten Schritt bestätigt haben, entscheiden Sie, auf welche Weise Sie grundlegende Einstellungen zum Daten-Handling durch Google treffen möchten. Wir empfehlen, mit der Auswahl MANUELL (4 SCHRITTE) fortzufahren, um die maximale Kontrolle über die nachfolgend angebotenen Optionen zu behalten (siehe Abbildung 2.4).

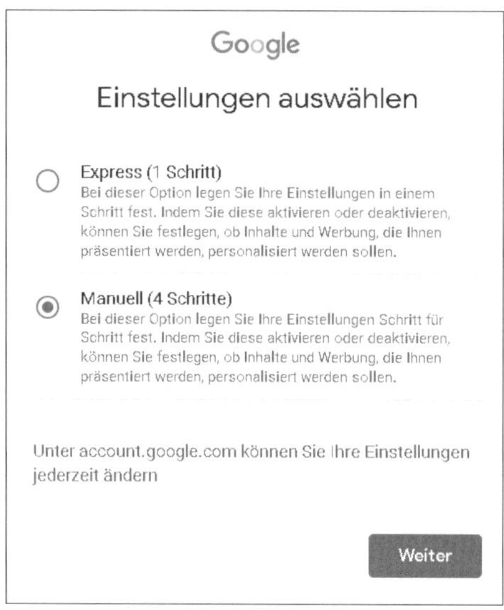

Abbildung 2.4 Einstellungen zum Daten-Handling

Mit der abschließenden Bestätigung der Cookie- und Datenschutzbestimmungen ist die Erstellung Ihres neuen Google-Logins abgeschlossen. Haben Sie sich zu Beginn für die Erstellung eines Firmen-Logins entschieden, bietet Ihnen Google direkt den Absprung zur Pflege des Unternehmensprofils an. Da wir dies zu einem späteren Zeitpunkt erledigen werden (siehe Abschnitt 2.5.2, »Unternehmensprofil«), lehnen wir es mit einem Klick auf den Link JETZT NICHT ab.

Nun ist die notwendige Basis da, um Ihr Google-Ads-Konto zu erstellen. Für Analytics & Co. können Sie natürlich Ihren neuen Google-Login ebenfalls nutzen.

2.3 Der schnelle Einstieg in Google Ads

Nachdem der Google-Login erstellt ist, können wir nun das Google-Ads-Kontos anlegen. Rufen Sie dazu zunächst in der Adresszeile Ihres Browsers folgende URL auf:

https://ads.google.com/intl/de_de/home/

Viele Wege führen zu Google Ads

Alternativ zur direkten URL lässt sich Google Ads natürlich auch über andere Wege aufrufen:

1. In der Google-App-Übersicht finden Sie neben den klassischen Google-Anwendungen wie Gmail oder Maps auch ein entsprechendes Symbol für Google Ads.
2. Am unteren Rand der Google-Startseite finden Sie den Link WERBEPROGRAMME, über den Sie ebenfalls zu Google Ads gelangen.

Auf der Google-Ads-Startseite erscheinen Hinweise und Tipps zu Google Ads sowie eine Möglichkeit, Kontakt zum kostenlosen Support aufzunehmen. Für den schnellen Einstieg empfehlen wir den Klick auf JETZT STARTEN (siehe Abbildung 2.5).

Abbildung 2.5 Google-Start für Newbies – »Jetzt starten«

Beim Einrichten Ihres Google-Ads-Kontos bietet Google Ihnen die Möglichkeit, Ihre erste Kampagne zu erstellen. Es ist jedoch ratsam, sich zunächst auf die Einrichtung Ihres Kontos zu konzentrieren. Sie können die Kampagnenerstellung überspringen, indem Sie auf den entsprechenden Link KAMPAGNENERSTELLUNG ÜBERSPRINGEN (siehe Abbildung 2.6) klicken.

Passen Sie zu Beginn – sofern notwendig – LAND DER RECHNUNGSADRESSE, ZEITZONE sowie WÄHRUNG an und bestätigen Sie die Angaben mit einem Klick auf WEITER (siehe Abbildung 2.7).

Abbildung 2.6 Überspringen Sie die »Erste Kampagne«, um sich auf die Kontoerstellung zu konzentrieren.

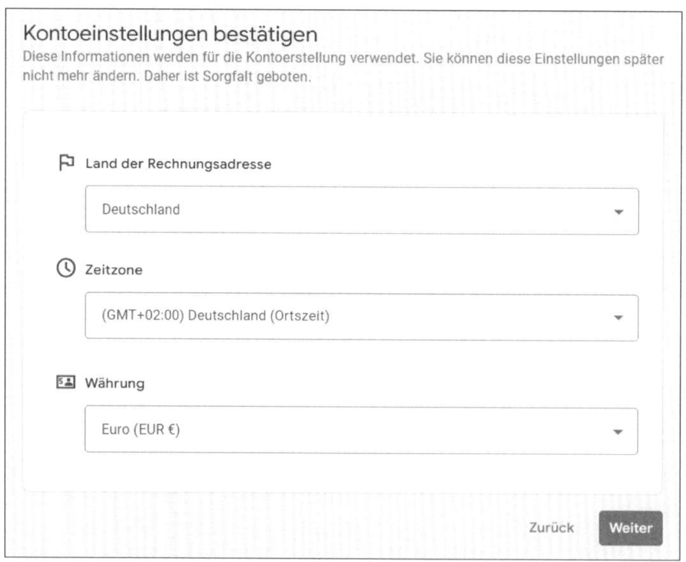

Abbildung 2.7 Legen Sie erste grundlegende Einstellungen fest.

Im nächsten Schritt geben Sie Ihre Konto- und Zahlungsdetails ein. Dabei wird ein mit Ihrem allgemeinen Google-Konto verknüpftes Zahlungsprofil angelegt. Dieses steht

Ihnen bei Bedarf für andere Google-Dienste ebenfalls zur Verfügung. Bestimmen Sie auch hier zunächst das relevante Land und die relevante Zeitzone. Machen Sie anschließend Ihre Angaben zum ZAHLUNGSPROFIL ❶ und zum VERWENDUNGSZWECK ❷, der bei der Abrechnung zur Identifikation genutzt werden kann. Optional ist auch die Angabe Ihrer Umsatzsteuer-Identifikationsnummer ❸ möglich. Hinterlegen Sie eine ZAHLUNGSMETHODE ❹. Hier können Sie zwischen dem Einzug über Ihr Bankkonto oder der Verwendung einer Kreditkarte wählen. Aktivieren Sie außerdem die Checkbox zur Bestätigung der Nutzungsbedingungen ❺ (siehe Abbildung 2.8). Treffen Sie abschließend Ihre Auswahl mit JA oder NEIN zu den beiden aufgeführten Optionen und klicken Sie auf WEITER.

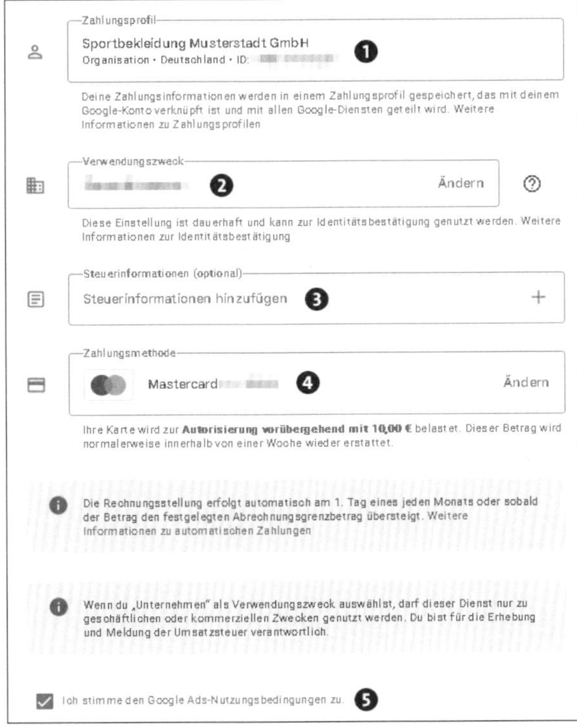

Abbildung 2.8 Geben Sie Ihre Konto- und Zahlungsdetails ein.

Verifizierung Ihrer Bankverbindung

Sofern Sie ein Bankkonto als Zahlungsmethode hinterlegen, führt Google eine Verifizierung zur finalen Bestätigung durch. Dazu überweist Google innerhalb von wenigen Werktagen einen kleinen Betrag in Cent-Höhe auf Ihr Konto. Warten Sie diese Überweisung ab und rufen Sie dann in Ihrem Google-Ads-Konto ABRECHNUNG • ZAH-

LUNGSMETHODEN auf. Dort finden Sie Ihr Bankkonto mit dem roten Hinweis BESTÄTIGUNG STEHT AUS. Klicken Sie innerhalb dieses Blocks auf BESTÄTIGEN, geben Sie im folgenden Fenster den überwiesenen Betrag ein und schließen Sie die Verifizierung durch einen erneuten Klick auf BESTÄTIGEN ab.

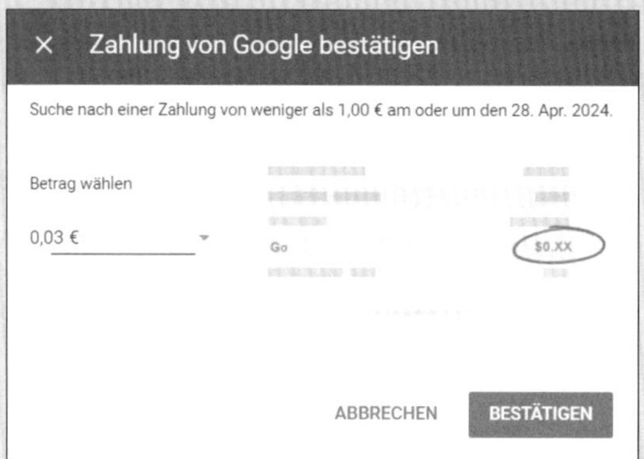

Abbildung 2.9 Verifizieren Sie Ihr Bankkonto durch Eingabe des überwiesenen Betrags.

Wenn Sie alle Angaben korrekt ausgefüllt haben, erhalten Sie auf einer neuen Seite die Bestätigungsmeldung: »Das war's schon!«. Über den Button ZUR KONTOÜBERSICHT gelangen Sie abschließend in Ihr neues Konto. Herzlichen Glückwunsch! Damit haben Sie erfolgreich Ihr erstes Google-Ads-Konto eingerichtet und sind jetzt bereit, loszulegen. Verschaffen Sie sich nun einen Überblick über die Grundstruktur in Google Ads.

2.3.1 Ihr Google-Ads-Konto

Im Normalfall besitzt jedes Unternehmen ein Google-Ads-Konto. Falls sich die Werbung auf unterschiedliche Inhalte bezieht, kann ein Besitzer auch für verschiedene Werbethemen unterschiedliche Google-Ads-Konten einrichten. Google verbietet es jedoch in den Google-Ads-Richtlinien, dass ein Unternehmen zu einer Suchanfrage mehrere Anzeigen schaltet.

Diese Doppelbuchung von Begriffen für das gleiche Unternehmen und/oder die gleiche Website kommt bei den Google-Usern nicht gut an und würde daher Google schaden. Aus einem Konto heraus ist dieses sogenannte *Double-Bidding* (zwei Anzeigen des gleichen Unternehmens zu einer Suchanfrage) oder sogar *Triple-Bidding* (drei Anzeigen) nicht möglich, da aus einem Konto heraus immer nur eine Anzeige zu einer Suchanfrage geschaltet wird. Falls Double- oder Triple-Bidding vorkommen, werden verbotenerweise mehrere Konten von einem Unternehmen bzw. einer Unternehmensgruppe zum gleichen Thema genutzt. Google hat hier jedoch seine Maßnahmen verschärft, um derartige Verstöße aufzudecken und betroffene Konten zu sperren.

2.3.2 Kampagnen

Das Google-Ads-Konto ❶ ist die erste und oberste Ebene bei Google Ads (siehe Abbildung 2.10). Ein Google-Ads-Konto teilt sich danach weiter in Kampagnen ❷ auf, die wiederum in Anzeigengruppen ❸ unterteilt sind.

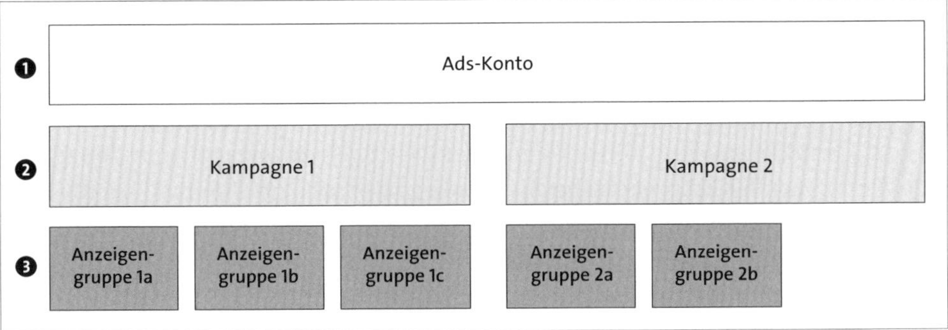

Abbildung 2.10 Grundlegender Aufbau eines Google-Ads-Kontos

Der Unterschied zwischen Kampagnen und Anzeigengruppen ist vielen Google-Ads-Nutzern nicht ganz klar und führt dazu, dass Kampagnen und Anzeigengruppen in vielen Konten nicht zielgerichtet eingesetzt werden.

Mit *Kampagnen* wird die zweite Ebene unterhalb der Kontoebene bezeichnet. Fälschlicherweise wird oft angenommen, dass sich die Bezeichnung »Kampagne« auf den Marketingbegriff bezieht – nach dem Motto: »Ich erstelle eine neue Kampagne, um ein neues Produkt zu bewerben.«

Im Google-Ads-Konto bezieht sich der Begriff *Kampagne* jedoch vor allem auf die technischen Grundeinstellungen einer bestimmten Gruppe von Werbeanzeigen. Sie benötigen in Ihrem Google-Ads-Konto eine eigene Kampagne, um

- Werbung in unterschiedlichen Werbenetzwerken zu schalten,
- unterschiedliche Zielregionen zu bewerben,
- unterschiedliche Zeiträume (Frühjahrskampagne, Weihnachtskampagne etc.) abzudecken,
- unterschiedliche Werbebudgets zu verwalten,
- spezielle Google-Ads-Strategien aufzusetzen und zu testen,

- individuelle Gebotsstrategien für stärker umkämpfte Suchbegriffe zu nutzen und um
- individuelle Gebotsstrategien für Ihre erfolgreichsten oder wichtigsten Produkte bzw. Dienstleistungen zu entwickeln.

2.3.3 Anzeigengruppen

Anzeigengruppen stellen die dritte Ebene bei Google Ads dar. Eine Kampagne teilt sich in verschiedene Anzeigengruppen auf. Gruppen von thematisch zusammenhängenden *Keywords* bzw. Suchbegriffen und dazu passende, individuelle Anzeigentexte bilden zusammen eine Anzeigengruppe. Die Suchbegriffe und die Anzeigen verschmelzen quasi in der Anzeigengruppe.

In Google Ads können Sie das maximale Klickpreisgebot pro Anzeigengruppe festlegen. So übernehmen dann alle Keywords der jeweiligen Anzeigengruppe den festgelegten maximalen Klickpreis, wobei Sie diesen später auch noch individuell für jedes einzelne Keyword festlegen können. Eine feine Unterteilung in einzelne, individuell abgestimmte Anzeigengruppen unterhalb der Kampagnenebene wird bedauerlicherweise von vielen Werbetreibenden nicht richtig genutzt. Dabei sind unterschiedliche Anzeigengruppen jedoch extrem wichtig, um verschiedene Produkte oder Dienstleistungen Ihres Komplettangebots individuell und gezielt zu bewerben. Normalerweise gibt es nicht die eine Anzeige, die zur kompletten Palette Ihrer Produkte und Dienstleistungen passt.

So spricht beispielsweise eine Werbeanzeige mit einem Angebot zu speziellen Laufschuhen für Marathonläufer natürlich viel stärker eine entsprechende Käufergruppe »Aktive Marathonläufer« an als eine Anzeigengruppe mit einem allgemeinen Anzeigentext zu »Laufschuhe online kaufen«. Je feiner Sie also die Anzeigengruppen an Ihre Produkte/Dienstleistungen anpassen und Ihre jeweiligen Themen in verschiedene Anzeigengruppen aufteilen, umso stärker erreichen Sie die Aufmerksamkeit Ihrer unterschiedlichen Zielgruppen, die jeweils ganz spezielle Interessen haben.

Im Laufe der Zeit müssen Sie mithilfe Ihrer Google-Ads-Statistiken herausfinden, wie speziell Sie einzelne Anzeigengruppen unterteilen müssen. Einerseits ist es optimal, die Anzeigengruppen so fein wie möglich aufzuteilen, andererseits muss der Aufwand für die Unterteilung Ihrer Kampagnen im Verhältnis zum Erfolg stehen, der an Webseitenbesuchern und Kunden gemessen wird. Für Produkte/Dienstleistungen, die wenig nachgefragt werden und bei denen die Margen nicht so hoch sind, lohnt sich eine eigene Anzeigengruppe meistens nicht. Diese Produkte/Dienstleistungen können Sie daher ruhig in einer Anzeigengruppe unter einem übergeordneten Thema zusammenfassen.

Sie sollten also verschiedene Anzeigengruppen nutzen, um

- unterschiedliche Klickpreise festzulegen,
- Anzeigentexte inhaltlich genau auf einzelne Keywords abzustimmen und
- dadurch zwischen verschiedenen Zielgruppen spezifischer zu differenzieren.

2.4 Hinweise zum Google-Ads-Login

Möchten Sie sich nach der Einrichtung Ihres Google-Ads-Kontos zu einem späteren Zeitpunkt wieder neu anmelden, nutzen Sie einfach den Hinweis zur Anmeldung auf der Google-Ads-Startseite. Für die Anmeldung benötigen Sie Ihre Mailadresse und das dazugehörige Passwort, wobei die Mailadresse oft über eine Browsereinstellung schon gespeichert ist und entsprechend vorgegeben wird (siehe Abbildung 2.11).

Abbildung 2.11 Der Google-Login bei einer neuen Session

Sollten Sie bei der Anlage Ihres Google-Logins oder zu einem späteren Zeitpunkt in der Kontoverwaltung keine alternative Mailadresse oder Telefonnummer hinterlegt haben, kann es passieren, dass Sie nach dem erneuten Einloggen in Ihr Konto einen Hinweis erhalten, Ihr Konto entweder mit einer Telefonnummer oder einer Mailadresse zwecks Wiederherstellung zu schützen (siehe Abbildung 2.12).

Wie bereits im Abschnitt zur Erstellung des Google-Logins erläutert (siehe Abschnitt 2.2, »Der Google-Login als Basis für das Google-Ads-Konto«), sollten Sie spätestens zu diesem Zeitpunkt mindestens eine dieser beiden Informationen im Google-Konto hinterlegen. Verzichten Sie darauf, wird es schwierig, bei einem Verlust Ihres Passworts den Zugriff auf Ihr Konto wiederherzustellen.

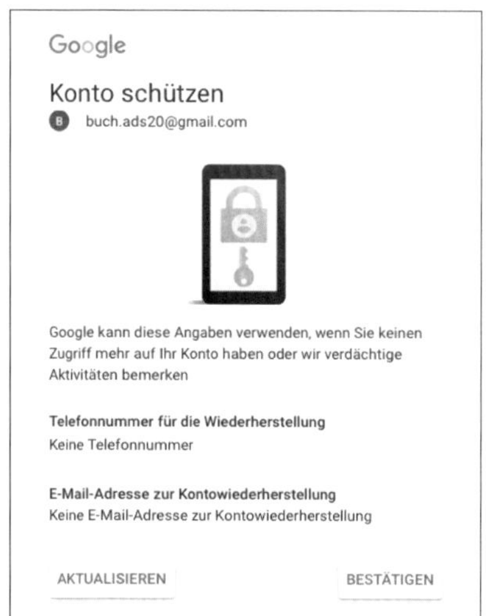

Abbildung 2.12 Hinweise zum Schützen des neuen Google-Ads-Kontos

Unternehmen sollten dafür sorgen, dass immer ein Kontozugang besteht

Aus der Praxis wissen wir, dass es immer wieder einmal vorkommt, dass gleichzeitig mit dem Mitarbeiter, der ein Unternehmen verlässt, auch der Google- bzw. Google-Ads-Login des Unternehmens »abwandert«. Als Unternehmensinhaber bzw. Marketingleiter sollten Sie darauf achten, dass der Zugriff auf Ihre Google-Logins immer im Unternehmen verbleibt. Login-Daten sollten beim Ausscheiden von Mitarbeitern übergeben werden. Eventuell müssen mehrere Mitarbeiter gleichzeitig Logins mit Admin-Rechten besitzen.

2.5 Google Smart Campaign ist Teil von Google Ads

Google Smart Campaign bildet in verbesserter Funktion das ab, was in der Vergangenheit *AdWords Express*-Kampagnen geboten haben. Der Hauptunterschied besteht darin, dass *Smart Campaign* nunmehr Bestandteil des Google-Ads-Kontos ist und dass jeweils zwischen beiden Modi gewechselt werden kann. AdWords Express war in der Vergangenheit eine separate Anwendung.

Google Smart Campaign ist quasi die »kleine Schwester von Google Ads« und soll als Einstieg für lokale Klein- und Kleinstbetriebe dienen. Denn schon mit wenigen Angaben zum Standort, einer Produktkategorie und der Angabe eines Budgets lassen sich schnell Werbeanzeigen in Google Smart Campaign schalten. So ist beispielsweise die erste Kampagne, deren Erstellung Ihnen Google bei der Anlage eines neuen Google-Ads-Kontos vorschlägt, eine smarte Kampagne. Weitere Informationen zu den Smart Campaigns finden Sie unter dieser URL:

https://support.google.com/google-ads/answer/7457632?hl=de&ref_topic=1719919

Google Smart Campaign ergibt ausschließlich für lokale Unternehmen mit einem oder mehreren physischen Standorten Sinn. Von Second-Hand-Läden über Handwerksbetriebe bis hin zu Restaurants soll es ein einfacher Einstieg für jene Werbekunden sein, die bei Google auch ohne großen Zeit- und Budgetaufwand präsent sein möchten. Sie können damit sehr schnell Kampagnen online schalten, um Anzeigen für Nutzer in ihrer unmittelbaren Umgebung in der Google-Suche zu platzieren. Für die Kampagnenschaltung sind praktisch keine Vorkenntnisse erforderlich.

2.5.1 Produktvergleich

Vergleichen Sie klassische Google Ads und Google Smart Campaigns mithilfe eines Blicks auf Tabelle 2.1.

	Google Smart Campaign	**Google Ads**
Abrechnungsmodell	Cost-per-Click	Cost-per-Click
Ohne eigene Website nutzbar	Ja	Nein
Automatische Verwaltung	Ja	Nein
Umfangreiche Einstellungs- und Optimierungsmöglichkeiten	Nein	Ja
Anzeigen in der Google-Suche, bei Google Maps, bei Suchnetzwerkpartnern und im Google Displaynetzwerk	Ja	Ja
Anzeigenauslieferung ist frei wählbar	Nein	Ja
Keywords frei definierbar	Ja	Ja

Tabelle 2.1 Der Produktvergleich zwischen Google Smart Campaign und Google Ads zeigt Ihnen die Vorteile und Einschränkungen auf einen Blick.

	Google Smart Campaign	Google Ads
Keyword-Recherche notwendig	Nein	Ja
Keyword-Optionen	Ausschließlich die Option WEITGEHEND PASSEND	Alle
Textanzeigen	Ja	Ja
Ausführliche Statistik	Nein	Ja
Erweiterte Anzeigenformate (z. B. Video- oder Shopping-Anzeigen)	Nein	Ja
Mobile Anzeigen	Ja	Ja
Geografische Ausrichtung	Ausrichtung auf Umkreis (5 bis 65 km), Stadt, Bundesland und Land	International
Conversion-Tracking (Messung von Shop-Bestellungen oder Formularanfragen)	Nein	Ja
Google-Analytics-Verknüpfung	Ja	Ja
Monatliches Mindestbudget	Ja (50 € pro Kategorie)	Nein

Tabelle 2.1 Der Produktvergleich zwischen Google Smart Campaign und Google Ads zeigt Ihnen die Vorteile und Einschränkungen auf einen Blick. (Forts.)

2.5.2 Unternehmensprofil

Bevor wir uns nun der Erstellung Ihrer ersten Google Smart Campaign widmen, möchten wir zunächst einen kurzen Exkurs zum *Unternehmensprofil* – ehemals *Google My Business* – machen, da Ihnen dieses Thema hier zwangsläufig begegnen wird.

Google My Business wurde im Frühjahr 2014 von Google im Zusammenhang mit Google+ ursprünglich unter dem Namen *Google+ Local* angeboten. In der Zwischenzeit hat Google die Dienste Google+, Google+ Local und Google Places wieder aufgegeben, stattdessen Google My Business weiter optimiert und tiefer in die verbleibenden Google-Services integriert. Mittlerweile ist dieses wiederum im *Unternehmensprofil* aufgegangen.

Ein Unternehmensprofil zeichnet sich unter anderem durch folgende Merkmale aus: Neben Informationen zu Standort, Kontaktmöglichkeiten und Öffnungszeiten können Interessenten dort zum Beispiel auch Empfehlungen und Erfahrungsberichte anderer Google-Nutzer finden. Auch für Bilder und Beiträge, die sowohl vom Geschäftsinhaber als auch von Gästen erstellt werden können, bietet diese Seite Platz. Ein Unternehmensprofil ist eine sehr empfehlenswerte Ergänzung zu Ihrem bestehenden Online-Auftritt.

Diese kostenlose Unternehmenspräsenz bei Google kann jedoch kein Ersatz für Ihre eigene Webseite sein, da Sie sich bei Art und Form der Inhalte stets an die vorgegebenen Rahmenbedingungen halten müssen und dort nur wenig Platz für individuelle Angaben finden. Zudem sind Sie hinsichtlich der Auffindbarkeit im Internet hundertprozentig auf Google angewiesen und haben keine Garantie, sich auf den derzeit kostenlos bereitgestellten Service auch langfristig verlassen zu können. Für kleine Unternehmen stellt sich nicht selten die Frage, ob sich eine Investition in die eigene Webseite lohnt.Aufgrund unserer Praxiserfahrung wissen wir, dass die Visitenkarte in Form einer Website im Netz für jedes Unternehmen »Pflicht« ist. Die gute Auffindbarkeit und die optimierte Darstellung für mobile Endgeräte gehören dabei ebenfalls zu wichtigen Erfolgsfaktoren.

Legen Sie sich ein vollständig gepflegtes Unternehmensprofil bei Google an, um diesen zusätzlichen Kanal Ihrer Online-Präsenz zu nutzen. Erfahren Sie unter der folgenden URL mehr dazu: *https://www.google.de/intl/de/business/*.

2.5.3 Erste Einstellungen einer Google Smart Campaign

Nachdem Sie nun erfahren haben, zu welchem Zweck Sie eine smarte Kampagne einsetzen können und wie Sie diese generell in Google Ads einordnen müssen, starten wir mit der Erstellung Ihrer ersten Kampagne. *Google Smart Campaign* ist, wie bereits erläutert, darauf ausgelegt, möglichst bequem und schnell konfigurierbar zu sein. Im Verlauf der folgenden Abschnitte werden wir unsere Erläuterungen somit ebenfalls auf die wichtigsten Aspekte beschränken, um Ihnen einen einfachen Weg zur Veröffentlichung Ihrer ersten Kampagne vorzustellen. Sofern Sie mit einer klassischen Kampagne direkt tiefer in Google Ads einsteigen möchten, empfehlen wir Ihnen, die smarten Kampagnen zu überspringen und nach den weiteren Vorbereitungen aus diesem und dem nächsten Kapitel direkt mit Kapitel 4, »Ihre erste Google-Ads-Kampagne«, weiterzumachen.

Klicken Sie auf den zentralen ERSTELLEN-Button (+) in der linken oberen Ecke der Google-Ads-Oberfläche und wählen Sie KAMPAGNE, um den Kampagnenerstellungsassistenten aufzurufen. Entscheiden Sie sich im ersten Block ZIEL AUSWÄHLEN für die Option KAMPAGNE OHNE ZIELVORHABEN ERSTELLEN und rufen Sie über WEITER den nächsten Block WÄHLEN SIE EINEN KAMPAGNENTYP AUS auf. Die verschiedenen Typen setzen unterschiedliche Schwerpunkte und werden auf verschiedenen Plattformen ausgespielt. Im Laufe dieses Buchs werden Sie die unterschiedlichen Einsatzmöglichkeiten detailliert kennenlernen. Wählen Sie SMART und klicken Sie auf WEITER (siehe Abbildung 2.13).

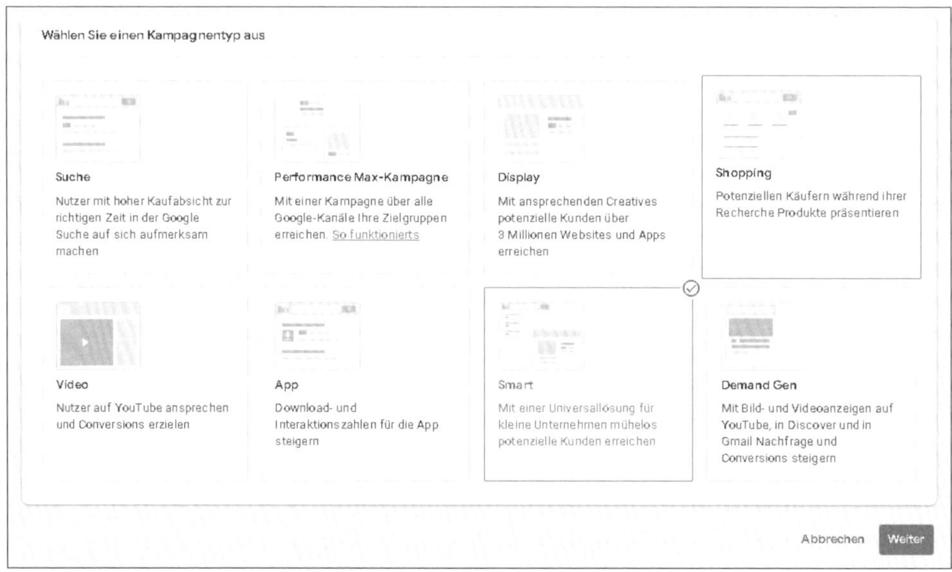

Abbildung 2.13 Wählen Sie den Kampagnentyp »Smart« aus.

Damit sind Sie im eigentlichen Prozess der Smart-Campaign-Erstellung angekommen. Zunächst entscheiden Sie, ob ein bestehendes Unternehmensprofil aus dem verbundenen Google-Konto genutzt werden soll ❶ oder ob Sie die Unternehmensinformationen im weiteren Verlauf selbstständig eingeben möchten ❷ (siehe Abbildung 2.14). Durch die Verwendung eines bestehenden Profils sparen Sie Zeit, da die hinterlegten Daten nicht erneut eingegeben werden müssen. Außerdem bietet Ihnen Google dieses Profil später als mögliches Ziel der Kampagne an, sodass Sie nicht zwingend auf eine bestehende Landingpage angewiesen sind. Auf diese Möglichkeit werden wir im nächsten Schritt genauer eingehen. Sofern Sie noch kein Unternehmensprofil besitzen, sollten Sie sich Abschnitt 2.5.2, »Unternehmensprofil«, einmal genauer anschauen.

Da wir grundsätzlich die Anlage eines Unternehmensprofils in Google empfehlen, entscheiden wir uns für die Option JA, INFORMATIONEN AUS DIESEM UNTERNEHMENSPROFIL VERWENDEN ❶, wählen das relevante Profil ❸ aus (sofern mehrere vorhanden sind) und fahren mit einem Klick auf WEITER ❹ fort. Sollten Sie sich gegen die Verwendung eines bestehenden Profils entscheiden, schränkt Sie das für Ihre Kampagne nicht wesentlich ein. Gegebenenfalls steht Ihnen jedoch die eine oder andere Option, die Sie im Verlauf unserer Erläuterung vorfinden, nicht zur Verfügung.

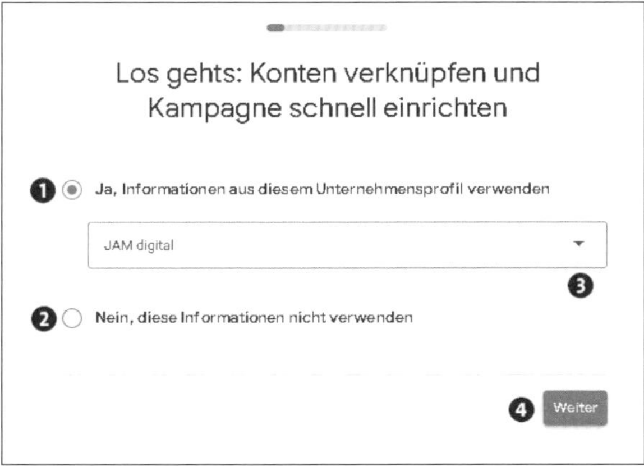

Abbildung 2.14 Nutzen Sie die Informationen eines bestehenden Unternehmensprofils.

Entscheiden Sie nun, wohin Nutzer nach dem Klick auf Ihre Anzeige weitergeleitet werden sollen. Dabei stehen Ihnen zwei Optionen zur Verfügung (siehe Abbildung 2.15).

Nutzen Sie bei der Option IHR UNTERNEHMENSPROFIL (FÜR IHRE ANZEIGE OPTIMIERT) die URL Ihres im vorherigen Schritt ausgewählten Unternehmensprofils als Ziel, etwa wenn Sie über keine Unternehmenswebseite verfügen. In diesem Fall kann die Zielsetzung der Anzeigen nur sein, dass potenzielle Interessenten an Ihren Produkten oder Dienstleistungen direkt mit Ihnen in Kontakt treten, indem sie einen Telefonanruf tätigen oder gleich direkt persönlich bei Ihnen vorbeikommen. Die von Google Smart Campaign angebotene Möglichkeit, auch ohne eigene Website Suchmaschinenwerbung schalten zu können, klingt aufregend. Sollten Sie sich an dieser Stelle fragen, ob Sie nun auf die eigene Website verzichten sollen, lautet die schnelle Antwort vorweg: Nein! Denn über eine My-Business-Seite bei Google können Sie deutlich weniger Informationen bereitstellen als über eine individuell angepasste eigene Website.

Die meisten von Ihnen werden bereits über eine eigene Website verfügen. Indem Sie diese durch Auswahl der zweiten Option Ihr Website als Ziel für Ihre Kampagne verwenden, können Sie wesentlich größeren Einfluss darauf nehmen, welche Informationen potenzielle Kunden nach dem Klick auf Ihre Anzeige erhalten. Entscheiden Sie sich also bevorzugt für diese Option und tragen Sie die URL Ihrer Website ein.

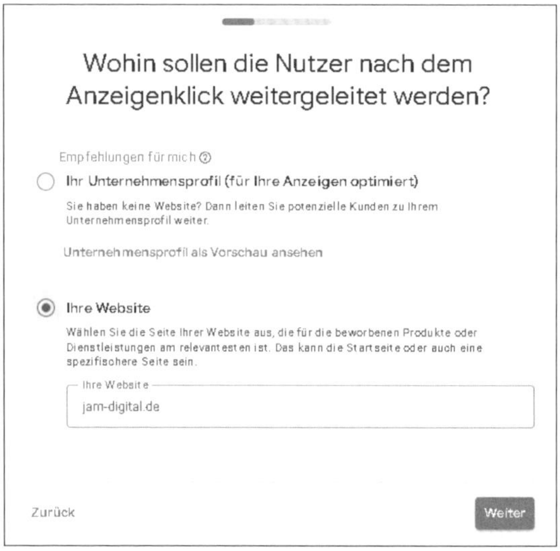

Abbildung 2.15 Ihre Website als Ziel der smarten Kampagne

Über Weiter gelangen Sie zu einer Vorschau des gewählten Ziels, die – sofern Sie unserer Empfehlung gefolgt sind – Ihrer Website entsprechen sollte. Bei der Standardansicht handelt es sich um eine mobile Ansicht. Diesem Umstand können Sie entnehmen, wie hoch die Bedeutung von mobilen Zugriffen ist. Erfahren Sie dazu mehr in Kapitel 11, »Google Ads in der mobilen Welt«. Mit einem Klick auf Computer wechseln Sie bei Bedarf in die normale Desktop-Ansicht. Sollten Sie hier Ungereimtheiten feststellen, lassen sich diese nicht in Google lösen, sondern müssen von Ihnen oder Ihrem Webentwickler direkt auf der Website behoben werden.

Nach dem Klick auf Weiter treffen Sie die Entscheidung über das angestrebte Werbeziel. Die nächsten Schritte des Kampagnenerstellungsassistenten sind dabei teilweise abhängig von Ihrer Auswahl. Verfolgen Sie das Ziel Mehr Anrufe, benötigt Google zwangsläufig innerhalb Ihrer Anzeige eine Telefonnummer. Möchten Sie Mehr Verkäufe oder Leads über die Website generieren, lässt Sie Google dieses Ereignis im nächsten Schritt genauer spezifizieren und fragt nach der zugehörigen Unterseite. Da die smarte Kampagne Sie sehr gut und einfach durch die verschiedenen Stationen führt, verzichten wir auf die detaillierte Erläuterung jedes einzelnen Werbeziels und konzentrieren uns beispielhaft auf die Option Mehr Anrufe.

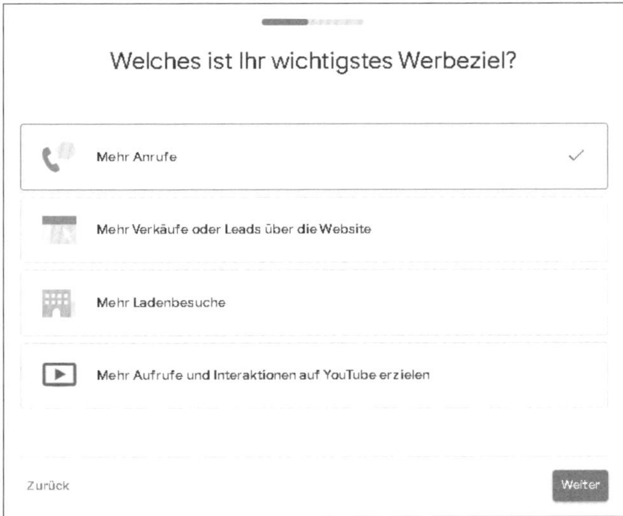

Abbildung 2.16 Google stellt Ihnen verschiedene Werbeziele bereit.

2.5.4 Erstellen der Anzeige

Sie haben bereits einige wichtige Einstellungen für Ihre Google Smart Campaign getätigt. Erstellen Sie nun Ihre eigentliche Anzeige und legen Sie dafür Texte sowie ergänzende Erweiterungen bzw. Assets fest. Wir geben Ihnen an dieser Stelle einige wichtige Hinweise mit. Ausführlichere Erläuterungen zu Anzeigentiteln und Anzeigentexten finden Sie in Abschnitt 4.3.

Anzeigentitel und -text

Die ANZEIGENTITEL 1 bis 15 (siehe Abbildung 2.17) dürfen maximal 30 Zeichen lang sein. Verwenden Sie mindestens 3 und maximal 15 Titel für Ihre Anzeige.

Die TEXTZEILEN 1 bis 4, d. h. die Beschreibungen für Ihre Anzeige, dürfen je Feld maximal eine Zeichenlänge von 90 Zeichen haben. Verwenden Sie zwischen zwei und vier Textzeilen. Sie können beim Texten Ihrer Kreativität freien Lauf lassen, sollten dabei aber folgende Faktoren berücksichtigen:

- Formulieren Sie treffende Texte, die Ihre potenziellen Kunden bestmöglich ansprechen.
- Integrieren Sie eine klare Handlungsaufforderung (z. B. »kaufen«, »buchen« oder »anfragen«).
- Heben Sie jene Eigenschaften hervor, durch die Sie sich vom Mitbewerber abgrenzen (z. B. Standort, Angebotsvielfalt, Service, Expertise, Preis).

- Beschreiben Sie konkrete Produkte, Leistungen oder zeitlich begrenzte Angebote, um die Aufmerksamkeit auf sich zu lenken.
- Übertreiben Sie nicht und nutzen Sie auch keine unbestätigten Aussagen wie »Wir haben die besten Reifen in der Stadt«.
- Verwenden Sie keine unerlaubten Hilfsmittel, um die Aufmerksamkeit auf Ihre Anzeige zu lenken, wie beispielsweise übertriebene Großschreibung oder übermäßige Zeichensetzung.

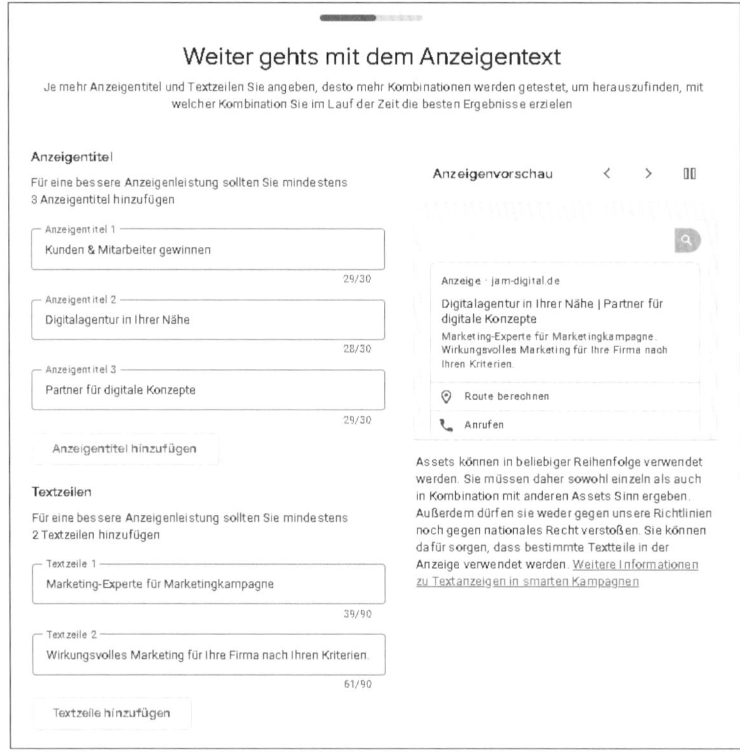

Abbildung 2.17 Vorgaben bei der Anzeigenerstellung

Auch hier macht Google es Ihnen wieder möglichst einfach. Abhängig von den zuvor getätigten Einstellungen, wie z. B. der Benennung Ihrer URL, finden Sie bereits verschiedene Textvorschläge innerhalb der Felder vor, die Sie dann weiter anpassen können.

Neben Titeln und Texten werden mit ROUTE BERECHNEN und ANRUFEN außerdem bis zu zwei *Call-to-Action* als Erweiterungen bzw. Assets zu Ihrer Anzeige aufgeführt. Ob Sie diese deaktivieren können, hängt dabei vom ausgewählten Werbeziel ab. Die URL Ihres Unternehmens bzw. alternativ die URL Ihres Unternehmensprofils ist ebenfalls zu sehen.

Anzeigenvorschau

Wie Sie in Abbildung 2.17 erkennen können, zeigt Google Smart Campaign Ihnen rechts von den Eingabefeldern eine ANZEIGENVORSCHAU an. So erhalten Sie unmittelbar einen Eindruck vom Ergebnis.

Sie sehen, dass Google Ihre Titel und Texte zunächst willkürlich miteinander kombiniert. Achten Sie somit darauf, dass jeder Textbaustein auch für sich allein funktioniert und nicht zwingend auf einen anderen Textbaustein angewiesen ist. Außerdem sollten Sie berücksichtigen, dass Google anhand der von Ihnen bereitgestellten Angaben auch noch weitere Anzeigenvarianten automatisch erstellt. Google sagt dazu: »Wir erstellen automatisch – und unter Verwendung der von Ihnen bereitgestellten Inhalte – weitere Versionen dieser Anzeigen, damit Ihre Werbung künftig noch effektiver ist.« Sie müssen aber damit rechnen, dass es dieser Algorithmus nicht immer schafft, jeweils in Ihrem Sinne zu texten. Wundern Sie sich also nicht, sollten Sie Anzeigen finden, die zwar auf Ihr Unternehmen hinweisen, dabei aber Ihnen unbekannte Texte verwenden!

Indem Sie auf die Pfeile oberhalb der Vorschau klicken, werden verschiedene Varianten durchgespielt. Schließen Sie die Anzeigenerstellung mit WEITER ab.

2.5.5 Definition der Keyword-Themen

Zu den wichtigsten Bestandteilen Ihrer Kampagne gehören die Keywords, zu denen diese geschaltet werden soll. Legen Sie also die für Ihre Anzeige relevanten KEYWORD-THEMEN fest. Die richtige Zusammenstellung Ihrer Keywords ist ein sehr komplexes Thema, dem wir uns in Kapitel 3, »Keywords«, noch ausführlich widmen.

Auch hier führt Google bereits eine Vorauswahl durch und listet alle ausgewählten Themen ❶ in einer Übersicht auf (siehe Abbildung 2.18). Wenn Sie durch einen Klick auf + NEUES KEYWORD-THEMA ❷ einen neuen Eintrag hinzufügen, werden Ihnen per Auto-Vervollständigung weitere Vorschläge angezeigt. Sie beginnen einfach, eine passende Bezeichnung einzutippen, und erhalten automatisch sofort Vorschläge mit tatsächlich vorhandenen Suchbegriffen. Beginnen Sie beispielsweise mit »Auto«, erhalten Sie Vorschläge wie »Autoteile«, »Autoreifen« oder »Autoversicherung«. Dadurch bekommen Sie Ideen für mögliche weitere relevante Keywords. Neben den ausgewählten Themen schlägt Ihnen Google auch direkt weitere Themen vor ❸, die sich mit einem Klick hinzufügen lassen.

Sie können nach Belieben weitere Einträge hinzufügen und so Ihr Keyword-Set verfeinern. Möchten Sie mehrere Produkte oder Dienstleistungen bewerben, können Sie für Ihr Unternehmen in einem späteren Schritt auch mehrere Kampagnen mit jeweils unterschiedlichen Sets an Keywords erstellen.

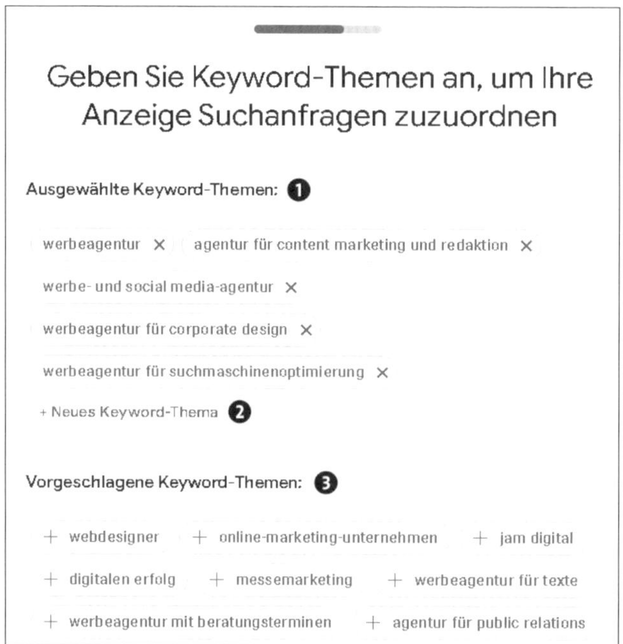

Abbildung 2.18 Definition der Keyword-Themen

Wie die Bezeichnung *Keyword-Themen* bereits andeutet, umfasst ein einzelner Begriff viele verschiedene Suchwörter, die das Ausspielen Ihrer Anzeige auslösen. Dies kann einerseits ein Vorteil sein, da Sie sich nicht jede potenziell passende Suchanfrage vorher überlegen müssen. Gleichzeitig kann es andererseits auch dazu führen, dass Ihre Anzeige für unpassende Suchwörter anschlägt und dadurch unnötig Geld kostet. Sofern Sie später andere Kampagnentypen verwenden, stehen Ihnen nützliche Werkzeuge zur Verfügung, um dieser Problematik zu begegnen. Für unsere smarte Kampagne, die den Fokus auf eine erste, schnelle Kampagnenerstellung legt, passen die vorhandenen Mittel jedoch sehr gut.

Wählen Sie abschließend die Sprache für Ihre Kampagne im etwas unscheinbaren Feld WERBUNG IN und gehen Sie mit WEITER zum nächsten Schritt.

2.5.6 Standortauswahl

Welche Auswahl bezüglich des Standorts sinnvoll und effizient ist, hängt nicht zuletzt von der Branche und der Zielgruppe Ihres Unternehmens ab. Wir können uns vorstellen, dass für Restaurants und Cafés eher kleinere Entfernungen gewählt werden. Da Ihre Google-Smart-Campaign-Anzeigen auch auf Mobilgeräten geschaltet werden, kommen so nur potenzielle Neukunden infrage, die sich in unmittelbarer Nähe Ihres Lokals befinden, es vielleicht sogar zu Fuß erreichen können.

Für ein Autohaus hingegen ist auch der größtmögliche Umkreis von 65 Kilometern denkbar. Interessenten, die einen Neu- oder Gebrauchtwagen suchen, sind bestimmt bereit, für ein spezielles Angebot oder gewünschtes Gebrauchtwagenmodell eine Anreise von maximal einer Autostunde in Kauf zu nehmen. Sofern Sie Ihre geografische Ausrichtung individueller als mit dem Umkreisradius bestimmen wollen, sollten Sie jedoch berücksichtigen, keinen zu großen Einzugsbereich auszuwählen, selbst wenn es an dieser Stelle theoretisch möglich ist. Speziell bei eingeschränkten (Test-)Budgets sollten Sie zunächst mit der im wahrsten Sinne des Wortes naheliegendsten Zielgruppe starten.

Alternativ zum Umkreis können Sie die Standortauswahl auch anhand von Postleitzahlen, Städten, Regionen oder Ländern durchführen.

2.5.7 Budgetfestlegung

Während Sie Ihre Anzeigen einrichten, müssen Sie auch ein Tagesbudget festlegen. Damit stellen Sie sicher, dass Ihnen durch Google Smart Campaign nicht mehr Kosten entstehen, als Sie dafür eingeplant haben. Google schlägt an dieser Stelle einen typischen Budgetrahmen vor, der anhand der von Ihnen ausgewählten Kategorie und des dafür vorhandenen Wettbewerbs automatisch errechnet wird. So erhalten Sie sofort eine Prognose zu potenziellen täglichen und monatlichen Kosten, inklusive einer groben Schätzung, wie viele Klicks Sie pro Monat erhalten können.

Es liegt nun an Ihnen, ob Sie einfach auf einen der Google-Vorschläge eingehen oder ein eigenes Budget festlegen. Berücksichtigen Sie an dieser Stelle, dass Sie Ihr Tagesbudget auf mindestens 0,59 € festlegen müssen, um das bei Google Smart Campaign verpflichtende monatliche Mindestbudget von 18 € zu erreichen. Bei Auswahl der Option EIGENES BUDGET EINGEBEN erhalten Sie manchmal sogar eine Orientierung zum typischerweise eingesetzten Budget von Mitwettbewerbern. Bei Empfehlungen von Google sollten Sie immer eine gewisse Skepsis an den Tag legen. Empfehlungen sind eine praktische Sache, verleiten jedoch allzu schnell dazu, den eigenen Kopf abzuschalten und stumpf diesen Empfehlungen zu folgen. Bewerten Sie also immer aus Ihrer persönlichen Perspektive und mit gesundem Menschenverstand.

Des Weiteren sollten Sie beachten, dass hier ein *durchschnittliches* Tagesbudget gewählt wird. Es wird also in der Praxis vorkommen, dass die tatsächlichen täglichen

Ausgaben unterschiedlich hoch sind. Dies ist ein normales Verhalten, das von technischen Faktoren sowie von dem nicht vorhersehbaren täglichen Suchinteresse bestimmt wird. Sie können jedoch sicher sein, dass Ihr monatliches Budget nicht überschritten wird. Beträgt Ihr Tagesbudget beispielsweise 15 €, werden Ihnen im Monat nicht mehr als 456 € an Werbeausgaben entstehen (15 € multipliziert mit ca. 30,4 Tagen durchschnittlich pro Monat).

Mindestbudgets in Theorie und Praxis

Das seitens Google veranschlagte monatliche Mindestbudget von 18 € ist sehr gering gewählt. Wir möchten Ihnen hier anhand eines Beispiels veranschaulichen, wie Sie ein sinnvolles Monatsbudget finden können.

Bleiben wir bei den 18 € Mindestbudget und nehmen wir an, dass ein Klick auf die Anzeige Sie ca. 0,66 € kostet. Auf diese Weise würden Sie über Google Smart Campaign nicht mehr als ungefähr 27 neue Besucher im Monat erzielen können. Wenn wir davon ausgehen, dass Sie eine Webseite betreiben, die auch ohne Kampagnen tägliche Besucherzahlen im mindestens zweistelligen Bereich aufweist, werden Sie also die zusätzlich gewonnenen Besucher kaum wahrnehmen können. Sie sollten also das Kampagnenbudget in jedem Fall so wählen, dass Sie täglich einen »spürbaren« Besucherzuwachs auf Ihrer Webseite generieren können. Mit 200 € würden Sie mit dem hier im Beispiel genannten Klickpreis bereits 303 neue monatliche Interessenten (oder etwa zehn pro Tag) gewinnen können.

Wir schlagen vor, dass Sie bei Google Smart Campaign nicht unter einem Monatsbudget von 100 € schalten. Sie möchten schließlich durch einen messbaren Besucherzuwachs auf Ihrer Website oder eine höhere Kundenfrequenz in Ihrem Geschäft von dieser Maßnahme unmittelbar profitieren. Wenn Sie das Budget sehr gering ansetzen und dadurch nur wenige Klicks pro Tag generieren, sparen Sie womöglich an der falschen Stelle, weil Ihre Anzeigen zu kurz und eventuell zur falschen Tageszeit online sind.

2.5.8 Kontrolle

Nachdem Sie eine Budgetauswahl getroffen haben, bietet Ihnen der Assistent im folgenden Schritt die Möglichkeit, alle in den vorherigen Schritten angegebenen Informationen zusammengefasst auf einer Seite zu überprüfen und bei Bedarf durch einen Klick auf das Stiftsymbol noch einmal zu ändern. Prüfen Sie an dieser Stelle Zielvorhaben, Anzeigen und vor allem Ihre Budgetauswahl genau, bevor Sie Ihre Eingabe bestätigen und mit dem finalen Schritt fortfahren, um die Anzeigen online zu schalten (siehe Abbildung 2.19).

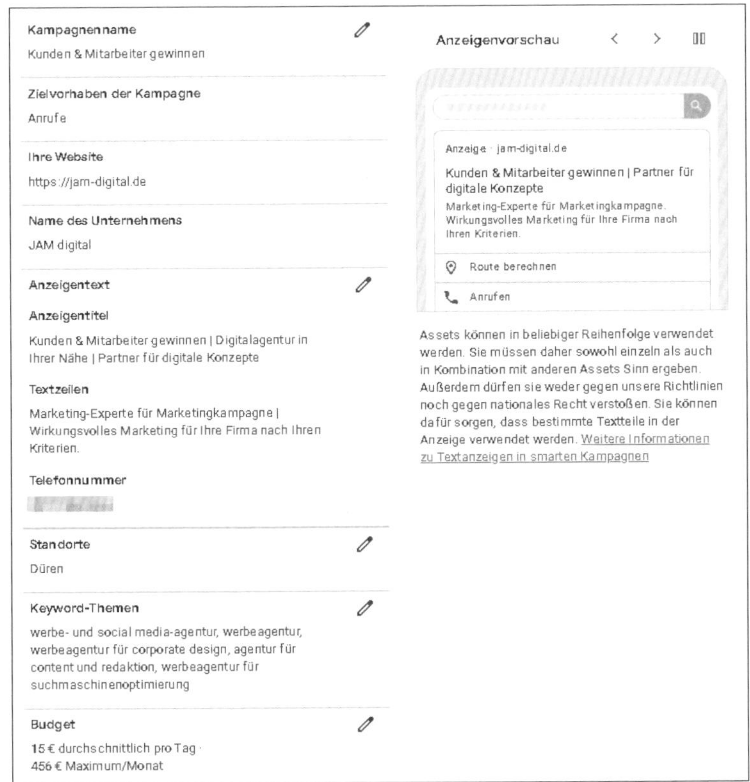

Abbildung 2.19 Kontrolle der Kampagneneinstellungen

Schließen Sie die Erstellung Ihrer Google Smart Campaign mit einem finalen Klick auf WEITER ab. Die Veröffentlichung erfolgt damit automatisch.

Gehen wir nun davon aus, dass Sie die vorhergehenden Schritte erfolgreich abschließen konnten und Ihre Anzeige jetzt bei Google geschaltet wird. Es kann einige Zeit (laut Google bis zu 24 Stunden) dauern, bis diese Anzeige tatsächlich auch bei den passenden Suchergebnissen erscheint. Hat alles geklappt, informiert Google Sie zusätzlich per E-Mail, dass Ihre Anzeigen aktiv sind. Auch über eventuelle Probleme und Fehler bei der Einrichtung werden Sie per E-Mail informiert.

2.5.9 Anzeigenverwaltung

Die Möglichkeiten, die smarten Kampagnen aktiv zu verwalten und zu optimieren, sind stark eingeschränkt. Dennoch gibt es in der Benutzeroberfläche ein paar wichtige Bereiche, die Sie für die laufende Arbeit mit Google Smart Campaign kennen sollten. Wir empfehlen Ihnen, Ihre Anzeigen nicht gänzlich unbeobachtet laufen zu lassen.

Rufen Sie im Navigationsmenü KAMPAGNEN • KAMPAGNEN • KAMPAGNEN auf und klicken Sie in der angezeigten Tabelle auf den Titel Ihrer smarten Kampagne, um die jeweiligen Einstellungen zu öffnen. Neben der Möglichkeit, den Namen der Kampagne über das Stiftsymbol ❶ anzupassen oder den Status ❷ zu verändern, werden Ihnen die wichtigsten Kennzahlen ❸ in einer kurzen Übersicht angezeigt (siehe Abbildung 2.20). Über DETAILS ZUR LEISTUNG ANSEHEN ❹ lassen sich diese auch genauer im zeitlichen Verlauf betrachten. Prüfen Sie die Performance Ihrer Kampagne regelmäßig, um beispielsweise durch eine Anpassung des Budgets oder der Anzeigen bessere Ergebnisse zu erzielen. Achten Sie darauf, den richtigen Zeitraum ❺ für Ihre Betrachtung auszuwählen.

Abbildung 2.20 Der Einstieg in die Einstellungen Ihrer Google Smart Campaign

Innerhalb der restlichen Einstellungen finden Sie im Wesentlichen alle Bereiche, die Sie auch während der Erstellung der Kampagne durchlaufen haben. Mit einem Klick auf BEARBEITEN im jeweiligen Block steigen Sie in die weitere Bearbeitung ein:

- **Bericht zu Suchbegriffen und Keyword-Themen**

  Google liefert Ihnen hier praktische Berichte zu Suchbegriffen, die über die gewählten Keyword-Themen zur Ausspielung Ihrer Anzeigen geführt haben. Darüber hinaus fügen Sie im Tab KEYWORD-THEMEN weitere Keyword-Themen hinzu oder entfernen diese aus Ihrer Liste. Der Tab AUSZUSCHLIESSENDE KEYWORD-THEMEN beinhaltet eine Zusatzfunktion, die im Rahmen der Kampagnenerstellung nicht angeboten wird. Definieren Sie hier feste Keyword-Themen, bei denen eine Ausspielung Ihrer Kampagnen verhindert wird. Diese Funktion ist das Pendant innerhalb der Google Smart Campaign zu den *auszuschließenden Keywords*, die Sie noch genauer in Abschnitt 4.6.3 kennenlernen werden.

- **Text, Bilder und Landingpage für Ihre Anzeige**

  Bearbeiten Sie Ihre bestehenden Anzeigen und aktualisieren Sie beispielsweise Ihre Anzeigentitel. Während der Kampagnenerstellung konnten Sie lediglich eine Anzeige einrichten. Fügen Sie an dieser Stelle weitere Anzeigen hinzu. Dies ist z. B. dann sinnvoll, wenn Sie die Anzahl der möglichen Anzeigentitel oder Anzeigentexte bereits ausgereizt haben. Beachten Sie jedoch, dass weitere Anzeigenelemente, wie die verlinkte Landingpage, nur übergreifend für alle Anzeigen innerhalb einer Kampagne festgelegt werden. Ergänzen Sie Bilder und Logos für Ihre Anzeigen. Außerdem passen Sie hier bei Bedarf die Landingpage oder die angezeigten Unternehmensinformationen an.

- **Standort**

  Verändern Sie den Standort, für den Ihre Anzeigen ausgespielt werden. Außerdem erhalten Sie im Tab STANDORTBERICHT eine standortbezogene Auswertung.

- **Budget und Werbezeitplaner**

  Neben der bereits aus der Erstellung bekannten Festlegung bzw. hier Anpassung des Tagesbudgets stellt Ihnen Google im Tab WERBEZEITPLANER die praktische Möglichkeit zur Verfügung, eine Ausspielung Ihrer Anzeigen auf bestimmte Tage und bestimmte Uhrzeiten zu beschränken. Haben Sie beispielsweise ein Ladenlokal, das zum Anfang der Woche eine bestimmte Rabattaktion bewirbt, könnte eine zeitliche Beschränkung Ihrer Anzeigen auf ungefähr diesen Zeitraum sinnvoll sein, um Werbebudget einzusparen.

Wie Sie feststellen können, dient die Bearbeitung Ihrer smarten Kampagne innerhalb der Einstellungen nicht nur der nachträglichen Anpassung von während der Erstellung gewählten Parametern. Einige Funktionen stehen tatsächlich erst in diesem zweiten Schritt zur Verfügung, sodass es sich lohnen kann, direkt nach Veröffentlichung ergänzende Maßnahmen zur Optimierung umzusetzen. Weitere Möglichkeiten zur Optimierung Ihrer Anzeigen schauen wir uns im nächsten Abschnitt an.

2.5.10 Anzeigenoptimierung

Bereits bei Erstellung Ihrer Kampagne mit den zugehörigen Anzeigen und Texten sollten Sie sich vorab Gedanken über wichtige Botschaften und wesentliche Rahmenbedingungen gemacht haben. Dies spart Geld sowie Zeit im Optimierungsprozess und hilft, schnell Ihre fokussierte Zielgruppe zu erreichen. Dennoch werden Sie immer wichtige Erfahrungen auch nach der Veröffentlichung Ihrer Kampagne machen, die es in eine Verbesserung zu überführen gilt. Dabei helfen nicht zuletzt Kennzahlen und Berichte, die Ihnen Google zur Verfügung stellt.

Optimierung von Anzeigentexten

Sie werden eventuell bei der ursprünglichen Erstellung der Anzeigentexte bemerkt haben, dass es durchaus eine Herausforderung sein kann, die Vorteile Ihres Unternehmens und dessen Angebote, Produkte oder Dienstleistungen auf begrenztem Raum bestmöglich hervorzuheben. Wir geben Ihnen als Google-Smart-Campaign-Nutzer ein paar Tipps, die Ihnen das Verfassen von passenden und erfolgreichen Anzeigentexten ermöglichen sollen:

- **Wodurch heben Sie sich von den Mitbewerbern ab?**
  Versuchen Sie, mindestens eine Eigenschaft Ihres Angebots hervorzuheben, um in der Vielzahl der Anzeigen aufzufallen, die auf einer Seite konkurrieren.
- **Bieten Sie etwas Exklusives an?**
  Konkrete Preisangaben und Hinweise auf zeitlich limitierte Angebote können die Leistung Ihrer Anzeige verbessern, indem Sie bessere Klickraten erzielen. Weisen Sie in Ihren Anzeigen auf besondere Angebote, Spezialpreise und Aktionen hin und generieren Sie so wertvolle zusätzliche Klicks.
- **Ist ein Bezug zu Kategorie- und/oder Suchbegriffen gegeben?**
  Versuchen Sie, ein oder mehrere Wörter, bei denen Sie die Schaltung Ihrer Anzeigen erwarten, auch in den Texten wiederzuverwenden. Der unmittelbare Bezug zwischen dem Suchbegriff des Nutzers und Ihrer Anzeige wird auf diese Weise besser hergestellt.
- **Welche Aktion sollen Interessenten durchführen?**
  Abhängig von Ihrem Unternehmensziel werden Sie von den Interessenten, die auf Ihre Anzeigen klicken, unterschiedliche Aktionen erwarten. Kaufen, anmelden oder anrufen sind nur drei Beispiele für konkrete Handlungsaufforderungen, die Sie idealerweise in Ihren Anzeigen platzieren sollten.
- **Hält die Webseite, was die Anzeige verspricht?**
  Prüfen Sie sorgfältig, ob Interessenten alle in den Anzeigentexten beworbenen Angebote, Preise oder Produkte rasch und korrekt auf Ihrer Webseite finden können. Wenn Sie zeitlich begrenzte Preise und Angebote in den Anzeigen verwenden, müssen Sie auch Zeit für deren regelmäßige Prüfung und Aktualisierung einkalkulieren. Programmieren Sie automatische Erinnerungen in Ihrem Kalender, um falschen Anzeigeninhalten und somit potenziell verärgerten Interessenten vorzubeugen.

- **Ist die Anzeige zu 100 Prozent fehlerfrei?**
  Es gibt nichts Lästigeres und aus Konsumentensicht Unprofessionelleres als Rechtschreib- oder Grammatikfehler in den Anzeigen. Prüfen Sie daher Ihre Texte vor der Veröffentlichung genau, und stellen Sie sicher, dass Sie den zur Verfügung stehenden Platz optimal nutzen.

Haben Sie Optimierungspotenzial für Ihre bestehenden Anzeigentexte erkannt? Zögern Sie nicht, unpassende Anzeigentexte schnellstmöglich zu verbessern!

Optimierung von Keyword-Themen

Wie Sie bereits gelernt haben, können Sie bei Google Smart Campaign Ihre eigenen Keyword-Themen bestimmen. Google schlägt dazu passende Begriffe vor, die zum einen aus der Analyse Ihrer eingegebenen Unternehmenswebseite stammen und zum anderen Ergänzungen zu den von Ihnen definierten Begriffen sind.

Einige Fälle, in denen Sie eine Überarbeitung der Keywords in Betracht ziehen sollten, möchten wir Ihnen hier nennen:

- **Ihr Unternehmensbereich hat sich geändert, oder Sie möchten mehrere Bereiche, Produkte, Dienstleistungen bewerben?**
  Fügen Sie einfach neue Anzeigen mit jeweils neuen Keyword-Themen hinzu, um Ihre Produkte und Dienstleistungen effektiver zu bewerben.
- **Ihre primäre Keyword-Auswahl ist zu allgemein?**
  Sobald Sie auf der Übersichtsseite bei den Suchwortgruppen völlig irrelevante Keywords vorfinden, ist dies ein Zeichen dafür, dass Sie Ihre Suchbegriffe möglicherweise zu generisch gewählt haben. Prüfen Sie, ob Sie Begriffe finden können, die besser zu Ihrem Unternehmen passen.
- **Sie verwenden Kategorien mit indirektem Bezug?**
  Als Autohändler für die Marke Mercedes-Benz möchten Sie auch potenzielle BMW- und Audi-Käufer für sich gewinnen? Verwerfen Sie solche Werbestrategien in Google Smart Campaign und wählen Sie nur Keywords, von denen Sie wissen, dass diese Ihrem Angebot tatsächlich entsprechen.
- **Sie haben zu viele Keywords gewählt?**
  Selbst wenn Googles Vorschläge für Suchbegriffe mannigfaltig sind, sollten Sie sich auf den Kernbereich Ihres Unternehmens fokussieren und unpassende Vorschläge einfach ignorieren.
- **Sie möchten die Anzeigenschaltung für spezielle Keywords stärken?**
  Ihre Anzeigen und Budgets werden nicht zentral, sondern je Kampagne einzeln definiert. Möchten Sie zum Beispiel, dass in der Kampagne *Café* 5 €, für *Eissalon* in

den Sommermonaten jedoch 20 € pro Tag ausgegeben werden, dann legen Sie einfach unterschiedlich hohe Budgets fest, um den Fokus der jeweiligen Anzeigen auf die von Ihnen präferierte Kampagne zu legen.

Wie bereits erwähnt, empfehlen wir die Erstellung mehrerer Kampagnen und Anzeigen, wenn Sie mit Ihrem Unternehmen mehr als eine Kategorie abdecken und mit den jeweils bestmöglichen individuellen Suchwörtern gefunden werden möchten.

2.5.11 Fragen zu Google Smart Campaign

Selbst beim einfachen und schnellen Google Smart Campaign gibt es einige wichtige Aspekte, die Sie im Rahmen der Anzeigenerstellung berücksichtigen sollten. Vermeintlich kleine Fehler oder ein falscher bzw. nicht getätigter Klick im Einrichtungsprozess können Sie im schlechtesten Fall viel Geld kosten. Auf einige Fragen, die im Rahmen der Verwendung von Google Smart Campaign auftreten können, finden Sie in den folgenden Abschnitten die passenden Antworten.

Wie funktioniert die geografische Ausrichtung?

Die geografische Ausrichtung ist im Unterschied zum Google-Ads-Programm bei Google Smart Campaign wesentlich schlechter steuerbar. Um den Standort auszuwählen, an dem Ihre Anzeigen geschaltet werden, nutzt Google Smart Campaign die folgenden zwei Faktoren:

- **Umkreis um den Standort Ihres Unternehmens?**
  Sie können einen geografischen Umkreis zwischen 5 und 65 Kilometern um einen definierten Standort, idealerweise Ihren Unternehmensstandort, auswählen. In diesem Radius werden Ihre Anzeigen dann geschaltet.
- **Bestimmte Gebiete**
  Alternativ können Sie bestimmte Gebiete, Städte oder Länder festlegen, in denen Ihre Anzeigen ausgespielt werden sollen.

Welche Keywords werden bei der automatischen Auswahl berücksichtigt?

Die von Nutzern eingegebenen Suchbegriffe und Phrasen, die eine Anzeigenschaltung auslösen, sind ein zentraler Bestandteil jeder Google-Ads-Kampagne. In der Smart-Campaign-Variante spielen diese auch eine wichtige Rolle. Wie bereits erwähnt, können Sie eigene Keywords hinterlegen. Google liefert dazu passende Ergänzungen und Alternativen. Diese Suchbegriffe werden von Google automatisch sogenannten *Keyword-Themen* zugeordnet, auf die Sie in Google Smart Campaign nur bedingt Einfluss nehmen können.

Diese Keyword-Themen werden zwar regelmäßig aktualisiert, jedoch geschieht das nur generisch innerhalb der Kategorien, nicht aber an Ihr Unternehmen angepasst. Berücksichtigen Sie daher auch die weiteren Faktoren, um besser zu verstehen, wie das Google-Smart-Campaign-System die automatische Auswahl optimal passender Keywords steuert:

- **Unternehmensname**
  Google nutzt auch den Namen Ihres Unternehmens als Keyword zur Schaltung von Google-Smart-Campaign-Anzeigen. Diese Praxis ergibt durchaus Sinn und bietet Ihnen unter anderem folgenden Vorteil: Sie können die Überschriften und Texte Ihrer bezahlten Anzeigen jederzeit ändern. Das ist zum Beispiel dann hilfreich, wenn Sie kurzfristige Angebote oder neue Produkte unmittelbar im Anzeigentext darstellen möchten. In organischen Suchergebnissen hingegen haben Sie keine kurzfristigen Einflussmöglichkeiten auf die dargestellten *Snippets* – also auf die Titelzeile und den Beschreibungstext des Suchresultats, das für Ihr Unternehmen erscheint.
- **Keyword-Optionen**
  Bei Google Smart Campaign kommt lediglich die Keyword-Option WEITGEHEND PASSEND zum Einsatz. Dies kann dazu führen, dass die Anzeigen auch bei thematisch nicht optimal passenden oder gänzlich irrelevanten Suchbegriffen geschaltet werden. Das Thema *Keyword-Optionen* haben wir in Abschnitt 4.6.2 für Sie umfassend aufbereitet.
- **Keyword-Themen**
  Während Sie bei klassischen Google Ads alle verwendeten Keywords aktiv verwalten und deren Leistungsdaten auch detailliert in den Reports einsehen können, stellt Ihnen die Smart-Campaign-Variante in der Benutzeroberfläche lediglich eine Übersicht der genutzten Keyword-Themen im gleichnamigen Fenster Ihrer Kampagnenübersicht dar. Im Normalfall werden diese Keywords genau zu Ihrem Unternehmen und den für die Anzeige festgelegten Suchbegriffen passen. Sollten Sie in den Smart-Campaign-Reports unpassende Keyword-Gruppen finden, können Sie sie jederzeit ausschalten oder auch wieder einschalten, sofern Sie es sich anders überlegen.

Zusammengefasst bedeutet das, dass Google Smart Campaign für Sie als Alternative ausscheidet, sobald Sie einen unmittelbaren Einfluss auf Keywords und Keyword-Optionen haben möchten.

Wie kann ich Google-Smart-Campaign-Kampagnen stoppen?

Google macht es Ihnen mit Google Smart Campaign sehr einfach, Ihre Kampagnen erstmalig zu erstellen und rasch online zu schalten. Ebenso leicht ist es, Ihre aktiven Kampagnen zu stoppen. Dazu rufen Sie die Kampagnenübersicht in der Navigation über KAMPAGNEN • KAMPAGNEN • KAMPAGNEN auf und klicken in der angezeigten Tabelle auf den Titel der relevanten Kampagne. Hier können Sie die jeweilige Kampagne über das Drop-down-Menü von AKTIV auf KAMPAGNE PAUSIEREN setzen. Die einzelnen Anzeigen selbst lassen sich allerdings im Gegensatz zu Google Ads in Smart Campaign nicht pausieren.

Abbildung 2.21 Eine Kampagne pausieren

2.6 Was möchten Sie mit Google Ads erreichen?

Bei der Vorbereitung einer Google-Ads-Werbekampagne sollten Sie zunächst darüber nachdenken und anschließend exakt formulieren, was Sie mit Ihrer Online-Marketing-Kampagne erreichen möchten. Dies hört sich vielleicht einfach an, fällt jedoch oft schwerer, als man denkt. Nur mit einer guten Basis lässt sich dieses Instrument auch erfolgreich nutzen. Natürlich will jeder am Ende mehr Kunden für seine Produkte oder Dienstleistungen gewinnen, sodass wir uns im weiteren Verlauf insbesondere mit diesem Ziel auseinandersetzen werden. Aber es gibt auch andere Ziele, die für Ihr Unternehmen von Bedeutung sein können. In den letzten Jahren rückte beispielsweise die Gewinnung neuer Mitarbeiter immer mehr in den Fokus. Versuchen Sie zunächst einmal, alle Ihre Vorstellungen zu definieren, und halten Sie diese Punkte am besten schriftlich fest.

2.6.1 Definieren und notieren Sie Ihre Ziele

Ihre Ziele sind wichtig! Der chinesische Philosoph Laotse hat gesagt: »Nur wer sein Ziel kennt, findet den Weg.« Ohne Ziele können Sie Ihre Online-Werbung weder klar fokussieren noch Aussagen über die tatsächliche Wirkung treffen. Darum sollten Sie zu Beginn Ihrer Google-Ads-Kampagne Ihre Ziele überdenken und klare Zielaussagen formulieren. Zudem sollten Sie Antworten auf folgende Fragen finden:

- Welche Kunden möchten Sie erreichen?
- Was erwarten Sie von Ihren Kunden?
- Warum sollten die Kunden gerade Ihre Produkte oder Dienstleistungen kaufen?
- Was möchten Sie mit Ihrer Werbung erreichen?

Die Antworten werden später sehr hilfreich beim Erstellen und Formulieren Ihrer Anzeigentexte für die Google-Ads-Kampagne sein. Auch bei der Überprüfung Ihrer Webseite sollten Sie stets die Vorteile Ihrer Produkte bzw. Dienstleistungen vor Augen haben, da die Vorteile auf der Landingpage auch genannt werden müssen.

Benennen Sie außerdem konkrete Zahlen und recherchieren Sie, was realistisch erscheint. Welche Besuchszahlen, welche Umsätze, wie viele Kundenkontakte sind möglich? Errechnen oder schätzen Sie auf Grundlage bekannter Größen aus Ihren bisherigen Marketingaktivitäten die Ziele, die Sie mit Ihren Google-Ads-Kampagnen erreichen möchten, z. B. »fünfzig Produktverkäufe pro Tag« oder »fünf verkaufte Inhouse-Schulungen pro Monat«.

Notieren Sie alle Ziele schriftlich in einem Dokument, das Sie später immer wieder zur Hand nehmen können, um aktuelle Zahlen mit Ihren definierten Vorgaben zu vergleichen. Legen Sie dazu auch fest, wie Sie die Erreichung der Ziele online messen wollen. Die Zielplanung bildet die Grundlage für Ihre laufende Kontrolle und muss somit regelmäßig angepasst und mit den realen Zahlen verglichen werden. Auf diese Weise schaffen Sie Anhaltspunkte, an denen Sie sich orientieren können. Abhängig davon lassen sich nun Optimierungen vornehmen, oder eine veränderte Werbestrategie kann getestet werden.

2.6.2 Besucher sind (noch) keine Kunden

Das erste und wichtigste Ziel einer Google-Ads-Kampagne sind neue Webseitenbesucher, die über den Klick auf die Google-Ads-Anzeige auf Ihre Webseite kommen. Google vermittelt als Suchmaschine sehr schnell interessierte Besucher, die aufgrund der gestellten Suchanfrage bereits vorgefiltert sind. Die Besucher sind umso wertvoller, je besser ihre Suchanfragen zu Ihren Produkten oder Dienstleistungen passen.

Falls der Suchende Ihre Produkte oder Dienstleistungen nicht kennt, führt die Google-Ads-Werbung in vielen Fällen auch Besucher auf Ihre Webseite, die Lösungen für bestimmte Probleme suchen und über diesen Umweg Ihr Unternehmen kennenlernen. Die erste Hürde ist also geschafft. Sie haben mithilfe des Suchmaschinenmarketings interessierte Besucher auf Ihre Seite geführt. Bedenken Sie jedoch eine wichtige Weisheit im Online-Marketing: Besucher sind noch keine Kunden!

Allein der steigende Traffic auf Ihrer Webseite ist in den meisten Fällen noch kein befriedigendes Ziel. Sie müssen also weitere Ziele definieren, um diese später entsprechend messen und bewerten zu können. Unterscheiden Sie dabei zwischen Makrozielen und Mikrozielen. Ein *Makroziel* ist immer das bedeutendste Ziel. Ein solches ist zum Beispiel erreicht, wenn ein Kunde ein Produkt in Ihrem Online-Shop bestellt hat. Ein weiteres Makroziel wäre die Buchung eines Seminarplatzes oder eine konkrete Kundenanfrage per Kontaktformular. Ein *Mikroziel* hingegen wäre nur ein Zwischenschritt, der später zu einem Auftrag oder einem Verkauf führt. Dies könnte beispielsweise die Anmeldung zu einem Newsletter sein oder sogar der Besuch einer wichtigen Unterseite Ihrer Webpräsenz. Nutzen Sie Mikroziele, um das Verhalten Ihrer Besucher in kleinen Schritten zu analysieren.

Jedes Unternehmen verfolgt individuelle Ziele. Zur Anregung Ihrer Überlegungen haben wir eine Liste möglicher Ziele für eine Webseite zusammengestellt. Außerdem enthält Tabelle 2.2 entsprechende Tipps dazu, wie Sie das Erreichen der jeweiligen Ziele messen können.

Welches Ziel wird verfolgt?	Was wird gemessen?
Unternehmen/Website/Produkt bekannt machen = Visits	Anzahl der Besucher der Webseite
Bekanntheit der Marke bzw. des Unternehmens erhöhen	Anzahl der wiederkehrenden Besucher
Interesse für ein Produkt wecken	Engagement der Besucher (Anzahl der besuchten Webseiten und/oder die Zeit auf der Website)
Echte Kunden = Sales	Produktbestellungen im Shop Anfragen über ein Kontaktformular

Tabelle 2.2 Unterschiedliche Ziele und Messverfahren

Welches Ziel wird verfolgt?	Was wird gemessen?
Potenzielle Kunden = Leads generieren	Newsletter-Anmeldungen Anfragen zu Produkttests, z. B. Software-Download Bestellung von Infomaterial oder Katalogen etc. Anfragen für Rückruf
Kundenkontakte	Telefonanrufe mit speziellen Rufnummern Anfragen per E-Mail
E-Mail-Adressen generieren	Newsletter-Anmeldungen Kontaktformulare mit Abfrage der Mailadresse
Postadressen	Kontaktformulare mit Abfrage der Postadresse

Tabelle 2.2 Unterschiedliche Ziele und Messverfahren (Forts.)

2.6.3 Conversions = die Ziele Ihres Online-Marketings

Alle Ziele, die für Sie interessant sind, sollten aufgezeichnet (getrackt) werden. Wir empfehlen Ihnen, in Google Ads jedoch nur die Makroziele, also Ihre wichtigsten Ziele, als *primäre Aktion* zu messen. Auch die Mikroziele können bei Bedarf gemessen werden, sollten jedoch als *sekundäre Aktion* eingeordnet werden und somit nicht in die automatisierte Optimierung Ihrer Kampagne einfließen. Das Google-Ads-System ordnet die erreichten Ziele den Keywords, den Anzeigentexten, den Anzeigengruppen sowie den Kampagnen zu. Diese Zahlen können Sie in verschiedenen Statistiken abrufen.

Früher hat Google alle Conversions unter einer Gruppe zusammengefasst, sodass es nicht möglich war, zwischen einzelnen Conversions zu unterscheiden. Somit war die Conversion *Newslettereintrag* genauso wichtig wie die Conversion *Produktkauf*, was dem unterschiedlichen finanziellen Gegenwert der Conversion nicht gerecht wurde. Mittlerweile haben Sie die Möglichkeit, Ihren Kampagnen gezielt einzelne ausgewählte Conversions als Ziel zuzuordnen. Dies legen Sie entweder direkt bei der Kampagnenerstellung, wie in Abschnitt 4.2.3 beschrieben wird, fest oder nehmen nachträglich eine Anpassung in den Kampagneneinstellungen vor.

Navigieren Sie in KAMPAGNEN • KAMPAGNEN • KAMPAGNEN und klicken Sie auf das Zahnradsymbol, das erscheint, wenn Sie die Maus über die Tabellenzeile Ihrer Kampagne bewegen. Klappen Sie in den Kampagneneinstellungen den Bereich CONVERSION-ZIELVORHABEN ❶ auf, wählen Sie im Auswahlfeld die Option KAMPAGNENSPEZIFISCH ❷ aus und klicken Sie anschließend auf KAMPAGNENZIELE AUSWÄHLEN ❸ (siehe Abbildung 2.22).

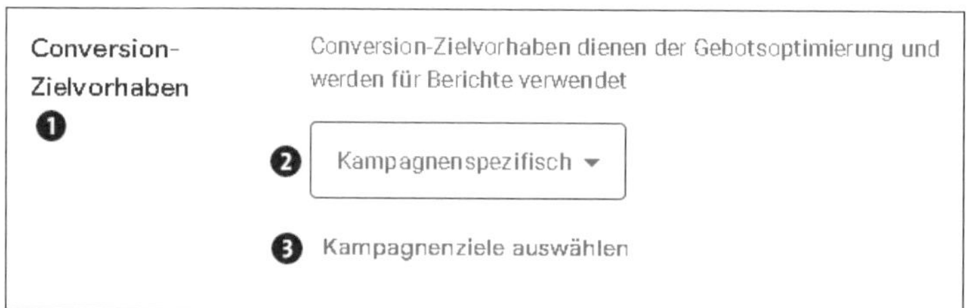

Abbildung 2.22 Conversion-Zielvorhaben für Kampagne auswählen

Im sich öffnenden Pop-up können Sie jetzt die gewünschten Conversion-Aktionen bzw. das gewünschte Conversion-Zielvorhaben auswählen. Voraussetzung ist natürlich, dass Sie vorab eine oder mehrere Conversion-Aktionen angelegt haben. Wie das geht, wird später in Abschnitt 2.6.4 erklärt.

Durch die Option der gezielten Conversion-Zuteilung bekommen Ihre Statistikberichte bezüglich Conversions deutlich mehr Aussagekraft. Hinzu kommt, dass die Conversions auch im Google-Ads-Tool genutzt werden, um z. B. automatisiert mithilfe des Conversion-Optimierungstools stärker für Keywords mit höheren Conversions zu bieten. Dies ist nur sinnvoll, wenn hinter den Conversions auch echter Umsatz in Form von Verkäufen oder Kundenanfragen steht.

Was ist eine Conversion?

Conversion oder auf Deutsch Konversion bedeutet »Umwandlung«. Im Online-Marketing ist eine Conversion im eigentlichen Sinne der Punkt, an dem sich ein Besucher in einen Kunden verwandelt. Es werden jedoch auch schon geringere Ereignisse als Conversion bezeichnet. Wenn sich z. B. ein Interessent für einen Newsletter einträgt, wird er in diesem Moment noch nicht unbedingt zum Kunden – aber auch das kann als Conversion gemessen werden. Online werden hauptsächlich bestimmte Webseitenaufrufe oder bestimmte Klickereignisse (auf Buttons oder Links) als Zielpunkt gemessen, um eine Aktion als Conversion zu werten.

2.6.4 Conversions in Google Ads erstellen

Zur Messung einer Conversion muss ein Code erstellt werden, der im Anschluss auf einer bestimmten Unterseite Ihrer Webpräsenz einzubauen ist. Wird diese Seite später von einem Besucher aufgerufen, der über eine Ihrer Google-Ads-Kampagnen kam, erfolgt eine Aufzeichnung dieser Aktion als Conversion in Ihrem Google-Ads-Konto. Die Conversion können Sie dann in verschiedenen Berichten in Ihrem Konto der entsprechenden Kampagne, Anzeigengruppe, dem zugehörigen Keyword und der Anzeige zuordnen.

Um Ihre erste Conversion einzurichten, gehen Sie folgendermaßen vor: Klicken Sie in Ihrem Google-Ads-Konto innerhalb der linken Seitenleiste auf das Pokalsymbol ZIELVORHABEN ❶, um dadurch in den Bereich CONVERSIONS • ZUSAMMENFASSUNG ❷ zu gelangen (siehe Abbildung 2.23).

Im sich öffnenden Bereich klicken Sie dann auf NEUE CONVERSION-AKTION ❸, um eine neue Conversion zu erstellen. Wurden bereits Conversions angelegt, finden Sie hier je Conversion-Kategorie (z. B. ANRUF-LEAD) eine Tabelle mit den zugehörigen Conversions, die grundlegende Informationen und die Möglichkeit zur Verwaltung beinhalten ❹.

Abbildung 2.23 Erstellen Sie eine neue Conversion.

Im nächsten Fenster können Sie die Grundeinstellungen für Ihre neue Conversion festlegen. Als wichtigste Einstellung müssen Sie hier zunächst die Quelle Ihrer Conversion bestimmen. Dies ist im Normalfall der erste Unterpunkt (WEBSITE) der Auswahlliste. Zu den weiteren Auswahlmöglichkeiten (siehe Abbildung 2.24) zählen auch:

- App
  Mit diesem Conversion-Code können Sie zum einen Downloads von Apps erfassen; zum anderen können Sie auch Aktionen in Ihren mobilen Apps als Conversions erfassen.
- Anrufe
  Mit dieser Funktion können Sie drei unterschiedliche Conversions aus dem Anrufbereich erfassen. Sie können Anrufe tracken, die direkt über die Google-Ads-Anzeigen erfolgt sind, Sie können Anrufe über Telefonnummern tracken, die auf einer mobilen Webseite aufgerufen wurden, und sogar Anrufe zu Telefonnummern, die auf Ihrer Webseite eingeblendet werden.
- Import
  Mit dieser Funktion können Sie Conversions aus Drittanbietersystemen in Ihr Google-Ads-Konto importieren, also Aktionen, die Sie nicht unmittelbar digital im Google-Ads-Konto messen können.

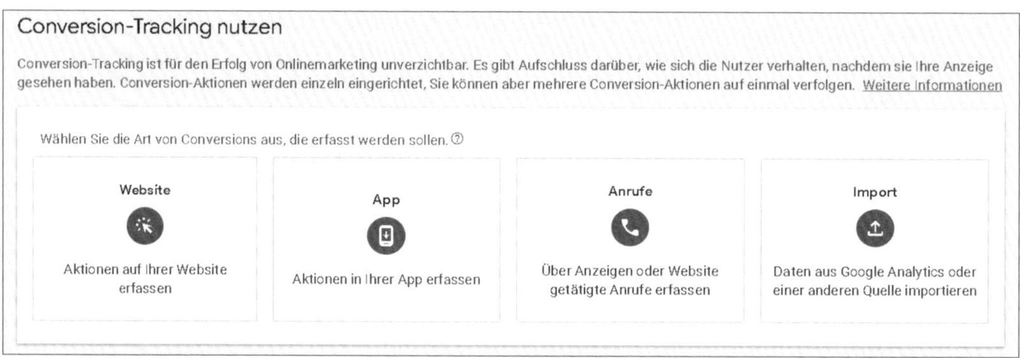

Abbildung 2.24 Wählen Sie die Art Ihrer Conversion.

Wir konzentrieren uns im weiteren Verlauf auf Conversions, die auf Ihrer Website durch die Einbindung des *Google-Tags* erfasst werden, da diese unserer Erfahrung nach am häufigsten genutzt werden. Nachdem Sie die gewünschte Art Website ausgewählt haben, werden Sie im nächsten Schritt auf die Seite weitergeleitet, auf der Sie die entsprechenden Einstellungen für Ihre Conversion vornehmen. Google fordert Sie zunächst zur Eingabe Ihrer eigenen Website-Domain auf, um zu prüfen, ob Ihre Webseite bereits zur Erfassung von Conversions eingerichtet ist. Nach einem Klick auf den Button Prüfen führt Google einen entsprechenden Scan durch und öffnet danach die weiteren Einstellungen.

Google bietet Ihnen nun zwei verschiedene Möglichkeiten, eine Conversion-Aktion hinzuzufügen:

- **Conversion-Aktionen aus Websiteereignissen erstellen**
  Diese Variante nutzt Ihre URL bzw. den Seitenaufbau als Kriterium für das Erzielen einer Conversion. Im Gegensatz zur zweiten Variante handelt es sich hierbei um die schnellere und einfachere Vorgehensweise.
- **Conversion-Aktionen manuell mithilfe von Code erstellen**
  Diese Variante ermöglicht eine wesentlich differenzierte Erfassung von Conversions. Zum einen können Sie hierbei Klicks auf Schaltflächen und Links messen. Außerdem lassen sich auch die im Zuge dessen übermittelten Daten stark individualisieren, beispielsweise in Form von benutzerdefinierten Parametern oder einem Conversion-Wert, der abhängig von der angeklickten Schaltfläche variiert. Eine Einrichtung dieser Variante ist jedoch wesentlich anspruchsvoller und mit mehr Aufwand verbunden.

Auch hier fokussieren wir uns auf die Variante, die für den Großteil insbesondere zum Start mit Google Ads relevant ist.

Wählen Sie also zunächst im Bereich Conversion-Aktionen aus Websiteereignissen erstellen im Feld Conversion-Zielvorhaben ❶ eine passende Kategorie aus (siehe Abbildung 2.25).

Abbildung 2.25 Legen Sie erste Grundeinstellungen Ihrer Conversion fest.

Hier können Sie aus verschiedenen vorgegebenen Kategorien wählen, wobei diese Angaben nur der einfacheren Sortierung und Zuordnung dienen. Versuchen Sie trotzdem, eine möglichst passende Kategorie auszuwählen. Geben Sie zum Beispiel

LEAD-FORMULAR SENDEN an, falls Sie das Ausfüllen eines solchen Formulars auf Ihrer Website tracken möchten. Dieses Tracking soll nun über eine Danke-Seite erfolgen, die nach dem erfolgreichen Versenden des Formulars aufgerufen wird. Der Vorteil einer solchen Vorgehensweise ist, dass die Danke-Seite einen eindeutigen Konversionspunkt darstellt. Der Aufruf findet nur dann statt, wenn die Anfrage auch wirklich abgeschickt wurde. Wählen Sie also im Feld EREIGNISTYP ❷ die Option SEITENAUFBAU und tragen Sie die Domain der Danke-Seite ein ❸. In unserem Fall lautet diese *www.sportbekleidung-beispielshop.de/danke*. Durch einen Klick auf WEITERE EINSTELLUNGEN ANZEIGEN ❹ rufen Sie nach der Grundkonfiguration zusätzliche Einstellungen auf, die Sie ebenfalls nutzen sollten.

In den detaillierten Einstellungen werden Ihnen die bereits getätigten Eingaben wiederbegegnen. So finden Sie auch die bereits ausgewählte Kategorie LEAD-FORMULAR SENDEN ❶ (siehe Abbildung 2.26). Zusätzlich können Sie hier jedoch über einen Klick auf OPTIMIERUNGSMÖGLICHKEITEN FÜR CONVERSION-AKTIONEN ❷ auswählen, ob es sich um eine PRIMÄRE AKTION (FÜR DIE GEBOTSOPTIMIERUNG) ❸, die in den meisten Fällen einem Makroziel entspricht und in die automatische Gebotsoptimierung Ihrer Kampagne einfließen soll, oder um eine SEKUNDÄRE AKTION (NICHT FÜR DIE GEBOTSOPTIMIERUNG) ❹, die eher einem Mikroziel entspricht und nur als reine Dateninformation gesammelt wird, handelt. Da die Conversion in unserem Beispiel der Gewinnung eines Leads und damit eindeutig einem sehr wichtigen Makroziel entspricht, belassen wir es bei der vorausgewählten Option PRIMÄRE AKTION (FÜR DIE GEBOTSOPTIMIERUNG).

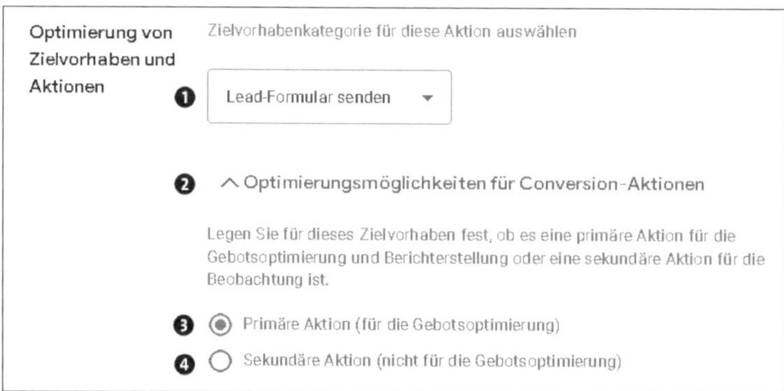

Abbildung 2.26 Handelt es sich um eine »Primäre Aktion« oder um eine »Sekundäre Aktion«?

Für den Block EREIGNIS werden bereits alle wichtigen Einstellungen aus der Grundkonfiguration übernommen. Sie haben hier lediglich zusätzlich die Möglichkeit, zu definieren, wie der Abgleich mit der eingetragenen URL für die Danke-Seite erfolgen soll. Dafür wählen Sie zwischen den Optionen URL IST (für eine exakte Übereinstimmung), URL ENTHÄLT oder URL BEGINNT MIT (sofern die auslösende URL dynamische Elemente besitzt).

Danach geben Sie Ihrer Conversion einen aussagekräftigen Namen ❶, damit Sie sie später auch einfach zuordnen können (siehe Abbildung 2.27).

Zusätzlich können Sie im Unterpunkt WERT ❷ noch festlegen, was Ihnen das erreichte Ziel wert ist. Dabei können Sie einen echten Gegenwert in Euro hinterlegen, der dann für jede erzielte Conversion durch Google als Mehrwert erfasst wird.

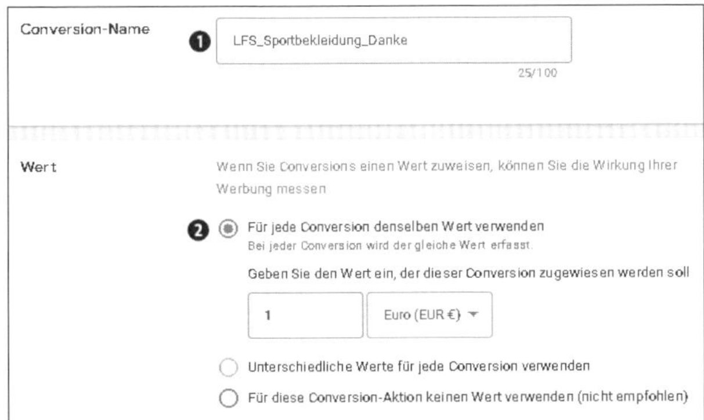

Abbildung 2.27 Weitergehende Einstellungen für Conversions (Teil 1)

Individueller Wert je Conversion

Wie bereits erläutert, ist es sogar möglich, mithilfe Ihres Programmierers innerhalb einer Conversion unterschiedliche Werte zu übergeben, die der tatsächlich verkauften Dienstleistung oder dem tatsächlich verkauften Produkt entsprechen. Auf diese Weise geben Sie Google ein Werkzeug an die Hand, das sehr exakt den jeweiligen Mehrwert einer Conversion für Ihr Unternehmen erfasst und dadurch eine passgenaue Optimierung ermöglicht. Nutzen Sie für diese Vorgehensweise zu Beginn der Conversion-Erstellung die Option CONVERSION-AKTIONEN MANUELL MITHILFE VON CODE ERSTELLEN.

Beachten Sie, dass bei dieser Vorgehensweise im Quellcode auch der entsprechende Gegenwert für einen neuen Kunden sichtbar ist. Falls Sie also hier echte Werte hinterlegen, ist es auch immer möglich, dass ein Webseitenbesucher diese Kennzahlen ausliest, wenn er die Conversion-Seite erreicht und im Quellcode nachschaut. Daher bietet es sich an, mit fiktiven Werten zu arbeiten, die Sie intern in echte Werte umrechnen

Wie in Abbildung 2.27 zu sehen ist, zeigt Google zwar auch an anderer Stelle noch die Möglichkeit UNTERSCHIEDLICHE WERTE FÜR JEDE CONVERSION VERWENDEN an, hat diese jedoch deaktiviert.

Sie können auch mit fiktiven Werten arbeiten. Hinterlegen Sie dazu bestimmte Kennzahlen, mit denen Sie intern weiterrechnen können. Legen Sie z. B. fest, dass Conversion A den Wert 10 besitzt und B den Wert 5, dann wissen Sie, dass ein erreichtes Ziel A doppelt so wertvoll wäre wie ein erreichtes Ziel B, ohne dass Sie genaue Eurobeträge angeben müssen. Diese Beträge können in vielen Fällen auch nur einen geschätzten Durchschnittswert darstellen, weil Sie oft nicht genau wissen, wie viel Umsatz Sie mit einem Kunden erzielen.

In jedem Fall sollten Sie Werte für Conversions hinterlegen, weil Sie später besser bestimmen können, welche Conversion in welchem Umfang zu Ihrem Erfolg beigetragen hat. Für bestimmte Budgetstrategien, die Sie in Google Ads festlegen können, ist es wichtig, den erzielten Umsatz zu kennen. So können Sie z. B. in Ihren Google-Ads-Kampagnen eine Strategie unter Berücksichtigung eines angegebenen durchschnittlichen Ziel-ROAS festlegen.

ROAS steht für *Return On Advertising Spending*. Dies bedeutet, dass der Umsatz, der durch Werbung entsteht, mit den Kosten für die Werbung zueinander ins Verhältnis gesetzt wird.

Im nächsten Block der weitergehenden Einstellungen (siehe Abbildung 2.28) legen Sie beim Unterpunkt ZÄHLMETHODE ❸ fest, wann eine Conversion gezählt wird. Sie können z. B. durch ALLE ❹ festlegen, dass jedes Mal, wenn die Zielseite besucht und der Code ausgelöst wird, eine Conversion gezählt wird.

Dies kommt wiederum auf Ihre Ziele an. Wenn Sie z. B. einen Webshop besitzen, möchten Sie typischerweise jeden einzelnen Kauf als Conversion zählen, weil Sie mit jedem einzelnen Kauf zusätzlichen Umsatz generieren. Besteht Ihr Ziel jedoch darin, dass ein Kunde eine Mitgliedschaft abschließt, was nur einmal durchgeführt werden kann, sollten Sie auch nur eine einzelne Conversion als Ziel registrieren. In dem Fall müssen Sie hier den Wert EINE ❺ für eine einzelne Conversion einstellen. Falls sich der gleiche Kunde aus Versehen zweimal anmeldet, ändert dies nichts an Ihrem Umsatz. In diesem Fall muss die Conversion also nur einmal pro Kunde gezählt werden – die Einstellung EINE wäre demzufolge also richtig. Auch für unser Lead-Beispiel wählen wir diese Einstellung.

Jetzt legen Sie mit dem CONVERSION-TRACKING-ZEITRAUM FÜR KLICKS ❻ die Zeitspanne fest, in der ein Klick auf eine Google-Ads-Anzeige noch mit einer späteren Conversion verbunden wird. Der Standardwert beträgt hier 90 Tage. Wenn Ihr Kunde also innerhalb von 90 Tagen, nachdem er auf eine Anzeige geklickt hat, ohne weiteren Google-Ads-Klick zu Ihrer Webseite zurückkehrt und dann den Conversion-Code auslöst, wird er immer noch der Quelle Google-Ads-Anzeige zugeordnet.

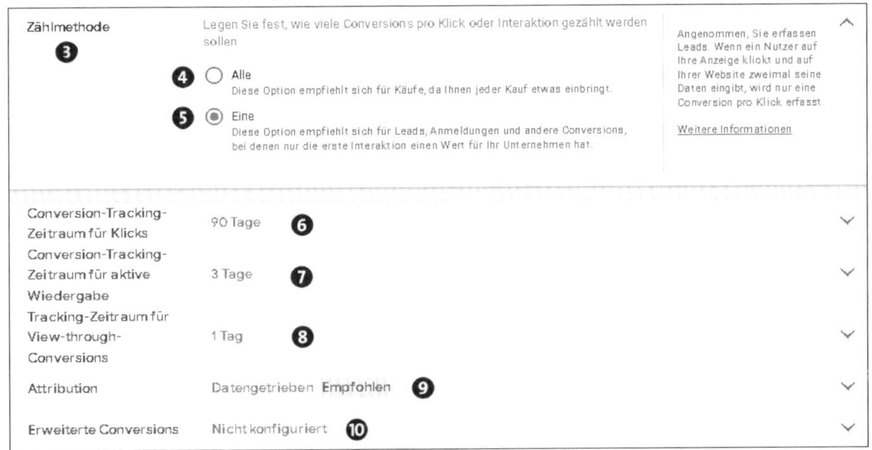

Abbildung 2.28 Weitergehende Einstellungen für Conversions (Teil 2)

Dies funktioniert natürlich nur, wenn der Besucher zwischendurch seine Cookies nicht gelöscht hat. Die Cookies werden im Browser hinterlegt und identifizieren den jeweiligen Webseitenbesucher. Der Zeitraum von 90 Tagen kann hier verändert werden. Wir empfehlen jedoch, diesen Wert beizubehalten, weil dann Berichte und Statistiken mit Durchschnittswerten oder aus anderen Tools vergleichbar bleiben. Wenn die Conversions mit unterschiedlichen Zeiträumen berechnet werden, entfällt die Möglichkeit des Vergleichs.

Cookies: Ein »Keks« speichert Informationen zu Webseitenbesuchen

Der englische Begriff *Cookie* heißt übersetzt »Keks« oder »Plätzchen«. Im Internetjargon versteht man unter Cookies kleine Textdateien auf einem Computer, die vereinfacht gesagt Informationen über besuchte Webseiten enthalten. Die Cookies werden vom jeweiligen Webbrowser mit Informationen gefüttert. Dies bedeutet jedoch auch, dass mit einem Wechsel des Browsers auf demselben Computer auch die gespeicherten Informationen des Cookies verloren gehen.

Über die Einstellungen des jeweiligen Browsers können außerdem die Cookies auch wieder gelöscht werden. Falls Sie als Nutzer also von wiederkehrender Werbung auf besuchten Webseiten genervt sind, sollten Sie öfter mal die Cookies in Ihrem Webbrowser löschen, denn auch dieses bekannte Phänomen wird über die Cookies gesteuert.

Der CONVERSION-TRACKING-ZEITRAUM FÜR AKTIVE WIEDERGABE ❼ ist ausschließlich im Zusammenhang mit Videoanzeigen relevant. Hat sich jemand eine solche Anzeige mindestens zehn Sekunden lang angeschaut, ohne anschließend auf Ihre Anzeige zu klicken, wird innerhalb des ausgewählten Zeitraums bei Zustandekommen des relevanten Ereignisses dennoch die Conversion gezählt. Bei einem Klick auf die Anzeige zählt der normale CONVERSION-TRACKING-ZEITRAUM FÜR KLICKS.

Der TRACKING-ZEITRAUM FÜR VIEW-THROUGH-CONVERSIONS ❽ hat einen ähnlichen Ansatz. Hier definieren Sie den Zeitraum, in dem eine Conversion getrackt werden soll, nachdem eine Anzeige im Displaynetzwerk ausgespielt wurde. Dieser Zeitraum beträgt standardmäßig einen Tag und sollte im Normalfall nicht geändert werden. Früher lautete die Standardeinstellung hier ebenfalls 30 Tage, was mittlerweile von Google auf einen Tag geändert wurde, da das bloße Ausstrahlen einer Displaynetzwerk-Anzeige im Gegensatz zu einem Klick auf eine Google-Ads-Anzeige eher einen kurzfristigen Einfluss auf die Conversion hat.

Was sind View-through-Conversions?

Mit View-through-Conversions möchte Google Ihnen den Nutzen von Image-Anzeigen im Displaynetzwerk aufzeigen. Eine View-through-Conversion wird nämlich aufgezeichnet, wenn eine Conversion von einem User registriert wird, dem vorher bereits eine Anzeige im Google Displaynetzwerk (GDN) angezeigt wurde. Obwohl kein Klick auf die Anzeige im Displaynetzwerk erfolgte, wird auch dieser Anzeige im GDN ein Beitrag zur Conversion über die View-through-Conversion angerechnet.

Jetzt müssen Sie nur noch unter ATTRIBUTION ❾ definieren, welchem Klick Sie Ihre Conversion zuordnen wollen. Details zu den verschiedenen Optionen des Attributionsmodells finden Sie in Abschnitt 13.2, »Conversions und Attribution«. Standardmäßig ist hier DATENGETRIEBEN voreingestellt.

Durch ERWEITERTE CONVERSIONS ❿ können von Nutzern bereitgestellte Daten, wie z. B. Mailadressen, im Zuge der Conversion-Messung mit an Google übermittelt werden. Google nutzt diese Daten dann zur noch genaueren Bewertung und lässt diese je nach Einstellung in die Gebotsstrategie zwecks Kampagnenoptimierung mit einfließen. Um ERWEITERTE CONVERSIONS zu nutzen, müssen diese zunächst unter ZIELVORHABEN • CONVERSIONS • EINSTELLUNGEN konfiguriert werden. Da es meist um personenbezogene Daten geht, spielt das Thema Datenschutz hier eine besondere Rolle. Es handelt sich um eine eher fortgeschrittene Funktion, sodass wir an dieser Stelle nicht weiter darauf eingehen werden und es beim Standard NICHT KONFIGURIERT belassen. Mit FERTIG schließen Sie die weitergehenden Einstellungen und gelangen durch einen Klick auf SPEICHERN UND FORTFAHREN zum nächsten Schritt.

Wählen Sie im neuen Fenster zwischen zwei Möglichkeiten, wie Sie das Tag zur Messung der Conversion auf Ihrer Webseite einbinden möchten (siehe Abbildung 2.29):

- MIT EINEM GOOGLE-TAG EINRICHTEN
- ANLEITUNG PER E-MAIL AN DEN WEBMASTER SENDEN

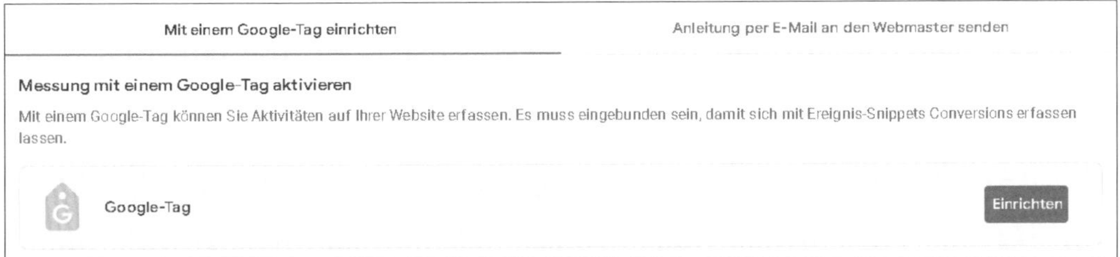

Abbildung 2.29 Zwei Optionen zur Tag-Einrichtung

> **Google Tag Manager**
>
> Der Google Tag Manager ist ein Tool von Google, das es Ihnen erheblich erleichtert, verschiedene Tags in Ihre Webseite einzubinden. Denn mit dem Tag Manager müssen Sie nur einmal Ihren Webseitencode verändern, und zwar in dem Moment, in dem Sie den Tag Manager selbst einbinden. Alle weiteren Tags lassen sich dann später ohne jegliche Programmierkenntnisse über die Weboberfläche des Tag Manager hinzufügen. Der Tag Manager ist ein kostenloses Angebot von Google. Weitere Details sowie die Möglichkeit, sich zu registrieren, finden Sie unter der URL *https://marketingplatform.google.com/about/tag-manager* bzw. im Hilfeartikel unter *https://support.google.com/tagmanager/answer/6102821?hl=de.*

Sofern Sie einen Programmierer oder Verantwortlichen für Ihre Website haben, können Sie diesem direkt über die zweite Option alle relevanten Informationen zusenden. Wir möchten jedoch die Einrichtung selbst übernehmen und wählen aus diesem Grund Option eins.

Wenn Sie das Conversion-Tracking nutzen möchten, muss das GOOGLE-TAG für die Conversion auf Ihrer Website vorhanden sein. Der dafür benötigte Code wird Ihnen nach einem Klick auf EINRICHTEN (siehe Abbildung 2.29) angezeigt. Dieser Code (siehe Abbildung 2.30) muss jetzt noch kopiert und in den HTML-Code aller Unterseiten Ihrer Webseite eingefügt werden, und zwar zwischen den `<head></head>`-Tags. Abhängig davon, mit welchem System Sie bei Ihrer Webseite arbeiten, gibt es verschiedene Werkzeuge, die Ihnen die Einrichtung vereinfachen kann. Der Code verknüpft über die enthaltene ID alle Informationen, die Sie vorher in den Einstellungen hinterlegt haben. Sobald das vorab definierte Ereignis ausgelöst wurde, findet schließlich die Messung der Conversion statt.

Wenn Sie den Code in Ihre Website eingefügt haben, klicken Sie auf INSTALLATION TESTEN, um die Einrichtung abzuschließen und gleichzeitig die Funktionsfähigkeit des Trackings zu überprüfen. Manchmal schlägt der erste Testversuch trotz erfolgreicher Einbindung fehl. Verzweifeln Sie also nicht sofort, sondern warten Sie in diesem Fall einen kleinen Moment und versuchen Sie es erneut. Sofern der Test dann immer noch ein negatives Ergebnis liefert, sollten Sie nochmals einen Blick auf Ihre Website werfen.

Funktioniert das Tracking, erhalten Sie innerhalb des geöffneten Fensters eine Bestätigungsmeldung. Schließen Sie dann die Einrichtung mit einem finalen Klick auf BESTÄTIGEN ab.

Abbildung 2.30 Kopieren Sie Ihr Google-Tag und fügen Sie es auf allen Unterseiten Ihrer Website ein.

Sofern Sie nach erfolgreichem Abschluss des erläuterten Prozesses weitere Conversions anlegen wollen und sich dabei zu Beginn für die Vorgehensweise CONVERSION-AKTIONEN AUS WEBSITEEREIGNISSEN ERSTELLEN entschieden haben, ist kein erneutes Einrichten des Google-Tags und auch keine Integration zusätzlicher Code-Snippets notwendig.

2.6.5 Sonderfall: Anruf als Conversion

Einen Anruf als Conversion zu messen, war in der Vergangenheit immer schwierig, da ein neues Medium genutzt und somit das Tracking unterbrochen wurde.

Alles, was auf der Webseite passiert, ist ja relativ leicht zu messen, da hier immer Informationen über das Internet erfasst werden können. Wenn jedoch jemand zum Telefonhörer greift, ist dies schwierig zu messen. Google hat jedoch die Messung des Telefon-Trackings stetig ausgebaut, sodass mittlerweile auch ein Telefonanruf getrackt und somit z. B. einer Google-Ads-Kampagne, einer Anzeige und einem Keyword zugeordnet werden kann.

Um Anrufe zu tracken, wählen Sie beim Erstellen einer neuen Conversion-Aktion (siehe Abbildung 2.24) ANRUFE aus.

Abbildung 2.31 zeigt die Möglichkeiten, Conversions von Telefonanrufen zu tracken. Diese wollen wir Ihnen in den nächsten drei Abschnitten kurz vorstellen. Sie können sogar mithilfe einer speziellen Telefonnummer auf der Landingpage den Google-Ads-Erfolg messen.

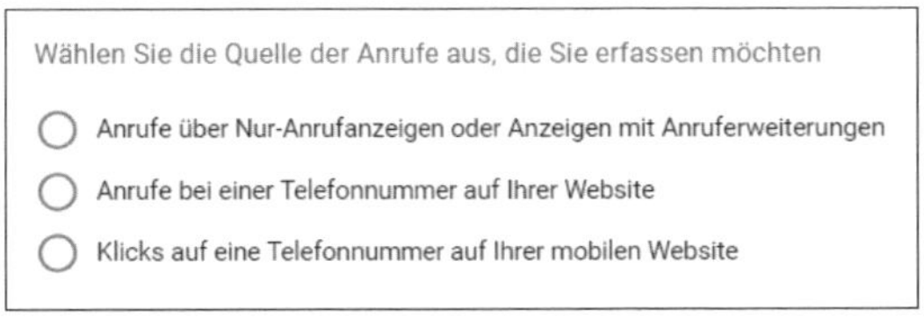

Wählen Sie die Quelle der Anrufe aus, die Sie erfassen möchten

- Anrufe über Nur-Anrufanzeigen oder Anzeigen mit Anruferweiterungen
- Anrufe bei einer Telefonnummer auf Ihrer Website
- Klicks auf eine Telefonnummer auf Ihrer mobilen Website

Abbildung 2.31 Möglichkeiten des Trackings von Telefonanrufen

Anrufe über Nur-Anrufanzeigen oder Anzeigen mit Anruferweiterungen

Über Anruferweiterungen bzw. Anruf-Assets, die Sie später noch kennenlernen werden, und in Kombination mit speziellen Google-Weiterleitungsrufnummern können Sie die Anrufe Ihrer Kunden als Conversions tracken. Bei der Auslieferung auf Smartphones können sich Kunden direkt mit dem Werbenden verbinden lassen, indem sie auf die Telefonnummer in der Anzeige tippen. Werden die speziellen Google-Tracking-Nummern auf Computern oder Laptops angezeigt, müsste der potenzielle Kunde die Nummer natürlich ablesen und eintippen. Dies kann dann zwar getrackt werden, aber potenzielle Kunden wollen meist zunächst einmal das Produkt bzw. die Dienstleistung auf der Webseite betrachten und werden eher auf die Anzeige klicken, als einen Anruf zu tätigen. Ein Anruf-Tracking über stationäre Rechner, Laptops und Tablet-PCs funktioniert nicht über die Anzeigenerweiterung. Werden jedoch die Google-Weiterleitungsnummern auf Webseiten genutzt, so können die Anrufe als Conversions getrackt werden.

Anrufe bei einer Telefonnummer auf Ihrer Webseite

Eine spannende und mittlerweile einfache Tracking-Möglichkeit ist das Messen von Telefonanrufen zu Nummern auf Ihrer Website. Mithilfe dieser Tracking-Funktion kann auch der Anruf einer Telefonnummer nachverfolgt werden, die auf einer nicht mobilen Website erscheint und nicht über ein mobiles Telefon angerufen wird. Dazu werden spezielle Google-Telefonnummern dynamisch auf der Landingpage oder anderen Unterseiten eingeblendet. Die Telefonnummern sind sogenannte Servicenummern, auch als *0800-Nummern* bekannt.

Diese Funktion kann mittlerweile ganz einfach erstellt werden. Wählen Sie zunächst unter NEUE CONVERSION-AKTION den Tab ANRUFE aus und aktivieren Sie den Radiobutton vor ANRUFE BEI EINER TELEFONNUMMER AUF IHRER WEBSITE. Danach füllen Sie die Angaben zu den Conversions aus, wie Sie dies bereits von den anderen Conversion-Aktionen kennen. Zum Schluss folgen zwei entscheidende Einstellungen, die das Conversion-Tracking über Ihre Telefonnummer vereinfachen:

1. Nach den Grundeinstellungen geben Sie unter ZIELNUMMER die Telefonnummer an, bei der die Anrufe tatsächlich eingehen sollen. In das zweite Feld ANGEZEIGTE NUMMER schreiben Sie die Telefonnummer, die sich auf Ihrer Landingpage befindet. In unserem Fall sind beide Nummern identisch (siehe Abbildung 2.32). Danach klicken Sie auf ERSTELLEN UND FORTFAHREN, sobald Sie das Ende der Conversion-Konfiguration erreicht haben.

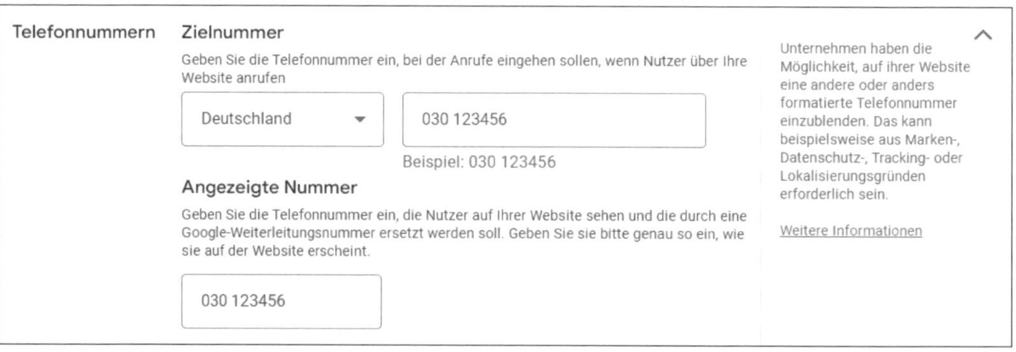

Abbildung 2.32 Geben Sie die relevanten Telefonnummern für Ihre Conversion vom Typ »Anrufe« ein.

Im nächsten Schritt wählen Sie aus, auf welche Art das Google-Tag und das zugehörige Code-Snippet in Ihre Website eingefügt werden soll. Hier steht Ihnen neben den bereits im vorherigen Abschnitt kennengelernten Möglichkeiten auch direkt der Google Tag Manager als Option zur Verfügung. Wir entscheiden uns für die Option TAG SELBST EINFÜGEN.

Wählen Sie zunächst abhängig davon, ob bereits ein Google-Tag auf Ihrer Zielseite vorhanden ist, mit welcher der drei Optionen Sie fortfahren möchten. Sollte dies Ihre erste Conversion sein, belassen Sie den Standard DAS GOOGLE-TAG NICHT AUF ALL IHREN HTML-SEITEN VORHANDEN. Sie müssen sowohl das in Abbildung 2.33 dargestellte GOOGLE-TAG als auch das in Abbildung 2.34 dargestellte TELEFON-SNIPPET für diese Conversion auf Ihrer Website in den HTML-Code zwischen den <head></head>-Tags einbinden. Dabei ist zu beachten, dass das Google-Tag auf jeder Seite eingefügt sein muss und das Telefon-Snippet lediglich auf der Seite, auf der die entsprechenden Conversions erfasst werden sollen.

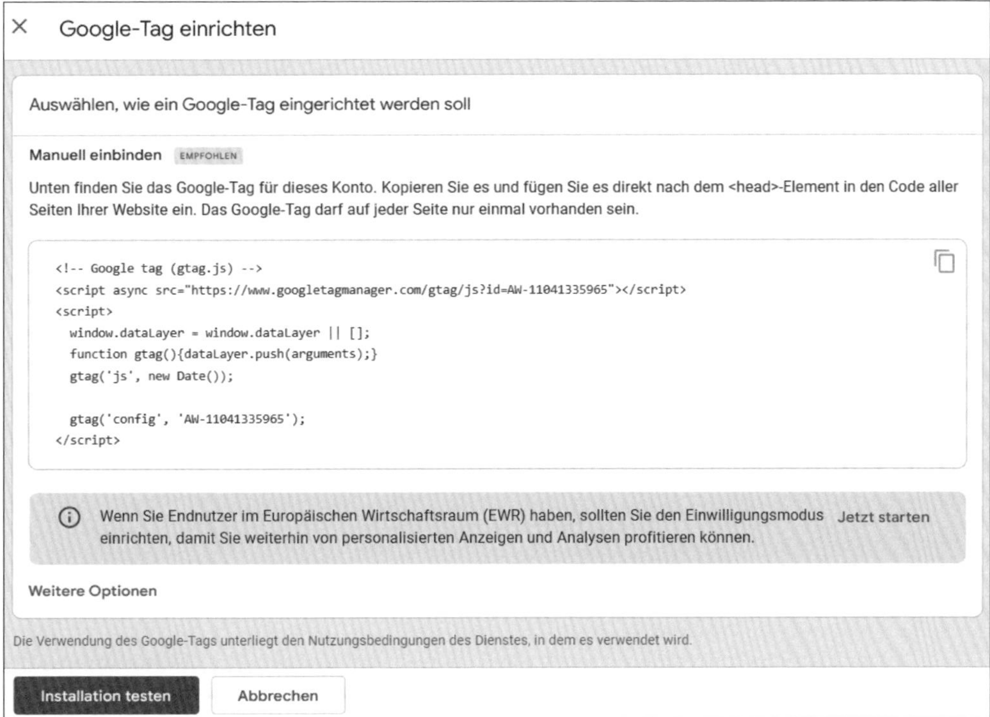

Abbildung 2.33 Fügen Sie das Google-Tag auf jeder Unterseite ein.

Beide Codes werden Ihnen untereinander angezeigt. Mit SNIPPET HERUNTERLADEN können Sie die jeweiligen Codeschnipsel als Textdatei auf Ihrem Rechner speichern. Alternativ können Sie natürlich auch einfach den Code kopieren und anschließend direkt an den entsprechenden Stellen einfügen.

Abbildung 2.34 Fügen Sie das Telefon-Snippet auf der Seite ein, die zur Messung der Conversion genutzt wird.

2. Erstellen Sie für die gleiche Kampagne, bei der Sie den Webseitenanruf messen möchten, mindestens eine Anruferweiterung bzw. ein Anruf-Asset unter KAMPAGNEN • ASSETS • ASSETS mit der Nummer, die bei Anlage der Conversion als ANGEZEIGTE NUMMER eingetragen wurde.

Abbildung 2.35 Anruferweiterung zur Kampagne erstellen

Das Conversion-Tracking läuft nach diesen vorbereitenden Maßnahmen folgendermaßen ab: Ihre Google-Ads-Anzeige erscheint ganz normal ohne Telefonnummer bei Google.

Der Klick auf die Anzeige führt den Suchenden dann auf die Landingpage, die den Conversion-Tracking-Code enthält. Der Tracking-Code überschreibt die vorhandenen lokalen Telefonnummern auf der Landingpage mit einer Servicenummer, die von Google bereitgestellt wird. Da zusätzlich eine Anruferweiterung mit Conversion-Tracking für die Google-Weiterleitungsrufnummern existiert, wird der Anruf der Servicenummer normal an die Firmennummer weitergeleitet, kann jedoch von Google als Conversion registriert werden. Da der Anruf den Umweg über Google nimmt, kann auch die Dauer des Anrufs gemessen werden. Bei der Erstellung der Conversion können daher individuell die Anrufzeiten bestimmt werden, für die eine Conversion registriert werden soll. Wenn für Ihre Dienstleistungen oder Produkte erst eine intensivere Telefonberatung notwendig ist, können Sie bei der Conversion bestimmen, dass z. B. erst der Anruf ab zwei Minuten Gesprächsdauer als Conversion registriert werden soll.

Google Ads und das Telefon-Tracking in der Praxis – ein Beispiel

Ein Anwalt weiß, dass neue Mandanten, die über Google Ads auf seine Webseite kommen, sich zunächst informieren und dann für ein erstes Gespräch oder eine Terminabsprache sehr oft den Telefonkontakt nutzen. Daher wird zu jeder Anzeigengruppe eine messbare Servicenummer geschaltet, die auf eine Zielrufnummer weiterleitet. Auf diese Weise wird der Anruf mit den Google-Ads-Daten verknüpft. Damit kann auch der Erfolg eines Ziels gemessen werden, das nicht direkt auf der Webseite erreicht wird.

Der große Nachteil der vorgestellten Google-Weiterleitungsrufnummern besteht darin, dass diese Nummern als spezielle Werbenummern erkannt werden, weil Google wie erwähnt 0800-Nummern schaltet. Dieser Vorwahlnummer stehen viele Verbraucher misstrauisch gegenüber, weil sie nicht wissen, ob die Nummer nun kostenpflichtig ist oder nicht. Im Gegensatz zu 0800-Nummern strahlen dagegen lokale Telefonnummern mehr Vertrauen aus und führen daher auch öfter zum Ziel, sprich zum telefonischen Kundenkontakt.

Falls Sie eine Conversion mit einer lokalen Vorwahlnummer messen möchten, die zu Ihrer Firmenadresse passt, müssen Sie auf externe Dienstleister zurückgreifen.

Klicks auf eine Telefonnummer auf Ihrer mobilen Website

Die dritte und letzte Variante wird für den Einsatz auf mobilen Websites genutzt. Hier wird davon ausgegangen, dass die Nummer nicht vor dem Anruf abgetippt werden muss, sondern dass der Anruf durch den Klick auf die angezeigte Nummer oder den angezeigten Link direkt ausgelöst wird. Damit ist eine direkte Messung wieder möglich und die Weiterleitungsnummer aus Variante zwei hinfällig.

Die Einrichtung entspricht weitgehend dem Ablauf aus Variante zwei. Auch hier wird das allgemeine GOOGLE-TAG und ein spezifisches EREIGNIS-TAG in die Website eingebunden. Die Einrichtung eines zusätzlichen Anruf-Assets ist jedoch nicht notwendig. Das Ereignis-Tag sieht dabei so ähnlich aus wie das folgende Code-Snippet:

```
<!-- Event snippet for Mobile Conversion conversion page
In your html page, add the snippet and call gtag_report_
conversion when someone clicks on the chosen link or button. -->
<script>
function gtag_report_conversion(url) {
  var callback = function () {
    if (typeof(url) != 'undefined') {
      window.location = url;
    }
  };
  gtag('event', 'conversion', {
      'send_to': 'AW-1041138510/loiCCIr_2skBEM6GuvAD',
      'event_callback': callback
  });
  return false;
}
</script>
```

Listing 2.1 Conversion-Code für mobile Webseiten

Dieser Code allein reicht jedoch nicht für das Tracking aus. Sie müssen auf Ihrer mobilen Seite noch definieren, bei welcher Aktion das Tracking ausgelöst wird. So können Sie zum Beispiel einen Link einbauen, der bei einem Klick (`onclick`) eine Funktion (und zwar `goog_report_conversion`) aus Ihrem Conversion-Code aufruft. Dieser Code könnte zum Beispiel folgendermaßen aussehen:

```
<a onclick="goog_report_conversion('tel:0049-123-1234')" href="#" >
Weitere Informationen? Hier direkt anrufen</a>
```

Der Klick auf den Link »Weitere Informationen? Hier direkt anrufen« verbindet dann den Nutzer des Smartphones mit dem Kundenservice des Werbenden. In unserem Beispiel hat der Kundenservice die Nummer 0049-123-1234. Weitergehende Informationen und noch andere Möglichkeiten zum Einbau des Trackings auf einer mobilen Webseite finden Sie unter:

https://support.google.com/google-ads/answer/1722054?hl=de

2.6.6 Sonderfall: Offline-Conversions importieren

In der Realität wird das Internet auch oft nur als Informationsquelle genutzt, der Kauf findet dann jedoch in der »Offline-Welt«, also z. B. in einem Ladengeschäft statt. Es wäre natürlich fantastisch, wenn man auch diese Offline-Conversions in die Google-

Ads-Statistiken einfließen lassen könnte. Google Ads bietet hierfür eine Importfunktion an. Mit dieser Funktion können auch Offline-Käufe – zumindest unter gewissen Umständen – per Datenimport in die Google-Ads-Statistiken aufgenommen werden.

Google bietet mit der Option IMPORT die Möglichkeit, Conversions aus einer anderen Quelle in Google Ads zu importieren (siehe Abbildung 2.36). Dabei kann die Quelle entweder ein verknüpftes Konto (z. B. Google Analytics) sein oder auch eine Datei aus einem CRM-System. Im Folgenden gehen wir auf den letzten Fall näher ein, also auf den Import aus einer Datei.

Abbildung 2.36 Offline-Conversions aus anderen Quellen importieren

Bitte beachten Sie, dass für jede Art von Offline-Conversion, die Sie messen möchten, eine neue Conversion vom Typ IMPORT erstellt werden muss. Ohne diese individuelle Conversion anzulegen, können Sie keinen Import durchführen! Um eine externe Datei zu importieren, wählen Sie beim Erstellen der Offline-Conversion vom Typ IMPORT ❶ die Option CRM-SYSTEME, DATEIEN ODER ANDERE DATENQUELLEN ❷ aus. Hier wählen Sie zwischen den beiden Optionen KLICK-CONVERSIONS ERFASSEN ❸ oder ANRUF-CONVERSIONS ERFASSEN ❹. Die Auswahl ist insofern wichtig, als Sie leicht unterschiedliche Einstellungen vornehmen müssen, je nachdem, ob Ihre Conversion mit einem Klick auf Ihre Anzeige oder mit einem Anruf aufgrund Ihrer Anzeige startet.

Klick-Conversion

Google Ads versieht jeden Klick auf Ihrer Website, der über eine Google-Ads-Anzeige zustande kommt, mit einer eindeutigen ID (*Google Click ID*, kurz GCLID). Über diese

GCLID können Sie später beim Upload Ihrer Offline-Conversion-Daten die jeweilige Aktion dem ursprünglichen Klick auf die Anzeige zuordnen. Die Schwierigkeit besteht also lediglich darin, den Klick auf die Google-Ads-Anzeige – sprich: die GCLID – an eine Kundenanfrage oder einen Kauf zu übergeben. Sofern der Kunde ein Kontaktformular mit Rückrufbitte ausfüllt oder aber einen Gutschein online generiert und ausdruckt, ist es recht einfach. Weitere Details dazu finden Sie in der Google-Hilfe unter *https://support.google.com/google-ads/answer/2998031*.

Bei Auswahl der Klick-Conversion fragt Google vor dem eigentlichen Einstieg in die Konfiguration unmittelbar weitere Parameter ab (siehe Abbildung 2.37). Beispielsweise können Sie eine NEUE DATENQUELLE VERBINDEN (z. B. Salesforce), um den Import durch eine direkte Schnittstelle mit einem Drittanbieter zu realisieren. Mit der alternativen Entscheidung, die Datenquelle erst später einzurichten, können Sie klassische Formate wie Excel oder CSV nutzen. Durch eine Aktivierung der Checkbox ERWEITERTE CONVERSIONS FÜR LEADS AKTIVIEREN wird für die eindeutige Identifikation Ihrer Conversion bzw. Ihres Leads nicht die Click ID verwendet, sondern ein extra definiertes Feld aus Ihrem Lead-Formular. Da hier zusätzliche Einstellungen berücksichtigt werden müssen, legen wir den Fokus auf die Vorgehensweise ohne eine aktivierte Checkbox.

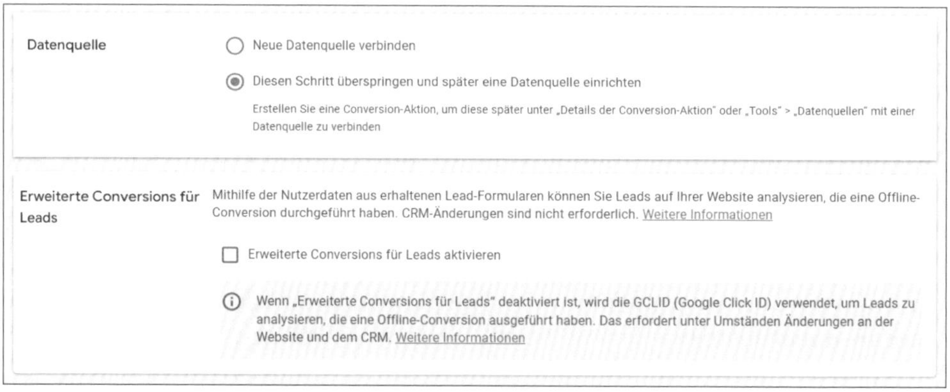

Abbildung 2.37 Wählen Sie die zusätzlichen Parameter für den Import von Klick-Conversions.

Fügen Sie im nächsten Schritt die gewünschten Conversion-Aktionen hinzu. Wählen Sie dafür je Conversion die Kategorie und einen sprechenden Namen aus. Mit einem Klick auf HINZUFÜGEN nehmen Sie die Conversion in die Liste mit auf. Sobald Ihre Liste alle relevanten Einträge beinhaltet, schließen Sie den Schritt über SPEICHERN UND FORTFAHREN ab. Beenden Sie die Erstellung der Import-Conversion im nächsten Fenster mit einem Klick auf FERTIG.

Anruf-Conversion

Schauen wir uns nun die Option Anruf-Conversion erfassen an. Nachdem Sie diese Option ausgewählt und auf Weiter geklickt haben, gelangen Sie in die Konfiguration. Diese beinhaltet weitgehend die aus Abschnitt 2.6.4 bekannten Felder, sodass wir auf eine detaillierte Erläuterung verzichten. Merken Sie sich den für Ihre Conversion vergebenen Namen gut, denn Sie müssen ihn später genau so für den Upload von Offline-Conversion-Informationen eingeben. Mit einem Klick auf Erstellen und fortfahren gelangen Sie zum nächsten Schritt.

Auch die weitere Vorgehensweise kennen Sie bereits zu großen Teilen aus den vorherigen Abschnitten. Wählen Sie, ob Sie das Einfügen des Codes selbstständig übernehmen möchten oder die zugehörigen Informationen an eine dritte Person per E-Mail versenden wollen.

Im nächsten Fenster erhalten Sie nun das allgemeine Google-Tag und ein Telefon-Snippet zur Integration auf Ihrer Website. Das Telefon-Snippet enthält die Telefonnummer, die Sie unter Telefon-Snippet eintragen. Konfigurieren Sie im Nachgang eine passende Anruferweiterung bzw. ein Anruf-Asset. Wenn Sie nur Anrufe über Ihre Anzeigen erfassen möchten, können Sie diesen Schritt überspringen. Klicken Sie auf Weiter und schließen Sie die Erstellung mit einem weiteren Klick auf Fertig ab.

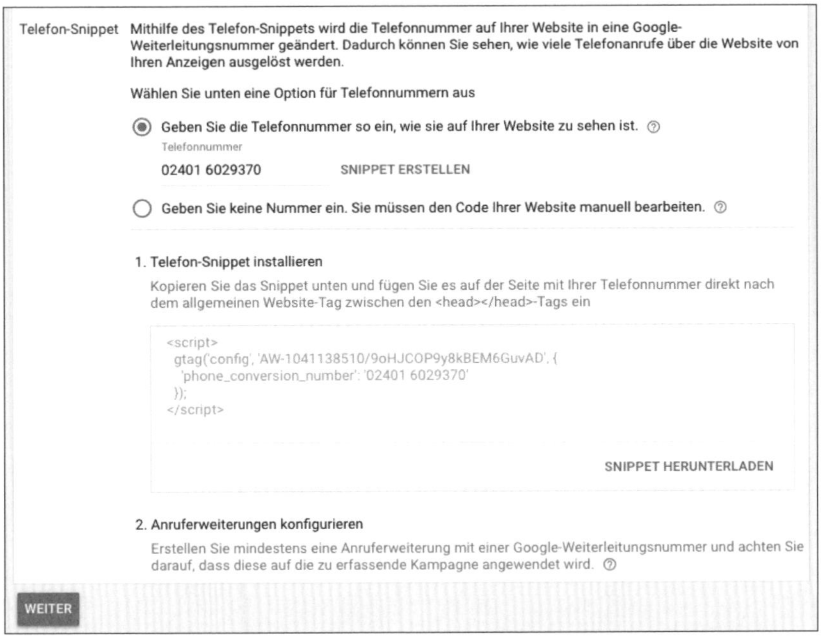

Telefon-Snippet Mithilfe des Telefon-Snippets wird die Telefonnummer auf Ihrer Website in eine Google-Weiterleitungsnummer geändert. Dadurch können Sie sehen, wie viele Telefonanrufe über die Website von Ihren Anzeigen ausgelöst werden.

Wählen Sie unten eine Option für Telefonnummern aus

Geben Sie die Telefonnummer so ein, wie sie auf Ihrer Website zu sehen ist.

Telefonnummer

02401 6029370 SNIPPET ERSTELLEN

Geben Sie keine Nummer ein. Sie müssen den Code Ihrer Website manuell bearbeiten.

1. Telefon-Snippet installieren

Kopieren Sie das Snippet unten und fügen Sie es auf der Seite mit Ihrer Telefonnummer direkt nach dem allgemeinen Website-Tag zwischen den <head></head>-Tags ein

```
<script>
  gtag('config', 'AW-1041138510/9oHJCOP9y8kBEM6GuvAD', {
    'phone_conversion_number': '02401 6029370'
  });
</script>
```

SNIPPET HERUNTERLADEN

2. Anruferweiterungen konfigurieren

Erstellen Sie mindestens eine Anruferweiterung mit einer Google-Weiterleitungsnummer und achten Sie darauf, dass diese auf die zu erfassende Kampagne angewendet wird.

WEITER

Abbildung 2.38 Eingabe der Telefonnummer Ihrer Webseite

Offline-Conversions für den Import erfassen

Nachdem Sie nun die Import-Conversion angelegt haben, müssen Sie zu einem späteren Zeitpunkt die entstandenen Offline-Conversions importieren. Dazu erfassen Sie die Conversions in einer Excel-Tabelle oder einer CSV-Datei. Für einen reibungslosen Import nutzen Sie die Dateivorlagen von Google Ads für den Import von Anruf-Conversions (siehe Abbildung 2.39) oder den Import von Klick-Conversions (siehe Abbildung 2.40). Diese können Sie unter folgenden Links herunterladen:

- Anruf-Conversions importieren:
  https://support.google.com/adwords/answer/6275629
- Klick-Conversions importieren:
  https://support.google.com/adwords/answer/7014069

Beachten Sie dabei, dass Sie in der Zeile *Parameters:TimeZone* ❶ die Zeitzone korrekt eintragen, in der die Conversions entstanden sind. Für Berlin wäre das z. B. »+0100« oder alternativ »Europe/Berlin«. Auch für die Angabe der *Conversion Time* ❷ sind spezielle Datenformate zu beachten. In der Spalte *Conversion Name* ❸ geben Sie pro eingetragene Conversion jeweils den Namen der Conversion in exakt der Schreibweise an, in der Sie ihn zuvor in Ihrem Google-Ads-Konto angelegt haben. In den Spalten *Conversion Value* und *Conversion Currency* tragen Sie Ihre individuellen Werte ein, wie wir es in Abschnitt 2.6.4 beschrieben haben.

	A	B	C	D	E	F
3	# For instructions on how to set your timezones, visit http://goo.gl/BUrhyD					
4						
5	### TEMPLATE ###					
❶ 6	Parameters:TimeZone=Europe/Berlin;					
7	Caller's Phone Number ❹	Call Start Time	Conversion Name ❸	Conversion Time ❷	Conversion Value	Conversion Currency
8	+49123456789	11/14/2017 17:01:54	Vertragsabschluss	11/14/2017 17:01:54	5	EUR
9	+49567891234	11/16/2017 17:01:54	Vertragsabschluss	11/16/2017 17:01:54	4	EUR

Abbildung 2.39 Excel-Tabelle zum Import von Offline-Anruf-Conversions

Zur Wiedererkennung des Google-Ads-Besuchers dient bei Anruf-Conversions die *Caller's Phone Number* ❹ und bei Click-Conversions die übergebene GCLID ❺. Weitere technische Informationen finden Sie unter den gleichen Links, über die Sie die Vorlagen abgerufen haben.

	A	B	C	D	E	F
1	### INSTRUCTIONS ###					
2	# IMPORTANT: Remember to set the TimeZone value in the "parameters" row and/or in your Conversion Time column					
3	# For instructions on how to set your timezones, visit http://goo.gl/T1C5Ov					
4						
5	### TEMPLATE ###					
6	Parameters:TimeZone=Europe/Berlin; ❶					
7	Google Click ID ❺	Conversion Name ❸	Conversion Time ❷	Conversion Value	Conversion Currency	
8	Ckj123abcde	Vertragsabschluss	11/14/2017 17:01:54	5	EUR	
9	Ckj456fghik	Vertragsabschluss	11/16/2017 17:01:54	4	EUR	

Abbildung 2.40 Excel-Tabelle zum Import von Offline-Klick-Conversions

Hochladen der Offline-Conversion-Datei

Wenn Sie die Datei mit Ihren Offline-Conversion-Daten gefüllt haben, laden Sie diese hoch, indem Sie in Ihrem Google-Ads-Konto zu ZIELVORHABEN • CONVERSIONS navigieren und darunter den Punkt UPLOADS auswählen. Dort klicken Sie auf ⊕, um einen neuen Upload anzustoßen (siehe Abbildung 2.41).

Abbildung 2.41 Einen neuen Datenimport bzw. Upload anstoßen

Nach dem Klick auf den Button erscheint ein neues Fenster (siehe Abbildung 2.42). Dort legen Sie als Quelle DATEI HOCHLADEN ❶ fest und wählen dann über den Link WÄHLEN SIE EINE DATEI AUF IHREM COMPUTER AUS ❷ Ihre Excel- oder CSV-Datei auf Ihrer Festplatte bzw. Ihrem Laufwerk aus. Vor dem endgültigen Hochladen Ihrer Datei sollten Sie über den Link VORSCHAU ❸ prüfen, ob die Datei fehlerfrei ist, denn es gibt später keine Möglichkeit mehr, diesen Conversion-Import rückgängig zu machen oder die Conversions zu löschen. Wenn alles korrekt ist, können Sie durch Klick auf ÜBERNEHMEN ❹ die Datei importieren oder über ABBRECHEN ❺ den Vorgang abbrechen, wenn Sie die Datei nochmals verändern möchten.

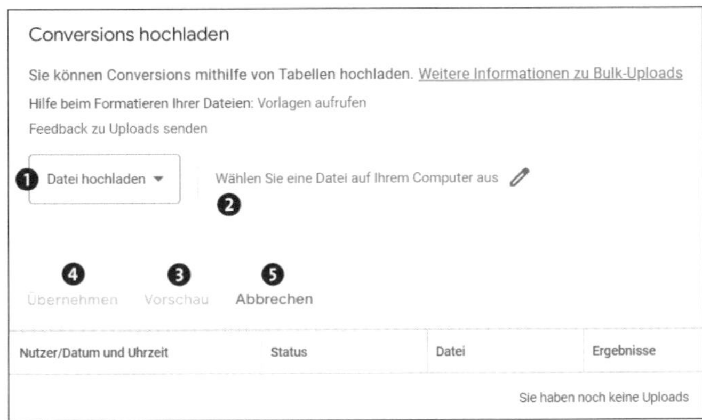

Abbildung 2.42 Importdatei suchen und hochladen

2.6.7 Import aus Matomo

Matomo ist ein im Zusammenhang mit Websites immer häufiger genutztes Tool. Es handelt sich um eine Open-Source-Webanalyseplattform, die dazu dient, Daten über die Besucher von Websites zu sammeln und zu analysieren. Es bietet ähnliche Funktionen wie andere Webanalysetools (z. B. Google Analytics), jedoch mit dem Unterschied, dass Matomo quelloffen ist und selbst gehostet werden kann. Nutzer können auf diese Weise die volle Kontrolle über ihre Daten behalten. Um die damit erhobenen Daten innerhalb Ihres Google-Ads-Kontos zu nutzen, können diese als Offline-Conversion importiert werden. Dafür gehen Sie wie folgt vor.

Einrichtung einer Import-Conversion in Google Ads

Legen Sie nach dem Aufruf von ZIELVORHABEN • CONVERSIONS • ZUSAMMENFASSUNG über + NEUE CONVERSION-AKTION eine neue IMPORT-Conversion ❶ an (siehe Abbildung 2.43).

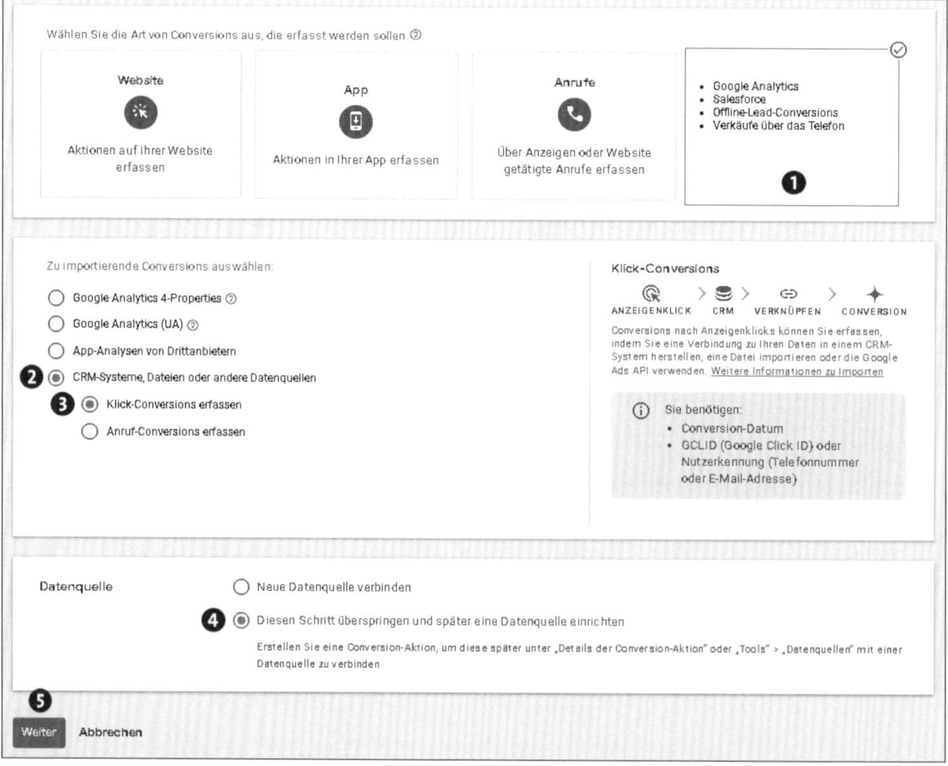

Abbildung 2.43 Matomo-Daten über eine Import-Conversion mit Google Ads verbinden

Wählen Sie im nächsten Schritt die Option CRM-SYSTEME, DATEIEN ODER ANDERE DATENQUELLEN ❷ und entscheiden Sie sich bei der nach Aktivierung erscheinenden Auswahl für KLICK-CONVERSIONS ERFASSEN ❸. Als Datenquelle wählen Sie DIESEN SCHRITT ÜBERSPRINGEN UND SPÄTER EINE DATENQUELLE EINRICHTEN ❹ und klicken anschließend auf WEITER ❺.

Legen Sie nun die Kategorie Ihrer Conversion fest. Diese dient insbesondere der besseren Einordnung der neu angelegten Conversion innerhalb Ihres Google-Ads-Kontos. Wählen Sie also eine Kategorie, die am besten zu Ihrem Vorhaben passt. Vergeben Sie dann einen Conversion-Namen. Beachten Sie dabei, dass Sie im Zuge der Exporteinrichtung innerhalb von Matomo exakt diesen Namen wiederverwenden müssen. Bestätigen Sie Ihre Eingaben über den Button HINZUFÜGEN am Ende der Zeile und klicken Sie auf SPEICHERN UND FORTFAHREN. Mit einem Klick auf FERTIG im nächsten Fenster schließen Sie die Einrichtung final ab.

Mit der fertigen Einrichtung Ihrer Import-Conversion können Sie mit der Konfiguration des Exports in Matomo beginnen.

Einrichtung des Matomo-Exports

Rufen Sie in Matomo ADMINISTRATION • MEASURABLES (OR WEBSITES) • CONVERSION EXPORTS auf, wählen Sie die richtige Website aus und klicken Sie auf CREATE NEW CONVERSION EXPORT. Passen Sie die Einstellungen im nächsten Schritt Ihren Anforderungen entsprechend an. Entscheiden Sie beispielsweise, wie viele Tage beim Export berücksichtigt werden sollen. Beachten Sie dabei, dass bereits importierte Tage in Google Ads ignoriert werden. Sie können abhängig vom Rhythmus Ihres Exports bzw. Imports somit einen Puffer einbeziehen. Kommt es dann an einem Tag zu einem Fehler, wird auf diese Weise sichergestellt, dass dennoch alle Daten vorhanden sind. Möchten Sie beispielsweise täglich importieren, sollten Sie drei Tage wählen. Entscheiden Sie sich für einen wöchentlichen Import, wählen Sie entsprechend neun Tage. Nutzen Sie ADDITIONAL SEGMENT, um nur Conversions herauszufiltern, die einer bestimmten Kampagnengruppe oder einem anderen individuellen Segment entsprechen.

Vergeben Sie exakt den Namen im Feld ALIAS NAME IN EXPORT, den Sie auch bei der Erstellung der Import-Conversion in Google Ads vergeben haben. Nur wenn Sie dies berücksichtigen, können die Systeme fehlerfrei miteinander verknüpft werden. Speichern Sie den Export final ab und lassen Sie sich anschließend in der Übersicht mit einem Klick auf das entsprechende Symbol den Download-Link anzeigen. Mit diesem Link können wir nun den letzten Schritt in Google Ads vornehmen.

Einrichtung des Upload-Zeitplans in Google Ads

Öffnen Sie im Navigationsmenü den Bereich TOOLS • BULK-AKTIONEN • UPLOADS und wechseln Sie dort zum Tab ZEITPLÄNE. Mit einem Klick auf ⊕ legen Sie einen neuen Zeitplan für den Upload bzw. den Import Ihrer Matomo-Daten an. Vergeben Sie einen Namen ❶ und wählen Sie als Quelle HTTPS ❷ aus (siehe Abbildung 2.44). Tragen Sie unter QUELL-URL* ❸ den Link aus dem vorherigen Schritt ein und bestimmen Sie die HÄUFIGKEIT sowie die ZEIT ❹ bzw. den Zeitpunkt des Imports. Berücksichtigen Sie dabei die Einstellung zur Anzahl der exportierten Tage aus Matomo. Sofern Sie eine Mail bei jedem abgeschlossenen Upload erhalten möchten, aktivieren Sie die entsprechende Checkbox ❺. Schließen Sie die Anlage des Zeitplans über den Button SPEICHERN ab. Wenn Sie alle Schritte korrekt befolgt haben, werden ab sofort regelmäßig Ihre Matomo-Daten in Google Ads eingespielt.

Abbildung 2.44 Der Upload-Zeitplan legt den Rhythmus des Matomo-Imports fest.

2.6.8 Conversions im Google-Ads-Konto

Nachdem wir Ihnen die verschiedenen Möglichkeiten des Conversion-Trackings gezeigt und Sie dabei gelernt haben, dass dieses mit Aufwand in Form von Zeit und Technik verbunden ist, sei natürlich die Frage gestattet: Wozu der ganze Aufwand?

Aus Erfahrung können wir sagen, dass das Conversion-Tracking in vielen Google-Ads-Konten vernachlässigt wird. Es gibt jedoch zwei wichtige Argumente, die für eine Einrichtung inklusive des Imports externer Daten sprechen:

1. **Aussagekräftige Statistiken zur Grundlage der Optimierung**
   Sie benötigen Conversions, um Ihre Google-Ads-Aktivitäten besser beurteilen zu können. Nur wenn Sie das Conversion-Tracking eingerichtet haben, erhalten Sie die unterschiedlichsten Conversion-Daten (siehe Abbildung 2.45) in Ihren Google-Ads-Statistiken. Auf Grundlage dieser Daten können Sie dann Ihre Kampagnen optimieren und zielgenauer ausrichten, um sie rentabler zu machen.

Conversions	Kosten/Conv.	Conv.-Rate
13,00	62,45 €	0,90 %

   Abbildung 2.45 Drei Beispiele für Conversion-Daten im Google-Ads-Konto

2. **Grundlage zur automatisierten Optimierung**
   Google Ads kann verschiedene automatische Optimierungen in Ihren Kampagnen auf Grundlage historischer Conversion-Daten steuern. So können z. B. bestimmte Gebotsstrategien oder Tests zu unterschiedlichen Anzeigen im Hinblick auf Conversion-Daten durchgeführt werden. Vereinfacht kann man sagen, dass Google Ads auf Grundlage der Conversion-Daten öfter automatisiert auf die Keywords bietet und auch häufiger die Anzeigen schaltet, die Ihnen in der Vergangenheit mehr Kunden gebracht haben.

2.6.9 Welche Zielgruppen sind für Sie interessant?

Überlegen Sie, bevor Sie eine Google-Ads-Kampagne erstellen, auch, welche Zielgruppe Sie mit der neuen Werbekampagne ansprechen möchten. Visualisieren Sie Ihre Zielgruppe – machen Sie sich also im wahrsten Sinne des Wortes ein Bild von ihr. Es gibt Agenturen, die echte Bilder von Personen aufhängen, die zu einer potenziellen Zielgruppe gehören. Dies führt dazu, dass man sich stärker mit der jeweiligen Kundengruppe beschäftigt.

Verhalten und Gewohnheiten einer Zielgruppe können Sie auch mithilfe unterschiedlicher Statistiken analysieren. Dabei sollte geklärt werden, wie die Zielgruppe das Internet nutzt. Es ist ebenfalls interessant, welche Geräte (Laptops, Tablets, Smartphones) hauptsächlich zum Surfen im Internet eingesetzt werden. Änderungen im Nutzerverhalten Ihrer Zielgruppe haben auch Auswirkungen auf die Werbeformen und Ausrichtungen Ihrer Online-Werbung. Spannend ist auch, wie und wo das Internet z. B. zu Recherchezwecken und für Einkäufe genutzt wird.

Folgende Webseiten bieten Ihnen Informationen zu unterschiedlichen Zielgruppen in Bezug auf Internetnutzung, Einkommen, Kaufverhalten, verfügbare Endgeräte etc.:

- **OVK – Online-Vermarkterkreis**
  Daten und Fakten zum Werbemarkt: *https://www.ovk.de/projekte/ovk-report*
- **Statistisches Bundesamt**
  Statistiken zu Internetnutzung, Haushaltseinkommen nach Regionen etc.: *https://www.destatis.de/DE/Startseite.html*
- **ARD-ZDF-Onlinestudie**
  Internetnutzung/Internetzugang: *http://www.ard-zdf-onlinestudie.de*
- **Studien von Google**
  verschiedene Studien zur Internetnutzung und zum Suchverhalten: *https://www.thinkwithgoogle.com/intl/de-de*

Wenn Sie zudem besser verstehen möchten, welche Produktmerkmale für Ihre Zielgruppe wichtig sind und welchen Service Ihre Zielgruppe wünscht, sollten Sie sich mit den Rezensionen im Internet zu Ihren Produkten beschäftigen. Falls Sie noch keine Bewertungen zu eigenen Produkten haben, hilft es, die Kundenmeinungen zu Ihrer Konkurrenz oder bestimmten Produkten bei eBay, Amazon und anderen Online-Portalen zu studieren. Lernen Sie aus den Kommentaren und begreifen Sie, welche Produktmerkmale und begleitenden Dienstleistungen (Service, Versandgeschwindigkeit, Telefonsupport, Rücknahme etc.) für Ihre Zielgruppe im Vordergrund stehen. Diese Informationen können Sie auf verschiedene Weise nutzen:

- Ergänzen Sie Ihre Suchbegriffe entsprechend.
- Erstellen Sie passende Textbausteine für Ihre Anzeigen.
- Nutzen Sie die Themen der Kundenrezensionen für Ihre Landingpage, indem Sie auf Ihren Service hinweisen.

Rezensionen zu einer Smartwatch

Bei Amazon finden Sie sowohl positive als auch negative Kritik zu einem Produkt. Sie sollten immer unterschiedliche Bewertungen (gute und schlechte) analysieren. Denken Sie daran, dass Sie vor allem die relevanten Themen herausfiltern möchten.

In unserem Beispiel (siehe Abbildung 2.46 bis Abbildung 2.48) geht es z. B. um die Qualität einer Smartwatch. Wenn man mehrere Aussagen vergleicht, erkennt man, dass gute Produktleistungen wie beispielsweise die Akkustandzeit oder die Genauigkeit des Schrittzählers wichtig sind. Neben den Produktmerkmalen tauchen aber auch Hinweise zum Service auf. So wird zum Beispiel vor Bewertungsmanipulation gewarnt. Außerdem scheint es für die Käufer wichtig zu sein, dass die Lieferung schnell erfolgt und die Verpackung ansprechend ist.

Schickes Smartwatch mit einem fairen Preis und vielen Funktionen
Rezension aus Deutschland vom 29. Dezember 2019
Farbe: Schwarz | Verifizierter Kauf

Bis jetzt habe ich verschiedene Smartwatches von 3 Anbietern bestellt, aber diesmal ist wirklich anders. Dieses Smartwatch ist schick, funktioniert sehr gut, einfach verwendbar, der Akku ist sehr gut. Letzte Woche hab ich es einmal aufgeladen, und bis vorhin hatte es immer noch 62% Prozent Akku. Es wird sehr schnell aufgeladen. Es hat einen genauen Schrittzähler. Es hat schöne Thems mit 4 verschiedene Designs. Ich kann mit diesem Smartwatch meine Aktivitäten regelmäßig überwachen bzw. kontrollieren. Man bekommt Benachrichtigungen von Instagram, Facebook usw. Die Aktivitäten sowie Nachrichten werden auf dem Bildschirm des Smartwatches angezeigt. Das ist

Abbildung 2.46 Kundenrezension bei Amazon: Produktmerkmale

hd

Leider viel Fake und unechte Bewertungen.
Rezension aus Deutschland vom 28. Dezember 2019

Schade , optisch sehr gute Uhr, der Bildschirm ist gelungen, auch bei Sonnenlicht sehr gut lesbar.
Aber leider hat die Uhr auch große Schwachstellen UND ACHTUNG HERSTELLER BIETET BEI RÜCKNAHME schlechter Bewertungen Geld an!!

Abbildung 2.47 Kundenrezension bei Amazon: Warnung vor Bewertungshandhabung

Susa Bu

Super Smartwatch
Rezension aus Deutschland vom 29. Februar 2020
Farbe: Schwarz | Verifizierter Kauf

Versand und Lieferung waren wie gewohnt super.

Die Smartwatch funktioniert mit der dazugehörigen App problemlos. Die Uhr erfüllt ihren Zweck. Nachrichten von WA werden angezeigt, nur antworten kann man nicht direkt über die Uhr. Aber dafür wäre das Display auch wohl etwas zu klein.

Abbildung 2.48 Kundenrezension bei Amazon: Lieferzeit

Aus diesen Beispielen von Amazon-Kundenrezensionen ergeben sich schon wichtige Argumente, mit denen Sie in einer Google-Ads-Anzeige punkten könnten:

- Produktqualität
- transparenter Umgang mit Bewertungen
- schnelle Lieferung

2.7 So nutzen Sie Google Ads richtig

Nachdem Sie sich mit Ihren Zielen und Zielgruppen auseinandergesetzt haben, geht es nun an die Umsetzung Ihrer Werbekampagne mithilfe des Google-Ads-Programms.

Da die Werbung mit Google Ads hauptsächlich auf der Idee des Suchmaschinenmarketings fußt, spielen dabei logischerweise die Suchbegriffe (Keywords) eine entscheidende Rolle. Mit diesen sollten Sie sich zunächst ausgiebig beschäftigen.

Es gilt, interessante Keywords zu finden, aber auch zu verstehen, was Ihre Zielgruppe im Internet sucht. Im Laufe der Keyword-Recherche merken Sie vielleicht, dass bestimmte Suchanfragen zu Ihren Produkten bzw. Dienstleistungen gar nicht so stark über Suchmaschinen gesucht werden, weil diese Produkte vielleicht sehr innovativ sind oder weil bestimmte Lösungen nicht bekannt sind. Es kann auch sein, dass für Ihr Angebot nur sehr spezielle Keywords interessant sind, die dann nur von einer kleinen Zielgruppe im Internet gesucht werden. Auch wenn diese Erkenntnisse Sie zunächst vielleicht etwas frustrieren, so helfen sie Ihnen, später die passende Strategie für Ihre Online-Kampagne zu wählen.

2.7.1 Google Ads Keyword-Planer

Zur Vorbereitung einer Google-Ads-Kampagne gehört die intensive Recherche der Keywords. Mit den Keywords entscheiden sich Erfolg und Misserfolg einer Kampagne. Sie sind von so grundlegender Bedeutung beim Suchmaschinenmarketing, dass wir diesem Thema ein eigenes Kapitel gewidmet haben. Sie finden daher in Kapitel 3 verschiedene Ideen sowie Tipps zu externen Tools für Ihre Keyword-Recherche.

Google Ads hält natürlich auch selbst ein eigenes Tool, den *Keyword-Planer*, zur Keyword-Recherche bereit. Sie sollten jedoch nicht nur auf dieses Tool setzen, sondern den Planer in Kombination mit den Möglichkeiten aus Kapitel 3, »Keywords«, nutzen. Wir stellen Ihnen den Keyword-Planer an dieser Stelle der Vorbereitung vor, weil das Tool neben der Keyword-Recherche zusätzlich eine wichtige Rolle bei der Abschätzung des Werbebudgets spielt. Bitte denken Sie daran, dass auch die Budgeteinschätzung zu einer vernünftigen Vorbereitung gehört. Ihre Keywords und Ihr Budget sollten vor der Einrichtung einer ersten Kampagne bei Google Ads bereits ermittelt worden sein. Erst nach diesem Schritt ergibt die Einrichtung einer Kampagne richtig Sinn. Der Keyword-Planer ist vielleicht manchem Leser noch unter der Bezeichnung *Google Keyword Tool* bekannt.

Mit dem Keyword-Planer stellt Google Ads also eine ausführliche Möglichkeit zur Keyword-Recherche inklusive einer Kostenabschätzung der ausgewählten Keywords zur Verfügung. Mithilfe dieses Tools können Sie direkt aus Ihrem Konto heraus neue Keyword-Ideen generieren und zusätzlich noch die Gebote und das benötigte Gesamtbudget für Ihre Kampagne abschätzen lassen, wobei die Betonung auf »abschätzen« liegt. Da der Keyword-Planer immer nur auf Werte aus der Vergangenheit zurückgreifen kann und es verschiedene Einflüsse gibt – angefangen bei der Änderung des Suchverhaltens über die Anzahl der Anbieter bis hin zum Qualitätsfaktor –, kann der Planer somit nur eine grobe Annäherung zum Klickpreis und zum Suchvolumen bieten. Den Keyword-Planer rufen Sie über TOOLS • PLANUNG • KEYWORD-PLANER auf.

Aktuell hat Google die Nutzung des Keyword-Planers an mindestens eine aktive Kampagne geknüpft. Mit anderen Worten: Sofern Sie keine aktive Kampagne geschaltet haben, erhalten Sie lediglich eine Suchvolumenbandbreite (z. B. 1000–10000) statt konkreter Zahlen.

Kostenfreie Alternativen zu Googles Keyword-Planer

Eine in vergangenen Zeiten noch komplett kostenfreie Alternative zum Google-Keyword-Planer bietet das Tool *Ubersuggest* (*https://www.ubersuggest.io*), auf das wir in Kapitel 3, »Keywords«, noch näher eingehen. Ubersuggest arbeitet mit den Funktionsmechanismen von *Google Suggest*, der Auto-Vervollständigung bei einer Google-Suche, und ermittelt relevante Keywords, die häufig in Kombination mit Ihrem eingegebenen Begriff gesucht werden. Der Vorteil gegenüber dem Keyword-Planer ist, dass Sie so auch sogenannte Longtail-Keywords identifizieren können. Das sind Keywords, die aus mehreren Wörtern bestehen. Ähnlich arbeitet *https://answerthepublic.com*, auch hier geben Sie Ihre Keywords ein und erhalten auf Basis reeller Suchanfragen Vorschläge zu Fragen und Formulierungen für Ihre Webseite bzw. Ihre Anzeigen. Beide Tools, sowohl Ubersuggest als auch Answerthepublic, sind zwar nur noch in der Basisvariante kostenlos, als solche aber dennoch sehr nützlich.

Den Google Ads Keyword-Planer nutzen

In Googles Keyword-Planer können Sie aus zwei unterschiedlichen Aufgaben auswählen (siehe Abbildung 2.49).

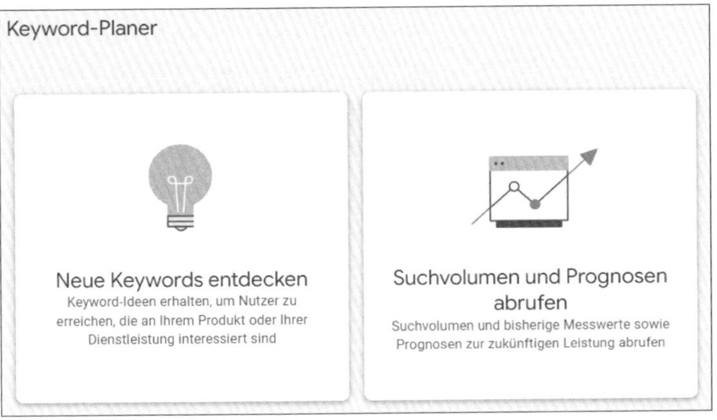

Abbildung 2.49 Zwei grundlegende Möglichkeiten des Keyword-Planers

Die wichtigste Funktion besteht hier in der Möglichkeit, neue Keywords zu finden. Klicken Sie daher auf den ersten Unterpunkt NEUE KEYWORDS ENTDECKEN. Falls Sie bereits fertige Keyword-Listen besitzen bzw. die Listen aus Ihren umfangreichen Recherchen überprüfen lassen möchten, können Sie auch SUCHVOLUMEN UND PROGNOSEN ABRUFEN auswählen. Es besteht die Möglichkeit, bestehende Keyword-Listen per Copy-and-paste einzufügen und entsprechend analysieren zu lassen.

Nach einem Klick auf NEUE KEYWORDS ENTDECKEN erscheint ein weiteres Fenster, in dem Sie entweder MIT KEYWORDS BEGINNEN oder MIT EINER WEBSITE BEGINNEN auswählen (siehe Abbildung 2.50). Bei MIT KEYWORDS BEGINNEN geben Sie ein oder auch mehrere Suchbegriffe in das Suchfeld ein und lassen sich durch Klick auf den Button die ERGEBNISSE ANZEIGEN. Sie können hier maximal zehn Begriffe gleichzeitig eingeben.

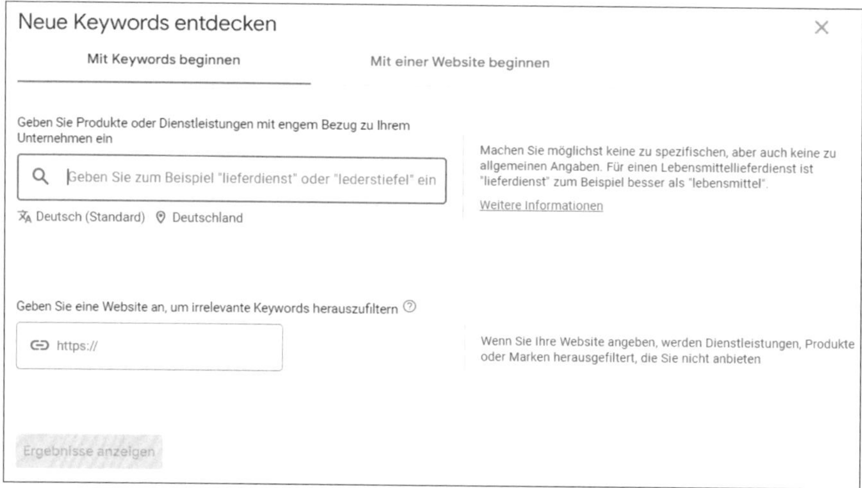

Abbildung 2.50 Die Suche mit Keywords oder mit einer Webseite beginnen

Alternativ können Sie auch die URL einer bestehenden Website ❶ auf Keywords analysieren lassen, und zwar die komplette Website ❷ oder eine einzelne Unterseite der Seite ❸ (siehe Abbildung 2.51). Nutzen Sie die Webseitenanalyse des Keyword-Planers, um neue Ideen auf unterschiedlichen Webseiten zu finden. Testen Sie den Planer beispielsweise für folgende Webseitenanalysen:

- eigene Webseiten inklusive Unterseiten
- Webseiten der Konkurrenz inklusive Unterseiten
- passende Themenseite von Wikipedia
- Social-Media-Seiten zu Ihren Produkten bzw. Dienstleistungen
- Webseiten von Foren, Blogs, Online-Magazinen zu Ihrer Branche

Abbildung 2.51 Die Suche mit einer bestehenden Website beginnen

Nach Eingabe Ihrer Suchbegriffe und einem Klick auf ERGEBNISSE ANZEIGEN wechselt die Ansicht auf KEYWORD-IDEEN (siehe Abbildung 2.52). Hier sehen Sie nun unter den VON IHNEN EINGEGEBENEN BEGRIFFEN weitere KEYWORD-IDEEN. Aus der vorgeschlagenen Liste wählen Sie jetzt weitere geeignete Suchbegriffe aus, indem Sie das Kästchen vor dem jeweiligen Keyword zunächst anhaken ❶. Diese Auswahl aktiviert eine blaue Funktionsleiste. Belassen Sie die Standardeinstellung innerhalb dieser Leiste auf PLAN ❷ und NEUE ANZEIGENGRUPPE ❸, sofern Sie die ausgewählten Keywords zur Erstellung eines neuen Keyword-Plans nutzen möchten. Mit einer Anpassung dieser Standardeinstellungen können Sie Keywords bei Bedarf auch direkt einer bestehenden Kampagne hinzufügen.

Legen Sie außerdem die anzuwendende Keyword-Option fest. Neben der Option a) WEITGEHEND PASSEND ❹ stehen Ihnen auch die Optionen b) PASSENDE WORTGRUPPE oder c) GENAU PASSEND zur Verfügung. Auf die Keyword-Optionen gehen wir in Abschnitt 4.6.2 noch näher ein. An dieser Stelle sei lediglich gesagt, dass sie von Option a) bis Option c) immer spezifischer werden. An einem Beispiel erklärt: Ihr Suchbegriff lautet »Schuhe für Damen«. Option a) spielt Ihre Anzeige auch für »Damen Freizeitschuhe« oder »Damen Laufschuhe kaufen« aus, während Option c) Ihre Anzeige nur exakt dann ausspielt, wenn der Benutzer »Schuhe für Damen« eingibt. Wenn Sie nach einer Weile Erfahrungen dahin gehend gesammelt haben, welche Keywords für Sie gut funktionieren, können Sie die Keyword-Option strikter einstellen, um so gezieltere Suchanfragen zu erhalten und damit bares Geld zu sparen.

Erstellen Sie abschließend Ihren neuen Plan, indem Sie auf KEYWORDS HINZUFÜGEN, UM PLAN ZU ERSTELLEN ❺ klicken. Sollten Sie bereits in einem bestehenden Plan arbeiten, ändert sich die Bezeichnung des Links in *Keyword hinzufügen*.

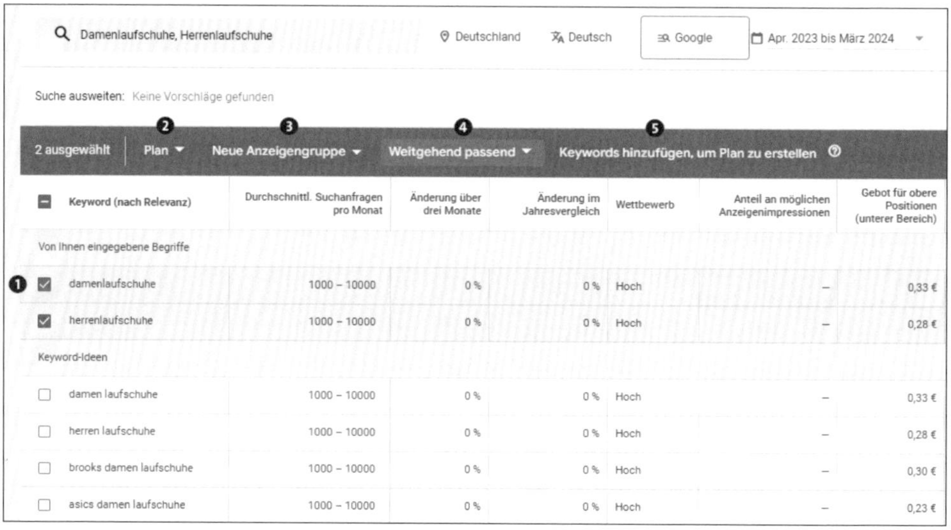

Damenlaufschuhe, Herrenlaufschuhe | Deutschland | Deutsch | Google | Apr. 2023 bis März 2024

Suche ausweiten: Keine Vorschläge gefunden

2 ausgewählt | ❷ Plan | ❸ Neue Anzeigengruppe | ❹ Weitgehend passend | ❺ Keywords hinzufügen, um Plan zu erstellen

	Keyword (nach Relevanz)	Durchschnittl. Suchanfragen pro Monat	Änderung über drei Monate	Änderung im Jahresvergleich	Wettbewerb	Anteil an möglichen Anzeigenimpressionen	Gebot für obere Positionen (unterer Bereich)
	Von Ihnen eingegebene Begriffe						
❶ ☑	damenlaufschuhe	1000 – 10000	0 %	0 %	Hoch	–	0,33 €
☑	herrenlaufschuhe	1000 – 10000	0 %	0 %	Hoch	–	0,28 €
	Keyword-Ideen						
☐	damen laufschuhe	1000 – 10000	0 %	0 %	Hoch	–	0,33 €
☐	herren laufschuhe	1000 – 10000	0 %	0 %	Hoch	–	0,28 €
☐	brooks damen laufschuhe	1000 – 10000	0 %	0 %	Hoch	–	0,30 €
☐	asics damen laufschuhe	1000 – 10000	0 %	0 %	Hoch	–	0,23 €

Abbildung 2.52 Keyword-Ideen dem Plan oder einer Kampagne hinzufügen

Bei den Keyword-Ideen werden die Keywords, die bereits in Ihrem Konto oder Ihrem Plan enthalten sind, unter KONTOSTATUS mit einem grauen, grünen oder roten Tag markiert (siehe Abbildung 2.53).

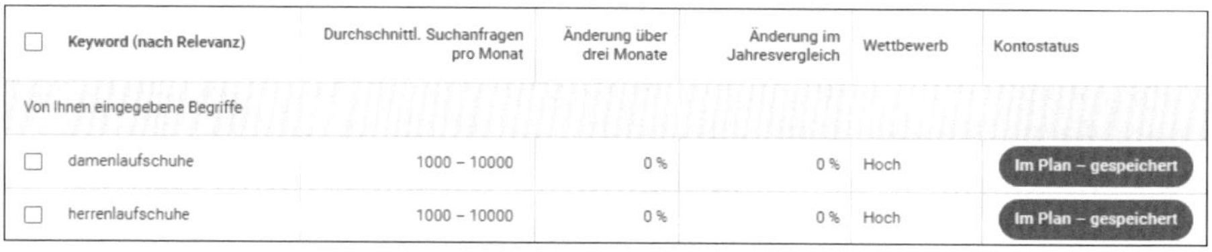

	Keyword (nach Relevanz)	Durchschnittl. Suchanfragen pro Monat	Änderung über drei Monate	Änderung im Jahresvergleich	Wettbewerb	Kontostatus
	Von Ihnen eingegebene Begriffe					
☐	damenlaufschuhe	1000 – 10000	0 %	0 %	Hoch	Im Plan – gespeichert
☐	herrenlaufschuhe	1000 – 10000	0 %	0 %	Hoch	Im Plan – gespeichert

Abbildung 2.53 Diese Keywords sind bereits im Plan vorhanden.

Neben der KEYWORD-ANSICHT können Sie die Ansicht der Keywords rechts oberhalb der Tabelle auf eine GRUPPENANSICHT ❶ umstellen (siehe Abbildung 2.54). Hier gruppiert Google die gefundenen Suchbegriffe bereits thematisch, um Ihnen das Erstellen von Anzeigengruppen zu erleichtern. Nutzen Sie diese Gruppierung als Inspiration, übernehmen Sie sie allerdings nicht einfach ungeprüft, denn unter Umständen befinden sich in den Gruppen Keywords, die für Ihr Unternehmen nicht wirklich passend sind.

Um die Anzahl der vorgeschlagenen Keyword-Ideen zu begrenzen, können Sie sowohl ein- als auch auszuschließende Keywords vorgeben. Auszuschließende Keywords werden auch als *negative Keywords* bezeichnet und stehen für Suchbegriffe, zu denen die Google-Ads-Anzeigen *nicht* erscheinen sollen. In unserem Beispiel aus Abbildung 2.55 möchten wir Vorschläge zu den Begriffen »asics damen laufschuhe, asics herren laufschuhe« ausschließen, ergo nehmen wir sie in unsere Liste mit ALS AUSZUSCHLIESSENDE KEYWORDS HINZUFÜGEN ❷ auf. Genau wie beim Hinzufügen von (positiven) Keywords zu unserem Plan haben wir auch hier die Möglichkeit, aus einer von drei Keyword-Optionen zu wählen ❸. In der Praxis sollte diese Liste natürlich viel ausführlicher sein. So müssen Sie später nicht unnötig große Keyword-Listen durchforsten.

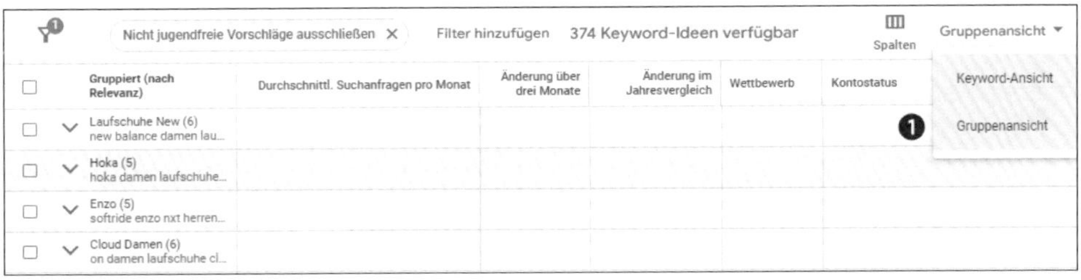

Abbildung 2.54 Die »Gruppenansicht« liefert mögliche Anregungen für Anzeigengruppen.

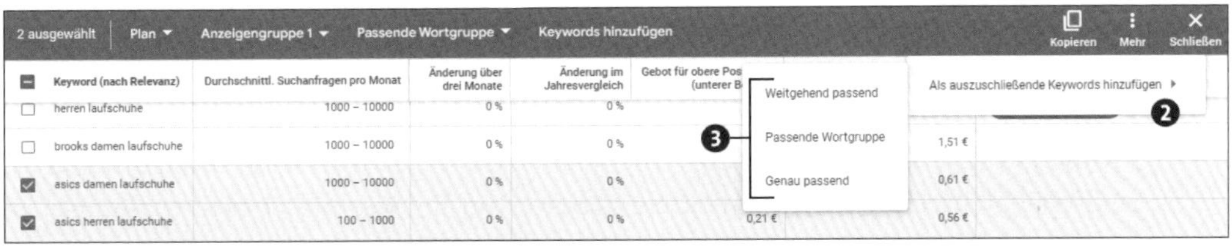

Abbildung 2.55 Beschränkung der Ergebnisse zum Keyword-Ausschluss

Auszuschließende Keywords sind wichtig

Die hier erwähnten auszuschließenden oder negativen Keywords werden Ihnen in diesem Buch noch öfter begegnen. Leider werden diese auszuschließenden Keywords in der Google-Ads-Praxis häufig vernachlässigt. Diese Suchbegriffe sind jedoch sehr wichtig, denn sie umschreiben alle Themen, zu denen Sie nicht mit Ihrer Google-Ads-Werbung angezeigt werden möchten. Je größer Ihre Liste mit negativen Keywords ist, die Ihrer Google-Ads-Kampagne hinzugefügt wurde, desto besser passt Ihre Anzeige zur Suchanfrage. Bei unpassenden Anfragen werden Sie nämlich einfach nicht geschaltet. Aber auch bei der Recherche im Keyword-Planer erleichtern Ihnen die negativen Keywords das Leben, da unpassende Suchvorschläge erst gar nicht auf die Keyword-Liste gelangen. So wird die Liste am Ende viel übersichtlicher und passt besser zu Ihren Produkten bzw. Dienstleistungen. Jeder Plan darf maximal 1.000 auszuschließende Keywords enthalten.

Nachdem Sie im Keyword-Planer Keywords hinzugefügt und gegebenenfalls ausgeschlossen haben, wechseln Sie zum Tab PROGNOSE ❶. Passen Sie hier grundlegende Parameter Ihres neuen Plans an (siehe Abbildung 2.56). Sie können diesem einen individuellen Namen ❷ geben und die zugrunde liegende Gebotsstrategie ❸ verändern. Weitere Informationen zum Thema Gebotsstrategie finden Sie in Abschnitt 2.7.4, »Die passende Gebotsstrategie bestimmen«. Außerdem können Sie die relevante Zielregion ❹ definieren, die entsprechende Sprache ❺ festlegen und bestimmen, auf welche Suchnetzwerke ❻ sich der Plan bezieht. Definieren Sie auch den Zeitraum ❼, den Sie betrachten wollen.

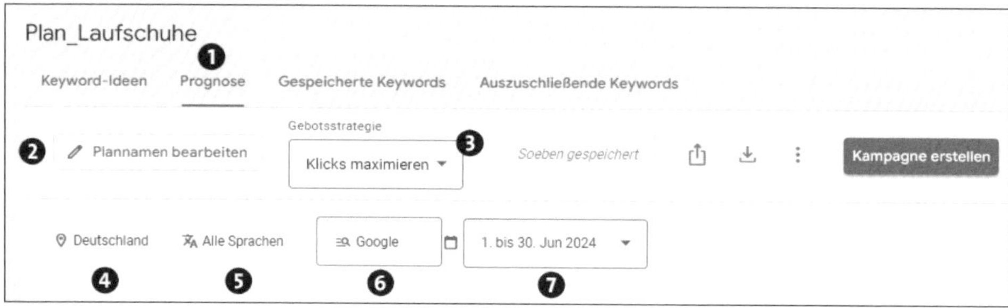

Abbildung 2.56 Passen Sie die grundlegenden Parameter Ihres Plans an.

Im Tab PROGNOSE werden Ihnen verschiedene Informationen angezeigt, um den erstellten Plan im Hinblick auf Ihre Ziele zu bewerten. Ein wesentliches Kernelement ist der oberste Block (siehe Abbildung 2.57). Dieser enthält ein Diagramm ❶, das die von Ihnen bestimmte Messgröße ❷ (z. B. Klicks oder Conversions) in ein Verhältnis zum durchschnittlichen Tagesbudget oder je nach gewählter Gebotsstrategie zum gewählten CPC (*Cost-per-Click*) setzt. Sofern Ihnen das Diagramm nicht angezeigt wird, müssen Sie es mit einem Klick auf den Pfeil ❸ in der rechten oberen Ecke des Blocks aktiv aufklappen. Passen Sie auch hier verschiedene Parameter (z. B. das durchschnittliche Tagesbudget ❹) an und betrachten Sie die daraus resultierende Veränderung für Ihre Prognose. Sie haben auch die Möglichkeit, direkt auf den Graphen zu klicken und dadurch die Rahmenbedingungen Ihrer Prognose zu verändern. Beachten Sie, dass sich die Parameter abhängig von der für den Plan gewählten Gebotsstrategie unterscheiden können.

Versuchen Sie, beim Austesten verschiedener Werte abzuwägen, welcher Kosteneinsatz zu welchem Nutzen für Sie führt. Im Normalfall stagniert die Kurve irgendwann, sodass selbst eine größere Erhöhung des Tagesbudgets nur noch geringe Effekte auf die Anzahl Ihre Klicks oder Conversions hat. Sie sollten also versuchen, möglichst den perfekten Punkt zu finden.

Unterhalb dieses Diagramms werden zusätzlich die wichtigsten Kennzahlen ❺ aufgeführt. Dies sind im Detail die zu erwartenden Conversions, Klicks, Impressionen und (Gesamt-)Kosten, die Durchschn. CPA (*Costs-per-Action*), die CTR (*Click-Through-Rate*) sowie der Durchschn. CPC. Damit bekommen Sie ein breites Portfolio an Bewertungskriterien für den Einsatz in Ihrer zukünftigen Kampagne mit.

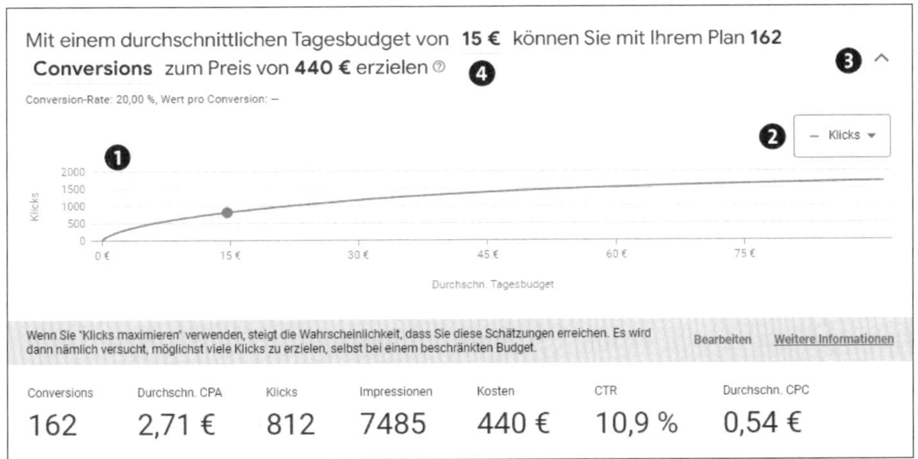

Abbildung 2.57 Betrachten Sie die Veränderung Ihrer Prognose anhand des Graphen und grundlegender Kennzahlen.

Die nach Standorten gruppierte Darstellung von Kennzahlen im nächsten Block (siehe Abbildung 2.58) kann sehr hilfreich sein, wenn Sie in Ihrem Plan mehrere Länder oder Regionen berücksichtigen. Abhängig von den gewählten Standorteinstellungen ist durch den Klick auf Ihre Zielregionen auch ein größerer Detaillierungsgrad möglich. So lässt sich die angezeigte Ebene beispielsweise von Ländern auf Städte verändern. Bei Bedarf lassen sich auch hier direkt weitere Standorte Ihrem Plan hinzufügen.

+ Ihre Zielregionen ▾ Spalten

Standort	↓ Klicks	Impressionen	Kosten	CTR	Durchschn. CPC
Deutschland	604,50	5.389,20	299,46 €	11,2 %	0,50 €
Österreich	293,13	2.367,06	115,84 €	12,4 %	0,40 €
Schweiz	51,59	480,04	24,79 €	10,7 %	0,48 €

1 bis 3 von 3

Abbildung 2.58 Betrachten Sie die Kennzahlen Ihrer Prognose gruppiert nach Standorten.

Weitere interessante Informationen halten die folgenden Diagramme bereit (siehe Abbildung 2.59):

- PROGNOSEN FÜR DAS NÄCHSTE JAHR ❶

  Die ausgewählte(n) Messgröße(n), wie z. B. Klicks oder Conversions, wird hier über den Zeitraum von einem Jahr dargestellt. Der für den Plan definierte Zeitraum ist dabei weiß hinterlegt. Auf diese Weise erhalten Sie schnell ein Gefühl für mögliche saisonale Schwankungen.

- GERÄTE ❷

  Sie erhalten einen Überblick über die Verteilung der ausgewählten Kennzahlen im Hinblick auf das genutzte Endgerät. Bestimmte Keywords könnten bevorzugt über mobile Endgeräte abgerufen werde, sodass sich ein entsprechender Fokus für die aus Ihrem Plan resultierende Kampagne lohnen kann.

- STANDORTE ❸

  Ergänzend zur bereits erläuterten Standorttabelle sorgt dieses Diagramm für einen guten Überblick über die Verteilung einzelner Standorte im Hinblick auf die ausgewählte Messgröße.

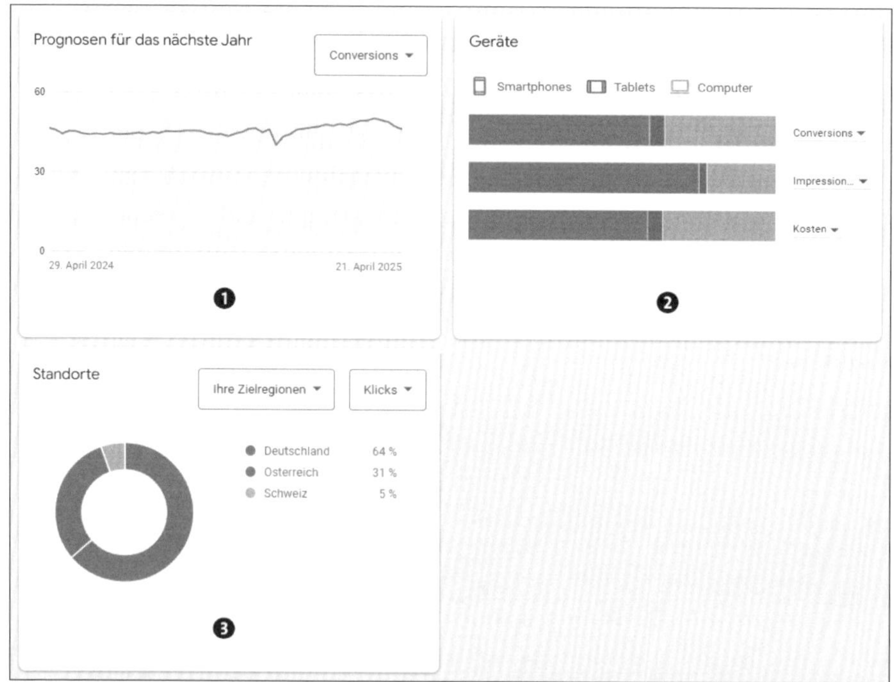

Abbildung 2.59 Weitere Diagramme liefern Ihnen nützliche Informationen zu verschiedenen Aspekten

Sie können so lange mit dem Plan herumspielen, bis Sie ein für sich zufriedenstellendes Ergebnis erzielt haben. Über KAMPAGNE ERSTELLEN am oberen rechten Bildrand können Sie Ihren Plan dann in eine neue Kampagne überführen.

2.7.2 Das Google-Ads-Budget planen

Die meisten Fragen, die im Zusammenhang mit Google Ads gestellt werden, beziehen sich auf das Budget: Wie viel Geld muss ich für eine Google-Ads-Kampagne einplanen? Was kostet mich die Werbung für meine Produkte? Die Antwort lautet: Wie so häufig kommt es auf die Rahmenbedingungen an. Ihre Google-Ads-Kosten sind abhängig von Ihren Zielen, dem Umfang Ihrer Werbekampagne und Ihrer Konkurrenzsituation.

Eine Besonderheit bei Google Ads sind die unterschiedlichen Kosten in Bezug auf die gebuchten Keywords. Keywords, die häufig verwendet und gesucht werden, sind härter umkämpft und haben daher im Schnitt immer höhere Klickpreise. Für viele, die den Wettkampf um die heiß begehrten Keywords unbedingt gewinnen möchten, explodieren dann die Kosten. Daher ist es immer besser, im Vorfeld bestimmte Strategien festzulegen und diese dann zu verfolgen, anstatt sich auf das reine Überbieten von Klickpreisen einzulassen.

Grundsätzlich gibt der Nutzer bei Google ein Tagesbudget an, das dann auf den Monat (30 bis 31 Tage) hochgerechnet wird. Praktischerweise kann man das Tagesbudget ständig ändern, sogar mehrmals täglich. Das einmal verbrauchte Budget kann jedoch nicht wieder reduziert werden.

Manchmal überschreitet das Google-System das vereinbarte Budget ein wenig und produziert zum Beispiel anstelle der Vorgabe von 10,00 € am Ende des Tages vielleicht 10,45 € an Klickkosten. Gleich am nächsten Tag bietet das Google-Ads-System jedoch vorsichtiger, um das Defizit wieder auszugleichen, sodass Sie am Ende des Monats Ihr vorgegebenes Budget nicht überschreiten. Bitte beachten Sie, dass ein Budget immer pro Tag gilt und dann wieder neu zur Verfügung steht. Es wird nicht aufgebraucht und muss auch nicht jeden Tag wieder neu bestätigt werden. Mithilfe des eingegebenen Budgets können Sie eine Kampagne nicht zeitlich beschränken. Hierfür müssten Sie ein Enddatum eingeben oder die Kampagne manuell stoppen.

Da Sie die Budgetfrage spätestens beim Erstellen Ihrer Google-Ads-Kampagne beantworten müssen, sollten Sie sich hierzu auf jeden Fall vorher Gedanken machen. Die Daten aus dem Keyword-Planer liefern einen ersten Ansatzpunkt zur Budgetabschätzung. Sie können grob die Kosten zu Ihren wichtigsten Keywords abschätzen. Diese Angabe soll jedoch nur als Anhaltspunkt dienen. Eine grundsätzliche Empfehlung zu einem Standardbudget für Google-Ads-Kampagnen kann nicht von externen Beratern oder dem Google-System vorgegeben werden. Sie sollten das eingesetzte Budget vor allem von folgenden Faktoren abhängig machen:

- Halten Sie sich zunächst an das Werbebudget, das Ihnen zur Verfügung steht.
- Kontrollieren Sie, ob Sie Ihre Ziele erreichen und welchen Gewinn Sie mit Google Ads generieren. Erreichen Sie Ihre Ziele und steigt der Gewinn, kann auch mehr in Werbung investiert werden.
- Beachten Sie auch Ihre Konkurrenzsituation: Müssen Sie sich mit wichtigen Keywords gegen viele oder finanzstärkere Konkurrenten durchsetzen, dann benötigen Sie ein höheres Budget – oder Sie müssen Beschränkungen bei der Anzahl der Keywords, der beworbenen Regionen oder der Werbezeiten vornehmen.

Ermittlung des Werbebudgets anhand wirtschaftlicher Kennzahlen

Viele Firmen berechnen ihr Werbebudget anhand der Geschäftszahlen des Vorjahrs. Meist wird ein bestimmter Prozentsatz des Gewinns in die Werbung des aktuellen Jahres investiert. Oft taucht das Argument auf, dass man das Budget lieber auf Grundlage der zukünftigen Umsatzzahlen bestimmen möchte. Wenn Sie jedoch noch keine Erfahrung aus früheren Jahren haben, können Sie keine fundierte Einschätzung der Online-Umsätze vornehmen.

2.7.3 Keywords analysieren und bewerten

Am Ende Ihrer umfangreichen Recherche mit dem Keyword-Planer und den Tools aus Kapitel 3, »Keywords«, sollten Sie Ihre umfassende Keyword-Liste analysieren und bewerten. Denken Sie daran, dass die Keywords, die Sie letztlich für Ihre Google-Ads-Kampagnen nutzen möchten, auch wirklich auf Ihrer Webseite als Produkt, Dienstleistung oder Information zu finden sind. Keywords, die nichts mit Ihrer Webseite zu tun haben, bringen nicht den gewünschten Erfolg, sondern erzeugen nur Frust: Sie erzielen mit diesen Keywords lediglich Klicks, die Geld kosten, aber keine Kunden generieren.

Bilden Sie aus den Keyword-Listen thematisch passende Keyword-Gruppen, die maximal 10 bis 15 Keywords enthalten. Falls Sie den Keyword-Planer im Google-Ads-Konto genutzt haben, erhalten Sie mithilfe dieses Tools bereits Vorschläge dazu, wie Sie die Keywords nach Anzeigengruppen unterteilen können. Verwenden Sie diese Vorschläge für Ihre erste, grobe Einteilung. Sie können dann später bei Bedarf noch weitere Unterteilungen vornehmen oder wichtige Keywords auch anders gruppieren. Dies hängt von der weiteren Optimierung Ihrer Kampagnen ab. Hinweise zur Optimierung durch Verfeinerung der Anzeigengruppen finden Sie in Abschnitt 16.7, »Optimierung Ihrer Kampagnenstruktur«.

Entfernen Sie auch später Keywords zügig, wenn Sie anhand der Statistiken sehen, dass diese nicht für Ihre Werbung geeignet sind. Wenn Sie beispielsweise als Reiseagentur Hotels in Tokio vermarkten möchten, kann die eigentlich passende Suchphrase »Tokio Hotel« ungünstig sein, weil viele Google-Nutzer unter dem Begriff nach einer Band suchen, die in den Musikcharts steht. Wenn die Musiker dann nicht mehr aktuell sind, kann die Keyword-Kombination auch für die Reisebranche wieder interessant werden. Und der Suchbegriff »Jaguar« kann sowohl dem zoologischen Bereich als auch der Automobilbranche zugeordnet werden.

Anhand dieser zwei kleinen Beispiele erkennen Sie schon, dass Maschinen zwar Keywords recherchieren können, dass Sie jedoch mit Ihrem gesunden Menschenverstand diese Keywords noch bewerten müssen. Eine erste Auswahl treffen Sie also am Ende Ihrer Keyword-Recherche und natürlich laufend auf Grundlage der Statistiken zu Impressionen, Klicks und Conversions.

2.7.4 Die passende Gebotsstrategie bestimmen

Sie wissen bereits aus Kapitel 1, »Suchmaschinenmarketing (SEM) und Google«, dass die von Ihnen abgegebenen Gebote in Kombination mit dem Qualitätsfaktor eine maßgebliche Rolle bei der Berechnung des Rankings und somit bei der Positionierung Ihrer Anzeigen auf der Suchmaschinenergebnisseite spielen. Zu geringe Gebote haben zur Folge, dass Sie sehr wahrscheinlich auch nur wenige Klicks erhalten werden, da Ihre Anzeigen entweder nur an hinteren Positionen zu finden sind oder im schlechtesten Fall gar nicht geschaltet werden. Mit höheren Geboten werden Sie zwar mehr Impressionen und sehr wahrscheinlich auch mehr Klicks auf Ihre Anzeigen erzielen, Sie laufen jedoch gleichzeitig Gefahr, unnötig hohe Ausgaben zu verursachen.

Das Gebot stellt dabei stets jenen Höchstbetrag dar, den Sie pro Klick zu zahlen bereit sind. Geben Sie beispielsweise im Zuge einer *manuellen Gebotsstrategie* ein festes Gebot von einem Euro ab, werden die Kosten pro Klick diesen Betrag niemals übersteigen. Mittlerweile legt Google den Fokus jedoch sehr stark auf *automatische Gebotsstrategien*. Diese arbeiten anstelle eines fixen Werts mit dynamischen durch Google festgelegten Geboten, die darauf ausgelegt sind, das definierte Ziel (z. B. maximale Klickzahlen) möglichst effektiv zu erreichen. Google geht sogar so weit, dass bei der

Erstellung einer neuen Kampagne heute nur noch automatische Strategien zur Verfügung stehen.

Automatische Gebotsstrategien sind darauf angewiesen, mit Daten gefüttert zu werden, um auf diese Weise stets eine Optimierung im Hinblick auf das gewählte Ziel vorzunehmen. Zum Start einer neuen Kampagne fehlen diese Daten jedoch. Aus diesem Grund sollten Sie zunächst durch die automatische Gebotsstrategie KLICKS MAXIMIEREN (siehe Abbildung 2.60) dafür sorgen, dass Ihre Anzeige möglichst häufig ausgespielt bzw. angeklickt wird und dadurch neue Daten generiert werden.

Abbildung 2.60 Starten Sie mit der Gebotsstrategie »Klicks maximieren«.

Sie haben im Verlauf Ihrer Kampagne immer die Möglichkeit, zu verschiedenen Gebotsstrategien (siehe Abbildung 2.61) zu wechseln. Spezielle Gebotsstrategien sollten Sie jedoch erst später testen, wenn Sie erste Erfahrungen mit Ihren Kampagnen gesammelt und erste eigene Optimierungen durchgeführt haben. Nutzen Sie Strategien wie CONVERSION MAXIMIEREN daher erst, wenn Ihre Kampagne mit Blick auf die Optimierungsmöglichkeiten gut eingestellt ist und Ihre Conversions funktionieren.

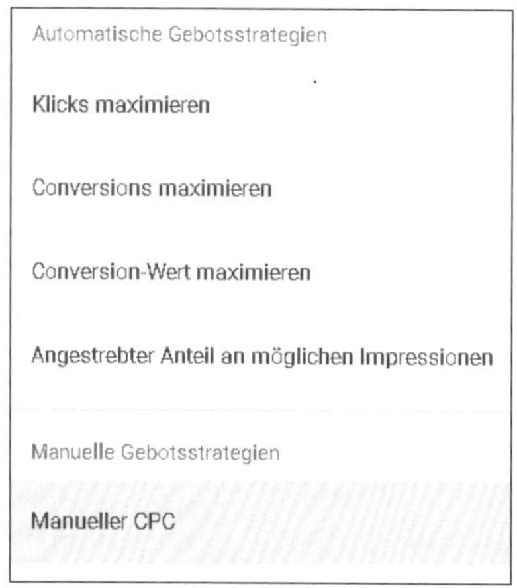

Abbildung 2.61 Auswahl der automatischen und manuellen Gebotsstrategien

Sammeln Sie zunächst wertvolle Erfahrungen und entwickeln Sie ein »Gefühl« für Ihre Kampagnen. Die Strategie zur Maximierung der Klicks bedeutet nämlich nicht grundsätzlich, dass Sie mehr Kundenanfragen erhalten oder mehr Produkte verkaufen. Die automatische Aussteuerung durch Google könnte auch den Nebeneffekt haben, dass einige für Sie weniger wichtige Keywords mehr Traffic erhalten, nur weil diese einfach günstige Klicks verursachen. Wie bereits erwähnt, müssen Sie für viele Strategien zunächst einmal Conversions anlegen. Damit die Strategien dann auch richtig funktionieren, muss zudem noch eine ausreichende Anzahl an wichtigen Conversions (also Kundenanfragen, Leads etc.) erzielt worden sein. Da die Strategien auf Statistiken beruhen, sollten Sie jedoch immer viel mehr als das Minimum besitzen (oft wird eine Anzahl von mindestens 15 Conversions genannt). Dies bedeutet, dass Sie für eine gut funktionierende, automatisierte Gebotsstrategie zunächst einmal viel Arbeit in Ihre Conversion-Optimierung stecken sollten.

Schauen wir uns einmal die wichtigsten Gebotsstrategien aus Abbildung 2.61 an, um daraus zu lernen. Bitte beachten Sie in diesem Zusammenhang, dass Google immer mal wieder die Gebotsstrategien geändert hat, sodass die aktuellen Strategien in Ihrem Konto wieder etwas anders ausschauen könnten.

- **Klicks maximieren**
  Die Strategie ist eigentlich selbsterklärend. Google Ads generiert innerhalb des Budgets möglichst viele Klicks. Diese Strategie kann jedoch sehr gefährlich sein, denn Klicks sind noch keine Kunden! Wenn Sie hingegen nur möglichst viele Besucher auf Ihre Seite holen möchten, wäre das die richtige Strategie.

  Indem Sie zusätzlich die Checkbox MAXIMALES CPC-GEBOT FESTLEGEN aktivieren, können Sie bestimmen, wie hoch der maximal ausgegebene Preis pro Klick (Cost-per-Click) sein darf.

- **Conversions maximieren**
  Conversions – also Kundenanfragen, Bestellungen, Kundenkontakte etc. – zu maximieren, ist grundsätzlich eine gute Strategie. Diese funktioniert aber nur, wenn es ausreichend gute, d. h. wichtige Conversions gibt, damit Google die Strategie auch auf einem guten statistischen Fundament aufbauen kann. Eine reine Conversion-Maximierung ist jedoch nur sinnvoll, wenn Ihre Conversions alle gleichwertig sind. Bei sehr unterschiedlichen Conversion-Werten auf einer Webseite (z. B. ein Sportsockenkauf für 15 € im Gegensatz zu einem Sportanzugkauf für 150 €) ergibt die Messung der reinen Conversion wenig Sinn.

  Durch Aktivierung der Checkbox ZIEL-CPA (COST-PER-ACTION) FESTLEGEN (OPTIONAL) kann man angeben, was ein neuer Kunde (genauer gesagt: eine wichtige

Conversion) kosten darf. Wird hier zum Beispiel 40 € hinterlegt, hat das Google-Ads-System die Vorgabe, mit einer Ausgabe von 40 € Klickkosten im Schnitt mindestens eine neue Conversion zu generieren.

- **Conversion-Wert maximieren**
  Die Maximierung des Conversion-Werts als Gebotsstrategie sollten Sie nutzen, falls Ihre Ziele sehr unterschiedliche Conversion-Werte besitzen. Damit diese Strategie funktioniert, müssen diese Werte jedoch dann auch bei der Conversion-Messung übergeben werden. Der Kauf eines Sportanzugs für 150 € (also eine Conversion) wäre dem Besitzer des Webshops für Sportbekleidung nämlich immer noch lieber als neun Conversions von Sportsocken für 15 € pro Kauf. Vor allem bei Webshops ist es daher sinnvoll, die Gebotsstrategie CONVERSION-WERT MAXIMIEREN zu wählen.

  Auch hier haben Sie wieder eine Zusatzoption ZIEL-ROAS FESTLEGEN (OPTIONAL), die Sie aktivieren können. ROAS bedeutet *Return on Advertising Spend*. Mit ROAS wird das Verhältnis von Werbekosten zu dem Gewinn aus einer Conversion beschrieben. Diese Strategie funktioniert daher nur, wenn bei der Conversion auch ein Conversion-Wert übergeben wird. 500 % ROAS bedeuten übersetzt, dass für einen Euro Google-Ads-Werbung fünf Euro Umsatz generiert werden müssen. Das wäre also wiederum eine Gebotsvorgabe an das Google-Ads-System, wenn Sie 500 % ROAS vorgeben. (Eigentlich wird mit ROAS das Verhältnis von Kosten zu Gewinn beschrieben, aber die Gewinnangabe wäre noch schwerer zu ermitteln als der reine Umsatz einer Conversion.)

- **Angestrebter Anteil an möglichen Impressionen**
  Bei dieser Gebotsstrategie liegt Ihr Hauptaugenmerk auf einer gewissen Präsenz in den Suchergebnissen. Das wäre also das Gegenteil der Conversion-Maximierung, denn hier geht es zunächst nur darum, möglichst viele Impressionen zu erreichen. Die Anzahl der Impressionen gibt ja noch keine Informationen über Klicks und Conversions preis. Bei dieser Strategie der angestrebten Impressionen können Sie angeben, welchen Anteil an Impressionen Sie in Prozent erreichen möchten. Dabei spezifizieren, ob Sie:

  - IRGENDWO AUF DER SUCHERGEBNISSEITE
  - OBEN AUF DER SUCHERGEBNISSEITE (Platz 1 bis 4)
  - GANZ OBEN AUF DER SUCHERGEBNISSEITE (= Patz 1)

  erscheinen möchten. Außerdem lässt sich ein Limit für das maximale CPC-Gebot einstellen, damit extrem hohe Gebote vermieden werden (siehe Abbildung 2.62).

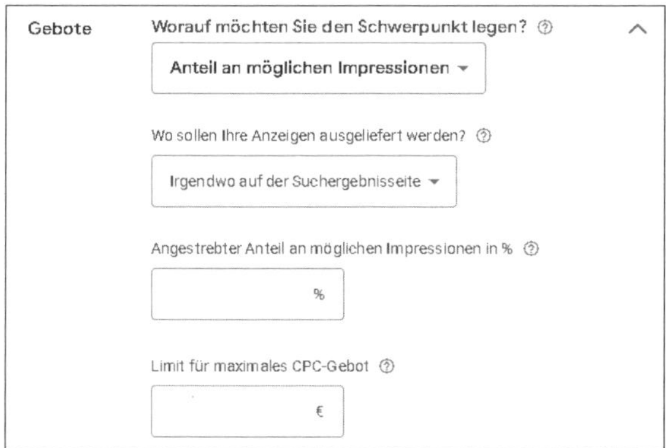

Abbildung 2.62 Gebotsstrategie: Angestrebter Anteil an möglichen Impressionen

- **Manueller CPC**
  Hierbei handelt es sich um eine manuelle Gebotsstrategie. Sie legen also selbst einen fixen Wert für das maximale Gebot fest, ohne dass Google diesen beim Ausspielen Ihrer Kampagne überschreitet. Den Wert für die maximalen Kosten pro Klick (MAX. CPC) definieren Sie in den Einstellungen der Anzeigengruppen.

  Die Aktivierung des auto-optimierten CPC (siehe Abbildung 2.63) ist erst sinnvoll, wenn Conversion-Ziele angelegt und in einer statistisch signifikanten Anzahl erreicht wurden. Der auto-optimierte CPC hat nämlich die Funktion, dass Google Ads für bestimmte Keywords, die in der Vergangenheit Conversions erzielt haben, die Gebote erhöhen und für Keywords ohne Conversions die Gebote reduzieren kann. Somit gelten Ihre maximalen CPCs nicht mehr.

Abbildung 2.63 Nutzen Sie die Gebotsstrategie »Manueller CPC«, um das maximale Gebot je Klick selbst zu definieren.

Wo finden Sie die manuellen Gebotsstrategien?

Google legt immer mehr den Schwerpunkt auf die *automatischen Gebotsstrategien* und folgt damit auch an dieser Stelle dem Trend, die Einstellungen in eine Richtung zu lenken, die Google mehr Freiheiten – in diesem Fall für den Einsatz Ihres Budgets – lassen.

Die Möglichkeit, mit *manuellen Gebotsstrategien* zu arbeiten, ist aus diesem Grund etwas versteckt und kann nur in den Einstellungen von bereits angelegten Kampagnen ausgewählt werden. Befinden Sie sich nach der Auswahl einer Kampagne unter KAMPAGNEN • KAMPAGNEN • KAMPAGNEN im Bereich GEBOTE innerhalb der EINSTELLUNGEN, müssen Sie nach einem Klick auf GEBOTSSTRATEGIE ÄNDERN einen erneuten Klick auf den Link STATTDESSEN DIREKT EINE GEBOTSSTRATEGIE AUSWÄHLEN (NICHT EMPFOHLEN) tätigen (siehe Abbildung 2.64). Danach stehen Ihnen bei der Auswahl der Gebotsstrategie neben den automatischen Optionen auch die manuellen Optionen zur Verfügung.

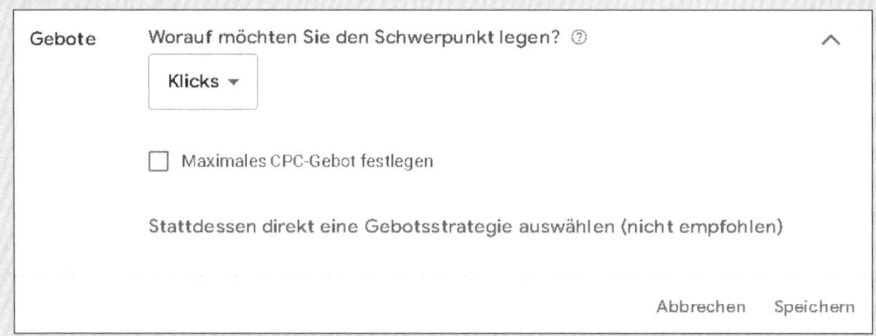

Abbildung 2.64 So aktivieren Sie die manuellen Gebotsstrategien.

Portfolio-Gebotsstrategien

Mit den automatischen Gebotsstrategien stellt Ihnen Google eine weitere Funktion bereit: die sogenannte *Portfoliostrategie*. Diese bietet Ihnen die Möglichkeit, mehrere Kampagnen innerhalb einer Gebotsstrategie zu vereinen. Alle hier zusammengefassten Kampagnen greifen damit auf die gleiche Datenbasis zu und profitieren dadurch gegenseitig voneinander. Wie bereits erläutert, funktionieren die automatischen Strategien tendenziell besser, wenn mehr der gewünschten Ereignisse (z. B. Conversions) erzielt wurden. Wird die Gebotsstrategie nun aus mehreren Kampagnen »gefüttert«, steht schneller eine größere Datenbasis für den Algorithmus zur Verfügung. Beachten Sie, dass die in einer Strategie zusammengefassten Kampagnen ähnliche Produkte, Dienstleistungen oder Themen bespielen sollten. Ist dies nicht der Fall, sind die Effekte eher negativ, da die zugrunde liegende Datenbasis verwässert und nicht mehr ausreichend zu den jeweiligen Kampagnen passt.

Sofern Sie in den Gebotseinstellungen Ihrer Kampagne zunächst dem Link STATTDESSEN DIREKT EINE GEBOTSSTRATEGIE AUSWÄHLEN (NICHT EMPFOHLEN) gefolgt sind und im Anschluss eine automatische Strategie ausgewählt haben, können Sie auf einen weiteren Link PORTFOLIOSTRATEGIE VERWENDEN klicken. Haben Sie bereits zu einem früheren Zeitpunkt eine Portfoliostrategie erstellt, lässt sich diese über BESTEHENDE PORTFOLIOSTRATEGIEN VERWENDEN auswählen (siehe Abbildung 2.65). Alternativ legen Sie eine neue Portfoliostrategie an, indem Sie die Option NEUE PORTFOLIOSTRATEGIE ERSTELLEN wählen, einen Namen vergeben und abschließend auf SPEICHERN klicken.

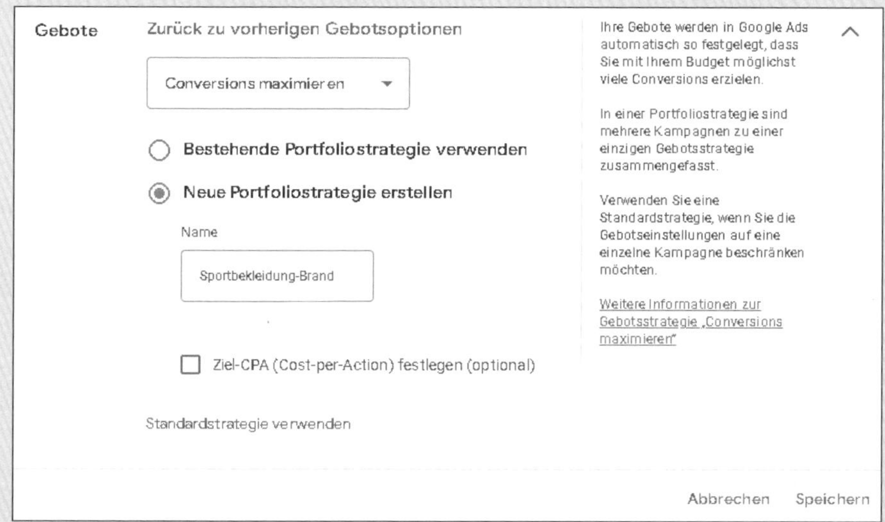

Abbildung 2.65 Nutzen Sie eine Portfoliostrategie, um mehrere Kampagnen zu vereinen.

Sie können Portfoliostrategien auch über TOOLS • BUDGETS UND GEBOTE • GEBOTSSTRATEGIEN zentral verwalten.

Um zur nur für diese Kampagne geltenden Gebotsstrategie zurückzukehren, klicken Sie auf STANDARDSTRATEGIE VERWENDEN und fahren wie gewohnt fort.

Abhängig vom Kampagnentyp können weitere Gebotsstrategien zur Auswahl stehen. Mit den vorgenannten Optionen haben Sie jedoch zunächst alle wichtigen Strategien kennengelernt.

2.7.5 Die richtige Strategie wählen

Das Besondere am Suchmaschinenmarketing ist, dass Sie sich im Medium Internet ständig in einer Konkurrenzsituation zu Mitbewerbern befinden, die um die gleichen Keywords buhlen. Es gilt also, mithilfe einer Strategie Nischen zu finden, individuelle Gebotsstrategien festzulegen und eigene Keyword-Kombinationen zu finden, um sich von der Konkurrenz zu unterscheiden und das vorhandene Werbebudget möglichst gewinnbringend einzusetzen.

Dabei sind diejenigen, die sich professionell vorbereiten und strategisches Internetmarketing betreiben, logischerweise im Vorteil. Dieser Vorsprung vor der Konkurrenz kann sich in günstigeren Klickpreisen, mehr Besuchern oder höheren Conversions (Anzahl der gewonnenen Kunden) ausdrücken.

In Kapitel 5, Kapitel 6, Kapitel 7, Kapitel 9, Kapitel 10 und Kapitel 11 zeigen wir Ihnen verschiedene Werbestrategien mit den dazugehörigen Google-Ads-Kampagnen.

2.8 Checkliste zur Vorbereitung einer Google-Ads-Kampagne

Obwohl der Einstieg in das Suchmaschinenmarketing mit Google Ads von Google als besonders schnell und einfach beschrieben wird, sollten Sie sich ein wenig intensiver auf Ihre Google-Ads-Kampagnen vorbereiten. Nutzen Sie die Checkliste aus Tabelle 2.3, um Ihre Vorbereitungen zu kontrollieren.

To-do-Liste zur Vorbereitung einer Google-Ads-Kampagne	Erledigt (☑)
Ich habe meine Ziele notiert.	
Ich habe meine Zielgruppe(n) bestimmt.	
Ich habe die Bedürfnisse/Wünsche meiner Zielgruppe analysiert.	
Ich habe meine Zielregion(en) festgelegt.	
Ich habe eine Liste mit passenden Keywords erstellt.	
Ich habe eine Liste mit auszuschließenden Keywords erstellt.	
Ich habe die Vorteile meiner Produkte/Dienstleistungen notiert.	
Ich habe eine Liste mit meinen Serviceleistungen erstellt.	
Ich habe eine Liste mit meinen Call-to-Actions erstellt.	
Ich kenne meine Landingpages bzw. habe eine Landingpage erstellt.	
Ich habe alle benötigten Conversion-Zielvorhaben angelegt.	
Ich habe Schätzungen zum Werbebudget durchgeführt.	
Ich weiß, welches Werbebudget zur Verfügung steht.	
Ich habe die richtige Gebotsstrategie für meine Kampagne festgelegt.	

Tabelle 2.3 Google-Ads-Vorbereitungen – die Checkliste

2.9 Fazit

In diesem Kapitel haben Sie erfahren, wie Sie schnell eine Google-Ads-Kampagne starten können und was sich hinter Google Smart Campaign verbirgt. Sie wissen nun, wie wichtig eine gute Vorbereitung mit vorheriger Analyse ist. Erst wenn Sie Ihre Ziele, Ihre Zielgruppen und die wichtigsten Keywords kennen und notiert haben, ergibt es Sinn, eine Google-Ads-Kampagne zu starten. Mit der richtigen Vorbereitung und den Vorgaben aus Ihren Analysen fällt es viel leichter, eine gute Google-Ads-Kampagne zu erstellen.

Gut geplant ist halb gewonnen!

Bei neuen Kampagnen gehen wir in der Regel so vor, dass wir zunächst genau überlegen, was wir erreichen wollen, denn nur wer ein Ziel hat, kann auch ankommen. Außerdem definieren wir am Anfang, woran wir unseren Erfolg, sprich die Zielerreichung, messen wollen. Sind es z. B. Downloads auf der Webseite, oder sind es Besuche in einem physischen Ladenlokal? Wir durchlaufen im Prinzip immer die gleichen vier Phasen: Strategie – Vorbereitung – Umsetzung – Optimierung.

Strategie

- Ziele definieren: Was bzw. wen will ich mit Google Ads erreichen?
- Erfolgsmessung: Mit welchen Kennzahlen messe ich meinen Erfolg?

Nach dieser grundlegenden strategischen Entscheidung sammeln wir nun Informationen für die präzise Zielgruppendefinition und die passenden Keywords. Dazu lassen wir uns von Google und Mitbewerberseiten inspirieren.

Vorbereitung

- Zielgruppendefinition über verschiedene Recherchequellen
- Suchbegriffe googeln und über den Keyword-Planer finden
- Seiten und Anzeigen der Wettbewerber analysieren
- auszuschließende Keywords definieren
- Google-Ads-Budget festlegen

Umsetzung

Nachdem klar ist, wen wir wo mit welchen Begriffen abholen, erfolgt die Umsetzung der einzelnen Schritte bis zur fertigen Anzeige:

- zielgruppenspezifische Landingpage mit passenden Keywords erstellen
- Tracking für die Ziele auf der Webseite einbauen
- den passenden Kampagnentyp wählen und einstellen
- Anzeigengruppen definieren

- Anzeigentexte passend zur Landingpage erstellen
- Anzeigenerweiterungen festlegen

Optimierung

Nachdem die Anzeigen passend zu der Landingpage nun mit dem definierten Budget angelaufen sind, ist es wichtig, regelmäßig ihre Leistung zu kontrollieren und bei Bedarf anzupassen. Das ermöglicht uns, im Laufe der Zeit immer günstigere Anzeigenpreise zu realisieren und bessere Conversion-Raten zu erzielen. Und genau da fängt Google Ads an, erst so richtig Spaß zu machen!

Kapitel 3
Keywords

Die Grundlage des Suchmaschinenmarketings sind Keywords. Was liegt also näher, als den Suchbegriffen (Keywords) ein eigenes Kapitel zu widmen? Hier lernen Sie, womit und wie Sie Ihre Keyword-Sets erstellen, verfeinern und schließlich in den Kampagnen einsetzen können.

Im vorigen Kapitel haben Sie gelernt, dass Keywords im wahrsten Sinne des Wortes der Schlüssel dafür sind, dass Ihre Google-Ads-Kampagnen nicht nur erfolgreich werden, sondern in den meisten Fällen überhaupt erst funktionieren. Wir möchten an dieser Stelle anmerken, dass wir den Begriff *Keyword* in diesem Kapitel sowohl für ein einzelnes Suchwort als auch für die Kombination mehrerer Suchbegriffe einsetzen werden. Er wird darüber hinaus auch als Synonym für »Suchwort«, »Suchphrase«, »Suchanfrage« oder »Schlüsselwort« verwendet.

Der Ausgangspunkt eines jeden neuen Google-Ads-Projekts ist stets eine ausführliche Keyword-Recherche. Darum haben wir in diesem Kapitel eine umfangreiche Liste mit unterschiedlichen Ansätzen zur Keyword-Recherche aufgestellt. Suchen Sie sich die Möglichkeiten aus, die für Sie sinnvoll und umsetzbar sind. Beachten Sie jedoch, dass Sie grundsätzlich immer mehrere Ideen und Tools nutzen und Ihre Suchbegriffe immer aus verschiedenen Blickwinkeln betrachten sollten.

Wie kommen Sie nun zu Keywords für Ihre Kampagnen? Wo finden Sie diese? Mit welchen Prozessen und Vorgehensweisen erstellen Sie passende Keyword-Sets? Dies sind lauter berechtigte Fragen, auf die wir Ihnen im Verlauf dieses Kapitels die eine oder andere aufschlussreiche Antwort geben werden. Folgende zwei Grundprobleme werden wir in diesem Kapitel behandeln:

- **Woher** nehmen Sie Keywords? Wir nennen potenzielle Informationsquellen, in denen Sie Keyword-Kombinationen und -Ideen finden können.
- **Womit** gruppieren Sie Keywords? Wir stellen Ihnen Methoden und Tools vor, mit denen Sie die gesammelten Keyword-Ideen verfeinern und für den Einsatz in Ihrer Kampagne vorbereiten können.

Bauen Sie neben Ihrer Keyword-Liste auch eine Liste mit unpassenden Suchbegriffen auf!

Wie bereits in Kapitel 2, »Google Ads – die Vorbereitung«, erwähnt, raten wir Ihnen zwecks besserer Optimierung Ihrer Kampagnen, immer eine Liste mit negativen Suchbegriffen aufzubauen, den auszuschließenden Keywords. Das sind Begriffe, die nicht zu Ihrer Website bzw. zu Ihren Angeboten passen und zu denen Ihre Anzeigen gar nicht erst ausgespielt werden sollen.

Ein Lebensmittelhändler, der Reis verkauft, sollte beispielsweise Begriffe wie *Reisen* oder *Reise* gleich vorweg in seine Ausschlussliste aufnehmen. Zusätzlich sollten Sie aber auch spezielle Begriffe notieren, die sehr oft im Zusammenhang mit Ihren wichtigen Keywords auftauchen, die Sie aber nicht anbieten können oder möchten. Zum Beispiel sollten Sie »beflocken« im Zusammenhang mit Fußballtrikots ausschließen, falls Sie zwar Trikots verkaufen, aber keine Trikotbeflockung anbieten.

Die Liste mit negativen Keywords wird sich später noch als sehr wertvoll für die Optimierung Ihrer Kampagnen erweisen und Ihnen mit jedem hinzugefügten Wort unnötige Klicks und somit Werbekosten sparen.

Bei allen Keywords, die in Ihren Kampagnen eingesetzt werden, steht im Vordergrund, dass diese bestmöglich jenen Suchbegriffen und -phrasen entsprechen, die Ihre potenziellen Kunden bei einer Suche nach Ihren Produkten, Services und Angeboten in das Google-Suchfeld eingeben.

Ihre Keyword-Liste wird erfahrungsgemäß – selbst bei einem großen Rechercheaufwand – niemals von Beginn an die höchstmögliche Effizienz aufweisen. Sie können mit einem gut recherchierten initialen Keyword-Set jedoch die Rahmenbedingungen dafür schaffen, dass Ihnen bzw. dem Team, das mit der Betreuung der Google-Ads-Kampagne betraut ist, die spätere Optimierung und Verfeinerung umso leichter fällt. Starten Sie mit einer fundierten und gut vorbereiteten Basis, ist der Weg bis zu einer funktionierenden Kampagne zielgerichteter und kürzer.

Effektivität vs. Effizienz

Da Sie eben etwas über die Effizienz von Keyword-Listen gelesen haben, möchten wir kurz auf den Unterschied zwischen Effektivität und Effizienz eingehen. Auch bei Ihren Google-Ads-Kampagnen wird es für Ihren Kampagnenerfolg maßgeblich sein, dass Sie langfristig nicht nur effektive Suchbegriffe einsetzen, sondern auch effizient Keywords und Anzeigentexte kombinieren. *Effektiv* sind Suchbegriffe, die zum gewünschten Ergebnis führen, wie beispielsweise zu einem Klick auf Ihre Webseite, einem Anruf in Ihrem Unternehmen, dem Kauf eines Produkts. *Effizient* sind die Suchbegriffkombinationen, die mit möglichst geringem Aufwand, also möglichst wenigen Kosten, zu Ihrem Ziel führen. Denn das zahlt sich unmittelbar in barer Münze aus, weil Ihre Kosten für die Akquise eines neuen Kunden dadurch sinken.

Es hilft, jederzeit die korrekte Abgrenzung der beiden Begriffe sowohl zu verstehen als auch erklären zu können. Folgendes Beispiel finden wir zur Verdeutlichung sehr gelungen. Nehmen wir an, Sie müssten ein Feuer löschen und könnten bei der Löschflüssigkeit zwischen Champagner und Wasser wählen. Fällt Ihre Wahl auf die erste Option, haben Sie zweifellos eine *effektive* Variante gewählt: Champagner auf die Flamme, Feuer aus, Ziel erreicht! *Effizient* war die Aktion jedoch nicht, weil Champagner im Vergleich zum Wasser wesentlich teurer ist.

Dasselbe Prinzip können Sie nun auf das hier im Buch behandelte Thema ummünzen: *Effektiv* wird nahezu jede Google-Ads-Kampagne sein, da sie ab ihrer Veröffentlichung und dem Einsatz des ersten Euros an Werbebudget für neue Besucher auf Ihrer Webseite sorgen wird. Die *Effizienz* der Kampagne jedoch – und in diesem Zusammenhang ist stets von *Wirtschaftlichkeit* die Rede – hängt maßgeblich von der Qualität und Relevanz der Keywords ab. Ob Ihre durchschnittlichen Klickpreise 4 € oder 50 Cent betragen, wird sich nicht in der reinen Besucherstatistik, wohl aber in der Kosten- und ROI-Berechnung widerspiegeln. Achten Sie also darauf, jederzeit mit *effizienten* Kampagnen und Keyword-Listen zu arbeiten!

Auch bei Kampagnen für das *Displaynetzwerk* spielt die kontextuelle Ausrichtung über Keywords noch eine Rolle. Welche Unterschiede Sie dabei in der Keyword-Recherche zu berücksichtigen haben und welche weiteren Ausrichtungsmethoden (die im Unterschied zu Kampagnen im Suchnetzwerk nicht ausschließlich auf Keywords basieren) dort existieren, erfahren Sie in Kapitel 5, »Displaynetzwerk-Kampagnen«.

3.1 Das optimale Keyword-Set

Die Überschrift klingt zugegeben verlockend, und in der Tat wäre es wunderbar, wenn man auf ein paar wenigen Buchseiten zusammenfassen könnte, wie Sie als Leser für jede Aufgabenstellung und Branche ein optimales Set an Keywords zusammenstellen. Wir müssen Sie aber gleich zu Beginn enttäuschen: Es kann nie ein *perfektes* Keyword-Set geben, und selbst ein *optimales* Set erfordert viel Arbeit in der Vorbereitung und permanenten Betreuung Ihrer Kampagnen.

Natürlich werden sich Ihre Keywords hinsichtlich Umfang und Kategorisierung mit fortlaufendem Optimierungsgrad stetig verbessern. Auf diese Weise erreichen Sie langfristig einen besseren Qualitätsfaktor, eine höhere Anzeigenrelevanz und nicht zuletzt einen geringeren Klickpreis. Aufgrund des dynamischen Umfelds und der

Tatsache, dass Tag für Tag wieder neue Informationen über gut oder schlecht performende Keywords hinzukommen werden, wird eine Kampagne jedoch aus Keyword-Sicht niemals »fertig optimiert« sein können. Selbst wenn sich das Angebot, das Sie auf Ihrer Website präsentieren, nicht häufig ändert, lassen sich nahezu täglich neue Erkenntnisse über für Sie erfolgreiche und weniger erfolgreiche bzw. irrelevante Suchanfragen gewinnen.

In diesem Zusammenhang möchten wir Ihnen die folgende Tatsache vor Augen führen: Nach Informationen, die von Mitarbeitern aus Googles Suchspezialistenteam bestätigt wurden, beinhaltet ungefähr jede siebte bei Google getätigte Suchanfrage eine nie zuvor verwendete Kombination aus Suchbegriffen – und das tagtäglich aufs Neue. Laut John Wiley, dem Chefentwickler der Google-Suche, handelt es sich dabei um eine Situation, mit der sich Google praktisch seit Anbeginn auseinandersetzen muss. Es sind zwar »nur« ungefähr 15 %, aber in Anbetracht dessen, dass Google über 100 Milliarden Suchanfragen pro Monat beantwortet, bedeutet das aus Ihrer Sicht als Google-Ads-Nutzer Tag für Tag neues Keyword-Potenzial, das Sie berücksichtigen müssen. Weltweit entstehen so laufend Millionen neuer Suchkombinationen, die für Google-Ads-Anzeigenkunden relevant sein könnten. Auch Google selbst ist laufend bestrebt, diesen Prozentsatz zu senken. Der Hauptgrund dafür ist der Versuch, die Suchergebnisse – organisch wie bezahlt – präziser auszuliefern und damit das Nutzererlebnis zu verbessern.

Bevor Sie sich in die aktive Recherche stürzen, empfehlen wir Ihnen, sich einige Hilfsmittel zurechtzulegen. Wir möchten Ihnen hier vor allem digitale Werkzeuge vorstellen, da Ihre Keywords früher oder später in die Benutzeroberfläche von Google Ads eingegeben werden und somit in digitaler Form vorliegen müssen. Natürlich spricht auch nichts gegen eine erste analoge Recherche mithilfe von Notizblättern, Post-its oder Flipcharts. Moderne Online-Tools, wie die im Folgenden vorgestellten, können jedoch altbewährte und analoge Prozesse oft vereinfachen. Sollten Sie diese noch nicht kennen und anwenden, können wir Ihnen nur empfehlen, sie für diese Aufgabenstellung auszuprobieren. Spätestens wenn es darum geht, Informationen zu teilen und in räumlich getrennten Teams zu bearbeiten, stoßen Flipcharts & Co. schnell an ihre Grenzen.

Ein Trend, der sich für Sie lohnt

Der Großteil der in diesem Abschnitt erwähnten Produkte und Dienste steht Ihnen – zumindest in ihrem grundlegenden Funktionsumfang – kostenlos zur Verfügung. Damit profitieren Sie von einem Trend, der sich im Internet nicht zuletzt mit Unterstützung von Google etabliert hat. Leistungsstarke Dienste, wie es zweifelsohne auch die Google-Suche ist, werden Anwendern kostenlos zur Verfügung gestellt.

Eine Refinanzierung ergibt sich meist über Werbung (Google macht das besonders gut und erwirtschaftet nach wie vor einen Großteil seiner Umsätze einzig und allein mit Google Ads) oder über alternative Bezahlmethoden. Häufig kommt hier das sogenannte *Freemium*-Modell zum Einsatz. Bei ihm sind die Basisdienste einer Anwendung zwar gratis und zeitlich uneingeschränkt nutzbar, der volle Leistungsumfang für den Nutzer erschließt sich aber erst durch kostenpflichtige Erweiterungen oder Abonnements. Die Vorgehensweise, dass Sie zunächst ein Softwareprodukt kaufen, es dann lokal installieren und auf nur einem Gerät nutzen, verliert zunehmend an Bedeutung und Beliebtheit. Das ist umso besser für Sie, denn so bleibt Ihnen oder Ihrem Auftraggeber mehr Budget für den Einsatz in Ihren Google-Ads-Kampagnen, um wiederum neue Kunden und Nutzer für das von Ihnen beworbene Produkt zu generieren.

3.1.1 Brainstorming

Bei der Keyword-Recherche starten Sie zunächst mit eigenen Überlegungen zu Ihrem Produkt bzw. Ihren Dienstleistungen. Diese Überlegungen werden durch Austausch mit anderen Personen erweitert. Bevor wir Ihnen verschiedene Tools vorstellen, sollten Sie folgende drei Tipps auf jeden Fall in die Recherche einbeziehen.

1. Tipp: Brainstorming – das eigene Gehirn nutzen

Der wichtigste Grundsatz bei der Suche nach den richtigen Keywords lautet: Denken Sie wie Ihre Kunden, denn der Wurm (Ihr Keyword) soll dem Fisch (Ihrem Kunden) schmecken und nicht dem Angler (Ihnen). Überlegen Sie also genau, wonach Ihre potenziellen Kunden suchen würden, um Ihre Produkte oder Dienstleistungen auf den Google-Ergebnisseiten zu finden.

Konzentrieren Sie sich dabei nicht auf Fachbegriffe, die Ihre Kunden nicht kennen. Nutzen Sie im Gegenteil bewusst auch fachlich »falsche Begriffe«, die jedoch gängige Ausdrücke in der Welt Ihrer Kunden sind. Denken Sie auch an Probleme Ihrer potenziellen Kunden, wenn diese Ihre Produkte oder Ihre Dienstleistungen noch nicht kennen. Notieren Sie alle Begriffe, die Ihnen einfallen, und denken Sie daran, dass es beim Brainstorming zunächst nicht um die Auswahl der Suchbegriffe geht. In dieser Phase gibt es daher keine falschen Suchbegriffe.

2. Tipp: Diskussion mit Kollegen und externen Personen

Erweitern Sie Ihre Liste durch ein Gespräch mit Ihren Mitarbeitern oder Kollegen. Oftmals ergeben sich noch andere Gesichtspunkte, weil unterschiedliche Personen aus unterschiedlichen Blickwinkeln auf ein Problem schauen. Sprechen Sie auch mit Freunden und Bekannten, die mit Ihrem Business nicht direkt etwas zu tun haben. Stellen Sie einfach die Frage, wonach Ihr Gegenüber bei Google suchen würde, um Ihre Produkte oder Dienstleistungen zu finden. Auch hierbei ist es wichtig, den anderen Blick auf Ihr Unternehmen und Ihre Produkte zu erhalten. Der Blick von externen Beobachtern entspricht schon eher der Sicht eines Kunden. So erweitern Sie Ihre Keyword-Liste um wertvolle Inspirationen. Schreiben Sie alle Ideen auf und markieren Sie danach die Keywords, die von verschiedenen Gruppen benannt wurden, da diese Begriffe auch in der Praxis wahrscheinlich häufiger gesucht werden.

3. Tipp: Kundenbefragung

Die beste Einschätzung zu den wichtigsten Suchbegriffen erhalten Sie natürlich direkt von den Kunden, die Ihre Produkte gekauft oder Ihre Dienstleistungen in Anspruch genommen haben. Wonach haben diese Menschen vorher gesucht, bzw. mit welchen Begriffen verbinden sie Ihre Dienstleistungen oder Produkte?

Diese Daten sind meistens jedoch nur sehr schwierig zu erhalten, und viele Unternehmer scheuen den Aufwand zu ihrer Erhebung. Aus unserer Sicht sind diese Daten jedoch so wertvoll, dass es sich auf jeden Fall lohnt, etwas Zeit und Mühe zu investieren. Erstellen Sie z. B. eine Online-Befragung oder verbinden Sie Ihre After-Sales-Maßnahmen mit einer Frage nach den Keywords. Sie können sich beispielsweise nach dem Online-Kauf per E-Mail bedanken und um drei Suchbegriffe bitten, mit denen der Kunde Ihr Produkt bzw. Ihre Dienstleistung suchen würde. Um den Anreiz und damit die Wahrscheinlichkeit für eine tatsächliche Rückmeldung zu erhöhen, kann die Befragung auch mit einem kleinen Dankeschön verbunden werden, z. B. mit einem Fünf-Euro-Gutschein für den nächsten Einkauf. Aus unserer Erfahrung bringt der direkte Austausch mit dem Kunden die besten Ergebnisse. Der zufriedene Kunde nimmt sich sicherlich zwei Minuten Zeit für Sie. Eine interessante Keyword-Liste entsteht aus der Kombination der eigenen Suchbegriffe mit den Keywords der Kunden. Die Schnittmenge enthält die Keywords, die für Sie die größte Relevanz besitzen.

Speziell in der frühen Phase der Keyword-Recherche werden Sie eine Vielzahl an Informationen und Themen für Ihre Kampagnen sammeln. Dabei sind Sie aber noch ein paar Schritte davon entfernt, konkrete und bereits strukturierte Keyword-Listen erstellen zu müssen. Hier empfiehlt es sich, dass Sie sich zunächst einen »digitalen Notizzettel« zurechtlegen.

Wir haben dafür zum Beispiel mit dem Online-Mind-Mapping- und Brainstorming-Tool *Mindmeister* (Infos und Anmeldung unter *www.mindmeister.com*, siehe Abbildung 3.1) sehr gute Erfahrungen gemacht. Nutzer können damit nach einer einfachen

Registrierung bis zu drei Mindmaps kostenlos erstellen, bearbeiten und teilen. Erst wenn Sie über dieses Limit hinaus Mindmaps erstellen, erweiterte Bearbeitungs- und Exportfunktionen erhalten oder den Dienst auch über mobile Apps nutzen möchten, müssen Sie sich für eines der kostenpflichtigen Nutzungsmodelle entscheiden.

Wie in Abbildung 3.1 zu sehen, können Sie so Ihre Gesprächsnotizen, Gedanken und ersten Fragen nicht nur bequem erfassen, sondern auch exportieren, ausdrucken oder mit anderen Nutzern teilen.

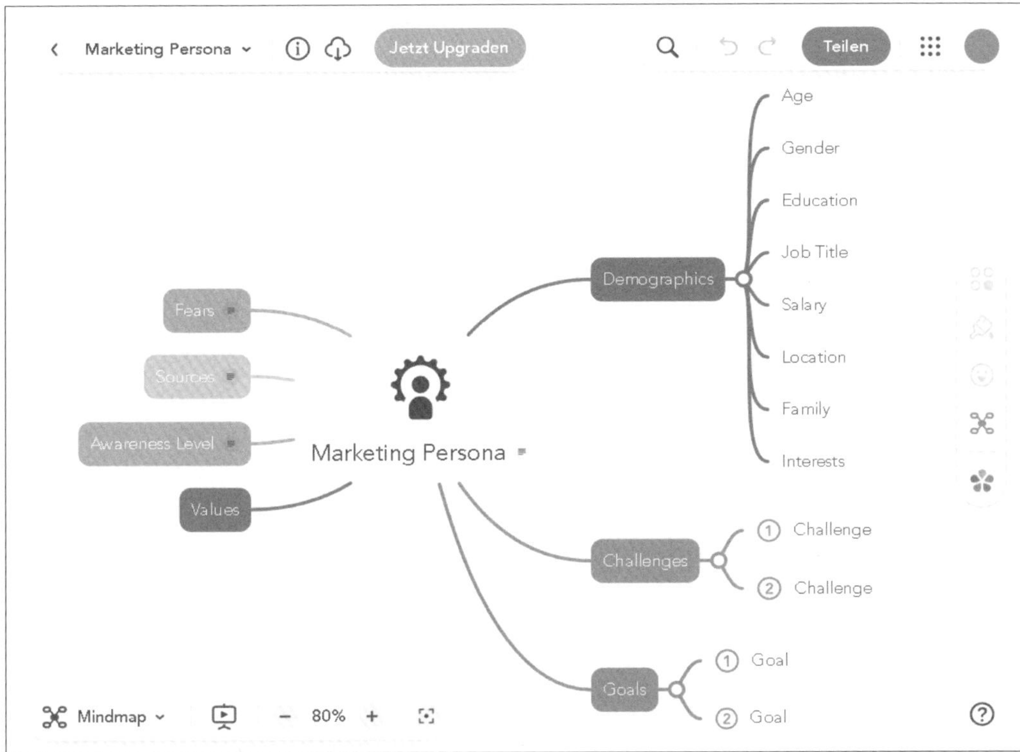

Abbildung 3.1 Erste Keyword-Ideen können Sie mit »Mindmeister« einfach festhalten und visualisieren.

Sie werden feststellen, dass im Zuge der Keyword-Recherche ein sprichwörtliches Elefantengedächtnis von Vorteil ist. Genau in diese Kerbe schlägt ein weiteres Tool: *Evernote* (siehe Abbildung 3.2). Es stellt sich potenziellen Nutzern auf der Unternehmenswebsite *https://evernote.com/de-de* als »virtuelles Gedächtnis« vor und hilft Ihnen auch bei Ihren Recherchearbeiten als genau so eine digitale Speichererweiterung.

Abbildung 3.2 Das digitale »Elefantengedächtnis« von Evernote

Legen Sie bei diesem Tool, das sowohl in der Browser- als auch in der App-Variante kostenlos angeboten wird, nicht nur Textnotizen, sondern auch Sprachaufzeichnungen oder Bilder ab. Sie genießen damit nicht nur den Vorteil eines digitalen Notizblocks, sondern profitieren auch von der geräteübergreifenden Verfügbarkeit aller auf diese Weise gesammelten Informationen. Lesen Sie dazu den nächsten Kasten zum Thema »Cloud Computing«. Eventuell haben Sie als Windows-Nutzer bereits Erfahrungen mit *Microsoft OneNote*, dem Pendant zu Evernote.

Viele weitere ähnliche Tools, die Ihnen in dieser Phase behilflich sind, können Sie im Netz bei einer Suche nach Begriffen wie *Online Mindmap*, *Online Brainstorming* oder *Online Notizblock* entdecken. Schnell werden Sie Ihre persönlichen Favoriten finden, mit denen Sie die Aufgaben am effizientesten erledigen können. Parallel zu reinen Notizen und ersten Brainstormings werden Sie an der Erstellung und Strukturierung von Kampagnenthemen und Keyword-Listen arbeiten und somit auch Bedarf an weiterer Software haben.

3.1.2 Textverarbeitung und Tabellenkalkulation

Ohne ein Textverarbeitungs- und Tabellenkalkulationsprogramm sollten Sie Ihre Keyword-Recherche nicht beginnen. Dafür sind die drei folgenden Auswahlmöglichkeiten naheliegend:

- Sie nutzen die in Microsoft Office integrierten Programme *Word* und *Excel*.
- Sie setzen auf kostenlose, im Betriebssystem enthaltene oder freie Open-Source-Produkte wie *Notepad* oder *TextEdit* zur Textverarbeitung bzw. auf Apache OpenOffice als freie Bürosoftware (*https://www.openoffice.org/de/*) mit jeweils eigenen Alternativen zu den Microsoft-Office-Programmen.

- Sie verwenden cloudbasierte Dienste wie zum Beispiel die Google-eigenen Dienste *Google Docs* und *Google Tabellen*. Diese sind eingebettet in den hauseigenen Cloud-Speicher *Google Drive*. Dort lassen sich verschiedenste Dateitypen anlegen und verwalten. Über die URL *https://drive.google.com/* können Sie Google Drive aufrufen und die Anwendungen *Docs*, *Tabellen*, *Präsentationen* und *Formulare* nutzen.

Es empfiehlt sich dabei aus mehreren Gründen, auf die letztgenannte Variante und damit die Dienste von Google zu setzen. Erstens können Sie diese kostenlos mit Ihrem bereits für die Nutzung von Google Ads erstellten Google-Konto verwenden. Geben Sie die oben genannte URL im selben Browser ein, mit dem Sie bereits Google Ads nutzen, können Sie auf diese Weise – ohne eine Neuregistrierung bei weiteren Drittunternehmen – gleich drauflosarbeiten und Ihre Dokumente anlegen. Gleichzeitig benötigen Sie zur Verwendung von Google Drive nur einen Internetbrowser und die Login-Informationen Ihres Google-Kontos. Softwareinstallationen, Administratorrechte oder erweiterte Computerkenntnisse sind dabei nicht erforderlich!

Zweitens spricht für Google Drive, dass viele Export- und Bearbeitungsfunktionen, die Sie später kennenlernen werden, sowohl in Google Ads als auch in Google Analytics mit einer nahtlosen Integration des Google-eigenen Dokumentenformats aufwarten. Beispielsweise können Sie bei der Keyword-Bearbeitung und -Optimierung durch die enge Verknüpfung dieser Dienste um einiges effizienter arbeiten.

Ein drittes Argument ist die Tatsache, dass Google-Drive-Dokumente in der sogenannten *Cloud* gespeichert werden und somit online von jedem Internetgerät aus und an jedem beliebigen Standort weltweit abgerufen werden können, ohne eine Softwareinstallation durchführen zu müssen. Natürlich ist ein Internetzugang die Voraussetzung für einen Zugriff auf die Dokumente. Da Sie ohne einen solchen wohl auch das Google-Ads-Interface nicht erreichen würden, können Sie an dieser Stelle davon ausgehen, dass Sie bei der Erstellung, Bearbeitung und Optimierung Ihrer Kampagnen Ihre bei Google Drive gespeicherten Dateien (beispielsweise Keyword-Listen, Vorlagen für Anzeigentexte etc.) jederzeit abrufbereit haben.

Der vierte und gleichzeitig letzte offensichtliche Vorteil ist die Möglichkeit, dass jedes in der Google-Wolke erstellte Dokument auch mit weiteren Nutzern geteilt werden kann. Das ist dann hilfreich, wenn zum Beispiel mehrere Personen in einem Unternehmen an denselben Kampagnen arbeiten und daher auf zentrale Keyword-Listen oder Kampagnen- und Themenpläne zugreifen müssen. Sie können als Ersteller eines Dokuments zusätzlich jederzeit entscheiden, ob Mitnutzer dieses nur lesen oder auch aktiv verändern können. Dass der Zugriff auf Google Drive auch bequem über mehrere Gerätetypen – von Desktop-PCs über Tablets bis hin zu Smartphones – hinweg erfolgen kann, ist ein zusätzlicher und sehr angenehmer Nebeneffekt. Sie haben Ihren Keyword-»Spickzettel« in diesem Fall tatsächlich immer und überall mit dabei. Selbst wenn Sie unterwegs auf neue Keyword-Ideen stoßen: Ein schneller Klick am Smartphone, und Ihr Google-Drive-Dokument ist geöffnet, um neue Keywords oder Notizen hinzuzufügen.

Cloud Computing: Internetdienste und Speicherplatz für alle – nicht nur bei Google

Allen Lesern, die noch wenig Erfahrung mit dem *Cloud Computing* haben, empfehlen wir, sich nicht nur im Zusammenhang mit Google Ads näher mit diesem Thema zu beschäftigen. Es liegt nahe, dass wir *Google Drive* an dieser Stelle aufgrund der nahtlosen produktübergreifenden Integration mit den anderen Diensten aus dem Hause Google hervorheben. Natürlich bieten auch andere Unternehmen wie Apple oder Microsoft vergleichbare Dienste an, die sich dann *iCloud* oder *Office 365* nennen. Für die reine Dateiablage lassen sich darüber hinaus zum Beispiel *Dropbox* sowie als persönlicher geräteübergreifender Notizblock die digitalen Tools des Anbieters *Evernote* empfehlen.

All diese Dienste haben eines gemeinsam: Dokumente und Dateien werden in der sogenannten Cloud gespeichert. Liegen diese Daten an einem entfernten, über Datennetzwerke zugänglichen Ort (also in einer fernen, abstrakten »Wolke«) und nicht auf dem eigenen Computer, ergibt sich ein wesentlicher Vorteil im Vergleich zu lokal gespeicherten Daten: Sie können standortunabhängig und jederzeit auf Ihre Daten zugreifen.

Darüber hinaus ermöglichen Ihnen diese Dienste, auch anderen Nutzern Zugriff auf Ihre Dokumente, Dateien, Fotos oder Videos zu gewähren. So können Sie zum Beispiel ein Textdokument, das Sie früher eventuell per E-Mail oder USB-Stick an mehrere Personen verteilt hätten (wodurch Sie viele Kopien des Ausgangsdokuments in Umlauf gebracht hätten), über Dienste wie Google Drive freigeben. Feedback, Ergänzungen und Änderungen können so bequem und auch von mehreren Personen in der zentralen Quelldatei erfolgen. Auch Fotos, die einen größeren Speicherplatz einnehmen und somit eventuell zu groß für einen Versand per E-Mail wären, können Sie mit cloudbasierten Diensten einfach weiterleiten und teilen.

Da der zur Verfügung gestellte Speicherplatz meist mehrere Gigabytes groß ist (in der kostenlosen Variante von Google Drive sind es zum Beispiel 15 GB), werden Sie selbst bei größeren Datenmengen nicht so schnell an die Grenzen stoßen, wenn Sie Ihren »virtuellen USB-Stick« mit Inhalten füllen.

Abschließend darf man einen der augenscheinlichsten Nachteile all dieser durchaus bequemen und oft kostenlosen Services aber nicht unerwähnt lassen: Ohne Internetzugang bleibt Ihnen der Zugriff auf die bei diesen Anbietern abgelegten Dateien verwehrt. Sobald Sie offline sind, sind alle in der Cloud gespeicherten Dokumente genauso fern und unerreichbar wie die Wolken am Himmel.

Haben Sie sich nun für eine lokale oder cloudbasierte Lösung zur Textverarbeitung und Tabellenkalkulation entschieden, können Sie mit der eigentlichen Keyword-Recherche beginnen.

3.2 Die Keyword-Recherche

In diesem Abschnitt lernen Sie, wie Sie eine umfangreiche Keyword-Recherche planen und selbstständig durchführen können. Eine Keyword-Recherche nehmen Sie übrigens nicht ausschließlich in der Vorbereitungsphase von Google-Ads-Kampagnen vor, sondern beispielsweise auch im Vorfeld von Maßnahmen zur Suchmaschinenoptimierung von Webseiten.

Darüber hinaus liefern Keyword-Recherchen mit den hier beschriebenen Maßnahmen und Tools wertvolle Informationen bei vielen weiteren Vorhaben, die eine Marktforschungstätigkeit voraussetzen. Sie können solche Keyword-Recherchen nämlich auch als praktisches und vergleichsweise einfaches Marktforschungsinstrument einsetzen, wenn Sie beispielsweise eine Unternehmensgründung oder die Entwicklung von neuen Produkten planen. Aus den gewonnenen Erkenntnissen zum Suchverhalten können Sie heute sehr einfach ableiten, wie das Potenzial für neue Produkte oder Dienstleistungen in der realen Welt einzuschätzen ist. Dass diese Vorgehensweise rascher und budgetschonender umzusetzen ist als eine »richtige« in Auftrag gegebene Marktforschung, wird Sie darüber hinaus freuen.

Wir möchten Ihnen dazu ein Beispiel nennen: Nehmen wir an, Sie hätten die Geschäftsidee, Reisen für laufsportinteressierte Personen aus dem deutschsprachigen Raum zu organisieren. Möchten Sie Prognosen erstellen, damit Sie das praktische Potenzial dieser Idee besser einschätzen können, muss eine Recherche in der potenziellen Zielgruppe nicht in jedem Fall auch aussagekräftige Ergebnisse liefern.

Gehen wir von einer Umfrage aus, in der zehn Menschen nach einem konkreten Interesse an Ihrem Laufsport-Reiseangebot gefragt werden. Egal ob es sich um bekannte oder unbekannte laufsportinteressierte Personen handelt – die Vorstellung von an balearischen Küstenlandschaften entlangführenden Laufausflügen mit dem Meer als Begleiter und der aufgehenden Sonne am Horizont würde bei den Befragten sofort für helle Begeisterung und damit für eine eindeutige Unterstützung Ihrer Idee sorgen.

Aber was würde passieren, wenn Sie allen begeisterten Personen den Startpreis nennen und eine verbindliche Anmeldung – womöglich begleitet von einer sofortigen Anzahlung – zum nächsten Reisetermin anbieten? Schließlich ist es kein unbeträchtlicher Aufwand, das Programm auf die Beine zu stellen, die Reise inklusive aller Transporte und Unterkünfte zu organisieren, und auch die den Teilnehmern zur Seite gestellten erfahrenen Lauftrainer müssen etwas verdienen.

So schnell kann aus heller Begeisterung große Ernüchterung werden, wenn viele der Befragten zwar zunächst aus Gründen des eigenen Überschwangs oder auch aus Freundlichkeit Ihnen gegenüber Interesse zeigen, aber in der Praxis doch Bedenken äußern oder gleich wieder abspringen, sobald Geld ins Spiel kommt.

Google Ads – die bessere Marktforschung?

Passend zum Thema »Keyword-Recherche« möchten wir Ihnen den Hinweis mit auf den Weg geben, die Macht von Suchmaschinen zu nutzen. Mithilfe von Google Ads können Sie nämlich nicht nur Werbung für Ihre Produkte bzw. Dienstleistungen machen, sondern auch das Potenzial für noch nicht existierende Produkte testen.

Mithilfe von Google Ads, wenigen Hundert Euro und ein paar Tagen Zeit können Sie viele wertvolle Erkenntnisse über Themen gewinnen, die Ihre Zielgruppe über die Google-Suche äußert. Das erspart einem oft die teure Marktforschung. Keywords spielen dabei eine essenzielle Rolle. Welche Keywords möchten Sie, basierend auf Ihrer Produkt- bzw. Service-Idee, testen? Schlägt Ihnen Google vielleicht sogar automatisch bessere Varianten vor? Gibt es überhaupt ein Suchvolumen dafür? Wenn ja, wie hoch ist dieses, in welchen Ländern und Regionen wird danach gesucht, und wo liegt der Betrag für die durchschnittlichen Kosten pro Klick? Haben Sie sich dem Thema einmal aus dieser Perspektive genähert, werden Sie viel Freude daran haben, mit Google Ads nicht nur Werbung im klassischen Sinn zu machen, sondern mit dem hier gewonnenen Know-how das Suchwortmarketing kreativ auch anderweitig zu nutzen.

Warum also befragen Sie für solche Zwecke nicht »das Internet«? Eine kleine Landingpage mit stimmungsvollen Bildern und einem vorläufigen Reiseablauf sowie einer groben Preisübersicht ist schnell zusammengestellt. Über ein einfaches Formular können Interessenten eine – zunächst ebenfalls unverbindliche – Anmeldung absenden. Sie müssen dann, nach der obligatorischen Keyword-Recherche, nur eine Google-Ads-Kampagne online stellen, um über diese Vorgehensweise deutlich qualifiziertere Interessenten zu gewinnen. Weil Sie keine verbindliche Buchung anbieten und das Zustandekommen der Reise noch immer an weitere Bedingungen (wie z. B. eine Mindestteilnehmerzahl) knüpfen können, gehen Sie dabei nur ein geringes finanzielles wie rechtliches Risiko ein. Sie können durch diesen Mikrotest mithilfe von einigen relevanten Keywords und einer Google-Ads-Testkampagne nur gewinnen. Zunächst gewinnen Sie wertvolle Erkenntnisse über die tatsächliche Zielgruppe:

- Aus welchen (Bundes-)Ländern stammen die Interessenten?
- Mit welcher Zeit und welchen Kosten ist es verbunden, eine Formularanfrage zu generieren?
- Entsprechen Quantität und Qualität der Rückmeldungen Ihrer Erwartung bzw. den Mindestanforderungen, die Sie in einem Businessplan kalkuliert haben?

Wenn Sie im Formular auch ein optionales Kommentarfeld anbieten, können Sie darüber hinaus an die eine oder andere hilfreiche Frage oder Bemerkung kommen, die Ihnen verrät, was Interessenten aus Ihrer potenziellen Zielgruppe von Ihrem Service zusätzlich oder alternativ erwarten würden:

- »Bieten Sie auch Laufreisen nach Nordeuropa und Skandinavien an?« – Viele Ihrer Mitbewerber haben sich womöglich schon auf südeuropäische Ziele und Laufrouten spezialisiert.
- »Gibt es die Möglichkeit, Gruppen- und Firmenbuchungen zu machen?« – Andere Anbieter konzentrieren sich eventuell in der Programm- und Preisgestaltung auf Singles und Paare.
- »Bieten Sie die Möglichkeit zur digitalen Vernetzung der Teilnehmergruppe vor, während und nach der Reise an?« – Mit einer solchen Technologie könnten Sie ein Instrument schaffen, das unter anderem zur Kundenbindung und Weiterempfehlung beiträgt.

Wie Sie sehen, kann Ihnen Google Ads mithilfe seines umfangreichen Keyword-Potenzials eine große Hilfe auch für nicht alltägliche oder offensichtliche Aufgabenstellungen sein. Wir hoffen, dass wir mit diesem kurzen inhaltlichen wie geografischen »Ausflug« Ihr Potenzial hinsichtlich der kreativen Nutzung von Keyword-Recherchen – und nicht nur Ihr Interesse an einem Laufurlaub auf Mallorca – wecken konnten.

Kommen wir nun aber nach den genannten unterschiedlichen Argumenten, *warum* Sie der Recherche von Suchbegriffen entsprechend hohe Aufmerksamkeit schenken sollten, dazu, *wie* Sie diese wichtige Liste aus einzelnen Suchwörtern und Mehrwort-Suchphrasen bzw. Longtail-Keywords zusammenstellen können. In Abbildung 3.3 ist klar ersichtlich, dass es online keinesfalls zu wenige Informationsquellen zum Thema Keyword-Recherche gibt. Sie werden eher auf das Problem stoßen, dass Sie bei der Fülle an Informationen und Links nicht wissen, welcher Quelle Sie vertrauen sollten.

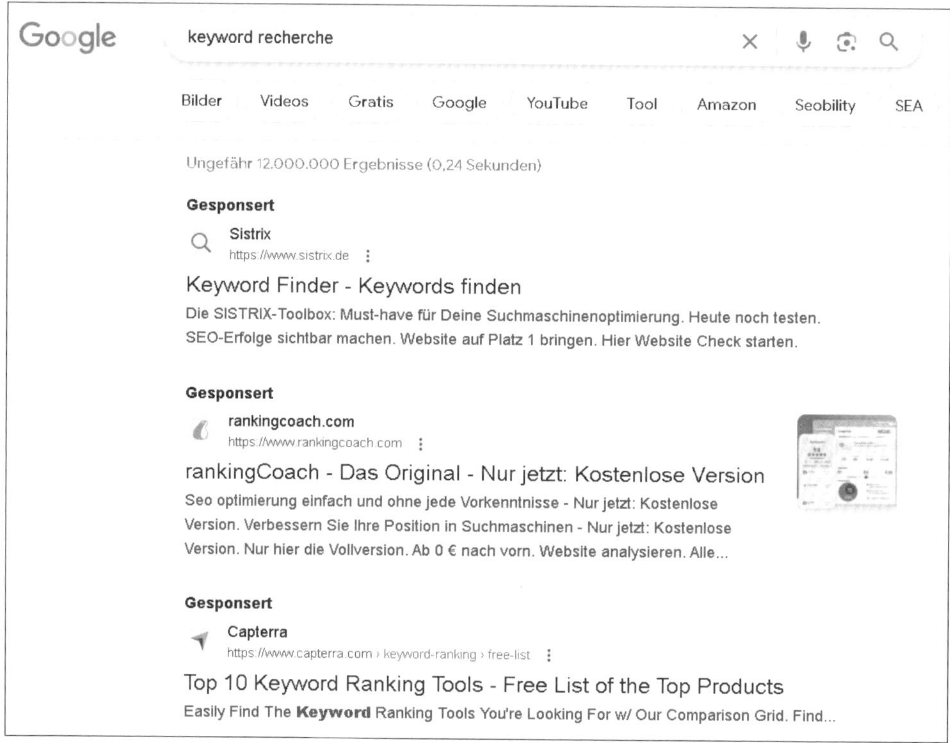

Abbildung 3.3 Lassen Sie sich von gut zwölf Millionen Ergebnissen zum Suchbegriff »keyword recherche« nicht abschrecken!

Ist ein bereits 2015 erstellter Artikel überhaupt noch relevant? Oder hält sich dieser möglicherweise deshalb so lange in den obersten Suchergebnissen, weil er auf möglichst allgemeine Tipps eingeht, die unabhängig von kurzfristigen Tools und Trends auch heute noch gültig sind? Sind Hinweise aus Google-internen Quellen und Foren besser und vertrauenswürdiger als solche von externen Dienstleistern, Experten und Agenturen, die ja möglicherweise nur sich selbst promoten möchten?

Wir möchten in diesem Kapitel gerne größtenteils auf nummerierte Listen (egal ob »Top 10« oder »Flop 5«) verzichten und Ihnen ein möglichst neutrales Bild davon vermitteln, wie Sie bei einer Keyword-Recherche am besten vorgehen. Vorweg möchten wir an dieser Stelle betonen, dass Sie bei jedem der im Folgenden beschriebenen Vorgänge zur Gewinnung und Strukturierung von Suchwörtern Ihren gesunden Menschenverstand einsetzen sollten. Nicht jedes von diversen Tools vorgeschlagene Keyword passt auch für Ihren individuellen Anwendungsfall. Benötigen Sie wirklich Tausende Keywords, oder reichen zum Start vielleicht »ein paar wenige Dutzend«?

Unter Berücksichtigung der Tatsache, dass es wohl für jeden von Ihnen unterschiedliche Prioritäten in diesem wichtigen Kapitel geben wird, lassen Sie uns – noch lange bevor wir auf konkrete Tools eingehen – gleich mit der ersten wichtigen Quelle für potenzielle Keywords für Ihre Google-Ads-Kampagnen beginnen.

3.2.1 Keyword-Quellen im Unternehmen

Fangen Sie direkt bei sich bzw. Ihrem Unternehmen an. Wir empfehlen Ihnen, vor der Nutzung diverser externer Quellen und Tools zunächst innerhalb des Unternehmens nach möglichen Suchbegriffen und Wortkombinationen für Ihre Google-Ads-Kampagne zu suchen.

Ihre Website

Bereits ein Blick auf die Homepage der Website Ihres Unternehmens wird Ihnen in den meisten Fällen konstruktiven Input zur Strukturierung und Erstellung Ihres Keyword-Sets liefern. Nicht zuletzt ist die jeder Website zugrunde liegende Navigationshierarchie zumindest eine gute Orientierungshilfe zur Gruppierung Ihrer Keywords. Speziell bei kleineren Websites kann sie des Öfteren bereits als vollständige Vorlage zum Aufbau Ihrer Themen- bzw. Anzeigengruppen dienen.

Abbildung 3.4 zeigt die Homepage des bekannten Online-Versenders Amazon, in dessen Perspektive wir uns hineinversetzen. Der Aufbau liefert uns bereits sehr gute Hinweise, um unmittelbar mit der Erstellung einer Keyword-Liste zu beginnen. Wie würden wir in diesem Fall vorgehen? Nun, zunächst wäre es sinnvoll, sich einige Hinweise zu suchen, um die Keywords erst mal grob und auf Kampagnenebene einzuordnen. Amazon hat diese Keywords aufgrund der Fülle des Angebots im Dropdown-Menü ALLE aufgelistet:

- Alexa Skills
- Amazon Geräte
- Amazon Global Store
- ...
- Baby
- Baumarkt
- Beleuchtung
- ...

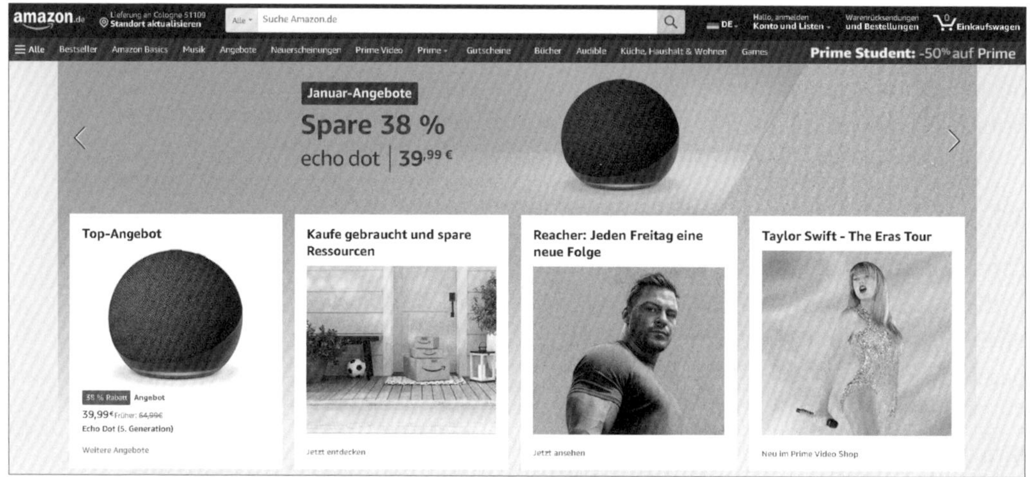

Abbildung 3.4 Jede Keyword-Recherche beginnt auf der eigenen Unternehmenswebsite. (Beispiel/Quelle: »www.amazon.de«)

Beachten Sie dabei, dass Sie in der Priorisierung von Themen und Kampagnen nicht ausschließlich die Präsenz des Navigationselements im Design heranziehen sollten. So wäre in diesem Beispiel das Thema GUTSCHEINE lediglich ein wenig auffälliger Menüpunkt innerhalb der oberen Navigationsleiste. In Hinblick auf Ihre Google-Ads-Kampagne würde dieser Begriff aber einen nicht unwesentlichen und möglicherweise sehr gewinnbringenden Part einnehmen – erfreuen sich doch online bestellbare Gutscheine zunehmender Beliebtheit, insbesondere in ihrer Variante als Ausdruck am heimischen Computer als praktisches Last-Minute-Geschenk. Ob zum Geburtstag, an Weihnachten oder zu Ostern – solche Keywords haben praktisch das ganze Jahr über Saison.

Sie sehen: Mit nur einem Blick auf ein vermeintlich kleines Navigationselement der Unternehmenshomepage eröffnet sich uns ein erster Einstiegspunkt für eine Teilkampagne rund um Angebote, die bereits nach einem umfassenden Keyword-Set mit saisonalen und themenübergreifenden Elementen verlangen würde. In Tabelle 3.1 möchten wir Ihnen noch einmal aufzeigen, wie sich aus dem simplen Menüpunkt GUTSCHEINE bereits eine grobe Kampagnenstruktur für Ihr Unternehmen ableiten könnte.

Wichtig ist dabei, dass Sie sich beim Sammeln und Kategorisieren der Keywords stets in Ihre potenziellen Kunden hineinversetzen. Stellen Sie sich bei jedem Suchbegriff vor, welches Suchergebnis und welche Zielseite ein Interessent in dessen Kontext erwarten würde, und entscheiden Sie, ob dieser Begriff für Ihre Zielsetzung ein wertvolles oder irrelevantes und somit auszuschließendes Keyword ergeben würde.

Kampagne	Anzeigengruppen	Keywords	Auszuschließende Themen/Keywords
Gutscheine – generisch	Generisch	Gutschein kaufen Online Gutscheine Wertgutschein online bestellen ...	Wellness Abenteuer ...
Gutscheine – generisch	Bekleidung	Bekleidungsgutschein kaufen Online Gutschein für Bekleidung ...	Otto H&M ...
Gutscheine – Anlässe	Geburtstag	Geschenkgutschein zum Geburtstag Gutschein als Geburtstagsgeschenk ...	Essen und Getränke Wellness und Therme Reise und Urlaub ...
Gutscheine – Anlässe	Hochzeitstag	Hochzeitstag Geschenkideen Was schenken zur Hochzeit Gutscheine Hochzeitstag	Gedichte Hochzeitstisch Goldene Hochzeit Hochzeitsjubiläen Kreuzfahrt ...
Gutscheine – Marken	Levis	Gutschein Levis Jeans Levis Gutscheine kaufen Levis Jeans Geschenkgutschein	Diesel Replay Seven For All Mankind ...

Tabelle 3.1 Beispiel einer ersten Gruppierung von Keyword-Ideen rund ums Thema »Gutschein«

Ob Sie solche Gedanken bereits tabellarisch und somit ideal vorbereitet für die spätere Keyword-Listenerstellung oder erst in einem virtuellen oder realen Notizblock festhalten, ist dabei Ihnen überlassen. Wichtig ist an dieser Stelle zunächst nur, alle inhaltlichen Aspekte der Homepage zu berücksichtigen, um so zu potenziellen Keyword-Ideen zu gelangen. Sie werden sehen, dass Sie in vielen Fällen bereits nach Prüfung der Homepage eine große Menge an Potenzial und womöglich bereits zahlreiche konkrete Keywords finden konnten. Wiederholen Sie diesen Schritt für sämtliche Unterbereiche, Channels und Detailseiten der zu bewerbenden Website, und Sie werden – noch bevor Sie auf weitere, möglicherweise kostenpflichtige Tools zurückgreifen müssen – einen wertvollen Schatz an Suchbegriffen erarbeitet haben.

Zugegeben, es kann bei umfangreichen Websites ein großer Aufwand sein, diesen Teil der Recherche Schritt für Schritt durchzuführen. Der Großteil der manuellen und kreativen Arbeit wird Ihnen hier leider nicht erspart bleiben. Vor allem das aktive Mit- und Vorausdenken kann Ihnen leider kein Computerprogramm abnehmen. Wofür es jedoch sehr wohl eine Software gibt, ist das automatische Erstellen einer Inhaltsübersicht Ihrer Website. Diese Software übernimmt für Sie das sogenannte *Crawlen* der Webinhalte, indem sie beginnend bei der von Ihnen angegebenen URL einer Ausgangsseite (zumeist der Homepage) allen über einen Hyperlink verknüpften internen Seiten folgt und das Ergebnis anschaulich in einer Tabelle darstellt. Speziell bei inhaltlich umfangreichen Websites erhalten Sie so auf effiziente Weise einen gut sortierten Überblick über die Seiteninhalte. Noch dazu ist dieser Überblick gleich automatisch in einem Dateiformat vorbereitet, das Sie einfach in einem Tabellenkalkulationsprogramm weiterverwenden können.

In Abbildung 3.6 sehen Sie beispielhaft, wie ein solches Ergebnis aussehen kann. Dort haben wir den in Abbildung 3.5 dargestellten *Google Merchandise Store* (Googles firmeneigenen Online-Shop für Merchandising-Artikel, *https://shop.googlemerchandisestore.com/*) einem Crawl unterzogen, um so Erkenntnisse zu gewinnen, die die Keyword-Ideen und die dahinterliegende Webseitenstruktur betreffen.

Die hier vorgestellten Tools sind somit keine Tools zur unmittelbaren Keyword-Recherche, sondern vielmehr weitere vorbereitende Hilfsmittel, die Ihnen das Erledigen der in diesem Abschnitt behandelten Aufgabe etwas erleichtern sollten. Sie tun damit im Prinzip nichts anderes als das, was Google mit seinen automatischen Programmen tagtäglich für jede einzelne im Web verlinkte Seite macht: Sie folgen und »durchforsten« Links auf einer Website und versuchen, deren Struktur und Inhalte so gut es geht zu verstehen – mit dem »kleinen« Unterschied, dass Sie keinen Suchindex aufbauen und permanent mit Daten füttern, sondern lediglich einmalige Erkenntnisse über den Aufbau einer Website gewinnen möchten, deren Struktur auf andere Art und Weise nicht erkennbar ist.

Abbildung 3.5 Viele Websites (wie z. B. der »Google Merchandise Store«) verfügen über Inhalte, jedoch über keine Sitemap.

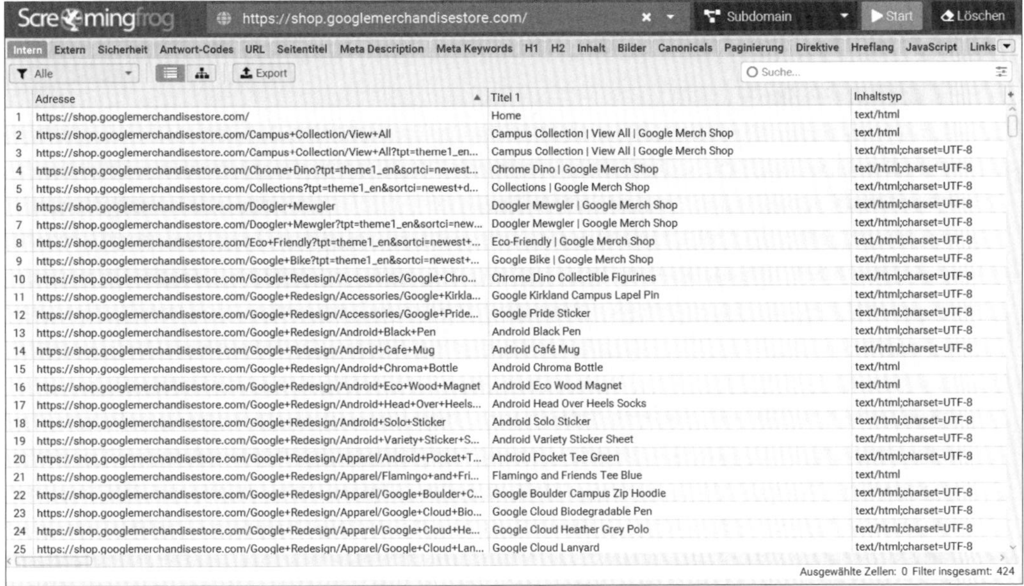

	Adresse	Titel 1	Inhaltstyp
1	https://shop.googlemerchandisestore.com/	Home	text/html
2	https://shop.googlemerchandisestore.com/Campus+Collection/View+All	Campus Collection | View All | Google Merch Shop	text/html
3	https://shop.googlemerchandisestore.com/Campus+Collection/View+All?tpt=theme1_en...	Campus Collection | View All | Google Merch Shop	text/html;charset=UTF-8
4	https://shop.googlemerchandisestore.com/Chrome+Dino?tpt=theme1_en&sortci=newest...	Chrome Dino | Google Merch Shop	text/html;charset=UTF-8
5	https://shop.googlemerchandisestore.com/Collections?tpt=theme1_en&sortci=newest+d...	Collections | Google Merch Shop	text/html;charset=UTF-8
6	https://shop.googlemerchandisestore.com/Doogler+Mewgler	Doogler Mewgler | Google Merch Shop	text/html;charset=UTF-8
7	https://shop.googlemerchandisestore.com/Doogler+Mewgler?tpt=theme1_en&sortci=new...	Doogler Mewgler | Google Merch Shop	text/html;charset=UTF-8
8	https://shop.googlemerchandisestore.com/Eco+Friendly?tpt=theme1_en&sortci=newest+...	Eco-Friendly | Google Merch Shop	text/html;charset=UTF-8
9	https://shop.googlemerchandisestore.com/Google+Bike?tpt=theme1_en&sortci=newest+...	Google Bike | Google Merch Shop	text/html;charset=UTF-8
10	https://shop.googlemerchandisestore.com/Google+Redesign/Accessories/Google+Chro...	Chrome Dino Collectible Figurines	text/html;charset=UTF-8
11	https://shop.googlemerchandisestore.com/Google+Redesign/Accessories/Google+Kirkla...	Google Kirkland Campus Lapel Pin	text/html;charset=UTF-8
12	https://shop.googlemerchandisestore.com/Google+Redesign/Accessories/Google+Pride...	Google Pride Sticker	text/html;charset=UTF-8
13	https://shop.googlemerchandisestore.com/Google+Redesign/Android+Black+Pen	Android Black Pen	text/html;charset=UTF-8
14	https://shop.googlemerchandisestore.com/Google+Redesign/Android+Cafe+Mug	Android Café Mug	text/html;charset=UTF-8
15	https://shop.googlemerchandisestore.com/Google+Redesign/Android+Chroma+Bottle	Android Chroma Bottle	text/html
16	https://shop.googlemerchandisestore.com/Google+Redesign/Android+Eco+Wood+Magnet	Android Eco Wood Magnet	text/html
17	https://shop.googlemerchandisestore.com/Google+Redesign/Android+Head+Over+Heels...	Android Head Over Heels Socks	text/html;charset=UTF-8
18	https://shop.googlemerchandisestore.com/Google+Redesign/Android+Solo+Sticker	Android Solo Sticker	text/html;charset=UTF-8
19	https://shop.googlemerchandisestore.com/Google+Redesign/Android+Variety+Sticker+S...	Android Variety Sticker Sheet	text/html;charset=UTF-8
20	https://shop.googlemerchandisestore.com/Google+Redesign/Apparel/Android+Pocket+T...	Android Pocket Tee Green	text/html;charset=UTF-8
21	https://shop.googlemerchandisestore.com/Google+Redesign/Apparel/Flamingo+and+Fri...	Flamingo and Friends Tee Blue	text/html
22	https://shop.googlemerchandisestore.com/Google+Redesign/Apparel/Google+Boulder+C...	Google Boulder Campus Zip Hoodie	text/html;charset=UTF-8
23	https://shop.googlemerchandisestore.com/Google+Redesign/Apparel/Google+Cloud+Bio...	Google Cloud Biodegradable Pen	text/html;charset=UTF-8
24	https://shop.googlemerchandisestore.com/Google+Redesign/Apparel/Google+Cloud+He...	Google Cloud Heather Grey Polo	text/html;charset=UTF-8
25	https://shop.googlemerchandisestore.com/Google+Redesign/Apparel/Google+Cloud+Lan...	Google Cloud Lanyard	text/html;charset=UTF-8

Ausgewählte Zellen: 0 Filter insgesamt: 424

Abbildung 3.6 Komplexe Webseitenstrukturen anschaulich darstellen

Wir hoffen, Ihnen damit zunächst den Zugang zu einer obligatorischen und – weil für jedermann öffentlich zugänglichen – der am naheliegendsten Keyword-Quelle eröffnet zu haben, nämlich zu der Unternehmenswebsite, die im Mittelpunkt Ihrer Kampagnen steht. Unabhängig davon, ob Sie sich als interner Verantwortlicher oder externer Dienstleister mit der Keyword-Recherche beschäftigen, zeigen unsere Erfahrungen, dass Sie genau hier mit Ihrer Suche nach relevanten Themen, Wörtern und Begriffskombinationen beginnen sollten.

So »durchschauen« Sie auch umfangreiche Websites

Wie oben erwähnt, nutzen wir hier keine deklarierten Keyword-Recherche-Tools, sondern »leihen« uns diese vielmehr von den Kollegen aus der Suchmaschinenoptimierungs- bzw. SEO-Branche. Beide Tools haben einen ähnlichen Leistungsumfang, um den hier vordergründigen Zweck zu erfüllen, nämlich die tabellarische Darstellung einer Website-Struktur zu liefern.

Das Programm *Xenu's Link Sleuth* (*https://xenus-link-sleuth.de.softonic.com/*) ist als »Broken Link Checker« deklariert, während sich die Software *Screaming Frog* (*https://www.screamingfrog.co.uk/seo-spider/*) als »SEO Spider« versteht. Erstgenannte Software ist beim besten Willen kein Fall für Designästheten, erfüllt ihren Zweck aber problemlos und vor allem uneingeschränkt kostenfrei. Bei Bracheninsidern erfreut sich Xenu daher einer nahezu uneingeschränkten Beliebtheit. Ein kleiner Nachteil von Xenu ist, dass es nur auf Windows-Betriebssystemen läuft. Mac-User können daher nur über Umwege und mithilfe von Betriebssystem-Emulatoren auf die Hilfe dieses Programms zählen.

Der »schreiende Frosch« dagegen hat bei einem ähnlichen Funktionsumfang den Vorteil einer wesentlich bedienerfreundlicheren Benutzeroberfläche und wartet zudem mit einer nativen Mac-Version auf. Will man dort jedoch mehr als 500 Seiten crawlen (bei mittleren bis großen Websites ist das nicht unwahrscheinlich), dann muss man auf die kostenpflichtige Variante umsteigen. Probieren Sie einfach beide Angebote aus, um Ihren persönlichen Gewinner zu ermitteln.

Webseiten- und interne Statistiken

Eine weitere Keyword-Quelle wird häufig vergessen: die Auswertung der eigenen Webseitensuchfunktion. Dies setzt voraus, dass eine Suchfunktion auf der eigenen Website eingesetzt wird und entweder intern ein Zugriff auf diese Daten besteht oder durch externe Kampagnenmanager angefordert werden kann. Unabhängig davon, ob Sie einen umfangreichen Online-Shop oder einen kleinen Blog betreiben, sollten Sie Ihren Besuchern eine Möglichkeit zur Website-internen Suche bereitstellen. Das ist nicht nur bequem für die Besucher, sondern auch eine zusätzliche, sehr wertvolle

3

und gleichzeitig kostenlose Keyword-Quelle (siehe Abbildung 3.7). Hier teilen Ihnen nämlich jene Nutzer, die Ihre Website bereits besuchen, mit, was sie auf ihr gern finden möchten.

Noch dazu tun sie dies in ihren eigenen Worten und nicht in einem vorgegebenen, vielleicht von Marketing- oder PR-Strategen erfundenen Jargon. Während der Marketing-Jargon auf der Website einer Urlaubsdestination zum Beispiel eine neue »3D Real View Cam« promoten und daher auch eine Seite mit diesem Namen erstellen würde, werden die Besucher möglicherweise nach wie vor nach einer »Webcam« suchen, um sich online ein aktuelles Bild vom Urlaubsort zu machen.

Suchbegriff	Einmalige Suchen gesamt	Ergebnisse für Seitenaufrufe/Suche	% Suchausstiege	% Verfeinerungen der Suche	Zeit nach Suche
	1.897 % des Gesamtwerts: **92,22 %** (2.057)	**1,40** Website-Durchschnitt: **1,39** (0,56 %)	**12,18 %** Website-Durchschnitt: **11,62 %** (4,80 %)	**24,36 %** Website-Durchschnitt: **24,06 %** (1,26 %)	**00:03:34** Website-Durchschnitt: **00:03:38** (-1,80 %)
1. Suchbegriff	**220**	1,60	8,64 %	15,01 %	00:03:09
2. porec	**42**	1,52	9,52 %	15,62 %	00:04:59
3. italien	**32**	2,00	0,00 %	15,62 %	00:03:34
4. umag	**32**	1,50	6,25 %	27,08 %	00:03:29
5. rovinj	**26**	1,12	7,69 %	6,90 %	00:03:08
6. ferienhaus	**18**	1,39	16,67 %	20,00 %	00:01:30
7. vrsar	**18**	1,17	5,56 %	14,29 %	00:03:23
8. lignano	**17**	1,71	5,88 %	3,45 %	00:02:43
9. stella maris	**17**	2,24	5,88 %	15,79 %	00:07:28
10. kroatien	**16**	1,19	18,75 %	15,79 %	00:02:42

Abbildung 3.7 Aus den Statistiken der internen Suchfunktion einer Website gewinnen Sie wertvolle Keyword-Hinweise.

Neben der Verwendung zur Keyword-Recherche für Google-Ads-Kampagnen empfehlen wir Ihnen, diese Daten darüber hinaus auch für die Suchmaschinen- bzw. die allgemeine Website-Optimierung in Betracht zu ziehen.

Abbildung 3.7 zeigt sehr gut, welches Potenzial sich Ihnen hier eröffnen kann: Zum einen müssten Sie in diesem Fall unbedingt die Usability der Suchbox optimieren. Ein nicht unwesentlicher Teil der Besucher nutzt die interne Suche offensichtlich, ohne einen individuellen Suchbegriff einzugeben, was durch die Darstellung des Worts *Suchbegriff* (also des automatisch dargestellten exemplarischen Platzhalters) auf Platz eins der Liste sofort ins Auge sticht. Des Weiteren finden Sie auf diese Weise heraus, dass auf der Reisebüro-Website Nutzer, die nach dem istrischen Ferienort Poreč suchen, nicht nur quantitativ in der Mehrzahl, sondern auch qualitativ wesentlich involvierter sind als diejenigen Nutzer, die sich für den italienischen Badeort Lignano interessieren. Berücksichtigen Sie solche Erkenntnisse sowohl zur Optimierung Ihrer Webseiteninhalte als auch bei der Recherche und Priorisierung Ihrer Keywords hinsichtlich Tagesbudgets und Klickpreisgeboten.

Wenn Sie wissen möchten, ob und wie die interne Suche Ihrer Website gemessen wird, kontaktieren Sie dazu am besten Ihren Webmaster. Dieser sollte zumindest auf eine interne Auswertung der Suche zurückgreifen können.

Werbe- und PR-Material

Die nächste Inspirationsquelle für weitere Themen und Keywords sind die Werbe- und PR-Unterlagen des zu bewerbenden Unternehmens. Interne Kampagnenmanager werden kein Problem damit haben, einfach an diese Informationen zu kommen. Externe Partner und Agenturen können Print-Kataloge, Jahresberichte sowie jegliche Formen von Werbematerial ebenso problemlos anfordern. Wir empfehlen Ihnen an dieser Stelle, sich auch auf die Suche nach periodischen Aussendungen zu machen und Pressemeldungen sowie öffentliche und interne Newsletter einzubeziehen. Dieses Material sollten Sie nicht nur rückwirkend verwenden, sondern auch durch ein bequemes Abonnement (über RSS, E-Mail, Social Media etc.) künftig im Auge behalten.

Erfahrungsgemäß ist es sinnvoll, wenn Sie diesen sehr oft als Druck in analoger Form vorliegenden Unterlagen die gleiche Beachtung schenken wie digitalen Quellen und Tools. Dies ist nicht nur eine sehr willkommene Abwechslung in einer von Bildschirmarbeit dominierten Branche, sondern oft eine gute Möglichkeit, unternehmensrelevante Informationen auch zwischen den Zeilen zu finden – seien es Hinweise, die Ihnen das präzisere Formulieren Ihrer Textanzeigen oder das ansprechendere Gestalten von grafischen Werbemitteln wie Bannern oder Videos ermöglichen. Nicht zuletzt eröffnen Ihnen diese Quellen neue Ideen für Ihre Keywords. Wir konnten schon oft die Erfahrung machen, dass sich in solchen nicht immer offensichtlichen Unterlagen, die auch involvierten Personen nicht mehr unmittelbar bewusst sind, wahre Perlen für Ihre Keyword-Liste finden lassen. Sehr häufig sind das Nischenbegriffe, die zwar über kein hohes Suchvolumen verfügen, aber dafür mit einer umso höheren Keyword-Leistung in Sachen Klickpreis oder ROI aufwarten.

Unternehmensfachbereiche

Nun gut, jetzt haben wir erste digitale und analoge Quellen erschlossen, um an relevante Keywords für Ihre Google-Ads-Kampagne zu gelangen. Eine dritte nicht unwesentliche Säule stellt die persönliche Recherche im Unternehmen dar. Verlassen Sie sich niemals ausschließlich auf digital veröffentlichtes und analoges Material, sondern weiten Sie Ihre Recherchen auch auf Teams und Einzelpersonen in dem Unternehmen aus, dessen Produkte oder Dienstleistungen es zu bewerben gilt.

Erstellen Sie eine Kampagne für Ihr eigenes, gut überschaubares Unternehmen, wissen Sie vielleicht selbst ganz konkret, worauf es ankommt, wie viel Budget Sie einsetzen und mit welchen Keywords sowie zu welchem Klickpreis Sie arbeiten möchten. Häufig ist die Situation jedoch eine andere: Sie erhalten ein persönliches Briefing über Kampagnenthemen, -ziele und -budgets von einem Auftraggeber (z. B. Marketingleitern, Online-Verantwortlichen, dem Webmaster oder auch von der Geschäftsleitung persönlich), der Sie mit Erstellung der Google-Ads-Kampagne betraut.

Ohne die Kompetenz Ihrer Ansprechpartner in ein schlechtes Licht rücken zu wollen, haben diese möglicherweise zu allgemeine oder zu spezifische und damit jedenfalls unvollständige Ansichten, was mögliche Ziele, Themen und Keywords anbelangt. Auf Geschäftsführerebene würden Sie eventuell nur ein kurzes Briefing bekommen, eine kostenoptimierte Online-Kampagne zu schalten, die bestimmten Performance- und ROI-Zielen entspricht. Sie erhalten somit wichtige Informationen darüber, was Sie mit Google Ads aus allgemeiner Unternehmenssicht erreichen müssen. Details zu Keywords gibt es von dieser Stelle jedoch oftmals nicht. Direkte Ansprechpartner aus Marketing-, PR- oder Online-Abteilungen würden Ihnen hingegen detailliertere Briefings zu Keywords geben, jedoch möglicherweise nicht in vollem Umfang auf die unternehmerischen Hintergründe und Ziele eingehen können. Wenn es Ihnen möglich ist, suchen Sie den Kontakt zu verschiedensten Stakeholdern im Unternehmen, um die Keyword-Potenziale der geplanten Google-Ads-Kampagne bestmöglich zu erschließen. Speziell wenn Sie vor der Herausforderung stehen, ein bestimmtes Produkt zu bewerben, macht sich ein direkter Austausch mit Produktmanagern und -teams absolut bezahlt.

Abschließend möchten wir anhand einer kurzen Checkliste noch einmal zusammenfassen, worauf Sie bei der unternehmensinternen Keyword-Recherche zurückgreifen sollten:

- auf die Website (inklusive interner Suchstatistiken)
- auf sämtliches Werbe- und Infomaterial
- auf kampagnenrelevante Personen und unternehmensinterne Stakeholder

Gehen wir nun in der Keyword-Recherche einen Schritt weiter und bewegen wir uns damit aus dem direkten Umfeld des zu bewerbenden Unternehmens hinaus.

3.2.2 In der Branche

Dehnen Sie Ihre Keyword-Recherche aus, indem Sie die Branche der zu bewerbenden Produkte und Dienstleistungen näher beleuchten. Sie können in den meisten Fällen davon ausgehen, dass Ihr Unternehmen oder Ihre neuen Kunden weder als Erste noch als Einzige die Nutzung des Google-Ads-Werbeprogramms in Erwägung ziehen. Es ist sehr unwahrscheinlich, dass Sie damit konfrontiert werden, komplett neuartige Branchen oder Produkte mit Google Ads zu bewerben. Darüber hinaus möchten wir wiederholen, dass vor allem Google-Ads-Kampagnen im Suchnetzwerk für die Vermarktung von unbekannten Produkten, Modell- und Markennamen ohnehin nicht die erste Wahl sein werden. Ohne Suchvolumen würden Ihre Anzeigen aufgrund der Relevanzkriterien des Google-Ads-Algorithmus gar nicht erst geschaltet werden. Erst im Displaynetzwerk und mit dessen über Keywords hinausgehenden Möglichkeiten zur Zielgruppenansprache eröffnen sich auch für solche Anforderungen Potenziale.

Speziell für Suchkampagnen werden Sie also in den meisten Fällen auf bereits bestehende Informations- und Datenquellen zugreifen können, um bei Ihrer Keyword-Recherche von diesen Erfahrungen innerhalb der Branche (lokal, national, international) zu profitieren.

Websites

Der erste Schritt führt Sie auch hier über eine Internetsuche. Sie möchten Google Ads für ein lokales Steuerberatungsunternehmen schalten? Führen Sie ein paar generische Suchen durch – zum Beispiel mit dem Suchbegriff *Steuerberater* – und gehen Sie wie folgt vor, um weitere potenzielle Keyword-Ideen zu finden. Sammeln Sie zunächst einige URLs von Suchergebnissen, die Sie ansprechen. Sie können sich dabei ruhig auf die ersten zwei Suchergebnisseiten beschränken, da Sie davon ausgehen können, dass die dort auffindbaren Unternehmen (egal ob bezahlte oder organische Einträge) zumindest bisher einiges richtig gemacht haben. Ansonsten würden Sie diese ja nicht in den Top-Suchergebnissen wiederfinden. Achten Sie dabei auf die folgenden Bereiche:

- **Google Ads:** Welche Anzeigen bewerben Produkte und Dienstleistungen, die den Ihren am ähnlichsten sind? Welche Formulierungen sprechen Sie am meisten an?
- **Lokale Suchergebnisse:** Welche Unternehmen befinden sich in Ihrer unmittelbaren Nähe? Welche Anbieter sind aus geografischen Gründen starke oder zu vernachlässigende Mitbewerber?
- **Weitere organische Suchergebnisse:** Welche Unternehmen haben es hier in die Top-Ergebnisse geschafft? Welche Text-Snippets versprechen einen professionellen Online-Auftritt?

Haben Sie auf diese Weise ein paar URLs ähnlicher Unternehmen aus Ihrer Branche gesammelt, die aufgrund ihrer vorderen Platzierungen zweifelsfrei bereits in Suchmaschinenmarketing bzw. -optimierung investiert haben, wiederholen Sie die empfohlenen Schritte aus dem vorhergehenden Abschnitt, in dem wir die Keyword-Recherche auf der eigenen Unternehmenswebsite beschreiben. Gewinnen Sie so neue Erkenntnisse und Ideen für Themen, die Sie bisher noch nicht berücksichtigt haben, bzw. auch weitere (auszuschließende) Keywords, mit denen Sie bei einer Suchanfrage (nicht) assoziiert werden wollen. Natürlich werden Sie bei diesen Websites keine Informationen über interne Statistiken erhalten, Sie können sich aber von allem, was öffentlich verfügbar ist, inspirieren lassen.

Werbe- und PR-Material

Ebenfalls nicht verboten ist es, bei den vorhin recherchierten Unternehmen auch einen Blick auf über die Website hinausgehendes Werbe- und Präsentationsmaterial zu werfen. Gibt es die Möglichkeit, auf den Websites weiterführende Unterlagen, zum Beispiel Prospekte und Kataloge, Studien oder auch Preislisten anzufordern oder herunterzuladen? Werden Sie auch hier kreativ, um Ihre Recherchen zu komplettieren.

Branchennachrichten

Kommen wir zu einer weiteren Quelle, um Branchen-Keywords nicht nur initial zu finden, sondern auch langfristig im Blick zu behalten. Genauso wie Sie den Online-Aktivitäten Ihrer unmittelbaren thematischen und/oder lokalen »Kollegen« Beachtung schenken sollten, sind auch übergeordnete Brancheninformationen eine wertvolle Inspiration für Keywords. Vor allem, um aktuelle und zukünftige Trends zu erkennen, empfehlen wir Ihnen, diesen Sektor zu berücksichtigen.

Beispiel gefällig? Nehmen wir an, dass Sie als Einzelunternehmer oder Agentur Dienstleistungen rund um die Erstellung, Verwaltung und Optimierung von Google-Ads-Kampagnen anbieten. Als solcher werden Sie eine Auswahl an Nachrichtenquellen abonniert haben, um in der Branche auf dem Laufenden zu bleiben. Das können diverse X-Accounts (ehemals Twitter), Personen, Seiten oder Facebook-Gruppen sein, denen Sie permanent folgen, oder auch die etwas »altmodischeren« Varianten eines RSS-Abos oder Newsletters: Legen Sie sich eine gut durchdachte Strategie zur Branchenbeobachtung mithilfe von entsprechend strukturierten Nachrichtenfeeds zu, um bestmöglich informiert zu sein.

Haben Sie beispielsweise gestern Abend in einem amerikanischen Branchenblog eine Ankündigung über eine in Kürze vorgestellte Google-Ads-Neuerung gelesen? Nutzen Sie dazu passende Keywords sofort in Ihren lokalen Kampagnen, um daran interessierte Suchmaschinennutzer in den darauffolgenden Tagen gleich auf Ihre Website oder Ihren Blog zu leiten. Mit Ihren Google-Ads-Anzeigen strahlen Sie so nicht nur Aktualität und Kompetenz in Bezug auf diese Neuerung aus, sondern gewinnen möglicherweise mittelfristig auch einen Neukunden dazu, der Ihre Leistungen oder Ihr Unternehmen als Dienstleister in seiner Nähe bis dato nicht kannte.

Wir hoffen, Sie können aus diesem Beispiel weitere Anwendungsfälle für Ihre Google-Ads-Kampagnen ableiten, um mittelfristig von solchen Branchennews und Trends für die Erstellung und Optimierung Ihrer Keyword-Listen zu profitieren. Das beliebte Tool *Feedly* macht das Suchen, Filtern und Lesen von RSS- und Newsfeeds leichter. Es ist in der Basisvariante kostenlos (weitere Details unter *https://feedly.com/i/welcome*).

Branchenbeobachtung als Schlüssel zum Erfolg

Erfolgreiche Google-Ads-Kampagnen beruhen letztlich auch auf der Kreativität des jeweils verantwortlichen Kampagnenmanagers. Mit bekannten und damit von einem großen Publikum genutzten Tools werden Sie zwar weniger Aufwand bei der Keyword-Recherche haben, im Endeffekt aber aus demselben Topf schöpfen wie die meisten Ihrer Wettbewerber.

Das führt dazu, dass viele Google-Ads-Kunden mit denselben empfohlenen Keywords und womöglich auch ähnlichen Geboten arbeiten, um mit ihren Anzeigen auf der Suchergebnisseite zu erscheinen. Je weniger Sie bei der Keyword-Recherche in die Tiefe gehen und je weniger Sie sich abseits beliebter Pfade und Tools um Keyword-Ideen bemühen, umso wahrscheinlicher ist es, dass Sie zwar mit Massen-Keywords gute Erfolge erzielen, in Richtung Nischen- und Longtail-Begriffen (Suchbegriffen aus Wortkombinationen) Ihr Potenzial jedoch nicht optimal nutzen.

Wir freuen uns, wenn Sie die hier genannten Tipps nutzen, um abseits von diversen Recherchetools kreative Keyword-Ideen zu finden. Es wird sich für Sie mittelfristig auszahlen, wenn Sie nicht ausschließlich automatisch vorgeschlagene Suchbegriffe verwenden, sondern stets auch einen wachsamen Blick über den Tellerrand werfen – weg von Online-Tools, hinein in Unternehmen und Branchen.

3.2.3 Kunden als Keyword-Quelle

Bevor wir uns weg von den vorbereitenden Recherchearbeiten hin zur Vielfalt an Online-Tools bewegen, möchten wir – last, but not least – noch eine weitere Quelle erwähnen. Für die Identifizierung relevanter Keywords werfen wir einen genaueren Blick auf die potenziellen Kunden. Verschaffen Sie sich Einblicke in die Perspektive der Personengruppen, die Sie mit Ihrer Kampagne erreichen möchten, und holen Sie sich dort direkt Ihre Informationen ab. Dazu stehen Ihnen verschiedene Möglichkeiten zur Verfügung.

Befragung

Holen Sie sich über eine Befragung direktes Feedback oder treten Sie sogar in einen ausführlichen Dialog mit Ihren Kunden. Der große Vorteil einer eigenen Datenerhebung liegt darin, dass die Ergebnisse perfekt auf den Zweck und auf Ihr Unternehmen ausgerichtet sind. Gleichzeitig ist der Aufwand einer Befragung auch nicht zu unterschätzen. Dennoch können Sie durch die Wahl der Methodik und die Anzahl der Befragten Einfluss auf die Intensität nehmen. Haben Sie die Entscheidung für diese Vorgehensweise getroffen, lohnt es sich nun, etwas Zeit zu investieren. Stimmt die Vorbereitung, werden die gewonnenen Erkenntnisse umso nützlicher für die Zusammenstellung des Keyword-Sets sein.

Setzen Sie klare Ziele für die Kundenbefragung. Überlegen Sie, welche spezifischen Informationen Sie suchen und wie Ihnen diese bei der Keyword-Recherche für Ihre Google-Ads-Kampagne helfen können. Ein Schwerpunkt liegt natürlich darauf, die bevorzugte Sprache Ihrer Kunden zu verstehen und herauszufinden, welche Begriffe diese bei der Suche nach Produkten oder Dienstleistungen verwenden.

Identifizieren Sie außerdem die relevante Zielgruppe. Stellen Sie sicher, dass die Teilnehmer repräsentativ für Ihre potenziellen Kunden sind. Dies kann durch Segmentierung nach demografischen Merkmalen, Kaufverhalten oder anderen relevanten Kriterien erfolgen. Wägen Sie ab, wie eng diese Zielgruppe gefasst werden soll. Eine strengere Einschränkung sorgt dafür, dass Ergebnisse nicht zu stark verwässern. Gleichzeitig könnte dies jedoch auch der Gewinnung neuer Erkenntnisse im Wege stehen.

Entscheiden Sie, welche Befragungsmethode am besten zu Ihrer Zielgruppe passt. Dies können eine Online-Umfrage, Telefoninterviews, persönliche Interviews oder eine Kombination verschiedener Methoden sein. Online-Umfragen sind oft kostengünstig und ermöglichen eine breite Teilnehmerbasis, während persönliche Interviews detailliertere Informationen liefern können.

Entwickeln Sie präzise, nicht lenkende Fragen, die darauf abzielen, Informationen über die verwendeten Begriffe und die Denkweise Ihrer Kunden zu erhalten. Integrieren Sie dabei insbesondere offene Fragen. Die Antworten bestehen dadurch aus den eigenen Worten der Teilnehmer und können unerwartete Keywords oder Ausdrücke enthalten, die Sie möglicherweise nicht in geschlossenen Fragen berücksichtigt hätten. Außerdem sollten Sie zu komplexe Formulierungen vermeiden, um eine hohe Teilnahmequote zu gewährleisten. Mögliche Fragen könnten wie folgt lauten:

- Welche Begriffe verwenden Sie, wenn Sie nach dem Produkt oder der Dienstleistung suchen?
- Welche Aspekte sind Ihnen besonders wichtig, wenn Sie nach dem Produkt oder der Dienstleistung suchen?
- Wie würden Sie das Produkt oder die Dienstleistung einem Freund beschreiben?

Testen Sie die Befragung zunächst mit einer kleinen Gruppe von Teilnehmern. Das hilft Ihnen, mögliche Schwachstellen zu identifizieren und sicherzustellen, dass die Fragen klar und verständlich sind. Auch während der Befragung können Sie bei Bedarf weitere Optimierungen vornehmen.

Analysieren Sie abschließend die Ergebnisse. Achten Sie dabei auf wichtige Begriffe oder Ausdrücke und stellen Sie schließlich auf Basis dieser Analyse Ihr Keyword-Set zusammen.

Weitere Quellen

Social-Media-Posts und -Kommentare, Bewertungen sowie Foren stellen ebenfalls eine sehr effektive Möglichkeit dar, einen Einblick in die Kundenperspektive zu erhalten und mögliche Keywords daraus abzuleiten. Im Gegensatz zur eigenen Datenerhebung durch eine Befragung greifen Sie hier auf bereits bestehende Informationen zurück. Dies reduziert zwar den Aufwand, kann aber dazu führen, dass die Informationsbasis nur bedingt zu Ihrem Bedarf und Ihrem Unternehmen passt. Sollten Sie nicht gerade mit einem vollkommen neuen Produkt oder einer vollkommen neuen Dienstleistung an den Markt gehen, lassen sich jedoch meist über die benannten Wege sehr gute Erkenntnisse gewinnen.

Auch hier sollten Sie sich zunächst Ihrer Ziele und Ihrer relevanten Zielgruppen bewusst sein. Ausgehend davon, lässt sich nun festlegen, auf welchen Plattformen Sie weiter recherchieren. Analysieren Sie auf Social-Media-Kanälen die Profile von Wettbewerbern und Marken, die ebenfalls in Ihrer Branche aktiv sind. Welche Begriffe und Ausdrücke werden in den Posts und Kommentaren genutzt? Sind spezielle Themen oder Trends zu erkennen? Über Erwähnungen, Hashtags und Links gelangen Sie schließlich zu weiteren nützlichen Inhalten, die Sie im Hinblick auf wichtige Hinweise durchsuchen können.

Auch Bewertungen, sofern diese mit einem qualitativen Kommentar versehen sind, lassen Rückschlüsse auf die Sprache und das Verhalten Ihrer potenziellen Kunden zu. Identifizieren Sie Schlüsselthemen, die immer wieder auftauchen. Diese Themen können dazu beitragen, Bedürfnisse, Anliegen und Interessen Ihrer Kunden besser zu verstehen. Neben Bewertungen in Social Media und natürlich den Bewertungen bei Google findet sich fast in jedem Shop oder Vergleichsportal eine entsprechende Funktion. Suchen Sie also passend zu Ihrem Produkt oder Ihrer Dienstleistung einen spezifischen Webauftritt, der den notwendigen Input liefern kann.

Klassische Foren sind zwar mit dem Siegeszug der Social-Media-Kanäle eher in den Hintergrund gerückt, dennoch existieren im Internet nach wie vor zahlreiche Vertreter zu jedem noch so speziellen Thema, die einen Austausch der zugehörigen Community untereinander ermöglichen. Sicherlich sind diese Foren im Einzelnen in Bezug auf Aktualität und Seriosität kritisch zu betrachten, aber bedenken Sie: Ihre Keywords und Anzeigen sollen die Sprache Ihrer potenziellen Kunden sprechen. Passt die Aktualität, werden Sie hier ganz sicher fündig. Häufig sind Foren auch ein Sammelbecken für beliebte, fachspezifische Fragen, auf die Ihre zukünftigen Keywords eine Antwort versprechen könnten. Prüfen Sie, ob es auch für den Kontext Ihrer Kampagne ein passendes Forum gibt, und holen Sie sich die eine oder andere Inspiration im Zuge Ihrer Recherche.

Natürlich unterscheidet sich dies von Branche zu Branche, in den meisten Fällen hinterlassen Ihnen Ihre Kunden jedoch zahlreiche selbst verfasste Inhalte. Analysieren Sie diese sorgfältig, verknüpfen Sie sie logisch untereinander und notieren Sie sich wiederkehrende Begriffe, Ausdrücke, Probleme, Fragen und mögliche Lösungen, um Ihre Liste mit Keywords auszubauen.

Nun haben Sie schon einige Abschnitte und Seiten zum Thema Keyword-Recherche gelesen, wir befinden uns aber nach wie vor in der ersten Phase des »Sammelns«. Idealerweise haben Sie in Ihren Dokumenten und Tabellen bereits eine bestimmte Kategorisierung vorgenommen, damit Sie es später beim aktiven Einbuchen der Keyword-Listen leichter haben. Wir hoffen, dass Sie bis hierher bereits eine Fülle an wertvollen Informationen in Ihren Mindmaps, Textdokumenten und Tabellen sammeln konnten. Diese können wir mit den nun vorgestellten Tools einerseits validieren, andererseits ergänzen und schließlich – zumindest fürs Erste – vervollständigen. Wieder einmal blicken wir zu Beginn des nächsten Abschnitts auf die naheliegendsten Möglichkeiten, nämlich auf jene Tools, die Google selbst bereitstellt.

3.2.4 Google Suggest

Wer sollte in Sachen Keywords mehr wissen als der Marktführer? Sie ahnen es: Das einfachste Tool ist die Google-Suche selbst. Sobald Sie einen Begriff in das Suchfeld eingeben, werden Ihnen weitere passende Ergänzungen zu Ihrem Suchbegriff vorgeschlagen (siehe Abbildung 3.8).

Dieses Feature nennt sich *Google Suggest* (oder auch *Google Autocomplete*). Die Vorschläge greifen dabei auf Statistiken zurück und zeigen so, was andere Google-User als Ergänzung gesucht haben. Geben Sie in das Google-Suchfeld jeweils einen wichtigen Suchbegriff ein und schauen Sie, was als Ergänzung vorgeschlagen wird. Diese Keyword-Kombinationen sind sehr wertvoll, weil die Wahrscheinlichkeit sehr hoch ist, dass Google-User genau mit diesen Kombinationen suchen. Der Mensch ist grundsätzlich bequem und daher übernehmen die meisten Leute oft die Google-Vorschläge als Suchbegriff.

Abbildung 3.8 Google Suggest zum Keyword »gartenmöbel«

Als möglichen Nachteil halten wir der Vollständigkeit halber fest, dass die automatischen Vorschläge den Nutzer bevormunden bzw. vom eigentlichen Suchvorhaben ablenken können. Google Suggest basiert schließlich auf einer kollektiven Intelligenz, jene Anfragen automatisch vorzuschlagen, die momentan im jeweiligen Land und in der passenden Sprache im wahrsten Sinne des Wortes »gefragt« sind. Aber was populär ist, muss nicht immer Ihrem eigentlichen Interesse entsprechen. Jeder Vorschlag sollte somit hinsichtlich einer Ergänzung Ihrer Google-Ads-Keyword-Liste bewertet werden. Als Funktion der Google-Suche, die nicht selten durch den bequemen Nutzer in Anspruch genommen wird, können Sie in jedem Fall von dieser Dynamik profitieren.

Sind es nur ein paar schnelle Keyword-Ideen, die Sie sammeln möchten, nutzen Sie Google Suggest einfach direkt über die Suchmaschine. Notieren Sie die Vorschläge, Suchergebnisse und möglicherweise auch URLs von Mitbewerbern, die in diesem Zusammenhang bereits Google-Ads-Anzeigen schalten. Beachten Sie dabei, dass die automatischen Vorschläge je nach Land und eingestellter Sprache der Google-Suchmaschine variieren. Auch der Standort, von dem aus Sie die Suchanfrage absetzen, kann Einfluss auf Inhalt und Reihenfolge automatisch vervollständigter Suchphrasen nehmen.

So erhalten Sie auf *www.google.de* in Berlin für einen generischen Suchbegriff wie zum Beispiel *Steuerberater* andere Vorschläge, als wenn Sie in Wien auf *www.google.at* suchen. Möglicherweise denken Sie sich jetzt: »Cooles Feature, aber jede Menge händische Recherche – klingt nach einer Sisyphusarbeit.« Wir können Sie beruhigen,

Sie müssen nicht alles manuell eingeben. Es gibt ein Tool, das Ihnen dabei hilft, den Prozess der Keyword-Recherche mit Google Suggest dramatisch zu erleichtern.

Ubersuggest

Die Lösung nennt sich *Ubersuggest* (siehe Abbildung 3.9). Auch wenn es sich hierbei um kein offizielles Google-Tool handelt, möchten wir Ihnen dieses Tool auf keinen Fall vorenthalten. Die Website wurde vor einer Weile von Neil Patel gekauft, laut Forbes einem der Top-10-Vermarkter im Internet. Mit dem Aufruf der URL *https://neilpatel.com/de/ubersuggest/* stehen bereits einige Grundfunktionen zur Verfügung, eine Registrierung erweitert den kostenlos nutzbaren Umfang zusätzlich. Das Tool ist sehr lohnenswert und eine Bereicherung für jeden Online-Marketer, denn es konsolidiert Daten aus verschiedenen Suchdiensten und unter anderem auch von Google Suggest.

Außerdem liefert es die Ergebnisse so aus, dass Sie es in Sachen Weiterverwendung für Ihre Keyword-Listen so einfach wie möglich haben. Im Startbildschirm dieses Tools können Sie entweder ein Keyword oder eine Domain eingeben und die gewünschte Sprache auswählen. Der Klick auf den Button SUCHEN startet die Generierung der Keyword-Liste.

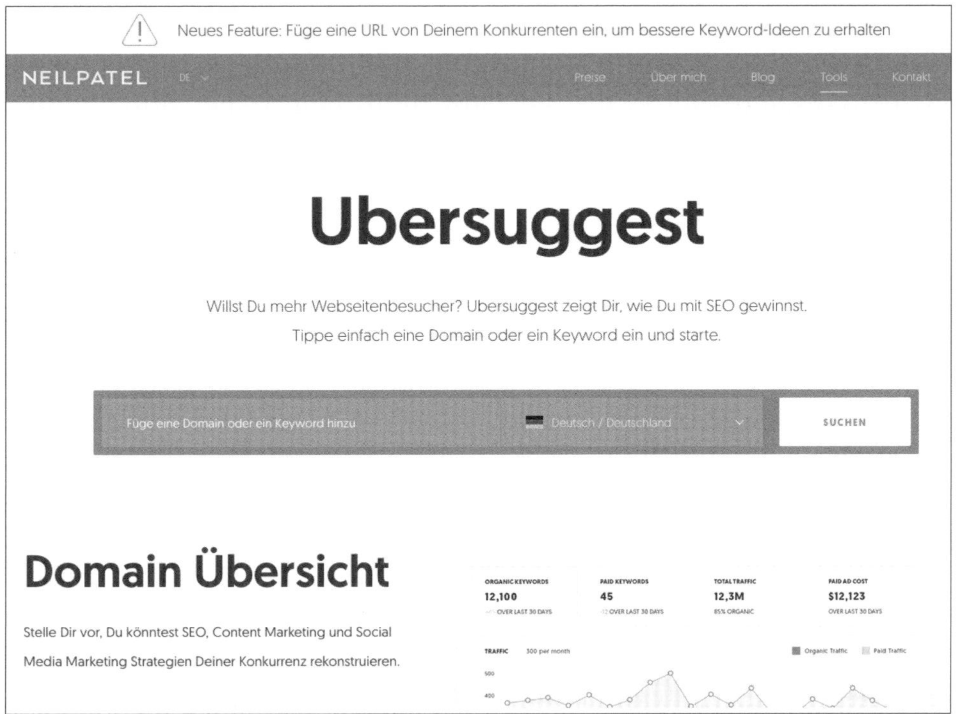

Abbildung 3.9 Startbild zu Ubersuggest

Anders als bei den Live-Vorschlägen von Google werden in diesem Tool teilweise Hunderte von Keyword-Kombinationen generiert. Wir bleiben in unserem Beispiel und analysieren das Suchwort »gartenmöbel« genauer. Auf der folgenden Übersichtsseite erhalten Sie zu Ihrem Suchbegriff das Suchvolumen über die Zeit sowie wertvolle Informationen zum Nutzerverhalten und der Wettbewerbssituation für dieses Keyword (siehe Abbildung 3.10).

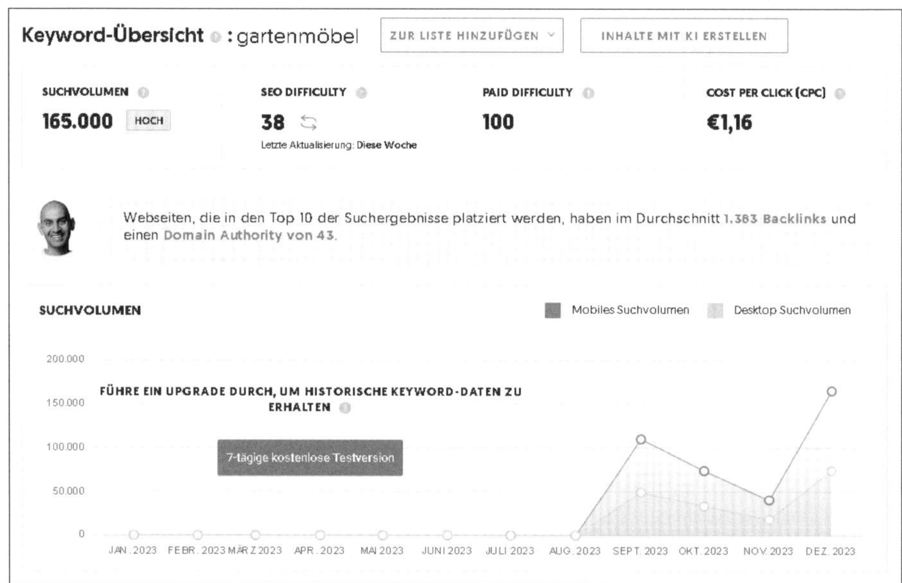

Abbildung 3.10 Übersicht zum Suchbegriff »gartenmöbel«

Über die linke Navigationsleiste ❶ können Sie sich zu Ihrem Suchbegriff weitere Keyword-Ideen anzeigen lassen. Durch einen weiteren Klick bietet Ihnen Ubersuggest ausgehend von der jeweiligen Keyword-Idee ❷ direkt den Schritt auf die nächste Detaillierungsebene an und führt die dazu passenden Suchergebnisse von Google auf ❸ (siehe Abbildung 3.11).

Auch konkrete Content-Ideen, basierend auf erfolgreichen Google-Einträgen, werden in den Analyseergebnissen dargestellt und um zusätzliche Informationen ergänzt (siehe Abbildung 3.12). Insgesamt handelt es sich hierbei um ein mächtiges Werkzeug, das es Ihnen ermöglicht, ein Keyword und damit einhergehende Themen einzuordnen. Gleichzeitig werden Sie garantiert auf der Suche nach geeigneten Suchbegriffen fündig.

Vor allem Suchphrasen mit zwei oder drei Suchbegriffen, sogenannte Longtail-Keywords, sind für die Google-Ads-Werbung interessant, weil die Anfragen dann zielgerichteter sind. Alle so gefundenen Keywords lassen sich als CSV-Datei exportieren.

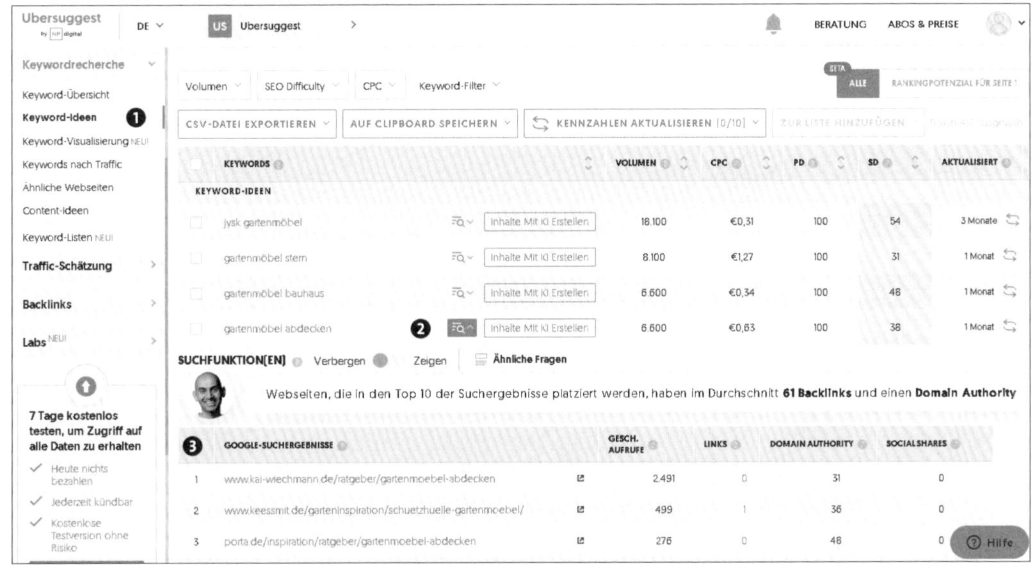

Abbildung 3.11 Keyword-Ideen mit passenden Suchergebnissen

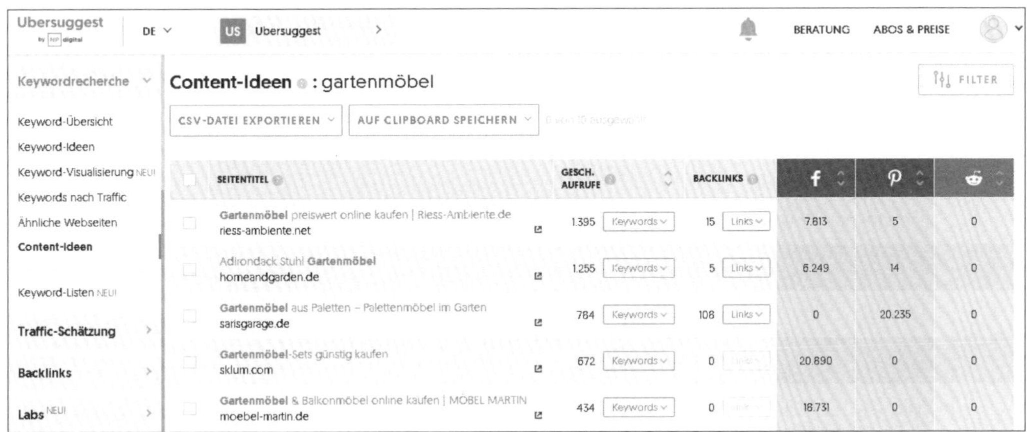

Abbildung 3.12 Content-Ideen auf Basis von Google-Einträgen

Google Trends

Ein weiteres interessantes Tool stammt wieder aus dem Hause Google. Unter *Google Trends* (*https://trends.google.de/trends/*) erfahren Sie, was die Welt in den letzten Monaten oder Jahren gesucht hat. Dazu geben Sie einfach auf der Startseite (siehe Abbildung 3.13) einen Suchbegriff ein.

Abbildung 3.13 Die Eingabemaske von Google Trends

Auf der folgenden Seite können Sie die Ergebnisse in Bezug auf die Region ❶, den Zeitraum ❷, die Kategorien ❸ sowie das Suchmedium ❹ (z. B. Websuche oder Google Shopping) analysieren (siehe Abbildung 3.14).

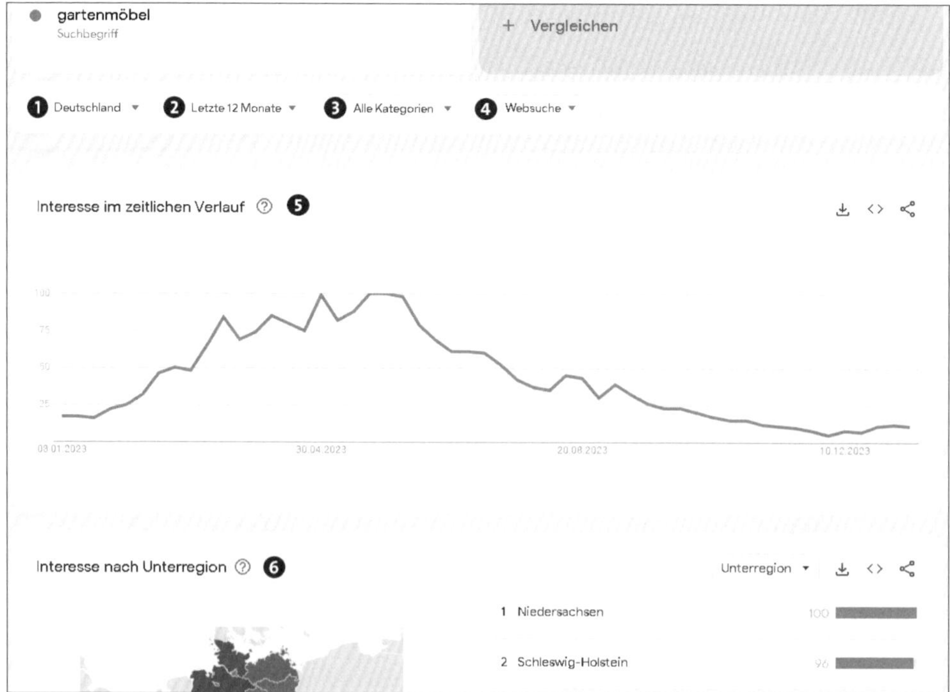

Abbildung 3.14 Google-Trends-Ergebnisseite

Die Grafik visualisiert den zeitlichen Verlauf des Interesses ❺. Darunter wird das Interesse noch mal differenzierter nach Unterregion sowohl grafisch als auch als Liste dargestellt ❻. Dies hilft zum Beispiel bei der zeitlichen Steuerung und der regionalen Ausrichtung einer Google-Ads-Kampagne. Es gilt zu berücksichtigen, dass es sich bei den aufgeführten Werten um keine absoluten Suchergebnisse, sondern um einen Indexwert handelt, der – wie der Name des Diensts bereits sagt – lediglich Trends widerspiegelt.

Interessanter für die Keyword-Analyse sind jedoch die Daten am Ende dieser Google-Statistik. Hier werden verwandte Themen und ähnliche Suchanfragen im Zusammenhang mit dem eingegebenen Keyword aufgelistet (siehe Abbildung 3.15).

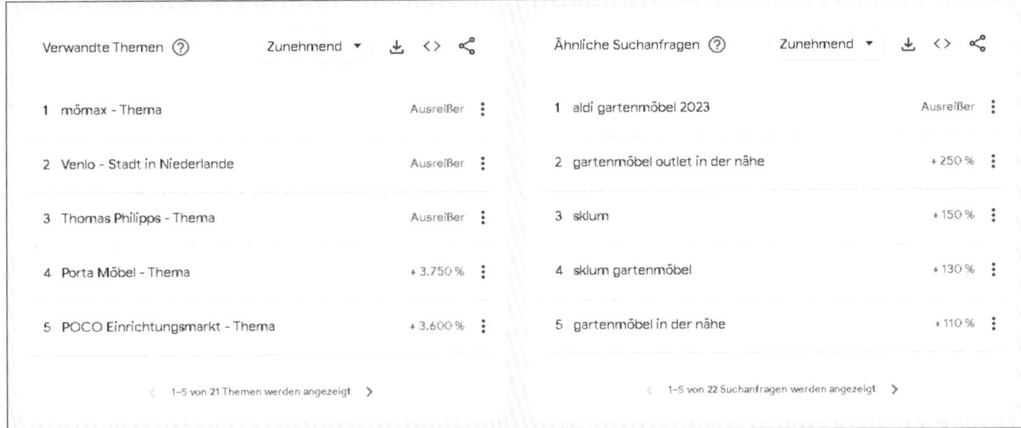

Abbildung 3.15 Verwandte Themen und ähnliche Suchanfragen

Google Trends – das mächtigste Tool der Welt?

Der deutsche Internetunternehmer und Social-Media-Experte Ibrahim Evsan hat im Mai 2013 in seinem Blog unter dem Titel »Googles Big Data: Ich sehe etwas, das Du nicht siehst« (abrufbar unter der URL *https://www.ibrahimevsan.de/2013/05/24/googles-bigdata*) die interessante These aufgestellt, dass Google Trends mittelfristig zum mächtigsten Tool der Welt werden könnte.

Wie kommt Evsan zu dieser Ansicht? Nun, er nennt unter anderem ein Beispiel aus dem Finanzbereich, um das Potenzial und die Macht von Google Trends zu verdeutlichen. Im Zuge einer Auswertung von börsenrelevanten Daten und Begriffen über einen längeren Zeitraum in der Vergangenheit konnten Informationen über potenzielle Marktchancen bestimmter Themen gewonnen werden. Richtig interpretiert und geschickt investiert, hätten solche Informationen Gewinne von etwa 300 Prozent ergeben können.

Es ist Ihnen überlassen, ob und wofür Sie Google Trends auch außerhalb von Google Ads für Recherchezwecke heranziehen. Allerdings: Eine Garantie, dass solche Trends aus der Vergangenheit zukünftige Entwicklungen korrekt »vorhersagen«, gibt es selbstverständlich nicht.

Ähnliche Suchanfragen

Auch *ähnliche Suchanfragen*, die Google im Zusammenhang mit vielen Suchergebnissen anbietet, können Ihnen weiteren wertvollen Input im Zuge einer Keyword-Recherche liefern.

Google hat das Layout der Suchergebnisse mittlerweile verändert. Während diese früher nach Unterseiten strukturiert waren, beschränkt sich die Darstellung heute auf eine einzige Seite, die sich endlos nach unten scrollen lässt, und folgt damit dem Trend des sogenannten *Infinite Scrolling*. Dies führt dazu, dass die ähnlichen Suchbegriffe nicht mehr am Ende der Seite, sondern eingebettet in die Liste dargestellt werden. Scrollen Sie also langsam die ersten Ergebnisse durch, bis Sie auf den Bereich ÄHNLICH treffen (siehe Abbildung 3.16).

Im Unterschied zu Google Suggest werden die Begriffe hier nicht aufgrund bestimmter Buchstabenfolgen, sondern rein anhand des Kontexts Ihrer Suchanfrage dargestellt. Auf diese Weise erhalten Sie bis zu acht Links, die zu neuen Suchergebnissen mit weiteren, dem neuen Suchbegriff ähnlichen Suchanfragen führen. Je anspruchsvoller Ihr Recherchezie ist, desto umfangreicher können Sie sich dieser Methode bedienen.

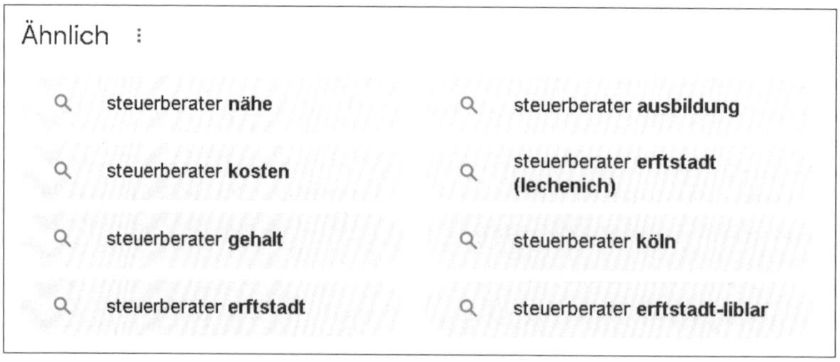

Abbildung 3.16 Ähnliche Suchanfragen als Input für Ihre Keyword-Liste

Nehmen wir das Thema *Steuerberater* und sehen wir uns am Beispiel von Abbildung 3.16 an, welche Suchanfragen der Algorithmus damit assoziiert. Für den Fall, dass Sie mit Google Ads beispielsweise die Dienstleistungen einer Steuerberatungskanzlei bewerben möchten, finden Sie hier vor allem den Hinweis, dass Regionalität und räumliche Nähe eine wichtige Rolle spielen. Dies ist nicht unbedingt verwunderlich. Es ist davon auszugehen, dass ein Unternehmen den Steuerberater im persönlichen Zugriff haben möchte. Darüber hinaus erhalten Sie Ideen für auszuschließende Suchbegriffe. Denn Nutzer, die nach *Steuerberater*-Ergebnissen im Zusammenhang mit *Gehalt* oder *Ausbildung* suchen, sollten Ihre Anzeigen idealerweise nicht sehen. Bei einem Publikum, das sich offensichtlich eher für das Berufsbild und nicht für eine konkrete Beauftragung dieser speziellen Berufsgruppe interessiert, wäre deren Relevanz nicht gegeben, was Leistungsdaten wie Klickraten und CPCs unnötig verschlechtern würde.

Mit dieser weiteren Quelle für Keyword-Ideen schließen wir nun den Input ab, den die unmittelbare Suche bei Ihrer Recherche liefern kann, und wechseln zu einigen hauseigenen – mehr oder weniger bekannten – Google-Tools.

Internationalisierung mit dem Google Translator Toolkit

Wenn Sie in andere Länder expandieren möchten und die entsprechenden Keywords in der jeweiligen Landessprache suchen, lohnt sich ein Blick in den *Google Übersetzer* (*https://translate.google.com/*). Es handelt sich abermals um ein kostenloses Tool, mit dem Sie nicht nur einzelne Wörter, sondern auch ganze Texte mit bis zu 5.000 Zeichen automatisch übersetzen lassen können.

Es ist klar, dass diese maschinengenerierte Übersetzung nicht von Haus aus »perfekt« sein kann. Daher empfiehlt es sich, zusätzlich auch Übersetzer, idealerweise Muttersprachler, zurate zu ziehen. Allerdings lernt der Google-Algorithmus mit jeder neuen Übersetzungsanfrage und permanentem Nutzerfeedback stets dazu. Der Google Übersetzer ist ein sehr nützliches Tool – vor allem dann, wenn es einmal schnell gehen soll oder Übersetzerbudgets (z. B. für Testkampagnen) nicht vorhanden sind.

Google Search Console

Ein weiteres Tool zur Keyword-Recherche ist die *Google Search Console* (siehe Abbildung 3.17). Dieser Google-Dienst beinhaltet sowohl Einstellungs- als auch Analysemöglichkeiten für Webseitenbetreiber. Viele der verfügbaren Funktionen spielen für die Verwendung im Google-Ads-Kontext keine unmittelbare Rolle, weshalb wir auf sie an dieser Stelle auch nicht weiter eingehen werden. Sind Sie selbst als Webmaster sowie in den Disziplinen Webseiten- oder Suchmaschinenoptimierung aktiv, werden Sie diese Tools idealerweise bereits kennen und im praktischen Einsatz lieben gelernt haben. Falls nicht, sollten Sie sich unbedingt ausführlicher damit auseinandersetzen, um nicht nur sämtliche technischen »Hausaufgaben« für eine stabile und Googlefreundliche Website zu erledigen, sondern auch um auf potenzielle Probleme hingewiesen zu werden.

Auch wenn sich die Search Console primär an eine technikaffinere Anwendergruppe richtet, ist es auch für Sie als Google-Ads-Werbetreibenden nicht unbedeutend, dass die aus Ihren Kampagnen generierten Website-Besucher funktionierende und den Google-Richtlinien entsprechende Zielseiten vorfinden. Probleme mit der Erreichbarkeit von einzelnen Webseiten bzw. des kompletten Webservers würde die Search Console ebenso rasch aufzeigen wie potenzielle Hürden, die die Inhalte oder Links betreffen.

Denken wir an dieser Stelle kurz an den Qualitätsfaktor, der Kosten und Leistung Ihrer Kampagnen-Keywords maßgeblich beeinflusst. Die Ladezeit der mit den Anzeigen verknüpften Zielseite ist einer der vielen Aspekte, die in die Berechnung des Qualitätsfaktors mit einfließen. Spätestens damit ist die Google Search Console kein reines Werkzeug für »Techniker« mehr, da schlechte oder unzuverlässig funktionierende Zielseiten auch Sie als Google-Ads-Kunden negativ beeinflussen und so wertvolles Kampagnenbudget kosten können.

Abbildung 3.17 Nutzen Sie die Google Search Console.

Kommen wir zurück zum eigentlichen Thema, der Keyword-Recherche, zu der Sie im Bereich LEISTUNG ❶ Ihrer Search Console wertvolle Informationen finden (siehe Abbildung 3.18). Hierzu schauen wir uns besonders folgende Berichte an:

- **Suchanfragen**
  Im Register SUCHANFRAGEN ❷ erhalten Sie Informationen darüber, bei welchen Suchanfragen die Google-Websuche Ergebnisse mit Inhalten Ihrer Webseite geliefert hat. Die Grafik oberhalb der Tabelle zeigt dabei die Anzahl der Klicks, die Anzahl der Impressionen, Klickraten und die durchschnittliche Position in den organischen Suchergebnissen. Sie können diese Grafik pro Keyword einsehen, wenn Sie auf den entsprechenden Suchbegriff klicken. Dadurch erhalten Sie Erkenntnisse für Ihre bezahlten Suchkampagnen. Womit werden nicht nur Impressionen, sondern auch Klicks erzielt? Lassen sich aus diesem Report möglicherweise auszuschließende Keywords ableiten, für die Ihre Anzeigen nicht ausgespielt werden sollen?
- **Seiten**
  Die gelisteten Suchanfragen führten auf Google zu den unter SEITEN ❸ aufgeführten Unterseiten Ihrer Website. Sind das die Seiten, die Ihr Unternehmen bestmöglich repräsentieren? Wollen Sie für diese Themen gefunden werden? Welche Themen fehlen gegebenenfalls noch? Hier erhalten Sie Ideen für mögliche neue Landingpages.

Abbildung 3.18 Leistungsübersicht Ihrer Website in der Search Console

- **Länder**
  Das Register LÄNDER ❹ zeigt Ihnen, aus welchen Regionen Ihre Interessenten stammen. Sind das die Länder, die Sie mit Ihren Anzeigen im Fokus haben? Oder gibt es eventuell Länder, die Sie bewusst ausschließen wollen, weil Sie gegebenenfalls einen Online-Shop haben und die Versandkosten in ein bestimmtes Land zu hoch sind?
- **Geräte**
  GERÄTE ❺ gibt Ihnen die Information, über welche Form von Endgerät Ihre Klicks und Impressionen generiert wurden. Stammen diese von Smartphone, Tablet oder Desktop? Der Zugriff findet heute zum Großteil mobil statt. Aus diesem Grund sollte Ihre Website auf jeden Fall optimiert für verschiedene Bildschirmgrößen sein und ein sogenanntes *Responsive Design* aufweisen.

Die Search Console können Sie bequem über Ihr bereits mit Google Ads verwendetes Google-Konto nutzen. Beginnen Sie, indem Sie die URL *https://search.google.com/search-console/about?hl=de* im Browser aufrufen. Wenn Sie nicht unmittelbar an der Erstellung und Wartung der zu bewerbenden Website beteiligt sind, wie dies unter anderem bei externen Google-Ads-Dienstleistern der Fall ist, können Sie sich vom eigentlichen Website-Inhaber bzw. Webmaster auch einen temporären Nutzerzugriff einrichten lassen, um Zugang zu den gewünschten Daten zu erhalten. Wie das geht, lesen Sie bei Bedarf einfach in diesem Hilfeartikel nach:

https://support.google.com/webmasters/answer/7687615

Erfahrungsgemäß können die Suchanfragenreports aus der Search Console einen wesentlichen Beitrag zur Keyword-Recherche leisten. Einerseits dienen sie dazu, sich bereits getätigte Recherchen und Vorannahmen bestätigen zu lassen – schließlich zeigen die Daten ja das aktuelle Interesse und das Verhalten der Nutzer, was die organischen Suchergebnisse betrifft. Andererseits erhalten Sie auch oft überraschenden Keyword-Input, weil beispielsweise Suchanfragen dargestellt werden, auf die Sie zuvor mit keinem der anderen Tools gestoßen sind.

Selbstverständlich lassen sich die Daten, wie Sie es von Google gewohnt sind, durch einen Klick auf das Filtersymbol ❻ nach allen Kriterien filtern. Außerdem können Sie alles auch exportieren ❼, damit Sie die Informationen an anderer Stelle weiterverarbeiten können.

Mit der Google Search Console haben Sie ein weiteres kostenloses und gleichzeitig wertvolles Instrument kennengelernt – nicht nur für die Keyword-Recherche. Da Sie mittlerweile erfahren haben, dass die Leistung der Google-Ads-Anzeigen unter anderem auch von der Technik und der Qualität der Zielseiten beeinflusst wird, sind die hier gelieferten Hintergründe sowohl für Programmierer und Webmaster als auch für Sie als Online-Marketer von Bedeutung. Es lohnt sich also, regelmäßig dieses Tool zurate zu ziehen.

Google Ads

Wundern Sie sich, warum Ihnen Google Ads selbst als weiteres »Google-internes« Tool zur Keyword-Recherche vorschlagen wird? Nun, unsere Erfahrung hat gezeigt, dass es in vielen Fällen historische Google-Ads-Kampagnen gibt, an denen Sie sich orientieren können. Selbst wenn diese bereits länger zurückliegen, kann es sich lohnen, einen Blick auf sie zu werfen. Falls Sie bereits Google-Ads-Kampagnen geschaltet haben, sollten Sie auch hier in die Kampagnenreports schauen.

Der Hauptgrund, warum wir Sie darauf hinweisen, ist schlichtweg jener, dass Sie es vermeiden sollten, in Ihren neuen Google-Ads-Kampagnen alte Fehler zu wiederholen. Historische Kampagnendaten liefern neben wertvollem Keyword-Input nämlich zum Beispiel auch Einblicke in Kampagnenstrukturen sowie Erkenntnisse zu erfolgreichen bzw. nicht erfolgreichen Anzeigentexten. Unabhängig davon, ob Google Ads bisher vom Kunden bzw. Website-Betreiber selbst oder über andere Agenturen geschaltet wurden – bestehen Sie im Sinne der zukünftigen Kampagnenleistung auf die Möglichkeit, Erkenntnisse daraus für Ihre Recherchen nutzen zu dürfen.

3.2.5 Externe Tools zur Keyword-Recherche

Neben den oben genannten potenziellen Keyword-Quellen innerhalb Ihres Unternehmens und der Branche sowie der nicht zu verachtenden Auswahl an kostenlosen, »hauseigenen« Google-Diensten steht Ihnen auch eine zunehmend größer werdende Palette an externen Keyword-Tools zur Verfügung. Diese unterstützen Sie zusätzlich – teils kostenlos, teils kostenpflichtig – bei der Recherche und der Strukturierung umfangreicher Keyword-Sets.

Die kostenpflichtigen Tools, die Sie meistens monatlich mieten können, sind leistungsfähiger und liefern daher mehr Informationen als kostenlose Tools. Zudem schauen die externen, kostenpflichtigen Tools nicht so sehr durch die »Google-Brille«, wie dies bei den Google-Tools der Fall ist. Manche dieser externen Tools können vorher mit beschränkten Möglichkeiten getestet werden.

Wir stellen Ihnen nun eine Auswahl an Tools in alphabetischer Reihenfolge vor. Aufgrund der Tatsache, dass bei diesen Tools eine starke Marktdynamik erkennbar ist, möchten wir bei der folgenden Aufzählung keinen Anspruch auf Vollständigkeit erheben. Im Unterschied zu den im vorherigen Abschnitt vorgestellten Google-Tools werden wir deutlich weniger ins Detail gehen, was den konkreten Umgang mit den

Werkzeugen betrifft. Sobald Sie herausgefunden haben, welche Angebote für Ihre Bedürfnisse am besten geeignet sind, können Sie sich dank der in den meisten Fällen sehr einfach gestalteten Benutzerführung erfahrungsgemäß sehr rasch mit den jeweiligen Anwendungsschritten vertraut machen.

Searchmetrics Suite

Searchmetrics ist ein deutsches Unternehmen, das neben einem Standort in Berlin auch international am Markt auftritt und sich seit seinen Anfängen im Jahr 2007 zum Marktführer im Bereich Search-Analytics-Software entwickelt hat. Vor allem in den Disziplinen *Inbound Marketing* und *SEO* wird das Tool auch von großen und namhaften Unternehmen für Recherchen und Analysen eingesetzt. Sie können Ihre eigene Domain oder die Domain eines Mitbewerbers unter *https://suite.searchmetrics.com/de/research/* analysieren lassen und bei Bedarf einen kostenlosen Account für die Basisvariante einrichten (siehe Abbildung 3.19).

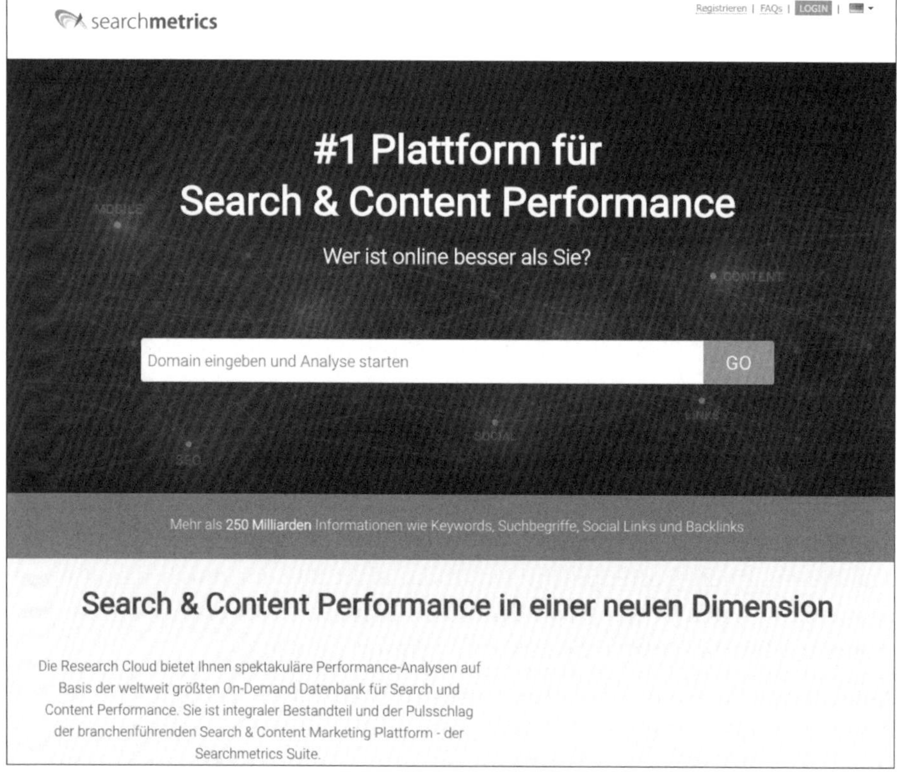

Abbildung 3.19 Das Tool von Searchmetrics ermöglicht Domainanalysen für organische und bezahlte Keywords.

Folgende über die Daten interner Google-Tools hinausreichende Zusatzinformationen können Sie als Google-Ads-Kampagnenmanager dort finden:

- Paid Keywords: Wofür schalten Ihre Marktbegleiter Werbung?
- Positionsverteilung: aktuell und historisch
- Wettbewerber: Wer sind vergleichbare Anbieter?

Damit gewinnen Sie nicht nur Keyword-Ideen für Ihre eigenen Kampagnen, sondern auch Erkenntnisse darüber, welche Themen andere Unternehmen mithilfe von Google-Ads-Kampagnen besetzen und welche ungefähren CPCs und somit Budgets damit einhergehen.

SEMrush

Das nächste kostenpflichtige Tool nennt sich SEMrush und wurde von einem amerikanischen Unternehmen entwickelt. Auch mit diesem Tool können Sie SEO- und SEA-Analysen sowie eine Keyword-Recherche für den deutschsprachigen Raum durchführen. SEMrush bietet auch tiefergehende Analysemöglichkeiten für internationale Kampagnen, wie z. B. Daten aus den USA, England, Benelux, Frankreich, Spanien etc. an. Weitere Informationen zum Tool finden Sie unter *https://de.semrush.com*.

Zur Keyword-Recherche geben Sie zunächst wieder ein Keyword ein, das näher analysiert werden soll, und wählen das gewünschte Zielland aus. Um allerdings erste Ergebnisse zu erhalten, müssen Sie ein Konto erstellen.

Das Tool listet verschiedene Keyword-Ideen auf sowie Informationen zu Klickpreisen und Suchvolumina. Mithilfe von SEMrush können Sie auch analysieren, welche Konkurrenten zu bestimmten Keywords Werbung schalten. Per Klick auf ein einzelnes Keyword aus der Keyword-Liste startet die tiefergehende Analyse zu diesem Keyword. Auf diese Weise können Sie ausgiebig Ihre wichtigsten Keywords analysieren.

SEO DIVER

Den SEO DIVER der *ABAKUS Internet Marketing GmbH* finden Sie unter der URL *https://de.seodiver.com/*. Die SEO-Agentur ABAKUS gibt es bereits seit 2002. Das ABAKUS-SEO-Forum könnte der eine oder die andere von Ihnen vielleicht schon kennen: *https://www.abakus-internet-marketing.de/foren/*. Nicht zuletzt aufgrund seiner thematischen Nähe zu Google Ads & Co. zeigt sich auch hier, dass Sie Tools, Foren oder Unternehmen, die *SEO* in ihrer Bezeichnung tragen, nicht von vornherein bei Ihren Recherchen und für Aufgaben im Suchmaschinenmarketing ignorieren sollten.

Der SEO DIVER besitzt mehrere Module, z. B. ein Link-Modul zur Analyse und zum Aufspüren von interessanten Backlinks oder Module zur Recherche von Keywords.

Gegen eine Registrierung lässt sich die komplette Vollversion des SEO DIVER kostenlos nutzen.

SISTRIX-Toolbox

Ein weiteres Tool, das vor allem unter Suchmaschinenoptimierern (SEOs) sehr bekannt ist, ist das Tool der SISTRIX GmbH aus Bonn. Das SISTRIX -Tool finden Sie unter *https://www.sistrix.com/*. Es stehen bereits einige kostenlose Tools zur Verfügung (z. B. das Keyword-Tool), die größtenteils sogar ohne Registrierung genutzt werden können. Ein wirklicher Mehrwert für unsere Keyword-Recherche ist jedoch erst mit der Buchung von kostenpflichtigen Funktionen gegeben. Immerhin lässt sich der vollständige Funktionsumfang sieben Tage kostenlos testen, sodass Sie sich vorab ein genaueres Bild machen können.

Mit SISTRIX können Sie der Konkurrenz in die Karten schauen und deren Keyword-Listen analysieren. Nach Eingabe eines Suchbegriffs zeigt SISTRIX Ihnen verschiedene Domains an, die Werbung zu dem vorgegebenen Keyword schalten. Wenn Sie aus der Liste einen Keyword-Konkurrenten auswählen, erhalten Sie die Keyword-Liste der Konkurrenz mit der durchschnittlichen Ranking-Position, der angezeigten URL sowie Hinweisen zur Wettbewerbsdichte und dem geschätzten Traffic zum jeweiligen Keyword. Mithilfe dieser Analyse erfahren Sie also zum einen mehr über Ihre Konkurrenz und finden zum anderen auch noch interessante Ideen für Ihre Keyword-Liste.

XOVI

Zu guter Letzt möchten wir in dieser Runde das Tool XOVI vorstellen, das sich laut Eigendefinition mit »We Simplify SEO« positioniert. Unter der URL *https://www.xovi.de/* können Sie nicht nur detaillierte Informationen zum Leistungsumfang abrufen, sondern auch einen kostenlosen Testzugang bestellen.

Der Name des Tools leitet sich vom *Online Value Index* (OVI) ab. Dieser berechnet die Sichtbarkeit von Domains in Suchmaschinen und hilft Ihnen – wie die zuvor vorgestellten Services – vordergründig dann, wenn Sie Maßnahmen zur Optimierung organischer Suchmaschineneinträge durchführen möchten.

XOVI besitzt jedoch nicht nur SEO-Tools, sondern kümmert sich im entsprechenden SEA- bzw. Ads-Modul auch um die Analyse bezahlter Suchmaschinenwerbung.

Mit dem XOVI-Tool erhalten Sie zu einer beliebigen Domain (z. B. zur Domain Ihres Konkurrenten) tiefe Einblicke in die Google-Ads-Aktivitäten. Für diese Analyse geben Sie die gewünschte Domain in das Formularfeld ❶ ein und wählen in der linken Navigation unter ADS den Unterpunkt ANZEIGEN-KEYWORDS.

Folgende Informationen können Sie unter anderem von einer eingegebenen Domain einsehen (siehe Abbildung 3.20):

- Wie lauten die Keywords ❷ für einen ausgewählten Zeitraum?
- Welche Daten zu Position ❸, Mitbewerberdichte ❹, Suchvolumen ❺ und durchschnittlichem CPC ❻ gibt es jeweils dazu?

Möchten Sie bei Ihren Recherchen nicht die Aktivitäten der Mitbewerber, sondern bestimmte Keyword- und Themensets sehen, so finden Sie in der linken Navigation beim Unterpunkt KEYWORDS ebenfalls ein Tool zur Keyword-Recherche. Dort geben Sie das Keyword ein, zu dem Sie weitere Vorschläge sehen möchten. Mit dem Keyword-Ergebnis erhalten Sie zusätzlich Informationen zum Suchvolumen, zum durchschnittlichen CPC-Gebot sowie zur Mitbewerberdichte.

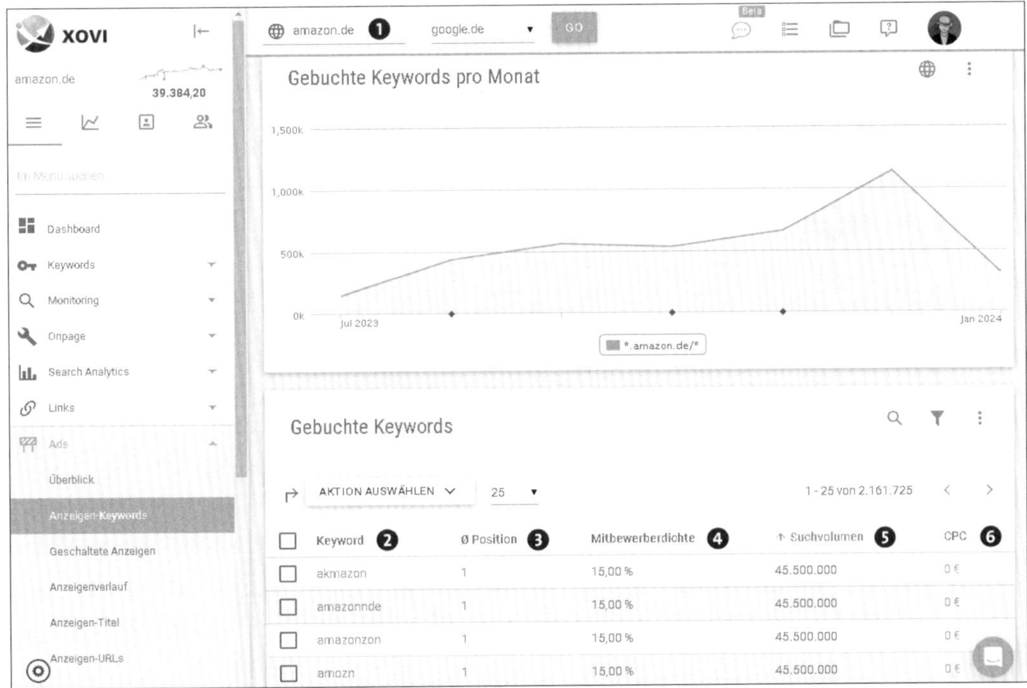

Abbildung 3.20 Mit XOVI analysieren Sie die SEM-Aktivitäten beliebiger (Mitbewerber-)Domains.

Außerdem können Sie sich die Anzeigentexte Ihrer Mitbewerber anzeigen lassen und so Ideen für Ihre eigenen Kampagnen generieren. Dazu klicken Sie in der linken Navigation auf ADS und dann auf den Unterpunkt ANZEIGEN-TITEL (siehe Abbildung 3.21).

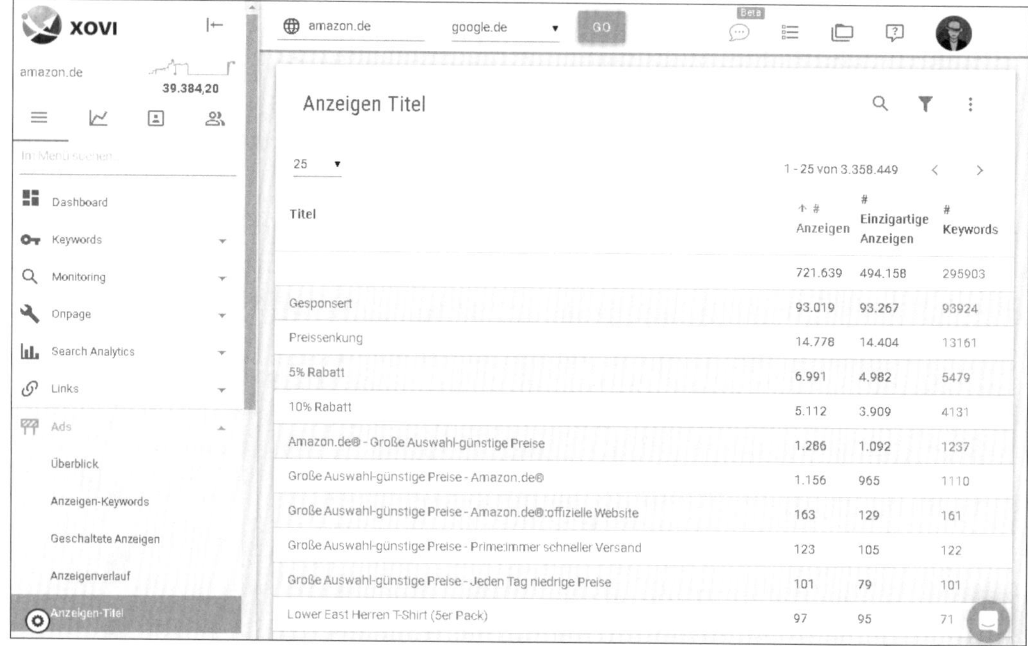

Abbildung 3.21 Anzeigentitel am Beispiel von amazon.de

»A fool with a tool …«

Ein bekanntes englisches Sprichwort lautet: »A fool with a tool is still a fool«, also etwa: »Ein Narr mit einem Werkzeug ist noch immer ein Narr.« Das bedeutet, jedes Tool ist nur so gut wie der Anwender, der es mit Daten füttert. Wir empfehlen Ihnen, sich bei der Auswahl und Anwendung dieser technischen Hilfsmittel auf einige wenige zu beschränken und mehr Fokus auf das erlernte Fachwissen im Umgang mit Keywords zu legen. Die ausgewählten Werkzeuge sollen Ihnen lediglich die Schritte zur Ergänzung und Automatisierung vereinfachen.

Wir möchten Ihnen davon abraten, dass Sie ungeprüft Hunderte bzw. Tausende Keywords in Ihre Kampagnen importieren – nur weil ein Tool sie gefunden hat. Das würde Ihre Kampagnenleistung nach unten und die Kosten nach oben treiben. Auch zu lange und »überoptimierte« Keyword-Listen können für eine schlechte Kampagnenleistung sorgen, bei der am Schluss nur Google profitiert, nicht aber Sie bzw. das zu bewerbende Unternehmen. Prüfen Sie also bei allen Vorschlägen aus den Tools immer wieder mit Ihrem gesunden Menschenverstand, wie relevant diese Keywords für Ihr Ziel sind.

3.2.6 Keyword-Recherche und ChatGPT

Nachdem Sie klassische kostenlose sowie kostenpflichtige Tools kennengelernt haben, kommen wir nun zu einer recht neuen Möglichkeit zur Keyword-Recherche: Die Rede ist von *künstlicher Intelligenz* (*KI*). Vor nicht allzu langer Zeit wurde diese von den meisten noch eher als futuristisches Konzept angesehen, das mit komplexen Algorithmen und hoch spezialisierten Anwendungen in Verbindung gebracht wurde. Insbesondere der Aufstieg von *ChatGPT*, einem leistungsstarken Sprachgenerierungsmodell von OpenAI, hat diese Wahrnehmung radikal verändert. ChatGPT ermöglicht eine natürlichere und konversationsbasierte Interaktion, was die Akzeptanz und Integration von KI in verschiedenen Bereichen erleichtert hat. Auch im Online-Marketing hat diese Entwicklung einen starken Einfluss gewonnen. Durch das automatische Generieren von Texten und den vereinfachten Zugriff auf kompakte Informationen können erhebliche Steigerungen in der Effizienz erzielt werden. Auch Sie können sich diese Potenziale im Rahmen Ihrer Keyword-Recherche zunutze machen.

Mittlerweile gibt es unterschiedliche KI-Anwendungen, die einen ähnlichen Ansatz wie ChatGPT verfolgen. Dennoch konzentrieren wir uns auf den wohl bekanntesten Vertreter dieser Kategorie. Nach entsprechender Registrierung auf *https://chat.openai.com/auth/login* steht Ihnen die kostenlose Version von ChatGPT zur Verfügung (siehe Abbildung 3.22). Diese reicht unserer Erfahrung nach vollkommen aus. Die kostenpflichtige Variante bietet einige zusätzliche Funktionen und greift auf einen aktuelleren bzw. verbesserten Algorithmus zurück.

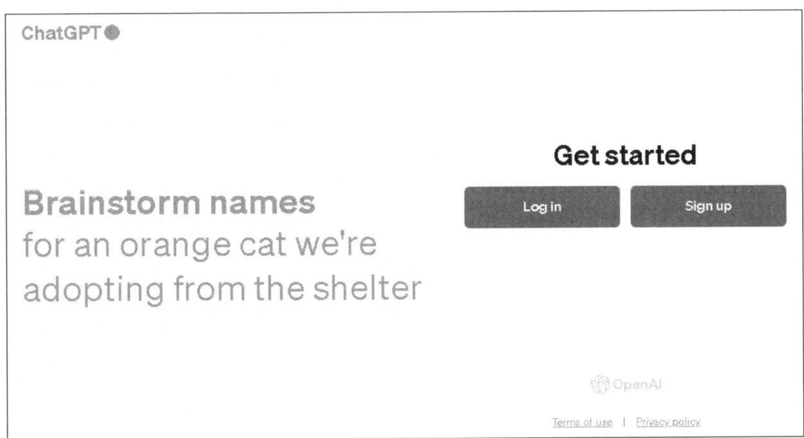

Abbildung 3.22 Startbild zu ChatGPT

Wie bereits erwähnt, erfolgt die Bedienung in einer Art Konversation bzw. in Form eines Chats (siehe Abbildung 3.23). Die natürliche Interaktion eröffnet faszinierende

Möglichkeiten. Sie stellen Fragen oder geben Anweisungen. Daraufhin erhalten Sie die passende Antwort, was sich anfühlt, als würden Sie mit einem menschlichen Experten kommunizieren. Tatsächlich ist es so einfach, wie es klingt, und genau darin liegt auch die Gefahr. Die Genauigkeit der generierten Antworten hängt stark von der Qualität der gestellten Fragen und dem Kontext ab. Es ist wichtig, die Ergebnisse kritisch zu prüfen. Geben Sie sich nicht mit unkonkreten Antworten zufrieden, sondern stellen Sie Ihre Frage bei Bedarf spezifischer oder formulieren Sie den Kontext konkreter.

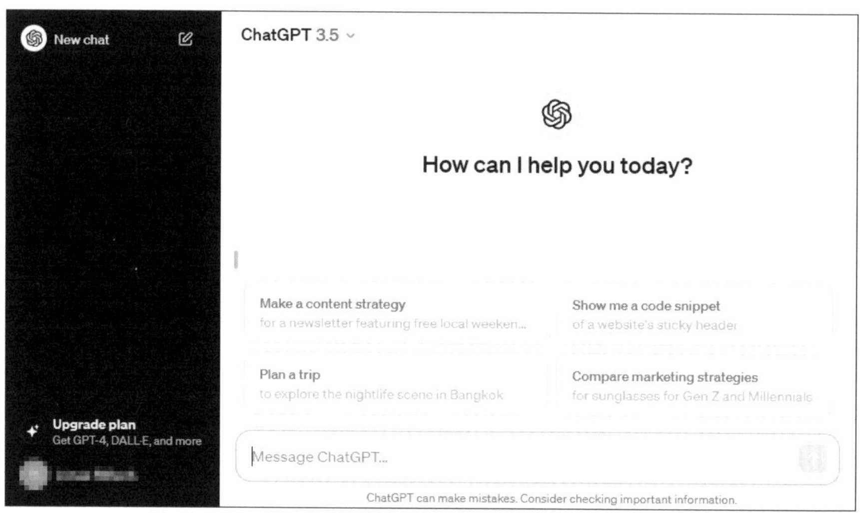

Abbildung 3.23 Die Oberfläche von ChatGPT

Welche Rolle kann ChatGPT nun für Ihre Keyword-Recherche spielen? Sie sollten die KI als unterstützendes, inspirierendes Instrument nutzen und sich nicht ausschließlich auf die hier so schnell und bequem gelieferten Ergebnisse verlassen. Beispielsweise fließen in ChatGPT wesentliche Kennzahlen, wie die Anzahl der Suchanfragen zu den einzelnen Begriffen, nicht mit ein, sodass diese Bewertung durch die bereits kennengelernten Werkzeuge erfolgen muss. Selbst ChatGPT weist darauf hin, dass kein Echtzeitzugriff auf die aktuellen Suchanfragen in Google möglich ist und die gelieferten Ergebnisse eher allgemeine Beispiele sind, die möglicherweise verwendet werden können. Eine gründliche Keyword-Recherche erfordert außerdem ein fundiertes Verständnis Ihrer Zielgruppe sowie ein Bewusstsein für aktuelle Trends. Um ein zielführendes Keyword-Set zusammenzustellen, sind somit die weiteren Quellen und Werkzeuge unerlässlich.

Ordnen Sie ChatGPT innerhalb der Keyword-Recherche richtig ein und wissen Sie dieses Werkzeug geschickt zu nutzen, lässt sich hier guter Input für das eigene Keyword-Set und vielleicht sogar darüber hinaus herausziehen. Nutzen wir erneut unser Beispiel des Steuerberaters, um den sinnvollen Einsatz von KI zu unserem Zweck zu verdeutlichen. Ein naheliegender Ansatz ist die einfache Frage nach der Auflistung von Keywords zum benötigten Thema. Sofern Sie dabei die erläuterten Kriterien zum zielführenden Einsatz berücksichtigen und die Frage wie auch den Kontext konkret formulieren, erhalten Sie auf diese Weise bereits eine brauchbare Inspiration. Ausgehend von einer Bewertung der ersten Ergebnisse können Sie dann weiter konkretisieren.

In unserem Beispiel sind wir zunächst recht unkonkret mit der folgenden Fragestellung eingestiegen:

»Welche Keywords werden in der Google-Suche für die Suche nach einem neuen Steuerberater genutzt?«

Die Ergebnisse fallen – wie erwartet – ähnlich unkonkret aus wie unsere Frage (siehe Abbildung 3.24). Von der Privatperson über den Existenzgründer bis hin zum internationalen Unternehmen ist jede potenzielle Zielgruppe mit dabei. Von einer zielgerichteten Kampagne ist diese Zusammenstellung somit weit entfernt. Sogar ChatGPT weist uns explizit darauf hin, dass die Vorschläge nur als »Ausgangspunkt« dienen sollten.

1. Steuerberater [Stadt/Region]
2. Unternehmenssteuerberater
3. Buchhaltungsservice
4. Einkommenssteuerberater
5. Steuerexperte
6. Betriebswirtschaftliche Beratung
7. Steuerberater für Freiberufler
8. Jahresabschlussberatung
9. Umsatzsteuervoranmeldungsservice
10. Buchführungsdienstleistungen
11. Steuerplanung und -optimierung
12. Existenzgründungsberater
13. Steuerliche Compliance-Unterstützung
14. Gewinn- und Verlustrechnung (GuV) Berater
15. Internationaler Steuerberater
16. Fachkundige Steuerberatung
17. Online-Steuerberater
18. Steuerliche Vertretung
19. Lohn- und Gehaltsabrechnungsservice
20. Steuerberater für kleine Unternehmen

Diese Keywords können als Ausgangspunkt dienen, aber es ist auch wichtig, spezifischere Begriffe zu berücksichtigen, die sich auf die individuellen Bedürfnisse des Suchenden beziehen könnten. Es könnte hilfreich sein, Keyword-Recherche-Tools zu verwenden, um aktuelle und spezifische Trends zu identifizieren.

Abbildung 3.24 ChatGPT: Antwort auf »Welche Keywords werden in der Google-Suche für die Suche nach einem neuen Steuerberater genutzt?«

Um die Vorschläge zu optimieren, justieren wir bei unseren Anweisungen nach. Unsere Steuerberatung konzentriert sich auf Unternehmen, sodass wir diesen Umstand nun mit einbeziehen:

»Welche Keywords nutzen Geschäftskunden in der Google-Suche für die Suche nach einem neuen Steuerberater in der Region? Benenne auch mögliche Longtail-Keywords.«

Bereits der zusätzliche Kontext »Geschäftskunden« sorgt für eine enger gefasste Liste. Mit der ergänzenden Frage nach Longtail-Keywords nutzen wir eine klare Stärke von ChatGPT in diesem Zusammenhang: die Auflistung von vielversprechenden Wortkombinationen (siehe Abbildung 3.25). Auch hier weist ChatGPT auf den eher inspirativen Charakter der Vorschläge hin. Es fällt auf, dass die Ergebnisse nun zwar unserer Frage entsprechend die Privatpersonen außen vor lassen, aber dafür sehr viele verschiedene Branchen in den Vorschlägen aufführen. Von diesem neuen Ausgangspunkt ausgehend, justieren wir unsere Anweisungen nun erneut nach, indem wir z. B. nach Alternativen zu vielversprechenden Vorschlägen fragen oder Themenfelder ausschließen.

Longtail-Keywords, die spezifischere Suchanfragen abbilden könnten, wären zum Beispiel:

- "Erfahrener Steuerberater für kleine Handwerksbetriebe in [Stadt]"
- "Spezialisierte Steuerberatung für IT-Unternehmen in [Region]"
- "Steuerexperte für Gastronomiebetriebe in [Stadt]"
- "Buchführungsdienstleistungen für Startups in [Stadt]"
- "Umsatzsteuervoranmeldungsservice für Online-Shops in [Region]"
- "Steuerberatung für internationale Geschäfte in [Stadt]"
- "Betriebswirtschaftliche Beratung für Bauunternehmen in [Region]"
- "Steuerplanung und -optimierung für Freiberufler in [Stadt]"
- "Finanzberatung für expandierende Unternehmen in [Region]"
- "Unternehmensberatung für GmbH-Gründung in [Stadt]"

Diese Keywords können als Ausgangspunkt dienen, aber es ist wichtig, auch lokale Begriffe und Branchenspezifika in Betracht zu ziehen, um die Suche weiter zu präzisieren.

Abbildung 3.25 Eine Stärke von ChatGPT: Vorschläge zu Longtail-Keywords

Aber ChatGPT kann noch mehr. Lösen wir uns von der konkreten Frage nach Keywords und nähern wir uns unserem Vorhaben auf eine andere Weise. Ihre potenziellen Kunden bringen meist eine konkrete Fragestellung oder ein konkretes Problem mit. Fragen wir ChatGPT also, welche Fragen im Kontext »Steuerberatung für Unternehmen« besonders häufig gestellt werden. Gleichzeitig möchten wir uns direkt eine Einordnung ausgeben lassen, welche Art Inhalt die Suchenden zu einer Frage erwarten. So erhalten wir nicht nur Inspiration für unser Keyword-Set, sondern auch für die

Inhalte, mit denen wir dem Suchenden nach einem Klick auf unserer Landingpage begegnen wollen. Unsere Anweisung lautet wie folgt:

»Erstelle eine Tabelle mit beliebten Fragen zum Thema Steuerberatung für Unternehmen:
Spalte1: Führe die Fragen auf.
Spalte2: Führe die Art des Inhalts auf, die von den Suchenden erwartet wird.«

Durch unsere Aufforderung, die Antwort als Tabelle darzustellen, erhalten wir ein übersichtliches Ergebnis (siehe Abbildung 3.26).

Frage	Erwarteter Inhalt
Wie finde ich den passenden Steuerberater für mein Unternehmen?	Artikel oder Video mit Tipps zur Auswahl eines geeigneten Steuerberaters.
Welche steuerlichen Pflichten habe ich als Unternehmer?	Artikel oder Infografik, die die wichtigsten steuerlichen Pflichten für Unternehmen erklärt.
Wie kann ich Betriebskosten optimieren, um Steuern zu sparen?	Artikel oder Video mit praktischen Tipps zur Optimierung von Betriebskosten für steuerliche Vorteile.
Welche Unterlagen werden für die Einkommenssteuererklärung meines Unternehmens benötigt?	To-Do-Liste oder Infografik mit einer Checkliste der erforderlichen Dokumente für die Steuererklärung.
Wie funktioniert die Umsatzsteuervoranmeldung für Unternehmen?	Schritt-für-Schritt-Anleitung in Form eines Videos oder Artikels zur Umsatzsteuervoranmeldung.
Welche steuerlichen Vorteile ergeben sich aus der Mitarbeitervergütung?	Artikel oder Video, das die verschiedenen steuerlichen Aspekte der Mitarbeitervergütung erläutert.
Wie kann ich meine Buchführung effizienter gestalten?	Artikel oder Infografik mit Tipps und Tools zur Verbesserung der Buchführungseffizienz.
Welche steuerlichen Auswirkungen hat eine Geschäftserweiterung?	Artikel oder Video, das die steuerlichen Überlegungen und Auswirkungen einer Geschäftserweiterung beleuchtet.
Wie bereite ich mein Unternehmen auf eine Steuerprüfung vor?	To-Do-Liste oder Artikel mit Schritten zur Vorbereitung auf eine Steuerprüfung und rechtlichen Hinweisen.
Gibt es aktuelle steuerliche Änderungen, die mein Unternehmen betreffen könnte?	Aktualisierter Artikel oder Infografik zu aktuellen steuerlichen Gesetzesänderungen und deren Auswirkungen auf Unternehmen.

Abbildung 3.26 ChatGPT: häufige Fragen und erwarteter Inhalt zum Thema »Steuerberatung für Unternehmen«

Auch wenn uns hier keine konkreten Keywords geliefert werden, ist der Mehrwert dieser Vorgehensweise für die Erarbeitung unseres Keyword-Sets sehr hoch. Das hängt nicht nur mit den Informationen zusammen, die wir in Bezug auf die erwarteten Inhalte zusätzlich abgefragt haben, vielmehr ist es die »Richtung«, aus der wir uns über

ChatGPT unserem Ziel nähern. Dafür ist es wichtig, zumindest grob zu verstehen, woher ChatGPT seine Daten bezieht. Diese Information wird zwar nicht vollständig offengelegt, jedoch ist bekannt, dass die KI unter anderem mit einer breiten Palette von Internettexten angelernt wurde. Dies schließt Artikel, Bücher, Forenbeiträge und andere öffentlich zugängliche Textquellen ein. Fragen wir ChatGPT nun konkret nach potenziellen Keywords, muss die KI uns eine Antwort liefern, die auf einer eher vagen Datenbasis beruht. ChatGPT kennt – wie bereits erwähnt – keine tatsächlichen Zahlen von Google und kann nur indirekt aus den zur Verfügung stehenden Informationen mögliche Keywords ableiten. Was ChatGPT sehr wohl direkt ableiten kann, sind Fragen oder auch Antworten, die besonders häufig innerhalb der zugrunde liegenden Datenbasis zu einem bestimmten Thema aufgeführt werden. Wird eine Frage besonders häufig gestellt oder beantwortet, scheint dies für ein besonderes Interesse bei der betroffenen Zielgruppe zu sprechen. Damit schließt sich für uns der Kreis: Schaffen wir es, diese Fragen in Keywords oder auch Longtail-Keywords zu transformieren, können wir so eine vielversprechende Basis für unsere weitere Keyword-Recherche und schließlich für unsere Kampagne herstellen.

Nehmen wir uns zum Abschluss beispielhaft die Frage »Welche steuerlichen Pflichten habe ich als Unternehmer?« aus unserem Ergebnis vor. Wir können bereits die vollständige Frage als Longtail-Keyword in unser Set aufnehmen. Weitere mögliche Keywords sind:

- »Steuerliche Pflichten Unternehmer«
- »Unternehmer Steuerpflichten«
- »Steuerrecht Unternehmer Pflichten«

Es handelt sich natürlich nur um einige wenige Beispiele. In der Praxis wäre diese Liste fortzuführen und anschließend weiter zu bewerten. Die Spalte ERWARTETER INHALT liefert zusätzliche Anregungen für unsere Landingpage. Folgen wir dem Ergebnis von ChatGPT, erwarten Personen, die über dieses Thema in die Suche einsteigen, anscheinend zu einem gewissen Grad die Möglichkeit, sich selbst anhand von Artikeln bzw. Blogbeiträgen oder auch Videos zu informieren. Gekoppelt mit der einen oder anderen Frage, die »nur individuell geklärt werden kann«, und einem niedrigschwelligen Angebot zur schnellen Kontaktaufnahme, erhalten wir einen möglichen Plan für unsere Landingpage.

Ein grobes Verständnis von ChatGPT reicht aus!

Beachten Sie, dass wir die Ausführungen zur Funktionsweise von ChatGPT sehr vereinfacht dargestellt haben. Außerdem sind der allgemeine Ansatz und die Architektur des Algorithmus zwar öffentlich bekannt, dies gilt jedoch nicht für alle spezifischen

Implementierungsdetails oder Trainingsdaten. Wesentliche Bestandteile, die zu den gelieferten Ergebnissen führen, bleiben somit intransparent. Versuchen Sie – auch anhand unserer Ausführungen in diesem Kapitel –, ein grobes Verständnis von diesem System zu entwickeln. Mit etwas Übung reicht dies völlig aus, um brauchbare Ergebnisse für Ihre Zwecke zu erzielen.

Wie Sie sehen, erhalten Sie abhängig davon, wie die KI bedient wird, unterschiedlichste Informationen, die auch sehr unterschiedliche Mehrwerte für den Aufbau Ihres Keyword-Sets sowie für andere Aspekte Ihrer Ads-Kampagnen liefern können. Neben Anregungen für die Landingpage kann ChatGPT natürlich auch behilflich bei der Formulierung von Anzeigentexten sein. Dennoch gilt auch hier der Grundsatz: Die KI ersetzt nicht das eigene Denken. Auch wenn dieses Werkzeug Erstaunliches leistet, bleibt die richtige Bewertung und das Hinzuziehen Ihres Fachwissens entscheidend für Ihren Erfolg.

3.2.7 Fazit zur Keyword-Recherche

Wir haben Sie im Laufe dieses Abschnitts ausreichend auf potenzielle Keyword-Quellen für Ihre geplanten Kampagnen aufmerksam gemacht und hoffen, dass Sie einige davon bereits im Rahmen Ihres Projekts ausprobiert haben. Wie beim Umgang mit großen Informationsmengen »leider« üblich, werden Sie feststellen, dass Sie um eine bestimmte Gruppierung der recherchierten Keywords nicht herumkommen.

Eine einzige Google-Ads-Anzeigengruppe mit Hunderten oder Tausenden von Keywords steht nicht unbedingt für eine hohe Relevanz und Kampagnenqualität. Demnach ist es unerlässlich, dass wir uns als Nächstes den Möglichkeiten zur Gruppierung von Keyword-Listen widmen. Dass Sie Ihre Keywords in Anzeigengruppen unterteilen, steht außer Frage. Welche Art und Weise der Kategorisierung Sie wählen, hängt jedoch von Ihrem Kampagnenthema und der jeweiligen Zielsetzung ab. Lernen Sie nun ein paar Gruppierungsvarianten kennen, mit denen Sie Ihre Keywords bestmöglich in Ihre Kampagne einbauen. Versuchen Sie, Ihre Keywords mit Blick auf die Optimierung so differenziert wie möglich aufzusplitten.

3.3 Die Keyword-Gruppierung

Es ist wichtig, dass Sie bei der Gruppierung Ihrer Keywords sowohl die Intention des Suchenden als auch den Detailgrad der von ihm verwendeten Suchphrase in Ihre Entscheidungen mit einbeziehen.

3.3.1 Gruppierung nach Suchabsicht

Gehen Sie bei der hier beschriebenen Segmentierung der Suchbegriffe möglichst darauf ein, was der Interessent vom jeweiligen Suchergebnis erwarten könnte, um so die Leistung der jeweiligen Anzeigengruppen zu optimieren. Sucht der Nutzer nach Informationen, werden Sie solche Keywords anderswo einordnen müssen, als wenn er eine Suchanfrage mit einer klaren Kaufabsicht stellt (z. B. durch die Angabe der Begriffe *kaufen* oder *online buchen*). In Kapitel 1, »Suchmaschinenmarketing (SEM) und Google«, haben Sie bereits die verschiedenen Arten von Suchanfragen kennengelernt. Hier gilt es jetzt, die zugehörigen Keywords zu unterscheiden:

- Navigations-Keywords bei Go-Anfragen
- Informations-Keywords bei Know-Anfragen
- Transaktions-Keywords bei Go-Anfragen

Navigations-Keywords

In die Kategorie der *Navigations-Keywords* fällt ein Begriff dann, sobald der Nutzer bereits vor seiner Suchanfrage weiß, zu welchem Unternehmen, Service oder Produkt er im Browser navigieren möchte. Wenn Sie beispielsweise eine Internetsuche nach *Red Bull* oder *Mercedes-Benz* durchführen, teilen Sie damit der Suchmaschine unmissverständlich mit, dass Sie einen Link zur jeweiligen Unternehmenswebsite finden möchten.

Sie genießen dabei nicht nur den Vorteil, sich ein »Erraten« der Internetadresse zu sparen, sondern können auch davon profitieren, dass das Suchergebnis den relevantesten Link zu einem lokalen Internetauftritt des Unternehmens darstellen wird. Wenn Sie so wollen, geschehen Suchanfragen mit Navigations-Keywords häufig schlicht und einfach aus Bequemlichkeit, weil die Nutzer mittlerweile gelernt haben, dass der Umweg über Google & Co. ohnehin nur wenige (Milli-)Sekunden Zeit beansprucht und dafür mit großer Gewissheit die richtige Seite in den Top-Positionen des Suchergebnisses erscheint.

Einige solcher Suchanfragen geschehen jedoch auch unbewusst. Viele moderne Browser unterscheiden heute nicht mehr zwischen der Eingabe einer URL und der eines Suchbegriffs. In einer sogenannten *Unified Search Bar* oder einer *Omnibox*, also einem einzigen zentralen Eingabefeld, können Sie beispielsweise in Googles eigenem Browser Chrome selbst entscheiden, ob Sie dort eine komplette URL eingeben, um direkt zum gewünschten Inhalt zu gelangen, oder eben den »bequemen« Umweg über eine Suchanfrage wählen. Diese Vorgehensweise der Browserhersteller – in diesem Beispiel handelt es sich um Google selbst – ist dabei nicht ganz uneigennützig: Anstatt die Nutzer direkt auf die Webseiten zu schicken, lässt sich auf diese Weise geschickt zusätzlicher Suchmaschinen-Traffic generieren. Das bedeutet mehr Suchanfragen, einen hilfreichen Beitrag zur Reichweitenausdehnung und nicht zuletzt den einen oder anderen zusätzlich verdienten Euro, der durch auf diese Weise ebenfalls eingeblendete Google-Ads-Anzeigen generiert wird.

Sie sehen also, dass eine solche Vorgehensweise nicht nur bequem für den Anwender ist – schließlich wird dieser mithilfe der Suchmaschine weniger Probleme damit haben, die gewünschte Seite zu erreichen –, auch der Suchmaschinenanbieter profitiert davon.

Sie können ebenfalls davon profitieren, bei einer solchen Navigationssuchanfrage präsent zu sein. Sehen wir uns dazu das Beispiel in Abbildung 3.27 an: Wenn man bei Google Deutschland nach *Red Bull* sucht, möchte man wohl sehr wahrscheinlich die deutsche Variante der Unternehmenswebsite finden. Und siehe da: *https://www.redbull.com/de-de/* ist auf Platz eins der organischen Suchergebnisse zu finden.

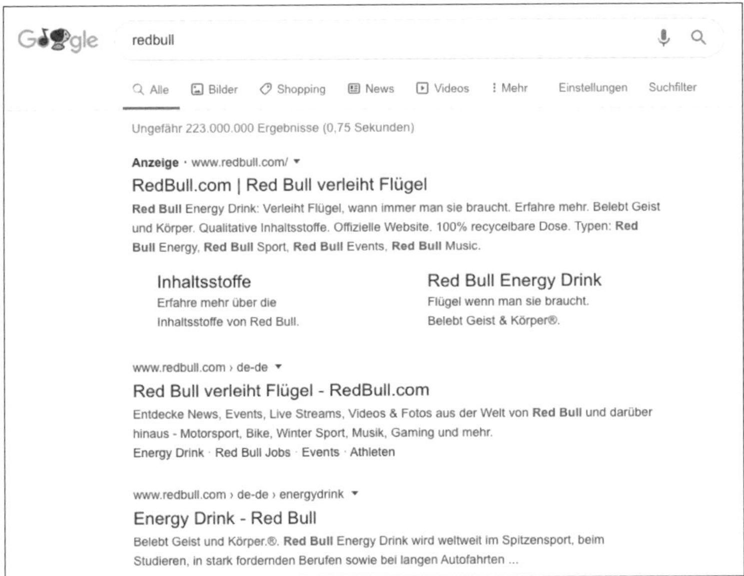

Abbildung 3.27 Aktionen und Produkthinweise bei der Markensuche

Was aber macht Red Bull an dieser Stelle im Bereich Google Ads? In dem Wissen, dass der Nutzer in dieser Phase seiner Suche möglicherweise noch kein spezifisches Produktinteresse hat, werden sowohl Inhaltsstoffe als auch ein konkretes Produkt in der Anzeige angezeigt. Ob ein Klick entsteht oder nicht, spielt an dieser Stelle nur eine geringe Rolle, schließlich geht es dieser Marke nicht zuletzt um Reichweite und Impressionen – und Letztere kosten mit der richtig gewählten Gebotsstrategie bei Google Ads nichts.

Vergessen Sie nicht den »Full Value of Search« für Ihre Marke!

Eine ältere Google-Studie zur Wirkung von Google Ads auf Markenaufbau und -pflege liefert aufschlussreiche Ergebnisse, was die Buchung von Navigations- bzw. im konkreten Fall von Marken-Keywords betrifft. Unter anderem konnte evaluiert werden, dass auch Bestandskunden bzw. solche User, die eine Marke bereits kennen und deren Produkte nutzen, Google zu Recherchezwecken nutzen. Die Annahme, dass diese Nutzergruppe stets die URL der Markenwebseite eingibt, wäre laut dieser Studie falsch.

Auch unsere Erfahrungen zeigen, dass die Investition in die Buchung von Marken- und Navigations-Keywords bei Google Ads in den meisten Fällen für neue, zusätzliche Besucher sorgt und dabei nur selten andere Quellen untergräbt (z. B. Direktzugriffe oder solche aus organischen Suchergebnissen).

Weitere Details, Fallbeispiele und Studienergebnisse zur Rolle der Suche für Branchen, Unternehmen und Marken finden Sie unter *https://www.thinkwithgoogle.com/intl/de-de/marketing-strategien/google-suche/*. Folgen Sie auf dieser Webseite auch den weiteren Links, um zusätzliche Informationen abzurufen.

Klar zu berücksichtigen ist, dass Sie ein solches Keyword-Set separaten Kampagnen bzw. Anzeigengruppen zuordnen. Auch wenn die Verwendung von Marken-Keywords generell mit relativ geringen CPCs einhergeht, werden die Conversion-Raten einer solchen Keyword-Gruppierung eher gering bleiben. Steuern Sie daher über individuelle Tagesbudgets und Gebote, welchen Anteil Kampagnen mit Navigations-Keywords in Ihrer Gesamtstrategie einnehmen sollen bzw. dürfen.

Sie haben nun also die Kategorie der Navigations-Keywords kennengelernt und wissen, dass und wie Sie mit solchen Suchbegriffen Ihre Kampagnenstrategie ergänzen können. Wir hoffen, Sie haben erkannt, dass die Einstellung »Personen, die mein Unternehmen bereits kennen, finden mich im Internet ohnehin« nicht unbedingt zielführend ist. Vor allem unter Berücksichtigung der im oben stehenden Kasten angeführten Studie tun Sie gut daran, Navigations-Keywords mit in Ihren Google-Ads-Kampagnen zu berücksichtigen.

Kennen Sie den meistgesuchten Begriff der Suchmaschine Bing?

Während offizielle Quellen der alternativen Suchmaschinenanbieter Bing und Yahoo nicht näher darauf eingehen, macht ein unbestätigtes Gerücht in der Branche die Runde: *Google* soll dort einer der meistgesuchten Begriffe sein! Die Begründung dafür ist nicht unlogisch, wenn man davon ausgeht, dass sehr viele Nutzer eine dieser Alternativen automatisch als Startseite oder bevorzugte Suchmaschine in ihren Browsern eingerichtet haben. Da diese Nutzer dennoch »googeln« möchten, führen sie zunächst eine Suche mithilfe eines Navigations-Keywords durch, um zur gewünschten bzw. ihnen bekannten Suchmaschine zu gelangen.

Informations-Keywords

Kommen wir als Nächstes zu den *Informations-Keywords*. Nutzer mit dieser Suchabsicht geben meist Mehrwortbegriffe in die Suchzeile ein, um sich online nähere Informationen beispielsweise zu einem Produkt, einem Unternehmen oder einem Thema zu holen. Einem thematischen Begriff folgt dabei jener, der die Informationsart näher beschreibt. So lassen sich beispielsweise Suchanfragen mit »Test«, »Anreise« oder »Wetter« in die Kategorie der informellen Suchabsicht einordnen.

Im Beispiel aus Abbildung 3.28 wird nach *digitalkamera test* gesucht. Damit teilen wir der Suchmaschine unmissverständlich mit, dass wir zunächst weder an Produktdetails einer konkreten Digitalkamera noch an unmittelbaren Shopping-Möglichkeiten interessiert sind. Der Google-Algorithmus kann unsere Suchabsicht sehr gut zuordnen und zeigt uns folglich Anzeigen und organische Ergebnisse zu Tests an.

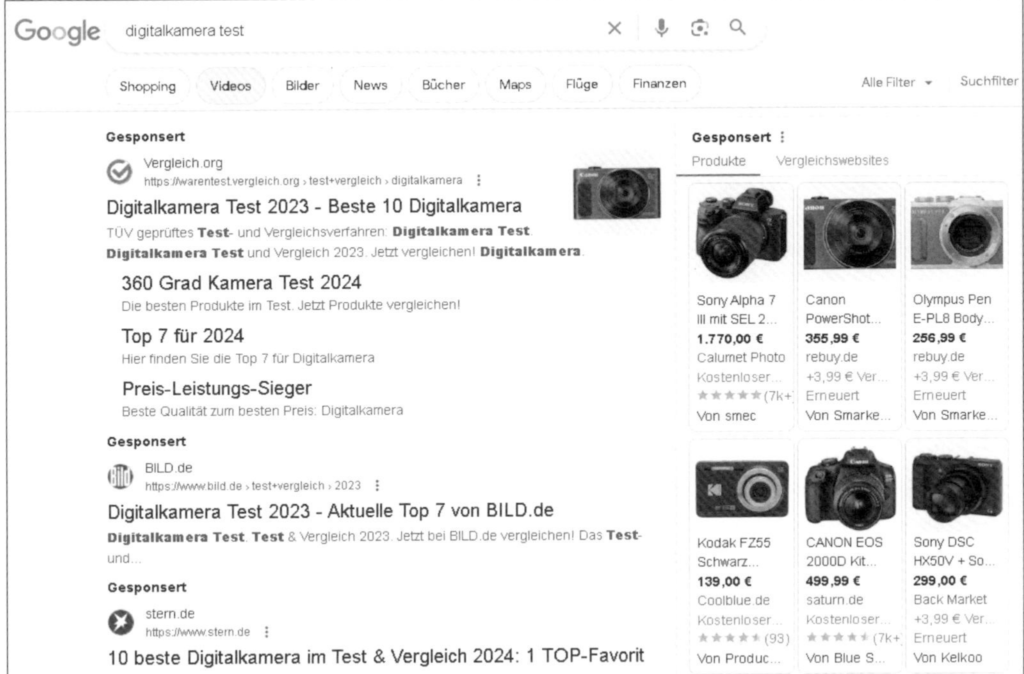

Abbildung 3.28 Informations-Keywords suchen z. B. nach Testberichten.

Sie können also erkennen, dass Nutzer mit dieser rein informellen Suchabsicht zwar noch kein konkretes Kaufinteresse haben, sich aber in einer nicht unwesentlichen Phase ihrer Kaufentscheidung befinden. Man würde nicht nach Digitalkamera-Testberichten im Internet suchen, wäre man nicht mittelfristig auch an einer Anschaffung interessiert. Deshalb werden am rechten Bildschirmrand Anzeigen zu Google-Shopping-Ergebnissen gezeigt.

Auch bei Nutzern, die zum Beispiel nach dem aktuellen Wetter oder den idealen Anreiserouten zu einem bestimmten Ferienort suchen, können Sie mit hoher Wahrscheinlichkeit davon ausgehen, dass diese in der nächsten Zeit dort einen Aufenthalt planen. Als Werbetreibender dürfen Sie also auch solche Keyword-Kombinationen in Ihrer Google-Ads-Strategie nicht unberücksichtigt lassen. Ordnen Sie Informations-Keywords unbedingt separaten Kampagnen und Anzeigengruppen zu, um auf deren Leistung hinsichtlich Budgetsteuerung und Optimierung explizit eingehen zu können.

Im Kontext der Testberichte wäre es für Sie als Anbieter des Testsiegers eines speziellen Digitalkameramodells durchaus sinnvoll, dass Sie diese Tatsache interessierten Nutzern über Google-Ads-Anzeigen zu relevanten Suchanfragen auch mitteilen. Solche Maßnahmen werden klarerweise nicht die Leistung konkreter Abverkaufskampagnen erreichen können, spielen aber sowohl im Kaufentscheidungs- als auch im zuvor erwähnten Markenbildungsprozess eine nicht zu vernachlässigende Rolle. Stoßen potenzielle Interessenten, Käufer oder Urlaubsgäste in dieser Phase nicht auf Ihre Anzeigen, sondern im schlechtesten Fall auf jene von Mitbewerbern oder Vergleichsplattformen, bei denen Sie möglicherweise nicht im besten Licht präsentiert werden, dann verschenken Sie hier unnötig Potenzial.

Transaktions-Keywords

Aller guten Dinge sind drei. Die dritte Variante ist wohl die beste, da sie für Sie im Hinblick auf die Kampagnenleistung die erfolgversprechendste ist: Die Rede ist von sogenannten *Transaktions-Keywords* – also jenen Begriffskombinationen, mit denen Sie als Suchmaschinennutzer eine klare Kaufabsicht ausdrücken.

Für viele von Ihnen mag es faszinierend erscheinen, wie unterschiedlich Googles Suchergebnisseiten plötzlich aussehen, sobald Sie den Begriff *Testbericht* durch *kaufen* ersetzen. Statt der Auflistung relevanter Testberichte mit mehr oder weniger dezenten Shopping-Anzeigen am rechten Bildschirmrand sehen Sie jetzt ausschließlich Kaufappelle (siehe Abbildung 3.29). Die Google-Shopping-Ergebnisse befinden sich nun oberhalb der organischen Suchergebnisse, also deutlich dominanter im Blickfeld des Betrachters, als es bei der Eingabe von Informations-Keywords der Fall war. Solche konkreten Produktanzeigen, die, unterstützt von Produktbildern, für eine hohe

Sichtbarkeit Ihres Online-Shops sorgen, können Sie ebenfalls mithilfe von Google Ads schalten.

Demnach ist es nur logisch, dass Sie Transaktions-Keywords in Ihrer Kampagnenstruktur eine spezielle Beachtung schenken, sind diese doch für die Leistung Ihrer Anzeigen zur Bewerbung eines Online-Shops am wichtigsten und in den Conversion-Reports wohl jene mit den besten ROI-Daten.

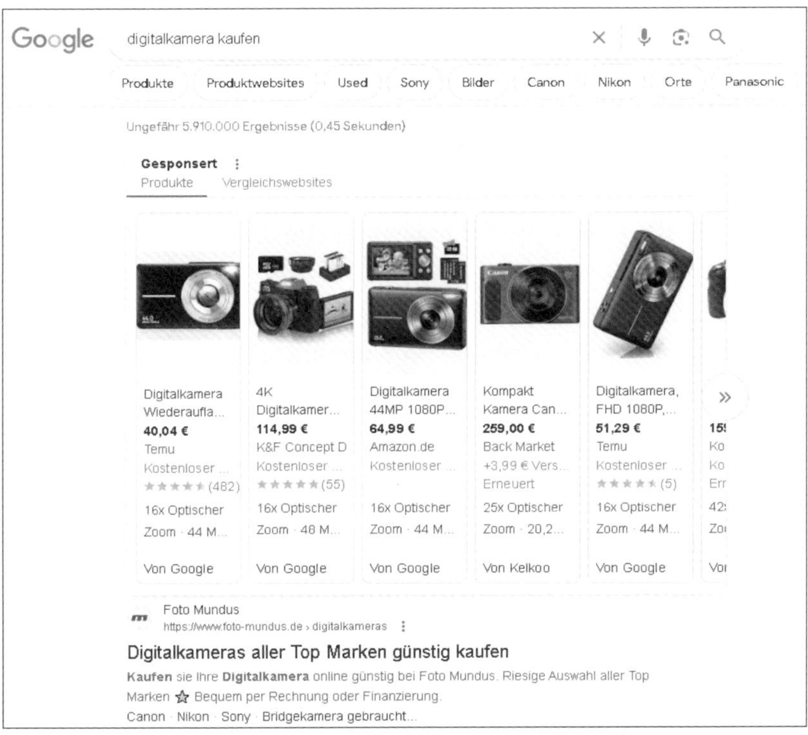

Abbildung 3.29 Shopping-Ergebnisse zu einem Transaktions-Keyword

Wir hoffen, Sie konnten die drei unterschiedlichen Suchabsichten mithilfe dieser einleitenden Erklärung verstehen und wissen nun, wie bedeutend es ist, diese in Ihren Google-Ads-Keyword-Listen nicht zu vermischen. Nicht nur, dass Sie bei einer unstrukturierten Vorgehensweise die Relevanz einzelner Anzeigengruppen unnötig verringern würden, auch im Analyse- und Optimierungsprozess bliebe Ihnen ein klarer und schneller Blick darauf verwehrt, wie die Leistung spezieller Keywords und Keyword-Gruppen unter Berücksichtigung der Suchabsichten ausfällt. Neben dieser Form der Keyword-Gruppierung gibt es noch weitere Möglichkeiten, die wir im Folgenden beschreiben.

3.3.2 Gruppierung nach Suchtiefe

Blicken wir zunächst auf die Gruppierung nach Suchtiefe, um darauf einzugehen, wie detailliert ein Suchmaschinennutzer seine Anfrage stellt. Erfahrungsgemäß verhält sich die Suchtiefe unmittelbar proportional zur Anzahl der eingegebenen Keywords. Je mehr Keywords zur Verfeinerung der Suchanfrage verwendet werden, umso größer ist die Suchtiefe.

Sie müssen berücksichtigen, dass Ihre Anzeigengruppen mit Keywords geringerer Suchtiefe zwar viel Traffic, aber wahrscheinlich nicht den höchsten ROI liefern werden. Gleichzeitig können Sie nicht ausschließlich auf sehr detaillierte Keyword-Kombinationen setzen. Was nützt Ihnen deren Conversion-Rate von bis zu 100 %, wenn im Monat nur wenige Klicks damit generiert werden? Starten Sie also zunächst mit kurzen Keyword-Kombinationen und vergrößern Sie die Suchtiefe erst im Zuge des Optimierungsprozesses schrittweise (unter anderem durch die Auswertung der konkreten Suchanfragen).

Schauen wir uns das Ganze an einem Beispiel mit Transaktions-Keywords an. Tabelle 3.2 zeigt, wie sich die Suchtiefe von Keyword-Kombinationen auch auf den Anzeigeninhalt und die Zielseite auswirkt.

Keyword	Eigenschaft	Anzeige	Zielseite
Digitalkamera kaufen	Kaufabsicht ist klar, Modell und Markenwunsch sind jedoch unbekannt.	Generischer Text mit Hinweis auf »Digitalkamera Online Shop«.	Relevante Überblicksseite mehrerer Modelle und Marken.
Nikon Digital Online Shop	Marke und Kaufabsicht sind klar.	Spezifischer Text mit Hinweis auf »Nikon«-Markenschwerpunkt.	Nikon-Marken-Kanal Ihres Online-Shops.
Nikon D5200 Kit Online kaufen	Konkrete Kaufabsicht inklusive Modellwunsch ist klar.	Konkreter Text, passend zum gesuchten Modell, optional mit konkreter Preisangabe bzw. Hinweisen auf Aktionen.	Modell- bzw. Angebotsseite für das gesuchte »Nikon D5200 Kit«.

Tabelle 3.2 Gruppieren Sie Ihre Keywords nach Suchtiefe, um in granularen Anzeigengruppen eine optimale Kampagnenleistung zu erzielen.

3.3.3 Die richtige Gruppierung als Erfolgsfaktor

Die zuvor genannten Beispiele sollten Ihnen einen ausreichenden Eindruck davon vermitteln, wie essenziell eine differenzierte Keyword-Struktur für den Erfolg jeder Google-Ads-Kampagne ist. Auch wenn viel vom zuvor Genannten für Sie logisch und selbstverständlich erscheinen mag – Sie würden sich wundern, wie viele Konten wir bis heute einsehen konnten, in denen ein heilloses Durcheinander an Kampagnen, Anzeigengruppen und Keywords vorzufinden war. Gründe dafür können Unwissenheit oder schlichtweg Zeitmangel sein.

Jedenfalls helfen Anzeigengruppen, in denen eine große Zahl an unterschiedlichen Keyword-Gruppen »wie Kraut und Rüben« durcheinandergewürfelt sind, letzten Endes nur einem: der Portokasse von Google. Eine fehlende Struktur sorgt nicht nur für eine unnötig geringe Anzeigenrelevanz für den Suchenden, sondern gleichzeitig für hohe Ausgaben Ihrerseits. Deshalb möchten wir Ihnen am Ende dieses Abschnitts noch einmal nahelegen, wie wichtig eine saubere Keyword-Gruppierung für den Erfolg Ihrer Ads-Kampagnen ist, auf die wir in Kapitel 4 näher eingehen.

3.4 Fazit

Dieses Kapitel hat Sie sehr ausführlich über die verschiedenen Aspekte der Keyword-Recherche informiert. Sie kennen nun unterschiedlichste Möglichkeiten, die Google selbst, aber auch viele interessante externe Tools kostenlos bieten. Daneben sollten Sie jedoch auch einen Blick auf die kostenpflichtigen SEA-Tools werfen, die umfangreiche Zusatzfunktionen zur Verfügung stellen. Das eine oder andere Tool erleichtert die Arbeit beim Aufsetzen einer neuen Kampagne. Dieses Keyword-Kapitel ist so umfangreich ausgefallen, weil ein solides Keyword-Set die Basis einer erfolgreichen Google-Ads-Kampagne bildet.

Zusätzliche Tipps: Hilfe bei Ihren Keyword-Listen

- Recherchieren Sie ausgiebig, aber halten Sie Ihre erste Keyword-Liste relativ klein. Diese kann später immer noch ergänzt werden.
- Wenn die Keywords zu den Produkten oder Dienstleistungen nicht richtig funktionieren, sollten Sie auch immer einmal einen anderen Blickwinkel wählen. Was sind die Probleme und Bedürfnisse Ihrer Kunden? Gibt es dazu passende Suchbegriffe? Welche Keywords nutzt der Wettbewerb?
- Anfangs können Sie mit der Keyword-Option *Weitgehend passend* starten, um erste Erfahrungen zu sammeln. Allerdings sollten Sie auf Grundlage Ihrer Statistiken relativ schnell einzelnen Keywords die restriktiveren Optionen *Passende Wortgruppe*

oder *Genau passend* zuweisen, um nicht unnötig Werbebudget zu verschenken. Details zu den einzelnen Keyword-Optionen erfahren Sie in Kapitel 4.

- Halten Sie die Anzahl der Keywords in Ihren Anzeigengruppen klein und erstellen Sie lieber neue, thematisch passende Anzeigengruppen. Wir empfehlen 10 bis 15 Keywords pro Anzeigengruppe.

3.5 Checkliste

Die Keyword-Recherche ist ein wichtiger Baustein Ihrer Google-Ads-Kampagne im Suchnetzwerk. Haben Sie an alles gedacht?

Wichtige Punkte bei der Keyword-Recherche	Erledigt (✓)
Brainstorming	
Befragung der Bestandskunden	
Austausch mit Kollegen und Freunden	
Analyse der eigenen Website	
Analyse von Werbematerial	
Befragung relevanter Zielgruppen	
Analyse von Social-Media-Posts und -Kommentaren, Bewertungen sowie Foren	
Aufbau einer Keyword-Liste	
Recherche mit dem Keyword-Tool von Google Ads	
Recherche mit unterschiedlichen Google-Tools	
Nutzung von Google Suggest	
Recherche mit kostenlosen externen Tools	
Recherche mit kostenpflichtigen Profitools	
Recherche mit KI-Tools	
Gruppierung der Keyword-Ideen	

Tabelle 3.3 Keyword-Recherche – Checkliste

Kapitel 4
Ihre erste Google-Ads-Kampagne

4

Es geht los! In diesem Kapitel erarbeiten wir schrittweise die Benutzeroberfläche des Google-Ads-Kontos. Unser Ziel ist es, dass Sie danach ein effizientes erstes Kampagnen-Setup erstellen können, bei dem einige erweiterte Einstellungen noch bewusst außen vorgelassen werden.

Wechseln Sie in Ihrem neu erstellten Google-Ads-Konto zum Unterpunkt KAMPAGNEN • KAMPAGNEN, um von dort aus die Erstellung Ihrer ersten Kampagne in Angriff zu nehmen. Beginnen Sie mit einem Klick auf ⊕.

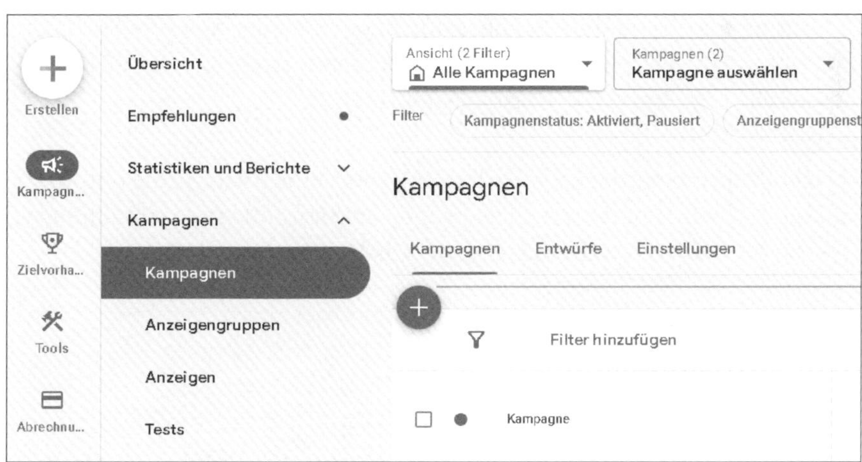

Abbildung 4.1 Eine neue Kampagne auf dem Tab »Kampagnen« anlegen

> **Verschiedene Möglichkeiten zur Erstellung von Kampagnen**
>
> Wie in Abbildung 4.1 zu sehen, beinhaltet auch das Hauptmenü einen zentralen Button ERSTELLEN. Mit Klick auf ⊕ können Sie nun im sich öffnenden Fenster auswählen, ob Sie eine neue Kampagne oder gegebenenfalls ein anderes neues Element, wie etwa eine Anzeigengruppe, erstellen möchten. Die Funktion ist sehr praktisch, da Ihnen diese von überall in Google Ads zur Verfügung steht.

Neben den beiden erläuterten Vorgehensweisen, in den Aufbau einer neuen Kampagne zu starten, werden Sie auch an weiteren Stellen in Google Ads immer wieder auf die Möglichkeit zur Erstellung stoßen. So können Sie entscheiden, welche davon am besten zu Ihnen passt.

Bevor Sie jedoch Ihre erste Kampagne erstellen, lassen Sie uns noch kurz das anstehende Prozedere in diese vier grundlegenden Schritte aufteilen:

1. **Kampagnen**
   Im Register nehmen Sie globale Kampagneneinstellungen vor, beispielsweise die Auswahl der gewünschten Werbenetzwerke, Standorte, Sprachen und Budgets.
2. **Anzeigengruppen**
   Eine Kampagne benötigt mindestens eine Anzeigengruppe. Die Anzeigengruppe verbindet die Textanzeige mit den Keywords. Sie ist quasi die Klammer um Keywords und Textanzeige.
3. **Keywords**
   Pro Anzeigengruppe benötigen Sie mindestens ein Keyword. Sie hinterlegen einen, meistens jedoch mehrere Suchbegriffe bzw. eine oder mehrere Suchwortkombinationen. Für die jeweiligen Keywords können noch Keyword-Optionen und individuelle Keyword-Gebote festgelegt werden.
4. **Textanzeige**
   Pro Anzeigengruppe benötigen Sie auch mindestens eine Anzeige, die optimalerweise auf die Keywords in der Anzeigengruppe abgestimmt ist. In Abbildung 4.2 haben wir für Sie die Anatomie eines Google-Ads-Kontos dargestellt.

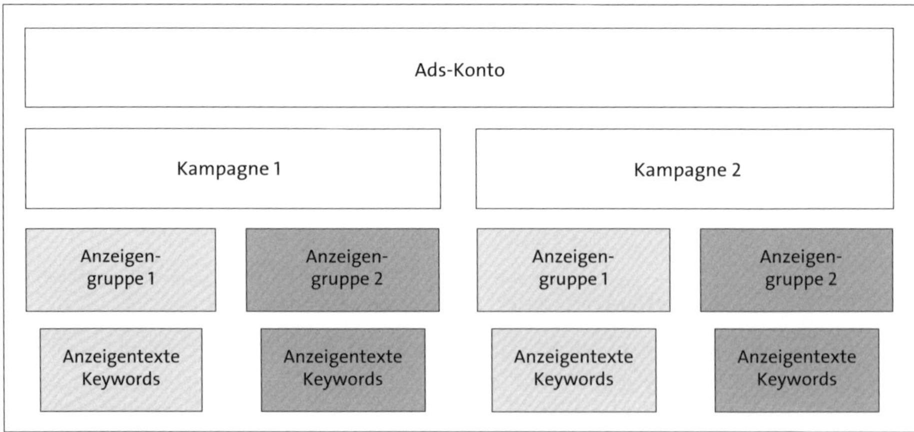

Abbildung 4.2 Die Anatomie eines Google-Ads-Kontos mit dem hierarchischen Aufbau von Kampagnen und Anzeigengruppen

Sie werden schnell erkennen, dass auch die Logik der Kampagnenerstellung dieser grundlegenden Hierarchie folgt. Diese ist übrigens unabhängig von der Unternehmensgröße, der Zielsetzung und dem Werbebudget und gilt somit für alle Google-Ads-Konten gleichermaßen.

4.1 Bevor Sie beginnen

Bevor Sie mit der Erstellung Ihrer ersten Kampagne beginnen, möchten wir mit Ihnen an dieser Stelle noch einmal klären, ob Sie alle erforderlichen Vorbereitungsarbeiten abgeschlossen haben. Die Kampagnenvorbereitungen erhalten in der Praxis leider zu wenig Aufmerksamkeit, sind aber sehr wichtig für die Erstellung einer guten Ads-Kampagne!

Sie sollten grundlegend mit den Inhalten aus den vorhergehenden Kapiteln vertraut sein, in denen wir die Funktionsweise von Google Ads erklärt und mit Ihnen Überlegungen zu Strategie und Zielen angestellt haben. Zudem setzen wir voraus, dass Sie sich bereits eine erste Keyword-Liste zurechtgelegt haben, die Sie, basierend auf Kapitel 3, »Keywords«, bearbeiten und strukturieren konnten.

4.1.1 Bereit für Google Ads? Die finale Checkliste

Die folgende Checkliste hilft Ihnen, noch einmal zu prüfen, ob Sie auch wirklich startklar sind:

- **Budget**
  Sie müssen sich darüber im Klaren darüber sein, welches Budget Sie für Google Ads einsetzen möchten. Wir gehen davon aus, dass Sie sich einen klaren Budgetrahmen für einen definierten Zeitraum gesetzt haben. Das ist wichtig, weil Sie gleich zu Beginn des Setup-Prozesses ein maximales Tagesbudget für Ihre Kampagne festlegen müssen.
- **Website**
  Sie haben sichergestellt, dass Sie eine einwandfrei funktionierende Website besitzen, die für die über Google Ads gewonnenen neuen Besucher optimal aufbereitet ist. Von der Ladezeit über das Design bis hin zu den Inhalten muss die Website dahin gehend optimiert sein, neue Interessenten bestmöglich abzuholen. Funktioniert zum Beispiel ein für die Neukundengewinnung wichtiges Formular nicht, wäre jeder einzelne über Google Ads generierte Klick eine Verschwendung.

- **Anzeigenausrichtung**
  Sie haben sich darüber Gedanken gemacht, in welchen Zielregionen und Sprachen Sie Ihre erste Kampagne schalten möchten. Wir empfehlen Ihnen, dass Sie erste Erfahrungen zunächst am Heimatmarkt und in Ihrer Landessprache sammeln – vorausgesetzt natürlich, Branche und Zielsetzung Ihres Unternehmens erlauben es. Ist Ihr Budget begrenzt, denken Sie gleich an eine Einschränkung auf spezielle erfolgversprechende Bundesländer, Regionen oder Städte, bevor Sie eine landesweite Kampagne schalten.
- **Angebot**
  Sie wissen, welche Angebote, Produkte und Dienstleistungen Sie bewerben möchten. Das ist gleich für zwei Bereiche wichtig: Einerseits können Sie so gezieltere Anzeigentexte verfassen, andererseits wissen Sie direkt, welche der Anzeigen Sie mit welcher Zielseite auf Ihrer Website verknüpfen müssen. Sie werden später noch erfahren, warum es durchaus sinnvoll und empfehlenswert ist, nicht alle Anzeigen ausschließlich auf die Homepage Ihrer Unternehmenswebsite zu lenken.
- **Zielsetzung**
  Sie haben für Ihre Kampagne eine konkrete Zielsetzung festgelegt. Möchten Sie qualifizierte Besucher generieren, Anfragen oder Anmeldungen über Online-Formulare erhalten oder Produkte in einem Online-Shop verkaufen? Gehen Sie bereits im Anzeigentext darauf ein, welche Tätigkeit der Interessent auf Ihrer Website durchführen soll, und verweisen Sie ihn auf inhaltlich abgestimmte Unterseiten.
- **Anzeigentexte**
  Sie haben sich wichtige Textpassagen und Kernaussagen oder sogar konkrete Preise und Angebotsdetails zurechtgelegt, die Sie unbedingt in Ihren Anzeigen darstellen möchten. Wie Sie wissen, bieten die Suchanzeigen von Google Ads nur beschränkten Platz für Ihre Anzeigenformulierungen. Unser Tipp: Erstellen Sie ein Word- oder Excel-Dokument mit wichtigen Textbausteinen. Je besser Sie diesbezüglich vorbereitet sind, umso leichter wird Ihnen die Eingabe der Anzeigentexte bei der Kampagnenerstellung fallen. Vergessen Sie nicht, einen USP wie beispielsweise »Kostenloser Versand« und eine passende Call-to-Action wie »Jetzt bestellen!« in Ihre Texte zu integrieren. Erfahrungsgemäß werden zu »brave« oder ohne klare Handlungsaufforderung formulierte Anzeigentexte weniger gut geklickt.
- **Suchbegriffe**
  Sie haben sich, basierend auf den zu bewerbenden Produkten oder Dienstleistungen, bereits passende Suchbegriffe und Keyword-Listen zurechtgelegt, für die Sie Ihre ersten Google-Ads-Anzeigen schalten möchten. In Kapitel 3, »Keywords«, haben Sie Tools und Prozesse zur umfangreichen Recherche Ihrer Keywords kennengelernt.

4.1.2 Namenskonventionen

Wir möchten noch ein weiteres wichtiges Thema ansprechen, bevor Sie aktiv werden. Legen Sie sich – beginnend bei der ersten Kampagne – eine aussagekräftige und allgemein verständliche Namenskonvention zurecht, die Sie dann möglichst im gesamten Google-Ads-Konto einhalten sollten. Auf diese Weise stellen Sie sicher, dass Sie einerseits die Namen von Kampagnen und Anzeigengruppen nachträglich nicht mehr ändern müssen und so auch Berichte über einen längeren Zeitraum vergleichen und analysieren können. Andererseits können bei einer »sprechenden« Namenskonvention auch andere Personen (neue Mitarbeiter oder betreuende Agenturen) schnell einen Einblick gewinnen, wie die Konto- und Kampagnenstruktur in Ihrem Konto aufgebaut ist. Sie können sich nicht vorstellen, mit welchen kuriosen Konto-, Kampagnen- und Anzeigengruppenbezeichnungen wir im Zuge unserer Google-Beratungs- und Betreuungsprojekte bereits konfrontiert wurden. *Kampagne 1* ist dabei der »Klassiker«, weil es sich hier um den früher von Google Ads automatisch vorgeschlagenen Kampagnennamen handelte, den viele Anwender einfach nicht geändert haben. Aktuell nennt Google die Neuanlage einer Suchkampagne automatisch passenderweise *Search-1*, *Search-2* etc. – was das grundlegende Problem nicht verbessert.

Wir möchten, dass Sie solche Bezeichnungen so früh wie möglich vermeiden. Dem Vorteil, den Sie und andere Personen später haben werden, stehen nur wenige Minuten Aufwand gegenüber, die Sie der Benennung Ihrer Kampagnen widmen. Unabhängig davon, ob Sie wenige manuell betreute oder eine Vielzahl an automatisierten Kampagnen benennen müssen: Halten Sie sich stets an eine solide und aussagekräftige Namenskonvention.

Es gibt hierfür keine allgemeine »Regel« oder feste Standards. Erfahrungsgemäß ist es jedoch zielführend, wenn Sie versuchen, die wichtigsten Informationen wie das ausgewählte Werbenetzwerk, die geografische Ausrichtung bzw. Sprache sowie die Kampagnenstrategie und idealerweise auch die Art der Werbemittel im Namen unterzubringen. Auch Hinweise auf die betreffende Saison oder Jahreszahlen sind »erlaubt«, wenn Ihre beworbenen Produkte und Dienstleistungen dies erfordern. So wird man beispielsweise bei unterschiedlichen Kampagnen für eine Urlaubsdestination diese je nach Jahreszeit oder Ferienperiode bzw. je nach Saison mit einem passenden Namen benennen, um die laufende Analyse und Optimierung durch unterschiedliche Verantwortliche so einfach wie möglich zu gestalten.

Nutzen Sie bei verwandten Kampagnen auch gleiche Namensbestandteile. So können Sie später bei Automatisierungsprozessen einfacher auf eine Gruppe zurückgreifen, indem Sie alle Kampagnen ansprechen, die zum Beispiel den Begriff »Shop« enthalten, oder alle Kampagnen, bei denen beispielsweise »Weihnachten« im Kampagnennamen vorkommt.

Beispiele für Kampagnennamen:

- Google-Suchnetzwerk-AT_Generisch
- SEA_AT_Generic
- Google-Displaynetzwerk-DE_Brand
- GDN_DE_Brand
- Google-Displaynetzwerk-EN_Banner
- GDN_EN_Banner
- YouTube-Imagekampagne-DE_2013
- 001_Sportbekleidung
- 002_Sportschuhe

Beispiele für nicht empfohlene Kampagnennamen:

- Google Ads
- Neue Kampagne 1
- Search-1
- XF3_379_OPT
- »Test«, »Diverse« oder »Sonstige«

Nachdem wir Sie nun bereits mit einer sehr wichtigen Eigenschaft einer Google-Ads-Kampagne – nämlich einem eindeutigen und aussagekräftigen Namen – konfrontiert haben, sind Sie endgültig bereit dafür, mit der Erstellung Ihrer ersten Google-Ads-Kampagne zu beginnen.

Kontolimits in Google Ads

Selbst wenn die meisten Leser in dieser frühen Phase wohl noch keine Probleme damit haben sollten, an die Grenzen der erlaubten Konto- und Kampagnenlimits zu stoßen, ist diese Information für die künftige Planung Ihrer Maßnahmen nicht unwichtig: Seit 2012 gelten erweiterte und für den Großteil der Google-Ads-Kunden wohl langfristig ausreichende Beschränkungen.

Ein Konto kann in der Summe 10.000 Kampagnen beinhalten, wobei es keine Rolle spielt, ob sie aktiv sind oder gerade pausieren. Pro Kampagne sind dann bis zu 20.000 Anzeigengruppen erlaubt, die jeweils weitere 20.000 einzelne Keywords oder andere für das Displaynetzwerk relevante Ausrichtungselemente (z. B. Placements oder Zielgruppen) enthalten können.

Pro Anzeigengruppe sind zudem bis zu 300 Bild-/Galerieanzeigen möglich. Die Grenze bei den Textanzeigen liegt bei 50 aktiven Anzeigen pro Anzeigengruppe. Die

Kontolimits belaufen sich in Summe auf maximal vier Millionen aktive oder pausierende Anzeigen und fünf Millionen Ausrichtungselemente (Keywords, Placements etc.). Die speziellen responsiven Anzeigen, die Sie später auch noch kennenlernen werden, sind auf drei pro Anzeigengruppe beschränkt.

Alle vorgegebenen Grenzen reichen für die Standardnutzung von Google Ads aus, größere Mengen wären auch mit den normalen Möglichkeiten eines Google-Ads-Admins nicht mehr zu verwalten. Falls Sie jedoch einmal die aktuell geltenden Beschränkungen benötigen, rufen Sie einfach das folgende Dokument der Google-Ads-Hilfe auf, um eine vollständige Liste der Google-Ads-Kontolimits zu erhalten:

https://support.google.com/google-ads/answer/6372658

4.2 Grundlegende Einstellungen

Da die theoretische Erklärung der Funktion von Google Ads schon wieder einige Kapitel und Seiten zurückliegt und wir davon ausgehen müssen, dass einige von Ihnen auch als »Quereinsteiger« diesen Abschnitt lesen werden, halten wir es für wichtig, den grundsätzlichen Ablauf einer Google-Suche noch einmal kurz zusammenfassen: Ein Nutzer mit Informationsbedarf oder einer konkreten Kaufabsicht ruft zum Beispiel die Seite *www.google.de* auf und gibt dort seine Suchanfrage ein. Daraufhin erscheint die Suchergebnisseite, deren Einträge im oberen Bereich und immer wieder zwischendurch innerhalb der Endlosseite aus mehreren bezahlten Textanzeigen bestehen, die zum Suchbegriff passen und (mehr oder weniger deutlich – mehr dazu im nächsten Kasten) als Anzeige gekennzeichnet sein müssen. Bei Interesse an einer der auf diese Weise beworbenen Webseiten wird der Nutzer auf eine der Anzeigen klicken.

Im Beispiel aus Abbildung 4.3 haben Sie als Interessent durch die Eingabe der Suchphrase *Gartenmöbel kaufen* Ihr deutliches Interesse am Kauf neuer Gartenmöbel bekundet.

Diese Eingabe löst nun über Google Ads die Anzeigenschaltung mehrerer Anbieter aus. Google reagiert auf Ihr klares Kaufinteresse und listet aus diesem Grund konkrete Produktangebote auf. Gleichzeitig finden Sie klassische Anzeigen vor, die jedoch ebenfalls auf einen Webshop verweisen. Sie klicken in diesem Fall auf die Anzeige von *Keessmit.de*. Der Klick führt Sie nun zur Zielseite (*Landingpage*) der Kampagne, auf der Sie sofort verschiedene Gartenmöbel sowie einhergehende Informationen finden, um Ihre Kaufentscheidung treffen und eine Online-Bestellung im Bestfall sofort abschließen zu können.

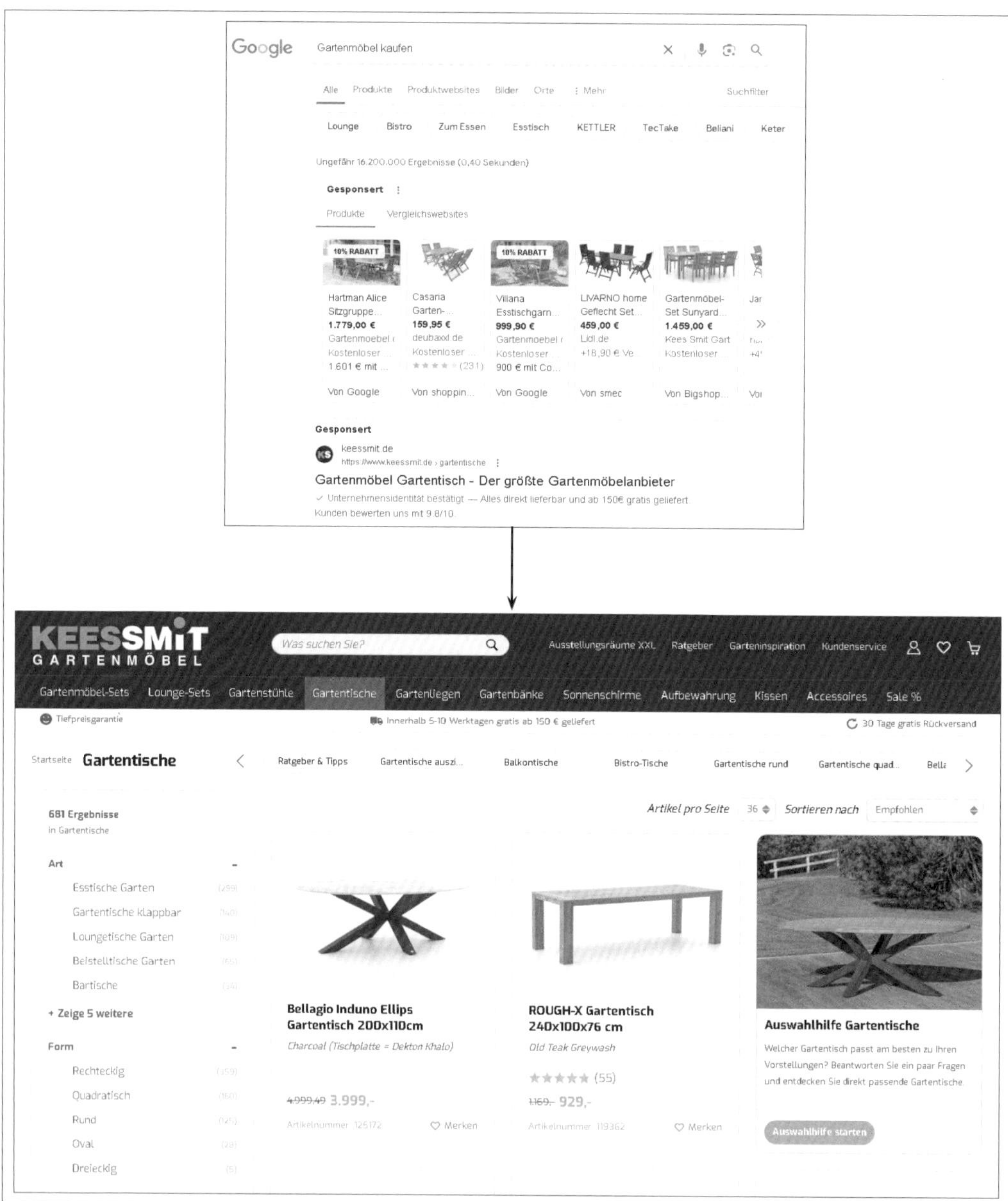

Abbildung 4.3 »Suchen, klicken, kaufen« – einfach für den Google-Nutzer, anspruchsvoll für Sie als Google-Ads-Werbetreibenden

Die Kennzeichnung von Google-Ads-Anzeigen: ein ewiges Experiment

Über die Art und Weise, wie deutlich Google die Unterscheidung der bezahlten von den organischen Suchergebnissen kennzeichnet, wird nicht nur viel diskutiert – es wird auch permanent experimentiert.

Während man bei Endanwendern oft mit landläufigen und gleichzeitig widersprüchlichen Aussagen konfrontiert wird (von »Ich habe noch nie auf eine Anzeige geklickt!« – woher hätte Google dann wohl seine milliardenhohen und noch immer wachsenden Quartalserfolge? – bis »Sind nicht alle Suchergebnisse bezahlt?« – Nein!), beschäftigt sich der Suchmaschinenriese selbst hochwissenschaftlich mit diesem Thema. Auch Branchenexperten setzen sich mit der Frage auseinander, ob und wenn ja welche Vorteile für alle Beteiligten durch die permanente Optimierung der Anzeigenkennzeichnung entstehen.

Im Laufe der Zeit hat Google die Kennzeichnung schon öfter geändert und mit verschiedenen Farben experimentiert. Früher wurde der Anzeigenbereich rosa, hellgrün oder blau hinterlegt. Ab 2013 erschien dann vor jeder Textanzeige im oberen Bereich ein kleiner gelber Sticker mit dem Hinweis *Anzeigen*. Die Farbe wechselte im Juni 2016 zu Grün. Diese Farbgestaltung passte sich somit hervorragend an den grünen Link der direkt angrenzend angezeigten URL an. Bis Ende 2019 und Anfang 2020 wurde im deutschsprachigen Bereich das Wort *Anzeige* in grüner Farbe als Sticker mit einem dünnen grünen Rand dargestellt, was noch unauffälliger daherkam. Gleichzeitig experimentierte Google zwischenzeitlich mit einer Darstellung dieser Variante in Schwarz (mit entsprechend angezeigter URL, also ebenfalls in schwarzer Farbe). Auch aktuell wählt Google eine schwarze Schrift, hat das Wording jedoch weg von *Anzeigen* hin zu *Gesponsert* angepasst.

Untersuchungen haben interessanterweise gezeigt, dass selbst gravierende Änderungen wohl nur eine kurzfristige Auswirkung auf das Klickverhalten der Suchmaschinennutzer haben. Nur wenige Nutzer sind wohl wirklich in der Lage, bezahlte von organischen Suchergebnissen zu unterscheiden. Wenn Sie dieses Buch in der Hand halten, kann es also sein, dass Google schon wieder eine andere Darstellung des Anzeigenhinweises ausspielt. Dies ändert jedoch nichts an der grundsätzlichen Darstellung der Suchergebnisse.

Auch wenn es sich aus Anwendersicht einfach darstellt, haben Sie als Google-Ads-Werbekunde einiges zu berücksichtigen, bis Ihre Kampagne online ist. Wir wissen, dass Sie nun schon darauf brennen werden, endlich Ihre eigenen Anzeigen bei Google zu schalten. Fahren Sie fort, indem Sie zur Google-Ads-Benutzeroberfläche zurückkehren. Die grundlegenden Schritte, die Sie im Folgenden zu erledigen haben, sind in Abbildung 4.4 schematisch gezeigt.

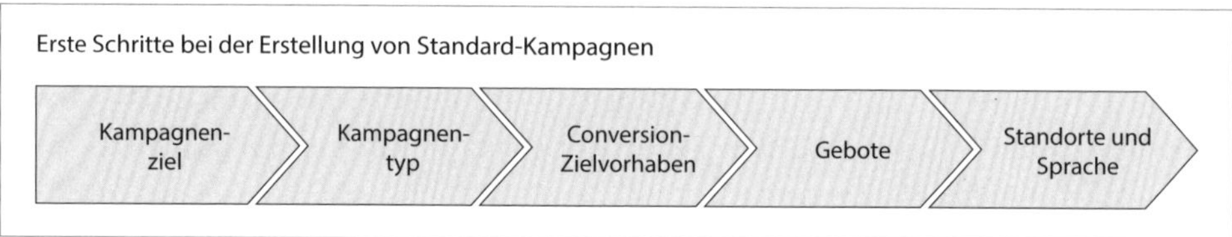

Abbildung 4.4 Bei der Erstellung Ihrer ersten Kampagne müssen Sie vor der Auswahl von Keywords und Anzeigentexten wichtige Entscheidungen treffen.

Dieser Abschnitt behandelt den gängigsten Anwendungsfall für Google Ads: eine Kampagne, die im Suchnetzwerk von Google geschaltet wird und ausschließlich Textanzeigen enthält. Wir befinden uns im Bereich KAMPAGNEN • KAMPAGNEN und klicken im linken oberen Bereich auf den Plus-Button (siehe Abbildung 4.1). Folgen Sie nun den Schritten, die innerhalb der nächsten Abschnitte erläutert werden.

4.2.1 Kampagnenziele

Google möchte, dass Sie sich beim Start einer neuen Kampagne für ein Ziel entscheiden. Achtung: Auch wenn ein Ziel natürlich immer wichtig ist und Sie auch ein Ziel für Ihre Google-Ads-Kampagnen haben, sollten Sie an dieser Stelle KAMPAGNE OHNE ZIELVORHABEN ERSTELLEN anklicken (siehe Abbildung 4.5).

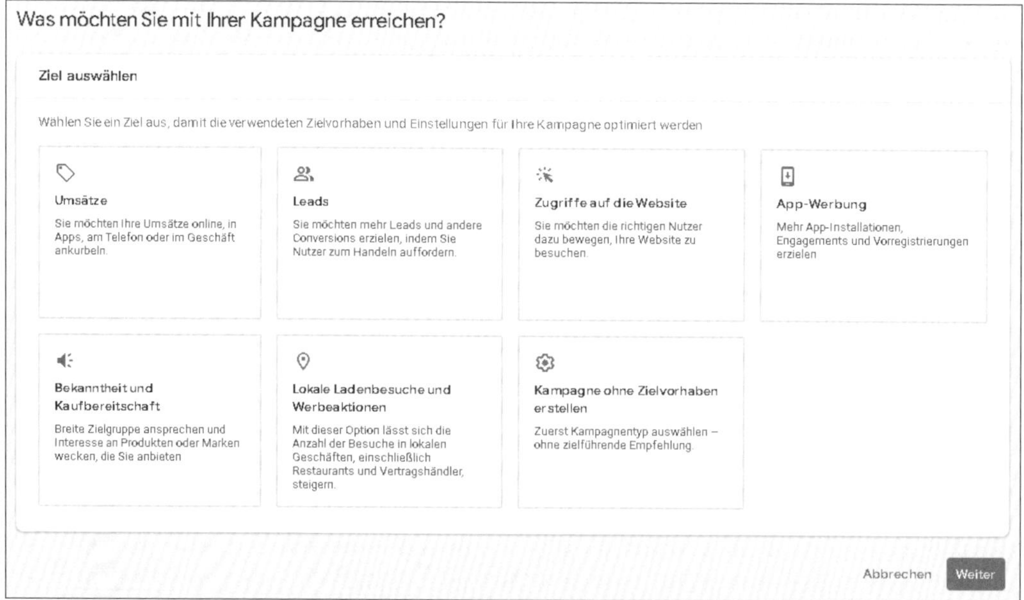

Abbildung 4.5 Vorgabe der Kampagnenziele – kann übergangen werden.

Eine andere Auswahl beschränkt Sie ansonsten nur in Ihren Möglichkeiten, die wir Ihnen hier jedoch vollständig vorstellen möchten. Mit diesem Wissen können Sie dann selbst entscheiden, welche Einstellungen für Ihren Erfolg wichtig sind. Für Google ist die Auswahl nur eine Hilfe, damit automatisiert weniger Entscheidungsmöglichkeiten vom Programm vorgeschlagen werden müssen.

Sie kennen jetzt die von uns empfohlene Vorgehensweise. Zum besseren Verständnis werden wir im Folgenden jedoch kurz auf die verschiedenen Auswahlmöglichkeiten eingehen, die Ihnen Google im Hinblick auf Kampagnenziele anbietet.

Umsätze

Diese Einstellung legt fest, dass das Hauptziel der Kampagne die Generierung von Einnahmen ist. Wenn Sie diese Option auswählen, legt Google bei der weiteren Kampagnenausrichtung den Fokus darauf, so viele Conversions wie möglich zu erzielen, die zu einem Umsatz führen.

Leads

Diese Einstellung legt fest, dass das Hauptziel der Kampagne die Generierung von potenziellen Kunden(-Leads) ist. Dabei kann ein Lead verschiedene Aktionen oder durch den Kunden bereitgestellte Informationen umfassen, wie z. B. das Ausfüllen eines Kontaktformulars, das Anfordern eines Angebots oder das Abonnieren eines Newsletters. Wenn Sie diese Option auswählen, legt Google bei der weiteren Kampagnenausrichtung den Fokus darauf, so viele qualifizierte Leads wie möglich zu generieren.

Zugriffe auf die Website

Diese Einstellung legt fest, dass das Hauptziel der Kampagne die Steigerung des Traffics auf Ihrer Webseite ist. Wenn Sie diese Option auswählen, legt Google bei der weiteren Kampagnenausrichtung den Fokus darauf, Interessenten auf Ihren Online-Auftritt zu lenken. Hier haben Sie dann die Möglichkeit, Ihr Angebot in vollem Umfang zu präsentieren.

App-Werbung

Diese Einstellung legt fest, dass das Hauptziel der Kampagne die Förderung Ihrer mobilen Anwendung ist. Voraussetzung dafür ist natürlich die Verfügbarkeit dieser App in den gängigen App-Stores. Wenn Sie diese Option auswählen, legt Google bei der weiteren Kampagnenausrichtung den Fokus darauf, die Installationen, die Sichtbarkeit und die Nutzung Ihrer Anwendung zu steigern.

Bekanntheit und Kaufbereitschaft

Diese Einstellung legt fest, dass das Hauptziel der Kampagne die Steigerung Ihrer Bekanntheit und die Erhöhung der Kaufbereitschaft potenzieller Kunden ist. Dieses Ziel lässt sich somit in gewisser Weise als Vorstufe zur Zielausrichtung UMSÄTZE einordnen. Wenn Sie diese Option auswählen, legt Google bei der weiteren Kampagnenausrichtung den Fokus darauf, die Sichtbarkeit Ihrer Marke zu erhöhen und Ihre Zielgruppe dazu zu ermutigen, Ihre Produkte oder Dienstleistungen für die Zukunft tatsächlich in Betracht zu ziehen.

Lokale Ladenbesuche und Werbeaktionen

Diese Einstellung legt fest, dass das Hauptziel der Kampagne die Förderung von Besuchen an Ihrem physischen Standort (z. B. Ladenlokal oder Restaurant) und die Förderung von lokalen Werbeaktionen ist. In diesem Zusammenhang spielt insbesondere die Einrichtung von Standort-Assets eine wichtige Rolle, da diese potenziellen Kunden mit wenigen Klicks den direkten Weg zu Ihnen erleichtern. Wenn Sie diese Option auswählen, legt Google bei der weiteren Kampagnenausrichtung den Fokus darauf, Personen anzusprechen, die sich in der Nähe Ihres Geschäfts befinden und wahrscheinlich daran interessiert sind, dieses zu besuchen oder an den beworbenen Aktionen teilzunehmen.

Kampagnen ohne Zielvorhaben erstellen

Der Vollständigkeit halber möchten wir auch diese letzte Option – wenngleich bereits zu Beginn des Abschnitts erläutert – noch mal mit aufführen. Diese Auswahl lässt Ihnen im Verlauf der weiteren Kampagnenkonfiguration die Freiheit, alle Einstellungen individuell festzulegen, ohne dass Google diese bereits, wie im Fall der anderen Optionen, eingeschränkt hat.

4.2.2 Kampagnentypen

Die Auswahl des Kampagnentyps ist eine wesentliche Entscheidung, die Sie im nächsten Schritt bei der Kampagnenerstellung treffen müssen. Abhängig davon stehen Ihnen in weiterer Folge unterschiedliche Optionen und Einstellungsmöglichkeiten zur Verfügung. Sie müssen sich hier grundlegend entscheiden, ob Sie eine Kampagne für das Suchnetzwerk bzw. für die klassische SUCHE und/oder für das DISPLAY(-Netzwerk) schalten möchten. Wie Sie in Abbildung 4.6 sehen, stehen auch noch die Kampagnen SHOPPING, VIDEO, APP und SMART zur Auswahl. Im Rahmen der stetigen Weiterentwicklung bietet Ihnen Google außerdem mit PERFORMANCE MAX-KAMPAGNE und DEMAND GEN zwei vollkommen neue Kampagnentypen an. Anders als bei den Kampagnenzielen muss hier zwingend eine konkrete Auswahl getroffen werden. Für unseren Standardfall wählen Sie den Kampagnentyp SUCHE aus, damit Ihre Google-Ads-Kampagne bei der Google-Suche erscheint.

Auch wenn die einzelnen Kampagnentypen im Verlauf dieses Buches noch genauer beschrieben werden, finden Sie im Folgenden eine kurze Erläuterung zu fast jedem Kampagnentyp. Dadurch erhalten Sie einen ersten Überblick. Den Typ SMART haben wir hier ausgelassen, da es sich um keine »echte« Ads-Kampagne handelt. Wir haben ihn bereits in Abschnitt 2.5, »Google Smart Campaign ist Teil von Google Ads«, früher AdWords Express, erläutert.

Abbildung 4.6 Ihre erste Kampagne soll nur im Suchnetzwerk von Google erscheinen.

Suche

Die Schaltung der Anzeigen im Suchnetzwerk erfolgt zunächst auf den offensichtlichsten Webseiten, nämlich auf allen infrage kommenden Google-Suchergebnisseiten. Abhängig von der geografischen Ausrichtung Ihrer Kampagnen werden die Anzeigen im Suchnetzwerk auf den unterschiedlichen Google-Seiten (beispielsweise *www.google.de*, *www.google.at*, *www.google.ch* oder in der internationalen Version *www.google.com*) geschaltet.

Performance Max-Kampagne

Die PERFORMANCE MAX-KAMPAGNE von Google Ads zielt darauf ab, die Leistung von Werbeanzeigen über verschiedene Google-Plattformen hinweg zu maximieren. Dazu nutzt diese Art von Kampagne maschinelles Lernen und KI-gesteuerte Automatisierung, um Anzeigen auf eine breite Palette von Google-Plattformen zu optimieren, darunter Suchnetzwerk, Displaynetzwerk, YouTube, Discover. In Kapitel 9, »Performance Max-Kampagnen«, finden Sie weitere Informationen zu diesem Thema.

Display (Kurzform für Displaynetzwerk)

Sie haben in den vorhergehenden Kapiteln bereits einiges über das Google Displaynetzwerk gelesen und kennen dessen Eigenschaften, um damit in Millionen von Webseiten, Videos und Mobile-Apps Anzeigen schalten zu können. Möchten Sie kontextabhängige Anzeigen schalten, wählen Sie diese Variante aus. Bei der ersten Kampagne, die wir gemeinsam in diesem Kapitel erstellen, bleibt das Displaynetzwerk jedoch deaktiviert. In Kapitel 5, »Displaynetzwerk-Kampagnen«, finden Sie weitere Informationen zu diesem Thema.

Shopping

Diese Kampagnenvariante ermöglicht Ihnen die einfache Erstellung von Anzeigen mit Produktinformationen. Diese unterscheiden sich von klassischen Ads-Textanzeigen nicht nur durch die Darstellung in einem separaten Bereich auf der Suchergebnisseite, sondern auch in der Art, wie sie aufgesetzt werden. Die Shopping-Kampagnen auf den Google-Suchergebnisseiten fallen direkt ins Auge, weil sie Produktbilder enthalten. In Kapitel 6, »Google-Ads-Shopping-Kampagnen«, finden Sie weitere Informationen zu diesem Thema.

Video

Die Erstellung einer Kampagne vom Typ VIDEO zählt zu einer fortgeschrittenen Möglichkeit bei der Nutzung von Google Ads. Mit diesen Kampagnen können Sie Videowerbung bei YouTube und auf bestimmten Webseiten im Google Displaynetzwerk schalten. In Kapitel 7, »Google-Videokampagnen«, finden Sie weitere Informationen zu diesem Thema.

App

Die APP-Werbekampagnen können für Android- oder iOS-Apps in verschiedenen Formaten automatisch erstellt werden. Diese Werbung kann sowohl im Suchnetzwerk als auch im Displaynetzwerk, aber auch bei Google Play, in anderen Apps sowie auf YouTube geschaltet werden. Für diese Werbung muss natürlich zunächst einmal eine App erstellt werden, die hier beworben werden kann. Daher ist diese Werbeform für viele mittelständische Unternehmen zunächst einmal nicht so interessant. In Abschnitt 11.4.10, »Universelle App-Kampagne«, finden Sie weitere Informationen zu diesem Thema.

Demand Gen

Dieser Kampagnentyp löst die *Discovery-Kampagnen* ab und erweitert dabei die bisherigen Möglichkeiten. Unterstützt durch KI soll die Kampagnenleistung gesteigert werden. In Anlehnung an *Social Ads* sollen diese Kampagnen visuell möglichst ansprechend sein und potenzielle Kunden über die Google-Plattformen Discover Feed, YouTube und Gmail erreichen. In Abschnitt 10.3, »Demand Gen-Kampagnen«, finden Sie weitere Informationen zu diesem Thema.

4.2.3 Conversion-Zielvorhaben (Conversions)

Als Nächstes legen Sie die CONVERSION-ZIELVORHABEN bzw. die Conversions fest, die für Ihre Kampagne verwendet werden sollen (siehe Abbildung 4.7).

Diese Zuordnung ist grundlegend für den Erfolg Ihrer Kampagne. Nur auf diese Weise weiß Google, was Sie mit Ihrer Kampagne erreichen wollen. Conversions sorgen dafür, dass eine Messung des Kampagnenerfolgs möglich ist und damit einhergehend eine Optimierung der Kampagnenleistung erfolgen kann. Zur Einrichtung von Conversion-Zielen finden Sie weitere Informationen in Abschnitt 2.6.4.

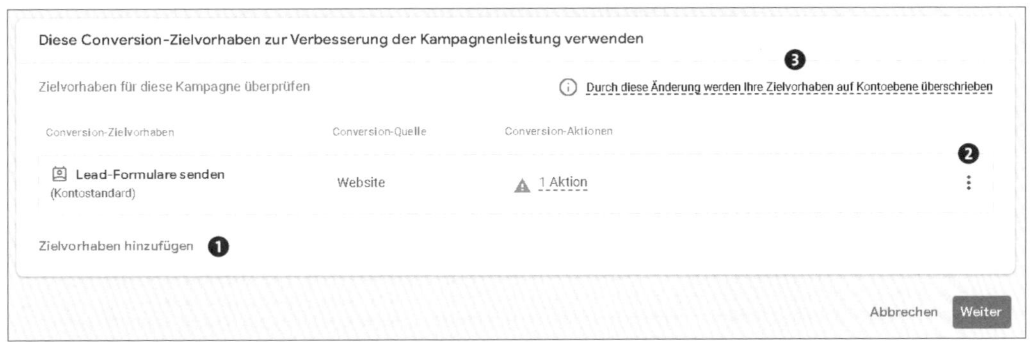

Abbildung 4.7 Auswahl der »Conversion-Zielvorhaben« für Ihre Kampagne

Google verwendet zunächst automatisch alle Conversions für Ihre Kampagne, die als *Kontostandard* definiert sind. Bei Bedarf können Sie sofern vorhanden weitere Conversions in Ihre Liste mit aufnehmen, indem Sie auf ZIELVORHABEN HINZUFÜGEN ❶ klicken und die relevante Conversion in der sich daraufhin öffnenden Gesamtliste aller angelegten Conversions auswählen. Ein Ausschluss von Conversions ist über die drei Punkte am Ende der jeweiligen Zeile möglich ❷. Nach einem Klick darauf bestätigen Sie den Ausschluss mit einem weiteren Klick auf ZIELVORHABEN »IHR CONVERSION-ZIELVORHABEN« ENTFERNEN. Sollten Sie den ursprünglichen Zustand der Liste und somit die Auswahl aller Kontostandard-Conversions wiederherstellen wollen, klicken Sie auf DURCH DIESE ÄNDERUNG WERDEN IHRE ZIELVORHABEN AUF KONTOEBENE ÜBERSCHRIEBEN ❸.

Damit Ihre Kampagne zielgerichtet ausgespielt und optimiert wird, sollten Sie Ihre Auswahl auf die tatsächlich relevante Conversion bzw. gegebenenfalls auf einige wenige tatsächlich relevante Conversions beschränken.

Google fordert (fast) immer mindestens eine Conversion

Sobald mindestens eine Conversion als *Kontostandard* definiert ist und diese somit automatisch für Ihre Kampagne vorbelegt wird, besteht keine Möglichkeit, die Kampagne anzulegen, ohne mindestens eine Conversion ausgewählt zu haben. Auch in diesem Umstand zeigt sich noch mal die große Bedeutung, Google-Conversions für Ihre Kampagnen einzusetzen.

Sollte es keine Kontostandard-Conversion geben, ist die Auswahlliste zunächst leer. Sofern Sie diesen Zustand ignorieren und mit der Konfiguration fortfahren, lässt Google dies aktuell zu. Sobald jedoch mindestens eine Conversion manuell hinzugefügt wird, lässt Sie Google nicht mehr zu einer leeren Auswahlliste zurückkehren.

Von der Schaltung einer Kampagne ohne Conversion ist ohnehin abzuraten. Sorgen Sie also vorab dafür, dass die passende Conversion bereits angelegt ist.

Die gewählten Conversions lassen sich, wie viele andere Einstellungen ebenfalls, bei Bedarf zu einem späteren Zeitpunkt in den Kampagneneinstellungen nachträglich anpassen. Sie sollten dies jedoch möglichst vermeiden, da das zu Einbußen von wichtigen Messdaten führen kann.

Nachdem Sie Ihre Auswahl im Hinblick auf alle relevanten Conversion-Zielvorhaben getroffen haben, klicken Sie auf WEITER.

Eine erneute Frage nach dem Kampagnenziel

Nachdem die Auswahl der Conversion-Zielvorhaben abgeschlossen ist, fragt Sie Google erneut nach übergeordneten Zielen für Ihre Kampagne (siehe Abbildung 4.8), um Einstellungen vorwegzunehmen und eigene Vorschläge anzubieten. Auch an dieser Stelle verzichten wir – wie bereits zum Start der Kampagnenerstellung – auf eine konkrete Auswahl, indem wir einfach auf den Button WEITER klicken und dadurch zum nächsten Schritt übergehen.

Wie bereits erläutert, geht es auch hier nicht darum, dass Sie keine Ziele haben oder ohne Ziele eine Kampagne starten sollen. Sie lernen jedoch mehr über die verschiedenen Einstellungsmöglichkeiten einer Kampagne und verstehen auch deren Auswirkungen besser, wenn Sie die Grundeinstellungen manuell vornehmen. Außerdem sollten Sie grundsätzlich immer vorsichtig sein, wenn Google Ads Ihnen automatisierte Einstellungen anbietet. Das System ist immer nur so gut wie die Vorarbeit, die Sie geleistet haben. Testen Sie die automatisierten Einstellungen zu einem späteren Zeitpunkt, wenn Sie mehr über die Auswirkungen wissen und Ihre Kampagnen, Keywords, Anzeigen und Zielseiten bereits optimiert haben.

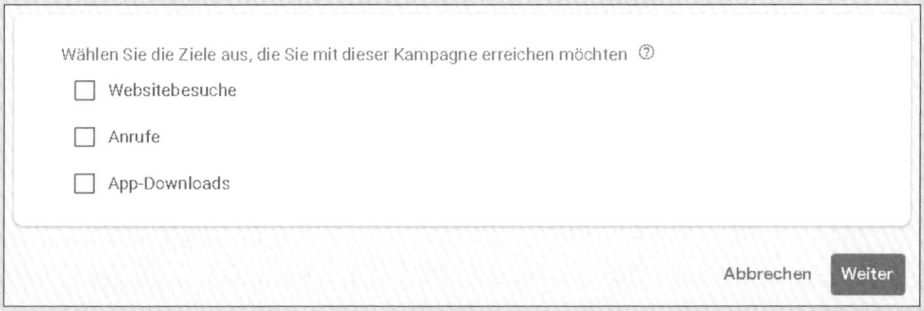

Wählen Sie die Ziele aus, die Sie mit dieser Kampagne erreichen möchten

- [ ] Websitebesuche
- [ ] Anrufe
- [ ] App-Downloads

Abbrechen Weiter

Abbildung 4.8 Eine zweite Zielabfrage erscheint nach der Auswahl der Conversion-Zielvorhaben.

Vergeben Sie im Feld KAMPAGNENNAME einen sprechenden Namen und klicken Sie erneut auf WEITER.

4.2.4 Gebote (Gebotsstrategie)

Im nächsten Schritt GEBOTE legen Sie nun die Strategie für Ihre neue Kampagne fest. Google bietet Ihnen im Kampagnenerstellungsassistenten jedoch lediglich die Möglichkeit, AUTOMATISCHE GEBOTSSTRATEGIEN auszuwählen. In Abschnitt 2.7.4 wurden Ihnen die verschiedenen Gebotsstrategien bereits vorgestellt. Sie wissen daher, dass es sinnvoll ist, bei einer neuen Kampagne zunächst mit der Strategie KLICKS MAXIMIEREN oder MANUELLER CPC zu beginnen, da in einem neuen Ads-Konto in der Regel noch keine Conversions vorhanden sind. Starten Sie daher Ihre Kampagne zunächst mit dem Schwerpunkt auf KLICKS (siehe Abbildung 4.9) um mit der Gebotsstrategie KLICKS MAXIMIEREN zu starten. Behalten Sie zudem die deaktivierte Checkbox MAXIMALES CPC-GEBOT FESTLEGEN bei, um die Ausspielung nicht einzuschränken. Überwachen Sie zu Beginn die Kosten pro Klick und passen Sie den maximalen CPC später an, falls Google für automatisierte Gebote einen zu hohen Klickpreis verwendet. Nach Aktivierung der Checkbox vor MAXIMALES CPC-GEBOT FESTLEGEN können Sie das Höchstgebot für alle Keywords dieser Kampagne auf ein Gebot beschränken.

Abbildung 4.9 Legen Sie zunächst den Schwerpunt auf »Klicks«.

Google stellt Ihnen unter KUNDENAKQUISITION (siehe Abbildung 4.10) erweiterte Möglichkeiten in Bezug auf die bevorzugte oder ausschließliche Ausspielung Ihrer Kampagne an Neukunden bereit. Da diese Funktion jedoch an zusätzliche Bedingungen geknüpft ist, Sie eine Liste mit Bestandskunden hinzufügen und dies rechtlich vorher abklären müssen, belassen wir es hier bei der reinen Benennung. Indem Sie diese Funktion nicht nutzen, wird Ihre Kampagne in gleichem Maße an Bestandskunden und Neukunden ausgespielt. Klicken Sie abschließend auf WEITER und fahren Sie mit den nächsten Schritten fort.

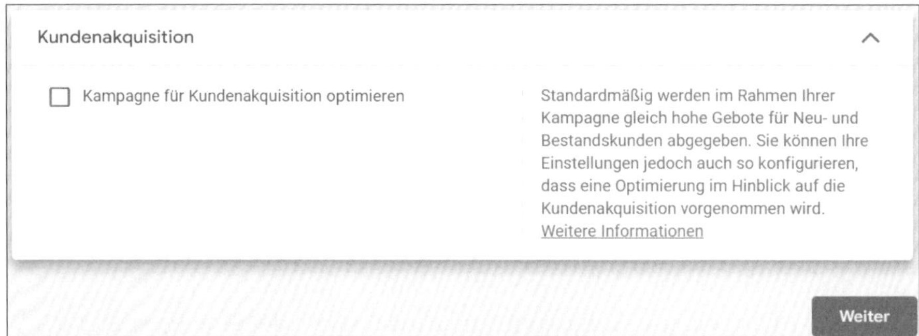

Abbildung 4.10 Die Optimierung zur Kundenakquise benötigen Sie zunächst nicht.

4.2.5 Werbenetzwerk (Suchnetzwerk-Partner und Displaynetzwerk hinzufügen)

Treffen Sie nun unter WERBENETZWERKE eine weitere wichtige Entscheidung zur Kampagnenausrichtung. Wollen Sie die Google-SUCHNETZWERK-PARTNER EINBEZIEHEN? Diese Auswahl ist, wie in Abbildung 4.11 dargestellt, zunächst einmal mit einem Haken in einer blauen Checkbox aktiviert. Schauen wir uns einmal an, was das bedeutet.

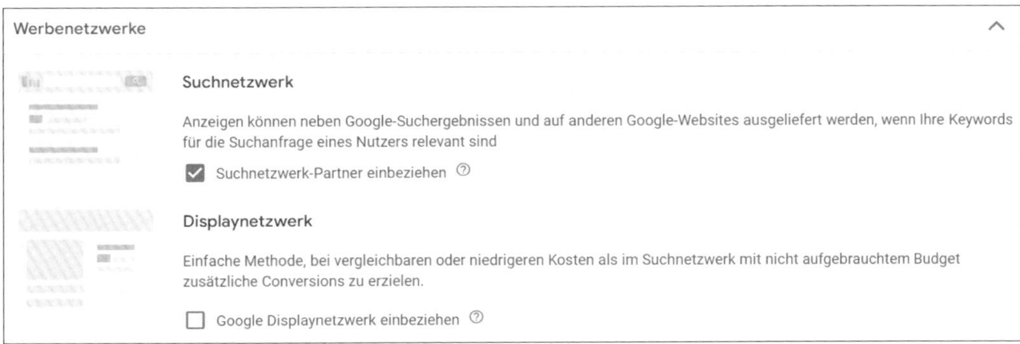

Abbildung 4.11 Google Displaynetzwerk für Suchkampagnen deaktivieren

Die Partnerseiten im Suchnetzwerk bestehen aus anderen Google-Produkten, z. B. Google Maps, und Partnerwebseiten mit Suchfunktionen. Dort können Ihre Anzeigen zusätzlich ausgespielt werden. In Deutschland zählen zum Beispiel die Webseiten *web.de* (siehe Abbildung 4.12) und *www.t-online.de* zu den Partnern für das Google-Suchnetzwerk.

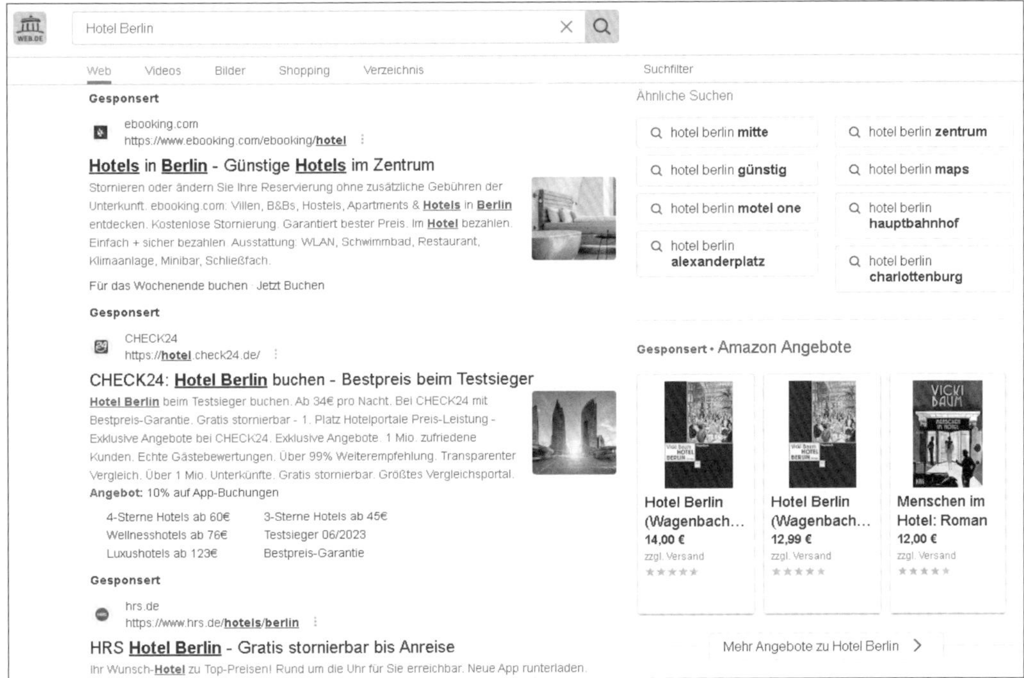

Abbildung 4.12 web.de als Beispiel für einen Partner im Suchnetzwerk

Leider können Sie das Partner-Suchnetzwerk nur komplett ein- oder ausschalten. Eine Unterscheidung zwischen einzelnen Diensten ist nicht möglich, obwohl dies schon einmal von Google in Aussicht gestellt wurde. Die Partnerseiten im Suchnetzwerk sind einerseits eine gute Möglichkeit, die Kampagnenreichweite ohne großen Aufwand einfach zu vergrößern. Unsere Erfahrungen zeigen jedoch andererseits, dass es sowohl bei kleinen Budgets als auch bei anspruchsvollen Conversion-Zielen empfehlenswert sein kann, Ihre Werbemaßnahmen rein auf die Google-Suche zu beschränken und die Partnerseiten nicht mit einzubeziehen. Denn über gezielte Auswertungen lässt sich oft herausfinden, dass die Werbepartner hinsichtlich Klick- und Conversion-Raten nicht mit der Anzeigenleistung der Google-Suchmaschine mithalten können.

Deaktivieren Sie also die Schaltung zu den Partnern im Suchnetzwerk über die dafür vorgesehene Checkbox, falls Sie Ihr Budget für eine bestmögliche Leistung und Kontrolle ausschließlich auf den Suchmaschinenseiten von Google einsetzen wollen.

Möchten Sie noch mehr Details zu den Partnern im Suchnetzwerk erfahren, informieren Sie sich bitte in diesem Hilfe-Artikel:

https://support.google.com/google-ads/answer/2616017

Das Displaynetzwerk zur Suche hinzufügen

Google schlägt oft vor, doch beide Netzwerke (Suchnetzwerk und Displaynetzwerk) in einer einzigen Kampagne zu bedienen. Dabei lautet das Argument, dass dies »die beste Möglichkeit« sei, um die größtmögliche Reichweite zu erzielen. Diese Kombination ist oft schon voreingestellt. Hier sollten Sie jedoch den Haken vor GOOGLE DISPLAYNETZWERK EINBEZIEHEN deaktivieren (siehe Abbildung 4.11).

Wir empfehlen Ihnen unbedingt, im Fall einer geplanten Reichweitenmaximierung jeweils separate Kampagnen zu erstellen und nicht auf Googles Vorschlag einzugehen. Warum sollten Sie so vorgehen? Nun, die Charakteristika dieser beiden Netzwerke führen dazu, dass Sie von der Kampagnenausrichtung über die Zielgruppenansprache in den Anzeigentexten bis hin zu Leistungsdaten und Optimierungsmaßnahmen auf große Unterschiede stoßen werden. Gehen Sie auf diese in jeweils separaten Kampagnen für das Such- und das Displaynetzwerk ein. Darüber hinaus können Sie damit auch das Budget besser aussteuern.

Blicken wir beispielsweise auf den Aufmerksamkeitszustand des Nutzers: Bei einer Google-Suche ist dieser in einem aktiven Zustand und definiert sein klares Bedürfnis durch die Eingabe eines Suchbegriffs oder einer längeren Suchphrase. Im Displaynetzwerk lesen Nutzer Nachrichten- und Blogartikel oder Foreneinträge zu relevanten Themen und sehen Ihre Anzeigen jeweils im Kontext dazu. Aus diesem Grund unterscheiden sich unter anderem die Klickraten, die Klickpreise und die tägliche Reichweite (potenzielle Impressionen) zwischen dem Such- und dem Displaynetzwerk dramatisch. Berücksichtigen Sie dies unbedingt durch die Erstellung jeweils separater Kampagnen. Wenn Sie eine eigene Displaykampagne erstellen, können Sie außerdem noch zusätzlich andere Targeting-Möglichkeiten nutzen, zum Beispiel die Schaltung auf bestimmten Placements oder die Ausrichtung nach Website-Themen.

Sie werden im weiteren Verlauf noch herausfinden, warum die strikte Kampagnentrennung eine wichtige Rolle spielt – und weswegen die Kampagnenvariante mit dem hinzugefügten Displaynetzwerk für Sie nicht die beste Möglichkeit ist, weil Sie damit weder die meisten noch die richtigen Kunden effizient erreichen.

4.2.6 Standorte

Als nächste Entscheidung steht die Standortausrichtung an. Google Ads zeichnet sich dadurch aus, dass Sie Kampagnen sehr präzise auf Standorte und Sprachen ausrichten können, und hebt sich mit dieser Eigenschaft von vielen Mitbewerbern im Online-Werbegeschäft ab. Auf diese Weise können auch Werbekunden mit kleinen bzw. kleinsten Budgets sicherstellen, nur die richtigen, weil im wahrsten Sinne des Wortes »naheliegendsten« Nutzer zu erreichen.

Gleichzeitig bieten sich durch die Kombination aus Standort- und Sprachauswahl viele Möglichkeiten zur kreativen Anzeigenschaltung. Möchten Sie beispielsweise eine Kampagne für deutschsprachige Nutzer auf Mallorca schalten, ist das mit Google Ads kein Problem – und wir sind uns sicher, dass Sie bei diesem Praxisbeispiel eine genügend große Zielgruppe vorfinden würden. Sie wollen die türkischsprachige Gemeinschaft in Wien ansprechen? Auch diese Auswahl ist technisch möglich. Während Sie die Spracheinstellungen erst im nächsten Schritt anpassen können, werfen wir nun einen Blick darauf, wie Sie die Standortauswahl in der Benutzeroberfläche vornehmen.

Einfache Standortauswahl

In Abbildung 4.13 stellen wir Ihnen die drei Möglichkeiten vor, mit denen Sie die Standortauswahl für Ihre Kampagne treffen:

- Als erste Option schlägt Ihnen das Google-Ads-System ALLE LÄNDER UND GEBIETE vor.
- Die zweite Wahlmöglichkeit fällt auf das Land, in dem Sie Ihr Google-Ads-Konto angemeldet haben (im vorliegenden Beispiel DEUTSCHLAND).
- Zuletzt finden Sie den Vorschlag WEITEREN STANDORT EINGEBEN, um eigene Standorte vorzugeben.

Die erste Option, ALLE LÄNDER UND GEBIETE, wird man in der Praxis für eine einzelne Kampagne nur in äußerst seltenen Fällen auswählen. Selbst bei größeren Budgets und einer internationalen Kampagnenausrichtung sollte Ihre Standortauswahl gezielter ausfallen. Wir können uns trotz langjähriger Kampagnenerfahrung mit internationalen Kampagnen für Kunden verschiedener Branchen nicht daran erinnern, jemals eine Kampagne für die Schaltung in allen Ländern und Gebieten aktiviert zu haben.

Etwas praktikabler fällt hier der zweite Vorschlag aus, da es schon wesentlich wahrscheinlicher ist, Ihre Kampagnen in dem Land zu schalten, das Ihrem Google-Ads-Konto zugeordnet ist. Die beste und von Ihnen wohl auch in Zukunft am meisten genutzte Variante wird aber jene sein, die Auswahl von Ziel- und eventuellen Ausschlussstandorten individuell vorzunehmen.

Abbildung 4.13 Mit der Standortausrichtung können Sie Nutzer in einer oder mehreren geografischen Zielregionen auswählen oder davon ausschließen.

Erweiterte Suche

Wählen Sie die ERWEITERTE SUCHE, um ein Fenster mit individuellen Möglichkeiten zur Standortauswahl zu öffnen. Dort finden Sie mit einer Suchmaske die praktikabelste Methode, um die passenden Zielregionen einzustellen. Beginnen Sie einfach damit, einen Orts-, Städte- oder Ländernamen einzutippen, und Sie erhalten automatisch passende Vorschläge. Neben den Namens- und Reichweitenangaben finden Sie in der eingeblendeten Standortliste folgende zwei Möglichkeiten:

- ZIEL
- AUSSCHLIESSEN

Je nachdem, auf welchen Link Sie klicken, können Sie Standorte für die Anzeigenschaltung auswählen (ZIEL) oder ausschließen (AUSSCHLIESSEN). Auch der Ausschluss ist in der Praxis durchaus üblich; bei der Standortstrategie spielen solche Überlegungen vor allem bei Produkten und Dienstleistungen eine Rolle, deren physischer Standort maßgeblichen Einfluss auf die weiteren Aktionen eines potenziellen Kunden hat.

Stellen Sie sich beispielsweise ein ostösterreichisches Ferienhotel vor, das zwar eine österreichweite Werbestrategie verfolgt, aber die mit einer vergleichsweise sehr langen Anreise verbundenen Bundesländer Vorarlberg und Tirol ausschließen möchte. Im Gegensatz dazu hätte ein in Deutschland angesiedelter Online-Shop keinen Grund, seine Kampagnen nicht auch in weiter entfernten Bundesländern zu schalten. Bei einheitlichen Versandgebühren spielt es keine Rolle, ob ein inländischer Kunde 20 oder 800 Kilometer vom Unternehmensstandort entfernt ist.

Möchten Sie noch weitere Standorte recherchieren, die zu Ihrer Suche passen? In diesem Fall klicken Sie auf den Link IN DER NÄHE. Sie erhalten sofort passende Vorschläge zu Ihrer Vorauswahl.

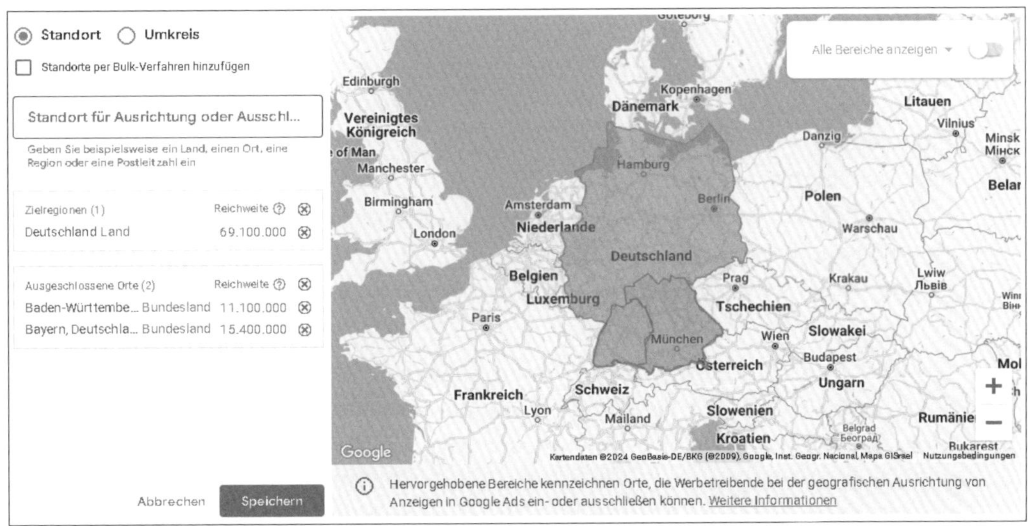

Abbildung 4.14 Erweiterte Standortauswahl mit Kartenvorschau

Mehr Reichweite als Einwohner?

Auf mehreren Abbildungen in diesem Abschnitt sehen Sie Reichweitenangaben, die Google für viele Länder, Regionen und Städte zur Verfügung stellt. Dabei handelt es sich um eine Google-Schätzung, wie viele Google-Nutzer Ihre Anzeigen im gewählten

Gebiet theoretisch sehen können. Laut Google basiert diese Schätzung auf der Anzahl angemeldeter Nutzer, die Google Sites-Websites besuchen.

So wird beispielsweise für Deutschland eine Reichweite von 69,1 Millionen (Stand: April 2024, siehe Abbildung 4.14) angegeben, während die Bevölkerungsstatistik vom Jahresende 2023 ungefähr 84,7 Millionen Einwohner ausweist.[1]

Sie müssen also berücksichtigen, dass die Reichweitenschätzung auf eindeutigen Cookies aller Nutzer basiert, die Google-Websites besuchen. Die Reichweite muss auch nicht immer unterschiedliche Personen beinhalten. Stellen Sie sich vor, dass Sie zum Beispiel im Tagesverlauf die Google-Suche sowohl von Ihrem Bürorechner aus als auch über Ihren privaten Tablet-Computer und via Smartphone aufrufen. So würden allein Sie für eine theoretische Reichweite von drei potenziellen Nutzern in dieser Berechnung sorgen. Verwenden Sie diese Reichweitenschätzung also nur zum groben Vergleich einzelner Standorte untereinander, denn die bloße Zahlenangabe sagt noch nichts über die wirklichen Anzeigenimpressionen und Klicks aus.

Umkreisbezogene Ausrichtung

Als Alternative zur Ausrichtung auf konkrete Regionen oder Städte können Sie auch UMKREIS als Ausrichtung wählen (siehe Abbildung 4.15). Diese Variante ist unter anderem für viele lokale Unternehmen wie Restaurants, Handwerker oder auch Ausflugsziele interessant. Für das in der folgenden Abbildung gezeigte Beispiel haben wir eine Zielregion ausgewählt, die den Umkreis von 75 Kilometern zur bayrischen Stadt Erding abdeckt. Auf diese Weise könnte zum Beispiel der Betreiber der bekannten *Therme Erding* eine Google-Ads-Kampagne für kurzentschlossene Tagesgäste schalten, bei denen sichergestellt ist, dass die Anreise nicht mehr als eine gute Autostunde beträgt.

Berücksichtigen Sie dabei, dass die Umkreisangaben nicht hundertprozentig akkurat sind. Technisch bedingt, lässt sich der Standort der potenziellen Zielgruppe nämlich nicht auf den (Kilo-)Meter genau erfassen. Das hat damit zu tun, dass der Standort eines Nutzers oft über die IP-Adresse bestimmt wird. Wenn man sich per Router mit dem Internet verbindet, legt der Internetprovider (zum Beispiel die Telekom) fest, welcher Einwahlknoten genutzt wird. Die IP-Adresse des Einwahlknotens bestimmt dann auch den »Standort« des Google-Nutzers – und der kann einige Kilometer von seinem tatsächlichen Standort entfernt sein. Bei der mobilen Nutzung über das

1 Quelle: Statistisches Bundesamt, siehe *https://www.destatis.de/DE/Themen/Gesellschaft-Umwelt/Bevoelkerung/Bevoelkerungsstand/_inhalt.html*

Smartphone ist die Standortbestimmung wiederum viel genauer, da dort die sogenannten Funkzellen den Standort festlegen oder auch GPS-Daten genutzt werden können.

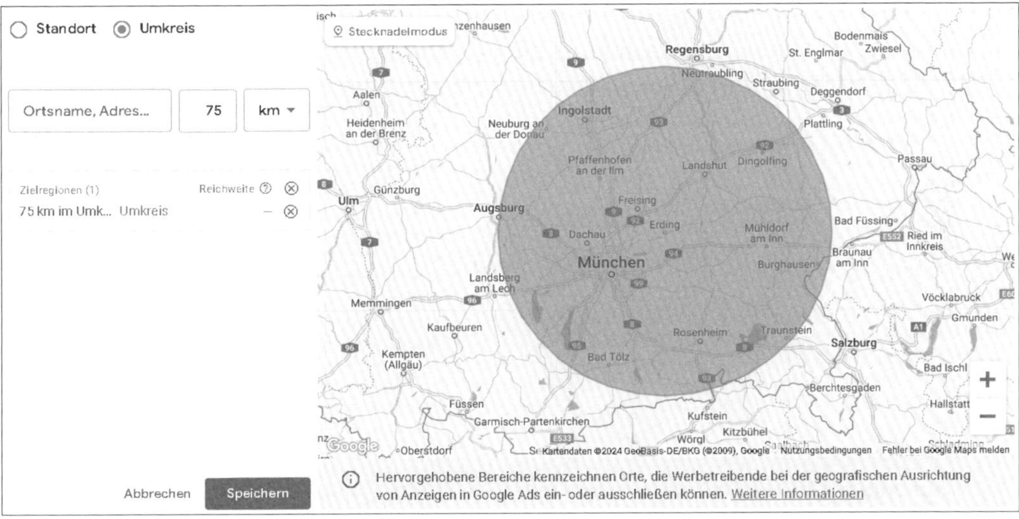

Abbildung 4.15 Die Ausrichtung »Umkreis« deckt alle Orte in einem gewählten Abstand zum Zentrum ab.

Wie funktioniert die Standortermittlung in Google Ads?

Sie möchten bestimmt wissen, wie Google den Standort der Google-Ads-Nutzer so genau festlegen kann, um Ihnen eine Schaltung »im Umkreis von 25 Kilometern« eines beliebigen Zentrums zu ermöglichen. Ausschlaggebend dafür ist eine mehrstellige Adresse, die jedes Gerät besitzt, das sich mit dem Internet verbindet. Keine Sorge, Google kennt hier nicht Ihre persönliche Postadresse oder gar Telefonnummer.

Um den geografischen Standort von Internetnutzern zu bestimmen, wird vielmehr die sogenannte *IP-Adresse* Ihres Internetgeräts herangezogen. Das ist eine eindeutige, in mehrere Blöcke unterteilte Zeichenkombination, die nach dem alten IPv4-Schema nur Zahlen, im neuen IPv6-Schema auch Buchstaben enthält. Sowohl für den Desktop-Computer im Büro oder zu Hause als auch für Tablet und Smartphone unterwegs gilt: ohne IP-Adresse kein Internetzugang. Auf der Website *https://whatismyipaddress.com* können Sie einfach prüfen, mit welcher IP-Adresse Sie zurzeit im Internet surfen.

Mehrere Standorte hinzufügen

Die dritte zur Verfügung stehende Ausrichtungsmethode verbirgt sich hinter der Checkbox STANDORTE PER BULK-VERFAHREN HINZUFÜGEN (siehe Abbildung 4.16).

Fortgeschrittene Anwender können bei dieser geografischen Ausrichtungsmethode bis zu 1.000 Standorte auf einmal bearbeiten. Diese Standorte können in einem Textfeld über Städte- und Ländernamen oder auch Postleitzahlen angegeben werden.

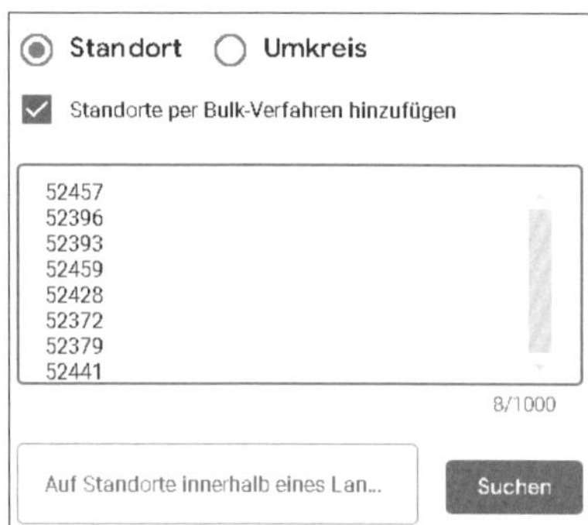

Abbildung 4.16 Beispiel zur Auswahl mehrerer Standorte über Postleitzahlen

Über SUCHEN gleichen Sie Ihre Eingabe zunächst mit den tatsächlich verfügbaren Standorten ab und wählen anhand des Suchergebnisses mit nur einem Klick aus, ob Sie alle gelisteten Standorte hinzufügen (AUF ALLE AUSRICHTEN) oder ausschließen (ALLE AUSSCHLIESSEN) möchten. Sie können aber auch ein einzelnes Ergebnis hinzufügen oder entsprechend ausschließen (siehe Abbildung 4.17).

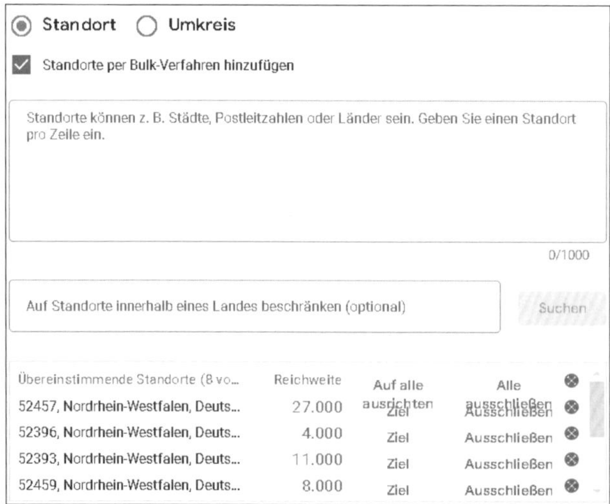

Abbildung 4.17 Gefundene Standorte über die Postleitzahl hinzufügen oder ausschließen

Für schnelle und eindeutige Ergebnisse sollten Sie pro Land eine eigene Suche ausführen. Bitte beachten Sie auch, dass Google beispielsweise nicht alle Postleitzahlennamen kennt. Sie werden jedoch darüber informiert, welche Postleitzahlen nicht zugeordnet werden konnten. Hier müssen Sie eine zusätzliche Suche nach den Städtenamen durchführen oder das Gebiet über einen Umkreis abdecken.

Länderspezifische Ausrichtungsmöglichkeiten

Google Ads bietet länderabhängig unterschiedliche Ausrichtungsmöglichkeiten. Nicht nur Steckdosen, Sprachen und Benimmregeln variieren von Land zu Land, auch Google muss in der Standortausrichtung auf bestimmte Eigenheiten und unterschiedliche regionale Details eingehen. Ob Schweizer Kantone, französische Départements oder japanische Präfekturen – Sie schöpfen bei der geografischen Zielgruppenauswahl mit Google Ads aus dem Vollen.

Sie können davon ausgehen, dass Google permanent daran arbeitet, die Ausrichtungsmöglichkeiten weiter zu verfeinern. So gibt es zum Beispiel ausschließlich in den USA zurzeit die Möglichkeit, Google-Ads-Kampagnen nach Bundeswahlkreisen auszurichten. Das Angebot für einzelne Länder wird jedoch auch zukünftig noch weiter ausgebaut. In Tabelle 4.1 zeigen wir Ihnen ein paar Beispiele für allgemeingültige und länderspezifische Ausrichtungstypen.

Ausrichtungstyp	Beispiele
Land	Deutschland, Österreich, Spanien
Bundesstaat/Bundesland	Kalifornien/USA, Burgenland/Österreich, Bayern/Deutschland
Stadt	Berlin/Deutschland, Marseille/Frankreich, Salzburg/Österreich
Postleitzahl	(nur Deutschland, Vereinigtes Königreich, Kanada und USA)
Autonome Gemeinschaft (nur Spanien)	Asturien, Katalonien, Valencia
Kanton (nur Schweiz)	Zürich, Bern, Luzern
Département (nur Frankreich)	Nord, Paris, Loire
TV-Sendegebiet (nur Vereinigtes Königreich)	London, Midlands

Tabelle 4.1 Beispiele für allgemeingültige und länderspezifische geografische Ausrichtungsmöglichkeiten

Unter der folgenden URL finden Sie alle Details zu länderspezifischen Ausrichtungsmöglichkeiten und weitere Beispiele:

https://support.google.com/google-ads/answer/1722075?hl=de

Standortoptionen

Nachdem Sie den relevanten Standort für Ihre Kampagne ausgewählt haben, können Sie über STANDORTOPTIONEN (siehe Abbildung 4.18) entscheiden, in welchem Bezug Ihre Zielgruppe zu diesem Standort stehen soll. Google bietet Ihnen dazu die folgenden Optionen:

- PRÄSENZ ODER INTERESSE
  Mit dieser Option wird Ihre Kampagne nicht nur allen Personen angezeigt, die sich in der Zielregion (regelmäßig) aufhalten, sondern auch denjenigen, die lediglich – gemäß der Bewertung von Google – ein Interesse an dieser Region bekundet haben. Diese Einstellung schließt grundsätzlich mehr potenzielle »Empfänger« ein als die zweite Option und birgt somit eine größere Gefahr von Streuverlusten.
- PRÄSENZ
  Die zweite Einstellung berücksichtigt nur Personen, die sich aktuell oder regelmäßig in der Zielregion aufhalten. Es handelt sich um eine Teilmenge der ersten Option. Mit dieser Auswahl richtet sich Ihre Kampagne somit ausschließlich an eine Zielgruppe, die nicht nur potenziell, sondern tatsächlich einen Bezug zum von Ihnen definierten Standort hat.

Standortoptionen

Ziel

Präsenz oder Interesse: Nutzer, die sich gerade oder regelmäßig in Ihren Zielregionen aufhalten oder Interesse daran gezeigt haben (empfohlen)

Präsenz: Nutzer, die sich gerade oder regelmäßig in Ihren Zielregionen aufhalten

Abbildung 4.18 Wählen Sie die passende Standortoption.

Überlegen Sie sich gut, ob auch Personen, die zunächst nur reine Interessenten und gegebenenfalls zukünftig an Ihrem relevanten Standort präsent sind, einen Nutzen im Hinblick auf Ihre Kampagnenziele bzw. Ihre Unternehmensziele haben. Profitiert beispielsweise Ihr Restaurant in München von den Touristenströmen, möchten Sie diese vor dem geplanten Kurztrip in die Stadt auf Ihr Angebot aufmerksam machen. Liegt Ihr Fokus jedoch eher auf einer langfristigen Beziehung zu Kunden im lokalen oder regionalen Umfeld, ergibt es für Sie keinen Sinn, wertvolles Budget für Personengruppen zu verschwenden, die aktuell nicht in Ihrer Zielregion »verwurzelt« sind.

Google empfiehlt natürlich die erste Option mit der weiter gefassten Reichweite, um die Anzeige möglichst häufig ausspielen zu können. Wie auch in diesem Kapitel bereits mehrfach erwähnt, sollten Sie die Google-Empfehlung jedoch immer kritisch im Hinblick auf Ihre eigenen Ziele hinterfragen.

Sie haben nun die vielfältigen Möglichkeiten zur geografischen Auswahl Ihrer Kampagnenzielgruppe und auch ihre technische Funktionsweise kennengelernt. Dennoch befinden Sie sich nach wie vor bei den ersten wesentlichen Schritten, um Ihre erste Google-Ads-Kampagne aufzusetzen. Wir sind noch ein paar Klicks von der Einrichtung der Anzeigengruppen und der Auswahl der Keywords entfernt und widmen uns nun im nächsten Schritt der Sprachauswahl.

4.2.7 Sprachen

Während bei der eben getroffenen Standortauswahl einzig und allein der geografische Standort der Google-Nutzer eine Rolle spielt, muss das Google-Ads-System bei der Sprachausrichtung gleich mehrere Faktoren mit einbeziehen, um eine optimale Aussteuerung Ihrer Anzeigentexte zu gewährleisten: So wird nicht nur die Spracheinstellung von Google-Produkten (z. B. Google-Suche, Gmail etc.) berücksichtigt, auch die Sprache aktueller sowie häufig besuchter Seiten im Displaynetzwerk wird analysiert, um die richtigen Nutzer anzusprechen.

Dabei gibt es natürlich einige Ausnahmen und Eigenheiten. Die meisten Google-Seiten weisen eine Standardsprache auf. So ist – wenig überraschend – beispielsweise bei *Google.de* die Sprache Deutsch voreingestellt. Die internationale Domain *Google.com* hat Englisch als Standardeinstellung, wobei in den USA lebende spanischsprechende Nutzer die Standardsprache auf Spanisch umstellen können. In diesem Fall würden diese Nutzer auf die USA ausgerichtete englischsprachige Anzeigen nicht eingeblendet bekommen. Ausnahmen gibt es bei den wenigen Sprachen mit einem eigenen Zeichensatz wie beispielsweise Griechisch: Würden Sie auf *Google.de* bei eingestellter deutschsprachiger Benutzeroberfläche eine Suchanfrage unter Verwendung des griechischen Alphabets stellen, könnten Sie dort dennoch Anzeigen einer auf Griechisch ausgerichteten Kampagne eingeblendet bekommen.

Auch im Displaynetzwerk berücksichtigt Google die Historie Ihrer besuchten Seiten. Haben Sie beispielsweise für Urlaubsrecherchen eine Vielzahl spanischsprachiger Webseiten und Foren besucht, kann es später vereinzelt vorkommen, dass Sie auch auf den in Ihrer Hauptsprache verfassten Webseiten auf Spanisch ausgerichtete Anzeigen eingeblendet bekommen.

Anhand dieser Beispiele können Sie leicht erkennen, dass Google die grundlegenden Spracheinstellungen und Kampagnenzuordnungen nur dann »übergeht«, wenn es für den Suchenden sinnvoll und relevant ist. Andernfalls können Sie grundlegend mit der Regel »Google-Domain = Landessprache = Kampagnensprache« arbeiten.

In Abbildung 4.19 sehen Sie, dass wir für Deutschland zusätzlich noch Englisch als Sprachauswahl für die zuvor eingestellte Zielregion Deutschland hinzugefügt haben. Ergibt das Sinn? Erfahrungsgemäß ist eine solche Vorgehensweise dann zu empfehlen, wenn Sie Ihre Zielgruppe in einem bestimmten Land erweitern möchten. Beispielsweise könnten Sie bei einer in Deutschland geschalteten Kampagne das vorgeschlagene Englisch ebenso gut zusätzlich zu Deutsch auswählen wie Türkisch, Kroatisch oder Polnisch – vorausgesetzt, Sie gehen davon aus, dass Sie damit auch solche Nutzer erreichen würden, die möglicherweise eine alternative Spracheinstellung für ihr alltägliches Surf- und Suchverhalten gewählt haben bzw. die viel auf den jeweiligen anderssprachigen Websites unterwegs sind, aber dennoch aufgrund ihres Standorts in Deutschland als Zielgruppe für die Einblendung deutschsprachiger Anzeigen infrage kommen. In großen Unternehmen könnte in Deutschland Englisch als Standardspracheinstellung genutzt werden.

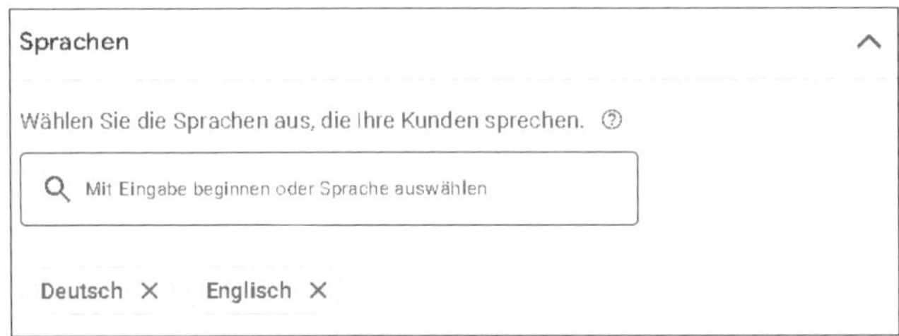

Abbildung 4.19 Nach der Standortwahl müssen Sie die Sprachausrichtung Ihrer Google-Ads-Kampagne vornehmen.

Wenn Sie Kampagnen beispielsweise in der Schweiz oder in Belgien schalten, müssen Sie sich auch mit der Mehrsprachigkeit auseinandersetzen. Bitte beachten Sie jedoch, dass diese Einstellung keinen Einfluss auf die Keywords und die Anzeigen hat. Diese werden nicht automatisch in andere Sprachen übersetzt. Sie müssen also, wenn Sie in einem Land mit drei unterschiedlichen Sprachen werben, für jede Zielgruppe eine eigene Kampagne mit passenden Keywords, Anzeigen und Zielseiten erstellen.

Noch einmal zurück zu Abbildung 4.19: Falls Sie noch andere Sprachen hinzufügen möchten, können Sie auch hier einfach die Suchfunktion nutzen, um weitere Sprachen aufzurufen.

Nachdem Sie nun geografisch und sprachlich festgelegt haben, für welche Nutzer Ihre Kampagne erscheinen soll, schauen wir uns die nächsten Einstellungen an.

4.2.8 Zielgruppen

Zielgruppen erst später zufügen

Als nächsten Schritt zur Erstellung einer Google-Ads-Kampagne bietet Google nun Zielgruppen an. Die unterschiedlichen Möglichkeiten der Ausrichtung nach Zielgruppen benötigen unser Ansicht nach jedoch ein wenig Erfahrung und auch etwas Zeit. Wir empfehlen daher beim ersten Aufsetzen einer Kampagne auch zukünftig die Zielgruppen zu überspringen und diese danach erst im zweiten Schritt zwecks Kampagnenoptimierung hinzuzufügen. Weitere Überlegungen und Tipps zum Thema Zielgruppen und Remarketing finden Sie in Kapitel 8, »Retargeting und Remarketing«.

4.2.9 Weitgehend passende Keywords

Normalerweise handelt es sich bei *weitgehend passend* um eine Keyword-Option, die auf Keyword-Ebene neben weiteren Optionen festlegt, wie Google mit dem jeweiligen Keyword arbeiten soll. In Abschnitt 4.6.2, »Die Keyword-Optionen«, widmen wir uns dem Thema ausführlich. Sofern Sie eine Gebotsstrategie mit Conversion- oder Conversion-Wert-Bezug gewählt haben, bietet Google Ihnen mit der Einstellung Aktiviert: Weitgehend passende Keywords für die gesamte Kampagne verwenden (siehe Abbildung 4.20) an, diese Entscheidung hier auf Kampagnenebene zu treffen. Eine spätere Verwendung der anderen Keyword-Optionen wäre damit nicht mehr möglich. Mit Aktivierung werden Ihnen zusätzliche Funktionen in Aussicht gestellt, die im Wesentlichen darauf abzielen, Google mehr Freiheit für das Ausspielen Ihrer Kampagne zu geben. Wir empfehlen jedoch, zunächst einmal die Kontrolle möglichst bei Ihnen zu belassen. Gegebenenfalls können Sie zu einem späteren Zeitpunkt nach dem Sammeln erster Erfahrungen austesten, ob diese Funktionen für Ihre Zwecke brauchbar sind.

Nutzen Sie also für Ihre erste Kampagne die Einstellung Deaktiviert: Keyword-Optionen verwenden und fahren Sie mit der Konfiguration fort.

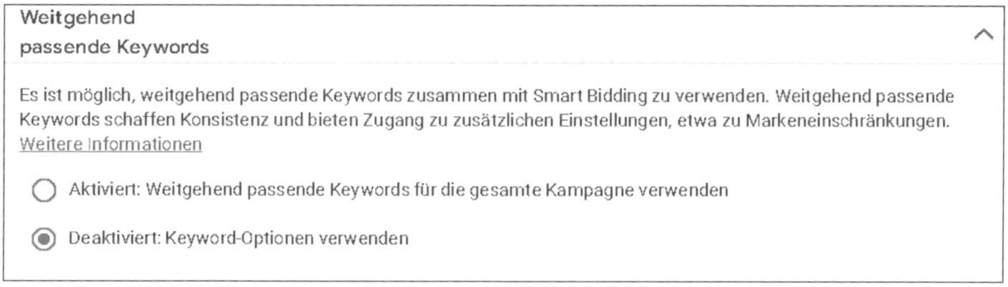

Abbildung 4.20 Behalten Sie die Kontrolle über die späteren Keyword-Optionen.

4.2.10 Start- und Enddatum

Bei manchen Kampagnen steht bereits zu Beginn fest, dass sie nur für einen bestimmten Zeitraum aktiv sein sollen, z. B. eine Kampagne, die zur Vorweihnachtszeit geschaltet wird, oder eine Kampagne, die einmal im Jahr ein Ereignis bewirbt. Für solche Kampagnen können Sie bei der Erstellung direkt das Start- und/oder Enddatum eingeben. Unabhängig davon können Sie natürlich eine Kampagne jederzeit stoppen oder aktivieren. Klicken Sie dazu am Ende der KAMPAGNENEINSTELLUNGEN zunächst auf den Link WEITERE EINSTELLUNGEN und wählen Sie dann den Unterpunkt START- UND ENDDATUM aus (siehe Abbildung 4.21).

Abbildung 4.21 Eine neue Kampagne zum Wunschdatum starten und beenden

4.2.11 Werbezeitplaner

Mithilfe des Werbezeitplaners können Sie die Zeiten definieren, zu denen Ihre Anzeigen ausgespielt werden sollen. Dabei dürfen auch mehrere Zeitfenster pro Tag eingestellt werden, aber die Zeitfenster dürfen sich nicht überschneiden. Falls Sie die Surf- und Kaufgewohnheiten Ihrer Zielgruppe noch nicht gut kennen, sollten Sie Ihre Kampagne zunächst ständig (24/7) – dies ist die Default-Einstellung – laufen lassen und dann später anhand Ihrer Statistikdaten entscheiden, welche Zeitfenster für Ihren Zweck am besten geeignet sind.

Abbildung 4.22 Definieren Sie Ihre Werbezeiten, wenn Ihre Anzeigen nicht laufend ausgespielt werden sollen.

4.2.12 Anzeigenrotation

Die Einstellungen zur ANZEIGENROTATION finden Sie ebenfalls hinter dem Link WEITERE EINSTELLUNGEN am Ende der KAMPAGNENEINSTELLUNGEN. Google möchte hier eigentlich keine Änderung der empfohlenen Einstellung OPTIMIEREN: LEISTUNGSSTÄRKSTE ANZEIGEN BEVORZUGT BEREITSTELLEN. Dies wird auch dadurch deutlich, dass die letzten beiden der insgesamt vier angezeigten Optionen mittlerweile nicht mehr auswählbar sind (siehe Abbildung 4.23). Die Standardeinstellung mit der Bevorzugung der leistungsstärksten Anzeige ist ja auch grundsätzlich eine gute Idee. Aber auch in diesem Fall versucht Google wieder, das Steuer zu übernehmen, indem es mit eigenen Daten optimiert, und zwar sehr schnell.

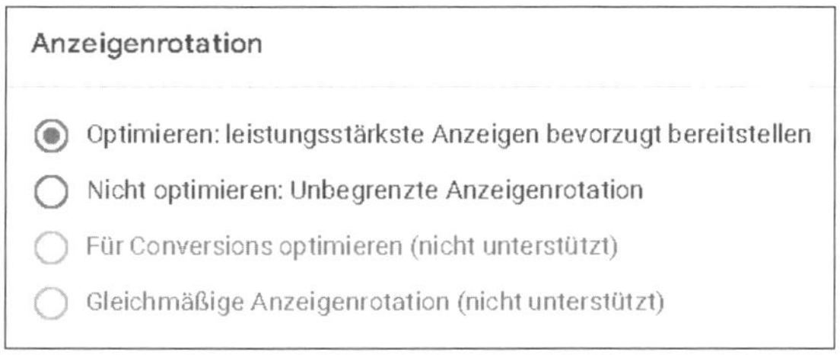

Abbildung 4.23 Legen Sie hier auf Kampagnenebene fest, wie Ihre Anzeigen in den Anzeigengruppen rotieren sollen.

Bei der zweiten Auswahlmöglichkeit, NICHT OPTIMIEREN: UNBESTIMMTE ANZEIGENROTATION, lassen wir den Anzeigen mehr Zeit und können dann nach einer längeren Testphase anhand der Statistik entscheiden, welche Anzeige besser performt. Da die Anzeigenrotation auf Kampagnenebene festgelegt wird, jedoch konkrete Auswirkungen auf die Anzeigenauslieferung in der Anzeigengruppe hat, verwirrt diese Einstellung an dieser Stelle viele Google-Ads-Nutzer. Es gibt jedoch auch eine Möglichkeit, die »Rotationseinstellung« jeweils auf Anzeigengruppenebene festzulegen.

4.2.13 Weitere Einstellungen

Neben den bereits erläuterten Funktionen hinter dem Link WEITERE EINSTELLUNGEN finden Sie dort noch zwei zusätzliche Konfigurationsmöglichkeiten. URL-OPTIONEN FÜR DIE KAMPAGNE lässt Sie erweiterte URL-Strukturen hinterlegen, die dann für fortgeschrittenes Tracking genutzt werden können. Die klassischen Tracking-Werkzeuge über die Conversions sind jedoch in den meisten Fällen völlig ausreichend.

Die MARKENEINSCHRÄNKUNGEN können ausschließlich in Kombination mit der in Abschnitt 4.2.9 erläuterten Option AKTIVIERT: WEITGEHEND PASSENDE KEYWORDS FÜR DIE GESAMTE KAMPAGNE VERWENDEN eingesetzt werden, um die Kampagne im

Hinblick auf bestimmte Marken einzuschränken. Auch wenn Sie unserer Empfehlung folgen und dadurch die Markeneinschränkung nicht nutzen können, haben Sie auf Ebene der Keywords ausreichend Möglichkeiten zur Beschränkung.

Beide Funktionen sind für unsere erste Kampagne, aber auch in den meisten Fällen für die folgenden Kampagnen, nicht relevant. Aus diesem Grund verzichten wir auf weitere, ausführlichere Erläuterungen.

4.3 Anzeigengruppen und Anzeigen

Nachdem Sie also alle wichtigen Punkte für eine gute Kampagne angelegt und am Ende auf den Link WEITER geklickt haben, leitet Google Sie direkt in den Bereich KEYWORDS UND ANZEIGEN zur ersten Anzeigengruppe weiter. Sie wissen, dass Ihre Kampagne ohne mindestens eine Anzeigengruppe, die wiederum mindestens eine Suchanzeige und mindestens ein Keyword enthält, nicht geschaltet werden kann. Daher widmen wir uns nun dem nächsten Schritt und erläutern, wie Sie die Anzeigengruppe einrichten. Eine Anzeigengruppe können Sie natürlich jederzeit auch später unter KAMPAGNEN • KAMPAGNEN • ANZEIGENGRUPPEN anlegen, wenn Sie zum Beispiel den geführten Prozess nach dem Anlegen einer neuen Kampagne abgebrochen haben oder wenn Sie noch zusätzliche Anzeigengruppen zu einer bereits bestehenden Kampagne hinzufügen möchten.

4.3.1 Kampagnen und Anzeigengruppen strukturieren

In Abbildung 4.24 möchten wir Ihnen noch einmal kurz die Struktur einer Google-Ads-Kampagne vor Augen führen. Überlegen Sie gut, wie Sie die Anzeigengruppen Ihrer ersten Kampagne gliedern möchten – schließlich müssen Sie ab der Benennung der ersten Anzeigengruppe wissen, welches Bezeichnungsschema Sie einsetzen.

Natürlich lassen sich Anzeigengruppennamen auch jederzeit im Nachhinein ändern. Berücksichtigen Sie dabei jedoch, dass nachträgliche Änderungen möglicherweise den Vergleich von Berichtsdaten innerhalb von Google Ads oder auch in Google Analytics und weiteren Drittanbietertools beeinflussen können. Damit wären Sie bei Ihren Analysen und Reports gefordert, sowohl alte als auch neue Kampagnen- und Anzeigengruppenbezeichnungen in den Auswertungen zu berücksichtigen. Nicht zuletzt aufgrund dieser potenziellen Fehlerquelle bei nachträglichen größeren »Umbauten« im Google-Ads-Konto empfehlen wir Ihnen, gleich von Beginn an eine saubere Nomenklatur festzulegen und einzuhalten.

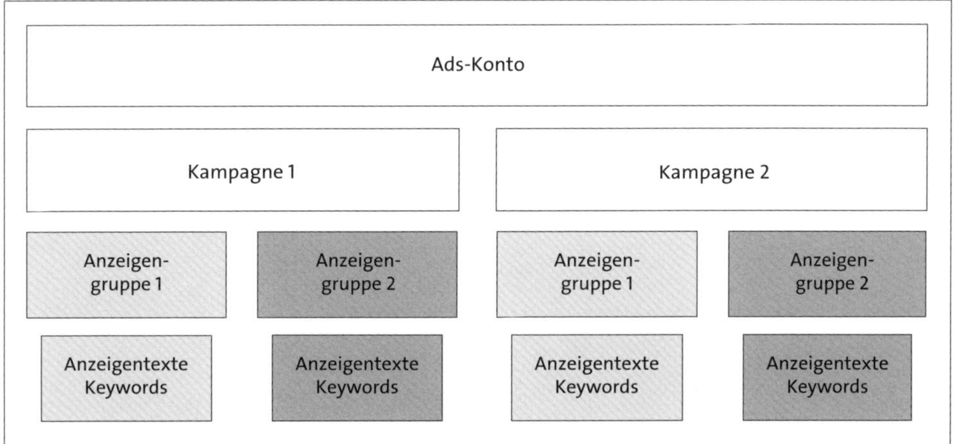

Abbildung 4.24 Die Struktur von Kampagnen und Anzeigengruppen in Google Ads (Quelle: Google Ads)

Im Rahmen von Kampagnenübernahme- und Optimierungsprojekten haben wir leider schon zu viele Konten gesehen, die mit Bezeichnungen wie »Neue Kampagne« oder »SEA-01« für Kampagnen bzw. »Anzeigengruppe 1«, »Alle Keywords« und »AG 7« für Anzeigengruppen eine – vorsichtig formuliert – »bedingt selbsterklärende« Struktur aufwiesen. Aus diesem Grund möchten wir Ihnen diese Empfehlung lieber einmal zu viel als einmal zu wenig mit auf Ihren Weg zum professionellen Google-Ads-Anwender geben. Als Tipp können wir Ihnen an dieser Stelle nahelegen, sich bei der Strukturierung der Kampagnen an der Hierarchie Ihrer Website (bzw. deren Sitemap) zu orientieren. So können Sie sicherstellen, dass Sie nicht mehr Kampagnen oder Anzeigengruppen als nötig planen und auch keine wichtigen Themen und Seitenbereiche vergessen.

Nehmen wir für das folgende Beispiel an, Sie betreiben einen Online-Shop für Bekleidung und möchten sowohl auf Produktgruppen- als auch auf Produktebene dafür sorgen, dass Suchmaschinennutzer relevante Anzeigen und abgestimmte Ziel-URLs vorfinden. Zunächst müssen Sie planen, mit wie vielen Teilkampagnen Sie arbeiten werden. Abbildung 4.25 zeigt ein beispielhaftes Schema, das Ihnen zunächst bei der Kampagnenstrukturierung helfen wird.

Sie erinnern sich, dass wichtige Einstellungen wie die geografische Ausrichtung, eine tages- und uhrzeitabhängige Anzeigenschaltung oder das Tagesbudget auf Kampagnenebene gesteuert werden. Bündeln Sie daher jeweils in einer Kampagne jene Anzeigengruppen, die auf dieselben Regionen ausgerichtet sind sowie zur selben Zeit geschaltet werden und sich ein definiertes Budget teilen sollen.

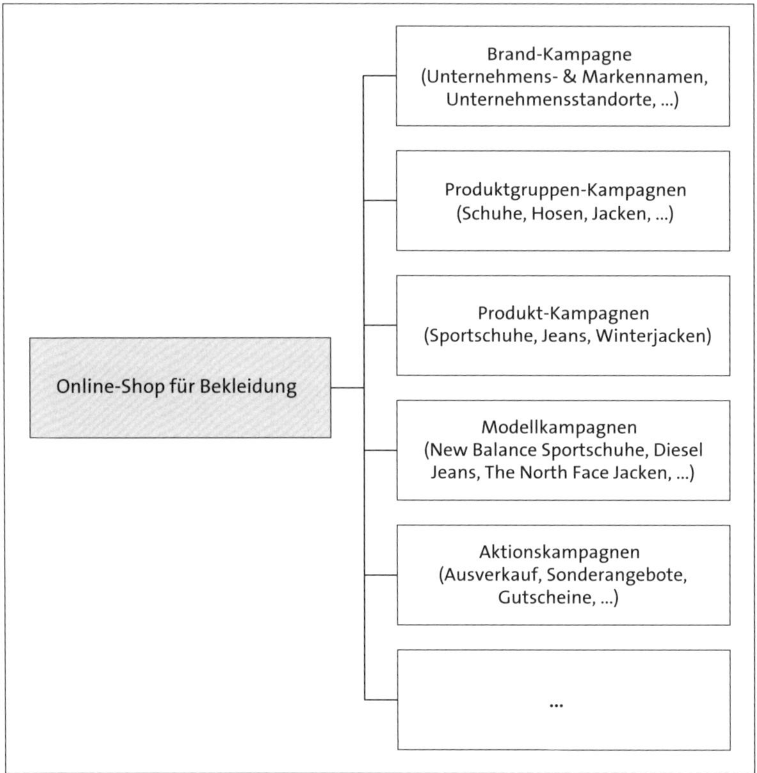

Abbildung 4.25 Beispiel für eine Kontostruktur

Sie sehen, dass der exemplarische Online-Shop einige Teilkampagnen vorsieht, um seine Produkte und Aktionen mit Google Ads zu bewerben. So kann beispielsweise sichergestellt werden, dass die *Produktgruppenkampagnen* permanent und landesweit aktiv sind, während spezielle *Produktkampagnen* (z. B. jene für *Winterjacken*) nur in den kalten Monaten sowie zusätzlich nur in kälteren Regionen mit erfahrungsgemäß besseren Umsatzzahlen geschaltet werden.

Würden Sie alle Anzeigengruppen in einer Kampagne unterbringen, dann könnten Sie eine solche Aussteuerung nicht vornehmen und würden damit eine wichtige Einflussmöglichkeit auf die Steuerung von Budgets, Besucherzahlen und Shop-Umsätzen verlieren.

Sehen wir uns nun diese Teilkampagnen im Detail an, um einen besseren Einblick in die weitere Strukturierung der Anzeigengruppen zu erhalten.

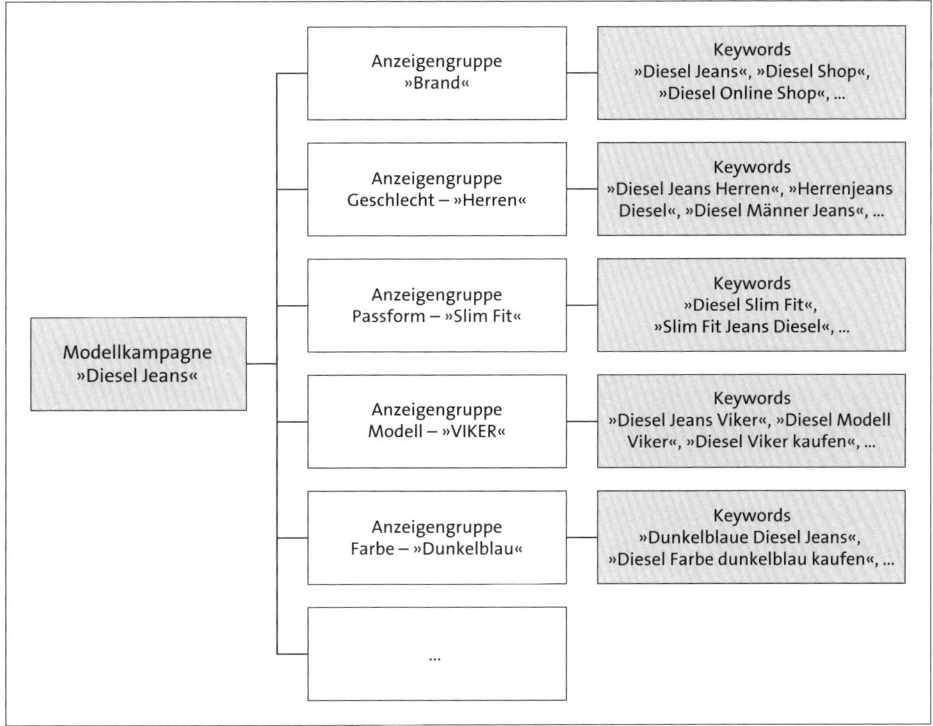

Abbildung 4.26 Beispiel für eine Kampagnenstruktur

Die Struktur in Abbildung 4.26 zeigt Ihnen, wie granular Sie eine Kampagne konzipieren sollten, um sowohl alle Vorkehrungen für eine optimale Anzeigenleistung zu treffen als auch eine bestmögliche Nutzererfahrung für den Interessenten zu bieten. Aus folgenden Gründen ist diese Vorgehensweise zielführend:

- **Suchergebnisseite**
  Sucht ein Nutzer zum Beispiel nach einer *Diesel Jeans Herren*, steigt die Wahrscheinlichkeit für einen Klick auf Ihre Anzeige, wenn der Text nicht auf einen *Händler für viele Hosenmarken*, sondern eben auf einen *Online-Shop für Herren-Jeans der Marke Diesel* hinweist. Passt der Anzeigentext zum Suchergebnis, werden die übereinstimmenden Phrasen automatisch fett markiert, womit in weiterer Folge auch die Klickraten und der Qualitätsfaktor der jeweiligen Anzeigen und Keywords steigen.
- **Zielseite**
  Haben Sie in der Abstimmung von Anzeigentexten und Keywords alles richtig gemacht, können Sie noch immer an einem weiteren Punkt scheitern – nämlich

dann, wenn das in der Anzeige beworbene und damit dem Suchenden quasi »versprochene« Ergebnis auf der Zielseite nicht unmittelbar zu finden ist. Verlinken Sie aus der oben genannten detaillierten Suchanfrage (Diesel Jeans Herren) auf Ihre Homepage oder einen Teil des Online-Shops, der auch andere Bekleidungsteile, Modelle für Damen oder andere Marken beinhaltet, dann ist Ihr potenzieller Neukunde entweder verwirrt oder im schlechtesten Fall sogar verärgert. Dies kann dazu führen, dass er den Besuch auf Ihrer Webseite sofort abbricht, zum Google-Suchergebnis zurückkehrt und auf die Anzeige eines Ihrer Mitbewerber klickt.

Natürlich muss dieser exemplarische Online-Shop die Möglichkeit bieten, dass Sie aus Ihren Anzeigen direkte Links auf thematisch passende Shop-Inhalte (z. B. eigens programmierte Landingpages) oder maßgeschneiderte Suchergebnisse setzen können. Mit diesen sogenannten *Deep Links* steht und fällt Ihr Konzept.

Wenn Sie wie oben dargestellt eine Anzeigengruppe planen, die für eine optimale Performance auf eine nach Hosentyp, Marke und Farbe (*Jeans Diesel dunkelblau*) gefilterte Detailsuche in Ihrem Online-Shop verweisen soll, muss es Ihnen technisch möglich sein, eine URL, die zu genau diesen gefilterten Shop-Produkten führt, bei den dazu passenden Anzeigen zu hinterlegen. Sollten Sie selbst Webmaster und/oder Programmierer Ihrer Website sein und ohnehin über die technischen Rahmenbedingungen Ihres Content-Management- oder Online-Shop-Systems Bescheid wissen, dann stellen Sie im Idealfall bereits vor der Konzeption Ihrer Google-Ads-Kampagnen den Funktionsumfang der Website in Hinblick auf die technischen Möglichkeiten für das Setzen von Deep Links sicher. Planen Sie die Anzeigengruppenstruktur nicht unnötig tiefer, als es Ihre Website-Inhalte zulassen.

Warum ist die Anzeigengruppenstruktur so wichtig?

Relevanz ist das oberste Gebot beim Google-Ads-Werbeprogramm. Das ist an dieser Stelle nichts Neues – jedoch können wir es nicht vermeiden, dass Sie mehr als einmal, wenn nicht Dutzende Male, in nahezu allen Kapiteln dieses Buchs darauf stoßen werden. Wenn Sie sprichwörtlich »Äpfel und Birnen« in eine einzige Anzeigengruppe werfen, dort eine hohe Zahl an beliebigen Keywords hinterlegen und für alle Suchanfragen einen zentralen Link auf Ihre Homepage setzen, wird Ihre Kampagnenleistung mäßig zufriedenstellend ausfallen. Natürlich werden Sie Klicks auf Ihre Anzeigen und damit neue Besucher auf Ihrer Webseite generieren können, aber Sie werden dafür auch vergleichsweise tiefer in die Tasche greifen müssen. Sie zahlen für die Klicks mehr als nötig – und auch viel mehr im Vergleich zu allen Mitbewerbern mit einer professionelleren Kampagnenstruktur.

Entscheidungen, die Sie hier treffen, wirken sich maßgeblich auf die Kampagnenleistung und Ihren Erfolg mit Google Ads aus. Hohe Klickraten, die ein optimal strukturiertes Anzeigengruppenset im Idealfall aufweist, tragen maßgeblich zu einem besseren Qualitätsfaktor und somit auch zu besser gereihten Anzeigenpositionen und nicht zuletzt zu den Ihnen berechneten Kosten pro Klick bei. Sparen Sie an dieser Stelle Zeit, bezahlen Sie später mit wertvollem Google-Ads-Budget, was letztlich nur Google freut, aber weder Ihnen noch Ihren potenziellen Kunden weiterhilft.

Wir hoffen, dass Sie mithilfe dieser Tipps und Denkanstöße eine Struktur für Ihre Kampagne erarbeiten konnten. Damit gelangen Sie zum nächsten Schritt, in dem Sie Ihre erste Anzeigengruppe benennen. Wir möchten dazu beim oben genannten Beispiel bleiben und weiterhin mit dem Online-Shop für Bekleidung arbeiten.

4.3.2 Der Anzeigengruppenname

Wenn Sie eine neue Kampagne erstellen, definieren Sie alle Inhalte der ersten Anzeigengruppe – Name, Keywords (wenn auch mit nachträglichen Anpassungen) und Anzeigentexte. Daher werden wir die Anzeigengruppenerstellung hier auch in diesem Kontext erläutern. Bestehende Kampagnen und Anzeigengruppen können jedoch auch über andere Wege bearbeitet werden.

Wir gehen nun davon aus, dass Sie Ihre Kampagnenstruktur gedanklich vorbereitet haben und daher einfach den ersten Anzeigengruppennamen vergeben können. Im Bereich KEYWORDS UND ANZEIGEN wird bereits der von Google standardmäßig vergebene Name »Anzeigengruppe 1« angezeigt (siehe Abbildung 4.27). Vergeben Sie hier nun einen sprechenderen Namen, indem Sie auf das Stiftsymbol dahinter klicken.

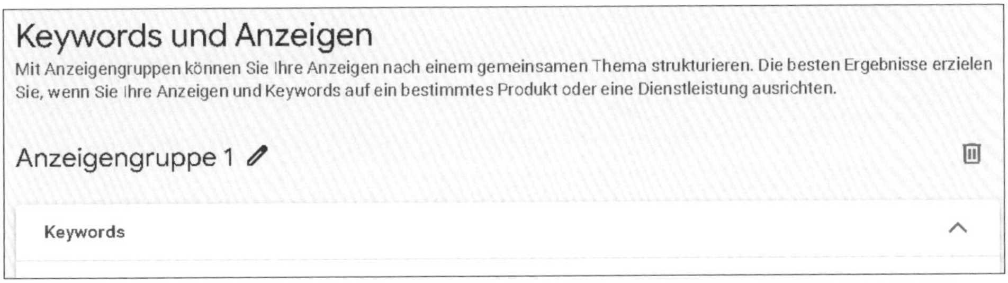

Abbildung 4.27 Passen Sie den Namen Ihrer ersten Anzeigengruppe an.

Im nächsten Schritt geht es nun darum, dass Sie Ihre Keywords hinterlegen und schließlich die Texte zu Ihrer responsiven Suchanzeige verfassen – denn erst dann haben Sie Ihre erste Anzeigengruppe vollständig angelegt.

4.3.3 Keywords

Wir werden uns in 4.6, »Keywords«, noch umfassend mit dem Thema Keyword-Eingabe und Keyword-Optionen beschäftigen. Diese Angaben können in der Benutzeroberfläche einer fertig erstellten Kampagne wesentlich einfacher und umfangreicher erfolgen, und daher wird diese Benutzeroberfläche auch künftig Ihre erste Anlaufstelle zur Keyword-Verwaltung sein.

Dennoch müssen Sie an dieser Stelle des Kampagnenerstellungsassistenten ein paar erste Keywords für Ihre Anzeigengruppe auswählen. Fassen Sie sich hier fürs Erste kurz und geben Sie nur ein paar offensichtlich passende Keywords ein.

Google ermöglicht Ihnen zudem, mithilfe des Assistenten KEYWORD-VORSCHLÄGE ABRUFEN ein paar weitere Keyword-Ideen direkt einzubuchen. Dazu können Sie Ihre Zielseite zur Werbekampagne eingeben oder Keywords zu Produkten bzw. Dienstleistungen (siehe Abbildung 4.28).

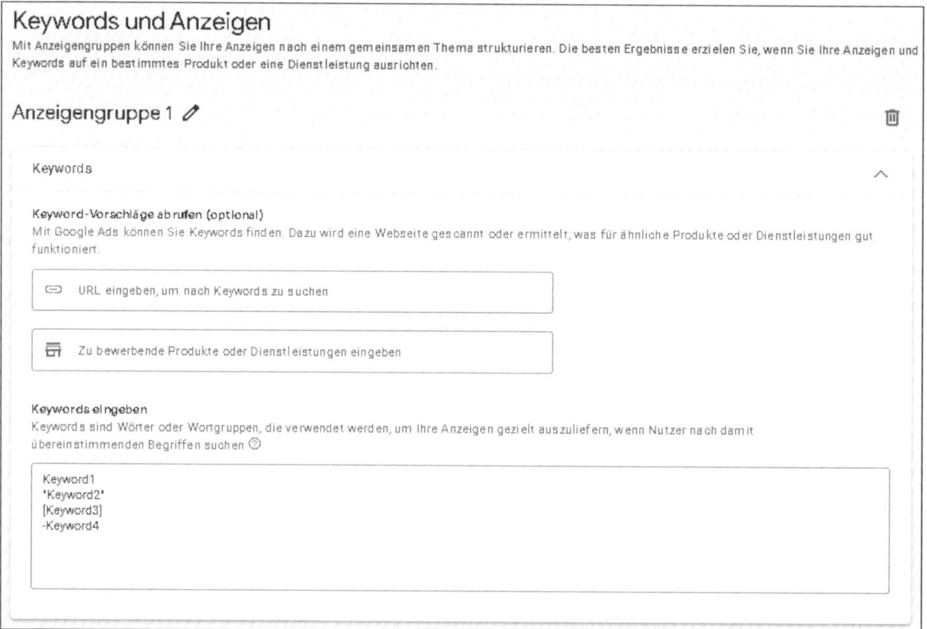

Abbildung 4.28 Die Keyword-Eingabe wird durch automatische Keyword-Ideen vereinfacht.

Bitte beachten Sie, dass diese Keywords in der Keyword-Option WEITGEHEND PASSEND eingebucht werden. (Die verschiedenen Keyword-Optionen erläutern wir ausführlich in Abschnitt 4.6.2) Wir möchten Sie jedoch darauf hinweisen, dass die weitgehend passende Keyword-Schaltung meistens nicht optimal ist; Sie können die Keyword-Option jedoch jederzeit ändern.

Nachdem Sie einige für Ihre erste Anzeigengruppe passende Keywords eingegeben haben, scrollen Sie weiter zum Block ANZEIGEN, um sich im nächsten Schritt den Anzeigentexten zu widmen.

4.3.4 Anzeigentexte

Es ist kurios, dass die Materie Google Ads einerseits ganze Bücher füllen kann, der wichtigste Teil – die Suchanzeigen – aber oft zu wenig Aufmerksamkeit erhält. Vor allem für die Suchkampagnen sind die Suchanzeigen das Schlüsselelement, damit eine Werbekampagne funktioniert. In Abschnitt 16.12, »Optimierung durch kreative Textanzeigen«, zeigen wir daher noch verschiedene Praxisbeispiele und geben Tipps zur Optimierung von Suchanzeigen.

Beginnen wir jetzt aber mit dem Grundaufbau einer responsiven Suchanzeige: Es wird eine URL angezeigt, danach folgt die wichtige Überschrift bestehend aus bis zu drei Anzeigentiteln (die Ausspielung eines dritten Titels ist nicht garantiert) und bis zu zwei etwas ausführlicheren Anzeigentexten (die Ausspielung des zweiten Anzeigentexts ist nicht garantiert). Das ist das Grundschema einer Anzeige, das sehr stark dem organischen, nicht bezahlten Google-Ergebnis ähnelt.

Das Grundgerüst einer Suchanzeige wird seit einiger Zeit von Google immer stärker durch Erweiterungen bzw. Assets ausgebaut, sodass im Suchergebnis die Anzeigengröße oft stark variiert. Die Assets behandeln wir ausführlich in Abschnitt 16.14, »Assets – Anzeigenerweiterungen als Qualitätsmerkmal«. Lernen Sie zunächst wichtige Informationen und Tipps kennen, um dafür zu sorgen, dass Ihre Suchanzeige von Beginn an sowohl den Anforderungen und Zielen Ihres Unternehmens als auch den Google-Ads-Richtlinien entsprechen.

Anatomie einer Textanzeige

Bevor Sie munter drauflostexten, müssen Sie zunächst den Aufbau und die Bestandteile einer Textanzeige kennenlernen. Abbildung 4.29 zeigt die exemplarische Darstellung eines Anzeigentexts. Die Vorgaben in Hinblick auf die maximal erlaubten Zeichenmengen finden Sie in Tabelle 4.2, die weiter unten folgt.

Abbildung 4.29 Aufbau einer Google-Ads-Suchanzeige

Sie sehen, dass die beiden Anzeigentitel (❶, ❷) visuell durch die blaue Farbe hervorstechen. Die beiden Titel werden aktuell durch einen Bindestrich getrennt. Wir empfehlen Ihnen, dass Sie den Suchbegriff bzw. das Thema der Anzeigengruppe bereits im Titel nennen, da der Titel bekanntermaßen die größte Aufmerksamkeit erzielt. Die angezeigte URL bzw. das Feld ANGEZEIGTER PFAD ❸ enthalten den Domainnamen Ihrer Webseite sowie idealerweise einen ebenfalls thematisch passenden Dateipfad – vorausgesetzt, die Zeichenlimits lassen diesen zu.

Möglicherweise fragen Sie sich an dieser Stelle, warum denn die URL, mit der Sie Ihre Anzeige verknüpfen, überhaupt eine Zeicheneinschränkung aufweist. Bei langen Dateipfaden oder Online-Shops kann es ja durchaus vorkommen, dass Sie mit sehr langen URLs arbeiten müssen. Nun, das hat den Grund, dass Google hier die folgenden zwei URLs unterscheidet:

- angezeigte URL (in der Google-Ads-Anzeige dargestellte URL), die aus der Hauptdomain des Feldes FINALE URL und dem Inhalt des Feldes ANGEZEIGTER PFAD besteht – z. B. *www.bekleidungs-shop.de/jeans*
- finale URL (funktionierende, auf die Webseite verweisende URL) die aus dem gesamten Inhalt des Feldes FINALE URL besteht – z. B. *www.bekleidungs-shop.de/hosen/jeans/diesel/herren*

Es ist wichtig, dass Sie den Unterschied zwischen diesen beiden URL-Eingabefeldern erkennen und in der Praxis anwenden. Die angezeigte URL dient dazu, die Anzeigenrelevanz für den Suchmaschinennutzer zu steigern (indem Sie, wie oben dargestellt, durch die zusätzliche Angabe von */jeans* darauf hinweisen, dass der Link hinter der Anzeige auf die entsprechende Unterseite Ihres Online-Bekleidungsshops führt). Die angezeigte URL kann, muss aber nicht tatsächlich durch eine Eingabe im Browser erreichbar sein.

Im Unterschied dazu müssen Sie bei der finalen URL den vollständigen Pfad zu Ihrer gewünschten Zielseite hinterlegen. Diese URL muss gleichermaßen für das Google-Ads-Programm wie auch jeden Internetnutzer aufrufbar und natürlich jederzeit funktionstüchtig sein. Tippfehler wären in diesem Zusammenhang sehr ärgerlich, da Sie dann für Klicks bezahlen, die nicht zum Ziel führen. Die finale URL sollten Sie daher immer aus der Adresszeile Ihrer Landingpage kopieren und dann in das entsprechende Feld Ihrer Anzeige einfügen.

Google musste diese beiden URL-Typen nicht zuletzt deshalb einführen, weil in der Textanzeige der limitierte Platz nicht ausreichen würde, um lange Ziel-URLs vollständig einzublenden, die möglicherweise noch aus unleserlichen Zahlen- und Zeichenkombinationen bestehen und um diverse Tracking-Codes ergänzt wurden. Auch wenn Google sich auf die reine Einblendung der Webseitendomain hätte beschränken können, wurde mit der Möglichkeit zur Eingabe einer angezeigten URL ein aus unserer Sicht sehr guter Kompromiss geschaffen, um einerseits für die Interessenten auf Google attraktive und relevante URLs einzublenden, gleichzeitig aber den Google-Ads-Werbekunden die Nutzung von nahezu unbeschränkt langen tatsächlichen URLs Ihrer Zielseiten zu ermöglichen. Tabelle 4.2 fasst nun die maximalen Zeichenlängen aller Felder einer Textanzeige auf einen Blick zusammen.

Anzeigenelement	Maximale Zeichenlänge (inklusive Leerzeichen)
Finale URL	keine Beschränkung
Pfad 1 (optional)	15 Zeichen
Pfad 2 (optional)	15 Zeichen
Anzeigentitel 1 bis 3	je 30 Zeichen
Anzeigentitel 4 bis 15 (optional)	je 30 Zeichen
Textzeile 1 bis 2	je 90 Zeichen
Textzeile 3 bis 4 (optional)	je 90 Zeichen

Tabelle 4.2 Maximale Zeichenlänge der einzelnen Anzeigenelemente

Warum Google Ads die URL zur tatsächlichen Zielseite nicht darstellt

Um das Thema »angezeigte vs. finale URL« kurz zu veranschaulichen, möchten wir Ihnen ein Beispiel der Hotelplattform *Booking.com* nennen: Bei einer Google-Suche nach *Hotel Wien* lautet die angezeigte URL *www.booking.com/Wien-Hotels*. Sie ist schön anzusehen und leicht verständlich – so weit, so gut. Damit jedoch sowohl die Website als auch die Kampagnenmessung funktionieren, muss die tatsächliche Ziel-URL länger ausfallen. Im konkreten Fall lautet sie wie folgt:

http://www.booking.com/city/at/vienna.de.html?aid=301584;label=vienna-uPedMjyjdTpsKEKjlhYWgS43891532461:pl:ta:p1860:p2260.000:ac:ap1t1:neg;ws=&gclid=COPhubbP4MACFYMewwodT04AuA

Sie sehen, dass die finale URL nicht nur einen anderen Seitenpfad, sondern auch eine Menge URL-Parameter einhält. Diese Parameter können einerseits für die Funktion der Webseite erforderlich sein, andererseits beinhalten sie meistens aber auch wertvolle Informationen für Kampagnenanalyse und -Tracking. Auch wenn Sie nicht alle in der Ziel-URL vorhandenen Parameter zuordnen können, verstehen Sie sicherlich, weshalb Google Ads zwischen angezeigter und tatsächlich verlinkter URL unterscheiden muss.

Der im Beispiel genannte Google-Ads-Werbekunde betreibt seine Kampagnen darüber hinaus so gewissenhaft, dass auch für die angezeigte URL eine Weiterleitung eingerichtet wurde: Geben Sie *www.booking.com/Wien-Hotels* manuell im Browser ein, werden Sie zu einem Suchergebnis mit Hunderten von Unterkünften in der Stadt Wien weitergeleitet. Die dort hinterlegte URL sieht – um Sie am Ende dieses Kastens schließlich komplett zu verwirren – noch einmal anders aus:

http://www.booking.com/searchresults.html?si=ai%2Cco%2Cci%2Cre%Cla%2Cdi;ss=Wien-Hotels;ifl=1;label=short-Wien-Hotels

Die Vorgabe, dass eine angezeigte URL auch bei einer manuellen Eingabe im Browser funktioniert, möchten wir an dieser Stelle für Google-Ads-Anfänger als »Fleißaufgabe« einordnen. Professionelle Google-Ads-Kunden mit groß angelegten Kampagnen, hohen Tagesbudgets und strengen Zielvorgaben sollten die Einrichtung und Prüfung dieser Weiterleitungen – wie im hier genannten Beispiel – hingegen als verpflichtend ansehen.

Erste Tipps zur Erstellung erfolgreicher Suchanzeigen

Da Sie jetzt den grundlegenden Aufbau einer Suchanzeige kennen, wollen wir Sie natürlich auch mit den wichtigsten Tipps zur Gestaltung guter Suchanzeigen versorgen. Die ausführlicheren Optimierungstipps folgen, wie oben bereits angedeutet, in Kapitel 16, »Google Ads optimieren«, da die vielen Möglichkeiten den aktuellen Rahmen sprengen würden.

Obwohl sich die Anzahl der möglichen Zeichen in Google-Ads-Suchanzeigen im Laufe der Zeit immer mehr gesteigert hat, bleibt es eine Herausforderung, alle relevanten Informationen zu Ihrem Produkt, Service oder Unternehmen so kurz zu fassen, dass sie den Google-Ads-Vorgaben entsprechen. Falls Sie Erfahrung mit der Gestaltung klassischer Werbetexte, z. B. in Magazinen, haben, wissen Sie, dass auch die dort gebuchten Anzeigenformate bestimmten Richtlinien unterliegen. Bei Google-Ads-Anzeigen sind die Herausforderungen jedoch meistens größer. Benötigen Sie nur ein Zeichen mehr, als es die einzelnen Anzeigenbausteine (Anzeigentitel, Pfad, Beschreibung) zulassen, wird die Anzeige nicht geschaltet. Aus eigener langjähriger Erfahrung können wir berichten, wie grausam es sich anfühlt, eine vermeintlich »perfekte« Textzeile formuliert zu haben, die dann genau um ein Zeichen zu lang ist. Entweder kann ein wichtiges Satzzeichen nicht mehr gesetzt werden, oder ein Produkt- oder Markenname lässt sich beim besten Willen nicht wie gefordert unterbringen.

Wir möchten Ihnen nun ein paar Tipps geben, wie Sie dieser Sache am besten Herr werden. Schließlich sind die Anzeigentexte – bei allen wichtigen im Hintergrund getroffenen Einstellungen – jener Google-Ads-Bestandteil, der auf Suchergebnisseiten und in Googles Displaynetzwerk permanent »in der Auslage« steht und dort im Verlauf der Kampagne von Millionen potenzieller Interessenten gesehen werden kann. Weder Tippfehler noch inhaltliche Fehler dürfen hier passieren. Gleichzeitig müssen Sie sich bewusst sein, dass Ihr Angebot niemals allein, sondern stets im Umfeld mehrerer Anzeigen der unmittelbaren Mitbewerber eingeblendet wird:

- Sie bieten geringe Versandkosten? Mitbewerber versenden eventuell gratis.
- Sie sind Marktführer in Deutschland? Internationale Mitbewerber können auf Ihrem Heimatmarkt eventuell günstigere Preise anbieten.
- Sie haben eine wenige Tage gültige Aktion mit 10 % Rabatt? Die Anzeige neben Ihnen bietet 12 % noch für den ganzen Monat.

»Präzise, zielgerichtet, überzeugend« sollte Ihr Mindestanspruch an jede formulierte Suchanzeige lauten. Nehmen Sie sich daher Zeit für die folgenden sechs – auch von Google hervorgehobenen – Hinweise, bevor Sie sich Ihrem ersten selbst erstellten Anzeigentext in der Praxis widmen:

1. **Besondere Stärken (USP)**
   Heben Sie jene Aspekte hervor, die Sie von anderen Unternehmen und Mitbewerbern auf Google Ads abheben: Von Geschwindigkeit über Quantität und Qualität bis hin zu geografischen Vorteilen werden Sie bestimmt mindestens einen Vorteil finden, den Sie in den Anzeigen kommunizieren möchten.
2. **Preise und Angebote**
   Erfahrungsgemäß funktionieren Google-Ads-Anzeigen in einigen Branchen sehr gut, wenn sie konkrete Preise oder Angebote beinhalten. Interessenten mit einer Kaufabsicht können so bereits sehr früh herausfinden, ob Ihr Unternehmen die gesuchten Produkte zum gewünschten Preis anbietet.
3. **Konkrete Handlungsaufforderungen**
   Machen Sie in Ihrer Suchanzeige klar, was Interessenten nach dem Klick auf Ihrer Webseite tun sollen. Inkludieren Sie Handlungsaufforderungen wie *Jetzt kaufen*, *Hier anmelden* oder *Gratis anfragen*, um klar zu vermitteln, welche Aktion Sie vom Nutzer nach einem Klick auf Ihre Anzeige erwarten. Banale Aufforderungen wie *Hier klicken* sollten Sie jedoch tunlichst vermeiden: Diese verstoßen nämlich gegen die Qualitätskriterien und werden vom Google-Ads-System sofort abgelehnt.
4. **Keywords**
   Verwenden Sie mindestens ein passendes, repräsentatives Keyword aus der Anzeigengruppe auch im Anzeigentext. Alle Wörter aus der Suchanfrage, die auch in der

Anzeige vorkommen, werden automatisch fett markiert. Je mehr Wörter also übereinstimmen, umso auffälliger ist Ihre Anzeige. Das lenkt einerseits die Aufmerksamkeit des Suchenden wahrscheinlicher auf Ihr Angebot und erhöht andererseits die Relevanz für den Google-Ads-Algorithmus.

5. **Abstimmung mit der Zielseite**
   Es ist unerlässlich, dass das in der Anzeige angepriesene Angebot unmittelbar auf der Zielseite wiederzufinden ist. Findet der Interessent es nicht sofort, weil Sie beispielsweise auf die Homepage oder eine zu allgemeine Zielseite verweisen, steigt die Wahrscheinlichkeit, dass er – anstatt bei Ihnen weiterzusuchen – Ihre Webseite gleich wieder verlässt und zurück zu Google wechselt, um einen anderen Anbieter zu finden.

6. **Testen von Anzeigenvarianten**
   Der letzte, aber keinesfalls unerhebliche Tipp lautet: Erstellen Sie jeweils mehr als eine Suchanzeige pro Anzeigengruppe. Es sollten mindestens zwei unterschiedliche Anzeigen sein, Google empfiehlt aktuell sogar mindestens drei Anzeigen pro Anzeigengruppe. Führt das Nennen eines konkreten Preises zu mehr Klicks und Verkäufen, oder ist die Erfolgsquote höher, wenn Sie allgemeine Texte formulieren? Sie werden es so lange nicht wissen, bis Sie es nicht ausprobiert haben! Google Ads stellt Ihnen eine bequeme Möglichkeit bereit, mit der Sie in Ihren Kampagnen mehrere Anzeigen parallel erstellen und rotierend ausliefern können. Bevor Sie lange herumraten und probieren, welche Anzeige denn am besten funktioniert, können Sie so diese wichtige Entscheidung gleich den richtigen Personen überlassen: nämlich Ihren Interessenten und potenziellen Kunden, die auf die Anzeigen klicken und Ihnen auf diese Weise wertvolle Informationen darüber zukommen lassen, was sie am meisten anspricht.

Finale URLs als »Deep Links«

Wenn Sie die finale URL hinterlegen, achten Sie bitte darauf, diese möglichst genau auf den Anzeigentext und auf die in der jeweiligen Anzeigengruppe verwendeten, thematisch gruppierten Keywords abzustimmen. Sie sollten es vermeiden, alle über Google Ads gewonnenen Interessenten auf nur eine einzige Zielseite zu schicken – im schlimmsten Fall auf Ihre Unternehmenshomepage.

Sucht eine Interessentin beispielsweise nach einem roten Kleid in Größe 36, wird jene Anzeige am erfolgreichsten sein, die nicht nur im Anzeigentext auf diesen Suchbegriff eingeht, sondern auch auf der dazu passenden Zielseite eine Übersicht aller roten Kleider in Größe 36 auflistet. Würden Sie hier als Betreiber eines Online-Shops für Damenbekleidung lediglich auf die Startseite verweisen, wäre das Benutzererlebnis suboptimal, da sich die Interessentin noch einmal auf die Suche machen müsste, um das gewünschte Produkt zu finden. Sobald hier nur die geringste Frustration auftritt, wechselt ein Nutzer zum nächsten Unternehmen, und Sie haben nicht nur ein paar Cent bzw. Euro umsonst für den Anzeigenklick bezahlt, sondern auch einen potenziellen Kunden verloren.

Den aktuellen redaktionellen Standards für Anzeigentexte hat Google in der Google-Ads-Hilfe übrigens einen eigenen Bereich gewidmet:

https://support.google.com/adspolicy/answer/6021546

Responsive Suchanzeige erstellen

Nachdem Sie sich über den Aufbau einer Suchanzeige informiert und auch ein paar Tipps zu deren Erstellung gelesen haben, kehren Sie nun wieder zur Google-Ads-Benutzeroberfläche zurück, um die Inhalte Ihrer Textanzeige einzugeben. Sie beginnen mit dem Feld FINALE URL (siehe Abbildung 4.30), indem Sie einfach die URL Ihrer Landingpage zu dieser Anzeige kopieren und anschließend einfügen. Domain und Top-Level-Domain (TLD) der finalen URL werden automatisch als angezeigte URL übernommen. Sie können dazu optional bis zu zwei angezeigte Pfade hinzufügen.

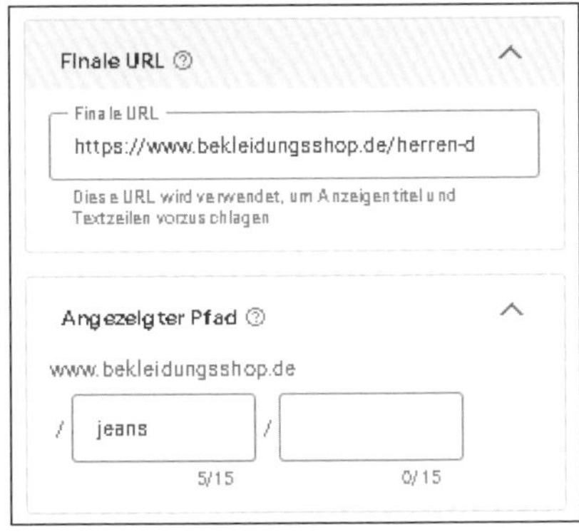

Abbildung 4.30 Geben Sie die finale URL und optional die anzuzeigenden Pfade ein.

Vergeben Sie danach mindestens drei und maximal 15 potenzielle ANZEIGENTITEL (siehe Abbildung 4.31). Google Ads zeigt zur Unterstützung jeweils die maximal erlaubte und bereits genutzte Zeichenanzahl unter dem jeweiligen Feld an. Denken Sie daran, dass für die Ausspielung lediglich zwei und in manchen Fällen drei der möglichen Überschriften genutzt werden. Ihre Kontrolle – insbesondere über die Kombination untereinander – nimmt also mit jeder zusätzlichen Option ab. Google sieht hingegen in jeder zusätzlichen Option die Möglichkeit, mit maximaler Flexibilität Ihre Anzeige auszutesten und zu optimieren. Unserer Meinung nach liegt die Wahrheit irgendwo dazwischen. Glücklicherweise gibt es ein nützliches Werkzeug, um bei Bedarf die Kontrolle zurückzugewinnen. Sobald ein Feld aktiv ausgewählt ist, kann eine Ausspielung über das Pinnnadelsymbol erzwungen und zusätzlich eine feste Position 1, Position 2 oder Position 3 (keine garantierte Ausspielung) festgelegt werden. Auf diese Weise können Sie gewährleisten, dass wichtige Textbausteine wie z. B. »Rabatt sichern«, »Kurzfristig lieferbar« oder auch Ihr Markenname immer ausgespielt werden. Die restlichen Bestandteile der tatsächlich angezeigten Überschrift bleiben dennoch dynamisch und bieten damit die durch Google geforderte Flexibilität zur Anzeigenoptimierung.

Abbildung 4.31 Vergeben Sie Ihre Anzeigentitel.

Zum Schluss fügen Sie noch mindestens zwei und maximal vier TEXTZEILEN mit jeweils bis zu 90 Zeichen hinzu (siehe Abbildung 4.32). Achtung: Der zweite Text kann, muss aber nicht im Suchergebnis erscheinen. Die zweite Textzeile ist also wiederum nur eine Ergänzung, die nicht entscheidend für unsere Anzeige ist. Auch hier steht die Funktion zur Verfügung, bestimmte Textzeilen generell oder mit einer bestimmten Position zu erzwingen.

Abbildung 4.32 Formulieren Sie Ihre Textzeilen.

Wir hoffen, Sie kommen dabei unter Berücksichtigung dessen, was Sie bisher gelernt haben, gut zurecht. Uns zumindest macht das Texten von Google-Ads-Anzeigen nach wie vor großen Spaß. Wir tüfteln so lange an den Formulierungen, bis wir die gewünschte Botschaft – bei bestmöglicher Nutzung der vorgegebenen Zeichenlängen – »auf den Punkt« gebracht haben.

Den aktuellen Fortschritt und das Endprodukt Ihres Schaffens können Sie live in unterschiedlichen Vorschaubildern verfolgen (siehe Abbildung 4.33).

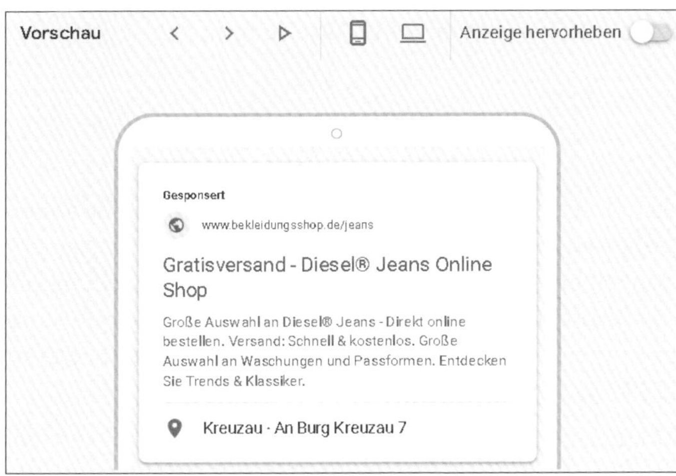

Abbildung 4.33 Mobile Vorschau der erstellten Anzeige

Auch hier gilt das Google-Motto »Mobile First«, sodass die Standardeinstellung Ihre Anzeige in der mobilen Vorschau zeigt. Sie können jedoch über die Blätterfunktion im Kopfbereich auch auf die Desktop-Variante (siehe Abbildung 4.34) umschalten.

Falls die Option zur Schaltung der Suchanzeigen in Kombination mit dem Displaynetzwerk aktiviert ist, wird sogar eine Variante der Suchanzeige für das Displaynetzwerk gezeigt. Da die jeweilige Darstellung der Anzeige in jedem Netzwerk immer etwas unterschiedlich ist, lohnt sich das Umschalten der Vorschau, um einen genauen visuellen Eindruck von Ihrer Suchanzeige zu erhalten.

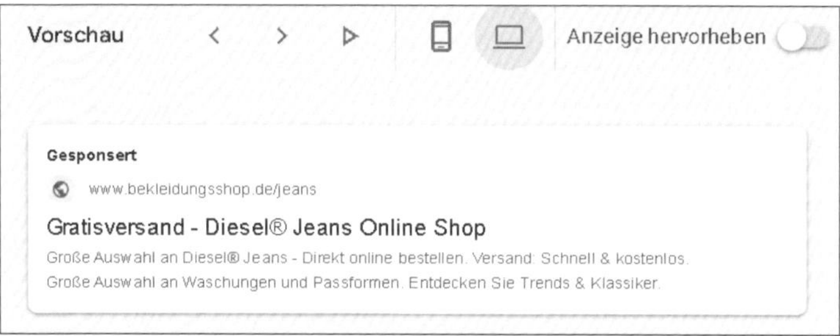

Abbildung 4.34 Eine Vorschau der neuen Anzeige ist auch als Desktop-Variante möglich.

Den weiter oben genannten sechsten Tipp, mehrere Textvariationen zu formulieren, können Sie direkt nach der Speicherung Ihrer ersten Suchanzeige umsetzen.

Neben den erläuterten Bausteinen URL, Anzeigentitel und Textzeilen bietet Google eine Reihe von Erweiterungen, wie Bilder, Sitelinks oder Zusatzinformationen, die beim Ausspielen der Anzeige mit aufgeführt werden können. Diese sogenannten *Assets* sollten ganz genau auf Ihre Kampagne und Ihre Anzeigengruppen abgestimmt werden.

4.3.5 Anzeigen-Assets

Obwohl Google die Anzeigen-Assets schon hier bei der Kampagnenerstellung anbietet, empfehlen wir Ihnen aufgrund unserer Erfahrungen in langjähriger Kampagnenbetreuung, diese Erweiterungen erst nach Abschluss des Kampagnenerstellungsassistenten hinzuzufügen. Sie können nämlich dann die Assets viel besser auf Ihre bestehenden Anzeigen abstimmen und kontrollieren, was sinnvollerweise besser in Ihren Anzeigentexten und was in den Erweiterungen erscheinen soll.

Da auch viele bestehende Kampagnen die Assets gar nicht oder nur zum Teil nutzen, stellen wir Ihnen diese wichtigen Erweiterungen ausführlich in Kapitel 16, »Google Ads optimieren«, vor. Außerdem spielen die Assets für spezielle Strategien, z. B. lokale Werbung oder mobile Kampagnen, eine besondere Rolle und werden an der entsprechenden Stelle vorgestellt.

Sie werden nachträglich jederzeit die Möglichkeit haben, die Anzeigen-Assets zu bearbeiten und zu ergänzen. Sie können diese Erweiterungen auf Konto-, Kampagnen- oder Anzeigengruppenebene hinzufügen. Auch aus diesem Grund empfehlen wir Ihnen, die Erweiterungen nach der Erstellung Ihrer kompletten Kampagne bzw. aller Kampagnen durchzuführen. Sie können dann besser entscheiden, welche Erweiterung auf welcher Ebene sinnvoll ist.

Außerdem sollten Sie in regelmäßigen Abständen einen Blick auf die Möglichkeiten der Anzeigen-Assets werfen, da Google Ads in diesem Bereich in den letzten Monaten und Jahren stets neue Möglichkeiten eingeführt hat.

Bitte denken Sie aber auch daran, dass die Nutzung aller theoretisch zur Verfügung stehenden Assets nicht für alle Kampagnentypen und Zielsetzungen Sinn ergibt.

Mit einem Klick auf FERTIG schließen Sie die Erstellung der Anzeige ab, und die Ansicht wechselt in eine Art Kompaktansicht (siehe Abbildung 4.35). Indem Sie die Maus über die Kachel bewegen, erscheinen ein Stift- und ein Mülltonnensymbol. Mit deren Hilfe lässt sich die Anzeige nochmals bearbeiten oder vollständig löschen. In der Vergangenheit bestand an dieser Stelle auch die Möglichkeit, weitere Anzeigen zu erstellen. Diese Funktion scheint aktuell – gegebenenfalls aufgrund der neuen Benutzeroberflächengestaltung – nicht zur Verfügung zu stehen. Wir gehen jedoch davon aus, dass dies zeitnah wieder der Fall sein wird.

Abbildung 4.35 Ihre neu erstellte Anzeige erscheint in einer Kompaktansicht.

Mit dem Abschluss der Anzeige ist auch Ihre erste Anzeigengruppe zunächst einmal vollständig. Weitere Anzeigen lassen sich bei Bedarf immer noch zu einem späteren Zeitpunkt hinzufügen, und genauso können Sie auch weitere Anzeigengruppen zur Kampagne erstellen. Mit einem Klick auf WEITER wechseln Sie in den nächsten Bereich BUDGET.

4.4 Budget

Im Bereich BUDGET definieren Sie das Tagesbudget für Ihre Kampagnen (siehe Abbildung 4.36). Hierbei ist es natürlich sehr hilfreich, wenn Sie sich vorher dazu Gedanken gemacht haben und (wie in Abschnitt 2.7.2, »Das Google-Ads-Budget planen«, geschildert) Ihr optimales Tagesbudget recherchiert haben.

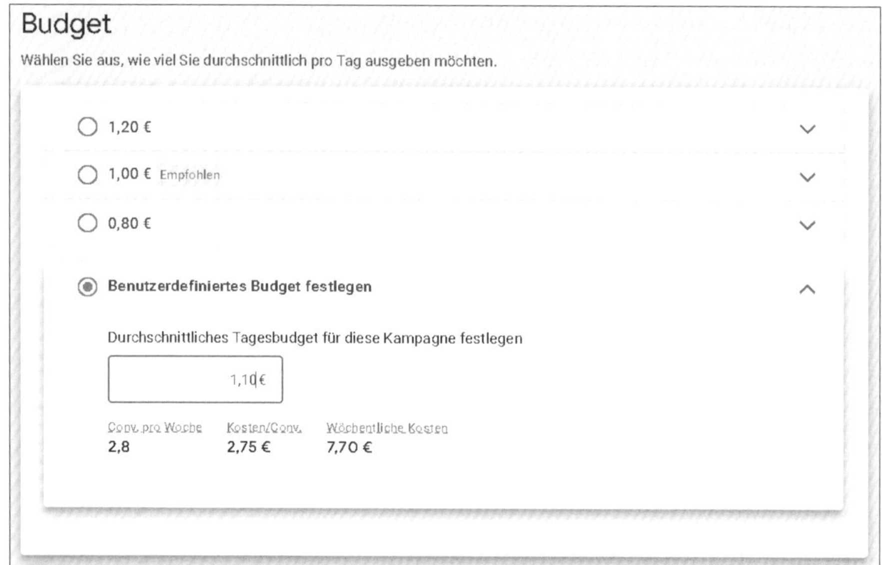

Abbildung 4.36 Legen Sie das durchschnittliche Tagesbudget für Ihre Kampagne fest.

Anhand der Keyword-Recherche und der Prognosen mit dem Keyword-Planer haben Sie vielleicht schon eine Vorstellung von dem benötigten Budget, das Sie für Ihr Thema bzw. für Ihre Keywords einsetzen möchten.

Ausgehend von den im Kampagnenerstellungsprozess eingetragenen Keywords macht Ihnen Google auch hier direkt in der Kampagnenerstellung einen niedrigen, einen mittleren (empfohlenen) und einen höheren Vorschlag für ein DURCHSCHNITTLICHES TAGESBUDGET und gibt dazu bereits eine Vorschau des zu erwartenden Ergebnisses an. Da viele verschiedene Faktoren für den Erfolg Ihrer Kampagne eine Rolle spielen, sind diese Vorschauwerte mit Vorsicht zu genießen. Sind Sie unserer Empfehlung gefolgt und widmen sich erst nach der Grunderstellung der Kampagne den Keywords, wissen Sie ohnehin, dass die eingesetzten Keywords unvollständig sind und Ihnen somit diese Vorschläge keinen Nutzen bringen. Ähnlich wie Sie sich um die Keywords aufgrund der besseren Möglichkeiten nachträglich kümmern, sollten Sie sich mit der Budgetplanung vor der eigentlichen Kampagnenerstellung beschäftigen. Nutzen Sie also die Option BENUTZERDEFINIERTES BUDGET FESTLEGEN und tragen Sie das von Ihnen definierte Tagesbudget ein. Denken Sie immer daran: Sie sind der Chef und bestimmen letztlich, welches Budget Sie für die Kampagnen einsetzen möchten. Das Tagesbudget kann auch in einer laufenden Kampagne jederzeit angepasst werden.

Tipp

Sie sollten bei wenig Google-Ads-Erfahrung das Tagesbudget zunächst auf einen Wert setzen, der deutlich unter dem theoretisch verfügbaren Betrag liegt. Damit vermeiden Sie in den ersten Stunden bzw. Tagen der Laufzeit Ihrer neuen Kampagne eventuell zu hohe Ausgaben mit noch unvollständigen oder im schlechtesten Fall sogar fehlerhaften Einstellungen.

Falls Sie eine Kampagne nur zu Testzwecken anlegen oder sie später einmal länger pausieren lassen möchten, sollten Sie zusätzlich zum Pausieren der Kampagne das Tagesbudget noch auf 0,01 € setzen. Auf diese Weise kann auch bei unbeabsichtigter Aktivierung kein Geld ausgegeben werden, denn für 0,01 € werden Sie bei Google kaum eine Anzeigenauslieferung und einen Klick erzielen können.

Google schlägt vor, dass Sie zur einfachen Ermittlung des einzugebenden durchschnittlichen Tagesbudgets Ihr verfügbares Monatsbudget durch 30,4 teilen. Berücksichtigen Sie bei mehreren Kampagnen, dass sich diese das zur Verfügung stehende Budget teilen müssen. Die Budgets der einzelnen Kampagnen summieren sich also auf das maximale Budget, das ausgegeben werden kann.

Alternativ können Sie in der Bibliothek ein gemeinsam genutztes Budget für mehrere Kampagnen definieren. Das eingetragene durchschnittliche Tagesbudget ist jedoch kein Garant dafür, dass Ihre täglichen Ausgaben diesen Betrag nicht überschreiten. Während früher das Tagesbudget maximal um 20 % überschritten werden durfte, lässt Google bereits seit einiger Zeit zu, dass bei hochwertigem Traffic, sprich Conversions, auch das Doppelte des Tagesbudgets ausgegeben werden kann. Google möchte letztlich immer verhindern, dass ein zu knappes Tagesbudget Kundenanfragen oder ein Geschäft verhindert.

Der Google-Ads-Algorithmus hält demnach das Tagesbudget nicht genau ein. Die Ausgaben pro Monat können jedoch trotzdem beschränkt werden, da das 30,4-Fache des Tagesbudgets am Monatsende nicht überschritten wird. Sollte dieser Wert im Abrechnungszeitraum dennoch überschritten werden, spricht man von einer sogenannten *Mehrauslieferung*. Prüfen Sie Ihre Abrechnung, um festzustellen, ob Google Ihnen beim Überschreiten Ihres Budgets eine Gutschrift ausstellt.

Merken Sie sich demzufolge, das Tagesbudget als Faktor für eine grobe tägliche bzw. monatliche Kostenkalkulation zu nutzen. Die tatsächlich entstandenen Kosten entnehmen Sie im Nachhinein am besten den Google-Ads-Reports und den Abrechnungsinformationen.

Nutzen Sie die folgende Formel, um ein Tagesbudget für das an dieser Stelle benötigte Eingabefeld zu ermitteln:

Tagesbudget = Monatsbudget ÷ 30,4

Die folgenden Formeln beschreiben die mögliche Mehrauslieferung, die Sie als Gutschrift in der Abrechnung wiederfinden:

Monatliche Belastungsgrenze = Tagesbudget × 30,4

Mehrauslieferung = monatliche Kosten – monatliche Belastungsgrenze

Gemeinsame Budgets

Es gibt auch noch eine zweite Möglichkeit zur Budgetfestlegung, nämlich das *gemeinsame Budget.*

Die Idee hinter dieser Möglichkeit ist, die Gesamtkosten bei mehreren Kampagnen zu kontrollieren, weil – wie der Name schon andeutet – ein gemeinsames Budget für mehrere Kampagnen angelegt werden kann. Die entsprechenden Kampagnen werden dann diesem gemeinsamen Budget zugordnet, und alle bedienen sich aus einem Budgettopf. Nachteil: Es ist nicht möglich, eine Verteilung, z. B. eine prozentuale Verteilung des gemeinsamen Budgets, zu bestimmen. Die Kampagne mit dem meisten Such-Traffic und den zugehörigen Klicks wird auch immer den höchsten Anteil am Budget beanspruchen.

Um diese Funktion zu nutzen, legen Sie unter TOOLS • BUDGET UND GEBOTE • GEMEINSAMES BUDGET ein solches Budget an und nehmen außerdem an dieser Stelle direkt die beschriebene Zuordnung der relevanten Kampagnen vor.

4.5 Überprüfung

Nachdem Sie das Tagesbudget festgelegt haben, bringt Sie ein Klick auf WEITER in den finalen Schritt ÜBERPRÜFUNG. Hier werden sämtliche Einstellungen, die Sie durchlaufen haben, in einer Kompaktansicht dargestellt. Kontrollieren Sie alle Angaben und passen Sie diese bei Bedarf an. Ein Klick auf das jeweilige Element führt Sie zurück an die relevante Stelle im Prozess.

Neben Ihrer persönlichen Kontrolle führt auch Google eine automatische Prüfung der gesamten Konfiguration durch. Das Ergebnis wird Ihnen schließlich unterteilt in die beiden Rubriken PROBLEME und EMPFEHLUNGEN oberhalb der Gesamtübersicht angezeigt. Den Empfehlungen können Sie optional folgen. Hier werden Sie Kommentare wie »Bilder hinzufügen« oder »Weitere Keywords hinzufügen« finden. Die Probleme müssen Sie jedoch lösen, da ansonsten kein Abschluss des Assistenten möglich ist. Sollten Ihre Anzeigentexte beispielsweise nicht vollständig sein, sind diese zwingend nachzupflegen, da es sich um grundlegende Informationen für die Veröffentlichung Ihrer Kampagne handelt. Sind alle Probleme behoben und alle Angaben zu Ihrer Zufriedenheit geprüft, klicken Sie auf KAMPAGNE VERÖFFENTLICHEN.

Kampagne vorerst pausieren

Wie der finale Klick KAMPAGNE VERÖFFENTLICHEN bereits vermuten lässt, geht Ihre Kampagne unmittelbar nach Abschluss des Assistenten live. Da Sie gegebenenfalls vorab noch Anpassungen vornehmen möchten oder beispielsweise vorhaben, weitere Keywords zu ergänzen, sollten Sie die Kampagne zunächst auf den Status PAUSIEREN stellen. Auf diese Weise können Sie sich zunächst ganz in Ruhe mit der detaillierten Ausarbeitung Ihrer Kampagne beschäftigen und dann im zweiten Schritt kontrolliert die Kampagne über den Status AKTIVIEREN zum Ausspielen freigeben.

Gratulation! Nun ist es so weit, Sie haben Ihre erste Kampagne eingerichtet, passende Keywords definiert, die Zielseite für Ihre Anzeige ausgewählt und mindestens einen Anzeigentext formuliert. Damit haben Sie die folgend aufgelisteten Schritte erfolgreich abgeschlossen:

- Kampagne erstellen
- wichtige Grundeinstellungen auf Kampagnenebene setzen
  - Werbenetzwerke
  - geografische und sprachliche Ausrichtung
  - Tagesbudget und Gebotsstrategien
- Anzeigengruppen strukturieren und erstellen
- Keywords eingeben
- Anzeigentexte verfassen

Sie können nun jederzeit in Ihrem Konto (siehe Abbildung 4.37) die Kampagne, die Anzeigengruppe, die Keywords oder Anzeigen aufrufen und falls gewünscht Änderungen vornehmen, indem Sie z. B. Textzeilen verändern oder neue Keywords hinzufügen.

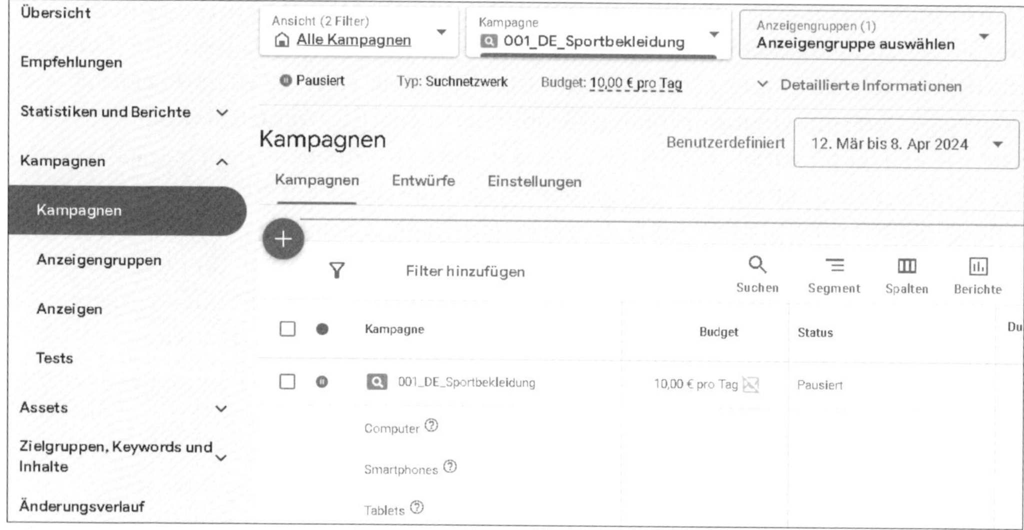

Abbildung 4.37 So präsentiert sich die Google-Ads-Benutzeroberfläche, sobald Sie Ihre erste Kampagne erstellt haben.

4.6 Keywords

Wie bereits im Kontext der Anzeigengruppe erläutert, ergibt es Sinn, die finale Keyword-Liste nicht innerhalb des Kampagnenerstellungsassistenten einzurichten, sondern dazu im Nachgang die Oberfläche der bereits fertig erstellten Kampagne zu nutzen. In den nächsten Abschnitten werden wir ausführlich auf den Einsatz der Keywords und die richtige Handhabung eingehen.

Auf Grundlage Ihrer Keyword-Recherche aus Kapitel 3, »Keywords«, haben Sie einen Überblick darüber gewonnen, welche Begriffe Internetnutzer in die Suchmaschine eingeben, um Ihre Produkte, Dienstleistungen oder Informationen zu finden. Wir sind uns sicher, dass Sie die ausführlichen Erklärungen im folgenden Schritt gleich in die Praxis umsetzen können.

4.6.1 Keyword-Recherche

Natürlich wird es einige offensichtliche Keywords geben, die Sie ohne großen Rechercheaufwand intuitiv in Ihrer Kampagne verwenden können. Für die zuvor erstellte Beispielkampagne haben wir es zunächst auch dabei belassen.

Wenn Sie beispielsweise ein Steuerberatungsunternehmen in Wien betreiben, liegt die Verwendung der Keyword-Kombination *Steuerberater Wien* auf der Hand. Sie könnten also eine Kampagne aufsetzen, die zunächst nur diese eine Wortkombination beinhalten und damit erste Klicks generieren würde.

Aber es wird nicht nur darauf ankommen, Keywords einzubuchen, die den offensichtlichen Fachbereich bzw. die Branche Ihres Unternehmens beschreiben. Es ist gleichermaßen wichtig, auch solche Begriffe einzusetzen, die Ihre Tätigkeit (Dienstleistungen bzw. Produkte) näher beschreiben. Suchmaschinennutzer werden nicht nur danach suchen, wer Sie *sind*, sondern auch danach, was Sie *machen*.

Als Steuerberater werden Sie also sinnvollerweise auch Ihre Leistungen wie z. B. *Buchhaltung, Personalverrechnung* oder das *Erstellen von Steuererklärungen* als Basis für Ihre Keyword-Liste verwenden. Jedoch werden Sie auch hier bald feststellen, dass diese Überbegriffe maximal als Kampagnen- oder Anzeigengruppenbezeichnung verwendet werden können und es dahinter wiederum eine Vielzahl an Suchwortkombinationen geben wird, die tatsächlich zum Einsatz kommen.

Keyword-Recherche mit Sach- und Hausverstand

In diesem Buch zeigen wir Ihnen hilfreiche Methoden und praktische Tools zur Recherche, Einbuchung und Optimierung umfangreicher Keyword-Sets. So viel zum Thema Sachverstand. Es gibt jedoch einen weiteren wichtigen Aspekt im Umgang mit Keywords, der allein von Ihnen abhängt: den *Hausverstand* bzw. gesunden Menschenverstand.

Leider haben wir schon oft erleben müssen, dass unerfahrene Kunden, Agenturen oder Kampagnenmanager zwar Hunderte, wenn nicht sogar Tausende Keyword-Kombinationen, die irgendwelche Tools vorgeschlagen hatten, in ihre Kampagnen einbuchen. Gleichzeitig fehlten jedoch wichtige Suchbegriffe, die teilweise sogar klar auf der Startseite der Firmenwebsite ersichtlich waren.

Widmen Sie daher unabhängig davon, ob Sie Google-Ads-Kampagnen für Ihre eigene Website oder jene von Kunden und Geschäftspartnern erstellen, den Keywords die nötige Aufmerksamkeit aus persönlicher Sicht. Schließlich sitzt am »anderen Ende« Ihrer Kampagnen ebenfalls ein Mensch – unabhängig davon, an welchem Gerät oder in welchem Teil der Erde er sich befindet.

Überlegen Sie zunächst selbst, welche Suchanfragen ein potenzieller Interessent in den Suchschlitz eintippen könnte. Beginnen Sie dann, danach zu suchen, und lassen Sie sich von den gefundenen bezahlten und organischen Suchergebnissen sowie von Googles Vorschlägen weiter inspirieren (z. B. vom Auto-Vervollständigen der Suchanfrage, während Sie tippen, von verwandten Suchbegriffen auf der Ergebnisseite etc.).

Ein Klick führt dabei zum nächsten, und mithilfe dieses Prozesses werden Sie erste wertvolle Informationen über Keywords erhalten, die für Sie relevant sind. Tauchen im Themenkontext Begriffe auf, bei denen Sie definitiv keine Anzeigenschaltung auslösen möchten, halten Sie auch diese in Ihren Notizen fest.

Erfahrungsgemäß funktionieren solche Rechercheansätze auch gut, wenn Sie themen- und branchenfremde Personen damit »beauftragen« (warum nicht zum Beispiel Ihre Eltern, Kinder oder Bekannten?), einfach mal nach möglichen Produkten, Dienstleistungen oder Unternehmen bei Google zu suchen. Sie werden erstaunt darüber sein, wie Ihnen diese Personen mit jeweils individuellen Ansätzen beim Finden von Keywords behilflich sein können.

Mithilfe der zuvor beschriebenen Prozesse und Tools greifen Sie nun bereits auf ein Keyword-Set zurück, das als Basis für die Verwendung in den Kampagnen bereitsteht. Bevor Sie sich gleich ins Interface Ihres Google-Ads-Kontos – und damit bei Nichtberücksichtigen dieses Abschnitts möglicherweise direkt ins Verderben – stürzen, müssen wir noch eine wichtige, für jede Suchkampagne typische Google-Ads-Eigenschaft vorstellen: die *Keyword-Optionen* bzw. *Keyword-Übereinstimmungstypen* (engl. *Match Types*). Wir werden bei unseren Ausführungen vorwiegend den ersten Begriff nutzen, auch wenn die Google-Ads-Dokumentation und die Benutzeroberfläche in unterschiedlicher Häufigkeit von beiden Bezeichnungen Gebrauch machen.

4.6.2 Die Keyword-Optionen

Unter den *Keyword-Optionen* in Google Ads können Sie sich eine zusätzliche Kennzeichnung vorstellen, die auf Basis jedes einzelnen eingebuchten Suchbegriffs optional vergeben wird. Allen Google-Ads-Nutzern raten wir dringend, diese Keyword-Optionen zu verwenden, um ihre Keyword-Sets spezifischer auszurichten.

Leider zeigt die Praxis, dass viele Anwender in ihren Kampagnen komplett auf die Nutzung der Keyword-Optionen verzichten und somit sehr wahrscheinlich – meist unbewusst bzw. mangels genauerer Kenntnis – mehr Budget als nötig ausgeben.

Keyword-Optionen: obligatorisch oder optional?

Wir empfehlen Ihnen, bei der Erstellung Ihrer Anzeigengruppen und Keyword-Sets abhängig von Ihrer Zielsetzung jederzeit einen Fokus auf die Anwendung der Keyword-Optionen zu legen. Zu wenige bzw. keine Keyword-Optionen einzusetzen, bedeutet zunächst eine größere Reichweite bei geringerem Setup-Aufwand, was vor allem Einsteigern bzw. jenen Anwendern verlockend erscheint, die ihren Kampagnen weniger Zeit widmen können oder wollen. »Google weiß bestimmt, welche Keywords am besten passen« ist ein Ansatz, der Sie langfristig viel Geld kosten kann. Denn die Wahrscheinlichkeit, dass Sie auf diese Weise auch eine Menge irrelevanter Klicks generieren, ist sehr hoch.

Beispiel gefällig? Google interpretiert die Keyword-Option WEITGEHEND PASSEND bisweilen tatsächlich – sowohl thematisch als auch geografisch – nur als sehr grobe Vorgabe. So kann zum Beispiel bei einem weitgehend passenden Keyword *Hotel Salzburg* ohne Nutzung der Keyword-Optionen eine Anzeige durchaus für die Suchanfrage *Ferienwohnung am Chiemsee* geschaltet werden. Natürlich hat eine Ferienwohnung im weitesten Sinne ähnliche Eigenschaften wie ein Hotel – immerhin kann man in beiden gegen Bezahlung übernachten. Und von der Stadt Salzburg bis zum Chiemsee ist es auch nicht weit. Was also Google und die Definition weitgehend passender Keywords betrifft, ist die Vorgehensweise daher in Ordnung. Aber für den Anzeigenkunden ist dies doch ein deutliches »Thema verfehlt«.

Wir hoffen, Sie verstehen anhand dieses kleinen Beispiels, dass die Nutzung der Keyword-Optionen keine bloße Option darstellt, sondern dass deren Berücksichtigung vielmehr eine unbedingte Pflicht jedes Google-Ads-Werbetreibenden ist.

Anhand dieses Abschnitts werden Sie rasch erkennen, dass der Einsatz von Keyword-Optionen quasi verpflichtend für jede Suchkampagne ist. Je offener Sie diese Optionen lassen, umso mehr Freiheiten gewähren Sie dem Google-Algorithmus bei der Entscheidung, Ihre Anzeigen bei bestimmten Suchanfragen zu schalten oder nicht. Je enger Sie Ihre Keywords eingrenzen, umso mehr behalten Sie selbst diese Entscheidung in der Hand. Gleichzeitig bedeuten engere Keyword-Optionen jedoch einen umfangreicheren Rechercheaufwand für Sie. Für Kampagnen im Displaynetzwerk sind die Keyword-Optionen übrigens nicht relevant. Werden dort Keywords hinterlegt, haben diese jeweils die Standardoption WEITGEHEND PASSEND, auf die wir gleich unten näher eingehen werden.

Nun, da Sie von den Keyword-Optionen und deren essenzieller Bedeutung vor allem für Suchkampagnen wissen, wird es Sie bestimmt interessieren, welche und vor allem wie viele solcher Optionen es ab sofort zu berücksichtigen gilt. Folgende vier Optionen werden Sie in diesem Abschnitt genauer kennenlernen:

- WEITGEHEND PASSEND (engl. *Broad Match*)
- PASSENDE WORTGRUPPE (engl. *Phrase Match*)
- GENAU PASSEND (engl. *Exact Match*)
- AUSZUSCHLIESSENDE KEYWORDS (engl. *Negative Match*)

Wie Sie in Abbildung 4.38 erkennen können, nehmen die Keyword-Optionen einen nicht unwesentlichen Einfluss auf Reichweite und Relevanz Ihrer Suchanzeigen. Je breiter die Keyword-Optionen sind, umso mehr Reichweite und Traffic-Potenzial hat ein Keyword. Je enger eine Keyword-Option gefasst ist, umso mehr steigt die Relevanz, jedoch bei gleichzeitig sinkender Reichweite.

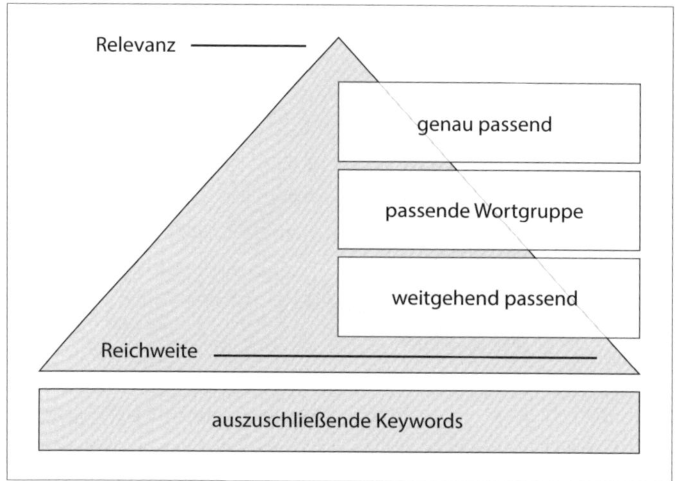

Abbildung 4.38 Die Keyword-Optionen wirken sich unmittelbar auf Reichweite und Relevanz Ihrer Google-Ads-Kampagnen aus.

Im Allgemeinen gilt also, dass Sie mit uneingeschränkten, größtenteils weitgehend passenden Keyword-Sets sehr wahrscheinlich mehr Besucher erhalten werden. Kampagnen, die nur genau passende Keywords enthalten, werden höchstwahrscheinlich sehr relevante und hinsichtlich Ihrer Zielsetzung »bessere«, jedoch auch deutlich weniger Besucher liefern.

Auszuschließende Keywords nehmen dabei eine Sonderrolle ein, da sie in Kombination mit den anderen Optionen eingesetzt werden können, um Ihnen eine weitere Eingrenzung des Keyword-Sets zu ermöglichen.

Bevor wir uns den einzelnen Details widmen, möchten wir Ihnen anhand der Beispiele in Tabelle 4.3 einen ersten Überblick über die wesentlichsten Eigenschaften und Unterschiede der Keyword-Optionen bieten. Dort lernen Sie auch die Möglichkeiten zur Kennzeichnung der jeweiligen Option kennen, mit der Sie dem Google-Ads-Programm mitteilen, ob und in welcher Form Sie ein Keyword näher eingrenzen möchten.

In der Hoffnung, den meisten von Ihnen mithilfe dieser Tabelle bereits ein erstes »Aha-Erlebnis« in Sachen Keyword-Optionen beschert zu haben, möchten wir den vier möglichen Varianten auch im Einzelnen jeweils ein paar Zeilen widmen.

Keyword-Option	Kenn-zeichnung	Beispiel-Keyword	Kriterien für die Anzeigenschal-tung	Beispiel- Such-anfrage
weitgehend passend	Keyword	Hose für Herren	Synonyme des Keywords, ähnliche bzw. verwandte Suchanfragen sowie weitere relevante Varianten	Herren Freizeithose kaufen
passende Wortgruppe	"Keyword"	"Hose für Herren"	Wortgruppe in genauer Reihenfolge	Hose für Herren kaufen
genau passend	[Keyword]	[Hose für Herren]	genauer Begriff	Hose für Herren
auszuschließende Keywords	-Keyword	-Jeans	nur Suchanfragen ohne den ausgeschlossenen Begriff	Jeans Hose für Herren (löst keine Anzeigenschaltung aus!)

Tabelle 4.3 Übersicht und Beispiele für Keyword-Optionen

Weitgehend passend

Weitgehend passende Keywords stellen die von Google vorgegebene Standardoption dar. Aus diesem Grund gibt es dafür auch keine spezielle Kennzeichnung. Sie buchen ein einzelnes Keyword oder eine aus mehreren Wörtern bestehende Phrase in Google Ads ein und überlassen die »weitgehende« Zuordnung dem Google-Ads-Algorithmus. Dabei sind in der Auswahl, bei welchen tatsächlichen Suchanfragen Ihre Anzeigen geschaltet werden, folgende Varianten möglich:

- Die Suchanfrage muss das eingebuchte Keyword nicht unbedingt in der richtigen Reihenfolge enthalten.
- Die Suchanfrage kann mehrere andere, nicht eingebuchte Begriffe enthalten.
- Die Suchanfrage kann »ähnliche« (jedoch nicht unbedingt für Ihre Zwecke passende) Begriffe enthalten.
- Die Suchanfrage kann falsche Schreibweisen, Singular- und Pluralformen sowie Synonyme des eingebuchten Keywords beinhalten.

Lassen Sie uns nun anhand von Tabelle 4.4 ansehen, wie sich das in der Praxis auswirken kann.

Weitgehend passendes Keyword	Anzeigenschaltung bei diesen Suchanfragen
Skiurlaub Tirol	Winterurlaub in Tirol Skifahren im Urlaub in Südtirol Skiurlaub Österreich buchen Nach Tirol in den Schiurlaub Im Winterurlaub nach Tirol fahren Hotels Tirol Skiurlaub Bewertung

Tabelle 4.4 Beispiele für die Option »weitgehend passend«

Sie sehen, dass Google Ihre Anzeigen unter Verwendung der weitgehend passenden Keyword-Option bei sehr vielen Suchanfragen schaltet, ohne dass Sie eine aufwendige Keyword-Liste erstellen müssen. Diesen vermeintlichen Vorteil können Sie aber dann rasch einbüßen, wenn eine für den Algorithmus vermeintlich logische Zuordnung für Sie keinen Sinn ergibt.

Wenn Sie, wie oben dargestellt, beispielsweise als Tiroler Skigebiet in der Google-Suche werben, werden Sie gut daran tun, die Begriffe *Südtirol* oder *Italien* als auszuschließende Keywords zu hinterlegen, um die Relevanz Ihrer Anzeigen für Suchmaschinennutzer zu steigern. Ebenfalls werden Sie in diesem Beispiel auch *Bewertung* als weiteres auszuschließendes Keyword festlegen, sollten Sie eine Info- und Buchungswebsite ohne Hotelbewertungen betreiben.

Aus diesen – wie wir hoffen offensichtlichen – Gründen lässt sich also feststellen, dass ein kleines und hauptsächlich weitgehend passendes Keyword-Set eine umso längere Liste an auszuschließenden Keywords erfordert, um dennoch nicht gänzlich an Relevanz einzubüßen.

Passende Wortgruppe

Noch einen deutlichen Schritt spezifischer wird es, wenn wir uns die *passende Wortgruppe* als nächste Keyword-Option ansehen. Wie der Name schon sagt, muss dabei die Suchanfrage als Wortgruppe – die Sie übrigens durch das Setzen von doppelten Anführungszeichen ("Keyword") definieren – mit dem eingebuchten Keyword übereinstimmen. Vereinfacht bedeutet das, dass der Suchende vor und/oder nach dem als passende Wortgruppe eingebuchten Keyword noch beliebige Begriffe ergänzen kann, um dennoch eine Anzeigenschaltung auszulösen. Diese Option ist, wenn man so will, das »Mittelding« zwischen weitgehend und genau passend ausgerichteten Keywords. Sie ist nicht zu spezifisch, aber dennoch mit deutlich geringerer Wahrscheinlichkeit, sodass Ihre Anzeigen bei gänzlich unpassenden Suchbegriffen nicht erscheinen (siehe Tabelle 4.5).

Passende Wortgruppe	Anzeigenschaltung bei diesen Suchanfragen	Keine Anzeigenschaltung bei diesen Suchanfragen
"Skiurlaub in Tirol"	Skiurlaub in Tirol Skiurlaub in Tirol buchen Günstiger Skiurlaub in Tirol	Günstiger Winterurlaub in Tirol Schiurlaub in Tirol Skiurlaub buchen in Tirol

Tabelle 4.5 Beispiele für die Option »passende Wortgruppe«

Bis 2021 gab es noch die fünfte Keyword-Option *Modifizierer für weitgehend passende Keywords* (engl. *Broad Match with Modifier*). Diese bildete eine Art Zwischenstufe zwischen den Optionen *weitgehend passend* und *passende Wortgruppe*. Um die Handhabung der Keywords zu vereinfachen, ist diese Option in *passende Wortgruppe* aufgegangen.

Genau passend

Last, but not least erreichen wir mit der Keyword-Option *genau passend* die Spitze der in Abbildung 4.38 dargestellten Pyramide. Eine hohe Relevanz zeichnet diesen Übereinstimmungstyp genauso aus wie die damit einhergehende geringere Reichweite. Ihre Anzeigen werden nur dann geschaltet, wenn die Suchanfrage – Sie haben es erraten – genau bzw. ziemlich genau mit dem Keyword übereinstimmt, das in diesem Fall mithilfe von eckigen Klammern eingebucht wird: [Keyword].

Bei den genau passenden Keywords schaltet Google die Anzeigen aktuell jedoch auch bei verwandten Begriffen sowie Falschschreibweisen (siehe auch die folgenden Anmerkungen zur Aufweichung von Keyword-Einschränkungen). Trotzdem sollten Sie sich bei der Nutzung der genau passenden Keywords darüber im Klaren sein, dass Sie entweder eine Menge von ihnen einbuchen müssen oder bewusst nur wenige, die dann aber zielgerichtetere Impressionen und auch Klicks pro Tag erzielen können. Das Beispiel aus Tabelle 4.6 zeigt eine mögliche Anzeigenschaltung der Option *genau passend*.

Genau passendes Keyword	Anzeigenschaltung bei diesen Suchanfragen	Keine Anzeigenschaltung bei diesen Suchanfragen
[Skiurlaub in Tirol]	Skiurlaub in Tirol	Günstiger Skiurlaub in Tirol Skiurlaub in Tirol Hotel Skiurlaub in Tirol buchen

Tabelle 4.6 Beispiele für die Option »genau passend«

Google weicht die Keyword-Einschränkungen immer weiter auf

Bitte beachten Sie, dass die dargestellten Keyword-Optionen die Grundregeln darstellen, an die sich Google lange Zeit auch strikt gehalten hat. Im Laufe der Zeit wurden die Einschränkungen jedoch immer stärker »aufgeweicht«, sodass zunächst Singular- und Pluralformen sowie bekannte Falschschreibweisen auch bei Wortgruppen und genau passenden Optionen zugelassen wurden. Als letzte Änderung akzeptiert Google nun auch kleine Füllwörter bei genau passender Vorgabe, wenn der Sinn der Suchanfrage durch die Füllwörter nicht verändert wird. Somit wird beispielsweise bei der Vorgabe *[rote schuhe damen]* auch die Suchanfrage *rote schuhe für damen* akzeptiert. Bei *genau passend* wurden sogar schon Suchanfragen gesichtet, die nur ein Synonym der exakten Vorgabe waren.

Achtung: Sie können sich gegen diese »aufgeweichte Schaltung« Ihrer Suchbegriffsvorgaben nur wehren, indem Sie zusätzlich ungewollte Suchbegriffe mit genau passender Option als auszuschließende Keywords hinzufügen.

Bei den negativen, auszuschließenden Keywords bleibt Google weiterhin sehr »streng« und schließt nur die Begriffe in der vorgegebenen Schreibweise aus, sodass Sie weiterhin alle Varianten und auch fehlerhafte Schreibweisen als negative Begriffe hinzufügen müssen.

Auszuschließende Keywords

Die letzte Übereinstimmungsmethode der *auszuschließenden Keywords* oder auch *negativen Keywords* ist, wie bereits eingangs dargestellt, keine fünfte und zusätzliche, sondern vielmehr eine weitere Keyword-Option, die alle vier zuvor genannten ergänzt. Sie sollten auszuschließende Keywords daher in jeder Ihrer Kampagnen einsetzen, um eine Anzeigenschaltung mit thematisch und/oder geografisch überhaupt nicht passenden Suchbegriffen von vornherein zu vermeiden.

Auszuschließende Keywords werden durch ein vorangestelltes Minuszeichen (*-Keyword*) markiert, wenn sie neben den anderen Keywords in das Standardformularfeld für Keywords eingegeben werden. In der Praxis werden die auszuschließenden Keywords aber in speziellen Eingabefeldern auf Anzeigengruppen- oder Kampagnenebene oder zentral über Listen für die Kontoebene festgelegt. Dann entfällt das vorangestellte Minuszeichen.

Enthält die Suchanfrage eines Interessenten eines der von Ihnen definierten auszuschließenden Keywords, erfolgt keine Anzeigenschaltung. Aus diesem Grund ist es unerlässlich, dass Sie bereits bei der Recherche der ausdrücklich gewünschten Keywords auch solche Begriffe notiert haben, mit denen Sie nicht gefunden werden wollen. Bei unserer Beispielsuche nach *Skiurlaub Tirol* könnten wir uns gut vorstellen, dass Sie als Skigebiet sowohl bei sämtlichen Wetterrecherchen als auch bei negativ behafteten Suchanfragen wie Unglücken oder Todesfällen keine Anzeigen schalten möchten (siehe Tabelle 4.7).

Ausschließendes Keyword	Anzeigenschaltung bei diesen Suchanfragen	Keine Anzeigenschaltung bei diesen Suchanfragen
-Hotelbewertung -Bewertung -Wetter -Gletscher -Unfall	Skiurlaub in Tirol Winterurlaub in Tirol Skiurlaub Tirol buchen	Wetter Skiurlaub Tirol Jänner Unfall beim Skiurlaub in Tirol Gletscher Skiurlaub in Tirol
	(weitgehend passendes Keyword: Skiurlaub Tirol)	

Tabelle 4.7 Beispiele für die Verwendung der Option »auszuschließende Keywords«

Auszuschließende Keywords werden in der Benutzeroberfläche in einem separaten Bereich festgelegt. Diese Keyword-Option hat die Eigenschaft, dass sie sich mit den anderen zuvor genannten Keyword-Optionen kombinieren lässt. Welche Auswirkungen das in der Praxis auf die Anzeigenschaltung hat, sehen Sie in Tabelle 4.8.

Wir hoffen, Sie konnten bis hierher feststellen, wie wichtig es ist, dass Sie in jeder Ihrer Kampagnen im Suchnetzwerk von den Keyword-Optionen intensiven Gebrauch machen. Auszuschließende Keywords zu definieren, ist für uns ohnehin ein obligatorischer Vorgang.

Auszuschließendes Keyword	Anzeigenschaltung bei diesen Suchanfragen	Keine Anzeigenschaltung bei diesen Suchanfragen
-"Gletscher Tirol"	Gletscher Skiurlaub in Tirol	Gletscher Tirol Skiurlaub
-[Skiurlaub Tirol Unfall]	Unfall beim Skiurlaub in Tirol	Skiurlaub Tirol Unfall
-Wetter	Skiurlaub in Tirol Webcam	Wetter Skiurlaub Tirol Vorhersage Wetter im Skiurlaub Tirol
	(weitgehend passendes Keyword: Skiurlaub Tirol)	

Tabelle 4.8 Kombination des auszuschließenden Keywords mit anderen Keyword-Optionen

Sehen wir uns nun an, wie Sie mit Ihrem vorbereiteten Keyword-Set in Google Ads weiterarbeiten. Wo werden die Keywords und ihre Optionen eingetragen, wo werden die Ausschluss-Keywords hinterlegt? Zuvor möchten wir Ihnen aber noch eine relativ neue und nicht unwesentliche Änderung bei den Keyword-Optionen vorstellen. Im folgenden Abschnitt erfahren Sie, wann und warum Google diese Veränderung eingeführt hat und wie Sie sie nicht nur berücksichtigen, sondern vielmehr zu Ihrem Vorteil einsetzen können.

4.6.3 Auszuschließende Keywords in der Praxis

Sie konnten nun herausfinden, dass ein (wenn nicht *der*) Schlüssel zu erfolgreichen Suchkampagnen in der Nutzung der Keyword-Optionen liegt. Doch wie sollten Sie das eben Gelernte nun in der Praxis umsetzen? Sind nicht *weitgehend passende* Keywords die beste Methode, um viele Impressionen zu erhalten? Gleichzeitig wird für eine optimale Relevanz und Anzeigenleistung der Einsatz von möglichst vielen *genau passenden* Keywords empfohlen. Schauen wir uns nun an, wie Sie daraus eine Vorgehensweise ableiten können, um den Spagat zwischen Setup-Aufwand, Reichweite und Performance Ihrer Anzeigen bestmöglich hinzubekommen.

Wir konzentrieren uns dabei vor allem auf die Möglichkeit, auszuschließende Keywords zu hinterlegen. Nicht zuletzt steht und fällt damit Ihr Kampagnenerfolg. Und je mehr dieser auszuschließenden Begriffe und Wortkombinationen Sie gleich zu Beginn der Kampagnenschaltung festlegen, desto weniger Impressionen, Klicks und nicht zuletzt Kosten entstehen Ihnen durch irrelevante Suchanfragen.

Auszuschließende Keywords auf Kontoebene

Eine erfahrungsgemäß in der Praxis zu selten genutzte Möglichkeit zum Festlegen von auszuschließenden Keywords ist jene auf Kontoebene. Sie steuern diesen Ausschluss über die LISTEN MIT AUSZUSCHLIESSENDEN KEYWORDS. Diese finden Sie unter TOOLS • GEMEINSAM GENUTZTE BIBLIOTHEK • AUSSCHLUSSLISTEN (siehe Abbildung 4.39).

Abbildung 4.39 Nutzen Sie die eine Liste in der Bibliothek, um Keywords für mehrere Kampagnen auszuschließen.

In Ihrem neuen Konto gibt es natürlich zunächst noch keine Liste. Sie können jedoch über den bereits bekannten Plus-Button ⊕ eine Liste anlegen und diese mit ersten Ausschluss-Keywords füllen. Versuchen Sie, dabei möglichst einzelne Begriffe mit weitgehend passender Option hinzuzufügen (siehe Abbildung 4.40). Auf diese einfache Weise decken Sie mit wenig Aufwand eine große Gruppe an Suchanfragen ab.

Wenn Sie z. B. *ebay* als negatives Keyword hinterlegt haben, dann werden alle Suchanfragen verhindert, die den Begriff *ebay* enthalten (beispielsweise *jeans bei ebay*, *ebay herren jeans kaufen* etc.). Denken Sie jedoch auch an Varianten, die vielleicht öfter in der Suche vorkommen können, also etwa an falsche Schreibweisen wie *eebay*, *ebai* oder Ähnliches. Die Erfahrung zeigt, dass die Listen nicht von Anfang an komplett sind, sondern im Laufe der Zeit stetig anwachsen.

Einer der wesentlichen Vorteile davon, auszuschließende Keywords bereits auf übergeordneter Kontoebene festzulegen, besteht darin, dass hier definierte Listen gleich mit mehreren Google-Ads-Kampagnen verknüpft werden können. Darüber hinaus können Sie einer Kampagne nicht nur eine, sondern bei Bedarf auch mehrere solcher Ausschlusslisten zuordnen.

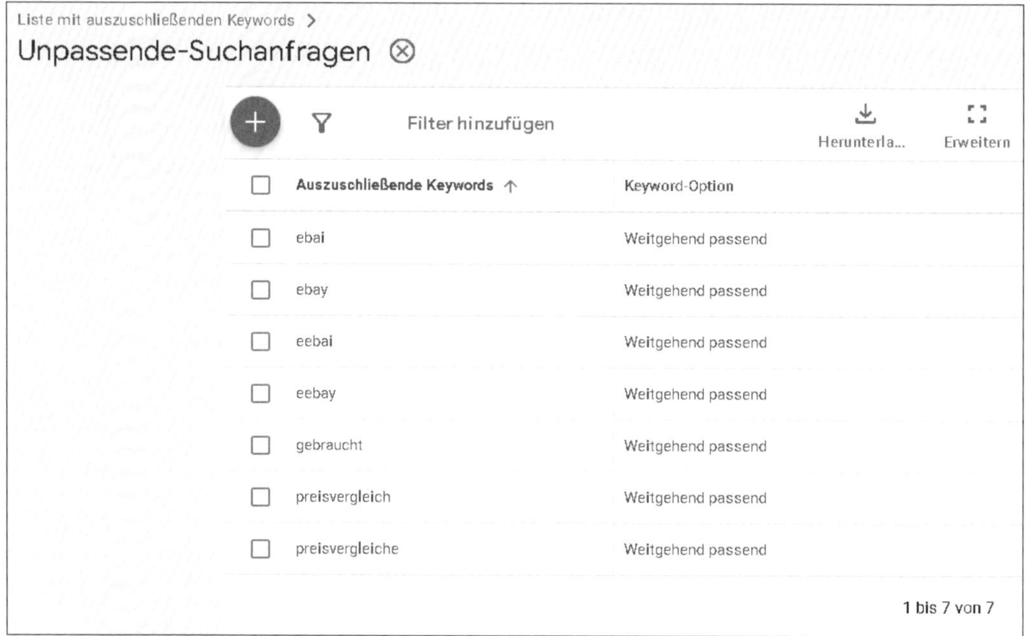

Abbildung 4.40 Auszuschließende Keywords in der gemeinsam genutzten Bibliothek hinterlegen

Diese zentrale Verwaltung bietet Ihnen nicht nur beim erstmaligen Setup, sondern auch im Zuge der permanenten Kampagnenoptimierung neue Möglichkeiten, um Ihre auszuschließenden Keywords so effizient wie möglich zu managen. Sie erstellen eine neue Kampagne? Weisen Sie ihr eine oder mehrere Ihrer bestehenden Ausschlusslisten zu, um von Beginn an für eine optimale Anzeigenrelevanz zu sorgen. Sie verwalten im Google-Ads-Konto eine große Anzahl an aktiven Kampagnen? Fügen Sie eine neue auszuschließende Keyword-Liste einfach zentral zu Ihren bestehenden hinzu, und sie gelten sofort für die jeweils zugeordneten Kampagnen.

Wie in Abbildung 4.41 ersichtlich, könnten Sie nach diesem Schema eine Liste (z. B. mit dem Namen *Unpassende-Suchanfragen*) erstellen, die allgemein für alle Suchkampagnen gelten soll. Würden Sie einen Online-Shop bewerben, wären möglicherweise Begriffe wie *free, gratis, gebraucht, probe* oder *muster* in einer solchen zentralen Ausschlussliste vorhanden. Diese Vorgehensweise können Sie beliebig vertiefen. Für eine aktuelle Kampagne könnten Sie zum Beispiel eine Liste mit Marken erstellen, die momentan nicht beworben werden sollen, aber in einer anderen oder späteren Kampagne durchaus als Suchbegriffe interessant wären.

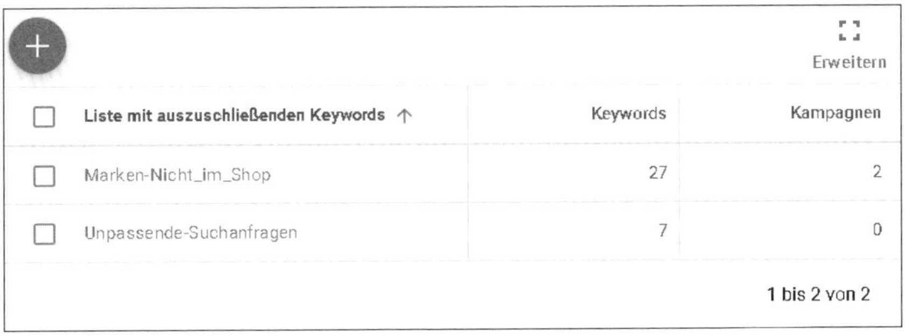

+ Erweitern

☐ Liste mit auszuschließenden Keywords ↑	Keywords	Kampagnen
☐ Marken-Nicht_im_Shop	27	2
☐ Unpassende-Suchanfragen	7	0

1 bis 2 von 2

Abbildung 4.41 Haben Sie zentrale Ausschlusslisten definiert, können Sie jederzeit sowohl die Anzahl der darin enthaltenen Keywords als auch die Zahl der zugeordneten Kampagnen einsehen.

Es liegt also an Ihrer Kampagnenstruktur und Werbestrategie, ob Sie nur mit einer oder mit mehreren negativen Keyword-Listen arbeiten möchten. Eine Liste mit den wichtigsten Suchanfragen, zu denen Sie Ihre Anzeigen nicht schalten möchten, sollten Sie auf jeden Fall nutzen. Unabhängig davon, ob Sie nun in den Listen auf Kontoebene zehn oder mehrere Tausend Begriffe hinterlegt haben, können Sie diese Keywords mit nur einem Klick einer Kampagne zuordnen und somit als auszuschließende Keywords mit ihr verknüpfen.

Auf zwei Nachteile im Umgang mit den zentralen Listen möchten wir an dieser Stelle hinweisen. In der Praxis können folgende Szenarien auftreten:

- Sie erstellen neue Kampagnen und vergessen, die zentral definierten Ausschlusslisten mit diesen zu verknüpfen. Denken Sie also immer daran, eine neue Kampagne einmal zumindest mit Ihrer allgemeinen Liste auszuschließender Keywords zu verknüpfen.
- Sie analysieren bzw. optimieren bestehende Kampagnen und denken nicht daran, dass eine zentrale Ausschlussliste möglicherweise ein oder mehrere Keywords enthalten kann, die einem Ihrer aktiv eingebuchten Begriffe »in die Quere« kommen. Wenn neue Keywords keine Impressionen erzeugen, sollten Sie auf jeden Fall auch diese Möglichkeit abchecken.

Wir können trotz dieser potenziellen Fehlerquelle den Einsatz zentraler Listen für auszuschließende Keywords nur empfehlen. Probieren Sie es einfach aus und legen Sie Anzahl und Umfang der Ausschlusslisten individuell für Ihre Bedürfnisse fest. Sorgen Sie jedoch gleichzeitig dafür, dass Sie bzw. Ihr mit der Kampagnenverwaltung betrautes Team beim Einsatz von auszuschließenden Keywords eine klare Strategie verfolgt.

Auszuschließende Keywords anlegen

Sie haben wie bereits erwähnt drei Möglichkeiten, die auszuschließenden Keywords anzulegen:

- in Listen auf Kontoebene für alle oder einige Kampagnen,
- auf Kampagnenebene für die jeweilige Kampagne oder
- auf Anzeigengruppenebene für die jeweilige Anzeigengruppe.

Google hat diese Möglichkeiten mittlerweile an einer zentralen Stelle gebündelt.

Neben den übergeordneten Listen können Sie einzelne Keywords oder Keyword-Gruppen auch auf Kampagnen- oder Anzeigengruppenebene ausschließen. Zur Eingabe der auszuschließenden Keywords gehen Sie folgendermaßen vor (siehe auch Abbildung 4.42):

1. Rufen Sie im Menü KAMPAGNEN • ZIELGRUPPEN, KEYWORDS UND INHALTE • KEYWORDS FÜR SUCHANZEIGEN ❶ auf.
2. Wählen Sie dann in der zentralen Filterleiste die gewünschte Kampagne ❷, zu der Sie auszuschließende Keywords hinzufügen möchten. (Hinweis: Sie können auch ALLE KAMPAGNEN belassen, müssen dann aber im späteren Verlauf die gewünschte Kampagne bestimmen.)

Im nächsten Schritt wechseln Sie zum Register AUSZUSCHLIESSENDE KEYWORDS FÜR SUCHANZEIGEN ❸ und klicken nun noch auf den Plus-Button ⊕. Sie können jetzt aus den drei vorher genannten Möglichkeiten auswählen:

- Falls bereits mindestens eine Liste auf Kontoebene mit auszuschließenden Keywords besteht, klicken Sie auf den Radiobutton LISTE MIT AUSZUSCHLIESSENDEN KEYWORDS VERWENDEN ❹. Daraufhin erhalten Sie eine Auswahl der bestehenden Liste(n), die Sie per Checkbox bestätigen und abspeichern können.
- Sie möchten negative Keywords einer Kampagne hinzufügen? Dann wählen Sie den Radiobutton vor AUSZUSCHLIESSENDE KEYWORDS HINZUFÜGEN ODER NEUE LISTE ERSTELLEN ❺ und füllen das Formularfeld ❻ mit den auszuschließenden Keywords (je ein Keyword oder eine Keyword-Phrase pro Zeile ohne Minuszeichen). In der Drop-down-Liste kontrollieren Sie noch, ob die Auswahl auf KAMPAGNE ❼ eingestellt ist, und speichern dann Ihre Eingabe ab.
- Möchten Sie Ihre auszuschließenden Keywords nur einer bestimmten Anzeigengruppe hinzufügen, entspricht die Vorgehensweise dem vorherigen Punkt, nur mit dem Unterschied, dass Sie nun in der Drop-down-Liste ANZEIGENGRUPPE ❽ wählen. Die gewünschte Anzeigengruppe müssen Sie auf Nachfrage des Google-Ads-Systems noch bestimmen.

Nachdem Sie neue negative Keywords in das Eingabefeld eingetragen haben, können Sie alternativ zur zweiten oder dritten Möglichkeit auch die Checkbox vor IN EINER NEUEN ODER BESTEHENDEN LISTE SPEICHERN aktivieren, um direkt aus dieser Eingabe eine neue Liste mit auszuschließenden Keywords zu erstellen.

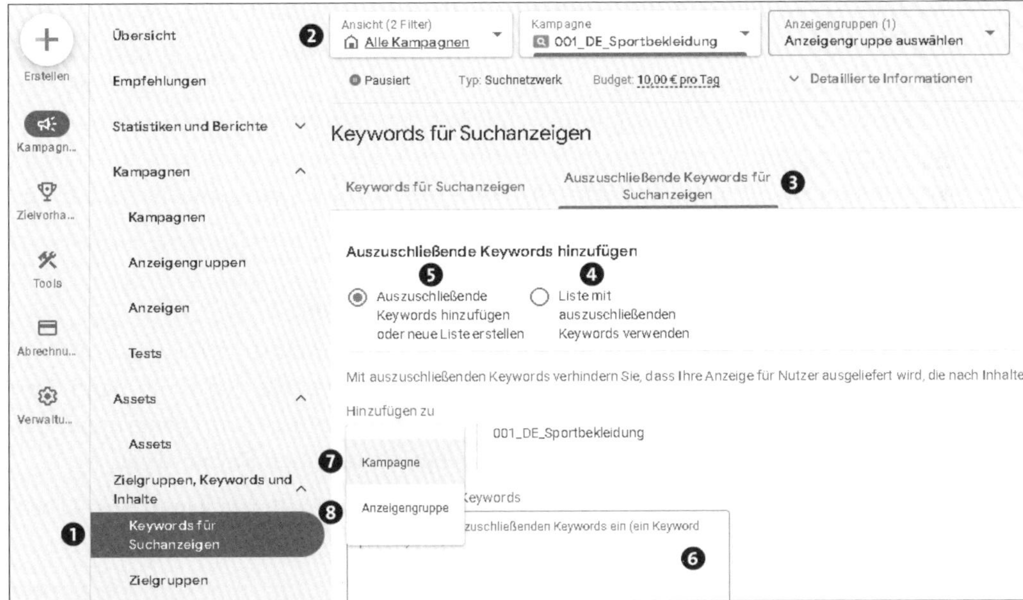

Abbildung 4.42 Zur Eingabe der auszuschließenden Keywords bietet Google Ads verschiedene Möglichkeiten an.

Auszuschließende Keywords auf Kampagnenebene

Jetzt, da Sie die verschiedenen Eingabemöglichkeiten kennen, sollten wir auf jeden Fall noch klären, wann Sie nun am besten auszuschließende Keywords auf Kampagnenebene festlegen sollten. Zum einen empfiehlt sich diese Vorgehensweise immer dann, wenn Ihre Kampagnen inhaltlich so wenig gemeinsam haben, dass sich die Einrichtung und Verwaltung zentraler Ausschlusslisten nicht lohnt. Zum anderen kann es am Anfang bei Konten mit einer Kampagne praktisch sein, die Keywords direkt auf Kampagnenebene einzugeben. Sobald aber weitere Kampagnen hinzukommen, ist es durchaus sinnvoll, dass Sie Ihre auf Kampagnen- oder Anzeigengruppenebene festgelegten auszuschließenden Keywords Schritt für Schritt in zentrale Listen migrieren.

Wie wir zuvor schon in diesem Abschnitt erwähnt haben, sollten Sie auf jeden Fall auszuschließende Keywords nutzen, sobald Sie mit den Keyword-Optionen *weitgehend passend* oder *passende Wortgruppe* arbeiten. Da bei diesen beiden Übereinstimmungstypen beliebige Variationen oder Ergänzungen der Suchanfrage durch den Nutzer ebenfalls eine Anzeigenschaltung auslösen können, sollten Sie offensichtlich unerwünschte bzw. irrelevante Begriffe unbedingt als auszuschließende Keywords festlegen.

Beachten Sie an dieser Stelle, dass Sie auch die auszuschließenden Keywords in den drei Übereinstimmungsvarianten *weitgehend passend*, *passende Wortgruppe* und *genau passend* festlegen können. So können Sie zum Beispiel eine Reihe genau passender Keywords in Ihrer Kampagne ausschließen, um Ihre Anzeigen bei exakten Übereinstimmungen mit bestimmten Suchanfragen nicht anzeigen zu lassen. Dagegen würden ähnliche und falsche Schreibweisen sehr wohl für eine Anzeigenschaltung sorgen.

Auszuschließende Keywords auf Anzeigengruppenebene

Wann sollte man diese Variante in Betracht ziehen? Die Erfahrung zeigt, dass auf Anzeigengruppenebene festgelegte auszuschließende Keywords vor allem dann Sinn ergeben, wenn Sie viele thematisch und semantisch ähnliche Anzeigengruppen parallel aktiviert haben, in denen Sie mit weitgehend passenden Keywords arbeiten.

Sehen Sie sich das Beispiel aus Tabelle 4.9 an, um den konkreten Anwendungsfall besser zu verstehen.

Anzeigengruppe und weitgehend passendes Keyword	Anzeigeninhalt und Ziel-URL	Auszuschließende Keywords auf Anzeigengruppenebene
Familienurlaub	Angebote für Familienurlaub (familienspezifischer Anzeigentext)	-Kinderurlaub, -Babyurlaub
Kinderurlaub	Angebote für Familien mit Kindern (kinderspezifischer Anzeigentext)	-Familienurlaub, -Babyurlaub
Babyurlaub	Angebote speziell für Familien mit Babys (babyspezifischer Anzeigentext)	-Familienurlaub, -Kinderurlaub

Tabelle 4.9 Beispiel für den Einsatz von auszuschließenden Keywords auf Anzeigengruppenebene

Durch die in der Tabelle gezeigte Vorgehensweise können Sie klar festlegen, dass Google Ads grundsätzlich dann die Anzeigen schaltet, wenn es weitgehend passende Übereinstimmungen mit dem jeweiligen Anzeigengruppenthema gibt. Sobald jedoch ein konkreter Begriff aus einer der anderen Anzeigengruppen in der Suchanfrage vorkommt, würde die jeweils relevanteste Anzeige für die Anzeigenschaltung herangezogen. Ohne diese Vorgehensweise hätten Sie im vorgenannten Beispiel keine Kontrolle darüber, ob bei einer Suchanfrage nach *Familienurlaub* tatsächlich auch eine Anzeige aus der Familienurlaub-Anzeigengruppe geschaltet wird oder ob der Google-Algorithmus nicht etwa eine der beiden anderen Anzeigengruppen als relevanter erachtet.

Fazit zu den auszuschließenden Keywords

Wir hoffen, dass wir Sie mit den vielen Möglichkeiten, auszuschließende Keywords in Google Ads zu hinterlegen, nicht komplett verwirrt haben. Zugegeben, es ist durchaus in Ordnung, wenn Sie sich zunächst nicht sicher sind, welche Keywords Sie mit welchem Übereinstimmungstyp auf welcher Ebene ausschließen sollten. In der Praxis werden Sie sich jedoch schnell mit den Unterschieden und Vorzügen der jeweiligen Ebenen vertraut machen können. Für einen schnellen Start können wir Ihnen guten Gewissens die folgende Vorgehensweise empfehlen:

- auszuschließende Keywords auf Kampagnenebene (vor allem, wenn Sie zunächst nur eine Kampagne online schalten)
- auszuschließende Keyword-Listen auf Kontoebene (vor allem, wenn Sie eine Auswahl an Begriffen hinterlegen möchten, die für alle Ihre Kampagnen irrelevant sind)
- auszuschließende Keywords auf Anzeigengruppenebene (vor allem, wenn Sie wie oben gezeigt viele semantisch ähnliche Anzeigengruppen parallel schalten)

Kurioserweise ist die Erklärung rund um die Eingabemöglichkeiten auszuschließender Keywords aufwendiger als das Einbuchen der gewünschten (positiven) Begriffe, die schließlich eine Anzeigenschaltung auslösen sollen. Wie Sie Letzteres umsetzen und worauf Sie dabei achten sollten, sehen wir uns als Nächstes an.

4.6.4 Keyword-Eingabe in der Praxis

Bei einer bestehenden Kampagne können Sie neue Keywords auf folgende Weise hinzufügen (siehe Abbildung 4.43):

1. Rufen Sie im Menü KAMPAGNEN • ZIELGRUPPEN, KEYWORDS UND INHALTE • KEYWORDS FÜR SUCHANZEIGEN ❶ auf.

2. Wählen Sie dann in der zentralen Filterleiste die gewünschte Anzeigengruppe ❷, zu der Sie Keywords hinzufügen möchten. Wie Sie bereits wissen, können Keywords nur auf Anzeigengruppenebene hinzugefügt werden. (Hinweis: Sie können zunächst auch auf die Auswahl verzichten, müssen dann aber im späteren Verlauf die gewünschte Anzeigengruppe bestimmen.)

Klicken Sie im vorausgewählten Register KEYWORDS FÜR SUCHANZEIGEN ❸ auf den Plus-Button ⊕.

1. Anschließend können Sie in das Formularfeld ❹ Ihre im Vorfeld recherchierten Keywords mit den jeweiligen Keyword-Optionen eingeben.

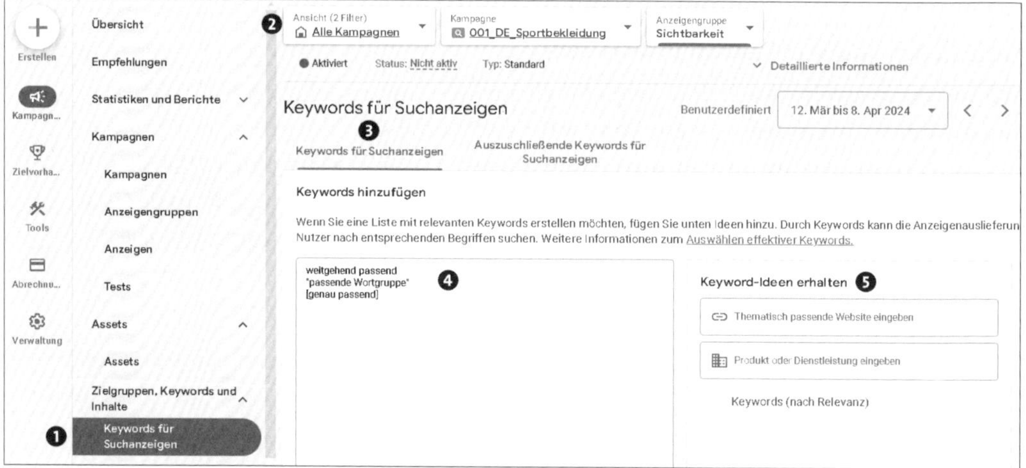

Abbildung 4.43 Im »Keywords für Suchanzeigen«-Tab fügen Sie einer Anzeigengruppe neue Begriffe mit den gewünschten Übereinstimmungstypen hinzu.

Falls Sie noch weitere Ideen benötigen, erhalten Sie auf der rechten Seite neben dem Eingabefeld zusätzliche Ideen, die Google auf Grundlage der bestehenden Keywords und der Ziel-URL mit einem automatischen Scan ermittelt hat ❺. Übernehmen Sie solche Vorschläge aber nicht einfach, denn diese müssen auch in die konkrete Anzeigengruppe passen. Sie sollten außerdem darauf achten, dass Sie auch bei den Vorschlägen noch zusätzlich die Keyword-Optionen aktiv festlegen. Tun Sie das nicht, werden die Vorschläge automatisch als weitgehend passend übernommen.

In dieser Phase werden Sie sich sehr wahrscheinlich mit folgenden Fragen beschäftigen:

- Wie viele Keywords soll, darf bzw. muss ich pro Anzeigengruppe eingeben?
- Wie lautet die Empfehlung für den Umgang mit den Übereinstimmungstypen?

Um zunächst die erste Frage zu beantworten, erinnern wir Sie kurz an die *technischen* Google-Ads-Limits. Mit jeweils maximal 20.000 Anzeigengruppen je Kampagne bzw. maximal 20.000 Keywords und anderen Ausrichtungselementen je Anzeigengruppe können wir diese Einschränkungen jedoch außen vor lassen. Wir empfehlen, nicht zu viele Keywords pro Anzeigengruppe einzustellen. 10 bis maximal 15 Keywords je Anzeigengruppe sollten reichen; schließlich soll ja ein optimaler Zusammenhang mit den Anzeigentexten und der Ziel-URL gegeben sein. Bei extremer Optimierung kann es sogar vorkommen, dass Sie nur jeweils ein Keyword einer Anzeigengruppe zuordnen.

Hinsichtlich der Übereinstimmungstypen gibt es ebenfalls keine *technischen* Einschränkungen, da Sie, wie oben gezeigt, alle drei Varianten in einer Anzeigengruppe bunt »durcheinanderwürfeln« können. Empfehlenswert ist das jedoch in der Praxis nicht. Wie Sie bereits gelernt haben, wird sich die Leistung weitgehend passender Keywords von jener der genau passenden gleich in mehrerlei Hinsicht unterscheiden. Während ein weitgehend passendes Keyword wesentlich mehr Traffic erzielen kann, werden gleichzeitig die Relevanz, der Qualitätsfaktor und auch die Leistungsdaten geringer sein als bei genau passenden Keywords. Diese werden hingegen bei einer besseren Leistung für wesentlich weniger Traffic-Volumen sorgen. Daher liegt es nahe, dass Sie auch die unterschiedlichen Keyword-Optionen in Ihrer Anzeigengruppenstruktur berücksichtigen und jeweils nur gleiche Optionen je Anzeigengruppe einbuchen. Damit können Sie in der Optimierung sofort die Leistung der jeweiligen Kombinationen aus Themen und Übereinstimmungstypen erkennen. Nutzen Sie also für drei unterschiedliche Keyword-Optionen zu einem Wort auch drei unterschiedliche Anzeigengruppen.

4.7 Fazit

Was haben Sie nun in diesem Kapitel gelernt? Sie konnten eine erste Google-Ads-Kampagne für das Suchnetzwerk selbstständig erstellen und online schalten. Sie haben zentrale Themen wie Kampagneneinstellungen, Anzeigengruppen und -texte sowie den Umgang mit den letztlich für jede Kampagne maßgeblichen Keywords kennengelernt.

Es ist uns wichtig, dass Sie an dieser Stelle zunächst das Grundprinzip von Google Ads verstanden und eine eigene Kampagne erstellt haben. In dem Wissen, dass wir mit diesen ersten Schritten erst an der Oberfläche dieser umfangreichen Materie gekratzt haben, wollen wir uns in den nächsten Kapiteln des Buchs der weiteren Praxis widmen. Sie lernen den vollen Funktionsumfang von Google Ads kennen und erfahren, wie Sie Ihre Kampagnenstruktur schrittweise verfeinern und ausbauen können.

Zusätzlicher Tipp: Kampagnen einfach kopieren

Sie haben Ihre erste Kampagne erstellt, nun fängt die Arbeit aber erst an, denn Sie müssen vielleicht noch weitere, zum Teil ähnliche Kampagnen erzeugen. Dafür müssen Sie jedoch nicht den ganzen Weg wieder von vorne gehen. Je nach Kontostruktur haben Sie zwei Möglichkeiten, sich die Arbeit zu vereinfachen:

- **Bestehende Kampagneneinstellungen laden:** Sie müssen neben der bestehenden Kampagne noch eine weitere erstellen, die zwar die gleichen Grundeinstellungen besitzt, nun aber statt Ihrer Produkte Ihre Dienstleistungen bewerben soll. In diesem Fall können Sie die Grundeinstellungen der Kampagne mit Kampagnentyp, Zielregion etc. nutzen, indem Sie einfach bei der Erstellung der neuen Kampagne die Grundeinstellungen einer bestehenden Kampagne laden (siehe Abbildung 4.44).

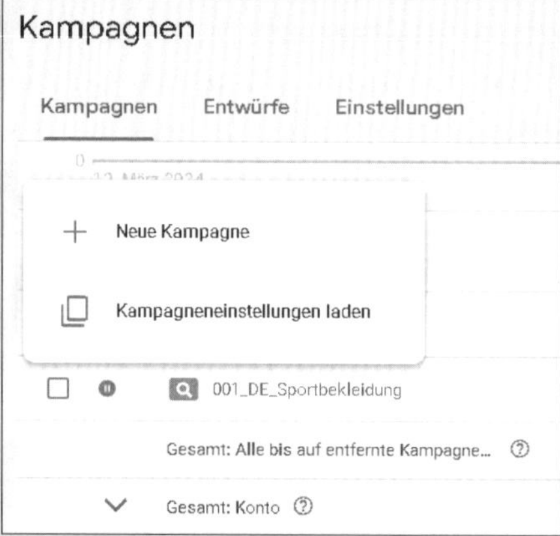

Abbildung 4.44 Sie können sich Zeit und Konfigurationsaufwand sparen, wenn Sie bestehende Kampagneneinstellungen kopieren.

- **Bestehende Kampagne kopieren:** Sie können auch eine bestehende Kampagne markieren, kopieren (siehe Abbildung 4.45) und dann unter KAMPAGNEN wieder einfügen.

Da Sie diese neue Kampagne dann noch anpassen müssen, ist das jedoch nur sinnvoll, wenn Sie möglichst viele Einstellungen der alten Kampagne auch wieder nutzen können. Das Kopieren einer Kampagne ergibt zum Beispiel dann Sinn, wenn Sie neben Ihrer Deutschland-Kampagne noch Kampagnen für Österreich und/oder die Schweiz erstellen möchten. Sie müssten in der Kopie vielleicht nur die Einstellungen zur Region und Sprache ändern und können die komplette Kampagnenstruktur für die neuen Zielregionen übernehmen. Das spart viel Zeit. Also probieren Sie es aus, falls Sie vor dieser oder einer ähnlichen Herausforderung stehen.

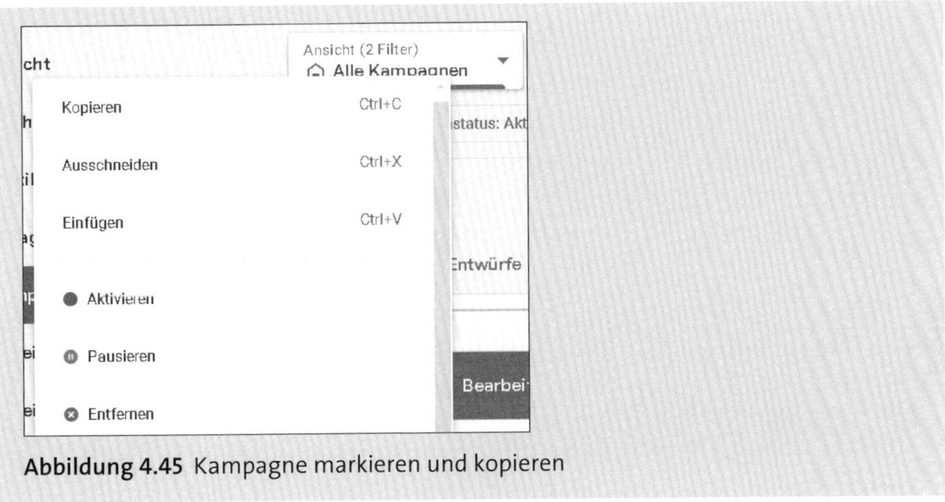

Abbildung 4.45 Kampagne markieren und kopieren

4.8 Checkliste

Sie möchten Ihre erste Google-Ads-Kampagne erstellen? Dann sollten Sie folgende Fragen geklärt haben.

Entscheidungen bei der Erstellung einer Google-Ads-Kampagne	OK (✓)
Welches Werbenetzwerk soll genutzt werden?	
Welche Zielregion soll beworben werden?	
Welche Spracheinstellung nutzt die Zielgruppe?	
Welche Gebotsstrategie möchten Sie nutzen?	
Welche Keywords sind relevant?	
Möchten Sie die Keywords breit oder sehr zielgerichtet schalten?	
Wie sollen die Keywords in Anzeigengruppen strukturiert werden?	
Welche Anzeigentexte sollen eingestellt werden?	
Welches Budget steht zur Verfügung?	

Tabelle 4.10 Ihre erste Google-Ads-Kampagne – Checkliste

Kapitel 5
Displaynetzwerk-Kampagnen

Google Ads wird oft zunächst mit Werbung in der Google-Suche assoziiert. Allerdings ist dies nur ein Teil der vielfältigen Möglichkeiten. Mit Google Ads können Sie ebenfalls Image-Anzeigen schalten und Ihre Textanzeigen in renommierten Online-Magazinen oder innerhalb von Apps platzieren. Das Zauberwort heißt GDN – Google Displaynetzwerk. Lassen Sie uns nun einen genauen Blick darauf werfen, wie dieses Werbenetzwerk funktioniert.

Bisher haben wir vor allem über die Verbindung zwischen der Google-Suche und dem Google-Ads-Werbeprogramm gesprochen. In diesem Kapitel werden wir uns nun den Google-Ads-Displaynetzwerk-Kampagnen widmen, die eine zusätzliche Möglichkeit bieten, Anzeigen im Internet zu platzieren. Im GDN erscheint Google-Ads-Werbung auf sogenannten *Content-Seiten*. Diese Art von Werbung ist nicht so gezielt wie die Werbung im Suchwerbenetzwerk, da die Besucher dieser Webseiten zuvor nicht aktiv nach einem bestimmten Begriff gesucht haben. Auf der anderen Seite ist die Verweildauer auf den Seiten im Displaynetzwerk in der Regel höher. Daher eignet sich Werbung an dieser Stelle besonders gut, um sogenannte Branding-Effekte zu erzielen. Die Google-Ads-Werbung wird themenbezogen in einer Umgebung platziert, in der Internetnutzer umfangreiche Informationen suchen und gleichzeitig interessante Inhalte wie Nachrichten, Ratgeber, Testberichte oder Unterhaltung erwarten.

5.1 Das Google Displaynetzwerk (GDN)

Damit Sie das GDN innerhalb der Google-Ads-Werbung besser einordnen können, stellen wir Ihnen zunächst einmal verschiedene Werbemöglichkeiten vor, die Sie aktuell in Google Ads nutzen können:

- Werbung in der Google-Suche und im Google-Suchnetzwerk
- Werbung im Suchnetzwerk der Google-Partner
- App-Anzeigen bei der Suche, im Displaynetzwerk, bei YouTube, in anderen Apps und im Play Store

- Video- und Textanzeigen bei YouTube
- Bild-, Video- und Textanzeigen im Google Displaynetzwerk

5.1.1 Werbung in der Google-Suche

Das Standardnetzwerk ist die Google-Suche. Hier werden die meisten Anzeigen geschaltet, hier verdient Google auch das meiste Geld. Diese Werbeform wird daher vom überwiegenden Teil der Internetnutzer direkt mit dem Thema »Google-Werbung« in Verbindung gebracht.

5.1.2 Werbung im Google-Suchnetzwerk

Neben der Google-Websuche gehören die Suche bei *Google Maps* (siehe Abbildung 5.1) oder auch bei *Google Shopping* zum Suchnetzwerk. Auch dort werden Anzeigen als Ergebnis eines Suchvorgangs zu den entsprechenden Keywords angezeigt. Bei Google Shopping werden spezielle Anzeigen mit Produktbildern ausgespielt. Diese Werbeform ist aktuell nur für Webshops interessant.

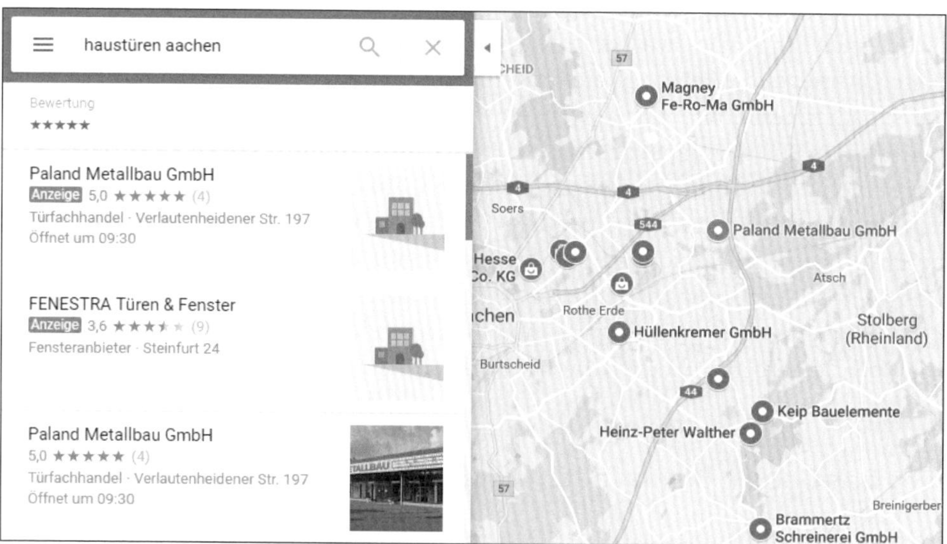

Abbildung 5.1 Google-Ads-Anzeige bei Google Maps

5.1.3 Werbung bei Google-Partnern im Suchnetzwerk

Ein großes Netzwerk (Google spricht von Hunderten an Websites) besteht aus den Suchwebsites von sogenannten Partnern im Suchnetzwerk. Zu diesen Google-Partnern gehören unter anderem T-Online (*https://www.t-online.de*) oder auch Web.de (*https://web.de*). Falls Sie auf den Webseiten dieser Partner (siehe Abbildung 5.2) eine Suchanfrage stellen, greift der Partner neben den organischen Google-Treffern auch auf die Google-Ads-Anzeigen zurück. In den Kampagneneinstellungen können Sie festlegen, ob die Google-Partner und die Suchen der anderen Google-Produkte automatisch in Ihrer Kampagne enthalten sein sollen. Sie können jedoch leider nicht einzelne Suchnetzwerkpartner auswählen.

Abbildung 5.2 »Web.de« mit Google-Suchfunktion

5.1.4 Werbung in Apps und im App-Store

Für den mobilen Bereich, der immer wichtiger wird, sind auch App-Kampagnen interessant, falls Sie eine App vermarkten möchten. Sie können dabei zum einen für den Download und die Neuinstallation Ihrer App werben, Sie können aber auch Werbung für Besitzer Ihrer App schalten, die dann zur Interaktion mit dieser App auffordert.

5.1.5 Werbung bei YouTube

Als weiterer Kanal ist die Werbung bei YouTube zu nennen. Neben Text- und Image-Anzeigen sind hier vor allem die Videokampagnen interessant. Die Werbung bei dem Google-Tochterunternehmen erfolgt hauptsächlich über die Videokampagnen im Google-Ads-Konto. Zwischen den Video- und den Displaynetzwerk-Kampagnen (siehe unten) gibt es jedoch Überschneidungen. Falls Sie ein Werbevideo besitzen, müssen Sie nicht unbedingt eine Videokampagne anlegen, sondern können dieses Video auch über das Displaynetzwerk schalten. Andererseits müssen die Werbeeinblendungen bei YouTube nicht aus einer Google-Ads-Videokampagne kommen: Sie können auch über das Displaynetzwerk mit Text-, Image- und Videoanzeigen werben, ohne eine spezielle Videokampagne anzulegen.

5.1.6 Werbung im Google Displaynetzwerk

Ein wichtiger Bereich der Werbenetzwerke, den wir in diesem Kapitel näher betrachten möchten, ist das bereits erwähnte Google Displaynetzwerk, kurz GDN. Dieses Netzwerk umfasst Millionen verschiedener Content-Seiten, darunter unter anderem große Online-Portale, Magazin-Websites, Foren und Blogs. Zudem können über das

Displaynetzwerk auch Anzeigen in Apps und Videos geschaltet werden. Website-Besitzer, wie beispielsweise Blogbetreiber, die Werbepartner im Displaynetzwerk werden möchten, können ihre Seiten über das Google-AdSense-Programm (*https://adsense.google.com/start*) als Werbefläche zur Verfügung stellen.

Im Gegensatz zum Suchnetzwerk werden im Displaynetzwerk nicht nur die bekannten Textanzeigen, sondern auch Image-Anzeigen und Videos geschaltet. Neben herkömmlichen Bildanzeigen besteht hier die Möglichkeit, animierte und interaktive Bilder als Anzeigen zu nutzen.

Im GDN können klassische Banneranzeigen geschaltet werden, jedoch setzt Google hier verstärkt auf sogenannte responsive Anzeigen. Diese Anzeigen passen sich automatisch der Webseite und dem Endgerät des Nutzers an, sodass Größe und Gestaltung der Anzeigen nicht mehr als einschränkende Faktoren wirken.

Ein bedeutender Unterschied zum Suchnetzwerk betrifft die Grundidee des Suchmaschinenmarketings. Im Displaynetzwerk werden Anzeigen nicht aufgrund einer Suchanfrage geschaltet, sondern in einem thematisch passenden Umfeld oder aufgrund der Identifizierung des aktuellen Webseitenbesuchers als potenziellen Kunden. Dabei werden passende Ausrichtungen in den Kampagneneinstellungen von Google Ads berücksichtigt.

Displaynetzwerk und Branding

Branding oder *Markenbildung* nennt man die Entwicklung einer starken Marke, die von den Internetusern als Marktführer oder zumindest als bedeutendes Unternehmen in der jeweiligen Branche identifiziert wird. Ein wichtiger Punkt ist dabei immer der Aufbau von Vertrauen zu einer Marke oder auch zu einem Unternehmen. Dies steigert die Loyalität der Internetuser, und die Wahrscheinlichkeit, dass diese nach Alternativen suchen, sinkt.

Durch Schaltung einer Google-Ads-Werbung vor allem in Form von Image-Anzeigen im Displaynetzwerk taucht ein Produkt zusammen mit dem jeweiligen Firmennamen und dem Logo immer wieder auf relevanten, oft thematisch passenden Seiten auf. Dies ist vor allem dann interessant, wenn sich ein potenzieller Kunde gerade zu einem speziellen Thema informiert. Eine Präsenz auf unterschiedlichen und vor allem thematisch passenden Webseiten ruft größtenteils unbewusst den Eindruck von Wichtigkeit und Bedeutung hervor. Dies führt dann zu einer entsprechenden Stärkung der jeweiligen Marke und somit zum *Branding-Effekt*. Dabei muss eine Anzeige im Displaynetzwerk nicht unbedingt angeklickt werden, um diesen Effekt zu erzielen. Die Werbebotschaften und vor allem die Bilder werden wahrgenommen, ohne dass ein Klick erfolgen muss. Daher kann ein entsprechender Werbeeffekt auch mit geringem Budget erzielt werden.

Dadurch ergibt sich im Displaynetzwerk auch ein ganz anderes Klickverhalten, d. h., die Klickraten sind im Vergleich zu den Suchergebnisseiten viel geringer. Dies bedeutet, dass eine Click-Through-Rate (CTR) von unter 1 % ganz normal ist. Dafür ist jedoch der Branding-Effekt im Displaynetzwerk größer, weil der Werbende mithilfe von Bildern und Logos die Wiedererkennung seiner Marke bzw. von Produkten oder Dienstleistungen steigern kann und die Anzeigen auf vielen unterschiedlichen Webseiten ausgeliefert werden.

Folgende Vorteile sprechen für Anzeigen im Displaynetzwerk:

- **Reichweite und Sichtbarkeit**
  Das GDN erreicht ein riesiges Publikum, das sich über Millionen von Websites, Apps und YouTube-Videos erstreckt. Dies bietet eine immense Reichweite und Sichtbarkeit.
- **Zielgruppenansprache**
  Bestimmte Zielgruppen können basierend auf Kriterien wie demografischen Merkmalen, Interessen und Verhaltensweisen ausgewählt und mit passender Werbung angesprochen werden.
- **Retargeting**
  Ehemalige Besucher der eigenen Website können erneut angesprochen werden, indem sie mithilfe von Anzeigen an ein Unternehmen, eine Marke, ein Produkt erinnert werden, wenn sie andere Websites besuchen. Dies erhöht die Wahrscheinlichkeit, dass Interessenten zu Kunden werden.
- **Visuelle Anzeigenformate**
  Im GDN können ansprechende visuelle Anzeigen wie Banner, Videos und interaktive Anzeigen geschaltet werden. Dies ermöglicht es, Werbung auf eine auffällige und attraktive Weise zu präsentieren.

Im Folgenden finden Sie verschiedene Beispiele dafür, wie Google-Ads-Anzeigen im Displaynetzwerk dargestellt werden können. Eine Standard-Textanzeige (siehe Abbildung 5.3) im Displaynetzwerk ähnelt zwar einer Textanzeige in den Google-Suchergebnissen, wird aber auf eine etwas auffälligere Art und Weise präsentiert. Zu dieser auffälligeren Darstellung gehören unter anderem größere, teilweise bunte Überschriften und zusätzliche CTAs, z. B: »Zur Website«. Es gibt auch Werbeblöcke, die zunächst nur aus Überschriften bestehen und dann bei einer Mouse-over-Bewegung aufklappen. Die Grundlage dieser Werbung bilden jedoch die gleichen Textanzeigen, die Sie auch auf der Google-Suchergebnisseite wiederfinden.

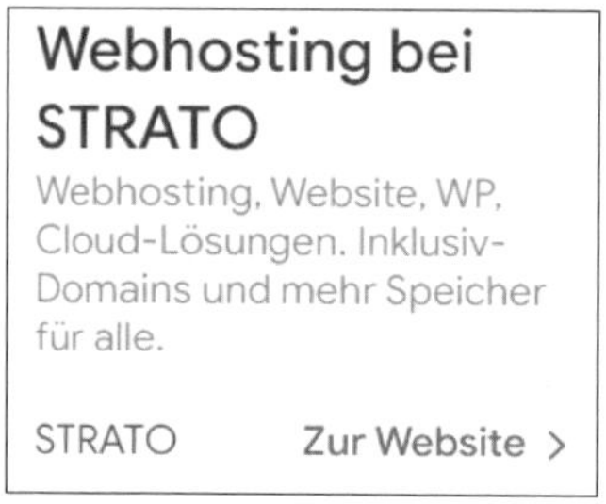
Webhosting bei STRATO
Webhosting, Website, WP, Cloud-Lösungen. Inklusiv-Domains und mehr Speicher für alle.
STRATO
Zur Website >

Abbildung 5.3 Beispiel-Textanzeige im Google Displaynetzwerk

Das zweite Beispiel (siehe Abbildung 5.4) zeigt ein Banner. Diese Banner können in verschiedenen Größen angezeigt und auf den Webseiten unserer Werbepartner an verschiedenen Positionen platziert werden. Sie können sowohl im Header, auf der rechten oder linken Seite als sogenannter *Skyscraper* (Wolkenkratzer), im Footer einer Webseite oder auch als Block zwischen den Texten auf der Webseite positioniert werden.

easy Credit
Entspannt finanzieren
Ihr Wunschbetrag
8.000 €
Jetzt berechnen

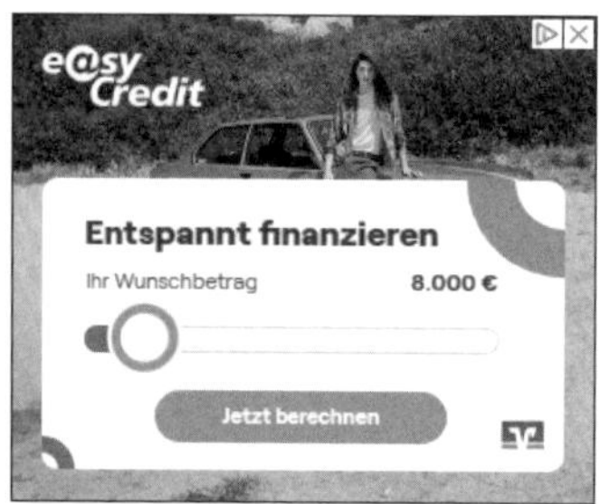

Abbildung 5.4 Werbebanner mit interaktiven Bereich

Für die Image- bzw. Banneranzeigen gibt Google bestimmte Größen vor, wobei aber viele Variationsmöglichkeiten offen stehen – von kleinen quadratischen Anzeigen mit 200 × 200 Pixeln bis hin zu Banneranzeigen im Kopfbereich der Webseite mit 728 × 90 Pixeln.

In Google-Ads-Konten werden seit einigen Jahren sogenannte responsive Displayanzeigen gegenüber reinen Banneranzeigen von Google bevorzugt. Für responsive Anzeigen benötigt Google lediglich Elemente wie Bilder, Videos und Texte. Google stellt dann individuelle responsive Anzeigen basierend auf den verfügbaren Möglichkeiten und dem Endgerät zusammen. Aus derselben Vorlage können dann sowohl Textanzeigen (siehe Abbildung 5.5) als auch Kombinationen aus Bild- und Textanzeigen (Abbildung 5.6) generiert werden.

Abbildung 5.5 Vorschaufunktion im Ads-Konto: responsive Anzeige als Textanzeige mit CTA-Button

Abbildung 5.6 Vorschaufunktion im Ads-Konto: responsive Anzeige als Bildanzeige mit Text und CTA-Button

5.2 Sollte man die Suchnetzwerk- und die Displaynetzwerk-Kampagne verbinden?

Google Ads versucht grundsätzlich, beim Aufsetzen einer Kampagne für das Suchnetzwerk durch Hinweise (»Erhöhen Sie die Reichweite ... «) mit gleichzeitiger aktiver Entscheidung für oder gegen das Displaynetzwerk (GOOGLE DISPLAYNETZWERK EINBEZIEHEN) seine Nutzer davon zu überzeugen, die Suchkampagnen mit den Displaynetzwerk-Kampagnen zu verbinden. Die Praxiserfahrung zeigt jedoch, dass es sinnvoller ist, die Suchnetzwerk- und die Displaynetzwerk-Kampagnen getrennt zu schalten.

Unsere Empfehlung lautet: Erstellen Sie für die Werbung im Displaynetzwerk eine eigenständige Kampagne. Dies hat folgende Vorteile:

- eine übersichtlichere Kampagnenstatistik
- verbesserte Möglichkeiten der Ausrichtung
- ein eigenes Budget für Displaynetzwerk-Kampagnen

Zur Erläuterung: Da die Klickrate im Displaynetzwerk viel geringer als im Suchnetzwerk ist, erschwert die Zusammenlegung der beiden Kampagnenarten einen schnellen Überblick über die Klickrate. Der Erfolg einer Werbekampagne in Bezug auf Klicks ist daher nicht unmittelbar und leicht ersichtlich. Die Statistik wird zwar nochmals nach Netzwerk aufgeschlüsselt, jedoch ist dies erst bei genauerer Betrachtung erkennbar.

Der hauptsächliche Nachteil liegt jedoch in der standardmäßigen Ausrichtung nach Keywords. Im Displaynetzwerk müssen die Keywords nicht so präzise segmentiert werden. Hier genügen allgemeinere Keywords, um sicherzustellen, dass Anzeigen auf thematisch relevanten Webseiten erscheinen können. Darüber hinaus stehen andere Targeting-Möglichkeiten zur Verfügung (z. B. das Schalten von Anzeigen direkt auf thematisch passenden Seiten), die sich besser für die Werbung im Displaynetzwerk eignen. Auch die Verteilung eines gemeinsamen Werbebudgets auf zwei völlig unterschiedliche Werbestrategien ist ein Nachteil. Die Schaltung von Google-Ads-Anzeigen für passende Suchanfragen erfordert normalerweise ein eigenes Budget. Eine Vermischung des Budgets für Suchkampagnen mit dem Budget für das Displaynetzwerk, das hauptsächlich auf Branding-Effekte und eine breite Werbereichweite abzielt, ist daher nicht sinnvoll.

Falls Ihre Suchanzeigen nach einer ersten Optimierung im Hinblick auf die gewünschten Ziele (Conversions) gut funktionieren und Sie Ihr Werbebudget nicht voll ausschöpfen, können Sie zur Gewinnung zusätzlicher Interessenten für einen Monat natürlich auch einmal die Ausrichtungsoption GOOGLE DISPLAYNETZWERK EINBEZIEHEN austesten. Sie können diese Auswahl unter den Einstellungen einer Suchkampagne jederzeit beim Unterpunkt WERBENETZWERKE aktivieren oder deaktivieren. Ein Test neuer Funktionen oder Einstellungen bei Google Ads ist grundsätzlich eine Überlegung wert. Nach einem Testzeitraum (z. B. nach einem Monat) können Sie dann immer noch entscheiden, ob Sie die Zuschaltung des GDN auf Dauer nutzen möchten.

5.3 So legen Sie eine eigene Displaynetzwerk-Kampagne an

Um eine neue Displaynetzwerk-Kampagne zu starten, gehen Sie genau so vor, als wollten Sie eine Kampagne im Suchnetzwerk erstellen. Zunächst klicken Sie auf das Pluszeichen in den Google-Farben (Rot, Blau, Grün, Gelb) mit dem Hinweis ERSTELLEN und dann auf KAMPAGNE. Alternativ können Sie in der linken Menüleiste den Punkt KAMPAGNEN auswählen und dann auf KAMPAGNEN klicken, gefolgt von einem Klick auf den blauen Button und anschließend auf + NEUE KAMPAGNE. Natürlich können Sie an dieser Stelle auch eine bereits vorhandene Kampagne bearbeiten oder bestehende Kampagneneinstellungen aus anderen Kampagnen laden. Um sich alle Einstellungsmöglichkeiten für eine neue Kampagne im Displaynetzwerk offenzuhalten, können Sie, ähnlich wie bei einer Suchnetzwerk-Kampagne, die Option KAMPAGNE OHNE ZIELVORHABEN ERSTELLEN für das Displaynetzwerk auswählen. Im nächsten Schritt wählen Sie den Kampagnentyp DISPLAY aus (siehe Abbildung 5.7).

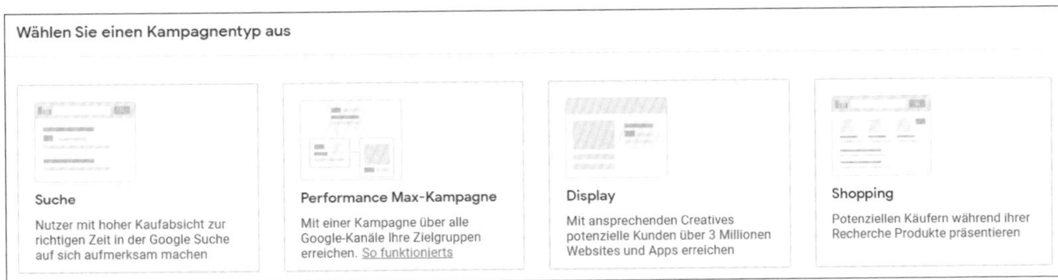

Abbildung 5.7 Wählen Sie zu Beginn den Kampagnentyp »Display« aus.

Nach der Auswahl werden Ihnen bestehende Zielvorhaben angezeigt. Beachten Sie, dass Sie die Zuordnung bestimmter Zielvorhaben jederzeit später anpassen können. Klicken Sie daher zunächst auf die Schaltfläche WEITER. Anschließend haben Sie die Möglichkeit, die Landingpage für Ihre neue Kampagne anzugeben – diese Option ist jedoch optional. Wenn Sie mehr Freiheit und Auswahl für Ihre neue Kampagne wünschen, sollten Sie an dieser Stelle die Landingpage vorerst nicht angeben. Andernfalls schränkt Google bestimmte Funktionen ein und bietet automatisierte Empfehlungen.

Als Nächstes müssen Sie jedoch einen Namen für Ihre neue Kampagne vergeben. Überlegen Sie, ob dieser Name beispielsweise bestimmte Kampagnenziele, Produktnamen oder Zielregionen enthält, damit Sie die Kampagnen später in einem größeren Ads-Konto leichter zuordnen können. Nachdem Sie den neuen Kampagnennamen eingetragen haben, klicken Sie wieder auf die Schaltfläche WEITER.

5.4 Spezielle Grundeinstellungen für Displaynetzwerk-Kampagnen festlegen

Nachdem Sie die Displaykampagne ausgewählt und einen individuellen Kampagnennamen eingetragen haben, folgen die nächsten Schritte mit den Grundeinstellungen der Kampagne. Falls Sie diese Einstellungen nicht in der beschriebenen Reihenfolge in Ihrem Konto finden, kann es sein, dass Google die Reihenfolge mal wieder geändert hat; das haben wir schon öfter erlebt. Die unterschiedlichen Einstellungen sollten jedoch auch in Ihrem Google-Ads-Konto verfügbar sein.

5.4.1 Standorte und Sprachen

Durch die Auswahl der Zielregionen unter STANDORTE und die Festlegung der Spracheinstellungen für Ihre Zielgruppe unter SPRACHEN treffen Sie die ersten grundlegenden Entscheidungen (siehe Abbildung 5.8) zur Ausrichtung Ihrer Displaykampagne. Für diese Einstellungen können Sie die Empfehlungen nutzen, die Ihnen bereits aus den Grundeinstellungen der Suchnetzwerk-Kampagne bekannt sind.

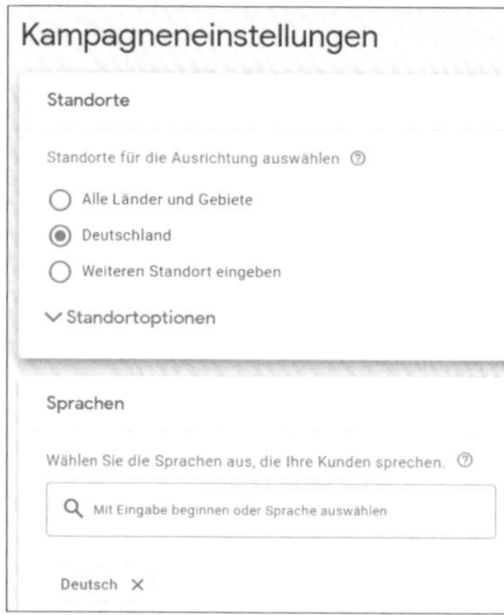

Abbildung 5.8 Auswahl der Zielregionen und Spracheinstellungen zur neuen Displaynetzwerk-Kampagne

Unter WEITERE EINSTELLUNGEN finden Sie noch mehr Grundeinstellungen für Ihre Displaykampagne (siehe Abbildung 5.9). Einige dieser Einstellungen werden Ihnen bereits aus den Grundeinstellungen Ihrer Suchkampagne bekannt sein, während andere speziell für die Displaykampagne verfügbar sind. Folgende zwei Einstellungen sollten Sie sich näher anschauen:

1. GERÄTE ❶ – Hier legen Sie fest, auf welchen Endgeräten Ihre Werbung angezeigt werden soll.
2. AUSZUSCHLIESSENDE INHALTE ❷ – Mit dieser Einstellung können Sie bestimmte Webseiteninhalte ausschließen, die nicht mit Ihrer Werbung oder Ihrem Unternehmen im Einklang stehen.

Diese beiden Einstellungen sind wichtig für die Feinabstimmung Ihrer Displaykampagne und sollten sorgfältig konfiguriert werden.

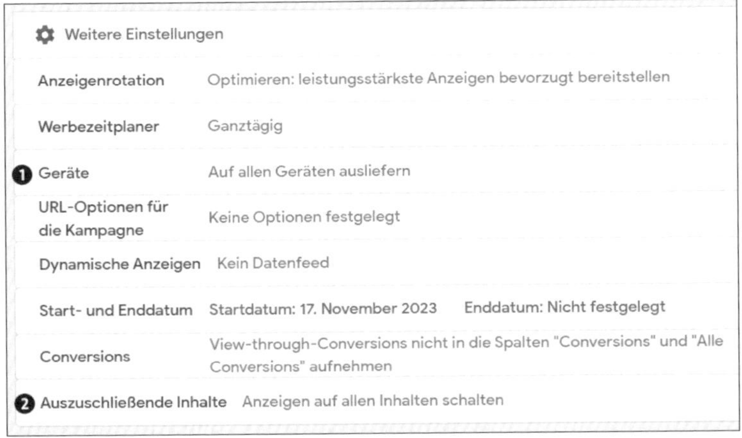

Abbildung 5.9 Weitere Grundeinstellungen einer Displaynetzwerk-Kampagne

5.4.2 Geräte

Das Displaynetzwerk bietet im Gegensatz zum Suchnetzwerk direkt die Möglichkeit, einzelne Endgerätetypen (Computer, Smartphones, Tablets) für die Anzeigenauslieferung zu bestimmen. Außerdem können Sie sogar festlegen, für welche Betriebssysteme (unter anderem Android und iOS), Gerätemodelle oder Mobilfunknetzwerke die Anzeigen ausgeliefert werden sollen (siehe Abbildung 5.10). Das kann beispielsweise dann interessant sein, wenn Sie eine bestimmte kaufkräftige Zielgruppe identifiziert haben, die mit Apple-Produkten im mobilen Netzwerk unterwegs ist. Diese Nutzer können Sie nun mithilfe der Geräteeinstellungen gezielt mit Ihrer Werbung ansprechen.

Geräte

Auf allen Geräten ausliefern

Spezifische Ausrichtung für Geräte festlegen

Zur Vereinfachung der Ausrichtung auf Geräte wurden App-, Interstitial in App- und Web-Ausrichtung in den neuen Optionen "Smartphones" und "Tablets" zusammengefasst. Weitere Informationen zur Ausrichtung auf Geräte

Computer

Smartphones

Tablets

Betriebssysteme

Alle Betriebssysteme

Gerätemodelle

Alle Gerätemodelle

Werbenetzwerke

Alle Mobilfunknetze

Abbildung 5.10 Sie können Ihre Displaywerbung auch ganz gezielt für Betriebssysteme, Gerätemodelle oder Mobilfunknetzwerke festlegen.

5.4.3 Auszuschließende Inhalte

Damit Sie mit Ihrer Werbung in einem passenden und für Ihre zukünftigen Kunden positiven Umfeld (sprich: auf passenden Websites) dargestellt werden, haben Sie die Möglichkeit, grundlegende Einschränkungen festzulegen. So können Sie unter AUSZUSCHLIESSENDE INHALTE zum Beispiel bestimmen, ob Sie auch auf Seiten werben möchten, die Inhalte für Erwachsene anbieten, oder auf Seiten, die problematische Inhalte wie beispielsweise Konflikte, Katastrophen oder schockierende Nachrichten beinhalten (siehe Abbildung 5.11).

Hier sollten Sie genau überlegen, in welchem Werbeumfeld Sie mit Ihren Anzeigen erscheinen möchten. Sie können aber auch festlegen, ob Sie nur bei Werbung *Above the fold* erscheinen möchten – also im direkt sichtbaren Bereich einer Webseite. Als *Below the fold* bezeichnet man dagegen den Bereich einer Webseite, der nur durch Scrollen erreichbar und somit für einen bedeutenden Prozentsatz der Webseitenbesucher oft nicht sichtbar ist, da Internetnutzer Webseiten in der Regel nicht bis zum Ende herunterscrollen. Wird eine Anzeige lediglich in diesem Bereich eingeblendet, geht der gewollte Werbeeffekt des Brandings zum Beispiel verloren, wenn ein Webseitenbesucher nicht scrollt und Ihre Anzeige somit erst gar nicht in den Sichtbereich eines Großteils der potenziellen Kunden gelangt.

Bitte beachten Sie, dass Google ausdrücklich betont, dass »nicht alle entsprechenden Inhalte vom Ausschluss erfasst werden«. Für den Ausschluss problematischer Seiten gibt es also keine Garantie. Darum sollten Sie zusätzlich, wie wir später noch beschreiben werden, regelmäßig über die Google-Ads-Statistiken auch kontrollieren, auf welchen Seiten (*Placements*) Ihre Anzeigen ausgeliefert werden.

Google schränkte die auszuschließenden Inhalte ein

In Abbildung 5.11 können Sie erkennen, dass zwei Inhaltstypen, nämlich Spiele ❶ und Mobile Apps ❷, *inaktiv* sind. Google-Ads-Admins haben diese Bereiche früher häufiger ausgeschlossen, weil die Displaynetzwerk-Anzeigen in Spiele-Apps oft ungewollt angeklickt wurden und so nur Budget verbraucht haben. Diese Ausschlüsse fand Google wohl nicht so toll – darum hat es diese Inhaltstypen selbst deaktiviert. Sie können diese Inhaltstypen aktuell nur noch umständlich über das negative Themen-Targeting (zum Beispiel Games-Themen) deaktivieren. Weitere Ausführungen zum Targeting folgen in Abschnitt 5.5.

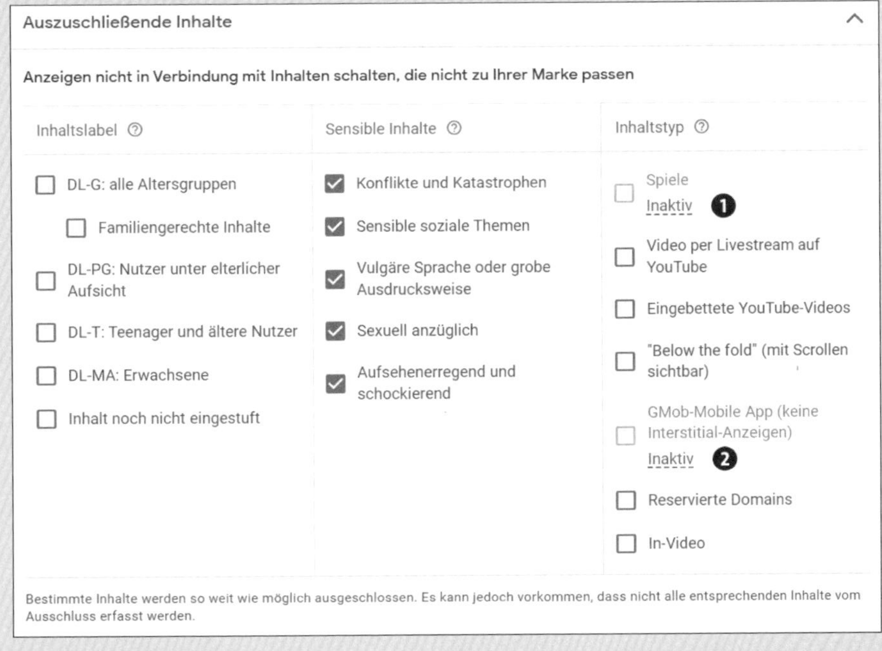

Abbildung 5.11 Schließen Sie Webseiten mit Inhalten aus, die problematisch für Ihr Image sein können.

Nach Klick auf den Button WEITER können die beiden wichtigen Einstellungen zum Budget und der Gebotsstrategie vorgenommen werden.

Eine Budgetabschätzung für Displaykampagnen ist nicht ganz so einfach, da es zahlreiche Möglichkeiten gibt, Ihre Banner zu platzieren. Hier ist es ratsam, zunächst ein Tagesbudget festzulegen, das sich eventuell auf Erfahrungen aus anderen Marketingkampagnen stützt. Wenn Sie später die verschiedenen Targeting-Optionen für Ihre Displaykampagne konfigurieren, zeigt Ihnen das Google-Ads-System, welche Ziele in Bezug auf Impressionen mit Ihrem Budget erreichbar sind. Anschließend haben Sie immer noch die Möglichkeit, Anpassungen vorzunehmen. Ähnlich wie bei Suchkampagnen legen Sie auch bei Displaykampagnen ein Tagesbudget fest, das multipliziert mit 30,4 das Monatsbudget ergibt.

Neben Ihrem monatlichen Budget müssen Sie als nächsten Schritt Ihre Gebotsstrategie festlegen. Wenn Sie erfahren möchten, welche Gebotsstrategien derzeit im Displaynetzwerk zur Verfügung stehen, klicken Sie zunächst auf den Link STATTDESSEN DIREKT EINE GEBOTSSTRATEGIE AUSWÄHLEN – auch oder gerade weil Google es nicht empfiehlt. Die Empfehlungen von Google bedeuten nicht, dass Sie keine eigene Entscheidung treffen können. Durch den vorangegangenen Klick können Sie an dieser Stelle die verfügbaren Gebotseinstellungen überprüfen. Klicken Sie dazu auf den Drop-down-Pfeil unter GEBOTSSTRATEGIE AUSWÄHLEN, um alle verfügbaren Gebotsstrategien anzuzeigen und die gewünschte Strategie auszuwählen. In der folgenden Abbildung finden Sie die aktuellen Gebotsstrategien, die in einer Displaykampagne verwendet werden können (siehe Abbildung 5.12):

Abbildung 5.12 Wählen Sie Ihre Gebotsstrategie für die Google Displaykampagne aus.

Die meisten Gebotsstrategien sollten Ihnen bereits aus den Einstellungen der Ads-Suchkampagnen bekannt sein. Zusätzlich zu den von Google bevorzugten automatisierten Gebotsstrategien besteht auch bei Displaykampagnen nach wie vor die Möglichkeit, manuelle Gebote festzulegen. Neu ist im Displaybereich jedoch die Gebotsstrategie mit der Bezeichnung SICHTBARER CPM.

Sichtbarer CPM

Neben der bereits bekannten Gebotsstrategie aus Abschnitt 2.7.4, »Die passende Gebotsstrategie bestimmen«, gibt es für Displaynetzwerk-Kampagnen noch eine besondere Gebotsstrategie, die *Sichtbarer CPM* heißt (oder auch *vCPM* = visible Cost-per-1000-Impressions). Hierbei zahlen Sie den von Ihnen festgelegten Betrag für 1.000 Einblendungen im Displaynetzwerk, wenn Ihre Anzeige auch wirklich gesehen wurde. Sie zahlen bei dieser Strategie dann unabhängig davon, ob die Anzeige überhaupt angeklickt wurde.

Welche Gebotsstrategie ist die richtige?

Auf diese Frage gibt es keine richtige oder falsche Antwort. Die Wahl der Gebotsstrategie hängt von Ihren individuellen Zielen ab, wie der Name schon sagt. Wenn Sie eine hohe Sichtbarkeit auf bestimmten Websites oder in speziellen Themenbereichen wünschen – unabhängig von Klicks –, könnte der *sichtbare CPM* eine interessante Option sein, da Sie in diesem Fall für die Anzeigeneinblendungen bezahlen. Wenn Ihr Hauptziel darin besteht, viele neue Besucher auf Ihre Website zu bringen, ist es ratsam, zuerst die »Klicks-maximieren-Strategie« zu wählen. Sollten Sie spezifische Zielvorgaben für Ihre Displaykampagne haben, können auch »Conversion-Strategien« sinnvoll sein. Da Displaykampagnen normalerweise eher auf Branding-Effekte als auf direkte Conversions abzielen, sollten Sie in diesem Fall einfache Ziele wie den Download von Informationsmaterial oder die Interaktion mit bestimmten Bereichen Ihrer Website als Conversion definieren.

Nachdem Sie das durchschnittliche Tagesbudget eingegeben und eine geeignete Gebotsstrategie ausgewählt haben, gelangen Sie durch Klicken auf den Button WEITER zu dem Bereich der Kampagneneinstellungen, in dem Sie das Targeting (die Ausrichtung) festlegen können.

5.5 Targeting im Google Displaynetzwerk

Im Google Displaynetzwerk ist das *Targeting* an eine Anzeigengruppe gebunden. Nachdem Sie die Grundeinstellungen der Kampagne festgelegt und das Targeting hinzugefügt haben, wird dieses automatisch mit der ersten, im Hintergrund erstellten Anzeigengruppe verknüpft.

Targeting im Online-Marketing

Target ist das englische Wort für »Ziel« und stammt ursprünglich aus dem militärischen Sprachgebrauch. Im Online-Marketing geht es beim *Targeting* auch um ein Ziel, hier besteht dieses jedoch aus einer Gruppe potenzieller Kunden. Durch Targeting soll die Werbung also zielgruppengerecht präsentiert werden. Als Werbetreibender erhöhen Sie Ihre Chancen, Kunden zu gewinnen oder zumindest Interesse für Ihr Produkt oder Ihre Dienstleistung zu wecken, indem Sie gezielt diejenigen Internetnutzer ansprechen, bei denen ein vermutetes Interesse und/oder Bedarf an Ihren Angeboten besteht.

Auch beim Targeting oder der Ausrichtung möchte Google nun nichts mehr dem Zufall überlassen. Früher konnte der Werbetreibende die Ausrichtung selbst festlegen, doch nun neigt Google dazu, die Kontrolle über das Targeting zu übernehmen, und schlägt die Option der optimierten Ausrichtung vor (siehe Abbildung 5.13). Diese Methode erfordert minimalen Aufwand von Ihnen, bietet jedoch nur begrenzte Möglichkeiten für eine detaillierte Auswertung. Es handelt sich dabei um eine Art »Blackbox«, die Google bereitstellt.

Dennoch haben Sie die Möglichkeit, über das Zahnrad mit dem Hinweis AUSRICHTUNG HINZUFÜGEN ❶ verschiedene Ausrichtungsoptionen aufzurufen und auszuwählen.

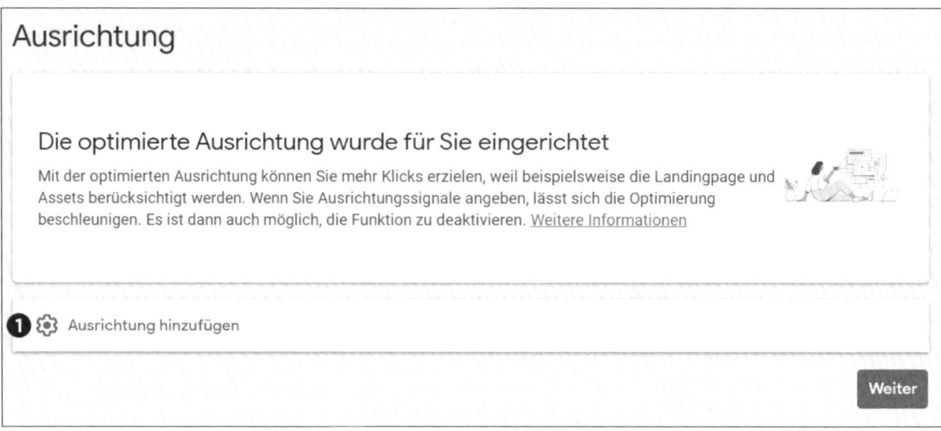

Abbildung 5.13 Optimierte Ausrichtung als Targeting-Option im GDN

Wichtiger Tipp

Bei der Erstellung Ihrer ersten Displaykampagne empfiehlt es sich, verschiedene Anzeigengruppen zu erstellen und darin einzelne Targeting-Optionen zu testen. Auf diese Weise können Sie am effektivsten ermitteln, welche Einstellungen am besten zu Ihrer Branche, Ihrem Produkt und Ihrer Zielgruppe passen.

Es stehen folgende unterschiedliche Möglichkeiten der Ausrichtung im Displaynetzwerk zur Verfügung (siehe auch Abbildung 5.14):

- ZIELGRUPPENSEGMENTE – unterteilt in:
  - Charakteristik der Zielgruppe = detaillierte demografische Merkmale
  - Interessen und Kaufverhalten
  - Aktives Suchverhalten = kaufbereite Zielgruppe und Lebensereignisse
  - Bisherige Interaktionen mit Ihrem Unternehmen = Retargeting
  - Kombinationen von Zielgruppen
  - Benutzerdefinierte Zielgruppensegmente
- DEMOGRAFISCHE MERKMALE – unterteilt in:
  - Geschlecht
  - Alter
  - Elternstatus
- KEYWORDS = Begriffe mit Bezug zur Webseite
- THEMEN = Themen der Webseiten
- PLACEMENTS = Webseiten, Videos, YouTube-Kanäle

Ausrichtung hinzufügen

Zielgruppensegmente	Vorschlagen, wer Ihre Anzeigen sehen sollte
Demografische Merkmale	Nutzer auf Grundlage ihres Alters, Geschlechts, Elternstatus oder Haushalt...
Keywords	Vorschläge für Begriffe, die mit Ihren Produkten oder Dienstleistungen in Z...
Themen	Webseiten, Apps und Videos zu einem bestimmten Thema vorschlagen
Placements	Vorschläge für Websites, Videos oder Apps, in denen Ihre Anzeigen ausgeli...

Abbildung 5.14 Unterschiedliche Möglichkeiten der Ausrichtung im GDN

Aus der Reihenfolge der vorgestellten Targeting-Optionen wird deutlich, dass Google dem Thema Zielgruppenausrichtung höchste Priorität beimisst. Im Online-Marketing wird Werbung zunehmend zielgruppenspezifisch gestaltet, um potenziellen Kunden zum optimalen Zeitpunkt das passende Angebot zu unterbreiten. Der Vorteil für Google liegt darin, dass bei der Zielgruppenausrichtung nur minimale Einschränkungen hinsichtlich der Auswahl der Webseiten bestehen, auf denen die Werbung geschaltet werden kann. Die führt zum Teil zu Auslieferungen auf Webseiten, die nicht zur potenziellen Zielgruppe passt.

Sie haben die Möglichkeit, jede der hier vorgestellten Ausrichtungsmethoden einzeln zu nutzen. Darüber hinaus können Sie Ihre Targeting-Strategien kombinieren und zusätzlich entscheiden, ob Sie Googles Vorschläge für eine optimierte Ausrichtung aktivieren oder deaktivieren möchten.

Schauen wir nun gemeinsam, wie Sie die Optionen für eine individuelle Ausrichtung einsetzen können. Nachdem Sie auf das Zahnradsymbol mit dem Hinweis AUSRICHTUNG HINZUFÜGEN geklickt haben, stehen Ihnen die zuvor vorgestellten Ausrichtungsoptionen zur Verfügung. Durch Anklicken des gewünschten Segments können Sie spezifische Einstellungen für die verschiedenen Ausrichtungen vornehmen. Die jeweiligen Targeting-Optionen werden in den nachfolgenden Kapiteln detailliert erläutert.

5.6 Anzeigengruppen auf Zielsegmente ausrichten

Mit der Ausrichtung auf Zielgruppen können Sie Internetnutzer auf Grundlage ihrer speziellen Interessen ansprechen, unabhängig davon, auf welchen Webseiten die Mitglieder der jeweiligen Zielgruppe gerade surfen.

Aktuell können Sie beim Unterpunkt ZIELGRUPPENSEGMENTE nach einem Klick auf das Register STÖBERN Ihre Werbung nach folgenden vier Hauptkriterien ausrichten (siehe Abbildung 5.15)

- Charakteristik der Zielgruppe
- Interessen und Kaufverhalten der Zielgruppe
- Aktives Suchverhalten bzw. Absichten der Zielgruppe
- Bisherige Interaktionen mit Ihrem Unternehmen (Retargeting)
- Kombinierte Segmente
- Benutzerdefinierte Segmente

Da sich hinter diesen Unterpunkten einige interessante Möglichkeiten verstecken, stellen wir Ihnen diese in den folgenden Abschnitten im Einzelnen vor.

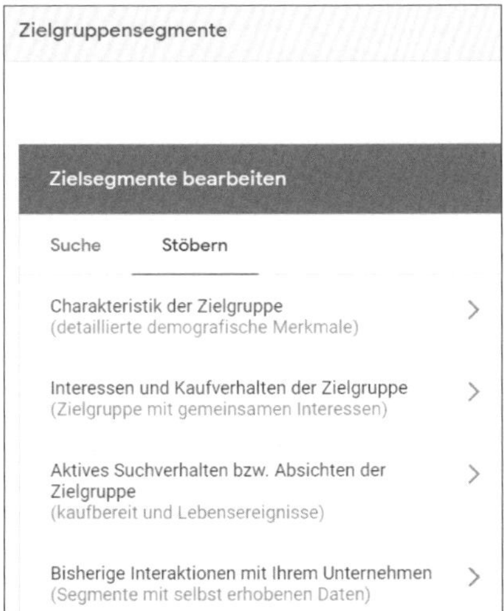

Abbildung 5.15 Google liebt die Ausrichtung auf Zielsegmente.

5.6.1 Charakteristik der Zielgruppe

Google ordnet seine Nutzer anhand ihres Nutzerverhaltens, ihrer Suchanfragen, der besuchten Seiten etc. bestimmten Kategorien zu. Eine äußerst interessante Targeting-Option verbirgt sich hinter dem Begriff *Charakteristik*. Mithilfe dieser Möglichkeiten können Sie Ihre Werbung gezielt an verschiedene Zielgruppen richten, zum Beispiel an Eltern, Singles, Studenten, Mieter und an viele weitere Gruppen (siehe Abbildung 5.16).

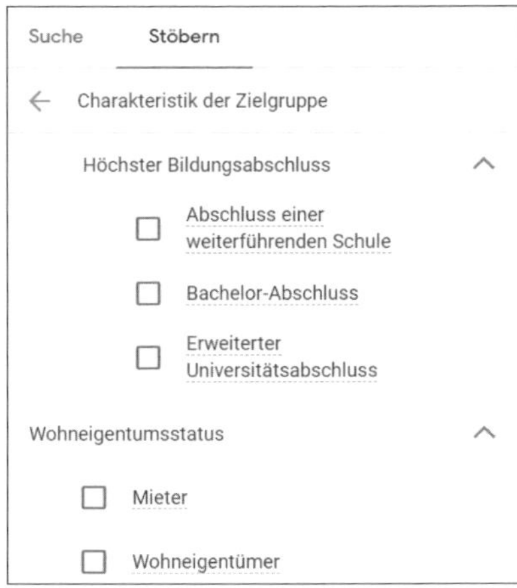

Abbildung 5.16 Sie können Ihre Displaywerbung unter anderem speziell auf ehemalige Studenten oder auf die Zielgruppe »Mieter« ausrichten.

Wie schätzt Google Sie ein?

Man muss wissen, dass die Google-Einschätzungen nicht hundertprozentig genau sind, was ja auch sein Gutes hat. Bei großen Datenmengen funktioniert das Targeting statistisch betrachtet aber ganz gut. Möchten Sie wissen, was Google über Sie denkt? Dann loggen Sie sich einmal mit Ihrem persönlichen Google-Konto ein und rufen Sie folgenden Link in Ihrem Browser auf: *https://adssettings.google.com/authenticated*. Hier finden Sie unter den Stichwörtern »Aktivitäten« und »Themen« die Grundlagen für Ihre personalisierte Werbung.

5.6.2 Interessen und Kaufverhalten der Zielgruppe

Durch die im vorherigen Abschnitt beschriebene Beobachtung des Nutzerverhaltens hat Google gelernt, wofür sich der einzelne Internetnutzer hauptsächlich interessiert. Sie können diese von Google gesammelten Informationen nutzen und aus verschiedenen Zielgruppen auswählen, die potenzielle Kunden für Sie darstellen. So könnten Sie beispielsweise passende Werbung für Hautcremes schalten, die nur für Nutzer mit Interesse an BEAUTY UND WELLNESS (siehe Abbildung 5.17) ausgeliefert wird, oder Sie bewerben Küchengeräte und Kochutensilien für Ihre Zielgruppe KOCHBEGEISTERTE. Es gibt etwa zwölf Hauptgruppen, die jedoch in viele weitere untergeordnete Gruppen unterteilt sind. Sie können für Ihr Targeting eine einzelne Teilgruppe auswählen oder auch mehrere Gruppen kombinieren, wie beispielsweise die Gruppen MODEFANS und SHOPPINGFREUNDE.

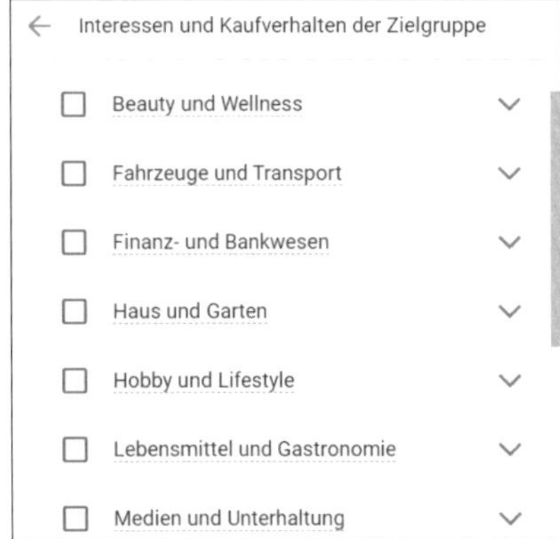

Abbildung 5.17 Zielgruppen mit gemeinsamen Interessen auswählen

Auch im Jahr 2024 bleibt die Diskussion um Cookies und Personalisierung kontrovers. Sie können jedoch sicher sein, dass sowohl Google als auch Online-Vermarkter allgemein weiterhin nach neuen Wegen suchen werden, um Werbung gezielt an anonymisierte Zielgruppen auszuspielen.

Der Unterschied zwischen Interessen und Themen

Das Targeting auf Grundlage des Interesses beruht auf dem Verhalten der Internetnutzer. Google protokolliert, auf welchen Webseiten sich die Nutzer aufgehalten haben, und speichert dies ab. Darüber hinaus berücksichtigt Google die Suchanfragen, die Nutzer an Google stellen. Zusätzlich können Sie noch Daten von Besuchern Ihrer eigenen Website sammeln, indem Sie sie mit einem Cookie markieren. Dadurch können diese Besucher im Internet auf Content-Seiten identifiziert werden, um ihnen passende Werbung anzuzeigen.

Auf Grundlage ihrer Interessen werden die Nutzer mit einer passenden Werbung sehr zielgerichtet angesprochen. Sie haben sicher auch schon einmal die Erfahrung gemacht, dass Sie passende Werbung zu einer Webseite sehen, die Sie unlängst einmal besucht haben – dieses Phänomen nennt sich *Remarketing* und gehört zu der Targeting-Option, die Google als *Bisherige Interaktionen mit Ihrem Unternehmen* bezeichnet.

Neben dem Nutzerverhalten besteht auch die Möglichkeit, Werbung auf der Grundlage von Themen auszurichten. In diesem Fall richtet sich die Werbung nach den Themen der Webseiten, auf denen sie angezeigt wird. Google analysiert verschiedene Seiten, die Google-Ads-Werbung zulassen, und ordnet sie verschiedenen Themengebieten zu, wie zum Beispiel Webseiten zum Thema »Motorsport«. Bei der Auswahl Ihrer Targeting-Strategie ist es wichtig, diese Unterscheidung zu berücksichtigen.

5.6.3 Aktives Suchverhalten bzw. Absichten der Zielgruppe

Die Liste zum Bereich AKTIVES SUCHVERHALTEN BZW. ABSICHTEN DER ZIELGRUPPE, die in der Praxis aufgrund der früheren Google-Bezeichnung auch als »Kaufbereite Zielgruppe« bezeichnet wird, geht einen Schritt weiter im Vergleich zur Zielgruppe mit gemeinsamen Interessen. Hier können Sie eine oder mehrere Zielgruppen auswählen, die sich schon intensiv mit einem bestimmten Produkt oder einer Dienstleistung auseinandergesetzt haben, weil die Mitglieder dieser Gruppen zum Beispiel Preisvergleichsseiten oder Testberichte aufgerufen haben. Im Automobilsektor könnten Mitglieder dieser Gruppen bereits einen Konfigurator für Fahrzeuge genutzt haben. Basierend auf diesen Informationen haben Sie die Möglichkeit, z. B. Ihre BMW-Werbung sehr gezielt auf Google-Nutzer auszurichten, die sich bereits im Netz über die neuesten BMW-Modelle informiert oder eine entsprechende Fahrzeugkonfiguration durchgeführt haben (siehe Abbildung 5.18).

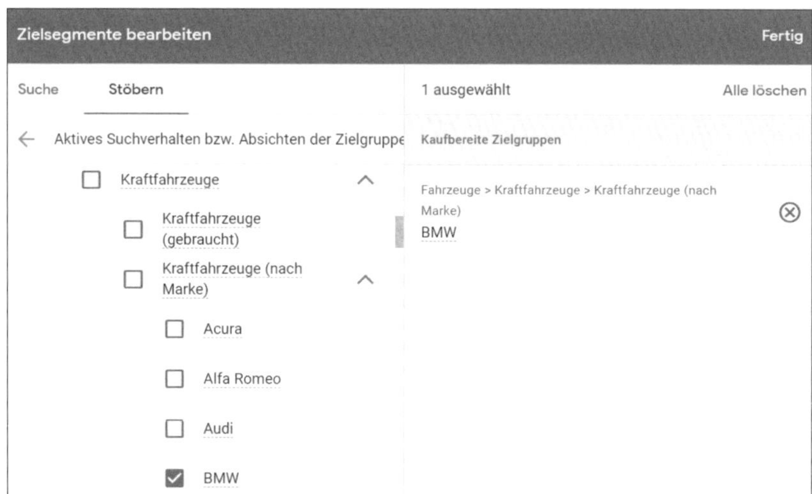

Abbildung 5.18 Die Gruppe potenzieller BMW-Käufer auswählen

Zur Liste AKTIVES SUCHVERHALTEN BZW. ABSICHTEN DER ZIELGRUPPE gehört zudem die Untergruppe LEBENSEREIGNISSE (siehe Abbildung 5.19). Hier können Sie Ihre Werbung beispielsweise für Zielgruppen schalten, die vor Kurzem geheiratet oder den Job gewechselt haben.

Abbildung 5.19 Eine Ausrichtung auf Lebensereignisse ist ebenfalls möglich.

5.6.4 Remarketing/Retargeting – selbst erhobene Daten

Beim *Remarketing* oder auch *Retargeting* kennzeichnen Sie zunächst die Besucher Ihrer Webseite mithilfe von Cookies und bauen damit Listen mit selbst erhobenen Daten auf. Der entscheidende Unterschied zu den vorherigen Listen besteht also darin, dass Sie auf Ihrer Webseite Cookies setzen, um Besucher zu markieren, während die zuvor vorgestellten Listen von Google stammen und die Zielgruppen in diesen Google-Listen zwangsläufig zuvor Ihre Webseite besucht haben müssen.

Durch die Erfassung bisheriger Interaktionen mit Ihrem Unternehmen können Sie später unter BISHERIGE INTERAKTIONEN MIT IHREM UNTERNEHMEN auf diese Retargeting-Listen zugreifen und individuelle Werbung für frühere Besucher Ihrer Webseite schalten. Diese Anzeigen werden dann auf verschiedenen Seiten im Displaynetzwerk angezeigt, wenn markierte Nutzer diese Seiten besuchen. Bevor Sie jedoch eine Remarketing-Liste auswählen können, sind einige Vorbereitungen erforderlich, wie beispielsweise das Hinzufügen zusätzlichen Codes auf Ihrer Website oder die Verknüpfung Ihres Google-Ads-Kontos mit Google Analytics. Das interessante und komplexe Thema Remarketing werden wir näher in Kapitel 8, »Retargeting und Remarketing«, behandeln.

Daher sei zunächst nur der Hinweis gegeben, dass die Remarketing-Listen in Ihrem Google-Ads-Konto unter TOOLS • GEMEINSAM GENUTZTE BIBLIOTHEK • ZIELGRUPPENVERWALTUNG • SEGMENTE MIT SELBST ERHOBENEN DATEN erstellt und dort auch aufgelistet werden.

Worin besteht der Unterschied zwischen Remarketing und Retargeting?

Beim Remarketing und Retargeting handelt es sich um zwei verwandte, aber dennoch unterschiedliche Ansätze im Online-Marketing, um potenzielle Kunden erneut anzusprechen und sie in den Verkaufsprozess zurückzuführen. Da Remarketing und Retargeting oft gleichgesetzt werden, möchten wir die Unterschiede hier kurz erläutern.

Beim *Retargeting* markieren Sie alle Besucher Ihrer Webseite durch Cookies und erstellen damit Listen mit selbst erfassten Daten. Dies ermöglicht Ihnen dann im weiteren Verlauf, gezielt Werbung an Personen auszuspielen, die bereits Ihre Webseite besucht haben, wenn diese Besucher sich auf anderen Websites oder Plattformen im Internet aufhalten. Das Ziel ist, diese Besucher wieder auf Ihre Seite zu bringen und sie dazu zu bewegen, eine gewünschte Aktion durchzuführen, wie beispielsweise einen Kauf.

Beim *Remarketing* erfassen Sie hingegen präzisere Interaktionen, wie z. B. bestimmte Unterseiten oder angesehene Produkte. Wenn ein Besucher beispielsweise ein Produkt in den Warenkorb gelegt hat und den Kauf jedoch abbricht, haben Sie die Möglichkeit, diesem Besucher genau dieses Produkt erneut zu präsentieren und ihm etwa einen Rabatt anzubieten. Darüber hinaus können Sie auf Daten zurückgreifen, die Sie über andere Kanäle gesammelt haben, wie etwa E-Mail-Listen von Kundenkontakten. Alle diese Informationen ermöglichen Ihnen, äußerst zielgerichtete Werbung an Personen auszuspielen, die bereits auf irgendeine Weise mit Ihrem Unternehmen in Kontakt getreten sind. Das Ziel des Remarketings besteht darin, diese bestehenden Kunden oder potenziellen Kunden erneut mit relevanten Inhalten anzusprechen und ihr Interesse an Ihren Produkten oder Dienstleistungen aufrechtzuerhalten.

5.6.5 Kombinierte Segmente

Sollten Ihnen die vorgestellten Möglichkeiten zur Zielgruppenauswahl nicht ausreichen, können Sie zusätzlich noch eigene sogenannte kombinierte Zielgruppensegmente erstellen. Klicken Sie dazu bei der Ausrichtung über die Zielgruppe unter STÖBERN auf IHRE KOMBINIERTEN ZIELGRUPPENSEGMENTE und im neuen Fenster auf + NEUE KOMBINIERTE ZIELGRUPPE.

Im nächsten Schritt vergeben Sie einen individuellen Namen für Ihr neues Segment, anschließend klicken Sie in das Suchfeld für die Segmente und können dann mithilfe der Suchfunktion oder über den Klick auf STÖBERN Ihre gewünschten Zielgruppen für die neue Kombination auswählen. Dabei können Sie aus allen fünf folgenden Zielgruppenberichten auswählen (siehe auch Abbildung 5.20):

- Charakteristik der Zielgruppe
- Interesse und Kaufverhalten
- Aktives Suchverhalten
- Selbst erhobene Daten
- Benutzerdefinierte Segmente

Abbildung 5.20 Erstellen Sie neue Kombinationen mithilfe der unterschiedlichen Zielgruppen.

Nachdem wir die ersten vier Zielgruppen bereits besprochen haben, werden wir die benutzerdefinierten Zielgruppensegmente im folgenden Abschnitt vorstellen. In Abbildung 5.21 zeigen wir ein kleines Beispiel, in dem wir eine Kombination aus einer Zielgruppe von aktuellen Studenten ❶, die zudem häufig an Live-Veranstaltungen teilnehmen ❷, erstellt haben. Durch die Kombination mit »und« ❸ können Sie Ihre Zielgruppe einschränken. Andererseits können Sie auch Kombinationen mit »oder« ❹ erstellen, um die kombinierte Zielgruppe zu erweitern. Wenn Sie zudem Ausschlüsse ❺ hinzufügen, stehen Ihnen noch weitergehende Möglichkeiten zur Verfügung, um neue Zielgruppen zu definieren.

5

Nachdem Sie Ihre gewünschte neue Kombination zusammengestellt haben, speichern Sie diese abschließend, indem Sie auf ERSTELLEN klicken. Nun können Sie diese neue Kombination auch als Targeting für Ihre Displaykampagnen nutzen.

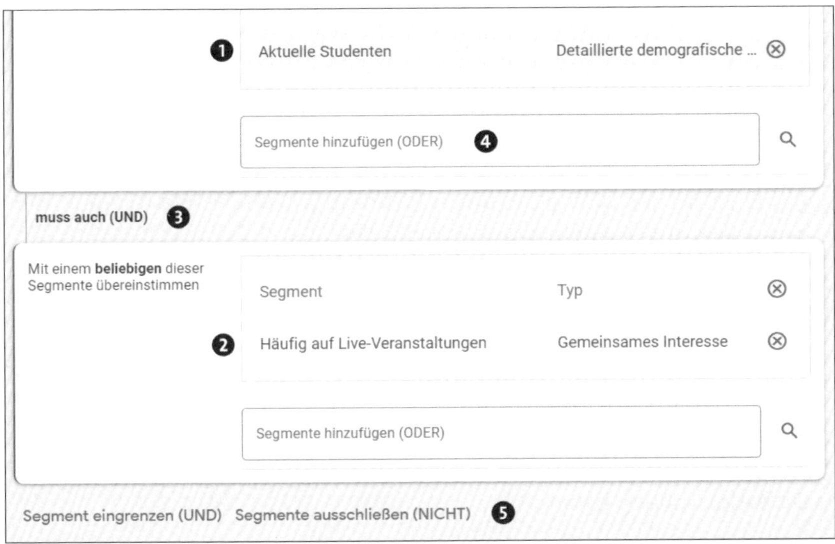

Abbildung 5.21 Zielgruppen werden mithilfe von Und-/Oder-Verknüpfungen kombiniert.

5.6.6 Benutzerdefinierte Segmente

Benutzerdefinierte Segmente bieten völlig neue Möglichkeiten. Während die bereits vorgestellten Segmente von Google selbst definiert wurden, können Sie bei den benutzerdefinierten Segmenten angeben, zu welchen Zielgruppen Google neue Listen erstellen soll. Sie haben hierbei unter anderem die Möglichkeit, entweder Interessengebiete oder Suchbegriffe vorzugeben, für die sich potenzielle Kunden zuvor bei Google interessiert haben. Falls Sie benutzerdefinierte Segmente für Ihre Kampagnen nutzen möchten, gehen Sie folgendermaßen vor. Nachdem Sie das Segment IHRE BENUTZERDEFINIERTEN ZIELGRUPPENSEGMENTE ausgewählt haben, klicken Sie auf + BENUTZERDEFINIERTES SEGMENT. Dann können Sie entweder Interessengebiete und Kaufabsichten vorgeben oder Suchbegriffe, die potenzielle Kunden zuvor bei Google eingegeben haben (siehe Abbildung 5.22).

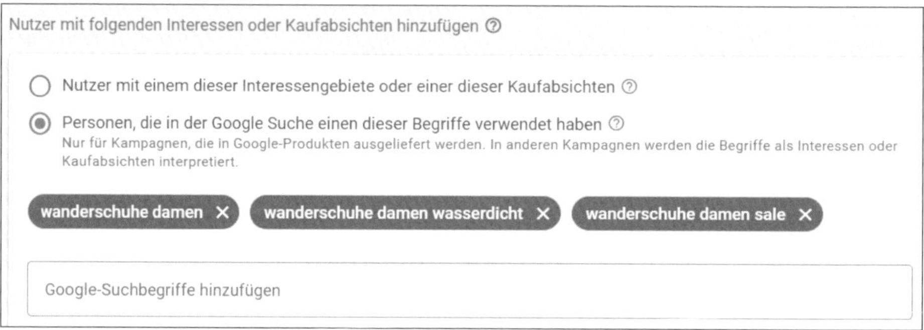

Abbildung 5.22 Benutzerdefinierte Zielgruppen können mithilfe von Interessengebieten und/oder Suchbegriffen definiert werden.

Bitte beachten Sie, dass diese und die folgenden Angaben immer kombiniert werden können. Wenn Sie jedoch verschiedene Ideen testen möchten, ist es ratsam, unterschiedliche thematisch abgegrenzte Segmente zu erstellen.

Eine weitere, von vielen Google-Ads-Administratoren äußerst geschätzte Möglichkeit ist die Option, Webseiten aus Ihrer Branche und sogar Webseiten von Mitbewerbern festzulegen, um Zielgruppensegmente erstellen zu lassen. Google sammelt dann passend zu den angegebenen URLs Interessenten, die sich diese oder ähnliche Webseiten angeschaut haben. Auf diese Weise ergeben sich sehr interessante neue Segmente. Es entstehen Listen von Nutzern, die ein starkes Interesse an Ihren Produkten oder Dienstleistungen haben.

Bei der Anlage der Segmente, die durch URLs bestimmt werden, gehen Sie wie bereits beschrieben vor. Sie müssen jedoch nach dem Klick auf + BENUTZERDEFINIERTES SEGMENT im unteren Bereich auf den Link NUTZER, DIE BESTIMMTE WEBSITE-TYPEN BESUCHEN klicken. Anschließend können Sie beispielsweise die URLs ❶ der wichtigsten Branchenwebseiten, passender Blogs, Foren oder auch die URLs von Mitbewerbern vorgeben. Möchten Sie andere Funktionen zur Definition Ihres benutzerdefinierten Segments nutzen, klicken Sie im unteren Bereich auf den entsprechenden Link. Dort können Sie später auch wieder auf die Eingabe von Suchbegriffen ❷ wechseln oder App-Typen ❸ vorgeben. Wie bereits erwähnt, ist es ratsam, eher einzelne Segmente zu erstellen und nicht alle Vorgaben in einem Segment zu kombinieren. Auf diese Weise können Sie einzelne Zielgruppen besser testen. Vergessen Sie nicht, jedem Segment einen aussagekräftigen Namen ❹ zu geben, den Sie zur besseren Unterscheidung auch noch zusätzlich mit einer Nummer versehen können.

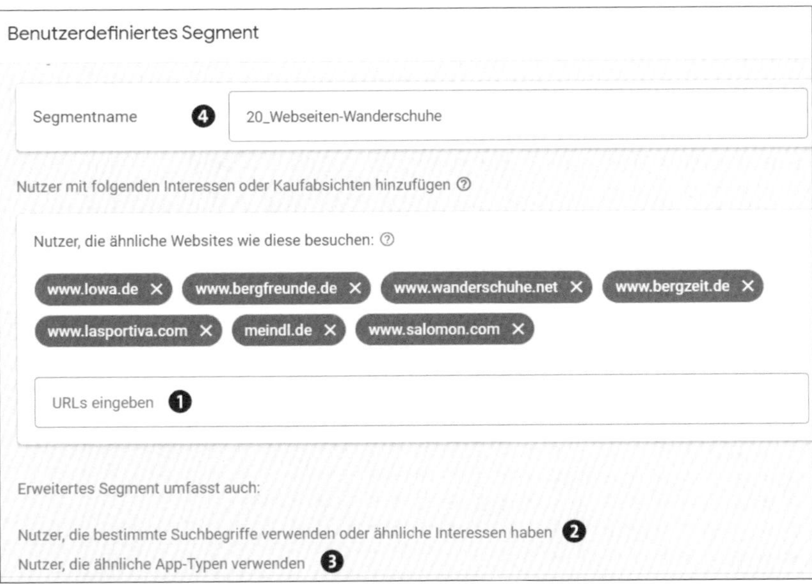

Abbildung 5.23 Erstellen Sie ein »Benutzerdefinierte Segment« durch Vorgabe wichtiger URLs zu Ihrer Branche.

5.7 Anzeigengruppen im GDN auf demografische Merkmale ausrichten

Neben der Auswahl einer speziellen Zielgruppe gibt es die Möglichkeit, potenzielle Kunden auf Grundlage demografischer Merkmale zielgerichtet anzusprechen. In der Standardeinstellung sind alle demografischen Merkmale aktiviert. Sie können durch Aktivierung bzw. Deaktivierung der Checkboxen (siehe Abbildung 5.24) festlegen, welches GESCHLECHT und welche Altersgruppe (ALTER) Ihre Werbung sehen soll. Zudem können Sie sogar den ELTERNSTATUS einbeziehen, was vielleicht für Kinderwagen oder spezielle Weihnachtsgeschenke hilfreich sein kann. Am Surfverhalten kann Google also erkennen, ob jemand Kinder hat und deswegen für bestimmte Angebote der passende Ansprechpartner ist.

Dabei sollten Sie jedoch immer berücksichtigen, dass diese Einteilung nicht hundertprozentig passend ist, sondern eher auf statistischen Google-Berechnungen beruht. Über den Vergleich entsprechender Kennzahlen mit dem Verhalten einzelner Internetuser können Alter, Geschlecht und Elternstatus durch Google abgeschätzt werden. Diese Werte sind aber nie ganz genau, was Sie auch beim Blick in eine bestehende Statistik erkennen können. Dort wird der Anteil UNBEKANNT in allen Gruppen noch recht hoch sein.

Die Ausrichtungsziele werden sicherlich zukünftig durch Google noch erweitert und verfeinert werden. Das Merkmal HAUSHALTSEINKOMMEN wird beispielsweise bereits im Konto angezeigt, ist aber derzeit (Stand: Juni 2024) nur in Australien, Brasilien, Hongkong, Indien, Indonesien, Japan, Mexiko, Neuseeland, Singapur, Südkorea, Thailand und in den USA verfügbar und spielt im deutschsprachigen Raum keine Rolle. Falls HAUSHALTSEINKOMMEN als Targeting zukünftig verfügbar ist, könnten hochpreisige Dienstleistungen oder Produkte gezielter für die passende Kundschaft beworben werden.

Aktuell können Sie Ihre Anzeigen im Displaynetzwerk jedoch nur auf Grundlage folgender demografischer Faktoren ausrichten:

- GESCHLECHT
- ALTER
- ELTERNSTATUS

Abbildung 5.24 Ausrichtung auf demografische Merkmale im Displaynetzwerk

5.8 Anzeigengruppen im GDN auf Keywords ausrichten

Neben der Ausrichtung auf Zielgruppensegmente und der Auswahl bestimmter demografischer Merkmale bietet Google für die Displaynetzwerk-Kampagnen weitere

Ausrichtungen an, die Google in der Vergangenheit häufig unter »Inhalte« zusammengefasst hat. Diese Ausrichtung auf Inhalte werden in folgende drei Kategorien unterteilt:

- Keywords
- Themen
- Placements

In diesem Kapitel betrachten wir die Ausrichtung auf Keywords. Ähnlich wie bei Ihren Kampagnen im Suchnetzwerk können Sie auch im Google Displaynetzwerk Ihre Werbung basierend auf Keywords ausrichten. Es ist jedoch wichtig, zu beachten, dass Sie hier nicht die Keywords angeben, nach denen gesucht wird. Stattdessen lösen die von Ihnen angegebenen Keywords die Schaltung von Anzeigen auf Webseiten, in Apps und in Videos aus, die einen Bezug zu diesen Keywords haben. Daher ist es in dieser Werbemethode im Google Displaynetzwerk sinnvoll, eher allgemeinere Keywords zu einem Thema zu wählen. Diese Keywords müssen im GDN nicht die genaue Suchanfrage eines potenziellen Kunden simulieren.

Ihre Anzeigen werden bei dieser Targeting-Methode dann auf Webseiten geschaltet, die in Verbindung mit den von Ihnen vorher festgelegten Keywords stehen. Ihr Ziel ist es, dass Ihre Anzeigen in einem relevanten Umfeld erscheinen. Dafür werden die von Ihnen gewählten Keywords mit den Inhalten der Webseiten, auf denen Google-Anzeigen geschaltet werden können, abgeglichen.

Wichtig ist, zu bedenken, dass bei dieser Targeting-Methode das Risiko besteht, dass Anzeigen in einem unpassenden redaktionellen Umfeld angezeigt werden. Wir haben bereits erlebt, dass eine Anzeige für eine Automarke beispielsweise unter einem Bericht zu den reparaturanfälligsten Automarken erschienen ist. Dies kann beim Überfliegen einer Webseite auch schnell in den falschen Zusammenhang gebracht werden und so dem Image der beworbenen Automarke Schaden zufügen.

Wenn Sie Ihre Displaykampagne auf Keywords ausrichten möchten, können Sie das Formularfeld ❶ für die Keywords ähnlich wie bei der Eingabe von Keywords für Suchnetzwerk-Kampagnen ausfüllen. Sie müssen die Keyword-Optionen jedoch nicht beachten. Rechts neben dem Formularfeld haben Sie die Möglichkeit, sich von Google zusätzliche Keyword-Ideen vorschlagen zu lassen. Dazu geben Sie thematisch relevante Websites ❷ oder Keyword-Themen ❸ im Zusammenhang mit Ihren Produkten oder Dienstleistungen an.

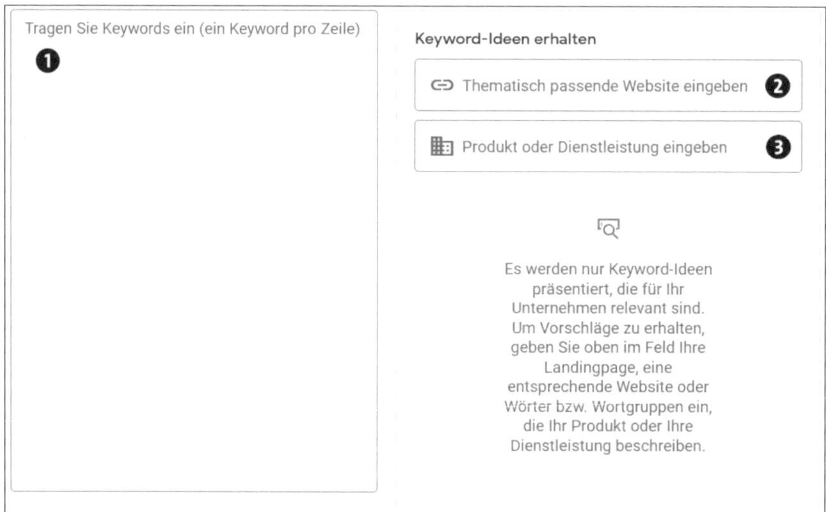

Abbildung 5.25 Eingabe der Keywords als Zielvorgabe für das Displaynetzwerk

5.9 Anzeigengruppen im GDN auf Themen ausrichten

Eine weitere Möglichkeit für kontextbezogene Ausrichtung besteht darin, Ihre Anzeigengruppen nach dem Thema der jeweiligen Webseite auszurichten, auf der Ihre Werbung geschaltet werden soll. Diese Option eignet sich besonders gut, wenn Sie noch keine genauen Vorstellungen von wichtigen Webseiten (*Placements*) haben, auf denen Sie Ihre Anzeigen schalten möchten. Möglicherweise fehlt Ihnen auch die Zeit, um im Voraus aufwendige Recherchen durchzuführen, um neue Platzierungsideen zu finden. Mithilfe von Themen können Sie dennoch sicherstellen, dass Ihre Anzeigen nur auf Seiten erscheinen, die zu Ihrem Produkt oder Ihrer Dienstleistung passen.

Sie können sich durch die übergeordneten Themen zu den spezifischen Themen durchklicken und dann das gewünschte Thema auswählen, indem Sie das entsprechende Kontrollkästchen aktivieren (siehe Abbildung 5.26).

Zum Beispiel könnten für eine Webseite, die Wanderbekleidung verkauft, Themen wie WANDERN UND CAMPING sowie OUTDOOR allgemein interessante Werbeumfelder sein.

Nachdem eine Displaynetzwerk-Kampagne mit einer auf themenspezifische Webseiten ausgerichteten Anzeigengruppe einige Wochen oder Monate gelaufen ist, haben Sie die Möglichkeit, in den Statistiken zu recherchieren, welche Webseiten gut performen. Die Leistung kann anhand der erzielten Klicks bewertet werden oder, noch besser, anhand der erzielten Conversions. Aufgrund dieser Daten können Sie dann entscheiden, ob Sie von der Themenausrichtung zur Placement-Ausrichtung wechseln möchten, indem Sie die gut funktionierenden Webseiten gezielt auswählen. Diese Targeting-Möglichkeit mit Auswahl der Placements werden wir im folgenden Abschnitt genauer vorstellen.

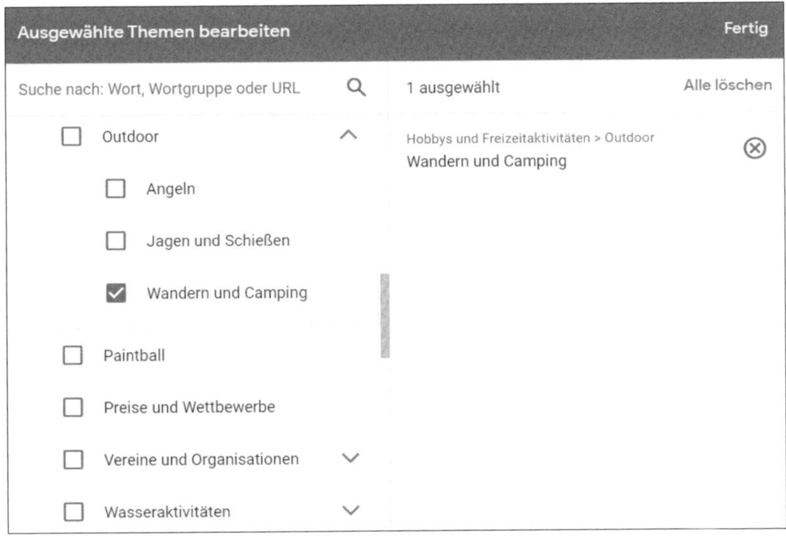

Abbildung 5.26 Ausrichtung der Displaykampagne auf thematisch passende Webseiten

5.10 Placements im GDN auswählen

Wenn Sie als Ausrichtungsoption PLACEMENTS wählen, können Sie für die Auslieferung Ihrer Displaywerbung gezielt Webseiten, YouTube-Videos und mehr vorgeben. Die Ausrichtung auf Placements ist äußerst zielgerichtet und führt daher oft zu sehr guten Ergebnissen. Es erfordert jedoch etwas mehr Aufwand, die passenden Placements auszuwählen. Placements sind, wie bereits erwähnt, in erster Linie Webseiten oder Unterseiten von Webseiten, auf denen Ihre Werbung platziert werden kann. Zusätzlich haben Sie im Displaynetzwerk von Google Ads die Möglichkeit, aus den folgenden Placements auszuwählen:

- YouTube-Kanäle
- YouTube-Videos
- Apps
- App-Kategorien

Sie können Placements auf verschiedene Weisen hinzufügen (siehe Abbildung 5.27). Eine Möglichkeit besteht darin, die URLs der Webseiten direkt einzugeben. Klicken Sie dazu auf EINGEBEN ❶ und geben Sie die Placement-URLs zeilenweise in das neue Eingabefenster ein. Für diese Ausrichtungsmethode sollten Sie die URLs vorher recherchiert haben, oder Sie haben bereits eine Displaykampagne mit einer anderen Ausrichtungsoption genutzt und greifen auf den Bericht WO ANZEIGEN AUSGELIEFERT WURDEN zurück. Wir werden diesen Bericht in Abschnitt 5.17, »Auswertungen zum Displaynetzwerk«, noch ausführlich vorstellen.

Alternativ können Sie den Unterpunkt STÖBERN ❷ verwenden. Geben Sie zunächst einen Begriff oder ein Thema ein (in unserem Beispiel »Wandern« ❸), und Sie erhalten passende Ergebnisse in verschiedenen Kategorien wie WEBSITES ❹, YOUTUBE-KANÄLE ❺, YOUTUBE-VIDEOS ❻, APPS ❼ oder APP-KATEGORIEN ❽. Klicken Sie in die jeweilige Kategorie und markieren Sie dann Ihre Favoriten, z. B. die Websites oder YouTube-Videos etc., indem Sie die Checkbox aktivieren. Die ausgewählten Placements werden auf der rechten Seite angezeigt ❾. Auf diese Weise können Sie Websites mit YouTube-Kanälen oder Apps kombinieren. Beim Targeting durch Placements bestimmen Sie aktiv, wo Ihre Werbung erscheinen soll. Nach der Auswahl der Placements können Sie diese Ausrichtung durch Klicken auf FERTIG ❿ speichern.

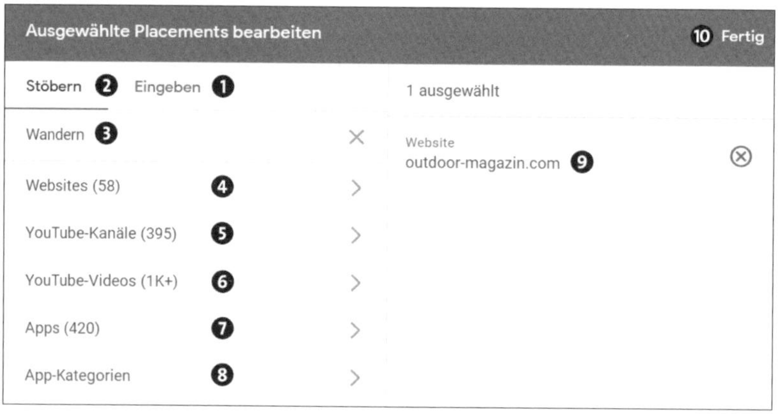

Abbildung 5.27 Placements zum Thema »Wandern« auswählen

5.11 Die optimierte Ausrichtung durch Google

Bitte beachten Sie, dass das Targeting im Google Displaynetzwerk grundsätzlich auf Anzeigengruppenebene eingestellt wird. Sie haben die Möglichkeit, sich einfach zurückzulehnen und Google die Optimierung durch die Auswahl OPTIMIERTE AUSRICHTUNG zu überlassen. In diesem Fall haben Sie jedoch nur begrenzten Einfluss, und es ist nicht sicher, dass die Optimierung Ihren Zielen entspricht. Unsere Empfehlung lautet daher, dass Sie zunächst selbst verschiedene Targeting-Optionen auswählen und testen. Es ist ratsam, die Targeting-Optionen nicht zu kombinieren, sondern Ihre bevorzugten Ausrichtungen in separaten Anzeigengruppen zu testen.

Denken Sie daran, dass auch bei der bewussten Auswahl einer Targeting-Option, z. B. des Targetings auf bestimmte Placements, am Ende immer noch die Standardeinstellung OPTIMIERTE AUSRICHTUNG aktiviert ist. Sie müssen diese Einstellung (siehe Abbildung 5.28) per Klick in die Checkbox deaktivieren, um sicherzustellen, dass Google keine anderen Placements zusätzlich verwendet. Die optimierte Ausrichtung ermöglicht Google ansonsten immer, die von Ihnen vorgegebenen Einschränkungen wieder zu umgehen.

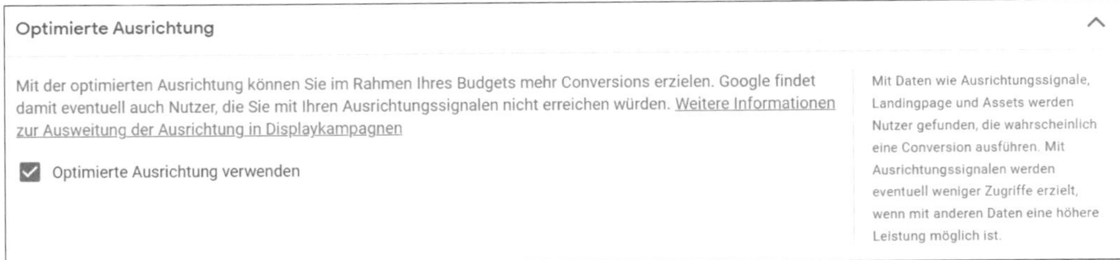

Abbildung 5.28 Deaktivieren Sie zunächst die Voreinstellung »Optimierte Ausrichtung verwenden«.

5.12 Die Targeting-Möglichkeiten in der Kombination

Die Ausrichtung (das Targeting) in einer Displaynetzwerk-Kampagne wird – wie wir gesehen haben – stets auf Anzeigengruppenebene festgelegt. Um zunächst die Möglichkeiten zu testen und ein besseres Verständnis der Auswirkungen des Targetings zu erlangen, empfehlen wir, dass Sie zuerst nur eine Ausrichtungsoption pro Anzeigengruppe verwenden. Für fortgeschrittene Nutzer besteht jedoch die Möglichkeit, verschiedene Targeting-Optionen zu kombinieren. Sie können alle vorgestellten Targeting-Optionen in einer Anzeigengruppe zusammenführen oder alternativ die Funktion OPTIMIERTE AUSRICHTUNG aktivieren, wodurch das Google-System die verschiedenen Ausrichtungsmöglichkeiten flexibel kombinieren kann. Falls Sie diese Funktion nutzen, ist es jedoch wichtig, sicherzustellen, dass Sie die geeignete Gebotsstrategie für Ihre Werbeidee festgelegt haben. Zusätzlich sollten Sie regelmäßig überprüfen, wo Ihre Anzeigen ausgespielt wurden und ob die gewünschten Ergebnisse (Conversions) erzielt werden, da Sie bei der optimierten Ausrichtung keinen direkten Einfluss auf das Targeting nehmen können.

5.13 Anzeigen für das Displaynetzwerk

Nachdem Sie Ihre Kampagne mit den grundlegenden Einstellungen erstellt und die Ausrichtung für die erste Anzeigengruppe festgelegt haben, fehlen nur noch die Anzeigen, um Ihre Displaynetzwerk-Kampagne abzuschließen. Wenn Sie eine neue Kampagne erstellen, werden Sie nach den Targeting-Einstellungen direkt in den Bereich weitergeleitet, in dem Sie Ihre Anzeigen erstellen können. Für jede Anzeigengruppe ist neben den Targeting-Einstellungen immer mindestens eine Anzeige erforderlich.

5.13.1 Responsive Displayanzeigen

Google hat die sogenannten *responsiven Displayanzeigen* als Standardanzeige festgelegt, da dieser Anzeigentyp von Google so konfiguriert werden kann, dass er flexibel genutzt werden kann. Mit nur einer Anzeigenvorlage können verschiedene Größen und Werbeformen abgedeckt werden, was es ermöglicht, die Anzeigen optimal auf verschiedene Werbeplätze auf Websites und verschiedene Endgeräte anzupassen. Diese Flexibilität erhöht die Chancen, dass die Anzeigen erfolgreich ausgeliefert werden, was sowohl für Google als auch für den Werbetreibenden von Vorteil ist.

Es gibt jedoch, wie wir später sehen werden, noch eine weitere Möglichkeit zur Anzeigenerstellung, die als *Displayanzeige* bezeichnet wird. Displayanzeigen werden extern, zum Beispiel von einem Grafiker, in unterschiedlichen Anzeigengrößen erstellt und dann in das Ads-Konto hochgeladen. Wenn feste Anzeigengrößen verwendet werden, besteht die Gefahr, dass potenziell interessante Kunden verpasst werden, da Displaygrößen, die von bestimmten Werbeplätzen benötigt werden, möglicherweise nicht berücksichtigt wurden. Auf der anderen Seite hat der Werbetreibende bei der Gestaltung eigener Displayanzeigen die volle Kontrolle über die Kombination aus Text und Bild sowie die genaue Bildsprache.

Schauen wir uns zunächst einmal an, wie Sie in Ihrem Ads-Konto eine responsive Displayanzeige anlegen können. Zur Erstellung der Anzeige stellt Google ein Formular zu Verfügung (siehe Abbildung 5.29 und Abbildung 5.30). Dort können alle notwendigen »Bausteine«, wie ...

- Landingpage-URL,
- Unternehmensname,
- Bilder,
- Logos,
- Videos,
- Anzeigentitel,
- Beschreibungstexte,
- Call-to-Action
- etc.

für das flexible Anzeigenformat hinterlegen werden.

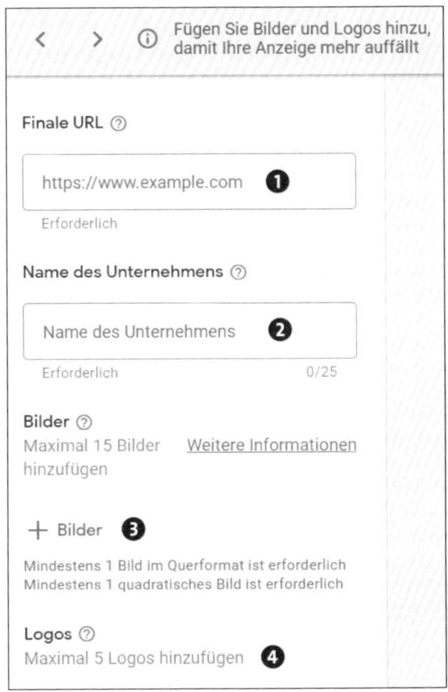

Abbildung 5.29 Eingabeformular zum Anlegen einer responsiven Anzeige (1. Teil)

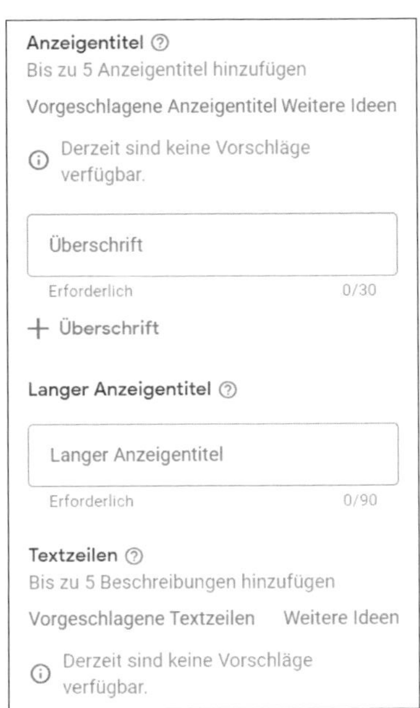

Abbildung 5.30 Eingabeformular zum Anlegen einer responsiven Anzeige (2. Teil)

Nach der Eingabe Ihrer Landingpage (FINALE URL) ❶ fahren Sie fort, indem Sie den Namen Ihres Unternehmens oder Ihrer Marke ❷) angeben. Dieser Name kann als zusätzliches vertrauensbildendes Element in Ihren Anzeigen erscheinen. Um passende Produkt- oder Unternehmensbilder (bis zu 15 Stück) hinzuzufügen, klicken Sie auf + BILDER ❸. Eine ähnliche Funktion steht auch für Ihr Unternehmenslogo ❹ zur Verfügung. Sie können bis zu fünf Varianten Ihres Logos hinzufügen.

Google Ads unterstützt Nutzer beim Anlegen einer responsiven Anzeige, indem Google zum Beispiel nach Werbematerial auf Ihrer Seite oder Ihrem Social-Media-Account sucht. Diese nützliche Funktion finden Sie nach einem Klick auf WEBSITE ODER SOZIALE NETZWERKE (siehe Abbildung 5.31). Geben Sie hier die URL einer passenden Unterseite Ihrer Website oder einer relevanten Social-Media-Seite für Ihre Anzeige ein. Google scannt dann diese Seite nach Bildern (und auch Logos). Wenn geeignete Elemente gefunden werden, können Sie diese für Ihre responsive Anzeige verwenden.

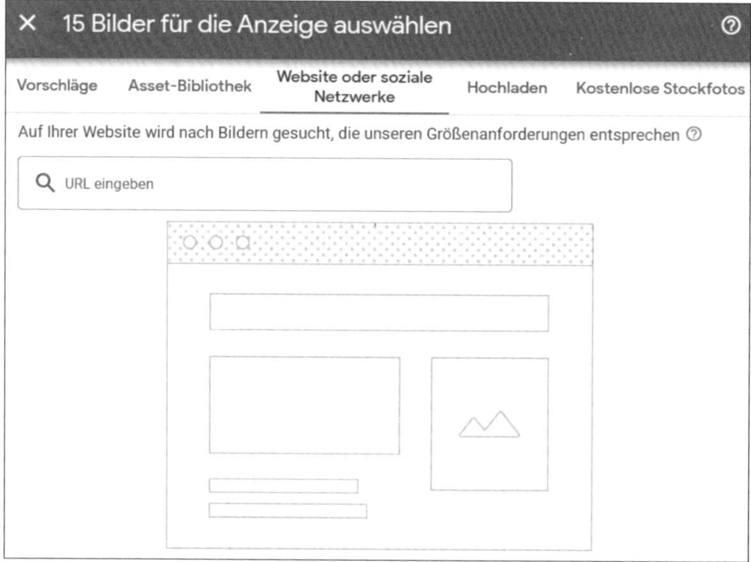

Abbildung 5.31 Passende Bilder und Logos werden über einen Webseiten-Scan ermittelt.

Zusätzlich dazu haben Sie die Möglichkeit, nach lizenzfreien und kostenlosen Werbebildern zu suchen oder eigene Bilder von Ihrem Computer hochzuladen. Bei zukünftigen Anzeigen können Sie bequem auf bereits in der ASSET-BIBLIOTHEK hinterlegte Bilder zugreifen.

Ein hilfreicher Tipp in Bezug auf die Bilderwahl: Verwenden Sie vorzugsweise eigene Bilder, die thematisch zu Ihrer Werbung passen. Es ist entscheidend, dass Sie die Bildrechte besitzen und die Bilder daher legal verwenden dürfen. Die zur Verfügung gestellten Stockfotos könnten auch in Anzeigen Ihrer Mitbewerber auftauchen und tragen daher nicht zur Erstellung einer einzigartigen Anzeige bei.

Nach Eingabe von Bildern und Logos können Sie im nächsten Schritt optional auch noch bis zu fünf Videos (mit + VIDEOS) zu Ihrer responsiven Anzeige hinzufügen. Falls Sie bereits gute, kurze Werbevideos zu Ihren Produkten oder Ihrem Unternehmen besitzen, sollten Sie diese Möglichkeit auf jeden Fall in Erwägung ziehen. Die Videos müssen vorher bei YouTube hochgeladen werden. Alternativ können Sie unter TOOLS • GEMEINSAM GENUTZTE BIBLIOTHEK • ASSET-BIBLIOTHEK ganz einfach ein eigenes Werbevideo erstellen. Die Vorgehensweise erläutern wir in Abschnitt 7.1, »Videos in der Ads-Asset-Bibliothek erstellen«.

Im nächsten Schritt hinterlegen Sie, ähnlich wie bei einer Textanzeige für das Suchnetzwerk, verschiedene Textbausteine. Sie können bei responsiven Displayanzeigen jedoch bis zu fünf Titel mit je 30 Zeichen, einen langen Anzeigentitel (90 Zeichen) und bis zu fünf Beschreibungen (90 Zeichen) eintragen. Diese verschiedenen Bausteine werden benötigt, um die wichtige Überschrift bei kleinem und größerem Platzangebot in jedem Fall prominent darzustellen und in verschiedenen Situationen jeweils passende Anzeigen auszuliefern.

Nachdem Sie auf der linken Seite im Eingabeformular Ihre Bausteine für Ihre neue responsive Displayanzeige hinterlegt haben, werden auf der rechten Seite in der Vorschau direkt unterschiedliche Beispiele ❶ angezeigt (siehe Abbildung 5.32).

Abbildung 5.32 Vorschau der responsiven Anzeigen für unterschiedliche Formate und Endgeräte

Damit Sie besser verstehen, wie Ihre Anzeigen in verschiedenen Situationen bei Ihrer Zielgruppe ausgeliefert werden, können Sie zwischen unterschiedlichen Darstellungsformen wählen, z. B. zwischen einer Vorschau für WEBSITES UND APPS und einer Vorschau für YOUTUBE UND GMAIL. Sie haben die Möglichkeit, die Assets, die für die Vorschau verwendet werden sollen, individuell auszuwählen. Klicken Sie dazu auf den Drop-down-Pfeil ❷ neben dem jeweiligen Asset und aktivieren oder deaktivieren Sie die entsprechende Checkbox. Anschließend klicken Sie auf ÜBERNEHMEN ❸.

Falls Ihnen bestimmte Kombinationen nicht zusagen, können Sie die Einstellungen im Eingabeformular noch einmal anpassen, bevor Sie Ihre Anzeigen endgültig speichern.

Auf den beiden folgenden Abbildungen möchten wir Ihnen noch einmal zwei unterschiedliche Anzeigenbeispiele präsentieren, die aus denselben Vorgaben erstellt werden können. In Abbildung 5.33 sehen Sie eine reine Textanzeige, die aus der kurzen Überschrift und dem Beschreibungstext zusammengesetzt ist, und Abbildung 5.34 zeigt eine Bildanzeige, die zusätzlich Titel und Beschreibungstext nutzt.

Abbildung 5.33 Textanzeige mit kurzem Titel und Beschreibungstext

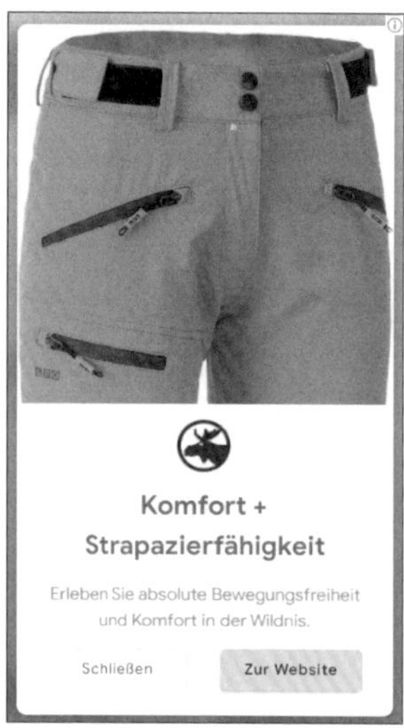

Abbildung 5.34 Bildanzeige mit Titel und Beschreibung

Nachdem die Bilder und Textbausteine eingetragen wurden, ist der Großteil der Arbeit für responsive Anzeigen erledigt. Dennoch gibt es noch weitere Optimierungsmöglichkeiten, die wir kurz besprechen möchten.

Unter WEITERE FORMATOPTIONEN finden Sie drei Optimierungsmöglichkeiten, die standardmäßig bereits aktiviert sind:

- **Asset-Optimierung**
  Diese Funktion optimiert automatisch die Anzeigenelemente, um die Leistung Ihrer Anzeigen zu verbessern. Sie können diese Einstellung in der Regel beibehalten.
- **Automatisch erzeugte Videos**
  Hierbei erstellt Google automatisch Videos basierend auf Ihren vorhandenen Assets. Unser Tipp ist jedoch, eigene Videos zu nutzen oder zu erstellen, da Sie als Experte im Vergleich zur automatisierten Google-Version wahrscheinlich bessere Videos erstellen können.
- **Native Formate**
  Diese Option ermöglicht die Anpassung Ihrer Anzeigen an verschiedene Plattformen und Formate. Sie können auch diese Option standardmäßig aktiviert lassen.

Insgesamt sind diese Optimierungsoptionen darauf ausgerichtet, die Effektivität Ihrer Anzeigen zu steigern. Beachten Sie jedoch unseren Rat bezüglich der Verwendung eigener Videos, um sicherzustellen, dass Ihre Anzeigen maximalen Erfolg erzielen.

Unter ERWEITERTE URL-OPTIONEN können zum einen wie bei jeder anderen Google-Ads-Anzeige zusätzliche Tracking-Optionen genutzt werden, um spezielle Informationen mit dem Klick auf eine Anzeige zu verbinden. Außerdem finden Sie hier auch eine Möglichkeit, um nach Auswahl einer Checkbox eine eigene finale URL für Mobilgeräte zu hinterlegen. Dies ist für diejenigen interessant, die gesonderte mobiloptimierte Webseiten besitzen.

Zwei weitere Einstellungsmöglichkeit finden Sie unter dem Link WEITERE OPTIONEN. Hier können Sie zum einen Ihren speziellen Call-to-Action-Text auswählen, der genau zu Ihrer Anzeige und Ihren Produkten bzw. Dienstleistungen passt (siehe Abbildung 5.35), um eine optimale Ansprache Ihrer Zielgruppe zu gewährleisten.

Als letzte Möglichkeit können Sie nach Auswahl der Checkbox BENUTZERDEFINIERTE FARBEN sowohl die Haupt- als auch die Akzentfarbe für Ihre responsiven Anzeigen bestimmen, damit die Anzeigen besser zu Ihrem Corporate Design passen – eine kleine, interessante Möglichkeit, die häufig übersehen wird.

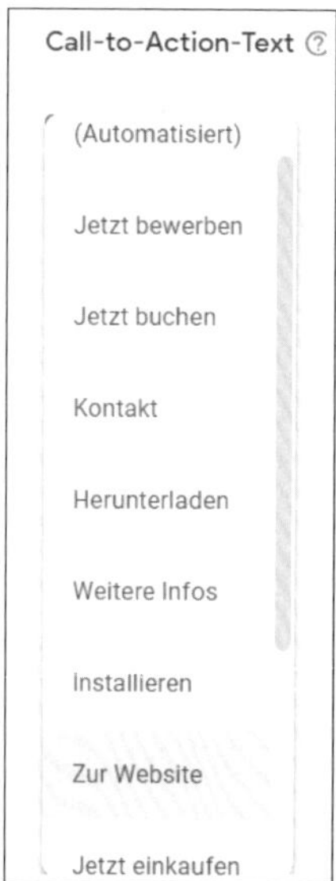

Abbildung 5.35 Bestimmen Sie den passenden Call-to-Action-Text für Ihre Anzeige.

5.13.2 Responsive Displayanzeigen vs. Displayanzeigen

Responsive Displayanzeigen bieten zahlreiche Vorteile, weisen jedoch einen entscheidenden Nachteil auf: Sie haben nicht die vollständige Kontrolle darüber, wie Ihre Anzeigen schließlich ausgeliefert werden. Wenn Sie ein konsistentes »Look-and-feel« für Ihre Anzeigen auf verschiedenen Werbeplattformen wünschen, müssen Sie diese Anzeigen entweder selbst erstellen oder einen Grafiker damit beauftragen. Anschließend können Sie die erstellten Bilddateien in Ihr Google-Ads-Konto hochladen. Dies ist besonders für große Unternehmen von Bedeutung, die Wert auf ein einheitliches Corporate Design legen und sicherstellen möchten, dass ihre Anzeigen in allen Werbekanälen genau gleich aussehen.

Wenn Sie sich dafür entscheiden, Displayanzeigen hochzuladen, müssen Sie zunächst bei der Anlage der Kampagnen und der Anzeigengruppe die Anzeigenerstellung überspringen, da die Standardeinstellung in Google Ads normalerweise auf responsive Anzeigen eingestellt ist. Nach Anlage der Displaykampagne navigieren zur gewünschten Anzeigengruppe und wählen den Menüpunkt ANZEIGEN aus. Klicken Sie dann auf den blauen Plus-Button, um eine neue Anzeige hinzuzufügen. An dieser Stelle haben Sie nun zwei Auswahlmöglichkeiten (siehe Abbildung 5.36):

- Sie erstellen eine responsive Displayanzeige.
- Sie laden bestehende Displayanzeigen hoch.

Abbildung 5.36 Responsive Anzeige erstellen oder Anzeigen hochladen?

5.13.3 Displayanzeigen hochladen

In diesem Abschnitt möchten wir Ihnen erläutern, wie Sie eine extern erstellte Displayanzeige zu einer Anzeigengruppe hinzufügen können. Dazu klicken Sie beim Erstellen einer neuen Anzeige für das Displaynetzwerk auf den Link DISPLAYANZEIGEN HOCHLADEN (siehe Abbildung 5.36).

Im nächsten Schritt ist es erforderlich, auf der linken Seite im oberen Bereich eine FINALE URL für Ihre Bildanzeige festzulegen, damit ein Klick auf Ihre Werbung direkt zur entsprechenden Landingpage führt. Anschließend wählen Sie die Schaltfläche DATEIEN ZUM HOCHLADEN AUSWÄHLEN. Auf diese Weise können Sie ausgewählte Bilddateien von Ihrem Computer hochladen. Auch für die fertigen Image-Anzeigen können Sie unter URL-OPTIONEN FÜR ANZEIGEN die bereits bei den responsiven Anzeigen beschriebenen Möglichkeiten für Tracking-Parameter und für eine mobile Landingpage nutzen. Es ist wichtig, zu beachten, dass es spezifische Anforderungen für die hochgeladenen Dateien gibt, die unbedingt eingehalten werden müssen. Dies bedeutet, dass die Bilddateien nur in den vorgegebenen Dateiformaten mit der passenden Pixelgröße akzeptiert werden und dass die Dateigröße der Bilddatei nicht größer als 150 KB sein darf. Die Abmessungen müssen pixelgenau eingehalten werden, da sonst die Anzeigen nicht geschaltet werden können.

Abbildung 5.37 enthält eine Liste der Anzeigengrößen für die extern erstellten Werbeanzeigen. Wenn Sie ähnliche Chancen zur Schaltung auf verschiedenen Websites im Vergleich zu den responsiven Anzeigen wünschen, empfehlen wir Ihnen, möglichst viele verschiedene Anzeigengrößen hochzuladen, vorzugsweise alle verfügbaren Größen. Dies erfordert natürlich einen höheren Aufwand bei der Erstellung der Bildanzeigen.

Unterstützte Größen und Formate

Dateitypen

Bildformate	GIF, JPG, PNG
HTML5-Formate	ZIP mit HTML und optional CSS, JS, GIF, PNG, JPG, JPEG, SVG (responsive oder Standardanzeigen)
AMPHTML-Formate	ZIP-Datei mit genau einem HTML-Dokument und bis zu 39 Media-Assets.
Max. Größe	150 KB

Anzeigengrößen

Quadratisch und rechteckig

200 × 200	Small Square
240 × 400	Vertical Rectangle
250 × 250	Quadrat
250 × 360	Triple Widescreen
300 × 250	Inline Rectangle
336 × 280	Large Rectangle
580 × 400	Netboard

Skyscraper

120 × 600	Skyscraper
160 × 600	Wide Skyscraper
300 × 600	Halbseitig (Half Page)
300 × 1050	Hochformat

Leaderboard

468 × 60	Banner
728 × 90	Leaderboard
930 × 180	Top Banner
970 × 90	Large Leaderboard
970 × 250	Billboard
980 × 120	Panorama

Mobil

300 × 50	Mobiles Banner
320 × 50	Mobiles Banner
320 × 100	Großes mobiles Banner

Responsiv

Die Größe von responsiven HTML5-Anzeigen hängt vom verfügbaren Platz ab.

Abbildung 5.37 Spezifikation für extern erstellte Google-Ads-Anzeigen

5.14 Überprüfung der Einstellungen für Ihre Displaynetzwerk-Kampagne an

Nachdem Sie Ihre Google-Displaykampagne einschließlich Anzeigengruppen und den ersten Anzeigen erstellt haben, sollten Sie noch einmal die Kampagneneinstellungen Ihrer neuen Displaykampagne überprüfen. Es gibt ein paar versteckte Einstellungen, die wir bisher nicht besprochen haben, da Google in der Anleitung nicht näher auf diese Themen eingeht oder eine Einstellungsmöglichkeit während der Kampagnenanlage präsentiert.

Daher werfen Sie einen Blick auf die Grundeinstellungen der Kampagne. Dazu filtern Sie zunächst die entsprechende Kampagne im oberen Bereich aus (siehe Abbildung 5.38) und navigieren in der linken Navigationsleiste auf den Unterpunkt KAMPAGNEN unter KAMPAGNEN.

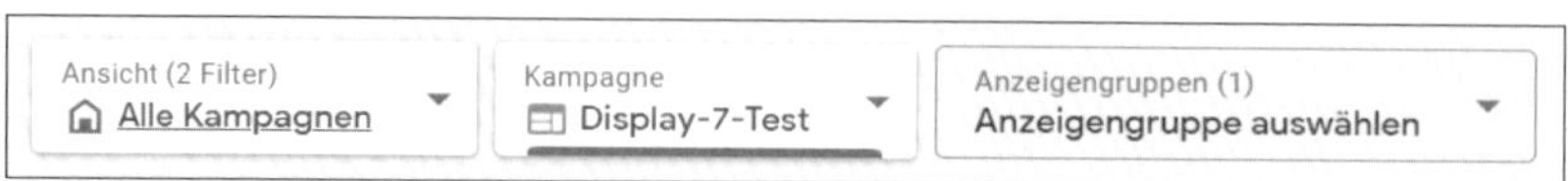

Abbildung 5.38 Filter auf die gewünschte Kampagne setzen

Nun klicken Sie in der Kopfnavigation auf EINSTELLUNGEN (siehe Abbildung 5.39). Google hat die Navigation im aktuellen Layout von der Seitenleiste in die horizontale Kopfzeile verschoben. Daher kann es passieren, dass diese Einstellungsmöglichkeiten leicht übersehen werden.

Abbildung 5.39 Kampagneneinstellungen in der Kopfnavigation

Nachdem wir die Einstellungen der Displaykampagne aufgerufen haben, schauen wir noch einmal näher auf drei Einstellungsmöglichkeiten, die wir bei der Anlage der Displaykampagne noch nicht besprochen haben:

- Frequency Management
- Wertregeln
- Ausschlüsse von IP-Adressen

5.14.1 Begrenzung der Häufigkeit (Frequency Management)

Da die Werbung im Displaynetzwerk häufig auf das Userverhalten (z. B. Interessen, Remarketing, beliebte Seiten der Zielgruppe etc.) abgestimmt ist, kann es vorkommen, dass Sie Ihre Zielgruppe mit häufigen Werbeeinblendungen nerven. Dies haben Sie sicher schon einmal selbst im Internet so wahrgenommen.

Für eine zukünftige Geschäftsbeziehung ist es natürlich schlecht, wenn der potenzielle Kunde sich verfolgt und genervt fühlt. Ein regelmäßiger Werbekontakt mit einem Produkt und einer Marke beeinflusst andererseits natürlich eine Kaufentscheidung positiv. Hier muss die richtige Balance gefunden werden, sodass der Kontakt mit der Werbung nicht zu gering, aber auch nicht übertrieben ist. Daher haben Sie unter FREQUENCY MANAGEMENT die Möglichkeit, die Auswahl EINSTELLUNG FESTLEGEN zu aktivieren. Sie können dann die Anzahl der Impressionen pro Tag/Woche/Monat und auf Kampagnen-, Anzeigengruppen- oder Anzeigenebene beschränken (siehe Abbildung 5.40).

Diese Beschränkung müssen Sie auf Ihre Strategie, die Anzahl der unterschiedlichen Anzeigen und Ihre Zielgruppe abstimmen. Es gibt dazu keine verbindlichen Vorgaben, aber wenn Ihr potenzieller Kunde Ihre Anzeige circa fünf- bis achtmal pro Tag gesehen hat, sollte dies eigentlich reichen.

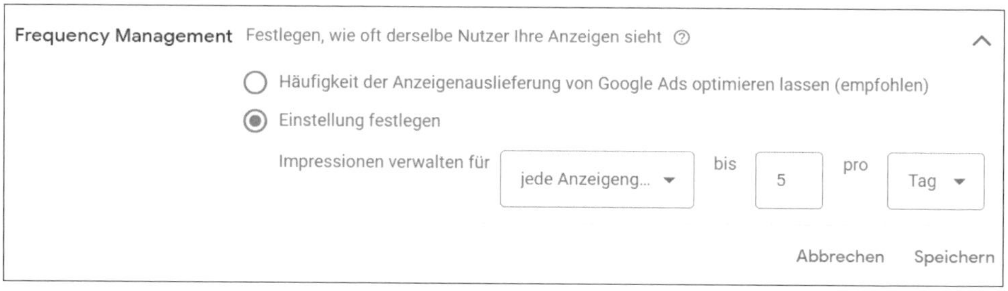

Frequency Management Festlegen, wie oft derselbe Nutzer Ihre Anzeigen sieht

Häufigkeit der Anzeigenauslieferung von Google Ads optimieren lassen (empfohlen)

Einstellung festlegen

Impressionen verwalten für jede Anzeigeng... bis 5 pro Tag

Abbrechen Speichern

Abbildung 5.40 Mit dem Frequency Management reduzieren Sie den »Nervfaktor«.

Anmerkung: Auch an diesem Punkt empfiehlt Google wiederum, die Einstellung der Begrenzung automatisiert durch Google verwalten zu lassen. In dem Fall haben Sie natürlich keine echte Kontrolle und müssen wieder voll und ganz auf Google vertrauen. Anders als in früheren Zeiten, in denen es gar keine Beschränkung der Anzeigenfrequenz gab, ist die Grundeinstellung einer optimierten Begrenzung durch Google in jedem Fall ein Schritt in die richtige Richtung.

5.14.2 Wertregel

Die WERTREGELN, auch Conversion-Wertregeln genannt, legen fest, ob Conversions auf bestimmten Endgeräten, an ausgewählten Standorten oder für spezielle Zielgruppen einen höheren Wert haben.

In unserem Beispiel in Abbildung 5.41 haben wir festgelegt, dass Conversions aus Frankfurt in unserer Kampagne einen um den Faktor 1,5 höheren Wert besitzen sollen.

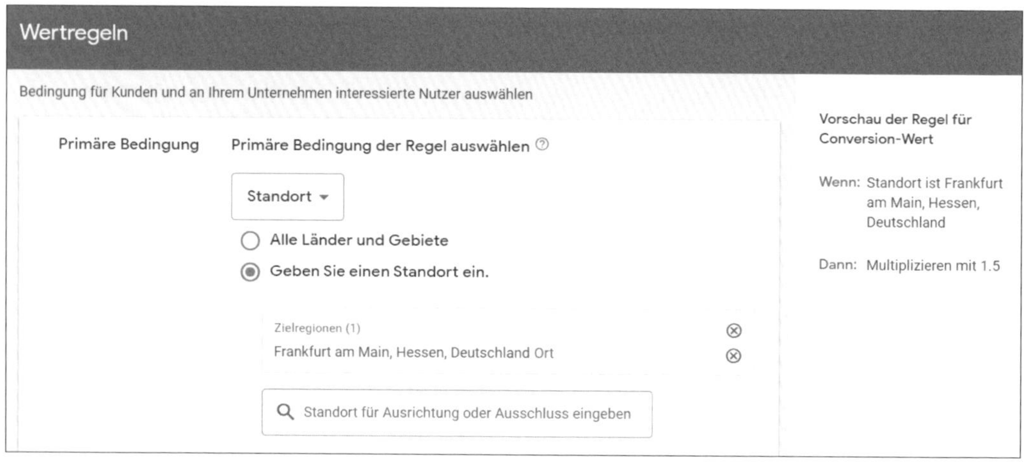

Abbildung 5.41 Beispiel: Conversion-Wertregel für einen Standort

Diese Entscheidung kann nur der Werbetreibende als Experte und Kenner seiner eigenen Produkte, Dienstleistungen und mit Kenntnis bisheriger Geschäftserfolge treffen. Daher kann diese Einstellung, die von Google Ads nicht vorhergesehen werden kann, ein wichtiger Punkt bei der Optimierung im Sinne des geschäftlichen Erfolgs mithilfe von Conversions sein.

5.14.3 Ausschlüsse von IP-Adressen

Letztendlich haben Sie auf Kampagnenebene auch die Möglichkeit, bestimmte einzelne feste IP-Adressen oder eine Gruppe von Adressen aus einem bestimmten IP-Adressbereich auszuschließen (Abbildung 5.42). Ihre Displaykampagne wird dann für den festgelegten Adressbereich nicht ausgeliefert. Dies kann interessant sein, falls Sie in einem größeren Unternehmen über eine festgelegte IP-Adresse Websites im Internet aufrufen. Durch den Ausschluss der eigenen Adresse wären die Anzeigen nur für potenzielle Kunden sichtbar, was schließlich zu verbesserten Ergebnissen führen kann, da die Anzeigen eher für potenzielle Kunden als für die eigenen Mitarbeiter ausgeliefert werden sollen.

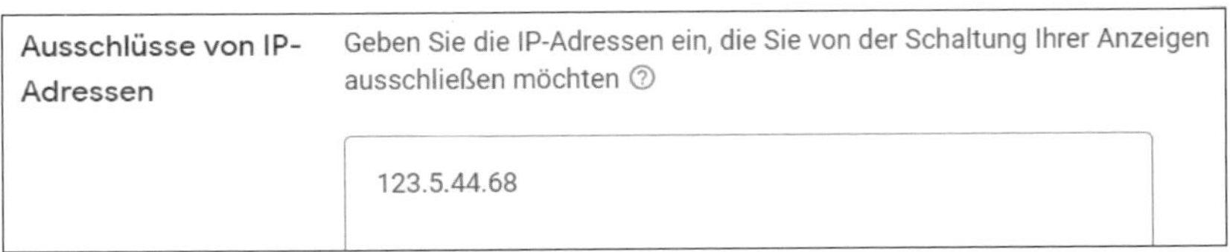

Abbildung 5.42 Ausschluss einer festen IP-Adresse für die Displaykampagne

5.15 Anlage weiterer Anzeigengruppe für die Displaynetzwerk-Kampagne

Nachdem Sie alle Einstellungen für die neue Displaykampagne vorgenommen und die erste Anzeigengruppe mit Targeting und Anzeigen erstellt haben, können Sie zusätzliche Anzeigengruppen hinzufügen. Dazu navigieren Sie unter KAMPAGNEN in das Untermenü ANZEIGENGRUPPEN und klicken auf den blauen Plus-Button (siehe Abbildung 5.43).

Wählen Sie wie empfohlen über den Link AUSRICHTUNG HINZUFÜGEN (siehe Abbildung 5.44) eine neue Targeting-Option für die zusätzliche Anzeigengruppe und erstellen Sie eine passende Anzeige. Wie bereits erwähnt, ist es ratsam, zu Beginn einer Displaykampagne eine Targeting-Option pro Anzeigengruppe zu verwenden, um verschiedene Targeting-Möglichkeiten zu testen.

Abbildung 5.43 Legen Sie eine neue Anzeigengruppe per Klick auf den Plus-Button an.

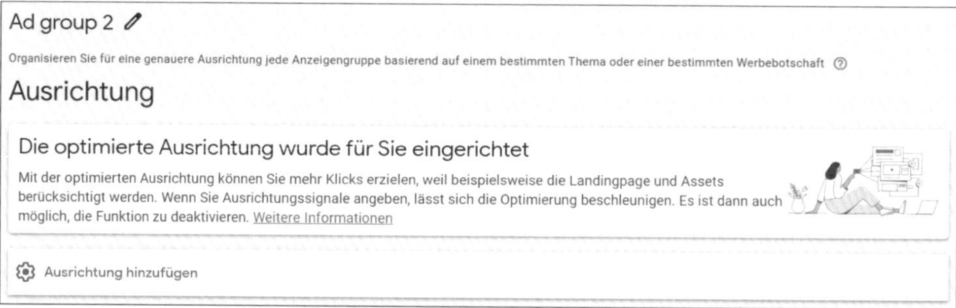

Abbildung 5.44 Zu einer bestehenden Kampagne können Sie jederzeit eine neue Anzeigengruppe mit neuer Targeting-Option hinzufügen.

Tipp

Wenn Sie keine neue Anzeige testen möchten, können Sie ganz einfach eine bestehende Anzeige aus der ersten Anzeigengruppe mit `Strg`+`C` kopieren und in die neue Anzeigengruppe mit `Strg`+`V` einfügen.

Assets für Displayanzeigen

Auch die Anzeigen für das Displaynetzwerk können, ähnlich wie die Anzeigen im Suchnetzwerk, mit Assets ergänzt werden. Aktuell ist es jedoch nur möglich, die Anruferweiterung und den Standort als Assets hinzuzufügen.

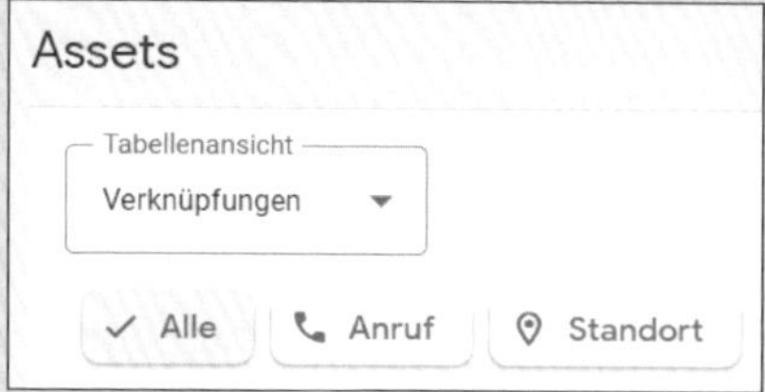

Abbildung 5.45 Anruf und Standort als Erweiterung für Displayanzeigen

5.16 Ausschlüsse für Kampagnen und Anzeigengruppen

Für die Ausrichtung Ihrer Displaynetzwerk-Werbung haben wir Ihnen zunächst gezeigt, wie Sie Zielgruppen hinzufügen können. Wie Sie sich vorstellen können, ist es jedoch auch möglich, alle Ausrichtungen als Ausschlüsse zu verwenden. Dafür gehen Sie zunächst unterhalb des Menüpunkts ZIELGRUPPEN, KEYWORDS UND INHALTE zu ZIELGRUPPEN. Im unteren Bereich finden Sie nach kurzem Scrollen den Hinweis auf AUSSCHLÜSSE. Dort können Sie über den Link AUSSCHLÜSSE HINZUFÜGEN die Ausschlüsse bearbeiten (siehe Abbildung 5.46). Im nächsten Schritt wählen Sie die Ausschlussebene (Kampagnen oder Anzeigengruppen) aus und können dann die verschiedenen Zielgruppen über SUCHEN und Auswahl der Gruppen innerhalb der Gruppierungen zusammenstellen, ähnlich wie Sie es bereits bei der positiven Ausrichtung der Zielgruppen gelernt haben.

Ausschlüsse
Fügen Sie Ausschlüsse hinzu, um festzulegen, wer Ihre Anzeigen nicht sehen soll
Ausschlüsse hinzufügen

Abbildung 5.46 Zielgruppen ausschließen unter »Zielgruppen«

Neben den Ausschlüssen finden Sie bei den Zielgruppen auch den Unterpunkt DEMOGRAFISCHE MERKMALE. Hier gibt es kein Register für »Ausschlüsse«. Um demografische Merkmale auszuschließen, klicken Sie einfach auf DEMOGRAFISCHE MERKMALE BEARBEITEN und deaktivieren danach einfach die Checkboxen vor den jeweiligen Merkmalen, die Sie nicht in Ihrer Ausrichtung wünschen.

Neben den Zielgruppen können Sie auch die anderen Targeting-Optionen negativ verwenden, indem Sie sie als Ausschlüsse festlegen. Diese Ausschlüsse finden Sie im Menüpunkt INHALT. Dort können Sie für die folgenden Ausrichtungen Ausschlüsse hinzufügen:

- Themen
- Placements
- Keywords

Abbildung 5.47 Themen, Placements und Keywords unter »Inhalt ausschließen«

Wählen Sie THEMENAUSSCHLÜSSE, um Webseiten zu bestimmten Themen als Werbeorte für Ihre Anzeigen auszuschließen. Unter PLACEMENT-AUSSCHLÜSSE können Sie explizite Adressen von Webseiten eingeben, auf denen Ihre Anzeigen nicht erscheinen sollen. Dies kann auch über die Placement-Ausschlusslisten erfolgen, die Sie unter TOOLS • GEMEINSAM GENUTZTE BIBLIOTHEK • AUSSCHLUSSLISTEN finden.

Zudem haben Sie die Möglichkeit, negative Keywords unter KEYWORD-AUSSCHLÜSSE FÜR DISPLAY-/VIDEOWERBUNG hinzuzufügen. Diese Keywords verhindern, dass Ihre Displayanzeige Nutzern angezeigt wird, die nach Inhalten suchen oder sich Inhalte ansehen, die den negativen Keywords entsprechen.

Durch die Verwendung von negativen Ausrichtungsmerkmalen (Ausschlüssen) können Sie die Ausrichtung Ihrer Werbung noch präziser auf bestimmte Zielgruppen festlegen. Bitte beachten Sie, dass Sie immer Ihre Ausschlüsse und Ihre Targeting-Ziele aufeinander abstimmen sollten. Auf diese Weise können Sie Budget einsparen, indem Sie Ihre Werbung nur Nutzern präsentieren, die als potenzielle Kunden interessant sind.

5.17 Auswertungen zum Displaynetzwerk

Natürlich liefert Google auch Auswertungen zu Ihren Kampagnen im Displaynetzwerk. In Kapitel 14, »Reporting und Conversion-Tracking«, besprechen wir noch ausführlich die verschiedenen Möglichkeiten der Reportings. Da Sie Ihre Statistiken beim Neuanlegen jedoch stets zeitnah beobachten sollten, werfen wir schon einmal einen ersten Blick in die Reports.

Beginnen Sie damit, den Zeitraum, den Sie derzeit analysieren möchten, in der rechten oberen Ecke festzulegen. Bei einer neuen Kampagne ist es ratsam, anfangs tägliche oder wöchentliche Daten zu betrachten. Wählen Sie im Headerbereich Ihre Kampagne und die entsprechende Anzeigengruppe aus, da das Targeting auf dieser Ebene festgelegt wurde.

Je nach gewähltem Targeting werden Ihnen unterschiedliche Informationen zur Verfügung stehen. Eine sinnvolle Auswertung sollte daher auf dieser Ebene erfolgen, da Sie so den Erfolg verschiedener Targeting-Strategien besser miteinander vergleichen können.

Die verfügbaren Leistungsdaten variieren teilweise abhängig von dem von Ihnen gewählten Targeting. Wenn Sie beispielsweise bestimmte Themen als Targeting verwenden, erhalten Sie auch entsprechende Auswertungen zu diesen Themen. Hinsichtlich der demografischen Merkmale erhalten Sie jedoch immer Daten. Obwohl ein Teil der demografischen Daten von Google als »unbekannt« eingeordnet wird, können Sie grob einschätzen, ob die Zielgruppe, die Sie laut Google-Ads-Statistik erreichen, auch mit Ihren Vorstellungen übereinstimmt.

Für Displaynetzwerk-Kampagnen sind die Auswertungen zu den Placements von besonderem Interesse. Hier finden Sie Leistungsdaten zu den Webseiten, auf denen Ihre Anzeigen erschienen sind. Bei der Auswertung sollten Sie besonders auf Webseiten mit vielen Klicks und hohen Kosten, aber ohne Conversions achten. Diese Placements sollten Sie ausschließen. Auf der anderen Seite sind die Webseiten positiv zu bewerten, die viele Verkäufe, Kundenanfragen oder Kontakte generiert haben. Eventuell könnten Sie diese Placements in einer eigenen Anzeigengruppen gezielt als Targeting einstellen.

☐	Placement	Anzeigengruppe	Impr.	↓ Klicks
☐	immobilienscout24.de	Immowelt	181.375	231
☐	faz.net	Zeitungen	47.227	196
☐	morgenpost.de	Zeitungen	42.481	73
☐	sueddeutsche.de	Zeitungen	10.041	35
☐	handelsblatt.com	Zeitungen	9.128	29
☐	immowelt.de	Immowelt	5.207	25
☐	tagesanzeiger.ch	Zeitungen	3.096	24

Abbildung 5.48 Google-Ads-Statistiken zu den Placements

Um eine erste Leistungsanalyse Ihrer Platzierungen durchzuführen (siehe Abbildung 5.48), gehen Sie folgendermaßen vor: Wählen Sie zuerst, wie zuvor beschrieben, die Anzeigengruppe aus Ihrer Displaynetzwerk-Kampagne sowie den gewünschten Zeitraum aus.

Dann klicken Sie im Navigationsmenü auf STATISTIKEN UND BERICHTE • WANN UND WO ANZEIGEN AUSGELIEFERT WURDEN. Nun können Sie im Kopfbereich WO ANZEIGEN AUSGELIEFERT WURDEN auswählen (siehe Abbildung 5.49). Der Bericht zu den Placements im Displaynetzwerk hat eine ähnliche Bedeutung wie der Bericht zu den Suchbegriffe in einer Suchkampagne. Anhand dieses Berichts können Sie sehen, was mit Ihrer Werbung geschieht. Diese Statistiken zu den Placements, auf denen die Displayanzeigen erscheinen, können Sie – wie alle Berichte – über das Symbol mit der Bezeichnung SPALTEN anpassen.

Bei den Placements sind vor allem die Leistungsdaten (Klicks, Impressionen, Kosten etc.) sowie die Informationen zu den Conversions als Qualitätsmerkmal von Interesse.

Abbildung 5.49 Navigation zum Bericht »Wo Anzeigen ausgeliefert wurden«

5.18 Fazit

In diesem Kapitel haben Sie gelernt, wie Sie zusätzliche Werbung bei Google Ads über das Displaynetzwerk schalten können. Die Werbemöglichkeiten mit einer Displaynetzwerk-Kampagne eignen sich hervorragend, um auf Ihr Unternehmen aufmerksam zu machen. Dies funktioniert zwar auch über Textanzeigen, den stärkeren *Branding-Effekt* erreichen Sie jedoch, wenn Sie responsive oder Image-Anzeigen als Werbeform im Displaynetzwerk nutzen.

Denken Sie vor dem Anlegen Ihrer Kampagne jedoch immer an Ihre Strategie. Falls Sie einen Nischenmarkt bewerben möchten, erzielen Sie über das Displaynetzwerk den größten Erfolg, wenn Sie selbst die passenden Seiten für Ihre Werbung recherchieren. Während zum Beispiel die Werbung zu Webshops für Damenschuhe auf fast allen Seiten funktioniert, sprechen Sie beim Thema »Laufschuhe« auf Freizeit- und Fitnessseiten Ihre Zielgruppe bei geringeren Klickkosten viel effektiver an.

Bitte bedenken Sie immer, dass im Displaynetzwerk nicht gezielt gesucht wird. Klickraten (CTR) von deutlich unter einem Prozent sind ganz normal und nicht mit den CTR im Suchwerbenetzwerk vergleichbar.

5.19 Checkliste

Sie möchten eine Displaynetzwerk-Kampagne erstellen? Treffen Sie die folgenden Vorbereitungen:

Wichtige Punkte zum Erstellen einer Google-Ads- Displaynetzwerk-Kampagne	**OK (☑)**
Legen Sie ein Budget für Ihre Displaynetzwerk-Kampagne fest.	
Bestimmen Sie, welche Art von Anzeigen Sie schalten möchten.	
Erstellen Sie die gewünschten Textbausteine für Ihre responsiven Displayanzeigen oder erstellen Sie direkt fertige Banneranzeigen.	
Bestimmen Sie die gewünschte Targeting-Option.	
Notieren Sie Zielgruppen für das GDN (bei Bedarf).	
Erstellen Sie rechtzeitig eine Remarketing-Liste (bei Bedarf).	
Erstellen Sie benutzerdefinierte Zielgruppen (bei Bedarf).	
Erstellen Sie eine Liste mit Website-Themen für das GDN (bei Bedarf).	
Erstellen Sie eine Placement-Liste für das GDN (bei Bedarf).	
Erstellen Sie eine Keyword-Liste für das GDN (nach Bedarf).	
Legen Sie die auszuschließenden Merkmale fest.	
Legen Sie die Optionen zum Ausschluss für das GDN fest.	

Tabelle 5.1 Displaynetzwerk-Kampagne – Checkliste

Kapitel 6
Google-Ads-Shopping-Kampagnen

Google-Shopping-Anzeigen sind der Schlüssel zum Erfolg, wenn es darum geht, Webshop-Produkte in den Blickpunkt potenzieller Kunden zu rücken. Nicht nur Texte, sondern vor allem Produktbilder und Preisangaben spielen eine entscheidende Rolle. In diesem Kapitel erhalten Sie wertvolle Tipps und Tricks, um Ihre Kampagnen auf Hochtouren zu bringen.

6.1 Shopping-Anzeigen

Längst sind sie aus den Google-Suchergebnissen nicht mehr wegzudenken: PLAs – *Product Listing Ads*, zu Deutsch *Anzeigen mit Produktinformationen* – wurden von Google Ende 2011 in Deutschland eingeführt. Heutzutage nutzen Google und die Online-Marketer meistens den Begriff *Shopping-Anzeigen*. Es handelt sich dabei um die Anzeigen, die ein kleines Produktbild, den Preis, Versandkosten und den Unternehmensnamen enthalten und meistens oberhalb der Top-Positionen erscheinen (siehe Abbildung 6.1). In Ausnahmefällen werden die Shopping-Anzeigen auch noch auf der rechten Seite angezeigt.

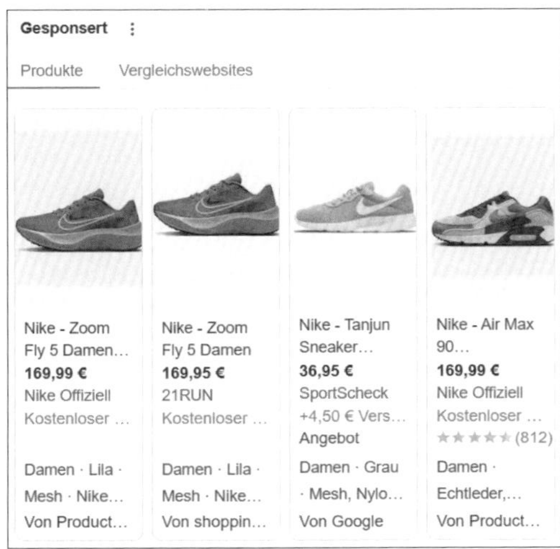

Abbildung 6.1 Shopping-Anzeigen oberhalb der Textanzeigen

Wenn Sie den Mauszeiger über das Bild bewegen, erhalten Sie zusätzliche Informationen, wie den vollständigen Produkttitel und weitere Details, die zuvor nicht sichtbar waren (siehe Abbildung 6.2). In unserem Beispiel können Sie auch Anzeigen von anderen Shopping-Portalen wie *Producthero* oder *shopping24* erkennen. Nach einem Gerichtsbeschluss aus dem Jahr 2021 musste Google innerhalb der EU seine Shopping-Anzeigen auch für andere Preisvergleichsdienste öffnen. Wir werden in diesem Buch unter dem Stichwort »CSS-Partner« noch besprechen, wie Sie von dieser Möglichkeit profitieren können. Finden Sie jedoch auf der Google-Suchergebnisseite den Hinweis *Von Google* in den Shopping-Ergebnissen, werden diese Anzeigen über Ihr Google-Ads-Konto ausgeliefert.

Abbildung 6.2 Shopping-Anzeigen mit Mouse-over-Effekt

Karusselldarstellung

Die Google-Shopping-Anzeigen bieten die sogenannte *Karusselldarstellung*. Diese ermöglicht dem Nutzer, mithilfe der Pfeile an der rechten und linken Seite durch die verfügbaren Angebote zu blättern. Auf Smartphones funktioniert das mit einer einfachen Wischbewegung. Ein Klick auf eine einzelne Anzeige führt den Suchenden direkt zur Artikeldetailseite des entsprechenden Produkts. Anders als bei herkömmlichen Keyword-basierten Anzeigen erfolgt die Platzierung der Shopping-Anzeigen nicht über die Buchung von Keywords. Stattdessen basiert sie auf einem Datenfeed mit umfangreichen Informationen zu Ihren Produkten, den Google bei jeder Suchanfrage durchsucht, um relevante Ergebnisse anzuzeigen.

Für Online-Händler stellen Shopping-Anzeigen eine ideale Lösung dar, um das gesamte Produktportfolio abzubilden, ohne mühevoll jeden einzelnen Artikel als Keyword einzugeben. Gleichzeitig ziehen Produktbild und Preisangaben die Aufmerksamkeit der Nutzer auf sich und wirken sich erwiesenermaßen positiv auf die Klickrate aus. Zudem wird durch die Schaltung von Shopping-Produkten die Sichtbarkeit in den SERPs gesteigert: Denn für nur eine einzige Suchanfrage kann ein Werbetreibender mit seinem organischen Suchergebnis, seiner Google-Ads-Anzeige und einer oder mehreren Shopping-Anzeigen ausgespielt werden.

Die Relevanz der Anzeigen ist gerade bei längeren Suchphrasen sehr hoch, da Google, wie in Abbildung 6.1 zu sehen ist, bei einer Anfrage zu *damen laufschuhe nike* auch wirklich Laufschuhe bzw. Sportschuhe für Damen anzeigt. Es werden außerdem nur dann Shopping-Anzeigen eingeblendet, wenn die Suchanfrage produktbezogen ist. Sucht der Nutzer beispielsweise nur nach *nike*, erscheinen keine Shopping-Anzeigen, bei einer Suchanfrage nach *nike laufschuhe* hingegen schon.

Die Abrechnung von Shopping-Anzeigen erfolgt wie üblich auf Cost-per-Click-Basis. Zwar haben wir keine Keywords, ein gut gepflegter Datenfeed beeinflusst jedoch laut Google trotzdem den Qualitätsfaktor der Anzeigen und führt so zu günstigeren Klickpreisen. Die Einrichtung von Google-Shopping-Kampagnen ist nicht sonderlich kompliziert und wird im Folgenden beschrieben. Für Betreiber eines Online-Shops lohnt es sich definitiv, auf Shopping-Kampagnen zu setzen.

6.1.1 Das Google Merchant Center

Das erste Tool von Google, das Sie für Ihre Google-Shopping-Kampagnen benötigen, nennt sich *Google Merchant Center*. Im Merchant Center verwalten Sie Ihre Produktdaten, die von Google als Grundlage für die Anzeigenschaltung in der Google-Suche verwendet werden. Um Shopping-Anzeigen für Ihre Zwecke nutzen zu können, müssen Sie zunächst ein Merchant-Center-Konto erstellen. Falls Sie bereits über ein Google-Ads- oder Gmail-Konto verfügen, empfiehlt es sich, dieselben Anmeldedaten zu verwenden.

Rufen Sie die Seite *https://www.google.com/retail/solutions/merchant-center/* auf und melden Sie sich mit Ihrem Google-Login an. Sie werden dann wie gewohnt durch den Anmeldeprozess geführt (siehe Abbildung 6.3).

Hinweis: In diesem Buch zeigen wir Ihnen die Einstellungen aus der neuesten Version – aus dem *Google Merchant Center Next*. Während der Erstellung dieses Buchs war auch noch die alte Version verfügbar. Ein Wechsel zur alten Version ist für eine gewisse Zeit auf folgende Weise möglich: Klicken Sie zunächst auf den Hilfe-Button in der rechten oberen Ecke und scrollen Sie dann nach unten bis zum Hinweis KLASSISCHES MERCHANT CENTER VERWENDEN – ZURÜCK ZUR VORHERIGEN VERSION.

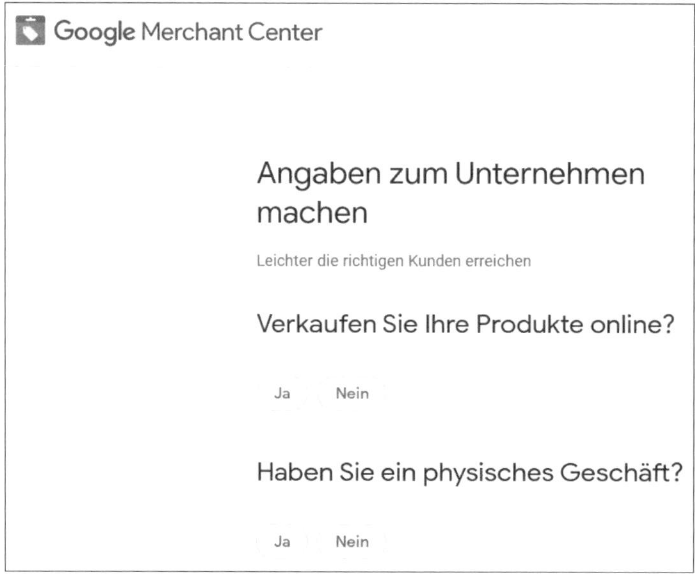

Abbildung 6.3 Erste Fragen im »Google Merchant Center«

6.1.2 Wichtige Grundeinstellungen im Google Merchant Center

Nach Anmeldung im Merchant Center Next und der Beantwortung der ersten Fragen erhalten Sie eine kurze Übersicht, die Sie auf die Eingabe der grundlegenden Informationen hinweist (siehe Abbildung 6.4), die zunächst hinterlegt werden müssen:

- Adressdaten zum Unternehmen ❶, ❷
- Telefonnummer zur Identitätsbestätigung ❸
- Bestätigung des Webshops ❹
- Details zu Versand und Retouren ❺, ❻
- Hinzufügen von Produkten ❼, ❽

Wie in Abbildung 6.4 ersichtlich, gibt es verschiedene Wege, um die erforderlichen Informationen einzugeben. Diese Informationen bilden die Grundlage, um Shopping-Anzeigen schalten zu können. Um möglichem Betrug vorzubeugen, müssen Sie beispielsweise bestätigen, dass Sie auch der Besitzer des Online-Shops sind, der beworben werden soll.

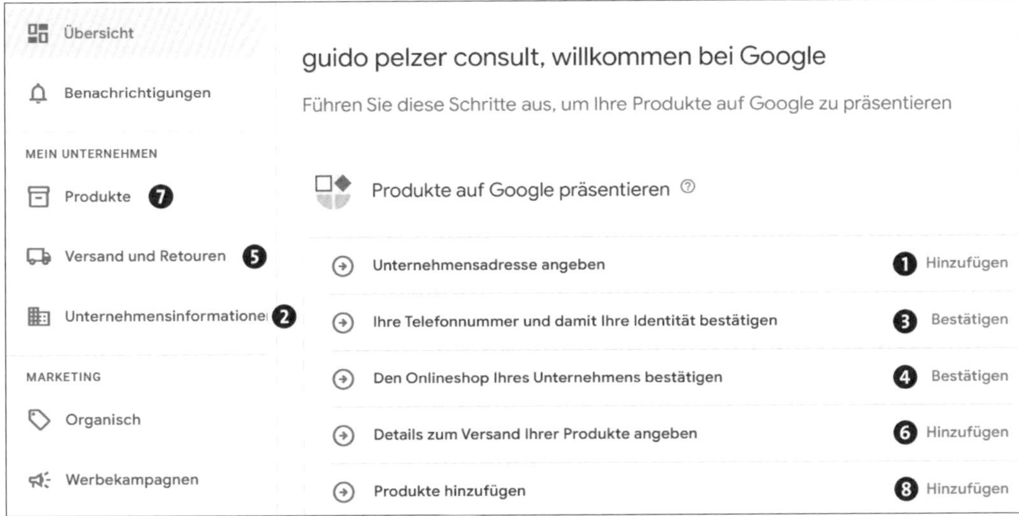

Abbildung 6.4 Unternehmensdaten und Produkte hinzufügen

Lassen Sie uns einen Blick auf die wichtigsten Einstellungen werfen, die Sie im Merchant Center vornehmen sollten.

Bestätigung des Webshops

In Abbildung 6.5 sehen Sie die verschiedenen Möglichkeiten, mit denen Sie sich als Besitzer des Webshops identifizieren können. Wenn Sie bereits einmal die Bestätigung für die *Google Search Console* zur Analyse Ihrer Website durchgeführt haben, werden Ihnen einige der Möglichkeiten bekannt vorkommen, wie beispielsweise die Bestätigung über einen HTML-Code oder die Verifizierung über das eingebaute Google-Analytics-Tag.

Mit diesen verschiedenen Verfahren zeigen Sie Google, dass Sie Zugriff auf den Server haben, auf dem der Webshop gehostet wird. Dadurch erhalten Sie auch die Berechtigung, Produkte aus diesem Webshop in Google-Shopping-Anzeigen zu schalten.

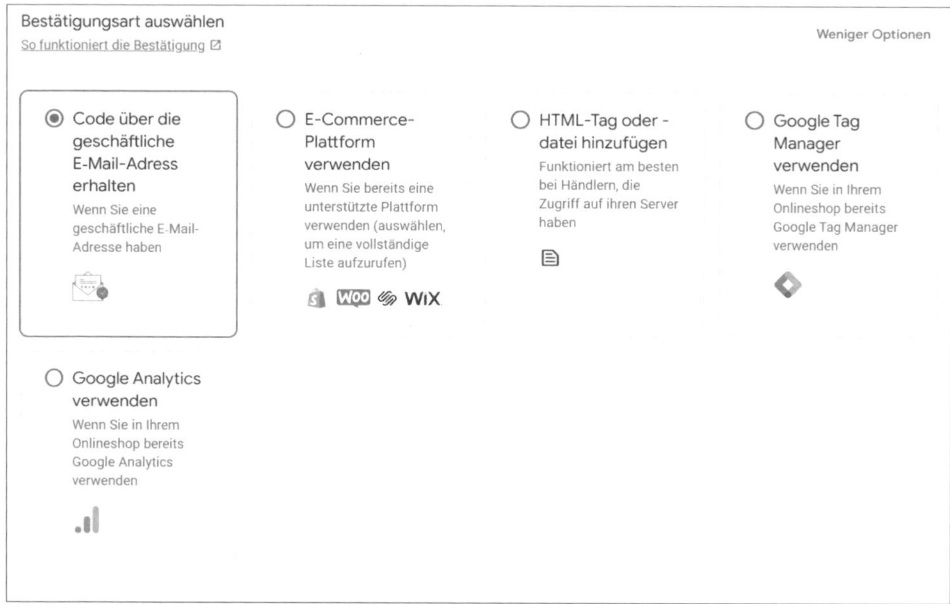

Abbildung 6.5 Möglichkeiten zur Bestätigung des Webshops

Details zu Lieferdauer, Versandkosten und Retouren

Die Lieferdauer und die Versandkosten können in der Übersicht (siehe Abbildung 6.4) unter Punkt ❻ festgelegt werden. Im bestehenden Merchant Center können die Bedingungen für Versand, Lieferdauer und Retouren auch jederzeit im Menüpunkt VERSAND UND RETOUREN geändert werden. Dort können Sie den Button VERSANDINFORMATIONEN HINZUFÜGEN nutzen oder auf den Link zu einer bestehenden Versandinformation klicken. Legen Sie die Lieferbedingungen und Kosten für alle Produkte oder auch bestimmte Produkte fest. Bei den Versandkosten können Sie neben dem kostenlosen Versand Pauschalen angeben oder die Versandkosten abhängig von Gewicht oder Produktpreisen festlegen.

Legen Sie Ihre Versandkosten so fest, dass sie dem Kunden in Rechnung gestellt werden können. Die Kosten, die Sie im Merchant Center angeben, müssen mit den Kosten auf Ihrer Website übereinstimmen. Falls es nicht möglich ist, exakt gleiche Kosten anzugeben, sollten Sie im Merchant Center höhere Versandkosten als auf Ihrer Website angeben. Beachten Sie, dass die Entscheidung der Kunden, ob sie auf Ihr Produkt klicken, unter anderem von den Versandkosten und der Versandgeschwindigkeit abhängt.

Für die Rückgabebedingungen können Ihre Vorgaben entweder für ein einzelnes Land oder für mehrere Länder gelten. Zudem haben Sie die Möglichkeit, Ausnahmebedingungen hinzuzufügen oder zusätzliche Länder für die Rückgabebedingungen festzulegen, sofern für diese Länder noch keine anderen Bedingungen definiert wurden. Klicken Sie dazu im Menü auf VERSAND UND RETOUREN, navigieren Sie in der Headernavigation zum Tab RÜCKGABEBEDINGUNGEN und klicken Sie auf + RÜCKGABEBEDINGUNGEN HINZUFÜGEN. Danach legen Sie Ihre Bedingungen aufgeteilt nach Ländern fest.

Abbildung 6.6 Versandkosten und Lieferdauer etc. werden im Merchant Center angelegt.

Als Alternative zu den geschilderten Vorgehensweisen können Sie die Bedingungen für Versand und Retouren auch direkt in Ihren Produktdatenfeed einfügen. Die mit dem Attribut »Versand [shipping]« konfigurierten Preise und Lieferzeiten überschreiben die Einstellungen im Merchant Center für den jeweiligen Produktstandort. Auch die Rückgabebedingungen können Sie unter Verwendung des Attributs »Label für die Rückgabebedingungen [return_policy_label]« in Ihrem Produktfeed für alle Produkte, bestimmte Produktgruppen oder sogar ein einzelnes Produkt festlegen. Wir empfehlen jedoch die Nutzung der Einstellungen im Google Merchant Center, da diese übersichtlicher und einfacher zu verwalten sind.

Produkte hinzufügen

Der wichtigste Punkt aus unserer Liste der unterschiedlichen Grundeinstellungen im Merchant Center ist sicherlich die Möglichkeit, Produkte hinzuzufügen. Das Merchant Center dient als Ausgangspunkt für die Bewerbung dieser Produkte im Google-Ads-Konto. Im Merchant Center führt Google eine erste Qualitätskontrolle durch, um sicherzustellen, dass notwendige Informationen zum Produkt vorhanden sind und die Links zu Produkten und den Produktbildern funktionieren. Auch die Qualität der Produktbilder wird im Merchant Center geprüft. Professionelle Webshops übertragen im Merchant Center normalerweise den Link zu den Datenfeeds, die regelmäßig aus dem Webshop aktualisiert und von Google ins Merchant Center geladen werden (siehe Abbildung 6.7).

Es gibt jedoch zusätzlich noch eine Möglichkeit, die Produktdaten manuell in das Merchant Center hochzuladen. Dies kann vor allem für kleine Shops, die keinen professionellen Webshop nutzen, eine interessante Option sein. Weitere Informationen dazu, wie die Produkte im Merchant Center eingestellt werden und welche Aspekte dabei beachtet werden müssen, finden Sie im folgenden Abschnitt.

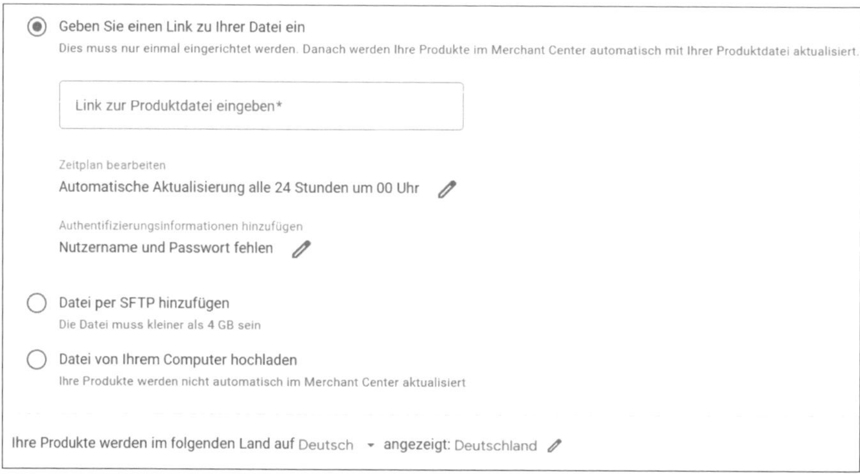

Abbildung 6.7 Produktdateien werden regelmäßig automatisiert abgefragt oder manuell hochgeladen.

Verknüpfung mit dem Google-Ads-Konto

Damit Sie die Produkte aus dem Merchant Center im Google-Ads-Konto bewerben können, müssen beide Google-Produkte, wie Sie sich sicher schon denken können, miteinander verknüpft werden. Die Verknüpfung gelingt am einfachsten mit dem Google-Login, der in beiden Konten Admin-Rechte besitzt. Wenn Sie sich mit dem passenden Google-Konto im Merchant Center eingeloggt haben, klicken Sie auf das Zahnradsymbol in der rechten oberen Ecke und wählen den Unterpunkt APPS aus. Beim Unterpunkt GOOGLE-APPS wählen Sie die Option GOOGLE ADS HINZUFÜGEN aus. Geben Sie Ihre Google-Ads-Kundennummer ein oder wählen Sie das Konto aus einer Drop-down-Liste aus und klicken Sie abschließend auf KONTO VERKNÜPFEN.

Eine Verknüpfungsanfrage aus dem Merchant-Center-Konto muss zusätzlich noch im Google-Ads-Konto genehmigt werden. Als Nutzer mit Administratorzugriff auf das Google-Ads-Konto können Sie die Verknüpfungsanfrage wie folgt genehmigen.

Klicken Sie in Ihrem Google-Ads-Konto auf das Zahnradsymbol VERWALTUNG und danach auf den Unterpunkt VERKNÜPFTE KONTEN. Suchen Sie unter VON GOOGLE nach GOOGLE MERCHANT CENTER und wählen Sie dann VERWALTEN UND VERKNÜPFEN aus. In der Spalte STATUS wird neben dem zu verknüpfenden Konto angezeigt, dass Ihre Zustimmung erforderlich ist. Wählen Sie in der Spalte AKTIONEN die Option ANFRAGE ANZEIGEN aus und überprüfen Sie die Anfragedetails. Zum Schluss wählen Sie GENEHMIGEN, um die Verknüpfungsanfrage anzunehmen.

Wichtige Tipps zum Google Merchant Center

- Wenn Sie Hilfe von anderen Mitarbeitern oder Dienstleistern benötigen, müssen Sie nicht Ihre Login-Daten weitergeben. Sie können unter EINSTELLUNGEN UND TOOLS (Zahnrad) • PERSONEN UND ZUGRIFF zusätzliche Nutzer mit zugehörigen Nutzerrollen zum Merchant Center hinzufügen.
- Hinterlegen Sie Ihr Logo mit verschiedenen Seitenverhältnissen und die wichtigsten Farben passend zu Ihrem Corporate Design im Google Merchant Center. Das Logo wird bei bestehenden und zukünftigen Anzeigenformaten sehr nützlich sein, da es die Markenbindung stärkt. Logo und Farben können Sie unter UNTERNEHMENSINFORMATIONEN im Bereich FIRMENLOGOS UND -FARBEN FÜR ANZEIGEN einfügen. Klicken Sie dazu auf den Link LOGOS UND FARBEN BEARBEITEN.

6.1.3 Produkte zum Merchant Center hinzufügen

Produkte, die Sie bewerben möchten, fügen Sie im Google Merchant Center auf der linken Seite unter PRODUKTE hinzu. Falls Sie einen kleinen Webshop besitzen oder nur bestimmte Produkte bewerben möchten, können Sie hier einzelne Produkte eintragen, indem Sie auf den Button PRODUKT HINZUFÜGEN klicken. Danach werden Sie mithilfe eines Formulars durch die einzelnen Attribute geleitet, die zu einem Produktfeed gehören (siehe Abbildung 6.8).

Testen Sie die manuelle Eingabe der Produkte

Falls Sie noch nie mit Produktfeeds gearbeitet haben, ist die manuelle Eingabe eine gute Möglichkeit, um sich mit den wichtigsten Attributen für die Google-Produktfeeds vertraut zu machen. Beim manuellen Anlegen führt das Merchant Center Sie Schritt für Schritt durch die geforderten Attribute und liefert zusätzliche Erklärungen zu den einzelnen Attributen. Klicken Sie in Ihrem Merchant Center im linken Menü auf PRODUKTE und dann auf PRODUKTE HINZUFÜGEN. Hier wählen Sie für die manuelle Eingabe aus der Drop-down-Liste NEUE PRODUKTE EINZELN HINZUFÜGEN aus.

Wenn Sie auf diesem Weg einmal ein einzelnes Produkt testweise angelegt haben, sind Sie schnell mit den Google-Vorgaben vertraut und können dann den Aufbau Ihrer Produktfeeds, die meistens automatisiert im Webshop erstellt werden, besser überprüfen und beurteilen.

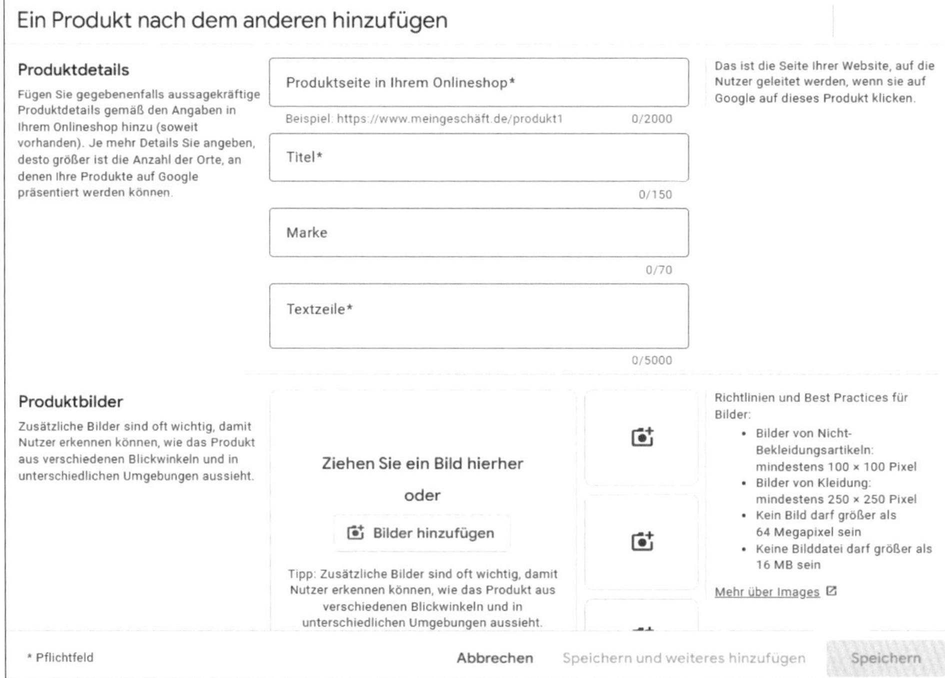

Abbildung 6.8 Produkte in kleinen Mengen manuell einpflegen

Neben einzelnen Produkten können Sie auch Produktfeeds hinzufügen oder den Pfad hinterlegen, damit Google Ihren Produktfeed automatisch abholen kann.

6.1.4 So erstellen Sie Produktfeeds für Shopping-Anzeigen

Bevor Sie mit der Einrichtung Ihrer Google-Shopping-Kampagnen beginnen, müssen Sie erst einmal die Basis schaffen. Erstellen Sie einen bzw. mehrere Produktfeeds, d. h. eine Datei im Text- oder XML-Format. In dieser Datei können Sie Ihr gesamtes Produktsortiment abbilden und die einzelnen Artikel mit einer Reihe nützlicher Informationen anreichern, sodass der Google-Nutzer sie später besser finden kann.

Artikelexport

Professionelle Webshop-Lösungen enthalten automatisch die Möglichkeit zum Artikelexport in einen passenden Datenfeed für das Google-Ads-Programm.

Die Informationen werden im Feed über Attribute übertragen, wie beispielsweise *Verfügbarkeit, Marke* oder *Material*. Einige dieser Attribute sind obligatorisch und müssen angegeben werden. Andere Attribute hingegen sind optional; ihre Angabe wirkt sich jedoch positiv auf die Qualität des Feeds aus. Bitte beachten Sie, dass in vielen Webshops eine entsprechende Exportmöglichkeit bereits vorhanden ist. Sprechen Sie sich hier mit Ihrem Webmaster ab. Dabei sollten Sie beachten, dass ein Standardexport eventuell noch angepasst werden muss, um die Daten zu optimieren.

	B	C	D	
1	title	description	google_product_category	product_type
2	Vollauszug TS 353613-150mm	Vollauszüge bis 35kg	Furniture > Furniture Sets > Kitchen & Dining Furniture Sets	Furniture > Furniture Sets >
3	Teleskopschienen mit Touch to Open 250mm	Teleskopauszüge mit Touch to open	Furniture > Furniture Sets > Kitchen & Dining Furniture Sets	Furniture > Furniture Sets >
4	Teleskopauszug TS 454613-350mm SC	Teleskopauszug mit SoftClosing	Furniture > Furniture Sets > Kitchen & Dining Furniture Sets	Furniture > Furniture Sets >
5	Schwerlastauszug TS 1605319-350mm	Schwerlastauszüge bis 160 kg	Furniture > Furniture Sets > Kitchen & Dining Furniture Sets	Furniture > Furniture Sets >
6	Schwerlastauszug TS2207719-406mm mit Verr	Schwerlastauszüge bis 220 kg mit Ve	Furniture > Furniture Sets > Kitchen & Dining Furniture Sets	Furniture > Furniture Sets >
7	Schwerlastauszug TS2207719-508mm	Schwerlastauszüge bis 220 kg	Furniture > Furniture Sets > Kitchen & Dining Furniture Sets	Furniture > Furniture Sets >

Abbildung 6.9 Ausschnitt aus einem Produktfeed

Vorsicht: Änderungen bei Attributen

Google ändert die Anforderungen an die Attribute in regelmäßigen Abständen. So kann ein empfohlenes Attribut schon bald ein verpflichtendes werden. Haben Sie dann keinen Wert hinterlegt, werden Ihre Produkte womöglich nicht mehr ausgespielt. Halten Sie sich also immer auf dem Laufenden!

Im Folgenden erhalten Sie eine aktuelle Übersicht der verschiedenen Attribute mit Kurzbeschreibung. Bei Google finden Sie unter dem Link

https://support.google.com/merchants/answer/7052112

eine Zusammenfassung aller Attribute und erfahren, für welche Branche die entsprechenden Attribute *erforderlich* oder *optional* sind. Denn hier kann es große Unterschiede geben. So müssen beispielsweise für Produkte aus dem Bereich Bekleidung wesentlich mehr Angaben gemacht werden als für andere.

Grundlegende Produktinformationen

- *ID* [id] – Kennzeichnung des Artikels
- *Titel* [title] – Titel des Artikels
- *Beschreibung* [description] – Beschreibung des Artikels

- *Link* [link] – URL, die direkt mit der Artikelseite auf der Website des Händlers verlinkt
- *Bildlink* [image_link] – URL eines Bilds des Artikels
- *Zusätzlicher_Bildlink* [additional_image_link] – zusätzliche URLs zu Bildern des Artikels
- *3D-Modell-Link* [virtual_model_link] – zusätzlicher Link zum Anzeigen eines 3D-Modells
- *Mobiler_Link* [mobile_link] – URLs von mobilen Startseiten

Verfügbarkeit und Preise

- *Verfügbarkeit* [availability] – Verfügbarkeit des Artikels
- *Verfügbarkeitsdatum* [availability_date] – Tag, an dem ein vorbestelltes Produkt wieder lieferbar ist
- *Selbstkosten* [cost_of_goods_sold] – Kosten, die mit dem Verkauf eines bestimmten Artikels verbunden sind. Durch Angabe der Selbstkosten erhält man Einblicke in andere Messwerte, z. B. die Bruttomarge.
- *Verfallsdatum* [expiration_date] – Tag, ab dem der Artikel nicht mehr dargestellt wird
- *Preis* [price] – Preis des Artikels
- *Sonderangebotspreis* [sale_price] – beworbener Sonderangebotspreis für den Artikel
- *Sonderangebotszeitraum* [sale_price_effective_date] – Zeitraum, in dem der Artikel als Sonderangebot angeboten wird
- *Mengeneinheit_für_Grundpreis* [unit_pricing_measure] – die Maßeinheit und Menge des Artikels
- *Basismengeneinheit_für_Grundpreis* [unit_pricing_base_measure] – das Einheitsmaß des Grundpreises für den Artikel
- *Rate* [installment] – Details zum Ratenzahlungsplan
- *Abopreis* [subscription_cost] – monatliche oder jährliche Zahlungsbedingungen
- *Treuepunkte* [loyalty_points] – Anzahl und Art der Treuepunkte beim Kauf

Produktkategorie

- *Google_Produktkategorie* [google_product_category] – von Google definierte Kategorie des Artikels
- *Produkttyp* [product_type] – vom Händler vergebene Artikelkategorie

Produktkennzeichnungen

- *Marke* [brand] – Marke des Artikels
- *GTIN* [gtin] – Global Trade Item Number (GTIN) des Artikels
- *MPN* [mpn] – Herstellerteilenummer (Manufacturer Part Number) des Artikels
- *Kennzeichnung existiert* [identifier_exists] – Sonderanfertigungen einreichen

Detaillierte Produktbeschreibung

- *Zustand* [condition] – Zustand des Artikels
- *Nicht_jugendfrei* [adult] – sexuell anzügliche Inhalte
- *Multipack* [multipack] – Anzahl identischer Artikel
- *Set* [is_bundle] – vom Händler zusammengestellte Gruppe mit unterschiedlichen Artikeln
- *Zertifizierung* [certification] – Zertifizierungen in Bezug auf das Produkt
- *Energieeffizienzklasse* [energy_efficiency_class] – Energieeffizienzklasse des Artikels
- *Minimale Energieeffizienzklasse* [min_energy_efficiency_class] – Angabe in Kombination mit dem Attribut »Energieeffizienzklasse«
- *Maximale Energieeffizienzklasse [max_energy_efficiency_class]* – Angabe in Kombination mit dem Attribut »Energieeffizienzklasse«
- *Altersgruppe* [age_group] – Alterszielgruppe des Artikels
- *Farbe* [color] – Farbe des Artikels
- *Geschlecht* [gender] – Geschlechtszuordnung des Artikels
- *Material* [material] – Material des Artikels
- *Muster* [pattern] – Muster/grafische Gestaltung des Artikels
- *Größe* [size] – Größe des Artikels
- *Größentyp* [size_type] – Größentyp des Artikels
- *Größensystem* [size_system] – Größensystem des Artikels
- *Artikelgruppen_ID* [item_group_id] – gemeinsame Kennzeichnung für alle Varianten desselben Produkts
- *Produktlänge* [product_length] – Länge des Produkts
- *Produktbreite* [product_width] – Breite des Produkts
- *Produkthöhe* [product_height] – Höhe des Produkts
- *Produktgewicht* [product_weight] – Gewicht des Produkts
- *Produktdetails* [product_detail] – technische Spezifikationen oder zusätzliche Details
- *Produkthighlight* [product_highlight] – wichtigstes Highlights des Produkts

Shopping-Kampagnen und andere Konfigurationen

- *Ads-Weiterleitung* [ads_redirect] – URL mit zusätzlichen Parametern für die Produktseite
- *Benutzerdefiniertes Label 0* [custom_label_0] – Kennzeichnung der Artikel mit eigenen Werten wie »saisonal«, Verkaufszahlen, Marge etc.
- *Benutzerdefiniertes Label 1* [custom_label_1] – Kennzeichnung der Artikel mit eigenen Werten wie »saisonal«, Verkaufszahlen, Marge etc.
- *Benutzerdefiniertes Label 2* [custom_label_2] – Kennzeichnung der Artikel mit eigenen Werten wie »saisonal«, Verkaufszahlen, Marge etc.
- *Benutzerdefiniertes Label 3* [custom_label_3] – Kennzeichnung der Artikel mit eigenen Werten wie »saisonal«, Verkaufszahlen, Marge etc.
- *Benutzerdefiniertes Label 4* [custom_label_4] – Kennzeichnung der Artikel mit eigenen Werten wie »saisonal«, Verkaufszahlen, Marge etc.
- *Angebots_ID* [promotion_id] – Kennzeichnung bestimmter Angebote
- *Lifestyle-Bildlink* [lifestyle_image_link] – URL für ein Lifestyle-Bild des Produkts: interessant für wenig detaillierte Oberflächen wie Discovery-Anzeigen

Marktplätze

- *Externe Verkäufer-ID [external_seller_id]* – von einem Marktplatz verwendet, um einen Verkäufer extern zu identifizieren

Ziele

- *Ausgeschlossenes_Ziel* [excluded_destination] – Ausschluss von Artikeln aus bestimmten Werbekampagnen
- *Eingeschlossenes_Ziel* [included_destination] – Einbezug von Artikeln in bestimmte Werbekampagnen
- *Ausgeschlossene Länder für Shopping-Anzeigen* [shopping_ads_excluded_country] – Ausschluss von Ländern aus bestimmten Werbekampagnen
- *Pause* [pause] – Produkte in allen Anzeigen pausieren, um sie dann schnell wieder zu aktivieren. Ein Produkt kann bis zu 14 Tage lang pausiert werden.

Versand

- *Versand* [shipping] – überschreibt die Voreinstellung der Versandkosten für einzelne Artikel
- *Versandlabel* [shipping_label] – zur Zuordnung der korrekten Versandkosten

- *Versandgewicht* [shipping_weight] – Versandgewicht des Artikels
- *Paketlänge* [shipping_length] – Länge des Produkts für die Versandkostenberechnung
- *Paketbreite* [shipping_width] – Breite des Produkts für die Versandkostenberechnung
- *Pakethöhe* [hipping_height] – Höhe des Produkts für die Versandkostenberechnung
- *Versand aus Land* [ships_from_country] – Land, aus dem das Produkt normalerweise versendet wird
- *Maximale Bearbeitungszeit* [max_handling_time] – längste Zeitspanne zwischen Bestellung und Versand
- *Minimale Bearbeitungszeit* [min_handling_time] – kürzeste Zeitspanne zwischen Bestellung und Versand
- *Laufzeitlabel* [transit_time_label] – individuelle Lieferzeiten pro Artikel

Steuern

- *Steuern* [tax] – überschreibt die Steuereinstellungen des Kontos für einzelne Artikel
- *Steuerkategorie* [tax_category] – Kategorie, die Artikel nach bestimmten Steuerregeln klassifiziert

Hochladen des Produktfeeds

Nachdem Sie Ihren Feed erstellt oder auf Ihren Server exportiert haben, können Sie die Datei in wenigen Schritten mit Ihrem Merchant Center verknüpfen. Wählen Sie dazu zunächst im Merchant Center in der linken Navigation PRODUKTE aus und klicken Sie dann auf den Button PRODUKTE HINZUFÜGEN. Die einfachste Möglichkeit, eine Datenquelle mit Ihren Produktdaten hinzuzufügen (siehe Abbildung 6.10), besteht darin, dem Merchant Center Zugriff auf einen Produktfeed ❶ zu gewähren, der sich auf Ihrem Server befindet. Alternativ können Sie dem Merchant Center auch Zugriff auf eine Google-Tabelle ❷ geben, die Ihren Produktfeed enthält. Geben Sie im dafür vorgesehenen Formularfeld ❸ den Link zu Ihrer Datei an. Anschließend können Sie festlegen, in welchem Zeitintervall und zu welcher Uhrzeit die Datei aktualisiert werden soll ❹. Es ist wichtig, sicherzustellen, dass Ihre Produkte regelmäßig aktualisiert werden, damit Ihre Werbung immer die aktuellen Daten wie z. B. Preise widerspiegelt. Aus Performancegründen empfiehlt es sich, dem Merchant Center Zugriff zu gewähren, wenn Ihr Server wenig Auslastung hat, zum Beispiel nachts oder in den frühen Morgenstunden. Stellen Sie sicher, dass der Zugriff auf Ihre Daten durch einen Benutzernamen und ein Passwort geschützt ist. Diese Informationen können Sie ebenfalls im Merchant Center hinterlegen ❺.

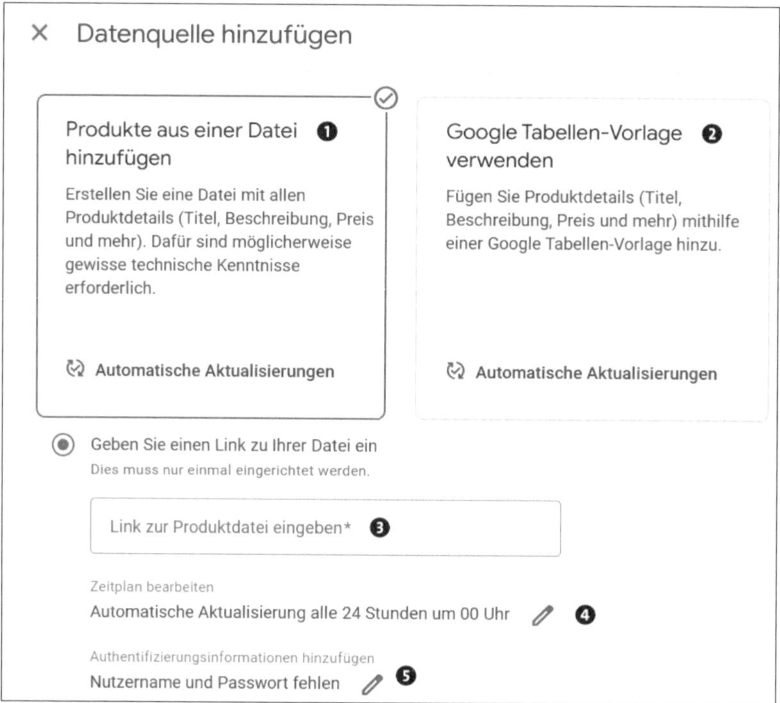

Abbildung 6.10 Datenquelle mit regelmäßiger Aktualisierung hinzufügen

Für die Verknüpfung zwischen Feed und Merchant Center stehen Ihnen folgende vier Möglichkeiten zur Verfügung:

- Datei auf dem Server ❶: Ihr Datenfeed wird aus Ihrem Shop exportiert und auf Ihrem Server hinterlegt.
- Google Tabellen ❷: Ihr Feed wird mithilfe von Google-Tabellenvorlagen online in Google Tabellen in Ihrer Google-Drive-Cloud gespeichert.
- Manuelle Aktualisierung via Formular: Die Produkte werden manuell mithilfe eines Online-Formulars hinzugefügt. Das Löschen und Hinzufügen neuer Produkte erfolgt manuell – interessant für ein kleines Produktsortiment und für erste Tests.
- Content API: Hierbei erfolgt eine direkte Interaktion von Apps mit der Merchant-Center-Plattform – interessant für Programmierer und große Datenmengen.

Nach der Verknüpfung oder der Eingabe der Produkte können im unteren Bereich noch die Zielsprache sowie die Zielregion hinterlegt werden. In unserem Beispiel (siehe Abbildung 6.11) wurden DEUTSCH und die DACH-Region als Ziel vorgegeben.

Abbildung 6.11 Sprache und Zielregionen bestimmen

Um sicherzustellen, dass Ihre Anzeigen in Google Shopping immer auf dem neuesten Stand sind und sämtliche Änderungen aus Ihrem Shop in den Anzeigen berücksichtigt werden, ist es entscheidend, Ihren Produktfeed in regelmäßigen Abständen zu aktualisieren. Für mittlere bis große Online-Shops wird dringend empfohlen, den Feed mindestens einmal täglich zu synchronisieren. Insbesondere bei Angaben zu Preisen oder Verfügbarkeit ist es von höchster Wichtigkeit, dass Ihren Kunden stets die korrekten Informationen angezeigt werden, um Unzufriedenheit aufgrund falscher Daten zu vermeiden. Die automatisierte Aktualisierung der Daten wird durch die entsprechenden Zeitplaneinstellungen gewährleistet. Bei manueller Pflege des Feeds ist der Shop-Betreiber selbst dafür verantwortlich, regelmäßige Aktualisierungen durchzuführen.

6.1.5 Optimierung Ihres Produktfeeds

Über eventuelle Fehler in Ihrem Datenfeed werden Sie im Merchant Center unter PRODUKTE informiert. Zum einen finden Sie unter ALLE PRODUKTE (siehe Abbildung 6.12) eine Liste der Produkte, die an das Merchant Center übertragen wurden. Dort sehen Sie in der Spalte SICHTBAR den aktivierten Button und in der Spalte STATUS den Hinweis FREIGEGEBEN, wenn ein Produkt aktuell bei Google beworben werden kann.

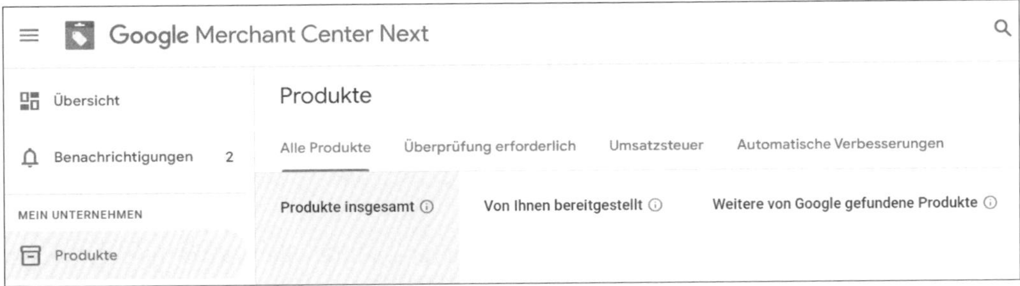

Abbildung 6.12 Kontrolle der Produkte im Google Merchant Center

Wenn Sie zum Tab ÜBERPRÜFUNG ERFORDERLICH (siehe Abbildung 6.13) wechseln, finden Sie Informationen zu den Problemen in Bezug auf abgelehnte Artikel. Dort erhalten Sie detaillierte Informationen zu aktuellen Problemen wie beispielsweise »Bild zu klein« oder »Niedrige Bildqualität [Bild Link]« oder auch »Fehlender Wert [Beschreibung]« etc. Über den Link PRODUKTE ANSEHEN können Sie zu den Produkten navigieren, bei denen dasselbe Problem auftritt. Sie können auch auf den Link PROBLEME IM ZUSAMMENHANG MIT EINRICHTUNG UND RICHTLINIEN ANSEHEN klicken, um grundlegende Probleme bei der Einrichtung des Merchant Center zu erfahren. Zusätzlich finden Sie eine Auflistung der einzelnen Produkte mit den zugehörigen Problemen in der Liste ALLE PRODUKTE, DIE IHRE AUFMERKSAMKEIT ERFORDERN. Schauen Sie daher regelmäßig in diese Fehlerberichte für Ihre Artikel, Feeds oder auch Ihr Konto und überprüfen Sie die Qualität Ihrer Feeds regelmäßig, um auf Fehler und Warnungen schnellstmöglich reagieren zu können.

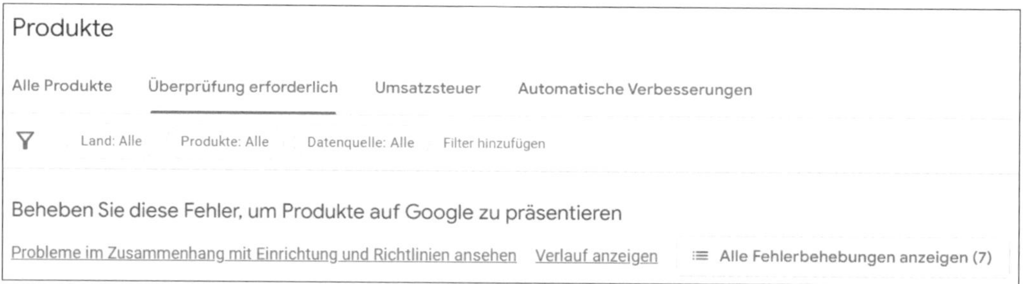

Abbildung 6.13 Überprüfung erforderlich: Hinweise auf Fehler im Datenfeed

Häufig anzutreffende Fehler bei Produktdatenfeeds sind:

- fehlende oder falsche Produktkennzeichnungen
- ungültige oder fehlende Preise
- fehlende GTIN
- zu lange Titel
- Crawl-Probleme
- fehlende Produktlinks
- fehlerhafte Bildlinks
- zu kleine Bilder
- zu kurze Beschreibungen

Um einen qualitativ hochwertigen Feed zu liefern, sollten Sie sowohl die von Google vorgegebenen Pflichtattribute als auch eine Vielzahl der empfohlenen Attribute pflegen. Achten Sie darauf, dass Ziel- und Bildlinks funktionieren und dass Sie dieselbe Sprache für Spaltenbezeichnungen und Spaltenwerte nutzen.

Ein sehr bedeutsames Attribut ist der *Titel*. Er entscheidet maßgeblich über die Relevanz des Artikels im Hinblick auf eine Suchanfrage und nimmt außerdem fast den gesamten Text einer Shopping-Anzeige ein. Der *Titel* sollte daher alle notwendigen Informationen präzise und verständlich ausgedrückt enthalten und dabei aus ca. 70 bis maximal 150 Zeichen bestehen. Nutzen Sie keine Blockschrift und schreiben Sie keine Werbetexte!

Auch bei der *Artikelbeschreibung* lohnt es sich, genauer hinzusehen. Beschreiben Sie das Produkt so ausführlich wie möglich und sparen Sie dabei nicht an Platz, denn es stehen Ihnen bis zu 5.000 Zeichen zur Verfügung. Richten Sie den Text an Ihre Zielgruppe und nicht an den Google-Robot und bringen Sie alle wichtigen Produktmerkmale unter.

Verwenden Sie Keywords und Synonyme

Steigern Sie die Relevanz Ihrer Produkte durch die gezielte Verwendung von Keywords, Marken und Synonymen im Titel sowie in der Artikelbeschreibung und platzieren Sie die Begriffe möglichst weit vorn. Die höhere Relevanz kann zu günstigeren Klickpreisen führen und zu häufigeren Einblendungen. Übertreiben Sie es jedoch nicht, indem Sie zu viele Keywords aufnehmen oder Keywords ständig wiederholen.

Bei den *Produktbildern* gibt es ebenfalls einige Aspekte zu beachten. Verwenden Sie aussagekräftige Bilder in hoher Bildqualität (Google empfiehlt eine Auflösung von mindestens 800 × 800 Pixeln) und vermeiden Sie Hintergründe oder andere Objekte, die vom Produkt ablenken. Außerdem verstoßen Wasserzeichen, Text und Logos innerhalb der Abbildung gegen die Google-Richtlinien. Ihr Produktbild ist der Blickfang der Anzeige, daher investieren Sie Zeit und Geld in hochwertige Bilder. Im Google Merchant Center Next bietet Google nun auch die Möglichkeit, mithilfe von künstlicher Intelligenz Bilder automatisch zu verbessern (siehe Abbildung 6.14). Dies unterstreicht die Bedeutung hochwertiger Produktbilder im Zusammenhang mit Werbeanzeigen bei Google.

Wichtiger Hinweis zu den Feedregeln im Merchant Center

Die folgenden Ausführungen zu den *Feedregeln* beziehen sich noch auf die vorherige Version des Google Merchant Center. In der neuen Version, dem Google Merchant Center Next, besteht derzeit, bei der Entstehung dieses Buchs, noch keine Möglichkeit, Feedregeln anzulegen. Wir werden jedoch eine umfassende Anleitung zu den Regeln im Google Merchant Center Next auf der Webseite des Rheinwerk Verlags veröffentlichen, sobald diese in der neuen Version verfügbar sind.

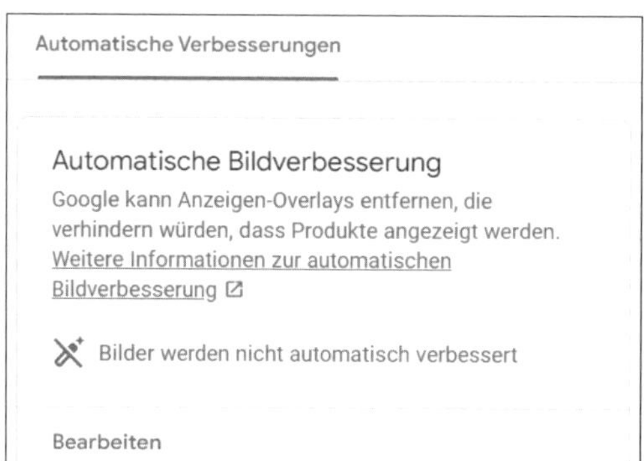

Abbildung 6.14 Bildoptimierung mithilfe von KI

Schnelle Anpassung mit Regeln

Google hat im Merchant Center mithilfe der sogenannten Regeln eine schöne Möglichkeit geschaffen, um Feeds nach dem Export aus dem Webshop-Programm nachträglich noch anzupassen oder um zusätzliche Informationen hinzuzufügen. Sie finden die Regeln, wenn Sie im Merchant Center zu PRODUKTE • FEEDS navigieren. Klicken Sie danach auf den Namen des gewünschten Feeds, der als blauer Link gekennzeichnet ist. Wechseln Sie im Kopfbereich auf FEEDREGELN und klicken Sie zum Schluss auf den blauen Plus-Button (siehe Abbildung 6.15).

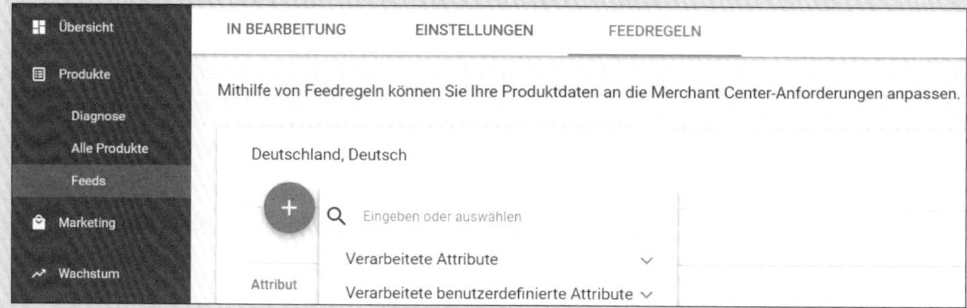

Abbildung 6.15 Regeln im Merchant Center erstellen

Bei der Erstellung der Regeln gibt es eigentlich nur drei Schritte, die Sie beachten müssen:

1. Legen Sie das Attribut fest, das Sie verändern möchten. In unserem Beispiel aus Abbildung 6.16 möchten wir das leere Attribut BENUTZERDEFINIERTES LABEL 2 ❶ mit Inhalt füllen. Das Attribut finden Sie, indem Sie zunächst nach dem Klick auf den Plus-Button VERARBEITETE ATTRIBUTE auswählen und dann durch die Liste scrollen.

2. Danach können Sie im nächsten Schritt die Quelle bearbeiten ❷, um eine oder mehrere Bedingungen festzulegen, die eine Änderung des Attributwerts auslösen sollen. Im Beispiel suchen wir nach dem Begriff *Skihose* ❸ im Titel der jeweiligen Artikel.
3. Bestimmen Sie aufgrund der Bedingung mit Festlegen auf ❹ den Wert für das zu Beginn ausgewählte Attribut. Dieses lautet in unserem Fall *Sonderangebot* ❺. Mithilfe des nun festgelegten benutzerdefinierten Labels können wir später in der Google-Ads-Shopping-Kampagne die Produkte filtern und dann spezielle Gebote für diese Artikel aus der Werbeaktion abgeben.

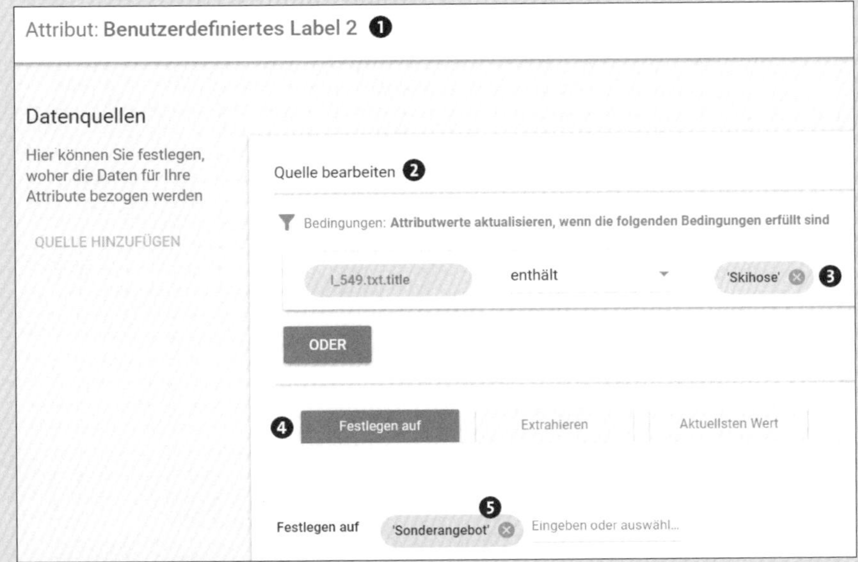

Abbildung 6.16 Beispiel: Bearbeiten Sie ein benutzerdefiniertes Label mithilfe einer Regel.

Folgende Beispiele sollen Ihnen als Anregung dazu dienen, wie Sie die Regeln im Merchant Center nutzen können:

- Artikelgruppen über benutzerdefinierte Labels auf Grundlage von Titel oder Beschreibung kennzeichnen
- Artikelgruppen über benutzerdefinierte Labels auf Grundlage des Preises kennzeichnen
- Werte in Ihrem Feed anhand der Produktdatenspezifikation durch kompatible Werte ersetzen
- individuelle Spaltennamen des Datenexports durch unterstützte Attributnamen ersetzen
- aktuellsten Preis eintragen, falls es mehrere Feeds mit unterschiedlichen Preisen gibt

Testen Sie Ihre Eingaben

Nachdem Sie Ihre neue Feedregel erstellt haben, können Sie diese zunächst als Entwurf abspeichern. Im Anschluss werden Ihnen noch einmal alle Informationen zu der neuen Regel in einer Vorschau angezeigt (siehe Abbildung 6.17). Per Klick auf ÄNDERUNGEN TESTEN erhalten Sie einen Bericht darüber, welche Änderungen Ihre Regel auslöst und ob dies zu Problemen führt. Danach können Sie den Entwurf übernehmen oder auch wieder verwerfen, ohne dass Änderungen an Ihrem Feed durchgeführt wurden. Bitte denken Sie immer daran, dass auch nach einem Update Ihres jeweiligen Feeds die Feedregeln weiterhin Gültigkeit haben.

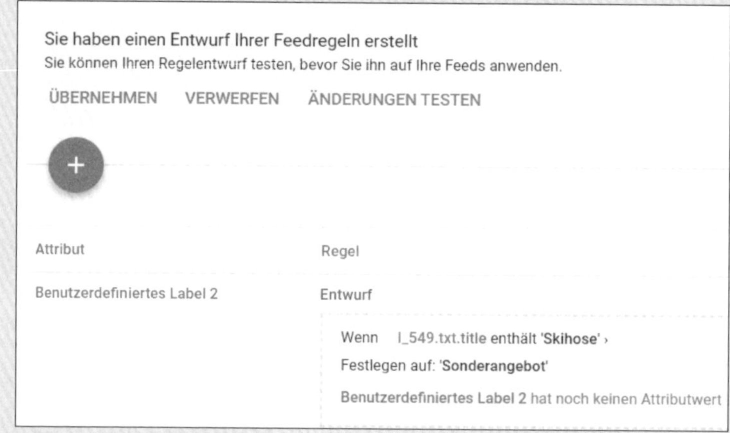

Abbildung 6.17 Feedregel als Entwurf speichern und testen

6.1.6 Erstellen Sie Ihre Google-Shopping-Kampagne

Nachdem Sie alle erforderlichen Vorbereitungen im Merchant Center abgeschlossen haben, können Sie nun im Google-Ads-Konto Ihre Shopping-Kampagne erstellen. Bitte beachten Sie, dass Ihr Google Merchant Center, wie in Abschnitt 6.1.2 beschrieben, mit Ihrem Google-Ads-Konto verknüpft sein muss.

Erstellen Sie nun Ihre Shopping-Kampagne wie gewohnt, indem Sie folgende Schritte befolgen:

- Gehen Sie zu KAMPAGNEN • KAMPAGNEN.
- Klicken Sie auf den Button (+) gefolgt von + NEUE KAMPAGNE.
- Wählen Sie zuerst KAMPAGNE OHNE ZIELVORHABEN ERSTELLEN und klicken Sie danach auf WEITER.
- Zum Abschluss wählen Sie den Kampagnentyp SHOPPING aus (siehe Abbildung 6.18).

Abbildung 6.18 Anlegen einer Google-Shopping-Kampagne

Nach der Auswahl des Kampagnentyps werden Ihnen die Standard-Conversion-Zielvorhaben angeboten, die mit der Kampagne verknüpft werden sollen. Über das Dreipunktemenü auf der rechten Seite können Sie einzelne Conversion-Ziele für die aktuelle Shopping-Kampagne entfernen.

Sie können auch jederzeit neue Conversion-Ziele dem Konto hinzufügen. In den meisten Fällen ist für eine Shopping-Kampagne der Conversion-Typ *Webshop-Einkauf* aus der Kategorie KÄUFE die richtige Conversion-Aktion. Des Weiteren müssen Sie das passende Merchant-Center-Konto (siehe Abbildung 6.19) für Ihre Kampagne auswählen. Sie können zusätzlich die Kampagnen auf bestimmte Feeds aus Ihrem Merchant Center beschränken.

Abbildung 6.19 Auswahl des Google Merchant Center

Im nächsten Schritt können Sie zwischen der STANDARD-SHOPPING-KAMPAGNE und einer PERFORMANCE MAX-KAMPAGNE wählen (siehe Abbildung 6.20). Es ist ratsam, zunächst immer die Standardversion auszuwählen, um mehr Kontrolle über Ihre Shopping-Kampagne und Ihre Gebote zu haben.

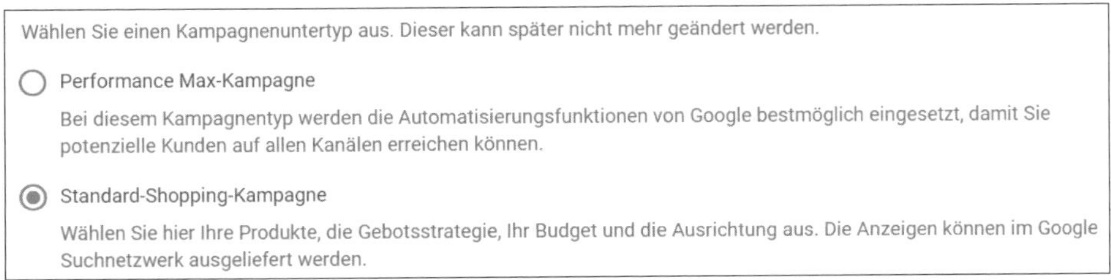

Abbildung 6.20 »Performance Max-Kampagne« vs. »Standard-Shopping-Kampagne«

Nach der Auswahl der Shopping-Kampagnen-Version geben Sie Ihrer neuen Kampagne einen eindeutigen Namen und klicken am Ende auf WEITER. Gelegentlich akzeptiert das Ads-System den eingegebenen Namen nicht und verwendet stattdessen einen automatisch generierten Kampagnennamen. Dieser kann jedoch jederzeit nachträglich angepasst werden. Wir empfehlen, dies aus Gründen der Übersichtlichkeit in jedem Fall zu tun.

Was ist eine Performance Max-Kampagne?

Google empfiehlt als Standardoption die Nutzung der *Performance Max-Kampagne*, auch als *PMax-Kampagne* bezeichnet. Dieser Kampagnentyp, den wir in Kapitel 9, »Performance Max-Kampagnen«, noch ausführlich behandeln werden, setzt stark auf künstliche Intelligenz und läuft weitgehend automatisiert ab. Google versucht vermehrt, im Ads-Konto die Steuerung Ihrer Kampagne zu übernehmen und basierend auf Conversions, Zielgruppenvorgaben und maschinellem Lernen die geeigneten Anzeigen mit automatisierten Geboten auszuspielen. In einer PMax-Kampagne kombiniert Google eine Shopping-Kampagne mit Display- und Videokampagnen sowie weiteren Google-Plattformen. Dabei werden potenzielle Kunden anhand ihres Suchverhaltens im Netz identifiziert, und durch Maximierung des Conversion-Werts wird die beste Performance angestrebt. Diese Kampagne ist jedoch am Ende eine »Blackbox«, die schwer ausgewertet werden kann. Zu Beginn empfiehlt es sich daher, mit einer Standard-Shopping-Kampagne zu starten, um verschiedene Einstellungen und Vorgaben zu testen.

Möchten Sie dennoch eine PMax-Kampagne nutzen, sollten Sie folgende Voraussetzungen erfüllen, um eine gute Performance zu erzielen:

- aktiviertes Conversion-Tracking
- Übergabe der Transaktionswerte bei einer Conversion
- eine ausreichende Anzahl an Conversions (mindestens 15 Conversions in den letzten 30 Tagen)
- Erfahrungen mit passenden Zielgruppen
- idealerweise eine Remarketing-Liste mit mindestens 100 aktiven Nutzern

Wenn Sie wie empfohlen die Standard-Shopping-Kampagne ausgewählt und auf WEITER geklickt haben, müssen Sie als Nächstes alle erforderlichen Einstellungen für Ihre Shopping-Kampagne vornehmen. Dabei stehen zahlreiche Einstellungsmöglichkeiten zur Verfügung, wie GEBOTE, BUDGET, SUCHNETZWERK-PARTNER, STANDORTE etc., die Ihnen aus den Suchnetzwerk-Kampagnen bereits bekannt sein sollten. Allerdings gibt es auch spezielle Einstellungen für Shopping-Kampagnen, auf die wir in den folgenden Abschnitten genauer eingehen werden.

Inventarfilter

Den INVENTARFILTER (siehe Abbildung 6.21) finden Sie unter dem Link WEITERE EINSTELLUNGEN. Mithilfe des Inventarfilters können Sie auf die verschiedenen Attribute aus dem Produktdatenfeed zurückgreifen.

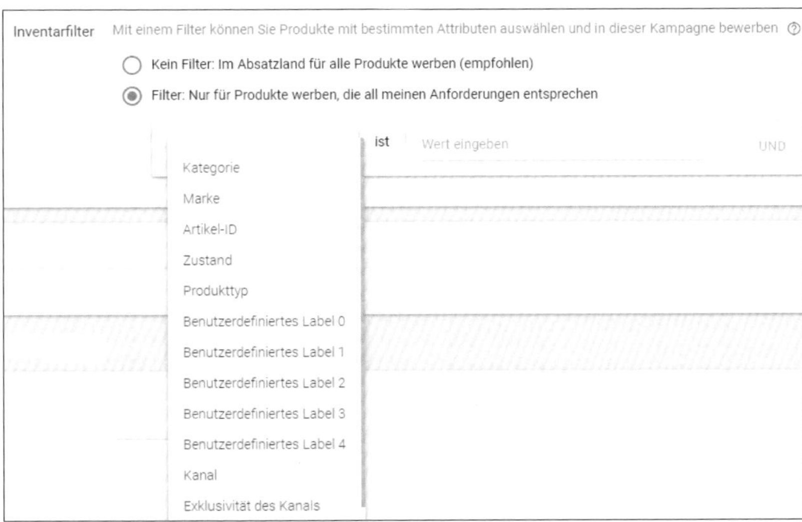

Abbildung 6.21 Inventarfilter unter »Weitere Einstellungen«

Der INVENTARFILTER dient dazu, die Produkte Ihres Produktfeeds zu selektieren, die Sie in dieser Kampagne bewerben möchten. In der Standardeinstellung werden alle Produkte beworben. Entscheiden Sie sich jedoch für die Option FILTER: NUR FÜR PRODUKTE WERBEN, DIE ALL MEINEN ANFORDERUNGEN ENTSPRECHEN, schließen Sie hier beim Anlegen der Kampagne diejenigen Produkte aus, die Ihrem Filter nicht entsprechen. So könnten Sie z. B. eine Kampagne für *alle Produkte* erstellen und eine Shopping-Kampagne für alle *Aktionsprodukte*, die Sie z. B. über ein Label gekennzeichnet haben. Die beiden unterschiedlichen Kampagnen können dann auch verschiedene Ausrichtungen, ein unterschiedliches Budget etc. erhalten.

Lokale Artikel

Die Aktivierung der lokalen Artikel oder der lokalen Verfügbarkeit, wie es früher hieß, finden Sie ebenfalls unter WEITERE EINSTELLUNGEN. Falls Sie Ihre Shopping-Produkte auch in lokalen Geschäften verkaufen, ist die Aktivierung der lokalen Artikel interessant, denn Sie zeigen den Nutzern in der Google-Suche, dass die entsprechenden Artikel auch in Ihrem Ladengeschäft in der Nähe vorrätig sind. Wenn Nutzer auf Ihre Anzeige klicken, gelangen sie zu einer von Google gehosteten Seite zu Ihrem Geschäft, der sogenannten Verkäuferseite. Auf der Verkäuferseite finden Nutzer unter anderem Informationen zu Produktinventar und Öffnungszeiten sowie eine Wegbeschreibung.

Abbildung 6.22 Die Option »Lokale Artikel« aktivieren

Neben der Aktivierung der lokalen Artikel im Google-Ads-Konto müssen Sie im Datenfeed als Attribut *Eingeschlossenes_Ziel* [included_destination] zudem die *Anzeigen für lokales Inventar* [Local_inventory_ads] hinzugefügt haben. Ihre Produkte erscheinen dann auch in Anzeigen für Käufer in der Nähe Ihres Geschäfts. Zusätzlich dazu müssen Sie im Merchant Center die Informationen zu Ihrem Geschäft angeben, indem Sie eine Verknüpfung zu Ihrem Google-Firmenprofil einrichten. Dazu klicken Sie in der linken Navigation auf MEIN UNTERNEHMEN • UNTERNEHMENSINFO. In der Headernavigation klicken Sie auf GESCHÄFTE (siehe Abbildung 6.23) und dann auf den Button GESCHÄFT HINZUFÜGEN, um Ihr Geschäft zu hinterlegen. Bitte beachten Sie, dass Sie für diese Verknüpfung Admin-Rechte für Ihr Firmenprofil benötigen. Dies ermöglicht eine reibungslose Integration Ihrer Geschäftsinformationen in die Anzeigen für lokale Artikel.

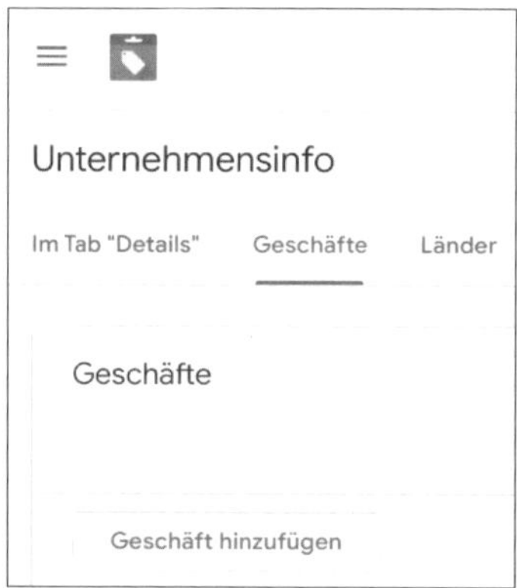

Abbildung 6.23 Lokales Geschäft mit dem Merchant Center verknüpfen

Priorität der Kampagne

Unterhalb der Kampagneneinstellungen zum BUDGET haben Sie die Möglichkeit, die PRIORITÄT DER KAMPAGNE festzulegen – NIEDRIG, MITTEL oder HOCH (siehe Abbildung 6.24). Dies ist relevant, wenn Sie mehrere Google-Shopping-Kampagnen erstellen, die dasselbe Produkt bewerben. Unabhängig von Ihrem Gebot wird die Kampagne mit der höchsten Priorität bevorzugt behandelt. Die Prioritätseinstellung bestimmt, aus welcher Kampagne ein Produkt angezeigt wird, wenn es in mehreren vorhanden ist. Zunächst erfolgt das Gebot für die Kampagnen mit der höchsten Priorität. Erst wenn das Budget dieser Kampagne erschöpft ist, wird das Gebot der nächsthöheren Priorität berücksichtigt.

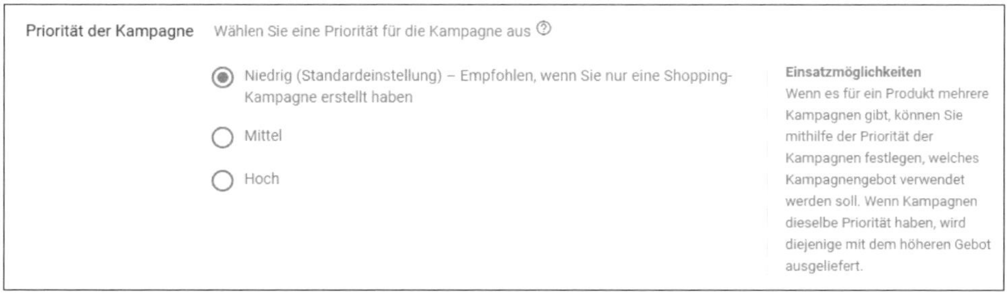

Priorität der Kampagne Wählen Sie eine Priorität für die Kampagne aus

Niedrig (Standardeinstellung) – Empfohlen, wenn Sie nur eine Shopping-Kampagne erstellt haben

Mittel

Hoch

Einsatzmöglichkeiten
Wenn es für ein Produkt mehrere Kampagnen gibt, können Sie mithilfe der Priorität der Kampagnen festlegen, welches Kampagnengebot verwendet werden soll. Wenn Kampagnen dieselbe Priorität haben, wird diejenige mit dem höheren Gebot ausgeliefert.

Abbildung 6.24 Legen Sie die Priorität der Shopping-Kampagne fest.

Nachdem Sie die Grundeinstellungen für Ihre neue Shopping-Kampagne ausgefüllt oder nach Ihren Wünschen geändert haben, klicken Sie auf den blauen Button mit der Bezeichnung KAMPAGNE ERSTELLEN, der sich am linken unteren Rand befindet.

6.1.7 Anzeigengruppe

Bei der Erstellung einer Kampagne wird automatisch eine erste Anzeigengruppe erstellt. Zu jeder Anzeigengruppe gehört eine Produktgruppe. Über diese Produktgruppe legen Sie fest, welche Produkte in einer Anzeigengruppe beworben werden. Normalerweise gibt es oft nur eine Anzeigengruppe mit allen Produkten. Es kann jedoch sinnvoll sein, verschiedene Produktgruppen zu erstellen, um die Auslieferung besser steuern zu können. Ebenso können Kampagnen bestimmten Produktgruppen und unterschiedlichen Prioritäten wie bereits besprochen gute Möglichkeit zur Optimierung der Shopping-Kampagne sein.

Ist die Shopping-Kampagne mit einer Anzeigengruppe und den zugehörigen Produkten erstellt worden, ist die Arbeit jedoch noch nicht abgeschlossen. Wie andere Kampagnen müssen auch Shopping-Kampagnen überwacht und optimiert werden.

6.1.8 Mit Produktgruppen Ihre Produkte optimal steuern

Im Mittelpunkt der Google-Shopping-Kampagnen stehen sogenannte Produktgruppen – nicht zu verwechseln mit Anzeigengruppen. Mithilfe der Produktgruppen strukturieren und priorisieren Sie Ihre Produkte, indem Sie individuell auf einzelne

Produktbereiche oder Produkte bieten. Die Unterteilung in Produktgruppen erfolgt über die Attribute KATEGORIE, MARKE, ARTIKEL-ID, ZUSTAND, PRODUKTTYP, KANAL, KANAL-EXKLUSIVITÄT oder auch BENUTZERDEFINIERTES LABEL. Sie können Ihren Produktfeed also bis auf Produktebene filtern oder ihn beispielsweise über BENUTZERDEFINIERTES LABEL nach Farben, Saison, Marge etc. differenzieren. Sie können insgesamt fünf Spalten (BENUTZERDEFINIERTES LABEL 0 bis BENUTZERDEFINIERTES LABEL 4) selbst definieren.

☐	Produktgruppe	Max. CPC	Benchmark max. CPC
☐	Alle Produkte	-	0,57 €

Abbildung 6.25 Basisproduktgruppe »Alle Produkte«

Die erste Produktgruppe ALLE PRODUKTE ist nach dem Anlegen der Anzeigengruppe direkt vorhanden (siehe Abbildung 6.25). Um mit der Gliederung der obersten Ebene fortzufahren, fahren Sie mit der Maus über ALLE PRODUKTE und klicken dann auf das Pluszeichen (später bei vorhandenen Untergruppen auf den Bearbeitungsstift), welches hinter ALLE PRODUKTE erscheint. Dann finden Sie den Hinweis PRODUKTGRUPPE HINZUFÜGEN. Wählen Sie im neuen Fenster das Attribut, über das Sie die vorhandene Produktgruppe aufschlüsseln möchten, aus der Drop-down-Liste im Kopfbereich aus. Neben den jeweiligen Attributwerten erhalten Sie auch die Information, wie viele Produkte eingereicht wurden (siehe Abbildung 6.26). Falls die Shopping-Kampagne schon eine Zeit lang ausgespielt wurde, finden Sie hier auch Leistungszahlen zu den einzelnen Gruppen. Dies ist interessant, falls Sie einzelne Produkte nach bestimmten Leistungsmerkmalen weiter unterteilen möchten, damit Sie z. B. auf einzelne Produkte, die in der Vergangenheit viele Conversions erzielt haben, individuelle Gebote abgeben können.

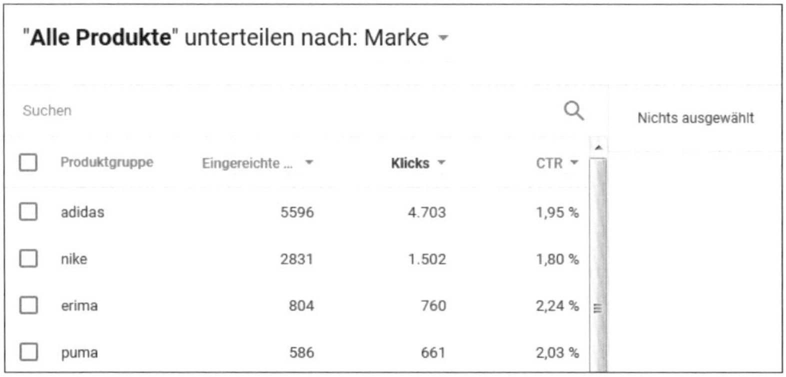

"**Alle Produkte**" unterteilen nach: Marke

Suchen

Nichts ausgewählt

☐	Produktgruppe	Eingereichte ...	Klicks	CTR
☐	adidas	5596	4.703	1,95 %
☐	nike	2831	1.502	1,80 %
☐	erima	804	760	2,24 %
☐	puma	586	661	2,03 %

Abbildung 6.26 Unterteilung der Produkte nach Marke

Wenn Sie eine Produktgruppe unterteilen, wird automatisch eine Produktgruppe mit dem Namen ALLES ANDERE IN "NAME DER PRODUKTGRUPPE" erstellt, die ebenfalls unterteilt werden kann. Jede Ebene kann beliebig weiter untergliedert werden. Allerdings ist es nicht möglich, eine Produktgruppe bzw. eine Ebene nach mehreren Attributen aufzuteilen.

Viel Arbeit bei umfassenden Geflechten

Bei komplexeren Strukturen stößt das System bislang noch an seine Grenzen, und der Aufwand ist mitunter sehr groß. Möchten Sie beispielsweise die oberste Ebene nach Marken aufteilen und diese weiter nach Produkttyp und Zustand, dann müssen Sie sich leider die Mühe machen und jede Marke nach Produkttyp gliedern und wiederum jeden Produkttyp nach Zustand.

Wenn Sie ganz fein unterteilen, haben Sie den Vorteil, dass Sie Ihre CPC-Gebote sehr genau auf kleine Gruppen oder sogar einzelne Produkte abstimmen können, Sie müssen dann aber einen hohen Bearbeitungsaufwand in Kauf nehmen. Bei einer gröberen Unterteilung ist es genau andersherum: Sie haben zwar weniger Aufwand, können aber keine zielgerichteten Gebote abgeben. Sie müssen also jedes Mal entscheiden, welchen Aufwand Sie für welches Ziel betreiben möchten.

Sie können den einzelnen Produktgruppen per Klick in die Spalte MAX. CPC jeweils ein separates Gebot zuweisen (siehe Abbildung 6.27). Dieses Gebot gilt dann aber automatisch für alle Produkte in der jeweiligen Gruppe. Möchten Sie die Gebote individueller einstellen, müssen Sie die Gruppe noch weiter unterteilen. Falls Sie nur einige bestimmte Marken bewerben möchten, wählen Sie diese Gruppen unter der Aufteilung MARKEN aus. Die restlichen Marken befinden sich dann automatisch in der Produktgruppe ALLES ANDERE IN "ALLE PRODUKTE". Diese schließen Sie dann aus.

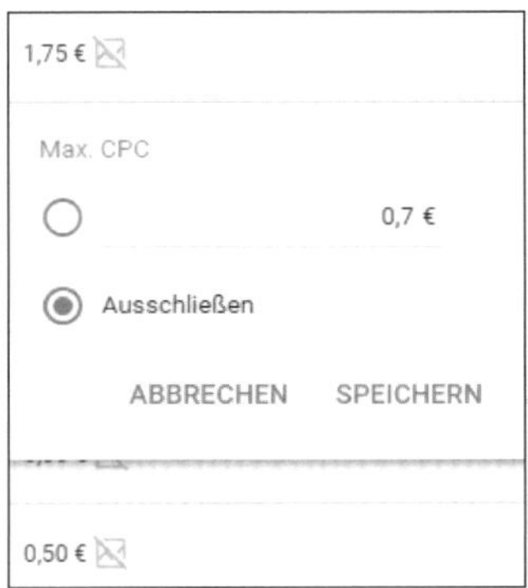

Abbildung 6.27 Produktgruppen können auch ausgeschlossen werden.

Auszuschließende Keywords

Vergessen Sie nicht, dass Sie auch bei Ihren Shopping-Kampagnen negative Keywords hinzufügen können. Die Keywords, die ausgeschlossen werden sollen, können Sie nach der Auswahl der Shopping-Kampagnen unter dem Navigationspunkt Zielgruppen, Keywords und Inhalte • Keywords für Suchanzeigen • Auszuschliessende Keywords für Suchanzeigen hinzufügen. Für Ihre Shopping-Anzeigen können Sie unterschiedliche Ebenen (von Anzeigengruppe bis Konto) nutzen. Wenn Sie mehrere Anzeigengruppen in einer Shopping-Kampagne verwenden, haben Sie im Gegensatz zu einer einzigen Anzeigengruppe für alle Produkte die Möglichkeit, negative Keywords genauer auf einzelne Themen zu verteilen.

Nachdem Sie die ersten Produktgruppen Ihrer Shopping-Kampagne unterteilt haben, besteht die zukünftige Hauptaufgabe bei einer manuellen Gebotsstrategie im Google-Ads-Konto darin, Leistungsdaten zu beobachten und die Max. CPC-Gebote anzupassen (siehe Abbildung 6.28).

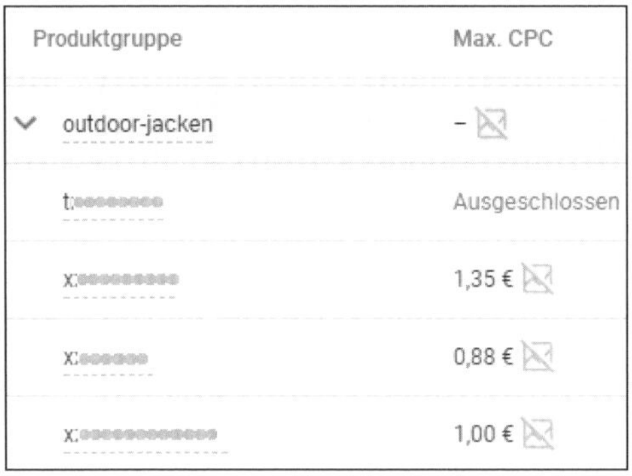

Produktgruppe	Max. CPC
outdoor-jacken	-
t:	Ausgeschlossen
x:	1,35 €
x:	0,88 €
x:	1,00 €

Abbildung 6.28 Der »Max. CPC« kann auch auf Produktebene per Klick auf das Gebot verändert werden.

Die Anpassung sollte zunächst auf Grundlage Ihrer eigenen Ergebnisse erfolgen. Gleichzeitig können Sie mithilfe von Benchmark-Daten Ihrer Marktbegleiter bestimmte Schlüsse in Bezug auf Obergrenzen oder Untergrenzen ziehen. Über die Max. CPC-Gebote haben Sie die Möglichkeit, die Auslieferung und eine entsprechende Platzierung der Produkte in Ihrer Shopping-Kampagne manuell zu steuern. Alternativ können die Shopping-Kampagnen auch mit anderen Gebotsstrategien, wie z. B. *Klicks maximieren* oder *Ziel-ROAS*, gesteuert werden. In diesem Fall können Sie jedoch weniger Einfluss nehmen und müssen auf Google vertrauen.

6.1.9 Werten Sie Ihre Shopping-Kampagnen aus

Besonders bei der Analyse und Auswertung von Shopping-Kampagnen bietet Google zahlreiche Möglichkeiten, mit denen Sie sich zunächst vertraut machen sollten. Sie können Ihre Produkte inklusive der Artikel-ID, einer Beschreibung und ihrem Bereitstellungsstatus sowie weiteren Informationen, die früher nur im Merchant Center einsehbar waren, nun auch in Ihrem Google-Ads-Konto in der mittleren Menüleiste unter PRODUKTE anschauen (siehe Abbildung 6.29). Jedes Produkt enthält zudem Leistungsdaten, sodass Sie schnell erkennen können, welche Produkte in den Shopping-Kampagnen gut performt haben. Nutzen Sie für Ihre Produkte den Filter STATUS DES PRODUKTS. Hier können Sie über den Status NICHT BERECHTIGT schnell Ihre »Problemprodukte« herausfiltern. In der Spalte PROBLEME können Sie dann direkt feststellen, worin die Probleme bei der Auslieferung Ihrer Produkte in der Shopping-Kampagne bestehen. Es könnte beispielsweise an fehlenden Werten wie Größen oder fehlerhaften Produktbildern liegen oder auch daran, dass ein Produkt aktuell nicht auf Lager ist. Mit diesen Informationen haben Sie direkt Ansatzpunkte, um beispielsweise die Preise zu aktualisieren oder die Zielseiten einzelner Produkte zu überprüfen und gegebenenfalls zu ändern.

Anzeigengruppen	Artikel-ID ↑	Bild	Titel	Status des Produkts
Produktgruppen	128		Stretch Piratenhose Damen Farbe: anthrazit Größe: 34	Bereitstellbar
Anzeigen und Erweiterungen	129		KENORA Full Stretch Piratenhose Damen Farbe: anthrazit Größe: 34	Bereitstellbar
Produkte	13		Winterjacke - Winterparka Damen Waddington Lady Farbe: marine blau Größe: 40	Bereitstellbar
Landingpages Keywords	130		KENORA Full Stretch Piratenhose Damen Farbe: anthrazit Größe: 36	Bereitstellbar

Abbildung 6.29 Übersicht über die Produkte aus dem Produktfeed

Weitere Auswertungsmöglichkeiten für Ihre Shopping-Kampagnen stehen Ihnen in der VORLAGENGALERIE im BERICHTSEDITOR (siehe Abbildung 6.30) zur Verfügung.

Sie finden die verschiedenen »Shopping-Berichte« über den folgenden Navigationsweg: STATISTIKEN UND BERICHTE • BERICHTSEDITOR • VORLAGENGALERIE. In den verschiedenen Templates finden Sie bereits vorgefertigte Berichte, die Sie jedoch ganz nach Ihren Bedürfnissen anpassen können. Dadurch haben Sie die Möglichkeit, alle relevanten Attribute von Artikel-ID über Kategorien bis hin zu benutzerdefinierten Labels mit Leistungskennzahlen wie Impressionen, Klicks, Conversions etc. zu kombinieren.

Abbildung 6.30 Auswertungen zu den Shopping-Kampagnen im »Berichtseditor«

Möchten Sie mehr über Ihre Mitbewerber im Bereich Shopping erfahren? Dann sollten Sie sich das Berichtstemplate mit dem Titel AUKTIONSDATEN: SHOPPING genauer anschauen. Dort finden Sie beispielsweise Daten zur Anzahl möglicher Impressionen, den Überschneidungsraten und dem Anteil möglicher Impressionen im Vergleich zu Ihren Mitbewerbern. Diese Auktionsdaten sind Ihnen wahrscheinlich bereits als Analysemöglichkeit Ihrer Suchkampagnen bekannt.

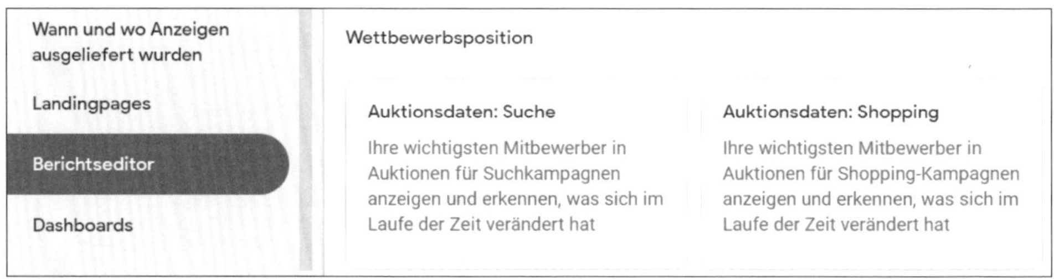

Abbildung 6.31 Daten zu den Shopping-Mitbewerbern unter »Auktionsdaten: Shopping«

Möchten Sie eine Wettbewerbsanalyse durchführen, um Benchmark-CPCs und CTRs für einzelne Produkte oder Produktgruppen zu ermitteln, um ein Gefühl für gute oder schlechte Werte zu erhalten? Auch das ist möglich! Rufen Sie dazu in Ihrer Shopping-Kampagne den Tab ANZEIGENGRUPPEN in der mittleren Menüleiste auf. Wechseln Sie anschließend in der Kopfnavigation zu PRODUKTGRUPPEN. Über SPALTEN und SPALTEN ANPASSEN können Sie aus der Gruppierung WETTBEWERBSMESSWERTE die gewünschten Berichtsspalten mit Vergleichswerten zu Ihren wichtigsten Leistungskennzahlen Ihrem Produktgruppenbericht hinzufügen.

Dann sehen Sie neben Ihren Kennzahlen für den maximalen CPC und die CTR auch die Durchschnittswerte der Werbetreibenden, die ähnliche Produkte anbieten (siehe Abbildung 6.32). Fügen Sie dazu die drei folgenden Spalten hinzu:

- BENCHMARK MAX. CPC: Dies ist der durchschnittliche Klickpreis für die Shopping-Anzeigen in der gleichen Branche. Wenn der eigene CPC deutlich unter dem BENCHMARK MAX. CPC liegt, wäre dies eine wichtige Grenze, bis zu der die eigenen CPCs erhöht werden können, um mehr Impressionen und Klicks zu generieren.
- BENCHMARK-KLICKRATE: Gemeint ist hier die durchschnittliche Klickrate für Shopping-Anzeigen zu den einzelnen Produktgruppen in der gleichen Branche. Wenn die eigene CTR deutlich unter der BENCHMARK-KLICKRATE liegt, empfiehlt Google, die maximalen CPCs zu erhöhen und beim Produktfeed insbesondere Bilder und Anzeigentitel zu optimieren.
- ANTEIL AN MÖGLICHEN IMPRESSIONEN IM SUCHNETZWERK: Dieser Wert ergibt sich aus der Anzahl der von Ihnen generierten Impressionen, geteilt durch die geschätzte Anzahl von Impressionen, die Sie hätten generieren können. Die Daten werden täglich aktualisiert. Wenn Ihr Anteil an möglichen Impressionen sehr gering ist, empfiehlt Google, die maximalen CPCs zu erhöhen und zusätzlich alle Möglichkeiten zur Optimierung der Produktfeeds zu nutzen.

Produktgruppe	Anzeig	Max. CPC	Benchmark max. CPC	CTR	Benchmark-Klickrate	↓ Anteil an möglichen Impressionen im Suchnetzwerk
Alle Produkte funkt	Shoppi N1	–	0,55 €	0,81 %	0,90 %	31,98 %
Alle Produkte	Shoppi N1	–	0,71 €	1,09 %	1,02 %	31,63 %
Alle Produkte lljacken	Shoppi N1	–	0,50 €	0,61 %	0,96 %	28,83 %

Abbildung 6.32 Benchmark zu wichtigen Leistungsdaten

6.1.10 Gebotssimulator für Shopping-Kampagnen

Als Entscheidungshilfe bei der Anpassung Ihrer MAX. CPC-Gebote stellt Google den Nutzern von Google Ads unter PRODUKTGRUPPE in der Spalte MAX. CPC den *Gebotssimulator* für die Shopping-Kampagnen zur Verfügung. Sie erkennen den Gebotssimulator an einem Icon, das eine Leistungskurve darstellt. Der Simulator kann nur aufgerufen werden, wenn das Google-System genügend Daten zur Leistungssimulation gesammelt hat. In allen anderen Fällen ist das Icon ausgegraut und durchgestrichen – und kann somit nicht aufgerufen werden.

Google errechnet mithilfe des Simulators, welche Gebote zu welchen Veränderungen bei den Impressionen, den Klicks, den Kosten etc. in den letzten sieben Tagen geführt hätten. Zukünftige Daten werden nicht prognostiziert. Als visuelle Unterstützung werden oberhalb der Daten die Veränderungen in einer Grafik dargestellt. Für die Darstellung können Sie verschiedene Leistungsdaten (z. B. Impressionen, Klicks etc.) auswählen (siehe Abbildung 6.33).

Wie auch die Benchmark-Daten ist der Gebotssimulator ein Google-Instrument, das Sie im Zweifelsfall ermutigen soll, Ihre Gebote zu erhöhen. Wenn Sie sich dafür entscheiden, Ihre Gebote dementsprechend anzupassen, sollten Sie von Zeit zu Zeit Ihre tatsächliche Performance mit den simulierten Daten vergleichen.

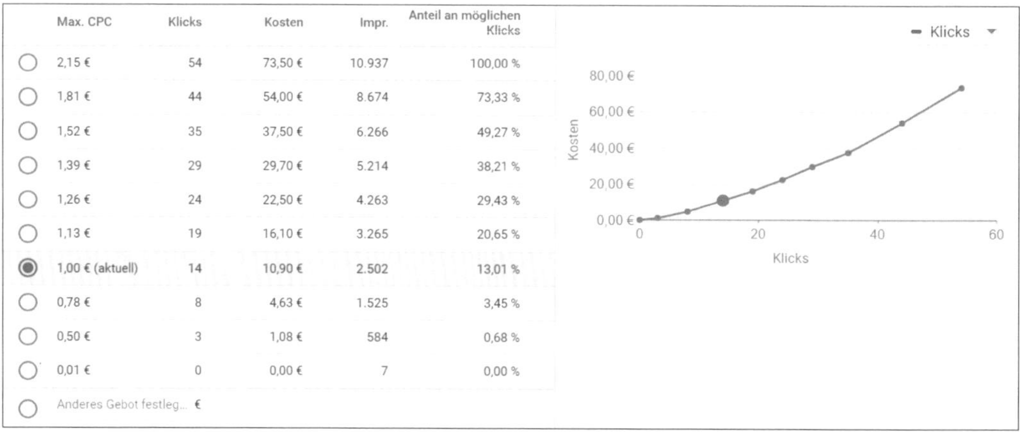

Max. CPC	Klicks	Kosten	Impr.	Anteil an möglichen Klicks
2,15 €	54	73,50 €	10.937	100,00 %
1,81 €	44	54,00 €	8.674	73,33 %
1,52 €	35	37,50 €	6.266	49,27 %
1,39 €	29	29,70 €	5.214	38,21 %
1,26 €	24	22,50 €	4.263	29,43 %
1,13 €	19	16,10 €	3.265	20,65 %
1,00 € (aktuell)	14	10,90 €	2.502	13,01 %
0,78 €	8	4,63 €	1.525	3,45 %
0,50 €	3	1,08 €	584	0,68 %
0,01 €	0	0,00 €	7	0,00 %
Anderes Gebot festleg... €				

Abbildung 6.33 Gebotssimulator mit Gebotsvorschlägen, Klickprognosen und mehr

Daten mit Vorsicht genießen

Wie immer, wenn Google Gebotsempfehlungen gibt, sollten Sie diese kritisch hinterfragen, denn letztlich profitiert davon in erster Linie immer Google. Es ist nicht ausreichend bekannt, wen Google zur Vergleichsgruppe zählt, und die Erfahrung hat gezeigt, dass Kategorien häufig sehr weitläufig zusammengefasst werden.

6.2 Remarketing – zeigen Sie Ihrer Zielgruppe die passenden Produkte

Der Begriff *Remarketing* wird oft synonym mit dem Begriff *Retargeting* verwendet. Das Wort Retargeting setzt sich zusammen aus *Target* (engl. für Ziel) und der Vorsilbe *re* (für wieder). Das Ziel sind in den Online-Marketing-Kampagnen die potenziellen Kunden, die erneut erreicht und zurückgewonnen werden sollen. Obwohl beide Begriffe oft gleichbedeutend eingesetzt werden, gibt genau genommen jedoch einen Unterschied zwischen Retargeting und Remarketing.

Beim Retargeting geht es allgemein darum, Webseitenbesucher, die bereits einmal auf Ihrer Webseite waren, später erneut über Werbeanzeigen anzusprechen. Mit dem Retargeting sollen Kunden, die schon »verloren« waren, weil sie Ihre Webseite verlassen haben, wieder aktiviert werden.

Beim Remarketing hingegen erfassen wir genauer, wofür sich ein Webseitenbesucher interessiert hat. Sie haben dieses Phänomen vielleicht selbst schon erlebt, wenn Sie einmal bei einem großen Online-Shop nach bestimmten Schuhen gesucht haben. Surfen Sie später mit dem gleichen Computer und dem gleichen Browser auf anderen Webseiten (z. B. in Nachrichtenportalen oder bei einem Wetterdienst etc.), werden Ihnen die Werbebanner mit »Ihren Schuhen« entgegenleuchten. Ein ähnliches Prinzip gilt auch für Ihre Shopping-Kampagnen. Wurde der Tracking-Code so eingestellt, dass der Aufruf bestimmter Produktgruppen erfasst wird, kann auch die Shopping-Anzeige für die Zielgruppe mit passenden Produkten ausgespielt werden.

In Kapitel 8, »Retargeting und Remarketing«, erläutern wir später noch einmal genau, wie das Prinzip des Retargeting/Remarketing funktioniert. Im Zusammenhang mit den Shopping-Anzeigen schauen wir zunächst einmal, wie wir eine Verbindung zwischen den Produkten und bestimmten Anzeigen erzeugen können.

6.2.1 Remarketing-Liste für Suchnetzwerk-Kampagne aktivieren

Wenn Sie entsprechende Remarketing-Listen erstellt haben (und diese eine ausreichende Größe aufweisen), können Sie Ihre Shopping-Kampagnen auch auf frühere Besucher Ihrer Webseite ausrichten. Dies fällt bei Google unter die Kategorie »Zielgruppen mit selbst erhobenen Daten«. Die Ausrichtung Ihrer Shopping-Kampagne erfolgt dann im Tab ZIELGRUPPEN, nachdem Sie zunächst Ihre Shopping-Kampagne ausgewählt haben. Klicken Sie im Infofeld ZIELGRUPPENSEGMENT auf den Link ZIELGRUPPENSEGMENTE HINZUFÜGEN. Bitte beachten Sie, dass Sie das Targeting nicht nur auf Kampagnen-, sondern auch auf Anzeigengruppenebene einstellen können. Hier müssen Sie zunächst eine Auswahl zwischen Kampagne und Anzeigengruppe treffen. Bei Shopping-Kampagnen ist es in der Regel sinnvoll, zunächst die Kampagnenebene zu wählen. Erst wenn Sie Ihre Shopping-Kampagne in verschiedene Themen mithilfe von Anzeigengruppen aufteilen, wäre auch das Remarketing auf Anzeigengruppenebene eine Option für Sie. Es gibt zwei Optionen für die Ausrichtung von Zielgruppen:

- Die erste Option nennt sich AUSRICHTUNG. Bei dieser Auswahl wird Ihre Anzeigengruppe nur auf die gewählte Zielgruppe (Remarketing-Liste) ausgerichtet. Die Anzeigen können bei der Suche dann nur für diese Gruppe erscheinen.
- Die zweite Auswahl trägt die Bezeichnung BEOBACHTUNG. Bei dieser Auswahl werden die Anzeigen für alle Google-Nutzer ausgespielt. Für die spezielle Remarketing-Gruppe erscheint dann jedoch eine eigene Statistik mit den gewohnten Leistungskennzahlen. Daher stammt die Bezeichnung BEOBACHTUNG. Im zweiten Schritt können Sie bei dieser Ausrichtung nach der reinen Beobachtung für die jeweilige Remarketing-Gruppe bei einer manuellen Gebotsstrategie Ihre Gebote für die ehemaligen Webseitenbesucher erhöhen oder verringern. Wenn Sie die Gebote erhöhen, erscheinen Ihre Anzeigen für diese Gruppe öfter und auf besseren Anzeigepositionen; bei einer Reduzierung sind Ihre Anzeigen dementsprechend weniger präsent.

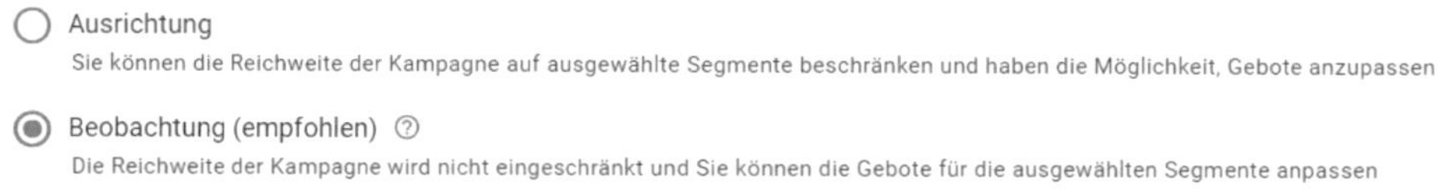

Abbildung 6.34 Ausrichtung oder Beobachtung?

Bitte achten Sie immer darauf, die passende Option AUSRICHTUNG oder BEOBACHTUNG entsprechend einzustellen (siehe Abbildung 6.34), da dies einen entscheidenden Einfluss auf die Anzahl der Google-Nutzer hat, die Sie erreichen können. Durch die Ausrichtung auf eine Zielgruppe aus selbst erhobenen Daten beschränken Sie Ihre Werbung auf diejenigen Google-Nutzer, die zuvor durch den Remarketing-Code auf Ihrer Website markiert wurden.

Google empfiehlt die Beobachtung

Bei den Shopping-Kampagnen empfiehlt Google im Gegensatz zum Remarketing im Displaynetzwerk die BEOBACHTUNG. Durch die BEOBACHTUNG verändern Sie zunächst einmal nichts an Ihrer Shopping-Kampagne. Daher empfehlen wir Ihnen zu Beginn auch diese Einstellung, die Sie gefahrlos nutzen können, ohne Traffic abzuschneiden. Bei der Option AUSRICHTUNG müssen Sie sich ganz sicher sein, dass Sie auch nur diese Gruppe ansprechen möchten. Für eine gezielte Remarketing-Aktion sollten Sie dann die Option AUSRICHTUNG wählen – als Zwischenschritt können Sie bei einer manuellen Gebotsstrategie eine Beobachtung mit prozentualer Anpassung einstellen.

Nachdem Sie die Entscheidung für AUSRICHTUNG oder BEOBACHTUNG getroffen haben, fügen Sie noch die passende Remarketing-Liste hinzu, indem Sie zunächst auf SUCHEN klicken und dort den Unterpunkt BISHERIGE INTERAKTIONEN MIT IHREM UNTERNEHMEN auswählen (siehe Abbildung 6.35). Dort können Sie die gewünschte Remarketing-Liste per Checkbox aktivieren.

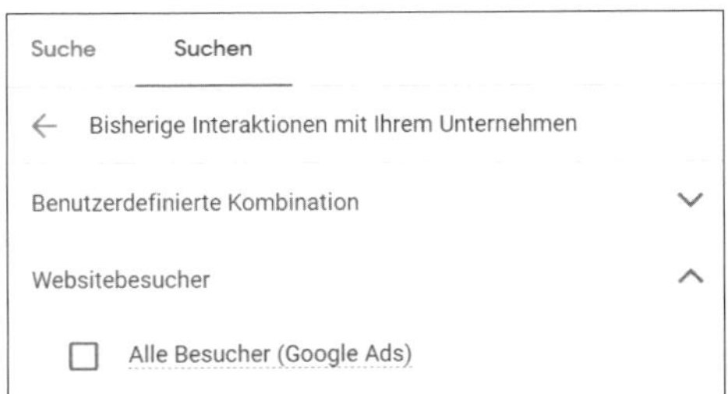

Abbildung 6.35 Remarketing-Liste unter den bisherigen Interaktionen auswählen

6

Alternativ können Sie auch zwischen Anzeigengruppen- und Kampagnenebene wählen oder die negativen Keywords direkt in die übergreifende Liste mit auszuschließenden Keywords aufnehmen.

Tipp: Suchbegriffe ausschließen

Denken Sie daran, dass Sie für Shopping-Kampagnen keine Keywords vorgeben können, aber immerhin noch Keywords ausschließen dürfen. Nutzen Sie daher zunächst in regelmäßigen Abständen den Bericht SUCHBEGRIFFE unter STATISTIKEN UND BERICHTE. In diesem Bericht erfahren Sie mehr über die Suchanfragen zu Ihren Shopping-Produkten. Auf Grundlage dieses Berichts können Sie dann unter KEYWORDS FÜR SUCHANZEIGEN im Bereich AUSZUSCHLIESSENDE KEYWORDS FÜR SUCHANZEIGEN (siehe Abbildung 6.36) Ihre negativen Keywords eintragen. Sie können wie gewohnt zwischen Anzeigengruppen- und Kampagnenebene wählen oder die negativen Keywords direkt in die übergreifende Liste mit auszuschließenden Keywords aufnehmen.

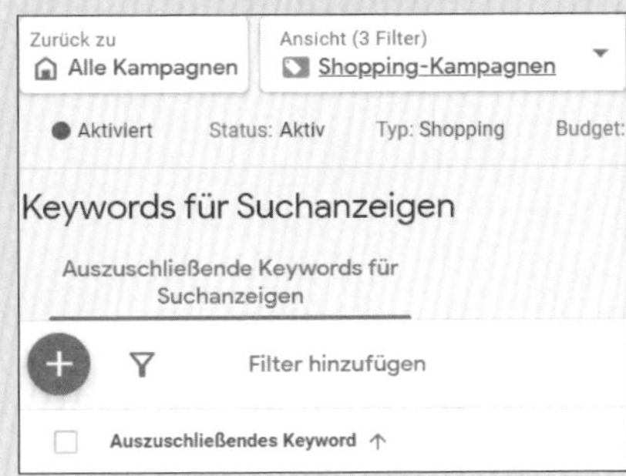

Abbildung 6.36 Auszuschließende Keywords für Shopping-Kampagnen

6.3 Checkliste

Die folgende Checkliste für Shopping-Kampagnen hilft Ihnen dabei, an alle wichtigen Schritte für eine erfolgreiche Shopping-Kampagne zu denken.

Wichtige Punkte zum Erstellen einer Shopping-Kampagne	OK (☑)
Richten Sie Ihr Google Merchant Center ein.	
Fügen Sie im Merchant Center alle wichtigen Unternehmensdaten inklusive Logo und Versandinformationen hinzu.	
Erstellen Sie einen Google-Shopping-Feed zu Ihren Produkten.	
Importieren Sie den Shopping-Feed in das Google Merchant Center.	
Verknüpfen Sie das Merchant Center mit dem Ads-Konto.	
Legen Sie ein Budget für Ihre Shopping-Kampagne fest.	
Erstellen Sie eine Conversion-Aktion (meistens Kaufabschluss) für Ihre Shopping-Kampagne und bauen Sie das Tracking in Ihren Webshop ein.	
Erstellen Sie rechtzeitig eine Remarketing-Liste (bei Bedarf).	
Erstellen Sie Ihre Shopping-Kampagne im Ads-Konto (mit Verweis auf das Merchant Center).	

Tabelle 6.1 Shopping-Kampagne – Checkliste

Kapitel 7
Google-Videokampagnen

Höhere Aufmerksamkeit und emotionale Bindung – das Internet setzt zunehmend auf Bewegtbilder. Google Ads besteht daher nicht nur aus Textanzeigen in der Google-Suche oder aus statischen Bannern auf den Seiten des Google Displaynetzwerks. Vielmehr bietet sich mithilfe von Videos und der Google-Tochter YouTube eine Vielzahl neuer Möglichkeiten für das Videomarketing und die gezielte Ansprache von Zielgruppen. Testen Sie daher auch die Potenziale von Videokampagnen im Google-Ads-Konto.

Neben den Videoanzeigen, die Sie auf Webseiten der Google-Partner im Displaynetzwerk schalten können, bietet auch die Google-Tochter YouTube zahlreiche Möglichkeiten der Videowerbung. Diese Werbeform unterscheidet sich grundlegend von den Textanzeigen in Google Ads. Videokampagnen ähneln eher den Image-Anzeigen im Displaynetzwerk. Sie stellen einen spezifischen Kampagnentyp dar, der ebenfalls über das Google-Ads-Konto gesteuert wird. Wenn Sie sich entscheiden, auch mit Videokampagnen über Google Ads zu werben, ist es jedoch entscheidend, in ein gutes Werbevideo zu investieren. Es bringt wenig, Ihr Video bei YouTube zu schalten und Aufrufe zu generieren, wenn daraus keine interessierten Besucher für Ihre Website und potenzielle Kunden resultieren. Bei der Videowerbung muss das Interesse an Ihren Produkten, Dienstleistungen oder Ihrem Unternehmen bereits im Videoclip selbst geweckt werden.

Achten Sie bei der Erstellung Ihrer Videos darauf, dass ein Clip idealerweise zwischen 15 und 60 Sekunden dauert und Ihre wichtigste Botschaft frühzeitig platziert wird. Zudem müssen Sie bei den Videoformaten für die Anzeigen die Google-Spezifikationen und die sogenannten *Safe Zones*, die Zonen, in denen die Sichtbarkeit auf jeden Fall garantiert ist, berücksichtigen.

Weitere Informationen erhalten Sie beim Google-Ads-Support unter folgendem Link:

https://support.google.com/google-ads/answer/13547298?hl=de

Ihr Video sollte einen klaren Call-to-Action enthalten, der die Zuschauer dazu ermutigt, weitere Schritte zu unternehmen, wie beispielsweise den Besuch Ihrer Website oder den Kauf eines Produkts. Das übergeordnete Ziel ist es, dass sich die Betrachter im Anschluss verstärkt für Ihre Produkte und Ihre Website interessieren. Dies kann durch die Bereitstellung von interessanten, lustigen oder emotional ansprechenden Inhalten erreicht werden – inklusive der Ankündigung besonderer Events, spezieller Leistungen oder Werbeangebote im Videoclip oder am Ende des Videos.

7.1 Videos in der Ads-Asset-Bibliothek erstellen

Im Google-Ads-Konto haben Sie die Möglichkeit, Videos für Ihre Anzeigen in der Asset-Bibliothek selbst zu erstellen. Diese selbst erstellten Clips können nicht nur für Videokampagnen verwendet, sondern auch in PMax-, Display- oder Demand Gen-Kampagnen eingesetzt werden.

Folgen Sie dieser Anleitung, um ein eigenes Werbevideo im Ads-Konto zu erstellen:

1. Navigieren Sie zu TOOLS • GEMEINSAM GENUTZTE BIBLIOTHEK • ASSET-BIBLIOTHEK ❶.
2. Klicken Sie auf den Button + NEU ❷ und wählen Sie anschließend aus der Navigation VIDEO ❸ • VIDEO ERSTELLEN ❹ aus (siehe Abbildung 7.1).

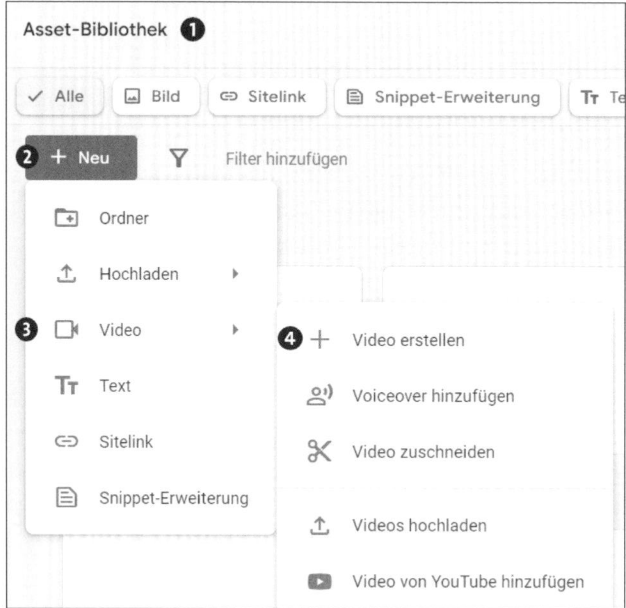

Abbildung 7.1 Videos erstellen Sie in der Google-Ads-Asset-Bibliothek.

3. Im nächsten Fenster stehen Ihnen verschiedene Templates als Vorlagen für Ihre Videos zur Verfügung.

4. Nutzen Sie dazu am besten die Felder im Kopfbereich, um die Vorlagen nach MARKETINGZIEL, KATEGORIE, AUSRICHTUNG und DAUER zu filtern. Dann wird die Auswahl übersichtlicher, und Sie erhalten direkt passende Vorlagen für Ihre Werbung (siehe Abbildung 7.2).

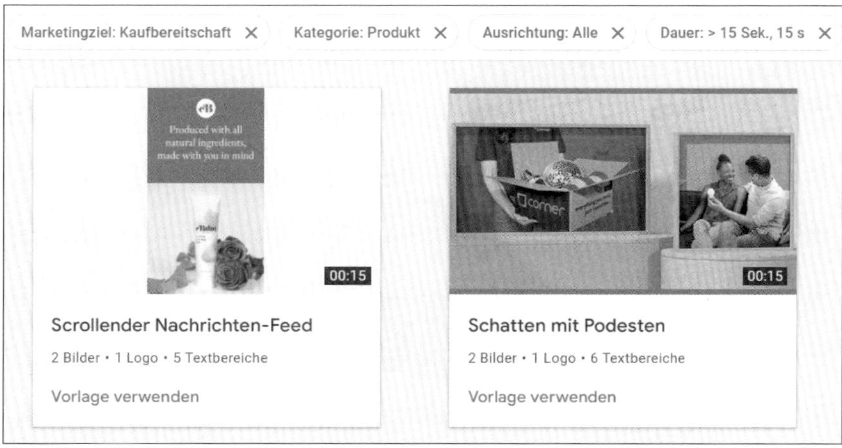

Abbildung 7.2 Templates nach Bedarf filtern

5. Wählen Sie bei dem für Sie passenden Template VORLAGE VERWENDEN.
6. Anschließend werden Sie Schritt für Schritt durch die einzelnen Szenen der Videovorlage geführt. Klicken Sie jeweils auf WEITER, um zur nächsten Szene zu gelangen.
7. Am Ende erhalten Sie ein fertiges kleines Video, das Sie per Klick auf ZUM UPLOAD auf YouTube hochladen und danach für Ihre Kampagnen im Ads-Konto nutzen können.

Folgende Einstellungen können Sie in einem Videotemplate vornehmen (siehe Abbildung 7.3):

- Bilder hinzufügen ❶
- Logo hinzufügen ❷
- Text hinzufügen ❸
- Hauptfarbe der Videoelemente bestimmen ❹
- Schriftart und Größe ändern ❺
- Hintergrundmusik wählen ❻
- Voiceover (optional) als Text hinzufügen ❼
- Sprache und Stimme für Voiceover wählen ❽

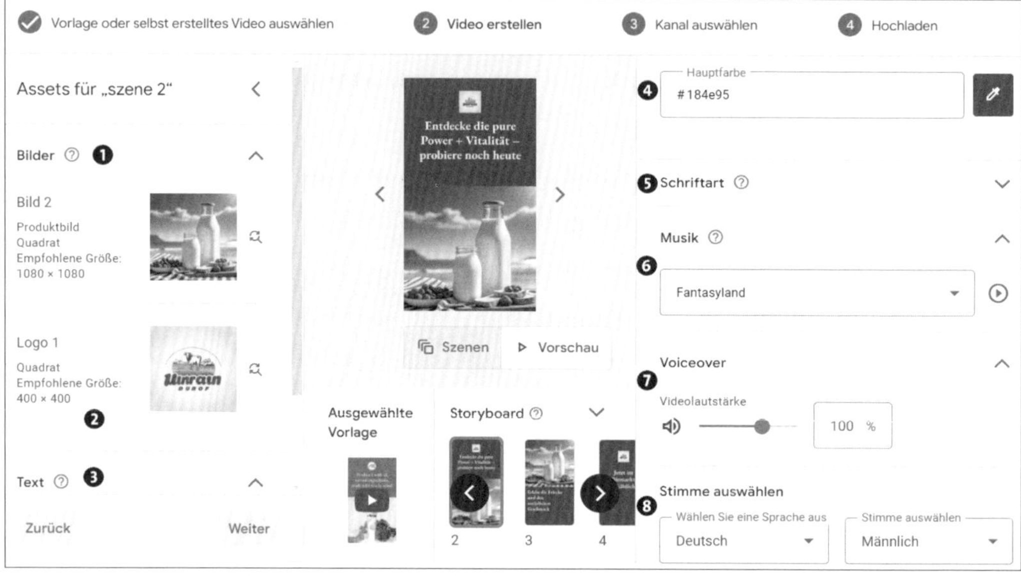

Abbildung 7.3 Video mit einem Storyboard im Ads-Konto erstellen

7.2 YouTube-Kanal mit Google Ads verknüpfen

Für eine gute Online-Marketing-Strategie mit eigenen Videos, die Sie dann auch auf Ihrer Webseite verlinken können, empfehlen wir die Zusammenführung aller Werbevideos und anderer Inhalte (z. B. spezielle Produktvideos) in einem eigenen YouTube-Kanal. Diesen Kanal können Sie problemlos mit Ihrem Google-Ads-Konto verknüpfen. Obwohl diese Verknüpfung nicht zwingend erforderlich ist, um Videokampagnen zu schalten, bietet sie zahlreiche Vorteile, insbesondere bei der Erstellung von Remarketing-Listen im YouTube-Kanal. Daher empfehlen wir, Ihr Google-Ads-Konto mit YouTube zu verknüpfen.

Durch die Verknüpfung von YouTube und Google Ads profitieren Sie von ...

- zusätzlichen Statistiken zu Videoaufrufen,
- der Möglichkeit, Remarketing-Listen aus YouTube zu erstellen, sowie von
- Daten im Google-Ads-Konto zu Interaktionen mit den Videos.

Laut Google gibt es derzeit zwei Möglichkeiten, die Konten miteinander zu verknüpfen:

- Den YouTube-Kanal mit dem Google-Ads-Konto verknüpfen.
- Das Google-Ads-Konto mit dem YouTube-Kanal verknüpfen.

Da der Fokus dieses Buchs auf dem Google-Ads-Konto liegt, zeigen wir Ihnen hier, wie Sie in Ihren Kampagnen Ihren YouTube-Kanal verknüpfen können:

1. Navigieren Sie zu TOOLS • DATA MANAGER.
2. Klicken Sie auf den Button + PRODUKT VERBINDEN und wählen Sie YOUTUBE als Datenquelle aus.
3. Suchen Sie anschließend nach Ihrem YouTube-Kanal, den Sie verknüpfen möchten (siehe Abbildung 7.4).
4. Klicken Sie auf WEITER und geben Sie danach die passende Mailadresse für Ihren YouTube-Login an.
5. Klicken Sie wieder auf den Button WEITER, und es erscheint zur Kontrolle der Name und noch einmal die E-Mail-Adresse des gewählten YouTube-Kanals.
6. Wenn alles stimmt, klicken Sie abschließend auf VERKNÜPFEN.
7. Es wird eine Verknüpfungsanfrage an die Mailadresse des YouTube-Kanals gesendet. Klicken Sie am unteren Ende der Hinweisseite auf FERTIG.

Abbildung 7.4 Suchen Sie den YouTube-Kanal für Ihre Verknüpfung mit dem Ads-Konto.

Nachdem die Verknüpfungsanfrage vom Empfänger der E-Mail bestätigt wurde, finden Sie die YouTube-Verknüpfung ❶ (siehe Abbildung 7.5) unter DATA MANAGER ❷ im Abschnitt VERBUNDENE PRODUKTE ❸. Dort können Sie die Verknüpfung über den Link VERWALTEN UND VERKNÜPFEN ❹ • VERKNÜPFUNG AUFHEBEN auch wieder aufheben.

Unter VERWALTEN UND VERKNÜPFEN ❹ finden Sie zudem weitere Informationen zur Verknüpfung sowie einen Link, der Sie direkt zu dem verknüpften YouTube-Kanal führt.

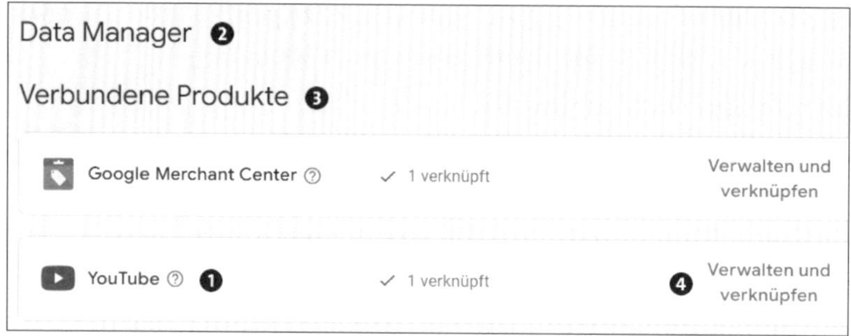

Abbildung 7.5 YouTube-Verknüpfung im »Data Manager«

7.3 Videokampagne erstellen

Nachdem wir passende Videos erstellt oder vorhandene Videos in unseren YouTube-Kanal hochgeladen und die Konten verknüpft haben, können wir nun eine erste Videokampagne erstellen. Die Erstellung dieses Kampagnentyps ähnelt der Erstellung einer Displaykampagne.

Klicken Sie wie gewohnt unter KAMPAGNEN auf den Button + NEUE KAMPAGNE und wählen Sie + NEUE KAMPAGNE. Im nächsten Schritt wählen Sie KAMPAGNE OHNE ZIELVORHABEN ERSTELLEN und danach als Kampagnentyp noch VIDEO (siehe Abbildung 7.6) aus.

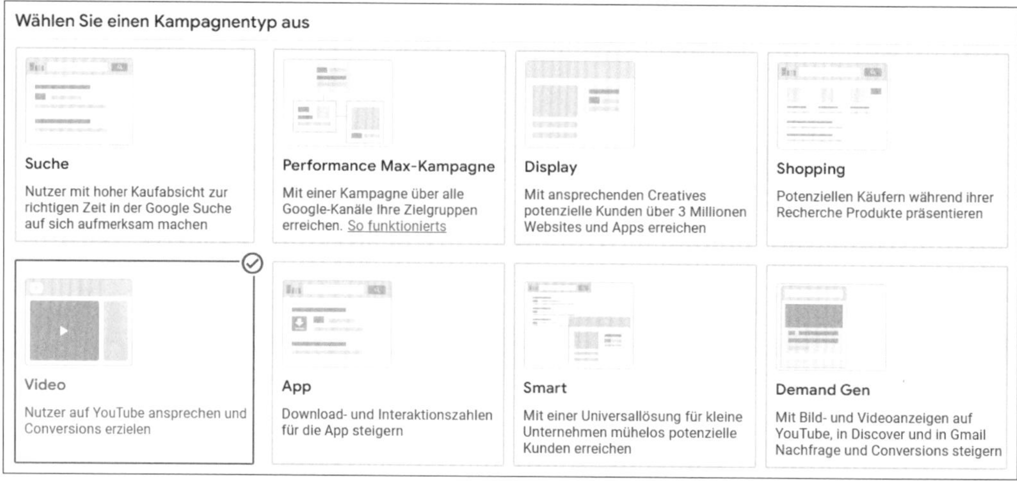

Abbildung 7.6 Kampagne vom Typ »Video« auswählen

Da es mittlerweile für Videokampagnen die verschiedensten Möglichkeiten gibt, müssen Sie zunächst eine Vorauswahl treffen, indem Sie den Kampagnenuntertyp bestimmen. Sie sollten hier zunächst die Standardkampagne – VIDEOAUFRUFE – wählen. Außerdem gibt es noch folgende andere Möglichkeiten (siehe Abbildung 7.7):

- EFFIZIENTE REICHWEITE: Diese Videokampagnen zielen darauf ab, eine breite Nutzerbasis im Netzwerk zu erreichen und die Reichweite zu maximieren.
- ANGESTREBTE HÄUFIGKEIT: Das Hauptziel dieser Videokampagnen ist es, dieselben Nutzer möglichst oft anzusprechen und eine hohe Frequenz der Anzeigenauslieferung zu erzielen.
- VIDEOKAMPAGNE VOM TYP »REICHWEITE« MIT NICHT ÜBERSPRINGBAREN ANZEIGEN: Diese Videokampagne strebt ebenfalls eine große Reichweite an, jedoch werden die Videoanzeigen in diesem Fall nicht übersprungen.
- MEHR CONVERSIONS: Diese Kampagnen zielen darauf ab, durch die Schaltung von Videoanzeigen möglichst viele Klicks und relevante Conversions zu generieren.
- ANZEIGENSEQUENZ: Bei diesem Format werden mehrere Videos in einer gewünschten Reihenfolge präsentiert, um den Google-Nutzern eine zusammenhängende »Story« über ein Produkt oder eine Marke zu vermitteln.
- AUDIO: Es besteht auch die Möglichkeit, reine *Audioanzeigen* unter dem Kampagnentyp *Videoanzeigen* zu erstellen.

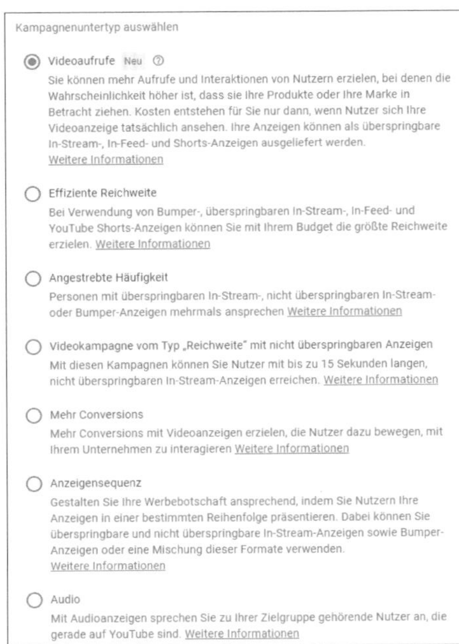

Abbildung 7.7 Verschiedene Untertypen zur Videokampagne

Für unser Beispiel zur Erstellung einer neuen Videokampagne verwenden wir die empfohlene Voreinstellung VIDEOAUFRUFE. Klicken Sie dann am Ende der Webseite auf WEITER. Anschließend öffnet sich das vertraute Formular zur Festlegung der Grundeinstellungen einer Kampagne. Einige Einstellungen, wie der Kampagnenname, die Sprachen und Standorte, sind bereits von anderen Kampagnen bekannt. Daher konzentrieren wir uns in den folgenden Abschnitten nur auf die Besonderheiten bei den Grundeinstellungen einer Videokampagne.

7.3.1 Gebotsstrategie

Unter der GEBOTSSTRATEGIE wird im Gegensatz zum bekannten CPC (Cost-per-Click) ein ZIEL-CPV (Cost-per-View) vorgegeben (siehe Abbildung 7.8). Google bietet weitere Gebotsstrategien an, die jedoch nur in bestimmten Videokampagnen und unter bestimmten Voraussetzungen (bestehenden Conversions) verfügbar sind:

- Maximaler CPV
- Ziel-CPM
- Sichtbarer CPM
- Ziel-CPA
- Conversions maximieren
- Conversion-Wert maximieren
- Ziel-ROAS

Die meisten Begriffe sind Ihnen aus anderen Kampagnen schon geläufig. Im Folgenden finden Sie Erläuterungen zu zwei Gebotsstrategien, die Sie eher selten in Ihrem Ads-Konto finden:

- *CPV* steht für *Cost-per-View*. Dies ist der Betrag, der fällig wird, sobald ein Nutzer Ihr Video ansieht. Hiermit generieren Sie – im Gegensatz zu den Klicks auf Google-Ads-Text- oder -Image-Anzeigen – noch keine Besucher Ihrer Website. Daher ist es besonders wichtig, dass Ihre Videos frühzeitig Ihre Werbebotschaft vermitteln und die Nutzer zum Besuch Ihrer Website auffordern. Denn erst auf Ihrer Website haben Sie die Möglichkeit, Interessenten in Kunden »umzuwandeln«. Für Videokampagnen können Sie den ZIEL-CPV angeben, der den durchschnittlichen Betrag pro View darstellt.
- *CPM* steht für *Cost-per-Mille* und ist der Preis pro Tausend Kontakte mit Ihrer Werbung. Sie bieten also direkt für 1.000 Impressionen. Diese Strategie ist besonders interessant, wenn Sie möglichst viele Nutzer mit Ihren Videos erreichen möchten. Für Ihre Videokampagnen können Sie einen sogenannten ZIEL-CPM angeben, der den durchschnittlichen Betrag für 1.000 Auslieferungen Ihrer Videoanzeigen darstellt.

7.3.2 Budget und Zeitraum

Für Videokampagnen existiert eine besondere Budgetoption, die Google in anderen Kampagnen (noch) nicht anbietet – das *Gesamtbudget* (siehe Abbildung 7.8). Bei den Grundeinstellungen Ihrer Videokampagnen können Sie im Bereich BUDGET UND ZEITRAUM von der gewohnten Einstellung des Tagesbudgets auch auf GESAMTBUDGET DER KAMPAGNE umstellen.

Abbildung 7.8 Gebotsstrategie und Budget vorgeben

Falls Sie ein Gesamtbudget nutzen möchten, müssen Sie einen Zeitraum entweder über ein Start- und Enddatum oder eine Laufzeit festlegen. Google berechnet und präsentiert dann das zugehörige Tagesbudget.

7.3.3 Werbenetzwerke

Für Videokampagnen stehen grundsätzlich folgende Werbenetzwerke zur Verfügung (siehe Abbildung 7.9):

- YOUTUBE: Die Anzeigen werden auf den Suchergebnisseiten der YouTube-Suche, auf YouTube-Kanälen, auf der YouTube-Startseite oder als eingebettete Videos auf YouTube platziert.
- GOOGLE TV (nur für die USA verfügbar): Die Anzeigen werden im speziellen Google-TV-Netzwerk ausgeliefert.
- GOOGLE PARTNERS: Das Google-Partnernetzwerk kennen Sie bereits von den Displaykampagnen. Neben der Schaltung im YouTube-Universum können Videoclips

mit dieser Netzwerkauswahl auch auf den Seiten und in Apps der Google-Werbepartner erscheinen.

Das Werbenetzwerk der Google-Partner kann per Checkbox aktiviert oder deaktiviert werden. Die Werbung bei YouTube ist grundsätzlich immer aktiv, während das neue Google-TV-Netzwerk derzeit für die meisten Google-Ads-Werbetreibenden keine Rolle spielt.

Abbildung 7.9 Displaynetzwerk hinzufügen oder deaktivieren

7.3.4 Optimierung der Videoanzeigen

Mit den Einstellungen zu ÄHNLICHE VIDEOS, PRODUKTFEED und MEHRFORMATIGE ANZEIGEN (siehe Abbildung 7.10) können Sie Ihre Videokampagnen grundsätzlich optimieren. Wir empfehlen Ihnen, in jedem Fall passende ähnliche Videos ❶ zu Ihrem Werbevideo hinzuzufügen. Dadurch können Sie Ihre Produkte, Dienstleistungen oder Ihr Unternehmen im Zusammenhang mit anderen Videos noch besser präsentieren und Ihre Botschaft verstärken. Diese zusätzlichen Videos werden unterhalb Ihrer Hauptclips angezeigt.

Einen Produktfeed ❷ sollten Sie nutzen, falls Sie einen Webshop haben und das Merchant Center eingerichtet ist. Damit können Sie zusätzlich zu Ihren Anzeigen und Werbevideos auch noch Ihre Produkte aus dem Webshop in der Werbung passend präsentieren.

Damit Ihre Anzeigen auf möglichst vielen Endgeräten in unterschiedlichen Formaten ausgeliefert werden können, sollten die Anzeigen in jedem Fall in verschiedenen Formaten verfügbar sein, die entsprechende Option ❸ muss dann in der Einstellung zur Videokampagne aktiviert sein (siehe Abbildung 7.10). Die Anforderungen an die

Videos können Sie mit selbst produzierten Videos im Ads-Konto sehr schnell und einfach umsetzen, jedoch sollten diese auch bei produzierten Videos mittlerweile Standard sein, da die Videos oft auch für andere Werbeformate in sozialen Netzwerken verwendet werden. Beispielsweise ist das vertikale Videoformat für Videoclips auf Smartphones eine häufig genutzte Option.

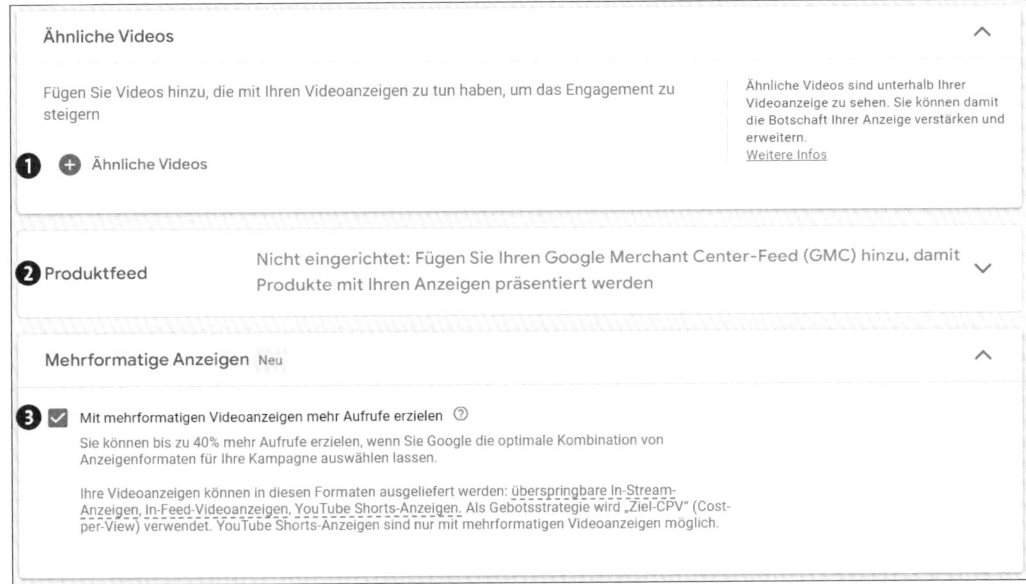

Abbildung 7.10 »Ähnliche Videos« und Videoformate festlegen

7.3.5 Geräte und Frequency Capping

Ähnlich wie bei den Displaykampagnen können Sie bei Videokampagnen unter GERÄTE (siehe Abbildung 7.11) bestimmte Endgeräte, Betriebssysteme, Gerätemodelle und Mobilfunknetze festlegen. Die Option zur Einstellung der Endgeräte ❶ und weitere Grundeinstellungen der Kampagne finden Sie nach dem Klick auf WEITERE EINSTELLUNGEN ❷.

> **TV-Bildschirme als Endgeräte**
>
> Bitte beachten Sie, dass bei der Ausrichtung auf Endgeräte für Videokampagnen auch TV-BILDSCHIRME möglich sind.

Werfen Sie einmal einen Blick auf die Einstellungen zum FREQUENCY CAPPING ❸, denn hier können Sie Beschränkungen für Impressionen und Interaktionen ❹ für Ihre potenziellen Kunden festlegen. Analog zu den Displaykampagnen geht es darum, eine regelmäßige Sichtbarkeit zu erzielen, ohne Ihre neuen potenziellen Kunden zu langweilen oder zu nerven! Es gibt zwar keine grundlegende Empfehlung zur optimalen Frequenz, aber bei der Analyse unterschiedlicher Quellen ergibt sich die Empfehlung einer maximalen Anzeigenfrequenz von drei bis fünf Mal pro Woche je Anzeige und potenziellen Kunden.

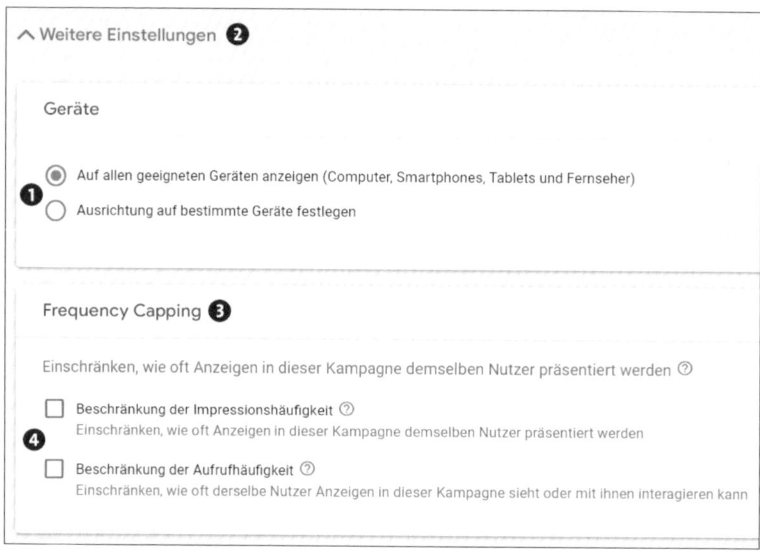

Abbildung 7.11 Endgeräte und »Frequency Capping«

Unter WEITERE EINSTELLUNGEN finden Sie auch den Werbezeitplaner, den Sie bereits aus anderen Kampagnen kennen. Nachdem Sie die Grundeinstellungen vorgenommen haben, müssen Sie nun Ihre erste Anzeigengruppe mit den entsprechenden Targeting-Einstellungen für Ihre Videokampagne anlegen.

7.3.6 Ausrichtung von Videoanzeigen

Die Ausrichtung der Videokampagne funktioniert nach dem gleichen Prinzip wie die Ausrichtung im Displaynetzwerk. Sie können Ihre Videokampagnen auf Anzeigengruppenebene nach demografischen Merkmalen, Zielgruppen, Keywords, Themen und Placements ausrichten.

Bei der Erstellung Ihrer Videokampagne können Sie zunächst für Ihre Anzeigengruppe eine oder auch mehrere Ausrichtungen bestimmen, die Sie später noch verändern und bearbeiten können. Möchten Sie z. B. Ihre Videoclips im Zusammenhang mit bestimmten Themen präsentieren, klicken Sie zunächst auf THEMEN und wählen dann ein Thema oder auch mehrere Themen per Checkbox aus (siehe Abbildung 7.13).

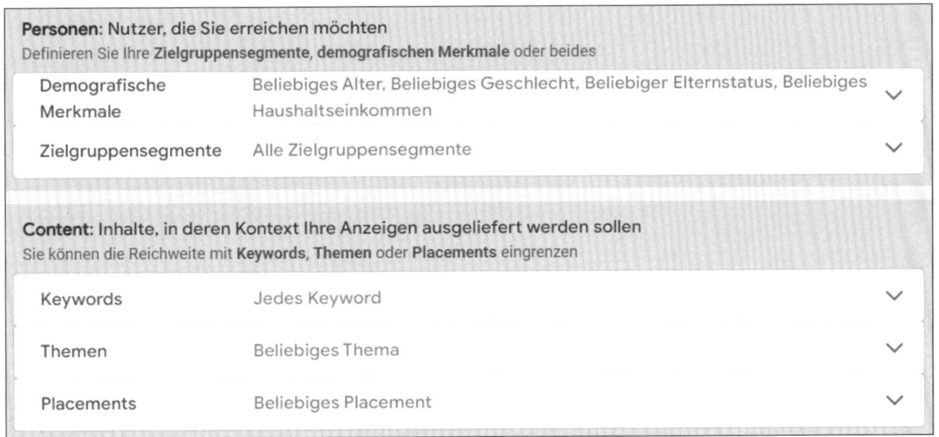

Abbildung 7.12 Ausrichtungsmöglichkeiten für Videokampagnen

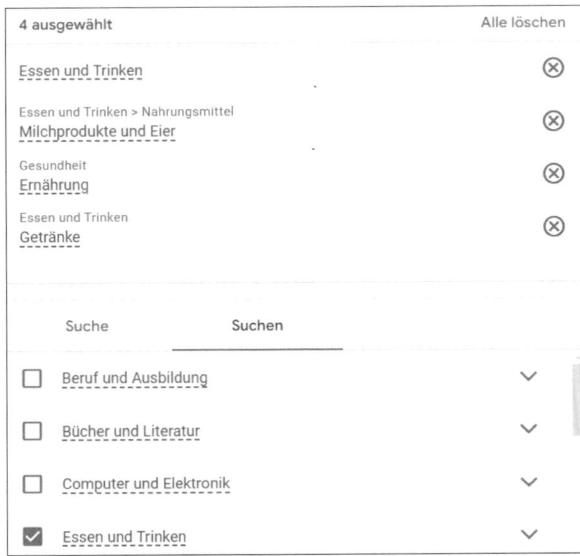

Abbildung 7.13 Beispiel: Themenauswahl zu »Essen und Trinken«, »Milchprodukte und Eier« etc.

7.3.7 Videos zufügen

Um Ihre Videokampagne abzuschließen, benötigen Sie noch die Werbevideos und die Anzeigentexte, um verschiedene Videoformate abzudecken. Schauen wir uns zunächst an, wie Sie Videos hinzufügen und in der Vorschau betrachten können (siehe Abbildung 7.14). Wie bereits erwähnt, können Sie entweder Videos aus Ihrem You-

Tube-Kanal wählen oder jedes andere Video auf YouTube suchen und auswählen. Falls Sie eigene Videos in der Asset-Bibliothek erstellt haben, wurden diese entweder in Ihren YouTube-Kanal hochgeladen oder in einem speziellen YouTube-Kanal für Ihr Anzeigenkonto bereitgestellt. Über eine YouTube-Suche oder die Eingabe der Video-URL ❶ können Sie auch auf diese Videos zugreifen und sie Ihrer Kampagne hinzufügen. Vergessen Sie nicht, Ihren Werbevideos eine Finale URL ❷ hinzuzufügen.

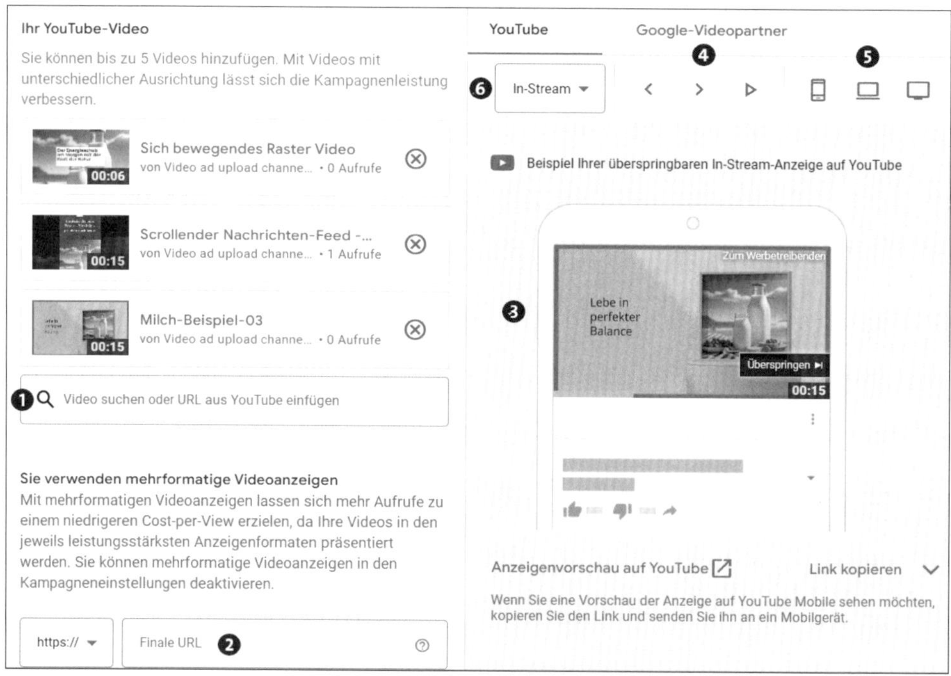

Abbildung 7.14 YouTube-Videos auswählen und »Finale URL« hinzufügen

Auf der rechten Seite neben den ausgewählten Videos können Sie Beispiele ❸ Ihrer Videoanzeigen betrachten. Für eine entsprechende Vorschau haben Sie die Möglichkeit, das Werbenetzwerk (YouTube oder Google-Videopartner) ❹ und das Endgerät ❺ zu bestimmen. Darüber hinaus können Sie in einer Drop-down-Liste ❻ zwischen den drei möglichen Formaten für den Kampagnentyp wechseln. Im Untertyp Videoaufrufe können aktuell folgende drei Formate ausgespielt werden:

- In-Stream
  Dies sind wahrscheinlich die bekanntesten Anzeigen, da sie vor, während oder nach Videos geschaltet werden und vom Zuschauer nach fünf Sekunden übersprungen werden können. In-Stream-Anzeigen sind auf YouTube und bei Partnern im Displaynetzwerk zu finden.

- IN-FEED-VIDEO
  Diese Anzeigen werden in den Suchergebnissen von YouTube oder im Bereich EMPFOHLENE VIDEOS angezeigt. Außerdem können sie im Startseitenfeed der YouTube-App erscheinen. Um das Video zu starten, muss der Nutzer zunächst auf eine Anzeige mit einem Vorschaubild und einem Anzeigentext klicken.
- SHORTS
  Dies sind vertikale Kurzvideos für Smartphones, die maximal 60 Sekunden lang sind.

Nachdem Sie Ihre Videos hinzugefügt haben, müssen Sie im nächsten Schritt noch eine Anzeige (siehe Abbildung 7.15) für Ihre Videowerbung erstellen, damit Sie auch Anzeigen zum Typ »In-Feed-Videoanzeigen« schalten können. Die Formularfelder für die Anzeigentexte befinden sich direkt unter der FINALEN URL, die Sie bereits für die Videoclips hinzugefügt haben. Im nächsten Schritt können Sie optional für die ANGEZEIGTE URL ❶ zwei Pfadelemente mit jeweils maximal 15 Zeichen eingeben, wie Sie es bereits von anderen Anzeigenformaten kennen. Wenn Sie die Checkbox vor CALL-TO-ACTION ❷ aktivieren, können Sie Ihrer Anzeige auch eine Handlungsaufforderung ❸ aus einer vorgegebenen Liste beifügen. Zudem erhält Ihre Videoanzeige eine Überschrift (max. 30 Zeichen) ❹ sowie einen langen Anzeigentitel ❺ und einen Beschreibungstext ❻ mit je maximal 90 Zeichen.

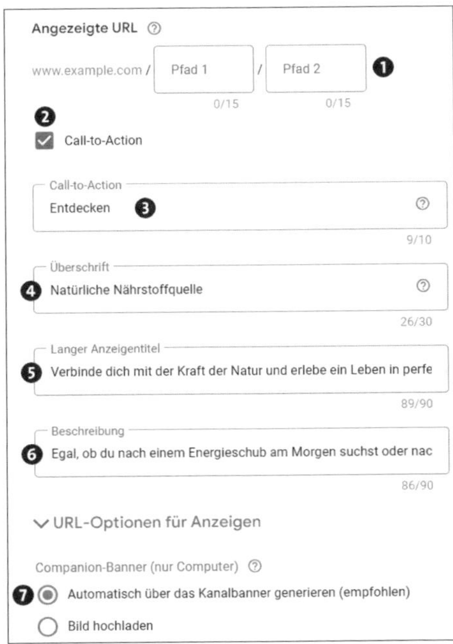

Abbildung 7.15 Anzeigentext für »In-Feed-Video« hinzufügen

Zur Anzeige gehört auch ein sogenanntes *Companion-Banner*. Dies ist ein Bild oder eine Gruppe von Bildern, die neben der Anzeige erscheinen. Google empfiehlt, dieses Bild automatisch generieren zu lassen ❼, um eine einfache Integration in verschiedene Plattformen zu gewährleisten. Alternativ können Sie jedoch auch ein passendes Bild hochladen. Abschließend erhält Ihre Anzeige einen Namen, um sie jederzeit einfach identifizieren zu können. Klicken Sie schließlich auf den Button ANZEIGE SPEICHERN, um Ihre Eingaben zu sichern.

Um ein besseres Verständnis davon zu erhalten, welche Anzeigenformate mit den gezeigten Einstellungen im Kampagnenuntertyp *Videoaufrufe* verwendet werden können und wie diese Anzeigen Ihrer Zielgruppe präsentiert werden, betrachten wir noch einmal kurz die beiden wichtigsten Anzeigenformate für Videokampagnen.

In-Stream-Anzeige

Mit den *In-Stream-Anzeigen* erreichen Sie eine große Zielgruppe, weil die Videos anderen Videos vorgeschaltet werden. Es ist jedoch wichtig zu beachten, dass ein Großteil der Nutzer die Anzeige überspringen könnte. Daher ist die Auswahl eines Videos, das sofortiges Interesse weckt, von entscheidender Bedeutung. Zudem ist es wichtig, die Zielgruppenausrichtung entsprechend anzupassen oder durch Tests die optimale Ausrichtung zu ermitteln. Der folgende Screenshot (siehe Abbildung 7.16) aus dem Vorschautool im Ads-Konto zeigt, wie eine In-Stream-Anzeige auf YouTube erscheinen würde.

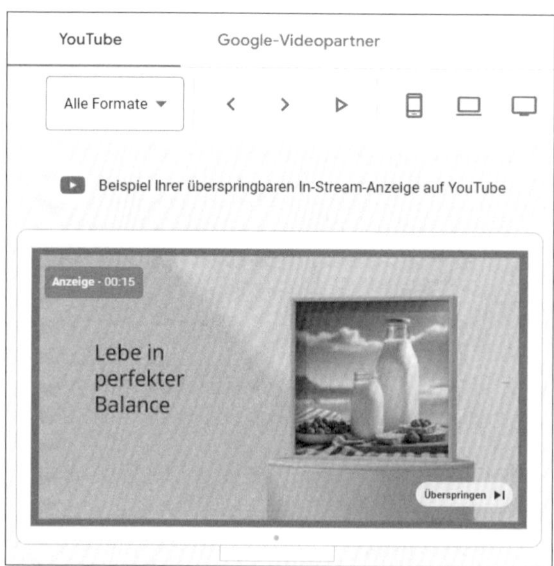

Abbildung 7.16 Vorschau: In-Stream-Anzeige in der »TV-Version« auf YouTube

In-Feed-Videoanzeige

Das zweite wichtige Format nennt sich *In-Feed-Video*. Diese Art von Anzeige kann als eigenständiger Videoclip neben anderen YouTube-Videos, als Teil der Suchergebnisse auf YouTube oder auf der YouTube-Startseite platziert werden. Für dieses Format werden zusätzlich Textelemente wie Überschriften und Anzeigentitel benötigt, ähnlich wie Sie es von den Textanzeigen in Google Ads kennen. Diese Textelemente haben wir in unserem Beispiel unterhalb der hinzugefügten Videos eingetragen. Die Abrechnung erfolgt bei diesem Format pro Klick auf die Anzeige mit dem Ziel, Ihr Werbevideo einer vorher festgelegten Zielgruppe zu präsentieren, die Sie über das Targeting definiert haben. Das Video wird dann auf der Wiedergabe- oder Kanalseite von YouTube abgespielt. Zu Ihrer Anzeige gehört außerdem ein passendes Vorschaubild und eine Handlungsaufforderung (Call-to-Action). Auch die Darstellung Ihrer In-Feed-Videoanzeige können Sie über die Vorschau in den verschiedenen Netzwerken und für unterschiedliche Endgeräte betrachten. Das folgende Beispiel (siehe Abbildung 7.17) zeigt eine In-Feed-Videoanzeige auf einem Smartphone im YouTube-Kanal.

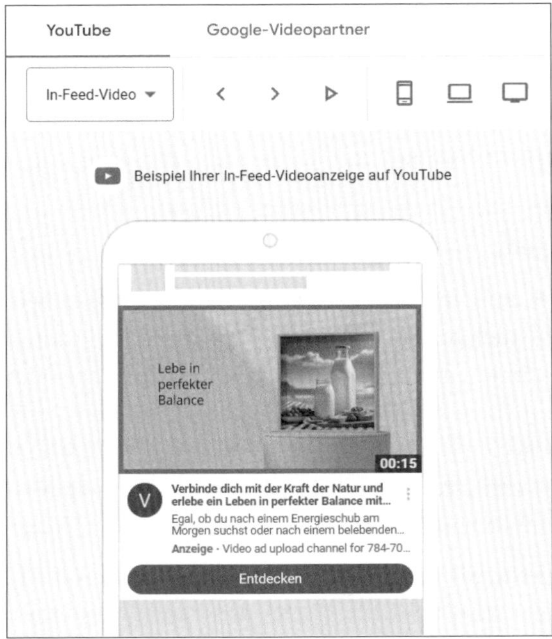

Abbildung 7.17 Vorschau: In-Feed-Videoanzeige in der Mobilgeräte-Version auf YouTube

Gebote

Wenn Sie eine Gebotsstrategie mit CPV nutzen, müssen Sie für Ihre Anzeigengruppe noch Ihr *CPV-Gebot* eintragen (siehe ZIEL-CPV-GEBOT ❶ in Abbildung 7.18). Falls Sie noch keine Erfahrung mit Videokampagnen haben, sollten Sie zunächst einmal mit kleinen Geboten um die 0,20 bis 0,30 € per View starten. Nach Eingabe Ihres Gebots erhalten Sie von Google zusätzlich auch KAMPAGNENSCHÄTZWERTE ❷ zu Impressionen, Aufrufen etc. (siehe ebenfalls Abbildung 7.18).

Abbildung 7.18 Gebot und Schätzwerte zur Kampagne

7.3.8 Retargeting für Videoanzeigen

Retargeting ist auch für Ihre Videowerbung möglich. Dies eine effektive Möglichkeit, Ihre Werbung gezielt an Nutzer auszuspielen, die bereits Interesse an Ihrem Produkt oder Ihrer Marke gezeigt haben. Sie können Ihre Videoclips gezielt bei YouTube oder im Google Displaynetzwerk (GDN) auf vorher erfasste Zielgruppen ausrichten. Beim Targeting über Listen mit selbst erhobenen Daten können Sie entweder auf vorhandene Listen von Webseitenbesuchern zurückgreifen oder zusätzliche Listen von Nutzern erstellen, die mit Ihrem verknüpften YouTube-Kanal interagiert haben.

Um diese Listen zu erstellen, navigieren Sie zunächst zu TOOLS • GEMEINSAM GENUTZTE BIBLIOTHEK • ZIELGRUPPENVERWALTUNG. Klicken Sie dann auf ⊕ und wählen Sie den Unterpunkt + YOUTUBE-NUTZER. Erstellen Sie ein passendes Segment mit einem aussagekräftigen Namen und wählen Sie den entsprechenden YOUTUBE-KANAL aus. Dann können Sie unter MASSNAHMEN aus der Drop-down-Liste die gewünschte Nutzeraktion auswählen (siehe Abbildung 7.19).

So sollten Sie beispielsweise Nutzerlisten zu folgenden Aktionen erstellen:

- Nutzer, die Ihre YouTube-Kanal-Seite aufgerufen haben
- Nutzer, die Ihren YouTube-Kanal abonniert haben
- Nutzer, die sich bestimmte Videos aus Ihrem Kanal angesehen haben
- Nutzer, die bestimmte Videos als Anzeige angesehen haben

Es gibt sicherlich noch weitere interessante Nutzergruppen, aber mithilfe dieser vier Beispielgruppen können Sie bereits sehr gezielt bestimmte Nutzer mit Ihren Werbevideos ansprechen. Sobald Sie eine Nutzergruppe ausgewählt haben, besteht die Möglichkeit, je nach Auswahl noch bestimmte Videos zu kennzeichnen, um die Liste genauer zu definieren.

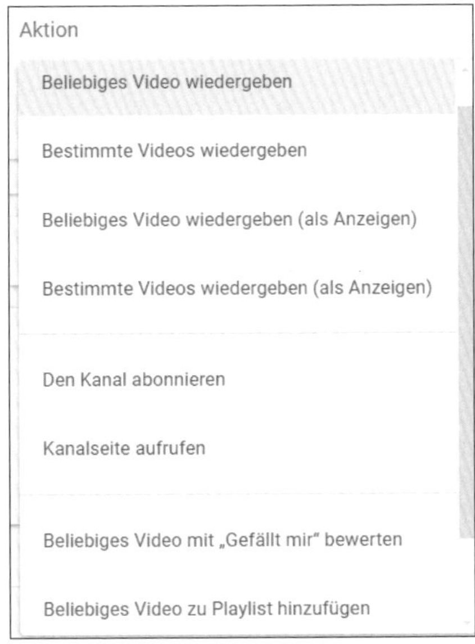

Abbildung 7.19 Nutzeraktionen im YouTube-Kanal

Für die Video-Retargeting-Listen können Sie, wie bei anderen Listen auch, eine Nutzungsdauer (von bis zu 540 Tagen) angeben. Zusätzlich haben Sie die Möglichkeit, vorherige Nutzer bis zu einem Zeitraum von 30 Tagen in die neue Liste aufzunehmen. Auf diese Weise erhöhen Sie die Chance, schnell 100 User zu erreichen, die Sie benötigen, um die neue Video-Retargeting-Liste nutzen zu können. Nachdem Sie die erforderlichen Einstellungen vorgenommen haben, schließen Sie den Vorgang ab, indem Sie auf WEITER und dann FERTIG klicken. Eine Video-Retargeting-Liste steht nach der Erstellung auch als Targeting für Ihre Google-Ads-Kampagnen und die Kampagnen im Displaynetzwerk zur Verfügung.

Nachdem Sie die Listen erstellt haben, können Sie sie über die Navigation KAMPAGNEN • ZIELGRUPPEN, KEYWORDS UND INHALTE • ZIELGRUPPEN wie gewohnt zur Anzeigengruppe Ihrer Videokampagne hinzufügen. Klicken Sie dazu auf ZIELGRUPPENSEGMENTE HINZUFÜGEN, wählen Sie unter SUCHEN die Gruppe BISHERIGE INTERAKTIONEN MIT IHREM UNTERNEHMEN und dann die Untergruppierung YOUTUBE-NUTZER aus (siehe Abbildung 7.20).

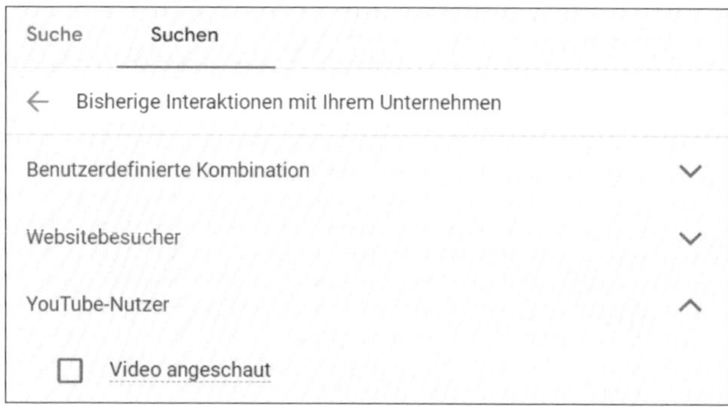

Abbildung 7.20 YouTube-Remarketing-Listen unter »Zielgruppen«

7.3.9 Auswertungen zur Videowerbung

Für Ihre Videokampagnen stehen ebenfalls zahlreiche Auswertungsberichte zur Verfügung. Sie können Ihre Berichte zu den Videokampagnen wie gewohnt über das Icon zu den Berichtsspalten mit der Auswahl SPALTEN ANPASSEN individuell zusammenstellen.

Für Ihre Videokampagnen sind spezifische Kennzahlen von Interesse, die je nach Informationsbedarf für Ihre Berichte genutzt werden können. Folgende Spalten für Ihre Videokampagnen finden Sie beispielsweise unter ERZIELTE YOUTUBE-AKTIONEN:

- Erzielte Aufrufe
- Erzielte positive Bewertungen
- Erzielte Playlist-Hinzufügungen
- Erzieltes Teilen
- Erzielte Abonnenten

Ihren Berichten für Ihre Videokampagnen können Sie weitere Spalten hinzufügen. Beim Unterpunkt LEISTUNG können Sie die Spalte VIDEOWIEDERGABE ZU ... aktivieren. Sie erhalten dann eine Statistik, die aufzeigt, wie viel Prozent der Internetnutzer welchen Anteil Ihrer Werbevideos betrachtet hat. Die Videowiedergabe wird dabei in vier Teile zu je 25 % unterteilt.

In unserem Beispiel in Abbildung 7.21 erkennen Sie, dass nur ca. 24 bis 25 % ❶ der Videoaufrufer 25 % der Videos (VIDEO 1- und VIDEO 3-) gesehen haben. VIDEO 1- war anscheinend etwas interessanter, da 12,5 % ❷ es bis zum Schluss (100 %) geschaut haben, während es bei VIDEO 3- nur 4,7 % ❸ waren. Diese Statistik gibt also Aufschluss über die Leistung Ihrer Videos. Falls der überwiegende Anteil der Videoaufrufer Ihren Clip nicht zu Ende schaut, sollten Sie andere und eventuell auch kürzere Videos testen und dann diejenigen herausfiltern, die einen Betrachter möglichst lange bei der Stange halten.

Suchen Segment Spalten Berichte Herunterla... Erweitern Mehr

Video	Videowiedergabe zu:				Durchschn. CPV ❺	Durchschn. sichtbarer CPM ❻
	25 %	50 %	75 %	100 %		
	56,11 %	37,53 %	33,07 %	30,82 %	0,016 €	5,32 €
Video 1 -	❶ 23,21 %	13,39 %	12,50 %	❷ 12,50 %	0,023 €	3,25 €
Video 3 -	❶ 25,21 %	11,97 %	8,55 %	❸ 4,70 %	0,062 €	3,62 €

Abbildung 7.21 Statistik zum Anteil der Videowiedergabe

Zudem haben wir für diesen Bericht noch die Kennzahlen DURCHSCHN. CPV ❹ und DURCHSCHN. SICHTBARER CPM ❺ hinzugefügt. Der durchschnittliche CPV gibt Auskunft darüber, was es den Werbenden gekostet hat, dass ein potenzieller Kunde das Video bzw. einen Teil des Videos angeschaut hat. Der CPM gibt wiederum an, welche Kosten im Schnitt für 1.000 sichtbare Einblendungen der Werbung entstanden sind.

7.4 Checkliste

Sie möchten alle Möglichkeiten der Google-Ads-Videokampagnen optimal nutzen? Mit der folgenden Checkliste finden Sie die passenden Werbemöglichkeiten für Ihre Bedürfnisse.

Meine Ziele	Ads-Videos
Ansprache von vielen Nutzern, die Interesse an meinen Produkten oder Dienstleistungen haben	Kampagne vom Typ »Videoaufrufe«
Ansprache einer möglichst großen Gruppe mit Werbeclips	Kampagne vom Typ »Effiziente Reichweite«
Mehrmalige Ansprache einer Zielgruppe mithilfe von Videoclips	Videokampagne vom Typ »Reichweite«
Zusätzliche Verkäufe oder Online-Anfragen mithilfe von Videowerbung	Videokampagne vom Typ »Mehr Conversions«
Erzeugen einer Werbebotschaft über Geschichten mit mehreren Videos	Videokampagnen vom Untertyp »Anzeigensequenz«
Bewerbung eines Podcasts oder von Produkten mithilfe von Audiobotschaften	»Audioanzeigen« unter Google-Ads-Videokampagnen erstellen

Tabelle 7.1 Ziele und Google-Ads-Videos

Kapitel 8
Retargeting und Remarketing

Was genau ist Retargeting? Haben Sie schon einmal im Internet nach einem bestimmten Produkt gestöbert oder eine Dienstleistung gesucht, nur um dann die Seite zu verlassen, ohne etwas zu kaufen? Später taucht genau dieses Produkt oder diese Dienstleistung in einer Anzeige auf einer anderen Website wieder auf. Retargeting ist die geheime Waffe vieler erfolgreicher Marketingstrategien. In diesem Kapitel zeigen wir Ihnen, wie Sie Interessenten zurück auf Ihre Website locken können, um sie dort in Kunden zu verwandeln.

Retargeting und Remarketing werden im Alltag oft synonym verwendet, obwohl es subtile Unterschiede gibt, wie wir bereits in Abschnitt 5.6.4 dieses Buchs erläutert haben. Letztendlich geht es darum, ehemalige Besucher Ihrer Webseite oder andere potenzielle Kunden, die bereits mit Ihren Produkten oder Dienstleistungen in Kontakt waren, erneut mit gezielter Werbung anzusprechen. In diesem Kapitel werden wir erörtern, wie Sie entsprechende Zielgruppenlisten in Ihrem Google-Ads-Konto erstellen können und wie Sie Retargeting/Remarketing effektiv in Ihren Anzeigenkampagnen einsetzen können.

8.1 Retargeting – holen Sie sich Ihre Besucher zurück

Das Wort Retargeting setzt sich zusammen aus *Target* (engl. für Ziel) und der Vorsilbe *re* (für wieder). Das Ziel sind hier die potenziellen Kunden, die wieder erreicht und zurückgewonnen werden sollen. Mit Retargeting wird Ihre Zielgruppe erneut mit Ihrer Werbung, Ihrem Produkt oder Ihrer Marke konfrontiert. Somit sollen Kunden, die schon »verloren« waren, weil sie Ihre Webseite verlassen haben, wieder aktiviert werden. Sie haben dieses Phänomen vielleicht selbst schon erlebt, wenn Sie einmal die Webseite eines großen Online-Shops für Schuhe besucht haben. Surfen Sie später mit dem gleichen Computer und dem gleichen Browser auf anderen Webseiten (z. B. in Nachrichtenportalen oder beim Wetterdienst), leuchten Ihnen die Werbebanner des Schuh-Shops entgegen.

Diese spezielle Werbemaßnahme basiert technisch auf sogenannten *Cookies*, die in Ihrem Browser abgelegt werden. Falls Sie also selbst von den ständigen Werbeeinblendungen des Schuhportals (oder anderer Webseiten) genervt sind, löschen Sie einfach mal die Cookies in Ihrem Browser: Die Werbeeinblendungen des Webshops verschwinden.

8.1.1 Rechtliche Aspekte des Remarketings

Im Mittelpunkt der rechtlichen Diskussion über die Zulässigkeit von Remarketing-Maßnahmen stehen immer wieder Cookies. Sie wissen bereits, was Cookies sind und wie sie funktionieren. Allerdings besteht oft Klärungsbedarf hinsichtlich ihrer rechtssicheren Anwendung. Aktuelle Gesetzesreformen in Europa und Entscheidungen des Europäischen Gerichtshofs (EuGH) werden künftig auch deutsche Website-Betreiber direkt beeinflussen.

Seit der Einführung der Datenschutz-Grundverordnung (*DSGVO*) am 25. Mai 2016 und ihrer Geltung in der gesamten Europäischen Union (EU) nach einer zweijährigen Übergangsfrist ab dem 25. Mai 2018 sind alle Unternehmen sensibilisiert für das Thema »Datenschutz«.

Bezüglich Ihres Einsatzes von Retargeting/Remarketing empfehlen wir Ihnen, dies mit Ihrem Datenschutzbeauftragten zu besprechen oder entsprechende rechtliche Beratung in Anspruch zu nehmen. Dies können und dürfen wir an dieser Stelle nicht leisten.

Sehen Sie daher die folgenden Hinweise als To-do-Liste, um die einzelnen Punkte mit Ihrem Datenschutzbeauftragten und Ihrem Webadministrator zu klären.

Cookie-Banner

Um Remarketing nutzen zu können und Ihre Webseitenbesucher mit Cookies zu kennzeichnen, benötigen Sie zu Beginn eines Webseitenbesuchs die Zustimmung Ihres Besuchers. Diese Zustimmung können Sie mithilfe von Cookie-Bannern einholen (siehe Beispiel in Abbildung 8.1). Für die Implementierung von Cookie-Bannern gibt es verschiedene Anbieter, die sogenannten *Consent-Management-Plattformen* (*CMP*). Die folgende Liste enthält einige der bekanntesten Plattformen, erhebt jedoch keinen Anspruch auf Vollständigkeit:

- Usercentrics (*https://usercentrics.com/de/*)
- ConsentManager (*https://www.consentmanager.de/*)
- Borlabs Cookie (*https://de.borlabs.io/borlabs-cookie/*)
- Cookiebot (*https://www.cookiebot.com/de/*)

- OneTrust (*https://www.onetrust.com/de/*)
- CCM19 (*https://www.ccm19.de/*)

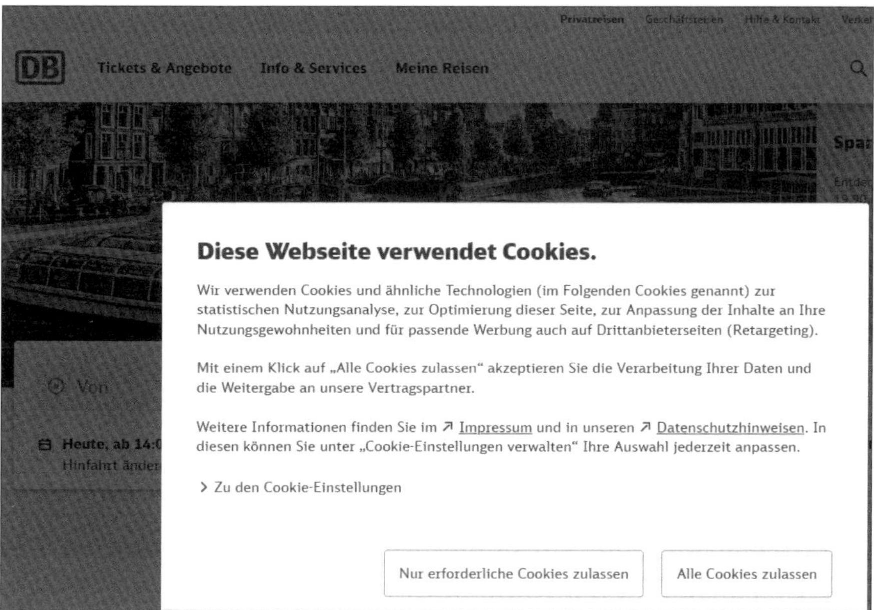

Abbildung 8.1 Beispiel: Cookie-Banner der »Deutschen Bahn«

Datenschutzhinweise

Neben der Einholung der Zustimmung benötigen Sie auch entsprechende Datenschutzhinweise und Erläuterungen zur Funktion des Retargetings auf Ihrer Website. Diese Datenschutzhinweise sollten zudem direkt aus dem Cookie-Banner verlinkt werden (siehe Abbildung 8.1). Eine detaillierte Erklärung der weiteren Datenverarbeitung sowie die Einbindung einer Widerspruchsmöglichkeit sollten Sie unbedingt in Ihre Datenschutzerklärung aufnehmen. Sie können entsprechende Formulierungen auf den Websites der Consent-Management-Plattformen oder auf den Websites von Anwälten zum Thema Online-Recht (z. B. *https://www.e-recht24.de/*) finden. Falls Sie Ihren Shop bei einem Dienstleister wie beispielsweise Trusted Shops (*https://www.trustedshops.de/*) zertifizieren lassen, bieten diese auch juristische Unterstützung bei der Formulierung von Hinweisen zu Cookies, Remarketing und Datenschutz.

Consent Mode V2

Seit November 2023 und spätestens seit März 2024 ist der sogenannte *Google Consent Mode V2* in aller Munde. Obwohl der Standard Google Consent bereits seit Längerem existierte, wurde er von vielen Google-Ads-Nutzern nicht beachtet bzw. genutzt. Mit dem Consent Mode V2 ist das jedoch anders. Google verlangt die Nutzung des Consent Mode, wenn Ads-Nutzer weiterhin Retargeting und Conversion-Tracking einsetzen möchten. Der Google Consent Mode übermittelt vereinfacht gesagt die Informationen über die Zustimmung oder Ablehnung, die wir als Webseitenbetreiber über das Cookie-Consent-Banner (siehe vorherige Ausführungen) erhalten haben, an Google. Dadurch kann Google beispielsweise auf Anfrage von Datenschutzbehörden nachweisen, dass eine entsprechende Einwilligung zum Tracking und zum Setzen von Cookies vorliegt. Lesen Sie auch die Hinweise von Google unter:

https://developers.google.com/tag-platform/security/guides/consent?hl=de&consentmode=basic

Folgende Einwilligungsarten zum Consent Mode V2 können an Google übermittelt werden:

- `ad_storage`

  Einwilligung oder Ablehnung zum Speichern werbebezogener Cookies
- `ad_user_data`

  Einwilligung oder Ablehnung zum Senden von Nutzerdaten an Google für Online-Werbezwecke
- `ad_personalization`

  Einwilligung oder Ablehnung für personalisierte Anzeigen
- `analytics_storage`

  Einwilligung oder Ablehnung von analysebezogenen Cookies, z. B. für Google Analytics
- `functionality_storage`

  Einwilligung oder Ablehnung zum Speichern von Daten, die Funktionen der Website unterstützen
- `personalization_storage`

  Einwilligung oder Ablehnung zum Speichern von Personalisierungen
- `security_storage`

  Einwilligung oder Ablehnung zum Speichern sicherheitsrelevanter Daten

Der Status der jeweiligen Einwilligung wird bei einer Zustimmung des Webseitenbesuchers auf `granted` und bei Ablehnung auf `denied` gesetzt. Daher sieht eine Übermittlung der Einwilligung an Google in einem Codeausschnitt zum Beispiel folgendermaßen aus:

```
gtag('consent', 'update', {
      ad_user_data: 'granted',
      ad_personalization: 'granted',
      ad_storage: 'granted',
      analytics_storage: 'granted'
```

Für Google Ads sind insbesondere die Einwilligungsarten `ad_storage`, `ad_user_data` und `ad_personalization` von Bedeutung.

Sie können den Code zum einen selbst über den Google Tag Manager übermitteln. Einfacher ist es jedoch, die Übermittlung mithilfe bekannter Consent-Management-Plattformen durchzuführen. Daher sollten Sie eine Plattform wählen, die bereits mit dem Consent Mode V2 arbeitet.

Google Consent Mode: Basic vs. Advanced

Die Unterscheidung zwischen *Google Consent Mode* und *Google Consent Mode V2* ist bereits für viele Online-Marketing-Verantwortliche eine Herausforderung. Zusätzlich gibt es noch die Unterscheidung zwischen *Basic Mode* und *Advanced Mode*. Die folgenden Erläuterungen sollen den Unterschied auf einfache Weise verdeutlichen.

Im Basic Mode, auch als einfache Implementierung bekannt, wird die Zustimmung oder Ablehnung der Webseitenbesucher an Google weitergeleitet. Das Tag zur Markierung der Webseitenbesucher als Retargeting oder der Ads-Conversions wird nur dann von Google ausgeführt, wenn eine Zustimmung vorliegt.

Im Advanced Mode, auch als erweiterte Implementierung bezeichnet, wird ebenfalls die Zustimmung oder Ablehnung an Google übermittelt. Nun feuert Google jedoch auch bei einer Ablehnung sogenannte *Cookieless Pings* ab, um im Nachgang mithilfe von KI zu berechnen, wie sich die Webseitenbesucher verhalten haben.

Diese Vorgehensweise ist bei Datenschützern umstritten, obwohl Google diese Methode datenschutzrechtlich unproblematisch sieht.

8.1.2 Retargeting-Code für Ihr Ads-Konto

Nachdem Sie die juristischen Voraussetzungen geklärt und die Codes für Sie passend eingebaut haben, läuft das Aufsetzen einer Remarketing-Kampagne in folgenden Schritten ab:

1. Sie erstellen zuerst einen Remarketing-Code in Ihrem Google-Ads-Konto.
2. Das Code-Snippet wird auf jeder Unterseite Ihrer Website eingefügt.

3. Neue Besucher erhalten ein Cookie in ihrem Browser und werden gleichzeitig in der Standardliste ALLE BESUCHER (GOOGLE ADS) im Google-Ads-Konto registriert.
4. Basierend auf der Standardliste können später spezielle Listen für bestimmte Zielgruppen erstellt werden, beispielsweise für Besucher bestimmter Unterseiten.
5. Auf diese Remarketing-Listen können Sie dann später in Ihren Kampagnen unter ZIELGRUPPENSEGMENTE • (SEGMENTE MIT SELBST ERHOBENEN DATEN) zurückgreifen.

Abbildung 8.2 Remarketing-Listen unter »Selbst erhobene Daten«

8.1.3 Google-Tag

Zum Einbau des Standard-Code-Snippets als Grundlage für das Tracking können Sie ganz einfach das sogenannte GOOGLE-TAG nutzen. Sie finden es unter TOOLS • DATA MANAGER (siehe Abbildung 8.3).

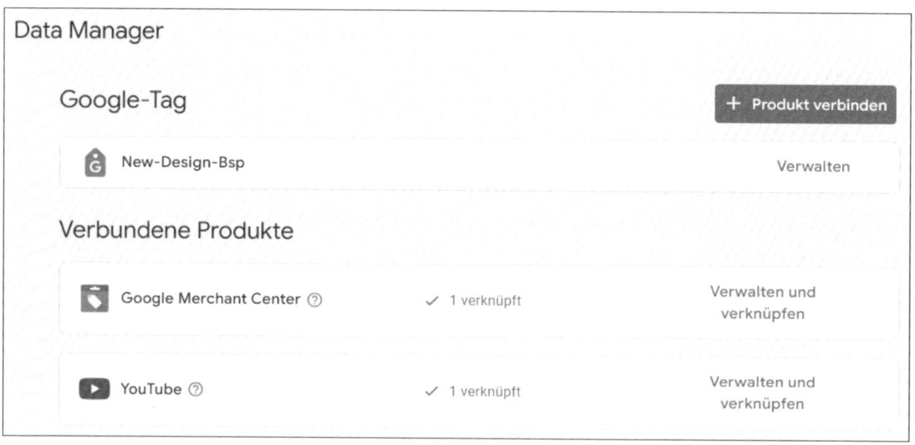

Abbildung 8.3 Google-Tag im Data Manager

Dort erhalten Sie auch eine Installationsanleitung für den Einbau in verschiedene Content-Management-Systeme, wie zum Beispiel WordPress. Es gibt außerdem eine Anleitung für den manuellen Einbau mit dem entsprechenden Code (siehe Listing 8.1). Bitte beachten Sie, dass wir die Tag-ID in dem Beispiel-Listing anonymisiert haben. Für die Content-Management-Systeme, die oft eigene Plug-ins verwenden, wird dann nur die Tag-ID benötigt, die mit `AW` beginnt.

```
<!-- Google tag (gtag.js) -->
<script async src="https://www.googletagmanager.com/gtag/js?id=AW-
112xxxxxxx"></script>
<script>
```

Listing 8.1 Beispiel eines Google-Tags mit Tag-ID

Ist das Google-Tag in Ihre Website eingebaut, können Sie mithilfe des Google Tag Assistant, einem Add-on für Google Chrome, überprüfen, ob der Code korrekt auf Ihrer Webseite eingefügt wurde. In Ihrem Ads-Konto können Sie zudem unter dem Menüpunkt DATA MANAGER • GOOGLE-TAG nach einem Klick auf VERWALTEN und einem Mouse-over über die Verbindung zwischen Google-Tag und Ziel (siehe Abbildung 8.4) stets kontrollieren, ob das Tag in den letzten 24 Stunden erkannt wurde.

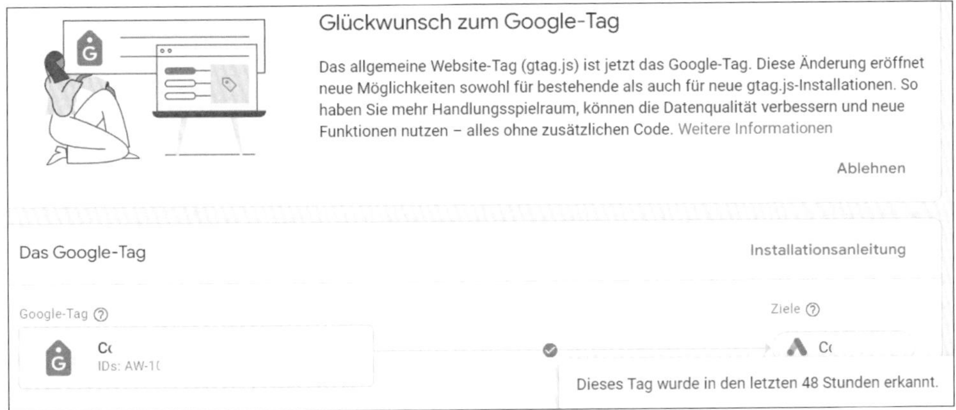

Abbildung 8.4 Das Google-Tag wurde nach Installation erkannt.

8.1.4 Retargeting-Listen erstellen

Nachdem das Google-Tag auf jeder Unterseite Ihrer Website eingebettet wurde, können Sie neben der Standardliste ALLE BESUCHER (GOOGLE ADS), die bei Aufruf einer beliebigen Unterseite gefüllt wird, zusätzlich weitere Retargeting-Listen erstellen:

1. Navigieren Sie im Ads-Konto via TOOLS • GEMEINSAM GENUTZTE BIBLIOTHEK zur ZIELGRUPPENVERWALTUNG.
2. Wählen Sie in der Kopfnavigation den Tab SEGMENTE MIT SELBST ERHOBENEN DATEN.
3. Klicken Sie auf den ⊕-Button. Im nächsten Schritt können Sie aus verschiedenen Möglichkeiten wählen. Klicken Sie hier zur Erstellung einer Liste auf Grundlage des Google-Tags auf + WEBSITEBESUCHER.

4. Im nächsten Schritt haben Sie unterschiedliche Möglichkeiten, die Zusammensetzung Ihrer neuen Liste zu definieren (siehe Abbildung 8.5). Am einfachsten ist es, wenn Sie zu Beginn die Auswahl BESUCHER VON WEBSEITEN ❶ nutzen und dann eine SEITEN-URL ❷ festlegen.

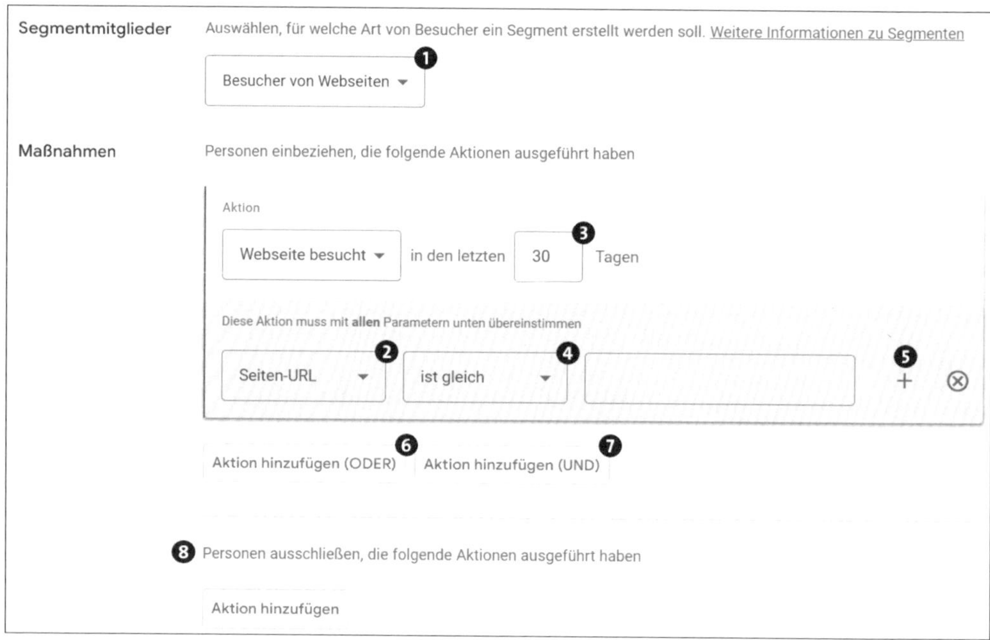

Abbildung 8.5 Retargeting-Liste definieren

Folgende Einstellungen und Kombinationen können Sie zudem vornehmen:

- Verlängerung des Zeitraums des letzten Webseitenbesuchs ❸, um die Liste schneller zu füllen.
- Klick auf AKTION VERFEINERN, um eine SEITEN-URL ❷ oder eine REFERRER-URL zu bestimmen.
- Zusammenfassen bestimmter Webseitengruppen mittels Vorgaben wie ENTHÄLT, ENDET AUF, IST GLEICH ❹ etc.
- Kombination ❺ von Besuchern einer Seite, die auch eine andere Seite besucht haben.
- Kombination von Besuchern einer Aktion *oder* einer anderen Aktion ❻.
- Kombination von Besuchern einer Aktion *und* einer anderen Aktion ❼.
- Zusammenstellung einer Gruppe mit einer bestimmten Aktion in Kombination mit dem Ausschluss einer anderen Aktion ❽.

Testen Sie verschiedene Cookie-Laufzeiten

Je nach Produktart oder Dienstleistung, die Sie bewerben möchten, sind unterschiedliche Cookie-Laufzeiten ❸ interessant (siehe Abbildung 8.5). Bei Produkten, die dringend benötigt werden, sollten Sie generell mit kurzen Laufzeiten (ca. sieben Tage) arbeiten, bei längerfristigen Entscheidungen wie z. B. einer Urlaubsbuchung sind durchaus längere Cookie-Laufzeiten als die Standardeinstellung von 30 Tagen sinnvoll.

Unser Tipp: Testen Sie kurze Laufzeiten (z. B. sieben Tage) im Vergleich mit längeren Laufzeiten (z. B. 30 Tage) und untersuchen Sie danach die Performance Ihrer Google-Ads-Kampagnen. Überprüfen Sie also, wie gut Ihre vorher definierten Ziele erreicht wurden.

Beispiel-Liste: Warenkorbabbrecher

Remarketing sollte intelligent genutzt werden, da eine unüberlegte Anwendung dieser Strategie mehr schadet als nützt. Es ist daher taktisch klüger, ausgehend von dem integrierten Google Tag, der den Besuch jeder Seite automatisch trackt, weitere Spezialllisten zu generieren.

Im folgenden Beispiel zeigen wir Ihnen, wie Sie eine Liste erstellen, um Besucher zu erfassen, die Artikel in den Einkaufswagen Ihres Webshops gelegt haben, aber die Webseite vor Abschluss des Kaufvorgangs verlassen haben. Diese potenziellen Kunden, auch bekannt als Warenkorbabbrecher, sind eine wichtige Zielgruppe für Remarketing-Kampagnen. Um diese Gruppe gezielt anzusprechen, müssen Sie zunächst eine eigene Liste für sie erstellen.

1. Navigieren Sie dazu zunächst wieder zu ZIELGRUPPENVERWALTUNG • SEGMENTE MIT SELBST ERHOBENEN DATEN.
2. Klicken Sie auf den ⊕-Button und wählen Sie dann + WEBSITEBESUCHER.
3. Geben Sie Ihrem neuen Zielgruppensegment einen einfachen und eindeutigen Namen.
4. Wählen Sie unter SEGMENTMITGLIEDER die Option BESUCHER VON WEBSEITEN.
5. Legen Sie als Aktion WEBSEITE BESUCHT ❶ fest (siehe Abbildung 8.6).
6. Weisen Sie Ihrer Retargeting-Liste alle Besucher zu, die eine Seiten-URL besucht haben, die den Ausdruck */cart/* ❷ enthält, falls Ihr Webshop so aufgebaut ist, dass der Warenkorb sich im Unterordner */cart/* befindet. Dadurch wissen wir, dass ein Besucher etwas in den Warenkorb gelegt hat. – Passen Sie dies entsprechend an, falls sich Ihr Warenkorb auf einer anderen URL befindet!
7. Klicken Sie anschließend auf den Button AKTION HINZUFÜGEN unter dem Hinweis PERSONEN AUSSCHLIESSEN, DIE FOLGENDE AKTIONEN AUSGEFÜHRT HABEN.

8. Hier bestimmen Sie die Besucher, die am Ende etwas gekauft haben, da sie die Seiten-URL *einkauf-danke.html* in unserem fiktiven Beispiel nach einem Kaufabschluss aufgerufen haben. Daher schließen Sie entsprechende Seiten-URLs aus, die *-danke* ❸ enthalten. Auf diese Weise können Sie mehrere »Danke-Seiten« zusammenfassen, falls erforderlich. – Bitte passen Sie auch den Ausschluss der Danke-Seite auf Ihre Situation an!

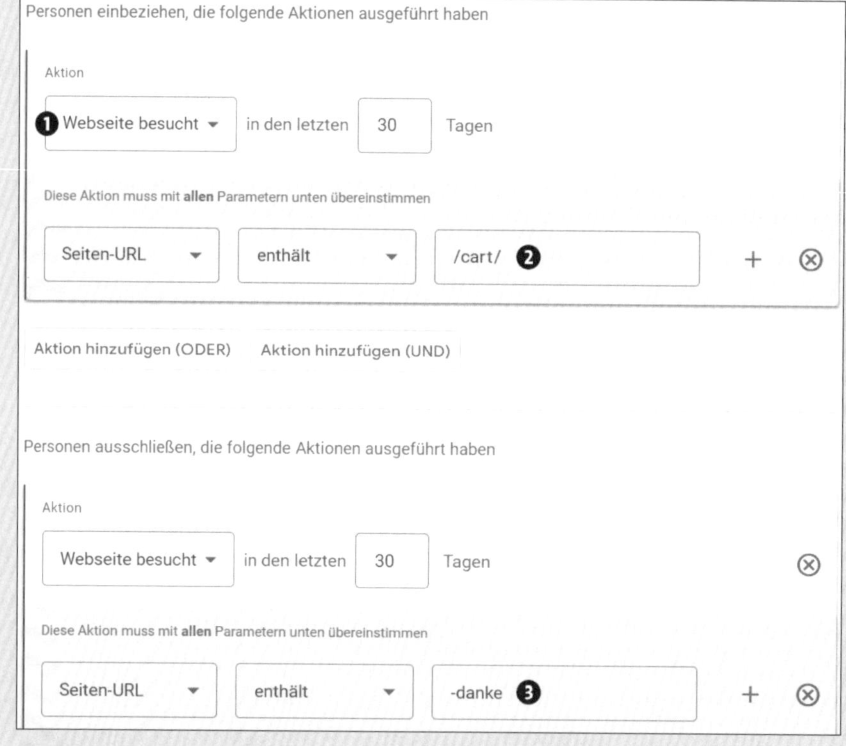

Abbildung 8.6 Bedingungen für Warenkorbabbrecher festlegen

8.1.5 Weitere Retargeting-Listen

Neben den Standard-Retargeting-Listen, die mithilfe des Google-Tags auf der eigenen Website erfasst werden, gibt es weitere Möglichkeiten, um Retargeting-/Remarketing-Listen im Ads-Konto zu erstellen (siehe Abbildung 8.7). Wir listen die verschiedenen Möglichkeiten im Folgenden kurz auf. Welche dieser Listen Sie einsetzen, hängt sehr stark von Ihrer Marketingstrategie ab. Nicht jede Liste ist für jeden Werbetreibenden sinnvoll.

- Eine Liste mit App-Nutzern, die über entsprechenden Code in der eigenen App erfasst werden.
- Eine Remarketing-Liste für YouTube-Nutzer des verknüpften YouTube-Kanals. Diese Möglichkeit haben wir in Abschnitt 7.3.8 beim Thema »Videokampagnen« bereits vorgestellt.
- Eine Kundenliste, die über ein verknüpftes CRM-System (Customer-Relationship-Management) oder mithilfe eines vorgegebenen CSV-Templates manuell hochgeladen wird. Bei der Weitergabe von Kundeninformationen an Google sollten Sie jedoch in jedem Fall die Datenschutzaspekte beachten, auch wenn Google dies nicht kritisch sieht, da die Kundendaten *gehasht* werden.
- Zielgruppen können zudem über eine verknüpfte Google-Analytics-Property in Analytics für das Ads-Konto erstellt werden. Dazu muss der Google-Ads-Administrator auch Admin-Rechte im Analytics-Konto haben. Eine weitere Möglichkeit, um Zielgruppen in Analytics für Google Ads zu erstellen, finden Sie in den folgenden Ausführungen.

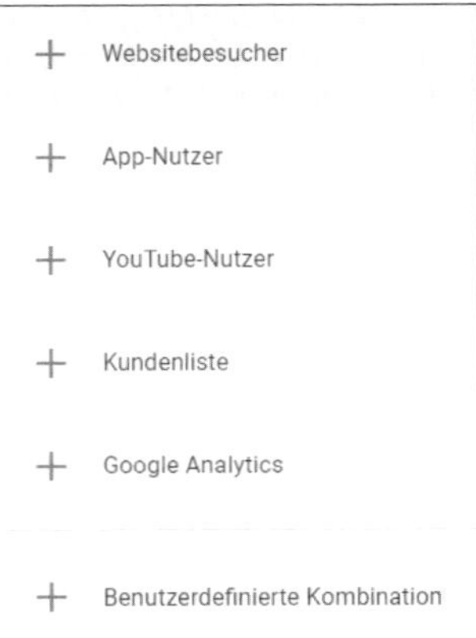

Abbildung 8.7 Erstellen neuer Retargeting-Listen im Ads-Konto

Remarketing-Listen via Google Analytics

Als Alternative zum Einbau des Codes, den Sie in Google Ads erstellen können, besteht auch die Möglichkeit, Zielgruppen in Google Analytics zu definieren. Der Vorteil dieser Methode liegt darin, dass kein zusätzlicher Code auf Ihrer Website eingefügt werden muss, sofern bereits der Analytics-Code vorhanden ist. Darüber hinaus bieten sich über Analytics deutlich erweiterte Möglichkeiten zur Definition von Zielgruppen.

Mit folgenden Schritten erstellen Sie eine Zielgruppenliste via Google Analytics.

1. Stellen Sie zunächst sicher, dass in Ihrem Analytics-Konto unter VERWALTUNG • PRODUKTVERKNÜPFUNGEN • GOOGLE ADS-VERKNÜPFUNGEN das Analytics-Konto mit Ihrem Google-Ads-Konto verknüpft ist.
2. Gehen Sie anschließend in Analytics erneut zu VERWALTUNG und wählen Sie bei DATENANZEIGE den Unterpunkt ZIELGRUPPEN (siehe Abbildung 8.8) aus.

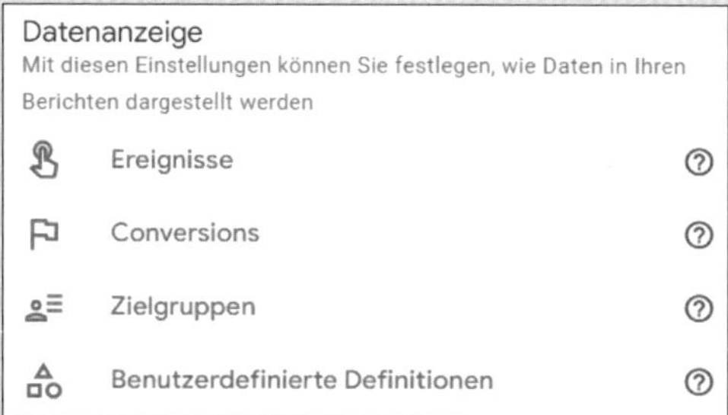

Abbildung 8.8 »Zielgruppen« unter »Datenanzeige« im Analytics-Konto

3. Beginnen Sie, indem Sie auf den blauen Button NEUE ZIELGRUPPE klicken, mit der Erstellung der gewünschten Remarketing-Gruppe.
4. Wenn Sie im nächsten Schritt BENUTZERDEFINIERTE ZIELGRUPPE auswählen, haben Sie die Möglichkeit, fast alle Dimensionen in die Definition einzubeziehen.

   Klicken Sie alternativ auf ein bereits vorhandenes Template einer Zielgruppe, können Sie dieses auch noch nach Ihren Wünschen anpassen. Zum Beispiel können Sie bei ZULETZT AKTIVE NUTZER das Scrollverhalten auf 90 % setzen (siehe Abbildung 8.9).

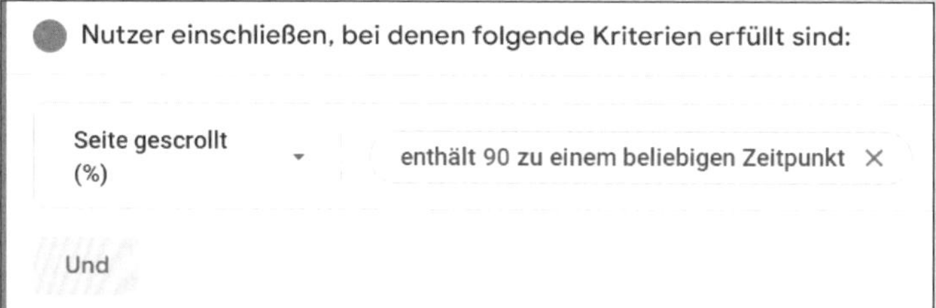

Abbildung 8.9 Zielgruppen-Beispiel: »Nutzer, die 90 % der Webseite gescrollt haben«

5. Auf der rechten Seite unter ZUSÄTZLICHE ZIELGRUPPENEINSTELLUNGEN bestimmen Sie die MITGLIEDSCHAFTSDAUER (siehe Abbildung 8.10). Eine Auswahl von 90 Tagen bedeutet beispielsweise, dass die erfassten Besucher für 90 Tage in der Liste verbleiben, bevor sie nicht mehr für das Targeting verwendet werden können.

Abbildung 8.10 Mitgliedschaftsdauer und Zusammenfassung zur Zielgruppe

Unterhalb der Zielgruppeneinstellungen erhalten Sie einen Hinweis auf die aktuelle Größe der Zielgruppe (siehe Abbildung 8.10).

6. Vergeben Sie zum Abschluss einen aussagekräftigen Namen für Ihre neue Zielgruppe und klicken Sie auf SPEICHERN.

Nachdem Sie diese Schritte durchgeführt haben, werden auch die Zielgruppen aus Analytics in der ZIELGRUPPENVERWALTUNG aufgeführt und können für Remarketing-Zwecke eingesetzt werden. Hier sind einige Ideen für Remarketing-Listen, die Sie einfach mithilfe von Analytics erstellen könnten:

- User, die über eine Facebook- oder eine E-Mail-Kampagne auf Ihre Seite gelangt sind.
- User, die eine Conversion oder Transaktion abgeschlossen haben.
- User, die ein PDF heruntergeladen oder ein Video gestartet haben.
- User, die sehr aktiv in Bezug auf Scrollen oder besuchte Webseiten waren.

8.1.6 Benutzerdefinierte Kombinationen

Eine besondere Möglichkeit, um individuelle Zielgruppen zu erstellen, ist die sogenannte BENUTZERDEFINIERTE KOMBINATION, die als letzter Punkt in Abbildung 8.7 aufgeführt ist.

Wenn Sie nach dem Öffnen der ZIELGRUPPENVERWALTUNG und dem Klick auf den +-Button auf den Unterpunkt + BENUTZERDEFINIERTE KOMBINATION klicken, können Sie auf alle bereits erstellten Retargeting-Listen zurückgreifen und diese mit drei unterschiedlichen Kombinationen verknüpfen (siehe Abbildung 8.11):

- ODER-Verknüpfung (mindestens eine der gewählten Zielgruppen)
- UND-Verknüpfung (alle gewählten Zielgruppen)
- keine der ausgewählten Zielgruppen

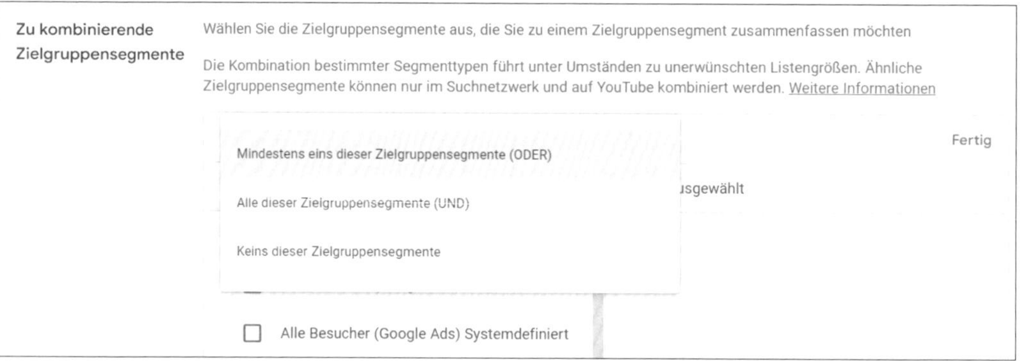

Abbildung 8.11 Eine benutzerdefinierte Kombination anlegen

Nach der Kombination der Listen bestätigen Sie Ihre Auswahl mit einem Klick auf FERTIG. Vergeben Sie noch einen Namen für das neue Segment und optional eine Beschreibung, damit Sie das Segment später beim Targeting auch richtig zuordnen können. Ihre neue Zielgruppe speichern Sie per Klick auf SEGMENT ERSTELLEN ab.

Am besten probieren Sie die verschiedenen Möglichkeiten aus und erstellen sich die passende Zielgruppe für Ihre Strategie. Wenn Sie die neu erstellte Kombination für Ihr Targeting nutzen möchten, finden Sie diese ebenfalls in der Zielgruppenverwaltung wieder.

8.1.7 Übersicht zu den Zielgruppen

Eine Übersicht über die erstellten Zielgruppen vom Typ SEGMENTE MIT SELBST ERHOBENEN DATEN (siehe Abbildung 8.12) finden Sie in der ZIELGRUPPENVERWALTUNG, die Sie in der Navigation unter GEMEINSAM GENUTZTE BIBLIOTHEK aufrufen. Neben dem Segmentnamen erhalten Sie in der Spalte TYP einen Hinweis darauf, woher dieses jeweilige Segment stammt. So basieren die Segmente vom Typ WEBSITEBESUCHER REGELBASIERT auf dem Google-Tag, das in Ihre Website eingebettet wurde, während YOUTUBE-NUTZER REGELBASIERT sich auf eine YouTube-Retargeting-Liste bezieht. Zudem gibt es Segmente, die von Google automatisch erstellt werden.

Die Unterscheidung der verschiedenen Typen ist wichtig, wenn Sie diese für bestimmte Werbekampagnen einsetzen. So können Sie beispielsweise beim Hinweis *Websitebesucher* davon ausgehen, dass der Besucher Ihre Produkte und Dienstleistungen bereits kennt, und diesen Besucher somit auch anders ansprechen als jemanden, der Videos auf Ihrem YouTube-Kanal gesehen hat.

Abbildung 8.12 Zielgruppen in der Übersicht

Zusätzlich zu den Listen finden Sie Informationen über den sogenannten Umfang. Dieser gibt an, wie viele Nutzer über die jeweilige Retargeting-Liste erreicht werden können. Der Umfang kann in den verschiedenen Netzwerken unterschiedliche Größen aufweisen. Bitte beachten Sie, dass die Retargeting-Listen, die auf das Displaynetzwerk ausgerichtet sind, mindestens 100 aktive Besucher oder Nutzer in den letzten 30 Tagen enthalten müssen, damit Sie das Remarketing auch nutzen können. Für das Suchnetzwerk, YouTube oder Discovery-Anzeigen benötigen Sie sogar mindestens 1.000 aktive Besucher oder Nutzer aus den letzten 30 Tagen.

Ihre Hauptliste ALLE BESUCHER (GOOGLE ADS) sammelt, wie der Name schon andeutet, alle Besucher Ihrer Webseite und wächst daher auch am schnellsten. Diese Liste ist jedoch nicht optimal für eine gezielte Remarketing-Strategie. Sie zeigt lediglich an, dass jemand Ihre Webseite besucht hat, aber nicht mehr. Der »Warenkorbabbrecher« ist sicher eine bessere Zielgruppe, da wir von dieser Gruppe wissen, dass sie sich für unsere Produkte interessiert hat und dies auch durch das Verlassen des Warenkorbs zeigt. Die spezifischen Gruppen sind jedoch nicht so umfangreich wie die allgemeinen Zielgruppensegmente. Sie können daher die Zeiträume der Liste verlängern, damit die markierten Besucher länger in einer Liste »verbleiben«.

Bei Listen mit zu langen Zeiträumen sollten Sie jedoch bedenken, dass der gewünschte Remarketing-Effekt sich wahrscheinlich nicht mehr einstellt. Falls Sie z. B. einen Kaufabbrecher erst nach zwei oder drei Monaten mit einer Gutscheinaktion ansprechen, könnte es durchaus sein, dass er Ihr Produkt schon längst bei der Konkurrenz gekauft hat und mit Ihrer Aktion nichts mehr anfangen kann. Dies bedeutet, dass ein Remarketing grundsätzlich zeitnah erfolgen sollte, um einen möglichst hohen Effekt zu erzielen und wirklich den zunächst verlorenen Kunden zurückzuholen.

8.1.8 Retargeting im Displaynetzwerk

Alle Listen, die unter ZIELGRUPPENLISTEN aufgeführt sind und mindestens 100 aktive Besucher für die letzten 30 Tage enthalten, können im Google Displaynetzwerk (GDN) als Ausrichtung für eine neue Kampagne oder als zusätzliche Ausrichtung für eine bestehende Kampagne genutzt werden. Die Retargeting-Listen sind eine Möglichkeit der Zielgruppenausrichtung. In einer Displaykampagne aktivieren Sie eine Retargeting-Liste, indem Sie zunächst eine Anzeigengruppe auswählen und unter ZIELGRUPPEN die ZIELGRUPPENSEGMENTE hinzufügen oder bei bestehenden Zielgruppensegmenten ZIELGRUPPENSEGMENTE BEARBEITEN ❶ (siehe Abbildung 8.13) wählen.

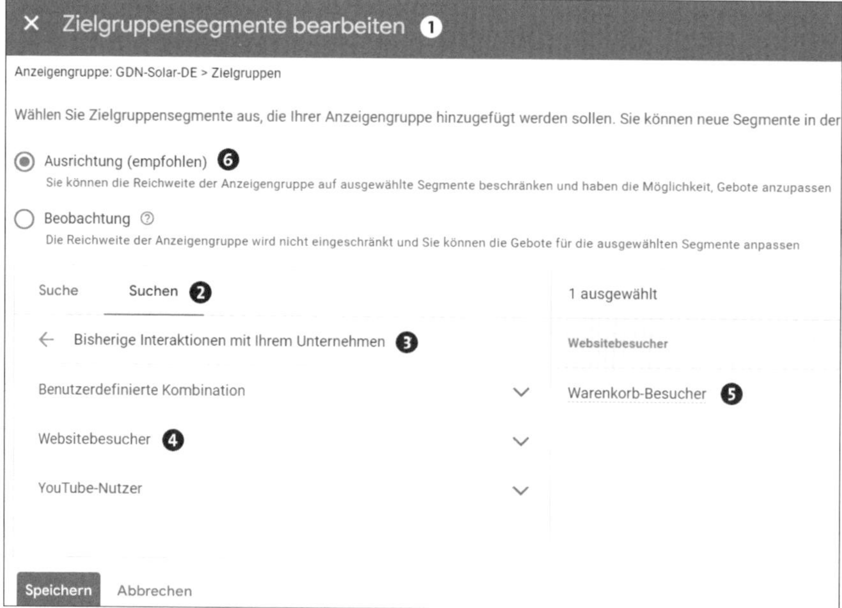

Abbildung 8.13 Zielgruppen-Targeting hinzufügen

Unter dem Tab SUCHEN ❷ finden Sie die Kategorie BISHERIGE INTERAKTIONEN MIT IHREM UNTERNEHMEN ❸ und erhalten eine Übersicht zu verschiedenen Segmenten mit den selbst erhobenen Daten. Beim Unterpunkt WEBSITEBESUCHER ❹ finden sich beispielsweise die Listen, die auf dem Google-Tag beruhen. Die markierten Retargeting-Listen sehen Sie nach der Auswahl auf der rechten Seite (siehe das Beispiel WARENKORB-BESUCHER ❺). Achten Sie beim GDN darauf, dass das Targeting der Zielgruppe auf AUSRICHTUNG ❻ eingestellt ist. Zum Schluss speichern Sie die neue bzw. zusätzliche Ausrichtung für Ihre Anzeigengruppe ab.

Remarketing kann Kunden nerven

Bitte beachten Sie, dass Retargeting/Remarketing für viele potenzielle Kunden sehr störend sein kann, wenn es übermäßig eingesetzt wird. Google Ads bietet daher eine gute Möglichkeit, die Auslieferung individuell anzupassen. Diese Option nennt sich *Frequency Management*.

Rufen Sie dazu die Kampagneneinstellungen einer Displaynetzwerk-Kampagne auf und klicken Sie anschließend auf den Link WEITERE EINSTELLUNGEN. Dort finden Sie den Unterpunkt FREQUENCY MANAGEMENT, den Sie durch Anklicken öffnen können. Aktivieren Sie dann die Option EINSTELLUNG FESTLEGEN. Anschließend können Sie pro Anzeige, Anzeigengruppe oder Kampagne bestimmen, wie oft die Werbung, bezogen auf einen bestimmten Zeitraum (z. B. PRO TAG), erscheinen soll.

In unserem Beispiel in Abbildung 8.14 haben wir beispielsweise festgelegt, dass pro Kampagne und pro Tag für einen bestimmten Nutzer nur vier Anzeigen ausgeliefert werden sollen. Dies reduziert den »Nervfaktor« erheblich und hilft dennoch bei der Stärkung des Brandings. Google hat mittlerweile erkannt, dass eine zu hohe Anzeigenfrequenz mehr schadet als nützt, und beschränkt standardmäßig auch automatisch die Anzeigenauslieferung. Bei dieser empfohlenen Variante wissen Sie jedoch nicht genau, was Google als sinnvoll für Ihre Zielgruppe erachtet.

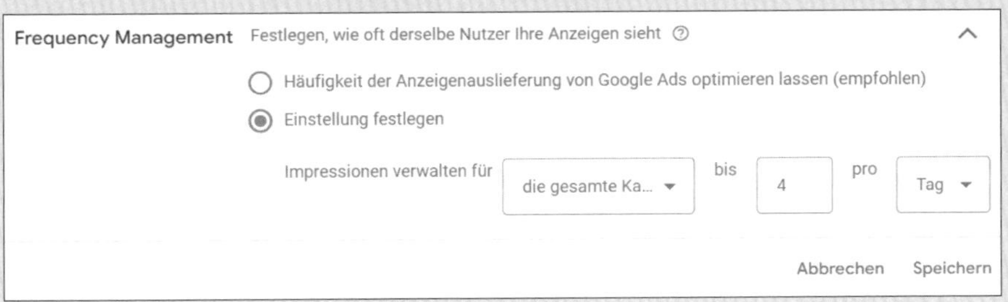

Abbildung 8.14 Die Anzahl der Werbeeinblendungen begrenzen

Ausschlüsse nutzen

Wenn Sie nach dem Aufruf des Navigationspunkts ZIELGRUPPEN im Hauptfenster ganz nach unten scrollen, finden Sie etwas versteckt die Option AUSSCHLÜSSE. Hier können Sie Ihre Retargeting-Listen für Kampagnen oder Anzeigengruppen auch negativ einsetzen, indem Sie bestimmte Gruppen ausschließen. Diese Funktion wird leider zu selten genutzt, ist jedoch in vielen Situationen sehr nützlich, da Sie auf diese Weise die Auslieferung Ihrer Anzeigen für bestimmte Gruppen verhindern können, die Sie zuvor als nicht relevant bestimmt haben.

8.1.9 RLSA – Remarketing funktioniert auch im Suchnetzwerk

Wir haben das Thema Remarketing bzw. Retargeting bisher nur in Verbindung mit dem Google Displaynetzwerk vorgestellt. Historisch betrachtet, war das auch der Ausgangspunkt der Remarketing-Idee, und lange Zeit konnte man mit Google Ads die potenziellen Kunden über eine Retargeting-Strategie nur im Google Displaynetzwerk ansprechen.

Mitte 2013 hat Google unter dem Stichwort RLSA (*Remarketing Lists for Search Ads*) jedoch eine neue Möglichkeit zur Nutzung von Remarketing-Listen eingeführt. Die Remarketing-Listen können seitdem auch für Werbung im Google-Suchnetzwerk genutzt werden.

RLSA ist eine Strategie, um Nutzer, die Ihre Website schon einmal besucht haben, auch im Suchnetzwerk gezielt mit eigenen Angeboten anzusprechen. Außerdem können Sie spezielle Gebote für diese Gruppe abgeben oder die Liste nutzen, um die Auslieferung der Anzeigen für bestimmte Nutzergruppen auszuschließen.

Im Suchnetzwerk greifen Sie auf die gleichen Targeting-Listen zurück, die Sie auch für das Displaynetzwerk nutzen. Eine Liste für das Suchnetzwerk muss jedoch mindestens 1.000 Cookies von aktiven Nutzern/Besuchern aus den letzten 30 Tagen umfassen, da Google die Daten der Personen schützen möchte, was bei zu kleinen Gruppen und bestimmten Suchanfragen schwierig ist. Auch die benutzerdefinierten Kombinationen können Sie als Remarketing-Liste für die Suche nutzen.

8.1.10 Remarketing-Liste für Suchnetzwerk-Kampagne aktivieren

Die Remarketing-Ausrichtung Ihrer Suchkampagnen nehmen Sie, wie Sie bereits wissen, mit dem Navigationspunkt ZIELGRUPPEN vor. Wählen Sie zunächst eine einzelne Suchnetzwerk-Kampagne aus und klicken Sie dann unter ZIELGRUPPEN auf ZIELGRUPPENSEGMENTE HINZUFÜGEN. Beachten Sie, dass Sie das Targeting nicht nur auf

Kampagnen-, sondern auch auf Anzeigengruppenebene einstellen können. Dazu müssen Sie zunächst zwischen KAMPAGNE und ANZEIGENGRUPPE wählen. Im nächsten Schritt müssen Sie entscheiden, wie Sie die Remarketing-Listen nutzen möchten.

Dazu gibt es zwei Optionen:

- Die erste Option nennt sich AUSRICHTUNG. Bei dieser Auswahl wird Ihre Anzeigengruppe nur auf die gewählte Zielgruppe (Remarketing-Liste) ausgerichtet. Die Anzeigen können bei der Suche dann nur für diese Gruppe erscheinen.
- Die zweite Auswahlmöglichkeit trägt die Bezeichnung BEOBACHTUNG. Bei dieser Einstellung werden die Anzeigen für alle Google-Nutzer ausgespielt. Allerdings erhalten Sie für die spezielle Remarketing-Gruppe eine eigene Statistik mit den gewohnten Leistungskennzahlen. Daher stammt die Bezeichnung BEOBACHTUNG. Im zweiten Schritt haben Sie bei dieser Ausrichtung (jedoch nur bei der manuellen oder klickmaximierenden Gebotsstrategie) die Möglichkeit, in einem weiteren Schritt nach der reinen Beobachtung Gebotsanpassungen (Erhöhen oder Verringern) für die Remarketing-Listen vorzunehmen. Wenn Sie die Gebote erhöhen, erscheinen Ihre Anzeigen für diese Gruppe häufiger und auf besseren Anzeigepositionen; bei einer Verringerung sind Ihre Anzeigen dementsprechend weniger präsent.

Bitte bedenken Sie stets die beiden Möglichkeiten (AUSRICHTUNG VS. BEOBACHTUNG), wenn wir Ihnen im folgenden Abschnitt einige Ideen zur Nutzung von RLSA in der Praxis vorstellen. Die beiden Optionen AUSRICHTUNG oder BEOBACHTUNG (siehe Abbildung 8.15) spielen eine wichtige Rolle bei der Nutzung der Remarketing-Listen.

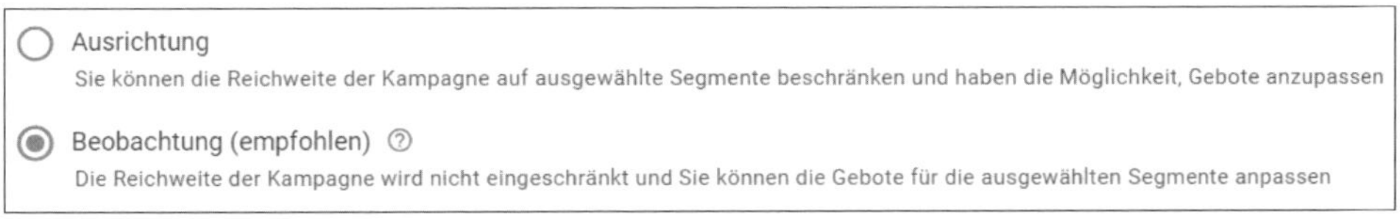

Ausrichtung
Sie können die Reichweite der Kampagne auf ausgewählte Segmente beschränken und haben die Möglichkeit, Gebote anzupassen

Beobachtung (empfohlen)
Die Reichweite der Kampagne wird nicht eingeschränkt und Sie können die Gebote für die ausgewählten Segmente anpassen

Abbildung 8.15 Ausrichtung oder Beobachtung?

Google empfiehlt die Beobachtung

Bei den Suchnetzwerk-Kampagnen empfiehlt Google im Gegensatz zum Remarketing im Displaynetzwerk die BEOBACHTUNG. Durch die Beobachtung verändern Sie zunächst einmal nichts an Ihrer Suchnetzwerk-Kampagne. Daher empfehlen wir Ihnen zu Beginn auch diese Einstellung, die Sie gefahrlos nutzen können, ohne Ihren Traffic zu begrenzen. Bei der Option AUSRICHTUNG müssen Sie sich ganz sicher sein, dass Sie auch nur diese Gruppe ansprechen möchten, da Sie schließlich einen Großteil der möglichen Impressionen verlieren.

Nachdem Sie die Entscheidung für AUSRICHTUNG oder BEOBACHTUNG getroffen haben, wählen Sie noch die Remarketing-Liste aus, indem Sie zunächst auf SUCHEN klicken und dort den Unterpunkt BISHERIGE INTERAKTIONEN MIT IHREM UNTERNEHMEN auswählen (siehe Abbildung 8.16). Dort können Sie die gewünschte Remarketing-Liste per Checkbox aktivieren.

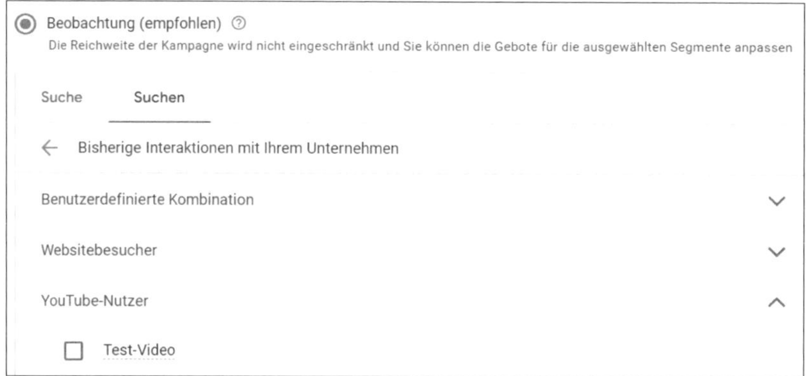

Abbildung 8.16 Remarketing-Liste unter den bisherigen Interaktionen auswählen

Tipp 1: Ausschlüsse nutzen

Denken Sie daran, dass Sie die Remarketing-Listen im Suchnetzwerk analog zum Displaynetzwerk nicht nur positiv, sondern auch negativ nutzen können, indem Sie unter ZIELGRUPPEN ganz nach unten zum Bereich AUSSCHLÜSSE scrollen (siehe Abbildung 8.17). Per Klick auf den Link AUSSCHLÜSSE BEARBEITEN können Sie analog zu der geschilderten Vorgehensweise bestimmte Remarketing-Listen auch als Ausschlusskriterium nutzen.

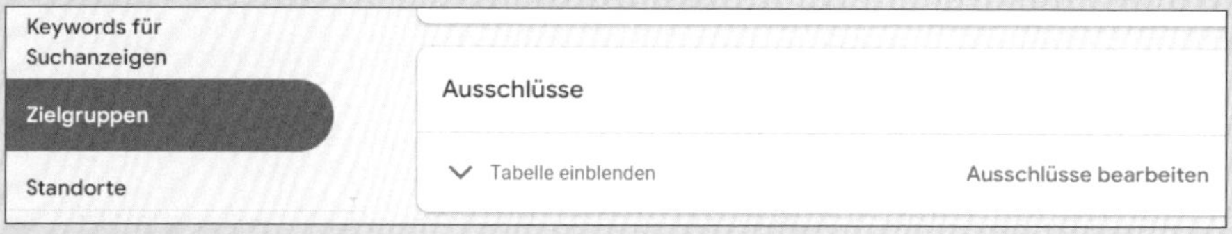

Abbildung 8.17 Remarketing-Listen können auch ausgeschlossen werden.

Tipp 2: Ausschluss von demografischen Merkmalen

Neben dem Ausschluss von Zielgruppen können Sie im Suchnetzwerk auf Anzeigengruppenebene auch bestimmte demografische Merkmale wie Alters- und/oder Geschlechtergruppen deaktivieren. Klicken Sie dazu unter ZIELGRUPPEN im Bereich DEMOGRAFISCHE MERKMALE auf den Link DEMOGRAFISCHE MERKMALE BEARBEITEN.

Dann können Sie nach Auswahl der gewünschten Anzeigengruppe bestimmte Gruppen per Checkbox deaktivieren. In unserem Beispiel in Abbildung 8.18 haben wir die Altersgruppen 18–24 und 65+ ausgeschlossen, indem wir den Haken in der Checkbox entfernt haben. Durch diese zusätzliche Anpassungsmöglichkeit können Sie in Kombination mit den Ausrichtungsmöglichkeiten für Zielgruppen ausgefeilte Ausrichtungsstrategien für Ihre Kampagnen planen.

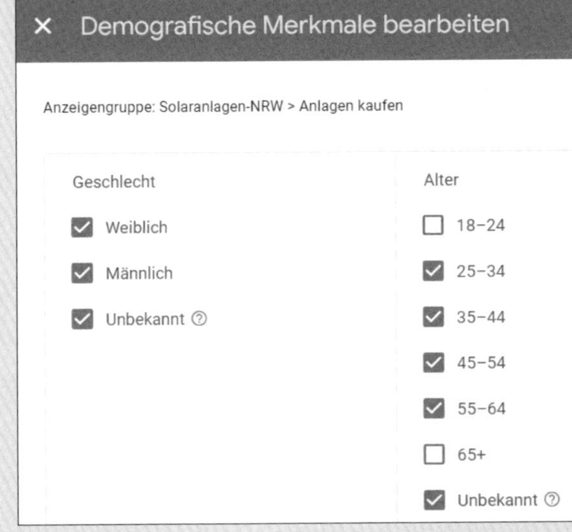

Abbildung 8.18 Gruppen anhand demografischer Merkmale ausschließen

Auf Grundlage der Remarketing-Listen ergeben sich verschiedene Strategien für Ihre Suchkampagnen. Wir stellen Ihnen im Folgenden einige Beispiele als Anregung vor.

Auf teurere Keywords für wiederkehrende Besucher bieten (Beobachtung)

Erhöhen Sie nur für Ihre Remarketing-Gruppe die Keyword-Gebote prozentual. Sie schonen so das Gesamtbudget, da Sie nur für eine begrenzte Gruppe (z. B. Webseitenbesucher, die noch nicht zur Gruppe der Kunden gehören) Anzeigen zu wichtigen Keywords in einer Top-Position präsentieren. Diese Option ist vor allem interessant, wenn Sie sich bei sehr allgemeinen und daher oft sehr teuren Keywords in einem Positionskampf mit finanzstarken Konkurrenten befinden. Durch diese Remarketing-Strategie können Sie für Ihre Zielgruppe auf den Top-4-Positionen erscheinen – bei begrenztem finanziellem Risiko, denn die Gebote gelten ja nur für eine festgelegte Gruppe aus der Remarketing-Liste. Die »teuren Keywords« werden auf gesonderte Anzeigengruppen verteilt, auf die dann das Targeting mit der Option angewandt wird.

Bieten Sie Kunden spezielle Angebote an (Ausrichtung)

Sie können einer Gruppe ehemaliger Webseitenbesucher spezielle Angebote machen, indem Sie eine Anzeigengruppe mit neuen Anzeigentexten entwerfen und diese Besucher zu einer speziellen Landingpage schicken. Unser Tipp: Schließen Sie die Gruppe der ehemaligen Webseitenbesucher gleichzeitig für Ihre Standardkampagne oder Anzeigengruppen zusätzlich aus.

Gespiegelte Kampagne für Kaufabbrecher aufsetzen (Ausrichtung)

Sie können eine bestehende Kampagne komplett kopieren und für alle ehemaligen Besucher, die einen Kauf auf Ihrer Webseite abgebrochen haben, höhere Gebote abgeben, um mit höheren Anzeigenpositionen die ehemaligen Besucher mit hohem Interesse an Ihren Produkten besser erreichen zu können. Gleichzeitig schließen Sie diese Gruppe auch hier für Ihre normale Google-Ads-Kampagne aus.

Testen Sie Zusatzangebote für ehemalige Käufer (Ausrichtung)

Setzen Sie eine spezielle Kampagne mit Keywords auf, die Ihre Produkte ergänzt oder einen zusätzlichen Service anbietet und die dann nur für bestehende Kunden ausgespielt wird, die in den letzten Wochen ein Produkt gekauft haben.

Anzeigen für aktuelle Kunden verbergen (Ausrichtung)

Schließen Sie die Remarketing-Liste mit aktuellen Käufern aus, wenn Sie keine zusätzlichen Angebote für aktuelle Kunden besitzen. Für eine Serviceanfrage oder zum Aufruf des Kunden-Logins sollten bestehende Kunden dann über die organischen Ergebnisse zu Ihrer Seite gelangen und nicht über die kostenpflichtigen Google-Ads-Anzeigen.

Sie finden sicher anhand dieser Beispiele eigene Strategien, wie Sie die *Remarketing-Lists for Search-Ads* in Kombination mit dem Targeting auf Zielgruppen nutzen können. Diese Strategien sind vor allem interessant, um ein knappes Budget sehr sparsam und zielgerichtet einzusetzen.

8.2 Checkliste

Sie möchten alle Möglichkeiten des Retargetings/Remarketings nutzen? Beachten Sie folgende Punkte.

Daran sollten Sie denken, wenn Sie Retargeting/Remarketing optimal nutzen möchten	**Check (☑)**
Cookie-Consent-Banner	
Google Consent Mode V2	
Datenschutzhinweise auf der Website	
Einbau des Google-Tags	
Erstellen spezieller Listen auf Grundlage des Google-Tags	
Aufbau zusätzlicher Listen (App, YouTube etc.)	
Erstellen von Zielgruppen in Google Analytics	
Benutzerdefinierte Kombinationen erstellen	
Retargeting für GDN nutzen	
Retargeting für Suche nutzen	
Retargeting-Listen als Ausschlusskriterium einsetzen	

Tabelle 8.1 Checkliste für Retargeting

Kapitel 9
Performance Max-Kampagnen

Performance Max-Kampagnen sind in aller Munde. Google liebt diesen Kampagnentyp besonders aufgrund der kanalübergreifenden Ausrichtung. Anzeigen werden innerhalb einer Kampagne nicht nur in der Google-Suche geschaltet, sondern auch auf anderen bedeutenden Google-Plattformen wie YouTube, dem Displaynetzwerk, Discover etc. Doch stellt sich die Frage, ob Performance Max-Kampagnen nicht nur für Google, sondern auch für die Nutzer von Google Ads einen Mehrwert bieten. In diesem Kapitel erhalten Sie wertvolle Hinweise, wie Sie Performance Max-Kampagnen effektiv für Ihre Zwecke einsetzen können.

9.1 Besonderheiten der Performance Max-Kampagnen

Der Kampagnentyp *Performance Max-Kampagne* (kurz *PMax-Kampagne*) stellt eine relativ neue Entwicklung im Google-Ads-Konto dar. Dieser Kampagnentyp setzt auf Automatisierung und Optimierung mithilfe von *KI*. Im Gegensatz zu traditionellen Google-Ads-Kampagnen, bei denen Sie manuell Keywords, Gebote und Anzeigen erstellen und verwalten müssen, verwendet Performance Max maschinelles Lernen und künstliche Intelligenz, um Ihre Anzeigen automatisch zu optimieren. Das bedeutet, dass die PMax-Kampagne kontinuierlich lernt und sich anpasst, um die bestmöglichen Ergebnisse zu erzielen. Ein weiteres wichtiges Merkmal von Performance Max-Kampagnen ist die kanalübergreifende Ausrichtung. Die Anzeigen werden nicht nur in der Google-Suche oder dem Google Displaynetzwerk platziert, sondern auch auf anderen Google-Plattformen wie YouTube, Gmail, Google Maps und Discover (siehe Abbildung 9.1. und Abbildung 9.2). Dadurch können potenzielle Kunden auf verschiedenen Plattformen und in verschiedenen Phasen des Kaufprozesses erreicht werden. Wie der Name schon vermuten lässt, liegt der Fokus bei PMax-Kampagnen auf dem Erreichen der vorgegebenen Geschäftsziele, denn die Performance der Kampagnen steht im Vordergrund. Bei der Kampagneneinstellung kann als Gebotsstrategie nur die Maximierung von Conversions oder Umsätzen vorgegeben werden.

PMax-Kampagnen bieten einige Vorteile, aber es gibt auch einige Nachteile, die es zu beachten gilt. Eine der größten Herausforderungen ist die geringere Kontrolle, die der Werbende bei diesem Kampagnentyp hat. Da die Optimierung und Platzierung der Anzeigen größtenteils den Algorithmen von Google überlassen wird, erlebt man einen Kontrollverlust, insbesondere wenn man gewohnt ist, jedes Detail der Kampagne manuell zu steuern oder zumindest zu kontrollieren. Verbunden damit ist die potenziell höhere Kostenstruktur. Da Performance Max-Kampagnen darauf abzielen, die gewünschten Ziele so effizient wie möglich zu erreichen, kann dies bedeuten, dass Google aggressiver bietet, um die eingestellten Vorgaben am Ende zu erfüllen. Wenn dann noch die Datenlage zu den gewünschten Conversions sehr niedrig ist, kann dies zu höheren Ausgaben führen, ohne dass die Ergebnisse sich sichtbar verbessern. PMax ist vereinfacht gesagt eine Wette darauf, dass Google mit diesem Kampagnentyp und dem zur Verfügung gestellten Budget am Ende automatisch bessere Ergebnisse erzielt.

Die Implementierung von Performance Max-Kampagnen ist komplexer und erfordert unserer Ansicht nach zunächst eine gewisse Erfahrung mit anderen Kampagnentypen aus dem Google-Ads-Konto. Erst wenn Texte, Bilder, Videos, Landingpages, Zielgruppen und Conversions bereits getestet und optimal vorbereitet sind, kann die PMax-Kampagne gute Ergebnisse liefern – ansonsten kann es auch zu Enttäuschungen kommen.

Schließlich besteht zudem eine große Gefahr der Abhängigkeit von Google. Da die PMax-Kampagnen von Google gesteuert werden, besteht das Risiko, dass Änderungen an den Algorithmen oder Richtlinien von Google die Leistung der Kampagne beeinflussen können. Wenn sich die Leistung ändert, ist es zudem schwer nachvollziehbar, was den ausschlaggebenden Grund darstellte.

Abbildung 9.1 Google-Hinweis auf die genutzten Plattformen für PMax (Teil 1)

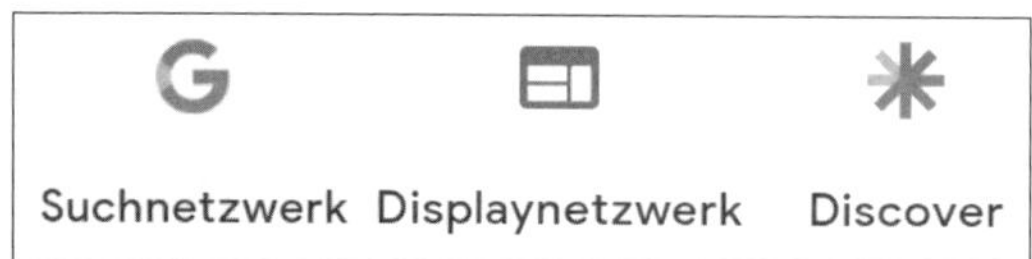

Abbildung 9.2 Google-Hinweis auf die genutzten Plattformen für PMax (Teil 2)

9.1.1 Einrichten einer PMax-Kampagne im Google-Ads-Konto

Vor der Einrichtung Ihrer neuen Performance Max-Kampagne sollten Sie zunächst einige Punkte überprüfen und Vorkehrungen treffen. Wenn Sie direkt mit einer optimalen Performance Max-Kampagne starten möchten, sollten Sie im Vorfeld folgende Punkte bedacht und erledigt haben:

- Einrichten von Conversions
- Zuordnung eines Conversion-Werts (falls möglich)
- Einrichten und Verknüpfen des Google Merchant Center (für Webshops)
- Festlegen des Regio-Targetings
- Anlegen von Remarketing-Listen (falls gewünscht)
- Hochladen von Bildern in die Asset-Bibliothek
- Hochladen von Logos in die Asset-Bibliothek
- Erstellen von zwei bis drei Videos in der Asset-Bibliothek oder Hochladen von bestehenden Werbevideos
- Planung des Budgets

Es ist wichtig, diese Schritte sorgfältig durchzuführen, um sicherzustellen, dass Ihre Performance Max-Kampagne optimal vorbereitet ist und die gewünschten Ergebnisse erzielen kann. Im Anschluss können Sie dann im Google-Ads-Konto Ihre PMax-Kampagne erstellen.

- Klicken Sie in Ihrem Ads-Konto links oben auf den Button (+) und wählen Sie KAMPAGNE aus.
- Unter ZIEL AUSWÄHLEN klicken Sie auf KAMPAGNE OHNE ZIELVORHABEN ERSTELLEN.
- Im Anschluss wählen Sie den Kampagnentyp PERFORMANCE MAX-KAMPAGNE aus (siehe Abbildung 9.3).

Abbildung 9.3 Kampagnentyp »Performance Max-Kampagne« wählen

Nachdem Sie die ersten grundlegenden Einstellungen vorgenommen haben, müssen Sie Ihre CONVERSION-ZIELVORHABEN für die Kampagnen bestimmen. Diese sind von großer Bedeutung, da sie die Grundlage für die Kampagnenoptimierung bilden. Die Performance, die erreicht werden soll, wird am Erfüllen der Zielvorgaben gemessen. Daran orientiert sich dann auch die KI im Hintergrund und lernt, wie die Zielvorgaben am besten erreicht werden können.

Daher sollten Sie die Zuordnung der Ziele sorgfältig vornehmen. Zunächst werden alle Ziele, die Sie als primäre Conversion in Ihrem Ads-Konto definiert haben, der neuen PMax-Kampagne zugeordnet.

Sie können jedoch die Zielvorgaben anpassen (siehe Abbildung 9.4). Durch Klick auf die vertikale Dreipunktenavigation ❶ auf der rechten Seite können Sie unpassende Ziele entfernen ❷. Falls Ihnen noch wichtige Ziele fehlen, können diese durch Klick auf den Link ZIELVORHABEN HINZUFÜGEN ❸ zusätzlich eingefügt werden. Sie benötigen an dieser Stelle die Conversions, anhand deren Sie den Erfolg Ihrer neuen Kampagne beurteilen möchten. Auf diese Ziele sollte dann die KI die Performance der PMax-Kampagnen ausrichten.

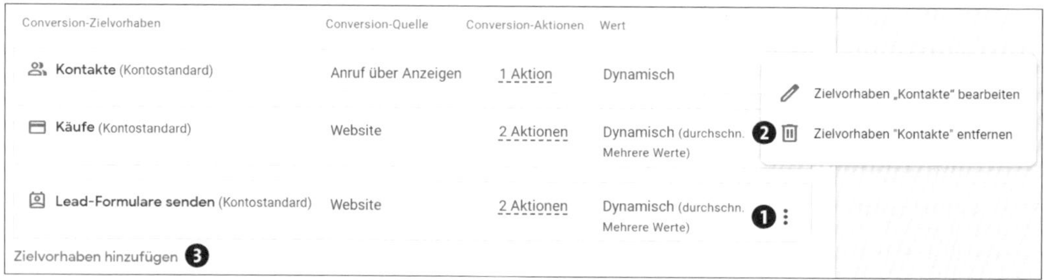

Abbildung 9.4 »Conversion-Zielvorhaben« als wichtige Grundlage für eine PMax-Kampagne

PMax-Kampagnen und Merchant Center

PMax-Kampagnen haben die Smart-Shopping-Kampagnen im Google-Ads-Konto ersetzt. Google hat sehr deutlich damit geworben, dass PMax-Kampagnen die neue Alternative zu den Smart-Shopping-Kampagnen sind. Bei der Einführung der PMax-Kampagne gab es daher oft die Annahme, dass PMax-Kampagnen ausschließlich für den Bereich Shopping genutzt werden können. Tatsächlich können PMax-Kampagnen jedoch sowohl mit einer Verknüpfung des Merchant Center als auch ohne dieses genutzt werden. Nachdem Sie die Einstellungen für die Zielvorhaben vorgenommen haben, bietet sich Ihnen die Möglichkeit, Ihre PMax-Kampagne mit dem Shopping-Center zu verknüpfen (siehe Abbildung 9.5). Bei einer bestehenden Verknüpfung zum

Google Merchant Center wird die Nutzung des Shopping-Feeds direkt in den Einstellungen der PMax-Kampagne angeboten. Durch Anklicken der entsprechenden Checkbox kann die PMax-Kampagne jedoch auch ohne Shopping genutzt werden.

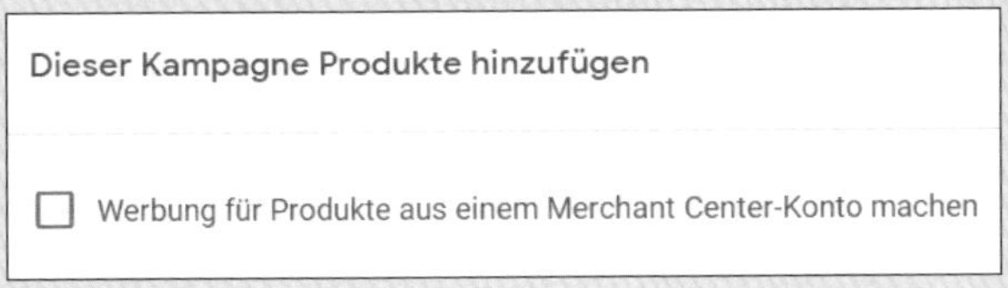

Dieser Kampagne Produkte hinzufügen

☐ Werbung für Produkte aus einem Merchant Center-Konto machen

Abbildung 9.5 PMax-Kampagne mit oder ohne Shopping-Produkte

Nach den Grundeinstellungen, den Zielvorgaben und der Entscheidung zur Ausspielung von Shopping-Produkten erhält die PMax-Kampagne einen eindeutigen Namen, den Sie später leicht in den Berichten zur Kontostatistik wiedererkennen sollten. Nachdem Sie auf den Button WEITER geklickt haben, müssen Sie die Gebotsstrategie für die Kampagne festlegen:

- Conversions maximieren (optional ergänzt mit dem CPA)
- Conversion-Wert maximieren (optional ergänzt mit ROAS)

Gebotsstrategien für Performance Max-Kampagnen

Bei PMax-Kampagnen können Sie grob nur zwischen zwei Gebotsstrategien wählen. Jede der beiden Ausgangsstrategien kann dann noch weiter verfeinert werden. CPA und ROAS sollten Sie jedoch erst dann einsetzen, wenn Sie bereits aussagekräftige Daten zu Ihren PMax-Kampagnen haben. Dies ist in den meisten Fällen erst nach ein bis zwei Monaten der Fall.

Hier die möglichen Gebotsstrategien im Einzelnen:

- **Conversions maximieren**: Die KI versucht, möglichst oft eine Conversion (das vorgegebene Ziel) zu erreichen.
- CPA (Cost-per-Action): Die KI versucht, einen vorgegebenen durchschnittlichen Preis pro erzielte Conversion nicht zu überschreiten.
- **Conversion-Wert maximieren**: Die KI versucht, einen möglichst hohen Conversion-Wert zu erzielen (dazu muss vorher jeder Conversion ein Conversion-Wert zugeordnet werden). Diese Strategie ist besonders für Shops interessant, da jeder Einkauf unterschiedliche Warenkorbwerte erzielen kann.
- **ROAS (Return on Ad(vertising) Spend)**: Die KI versucht, möglichst hohe Umsätze pro eingesetzten Werbe-Euro zu erzielen. Tendenziell werden mit dieser Strategie eher hochpreisige Produkte oder Dienstleistungen verkauft.

Im nächsten Schritt können Sie die Gebotsstrategie noch verfeinern, indem Sie ...

- für Neukunden im Vergleich zu Bestandskunden höher bieten oder
- nur für Neukunden Gebote abgeben.

Diese Funktion hört sich zunächst einmal gut an. Das Ganze hat jedoch einen Haken! Wenn Sie diese sogenannte *Kundenakquisition* nutzen möchten, dann müssen Sie zunächst eine *Bestandskundenliste* mithilfe von Tracking-Code (Stichwort: selbst erhobene Daten) erstellen. Sie müssen online Ihre Kunden taggen und benötigen dann eine Liste von mindestens 1.000 Kunden, um diese Funktion zu nutzen.

Neben der Größe der Liste werden auch die aktuell gültigen Datenschutzvorgaben eine gewisse Hürde bilden, um die Bestandskundenliste einfach und zügig zu erstellen. Daher müssen Sie wahrscheinlich vor allem zu Beginn einer neuen PMax-Kampagne zunächst auf diese Funktion verzichten.

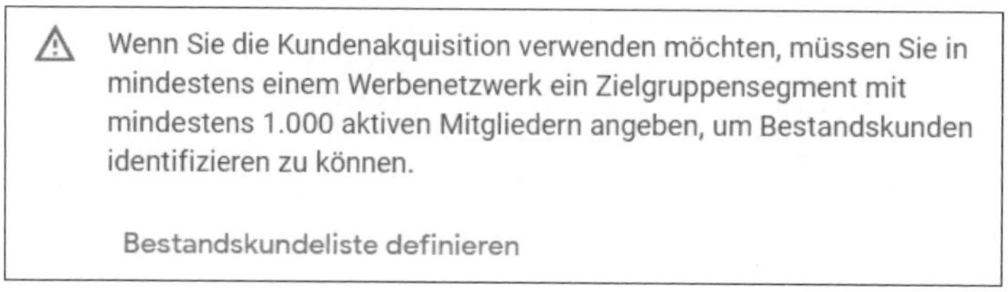

Wenn Sie die Kundenakquisition verwenden möchten, müssen Sie in mindestens einem Werbenetzwerk ein Zielgruppensegment mit mindestens 1.000 aktiven Mitgliedern angeben, um Bestandskunden identifizieren zu können.

Bestandskundeliste definieren

Abbildung 9.6 Zur Nutzung der speziellen Kundengebote müssen zunächst Bestandskunden per Tracking-Code erfasst werden.

Möchten Sie die Funktion der Kundenakquisition nicht nutzen, klicken Sie nach der Festlegung der Gebotsstrategie direkt rechts unten auf den Button WEITER.

Beim nächsten Unterpunkt KAMPAGNENEINSTELLUNGEN fügen Sie die gewünschten Vorgaben hinzu:

- STANDORTE
- SPRACHEN

Bei beiden Einstellungen denken Sie an die bereits in anderen Kampagnen besprochenen Hinweise.

Der folgenden Unterpunkt AUTOMATISCH ERSTELLTE ASSETS ist eine Besonderheit der PMax-Kampagne und erfordert daher Ihre volle Aufmerksamkeit. In der Standardeinstellung sind automatisierte Assets aktiviert! Unter dem Unterpunkt TEXT-ASSETS holt Google sich die »Erlaubnis«, eigenständig Texte für die PMax-Anzeigen auf Ihrer Website zu suchen und in die Anzeigen einzubinden. Das kann zu unerwünschten Situationen führen, da plötzlich veraltete Informationen, beispielsweise aus alten Blogbeiträgen, nicht mehr aktuelle Produkthinweise oder veraltete Angebote in den aktuellen Anzeigen Ihrer neuen PMax-Kampagnen auftauchen können. Daher sollten Sie bei dieser Zustimmung eher vorsichtig sein und im Zweifelsfall das Häkchen aus der Checkbox entfernen. Es ist immer besser, wenn Sie selbst die Kontrolle über Ihre Anzeigentexte behalten.

Die aktivierte Auswahl vor FINALE URL ist zunächst einmal positiv, da Google die Möglichkeit erhält, die beste Landingpage für die jeweilige Anfrage auszuspielen. Auf der anderen Seite sollten Sie unbedingt ungeeignete Seiten über den Link URLS AUSSCHLIESSEN hinzufügen.

Unter dieser Funktion können mithilfe von Regeln auch Gruppen von Webseiten einfach ausgeschlossen werden. Zum Beispiel schließt die Regel »URL enthält /blog/« alle Unterseiten aus, die zu Ihrem Unternehmensblog gehören, falls Ihre Website nach folgendem Schema aufgebaut ist: *www.meine-website.de/blog/beitrag-001.html*.

Im nächsten Schritt klicken Sie auf WEITERE EINSTELLUNGEN. Dort finden Sie noch fünf Einstellungen für Ihre Kampagne, die Sie situationsabhängig nutzen können:

1. **Werbezeitplaner**
   Den Werbezeitplaner sollten Sie nur aktivieren, wenn Sie für die Werbekampagnen bestimmte Tage und Uhrzeiten bevorzugen. Die optimale Einstellung des Werbezeitplaners beruht auf Erfahrungswerten aus früheren Kampagnen. Es kann beispielsweise sein, dass Sie im B2B-Bereich in der Vergangenheit eher während der Bürozeiten in der Woche die besten Erfolge mit Ihren Kampagnen erzielt haben. In diesen Fällen sollten Sie die Nutzung des Werbezeitplaners in Betracht ziehen.
2. **Start- und Enddatum**
   Diese Einstellung ist nur interessant, wenn Sie die Kampagne zu einem späteren Zeitpunkt starten und/oder zu einem bestimmten Zeitpunkt stoppen möchten.
3. **Seitenfeeds**
   Sie können zusätzliche Seitenfeeds für Ihre Kampagne hinzufügen. Mit diesen Feeds legen Sie fest, welche URLs in der Kampagne verwendet werden sollen. Bitte beachten Sie das Zusammenspiel des Seitenfeeds mit der Funktion AUTOMATISCH ERSTELLTE ASSETS • FINALE URL. Ist diese Funktion aktiviert, werden alle URLs verwendet, die Google über Ihre Website bekannt sind, einschließlich der URLs im Seitenfeed, anderenfalls werden nur URLs aus dem Seitenfeed verwendet.

Seitenfeed via Geschäftsdaten hinzufügen

Einen Seitenfeed fügen Sie unter GESCHÄFTSDATEN in Ihrem Ads-Konto hinzu. Klicken Sie dazu auf TOOLS • GESCHÄFTSDATEN. Unter DATEN-FEEDS klicken Sie auf das Pluszeichen und wählen SEITENFEED aus. Dort finden Sie eine Vorlage für einen Seitenfeed im CSV-Format und die Möglichkeit, einen bestehenden Seitenfeed durch Auswahl der Quelle zu Ihrem Ads-Konto hinzuzufügen.

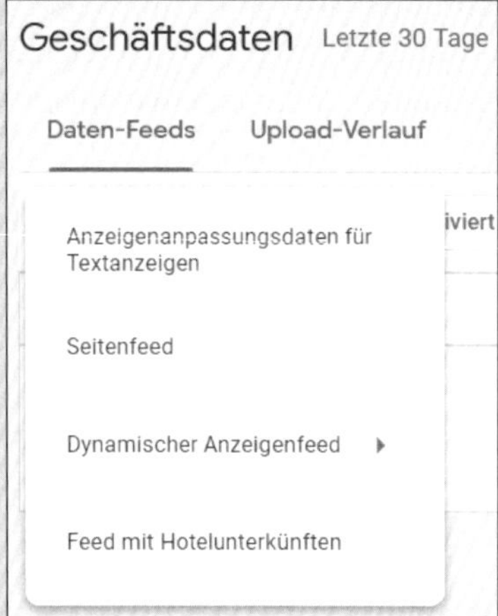

Abbildung 9.7 »Seitenfeed« unter »Geschäftsdaten« hinzufügen

4. **URL-Optionen für die Kampagne**
   Sie können die URL-Option für zusätzliches Tracking Ihrer Ads-Kampagne nutzen. In den meisten Fällen wird diese Funktion nicht benötigt.
5. **Markenausschlüsse**
   In der PMax-Kampagne können Sie mit Markenausschlüssen erreichen, dass Ihre Anzeigen nicht bei markenbezogenen Suchanfragen ausgeliefert werden, die bestimmtes Inventar in Such- und Shopping-Kampagnen betreffen.

Anlage von Markenausschlüssen

Eine Liste für die Ausschlüsse legen Sie unter MARKENLISTEN in der GEMEINSAM GENUTZTEN BIBLIOTHEK an. Klicken Sie dazu auf den Button MARKENLISTE ERSTELLEN, geben Sie Ihrer neuen Markenliste einen Namen und fügen Sie die gewünschten Marken hinzu. Nachdem Sie den Markennamen eingegeben haben, schlägt das Google-Ads-System Ihnen eine entsprechende Marke mit zugehöriger Domain vor. Die für Sie passenden Marken, die Sie ausschließen möchten, können Sie dann per Checkbox markieren.

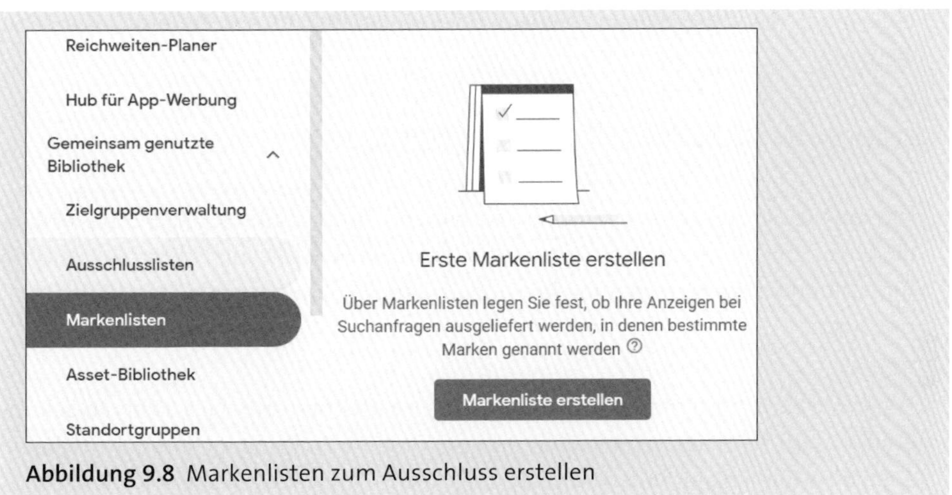

Abbildung 9.8 Markenlisten zum Ausschluss erstellen

9.2 Asset-Gruppe – die Anzeigen der PMax-Kampagne

Nachdem die Grundkonfiguration der PMax-Kampagne hinsichtlich Gebotsstrategie und grundlegender Ausrichtung abgeschlossen ist, müssen wir die Asset-Gruppe mit Leben füllen. Die Asset-Gruppe bildet das Herzstück einer PMax-Kampagne. Hierbei ist es wichtig, eine Vielzahl verschiedener Assets einzubringen, die die Bausteine Ihrer Anzeigen darstellen: verschiedene Überschriften in unterschiedlichen Größen, diverse Bilder, Videos etc. Die Qualität der Anzeigen muss dabei stets im Fokus stehen, um potenzielle Kunden optimal anzusprechen. Google nutzt diese Assets, um leistungsstarke Anzeigen in verschiedenen Formaten für die eingangs erwähnten Werbeplattformen zu generieren, indem sie in unterschiedlichen Kombinationen eingesetzt werden. Die Auswahl der Anzeigen in Kombination mit der jeweiligen Werbeplattform wird durch künstliche Intelligenz durchgeführt. Die Werbung wird von Google stets abgestimmt auf die definierten Zielvorgaben und die gewünschten Zielgruppen, die im Verlauf der Kampagnenerstellung noch ausgewählt werden.

Viele Elemente der Asset-Gruppe sind Ihnen möglicherweise bereits aus anderen Kampagnen bekannt. Da die PMax-Kampagne auf einer Vielzahl von Plattformen ausgespielt werden soll, enthält die Asset-Gruppe unterschiedliche Bausteine, die im Folgenden kurz aufgeführt werden:

- **Finale URL**
  Sie kennen bereits die finale URL aus Suchkampagnen. In PMax-Kampagnen ist die finale URL jedoch nicht zwingend festgelegt und kann je nach Einstellung durch

eine andere Landingpage der Website oder einer URL aus den Seitenfeeds ersetzt werden.

- **Bilder**
  Fügen Sie bis zu 20 Bilder mit unterschiedlichen Motiven hinzu.
- **Logos**
  Nutzen Sie bis zu fünf Logos des beworbenen Unternehmens. Beachten Sie, dass die Logos sowohl im kleinen Format für Textanzeigen als auch als größeres Logo für Banneranzeigen erscheinen können. Fügen Sie daher entsprechende Variationen hinzu.
- **Videos**
  Fügen Sie bis zu fünf Videos hinzu, idealerweise im Kurzformat (ca. 15 bis 20 Sekunden), um die wichtigsten Botschaften und Vorteile zu transportieren. Nutzen Sie auch die Möglichkeit, Videos direkt in der Asset-Bibliothek des Ads-Kontos zu erstellen.
- **Anzeigentitel (30 Zeichen)**
- **Lange Anzeigentitel (90 Zeichen)**
- **Textzeilen (60 Zeichen)**
  Anzeigentitel und Textzeilen sind Ihnen bereits aus Suchkampagnen bekannt. Beachten Sie die für PMax-Kampagnen wichtigen Tipps, wie beispielsweise die Verwendung von wichtigen Suchbegriffen sowie die Betonung von Kundenvorteilen und wichtigen Handlungsaufforderungen. Bitte denken Sie daran, dass Anpassungen mit Platzhaltern bei diesem Kampagnentyp nicht unterstützt werden.
- **Name des Unternehmens**
- **Sitelinks**
  Sitelinks und weitere Assets können im Anschluss unter ASSETS hinzugefügt werden. Es empfiehlt sich, dies nach der Erstellung der PMax-Kampagne zu tun, um die volle Aufmerksamkeit auf sinnvolle Kampagnenerweiterungen zu lenken.
- **Call-to-Action**
  Beachten Sie, dass Sie einen passenden CTA selbst bestimmen können, andernfalls wählt das System automatisch einen passenden aus.
- **Weitere Assets (Anzeigenerweiterungen)**
- **Angezeigter Pfad**
  Unter WEITERE OPTIONEN finden Sie unter anderem die Möglichkeit, einen angezeigten Pfad einzustellen. Wie bereits aus Suchkampagnen bekannt, handelt es sich jedoch um eine optionale Möglichkeit, die nur in bestimmten Fällen sinnvoll ist.

9.3 Signale für die Asset-Gruppe

Nachdem Sie alle erforderlichen Informationen für Ihre Anzeigentemplates, einschließlich Texten, Bildern, Logos, Videos etc., hinzugefügt haben, müssen Sie im nächsten Schritt der KI, die die PMax-Kampagne steuert, sogenannte *Signale* bereitstellen. Diese Signale sind von entscheidender Bedeutung für die PMax-Kampagne, da die KI mithilfe dieser Signale versucht, die passende Zielgruppe zu identifizieren, die an Ihren Produkten oder Dienstleistungen interessiert ist.

9.3.1 Suchthemen

Der Abschnitt SIGNALE ist in SUCHTHEMEN und ZIELGRUPPENSIGNAL unterteilt. Lassen Sie uns zunächst die Suchthemen betrachten. Hier haben Sie die Möglichkeit, ähnlich wie bei den Keywords für Suchkampagnen, Wörter und Wortgruppen hinzuzufügen. Bei einer PMax-Kampagne handelt es sich jedoch nicht um tatsächliche Keywords. Ihre Eingaben sollen lediglich beschreiben, wofür sich die angesprochene Zielgruppe interessiert. Mithilfe von Wörtern oder Wortgruppen können Sie bis zu 25 Suchthemen einem entsprechenden Eingabefeld hinzufügen.

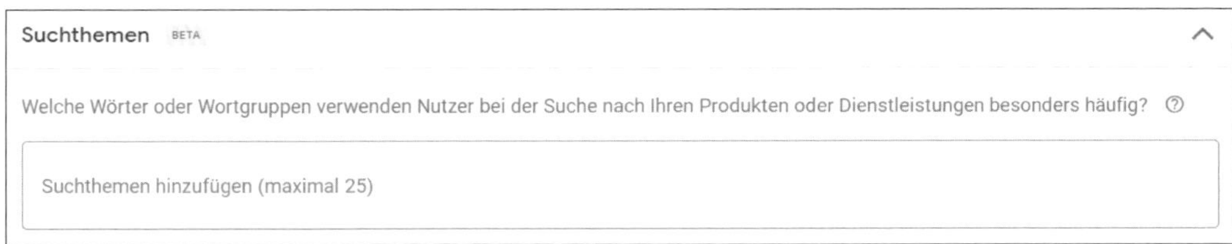

Abbildung 9.9 Suchthemen sind ein Signal für die PMax-Kampagne.

9.3.2 Zielgruppensignal

Beim Unterpunkt ZIELGRUPPENSIGNAL (siehe Abbildung 9.10) haben Sie die Möglichkeit, verschiedene Zielgruppensegmente hinzuzufügen. Diese entsprechen im Wesentlichen den Zielgruppen, die Ihnen bereits aus den Displaykampagnen bekannt sind. Die KI hinter der PMax-Kampagne nutzt diese Signale, um die verschiedenen Anzeigenformate zielgerichtet für die passenden Nutzer auf den unterschiedlichen Plattformen auszuspielen. Daher sind die Signale für eine erfolgreiche PMax-Kampagne von entscheidender Bedeutung.

Hier können Sie beispielsweise Ihre selbst erhobenen Daten ❶ »Stichwort Remarketing-Listen« hinzufügen. Diese sind für Google ein sehr starkes Signal, da diese Nutzer bereits zuvor Ihre Website besucht haben und möglicherweise schon Interesse an Ihrem Unternehmen oder an spezifischen Produkten gezeigt haben. Dadurch verfügen diese potenziellen Kunden über Vorkenntnisse zu den beworbenen Produkten oder Dienstleistungen, was die Wahrscheinlichkeit erhöht, dass sie auf die Anzeigen klicken.

Neben Ihren eigenen erhobenen Daten haben Sie auch Zugriff auf die Zielgruppen, die von Google erstellt wurden. Diese lassen sich unterteilen in:

- Kaufbereite Zielgruppen
- Lebensereignisse
- Detaillierte demografische Merkmale
- Gemeinsames Interesse

Letztlich können Sie beim Unterpunkt BENUTZERDEFINIERTE INTERESSEN dem Google-Tool mithilfe von Suchbegriffen und Domains Vorgaben machen, auf deren Grundlage Google dann eine neue (benutzerdefinierte) Interessentengruppe erstellt.

In einer PMax-Kampagne gelangen Sie in den Bereich der verschiedenen Zielgruppen, indem Sie in das Suchfeld ❷ unter INTERESSEN UND DETAILLIERTE DEMOGRAFISCHE MERKMALE klicken und anschließend im Kopfbereich von SUCHE auf SUCHEN wechseln.

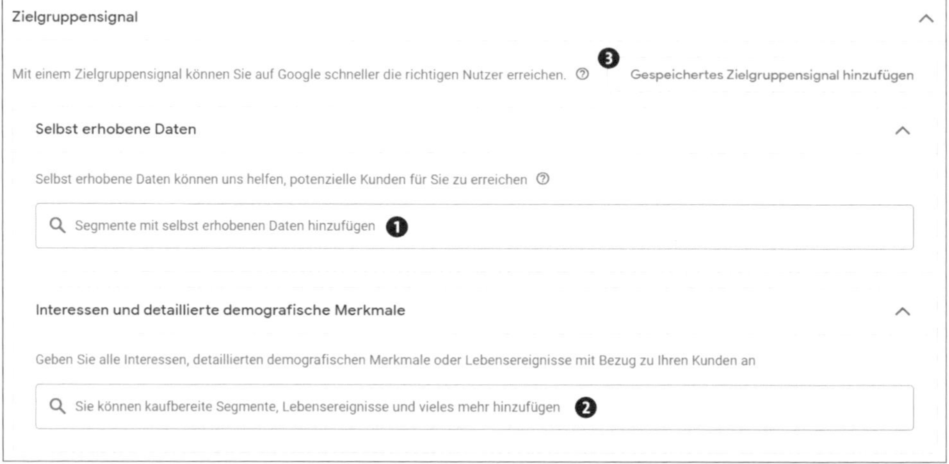

Abbildung 9.10 Zielgruppensegmente als Zielgruppensignale zu PMax hinzufügen

Wenn Sie die Funktion SUCHE verwenden, können Sie auch über einen oder mehrere Suchbegriffe die passenden Zielgruppen finden und die Vorschläge von Google auswählen. Abbildung 9.11 zeigt ein Beispiel mit verschiedenen passenden Zielgruppensegmenten zum Themenbereich »Solaranlagen«.

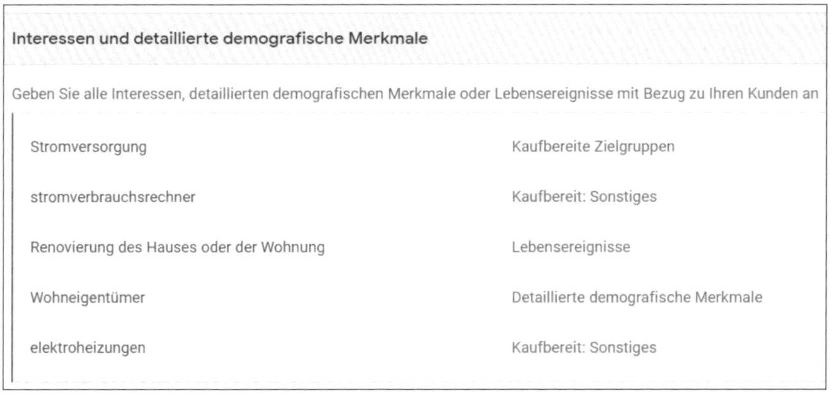

Interessen und detaillierte demografische Merkmale

Geben Sie alle Interessen, detaillierten demografischen Merkmale oder Lebensereignisse mit Bezug zu Ihren Kunden an

Stromversorgung	Kaufbereite Zielgruppen
stromverbrauchsrechner	Kaufbereit: Sonstiges
Renovierung des Hauses oder der Wohnung	Lebensereignisse
Wohneigentümer	Detaillierte demografische Merkmale
elektroheizungen	Kaufbereit: Sonstiges

Abbildung 9.11 Beispiel mit verschiedenen Zielgruppensegmenten zum Thema »Solaranlagen«

Falls Sie bereits Zielgruppensignale in der Zielgruppenverwaltung erstellt haben, können Sie diese unter GESPEICHERTES ZIELGRUPPENSIGNAL HINZUFÜGEN ❸ (siehe Abbildung 9.10) auswählen und direkt als Signale zu Ihrer PMax-Kampagne hinzufügen. In diesem Fall müssen Sie die Zielgruppen nicht erst bei der Erstellung der PMax-Kampagne neu definieren. Wir empfehlen Ihnen, praktischerweise die Zielgruppen im Voraus zu erstellen und dabei verschiedene Merkmale zu kombinieren. Diese unterschiedlichen Zielgruppen können Sie anschließend schrittweise in Ihrer PMax-Kampagne testen, um die effektivsten Zielgruppen bzw. die optimale Kombination von Zielgruppen als Signal für Ihre PMax-Kampagne zu identifizieren.

Eigene Zielgruppen erstellen

Um Ihre PMax-Kampagne optimal vorzubereiten, empfiehlt es sich, eigene Zielgruppen bereits im Voraus in der Zielgruppenverwaltung anzulegen. Sie gelangen in die Zielgruppenverwaltung über TOOLS • GEMEINSAM GENUTZTE BIBLIOTHEK • ZIELGRUPPENVERWALTUNG. Dort navigieren Sie zum Tab ZIELGRUPPE und klicken auf den Plus-Button, um eine neue Zielgruppe zu erstellen. Vergeben Sie einen aussagekräftigen Namen für Ihre neue Zielgruppe und setzen Sie sie anschließend durch die Nutzung von benutzerdefinierten Segmenten, eigenen Daten sowie den verfügbaren Google-Segmenten zusammen (siehe Abbildung 9.12).

Denken Sie daran, dass Sie in Ihrer neuen Zielgruppe auch bewusst bestimmte Zielgruppensegmente ausschließen und die Gruppe auf die gewünschten demografischen Daten eingrenzen können. Durch diese Vorgehensweise steigern Sie die Qualität Ihrer Zielgruppenauswahl erheblich. Sie haben die Möglichkeit, Ihre Zielgruppen in aller Ruhe im Vorfeld zu definieren, ohne sich dabei mit den komplexen Einstellungen Ihrer Kampagne befassen zu müssen.

Denken Sie bereits bei der Erstellung Ihrer Zielgruppen daran, dass Sie diese in der Live-Kampagne in unterschiedlichen Zielgruppenkonstellationen ausgiebig testen möchten. Erstellen Sie daher bewusst unterschiedliche Zielgruppen, die zu Ihren unterschiedlichen potenziellen Kundengruppen passen.

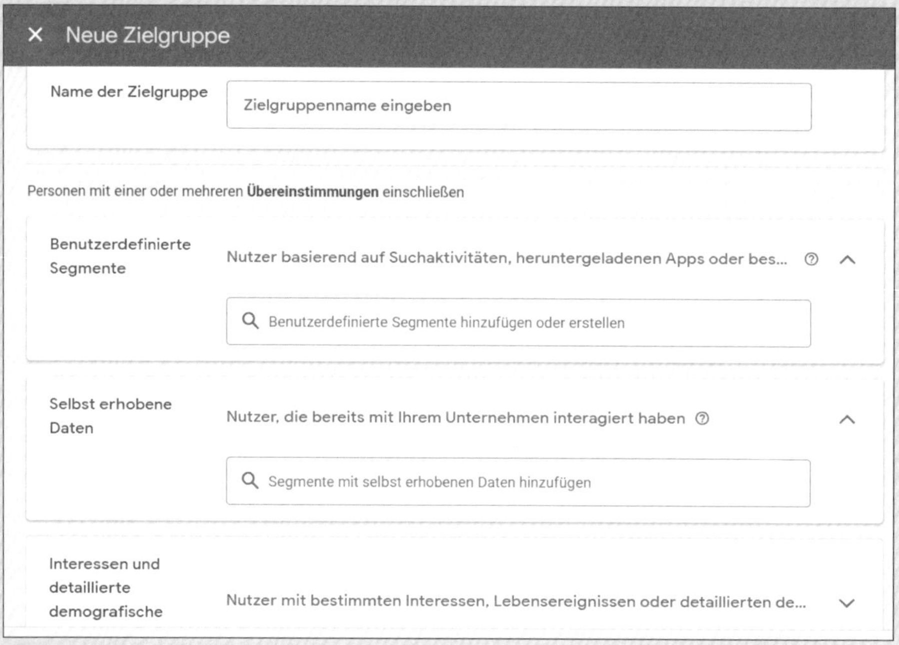

Abbildung 9.12 Anlage einer neuen Zielgruppe in der Zielgruppenverwaltung

9.4 Kampagne veröffentlichen

Nachdem Sie alle Einstellungen für Ihre PMax-Kampagne vorgenommen haben, erhalten Sie eine Übersicht, in der alle erledigten Punkte der Kampagneneinstellungen mit einem Häkchen versehen sind (siehe Abbildung 9.13). Hier können Sie noch einmal durch Klicks in einzelne Bereiche navigieren und Ihre Einstellungen sorgfältig überprüfen oder bei Bedarf anpassen. Eventuell erhalten Sie in einer Zusammenfassung zusätzliche Hinweise zu Optimierungs- oder Änderungsvorschlägen von Google. Denken Sie jedoch an unsere Empfehlungen und übernehmen Sie nicht grundsätzliche alle Vorschläge von Google.

Zum Abschluss klicken Sie auf den Button KAMPAGNE VERÖFFENTLICHEN (siehe Abbildung 9.14), und die neue PMax-Ads-Kampagne ist online. Ihre neue Performance

Max-Kampagne beginnt mit der Auslieferung von Anzeigen und der Optimierung basierend auf den definierten Zielen und Einstellungen.

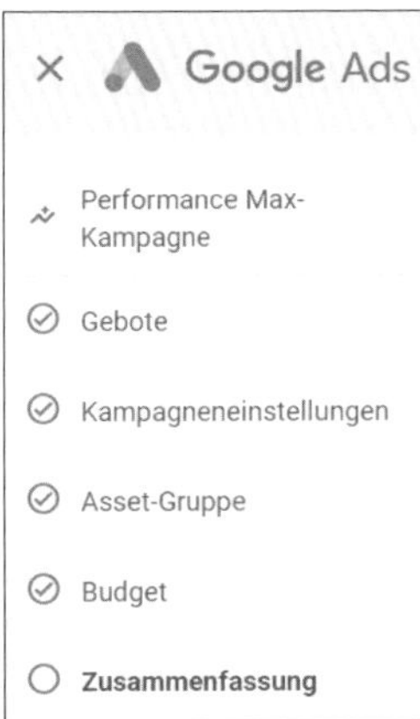

Abbildung 9.13 Übersicht zu den Phasen der Kampagnenerstellung einer PMax-Kampagne

Es ist wichtig, die Kampagnenleistung nach dem Start regelmäßig zu überwachen und bei Bedarf Anpassungen vorzunehmen, um sicherzustellen, dass die Kampagne die gewünschten Ergebnisse erzielt. Zunächst sollte die Kampagne jedoch mindestens 30 Tage Zeit haben, um Dinge zu testen und den Lernprozess zu starten. Das Grundprinzip der PMax-Kampagne besteht darin, auf verschiedenen Kanälen wie YouTube, Seiten im Displaynetzwerk, Discover oder in GMail-Konten das Interesse an den beworbenen Produkten oder Dienstleistungen für bestimmte Zielgruppen zu testen. Der Verkauf und somit die Conversion finden dann meistens über eine Shopping-Ads-Kampagne oder über die Textanzeigen der Google-Suche statt.

Abbildung 9.14 Kampagnenveröffentlichung nach der Überprüfung

9.5 Optimierungsmöglichkeiten für PMax-Kampagnen

Die PMax-Kampagnen laufen weitgehend autonom ab, und wir können nur minimal in die Kampagnen eingreifen. Aber auch dieser Kampagnentyp sollte, wie bereits erwähnt, kontrolliert und so weit wie möglich optimiert werden. Daher erhalten Sie nun einige Ideen und Tipps zur Optimierung.

Vorweg ein kurzer Hinweis dazu, was leider **nicht funktioniert!** Wie auch in anderen Kampagnen wäre es bestimmt sinnvoll, auszuschließende Keywords zu hinterlegen. In der PMax-Kampagne können diese jedoch nicht hinterlegt werden. Es ist noch nicht einmal möglich, zu sehen, welche Keywords die Anzeige ausgelöst haben. Bei der Analyse können wir nur die Keyword-Themen sehen.

Nachfolgend haben wir für Sie einige Optimierungsmöglichkeiten, die Sie für Ihre PMax-Kampagne nutzen bzw. testen können, aufgeführt.

9.5.1 Gebotsstrategie anpassen

Für PMax-Kampagnen gibt es nur zwei grundlegende Strategien: *Conversions* oder *Conversion-Wert maximieren*.

Falls Sie den Conversion-Wert zuordnen können, sollten Sie eher den Conversion-Wert optimieren. Vor allem bei Webshops ist dies sinnvoll, da Sie am Ende lieber die wertvolleren Produkte verkaufen möchten. Der nächste Optimierungsschritt bei der Gebotsstrategie ist dann entweder die Vorgabe eines reduzierten Ziel-CPA, damit die KI im Hintergrund versucht, möglichst wenig pro Conversion zu bezahlen, oder die prozentuale Steigerung des ROAS, damit am Ende möglichst viel Umsatz pro eingesetztem Werbebudget erzielt wird.

9.5.2 Neue Conversion hinzufügen

Überlegen Sie, ob Sie zusätzliche Aktionen als Conversions zu den vorhandenen hinzufügen können. Je mehr Signale die KI erhält, desto besser kann die PMax-Kampagne lernen und die Zielvorgaben effektiv erreichen.

9.5.3 Assets optimieren

Fügen Sie nach einiger Zeit (zwei bis drei Monaten) neue Bilder, Videos und Textbausteine als Assets hinzu bzw. tauschen Sie Ihre alten Assets aus. Überlegen Sie bei den Textbausteinen, welche Vorteile Sie Ihrer Zielgruppe bieten können, und testen Sie auch neue Call-to-Actions.

9.5.4 Zielgruppen testen

Fügen Sie neue Zielgruppen hinzu oder tauschen Sie bestehende aus, um zu sehen, was am besten für Ihre Kampagne funktioniert. Verfeinern Sie Ihre Zielgruppen basierend auf dem Nutzerverhalten und deren Interessen und nutzen Sie eventuell zusätzlich neue Remarketing-Listen.

9.5.5 Asset-Gruppen weiter unterteilen

Starten Sie zunächst mit einer Asset-Gruppe zu Ihrem gesamten Angebot und unterteilen Sie dann mit Ihrem Thema in granular aufgeteilte Asset-Gruppen. Die Gliederung in einzelne Asset-Gruppen hängt stark von der jeweiligen Marketingstrategie ab. Eine Möglichkeit besteht darin, die Asset-Gruppen nach Produktkategorien zu unterteilen.

Es gibt mehrere Vorteile zusätzlicher Asset-Gruppen. Es ist beispielsweise unmöglich, Anzeigentexte für das gesamte Sortiment in einer Asset-Gruppe zu formulieren. Mit mehreren Asset-Gruppen können Sie Ihre Zielgruppen besser ansprechen.

Zudem kann Google bei mehreren Gruppen besser verstehen, welche Produkte zusammengehören und für wen diese relevant sein könnten. Auf dieser Grundlage kann Google Anzeigen effizienter ausspielen.

Die Zielgruppen können auch für verschiedene Asset-Gruppen so genau wie möglich unterteilt werden, um potenzielle Kunden gezielt mit dem passenden Produkt und der passenden Ansprache zu erreichen.

9.5.6 Standorte und Endgeräte

Fügen Sie zu Beginn mehrere Standorte hinzu. Bei einer deutschlandweiten Kampagne können beispielsweise Bundesländer hinzugefügt werden. Analysieren Sie die Leistung nach Standorten und schließen Sie diejenigen Bundesländer aus, die nicht gut performen.

Analog dazu können Sie bestimmte Endgeräte durch Gebotsanpassungen mit –100 % ausschließen, um die Effizienz der Kampagne zu steigern.

9.5.7 Shopping-Feed optimieren

Wenn Sie einen Shop mit einer PMax-Kampagne bewerben, sollten Sie bei Ihrer Optimierung beim Shopping-Feed starten. In den meisten Fällen ist der Shopping-Anteil von PMax-Kampagnen sehr groß, daher ist es sinnvoll, hier viel Zeit und Mühe in die Optimierung zu investieren. Grundsätzlich sollten im Feed so viele Daten wie möglich hinterlegt werden. Je mehr Daten Google hat, desto besser können die Anzeigen ausgespielt und ausgesteuert werden. Fehler im Merchant Center sollten behoben werden, insbesondere wenn sie wichtige Produkte betreffen. Wenn alle Daten hinterlegt und Fehler behoben sind, können Tests mit veränderten Produkttiteln gestartet werden, um herauszufinden, wie Nutzer am besten angesprochen werden können.

9.6 Analyse Ihrer PMax-Kampagne

Eine PMax-Kampagne läuft, wie Sie bereits gelernt haben, in großen Teilen voll automatisiert ab. Nachdem die Kampagne und die Asset-Gruppen eingerichtet sind und Ziele auf Basis von Conversion-Werten festgelegt wurden, können wir nur noch bedingt eingreifen und relativ wenig analysieren. Google verfolgt bei PMax-Kampagnen die Idee, dass die künstliche Intelligenz bereits das Beste aus der Kampagne herausholen wird und zusätzliches Eingreifen nicht erwünscht ist. Daher zeigt Google auch ungern Daten zu einer PMax-Kampagne an, obwohl mehr Daten vorhanden sind, als Google preisgibt. Nähere Informationen dazu erhalten Sie in unserem Extra-Tipp weiter unten mit einem Skript zur Analyse der PMax-Kampagne.

Unter STATISTIKEN UND BERICHTE • STATISTIKEN finden Sie in Ihren PMax-Kampagnen einige rudimentäre Informationen. So können Sie dort unter anderem die allgemeine Entwicklung von Conversions, ROAS etc. analysieren (siehe Abbildung 9.15).

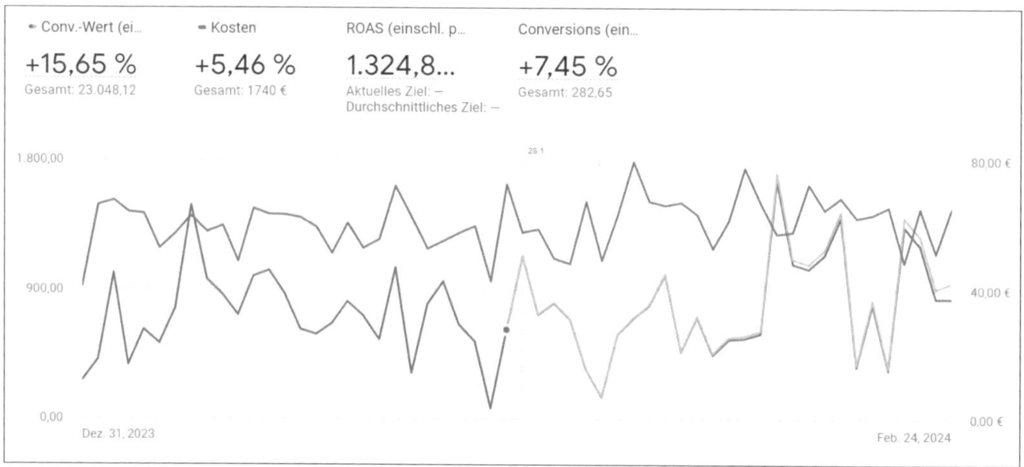

Abbildung 9.15 Entwicklungen der Conversions und des ROAS im Zeitverlauf

Des Weiteren finden Sie Informationen zu Leistung und signifikanten Leistungsänderungen, die mit Hinweisen wie DEUTLICHE STEIGERUNG oder auch DEUTLICHE RÜCKGÄNGE kommentiert werden (siehe Abbildung 9.16).

Am nützlichsten und interessantesten sind die Berichte zu bestimmten Kategorien von Suchbegriffen, die entsprechende Suchvolumina, Klicks, Conversion-Werte etc. erzielt haben. Auf Grundlage dieser Analysen können zukünftig neue Asset-Gruppen mit speziellen Werbebotschaften gebildet oder bestimmte Themen, die nicht funktioniert haben, ausgeschlossen werden.

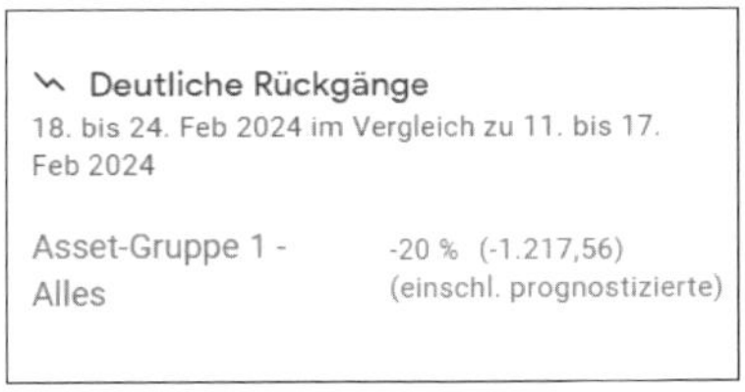

Deutliche Rückgänge
18. bis 24. Feb 2024 im Vergleich zu 11. bis 17. Feb 2024

Asset-Gruppe 1 - Alles -20 % (-1.217,56) (einschl. prognostizierte)

Abbildung 9.16 KI-gesteuerte Hinweise und Prognosen

Auch der Hinweis auf die Performance der unterschiedlichen Zielgruppen (siehe Abbildung 9.17) liefert wichtige Hinweise für Optimierungsansätze. Der INDEX ❶ signalisiert, dass bei einem hohen Index eher ein statistischer Zusammenhang zwischen der Zielgruppe und den eigenen Produkten besteht und somit diese Zielgruppe interessant ist. Für ein Thema wie beispielsweise Berufsbekleidung ist die »Fertigungsindustrie« ❷ in unserem Beispiel eine spezifische Zielgruppe, während die »Fans romantischer und dramatischer Filme« ❸ eher ein nicht signifikanter Zufall sind.

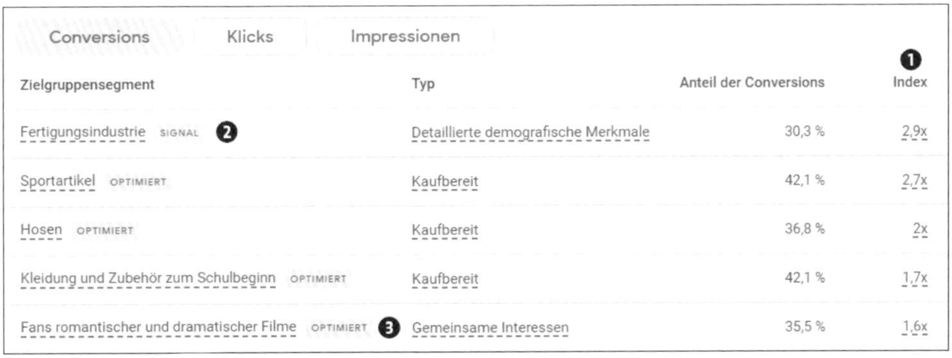

Conversions | Klicks | Impressionen

Zielgruppensegment	Typ	Anteil der Conversions	❶ Index
Fertigungsindustrie SIGNAL ❷	Detaillierte demografische Merkmale	30,3 %	2,9x
Sportartikel OPTIMIERT	Kaufbereit	42,1 %	2,7x
Hosen OPTIMIERT	Kaufbereit	36,8 %	2x
Kleidung und Zubehör zum Schulbeginn OPTIMIERT	Kaufbereit	42,1 %	1,7x
Fans romantischer und dramatischer Filme OPTIMIERT ❸	Gemeinsame Interessen	35,5 %	1,6x

Abbildung 9.17 Zielgruppensegmente mit Conversion-Anteil und Indexbewertung

Weitere Analysen, wie beispielsweise Statistiken zu Standorten und Endgeräten, sind analog zu den bereits bekannten Kampagnen ebenfalls bei P-Max-Kampagnen möglich. Anhand der Analyse von Regionen und Gerätetypen können Sie feststellen, was am besten abschneidet, und eventuell bestimmte Regionen oder Gerätetypen ausschließen.

Insgesamt hält sich Google bei PMax-Kampagnen sehr bedeckt mit den Kennzahlen und ausführlichen Analysen. Dieser Kampagnentyp soll, wie bereits erwähnt, aus Google-Sicht eher durch Automatisierung und KI gesteuert werden. Aus diesem Grund gibt es wahrscheinlich auch unterschiedliche Erfahrungen mit den PMax-Kampagnen bei den Google-Ads-Admins. Einerseits wird berichtet, dass die PMax-Kampagnen gar nicht funktionieren, während andererseits Admins sehr zufrieden mit den gesteigerten Conversions der automatisierten Kampagnen sind.

Tipp: Analyse der PMax-Kampagnen mithilfe eines Skripts

Unter dem Link

https://github.com/agencysavvy/pmax

finden Sie ein Ads-Skript von Mike Rhodes, das Ihnen bei der zusätzlichen Analyse Ihrer PMax-Kampagnen hilft. In den Tiefen der Google-Ads-Datenbank sind Informationen gespeichert, die von Google nicht öffentlich angezeigt werden. Das hier vorgestellte Skript greift über die Google-Ads-API (die Programmierschnittstelle für Entwickler) auf Informationen zu, die im Ads-Backend nicht verfügbar sind. Sie können dann beispielsweise in den Berichten sehen, welchen Anteil verschiedene Kanäle an den PMax-Kampagnen haben und welche Produkte von Google beworben werden.

Neben der kostenlosen Grundversion gibt es auch eine kostenpflichtige Version, die zusätzliche Informationen liefert. Diese kostenpflichtige Version wird kontinuierlich erweitert, um immer tiefere Analysen zu ermöglichen. Für erste fortgeschrittene Analysen sollte jedoch die kostenlose Version völlig ausreichen.

Mit dem Ads-Skript sind unter anderem folgende Analysen möglich:

- In welchem Kanal (Shopping, Display, Video oder Suche/andere) werden die Google-Anzeigen ausgeliefert?
- Wie wird das Budget auf die einzelnen Kanäle verteilt?
- Wie haben sich die Daten im Laufe der Zeit verändert?
- Welche Produkte haben Conversions erzielt?
- Welche Produkte haben viele Impressionen, aber keine Klicks erzielt?

9.7 Checkliste

Die abschließende Checkliste für PMax-Kampagnen hilft Ihnen dabei, an alle wichtigen Schritte für eine erfolgreiche Kampagne zu denken.

Wichtige Punkte zum Erstellen einer PMax-Kampagne	**OK (☑)**
Erstellen Sie Ihre Ziele (Conversion-Aktionen) und bauen Sie das Tracking in Ihre Website ein.	
Ordnen Sie Ihren Conversions einen Wert zu (falls möglich).	
Laden Sie eine große Auswahl an Bildern in die Asset-Bibliothek.	

Tabelle 9.1 Performance Max-Kampagne – Checkliste

Wichtige Punkte zum Erstellen einer PMax-Kampagne	**OK (☑)**
Laden Sie Ihre Logos in die Asset-Bibliothek.	
Erstellen Sie zwei bis drei Videos mit dem Ads-Tool in der Asset-Bibliothek.	
Erstellen Sie Ihre Textbausteine für die Anzeigen.	
Erstellen Sie eine Liste mit Suchthemen.	
Bauen Sie einen Retargeting-Code in Ihre Website ein und erstellen Sie eine Retargeting-Liste (falls möglich).	
Erstellen Sie eigene Zielgruppensegmente.	
Legen Sie ein Werbebudget fest.	

Tabelle 9.1 Performance Max-Kampagne – Checkliste (Forts.)

Kapitel 10
Spezielle Google-Ads-Werbestrategien

Höher, schneller, weiter. Im Rennen um Aufmerksamkeit gilt es, sich von der Konkurrenz abzuheben – auch in der Welt von Google Ads. Wie gelingt Ihnen das? Indem Sie nicht ausschließlich auf Standardwerbung setzen, sondern auch die vielfältigen Möglichkeiten von Google Ads nutzen. Bleiben Sie stets auf dem neuesten Stand und entdecken Sie in diesem Kapitel weitere Kampagnen, die Sie testen sollten.

Google Ads besteht nicht nur aus klassischen Textanzeigen in der Google-Suche oder aus ein paar statischen Bannern auf den Seiten des Google Displaynetzwerks. Google ist ständig in Bewegung und arbeitet auf Hochtouren an neuen Möglichkeiten, um die Aufmerksamkeit für die Anzeigen zu erhöhen und die Advertiser mit neuen Werbeformen und -formaten zu unterstützen. In diesem Kapitel stellen wir Ihnen wichtige zusätzliche Möglichkeiten und bewährte Werbestrategien vor. Neben den etablierten Formaten finden Sie auch Möglichkeiten, die noch relativ unbekannt sind und Ihnen darum einen Vorsprung vor der Konkurrenz sichern können.

Nicht jede Strategie eignet sich jedoch für jeden Anbieter. Lassen Sie sich inspirieren und picken Sie sich das Passende für Ihren Bedarf heraus. Natürlich wird Google mit dem Erscheinen dieses Buchs nicht aufhören, neue Möglichkeiten zu entwickeln, und es ist auch in der Vergangenheit schon vorgekommen, dass manche Ideen wieder begraben wurden. Wenn Sie über die neuen Google-Ads-Möglichkeiten auf dem Laufenden bleiben möchten, empfehlen wir Ihnen die Seite »Think with Google« (*https://www.thinkwithgoogle.com/intl/de-de*). Sie können die aktuellen Google-Nachrichten dort auch abonnieren.

10.1 Lokale Anzeigen bei Google Maps

Die lokalen Anzeigen, die bei Google Maps oberhalb und zum Teil unterhalb der lokalen Suchtreffer auf der linken Seite (siehe Abbildung 10.1) geschaltet werden, bedürfen eigentlich keiner großen Einstellung. Google schaltet Ihre Anzeigen bei lokalem Interesse auch auf Google Maps. Sie sollten für diese Werbeplätze allerdings einen

Standort-Asset bzw. eine Standorterweiterung aktivieren. Bitte beachten Sie, dass in den Kampagneneinstellungen auch die Checkbox vor GOOGLE SUCHNETZWERK-PARTNER EINBEZIEHEN aktiviert sein muss.

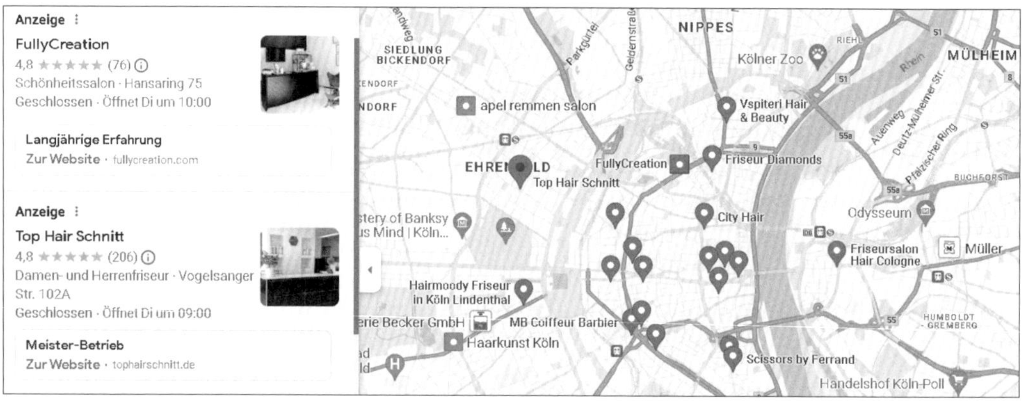

Abbildung 10.1 Lokale Anzeige bei Google Maps

Um einen Standort-Asset zu aktivieren, navigieren Sie im Menü zu KAMPAGNEN • ASSETS • ASSETS ❶, klicken auf den ⊕-Button und wählen in der sich öffnenden Drop-down-Liste STANDORT ❷ aus (siehe Abbildung 10.2).

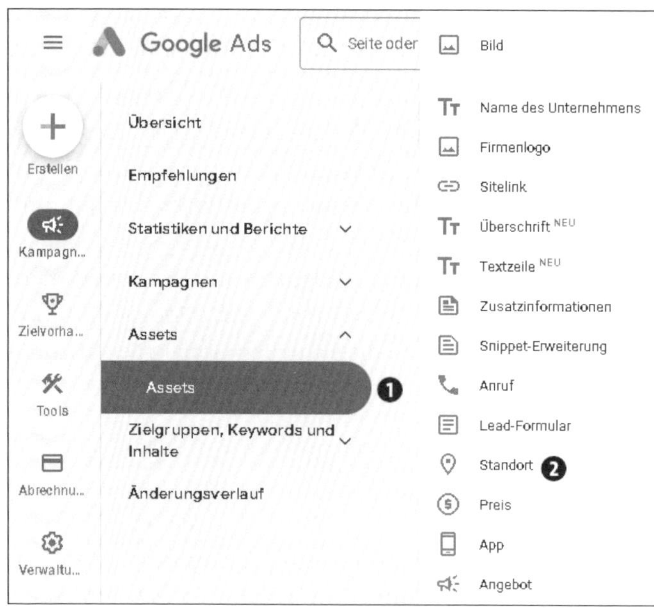

Abbildung 10.2 Einen Standort-Asset hinzufügen

Im dadurch aufgerufenen Fenster entscheiden Sie sich im Normalfall für die Standardoption UNSERE STANDORTE (siehe Abbildung 10.3).

Abbildung 10.3 Welcher Standorttyp soll genutzt werden?

10

Was sind Affiliate-Standorte?

Neben den normalen Standort-Assets können Sie auch sogenannte Affiliate-Standort-Assets aktivieren. Mit diesen Assets können Sie Nutzer auf Geschäfte hinweisen, in denen Ihre Produkte verkauft werden. Der Unterschied zu den normalen Standort-Assets besteht darin, dass bei den Affiliate-Standort-Assets auf bestimmte Handelsketten hingewiesen wird (z. B. Lidl, Bauhaus, C&A etc., siehe Abbildung 10.4). Diese Ketten sind vordefiniert und können daher im Google-Ads-Konto nur ausgewählt und nicht selbst bestimmt werden.

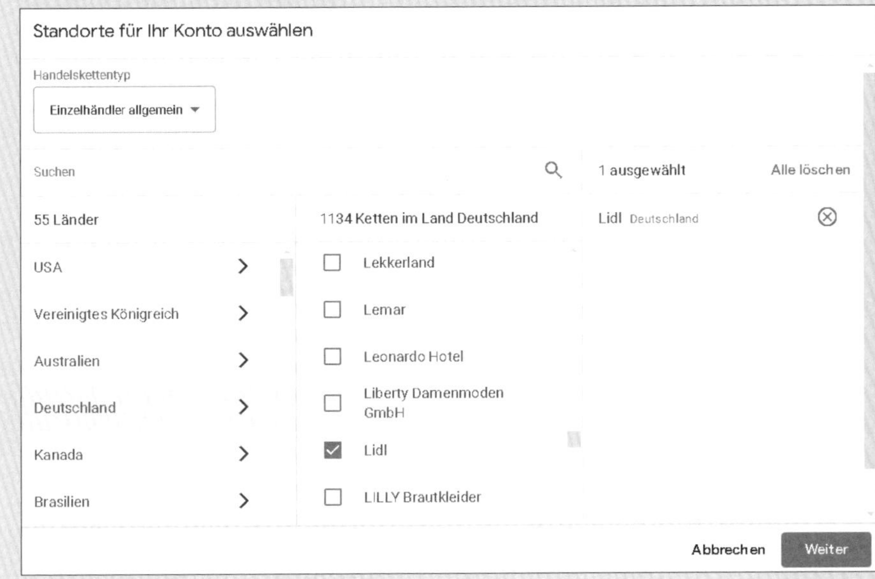

Abbildung 10.4 Affiliate-Standorte

Google Ads schlägt im nächsten Schritt vor, ein GOOGLE UNTERNEHMENSPROFIL ❶ (ehemals *Google My Business*-Profil) aus Ihrem verwendeten Google-Login mit Ihrem Google-Ads-Konto zu nutzen (siehe Abbildung 10.5). Dafür muss natürlich ein Unternehmensprofil bereits bestehen. In diesem kostenlosen Google-Branchenbucheintrag haben Sie alle aktuellen Informationen zu Ihrem Unternehmen, z. B. Telefonnummern, Adresse, Öffnungszeiten, aber auch Bilder und Beschreibungen hinterlegt. Legen Sie anschließend das relevante Unternehmensprofil unter UNTERNEHMENSPROFIL-DASHBOARD-KONTO AUSWÄHLEN ❷ fest. Sollten Sie zu einem Profil mehrere Standorte hinterlegt haben, lässt Google Sie nach dem Klick auf WEITER ❸ die Liste dieser Standorte auf bis zu einen Standort einschränken.

Falls Sie ein Unternehmensprofil besitzen, das nicht vorgeschlagen wurde, können Sie den Zugriff auf dieses Profil über die E-Mail-Adresse anfordern ❹. Ist Ihnen diese nicht bekannt, macht Google Ihnen durch die Benennung einer Domain entsprechende Vorschläge, die dann ebenfalls für die Anforderung eines Zugriffs genutzt werden können ❺.

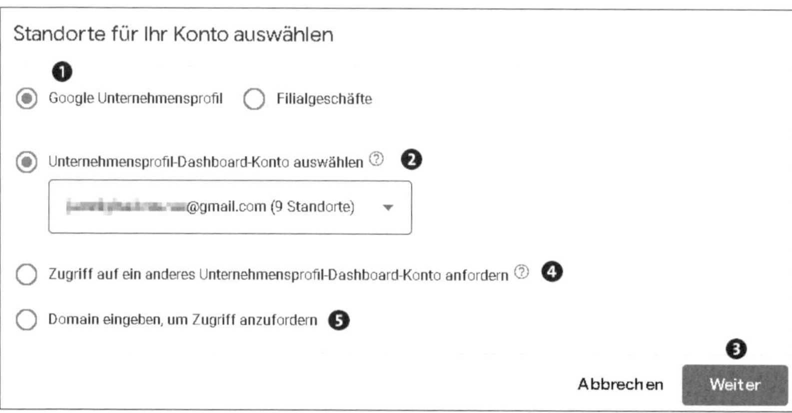

Abbildung 10.5 Unternehmensprofil für das Google-Ads-Konto nutzen

Was ist bei mehreren Standorten zu tun?

Wurde in dem von Ihnen verwendeten Google-Unternehmensprofil mehr als ein Unternehmensstandort hinterlegt, müssen Sie bei einer Verwendung mithilfe der Unternehmensnamen die Standorte auswählen, die mit dem Google-Ads-Konto verknüpft werden sollen (siehe Abbildung 10.6). Falls Sie alle Einträge verknüpfen wollen, können Sie natürlich auch alle Standorte synchronisieren. Die passende Zuordnung des jeweiligen Standorts übernimmt Google dann auf Grundlage des Nutzerstandorts, wenn die User bei Google suchen. Eine Garantie, dass dies immer einwandfrei gelingt, gibt es jedoch nicht.

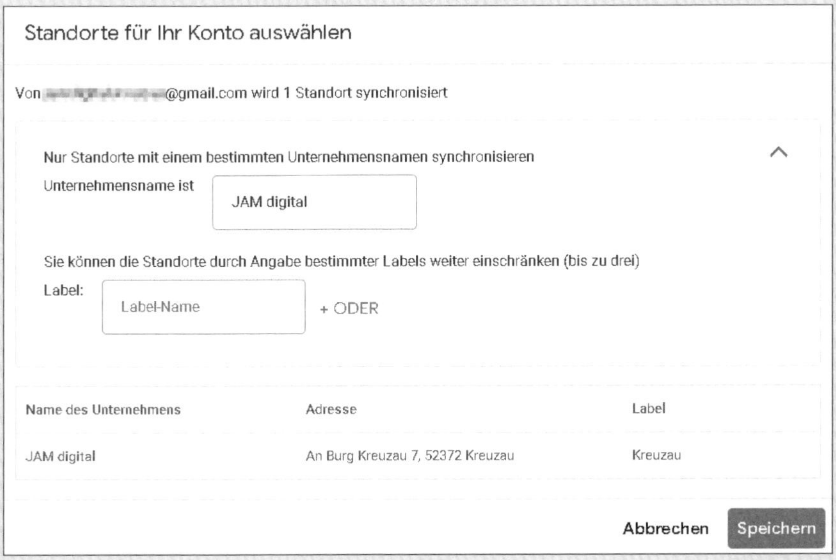

Abbildung 10.6 Standorte auswählen und synchronisieren

Nachdem Sie die Standort-Assets Ihrem Google-Ads-Konto hinzugefügt haben, wird Google Ihre Anzeigen für eine Schaltung in Google Maps berücksichtigen, wenn die Suchanfrage einen lokalen Hintergrund hat und sich auf die Region Ihres Standorts bezieht. Google hat zwei Möglichkeiten, eine lokale Suchanfrage zu erkennen:

1. Der Google-Nutzer hat den gewünschten Standort bereits in die Suchanfrage eingebaut, also z. B. nach »Fotograf München« gesucht.
2. Google »weiß« natürlich auf Grundlage von Statistiken zum Userverhalten, dass bestimmte Suchbegriffe einen lokalen Hintergrund haben. Zu diesen Begriffen mit lokalem Hintergrund zählen z. B. »Anwalt«, »Friseur«, »Zahnarzt« etc.

Da bei Google Maps die Plätze für lokale Anzeigen sehr beschränkt sind, muss Ihre Anzeige neben dem Standort-Asset auch einen hohen Anzeigenrang besitzen. Dieses Ranking wird zum einen durch den Qualitätsfaktor und zum anderen durch das maximale CPC-Gebot bestimmt. Zur Steigerung des Qualitätsfaktors ist beispielsweise eine passende Landingpage mit einem Hinweis auf den Standort sinnvoll.

Neben einer passenden Suchanzeige mit Landingpage kann das Ranking noch über die CPC-Gebote gesteuert werden. Eine Taktik besteht darin, für Standorte, die direkt in der Nähe des lokalen Geschäfts liegen, stets etwas höhere Gebote abzugeben. Dafür werden zusätzliche Zielregionen rund um den Geschäftsstandort hinzugefügt. Diesen Regionen können dann prozentual höhere CPC-Gebote zugewiesen werden. Weitere Informationen zu speziellen Geboten für unterschiedliche Regionen finden Sie in Kapitel 11, »Google Ads in der mobilen Welt«. Standort-Assets werden nicht nur im Google-Suchnetzwerk, sondern auch im Google-Displaynetzwerk oder mit Videoanzeigen ausgeliefert.

Standort-Assets haben auch Einfluss auf die Standardsuchanzeigen, denn sie sorgen für die Einblendung von Adresse und Telefonnummer Ihres Unternehmens direkt unterhalb der Textanzeige. Dem Suchenden und potenziellen Interessenten wird auf diese Weise zunächst die Möglichkeit geboten, anhand der Adresse sofort einen Lageplan Ihres Unternehmensstandorts einzublenden und bei Bedarf gleich einen Routenplaner zu starten. Letzteres ist vor allem auf mobilen Geräten praktisch, wenn Sie nach Ihrer Suchanfrage nicht die Website, sondern gleich den nächsten lokalen Unternehmensstandort besuchen möchten. Zudem wird über Standort-Assets auch die Telefonnummer Ihres Unternehmens dargestellt.

Standort-Assets sind vor allem dann zu empfehlen, wenn Ihr Unternehmensstandort eine unmittelbare Relevanz für den potenziellen Interessenten hat. Bei den folgenden Beispielen sind sie sehr sinnvoll und sollten daher unbedingt ergänzt werden:

- Unterkünfte und Gastronomie (z. B. Hotels, Restaurants, Cafés)
- lokale Dienstleistungen (z. B. Banken, Versicherungen, Gesundheit)
- lokale Händler und Geschäfte (z. B. Einzelhandel, Autohäuser, Sportgeschäfte)

In allen diesen Fällen werden Firmenbetreiber die klare Absicht haben, potenziellen Interessenten, die in der Nähe des Unternehmens nach relevanten Produkten und Dienstleistungen suchen, auch den nächsten Unternehmensstandort anzuzeigen.

Es gibt jedoch auch Fälle, in denen die Nutzung von Standort-Assets nicht zu empfehlen ist. So möchten Sie beispielsweise als Betreiber eines Online-Shops wohl nicht, dass potenzielle Interessenten plötzlich persönlich bei Ihnen im Büro oder im Versandlager erscheinen. Auch ist bei der Werbung für alle virtuellen Dienstleistungen von der Nutzung dieser Erweiterung abzusehen. Anhand der folgenden Beispiele sollten Sie sehr gut einschätzen können, in welcher Ausgangssituation Sie idealerweise keine Standorterweiterungen angeben:

- Produkte und Dienstleistungen ohne geografischen Bezug (z. B. Webshops, Outsourcing-Services)
- Portale und Informationswebsites ohne geografischen Bezug (z. B. Job-Portale, Nachrichtenseiten)
- alle virtuellen Güter (z. B. Software-Downloads)

Wann werden Standort-Assets eingeblendet?

Google gibt keine Garantie für die Einblendung von Standort-Assets in Ihren Google-Ads-Anzeigen. Selbst wenn Sie alle Informationen korrekt hinterlegt haben, werden Adressen und Telefonnummern nicht bei allen Suchanfragen dargestellt. Die Funktionsweise lässt sich kurz wie folgt erklären: Standort-Assets kommen nur dann zum Einsatz, wenn Google erkennt, dass der Google-User sich entweder in unmittelbarer Nähe des Unternehmens befindet, nach dessen Angeboten er gesucht hat, oder dass er Produkte bzw. Dienstleistungen in Kombination mit einem standortbezogenen Suchbegriff gesucht hat.

Wenn also beispielsweise im Zentrum von Köln nach einem Hotel gesucht wird, werden relevante Anzeigen von Kölner Hotels in unmittelbarer Nähe mit Standort-Assets angezeigt. Würde jedoch außerhalb der Stadt nach »Hotel Köln Zentrum« gesucht, könnte das Google-Ads-System alternativ ein Interesse an einer bestimmten Region feststellen. Auch in diesem Fall würden dann passende Standort-Assets angezeigt werden. Zusätzlich hängt deren Einblendung aber von weiteren Faktoren wie dem Anzeigenrang ab.

10.2 Dynamische Suchnetzwerk-Anzeigen – Google Ads ohne Keywords

Dynamische Suchanzeigen sind laut Google »die unkomplizierteste Methode, wenn Sie potenzielle Kunden ansprechen möchten.« Aber Achtung! Immer wenn Google automatisierte Prozesse bewirbt, ist Vorsicht geboten. Wir erklären Ihnen daher in den folgenden Abschnitten nicht nur, wie Sie die dynamischen Anzeigen aufsetzen, sondern auch, wann diese Anzeigenformate überhaupt sinnvoll sind und welche Erfahrungen wir mit dieser Möglichkeit in der Praxis gemacht haben.

Sie schalten das dynamische Anzeigenformat nicht wie gewöhnliche Suchanzeigen auf Basis von eingebuchten Keywords. Stattdessen sucht Google auf Ihrer Website nach einer relevanten Zielseite, die zur jeweiligen Suchanfrage passt. Dazu greift das Google-Ads-System auf den organischen Suchindex von Google oder auf einen speziellen Datenfeed zurück, den Sie vorher in das Google-Ads-Konto hochgeladen haben. Dynamische Suchanzeigen bieten insbesondere für E-Commerce-Unternehmen oder große Websites mit schnell wachsenden oder wechselnden Inhalten eine wirksame Lösung, um das Keyword-Set ohne viel Aufwand auf dem neuesten Stand zu halten.

Mittlerweile stellt Google auch den neuen Kampagnentyp *Performance Max-Kampagne* zur Verfügung. Lesen Sie dazu mehr in Kapitel 9. Da Funktionsweise und Zielsetzung sehr nahe an die der dynamischen Suchanzeigen herankommen, ist es wahrscheinlich, dass dieser neue Kampagnentyp langfristig die dynamischen Suchanzeigen ablöst. Das ist bisher jedoch nicht offiziell von Google verkündet worden, und somit schauen wir uns diese dennoch genauer in den nächsten Abschnitten an.

10.2.1 Dynamische Suchkampagnen erstellen

Google weist darauf hin, dass sich das Schalten von *Dynamic Search Ads* (DSA) bei allzu kleinen Websites nicht lohnt, da der Mechanismus erst ab einer gewissen Größe in Gang kommt. Aus unserer Sicht kann ein eigener Test jedoch nicht schaden. Danach können Sie selbst entscheiden, ob überhaupt genug Nachfrage besteht oder ob Sie Ihr Angebot schon über die Keyword-bezogenen Kampagnen vollständig abgedeckt haben.

Sie erstellen zunächst eine normale Kampagne für das Suchnetzwerk bis zur Veröffentlichung. Nach der Erstellung rufen Sie die relevante Kampagne in KAMPAGNEN • KAMPAGNEN auf und wechseln zum Register EINSTELLUNGEN. Hier finden Sie unter WEITERE EINSTELLUNGEN die EINSTELLUNG FÜR DYNAMISCHE SUCHANZEIGEN.

Wichtig ist, dass Sie bei der Einrichtung der Kampagne unter EINSTELLUNG FÜR DYNAMISCHE SUCHANZEIGEN die Domain der beworbenen Website und die Sprache angeben, auf die diese Website ausgerichtet ist (siehe Abbildung 10.7). Als Ausrichtungsquelle nutzt das System standardmäßig den Google-Index. So weiß das Ads-System, welche Seiten nach entsprechenden Keywords durchsucht werden müssen. Das funktioniert natürlich nur, wenn Ihre Website auch in den Google-Index aufgenommen wurde. Damit das System auch die passenden Themen findet, sollte Ihre Website zusätzlich die wichtigsten Regeln zur Suchmaschinenoptimierung einhalten. Alternativ bzw. ergänzend können Sie auch eigene Datenfeeds mit Unterseiten, den sogenannten Seitenfeed, unter TOOLS • GESCHÄFTSDATEN in Ihr Google-Ads-Konto hochladen. Auf diese Seiten kann Google Ads dann entsprechend zugreifen.

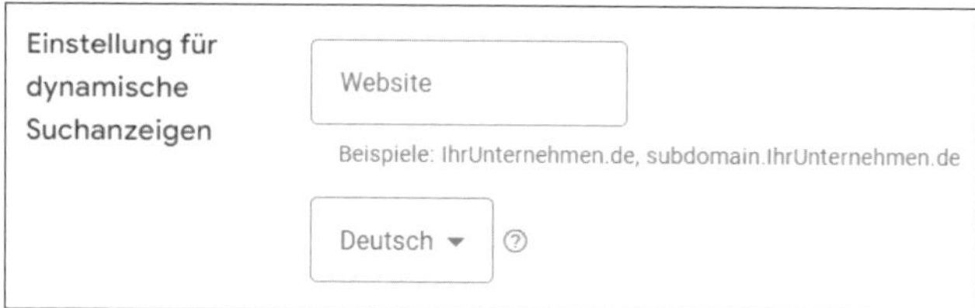

Abbildung 10.7 Dynamische Suchanzeigen aktivieren mit Angabe der Domain

Nachdem Sie die Grundlagen festgelegt haben, erstellen Sie eine eigene Anzeigengruppe und wählen dabei den ANZEIGENGRUPPENTYP DYNAMISCH aus. Sie können ihn auch bei STANDARD belassen (siehe Abbildung 10.8), um eine normale Anzeigengruppe zu erstellen, wie Sie dies schon von den Standardsuchanzeigen kennen.

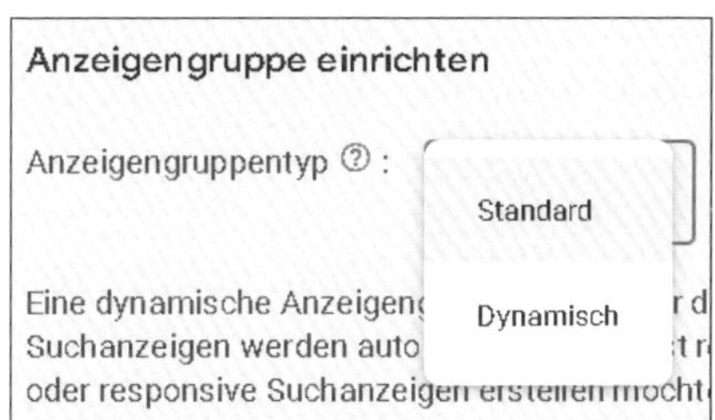

Abbildung 10.8 Anzeigengruppe vom Typ »Dynamisch«

Neben den auch im klassischen Fall auszufüllenden Feldern ANZEIGENGRUPPENNAME und STANDARDGEBOT haben Sie nun nach Auswahl der Anzeigengruppe vom Typ DYNAMISCH verschiedene Möglichkeiten, um Ihre dynamischen Suchanzeigen auf bestimmte Bereiche Ihrer Website auszurichten. Kombinieren Sie dazu die sogenannten *dynamischen Anzeigenziele* und legen Sie bei Bedarf je Ziel ein eigenes Gebot fest, das – sofern gefüllt – das Standardgebot auf Anzeigengruppenebene überschreibt. Im Folgenden finden Sie eine kurze Erläuterung zu den unterschiedlichen Anzeigenzielen.

Tipp: Dynamische Anzeigengruppen als Ergänzung

Testen Sie die Anzeigengruppe mit dynamischen Anzeigen als Ergänzung zu den bestehenden Anzeigengruppen, die durch vorher festgelegte Keywords gesteuert werden. Auf diese Weise haben wir in Tests eine größere Suchanfragenabdeckung erreicht. Sie müssen jedoch laufend kontrollieren, welche Keywords Google automatisiert zur Schaltung Ihrer dynamischen Anzeigen nutzt. Dabei sollten Überschneidungen mit bestehenden Keywords vermieden werden.

Empfohlene Kategorien

Wenn Google Ihre Webseiten im Index findet und die Inhalte zuordnen kann, werden Ihnen die Kategorien hier angezeigt. Zusätzlich schätzt Google das Suchvolumen und die empfohlenen Gebote des jeweiligen Themas. Aus den empfohlenen Kategorien können Sie Ihre Favoriten per Checkbox auswählen.

Seiteninhalt

Neben der Auswahl von Kategorien können Sie über den Unterpunkt BESTIMMTE WEBSEITEN auch favorisierte Unterseiten Ihrer Webpräsenz auswählen. Über die Option GENAUE URLS VERWENDEN lassen sich hier konkrete Webadressen benennen. Bei großen Websites ergibt es jedoch häufig Sinn, nicht jede einzelne Seite, zu der Ihre Werbung geschaltet werden soll, zu bestimmen, sondern ähnliche Seiten zusammenzufassen. Für diese Vorgehensweise nutzen Sie die zweite Option REGELN ZUR AUSRICHTUNG AUF WEBSEITE ERSTELLEN und verwenden dazu beispielsweise den SEITENINHALT ❶ als Kriterium (siehe Abbildung 10.9). Eine sinnvolle Gruppierung bestünde darin, alle Seiten zusammenzufassen, auf denen die Zeichenfolge *sofort lieferbar* oder *Sale* zu finden ist. In den Anzeigentexten können Sie offensiv mit diesen Selling-Points werben, weil das System regelmäßig aktualisiert wird und Sie nicht befürchten müssen, dass Produkte ausgespielt werden, auf die diese Werbeversprechen nicht zutreffen.

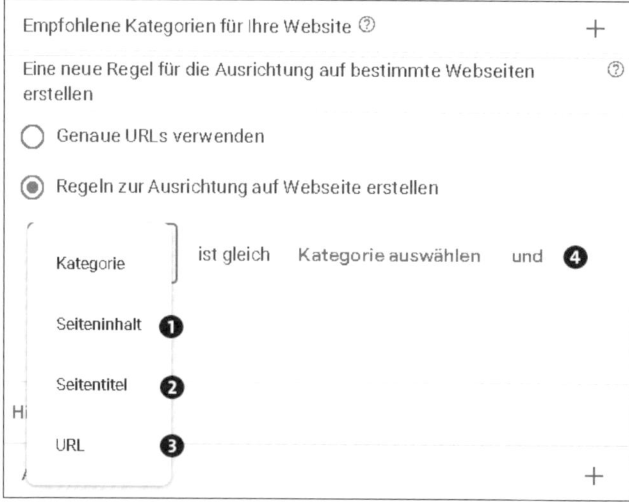

Abbildung 10.9 Einzelne Ausrichtungsmöglichkeiten

Seitentitel

Der Seitentitel einer Unterseite wird Ihnen oben im jeweiligen Browser-Tab angezeigt. Wenn Sie Ihre Anzeigen auf dieses Anzeigenziel ausrichten möchten, wählen Sie das Attribut aus und geben eine Zeichenfolge ein, die im SEITENTITEL ❷ enthalten sein soll. So können Sie beispielsweise alle Seiten bündeln, deren Seitentitel eine bestimmte Produktgruppe beinhalten.

URL

Ebenfalls möglich ist die Ausrichtung der Anzeigen auf Basis bestimmter URLs bzw. Inhalte in den URLs. Wählen Sie dazu als Attribut URL ❸ aus und geben Sie in das dafür vorgesehene Feld eine beliebige Zeichenfolge ein, die in der URL enthalten sein soll.

Bitte beachten Sie, dass Sie auch immer Kombinationen ❹ der Seiteninhalte und Seitentitel etc. angeben können.

Alle Webseiten

Schließlich können Sie auch ALLE WEBSEITEN auswählen, wenn Sie sicherstellen möchten, dass alle Webseiten für die dynamischen Anzeigen berücksichtigt werden sollen. Dabei sollten Sie aber bedenken, dass Google dann auch versucht, auf Seiten wie *Datenschutz* oder *AGB* zu bieten. Sie können dies nur verhindern, indem Sie einzelne Unterseiten ausschließen; lesen Sie dazu mehr in Abschnitt 10.2.3, »Präzisieren Sie die Reichweite durch Ausschlüsse«.

10.2.2 Dynamische Anzeigen erstellen

Nach der Auswahl der Webseitenkategorien bzw. bestimmter Seiten erstellen Sie im nächsten Schritt ein Anzeigentemplate (siehe Abbildung 10.10). Dazu fügen Sie lediglich bei TEXTZEILE 1 und TEXTZEILE 2 entsprechende Werbetexte mit einer maximalen Länge von jeweils 80 Zeichen ein. Google wählt später anhand der Suchanfrage des Users und des Contents auf der Zielseite die passende finale URL, den passenden Anzeigentitel und die passende angezeigte URL.

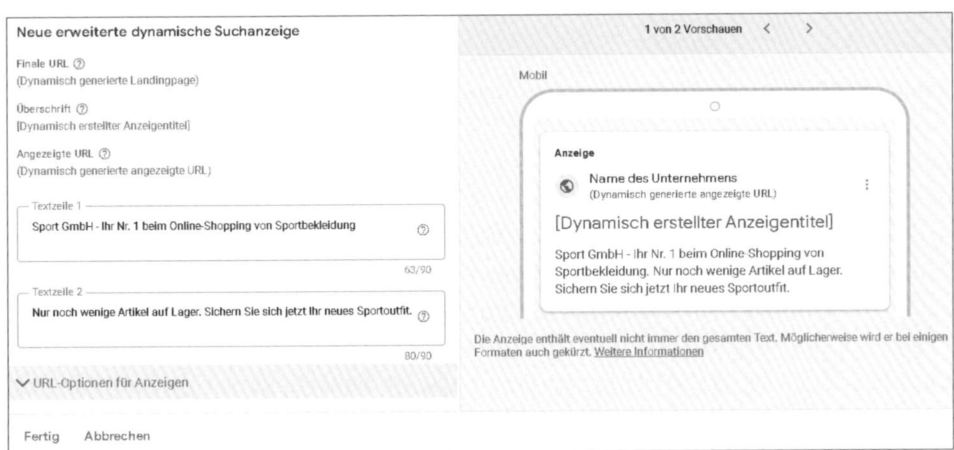

Abbildung 10.10 Gestalten Sie Ihre dynamische Suchanzeige.

10.2.3 Präzisieren Sie die Reichweite durch Ausschlüsse

Wie bei gewöhnlichen Kampagnen mit Keywords sind auch bei diesem Kampagnentyp Ausschlüsse möglich. Zum einen können Sie wie bei den anderen Kampagnen im Suchnetzwerk unter KAMPAGNEN • ZIELGRUPPEN, KEYWORDS UND INHALTE • KEYWORDS FÜR SUCHANZEIGEN ❶ im Register *Auszuschliessende Keywords für Suchanzeigen* die Anzeigenausspielung für irrelevante Suchanfragen unterbinden (siehe Abbildung 10.11).

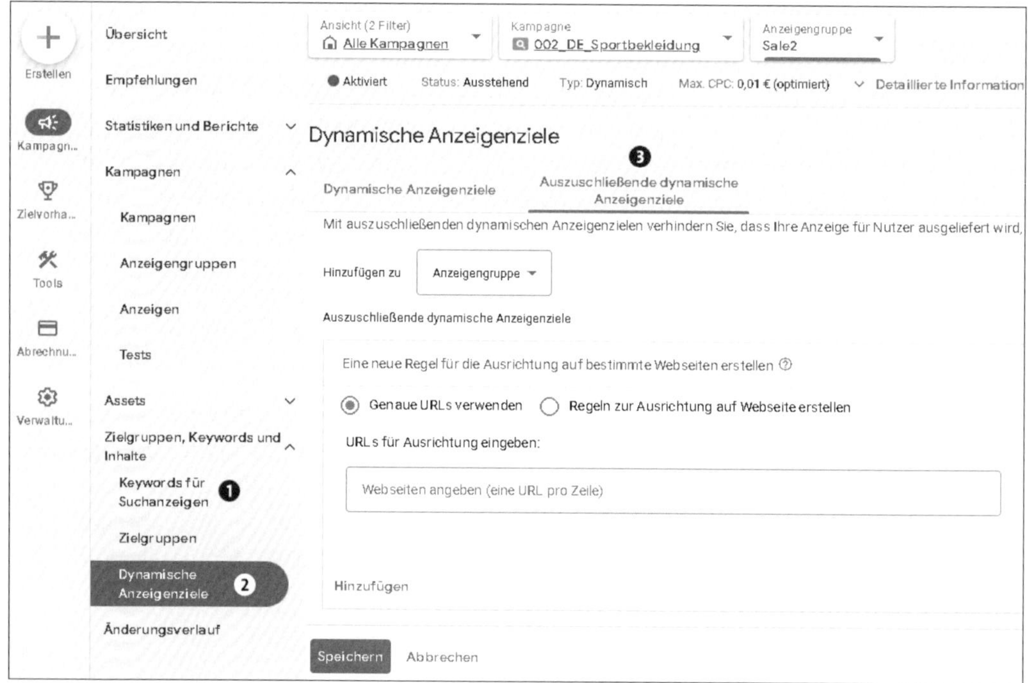

Abbildung 10.11 Auszuschließende dynamische Anzeigenziele

Zum anderen können Sie wie bereits erwähnt Google daran hindern, gewisse Seiten oder Bereiche überhaupt zu besuchen, z. B. das Impressum, die FAQs oder aber alle Artikel, die derzeit nicht auf Lager sind. Das ist besonders wichtig bei der allgemeinen Anzeigengruppe, die auf allen Seiten der Website nach einer potenziellen Zielseite sucht. Diese Möglichkeit haben Sie jedoch erst nach Erstellung der Anzeigengruppe, indem Sie bei ausgewählter Anzeigengruppe im Menü unter KAMPAGNEN • ZIELGRUPPEN, KEYWORDS UND INHALTE • DYNAMISCHE ANZEIGENZIELE ❷ einen entsprechenden Eintrag im Register AUSZUSCHLIESSENDE DYNAMISCHE ANZEIGENZIELE ❸ machen (siehe Abbildung 10.11). Beachten Sie dabei, dass der Menüeintrag DYNAMISCHE ANZEIGENZIELE nur dann zur Verfügung steht, wenn die aktuell ausgewählte Anzeigengruppe auch dem Anzeigengruppentyp DYNAMISCH entspricht. Dazu stehen Ihnen ähnliche Kriterien wie bei den »positiven« dynamischen Anzeigenzielen zur Verfügung.

Abkürzung zu den »dynamischen Anzeigenzielen«

Sie müssen nicht den langen Weg über das Menü nehmen, um DYNAMISCHE ANZEIGENZIELE aufzurufen. Befinden Sie sich in der Übersicht der Anzeigengruppen, genügt ein Klick auf den jeweiligen Titel der als DYNAMISCH deklarierten Anzeigengruppe in der Tabelle, um direkt dorthin zu gelangen.

10.2.4 Verlieren Sie nicht den Überblick – was wird gesucht?

Um die Kontrolle zu behalten, sollten Sie regelmäßig die Suchbegriffe überprüfen, zu denen Ihre dynamischen Anzeigen geschaltet werden. Unter KAMPAGNEN • STATISTIKEN UND BERICHTE • SUCHBEGRIFFE sehen Sie sowohl die tatsächlichen Suchanfragen als auch die von Google dazu ausgewählten Ziel-URLs mitsamt entsprechender Überschrift, dem Zielseitentitel und der zugehörigen Kategorie. Die Suchbegriffe können Sie je nach Bedarf als Keyword zu Ihren Standardanzeigengruppen hinzufügen oder für die gesamte Kampagne ausschließen.

Auf diesem Weg stoßen Sie vielleicht auf den einen oder anderen Suchbegriff, den Sie bislang noch nicht eingebucht haben, obwohl er häufig gesucht wird und Ihnen im besten Fall auch gleich Conversions bringt. Oder Sie identifizieren bei der Analyse der Ziel-URLs womöglich Seiten, die eine überdurchschnittlich hohe Conversion-Rate haben und die Sie zukünftig auch für andere Kampagnen nutzen können.

10.2.5 Möglichkeiten, Grenzen und Gefahren von dynamischen Suchanzeigen

Unterm Strich sind dynamische Suchanzeigen ein sehr zeitsparendes Werbeinstrument, um das Keyword-Set von großen Websites auf dem aktuellen Stand zu halten – speziell für Unternehmen mit häufig wechselndem Angebot. In der Steuerung sind sie zwar ein wenig begrenzt, da wir Google lediglich vorgeben können, auf welchen Seiten gesucht werden soll, aber nicht, wonach. Durch die Auswertung der Suchbegriffe und Kategorien lassen sich jedoch Produkte, Marken oder Suchanfragen ermitteln, die von den Nutzern oft gesucht werden und für die es sich lohnen könnte, eventuell sogar eine separate Kampagne mit eigenem Budget anzulegen.

Keyword-bezogene Kampagnen werden priorisiert

Konflikte mit Ihren Keyword-basierten Kampagnen sollen laut Google nicht entstehen. Eingebuchte Keywords sollten stets den dynamischen Suchanzeigen vorgezogen werden. Bei einer Suchanfrage, die aufgrund der Keyword-Option *weitgehend passend* oder *passende Wortgruppe* ebenfalls einem gebuchten Keyword zugeordnet wäre, kann es jedoch, wenn der Qualitätsfaktor der dynamischen Suchanzeige höher ist, dazu kommen, dass diese der Keyword-basierten Suchanzeige vorgezogen wird. Außerdem greift die dynamische Kampagne, wenn das Tagesbudget einer Kampagne erschöpft ist und die Anzeigen zu einem geschalteten Keyword nicht mehr ausgespielt werden.

Haben Sie Kampagnen, deren Budgets regelmäßig frühzeitig ausgeschöpft sind? Dynamische Suchkampagnen, die mit einem ausreichenden eigenen Budget ausgestattet sind, können hier als Auffangkampagne genutzt werden. Vielleicht ist es strategisch sinnvoll, die dynamischen Suchnetzwerk-Kampagnen mithilfe des Anzeigenplaners nur in den Abendstunden zu schalten und so den Traffic für passende Suchanfragen zu unterschiedlichen Themen noch abzufangen.

Ein Nachteil dieses Anzeigenformats ist sicherlich die fehlende Kontrolle darüber, wann und zu welchen Begriffen die Anzeigen ausgespielt werden und vor allem auf welche Zielseite von Google weitergeleitet wird. Die Absprungrate ist bei Kampagnen dieses Typs deshalb meist sehr hoch, weil Google nicht selten eine sehr spezifische Detailseite für eine noch recht generische Suchanfrage auswählt. Der Nutzer hätte jedoch viel lieber eine größere Auswahl vorgefunden und verlässt Ihre Website gleich wieder, ohne eine weitere Seite zu besuchen.

Es ist daher von Vorteil, die dynamischen Suchnetzwerk-Kampagnen sehr differenziert aufzusetzen und alle Bereiche in einzelnen Anzeigengruppen mit gesonderten dynamischen Anzeigenzielen und Anzeigentexten abzubilden. Außerdem sollten Sie die Anzeigenausspielung durch Ausschlüsse von vornherein präzisieren und besonders vorsichtig mit geschützten Marken und der Nennung von Herstellern sein, da der dynamische Mechanismus diese automatisch in den Anzeigentitel übernehmen kann.

Wenn Sie also eine komplexe Website wie z. B. einen Online-Shop bewerben, sollten Sie definitiv testen, ob dynamische Suchanzeigen für Sie eine effektive Lösung sind. Für Betreiber von sehr kleinen Websites könnten sie allerdings weniger geeignet sein, ebenso wie für Websites mit Tagesangeboten, die das System bislang noch nicht zuverlässig genug erfassen kann, oder für Preissuchmaschinen und Affiliate-Websites, die ihre Kunden auf Websites von Drittanbietern weiterleiten.

10.3 Demand Gen-Kampagnen

Mit *Demand Gen-Kampagnen* löste Google im Oktober 2023 die *Discovery-Anzeigen* ab und weitet damit den Gedanken von schlanken, auf visuelle Elemente ausgerichteten Anzeigen aus.

Anzeigen innerhalb der Demand Gen-Kampagnen setzen auf hochwertigen Bild- und Videocontent, der KI-gestützt in unterschiedlichen Formaten auf verschiedensten Plattformen ausgespielt wird. Neben Gmail, Google Discover Feed und YouTube Feed werden die Anzeigen auch im YouTube-In-Stream und in den YouTube Shorts platziert. Das allgemeine Erscheinungsbild und die »Leichtigkeit« von Anzeigen dieses Kampagnentyps erinnern dabei an klassische *Social-Media-Ads*, die schon immer auf eine starke visuelle Sprache und eine gewisse Beiläufigkeit für den Empfänger gesetzt haben.

Was ist Google Discover?

Google Discover ist eine Art personalisierter Newsfeed, der auf der Google-Startseite in der mobilen App oder im mobilen Browser sowie in der Google-Suche auf mobilen Endgeräten angezeigt wird..

Nutzer erhalten eine Vielzahl von Inhalten, darunter Nachrichtenartikel, Blogposts, Videos, Bilder und vieles mehr, die auf ihren individuellen Interessen, der Suchhistorie, dem Nutzerverhalten und dem Standort basieren. Die Auswahl und die stetige Aktualisierung erfolgen dabei mithilfe von maschinellem Lernen und KI-Algorithmen, um den Nutzern relevante und interessante Informationen zur Verfügung zu stellen, ohne dass sie aktiv danach suchen müssen.

Bereits der Name macht das Kernziel dieses Kampagnentyps deutlich, nämlich die Generierung von Nachfrage: *Demand Gen(eration)*. Anders als bei den meisten anderen Kampagnentypen oder auch beim KI-gestützten Pendent der Performance Max-Kampagne steht hier nicht zwangsläufig die direkte Performance in Form von Makro-Conversions bis hin zur Umsatzgenerierung im Vordergrund, sondern vielmehr die Vorbereitung derartiger Ereignisse und die Vertiefung des Interesses für ein Produkt oder eine Dienstleistung. Die Demand Gen-Kampagne setzt somit einen Schritt weiter vorn in der *Customer Journey* an. Dies sollten Sie auch im Hinblick auf die eingesetzten Conversion-Zielvorhaben berücksichtigen. Nutzen Sie bevorzugt Mikro-Conversions wie z. B. Seitenaufrufe (Pageviews) oder Produktaufrufe.

10.3.1 Demand Gen-Kampagnen erstellen

Zur Einrichtung eine Demand Gen-Kampagne starten Sie wie gewohnt in der Kampagnenerstellung. Nutzen Sie den zentralen ERSTELLEN-Button (+) in der linken oberen

Ecke der Google-Ads-Oberfläche und wählen Sie Kampagne oder rufen Sie Kampagnen • Kampagnen • Kampagnen auf und klicken auf +, um den Kampagnenerstellungsassistenten aufzurufen. Wählen Sie als Kampagnenziel Kampagne ohne Zielvorhaben erstellen, als Kampagnentyp Demand Gen (siehe Abbildung 10.12) und klicken Sie auf Weiter. Fügen Sie als Nächstes die gewünschten Conversion-Zielvorhaben hinzu oder nutzen Sie den Kontostandard. Über Weiter gelangen Sie in den Hauptbereich der Konfiguration. Da die Demand Gen-Kampagne auf einer selbstlernenden KI basiert, sollten Sie sicherstellen, dass die gewählten Conversions funktionieren und genau auf die angestrebten Ziele ausgerichtet sind. Nur auf diese Weise können Sie gewährleisten, dass die Kampagne die Daten und das Feedback erhält, um eine optimale Perfomance zu generieren.

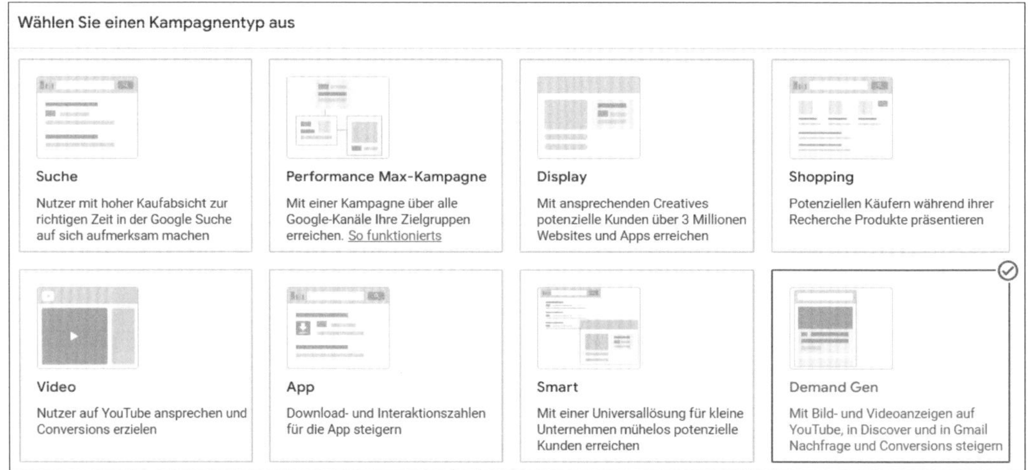

Abbildung 10.12 Kampagnentyp »Demand Gen« wählen

Vergeben Sie nun einen eindeutigen Namen, durch den Sie Ihre Kampagne später identifizieren können (siehe Abbildung 10.13). Im nächsten Schritt wählen Sie aus einem von drei Zielvorhaben der Kampagne, die hier der Funktion einer Gebotsstrategie entsprechen. Abhängig von Ihrer Entscheidung stehen Ihnen nachfolgend unterschiedliche Einstellungen zur Verfügung. Mit der Auswahl Conversions legen Sie den Fokus auf die Erreichung einer maximalen Conversion-Anzahl durch das eingesetzte Budget. Jede erzielte Conversion liefert dabei wichtige Informationen für die KI-gestützte Optimierung Ihrer Kampagne. Sie sollten hier aus den bereits erläuterten Gründen insbesondere auf vorbereitende bzw. auf Mikro-Conversions setzen. Neben dem Zielvorhaben Conversion-Wert, das eine differenzierte Conversion-Betrachtung zulässt, können Sie den Fokus auch auf die Maximierung von Klicks und damit eine Option, die bei den ehemaligen Discovery-Kampagnen nicht zur Verfügung stand, setzen. Um unsere Kampagne möglichst zielgerichtet zu gestalten, entscheiden wir uns für das Zielvorhaben CONVERSIONS und setzen die Konfiguration fort.

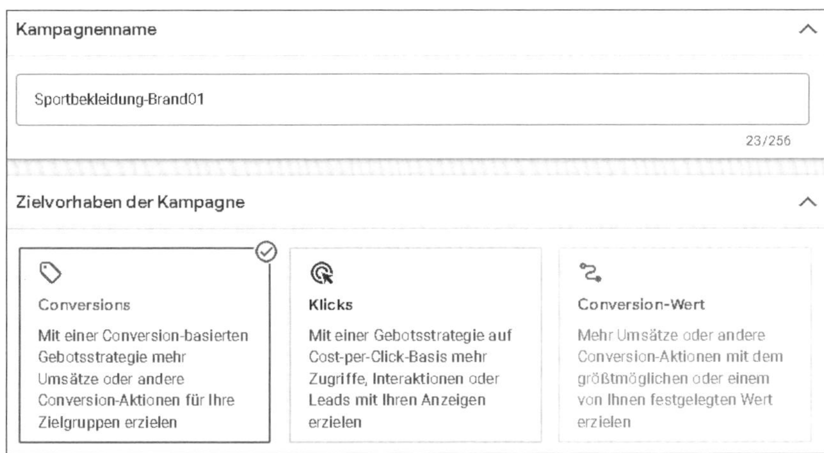

Abbildung 10.13 Legen Sie den Namen und das Zielvorhaben für Ihre Demand Gen-Kampagne fest.

Im nächsten Bereich CONVERSION-ZIELVORHABEN sind nun automatisch die bereits zu Beginn der Kampagnenerstellung festgelegten Conversions aufgelistet (siehe Abbildung 10.14). Bei Bedarf lässt sich die Liste über ZIELVORHABEN HINZUFÜGEN an dieser Stelle noch ergänzen. Wählen Sie die für diese Kampagne relevante Conversion aus.

Abbildung 10.14 Nutzen Sie insbesondere Mikro-Conversions als Ziel Ihrer Demand Gen-Kampagnen.

Da zuvor Conversions als das angestrebte Zielvorhaben definiert wurde, legen Sie nun optional einen ZIEL-CPA (COST-PER-ACTION) fest. Zunächst empfehlen wir jedoch, auf diese Möglichkeit zu verzichten. Sammeln Sie erst einmal wichtige Erfahrungen, beobachten Sie Ihre Anzeigen und bekommen Sie ein Gefühl für das Budget sowie die Kosten. Legen Sie von Beginn an einen Ziel-CPA fest, könnte dies die Performance Ihrer Kampagne beschränken und Conversions verhindern. Insbesondere zum Start ist es jedoch wichtig, eine gute Datenbasis zur weiteren Optimierung – sowohl automatisch als auch manuell – aufzubauen.

Definieren Sie nun das Tagesbudget (siehe Abbildung 10.15). Um dabei den richtigen Wert zu bestimmen, stellen Sie sich folgende Fragen: Was ist Ihnen die Erreichung einer Conversion wert? Wie viel Budget steht Ihnen zur Verfügung? Lesen Sie mehr zum Thema Budget in Abschnitt 2.7.2, »Das Google-Ads-Budget planen«. Bestimmen Sie falls gewünscht ein abweichendes STARTDATUM oder ein ENDDATUM für Ihre Kampagne.

Abbildung 10.15 Das Tagesbudget ist immer abhängig von den individuellen Rahmenbedingungen Ihrer Anzeige.

Im nächsten Bereich ZIELREGION UND ZIELSPRACHE lassen sich Einstellungen zur Region und zur Sprache auf Kampagnenebene tätigen, die dann fest für alle Anzeigengruppen übernommen werden. Sofern Sie die Option AUSRICHTUNG AUF STANDORTE UND SPRACHEN AUF KAMPAGNENEBENE AKTIVIEREN deaktiviert lassen, werden die Einstellungen alternativ später auf Ebene der Anzeigengruppen vorgenommen. Sie müssen sich somit entscheiden, auf welcher Ebene Sie arbeiten möchten. Eine Anpassung nach Veröffentlichung der Kampagne ist dabei nicht mehr möglich. Google macht diesen Umstand durch einen recht präsenten Hinweis deutlich und spricht eine Empfehlung für die Einstellung auf Anzeigengruppe aus. Um maximal flexibel zu bleiben, sollten Sie dieser Empfehlung folgen.

Unter GERÄTE lässt sich die Ausspielung Ihrer Anzeigen auf bestimmte Endgeräte bis hin zu Betriebssystemen, Modellen oder Werbenetzwerken (z. B. länderspezifischen Mobilfunknetzen) einschränken. Sofern es jedoch keinen konkreten Grund für eine derartige Beschränkung gibt, sollten Sie durch die Option AUF ALLEN GEEIGNETEN GERÄTEN ANZEIGEN (COMPUTER, SMARTPHONES, TABLETS UND FERNSEHER) den Algorithmus frei im Sinne der definierten Ziele entscheiden lassen.

Definieren Sie bei Bedarf außerdem über den WERBEZEITPLANER feste Zeiträume, in denen Ihre Anzeigen ausgespielt werden. Dies kann sicherlich in bestimmten Fällen sinnvoll sein, um Budget einzusparen. Bedenken Sie jedoch, dass eine falsche Beschränkung wertvolle Potenziale kosten kann. Auch hier sollten Sie zunächst uneingeschränkt starten und dies gegebenenfalls zu einem späteren Zeitpunkt nachjustieren.

Der Bereich URL-OPTIONEN FÜR DIE KAMPAGNEN hält fortgeschrittene Möglichkeiten im Hinblick auf komplexere URL-Strukturen für ein differenziertes Tracking bereit. Da dies für einen Großteil der Google-Ads-Nutzer nicht relevant ist, verzichten wir auf weitere Erläuterungen.

Nachdem Sie die grundlegenden Kampagneneinstellungen abgeschlossen haben, gelangen Sie über ZU »ANZEIGENGRUPPE 1« in die Konfiguration der ersten Anzeigengruppe.

10.3.2 Anzeigengruppen der Demand Gen-Kampagne

Auf Ebene der Anzeigengruppe nehmen Sie verschiedene Konfigurationen vor, die für alle dieser Gruppe zugeordneten Anzeigen gelten. Starten Sie dabei zunächst mit der Vergabe eines sprechenden Namens. Wenn Sie sich zuvor dazu entschieden haben, die Zielstandorte und die Zielsprachen innerhalb der Anzeigengruppen zu definieren, nehmen Sie die dazu notwendigen Einstellungen nun vor. Indem Sie im Bereich STANDORTE die Option WEITEREN STANDORT EINGEBEN auswählen und dann auf ERWEITERTE SUCHE klicken, können Sie unterschiedliche Möglichkeiten zur genauen Auswahl oder zum Ausschluss nutzen. Wählen Sie anschließend die relevanten Sprachen aus. Wir wählen für unser Beispiel DEUTSCH. Weitergehende Erläuterungen zur Standort- und Sprachenauswahl finden Sie in Abschnitt 4.2.6 und in Abschnitt 4.2.7.

Als Nächstes bestimmen Sie die ZIELGRUPPE, für die Ihre Anzeigen geschaltet werden sollen. Da es bei den Demand Gen-Kampagnen nicht den klassischen Einsatz der Keywords wie beispielsweise bei den Suchkampagnen gibt, ist die passende Definition der Zielgruppe grundlegend für eine zielgerichtete Platzierung Ihrer Anzeigen. Wenn Sie bereits in der Vergangenheit eine Zielgruppe erstellt haben, können Sie diese erneut nutzen. Klicken Sie alternativ auf ZIELGRUPPE ERSTELLEN. Auch hier vergeben Sie einen sinnvollen Namen und konfigurieren sich anschließend Ihre Zielgruppen aus verschiedenen Segmenten und Bausteinen zusammen.

- **Benutzerdefinierte Segmente**
  Benutzerdefinierte Segmente lassen sich sehr intuitiv ohne größere Anforderungen im Hinblick auf eine bereits bestehende Datenbasis nutzen.

Haben Sie einen SEGMENTNAMEN ❶ eingetragen, legen Sie in Form verschiedener Keywords Interessengebiete oder Kaufabsichten potenzieller Kunden fest (siehe Abbildung 10.16). Google unterstützt Sie dabei mit Vorschlägen. Entscheiden Sie sich, ob die ausgewählten Keywords sehr frei zur Bewertung Ihrer Zielgruppe genutzt werden sollen (NUTZER MIT EINEM DIESER INTERESSENGEBIETE ODER EINER DIESER KAUFABSICHTEN ❷) oder ob – zumindest für die Google-Produkte – Ihre Keywords auch tatsächlich Teil einer konkreten Google-Suche gewesen sein müssen (PERSONEN, DIE IN DER GOOGLE SUCHE EINEN DIESER BEGRIFFE VERWENDET HABEN ❸). Die zweite Option schränkt dabei wesentlich konkreter ein.

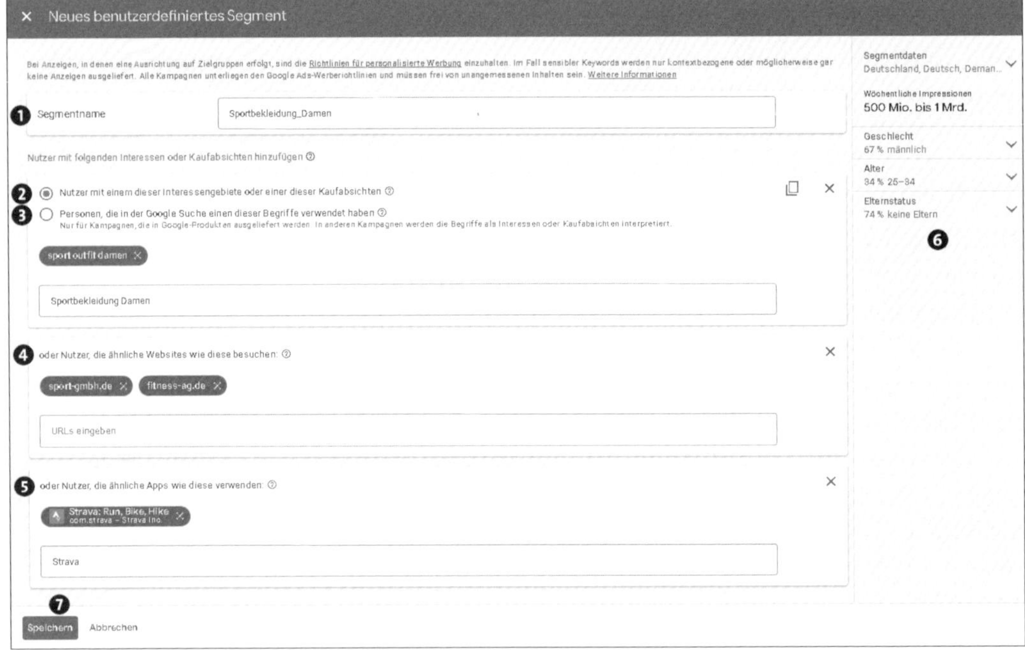

Abbildung 10.16 Benutzerdefinierte Segmente zur Definition Ihrer Zielgruppe nutzen

Fügen Sie Ihrem Segment außerdem Websites ❹ und Apps ❺ hinzu. Google wird diese dann ebenfalls als Basis für die Bewertung Ihrer Zielgruppe verwendet und die Anzeigen an Personen ausspielen, die ähnliche Inhalte besucht oder verwendet haben.

Am rechten Rand des Fensters erhalten Sie praktischerweise direkt eine grobe Einschätzung der möglichen Impressionen sowie einige statistische Angaben ❻. Auch wenn diese Werte nur als Orientierung dienen, geben sie ein erstes Gefühl dafür, ob die Zielgruppe gegebenenfalls weiter eingeschränkt werden muss oder bereits in einer sinnvollen Größenordnung liegt. Es gibt dabei keinen perfekten Wert, da verschiedene Faktoren zu berücksichtigen sind. Steht Ihnen beispielsweise nur ein kleineres Werbebudget zur Verfügung, sollten Sie versuchen, die Zielgruppe spezifischer und damit die Anzahl geringer zu halten. Auf diese Weise werden teure Streuverluste eingeschränkt. Dies setzt jedoch voraus, dass Sie auf gute Kenntnisse in Bezug auf Ihre Zielgruppeneinordnung zurückgreifen können. Spezifizieren Sie zu eng oder falsch, könnten Sie wertvolle Conversions verpassen. Klicken Sie auf SPEICHERN ❼, um das neue Segment anzulegen.

- **Selbst erhobene Daten**
  Sie können auch eigene bzw. bereits erhobene Daten (z. B. über Google Analytics) zur Definition Ihrer Zielgruppe nutzen. Auch durch bereits eingesetzte Conversions und die generellen Messdaten bisheriger Kampagnen steht Ihnen eine Datenbasis zur Verfügung, die an dieser Stelle eingesetzt werden kann. Es wird deutlich, dass für die Verwendung dieser Möglichkeit gewisse Vorarbeiten notwendig sind und sich diese somit eher an bereits fortgeschrittenere Anwender richtet. 10

  Nicht alle von Google angezeigten Quellen lassen sich bisher auch tatsächlich auswählen. Dieses Segment befindet sich somit derzeit noch im Ausbau.

- **Ähnliches Segment**
  Über dieses Segment greifen Sie ebenfalls auf eine gewisse Vorarbeit zurück und ordnen Ihre Zielgruppe anhand bestehender Daten ein (siehe Abbildung 10.17).

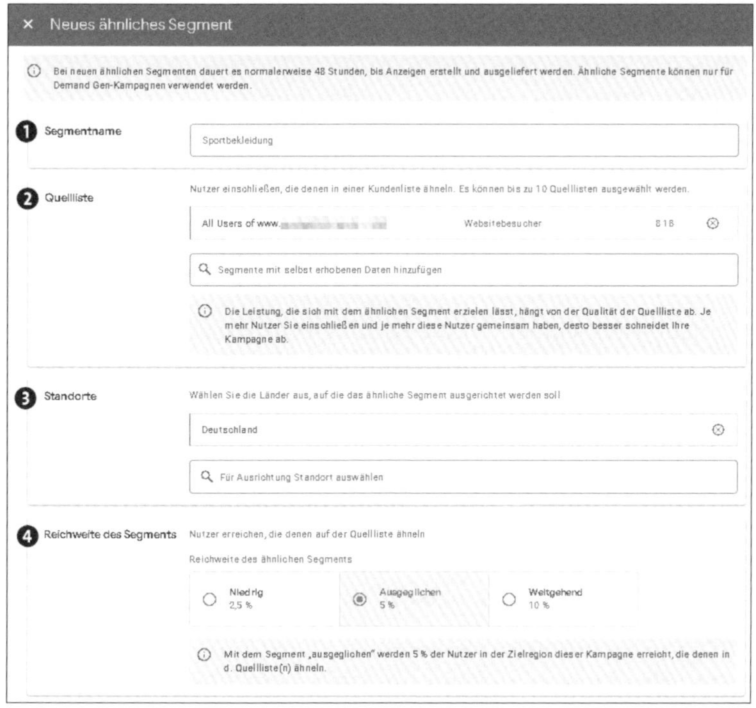

Abbildung 10.17 Ähnliche Segmente zur Definition Ihrer Zielgruppe nutzen

Dabei geht es jedoch darum, auf Grundlage dieser Datenbasis ähnliche Nutzer z. B. in einer bestimmten Region zu erreichen. Vergeben Sie wie gewohnt einen SEGMENTNAMEN ❶ und wählen Sie Ihre QUELLLISTE ❷ bzw. bis zu zehn Quelllisten aus. Benennen Sie die relevanten STANDORTE ❸ und legen Sie die REICHWEITE DES SEGMENTS ❹ fest. Der hier ausgewählte Prozentwert gibt an, wie viele Nutzer mit einer Ähnlichkeit zu den ausgewählten Quelllisten erreicht werden sollen.

- **Interessen und detaillierte demografische Merkmale**
  Durchsuchen Sie verschiedenste Bereiche, die Ihre Zielgruppe durch Interessengebiete und demografische Merkmale einordnen (siehe Abbildung 10.18). Vom Lebensereignis wie dem Haus- oder Wohnungskauf bis zum Familienstand bietet Ihnen Google eine breite Palette an möglichen Vorgaben. Wägen Sie ab, wie spezifisch Sie Ihre Auswahl treffen wollen, und kombinieren Sie diese geschickt mit den anderen Segmenten. Für jedes ausgewählte Element gibt Ihnen Google auch hier zur Orientierung eine Anzahl der dadurch zu erreichenden Personen an. Beachten Sie, dass sich die Anzahl der einzelnen Elemente summiert.

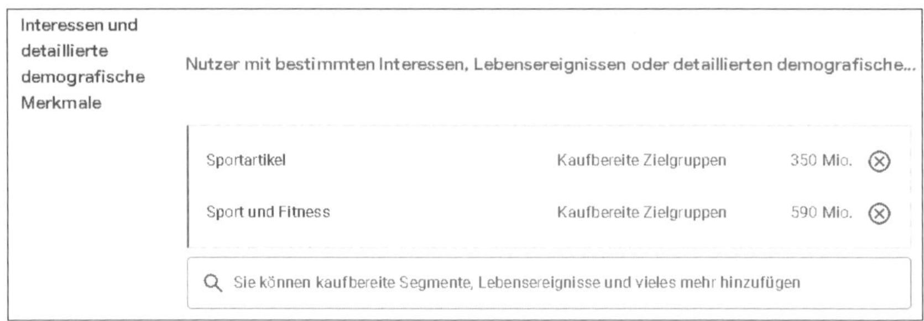

Abbildung 10.18 Wählen Sie Interessen und demografische Merkmale zur Einordnung Ihrer Zielgruppe aus.

Neben den bisher erläuterten Segmenten, die Personen bei Übereinstimmung in Ihre Zielgruppe einschließen, haben Sie unter AUSSCHLÜSSE auch die Möglichkeit, Personen z. B. anhand von Kundenlisten oder Google-Analytics-Daten konkret auszuschließen. In Abbildung 10.19 sehen Sie die verschiedenen Segmenttypen, die Ihnen dafür zur Verfügung stehen.

Abschließend können Sie unter DEMOGRAFISCHE MERKMALE weitere Einstellungen tätigen in Bezug auf das Geschlecht, das Alter, den Elternstatus und das Haushaltseinkommen (dies ist nicht für alle Länder nutzbar).

Wie bereits innerhalb der einzelnen Segmente kennengelernt, gibt Ihnen Google auch für die gesamte Zielgruppe und damit für das Zusammenspiel aller einzelnen Segmente eine Spanne der möglichen Impressionen sowie einige wesentliche Kennzahlen mit. Prüfen Sie diese Werte im Hinblick auf die für Sie geltenden Rahmenbedingungen und schließen Sie die Erstellung der Zielgruppe über SPEICHERN ab.

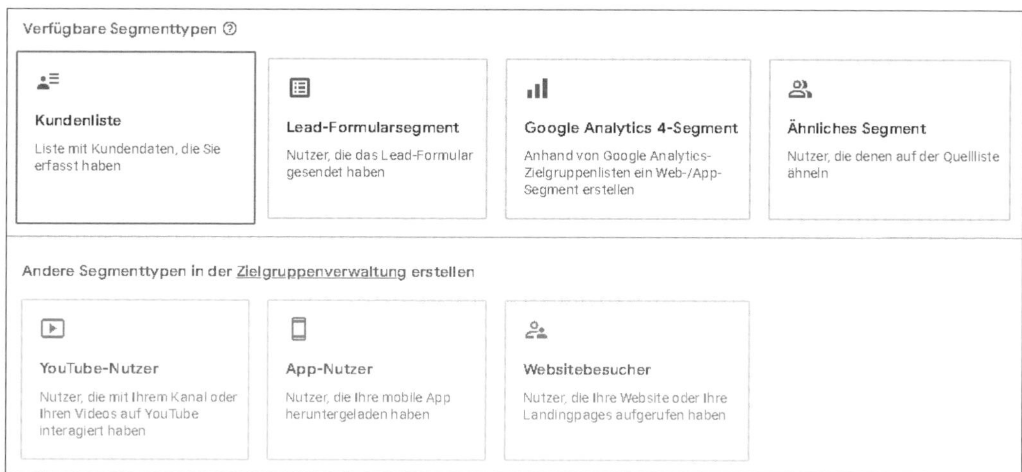

Abbildung 10.19 Verschiedene Segmenttypen stehen zum Ausschluss von Personengruppen zur Verfügung.

Nachdem Sie Ihre Zielgruppe erfolgreich angelegt haben, bietet Ihnen Google durch die standardmäßig aktivierte Checkbox OPTIMIERTE AUSRICHTUNG VERWENDEN die Möglichkeit, Ihre Anzeigen in einem gewissen Rahmen über die zuvor definierte Zielgruppe hinaus auszuspielen. Damit erteilen Sie dem Algorithmus die Freiheit, auch Potenziale über die gesetzten Grenzen hinaus auszuschöpfen. Grundsätzlich klingt dies zunächst einmal verlockend. Sofern Sie Ihre Zielgruppe jedoch mit dem Anspruch definiert haben, eine möglichst sinnvolle Größe und möglichst sinnvolle Parameter zu wählen, hebeln Sie dies nun wieder aus. Neben dem Potenzial erhöht sich somit auch das Risiko von Streuverlusten und einhergehend das Risiko auf ineffektive Zusatzkosten. Wägen Sie also gut ab, ob Sie diese Funktion nutzen möchten, und beobachten Sie Ihre Ergebnisse kritisch, sofern Sie sich dafür entscheiden.

Wechseln Sie mit einem finalen Klick auf ZU »ANZEIGE 1« direkt in die Erstellung Ihrer ersten Anzeige. Sofern Sie zunächst eine zweite Anzeigengruppe einrichten möchten, klicken Sie alternativ auf NEUE ANZEIGENGRUPPE ERSTELLEN.

10.3.3 Anzeigen der Demand Gen-Kampagne

Widmen wir uns nun der ersten Anzeige Ihrer Kampagne. Wählen Sie zunächst den passenden Anzeigentyp aus (siehe Abbildung 10.20). Dabei entscheiden Sie zwischen drei verschiedenen Optionen, die auch im weiteren Verlauf der Anzeigenkonfiguration verschiedene Felder beinhalten.

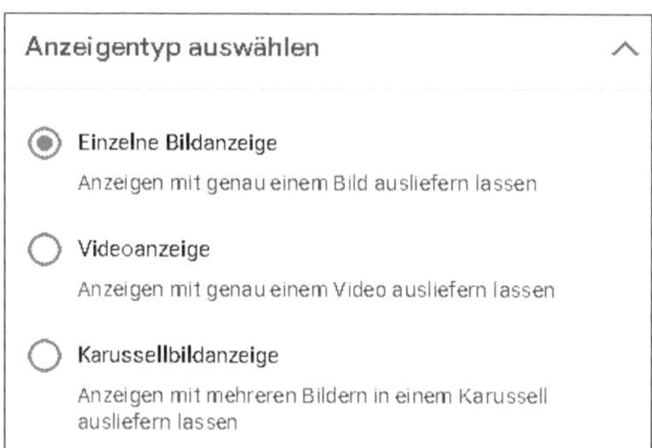

Abbildung 10.20 Die verschiedenen Anzeigentypen der Demand Gen-Kampagne

Die EINZELNE BILDANZEIGE macht – wie der Name schon vermuten lässt – ein Bild zum Zentrum Ihrer Anzeige. Lassen Sie sich jedoch nicht von der Bezeichnung irreführen: Auch wenn bei jeder Ausspielung Ihrer Anzeige nur ein Bild verwendet wird, können Sie bis zu 20 Bilder pro Anzeige hinterlegen. Google arbeitet dann mit allen Varianten und testet aus, welche Bilder am besten im Hinblick auf die Zielerreichung funktionieren.

Die VIDEOANZEIGE stellt dagegen ein Video in den Fokus Ihrer Werbebotschaft. Mit fünf möglichen Videos pro Anzeige haben Sie auch hier eine Möglichkeit, die Varianz zu erhöhen. Durch eine rund um das Video angepasste Anordnung gibt es auch Unterschiede innerhalb der Textfelder. Außerdem haben Sie nur bei diesem Typen die Möglichkeit, mit Google-Sitelinks zu arbeiten und neben dem zentralen *Call-to-Action* auf individuelle Inhalte zu verlinken.

Der Anzeigentyp KARUSSELLBILDANZEIGE präsentiert dem Empfänger innerhalb einer Anzeige bis zu zehn unterschiedliche Werbebotschaften in Form von sogenannten *Karten*, die sich dann dynamisch weiterscrollen lassen. Jede ausgespielte Karte setzt sich aus einem spezifischen Bild, einer spezifischen Überschrift und einem eigenen Call-to-Action inklusive individueller URL zusammen. Die Karten werden in der Reihenfolge der Konfiguration angezeigt, sodass Sie bewusst steuern und eine feste Story abbilden können. Bei Bedarf können Sie auch hier eine Varianz erzielen, indem Sie Google je Karte drei unterschiedliche Bilder zur Verfügung stellen.

Jeder Anzeigentyp hat seine eigenen Vorteile:

- Hochwertige Bilder lassen sich häufig schneller organisieren als qualitative Videos.

- Videos haben in vielen Fällen eine größere Aufmerksamkeitswirkung als klassische Bilder.
- Karussellbildanzeigen sorgen für ein interaktiveres Nutzererlebnis und lassen Sie gleichzeitig mehrere Botschaften platzieren.

Am Ende müssen Sie für sich überlegen, welcher Typ am besten zu Ihren Zielen und Ihren Rahmenbedingungen passt. Es muss natürlich nicht bei einer Anzeige bleiben. Lassen Sie mehrere Anzeigentypen gegeneinander laufen und sammeln Sie auf diese Weise wichtige Erfahrungen zu Ihrer Zielgruppe. Wir konzentrieren uns im weiteren Verlauf dieses Abschnitts auf die beispielhafte Konfiguration einer Anzeige des Typs EINZELNE BILDANZEIGE.

Bilder mit KI im Ads-Konto erstellen

Das Google-Ads-Konto ist ständig im Wandel, und KI spielt eine immer größere Rolle für Google. Wir hätten Ihnen gern eine neue Funktion zur Erstellung von KI-Bildern für Demand Gen-Kampagnen vorgestellt. Leider war diese bei der Erstellung dieses Buchs für die deutschen Konten noch nicht verfügbar. Stattdessen gab es bereits die folgende Ankündigung, die aus dem Englischen übersetzt wurde, im internationalen Google Blog:

»Ab heute werden generative Bildtools im Demand-Gen für Werbetreibende weltweit in englischer Sprache eingeführt, wobei später in diesem Jahr weitere Sprachen hinzukommen werden. Diese Tools, unterstützt von Google KI, erstellen atemberaubende, hochwertige Bildmaterialien in nur wenigen Schritten unter Verwendung der von Ihnen bereitgestellten Anweisungen. Und wenn Sie bereits Bilder haben, die gut performen, dann können Sie ähnliche Bilder mit der neuen Funktion *Generate more like this* erstellen.«

https://blog.google/products/ads-commerce/enhance-visual-storytelling-in-demand-gen-with-generative-ai/

Füllen Sie das Feld ANZEIGENNAME aus und konfigurieren Sie im nächsten Schritt die weiteren Bestandteile Ihrer Anzeige. Fügen Sie bis zu 20 BILDER und bis zu fünf LOGOS hinzu (siehe Abbildung 10.21). Google empfiehlt, mindestens drei unterschiedliche Bilder zu verwenden. Versuchen Sie jedoch, mit einer größeren Anzahl an Bildern zu arbeiten. Je mehr Inhalte Sie Google an die Hand geben, desto mehr Möglichkeiten hat der Algorithmus, die besten Varianten für Ihre Zielerreichung auszuloten. Beachten Sie auch die Bildanforderungen, die sich in Form eines Tooltipps durch ein Mouse-over über das Fragezeichen hinter der Feldbezeichnung anzeigen lassen.

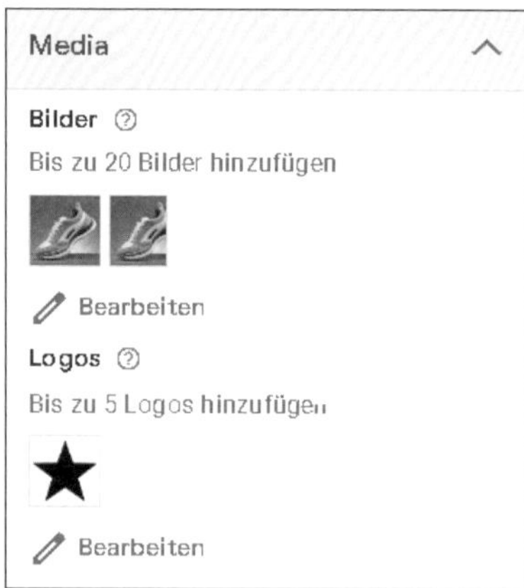

Abbildung 10.21 Legen Sie Bilder und Logos fest.

Formulieren Sie nun Ihre Überschriften und Ihre Textzeilen (siehe Abbildung 10.22). Achten Sie darauf, Ihre Botschaften, wie von anderen Kampagnentypen gewohnt, präzise und werbewirksam zu gestalten Auch hier sollten Sie mindestens der Empfehlung von Google folgen und jeweils drei Einträge realisieren. Da jedoch der gleiche Grundsatz wie bei den Bildern gilt, ist es sinnvoll, die maximale Anzahl von fünf Einträgen auszureizen.

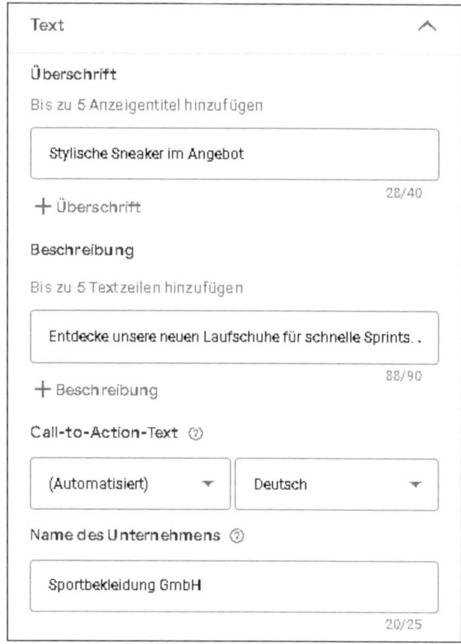

Abbildung 10.22 Formulieren Sie verschiedene Texte für Ihre Anzeige.

Die Entscheidung über den CALL-TO-ACTION-TEXT können Sie über die Einstellung (AUTOMATISIERT) Google überlassen. Damit räumen Sie Google auch hier die Freiheit zum Austesten ein. Gewisse Rahmenbedingungen werden jedoch berücksichtigt, damit der Text zu Ihrer Anzeige passt. Alternativ können Sie sich auch für eine feste Option wie z. B. ZUR WEBSEITE entscheiden. Passen Sie bei Bedarf noch die Sprache für den Call-to-Action an und tragen Sie den Namen Ihres Unternehmens oder Ihrer Marke im Feld NAME DES UNTERNEHMENS ein. Mit der Eingabe der Ziel-URL, die sich auch durch eine spezifische URL für Mobilgeräte ergänzen lässt, ist die Konfiguration Ihrer Anzeige vollständig.

Nicht für jede Plattform oder Platzierung sieht Ihre Anzeige gleich aus. Dies kann auch dazu führen, dass nicht immer alle Elemente gleich präsent sind oder in manchen Fällen sogar vollkommen wegfallen. Während des gesamten Prozesses der Anzeigenerstellung erhalten Sie im rechten Bereich permanent eine Vorschau (siehe Abbildung 10.23). Diese ist sehr praktisch und bietet Ihnen die Möglichkeit, zwischen verschiedensten Modi hin und her zu wechseln. Betrachten Sie Ihre Anzeige für jede Zielplattform ❶ auf unterschiedlichen Endgeräten ❷. Lassen Sie sich außerdem unterschiedliche Varianten generieren ❸.

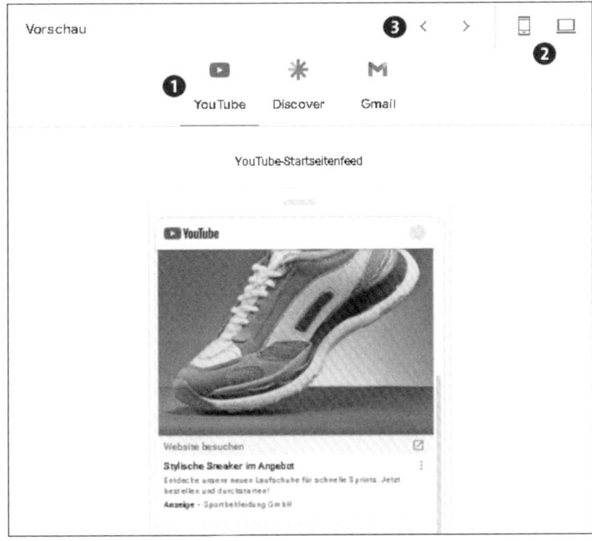

Abbildung 10.23 Nutzen Sie die Vorschau für einen direkten Eindruck Ihrer Anzeige.

Mit einem Klick am unteren Rand auf KOMBINATIONEN UND PLACEMENT ÜBERPRÜFEN zeigt Ihnen Google eine Gesamtübersicht zu allen Platzierungen (siehe Abbildung 10.24). Auf diese Weise bekommen Sie einen umfassenden Eindruck auf einen Blick.

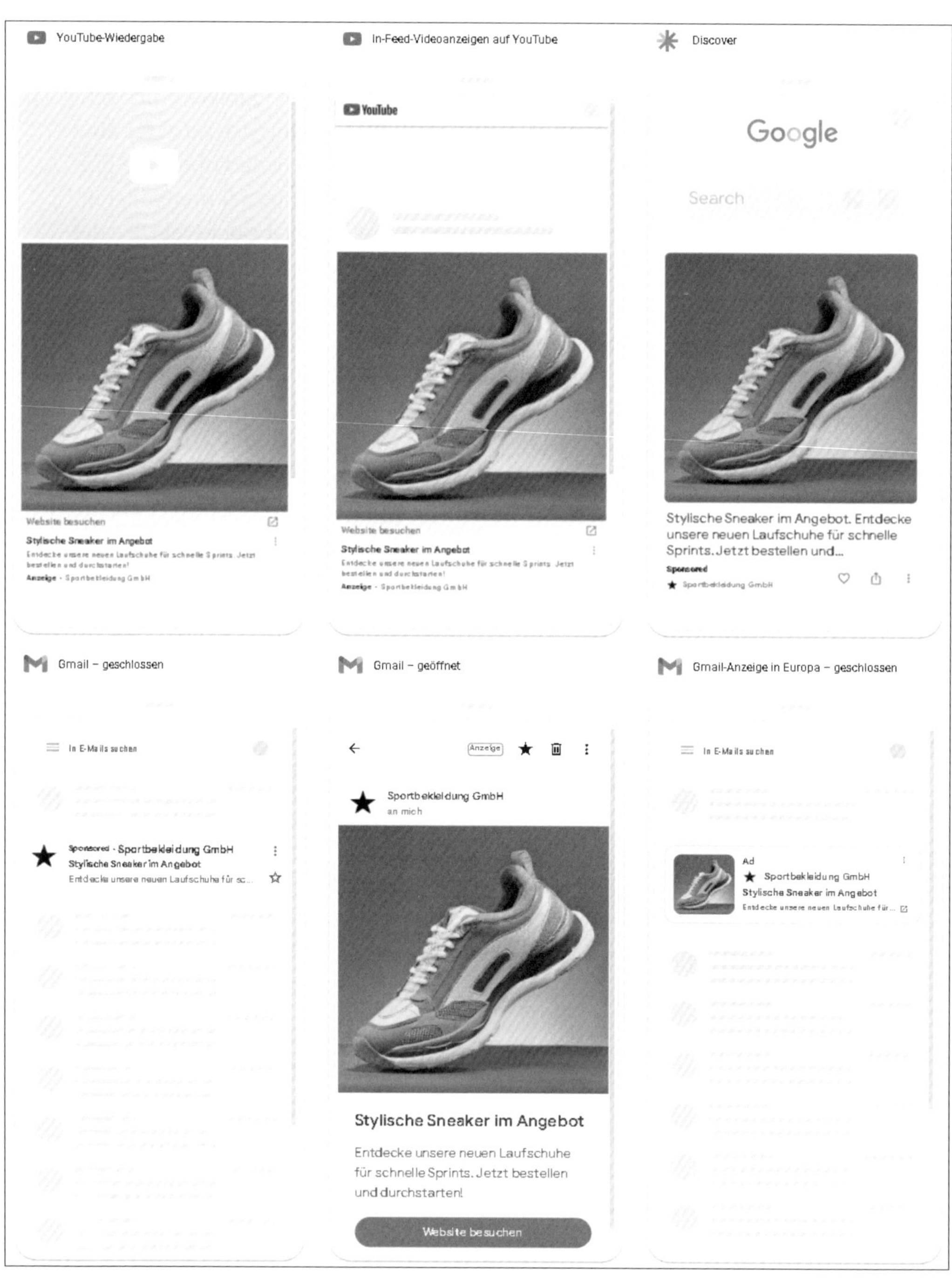

Abbildung 10.24 Betrachten Sie die verschiedenen Plattformvarianten auf einen Blick.

Sind Sie mit Ihrer Anzeige zufrieden, gehen Sie mit einem Klick auf ÜBERPRÜFEN am Ende der Seite zum finalen Schritt über. Ähnlich wie bei den Anzeigengruppen können Sie auch direkt eine weitere Anzeige z. B. mit einem neuen Anzeigentyp konfigurieren. Nutzen Sie dafür den Link NEUE ANZEIGE ERSTELLEN und starten Sie erneut mit der Pflege der relevanten Bausteine.

Kontrollieren Sie abschließend in KAMPAGNE ÜBERPRÜFEN alle Ebenen von den grundlegenden Einstellungen über die Anzeigengruppen bis hin zu den einzelnen Anzeigen. Neben der eigenen Überprüfung analysiert auch Google Ihre Einstellungen und gibt Ihnen gegebenenfalls verschiedene Hinweise aus. Gelbe Hinweise oder Warnungen sollten Sie kritisch hinterfragen, sie können jedoch ignoriert werden. Rote Hinweise oder Probleme müssen zwingend vor Veröffentlichung der Kampagne behoben werden. Sobald Google kein Problem mehr ausweist, schalten Sie Ihre Demand Gen-Kampagne mit einem Klick auf KAMPAGNE VERÖFFENTLICHEN aktiv.

10.3.4 Fazit zu Demand Gen-Kampagnen

Die Demand Gen-Kampagnen gehören eindeutig zu den innovativeren Kampagnentypen und zeigen eine grundsätzliche Entwicklung innerhalb von Google Ads, die einerseits die Handhabung während der Konfiguration vereinfacht und gleichzeitig auf künstliche Intelligenz als unterstützendes Mittel setzt. Dabei ist es immer wichtig, zu bewerten, ob die Ausrichtung dieser Kampagnen zu den eigenen Zielen passt.

Aufgrund der Einordnung innerhalb der Customer Journey und der damit einhergehenden Zielsetzung sind Demand Gen-Kampagnen nicht unbedingt als erste Kampagne geeignet. Vielmehr eignen sie sich sehr gut, wenn die bevorzugte Zielgruppe bereits durch gut laufende Kampagnen abgegriffen wird und diesem funktionierenden »System« nun weitere potenzielle Kunden zugeführt werden sollen. Der Erfolg hängt somit auch vom Zusammenspiel Ihrer Kampagnen untereinander ab.

Da es einen klaren visuellen Fokus gibt, sind qualitativer Bild- oder Videocontent besonders wichtig. Nutzer der in diesem Kontext relevanten Plattformen sind es gewohnt, hochwertigen Content geliefert zu bekommen, und sollten nicht allein durch schlechte Qualität abgeschreckt werden. Der Aufwand, den Sie bei der Erstellung von Content zusätzlich investieren, zahlt sich am Ende für Sie aus.

10.4 Checkliste

Sie möchten alle Möglichkeiten von Google Ads optimal nutzen? Mit folgender Checkliste finden Sie die passende Google-Ads-Werbemöglichkeit für Ihren Bedarf.

Meine Ziele	Google-Ads-Werbung
Bewerbung des Geschäfts vor Ort	Lokale Anzeigen bei Google Maps
Individuelle Anzeigen für eine große Webseite mit vielen Produkten oder Dienstleistungen oder einen großen Online-Shop mit wenig Aufwand erstellen	Dynamic Search Ads
Förderung des Interesses Ihrer Zielgruppe für Produkte oder Dienstleistungen	Demand Gen-Kampagne

Tabelle 10.1 Ziele und Google-Ads-Werbemöglichkeiten

Kapitel 11
Google Ads in der mobilen Welt

Das Internet wird zunehmend mobil genutzt, insbesondere über Smartphones. Bereits seit 2016 setzt Google konsequent auf den Grundsatz des »Mobile First«. Dies bedeutet, dass der mobile Index die Basis für das Ranking bildet. Daher sind die Möglichkeiten zur Ausrichtung von Google-Ads-Kampagnen auf mobile Geräte von entscheidender Bedeutung.

Da das Internet immer häufiger mobil genutzt wird, werden natürlich auch immer mehr Suchanfragen über mobile Endgeräte gestellt. Dabei unterscheidet sich das Such- und Navigationsverhalten auf den mobilen Geräten in verschiedenen Punkten von dem gewohnten Suchverhalten auf stationären PCs. Während stationäre Computer und Laptops über komfortable Tastaturen bedient werden und aufgrund größerer Bildschirme mehr Informationen auf einen Blick sichtbar sind, unterliegt das Surfverhalten auf Tablets und vor allem auf Smartphones schon gewissen Einschränkungen. Zudem ist man im Büro oder wenn man zu Hause vor dem Computer sitzt, weniger abgelenkt und kann sich besser auf Suche und Suchergebnisse konzentrieren, als dies beim mobilen Internetsurfen der Fall ist. Die Suche auf einem mobilen Gerät ist daher eine ganz andere Erfahrung als die Suche auf einem Desktop-PC. Dies hat Auswirkungen auf das Verhalten der mobilen User. Daher sollten diese Überlegungen schon bei der Strategie und Planung einer mobilen Kampagne bedacht werden. Folgende Besonderheiten müssen Sie bei der Schaltung von Google-Ads-Anzeigen für mobile Endgeräte berücksichtigen:

1. **Kürzere Suchanfragen**
   Die Suchanfragen auf mobilen Endgeräten sind kürzer, weil weniger Zeit zur Verfügung steht und die Eingabemöglichkeiten meist nicht sehr komfortabel sind. Dies kann und wird sich aber wahrscheinlich zukünftig ändern. Wenn die Spracherkennung stabil und fehlerfrei läuft und sich auf mobilen Geräten durchsetzt, werden zukünftig ganze Sätze als Suchanfrage über die mobile Suche der Normalfall sein. Es gibt schon erste Strategien, bei denen die Keywords auf ganze Sätze ausgerichtet werden.

2. **Mehr scannen als lesen**
   Auf mobilen Endgeräten werden Texte meistens gescannt, das heißt, der Bildschirminhalt wird nicht vollständig gelesen. Nutzer achten vor allem auf auffällige Überschriften, fett oder kursiv hervorgehobene Begriffe sowie auf Einleitungen oder den Beginn eines langen Satzes. Kurze, auffällige Werbung und knappe Werbetexte sind somit für eine mobile Kampagne noch wichtiger, als dies bei einer Standard-Google-Ads-Kampagne der Fall ist. Dieses Verhalten sollte natürlich auch bei der Gestaltung der mobilen Landingpage bedacht werden. Auch hier sind kurze Texte sinnvoller.
3. **Es wird weniger gescrollt**
   Beim mobilen Surfen steht oft wenig Zeit zur Verfügung. Daher entfällt in vielen Fällen das Scrollen einer Webseite. Falls die gesuchte Information direkt im sichtbaren Bereich verfügbar ist, wird eher auf dieses Ergebnis zugegriffen. In Bezug auf die Werbung bedeutet dies, dass ein vorderer Platz in den Suchergebnissen noch wichtiger wird als auf Desktop-PCs und Laptops. Dies hat aber auch wiederum Auswirkungen auf die Gestaltung Ihrer mobilen Landingpage. Wichtige Informationen und der Call-to-Action-Button müssen unbedingt weit oben im sichtbaren Bereich stehen und direkt ins Auge springen.
4. **Lokale Anfragen**
   Internetnutzer suchen auf mobilen Endgeräten Dienstleister oder Produkte in der Nähe ihres Standorts. Lokale, ortsbezogene Werbung, die die Nutzer mobiler Endgeräte erreicht, ist daher für viele Google-Ads-Nutzer eine interessante Strategie.
5. **Passende Antwort**
   Mobil wird oft die passende Antwort auf ein aktuelles Problem gesucht. Daher sollten Sie bestimmte Google-Ads-Kampagnen passend auf die jeweilige Region ausrichten. Es ist also sinnvoll, die Angebote eines lokalen Modegeschäfts in der entsprechenden Großstadt mit mobilen Kampagnen zu bewerben oder für eine Autovermietung im engeren Umfeld eines Flughafens oder eines Hauptbahnhofs auf Mobiltelefonen Werbung zu schalten.

Als Google-Ads-Manager müssen Sie sich auf das veränderte Nutzerverhalten einstellen und entsprechende Strategien und kreative Ideen entwickeln. Google Ads hat sich seinerseits auf den aufkeimenden mobilen Suchmarkt vorbereitet und viele unterschiedliche Möglichkeiten der Google-Ads-Steuerung zur Verfügung gestellt. Dabei haben die Google-Entwickler speziell die wechselnde Nutzung der Suchmaschine auf unterschiedlichen Endgeräten, in unterschiedlichen Situationen und unter den besonderen Bedingungen der Werbung auf Smartphones im Blick.

11.1 Mobiles Marketing wird immer wichtiger

Die große Bedeutung des mobilen Marketings ist präsenter denn je. Das Smartphone ist zu einem unverzichtbaren Werkzeug geworden, um von jedem Ort und zu jeder Zeit auf das Internet zuzugreifen und online zu interagieren. Während auch bei den älteren und mittleren Altersgruppen der Anteil an intensiven Nutzern kontinuierlich steigt, ist es insbesondere die junge Generation, für die der tägliche Einsatz dieses digitalen Begleiters unverzichtbar ist. Wir haben es im mobilen Werbebereich also mit einer stetig wachsenden, kaufkräftigen Zielgruppe zu tun. Wie gut sich dort beispielsweise Produkte vermarkten lassen, hängt vor allem davon ab, wie einfach diese bestellt und geliefert werden können.

Die Trends in den aktuellen Untersuchungen deuten darauf hin, dass die mobile Nutzung weiter zunehmen wird. Denken Sie zum Beispiel an die sogenannten *Wearables*, also tragbare Computersysteme –, die Apple Watch und die Android-Uhren waren hier nur der Einstieg. Das Experiment mit der smarten Datenbrille namens Google Glass zeigt uns, dass Wearables in naher Zukunft wohl nicht nur am Handgelenk getragen werden – auch wenn Google weitere Entwicklungen nach einer ersten Testphase vorerst wieder auf Eis gelegt hat. Mit diesen innovativen Devices und damit noch mehr Bedienkonzepten und Bildschirmgrößen wird sich die mobile Internetnutzung weiter verändern. Das Internet und die mobilen Dienste werden über am Körper getragene Geräte gesteuert und abgerufen. Die Möglichkeiten der mobilen Werbung werden also zukünftig weiter wachsen. Aktuell gibt es jedoch mit der Ausrichtung passender Werbung für die Smartphones bereits genug zu tun.

11.2 Prozentuale Gebotsanpassungen – Einführung

Google hat unter dem Schlagwort *Erweiterte Kampagnen* bereits Mitte 2013 zusätzliche prozentuale Gebotsanpassungen im Google-Ads-Konto eingeführt, um auf das veränderte Suchverhalten zu reagieren. Die Grundidee besteht darin, dass der Google-Ads-Kunde mit seinen Anzeigen für seine Zielgruppe immer dann besser sichtbar ist, wenn deren Interesse an seinen Dienstleistungen und/oder Produkten am stärksten ist. Die verbesserte Auslieferung der Anzeigen wird durch prozentuale Anpassungen der CPC-Gebote erreicht.

Die Google-Ads-Werbung geht auf den unterschiedlichen Nutzerkontext ein bzw. bietet dem Manager der Google-Ads-Kampagnen die Möglichkeit, seine Werbung durch Veränderung der Gebote dem Nutzerverhalten anzupassen. Das wird sicherlich in der Praxis noch viel zu selten genutzt! Falls der Werbende bei Google Ads zum

Beispiel ein lokales Geschäft besitzt, dann ist eine stärkere Präsenz auf mobilen Geräten für User, die sich in der Nähe des Geschäfts befinden, natürlich viel interessanter als für Nutzer, die zu Hause in einer anderen Stadt vor dem Desktop-PC sitzen. Mithilfe der prozentualen Gebotsanpassung könnten für die mobilen Nutzer vor Ort andere CPC-Gebote eingestellt werden.

Die Steuerung der prozentualen Gebotsanpassung finden Sie vor allem in den drei Bereichen STANDORTE ❶, WERBEZEITPLANER ❷ und WANN UND WO ANZEIGEN AUSGELIEFERT WURDEN ❸ in der vertikalen mittleren Navigation (siehe Abbildung 11.1). Nach einem Klick auf den jeweiligen Tab können Sie zum einen Anpassungen für regionale Ausrichtungen (STANDORTE) vornehmen, bestimmte Zeiträume mit speziellen Geboten (WERBEZEITPLANER) festlegen oder zum anderen auch die unterschiedliche Ansteuerung verschiedener Endgeräte (GERÄTE) bestimmen.

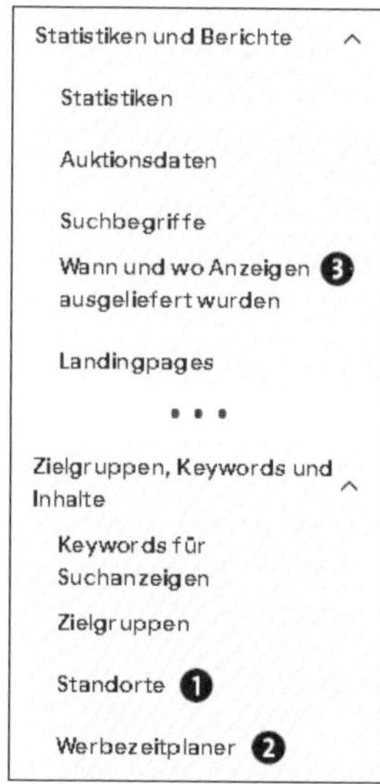

Abbildung 11.1 Gebotsanpassungen für Standorte, Werbezeiten und Endgeräte

> **Gebotsanpassung und Gebotsstrategie**
>
> Gebotsanpassungen lassen sich nicht mit jeder Gebotsstrategie kombinieren. Insbesondere die manuellen Gebotsstrategien bieten dabei einen größeren Spielraum, da sie ohnehin auf eine engere Steuerung durch den Anwender setzen. Automatische Gebotsstrategien sind darauf ausgelegt, selbstständig das passende Gebot zu finden, sodass Google die Option eines manuellen Eingriffs in Form von Gebotsanpassungen nur beschränkt zulässt. Unter der folgenden URL finden Sie eine genaue Übersicht von Google zu diesem Thema: *https://support.google.com/google-ads/answer/2732132?hl=de*

11.3 Ausrichtungsmöglichkeiten mit prozentualer Anpassung

Über Anpassungen auf regionaler Ebene, des Zeitplans und der Endgeräte bietet Google Ads Ihnen drei Möglichkeiten an, um Ihre Werbung optimal auf das Surfverhalten der potenziellen Kunden auszurichten.

11.3.1 Ausrichtung auf unterschiedliche Standorte

Bei der Ausrichtung auf Standorte können Sie noch zusätzlich Regionen eingeben, auch wenn diese bereits in den übergeordneten Standorten enthalten sind. Sie können also NORDRHEIN-WESTFALEN und HESSEN hinzufügen, obwohl Sie die Region bereits mit der Vorgabe DEUTSCHLAND abgedeckt haben (siehe Abbildung 11.2).

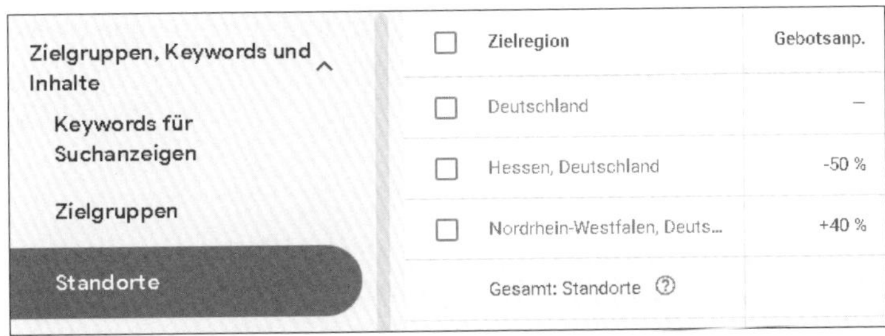

Abbildung 11.2 Unterschiedliche Standorte hinzufügen und prozentuale Anpassungen vornehmen

Ein ähnliches Vorgehen gilt auch auf Ebene der Städte oder bestimmter Umkreise. Diese Vorgehensweise ist dann sinnvoll, wenn Sie aus strategischer Sicht für Nutzer in unterschiedlichen Regionen eine spezielle Sichtbarkeit erreichen (oder auch nicht erreichen) möchten. Wenn Sie also zum Beispiel Deutschland als Zielregion ausgewählt haben, aber in den Bundesländern Hessen und Nordrhein-Westfalen individuelle Anpassungen der Ranking-Position vornehmen möchten, müssen Sie diese Bundesländer zusätzlich neben dem Standort Deutschland zur Kampagne hinzufügen.

Möchten Sie in NRW Ihre Position grundsätzlich verbessern, weil dort Ihre wichtigsten Kunden wohnen, können Sie nun beispielsweise in der Region NORDRHEIN-WESTFALEN, DEUTSCHLAND in der Spalte GEBOTSANPASSUNGEN. Ihr Gebot für alle Keywords in der Kampagne um 40 % erhöhen (siehe Abbildung 11.3).

Sie können die Gebote aber nicht nur erhöhen, sondern auch prozentual verringern. Vielleicht haben Sie in Hessen einen starken lokalen Konkurrenten und darum dort laut Ihrer Statistik bisher kaum Kunden generiert. Mit einer Reduktion um 50 % können Sie beispielsweise die Anzeigen in Hessen nur sporadisch mit geringem Klickpreis ausspielen. Das so gesparte Budget kann dann für die anderen Regionen genutzt werden.

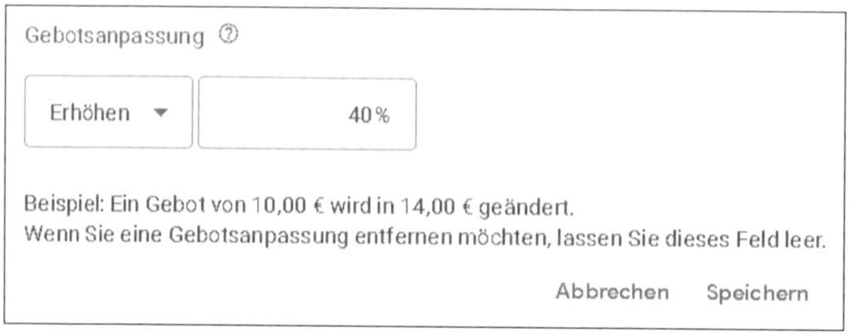

Gebotsanpassung

Erhöhen 40 %

Beispiel: Ein Gebot von 10,00 € wird in 14,00 € geändert.
Wenn Sie eine Gebotsanpassung entfernen möchten, lassen Sie dieses Feld leer.

Abbrechen Speichern

Abbildung 11.3 Gebot um 40 % erhöhen

Da die zusätzlich hinzugefügten Standorte in der Übersichtsstatistik getrennt aufgeführt werden, erhalten Sie zudem für jeden einzeln hinzugefügten Standort eine eigene Statistik, sodass Sie die Auswirkungen Ihrer Strategie laufend auf einfache Weise anhand der Leistungsdaten beobachten können.

11.3.2 Werbezeiten

Auch eine Entscheidung zur Ausrichtung auf unterschiedliche Werbezeiten beruht auf Ihrer Google-Ads-Strategie und Ihrer besonderen Situation. Falls Sie einen Lieferservice mit Direktbestellung bewerben möchten, ergibt eine Werbung außerhalb Ihrer Geschäftszeiten wenig Sinn. Zu diesen Zeiten sollten Sie dann gar keine Werbung schalten. Wenn Sie Büroartikel in einem Webshop bewerben, dann ist eine stärkere Präsenz auf den vorderen Plätzen bei Google während der Arbeitszeiten Ihrer Kunden sinnvoll.

Sie können also den WERBEZEITPLANER nutzen, um Werbeschaltungen für unterschiedliche Zeiten einzustellen (siehe Abbildung 11.4). Diesen unterschiedlichen Zeiträumen können Sie dann nach dem bekannten Schema über die Gebotsanpassungen entweder erhöhte oder auch reduzierte Klickgebote zuordnen.

Nachdem Sie unterschiedliche Werbezeiten eingegeben und die Klickpreise modifiziert haben, erhalten Sie für die jeweilige Kampagne neben der Tabellenansicht der geplanten Werbezeiten einen grafischen Überblick (siehe Abbildung 11.5), aus dem direkt erkennbar ist, an welchen Tagen und zu welchen Zeiten die Anzeigen ausgespielt werden können. Zusätzlich zeigen kleine gelbe Linien die Zeitfenster an, an denen prozentuale Anpassungen vorgenommen worden sind. Wenn Sie mit der Maus über sie fahren, erhalten Sie weitere Informationen zur Anpassung und eine Leistungskennzahl, sodass Sie einen schnellen Überblick über die aktuell aktivierten Einstellungen erhalten.

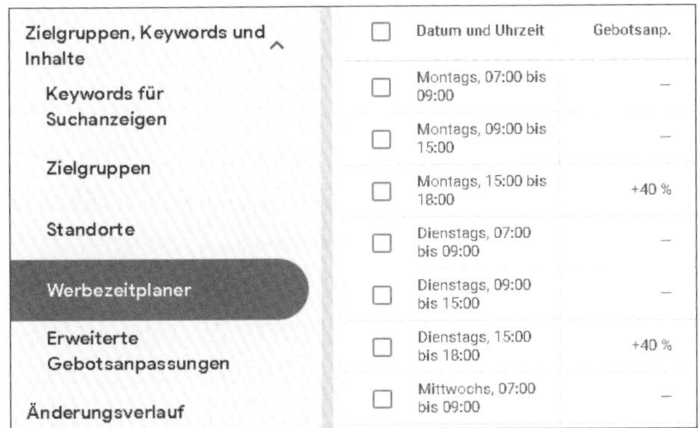

Abbildung 11.4 Bestimmen Sie über den »Werbezeitplaner« unterschiedliche Zeiten zur Schaltung Ihrer Werbung.

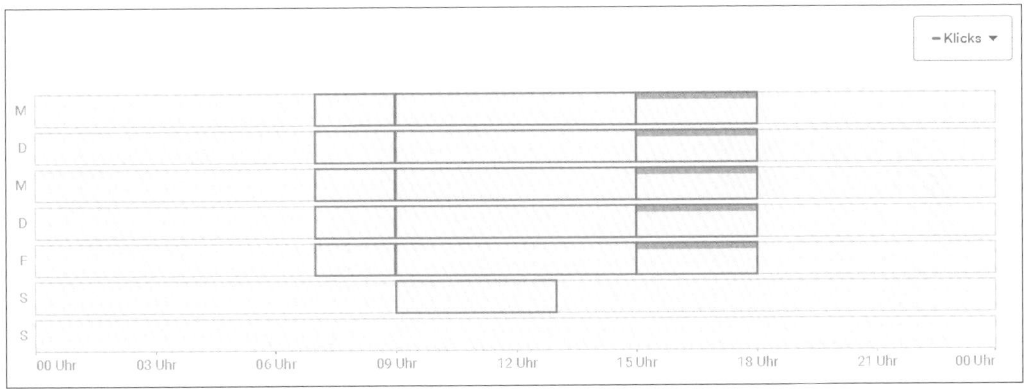

Abbildung 11.5 Die Werbezeitplaner-Übersicht: visuelle Darstellung der Werbezeiten mit Hinweis auf Gebotsanpassungen

Bitte beachten Sie die Einstellungsmöglichkeit rechts oberhalb der Grafik. Dort können Sie die gewünschte Leistungskennzahl (z. B. Klicks, Impressionen, Kosten etc.) vorab für die Statistik auswählen. Wählen Sie diejenige Kennzahl aus, mit der Sie am besten beurteilen können, ob bestimmte Zeitfenster inklusive der prozentualen Anpassung gut oder schlecht performen.

11.3.3 Ausrichtung auf Endgeräte

Die Ausrichtung auf Endgeräte ist die dritte wichtige Möglichkeit, um die Gebote prozentual anzupassen. Während man früher nur Anpassungen für den Bereich (Mobile = Smartphones) vornehmen konnte, sind nun alle drei Gerätekategorien (COMPUTER,

SMARTPHONES und TABLETS) anpassbar. Für alle drei Kategorien können Sie eigene Gebotsanpassungen (erhöhen oder verringern) vornehmen und somit auch die Schaltung in gewisser Weise beeinflussen.

Um beispielsweise eine gesonderte Ausrichtung für das Smartphone als Endgerät vorzunehmen, wählen Sie zunächst innerhalb des Menüpunkts KAMPAGNEN ❶ eine Kampagne ❷ aus, klicken dann in der vertikalen Navigation unter STATISTIKEN UND BERICHTE ❸ auf WANN UND WO ANZEIGEN AUSGELIEFERT WURDEN ❹ und wechseln abschließend zum Tab GERÄTE ❺. Sie erhalten dann eine Übersicht über die drei unterschiedlichen Gerätegruppen, die Google Ads definiert hat (siehe Abbildung 11.6).

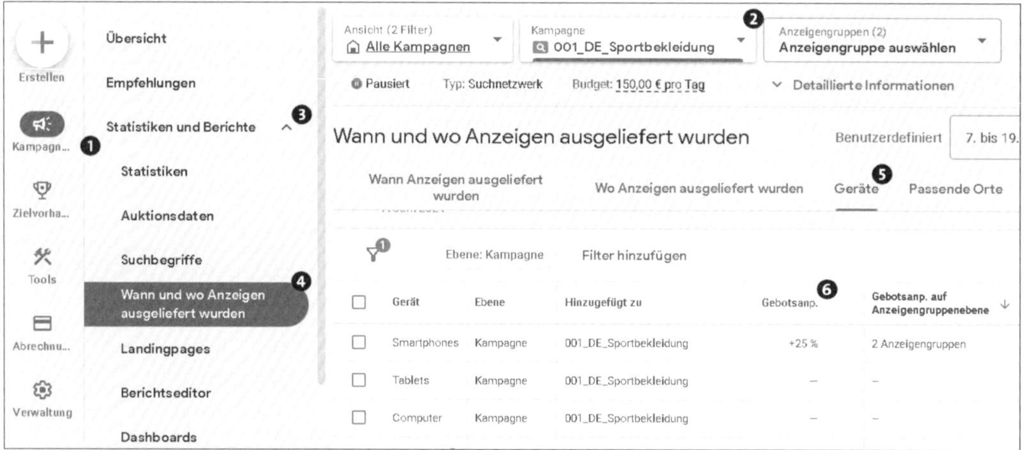

Abbildung 11.6 Gebotsanpassungen für Endgeräte in der Übersicht

Unter die Kategorie COMPUTER fallen alle »stationären Computer«, also die sogenannten Desktop-PCs, aber auch Laptops. Die zweite Gruppe besteht aus SMARTPHONES, die eine wesentliche Rolle im Online-Marketing einnehmen. Als dritte Kategorie listet Google noch die TABLETS auf. Darunter fallen alle Tablet-PCs, wie das iPad von Apple. Die Tablets nehmen eine Zwischenstellung ein, da sie von der Grundidee her zwar mobil sind, aber in der Praxis meistens über WLAN zu Hause, am Flughafen, im Hotel etc. genutzt werden. Sie unterscheiden sich daher gravierend von der mobilen Smartphone-Nutzung: Smartphones werden wirklich unterwegs, zum Beispiel beim Gang durch die Stadt oder im Restaurant eingesetzt.

In der Übersichtstabelle finden Sie eine Spalte mit der Bezeichnung GEBOTSANP. ❻ (Gebotsanpassungen). Bitte achten Sie auf den kleinen Strich. Dieser zeigt an, dass noch keine Gebotsanpassung vorgenommen wurde. Falls bereits Gebotsänderungen für Smartphones eingetragen worden sind, werden diese Änderungen als Prozentzahl mit einem vorangestellten Plus- oder Minuszeichen aufgeführt. Möchten Sie hier eine Anpassung vornehmen, so klicken Sie einfach auf die Prozentzahl, im Beispiel aus Abbildung 11.6 also auf +25 %. Ist noch keine Anpassung eingestellt worden, klicken Sie auf den Strich.

Nachdem Sie also in die entsprechenden Felder unter Gebotsanp. geklickt haben, erscheint ein kleines Pop-up-Fenster (siehe Abbildung 11.7). Dort legen Sie die prozentuale Veränderung des maximalen CPC fest. Sie haben die Möglichkeit, Ihr Standard-CPC-Gebot entweder zu erhöhen oder zu senken. Nachdem Sie diese Entscheidung getroffen haben, legen Sie noch die Prozentzahl fest, um die Ihr Gebot erhöht oder reduziert werden soll.

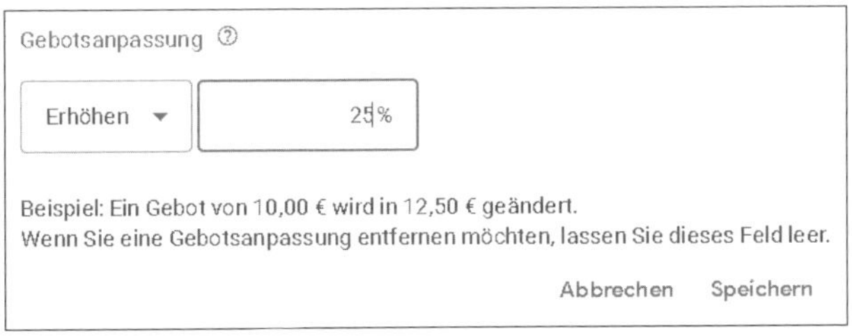

Abbildung 11.7 Gebotsanpassungen für Smartphones erhöhen

Ob Sie das Standardgebot für Ihre Keywords für die Auslieferung auf einem Smartphone erhöhen oder senken, hängt unter anderem von den technischen Voraussetzungen Ihrer Website sowie von Ihrer mobilen Strategie ab. Falls Sie zum Beispiel noch keine Website besitzen, die für Smartphones geeignet ist, sollten Sie auf jeden Fall die Google-Ads-Werbung für Smartphones ganz ausschließen. So verhindern Sie, dass Werbung auf mobilen Endgeräten geschaltet wird und bezahlte Website-Besucher auf Ihre Website bringt, die dann dort schnell aussteigen, weil eine weitere Navigation oder eine Kontaktaufnahme bzw. Anfrage nicht möglich ist. Diese Situation verursacht nur unnötige Kosten.

Um Werbung auf Smartphones auszuschließen, wählen Sie für die Gruppe Smartphones eine Senkung des CPC-Gebots um 100 % (siehe Abbildung 11.8). Ihr Standardgebot für die mobilen Endgeräte wird dadurch auf 0 € gesetzt und löst so auf mobilen Telefongeräten mit vollwertigem Browser keine Anzeigenschaltung aus.

In anderen Situationen kann es jedoch auch interessant sein, das Gebot für Ihre Keywords zur Schaltung auf Smartphones zu erhöhen, um öfter im direkt sichtbaren Bereich mit der Google-Ads-Textanzeige oberhalb der organischen Suchergebnisse angezeigt zu werden. Wenn also eine gute Sichtbarkeit auf Smartphones, vor allem auf den ersten beiden Plätzen, erwünscht ist und Sie dazu noch Produkte oder Dienstleistungen anbieten, für die Sie gute Chancen der Kundengenerierung via Smartphone sehen, sollten Sie für die zugehörigen Suchbegriffe einen höheren Preis auf Smartphones bieten. So haben Sie die Chance, möglichst oft an oberster Position im direkt sichtbaren Bereich geschaltet zu werden.

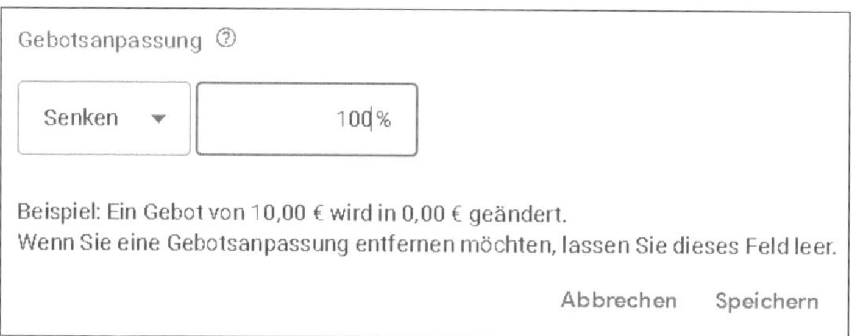

Abbildung 11.8 Die Reduzierung des Gebots um 100 % verhindert die Schaltung auf Smartphones.

In diesem Fall sollten Sie daher über die beschriebene Einstellung Ihr Standardgebot um mindestens 20 bis 40 % erhöhen. In diesem Zusammenhang müssen Sie wissen, dass die Klickkosten im Schnitt bei mobilen Anfragen niedriger als bei der Desktop-Suche sind und dass zusätzlich die Klickraten bei geringer Konkurrenz höher sind. Falls Ihre Website mobilfähig und Ihr Produkt für mobile Nutzer interessant ist, ist ein höheres Gebot für die Auslieferung auf Smartphones durchaus sinnvoll.

11.3.4 Ausrichtung auf unterschiedlichen Ebenen

Von den unterschiedlichen Ebenen des Google-Ads-Kontos haben Sie ja schon öfter gehört. Bei der prozentualen Anpassung müssen Sie wiederum die verschiedenen Ebenen beachten. Während Google-Ads-Manager früher nur Anpassungen auf Kampagnenebene durchführen konnten, kann jetzt noch feiner unterteilt werden. Sie können also prozentuale Anpassungen für die verschiedenen Geräte nun auch für einzelne Anzeigengruppen vornehmen, weil bestimmte Themen, Produkte oder Dienstleitungen für Smartphone-Nutzer interessanter sind als andere. Mit den prozentualen Anpassungen auf Anzeigengruppenebene können Sie darauf sehr zielgerichtet reagieren.

Sie finden die Unterteilung in Kampagnen und Anzeigengruppen, wenn Sie beispielsweise zunächst ALLE KAMPAGNEN ausgewählt haben und dann den Bereich GERÄTE aufrufen. Sie erhalten auf einen Blick alle Anpassungen zu den Geräten für alle Kampagnen. Über den Filter können Sie die Ansicht für Anzeigengruppen hinzufügen oder nur diese Ebene auswählen (siehe Abbildung 11.9).

Abbildung 11.9 Die prozentuale Ausrichtung ist auf Kampagnen- oder Anzeigengruppenebene möglich.

11.3.5 Kombination der prozentualen Ausrichtung

Interessant für die mobile Werbung ist nun vor allem die Kombination der Ausrichtungsmöglichkeiten. Möchten Sie beispielsweise Google-Nutzer auf Smartphones erreichen und sind diese Nutzer noch interessanter, wenn sie in Ihrer Stadt mobil unterwegs sind, so erzielen Sie für diese Kombination einen vorderen Google-Ads-Platz mit Ihrer Anzeige, wenn Sie zum einen die Gebote für Smartphones unter GERÄTE erhöhen und außerdem die Gebote für Nutzer in Ihrer Stadt unter STANDORTE prozentual erhöhen. Beachten Sie, dass mehrere Gebotsanpassungen für unterschiedliche Ausrichtungen multipliziert werden. Nehmen wir einmal an, dass Ihr Standardgebot 1,00 € beträgt und Sie folgende Anpassungen festgelegt haben:

- Erhöhung auf Smartphones: +10 %
- Erhöhung für den Standort Ihres lokalen Geschäfts: +20 %

Ihr Gebot für das Keyword beträgt dann letztlich:

1,00 € (+10 %) = 1,10 €

1,10 € (+20 %) = 1,32 €

Ein interessanter Nebeneffekt der verschiedenen Ausrichtungsmöglichkeiten sind die Statistiken, die Sie beim Aufruf der jeweiligen Ausrichtung erhalten. Mithilfe dieser Statistiken können Sie kontrollieren, ob Sie Ihr Ziel z. B. in Bezug auf Position und Klicks erreichen. Unter GERÄTE finden Sie die Leistungswerte, bezogen auf die jeweilige Gruppe der Endgeräte (siehe Abbildung 11.10).

Bitte denken Sie daran, dass Sie auch hier wieder über das Symbol für die Spalten eine Anpassung der Statistik vornehmen können. So können Sie sich z. B. die durchschnittliche Anzeigenposition je Keyword auf den Smartphones anzeigen lassen, um zu erkennen, ob Sie auch im sichtbaren vorderen Bereich platziert sind.

Gerät	Ebene	Hinzugefügt zu	Gebotsanp.	Gebotsanp. auf Anzeigengruppeneb	↓ Klicks	Impr.	CTR
Smartphones	Kampagne	001_DE_Sportbekleidu	+25 %	–	1.197	11.874	10,08 %
Computer	Kampagne	001_DE_Sportbekleidu	–	–	198	1.803	10,98 %
Tablets	Kampagne	001_DE_Sportbekleidu	–	–	56	470	11,91 %
Gesamt: Kamp...					1.451	14.147	10,26 %

Abbildung 11.10 Statistiken zu den Endgeräten

Der Unterpunkt STANDORTE liefert die Leistungsdaten zu den ausgewählten Standorten. Auch hier können Sie mithilfe der Daten analysieren, ob die gewünschten Effekte wie mehr Impressionen, Klicks oder Conversions in den wichtigen hinzugefügten Regionen eintreten (siehe Abbildung 11.11).

Zielregion	Gebotsanp.	Klicks	Impr.	CTR
Deutschland	–	84	1.380	6,09 %
Hessen, Deutschland	-50 %	1	51	1,96 %
Nordrhein-Westfalen, Deutschland	+10 %	39	463	8,42 %
Österreich	–	6	196	3,06 %

Abbildung 11.11 Statistik zu den Standorten

Unter dem WERBEZEITPLANER finden Sie dann noch eine entsprechende Statistik, die Leistungsdaten zu den aktivierten Zeiträumen liefert (siehe Abbildung 11.12). Gleichen Sie hier ebenfalls die Daten mit den Ideen aus Ihrer Werbestrategie ab. Erreichen Sie Ihre Zielgruppe in den festgelegten Zeiträumen? Stimmen CTR und Conversions?

Datum und Uhrzeit	Gebotsanp.	Klicks	Impr.	CTR
Montags, 07:00 bis 23:00	–	26	345	7,54 %
Dienstags, 07:00 bis 23:30	0 %	27	352	7,67 %
Mittwochs, 07:00 bis 23:30	0 %	23	325	7,08 %
Donnerstags, 07:00 bis 23:30	0 %	28	444	6,31 %
Freitags, 07:00 bis 23:30	0 %	14	313	4,47 %
Samstags, ganztägig	0 %	8	163	4,91 %
Sonntags, ganztägig	0 %	3	148	2,03 %

Abbildung 11.12 Statistik zu den unterschiedlichen Werbezeiten

11.4 Verschiedene Taktiken

Mobile Google-Ads-Anzeigen haben sich in den letzten Jahren rasant entwickelt. Wir haben für Sie einige Ideen zusammengestellt, um Ihre Werbung auf mobilen Endgeräten zu optimieren, damit Sie besser werden als Ihre Mitbewerber.

11.4.1 Gestaltung mobiler Anzeigen

Da die »Mobile First«-Idee für Google sehr wichtig ist, rücken auch die mobilen Versionen der Google-Ads-Anzeigen immer stärker in den Fokus. Diese Versionen sind quasi zukünftiger Standard. Aus diesem Grund wird mittlerweile im Backend keine unterschiedliche Versionierung von Desktop- und Mobil-Textanzeigen mehr angeboten. Beim Anlegen einer neuen Textanzeige wird lediglich eine Vorschau der unterschiedlichen Darstellungen gezeigt, wobei interessanterweise die mobile Version (siehe Abbildung 11.13) standardmäßig als erste Vorschaumöglichkeit gewählt wird. Oberhalb der Vorschau können Sie stets einfach per Klick zwischen der Mobil- und der Desktop-Version sowie einer Vorschau für das Displaynetzwerk wechseln.

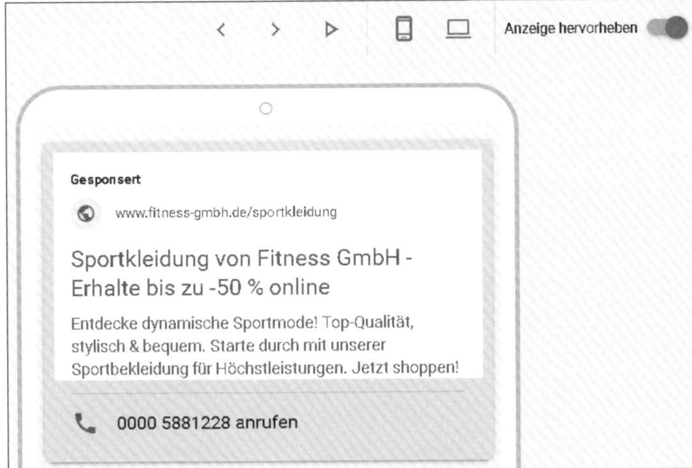

Abbildung 11.13 Anzeigenvorschau der mobilen Version

Obwohl also die Textgestaltung der Anzeigen grundsätzlich nicht mehr zwischen mobiler Version und der Darstellung auf stationären Computern unterscheidet, gibt es noch eine unterschiedliche Einstellungsmöglichkeit: Sie können unterhalb einer neu erstellten Anzeige die URL-Optionen für Anzeigen per Klick öffnen und dort ein Häkchen vor Andere finale URL für Mobilgeräte aktivieren. Im Formularfeld kann dann eine spezielle mobile Landingpage angegeben werden.

11.4.2 Sitelinks für mobile Anzeigen

Helfen Sie Ihren potenziellen Kunden, mit einem Klick via Smartphone möglichst schnell das zu finden, wonach sie suchen. Mithilfe von zusätzlichen Sitelinks können Google-Nutzer direkt tiefer in Ihre Seite einsteigen. Genau wie bei den Anzeigen gibt es keine Differenzierung mehr zwischen Desktop- und Mobil-Sitelinks. Auch hier können wir lediglich in der Vorschau zwischen einer mobilen Ansicht und einer Desktop-Ansicht wechseln, während Google dem Fokus auf den Grundsatz »Mobile First« mit der mobilen Variante als Standard treu bleibt. Eine Möglichkeit zur Individualisierung im Hinblick auf die Ausspielung für Smartphones gibt es dennoch. Sie können bei der Erstellung oder der Bearbeitung eines Sitelinks am Ende der Einstellungen die OPTIONEN FÜR SITELINK-URLS öffnen, dort ein Häkchen vor ANDERE FINALE URL FÜR MOBILGERÄTE setzen und im Formularfeld eine spezielle mobile Landingpage angegeben. Die Vorgehensweise ist somit identisch mit der Anzeigenkonfiguration.

Bitte beachten Sie, dass bei vielen Anzeigenerweiterungen noch ein Start- und/oder Enddatum eingetragen und – falls gewünscht – zusätzlich auch ein individueller Werbeplaner erstellt werden kann.

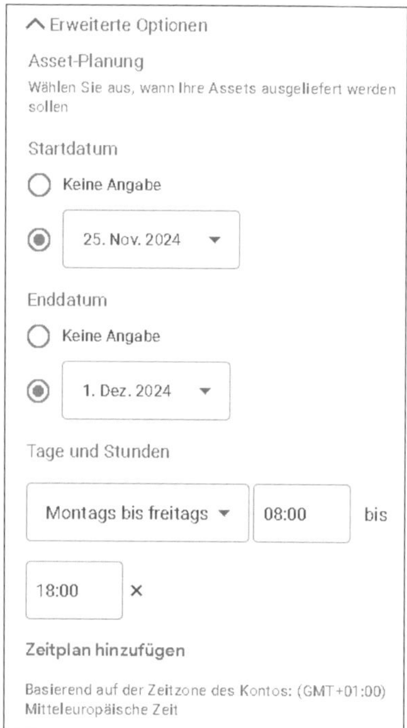

Abbildung 11.14 Sitelinks mit Start- und Enddatum

Start- und Enddatum sind sehr nützlich, wenn wie im Beispiel aus Abbildung 11.15 die Aktion, die per Sitelink beworben wird, zu einem bestimmten Zeitpunkt endet bzw. später dann nicht mehr interessant ist. Ein individueller Zeitplan ist hingegen sinnvoll, wenn z. B. ein bestimmter Service nur während der Woche oder vielleicht nur am Wochenende verfügbar ist. Der Sitelink oder eine andere Erweiterung wird dann nur eingeblendet, wenn die Ankündigung in der Google-Ads-Anzeige auch mit den Informationen auf der Webseite zeitlich übereinstimmt, damit potenzielle Kunden nicht verärgert werden.

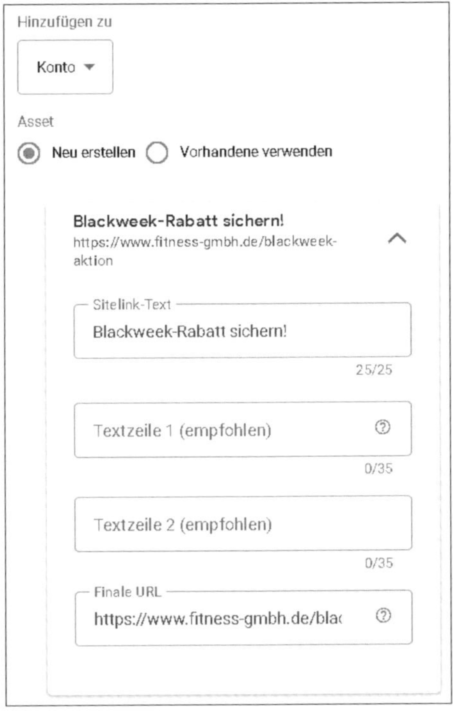

Abbildung 11.15 Zeitlich begrenzte Sitelink-Idee

Wir raten Ihnen grundsätzlich dazu, Ihre Anzeigen so weit wie möglich individuell auf Smartphone-Nutzer auszurichten. Versetzen Sie sich gedanklich in die mobilen Besucher Ihrer Website: Mobile Nutzer suchen stärker nach schnellen Lösungen und möchten direkt handeln. Passen Sie daher Ihre Erweiterungen für mobile Nutzer so an, dass sie besonders auf Ihre Lösungsangebote hinweisen. Arbeiten Sie mehr mit Handlungsaufforderungen, zum Beispiel mit dem Hinweis auf einen direkten Anruf, eine Download-Möglichkeit oder mit dem Verweis auf eine eigene App.

11.4.3 Anruferweiterung

Möchten Sie Ihren potenziellen Kunden die Möglichkeit geben, direkt per Telefon mit Ihnen zu sprechen? Dann sollten Sie die Anruferweiterung für Ihre Google-Ads-Werbung nutzen. Mithilfe dieser Erweiterung verbindet die Google-Ads-Anzeige auf telefonfähigen Endgeräten den Interessenten per Anruf direkt mit Ihrem Büro oder dem Sekretariat.

Klicken Sie zunächst innerhalb des Menüpunkts KAMPAGNEN in der vertikalen Navigation unter ASSETS auf ASSETS (siehe Abbildung 11.16).

Abbildung 11.16 Aufruf der Assets zur Einrichtung einer Anruferweiterung

Per Klick auf ⊕ öffnen Sie eine Drop-down-Liste, aus der Sie ANRUF auswählen.

Bitte beachten Sie, dass die Anruferweiterung auf Konto-, Kampagnen- oder Anzeigengruppenebene ❶ hinzugefügt werden kann (siehe Abbildung 11.17). Bei einem neuen Konto müssen Sie zunächst eine neue Anruferweiterung anlegen. Nutzen Sie den Radiobutton NEU ERSTELLEN ❷; später können Sie bestehende Anruferweiterungen auch über VORHANDENE VERWENDEN auswählen.

Um eine Anruferweiterung zu erstellen, müssen Sie zunächst eine Telefonnummer (die Nummer Ihrer Kundenberatung oder Ihres Callcenters) hinterlegen. Wählen Sie dazu aus der Drop-down-Liste das Land ❸ aus und geben Sie dann die Telefonnummer ❹ ein. Unter CONVERSION-AKTION ❺ können Sie eine individuelle vorher angelegte Aktion auswählen, um Ihre Conversions zu erfassen. Auf diese Weise werden die Mobilanrufe über die Erweiterung als eigene Ziele (Conversions) gemessen, sodass

Sie mehr über den Erfolg der Anruferweiterung erfahren. So können Sie ganz einfach Ihren Erfolg mithilfe der Conversions überprüfen.

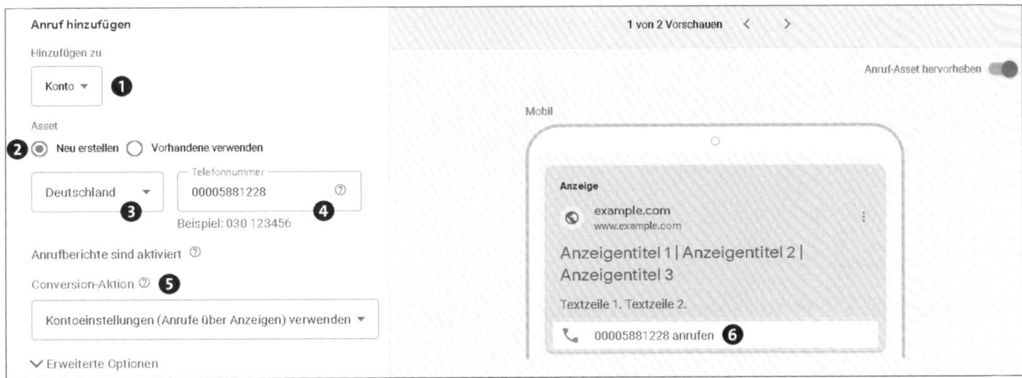

Abbildung 11.17 Anruf hinzufügen

Falls Sie selbst keine neue Conversion anlegen möchten, erstellt das Google-Ads-System automatisch eine Conversion mit dem Titel »Anrufe über Anzeigen«, nachdem Sie einen ersten Anruf über die neue Anzeige erhalten haben. Alle Einstellungen bestätigen Sie am Ende per Klick auf den Button SPEICHERN.

Wird Ihre Anzeige nun mobil ausgespielt, ist die Telefonnummer als anklickbarer Button ❻ unterhalb der Anzeige zu finden. Bei anderen Anzeigen wird die Erweiterung nur genutzt, um Ihre Telefonnummer in der Anzeige darzustellen.

11.4.4 Nutzen Sie den Werbezeitplaner für Ihre Anrufanzeigen

Bei einer Anruferweiterung ist es meistens sehr sinnvoll, eine Zeitplanung zu hinterlegen. Es sollte ja nur dann ein Anruf erfolgen, wenn das Büro oder das Servicecenter auch entsprechend besetzt ist. Ein Anrufbeantworter ist für diese Werbemöglichkeit keine gute Idee, denn auf diese Weise verlieren Sie zu viele Interessenten, weil diese vorher wieder auflegen. Nutzen Sie daher bei den Anrufanzeigen eine individuelle Einstellung des Werbezeitplaners.

Daher haben wir in Abbildung 11.18 exemplarisch Bürozeiten mit einer entsprechenden Mittagspause als Zeitplan hinterlegt, sodass die Anrufanzeigen zielgerichtet zu den Bürozeiten ausgeliefert werden, damit der Anruf auch entgegengenommen und der potenzielle Kunde direkt richtig betreut werden kann.

Sie finden diese Einstellung im Register ERWEITERTE OPTIONEN innerhalb der im vorherigen Abschnitt beschriebenen Erstellung einer Anruferweiterung.

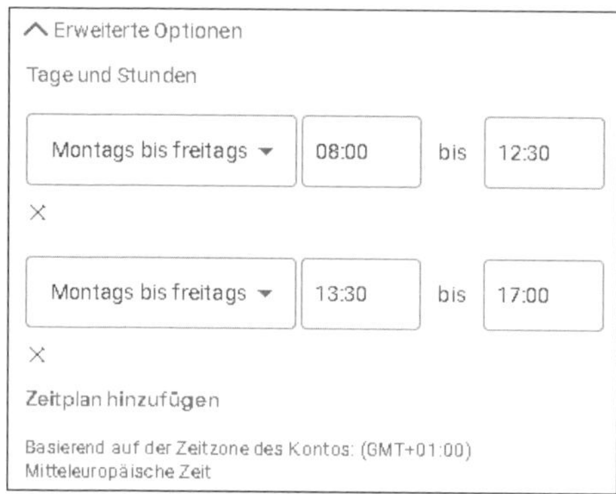

Abbildung 11.18 Bürozeiten als Zeitplan hinzufügen

11.4.5 Erweiterte Gebotsanpassung

Neben den drei altbekannten Gebotsanpassungen, also STANDORTE, WERBEZEITPLANER und GERÄTE, gibt es noch sogenannte ERWEITERTE GEBOTSANPASSUNGEN, die später hinzugekommen sind. Sie finden diese Anpassungsmöglichkeit unter KAMPAGNEN • ZIELGRUPPEN, KEYWORDS UND INHALTE (siehe Abbildung 11.19).

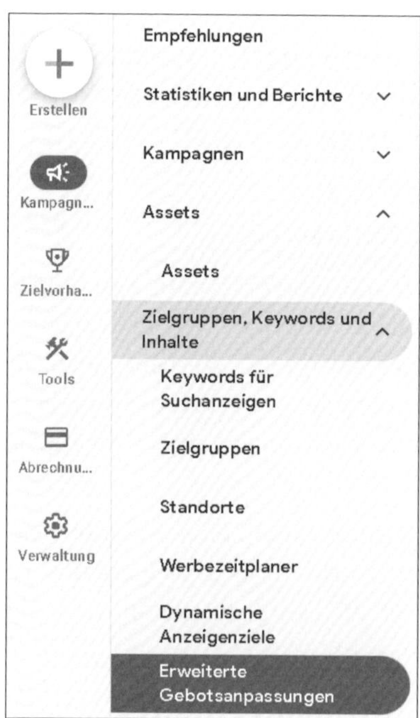

Abbildung 11.19 Der Unterpunkt »Erweiterte Gebotsanpassungen« in der Menüleiste

Nach dem Klick auf den entsprechenden Menüpunkt erhalten Sie eine Auflistung zum Interaktionstyp ANRUFE sowie die zugehörige Kampagne. Im nächsten Schritt können Sie nun unter GEBOTSANP. die Gebote prozentual erhöhen (siehe Abbildung 11.20), damit zum einen die Anruferweiterungen verstärkt ausgeliefert oder zum anderen die reinen Anrufanzeigen bevorzugt ausgespielt werden.

☐	Interaktio ↓	Kampagne	Gebotsanp.
☐	Anrufe	001_DE_Sportbekleidung	+25 %

Abbildung 11.20 Nehmen Sie eine Gebotsanpassung für Anrufe unter »Erweiterte Gebotsanpassungen« vor.

Für beratungsintensive Produkte und Unternehmen mit starker Ausrichtung auf die telefonische Kundenberatung kann diese Gebotsanpassung sehr interessant sein. Vielleicht findet man zukünftig unter ERWEITERTE GEBOTSANPASSUNGEN noch andere Möglichkeiten, um flexiblere Gebote für unterschiedliche Aussteuerungen zu hinterlegen.

11.4.6 Anrufanzeige

Eine Steigerung der Ausrichtung auf telefonische Kontakte erreichen Sie mit den Anrufanzeigen (ehemals »Nur-Anrufanzeigen«). Diese Anzeigen dienen ausschließlich dazu, einen direkten telefonischen Kontakt herzustellen. Daher werden diese Anzeigen natürlich nur auf anruffähigen Mobilgeräten geschaltet. Sie erstellen die Anrufanzeige in einer Suchnetzwerk-Kampagne an gleicher Stelle wie die Textanzeige. Nachdem Sie Kampagne und Anzeigengruppe ausgewählt haben, rufen Sie in der Menüleiste den Unterpunkt KAMPAGNEN • KAMPAGNEN • ANZEIGEN auf. Danach klicken Sie auf + und wählen + ANRUFANZEIGE (siehe Abbildung 11.21).

Abbildung 11.21 Anrufanzeige erstellen

Die Besonderheit dieser Anzeige besteht darin, dass als Ziel keine Webseite, sondern eine Telefonnummer hinterlegt wird (siehe Abbildung 11.22). Für diese Anzeigeform geben Sie zunächst wieder Ihre Telefonnummer ❶ an, wie Sie dies bereits von den Anzeigenerweiterungen kennen.

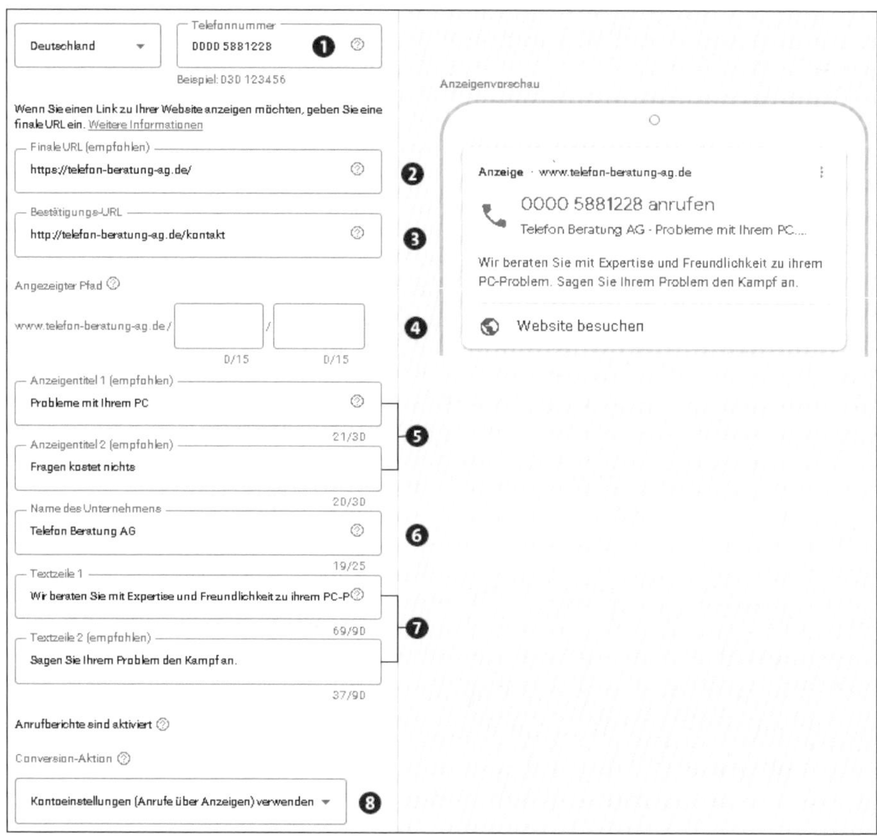

Abbildung 11.22 Formularfelder und Vorschau der Anrufanzeige

Tragen Sie die FINALE URL ❷ ein. Auch wenn der Fokus auf der Telefonnummer und damit auf der Anrufgenerierung liegt, lässt dieser Anzeigentyp die Angabe einer Domain mit entsprechendem Absprung zu Ihrer Website zu. Die Besonderheit einer Anrufanzeige besteht in der BESTÄTIGUNGS-URL ❸, die Sie optional noch angeben können. An dieser Stelle tragen Sie eine Unterseite Ihrer Website ein, die Ihre zuvor angegebene Telefonnummer enthält. Anhand dieser Seite überprüft Google, ob die Nummern übereinstimmen. Mit dieser Bestätigungs-URL schützen Sie sich also davor, dass eine falsch eingetragene Telefonnummer in Ihrer Anzeige erscheint und Sie später für Anrufe bezahlen, die nicht zu Ihrem Unternehmen gehören. Ergänzen Sie

– wie bereits von klassischen Anzeigen gewohnt – bei Bedarf einen weiteren Pfad ❹ für Ihre Domain. Beachten Sie, dass dieser Pfad zwar angezeigt wird, jedoch keine Auswirkung auf die tatsächliche Verlinkung hat, die sich ausschließlich aus der FINALEN URL ergibt. Im nächsten Schritt erstellen Sie eine Textanzeige mit bis zu zwei Anzeigentiteln (empfohlen) ❺, Ihrem Unternehmensnamen ❻, den Sie in jedem Fall eintragen müssen, und mit bis zu zwei Textzeilen (empfohlen) ❼.

Während Sie die Anzeigen erstellen, können Sie direkt in der Anzeigenvorschau rechts neben dem Eingabeformular die Darstellung überprüfen (siehe Abbildung 11.22). Der Telefonhörer zeigt dem Mobilphone-Nutzer an, dass ein Anruf via Smartphone getätigt werden kann. Außerdem erscheint in der Titelzeile eine standardisierte Aufforderung zum Anruf, die Ihre Telefonnummer einbezieht.

Auch bei einer Anrufanzeige können Sie in der Drop-down-Liste unter CONVERSION-AKTION ❽ eine bestehende Anruf-Conversion auswählen oder über den Link CONVERSIONS VERWALTEN zum Tool ZIELVORHABEN • CONVERSIONS • ZUSAMMENFASSUNG springen. Dort können Sie dann eine passende Conversion vom Typ ANRUFE und der Option ANRUFE ÜBER NUR-ANRUFANZEIGEN ODER ANZEIGEN MIT ANRUFERWEITERUNGEN anlegen (siehe Abbildung 11.23).

Abbildung 11.23 Erstellen Sie eine Conversion-Messung für Ihre Anrufe.

Beim Anlegen der Anruf-Conversion (siehe Abbildung 11.24) können Sie unter anderem bestimmen, ab welcher Länge ein Anruf als Conversion erfasst werden soll; in unserem Beispiel sind 30 Sekunden eingestellt. Google kann diese Informationen natürlich nur messen, weil der Klick über Google auf Ihre Nummer weitergeleitet wird.

Nur in diesem Fall hat Google die Information, ob ein Anruf angenommen wurde und wie lange dieser Anruf gedauert hat. Weitere Informationen zum Anlegen der verschiedenen Conversions finden Sie in Abschnitt 14.2, »Conversion-Tracking in Google Ads einrichten«.

Einstellungen	Conversion-Name	Nur-Anruf-Anzeigen
	Aktionsoptimierung	Anruf-Leads, Primäre Aktion
	Wert	Keinen Wert verwenden
	Quelle Bearbeiten nicht möglich	Anrufe über Anzeigen
	Zählmethode	Eine Conversion
	Anrufdauer	30 Sekunden
	Conversion-Tracking-Zeitraum für Klicks	30 Tage
	Attribution	Datengetrieben Empfohlen Kostenpflichtige Google-Kanäle

Abbildung 11.24 Einstellungen der Anruf-Conversions

Egal ob Sie Anruferweiterungen nutzen oder Nur-Anruf-Anzeigen erstellen, Sie sollten diese Optionen für Ihre mobile Strategie passend einsetzen. Möchten Sie einen direkten Kontakt zum Kunden bzw. einem Interessenten? Hilft es beim Vertrieb, wenn Fragen persönlich geklärt werden? Dann versuchen Sie immer, Ihre mobilen potenziellen Kunden dazu zu bewegen, Sie direkt per Telefon zu kontaktieren.

11.4.7 Leads und Anrufe als Zielvorgabe

In einer der vorherigen Versionen des Google-Ads-Interface konnte eine reine Anrufkampagne als spezielle Form einer Suchkampagne erstellt werden. Mittlerweile hat Google diese spezielle Kampagne durch die Zielvorgabe LEADS in Kombination mit dem Kampagnentyp SUCHNETZWERK und der Zielerreichung via ANRUFE (siehe Abbildung 11.25) abgedeckt. Wenn Sie bei der Erstellung einer neuen Kampagne diese Kombination wählen, dann können Sie in Ihrer Anzeigengruppe nur noch Nur-Anrufanzeigen erstellen.

Anruferweiterungen oder auch Anrufanzeigen werden insgesamt im Google-Ads-Konto eher selten genutzt. Falls Sie jedoch Restaurantbesitzer, Unternehmensberater oder Anwalt sind oder einer ähnlichen Branche angehören, sind die Anrufanzeigen eine sehr interessante Werbemöglichkeit. Sie benötigen keine optimierte Landingpage und haben die potenziellen Kunden direkt an der Strippe.

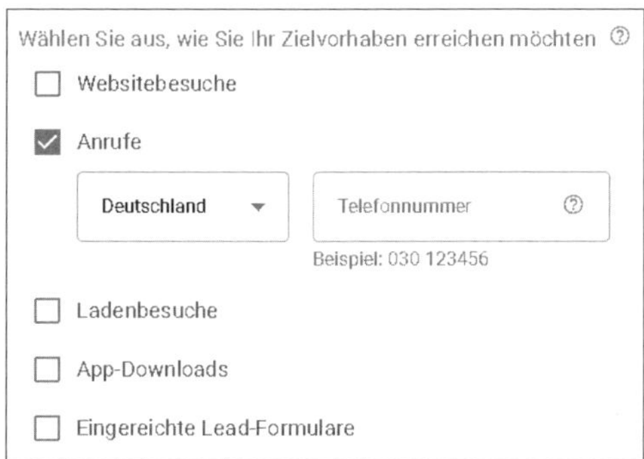

Abbildung 11.25 Anrufe als Kampagnenziele vorgeben

11.4.8 App-Installationsanzeigen

App-Installationsanzeigen nennt sich die Google-Ads-Funktion, bei der auf mobilen Endgeräten eine App beworben wird, die dann direkt per Klick entweder bei iTunes oder aus dem Google Play Store heruntergeladen werden kann. Diese Werbeform ist natürlich nur für diejenigen Google-Ads-Nutzer interessant, die auch eine eigene App besitzen. Abbildung 11.26 zeigt ein Beispiel einer App-Anzeige, die direkt nach Google Play verlinkt.

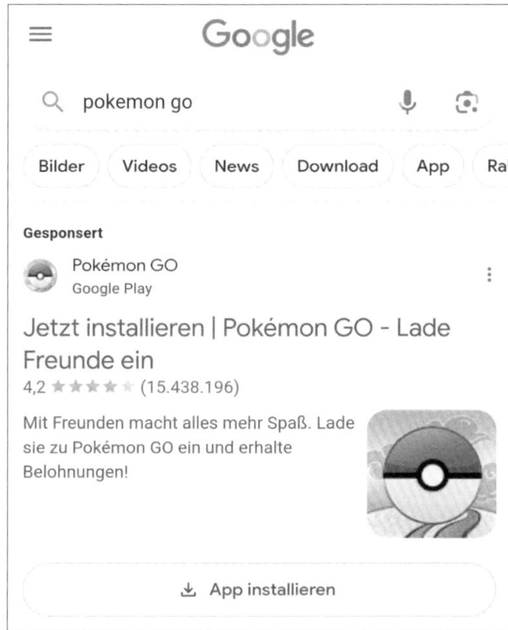

Abbildung 11.26 Beispiel für eine App-Installationsanzeige

Bitte schalten Sie eine App-Anzeige nicht einfach so, weil Sie irgendwann einmal kostenlos eine App erstellen konnten, die nur die Inhalte Ihrer Webseite in verkürzter Form darstellt. Dazu benötigen Sie keine App, das kann Ihre mobiloptimierte Website besser! Eine App mit Google Ads zu bewerben, kostet natürlich auch Geld und sollte daher vorher strategisch vorbereitet werden. Am besten erstellen Sie eine App, die einen entscheidenden Vorteil bietet, damit die Smartphone-Nutzer diese App auch nutzen wollen. Dabei sollte das Thema der App jedoch mit Ihrer Marke und Ihrem Produkt in Verbindung stehen, denn letztlich sollte auch die App einen Beitrag zu Ihrem Geschäftserfolg liefern.

Sie könnten beispielsweise als Online-Shop für Mode eine App zur Ermittlung der passenden Konfektionsgröße und zur Umrechnung der verschiedenen Größenangaben erstellen, die dann natürlich auch immer wieder passend auf Ihren Shop verlinkt. Bei dem kleinen Beispiel sehen Sie schon, dass Sie sich zunächst mit dem Thema App und den entsprechenden Möglichkeiten auseinandersetzen müssen, bevor Sie mit der Bewerbung der App via Google Ads starten.

App-Neuinstallation oder Interaktion?

Wenn Sie über Google Ads mit einer neuen App-Kampagne Ihre Firmen-App bewerben möchten, können Sie zunächst nur App-Installationen, also die Neuinstallation Ihrer App, bewerben. Nachdem Sie sich eine Nutzerbasis aufgebaut haben, können Sie auch bestimmte Interaktionen der Nutzer mit der App messen. Nun könnten Sie auch die Steigerung bestimmter Interaktionen über Google Ads bewerben, damit die App-Nutzer sich weiterhin mit der App und somit letztlich mit Ihren Produkten, Ihrer Marke oder ganz einfach mit Ihrem Unternehmen beschäftigen.

In Google Ads können Sie App-Anzeigen entweder als Anzeigenerweiterung zu einer bestehenden Textanzeige schalten, wie Sie dies schon von den Anruferweiterungen her kennen. Alternativ können Sie auch eine eigene App-Kampagne erstellen, um Ihre App im Suchnetzwerk oder im Displaynetzwerk, bei YouTube oder bei Google Play zu bewerben. Das Bewerben einer App innerhalb einer anderen App ist zudem in den Kampagnen des Google Displaynetzwerks möglich. Wir schauen uns die Möglichkeiten *App-Erweiterung* und *Universelle App-Kampagne* nun einmal genauer an.

11.4.9 App-Erweiterung

Die zusätzliche Schaltung der App zu einer normalen Suchanzeige nennt sich *App-Erweiterung*. Wie bei den anderen Erweiterungen zu Ihren Anzeigen rufen Sie zunächst den Menüpunkt KAMPAGNEN • ASSETS • ASSETS auf. Per Klick auf + öffnen Sie die Drop-down-Liste, aus der Sie nun APP auswählen.

Beim ersten Anlegen belassen Sie die Voreinstellung auf NEU ERSTELLEN und wählen dann die App-Plattform aus. Obwohl es auch viele Apps für Apple in iOS gibt, werden die meisten Apps wohl als Android-Version laufen. Wählen Sie also die Plattform aus und suchen Sie mithilfe von Namensbestandteilen der App oder des Herstellers nach der gewünschten App, die Sie bewerben möchten. Für unser Beispiel haben wir einfach eine kostenlose App des Bundesligisten Bayer 04 Leverkusen gewählt (siehe Abbildung 11.27).

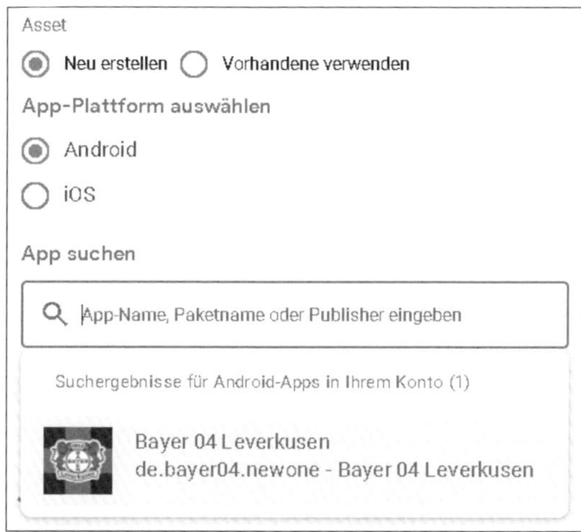

Abbildung 11.27 App bei Google Play oder im Apple Store suchen und als Erweiterung hinzufügen

Falls Sie nicht den genauen Namen der App kennen, müssen Sie durch die angezeigten Suchergebnisse scrollen und die gewünschte App dann per Klick auswählen – bitte beachten Sie, dass ein Klick auf den blauen Link nicht die App markiert, sondern Sie direkt zum Store weiterleitet.

Im nächsten Schritt können Sie unter LINKTEXT den vorgegebenen Call-to-Action ändern, wobei Sie wieder die bekannte Länge von 25 Zeichen verwenden dürfen.

Die APP-URL-OPTIONEN und die ERWEITERTEN OPTIONEN können so genutzt werden, wie Sie es bereits in anderen Erweiterungen gesehen haben. Nachdem die Grundeinstellungen zur App-Erweiterung abgeschlossen sind, zeigt eine Vorschau die mobile Darstellung der App-Erweiterung an, die unterhalb einer Google-Ads-Textanzeige erscheint (siehe Abbildung 11.28).

Abbildung 11.28 Vorschauergebnis zur erstellten App-Erweiterung

11.4.10 Universelle App-Kampagne

Die zweite Möglichkeit, Ihre App zu bewerben, nennt sich *App-Kampagnen* oder auch *Universelle App-Kampagne*. Sie müssen dazu eine neue Kampagne anlegen. Wählen Sie das Ziel APP-WERBUNG und den Kampagnentyp APP aus. Darüber hinaus stehen verschiedene Kampagnenuntertypen zur Auswahl. In den meisten Fällen werden Sie mit der Standardauswahl APP-INSTALLATIONEN arbeiten. Um den Untertyp APP-INTERAKTIONSKAMPAGNEN zu nutzen, muss die beworbene App mindestens 50.000 Installationen aufweisen, außerdem müssen entsprechende Conversions in Ihrem Google-Ads-Konto angelegt sein. Der Untertyp APP-VORREGISTRIERUNG setzt voraus, dass für Ihre App eine Vorregistrierung im Google Play Store erfolgt ist.

Fügen Sie im nächsten Schritt Ihre mobile App so hinzu, wie im vorherigen Abschnitt beschrieben. Sie wählen dazu die App-Plattform aus und suchen Ihre App entweder bei Google Play oder im Apple Store. Natürlich geben Sie danach Ihrer App-Kampagne wieder einen Namen und legen die wichtigen Grundausrichtungen fest, z. B. Standorte, Sprachen, Budget etc.

Eine wichtige Vorgabe für die App-Kampagne ist die Gebotsstrategie. Wenn Sie eine neue Kampagne anlegen, legen Sie die Optimierung zunächst auf ANZAHL DER INSTALLATIONEN ❶ (siehe Abbildung 11.29) fest, weil Sie zunächst möglichst viele neue potenzielle Nutzer gewinnen möchten. Die Erfassung der Installationen nach Interaktion mit Ihrer Anzeige übernimmt Google Play automatisch, sodass Sie die Vorauswahl in diesem Zusammenhang belassen können ❷. Zu Beginn werden natürlich zunächst einmal ALLE NUTZER ❸ angesprochen. Für die Anzahl der (Neu-)Installationen können Sie nach entsprechender Aktivierung mit einem ZIEL-CPI (COST-

PER-INSTALL) bieten ❹. Das heißt übersetzt, dass Sie den Preis angeben, den Ihnen ein neuer App-Nutzer wert ist.

Später, wenn die App bereits bei vielen Nutzern installiert ist und Sie das Verhalten der Nutzer über Conversions tracken, können Sie Ihre Kampagne auch auf IN-APP-AKTIONEN oder den WERT DER IN-APP-AKTIONEN ausrichten. Dabei ist dann das Ziel, Ihre potenziellen Kunden, die Ihre App bereits installiert haben, zu Interaktionen mit Ihrer App »aufzufordern«.

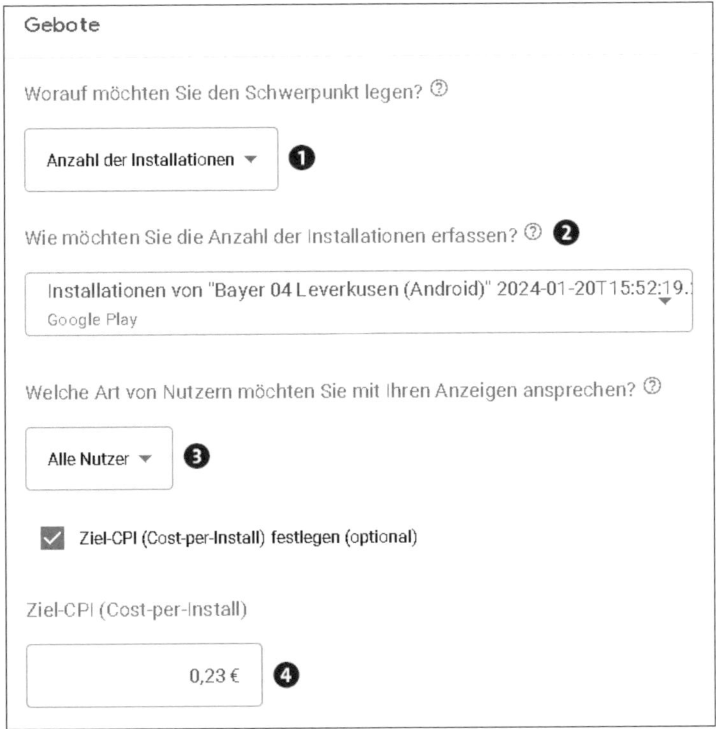

Abbildung 11.29 Gebotseinstellung mit »Ziel-CPI«

Während App-Kampagnen früher nicht in Anzeigengruppen unterteilt wurden, hat Google mittlerweile die Struktur der Kampagnen vereinheitlicht. Daher enthält auch jede App-Kampagne nun mindestens eine Anzeigengruppe (siehe Abbildung 11.30), wobei die Aufgabe der Unterteilung nicht ganz klar ist, da man keine spezielle Ausrichtung vorgeben kann. Google sagt dazu nur, dass Sie Ihre Anzeigengruppen zwecks optimierter Ausrichtung basierend auf einem Thema, einer Zielgruppe oder einer Werbebotschaft strukturieren sollen. Dies geht aber aktuell nur, indem man bewusst unterschiedliche Anzeigen entwirft.

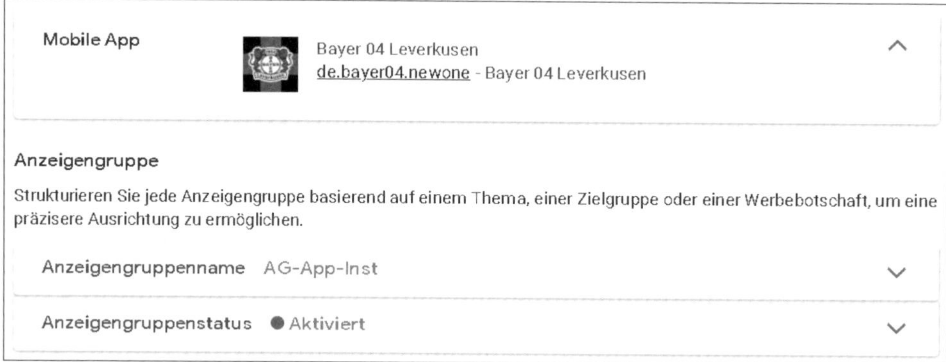

Abbildung 11.30 Eine »Anzeigengruppe« zur App-Kampagne erstellen

Im nächsten Schritt werden der Anzeigengruppe sogenannte *Anzeigen-Assets* hinzugefügt (siehe Abbildung 11.31).

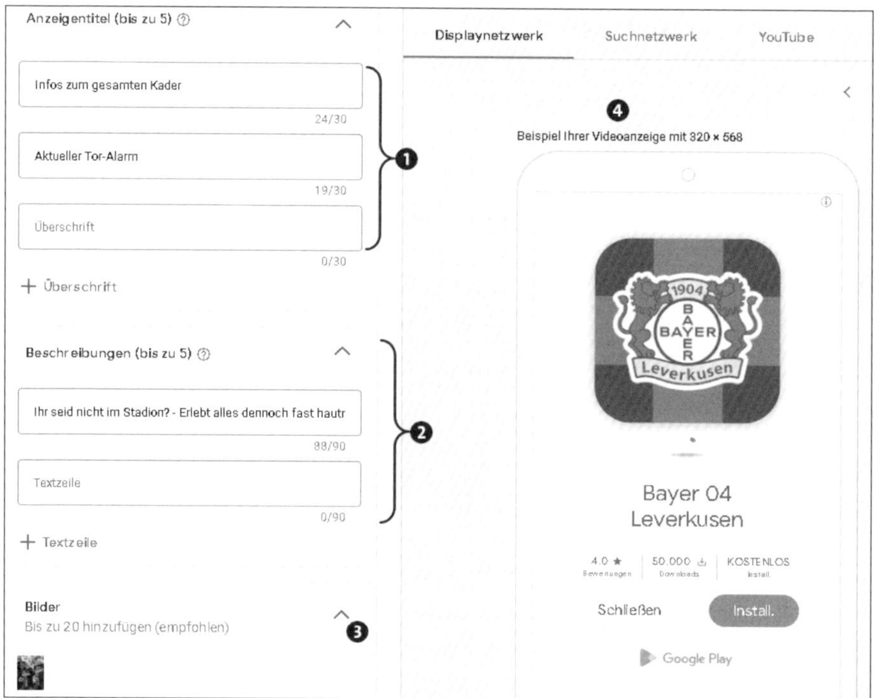

Abbildung 11.31 Textbausteine und Bilder hinzufügen

Diese Assets sind zum einen Textbausteine wie ANZEIGENTITEL ❶ oder BESCHREIBUNGEN ❷ und zusätzliche BILDER ❸, aber auch Videos, die Ihre Anzeige unterstützen sollen. Nach Eingabe der Assets erhalten Sie direkt wieder rechts neben dem Eingabeformular eine Rückmeldung mit Beispielen ❹, wie Ihre Anzeige im Internet ausgespielt würde.

Die Textbausteine werden in der Anzeige je nach Größe des vorhandenen Werbeplatzes genutzt. Es werden zum Teil mehrere Textbausteine gleichzeitig angezeigt; es kann aber auch sein, dass nur ein Baustein genutzt wird, wie wir das schon von den responsiven Anzeigen im Displaynetzwerk kennen. Zudem testet Google Ads in kleinen A/B-Tests, welche Bausteine am besten funktionieren, und rotiert die Auslieferung entsprechend. Neben dem reinen Text empfiehlt Google, noch zusätzlich *HTML5-Code* zu nutzen, um dynamische Elemente in Ihre Anzeige aufzunehmen. Sie können, wie bereits erwähnt, auch bis zu 20 Bilder und zusätzlich noch bis zu 20 passende Videos als Assets hinzufügen, um Ihre Anzeigen aufzuwerten. Für unser Beispiel aus Abbildung 11.31 haben wir ein Beispielvideo bei YouTube (siehe Abbildung 11.32) ausgewählt.

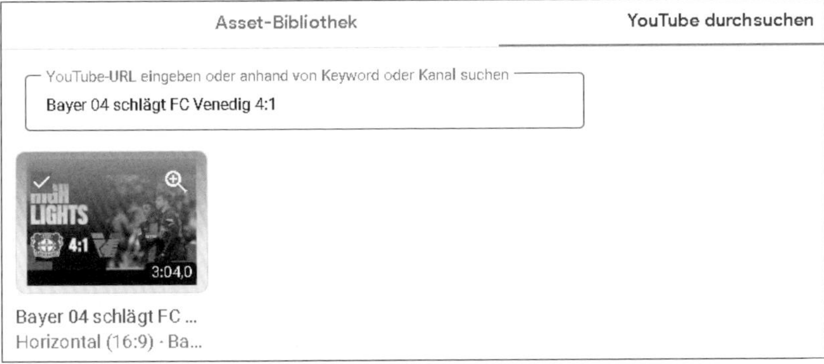

Abbildung 11.32 Video als Anzeigenelement hinzufügen

Sie können, wenn Sie die Rechte haben, hier natürlich jedes Video einfügen. Es ergibt jedoch Sinn, dass die Videos, die Sie für Ihre Werbung nutzen, bereits zu Ihrem firmeneigenen YouTube-Kanal hinzugefügt wurden.

In einer kleinen Vorschau werden unterschiedliche Anzeigenbeispiele im Wechsel eingeblendet (siehe Abbildung 11.33).

Die folgenden Plattformen für App-Anzeigen bietet Google Ads aktuell an:

- Displaynetzwerk
- Suchnetzwerk
- YouTube
- Discover
- Google Play (Store)

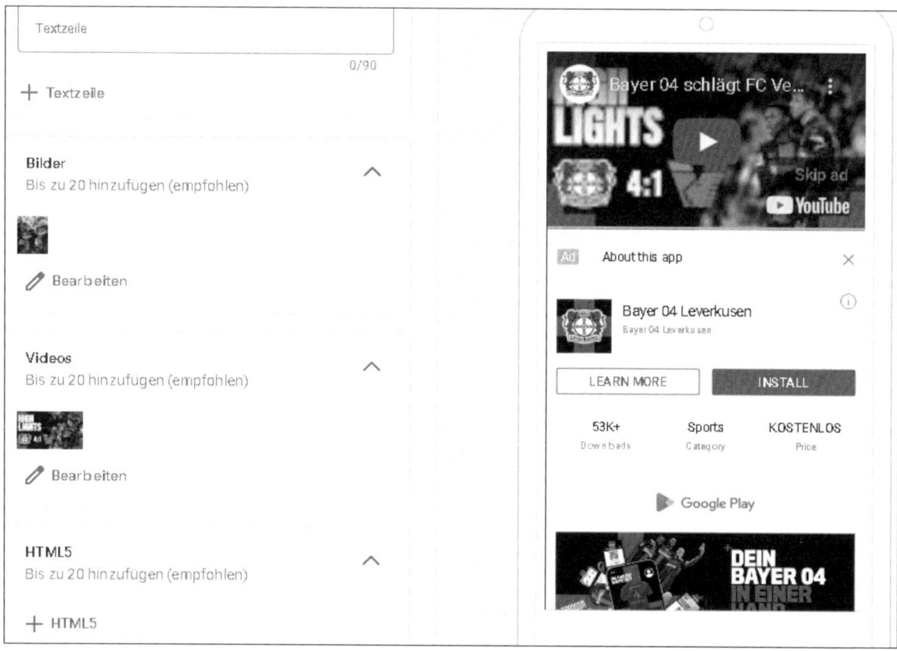

Abbildung 11.33 Nutzen Sie Bilder, Videos und HTML5 für App-Anzeigen.

Da auch über das Google Displaynetzwerk Werbung in Apps erscheinen kann, ist es über das GDN möglich, dass die eigene App auch in einer anderen App beworben wird. Sie können für die Werbevorschau die verschiedenen Netzwerke auswählen (siehe Abbildung 11.34) und sich dann noch einmal die Beispiele in der jeweiligen Umgebung präsentieren lassen. Abbildung 11.34 zeigt beispielsweise, wie unsere kleine Testwerbung im Google Play Store ausgeliefert würde.

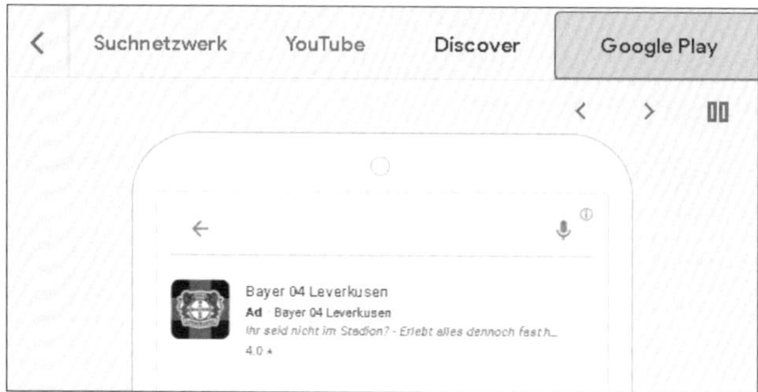

Abbildung 11.34 Vorschau der Anzeige für den Google Play Store

Die Grundeinstellungen (siehe Abbildung 11.35) Ihrer App-Kampagne können Sie wie gewohnt in der Gesamtübersicht der Kampagnen über das Zahnradsymbol, das beim Mouse-over der jeweiligen Kampagnenzeile erscheint, aufrufen und dort auch jederzeit verändern.

Abbildung 11.35 Übersicht zu den Kampagneneinstellungen

Folgende Einstellungen kennen Sie bereits aus anderen Kampagnentypen:

- Standorte
- Sprachen
- Budget
- Gebote
- Start- und Enddatum

11.4.11 Mobil und lokal

Mobile Kampagnen werden, wie Sie bereits erfahren haben, vor allem in Kombination mit der lokalen Ausrichtung einer Kampagne immer wichtiger. Sie sollten daher darauf achten, dass die Standorterweiterung für Ihre mobile Kampagne auf jeden Fall eingestellt wird, wenn Sie einen physischen Standort haben, an dem Sie Ihre Produkte oder Dienstleistungen anbieten. Die Standorterweiterung zeigt nämlich Ihre standortbezogenen Adressdaten an, damit potenzielle Kunden schnell und einfach den Weg in Ihr Geschäft finden können.

11.4.12 Mobile Landingpages

Bevor Sie mit mobilen Kampagnen starten, sollten Sie zunächst Ihre Website checken und für mobile Nutzer optimieren. *Responsive Design* ist das Zauberwort, das man heutzutage oft im Zusammenhang mit mobilen Webseiten hört. Aber responsives Design allein reicht nicht, denn neben dem angepassten Design für mobile Geräte ist vor allem passender Inhalt wichtig. Auf einem üblichen 27-Zoll-Bildschirm können Sie natürlich viel mehr Informationen unterbringen als auf einem 4,7 Zoll großen Smartphone-Display. Daher reicht es nicht, nur die Darstellung Ihrer Website anzupassen. Vielmehr sollten Sie überlegen, wie Sie den Inhalt nutzergerecht auf verschiedenen Displaygrößen darstellen. Dies erhöht auf jeden Fall die Chance, auch mobil Ihre Zielgruppe optimal anzusprechen und neue Kunden zu generieren.

Responsive Design

Responsive Design bzw. besser gesagt *responsives Webdesign* sorgt für eine anwenderoptimierte Darstellung für jede Bildschirmgröße. Webseiten sind dabei so programmiert, dass sie auf die Besonderheiten der jeweils eingesetzten Endgeräte, vor allem Smartphones und Tablet-PCs, reagieren können. Der Aufbau einer responsiven Webseite orientiert sich an den Darstellungsmöglichkeiten auf den Endgeräten und am Nutzerverhalten. Dies betrifft vor allem die Anordnung und Präsentation einzelner Website-Elemente (z. B. einer speziellen Navigation), die Darstellung der Texte sowie die Nutzung spezieller Steuerungs- und Eingabemethoden für Mobilgeräte.

11.4.13 Grundsätzliche Tipps für mobile Webseiten

Achten Sie beim Erstellen einer Website für mobile Geräte auf folgende Punkte:

1. Bieten Sie auf Ihrer mobilen Website stets gut sichtbar verschiedene Möglichkeiten zur Kontaktaufnahme an. Geschäftsadresse und Telefonnummer sollten prominent und gut sichtbar platziert sein. Außerdem sollte die Telefonnummer maximal bequem für den Anwender nutzbar sein. Eine dargestellte Telefonnummer dient beispielsweise nicht nur der Information, sondern gleichzeitig als Möglichkeit, einen direkten Anruf zu starten.
2. Die Präsentation Ihrer Produkte und Dienstleistungen steht im Vordergrund. Die Produkte oder Dienstleistungen dürfen nicht zu klein dargestellt sein, sondern sollten in entsprechender Größe präsentiert werden, damit sie auch auf kleinen Displays gut erkennbar sind. Nur wenn Sie es potenziellen Kunden ermöglichen, schnell und unkompliziert Produktinformationen und Sonderangebote auf ihren mobilen Endgeräten zu finden, werden diese auch Interesse zeigen.

3. Seien Sie sehr direkt und präzise; verwenden Sie nicht viel Text, da Text auf mobilen Geräten schwerer zu lesen ist.
4. Verwenden Sie eine große Textdarstellung und auch große Buttons, die leicht mit dem Daumen gedrückt werden können.
5. Achten Sie darauf, dass Ihre Zielseiten schnell geladen werden. Dies gilt natürlich für alle Arten von Webseiten, aber mobile Nutzer sind besonders ungeduldig. Bei einem langsamen Aufbau der Webseite und zusätzlich langsamer Internetverbindung werden viele mobile Website-Besucher abbrechen, bevor sie Ihre Seite gesehen haben. Eine besondere Rolle in diesem Zusammenhang spielen Bilder. Binden Sie zu große Bilder ein, hat dies einen wesentlichen Einfluss auf lange Ladezeiten. Die große Herausforderung liegt somit darin, dem Anwender qualitativ hochwertige Bilder zu bieten, die gleichzeitig ein minimales Datenvolumen aufweisen.
6. Binden Sie Bilder außerdem flexibel ein, sodass sich diese automatisch an die Größe des Anzeigebereichs anpassen können. Nutzen Sie dazu für die Bildbreiten prozentuale Angaben anstelle von festen Pixelangaben. Mit einer Breite von 100 % in Bezug auf das übergeordnete Element stellen Sie beispielsweise sicher, dass dieses Bild den gesamten verfügbaren Platz immer dynamisch ausnutzt.

Webseiten mit Pagespeed testen

Falls Sie nicht sicher sind, ob Ihre mobile Landingpage geeignet ist, gibt es online verschiedene Tools, die nach Eingabe der URL die Webseiten testen. Google bietet z. B. einen Dienst an, der die Geschwindigkeit einer Website für die Desktop- und die Mobilversion analysiert. Neben dem Speed-Test gibt es zusätzlich für die mobile Webseitenversion noch Hinweise zur Nutzererfahrung. Sie finden den *Pagespeed-*Test unter folgender URL:
https://developers.google.com/speed/pagespeed/insights

11.4.14 Spezielle Design- und inhaltliche Tipps für eine mobile Website

Achten Sie zusätzlich beim Design Ihrer Website auf Folgendes:

1. **Ist der Home-Button gut sichtbar?**
   Zeigen Sie deutlich und an der gewohnten Position, wie der Nutzer wieder auf Ihre Startseite gelangen kann. Im Optimalfall ist der Home-Button links oben positioniert. Oft wird neben den Begriffen *Home* oder *Start* auch das Firmenlogo als Home-Button ❶ genutzt (siehe Abbildung 11.36).

2. **Site-Search**
   Bieten Sie auf Ihrer mobilen Seite eine Site-Search-Funktion ❷ an. Dies ist eine wertvolle Unterstützung für den mobilen Nutzer, der oftmals sehr unter Zeitdruck steht und schnell die gewünschte Information auf Ihrer Seite finden möchte.

Abbildung 11.36 Mobile Website mit Site-Search

3. **Intuitive Menüführung**
   Das Menü Ihrer mobilen Webseite sollte intuitiv mit kurzen und selbsterklärenden Bezeichnungen gestaltet werden (siehe Abbildung 11.37). Nutzen Sie die mobilen Standards; Finger weg von »Designexperimenten«, die der Nutzer nicht versteht.

Abbildung 11.37 Einfache, intuitive Menüführung

4. **Einfache Eingabe und übersichtliche Bedienung**
   Bieten Sie einfache Eingabemöglichkeiten an. Versuchen Sie immer, Drop-down-Menüs oder Listen mit Vorgaben anzubieten, sodass der User möglichst wenig tippen muss. Um den beschränkten Platz optimal nutzen zu können, verlagern Sie Themen wie z. B. Filter auf eine vorgelagerte Ebene. Abbildung 11.38 zeigt, wie sich auf

diese Weise auch ein sehr umfangreicher Filter – in diesem Fall die Größe – dennoch übersichtlich und schnell bedienbar umsetzen lässt. Die höchste Priorität liegt darin, durch eine bequeme Bedienung den mobilen Nutzer bei Laune zu halten und dadurch einen möglichen Abbruch seiner Online-Bestellung zu verhindern.

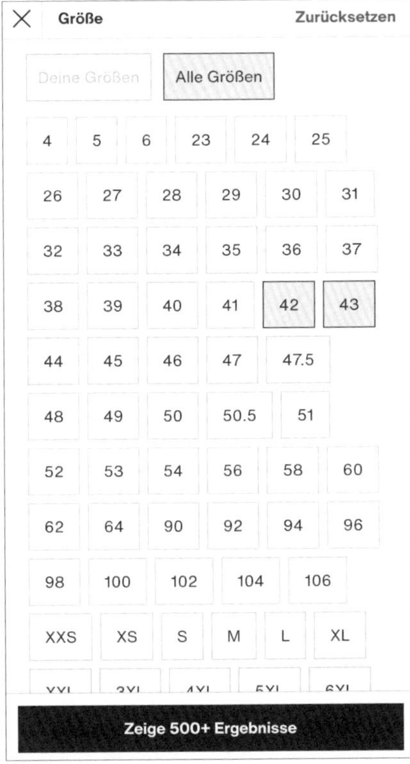

Abbildung 11.38 Größenauswahl auf vorgelagerter Ebene

5. **Sichtbarer Call-to-Action**
   Platzieren Sie Ihren Call-to-Action-Button gut sichtbar, also ziemlich zentral und relativ groß. In Abbildung 11.39 hebt sich der Button IN DEN WARENKORB als Call-to-Action deutlich vom Rest ab. Der Button sollte außerdem einfach per Daumen bedienbar sein.
6. **Direkte Eingabeprüfung**
   Überprüfen Sie die Eingaben, die Ihre User auf Ihrer mobilen Seite vornehmen, direkt auf Plausibilität. Verhindern Sie damit Fehleingaben, die später zu größeren Änderungen führen können. Eine umständliche Neueingabe verärgert vor allem den mobilen User, weil die Eingabe mehr Mühe verursacht, als dies zu Hause am PC der Fall ist.

7. **Keine externe Werbung**
   Verzichten Sie möglichst auf zusätzliche Werbung auf Ihrer Webseite, da dies den Besucher vom Wesentlichen ablenkt und bei beschränktem Platz nicht zur Übersichtlichkeit beiträgt.

Abbildung 11.39 Der Call-to-Action »In den Warenkorb« ist gut sichtbar platziert

8. **Abschluss auf anderen Geräte ermöglichen**
   Bieten Sie die Möglichkeit an, Produkte vorzumerken oder im sozialen Netzwerk zu teilen. Eingaben auf der mobilen Webseite sollte man speichern bzw. die Vorauswahl per E-Mail oder über andere Dienste verschicken können, sodass die Bestellung von einem anderen Gerät aus einfacher weiterbearbeitet werden kann. Viele Smartphone-User möchten z. B. keine Kreditkartendaten über ihr Telefon eingeben. Durch die Weitergabe der bereits eingestellten Daten besteht daher eine große Chance, dass der potenzielle Kunde Ihnen erhalten bleibt, weil er an anderer Stelle die Bestellung fortsetzen kann.
9. **Mobiler Daumen**
   Optimieren Sie Ihre mobilen Webseiten immer für den mobilen Daumen! Der *mobile Daumen* ist ein wichtiger Begriff im Zusammenhang mit mobilen Webseiten. Viele Aktionen auf Smartphones werden mit dem Daumen durchgeführt, während das Telefon locker in der Handfläche liegt. Beim Design Ihrer mobilen Website sollten Sie daher immer daran denken, dass wichtige Buttons oder Schaltflächen einfach per Daumentipp erreichbar sind. Das erhöht die Usability Ihrer mobilen Webseite und damit auch die Chancen auf viele Conversions.

Unser Tipp: Mobile Ausrichtung im Displaynetzwerk

Denken Sie daran, dass Sie auch für Ihre Kampagnen im Displaynetzwerk eine mobile Strategie nutzen, und testen Sie Ihre Displaykampagnen speziell mit einer Auslieferung für Mobilgeräte.

11.5 Statistiken zur mobilen Nutzung

Falls Sie wissen möchten, ob eine mobile Nutzung für Ihre Branche, Ihre Themen und Ihre Website interessant ist, können Sie sich zunächst mithilfe Ihres Webanalysetools einen Überblick über die mobile Nutzung Ihrer Website verschaffen. *Google Analytics* bietet beispielsweise eine Vielzahl interessanter Daten zu Endgeräten, Tageszeiten, Regionen sowie Interaktionsraten und der Anzahl der besuchten Webseiten.

Im Google-Analytics-Konto finden Sie unter NUTZER • TECHN. • TECHNOLOGIE-DETAILS einen Standardbericht (siehe Abbildung 11.40), der unter anderem die Interaktionsrate ❶, die Ereignisanzahl ❷ und die Anzahl der Schlüsselereignisse ❸ enthält. Nachdem Sie die GERÄTEKATEGORIE ❹ als Dimension gewählt haben, können Sie das Besuchsverhalten der Desktop-Geräte-Nutzer ❺ mit den »mobilen Nutzern« ❻ vergleichen.

❹ Gerätekategorie +	Sitzungen mit Interaktionen	Interaktionsrate ❶	Sitzungen mit Interaktionen pro Nutzer	Durchschnittliche Interaktionsdauer	Ereignisanzahl Alle Ereignisse ❷	Schlüsselereignisse Alle Ereignisse ❸
	2.688 Gesamtsumme	50,37 % Durchschn. 0 %	0,60 Durchschn. 0 %	1 m 02 s Durchschn. 0 %	26.309 100 % der Gesamtsumme	2.002,00 100 % der Gesamtsumme
1 desktop ❺	1.468	45,92 %	0,55	47 Sek.	15.809	1.199,00
2 mobile ❻	1.191	60,21 %	0,67	1 m 25 s	10.270	788,00
3 tablet	28	53,85 %	0,62	52 Sek.	230	15,00

Abbildung 11.40 Bericht zu »Gerätekategorien« in Google Analytics

Wenn Sie die *Google Search Console* nutzen, bietet diese Ihnen auch die Möglichkeit, unter den Leistungsdaten einen Vergleich ❶ zwischen verschiedenen Endgeräten wie Computer ❷ und Mobilgeräten ❸ durchzuführen (siehe Abbildung 11.41). Dort erhalten Sie für die organischen Suchergebnisse zum Typ Webseiten ❹ verschiedene Leistungsdaten wie Impressionen, Klicks ❺, CTR etc. Diese Berichte liefern Ihnen wertvolle Einblicke in die Bedeutung des mobilen Traffics für Ihre Marke und Ihre Produkte oder Dienstleistungen.

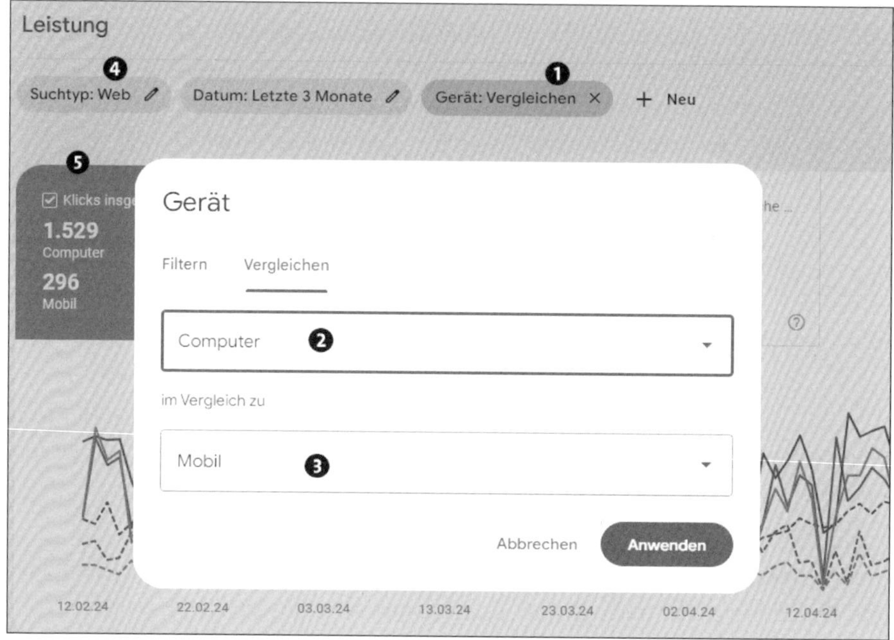

Abbildung 11.41 Traffic-Vergleich für unterschiedliche Geräte in der »Google Search Console«

Eine weitere interessante Statistik finden Sie in Ihrem Google-Ads-Konto unter den AUKTIONSDATEN. Die Auktionsdaten enthalten Benchmarks zu Ihren direkten Konkurrenten und können auf Kampagnen-, Anzeigengruppen- und Keyword-Ebene abgerufen werden. Für das Thema *Mobil* werden diese Auktionsdaten jedoch erst interessant, wenn Sie eine Segmentierung nach GERÄT einstellen. Denn anschließend können Sie eine gesonderte Analyse für die Auslieferung auf Smartphones durchführen (siehe Abbildung 11.42). Sie erkennen zum Beispiel dann, wo Ihre direkten Konkurrenten im mobilen Bereich gelistet sind. Als Spalten können Sie beispielsweise RATE FÜR OBERE POSITIONEN oder RATE FÜR OBERSTE POS. wählen. Somit können Sie erkennen, mit wie viel Prozent Sie bzw. Ihre Mitbewerber obere Positionen im gut sichtbaren Bereich bei der Auslieferung auf Mobilgeräten belegen.

Dieses Kapitel hat Ihnen die Möglichkeiten der mobilen Werbung gezeigt. Die mobile Nutzung ist kein zukünftiger Trend mehr, sondern entspricht der aktuellen Wirklichkeit. Es ist daher sehr wichtig, sich mit mobilen Werbekampagnen zu beschäftigen.

Sie kennen nun die Besonderheiten für mobile Kampagnen und haben sicher schon einige Ideen für unterschiedliche Strategien gesammelt Als SEA-Manager ist es wichtig, die Möglichkeiten für mobile Kampagnen voll auszuschöpfen und dabei die Besonderheiten wie die Ausrichtung auf Endgeräte, die Click-to-Call-Funktion und maßgeschneiderte Anzeigentexte zu berücksichtigen. Gleichzeitig darf die Optimierung der mobilen Webseiten nicht vernachlässigt werden. Gemeinsam mit Ihrem Webadministrator können Sie unsere Tipps nutzen, um Ihre mobilen Webseiten zu optimieren und so einen Wettbewerbsvorteil zu erlangen.

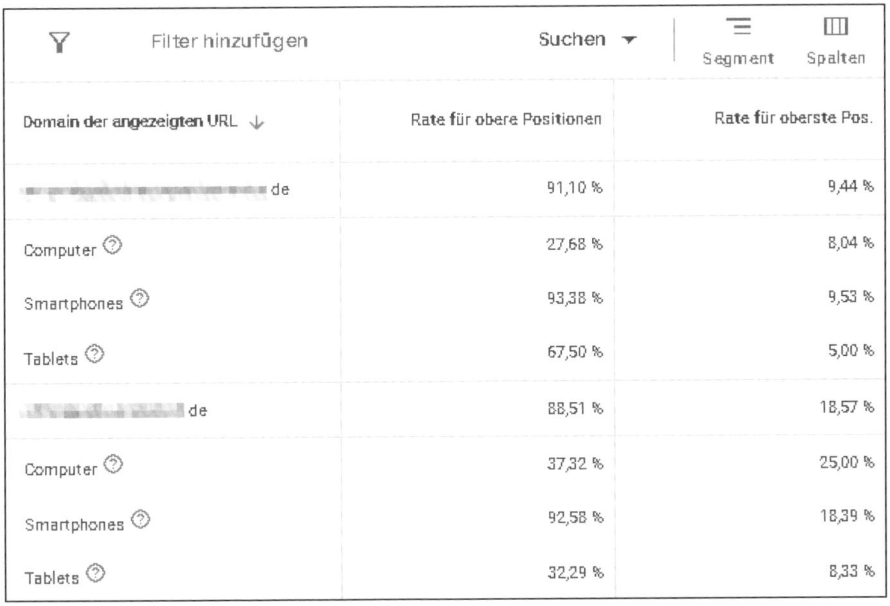

Filter hinzufügen | Suchen | Segment | Spalten

Domain der angezeigten URL ↓	Rate für obere Positionen	Rate für oberste Pos.
[illegible].de	91,10 %	9,44 %
Computer	27,68 %	8,04 %
Smartphones	93,38 %	9,53 %
Tablets	67,50 %	5,00 %
[illegible].de	88,51 %	18,57 %
Computer	37,32 %	25,00 %
Smartphones	92,58 %	18,39 %
Tablets	32,29 %	8,33 %

Abbildung 11.42 Benchmark nach Gerät unter »Auktionsdaten«

Ideen für mobile Kampagnen

- Erstellen Sie Suchkampagnen, die Sie speziell auf Smartphone-Nutzer in der Nähe Ihres Geschäfts ausrichten.
- Kommunizieren Sie besondere Angebote für Smartphone-Nutzer mithilfe eigener mobiler Textbausteine und einer individuellen mobilen Landingpage.
- Nutzen Sie *Anrufanzeigen* für beratungsintensive Dienstleistungen, damit potenzielle Kunden direkt bei Ihnen anrufen.
- Erstellen Sie eine eigene App zur Vertriebsunterstützung und bewerben Sie diese mit einer *App-Kampagne* vom Typ APP-INSTALLATIONEN.
- Bewerben Sie im zweiten Schritt dann die Interaktion mit der App, um weiter in Kontakt mit potenziellen Kunden zu bleiben.

11.6 Checkliste

Sie möchten eine mobile Kampagne erstellen? Haben Sie an Folgendes gedacht?

Wichtige Punkte zur Erstellung einer mobilen Google-Ads-Kampagne	**OK (☑)**
Listen Sie Ihre Produkte bzw. Dienstleistungen auf, die für mobile Nutzer interessant sind.	
Bestimmen Sie Ihre mobile Zielgruppe.	
Recherchieren Sie Keywords zu mobilen Nutzern.	
Texten Sie spezielle Textbausteine für die mobile Kampagne.	
Texten Sie spezielle mobile Sitelinks.	
Überlegen Sie, ob und wann direkte Telefonkontakte für Ihre Werbung Sinn ergeben.	
Optimieren Sie Ihre mobilen Webseiten bzw. Landingpages.	

Tabelle 11.1 Mobile Google-Ads-Kampagne – Checkliste

Kapitel 12
Navigation im Google-Ads-Konto

Kampagnen, Empfehlungen, Bibliothek und mehr: Das Google-Ads-Konto ist komplex, denn es besitzt verschiedene Menüpunkte und versteckte Bereiche. Manche Menü- oder Unterpunkte benötigen Sie öfter, andere weniger oft oder gar nicht. Verschaffen Sie sich einen Überblick, damit die vielfältigen Navigationspunkte im Google-Ads-Konto ihren Schrecken verlieren – und damit Sie in Zukunft schnell den passenden Menüpunkt finden.

In diesem Kapitel möchten wir Sie kurz durch das Google-Ads-Konto führen, damit Sie einen Überblick über die verschiedenen Navigationsmöglichkeiten erhalten. Wir schauen uns gemeinsam die wichtigsten Navigationspunkte an und besprechen vor allem die Grundeinstellungen zu Kontonutzern, Kontoverwaltung und Kontoabrechnung.

Google hat im Jahr 2023 das Design und die Aufteilung des Google-Ads-Kontos grundlegend überarbeitet. Sofern Sie in der Vergangenheit bereits mit Google Ads gearbeitet haben, haben Sie danach einen gravierenden Unterschied in der Benutzeroberfläche feststellen können. Google arbeitet fortwährend an der Benutzeroberfläche. Das bedeutet, dass sich gegebenenfalls an der einen oder anderen Stelle immer wieder geringfügig etwas an der Optik ändern kann. Grundlegende Veränderungen am neuen Design sind allerdings nicht zu erwarten, sodass Sie sich anhand der hier abgebildeten Screenshots gut in Ihrem Google-Ads-Konto zurechtfinden werden.

Unter *https://support.google.com/google-ads/announcements/9048695?hl=de&sjid=15690767186844466956-EU* liefert Google eine Übersicht, wann welche neuen Funktionen in Google Ads aktualisiert wurden.

12.1 Die Google-Ads-Struktur

Nachdem Sie sich in ein Google-Ads-Konto eingeloggt haben, das bereits mindestens eine Kampagne enthält, sehen Sie zunächst die Startseite (siehe Abbildung 12.1). Sie liefert Ihnen eine Übersicht über die wesentlichen Kennzahlen sowie Kampagnen und Veränderungen Ihres Google-Ads-Kontos.

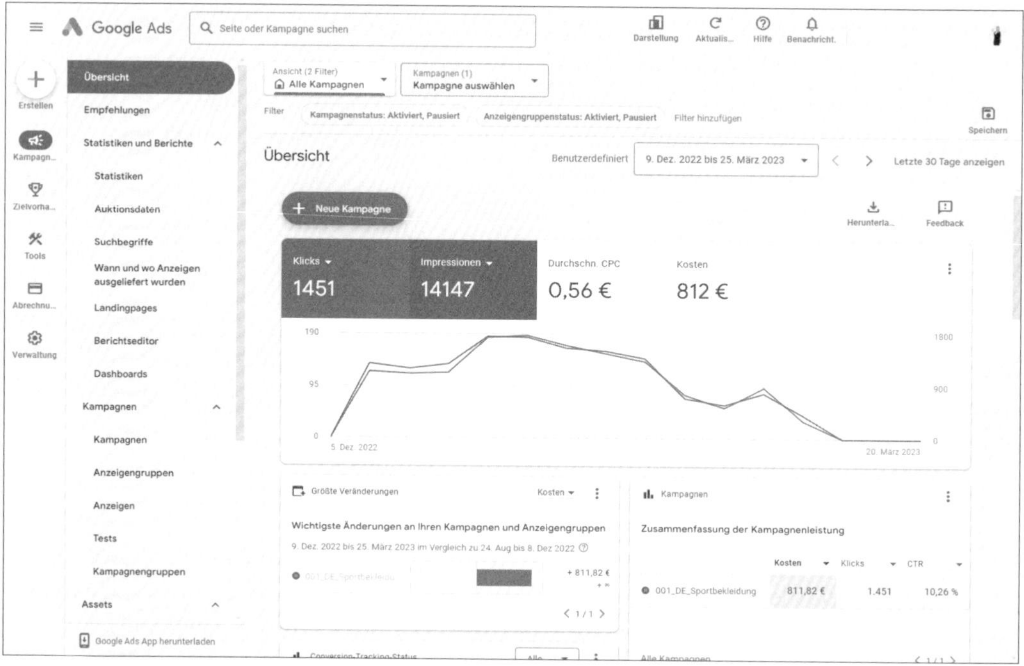

Abbildung 12.1 Die Einstiegsseite des Google-Ads-Kontos

Die Struktur der Navigation wurde überarbeitet, sodass es nun eine einheitliche Seitennavigation am linken Rand gibt, die das *Hauptmenü* darstellt. Darüber hinaus lässt sich eine zweite Ebene pro Hauptmenüpunkt ausklappen. Google nennt diese Ebene *Abschnittsmenü*. Im Vergleich zur vorherigen Version, in der die vertikale Navigationsleiste die Konto- und Kampagnenstruktur darstellte, sind nun fünf übergeordnete Kategorien sichtbar. Diese Kategorien gruppieren die bisherigen Menüpunkte entsprechend den verwandten Aufgaben.

In der oberen Leiste, die zuvor verschiedene Menüpunkte beinhaltete, sind nun hauptsächlich funktionsorientierte Optionen wie die Suche sowie BENACHRICHTIGUNGEN und AKTUALISIEREN verfügbar.

Die frühere horizontale Navigationsleiste, die zuvor Kampagnengruppen ordnete, wird nun als *Filterleiste* bezeichnet. Sie enthält lediglich die Filteroptionen für Kampagnen und Anzeigengruppen. Zusätzlich zur Filterleiste gibt es jetzt auch eine Schaltfläche ERSTELLEN, über die Sie direkt zur Erstellung von Kampagnen, Anzeigengruppen und Keywords gelangen können.

Die wichtigsten Bereiche werden wir Ihnen nun etwas näher vorstellen. Beginnen wir mit dem Hauptmenü.

12.1.1 Das Hauptmenü – die erste Navigationsebene

Viele Google-Ads-Nutzer, die in einem großen Konto mit vielen Kampagnen und Anzeigengruppen einen schnellen Überblick erhalten möchten, klicken zunächst auf den Filter ALLE KAMPAGNEN ❶. Da Google Ads nun alle Kampagnen einblendet, haben Sie von diesem Startpunkt aus einen Überblick über Ihr Konto. Über KAMPAGNEN • KAMPAGNEN finden Sie alle Kampagnen, die Sie im Laufe der Zeit angelegt haben, und können zu Anzeigengruppen, Anzeigentexten, Keywords etc. wechseln. Dabei sind die Kampagnen nach den jeweiligen Kampagnentypen gruppiert und mit einem entsprechenden Icon gekennzeichnet. Der helle Filterbereich füllt sich also erst im Laufe Ihrer Arbeit mit dem Google-Ads-Konto, wenn Sie mehrere Kampagnen mit unterschiedlichen Kampagnentypen anlegen (siehe Abbildung 12.2).

12

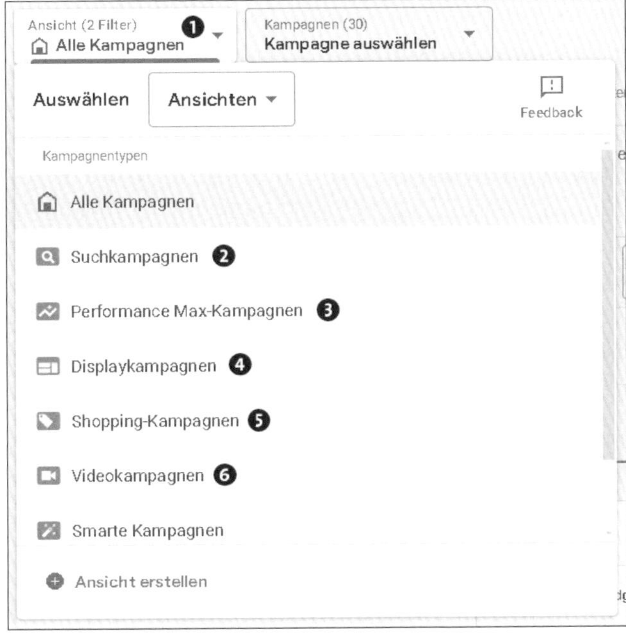

Abbildung 12.2 Filter »Alle Kampagnen«

Die verschiedenen Kampagnentypen

- Suchkampagnen ❷
- Performance Max-Kampagnen ❸
- Displaykampagnen ❹
- Shopping-Kampagnen ❺
- Videokampagnen ❻
- App-Kampagnen
- Smarte Kampagnen
- Demand Gen-Kampagnen

Google-Ads-Kampagnengruppen

Mit den Kampagnengruppen stellt Google eine Funktion zur Verfügung, mit der Sie Ihre Kampagnen besser im Blick behalten können. Sie können mit Kampagnengruppen mehrere Kampagnen gruppieren, die ähnliche Leistungsziele haben. Kampagnengruppen können eine beliebige Kombination aus Shopping-, Display- und Videokampagnen sowie Suchnetzwerk-Kampagnen umfassen. Jede Kampagne kann jeweils nur zu einer Kampagnengruppe gehören. Weitere Informationen dazu finden Sie in der Google-Hilfe unter *https://support.google.com/google-ads/answer/6393407?hl=de.*

Die Filter »Kampagnenstatus« und »Anzeigengruppenstatus«

Über die Filterleiste erreichen Sie den KAMPAGNENSTATUS ❶. Hier stellen Sie ein, was Sie in Ihrer Kampagnenübersicht sehen wollen. Die Möglichkeit der selektiven Ansicht wird im Verlauf Ihrer Arbeit mit dem Google-Ads-Konto zusehends wichtiger, sobald Sie viele verschiedene Kampagnen angelegt haben. Dann kann die Tabelle für die Kampagnen schnell recht voll und komplex werden. Deshalb ist es gut, bestimmte Dinge ausblenden zu können, damit Sie weiterhin den Überblick behalten. So können Sie also entscheiden, ob Sie ALLE Kampagnen ❷, die Kampagnen AKTIVIERT ❸, AKTIVIERT, PAUSIERT ❹ oder analog dazu auch den ANZEIGENGRUPPENSTATUS ❺ sehen wollen.

In der Filterleiste werden Ihnen alle aktiven Filter angezeigt. In der Kampagnentabelle sehen Sie den entsprechenden gefilterten Status in einer separaten Spalte für jede Kampagne.

Abbildung 12.3 Die Filter »Kampagnenstatus«

Verwaltungselemente des Google-Ads-Kontos

In der oberen Leiste (siehe Abbildung 12.1) finden Sie von links nach rechts angeordnet folgende Verwaltungselemente:

- Ein Suchfeld, das Ihnen ermöglicht, Seiten und Kampagnen schnell zu finden. Mit diesem Suchfeld können Sie direkt auf Menüpunkte in den Unterseiten zugreifen, indem Sie einfach den Namen eingeben, ohne sich durch die Navigation klicken zu müssen. Diese Funktion ist besonders nützlich, um nach Funktionen aus früheren Versionen von Google Ads zu suchen oder um gespeicherte Kampagnen aufzugreifen, wenn Sie diese von hier aus bearbeiten oder erneut aufrufen möchten.
- Ein Fragezeichen für die Google-Ads-Hilfe, wo Sie unter anderem unter dem Menüpunkt INTERAKTIVE ANLEITUNGEN mehr über die Verwendung der neuen Google-Ads-Oberfläche und ihre Funktionen erfahren. Außerdem haben Sie die Möglichkeit, den weltweiten Google-Telefonsupport in Anspruch zu nehmen.
- Eine Glocke, hinter der sich aktuelle Benachrichtigungen verbergen.

Im linken Hauptmenü sehen Sie nun die Verwaltungselemente TOOLS, ABRECHNUNG und VERWALTUNG. Vor der letzten Google-Ads-Aktualisierung waren diese weitgehend im horizontalen Navigationsbereich zu finden. Diese werden in Abschnitt 12.3, »Tools und die Verwaltung des Google-Ads-Kontos«, näher erläutert.

Der Google-Telefonsupport

Während es früher schwierig war, Ansprechpartner bei Google zu erreichen, klappt dies mittlerweile sehr gut.

Google-Telefonsupport

Google verbirgt zum Teil die Telefonnummer des Supports und möchte Anfragen lieber online über Foren oder die Hilfeseite lösen. Sollten Sie also über das Fragezeichen für die Google-Hilfe keine Telefonnummer angezeigt bekommen, haben Sie hier die letzten aktuellen Supportnummern als Anhaltspunkt für den Telefonsupport (Mo.–Fr., 9–13 Uhr):

- Deutschland: 08005894011
- Österreich: 0800080509
- Schweiz: 0800002343

Falls Sie also einmal ein Problem haben, sollten Sie sich nicht scheuen, den direkten Kontakt zu suchen. Bitte bedenken Sie jedoch, dass Ihnen die Google-Mitarbeiter eher bei technischen Fragestellungen helfen können. Bei folgenden Punkten sollten Sie auf Ihr eigenes Wissen vertrauen:

- spezielle Strategien zu Ihrem Geschäftsmodell
- Analyse Ihrer Konkurrenz
- Auswahl passender Keywords zu Ihren Produkten/Dienstleistungen
- Optimierung Ihrer Landingpage mit Bezug zu Ihren Anzeigen
- Auswahl der passenden Google-Ads-Kampagnen

Bedenken Sie immer, dass Sie der Experte für Ihr Unternehmen sind!

12.1.2 Das Abschnittsmenü – die zweite Navigationsebene

Je nachdem, welches Element Sie in der primären Navigation bzw. im Hauptmenü auswählen, ändern sich die Inhalte des Seitenmenüs im hellen Fenster rechts.

Mit einem Klick auf eine konkrete Kampagne (in unserem Beispiel *Demand Gen – Solaranlagen* ❶) bietet die Kampagne in der Filterleiste die zugehörigen Anzeigengruppen ❷ an. Im Abschnittsmenü sehen Sie das dazugehörige detaillierte Seitenmenü ❸ sowie die Übersicht ❹ zu Ihrer gewählten Kampagne (siehe Abbildung 12.4).

In der Übersichtsgrafik können Sie über die drei Punkte ❺ am oberen rechten Rand die Ansicht für die Zeiteinheit bestimmen und durch Anklicken der vier Messkriterien IMPRESSIONEN, KOSTEN, INTERAKTIONEN, INTERAKTIONSRATE ❻ wählen, welche Angaben grafisch dargestellt werden sollen.

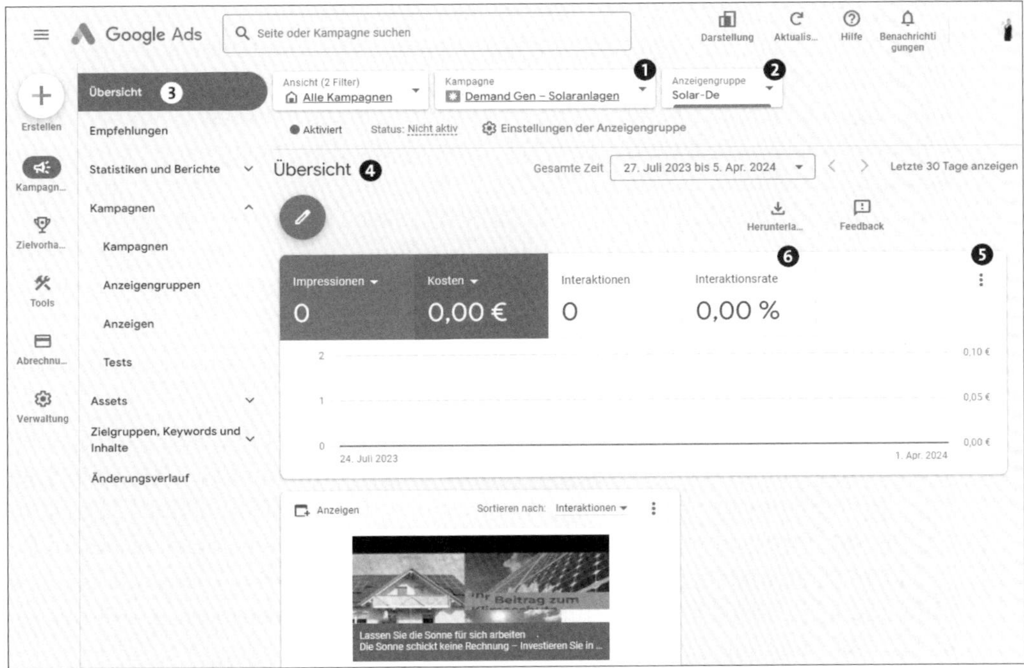

Abbildung 12.4 Ansicht einer konkreten Kampagne mit Anzeigengruppen

Wenn Sie in dem Abschnittsmenü auf ANZEIGENGRUPPEN ❶ klicken, sehen Sie nun alle zu Ihrer Kampagne gehörenden Anzeigengruppen mit Angaben zu Anzeigengruppe, Status, Durchschn. CPC etc. Die Darstellung der einzelnen Spalten können Sie zusätzlich individuell anpassen, indem Sie die Symbole am oberen rechten Rand der Tabelle nutzen (siehe Abbildung 12.5). Diese Anpassungen bieten Ihnen abermals die Möglichkeit, die umfangreichen Informationen, die Ihr Google-Ads-Konto liefert, genau an Ihre Bedürfnisse anzupassen, damit Sie den Überblick behalten.

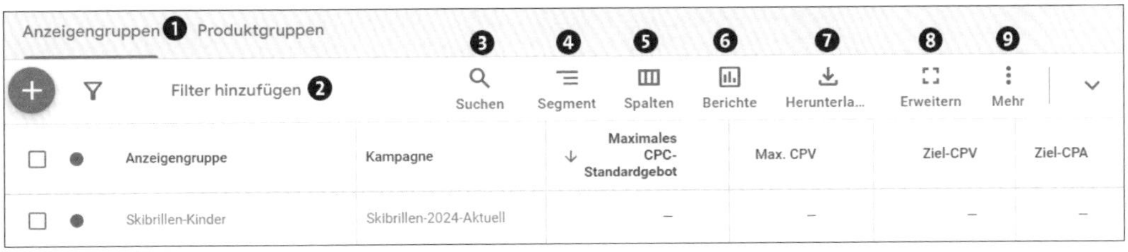

Anzeigengruppen ❶ Produktgruppen

Filter hinzufügen ❷ | ❸ Suchen | ❹ Segment | ❺ Spalten | ❻ Berichte | ❼ Herunterla... | ❽ Erweitern | ❾ Mehr

		Anzeigengruppe	Kampagne	Maximales CPC-Standardgebot	Max. CPV	Ziel-CPV	Ziel-CPA
☐	●	Skibrillen-Kinder	Skibrillen-2024-Aktuell	–	–	–	–

Abbildung 12.5 Optionen und Anpassungen für vorhandene Statistiken

Zunächst haben Sie die Möglichkeit, die Anzeigengruppen nach bestimmten Kriterien zu filtern ❷, sofern Sie mehrere Anzeigengruppen in der Liste darunter sehen. Daneben können Sie mit der Option SUCHEN ❸ konkrete einzelne Anzeigengruppen suchen. Mit der Option SEGMENT ❹ können Sie die Daten der Tabelle nach einer Dimension segmentieren, z. B. nach der Zeit oder dem Gerät, auf dem die Anzeige ausgespielt wurde. Mit der Option SPALTEN ❺ legen Sie fest, welche Spalten in der Tabelle angezeigt werden. Unter BERICHTE ❻ können Sie sich diverse Details ansehen, z. B. zu welcher Tageszeit Ihre CTR (*Click-Through-Rate*) am höchsten ist. Sie können sämtliche Berichte auch exportieren. Dazu stehen Ihnen unter HERUNTERLADEN ❼ verschiedene Formate zur Verfügung. Die Schaltfläche ERWEITERN ❽ vergrößert das Anzeigefenster für eine bessere Übersicht. Das Dreipunkt-Menü ❾ enthält weitergehende Optionen, wie unter anderem das Einfügen von kopierten Inhalten oder das Hochladen von Daten.

Spalten definieren

Nach einem Klick auf SPALTEN (❺ Abbildung 12.5) können Sie die angezeigten Spalten anpassen. Diese Funktion steht Ihnen bei den meisten Menüpunkten des Seitenmenüs zur Verfügung. In dem Fenster, das sich nun öffnet (siehe Abbildung 12.6), können Sie sich Ihre Spalten mit Leistungsdaten zusammenstellen. Meistens liefern Ihnen kleine Statistiktabellen schneller den gewünschten Überblick als umfangreiche Datenmengen. Über die Bearbeitung der Spalten können Sie beispielsweise die dargestellten Informationen reduzieren.

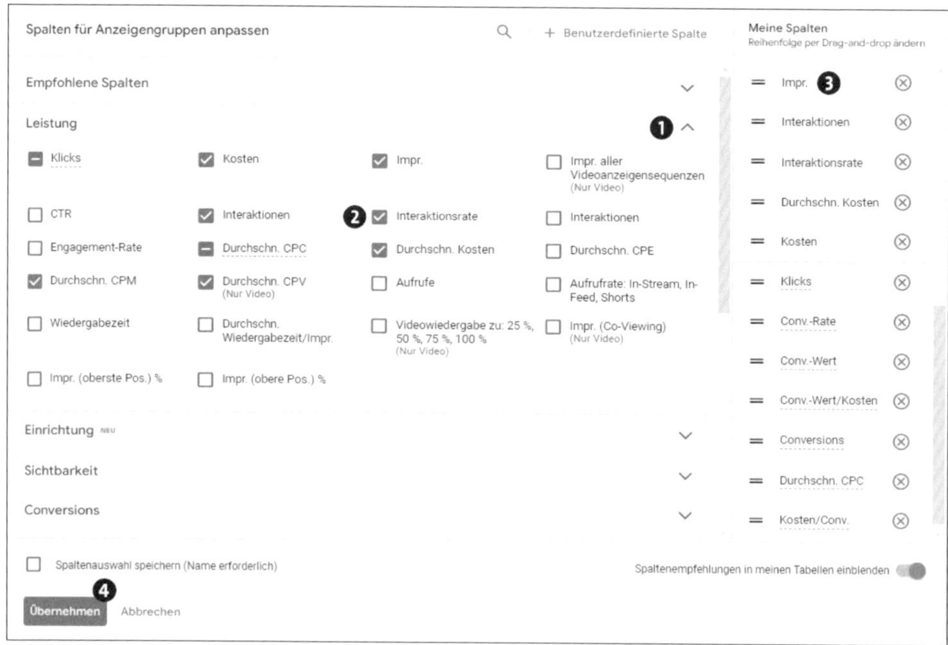

Abbildung 12.6 Spalten zu den gespeicherten Berichten anpassen

Die auswählbaren Spalten sind noch einmal nach übergeordneten Themen gruppiert, z. B. LEISTUNG. Klicken Sie einfach auf den Pfeil ❶ rechts bei der Gruppierung, um weitere Spalten per Haken an- oder abzuwählen ❷. Am rechten Rand des Fensters können Sie zusätzlich per Drag-and-drop ❸ die Reihenfolge der angezeigten Spalten bestimmen. Ihre Auswahl bestätigen Sie per Klick auf ÜBERNEHMEN ❹.

12.1.3 Detailansicht der Kampagnen

Über die Elemente des Seitenmenüs gelangen Sie in die jeweilige Detailansicht Ihrer Kampagnenelemente, wo Sie Änderungen und/oder Ergänzungen vornehmen können. Dabei fügen Sie in jeder Ansicht neue Elemente (also z. B. neue Keywords oder neue Anzeigen) über das Symbol ⊕ ❶ hinzu. Änderungen nehmen Sie vor, indem Sie auf das Stiftsymbol ❷ klicken (siehe Abbildung 12.7).

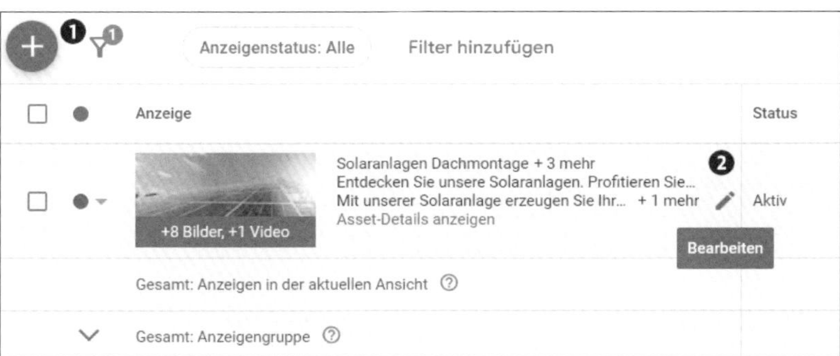

Abbildung 12.7 Ergänzungen und Änderungen vornehmen

12.2 Empfehlungen: Google macht Vorschläge

In einem Google-Ads-Konto gibt es in Bezug auf Kampagnen, das Budget, Keywords etc. immer etwas zu verbessern bzw. zu optimieren. Unter dem Menüpunkt EMPFEHLUNGEN im Abschnittsmenü (siehe Abbildung 12.8) finden Sie die Google-Vorschläge dazu. Diese sollten Sie sich regelmäßig anschauen, aber nicht einfach kritiklos übernehmen.

Denken Sie immer daran, dass Google Ads letztlich nur ein Programm ist, das anhand von Daten die sogenannten Chancen (z. B. mehr Besucher zu generieren) erkennen kann. Sie müssen jedoch immer noch selbst analysieren, ob Ihnen das Mehr an Besuchern auch ein Mehr an Umsatz beschert. Sie wissen sicherlich stets besser als das Google-Ads-System, welche Keywords letztlich die Kunden generieren, die Sie benötigen.

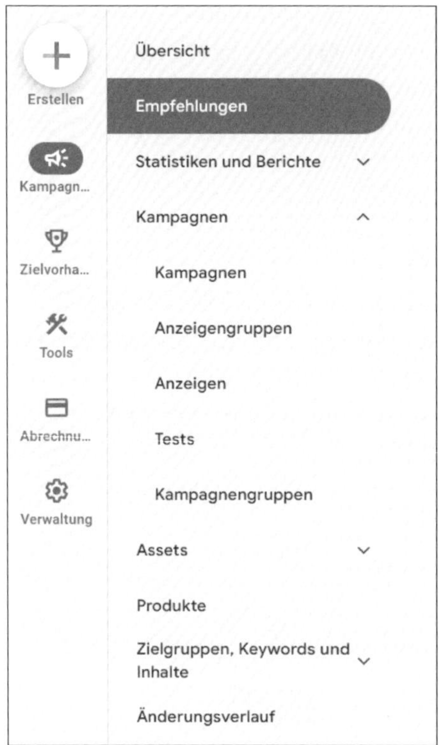

Abbildung 12.8 Im Abschnittsmenü mit aktivem Tab »Empfehlungen«

So arbeiten Sie am besten mit Google-Ads-Vorschlägen

Klicken Sie zunächst auf den Navigationspunkt EMPFEHLUNGEN. Nun werden Ihnen die einzelnen Empfehlungen für Ihr Konto angezeigt. Sie können sich zu jedem Empfehlungstyp durch Klick auf EMPFEHLUNG ANZEIGEN weitere Details anzeigen lassen bzw. die Empfehlung durch Klick auf ÜBERNEHMEN akzeptieren.

Sie sollten allerdings nicht ungeprüft alle Vorschläge der Empfehlungen übernehmen. So schlägt Google beispielsweise immer die optimierte Anzeigenrotation als Empfehlung vor. In den vorangegangenen Kapiteln haben Sie hingegen gelernt, dass Sie gerade für eine neu angelegte Kampagne eben diese Funktion zunächst deaktivieren sollten. Denn sonst würde Google zu früh mit der Automatisierung beginnen, also bevor genügend Daten vorhanden sind. Über die drei vertikalen Punkte können Sie zum jeweiligen Empfehlungstyp ALLE LÖSCHEN wählen, sofern Sie diese Empfehlung nicht umsetzen möchten. Außerdem können Sie hier die Empfehlungen als Excel-CSV-Datei herunterladen, um sie zu einem späteren Zeitpunkt noch einmal in Ruhe in Ihrer Excel-Tabelle durchzugehen.

Bitte beachten Sie, dass ein Klick auf ALLE ABLEHNEN die Vorschläge nach einer zusätzlichen Sicherheitsabfrage entfernt. Diese Empfehlungen werden danach unter dem Filter ABGELEHNT ❶ angezeigt (siehe Abbildung 12.9). Falls Sie die Vorschläge also zunächst nicht übernehmen, sie aber zu einem späteren Zeitpunkt noch einmal genauer anschauen möchten, sollten Sie die Vorschläge stehen lassen oder herunterladen.

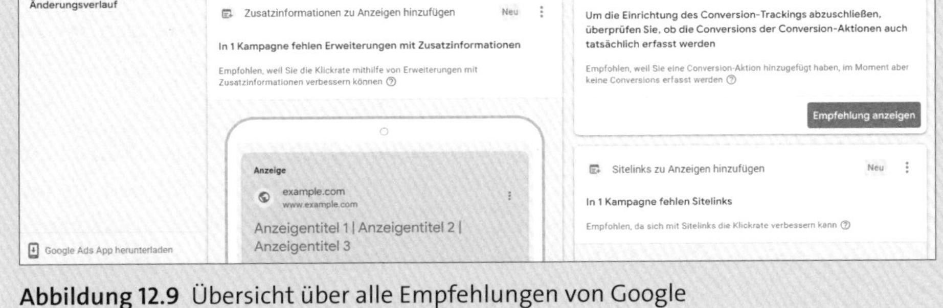

Abbildung 12.9 Übersicht über alle Empfehlungen von Google

Wir möchten Ihnen nun einige Beispiele vorstellen, wobei wir sicherlich nicht alle Möglichkeiten zeigen können. Es gibt ganz unterschiedliche Ideen zu Empfehlungen, und die Google-Ads-Programmierer kreieren auch immer wieder neue Varianten zu diesem Thema. Die folgenden drei Abschnitte enthalten also eine kleine Auswahl typischer Vorschläge, die Google Ads als neue Chancen für Ihre Werbung präsentiert.

12.2.1 Vorschläge zu neuen, relevanten Anzeigengruppen

Bei unserem ersten Beispiel schlägt Google Ads vor, neue Anzeigengruppen anzulegen, die besser auf die Keywords abgestimmt sind und somit themenrelevantere Anzeigen zu den Keywords je Anzeigengruppe liefern.

Dies ist ein interessanter Vorschlag, denn kleinere und somit relevantere Anzeigengruppen bringen Ihnen grundsätzlich Vorteile, wie wir in Kapitel 16, »Google Ads optimieren«, noch ausführlicher erläutern werden. Bei jeder Empfehlung haben Sie die Möglichkeit, sie mit dem Button ÜBERNEHMEN sofort in Ihrem Google-Ads-Konto zu aktivieren oder sich zunächst über EMPFEHLUNG ANZEIGEN weitere Details anzuschauen.

Die automatische Funktion ÜBERNEHMEN ist zwar sehr praktisch, aber nicht zu empfehlen, da Sie – wie immer, wenn es einfach wird – keine Kontrolle über die Änderungen besitzen. Klicken Sie also auf EMPFEHLUNG ANZEIGEN, um die Keywords der neuen Anzeigengruppe aktiv aus- bzw. abzuwählen. Außerdem besteht hier die Möglichkeit, eine neue und somit passende Textanzeige für die neue Anzeigengruppe zu erstellen. Danach können Sie den Vorschlag mit Ihren individuellen Anpassungen übernehmen.

12.2.2 Vorschläge zu neuen Keywords

Das Google-Ads-System liefert Ihnen hier wie auch an anderer Stelle immer wieder Vorschläge für neue Keyword-Optionen. Sie finden solche Keyword-Vorschläge zum Beispiel auch, wenn Sie selbst neue Keywords zu einer Anzeigengruppe hinzufügen möchten.

Vor allem bei den Keyword-Vorschlägen sollten Sie jedoch sehr kritisch hinschauen und wirklich nur interessante und passende Ideen übernehmen. Klicken Sie auch hier zur genaueren Analyse der Vorschläge auf den Button EMPFEHLUNG ANZEIGEN. Sie können dann zum einen die Keywords aktiv aus den Vorschlägen auswählen, zum anderen können Sie aber auch die Anzeigengruppe bestimmen, in die die Keywords übernommen werden sollen.

Denn die Keywords müssen nicht in die vorgeschlagene neue Gruppe eingestellt werden, Sie können über eine Auswahl auch eine bestehende Anzeigengruppe wählen. Google schlägt Ihnen weitere Möglichkeiten vor, wie Sie mit Keywords Geld sparen können, und zwar indem Sie leistungsschwache Keywords pausieren lassen bzw. weitere auszuschließende Keywords hinzufügen.

12.2.3 Vorschläge zu Geboten für obere Positionen

Bei den Geboten für obere Positionen sollten Sie wieder ein wenig vorsichtiger sein. Richtig ist, dass Gebote oberhalb der organischen Suchergebnisse in den ersten vier Google-Ads-Positionen, den sogenannten *Top-Positionen*, immer mehr Aufmerksamkeit erzielen und auch mehr Besucher bringen.

Aber auch hier gilt es, wie bei den Keywords, genau zu analysieren, ob Sie dadurch auch mehr Umsatz generieren können. Falls dies der Fall ist und Ihre Google-Ads-Kampagnen auf den ersten Plätzen bessere Ergebnisse erzielen, ist es durchaus sinnvoll, für wichtige Keywords die Gebote für obere Positionen zu verwenden. Mithilfe dieser Gebote erscheinen Ihre Anzeigen zu den jeweiligen Keywords auf einem der ersten drei Plätze.

Bedenken Sie jedoch auch, dass die Erhöhung der Gebote über die Empfehlungen eine einmalige Anpassung ist, sodass sich die Keyword-Positionen je nach Konkurrenz und Klickverhalten auch wieder ändern können. Es gibt jedoch auch Einstellungsmöglichkeiten im Google-Ads-Konto, um ständig flexibel auf Änderungen zu reagieren und somit Ihre Gebote laufend anzupassen. Mehr dazu erfahren Sie in Abschnitt 17.3, »Google Ads arbeiten lassen – automatisierte Regeln«.

Abschließend möchten wir nochmals darauf hinweisen, dass die Empfehlungen von Google sicher ein hilfreiches Tool sind, Sie allerdings immer kritisch prüfen sollten, inwieweit die Vorschläge für Ihre Webseite relevant und sinnvoll erscheinen. Es empfiehlt sich an dieser Stelle nicht, die Empfehlungen einfach unreflektiert zu übernehmen, denn – wie wir schon gesagt haben – ein Algorithmus von Google kann nicht Ihren gesunden Menschenverstand ersetzen.

12.3 Tools und die Verwaltung des Google-Ads-Kontos

Die Verwaltung des Google-Ads-Kontos hat Google in verschiedene Menüpunkte des Hauptmenüs aufgeteilt (siehe Abbildung 12.10). Wir werden Ihnen nun die wichtigsten Unterpunkte zur Verwaltung Ihres Kontos kurz vorstellen.

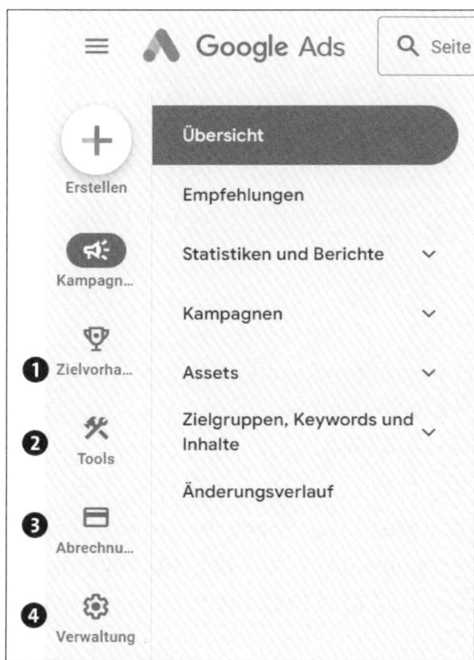

Abbildung 12.10 Hauptmenü zur Verwaltung des Google-Ads-Kontos

12.3.1 Zielvorhaben

Unter ZIELVORHABEN finden Sie zwei wichtige Punkte: zum einen die CONVERSIONS und zum anderen die MESSUNG.

Die Funktion des Unterpunkts CONVERSIONS haben wir bereits in Abschnitt 2.6.3, »Conversions = die Ziele Ihres Online-Marketings«, und Abschnitt 2.6.4, »Conversions in Google Ads erstellen«, besprochen, und wir werden zusätzlich in Abschnitt 13.2, »Conversions und Attribution«, auf dieses wichtige Thema näher eingehen. Auf den Punkt ATTRIBUTION, der sich unter MESSUNG befindet, gehen wir ebenfalls detailliert in Abschnitt 13.2 ein.

12.3.2 Tools

Unter TOOLS finden Sie acht verschiedenen Punkte zu Ihrem Google-Ads-Konto unter den Menüpunkten mit folgenden Bezeichnungen:

- PLANUNG
- GEMEINSAM GENUTZTE BIBLIOTHEK
- EIGNUNG DER INHALTE
- DATA MANAGER
- FEHLERBEHEBUNG
- BULK-AKTIONEN
- BUDGETS UND GEBOTE
- GESCHÄFTSDATEN

Die wichtigsten Menüpunkte und deren Unterpunkte erläutern wir in den folgenden Abschnitten.

Planung

Unter PLANUNG finden Sie einen sehr wichtigen Punkt, und zwar den KEYWORD-PLANER, den wir bereits in Abschnitt 2.7.1 besprochen haben.

Gemeinsam genutzte Bibliothek

In der gemeinsam genutzten Bibliothek finden Sie unterschiedliche Listen oder Einstellungen, die von mehreren Kampagnen gemeinsam verwendet werden können. Das Anlegen dieser gemeinsam genutzten Listen oder Einstellungen läuft dabei meistens nach einem ähnlichen Schema ab.

Eine Ausnahme bildet hier der Unterpunkt ZIELGRUPPENVERWALTUNG, der für das sogenannte Remarketing genutzt wird. Zum Thema Retargeting/Remarketing finden Sie mehr in Kapitel 8, »Retargeting und Remarketing«.

Unter dem Unterpunkt AUSSCHLUSSLISTEN können Sie Listen aufbauen, z. B. für gemeinsame LISTEN MIT AUSZUSCHLIESSENDEN KEYWORDS. Wenn Sie eine Gruppe oder Liste per Klick auswählen, können Sie diese weiterbearbeiten.

Über den Unterpunkt PLACEMENT-AUSSCHLUSSLISTEN können Sie bestimmte Placements im Google Displaynetzwerk ausschließen, wenn Ihre Anzeigen dort nicht zu sehen sein sollen, z. B. Websites oder Domains, die für Ihr Unternehmen ungeeignet sind und nicht zum Verkauf Ihrer Produkte oder Dienstleistungen beitragen.

Eine erstellte Liste kann einer oder mehreren Kampagnen zugeordnet werden oder, einmal erstellt, für mehrere Kampagnen genutzt werden – aus diesem Kontext stammt die Bezeichnung der »gemeinsam genutzten Bibliothek«. Diese Liste und die Gruppen sollten Sie auf jeden Fall nutzen, weil Sie durch die Mehrfachnutzung in verschiedenen Kampagnen insgesamt Arbeitszeit einsparen.

Fehlerbehebung

Unter FEHLERBEHEBUNG finden Sie zum einen die ANZEIGENVORSCHAU UND -DIAGNOSE, auf die wir in Abschnitt 13.1.2 näher eingehen werden, und zum anderen den RICHTLINIENMANAGER. Hier werden mögliche RICHTLINIENVERSTÖSSE in Ihrem Google-Ads-Konto aufgelistet. Dabei wird Ihnen angegeben, wo genau sich der Verstoß befindet. Sofern Sie gegen einen Richtlinienverstoß bei Google Einspruch erheben, können Sie diesen unter EINSPRUCHSVERLAUF einsehen. Es empfiehlt sich, Richtlinienverstöße möglichst umgehend zu beheben, um der Performance Ihres Google-Ads-Kontos nicht zu schaden.

Data Manager

Das Google-Ads-Konto können Sie mit anderen Google-Produkten und weiteren Produkten von Drittanbietern verknüpfen, damit Daten aus den anderen Anwendungen in die Google-Ads-Berichte eingebunden werden können. Unter dem Unterpunkt DATA MANAGER sehen Sie die Möglichkeiten der Verknüpfung mit anderen Datenquellen (siehe Abbildung 12.11).

Aktuell stehen folgende Produkte zur Wahl:

- *Google Analytics (GA4) & Firebase*
- *Search Console*
- *Google Play*
- *Google Business Profile*

- *Things to Do Center*
- *Google Hotel Center*
- *Ads Data Hub*
- *Ads Creative Studio*
- *Amazon Redshift*
- *Amazon S3*
- *Google BigQuery*
- *Google Cloud Storage*
- *HTTPS*
- *MySQL*
- *PostgreSQL*
- *Salesforce*
- *SFTP*
- *Snowflake*
- *Third-party app analytics*
- *Google Merchant Center*
- *YouTube*

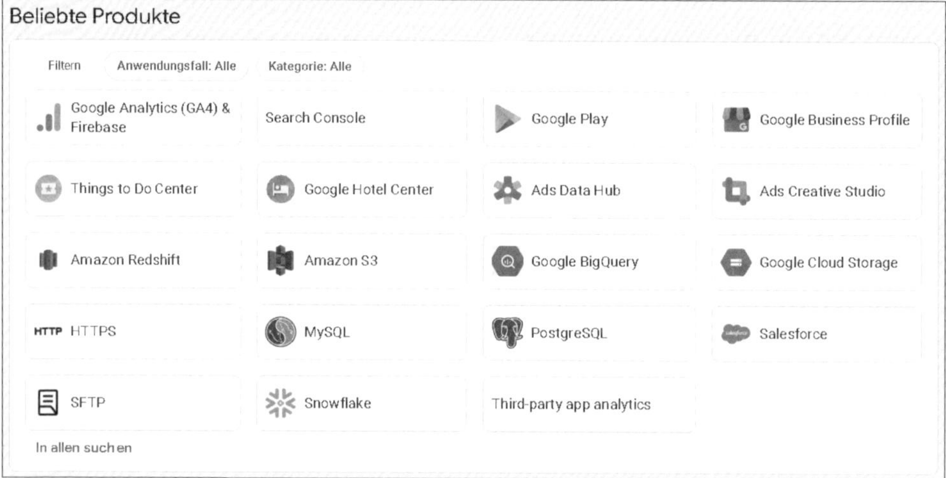

Abbildung 12.11 Verknüpfung mit anderen Datenquellen von Google oder Drittanbietern

Bulk-Aktionen

Das Wort *Bulk* stammt aus dem Englischen und bedeutet übersetzt »Masse« oder »große Menge«. Unter dem Begriff *Bulk-Aktionen* fasst Google verschiedene Funktionen zusammen, die sich auf die Änderung von größeren Datenmengen im Konto beziehen. Mit Bulk-Aktionen können Sie gleichzeitig mehrere Elemente (Kampagnen, Anzeigengruppen, Keywords oder Textanzeigen) bearbeiten.

Als Unterpunkt finden Sie hier zum einen die REGELN. Hier können Sie Regeln hinterlegen, die als vorgegebene Templates, z. B. für Kampagnen, Anzeigengruppen und Keywords, genutzt werden. Als weiteren Unterpunkt finden Sie den Bereich SKRIPTS, der weitergehende Änderungsmöglichkeiten an Ihren Google-Ads-Kampagnen mithilfe von JavaScript-Programmierung bietet. Der Unterpunkt ALLE BULK-AKTIONEN protokolliert sämtliche automatisierten oder massenhaften Veränderungen in Ihrem Google-Ads-Konto.

Unter UPLOADS können Sie Tabellen in Ihr Google-Ads-Konto hochladen. Dies ist interessant, falls Sie viele Änderungen vornehmen möchten. So können Sie zum Beispiel eine Liste mit Keywords herunterladen und offline die Klickgebote für die Keywords verändern, um danach die Liste mit den veränderten Geboten in Ihr Google-Ads-Konto einzustellen. Die extern (beispielsweise in Excel) veränderten Gebote werden in Ihr Google-Ads-Konto übernommen. Dies erleichtert die Arbeit bei größeren Veränderungen im Konto. Näheres zu Bulk-Aktionen erfahren Sie in Abschnitt 17.1.1, »Schnelle Bearbeitungsmöglichkeiten (Bulk-Edit)«.

Budgets und Gebote

Unter BUDGETS UND GEBOTE können Sie Listen für GEMEINSAME BUDGETS, GEBOTSSTRATEGIEN und KORREKTUREN aufbauen. Ein Klick auf einen Unterpunkt, etwa GEBOTSSTRATEGIEN, zeigt bereits vorhandene Listen bzw. Gruppen. Wenn Sie eine Gruppe oder Liste per Klick auswählen, können Sie diese weiterbearbeiten.

12.3.3 Abrechnung

Der wichtigste Punkt, vor allem aus Google-Sicht, nennt sich ABRECHNUNG. Falls Sie ein neues Konto besitzen und bis dato noch keine Einstellungen zur Abrechnung vorgenommen haben, sollten Sie sich zunächst diesen Punkt anschauen. Denn solange Sie keine Abbuchungsmöglichkeit angegeben haben, werden Ihre Google-Ads-Anzeigen nicht geschaltet.

Nachdem Sie auf ABRECHNUNG geklickt haben, finden Sie acht Navigationsunterpunkte vor:

- ZUSAMMENFASSUNG
- ABRECHNUNGSAKTIVITÄTEN
- DOKUMENTE
- ZAHLUNGSMETHODEN
- GUTSCHEINCODES
- ÜBERTRAGUNG DER ABRECHNUNG
- ÜBERPRÜFUNG DES WERBETREIBENDEN
- EINSTELLUNGEN

Die wichtigsten Punkte stellen wir Ihnen im Folgenden vor.

Zusammenfassung

Unter dem Menüpunkt ZUSAMMENFASSUNG sehen Sie eine Übersicht Ihrer Abrechnungsdaten (siehe Abbildung 12.12). Über den Button mit der Bezeichnung ZAHLUNG AUSFÜHREN können Sie direkte Zahlungen an Google übermitteln. Da jedoch nur noch einige alte Konten aus der Vergangenheit eine Möglichkeit zur Vorabüberweisung besitzen und alle anderen Konten über Bankeinzug oder Kreditkarte abgerechnet werden, ist diese Zahlung nur für wenige Google-Ads-Kunden oder in bestimmten Ausnahmefällen notwendig.

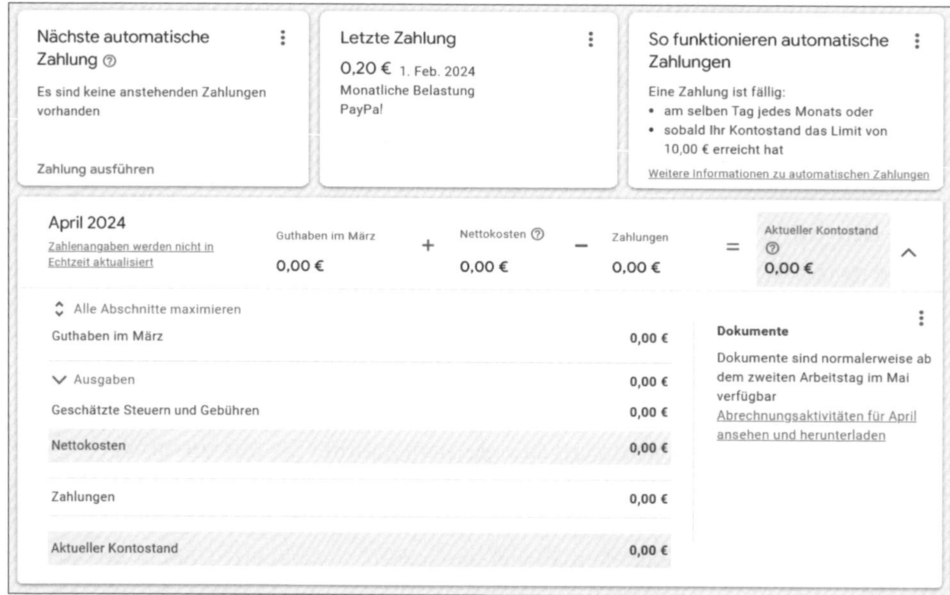

Abbildung 12.12 Zusammenfassung Ihrer Abrechnungsmodalitäten

Eine direkte Zahlung an Google wäre z. B. dann notwendig, wenn eine Abbuchung über eine Kreditkarte storniert wurde. Bei überfälligen Zahlungen werden dann nämlich Ihre Kampagnen deaktiviert. Mit einer aktiven Überweisung können Sie die Forderung schnell ausgleichen und so auch Ihre Kampagnen nach kurzer Zeit wieder aktivieren.

Abrechnungsaktivitäten

Alle Transaktionen, einschließlich Kosten und Gutschriften, sind auf der Seite der ABRECHNUNGSAKTIVITÄTEN aufgeführt, was es Ihnen ermöglicht, Ihre Rechnungen Zeile für Zeile zu überprüfen.

Sie können einen präzisen Einblick in Ihre Kampagnenaktivitäten erhalten, Sie können optional nach Tagen, Wochen oder Monaten filtern und sie in verschiedenen Dateioptionen herunterladen.

Dokumente

Der Unterpunkt DOKUMENTE bietet Ihnen einen Überblick über monatliche Rechnungen und Kontoauszüge Ihrer Google-Ads-Kampagnen (siehe Abbildung 12.13). In diesen Tabellen können Sie auch nach verschiedenen Optionen filtern, um Ihre Suche zu erleichtern, und die entsprechenden Dokumente als PDF herunterladen.

Abbildung 12.13 Überblick über monatliche Rechnungen und Kontoauszüge

Abbuchung und Rechnungsstellung bei Google-Ads-Kampagnen

Es gibt vor allem bei neuen Google-Ads-Nutzern immer etwas Verwirrung in Bezug auf Abbuchung und Rechnungsstellung. Für die Google-Ads-Werbung gibt es Abrechnungsgrenzbeträge, die am Anfang bei 50 € liegen und sich dann auf 200 €, 350 € bzw. 500 € steigern. Die Steigerung geschieht automatisch, wenn die Grenzbeträge innerhalb von 30 Tagen öfter hintereinander erreicht wurden.

Bei neuen Kunden ist Google also vorsichtig und bucht kleine Beträge ab. Bei erfolgreichen Abbuchungen räumt das System Ihnen mit der Zeit immer mehr Kredit ein. Durch dieses System können die Google-Abbuchungen also an unterschiedlichen Tagen und auch mehrmals pro Monat stattfinden.

Die Abrechnung zu den Abbuchungen liegt in Ihrem Konto aber erst am Ende des Monats zum Abruf bereit, und zwar meistens am ersten Werktag des neuen Monats. Es kann also passieren, dass die Kosten für das Werbebudget am 1. Juli abgebucht werden, die entsprechende Abrechnung dazu aber erst am 1. August vorliegt.

Zusätzlich trägt ein weiterer Umstand zur Verwirrung bei: Google nennt aktuell immer zwei Beträge auf den monatlichen Auszügen. Der eine Betrag weist das tatsächlich verbrauchte Werbebudget des Monats aus, der andere Betrag zeigt, was in dem Monat abgebucht wurde – und diese beiden Beträge stimmen nur in sehr seltenen Fällen exakt überein.

Zahlungsmethoden

Unter ZAHLUNGSMETHODEN können Sie sehen, welche Zahlungsmittel hinterlegt sind. Im Normalfall finden Sie hier eine Bankverbindung zur Abbuchung oder Daten zu einer Kreditkarte. Alle aktuell für das jeweilige Google-Ads-Konto eingetragenen Zahlungsmittel werden hier angezeigt.

Sie können auch mehrere Zahlungsmittel hinterlegen, müssen aber bestimmen, welches das primäre Zahlungsmittel ist. Ein zusätzliches Zahlungsmittel als Backup ist interessant, falls z. B. Ihr Kreditkartenlimit in einem Monat einmal überschritten wird, weil auch noch andere Zahlungen über die Kreditkarte laufen. In diesem Fall nutzt Google das Backup-Zahlungsmittel, und Ihre Anzeigen werden ohne Unterbrechung geschaltet. Ist jedoch keine Alternative vorhanden und wird daher eine Forderung nicht beglichen, so werden die Werbeschaltungen zunächst automatisch deaktiviert.

Möchten Sie einmal ein Zahlungsmittel löschen, müssen Sie als ersten Schritt ein anderes Zahlungsmittel eingeben und dieses als primäres Zahlungsmittel festlegen. Ein primäres Zahlungsmittel kann nicht gelöscht werden.

Der Klick auf den Link ZAHLUNGSMETHODE HINZUFÜGEN öffnet ein Pop-up, auf dem Sie ein neues Zahlungsmittel einpflegen können. Sie haben bei den aktuellen Google-Ads-Konten jedoch nur noch die Wahl zwischen der Eingabe eines Bankkontos oder einer Kredit- oder Debitkarte (siehe Abbildung 12.14).

Nach der Auswahl der Zahlungsmittel werden dann in einem Formular die entsprechenden Daten abgefragt, z. B. Kreditkartennummer, Name des Kartenbesitzers etc. Am Ende der Dateneingabe legen Sie zudem noch fest, ob die neue Eingabe als primäres Zahlungsmittel oder als Zweitzahlungsmittel registriert werden soll.

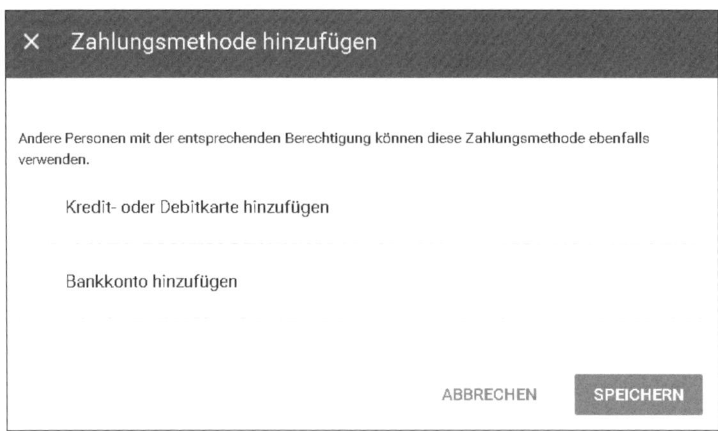

Abbildung 12.14 Eine Zahlungsmethode hinzufügen

Gutscheincodes

Unter GUTSCHEINCODES finden Sie die Möglichkeit, Gutscheincodes einzugeben. Durch Klick auf ⊕ öffnet sich ein neues Fenster, in das Sie den entsprechenden Code eingeben können.

> **Google-Gutscheine**
>
> Die Google-Gutscheincodes dürften jedem schon einmal begegnet sein. Es gibt sie hauptsächlich für neue Konten. Dies bedeutet, dass ein entsprechender Gutscheincode innerhalb von 14 Tagen auf ein neues Konto eingelöst werden muss. Falls Sie noch keine Google-Ads-Kampagnen geschaltet haben, das Konto aber schon längere Zeit vorher aktiviert war, weil Sie bereits einmal eingeloggt waren, können Sie dieses Konto für den »Standard-Neukunden-Gutschein« nicht mehr nutzen. Sie müssten dann mit einem neuen Google-Login ein ganz neues Google-Ads-Konto starten.
>
> Es gibt jedoch bei speziellen Aktionen auch Gutscheine, die auf bestehende Konten eingelöst werden können. Diese tauchen in der Praxis jedoch sehr selten auf. Bitte beachten Sie bei allen Gutscheinen, dass es immer bestimmte Laufzeiten gibt. Der Gutscheincode muss daher vor Ablauf des vorgegebenen Datums im Konto hinterlegt werden.

Übertragung der Abrechnung

Unter dem Punkt ÜBERTRAGUNG DER ABRECHNUNG sehen Sie als Übersicht die Zahlungsangaben, die aktuell für das Google-Ads-Konto hinterlegt sind.

Überprüfung des Werbetreibenden

Google strebt danach, Ihnen eine sichere und vertrauenswürdige Umgebung anzubieten. Daher ist es erforderlich, dass Sie das Überprüfungsverfahren durchführen. Das Überprüfungsverfahren für Werbetreibende besteht aus mehreren Schritten, die grundlegende Angaben zur Identität und zum Unternehmen erfordern.

Einstellungen

Unter EINSTELLUNGEN sehen Sie alle relevanten Abrechnungsdaten zu Ihrem Google-Ads-Zahlungskonto.

Sie finden hier Angaben zu Ihren Zahlungsmethoden, zur Zahlungsoption, zu den Nutzern des Zahlungsprofils, Details zum Zahlungspflichtigen sowie zu Ihrem Google-Payments-Konto mit der entsprechenden ID. Diese Informationen sind in

Abschnitte unterteilt. Sie können die einzelnen Abschnitte durch Klicken auf den Abschnitt selbst oder auf den Pfeil rechts daneben öffnen.

Unter NUTZER DES ZAHLUNGSPROFILS fügen Sie einen Ansprechpartner für die Abrechnung hinzu. Dieser Kontakt erhält z. B. eine E-Mail mit dem Hinweis auf zukünftige Abbuchungen.

12.3.4 Verwaltung

Im Hauptmenü unter VERWALTUNG finden Sie die wichtigsten Grundeinstellungen zu Ihrem Google-Ads-Konto unter den Menüpunkten mit folgenden Bezeichnungen:

- KONTOEINSTELLUNGEN
- EINSTELLUNGEN
- BENACHRICHTIGUNGEN
- ZUGRIFF UND SICHERHEIT

Diese Optionen erläutern wir in den folgenden Abschnitten.

Kontoeinstellungen

Unter dem Menüpunkt KONTOEINSTELLUNGEN finden Sie die wichtigsten Grundeinstellungen zu Ihrem Google-Ads-Konto.

Einstellungen

Bei den EINSTELLUNGEN (siehe Abbildung 12.15) zum Konto können Sie z. B. die Sprach- und Zahlenformate ❶ und den Kontonamen ❷ bearbeiten. Die Zeitzone ❸, die auf Ihrem Standort bei der Einrichtung des Google-Ads-Kontos basiert, wird ebenfalls angezeigt. Sie ist jedoch nur einmal Richtung Osten veränderbar! Dazu müssten Sie den Google-Support kontaktieren.

Außerdem wird Ihnen Ihr Kontostatus ❹ angezeigt. Falls Sie Ihr Google-Ads-Konto irgendwann einmal nicht mehr nutzen möchten, können Sie unter KONTOSTATUS Ihr Konto auflösen. Dazu müssen Sie jedoch zunächst alle Kampagnen pausieren lassen.

Im unteren Bereich der Kontoeinstellungen finden Sie unter REGELN UND BEDINGUNGEN noch einen Link zur Druckversion der Google-Ads-Nutzungsbedingungen sowie einen Hinweis darauf, wann Sie diese akzeptiert haben.

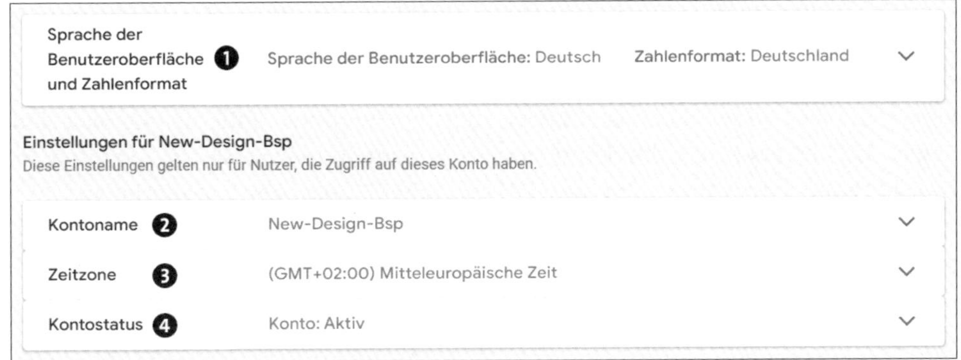

Abbildung 12.15 Ihre Einstellungen

Benachrichtigungen

Unter dem Menüpunkt BENACHRICHTIGUNGEN können Sie festlegen, zu welchen Themen Sie von Google informiert werden möchten (siehe Abbildung 12.16).

12

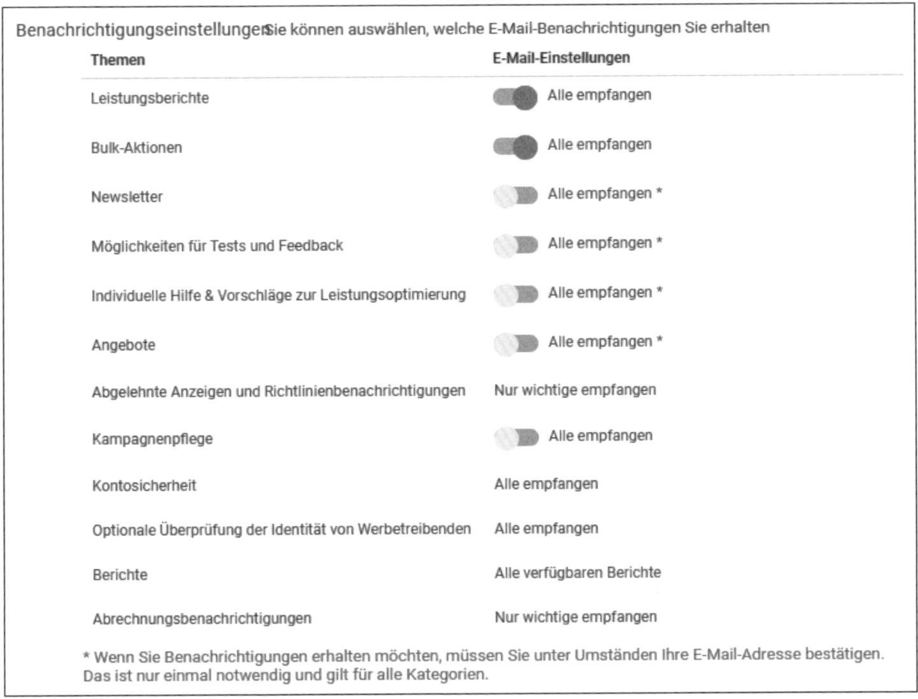

Abbildung 12.16 Verwaltung der Benachrichtigungen zum Google-Ads-Konto

Die verschiedenen Benachrichtigungsmöglichkeiten sind selbsterklärend. Ein Ratschlag zum Umfang der Benachrichtigungen ist an dieser Stelle schwierig. Sie wissen sicher aus eigener Erfahrung, wie viel zusätzliche E-Mails Ihr Mail-Account bzw. Sie verkraften. Sie können die Einstellungen zu jedem Zeitpunkt ändern, indem Sie den Regler ALLE EMPFANGEN aktivieren (also nach rechts schieben, sodass er blau markiert ist) oder deaktivieren (also nach links schieben, sodass er grau gefärbt ist).

Zugriff und Sicherheit

Unter ZUGRIFF UND SICHERHEIT sehen Sie alle Nutzer Ihres Google-Ads-Kontos. Hier können Sie anderen Personen Zugriff auf Ihr Google-Ads-Konto gewähren und bestehende Zugriffsberechtigungen ändern. Dies ist z. B. für Geschäftspartner oder Mitarbeiter interessant. Je nach gewährter Zugriffsebene besitzen die eingeladenen Personen mehr oder weniger Möglichkeiten, um an Ihrem Google-Ads-Konto mitzuarbeiten (siehe Abbildung 12.17).

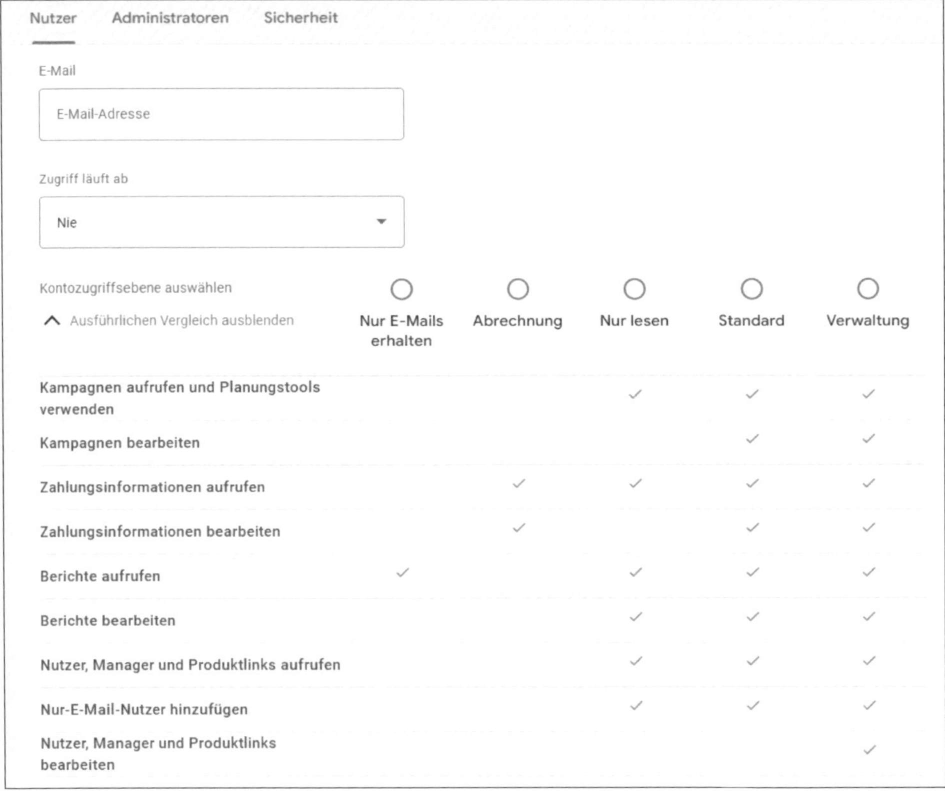

	Nur E-Mails erhalten	Abrechnung	Nur lesen	Standard	Verwaltung
Kampagnen aufrufen und Planungstools verwenden			✓	✓	✓
Kampagnen bearbeiten				✓	✓
Zahlungsinformationen aufrufen		✓	✓	✓	✓
Zahlungsinformationen bearbeiten		✓		✓	✓
Berichte aufrufen	✓		✓	✓	✓
Berichte bearbeiten			✓	✓	✓
Nutzer, Manager und Produktlinks aufrufen			✓	✓	✓
Nur-E-Mail-Nutzer hinzufügen			✓	✓	✓
Nutzer, Manager und Produktlinks bearbeiten					✓

Abbildung 12.17 Verschiedene Zugriffsebenen und Nutzerrechte

Folgende Zugriffsebenen können vergeben werden:

- **Verwaltung**
  Der Punkt VERWALTUNG ist Ihnen eventuell als »Administratorzugriff« bekannt. Der Administrator hat die volle Kontrolle über das Google-Ads-Konto und darf vor allem Kontozugriff erteilen und die Zugriffsebenen ändern. Diese Rechte sollten Sie also nur gezielt vergeben. Der Standardzugriff reicht in den meisten Fällen aus, falls jemand die volle Kontrolle zur Mitarbeit am Google-Ads-Konto benötigt, aber selbst keine anderen Nutzer hinzufügen oder deren Rechte ändern muss.
- **Standard**
  Das Recht zum Standardzugriff sollte Mitarbeitern oder Partnern erteilt werden, die nicht nur Berichte erstellen müssen, sondern auch aktiv bei der Verwaltung der Google-Ads-Kampagnen mithelfen sollen. Denn die Berechtigung STANDARD erlaubt auch Änderungen der Einstellungen (z. B. Veränderungen des Budgets, der Klickpreise) oder das Hinzufügen neuer Keywords.
- **Nur lesen**
  Die Berechtigung NUR LESEN wird erteilt, damit der Nutzer sich am Konto anmelden und selbst Berichte erstellen kann. Auch die Empfehlungen und die Google-Ads-Tools können mit dieser Berechtigung aufgerufen werden. Der Nutzer kann jedoch keine Einstellungen ändern.
- **Abrechnung**
  Diese Berechtigung ermöglicht Nutzern, Zahlungsinformationen aufzurufen und zu bearbeiten.
- **Nur E-Mails erhalten**
  Diese Berechtigung wird erteilt, um dem Nutzer E-Mail-Berichte aus Google Ads zu senden. Mit dieser Berechtigung ist kein Zugriff auf das Konto möglich. Ohne diese Berechtigung können aber auch keine Berichte aus dem Google-Ads-Konto an eine externe E-Mail-Adresse geschickt werden.

Bitte beachten Sie, dass die Nutzer, die eingeladen werden, ein Google-Konto besitzen müssen. Sie fügen einen neuen Nutzer hinzu, indem Sie auf das Symbol + klicken. Im nächsten Schritt geben Sie die E-Mail-Adresse des Nutzers sowie die gewünschte Zugriffsebene ein. Danach klicken Sie auf EINLADUNG VERSENDEN.

Der eingeladene Mit-Nutzer erhält eine entsprechende E-Mail und muss per Klick auf einen Link der Einladung zustimmen. Danach kann er sich mit seinen Google-Login-Daten in Ihr Google-Ads-Konto einloggen.

Falls Mit-Nutzer existieren, so finden Sie diese hier auf der Seite NUTZER in der Tabelle. An dieser Stelle können Sie den Zugriff auch jederzeit deaktivieren, indem Sie unter MASSNAHMEN den Punkt ZUGRIFFSRECHTE AUFHEBEN wählen und die Auswahl danach bestätigen.

Eine weitere Möglichkeit, um einen externen Zugriff auf ein Google-Ads-Konto zu gewähren, nennt sich *Verwaltungskontozugriff*. Dieser Zugriff hieß früher MCC (*My Client Center*) und war auch unter dem Namen *Kundencenter* bekannt.

Im Alltag nutzen normalerweise Agenturen ein Verwaltungskonto, um die Google-Ads-Konten ihrer Kunden zu betreuen. Die Funktion des Verwaltungskontos wird ausführlich in Kapitel 18, »Das Google-Ads-Verwaltungskonto«, besprochen. Der Zugriff über ein Verwaltungskonto wird durch eine Anfrage aus dem Konto eingeleitet und dann in Ihrem Konto unter KONTOZUGRIFF bestätigt. Während früher nur ein externes Verwaltungskonto auf ein Google-Ads-Konto zugreifen konnte, ist es mittlerweile möglich, mehrere externe Verwaltungskonten zuzulassen. Auch den Zugriff eines Verwaltungskontos können Sie in der Spalte MASSNAHMEN beenden.

12.4 Fazit

In diesem Kapitel haben wir Ihnen den Aufbau des Google-Ads-Kontos nähergebracht. Das Kapitel soll Ihnen einen Überblick über das große Ganze vermitteln. Sie kennen nun alle Seiten und Unterseiten, die teilweise etwas verschachtelt im Konto aufrufbar sind. Wenn Sie bei der Arbeit mit Ihren Google-Ads-Kampagnen zukünftig eine bestimmte Funktion oder Unterseite suchen, sollten Sie diese jetzt leichter finden.

Sie sehen, das Google-Ads-Konto bietet umfangreiche Möglichkeiten. Sie werden nicht gleich alle Funktionen von Anfang an brauchen. Nutzen Sie daher die einzelnen Funktionen nacheinander, so wie es gerade zu Ihrer Google-Ads-Strategie passt. Das ist die beste Vorgehensweise, um sich Schritt für Schritt damit vertraut zu machen. Sie werden sehen: Mit ein wenig Übung sind Sie schon bald in Ihrem Konto zu Hause.

Kapitel 13
Google-Ads-Tools

Tools sind die kleinen Helferlein, die Ihren Google-Ads-Alltag einfacher machen. In Ihrem Google-Ads-Konto gibt es viele verschiedene Tools, die Ihnen bei der Analyse, bei der Planung und bei der täglichen Verwaltung Ihrer Google-Ads-Kampagnen helfen. Manche Tools sind leicht erkennbar, andere sind etwas versteckt oder sind so weit in die Google-Ads-Oberfläche integriert, dass sie nur noch aktiviert werden müssen. In diesem Kapitel haben wir die wichtigsten und interessantesten Tools für Sie zusammengestellt.

Die Google-Ads-Tools kann man eigentlich nicht ganz isoliert betrachten, da sie meistens im Zusammenhang mit speziellen Einstellungen oder bei Analyseaufgaben genutzt werden. Falls die Tools in einer praktischen Anwendung an anderer Stelle ausführlich beschrieben werden, erhalten Sie hier nur den Verweis auf das entsprechende Kapitel im Buch.

13.1 Zusätzliche Google-Ads-Tools

Die neue Oberfläche in Google Ads bringt einige strukturelle Veränderungen mit sich, denen wir uns in Kapitel 12, »Navigation im Google-Ads-Konto«, intensiv widmen. Dennoch steht Ihnen nach wie vor ein breites Portfolio an verschiedenen Werkzeugen zur Verfügung. Ein Großteil dieser nützlichen Helfer ist auch heute noch im Menü unter TOOLS zu finden, einige davon verbergen sich jedoch mittlerweile auch an anderen Stellen. Im Folgenden gehen wir auf einige wesentliche Werkzeuge ein:

- Der KEYWORD-PLANER ist ein Tool zur Analyse interessanter Suchbegriffe. Ihn haben wir schon in Abschnitt 2.7.1 vorgestellt.
- ANZEIGENVORSCHAU UND -DIAGNOSE: Näheres dazu folgt gleich in Abschnitt 13.1.2.
- Was CONVERSIONS sind und wie Sie sie in Ihrem Google-Ads-Konto einrichten, haben Sie bereits in Abschnitt 2.6.3 und in Abschnitt 2.6.4 erfahren. In Abschnitt 13.2 gehen wir zusätzlich dazu detailliert auf die ATTRIBUTION ein.

- *Google Analytics* ist zwar ein separates Tool, bildet jedoch eine optimale Ergänzung zu Google Ads und findet aus diesem Grund hier seine Erwähnung. Weitere Informationen zu Google Analytics finden Sie in Kapitel 15, »Google Ads und Analytics (GA 4)«.

Alle anderen Tools werden wir in diesem Kapitel vorstellen. Dazu geben wir auch Tipps zu ihrer praktischen Anwendung.

13.1.1 Änderungsverlauf: Wer hat etwas im Google-Ads-Konto geändert?

Zunächst möchten wir auf den Änderungsverlauf eingehen, der sich über KAMPAGNEN • ÄNDERUNGSVERLAUF ❶ aufrufen lässt (siehe Abbildung 13.1). Abhängig von der Auswahl innerhalb der zentralen Filterleiste ❷ werden Ihnen sämtliche Änderungen innerhalb des Google-Ads-Kontos angezeigt oder nur Änderungen, die eine bestimmte Kampagne oder Anzeigengruppe betreffen. Vor allem wenn Sie mit mehreren Administratoren an einem Konto arbeiten oder falls ein Verwaltungskonto auf Ihr Google-Ads-Konto zugreift, ist es interessant, zu wissen, wer was wann geändert hat.

Abbildung 13.1 Der Änderungsverlauf in Google Ads

Die aufgerufene Übersicht ❸ liefert Ihnen die wichtigsten Informationen auf einen Blick und führt dabei die neuesten Änderungen an oberster Stelle auf. Um die Anzahl der dargestellten Daten zu reduzieren, können weitere Filter eingesetzt werden, indem Sie auf das Filtersymbol klicken ❹. In dem Menü, das sich dann öffnet, wählen Sie aus verschiedenen vorgegebenen Filtern aus. Standardmäßig sind alle Änderungsarten aktiviert. Nachdem Sie auf die vorgegebenen Filter geklickt haben, werden die Daten in übersichtlicher Form in der Tabelle unter dem Filter sowie oberhalb als Leistungsgrafik eingeblendet.

Speichern Sie Filter für Änderungen, die Sie häufig nutzen

Wenn Sie bestimmte Änderungen aus dem Änderungsprotokoll regelmäßig anschauen möchten, dann haben Sie die Möglichkeit, Ihren einmal definierten Filter zu speichern, um ihn zu einem späteren Zeitpunkt wieder aufzurufen, ohne alle Einstellungen erneut vornehmen zu müssen (siehe Abbildung 13.2).

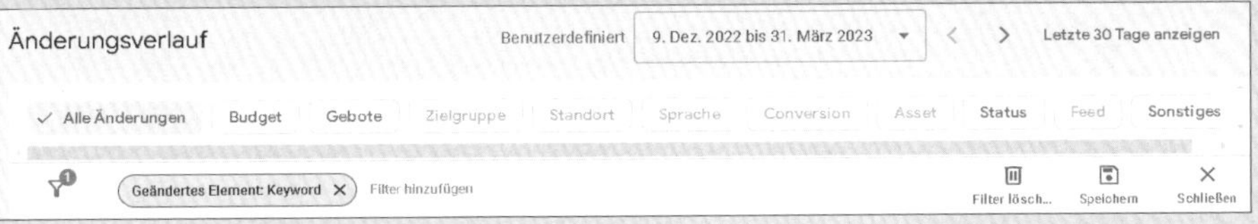

Abbildung 13.2 Änderungsfilter speichern

Über das Icon HERUNTERLADEN am oberen rechten Rand der Übersicht können Sie den aktuellen Bericht exportieren, und über das Icon zum AKTUALISIEREN können Sie die Seite neu laden, wenn Sie nachträglich Änderungen an Ihrem Filter vorgenommen haben. Die Übersichtsgrafik ist vor allem bei größeren Änderungen interessant, da Sie hier im Verlauf analysieren können, ob diese Änderungen im Google-Ads-Konto zu Leistungsänderungen (positiven oder negativen) geführt haben.

Der Zeitraum für das Änderungsprotokoll

Bitte denken Sie daran, dass Sie auch im Änderungsprotokoll nur eine Auflistung der Änderungen für denjenigen Zeitraum erhalten, der rechts oben in Ihrem Google-Ads-Konto gerade eingestellt ist.

In der Tabelle mit den Änderungen können Sie durch einen Klick auf den Pfeil vor einer Änderung ❶ weitere Details zu dieser Veränderung anschauen (siehe Abbildung 13.3). Wenn Sie Details für mehrere Änderungen sehen wollen, dann wählen Sie alle relevanten Änderungen per Checkbox ❷ aus und klicken danach auf den Link DETAILS ANZEIGEN ❸. Sofern Sie eine bestimmte Änderung nicht mehr wünschen oder fälschlicherweise eine Änderung durchgeführt wurde, können Sie über den Link RÜCKGÄNGIG MACHEN ❹ diese Änderung widerrufen.

Zusätzlich zu den Beschreibungen der Veränderungen werden am Anfang jeder Zeile die E-Mail-Adresse ❺ (hier aus Datenschutzgründen unkenntlich gemacht) des Logins, der für die Veränderung verantwortlich ist, sowie der Tag und der Zeitpunkt ❻ der Änderung angezeigt.

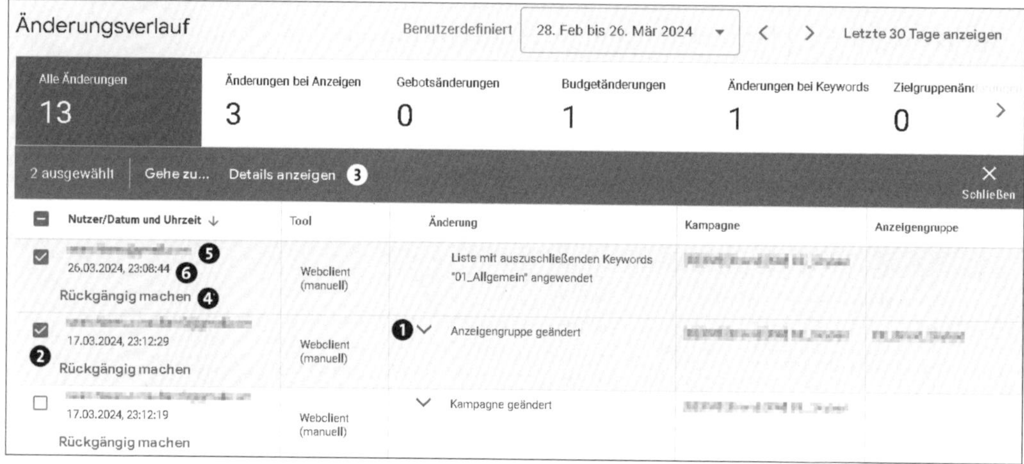

Abbildung 13.3 Tabelle mit Änderungen im Google-Ads-Konto

> **Tipp**
>
> Falls mehrere Administratoren an einem Google-Ads-Konto arbeiten, ist es auf jeden Fall empfehlenswert, dass jeder Administrator einen eigenen Login erhält. So ist später immer nachvollziehbar, wer eine Änderung bewusst oder versehentlich durchgeführt hat, und die Verantwortung für bestimmte Aktionen kann einfacher ermittelt werden. Auf diese Weise vermeiden Sie Streitigkeiten und Diskussionen.

13.1.2 Anzeigenvorschau und -diagnose: die schnelle Anzeigenanalyse

Die Anzeigenvorschau und -diagnose lässt sich über TOOLS • FEHLERBEHEBUNG • ANZEIGENVORSCHAU UND -DIAGNOSE aufrufen und hat, wie der Name bereits andeutet, zwei Funktionen. Zum einen können Sie die Anzeigenvorschau dazu nutzen, die Darstellung Ihrer Anzeigen bei Google zu testen, ohne dass echte Impressionen durch eine eigene Anfrage über die Google-Suche erzeugt werden.

Dabei können Sie auch andere Regionen und Geräte simulieren, um Situationen zu testen, die Sie selbst nicht durch eine einfache Google-Abfrage herstellen können. Wenn Sie beispielsweise mit Ihrem Laptop in Hamburg sitzen, können Sie nicht so einfach durch den Aufruf der Google-Seite testen, welche Ergebnisse ein Smartphone-Nutzer in München sieht. Mit der Anzeigenvorschaufunktion geht das sehr wohl: Sie erhalten ein echtes Google-Ergebnis, das jedoch keine Impressionen erzeugt. Somit haben Ihre Keyword-Tests keinen negativen Einfluss auf den Qualitätsfaktor Ihrer Keywords in Ihren Kampagnen!

Der zweite Punkt, die Diagnose, überprüft gleichzeitig mit der Abfrage, ob das getestete Keyword in Ihrem Google-Ads-Konto auch eine Schaltung auslösen kann. Sofern dies nicht der Fall ist, erhalten Sie Hinweise dazu, welche Bedingungen eine Schaltung verhindern.

Das Tool ANZEIGENVORSCHAU- UND -DIAGNOSE können Sie folgendermaßen nutzen (siehe Abbildung 13.4).

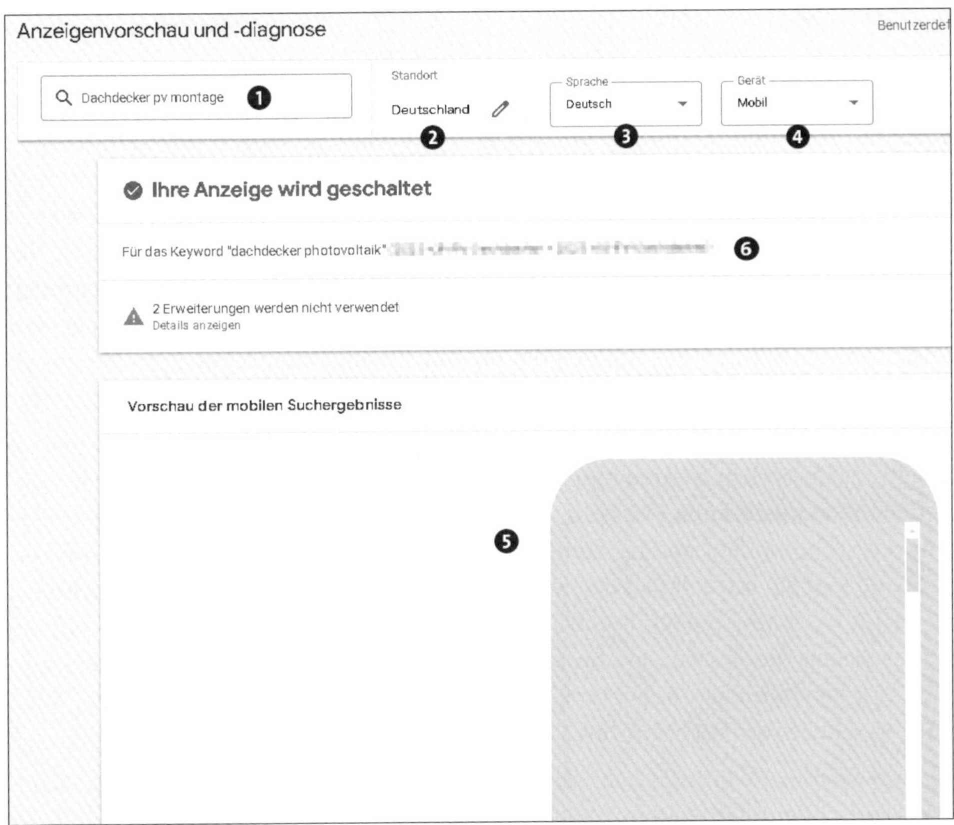

Abbildung 13.4 Eingaben zum Tool »Anzeigenvorschau- und -diagnose«

Nachdem Sie den Unterpunkt ANZEIGENVORSCHAU UND -DIAGNOSE aufgerufen haben, geben Sie in das Suchfeld ❶ das Keyword ein, das Sie analysieren möchten. Danach können Sie rechts daneben verschiedene Suchanfragen simulieren. Unter STANDORT ❷ können Sie analog zu der regionalen Ausrichtung in den Kampagneneinstellungen Städte, Bundesländer, Regionen oder auch Länder als Testregion auswählen, indem Sie auf das Feld klicken, mit der Eingabe beginnen und Google Ihnen über Auto-Suggest passende Vorschläge macht. Auf diese Weise simulieren Sie ganz spezifische Nutzerstandorte, um zu erfahren, ob und in welchem Konkurrenzumfeld Ihre Anzeige ausgespielt wird.

Unter SPRACHE ❸ nehmen Sie die gewünschte Spracheinstellung vor. Auf diese Weise könnten Sie also auch Anfragen in Deutschland von Usern simulieren, die als Spracheinstellung Englisch eingestellt haben.

Beim Unterpunkt GERÄT ❹ können Sie zusätzlich das gewünschte Endgerät eingeben, das Sie testen möchten.

Die wichtigsten Einstellungen sehen Sie im Beispiel in Abbildung 13.4. Wir simulieren eine Anfrage aus Deutschland ❷ über ein Mobilgerät ❹. Die Diagnose zeigt nach Eingabe und Bestätigung des Suchbegriffs ❶ direkt das Ergebnis. In unserem Beispiel wird also zum Suchbegriff *Dachdecker pv montage* eine Anzeige geschaltet. Unterhalb der Analyse finden Sie dann in der Vorschau das visuelle Ergebnis ❺, und zwar so, als wäre die Anzeige auf einem Mobilgerät in Deutschland aufgerufen worden. Neben der eigenen Anzeige – falls diese geschaltet wird – finden Sie in der Vorschau auch die direkten Konkurrenten sowie die organischen Ergebnisse zur Suchanfrage. Für unser Beispiel wurden die angezeigten Ergebnisse aus Datenschutzgründen ausgegraut.

Der Diagnosebericht ❻ zeigt außerdem die auslösenden Keywords für die Anzeigenschaltung. Zusätzlich werden hier die Kampagne und die Anzeigengruppe genannt, in denen das auslösende Keyword in Ihrem Google-Ads-Konto zu finden ist. Dieser Hinweis ist besonders wichtig, wenn gleiche oder ähnliche Keywords im Konto verteilt sind und Sie nicht genau nachvollziehen können, welches Keyword die Anzeige ausgelöst hat. Kampagne und Anzeigengruppe sind übrigens entsprechend verlinkt, sodass Sie aus dieser Diagnose heraus direkt in die Kampagnen oder Anzeigengruppen springen können, um eventuell notwendige Änderungen vorzunehmen. Auch an dieser Stelle wurden für unsere Beispiel Informationen anonymisiert.

Ändern wir nun die Anfrage in unserem Beispiel ein wenig, indem wir statt des Standorts Deutschland den Standort Belgien auswählen. Damit erhalten wir ein anderes Vorschauergebnis (siehe Abbildung 13.5).

Diesmal wird die Anzeige nicht geschaltet, was daran liegt, dass für die Kampagne ausschließlich die Zielregion *Deutschland* ausgewählt wurde. Wechseln wir vom Register VORSCHAU auf ERGEBNISSE, stellt uns Google diese Information entsprechend zur Verfügung.

Dieses kleine Beispiel zeigt schon, dass Sie mit diesem Tool echte Live-Ergebnisse abbilden können, die sich bei veränderten Vorgaben jeweils anders darstellen.

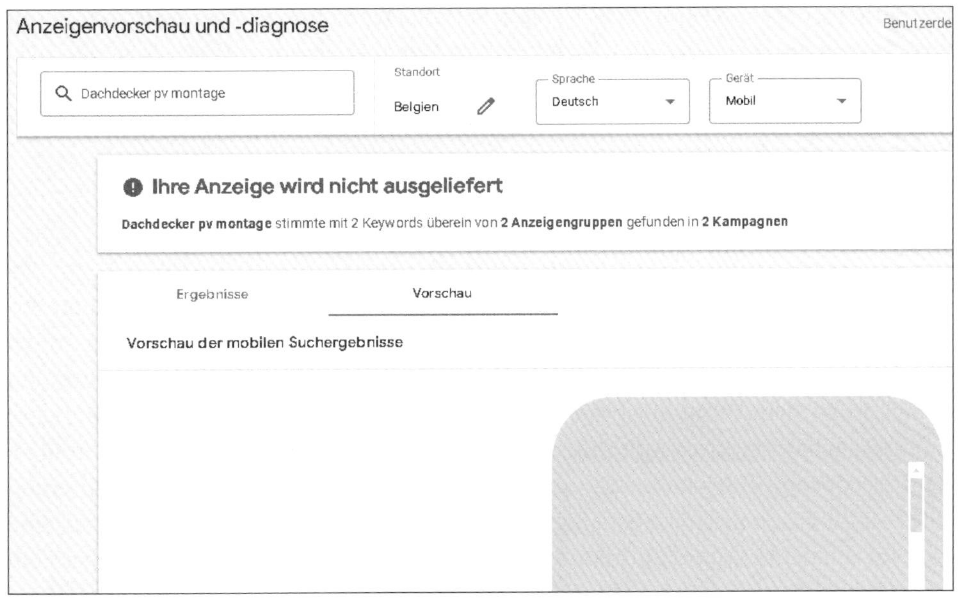

Abbildung 13.5 Weil der Standort nicht passt, erfolgt keine Anzeigenschaltung.

Diese Methode ist auf jeden Fall der sonst üblichen Live-Abfrage der eigenen Keywords in der Google-Suche vorzuziehen. Bei einem Live-Test erzeugen Sie nämlich zusätzlich Impressionen, die sich letztlich negativ auf Ihre Keywords und Kampagnen auswirken – vor allem wenn Sie diese Abfragen sehr häufig durchführen und Ihre Anzeigen dabei nicht klicken. Ein gelegentlicher Klick auf Ihre Anzeige würde zwar Ihre Klickrate verbessern, führt jedoch zu unnötigen Klickkosten und ist daher nicht zu empfehlen.

13.2 Conversions und Attribution

Ein sehr wichtiges Tool verbirgt sich hinter dem Unterpunkt CONVERSIONS. Mithilfe dieses Tools lässt sich das Conversion-Tracking einrichten, wie wir es in Abschnitt 2.6.4 näher beschrieben haben.

An dieser Stelle möchten wir Ihnen ein zusätzliches Tool zur Analyse der Conversions näherbringen, und zwar die sogenannte Attribution, die Sie über ZIELVORHABEN • MESSUNG • ATTRIBUTION aufrufen. Mithilfe der Analysen im Unterpunkt ATTRIBUTION lassen sich tiefergehende Untersuchungen zu den erzeugten Conversions durchführen, um Rückschlüsse auf das Kundenverhalten zu ziehen.

Die Berichte unter ATTRIBUTION können Sie jedoch erst nutzen, wenn Sie zuvor Conversions eingerichtet und auch erzielt haben. Genauer gesagt, müssen folgende zwei Bedingungen erfüllt sein, um die Berichte nutzen zu können:

1. Ein vorher eingerichtetes Ziel wurde erreicht. Das heißt, eine Conversion wurde ausgelöst.
2. Zusätzlich waren mindestens zwei Klicks auf Ihre Anzeige nötig, um diese Conversion zu erzielen.

Unter dem Begriff *Attribution* verbirgt sich im Online-Marketing die genauere Erkundung des gesamten Prozesses bis hin zur gewünschten Conversion. Dabei sollen sämtliche Berührungspunkte, die vor der eigentlichen Conversion stattgefunden haben, identifiziert und bewertet werden. Durch die hier bereitgestellten Berichte möchte auch Google Ads Aufschluss darüber geben, welche Klicks welchen Anteil an der Generierung eines neuen Kunden hatten. Falls Sie im Idealfall nur jeweils einen Klick auf Ihre Google-Ads-Anzeige benötigen, damit ein Kunde eine Bestellung, eine Anfrage oder eine Kontaktaufnahme etc. durchführt, entsteht natürlich erst gar kein Suchtrichter. Denn der Erfolg (Kundenkontakt, Kauf etc.) kann dann eindeutig einem Keyword, einer Anzeige usw. zugeordnet werden. Komplizierter wird das Ganze jedoch, wenn, wie so oft im Leben, der Weg zum Kunden über mehrere Umwege führt.

Bei unseren Google-Ads-Anzeigen bedeutet dies, dass der Kunde nicht beim ersten Klick die Bestellung durchführt, sondern dass er nach dem zweiten, dem dritten oder sogar erst nach weiteren Klicks auf die Google-Ads-Werbung zum Kunden wird. In dieser Situation stellt sich die Frage, welche Kampagne, welche Anzeigengruppe, welche Anzeige und welches Keyword einen Mehrwert dazu beigetragen hat, dass ein Google-User letztlich Kunde geworden ist.

Nicht immer ist der letzte Klick der wichtigste. Die sogenannten vorbereitenden Klicks sind genauso wichtig oder eventuell sogar noch wichtiger. Für viele Marketingexperten ist vor allem der erste Klick, der einen zukünftigen Kunden auf die ihm bis dato unbekannte Webseite aufmerksam gemacht hat, der wichtigste Klick. Denn falls der Kunde sich beim ersten Besuch den Namen des Produkts oder des Unternehmens gemerkt hat, erfolgt später der Kauf vielleicht, nachdem nur noch ein Marken- oder Firmenname eingegeben wurde. In der Praxis könnte dies zu dem Trugschluss führen, dass man nur noch unter seinem Unternehmensnamen oder mit seinem Produktnamen gefunden werden muss. Dies würde jedoch dazu führen, dass zukünftig Kunden wegfallen, die allgemeine Suchbegriffe nutzen und das Produkt oder das Unternehmen noch gar nicht kennen.

Der Bereich ATTRIBUTION enthält daher verschiedene Berichte (siehe Abbildung 13.6), die die Problematik des ersten und letzten Klicks sowie die verschiedenen Suchpfade beleuchten und somit Hilfe bei der Auswahl zukünftiger Kampagnen und Keywords bieten. Wir stellen Ihnen die verschiedenen Berichte der Attributionsübersicht nun kurz vor. Wählen Sie, abhängig von Ihrer Fragestellung, die Berichte aus, die für Ihre Fragestellung und Analyse wichtig sind.

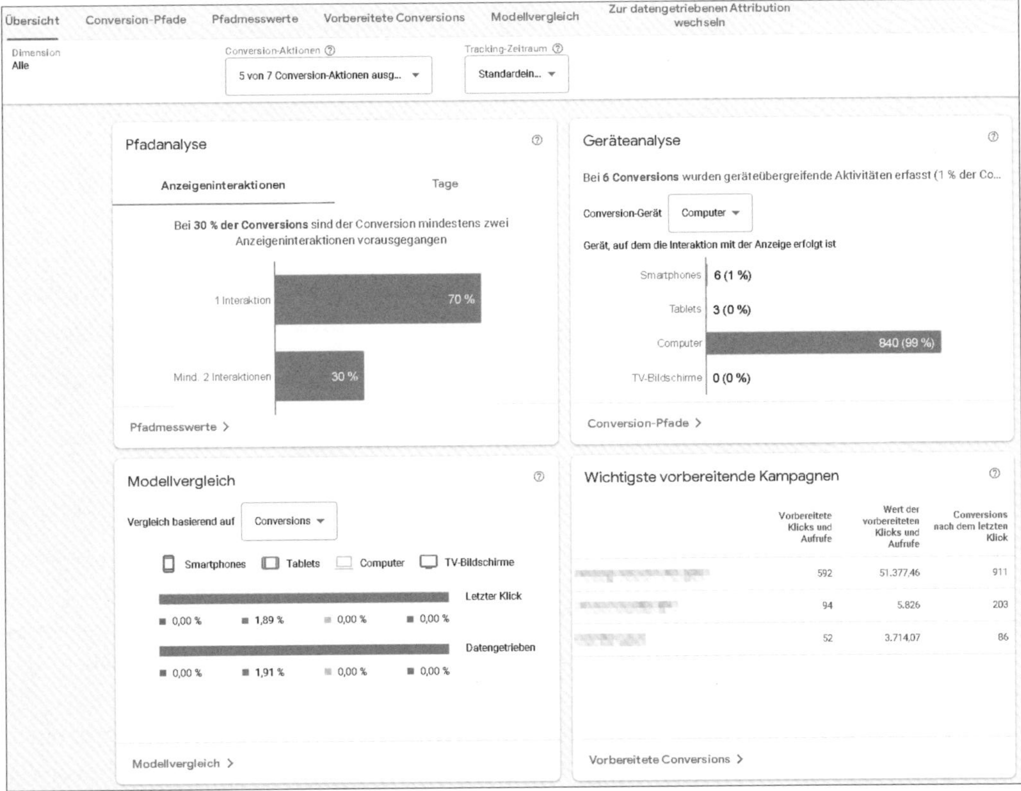

Abbildung 13.6 Attributionsübersicht

13.2.1 Pfadanalyse

Die PFADANALYSE gibt Ihnen Aufschluss darüber, wie viele Interaktionen mit Ihren Anzeigen nötig waren, bis eine Conversion zustande kam. Im Beispiel aus Abbildung 13.6 sehen Sie, dass 70 % aller Conversions nach einer Interaktion zustande kamen. Im Register TAGE erhalten Sie eine Information dazu, wie viele Tage bis zur Conversion verstreichen. Über den Link PFADMESSWERTE verlassen Sie die Übersicht und erhalten weitere Details.

Einen weiteren in diesem Kontext interessanten Bericht finden Sie unter CONVERSION-PFADE. Auch bei diesem Bericht können Sie wieder aus verschiedenen Dimensionen auswählen. So finden Sie auf Kampagnen-, Anzeigengruppen- und Keyword-Ebene die Pfade, die letztendlich zum Kundenkontakt geführt haben (siehe Abbildung 13.7).

Abbildung 13.7 Pfade in der Dimension »Keyword«, die zu Conversions geführt haben

Im gezeigten Beispiel ist jeweils nur ein einziges Keyword nötig gewesen, um zu einer Conversion zu führen. Teilweise kam es allerdings mehrfach zum Einsatz, bevor die Conversion zustande kam. Die Häufigkeit können Sie an den Zahlen hinter dem Keyword ablesen.

In anderen Kampagnen kann ein Pfad durchaus aus mehreren Keywords bestehen. Hier können Sie dann ablesen, wie lang die Pfade sind, und unter PFADMESSWERTE sehen Sie, wie viel Zeit zwischen den einzelnen Schritten vergeht.

13.2.2 Geräteanalyse

Die GERÄTEANALYSE gibt an, ob es bei mehreren Aktivitäten gegebenenfalls auch zu geräteübergreifenden Aktivitäten kam. Das bedeutet, dass ein Nutzer Ihre Anzeige beispielsweise zunächst auf dem Desktop gesehen hat, die Conversion allerdings schließlich auf dem Smartphone durchgeführt hat.

Sofern Sie in Ihren Anzeigen geräteübergreifende Aktivitäten haben, sehen Sie unter CONVERSION-PFADE genau, wie sie verlaufen sind. Diese Information ist insofern wertvoll, als die Customer-Journey, also der Weg des Besuchers Ihrer Webseite, mittlerweile häufig auch über mehrere Endgeräte führt.

13.2.3 Wichtigste vorbereitende Kampagnen

Hier sehen Sie in einer Übersicht, welche Ihrer Kampagnen Ihre Conversions vorbereitet und welche letztlich die Conversions nach dem letzten Klick generiert haben. Für mehr Details klicken Sie auf VORBEREITETE CONVERSIONS. Daraufhin öffnet sich ein neues Fenster. Hier sind abermals Ihre Kampagnen aufgelistet. Wenn Sie nun auf einzelne Kampagnen klicken, wechselt die Ansicht zu den jeweiligen Anzeigengruppen dieser Kampagne. Durch einen Klick auf die Anzeigengruppe sehen Sie dann Details darüber, welche Keywords in welchem Maße zu den Conversions beigetragen haben (siehe Abbildung 13.8).

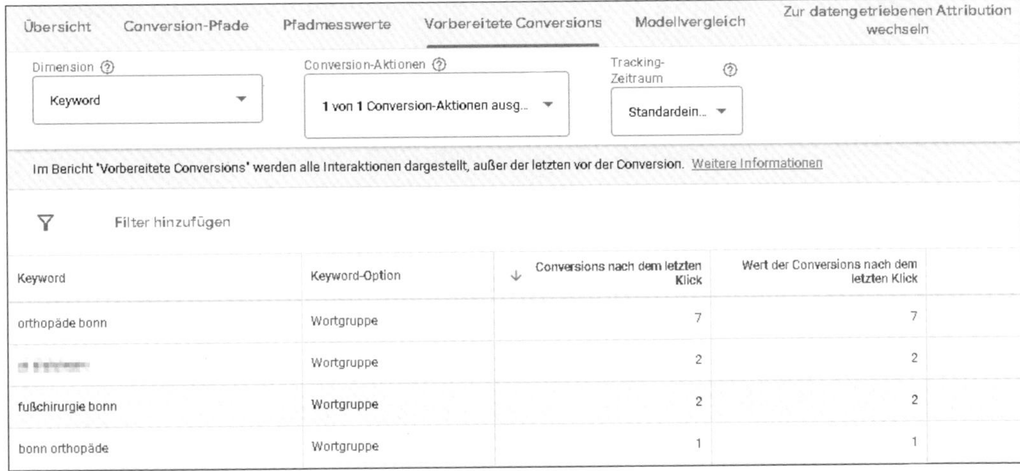

Abbildung 13.8 »Vorbereitete Conversions« – Detailansicht

Die Statistik zeigt, wie oft die jeweiligen Dimensionen an der Vorbereitung zum Abschluss beteiligt waren und welche Bedeutung sie einen Schritt vorher in der Vorbereitung des Abschlusses gehabt haben – als sogenannte *vorbereitende Klicks* oder auch *vorbereitende Impressionen*.

Die jeweiligen Dimensionen rufen Sie über das Drop-down-Menü DIMENSION auf. Die hier genannten Kampagnen, Keywords etc. haben zu einer Conversion auf Ihrer Webseite geführt. Mit den Berichten können Sie analysieren, was die Conversion positiv beeinflusst hat.

Tipp

Nutzen Sie die Analyse zu Pfadmesswerten auch für Entscheidungen zum Design Ihrer Remarketing-Kampagne. Falls das Zeitintervall bis zum Kauf bei Ihren Produkten bzw. Dienstleistungen immer sehr kurz ist, können Sie auch die Cookie-Laufzeit für das Remarketing auf sehr kurze Zeiträume einstellen, z. B. maximal sieben Tage.

Wenn Sie die Pfadmesswerte mit der Pfadlänge in Verbindung setzen, überlegen Sie, welche Strategie aus den Daten abgeleitet werden kann. Falls die Zeitintervalle beispielsweise insgesamt sehr lang sind und die Anzahl der Klicks bis zur Conversion sehr hoch ist, sollten Sie Strategien entwickeln, die zu einem schnelleren Abschluss führen. Als Anregung können wir Ihnen folgende Tipps an die Hand geben:

1. Versuchen Sie, durch eine künstliche Verknappung Ihr Produkt bzw. Ihre Dienstleistung interessant zu machen. Damit erhöhen Sie den Druck, einen schnelleren Kaufabschluss zu tätigen.
2. Bieten Sie spezielle Aktionen oder Angebote an, die zeitlich befristet sind. Auch hierdurch erhöhen Sie den Druck, eine Entscheidung zu treffen, und reduzieren somit das Zeitintervall.
3. Ist Ihr spezielles Angebot konkurrenzfähig und besitzt es ein sehr gutes Preis-Leistungs-Verhältnis, dann sollten Sie den Preis oder den prozentualen Vorteil zum Standardpreis direkt in der Anzeige nennen. Auch dies führt am besten in Kombination mit einer beschränkt verfügbaren Leistung zu schnelleren Conversions.
4. Bieten Sie zusätzlichen Service für bestimmte, beschränkte Zeiten an.

Kontrollieren Sie danach die neuen Strategien durch die Berichte CONVERSION-PFADE und PFADMESSWERTE. Strategien, die die Zeitintervalle und/oder die Pfadlänge verkürzen, sollten Sie auch für andere Google-Ads-Kampagnen nutzen.

13.2.4 Modellvergleich

Im MODELLVERGLEICH können Sie verschiedene Attributionsmodelle miteinander vergleichen. Durch die Reduzierung der von Google zur Verfügung gestellten Modelle hat diese Vergleichsmöglichkeit jedoch stark an Bedeutung verloren. Während in der Vergangenheit verschiedenste Optionen angeboten wurden, beschränken sich heute die Möglichkeiten auf zwei Varianten, die sich bei der Einrichtung einer Conversion auswählen lassen.

- **Attributionsmodell:** DATENGETRIEBEN
  Es handelt sich hierbei um das neueste Attributionsmodell von Google, das mittlerweile bei den meisten Conversions auch dem von Google empfohlenen Stan-

dard entspricht. Dieses Modell bewertet die Relevanz der Interaktionen im Hinblick auf eine Conversion dynamisch anhand der bisher erfassten Daten im Konto. Auf diese Weise möchte Google einerseits für eine einfachere, aber gleichzeitig auch realistischere Bewertung sorgen.

- **Attributionsmodell:** LETZTER KLICK
  Bei diesem Attributionsmodell wird eine Conversion ausschließlich der letzten Interaktion im gesamten Prozess zugeschrieben. Der große Vorteil dieses Modells ist seine Einfachheit und seine Klarheit, da die letzte und im Endeffekt auch ausschlaggebende Interaktion in Bezug auf eine Conversion gewertet wird. Andere gegebenenfalls ebenso wichtige Interaktionen werden jedoch vollkommen ignoriert, sodass Effekte, die einen wichtigen Beitrag geleistet haben, nicht erkannt werden.

Wie bereits erläutert, arbeitet Google Ads mittlerweile mit der Einstellung DATENGETRIEBEN als Standard. Während es früher recht herausfordernd war, bei komplexeren Kampagnen die richtige Strategie zu finden, können Sie heute dieser Empfehlung folgen und erhalten gute Ergebnisse. Abhängig von der Art Ihrer Kampagne und der gewählten Conversion muss eine Mindestanzahl an Interaktionen und Conversions erreicht und schließlich auch gehalten werden, um mit diesem Attributionsmodell arbeiten zu können. Ist dies nicht der Fall, stellt Google automatisch auf LETZTER KLICK um.

Aussagekraft der Statistiken

Bitte beachten Sie bei Ihren Analysen immer, welche Aussagekraft diese Statistiken haben. Da die Zuordnung auf Cookies basiert, bedeutet dies, dass Sie nur Conversions auf diese Weise analysieren können, wenn der Kunde letztlich vom ersten Klick bis zur Conversion seine Cookies nicht gelöscht hat.

Diese Erkenntnis führt dazu, dass Sie nur Trends mithilfe von großen Datenmengen analysieren sollten. Aussagen zu einzelnen Kunden sind daher nicht sinnvoll, da sie nicht immer so genau gemessen werden können.

13.3 Der Google Ads Editor – ein Offline-Tool

Der Google Ads Editor ist ein zusätzliches kostenloses Google-Tool, das im Gegensatz zu den anderen vorgestellten Tools nicht online genutzt wird. Es ist vor allem deshalb so interessant, weil es die Möglichkeit bietet, ein Google-Ads-Konto herunterzuladen und offline zu bearbeiten. Mit dem Editor können Sie auch außerhalb Ihres Google-

Ads-Accounts Ihre Kampagnen verwalten und optimieren. Außerdem können Sie hier Bulk-Bearbeitungen durchführen.

Die aktuelle Version des Google Ads Editor finden Sie unter:

https://ads.google.com/intl/de_de/home/tools/ads-editor/

Bitte beachten Sie, dass die Versionen laufend aktualisiert werden, weil die Änderungen im Google-Ads-Backend mit zeitlicher Verzögerung auch in den Editor aufgenommen werden. Neue Versionen können durch eine Aktualisierung aufgespielt werden. Die Erfahrung zeigt jedoch, dass es beim Update öfter einmal hakt. In solch einem Fall hilft nur eine komplette Deinstallation der alten und das Aufspielen der neuen Version. Da der Editor nicht sehr groß ist, funktioniert dieser Weg schneller als die Ursachenforschung zum Update-Fehler.

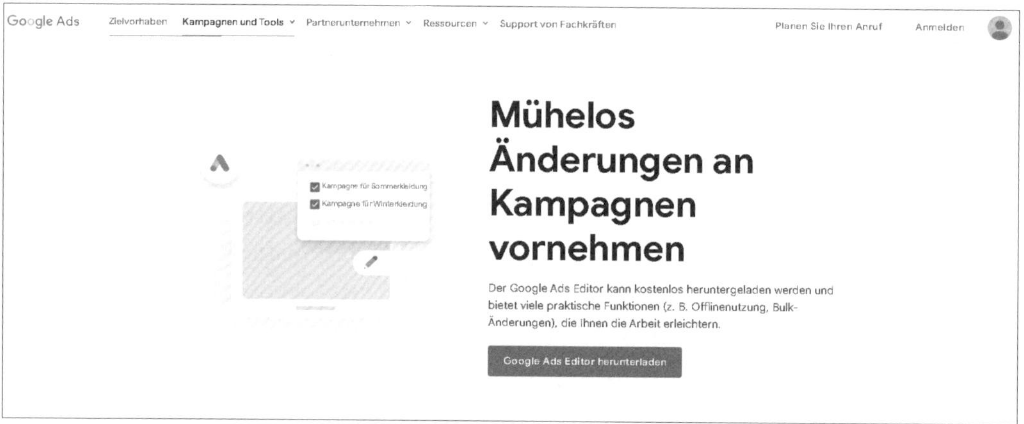

Abbildung 13.9 Download des Google Ads Editor

13.3.1 Starten des Google Ads Editor

Nachdem Sie den Google Ads Editor heruntergeladen und installiert haben, rufen Sie das Programm GOOGLE ADS EDITOR z. B. über die Windows-Suche auf. Wenn Sie das Programm zum ersten Mal öffnen, befinden sich natürlich noch keine Kampagnen im Editor. Das Programm führt Sie jedoch durch ein Setup, das den Editor mit Ihrem Google-Ads-Konto oder Ihrem Client-Center (MCC) verbindet. Dafür benötigen Sie lediglich Ihren Google-Login, der Sie als Administrator identifiziert.

Danach können Sie Ihr Konto oder bestimmte Kampagnen aus dem Konto in den Editor herunterladen. Als Google-Ads-User werden Sie bereits über ein Google-Ads-Konto verfügen, das Sie im Editor optimieren oder bearbeiten möchten. Darum wählen Sie also die Funktion + HINZUFÜGEN (siehe Abbildung 13.10) und melden sich wahlweise über den Browser oder den In-App-Browser an Ihrem Konto an. Sie erhalten dort nach der Anmeldung einen Code, den Sie in die Google-Ads-Editor-Anwendung kopieren müssen.

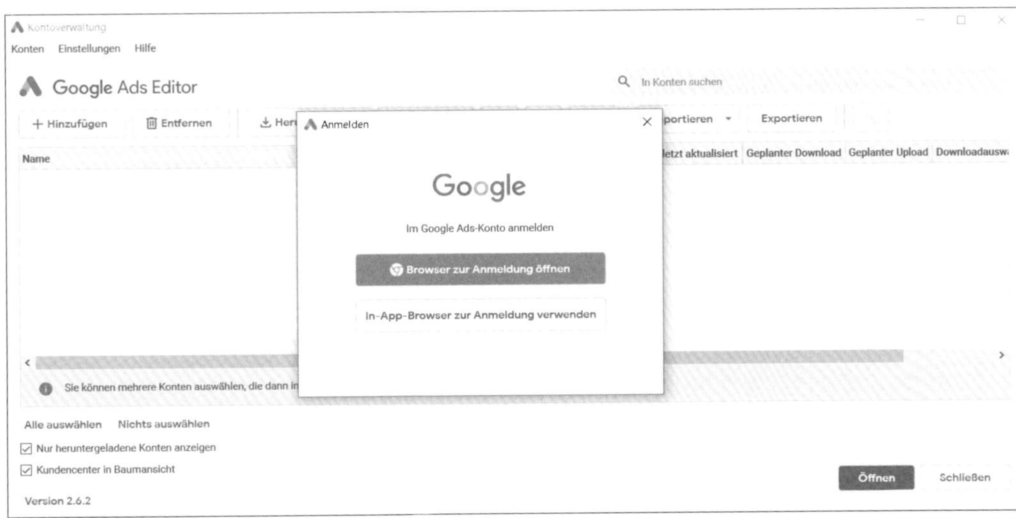

Abbildung 13.10 Anmeldung im Google-Ads-Konto über den Google Ads Editor

Nach der Eingabe Ihrer Kontozugangsdaten können Sie entscheiden, ob Sie alle Kampagnen Ihres Kontos herunterladen wollen oder nur einige ausgewählte bzw. eine einzelne Kampagne.

Hinweis

Bitte denken Sie daran, stets den aktuellen Stand Ihres Google-Ads-Kontos herunterzuladen (siehe Abbildung 13.11), bevor Sie Änderungen im Editor durchführen. Auf diese Weise vermeiden Sie ungewollte Synchronisationsfehler.

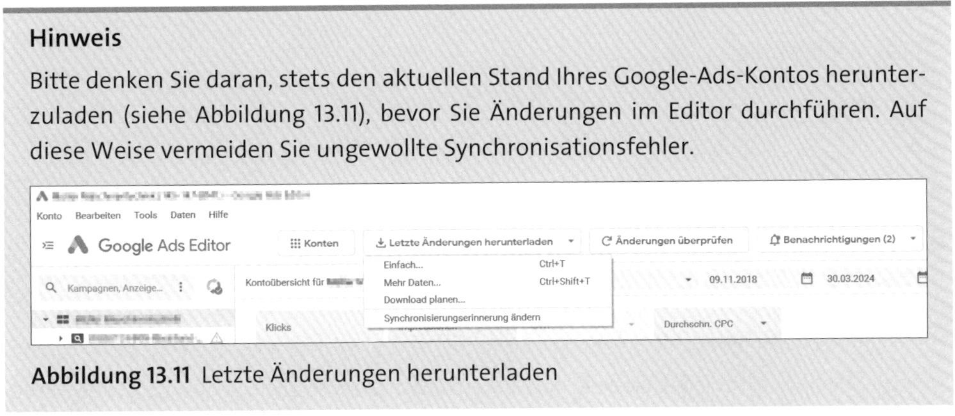

Abbildung 13.11 Letzte Änderungen herunterladen

Nachdem Sie die gewünschte(n) Kampagne(n) im Editor heruntergeladen haben, finden Sie diese sowohl im linken Strukturbaum ❶ als auch im mittleren rechten Fenster ❷ (siehe Abbildung 13.12). Für die Bearbeitung Ihrer Kampagnen, Anzeigengruppen, Keywords etc. wählen Sie links unten in der Navigation unter VERWALTEN ❸ den entsprechenden Unterpunkt aus. Hier finden Sie auch die Einstellungsmöglichkeiten zu GEMEINSAM GENUTZTE BIBLIOTHEK ❹ sowie BENUTZERDEFINIERTE REGELN ❺, die sich über den Pfeil links als Drop-down-Menü öffnen lassen.

Über die primäre horizontale Navigation ❻ im rechten Fenster lassen sich nun je nach gewählter Ansicht neue Elemente HINZUFÜGEN, MEHRERE ÄNDERUNGEN VORNEHMEN, Elemente ENTFERNEN und Text in ausgewählten Elementen ersetzen ❼. Letzteres ist eine hilfreiche Funktion, die es Ihnen ermöglicht, bestimmte Texte auf einmal an mehreren Stellen zu ersetzen. Eine Steuerung über Shortcuts ist ebenfalls möglich. Die Tastenkombination Strg + N bzw. bei Apple Cmd + N fügt z. B. ein neues Element hinzu. Die sekundäre Navigation ❽ im rechten Fenster lässt sich per Rechtsklick individuell einstellen, ähnlich wie im Online-Konto bei der Spaltenanpassung. Im rechten Fenster haben Sie nun zu jeder Ansicht die Möglichkeit, detaillierte Änderungen vorzunehmen.

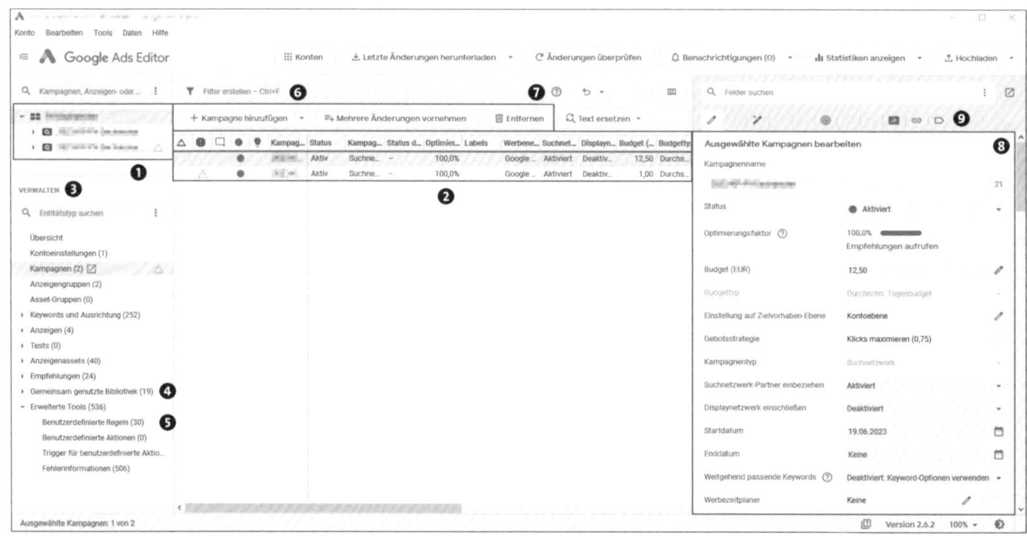

Abbildung 13.12 Kontonavigation mit Bearbeitungsfunktion im Google Ads Editor

13.3.2 Besonderheiten des Google Ads Editor

Welche Vorteile bietet der Google Ads Editor? Was macht ihn zu einem besonderen Helfer, den viele Google-Ads-Administratoren nicht missen möchten? Eine Anmerkung vorweg: Um alle Funktionen des Google Ads Editor zu beschreiben, benötigt man fast ein eigenes Buch. Wir zeigen Ihnen hier als Anregung elf wichtige Funktionen, die den Editor für manche Administratoren unentbehrlich machen. Auf dieser

Grundlage finden Sie sicher noch weitere Möglichkeiten, um Ihre Kampagnen zu bearbeiten.

Eine sehr hilfreiche Änderung im neuen Google Ads Editor ist die ausführliche Suchfunktion, die es an verschiedenen Stellen im Editor gibt. Damit können Sie Kampagnen, Anzeigengruppen und Keywords ganz einfach durchsuchen und schneller finden.

Interessanterweise hat Google mittlerweile bereits einige Funktionen des Google Ads Editor in die Google-Ads-Online-Verwaltung eingebaut, die früher nur im Google Ads Editor möglich waren. Dies hat die Anzahl der aktiven regelmäßigen Editor-User sicher reduziert. Wir sind aber der Überzeugung, dass sich ein Blick in den Editor auf jeden Fall lohnt, denn er kann Ihnen im Google-Ads-Alltag viel wertvolle Zeit sparen.

Sehen wir uns nun die elf Funktionen an:

1. **Backup Ihrer Google-Ads-Kampagnen**
   Nachdem Sie den aktuellen Stand Ihres Google-Ads-Kontos mit dem Google Ads Editor heruntergeladen haben, können Sie dieses Konto oder nur ausgewählte Kampagnen über einen Export ❶ als Backup sichern (siehe Abbildung 13.13). Auf diese Weise erhalten Sie eine Offline-Sicherung Ihrer Google-Ads-Kampagnen, in die Sie schließlich vorab viel Zeit und Hirnschmalz investiert haben. Ebenso können Sie an dieser Stelle auch einen Import ❷ vornehmen.

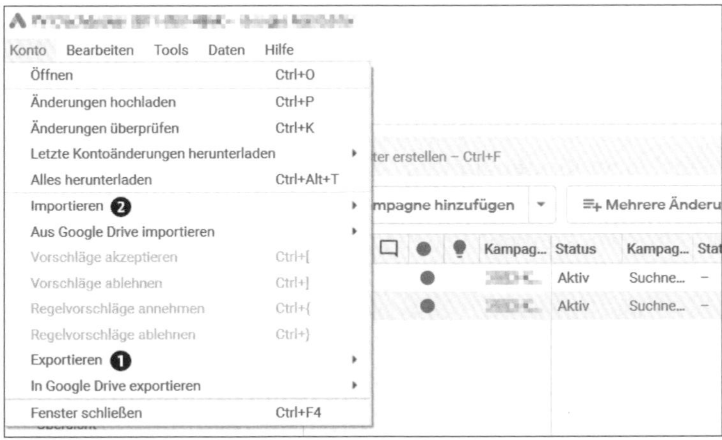

Abbildung 13.13 Export- und Importfunktionen des Google Ads Editor

2. **Gemeinsame Bearbeitung eines Kontos**
   Mit dem Editor haben Sie auch die Möglichkeit, Ihre Kampagnenstruktur oder vorgenommene Optimierungen an den Kampagnen von einem Kollegen prüfen oder bewerten zu lassen. Mehrere Kollegen können verschiedene Kampagnen in einem großen Konto bearbeiten.

Außerdem bietet sich Ihnen die Möglichkeit, den aktuellen Stand Ihrer Kampagnenplanung Ihrem Kunden vorzulegen. Der Austausch funktioniert ganz einfach, indem Sie den aktuellen Stand zur gemeinsamen Verwendung aus dem Editor exportieren und per E-Mail an Ihren Kunden bzw. Kollegen weiterschicken. Die Exportdatei (*.csv*-Datei) kann dann von den Kollegen oder Kunden ebenfalls mithilfe des Google Ads Editor importiert und bei Bedarf bearbeitet werden. Mithilfe der Kommentarfunktion können zudem Notizen zu den Vorschlägen oder Änderungen eingegeben werden. Die Eingabe lokaler Kommentare erfolgt im rechten Fenster über das Icon LABELS UND KOMMENTARE ❾ (siehe Abbildung 13.12).

3. **Mehrere Google-Ads-Konten parallel öffnen und bearbeiten**
   Ein weiteres Feature des Google Ads Editor ist, dass Sie gleichzeitig mehrere Konten bearbeiten können. So können Sie nämlich Kampagnen, Anzeigengruppen oder Anzeigen zwischen den unterschiedlichen Konten kopieren. Vor allem für Agenturen ist es sehr interessant, eine bestehende Kampagne in ein anderes Konto zu kopieren, weil die Agentur zum Beispiel verschiedene Kunden aus der gleichen Branche in unterschiedlichen Regionen betreut. Eine kopierte Kampagne, die dann nur noch individuell angepasst werden muss, spart viel Zeit.

   Um mehrere Konten gleichzeitig zu öffnen, gehen Sie über den Button KONTEN ❶ und dann auf KONTO ÖFFNEN. Jedes Konto öffnet sich so in einem neuen Fenster ❷ und ❸, die Sie auf Ihrem Bildschirm beliebig anordnen können (siehe Abbildung 13.14).

4. **Einfaches Kopieren, Verschieben, Bearbeiten**
   Das große Plus des Google Ads Editor ist seine Kopierfunktion – sowohl innerhalb eines Kontos als auch über Konten hinweg. Diese erleichtert vor allem die Erstellung von großen Kampagnen mit vielen Anzeigengruppen. Kampagnen, Anzeigengruppen oder Anzeigen können Sie einfach mit der linken Maustaste einzeln bzw. für mehrere Elemente mit der linken Maustaste und der `Strg`-Taste (auf Windows-Rechnern) oder mit der `Cmd`-Taste (auf Apple-Rechnern) markieren. Wenn Sie nun auf die rechte Maustaste drücken, können Sie die gewählten Elemente im dann geöffneten Menü ❹ (siehe Abbildung 13.14) mit dem gewünschten Befehl bearbeiten. Hier können Sie unter anderem wählen, ob Sie die Elemente kopieren, aktivieren oder entfernen möchten. Sofern Sie KOPIEREN wählen, können Sie die Elemente über dasselbe Prozedere an anderer Stelle – im selben Konto oder in einem anderen Konto – wieder einfügen.

   Wollen Sie mehrere Kampagnen oder Anzeigen gleichzeitig von einem Konto ins andere kopieren, dann brauchen Sie das nicht händisch und einzeln zu tun. Vielmehr exportieren Sie die Kampagnen oder Anzeigen zunächst als CSV-Datei aus einem Konto und importieren sie dann über die Importfunktion des Google Ads Editor in ein anderes Konto (siehe ❶ und ❷ Abbildung 13.13).

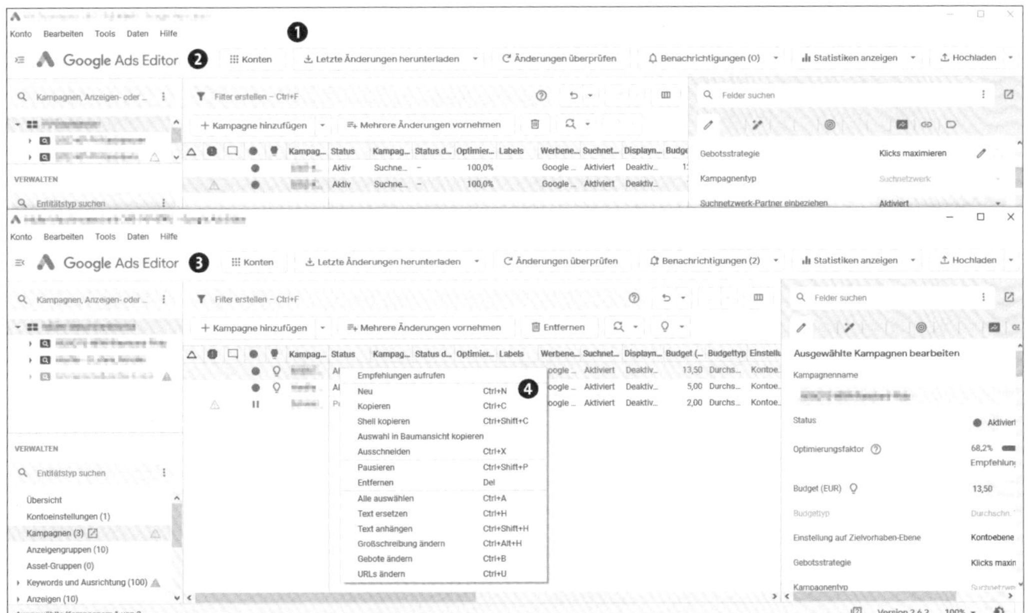

Abbildung 13.14 Mehrere Google-Ads-Konten parallel öffnen und bearbeiten

Tipp

Verschieben Sie die Anzeigen einer laufenden Anzeigengruppe so einfach in eine neu erstellte Anzeigengruppe. Selbst wenn die Anzeigentexte im Detail variieren, sparen Sie doch einiges an »Schreibarbeit«, vor allem wenn mehrere Anzeigentexte erstellt werden müssen. Mit Suchen und Ersetzen können zudem bestimmte Textbausteine ausgetauscht werden, und durch Feintuning lassen sich die kopierten Anzeigen dann schnell individualisieren.

5. **Rückmeldung bei Fehlern**
   Während Sie Ihre Kampagnen, Anzeigengruppen, Keywords etc. anlegen, blendet der Google Ads Editor immer wieder Warnungen oder auch Fehlermeldungen ein. Über ein Ausrufezeichen in einem gelben Dreieck (Warnung) oder ein Ausrufezeichen in rotem Kreis (Fehler) werden Sie darauf hingewiesen. Wenn Sie mit der Maus über diese Zeichen fahren, zeigt der Ads Editor Ihnen die entsprechenden Fehler oder Warnungen an. Durch Klick auf die einzelnen Inhalte der Meldung gelangen Sie zu den Ebenen, auf denen gerade ein Problem auftritt.

In dem Beispiel aus Abbildung 13.15 erinnert uns der Google Ads Editor unter anderem daran, dass wir die manuelle Gebotseinstellung statt der von Google standardmäßig vorgeschlagenen automatischen Gebotsstrategie verwenden. An diesem Beispiel sehen Sie wieder schön, dass nicht jede Warnung automatisch bedeutet, dass Sie sie umsetzen müssen. Denn wie bereits in vergangenen Kapiteln beschrieben, hatten wir die Gebotseinstellung ja bewusst so gewählt.

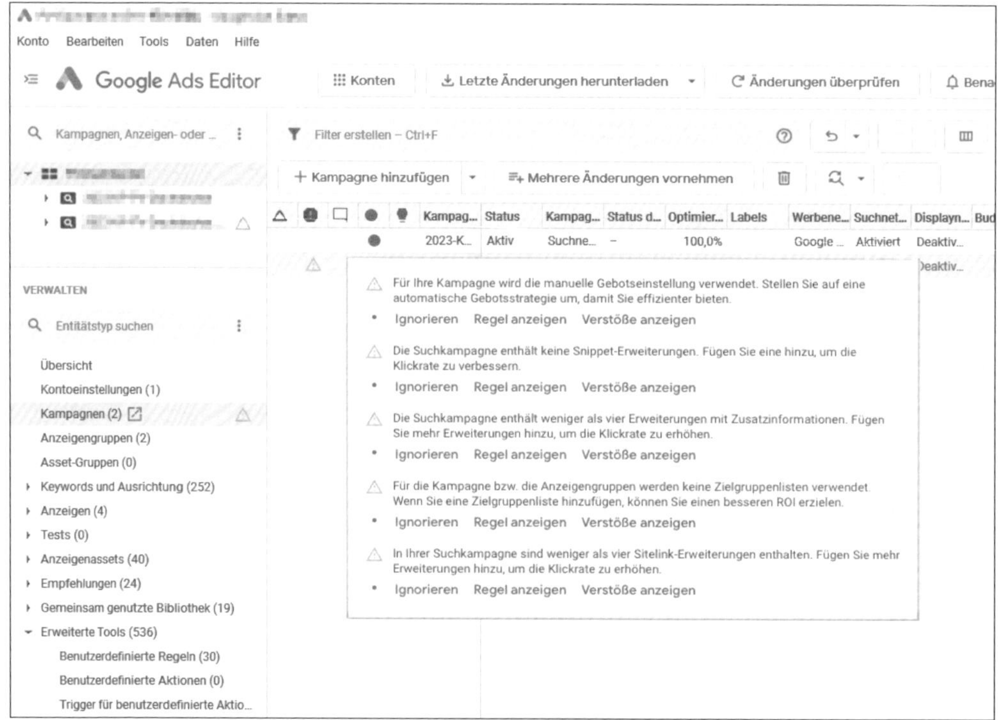

Abbildung 13.15 Warnmeldungen für eine bestehende Kampagne

Anders verhält es sich aber mit der Warnung, dass die Suchkampagne keine Snippet-Erweiterung enthält. Hier gibt Ihnen der Editor wertvolle Hinweise, wie Sie mehr Aufmerksamkeit für Ihre Anzeigen generieren können. Der Google Ads Editor – mit gesundem Menschenverstand angewandt – kann durch seine Warnungen und Fehlermeldungen also zu Ihrem »Helfer« werden, der alle wichtigen Infos zur Verfügung stellt, damit Sie nichts bei der Kampagnenerstellung vergessen.

6. **Fehlerprüfung**
   Im Editor vorgenommene Optimierungen können Sie schnell und einfach per Knopfdruck in Ihr Google-Ads-Konto HOCHLADEN ❶ (siehe Abbildung 13.16). Bevor Sie jedoch mit Ihren Änderungen »live gehen«, sollten Sie diese zunächst mithilfe der Schaltfläche ÄNDERUNGEN ÜBERPRÜFEN ❷ kontrollieren.

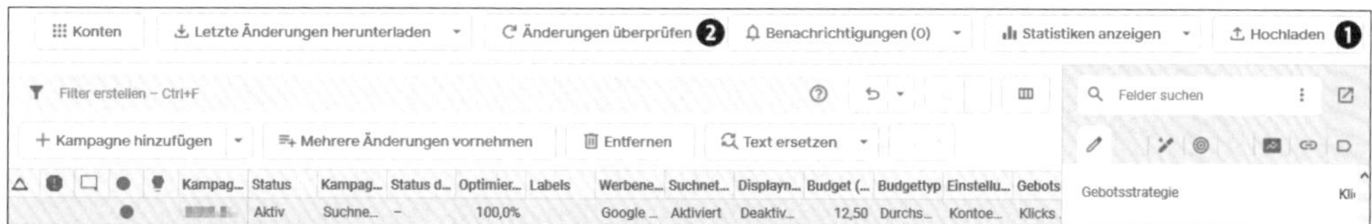

Abbildung 13.16 Änderungen überprüfen und hochladen

Es könnte zum Beispiel sein, dass Sie mit bestimmten Einstellungen gegen Google-Richtlinien verstoßen. Die Überprüfung kann Ihnen wertvolle Zeit sparen, weil Sie auf inhaltliche Fehler sofort und ohne Verzögerung aufmerksam gemacht werden. Sie können den Fehler vor dem Upload beheben, und die Ausspielung Ihrer Anzeigen wird nicht verzögert, wenn Sie später im Google-Ads-Account Ihre Kampagne aktivieren möchten.

Klicken Sie also vor dem Hochladen zunächst auf den Button ÄNDERUNGEN ÜBERPRÜFEN, wählen Sie aus, ob Sie alle Kampagnen oder nur ausgewählte Kampagnen überprüfen lassen möchten, und klicken Sie auf ÄNDERUNGEN ÜBERPRÜFEN. Im Anschluss erhalten Sie eine Auflistung, wie sie in Abbildung 13.17 dargestellt ist.

Überprüfung abgeschlossen

Entitätstyp	Überprüft	Fehler
Kampagnen	1/1	-
Anzeigengruppen	1/1	-
Keywords	3/3	1
Listen mit ...	1/1	-
Standorte	3/3	-
Auszuschließende ...	1/1	-
Zielgruppen	1/1	-

Schließen

Abbildung 13.17 Ergebnis der Prüfung der Änderungen

In grüner Farbe werden die Änderungen aufgelistet, die der Überprüfung standgehalten haben. Rot unterlegt werden die Fehler aufgelistet. Außerdem werden Ihnen Details zu den jeweiligen Fehlern angegeben. Da der Google Ads Editor in jedem Eingabefeld eine Plausibilitätsprüfung eingebaut hat und schon Ihre Eingaben prüft und gegebenenfalls Fehler anmerkt, erhalten Sie bei dieser zentralen Prüfung der Änderungen nur selten gravierende Fehler.

7. **Gleichzeitige Bearbeitung mehrerer Elemente**
   Eine sehr nützliche und zeitsparende Funktion im Editor ist die gleichzeitige Bearbeitung mehrerer Elemente (siehe Abbildung 13.18). Werden zum Beispiel mehrere Keywords gleichzeitig markiert ❶, kann der STATUS ❷ mehrerer Keywords im rechten Bearbeitungsfenster mit einem Klick von AKTIVIERT in PAUSIERT oder ENTFERNT geändert werden. Ebenso können Sie die KEYWORD-OPTION ❸ und vielSes mehr aller markierten Keywords ändern.

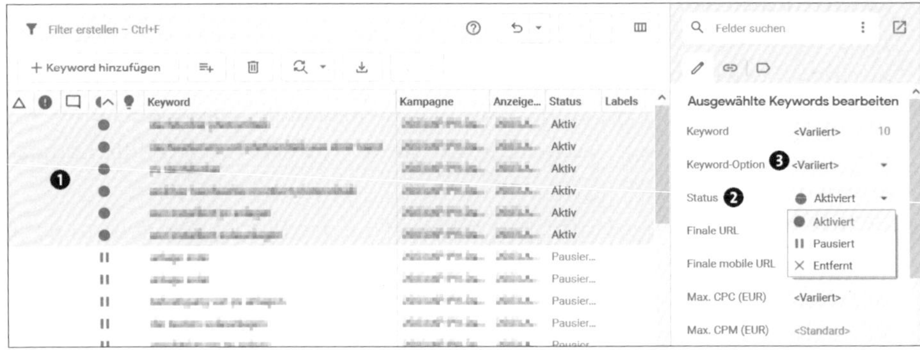

Abbildung 13.18 Mehrere Keywords gleichzeitig ändern

Diese Funktion lässt sich für alle Ebenen und verschiedene Einstellungen nutzen. So können Sie beispielsweise saisonale Anzeigen Jahr für Jahr mit wenig Aufwand anpassen, indem Sie die FINALE URL anpassen und gegebenenfalls auch den Call-to-Action. Schauen wir uns das am Beispiel in Abbildung 13.19 an.

Sie markieren zunächst die »alten« Anzeigen ❶ im mittleren Fenster. Im rechten Bearbeitungsfenster ändern Sie nun im Feld FINALE URL ❷ die Jahreszahl *2023* in die aktuelle Jahreszahl *2024*. Schließlich ändern Sie den Call-to-Action in 2. TEXTZEILE ❸ von *Online-Rabatt sichern* in *Frühlingsrabatt sichern*. Die Änderungen werden dann automatisch für alle markierten Suchanzeigen übernommen. Der Hinweis <VARIIERT> ❹ zeigt, dass die ausgewählten Anzeigen für diese Bereiche unterschiedliche Inhalte bzw. Inhaltstypen aufweisen.

8. **Mehrere Änderungen vornehmen**
   Die Bezeichnung dieser Option ist etwas irreführend, da es hier weniger um das Ändern als vielmehr um das Hinzufügen von neuen Elementen geht. In dem Fenster, das sich öffnet, wenn Sie in der oberen Navigation auf MEHRERE ÄNDERUNGEN VORNEHMEN klicken (siehe Abbildung 13.20), sehen Sie oben links, auf welchem Bearbeitungslevel Sie sich gerade befinden ❶. Darunter ❷ können Sie auswählen, wo Sie neue Elemente hinzufügen möchten.

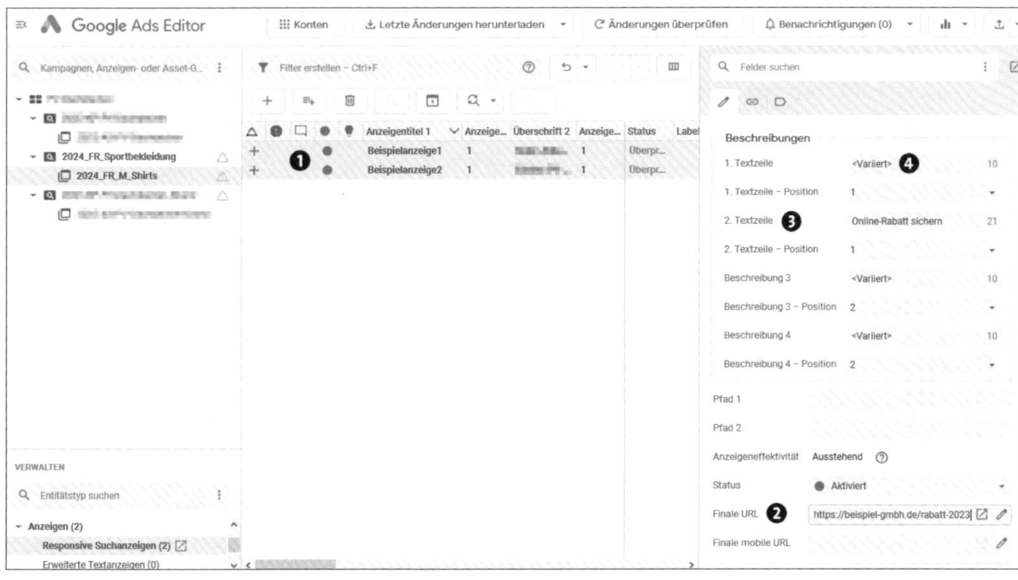

Abbildung 13.19 Mehrere Anzeigen gleichzeitig ändern

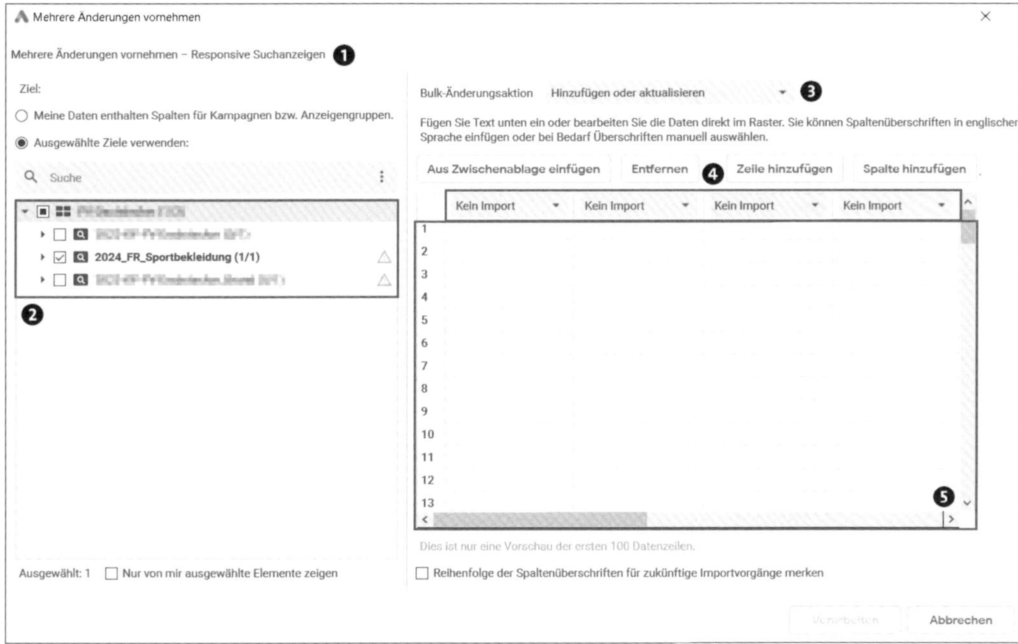

Abbildung 13.20 Mehrere responsive Suchanzeigen gleichzeitig hinzufügen

Im rechten Teil wählen Sie zunächst die Art der Bearbeitung ❸ aus. Über die Drop-down-Menüs in jedem Spaltenkopf ❹ können Sie die korrekte Zuordnung Ihrer eingefügten Daten vornehmen (siehe Abbildung 13.21). Darunter ❺ geben Sie nun die entsprechenden Daten ein oder kopieren sie aus einer zuvor angefertigten Excel-Tabelle hierher. Auf diese Art und Weise können Sie sehr schnell und einfach weitere responsive Suchanzeigen Ihrem Konto hinzufügen.

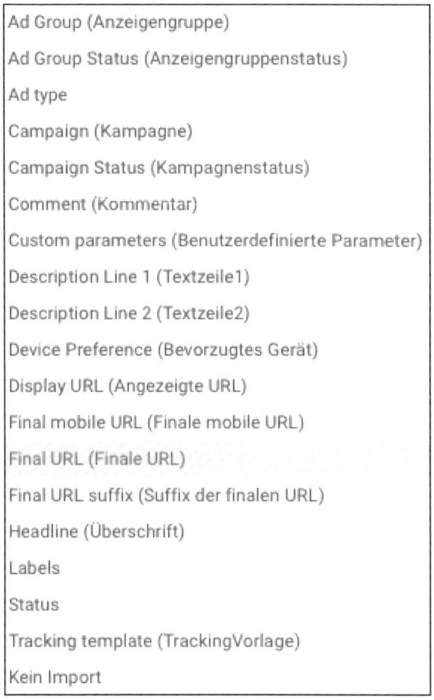

Ad Group (Anzeigengruppe)
Ad Group Status (Anzeigengruppenstatus)
Ad type
Campaign (Kampagne)
Campaign Status (Kampagnenstatus)
Comment (Kommentar)
Custom parameters (Benutzerdefinierte Parameter)
Description Line 1 (Textzeile1)
Description Line 2 (Textzeile2)
Device Preference (Bevorzugtes Gerät)
Display URL (Angezeigte URL)
Final mobile URL (Finale mobile URL)
Final URL (Finale URL)
Final URL suffix (Suffix der finalen URL)
Headline (Überschrift)
Labels
Status
Tracking template (TrackingVorlage)
Kein Import

Abbildung 13.21 Optionen im Drop-down-Menü je Spaltenkopf

9. **Text ersetzen**

   Die Funktion »Suchen und Ersetzen« kennen Sie sicher aus Ihrem Textbearbeitungsprogramm, z. B. MS Word. Auch der Google Ads Editor hält diese Funktion bereit. Klicken Sie auf Text ersetzen ❶ und wählen Sie dann in der sich öffnenden Auswahlbox erneut Text ersetzen (siehe Abbildung 13.22).

   Mit dieser Funktion können Sie auf Kampagnen-, Anzeigen- und Keyword-Ebene bestimmte Begriffe in definierten Feldern automatisiert suchen und durch andere ersetzen. Wenn sich beispielsweise Ihr Online-Rabatt von 10 % auf 15 % erhöht hat und eine Rabattaussage in fast jeder Ihrer Suchanzeigen vorkommt, dann spart Text ersetzen viel Zeit.

In Abbildung 13.22 sehen Sie, wie einfach nach der Zeichenfolge »10 %« gesucht und diese dann durch »15 %« ersetzt werden kann. Durch die Auswahl der Option TEXT ERSETZEN beim Aufruf ist das Feld AKTION ❷ bereits korrekt vorausgewählt. Unter der Einstellung FELDER ❸ bestimmen Sie, wo das Ersetzen stattfinden soll: ob in allen Feldern, in denen der Begriff gefunden wird, oder eben nur in bestimmten Feldern, wie in unserem Beispiel nur in TEXTZEILE 2. Danach geben Sie unter FOLGENDEN TEXT SUCHEN: ❹ den Text ein, den Sie ersetzen wollen, und unter ERSETZEN DURCH: ❺ den Text, der stattdessen erscheinen soll.

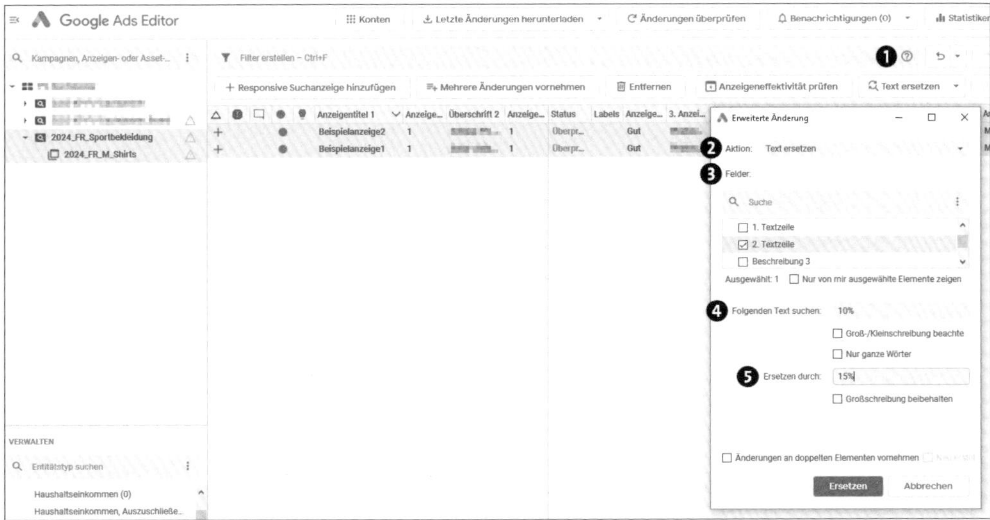

Abbildung 13.22 Suchen und Ersetzen von Textbausteinen

10. **Anfügen von Textbausteinen**
    Eine Abwandlung von »Suchen und Ersetzen« ist das Hinzufügen von Textbausteinen an bestimmten Stellen. Auch dies funktioniert mit dem Google Ads Editor reibungslos. Erneut mithilfe der Funktion TEXT ERSETZEN können Sie z. B. zusätzliche Informationen oder Ihr wichtigstes Keyword bei mehreren Suchanzeigen an die FINALE URL anhängen (siehe Abbildung 13.23). Wählen Sie bereits beim Aufruf von TEXT ERSETZEN die gewünschte Option oder wechseln Sie diese nachträglich innerhalb des Pop-up-Fensters im Feld AKTION. Ebenso können Sie über TEXT ANFÜGEN an beliebigen Stellen Textbausteine ergänzen.

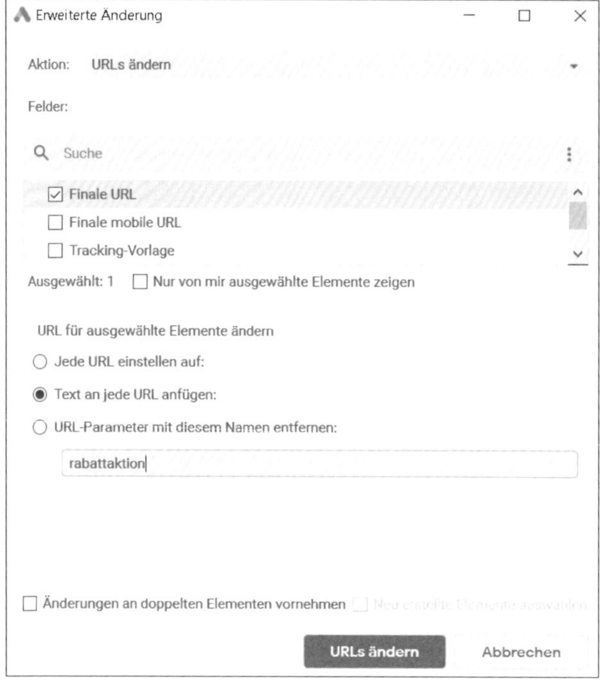

Abbildung 13.23 »Finale URL« erweitern

11. **Aufspüren doppelter Keywords**
Ein wichtiges Tool, das in Ihrem Google-Ads-Konto online nicht verfügbar ist, nennt sich IDENTISCHE KEYWORDS SUCHEN. Im Editor können einzelne Kampagnen oder auch Ihr komplettes Konto nach doppelten Keywords durchsucht werden.

Doppelte Keywords sind ein Problem, sofern sie in Ihrem Konto in mehreren Anzeigen, Anzeigengruppen oder Kampagnen für die gleiche Zielregion auftreten. Denn aus einem Google-Ads-Konto heraus wird zu einem Keyword immer nur eine Anzeige geschaltet. Falls Sie doppelte Keywords in Ihrem Konto haben, löst nur ein Keyword eine Anzeige aus! Aber Sie können nicht bestimmen bzw. vorhersehen, welches der doppelten Keywords die Anzeigenschaltung auslöst. Somit werden doppelte Keywords untereinander zu Konkurrenten. Ihre Google-Ads-Werbung wird dadurch zum Teil nicht vorhersehbar bzw. nicht steuerbar. Anders verhält es sich natürlich, wenn Sie für unterschiedliche Zielregionen identische Keywords nutzen. Dann besteht keine Konkurrenz.

Die Konflikte mit doppelten Keywords für dieselbe Region können Sie mit dem Tool aus dem Google Ads Editor aufspüren und bei Bedarf beheben. Sie starten das

Tool im Editor, indem Sie am oberen Bildschirmrand in der Taskleiste TOOLS aufrufen und aus der Drop-down-Liste den Unterpunkt IDENTISCHE KEYWORDS SUCHEN auswählen (siehe Abbildung 13.24).

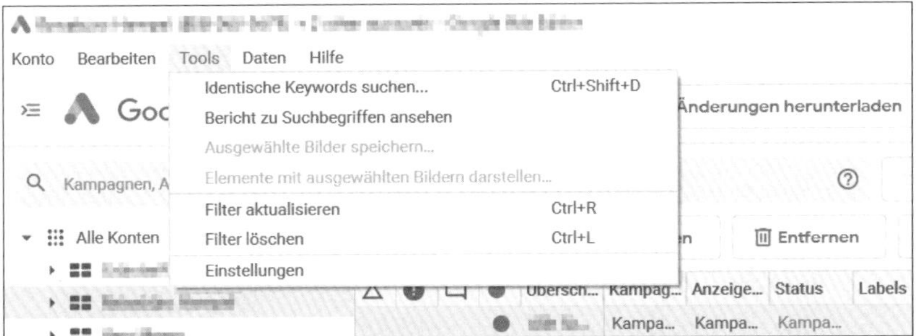

Abbildung 13.24 Die Funktion »Identische Keywords suchen« aufrufen

Danach können Sie in einem neuen Fenster (siehe Abbildung 13.25) im linken Menü ❶ bestimmen, ob das ganze Konto oder nur ausgewählte Kampagnen durchsucht werden sollen.

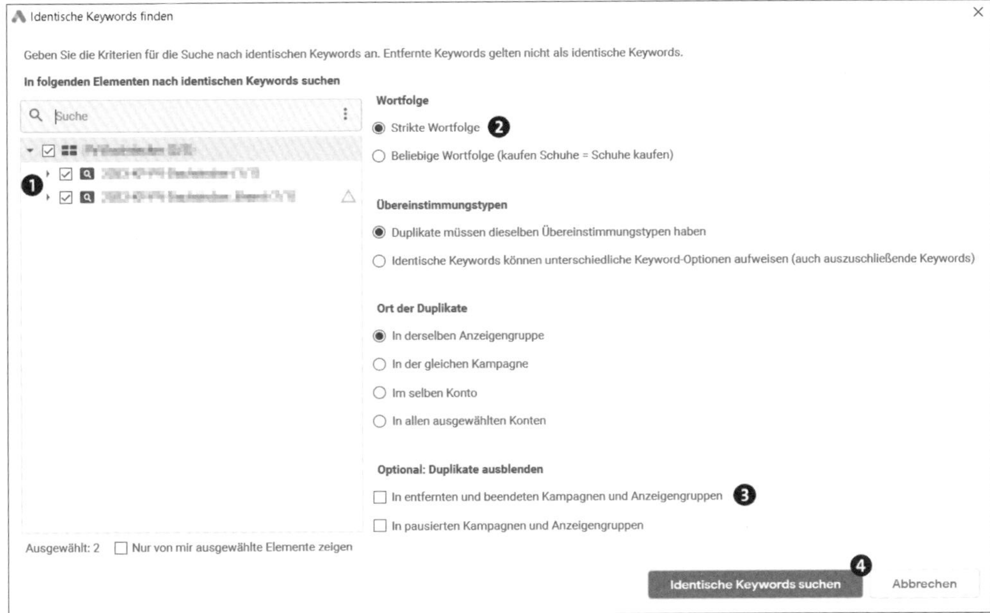

Abbildung 13.25 Auswahl der Kampagnen und Filtereinstellungen

Auf der rechten Seite können Sie verschiedene Suchbedingungen, z. B. STRIKTE WORTFOLGE ❷, festlegen. Sie können auch bestimmen, ob pausierende Kampagnen bzw. Anzeigengruppen ❸ in die Suche einbezogen werden oder nicht. Nachdem Sie Ihre Einstellungen vorgenommen haben, klicken Sie auf den Button IDENTISCHE KEYWORDS SUCHEN ❹ und erhalten als Ergebnis eine entsprechende Liste mit Duplikaten, falls doppelte Keywords vorhanden sind.

Wir haben Ihnen hier eine kleine Auswahl an wichtigen Funktionen vorgestellt, die der Google Ads Editor zu bieten hat. Sofern bestimmte Möglichkeiten des Editors interessant für Sie sind, sollten Sie auf jeden Fall den Google Ads Editor einmal testen. Beachten Sie dabei, dass der Google Ads Editor genau wie das Google-Ads-Backend ständig neue Funktionen erhält. Dabei läuft der Editor den Entwicklungen des Google-Ads-Online-Tools immer etwas hinterher.

Viele Funktionen, die der *Google Ads Editor* bereithält, sind mittlerweile auch schon online im Backend von *Google Ads* enthalten. So können Sie im Gegensatz zu den Anfangszeiten von Google Ads jetzt im Konto Ihre Kampagnen, Anzeigengruppen, Keywords und Anzeigentexte ganz einfach kopieren und an anderer Stelle wieder einfügen. Außerdem ist es möglich, durch »Suchen und Ersetzen« Textbausteine zu verändern. Auch ein Hinzufügen von zusätzlichen Texten an verschiedenen Stellen ist durchführbar. Diese Funktionen waren früher ein starkes Argument für den Editor. Insgesamt kann das Tool als Offline-Ergänzung und vor allem für die Zusammenarbeit verschiedener Administratoren nach wie vor eine sinnvolle Ergänzung zur Online-Oberfläche sein.

Im Alltag müssen Sie je nach Situation entscheiden, ob Sie den zunächst längeren Weg gehen, also einmal den aktuellen Stand des Kontos in den Editor herunterladen, die Änderungen durchführen und das Ganze wieder per Upload ins Konto verschieben. Alternativ können Sie viele Änderungen direkt im Konto durchführen. Die Arbeit mit dem Editor ist jedoch vor allem dann sinnvoll, wenn sehr viele Änderungen anstehen – und natürlich für die beschriebenen Aufgaben, die noch nicht online im Backend gelöst werden können. Dazu zählen zum Beispiel das Aufspüren doppelter Keywords im Google-Ads-Konto sowie der Austausch ganzer Kampagnen zwischen verschiedenen Konten.

13.4 Leistungsplaner

Gehen wir nun wieder zurück ins Google-Ads-Online-Konto und schauen uns den *Google-Ads-Leistungsplaner* an. Dies ist ein nützliches Tool, das Ihnen bei der Planung und Optimierung Ihrer bestehenden Kampagnen helfen kann, indem Sie Einblicke in potenzielle Ergebnisse und Auswirkungen von Änderungen erhalten, bevor sie diese tatsächlich umsetzen. Im Folgenden gehen wir kurz auf die wichtigsten Bestandteile des Leistungsplaners ein. Nutzen Sie dies als Basis, um selbstständig in die vielen Möglichkeiten dieses Werkzeugs einzusteigen.

Nicht jede Ihrer Kampagnen kann im Leistungsplaner genutzt werden. Beispielsweise muss eine Suchkampagne mindestens 72 Stunden aktiv sein und in den letzten sieben Tagen mindestens drei Klicks erzielt haben. Weitere Informationen zu den Voraussetzungen für die Nutzung einer Kampagne im Leistungsplaner finden Sie unter folgendem Link: *https://support.google.com/google-ads/answer/9230124?sjid=4023686128653235442-EU*

Navigieren Sie zum Leistungsplaner über TOOLS • PLANUNG • LEISTUNGSPLANER und klicken Sie auf ⊕, um einen neuen Plan zu erstellen.

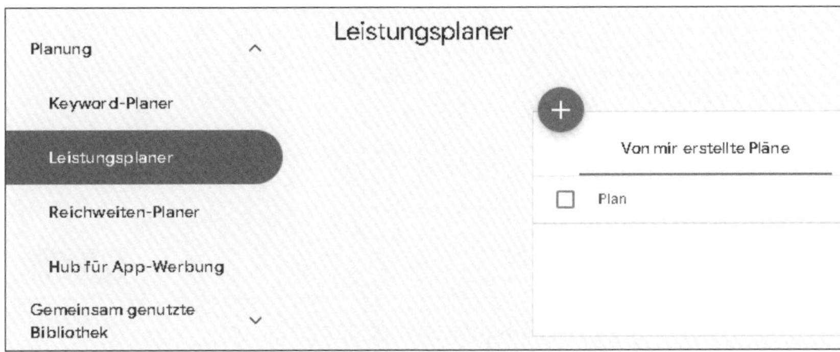

Abbildung 13.26 Erstellen Sie einen neuen Plan im Leistungsplaner.

Im sich öffnenden Fenster bestimmen Sie nun den grundlegenden Rahmen für Ihre Prognose. Dazu gehören die folgenden Einstellungen (siehe Abbildung 13.27):

- DATEN: Legen Sie den zu betrachtenden Zeitraum fest.
- KANAL: Bestimmen Sie den Kampagnentyp der zu betrachtenden Kampagne(n).
- WICHTIGSTER MESSWERT: Legen Sie fest, für welchen Messwert Ihre Prognose betrachtet werden soll (z. B. KLICKS oder CONVERSIONS). Auf die weiteren Einstellungen zum gewählten Messwert werden wir im Verlauf dieses Abschnitts noch eingehen.
- KAMPAGNEN: Treffen Sie eine Auswahl, welche Kampagne(n) in Ihrer Prognose berücksichtigt werden sollen.

Die meisten Einstellungen lassen sich auch nachträglich im Leistungsplan anpassen. Somit haben Sie einen großen Spielraum, um die Wirkung verschiedener Einstellungen und Parameter in Ihrer Prognose auszutesten. Für die weitere Betrachtung gehen wir davon aus, dass unser WICHTIGSTER MESSWERT die Conversion ist.

13

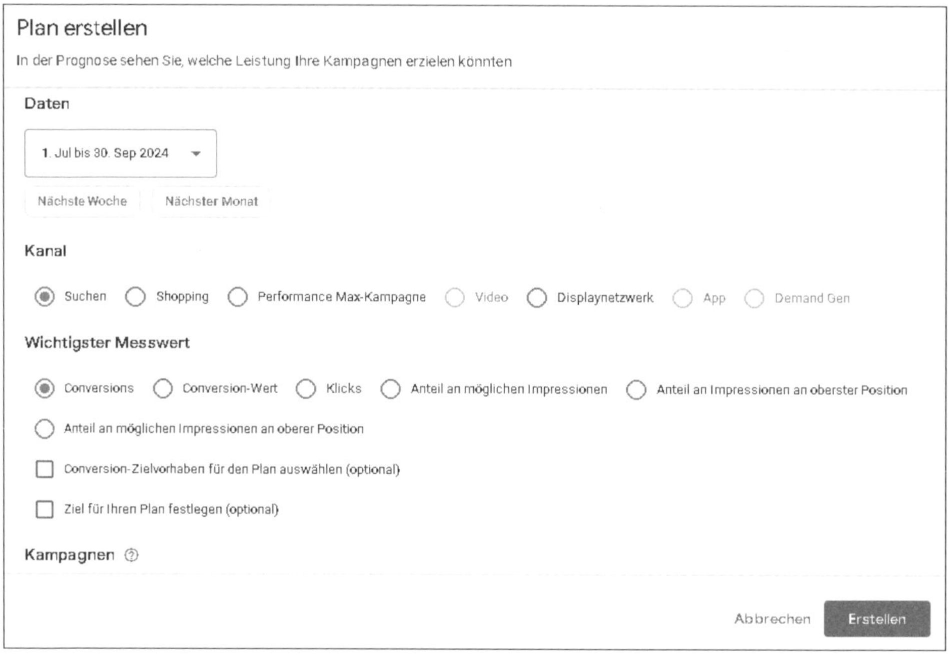

Abbildung 13.27 Legen Sie die Rahmenbedingungen Ihrer Prognose fest.

Im Zentrum der Prognose steht die Aussage: »Wenn Sie im gewählten Zeitraum einen Gesamtbetrag von X investieren, erzielen Sie voraussichtlich eine Anzahl von Y Conversions bei durchschnittlichen Kosten von Z zur Erreichung einer Conversion.« Alle drei Parameter – *X* (Gesamtausgaben), *Y* (Anzahl Conversions) und *Z* (Kosten je Conversion bzw. ganz korrekt Costs-per-Akquisition) – können Sie nun entsprechend Ihren Anforderungen anpassen und die Auswirkung auf die jeweils anderen Parameter nachvollziehen (siehe Abbildung 13.28). Klicken Sie dazu auf einen der Werte ❶ und nehmen Sie Ihre Änderung vor. Zusätzlich zu den reinen Zahlenwerten verschafft Ihnen das Diagramm ❷ einen guten Überblick über das Verhältnis der Ausgaben zur Anzahl der Conversions im Verlauf. Hier zeigt Ihnen der graue Punkt das Ergebnis für den Prognosezeitraum bei unveränderten Einstellungen, während der blaue Punkt dem Ergebnis bei veränderten Einstellungen entspricht. Sie haben auch die Möglichkeit, direkt auf den Graphen zu klicken, um dadurch eine Veränderung der vorgenannten Parameter zu bewirken. Wechseln Sie bei Bedarf in das Register LEISTUNG VERGLEICHEN ❸, um Ihre Prognosewerte im Vergleich zu einem zweiten Zeitraum (z. B. den tatsächlichen Werten der letzten Wochen) zu sehen. Ergänzend zum Diagramm werden weitere Kennzahlen angezeigt ❹, die sich durch einen Klick auf KENNZAHLEN ❺ flexibel erweitern lassen.

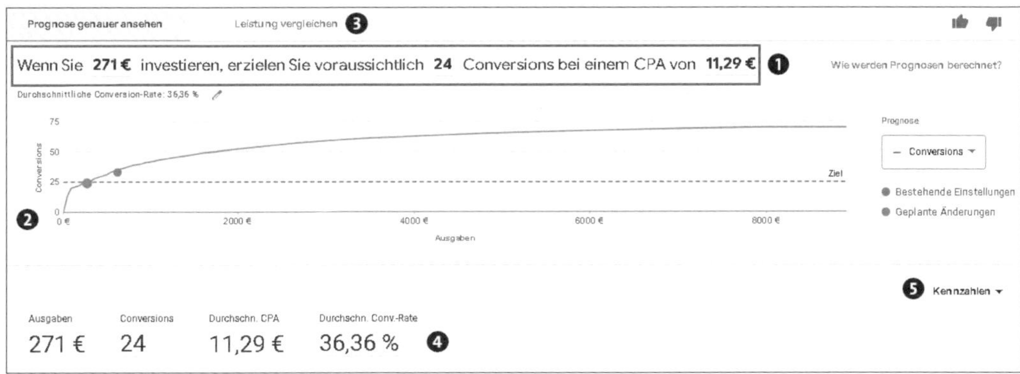

Abbildung 13.28 Erhalten Sie eine Prognose für den gewählten Zeitraum.

Insbesondere für den Fall, dass Sie mehrere Kampagnen in Ihrer Prognose berücksichtigen, verschafft Ihnen die Tabelle unterhalb des Diagramms einen nützlichen Überblick (siehe Abbildung 13.29). Während der Diagrammbereich alle Kampagnen zusammenfasst, führt die Tabelle neben einer Gesamtbetrachtung auch die einzelnen Kampagnen auf. Sie finden hier in jeder Spalte den Prognosewert bei angepassten Einstellungen und die prozentuale Veränderung, die sich zu den bestehenden Einstellungen daraus ergeben würde. Ähnlich wie Sie es auch von anderen Tabellen in Google Ads gewohnt sind, lassen sich die aufgeführten Werte durch einen Klick auf SPALTEN in der oberen rechten Ecke individuell anpassen.

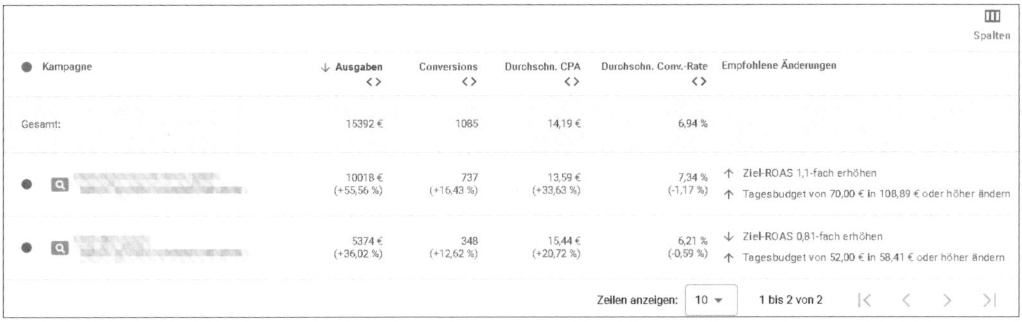

Spalten

Kampagne	↓ Ausgaben <>	Conversions <>	Durchschn. CPA <>	Durchschn. Conv.-Rate <>	Empfohlene Änderungen
Gesamt:	15392 €	1085	14,19 €	6,94 %	
	10018 € (+55,56 %)	737 (+16,43 %)	13,59 € (+33,63 %)	7,34 % (-1,17 %)	↑ Ziel-ROAS 1,1-fach erhöhen ↑ Tagesbudget von 70,00 € in 108,89 € oder höher ändern
	5374 € (+36,02 %)	348 (+12,62 %)	15,44 € (+20,72 %)	6,21 % (-0,59 %)	↓ Ziel-ROAS 0,81-fach erhöhen ↑ Tagesbudget von 52,00 € in 58,41 € oder höher ändern

Zeilen anzeigen: 10 1 bis 2 von 2

Abbildung 13.29 Betrachten Sie die Veränderung für jede Kampagne.

Wie bereits erläutert, können Sie auch nachträglich Anpassungen zu den meisten Einstellungen, die Sie bei Erstellung des Leistungsplans ausgewählt haben, vornehmen. Nutzen Sie dazu die Funktionsleiste oberhalb Ihrer Prognose, in der Sie bereits die aktuell ausgewählten Einstellungen wiederfinden (siehe Abbildung 13.30). Hier vergeben Sie einen sprechenden Namen ❶, wählen bei Bedarf weitere oder eine neue Kampagne ❷ aus und verändern den Prognosezeitraum ❸. Beachten Sie, dass sich der bei Erstellung ausgewählte Kanal bzw. Kampagnentyp nicht nachträglich verändern lässt und somit die Auswahl der zur Verfügung stehenden Kampagnen auf den festgelegten Kampagnentyp beschränkt ist.

Indem Sie im Feld WICHTIGSTER MESSWERT UND ZIEL ❹ Anpassungen vornehmen, verändern Sie die Ausrichtung Ihrer Prognose und damit die Parameter, durch die Sie Ihre Prognose beeinflussen können. Die möglichen Optionen hängen dabei von dem definierten Kanal bzw. Kampagnentyp oder auch von der Konfiguration Ihrer ausgewählten Kampagne ab. In unserem Beispiel konzentrieren wir uns auf CONVERSIONS, alternativ können Sie beispielsweise auch KLICKS oder den CONVERSION-WERT in den Fokus Ihrer Prognose nehmen.

Die Vorgabe eines Ziels bestehend aus der Auswahl des relevanten Parameters im Feld ZIEL (OPTIONAL) und der Definition des zugehörigen Zielwerts ist neben den bereits erläuterten Möglichkeiten eine weitere Vorgehensweise, um Einfluss auf Ihre Prognose zu nehmen. Planen Sie ein festes Budget und möchten prüfen, wie hoch die mögliche Anzahl an Conversions ist? Dann legen Sie dieses Budget als Ausgabenziel fest. Planen Sie mit einer festen Anzahl an zu erreichenden Conversions und möchten prüfen, welches Budget Sie dafür einplanen müssen? Dann geben Sie als Ziel die Anzahl der vorgesehenen Conversions ein. Der Vorteil der Zieleinstellung liegt darin, dass dieses Ziel innerhalb Ihres Diagramms immer sichtbar bleibt, selbst wenn Sie nachträglich über die anderen Wege Ihre Parameter verändern.

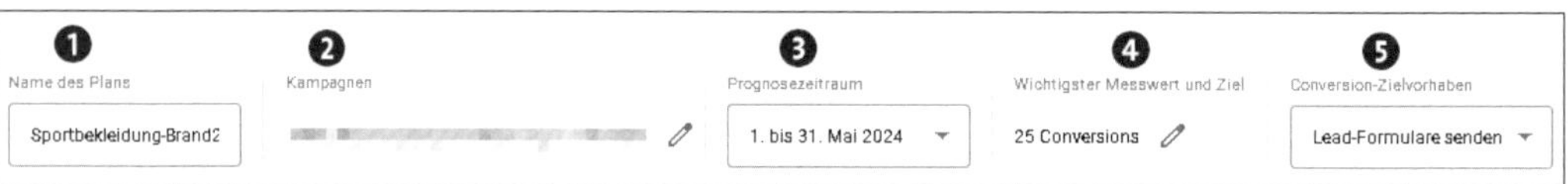

Abbildung 13.30 Passen Sie die Einstellungen für Ihre Prognose an.

Abhängig vom gewählten Messwert können weitere Auswahloptionen vorhanden sein. In unserem Beispiel lässt sich über das Feld CONVERSION-ZIELVORHABEN ❺ die Prognose auf bestimmte Conversions einschränken.

Ein aktives Speichern Ihres Plans ist nicht notwendig, da dieser nach Erstellung automatisch angelegt ist und ab sofort in der Übersicht unter LEISTUNGSPLANER mit aufgeführt wird.

Sie können erahnen, dass dieses Werkzeug viele nützliche Möglichkeiten im Hinblick auf die Planung Ihrer Kampagnen bereithält. Die Google-Prognose ist natürlich kein festes Versprechen für die Zukunft, und der Erfolg Ihrer Kampagne hängt von vielen verschiedenen Faktoren ab. Dennoch greift Google hier auf eine riesige und stets aktualisierte Datenbasis zurück, die als wertvolle Ergänzung für die Optimierung Ihrer Kampagnen dienen kann.

13.5 Reichweitenplaner

Der *Google-Ads-Reichweitenplaner* ist ein Tool, das Ihnen helfen kann, die potenzielle Reichweite Ihrer Anzeigen auf YouTube und im Displaynetzwerk von Google zu verstehen und zu planen. Dabei stehen verschiedene Funktionen zur Verfügung:

- **Zielgruppenauswahl**
  Identifizieren und definieren Sie verschiedene Zielegruppen. Dies kann auf Basis von Demografie, Interessen, Verhaltensweisen und anderen Kriterien erfolgen.
- **Interaktive Planung**
  Passen Sie Parameter nach Ihren Bedürfnissen an, testen Sie verschiedene Anzeigentypen aus und setzen Sie unterschiedlich viel Budget ein.
- **Prognose**
  Basierend auf Ihren Einstellungen und den gewählten Parametern liefert Ihnen der Reichweitenplaner Schätzungen für die erwarteten Impressionen und die potenzielle Reichweite.

Der Reichweitenplaner lässt sich über TOOLS • PLANUNG • REICHWEITENPLANER aufrufen, ist bisher jedoch nicht in jedem Google-Ads-Konto nutzbar. Außerdem bezieht sich dieser eher auf speziellere Kampagnentypen. Aus diesem Grund belassen wir es hier bei den kurzen Erläuterungen zu diesem Werkzeug.

13.6 Google-Ads-Kampagnentests

Mithilfe der Google-Ads-Kampagnentests können Sie Änderungen an Ihrem Konto für ausgewählte Elemente testen. Die Tests werden live im Wechsel mit den Standardeinstellungen durchgeführt. Die Kampagnentests werden wir in Abschnitt 16.18, »Testen im Ads-Konto«, noch näher beschreiben.

13.7 Google-Ads-Shortcuts

Ähnlich wie im Google Ads Editor können Sie auch in der Online-Version des Google-Ads-Kontos mit Shortcuts arbeiten, um Zeit zu sparen. Abbildung 13.31 zeigt Ihnen die gängigsten Tastenkombinationen. Sie finden diese Übersicht in Ihrem Online-Konto, indem Sie auf HILFE klicken und dann TASTENKOMBINATIONEN auswählen. Dadurch öffnet sich ein separates Fenster.

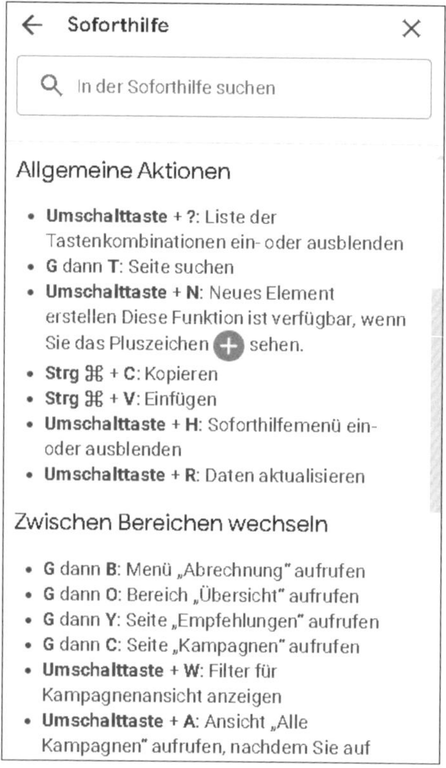

Abbildung 13.31 Tastenkombinationen für Shortcuts im Google-Ads-Konto

13.8 Fazit

Dieses Kapitel hat Ihnen einen Überblick über die verschiedenen Tools vermittelt, die für Google Ads verfügbar sind. Neben den Tools, die als eigenständiger Unterpunkt im Google-Ads-Konto aufgeführt sind, kennen Sie nun auch die Tools, die quasi im Verborgenen helfen. Mit dem Google Ads Editor haben wir Ihnen auch ein Google-Tool vorgestellt, mit dem Sie offline Ihre Google-Ads-Kampagnen bearbeiten und optimieren können. Schauen Sie sich die verschiedenen vorgestellten Tools an und nutzen Sie sie bei Bedarf, um sich die Arbeit zu erleichtern und Zeit zu sparen.

13.9 Checkliste

Sind Sie mit den Tools im Google-Ads-Konto vertraut? Die folgenden Tools sollten Sie kennen:

Wichtige Tools im Google-Ads-Konto	**Bekannt (☑)**
Änderungsverlauf	
Keyword-Planer	
Anzeigenvorschau und -diagnose	
Attribution	
Google Ads Editor	
Google-Ads-Reichweitenplaner	
Google-Ads-Kampagnentests	
Google-Ads-Shortcuts	

Tabelle 13.1 Checkliste zu den wichtigsten Tools im Google-Ads-Konto

Kapitel 14
Reporting und Conversion-Tracking

Ohne Controlling sind Sie blind! Eine schöne Eigenschaft des Online-Marketings ist die Möglichkeit, die Strategien und getroffenen Entscheidungen schnell und einfach kontrollieren zu können. Werden die gewählten Keywords auch gesucht? Welche Anzeigen funktionieren besser? Und vor allem: Werden die gesteckten Ziele auch erreicht?

Conversion-Tracking ist ein Muss bei der Schaltung von Google-Ads-Anzeigen, denn ohne Conversion-Tracking können Sie keine Aussage über den Erfolg Ihrer Google-Ads-Werbung machen. Zum Controlling gehören aber auch Berichte, die Ihnen zeigen, was gesucht wurde, auf welchen Geräten Ihre potenziellen Kunden über Google suchen und wo und zu welchen Zeiten diese hauptsächlich im Netz unterwegs sind. Zur Beantwortung dieser und weiterer Fragen müssen Sie die Daten zu Ihren Google-Ads-Kampagnen mit Berichten erfassen und dann analysieren.

In diesem Kapitel zeigen wir Ihnen zum einen, welche Informationen Sie zum Conversion-Tracking erhalten, und zum anderen, welche wichtigen Kennzahlen Sie mithilfe der Berichtsfunktionen zusammenstellen können. Im Google-Ads-Konto besteht die Möglichkeit, Daten auf allen Ebenen – Kampagnen, Anzeigengruppen, Keywords und Anzeigen – zu erfassen. Dabei gibt es unzählige Informationen, die Sie abrufen können. Es ergibt jedoch Sinn, sich auf das Wichtigste zu beschränken und lieber verschiedene, übersichtliche Spezialberichte zu erstellen, als alle Informationen in einen Bericht zu packen, der dann schnell unübersichtlich wird. Wir haben einige Tipps und Beispiele für Sie zusammengestellt.

Der Online-Marketing-Prozess mit Google-Ads-Anzeigen besteht aus drei grundlegenden Schritten:

1. Planung der Marketingkampagnen mit Zielvorgaben, Keyword-Recherche und Targeting-Ideen
2. Aufsetzen der Google-Ads-Kampagnen anhand der Vorgaben
3. Controlling durch Datenerfassung und Erfolgsmessung

Dieses Kapitel befasst sich also mit dem dritten Punkt. Anhand der eingehenden Daten können die Erfolge oder Misserfolge gemessen werden. Natürlich endet der Prozess hier nicht: Die Berichte und Statistiken bieten Ihnen fast immer neue Ansatzpunkte für die nächsten Optimierungsschritte.

14.1 Messen Sie Ihren Erfolg mit Conversion-Tracking

Vergessen Sie auf keinen Fall Ihre Ziele! Conversion-Tracking ist der wichtigste Parameter bei der Auswertung Ihrer Google-Ads-Kampagnen. Mit dem Conversion-Tracking messen Sie, ob Ihre Werbekampagnen auch das erreichen, wofür sie angelegt worden sind. Bei einer Conversion wird aus einem Besucher ein Interessent oder sogar ein Kunde. Wurde die Conversion erreicht, löst der integrierte Google-Code (Google-Ads-Conversion-Code oder alternativ der Google-Analytics-Code aus dem verknüpften Analytics-Konto) eine Rückmeldung an das Google-Ads-System aus.

Somit kann z. B. nachvollzogen werden, welche Anzeige oder welches Keyword die Conversion ausgelöst hat. Sie als Google-Ads-Manager können dann aufgrund dieser Informationen entscheiden, welche Keywords besonders wichtig sind, welche Anzeigen Kunden generieren und in welcher Anzeigengruppe einer Kampagne das meiste Potenzial zur Erreichung der Werbeziele steckt – und natürlich auch, welche Keywords, Anzeigentexte etc. nicht funktionieren.

Darum noch einmal der Hinweis: Conversions sind extrem wichtig. Leider ist es in der Praxis jedoch oft so, dass in vielen Google-Ads-Konten die Conversions nicht gemessen werden. Sie sollten es jedoch besser machen und bereits beim Aufsetzen der Google-Ads-Kampagnen Ihre Ziele definieren und überlegen, durch welche Messung Sie diese kontrollieren können.

14.2 Conversion-Tracking in Google Ads einrichten

Wie Sie das Conversion-Tracking einrichten, haben wir in Abschnitt 2.6.4, »Conversions in Google Ads erstellen«, bereits erläutert. Grundsätzlich gibt es drei Möglichkeiten, die Conversion für Ihre Google-Ads-Kampagnen aufzusetzen:

1. Sie erstellen einen Code in Google Ads.
2. Sie erstellen Ziele in Google Analytics, die Sie danach in Ihr Google-Ads-Konto importieren.
3. Sie laden Conversions in Google Ads hoch.

Die dritte Möglichkeit ist für Conversions interessant, die nicht online über JavaScript gemessen werden können, sondern offline erfasst werden. Die Herausforderung bei dieser Methode besteht jedoch darin, den Klick auf die Google-Ads-Anzeige mit den entsprechenden Kundendaten zu verbinden. Dies funktioniert z. B., indem ein ausgefülltes Anfrageformular oder ein generierter Rabattcode auf der Webseite mit der *Google Click ID* (GCLID) aus der Google-Ads-Anzeige verknüpft wird. Wird dann der Rabattcode offline im Geschäft vorgelegt, kann er mit der Google Click ID und somit folglich auch mit Ihren Google-Ads-Kampagnen, Anzeigengruppen, Keywords und Anzeigentexten verknüpft werden. Auf diese Weise kann ein Offline-Einkauf einer Google-Ads-Anzeige zugeordnet werden. Die Daten werden also in das Google-Ads-Konto hochgeladen und erscheinen in der Statistik als Conversions.

Bitte beachten Sie, dass Sie immer zwischen Mikro- und Makro-Conversions unterscheiden sollten. Die Makro-Conversions sind die wichtigsten Ziele: Mit ihnen werden Bestellungen, Kundenanfragen, Kundendaten etc. gemessen. Mit Mikro-Conversions können Sie das Verhalten potenzieller Kunden auf Ihrer Website messen, um so abzuschätzen, ob ein grundsätzliches Interesse besteht. Beachten Sie jedoch, dass bei den Mikro-Conversions noch kein zählbares Ergebnis entsteht, das zum Geschäftserfolg beiträgt. Trotzdem sind diese Conversions auch wichtig. Denken Sie immer daran: Es ist besser, Mikro-Conversions zu messen als gar keine Conversions!

Nachdem Sie den Conversion-Code erstellt sowie eingebaut haben und die ersten Ziele erreicht wurden, sollten Sie auch die entsprechenden Conversion-Spalten in Ihre Google-Ads-Berichte aufnehmen, um die Ergebnisse zu dokumentieren. Dabei können Sie die Conversions aus verschiedenen Blickwinkeln und in den unterschiedlichen Ebenen analysieren. Auf Kampagnenebene können Sie z. B. Conversions und die Conversion-Rate hinzufügen, um zunächst in der Übersicht die Erfolge der einzelnen Kampagnen zu vergleichen. Falls Sie Ihre Kampagnen nach Ländern aufgeteilt haben, können Sie auf dieser Ebene kontrollieren, ob Ihre Google-Ads-Werbung z. B. in Deutschland, Österreich und der Schweiz vergleichbare Conversion-Raten erzielt oder ob es länderspezifische Unterschiede gibt. Haben Sie Ihre Kampagnen nach wichtigen Produktgruppen aufgeteilt, könnten Sie anhand der Conversions die Erfolge der einzelnen Produkte vergleichen.

Je nach Aufteilung der Kampagnen fallen Ihnen sicher noch weitere Möglichkeiten ein, wie die Conversions bereits auf der obersten Ebene erste Hinweise auf Erfolg oder Misserfolg geben können. Die gewünschten Informationen fügen Sie Ihren Berichten hinzu, indem Sie zunächst im Kopf Ihres jeweiligen Berichts auf das Icon mit der Bezeichnung SPALTEN klicken und danach den Unterpunkt SPALTEN ANPASSEN auswählen. Ein Klick auf die Kategorie CONVERSIONS öffnet eine Liste mit den verfügbaren Spalten zu diesem Thema (siehe Abbildung 14.1). Bitte beachten Sie, dass Google laufend neue Berichtsspalten hinzufügt. Allein innerhalb der letzten 3,5 Jahre sind 26 neue Spaltenoptionen hinzugekommen. Es besteht somit eine hohe Wahrscheinlichkeit, dass Ihre Auswahl in der Zwischenzeit noch größer geworden ist.

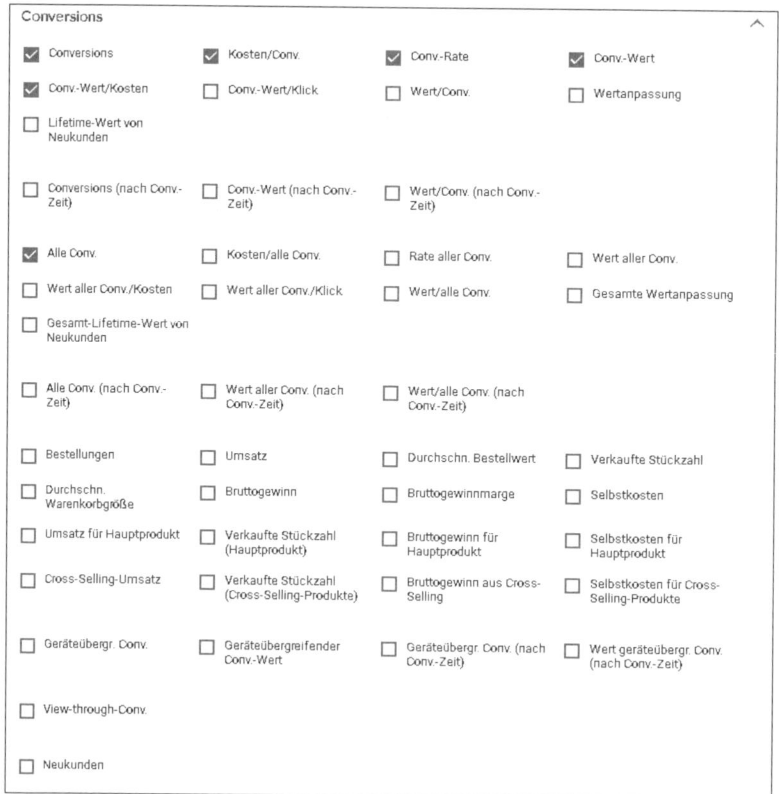

Abbildung 14.1 Daten zu Conversions in den Google-Ads-Berichten

Im Januar 2024 gab es 46 unterschiedliche Spalten zum Thema CONVERSIONS. Diese sollten Sie jedoch – in Hinblick auf die Übersichtlichkeit – nicht alle in einen Bericht einfügen. Hinzu kommt, dass manche Spalten nur einen Sinn ergeben, wenn sie auch nützliche Daten enthalten. Spalten mit Bezug zum Conversion-Wert sind beispielsweise nur dann sinnvoll, wenn Sie einer Conversion auch einen realistischen Wert zuordnen können.

Weitere Informationen zu den einzelnen Berichtsspalten erhalten Sie, wenn Sie bei der Auswahl einfach mit der Maus über die Spaltenbezeichnung fahren. Im Bericht selbst ziehen Sie den Mauszeiger ebenfalls einfach über die jeweilige Bezeichnung im Tabellenkopf. Wir stellen Ihnen nun zunächst einmal vier wichtige Berichtsspalten vor, die auch in der Praxis öfter zum Einsatz kommen:

1. CONVERSIONS
   Diese Spalte zeigt, vereinfacht gesagt, an, wie viele Kunden Sie generiert haben. Genau genommen erfahren Sie, wie viele Webseitenbesucher über die Google-Ads-Werbung kamen und eine Conversion-Aktion ausführten. Mit Conversions sind hier wichtige sogenannte Makro-Conversions gemeint. Dazu müssen Sie bei Einrichtung der Conversion unter OPTIMIERUNGSMÖGLICHKEITEN FÜR CONVERSION-AKTIONEN die Option PRIMÄRE AKTION WIRD FÜR DIE GEBOTSOPTIMIERUNG VERWENDET auswählen (siehe Abbildung 14.2). Bitte beachten Sie, dass der Conversion-Tracking-Zeitraum üblicherweise 90 Tage beträgt. Eine Conversion wird also innerhalb der 90 Tage gezählt, nachdem auf die Google-Ads-Anzeige geklickt wurde. Danach wird die gleiche Person aus Conversion-Sicht als neuer Kunde betrachtet.

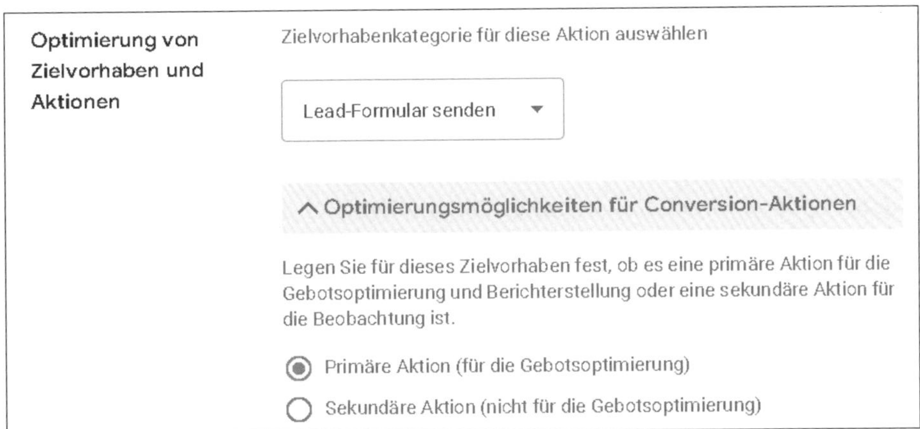

Abbildung 14.2 Definition der Conversion als »Primäre Aktion«

2. ALLE CONV.
   Diese Spalte zählt alle Conversions auf. Hier werden auch Mikro-Conversions mitgezählt, also Conversions, die weniger wichtig sind.

»Conversions« versus »Alle Conversions«

Die Unterscheidung zwischen *Conversions* und *Alle Conversions* treffen Sie, wenn Sie eine neue Conversion einrichten. Jede Conversion, die Sie im Google-Ads-Konto anlegen oder auch aus Ihrem Analytics-Konto importieren, wird zunächst einmal als Conversion registriert. Durch die Einordnung einer Conversion als PRIMÄRE AKTION, auch Makro-Conversion genannt, wird diese Conversion-Aktion unter CONVERSIONS aufgelistet. Ist eine Conversion als SEKUNDÄRE AKTION angelegt (also als Mikro-Conversion), dann wird diese Conversion-Aktion ein Teil von ALLE CONV., denn ALLE CONV. beinhalten also sowohl die wichtigen primären Aktionen als auch die sekundären Aktionen. Wenn also eine Conversion für Sie sehr wichtig ist, z. B. eine Bestellung oder eine Kundenanfrage, dann definieren Sie diese Conversion in jedem Fall als PRIMÄRE AKTION. Auf Grundlage dieser Conversions können Sie dann auch automatisch Ihre Gebotsstrategie optimieren, z. B. *Conversions maximieren*.

3. CONV.-RATE
   Die Conversion-Rate ist mit der CTR der Klicks vergleichbar. Hier wird nun jedoch berechnet, wie viele Klicks auf Ihre Google-Ads-Werbung am Ende zu einer Conversion geführt haben. Wenn von 100 Besuchern, die über eine Google-Ads-Anzeige auf Ihre Webseite gelangen, 5 Conversions erzielt werden, haben Sie also eine Conversion-Rate von 5 %.
4. CONV.-WERT
   Der Conversion-Wert gibt den Wert aller Conversions an, z. B. der jeweiligen Kampagne. Dafür müssen Sie jedoch beim Anlegen einer Conversion den Wert bestimmen. Dabei können Sie den Wert pro Conversion selbst festlegen, indem Sie zum Beispiel den Durchschnittswert einer Seminarbuchung als Conversion-Wert für eine Seminaranmeldung nehmen. Sie können aber auch über die Programmierung den echten Wert einer Bestellung auslesen und übergeben.

Das Beispiel aus Abbildung 14.3 zeigt, wie eine spezielle Conversion-Statistik auf Kampagnenebene aussehen kann. Hierbei werden die Leistungen von drei verschiedenen Kampagnen verglichen. Dabei sind die Kampagnen 1 und 2 vom Typ Suchnetzwerk, während die dritte eine Displaynetzwerk-Kampagne ist.

Kampagne ↑	Impr.	Klicks	CTR	Conv.-Rate	Conversions	Alle Conv.
Kampagne 1	4.557	537	11,78 %	4,84 %	26,00	227,00
Kampagne 2	25.604	1.797	7,02 %	4,12 %	74,00	748,00
Display	91.926	181	0,20 %	1,66 %	3,00	40,00

Abbildung 14.3 Verschiedene Daten zu Conversions auf Kampagnenebene

Diesen Vergleich würde man in der Praxis eher mit Kampagnen vom gleichen Typ durchführen. Wie bereits beschrieben, würde man dann dabei noch unterschiedliche Zielregionen oder Produkte vergleichen. Unser Beispiel zeigt erwartungsgemäß, dass die Conversion-Rate bei der Displaynetzwerk-Kampagne viel schlechter ist als bei den Kampagnen mit Beteiligung des Suchnetzwerks. Dies ist durch das unterschiedliche Such- und Surfverhalten zu erklären. Kampagnen im Suchnetzwerk liefern eher interessierte Besucher, die vorher bewusst nach Firmen, Marken, Produkten, Dienstleistungen oder Lösungen gesucht haben.

Wenn Sie das Conversion-Tracking für Ihre Google-Ads-Kampagnen nutzen, sollten Sie auch die folgenden Spalten (siehe Abbildung 14.4) mit interessanten Conversion-Daten kennen und Ihren Leistungsberichten hinzufügen:

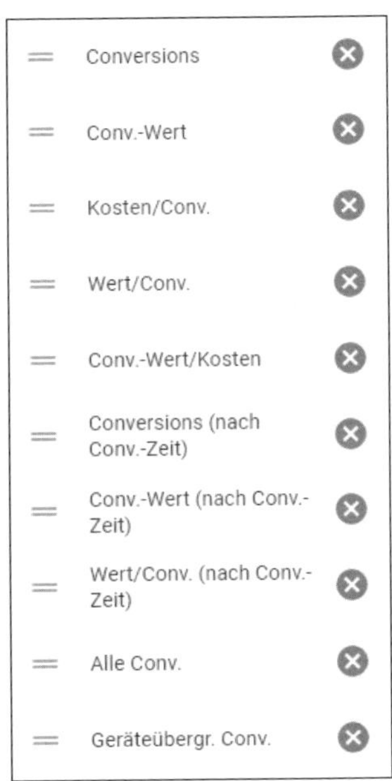

Abbildung 14.4 Liste mit Spalten für Conversion-Kennzahlen

- Kosten/Conv.
  Diese Spalte zeigt, wie viel Sie durchschnittlich für eine Conversion bezahlt haben. Dazu werden die Gesamtkosten der Google-Ads-Werbung durch die gesamten Conversions geteilt. Beachten Sie, dass mit Conversions die sogenannten Makro-Conversions bzw. die primären Aktionen gemeint sind. An diesem Wert können Sie dann erkennen, ob Ihre Werbung noch rentabel ist. Müssen Sie z. B. 100 € für einen neuen Kunden ausgeben, der eine Schulung für 150 € bucht, ist dies sicher auf Dauer nicht rentabel. Bestellt ein Kunde im Schnitt jedoch Produkte für 5.000 €, dann könnten die hohen Conversion-Kosten trotzdem noch eine lohnende Investition sein.
- Wert/Conv.
  Beim Wert pro Conversion wird der Gesamtwert aller Conversions durch die Gesamtanzahl an Conversions geteilt. Sie wissen also, welchen monetären Gegenwert eine Conversion im Schnitt hat.

- CONV.-WERT/KOSTEN
  Mit diesem Wert können Sie den Return on Investment abschätzen. Hier wird der Gesamtwert, den die Conversions erzielt haben, durch die Gesamtkosten aller Anzeigeninteraktionen geteilt, die zu einer Conversion führen können. Dazu muss natürlich wieder der Wert einer Conversion bekannt sein und gemessen werden.

Bitte beachten Sie wieder die Unterscheidung zwischen *Conversions* und *Alle Conversions*. Die vorgestellten Spalten gibt es auch jeweils mit der Bezeichnung ALLE CONV.; in diesem Fall werden dann die Mikro-Conversions bzw. die sekundären Aktionen bei der Berechnung der Leistungsdaten mit berücksichtigt.

Zum Schluss möchten wir Ihnen noch zwei Conversion-Arten vorstellen, die Google erst später zur Verfügung gestellt hat:

- CONVERSIONS (NACH CONV.-ZEIT)
  Es gibt Spalten mit dem Namenszusatz (NACH CONV.-ZEIT). In diesen Spalten findet man Daten mit Bezug zum Zeitraum, der für den Bericht ausgewählt wurde. Das sind wichtige Daten, wenn man beispielsweise bestimmte Werbeaktionen beobachten möchte. Normalerweise werden die Conversions in den Berichten dem Zeitpunkt des Ad-Klicks zugeordnet, was ja nicht immer mit dem Conversion-Zeitpunkt übereinstimmen muss.
- GERÄTEÜBERGR. CONV.
  Für diesen Messwert beobachtet Google geräte- oder browserübergreifende Aktionen, die zu Conversions führen. Hierbei werden jedoch alle Conversions erfasst. Die Einordnung als primäre oder sekundäre Aktion hat also für diese Art Conversion keine Auswirkungen.

14.3 Weitere wichtige Kennzahlen

Neben den Conversions gibt es weitere wichtige Kennzahlen, die Sie sich auf den verschiedenen Ebenen anzeigen lassen können. Die drei wichtigsten Leistungskennzahlen neben den Conversions sind:

- IMPR. (Impressionen)
- KLICKS
- CTR (Click-Through-Rate)

Dabei gibt die CTR das Verhältnis zwischen Impressionen und Klicks an. Als Prozentzahl zeigt die CTR, wie viele Google-Nutzer bei 100 Werbeeinblendungen auf die jeweilige Anzeige geklickt haben bzw. wie oft ein Keyword einen Klick ausgelöst hat.

Neben diesen Hauptkennzahlen gibt es jedoch noch weitere interessante Kennzahlen, zum Beispiel an welcher durchschnittlichen Position eine Anzeige ausgeliefert wurde oder wie viel Prozent der möglichen Impressionen mit der Anzeige erreicht wurden. Wichtig sind natürlich auch die Kosten, zum einen pro Klick und zum anderen die Gesamtkosten pro Anzeigengruppe oder Kampagne.

Auf den unterschiedlichen Ebenen eines Google-Ads-Kontos sind auch unterschiedliche Kennzahlen wichtig. Wir können jedoch nicht grundsätzlich sagen, welche Daten für jeden Google-Ads-Nutzer interessant sind. Dies hängt zu sehr von der Art der Kampagne und der jeweiligen Strategie ab. Daher stellen wir Ihnen in den folgenden Abschnitten eine Auswahl interessanter Spalten vor. Nutzen Sie diese Anregungen, um sich Ihre individuellen Kampagnenberichte zusammenzustellen.

14.3.1 Wichtige Kennzahlen auf Kampagnenebene

Es gibt ganz viele Kennzahlen, die Sie auf Kampagnenebene analysieren können. Diese Ebene sollte Ihnen jedoch zunächst einen Überblick über die grundsätzliche Performance Ihrer Google-Ads-Werbung bieten. Neben den Standardleistungswerten gibt es für jeden Kampagnenmanager eigene Kennzahlen, die wichtig bzw. in der jeweiligen Situation von Bedeutung sind. Dies bedeutet auch, dass am Anfang einer Werbekampagne andere Zahlen interessanter sein können, als dies im weiteren Verlauf der Fall ist.

Außerdem kann es sein, dass Vorgesetzte oder Kunden spezielle Fragestellungen haben, die mit passenden Kennzahlen zu beantworten sind. Darum gibt es für unterschiedliche Situationen auch unterschiedliche Berichte, die mit entsprechenden Daten zusammengesetzt werden. Es ergibt jedoch keinen Sinn, zu viele Kennzahlen in einen Bericht zu packen, weil dann diese Statistik zu unübersichtlich wird. Da es je nach Bedarf unterschiedliche Spalten gibt, die interessant sind, sollten Sie sich verschiedene Berichtstemplates zusammenstellen und abspeichern. So können Sie immer einfach auf die Templates zugreifen, ohne mühsam wieder die einzelnen Spalten hinzuzufügen bzw. andere Spalten zu entfernen.

Die folgenden Beispiele sind Anregungen zu Aspekten, die Sie aus den verschiedenen Ebenen analysieren können. So sollten Sie sich auf Kampagnenebene von Zeit zu Zeit einmal die Anzahl der UNGÜLTIGEN KLICKS ❶ inklusive der Klickrate an ungültigen Klicks, also ANTEIL UNGÜLTIGER KLICKS ❷, anschauen (siehe Abbildung 14.5). Die ungültigen Klicks sind zunächst nichts, was Sie beunruhigen sollte, da sie normalerweise während einer Recherche entstehen. Einen Klick bezeichnet Google dann als ungültig, wenn während einer Session derselbe Google-User mehrmals über einen

Anzeigenklick auf Ihre Webseite gelangt. Diese Klicks werden übrigens direkt abgezogen und erzeugen keine Kosten.

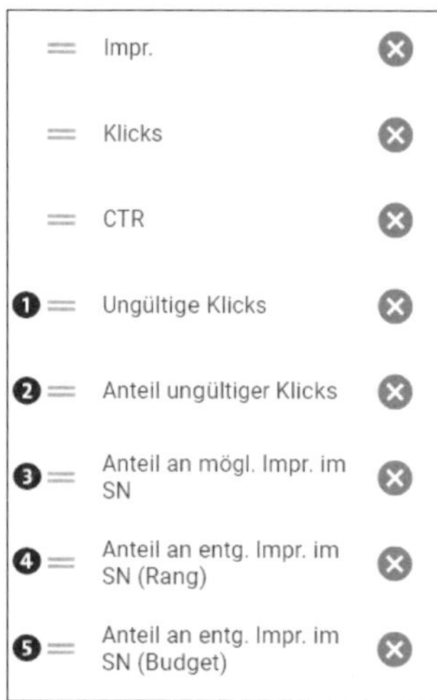

Abbildung 14.5 Spalten auf Kampagnenebene inklusive der Spalten zu ungültigen Klicks und dem Anteil an Impressionen

Eine ungültige Klickrate bis durchschnittlich 10 % ist noch als normal einzustufen. Finden Sie in Ihrer Statistik jedoch sehr hohe Klickraten an ungültigen Klicks von 50 % und mehr, könnte dies auf ein aus finanzieller Sicht unschädliches, aber bewusstes Klicken Ihrer Google-Ads-Anzeigen hindeuten. Diese Vorgänge sollten Sie im Auge behalten und mithilfe Ihres Administrators die IP-Adressen ermitteln, von denen aus häufiger auf Ihre Anzeige geklickt wurde. Alle Versuche von bewusstem Klickbetrug sollten Google gemeldet werden. Unter dieser Adresse finden Sie Informationen zum weiteren Vorgehen, die Google im Unterpunkt PRÜFUNG UNGÜLTIGER ZUGRIFFE BEANTRAGEN erläutert:

https://www.google.de/ads/adtrafficquality/advertisers/click-investigation-request.html

Möchten Sie erfahren, wie groß der Anteil Ihrer Werbeschaltung an der Gesamtheit der Anfragen im Suchnetzwerk ist und welche Gründe dafür verantwortlich sind, dass Ihr Anteil an der Gesamtnachfrage geringer ist, sollten Sie folgende drei Spalten in Ihren Kampagnenbericht aufnehmen:

- Anteil an möglichen Impressionen im Suchnetzwerk ❸
- Anteil an entgangenen Impressionen im Suchnetzwerk (Rang) ❹
- Anteil an entgangenen Impressionen im Suchnetzwerk (Budget) ❺

Wir haben die vorgestellten Spalten in einem Kampagnenbericht aktiviert und schauen nun einmal auf die Statistik für zwei Beispielkampagnen (siehe Abbildung 14.6). Beide Kampagnen besitzen eine ungültige Klickrate von unter 7 % ❶. Bei diesen Kampagnen besteht also kein Grund zur Sorge. Wenn wir uns nun im nächsten Schritt anschauen, wie oft die Kampagnen zu ihren jeweiligen Keyword-Anfragen »geschaltet« wurden, so sehen diese Kennzahlen bei der oberen Kampagne sehr gut aus. Der Anteil an Impressionen im Suchnetzwerk liegt hier bei fast 90 % ❷ – viel mehr ist kaum erreichbar. Die Anzeigen wurden also bei den vorgegebenen Keywords dieser Kampagnen bei fast jeder Suchanfrage geschaltet. Bei der zweiten Kampagne liegt der Anteil der möglichen Impressionen jedoch nur bei ca. 41 % ❸. Hier verpasst der Werbende also mehr als die Hälfte aller möglichen Suchanfragen. In der Praxis sollten Sie sich diese Berichtsspalten, die Sie unter WETTBEWERBSMESSWERTE finden, regelmäßig anschauen, damit Sie ein Gefühl dafür erhalten, in welchem Umfang Ihre Anzeigen überhaupt ausgespielt werden. Falls Sie den Anteil, der nicht ausgespielt wurde, noch tiefgehender analysieren möchten, müssen Sie sich den Anteil der entgangenen Impressionen anschauen. Dieser ist aufgeteilt in den Anteil, der aufgrund eines zu niedrigen Rankings keine Impressionen ❹ erzeugt hat, und in den Anteil, der aufgrund eines zu niedrigen Budgets ❺ nicht ausgespielt wurde. Alle drei Spalten mit den Informationen zu den erreichten und den entgangenen Impressionen müssen dann in der Summe 100 % ausmachen.

Impr.	Klicks	CTR	Ungültige Klicks	Anteil ungültiger Klicks	↓ **Anteil an mögl. Impr. im SN**	Anteil an entg. Impr. im SN (Rang)	Anteil an entg. Impr. im SN (Budget)
3.796	834	21,97 %	60	6,71 % ❶	❷ 88,36 %	2,23 %	9,40 %
62.789	2.632	4,19 %	159	5,70 %	❸ 41,16 %	❹ 50,63 %	❺ 8,21 %

Abbildung 14.6 Beispieldaten zu ungültigen Klicks und ihrem Anteil an den Impressionen

In unserem Beispiel spielt das Budget bei beiden Kampagnen nur eine kleine Rolle. Circa 9 % der möglichen Impressionen gehen hier aufgrund des zu geringen Budgets verloren. Bei der unteren Kampagne gibt es jedoch ein Ranking-Problem! Ein zu niedriges Ranking war zu etwa 50 % der ausschlaggebende Grund für verpasste Werbeeinblendungen.

Falls Sie ebenfalls Kampagnen besitzen, die Impressionen aufgrund eines zu niedrigen Rankings verpassen, sollten Sie zunächst Ihre Keywords analysieren. Vielleicht gibt es eine bestimmte Gruppe von Keywords, die ständig zu niedrige Rankings besitzen. Meistens müssen dann Keywords entfernt werden, die zu allgemein sind oder nicht zur Textanzeige passen. Im nächsten Schritt sollten Sie dann das CPC-Gebot für Ihre wichtigsten Keywords mit schlechten Rankings erhöhen. Bei dieser Maßnahme müssen Sie jedoch stets die Rentabilität Ihrer Keywords beachten. Setzen Sie sich eine Obergrenze für Ihren Klickpreis. Wird ein wichtiges Keyword zu teuer, muss auch dieses kurzfristig entfernt bzw. zunächst einmal deaktiviert werden. Langfristig sollten Sie natürlich immer auf die Optimierung setzen. Weitere Informationen zur Optimierung finden Sie in Kapitel 16, »Google Ads optimieren«.

14.3.2 Wichtige Kennzahlen auf Anzeigengruppenebene

Für die Anzeigengruppen sind zunächst natürlich auch die Standardleistungszahlen wichtig, also IMPR. (Impressionen) ❶, KLICKS ❷ und CTR ❸ (siehe Abbildung 14.7). Da es die Berichtsspalte mit der durchschnittlichen Anzeigenposition nicht mehr gibt, empfehlen wir zur Kontrolle des Anzeigen-Rankings die beiden Kennzahlen IMPR. (OBERSTE POS.) % ❹ und IMPR. (OBERE POS.) % ❺. Zur Qualitätskontrolle sollte man immer auch die Ziele im Blick haben, daher haben wir Conversion-Daten, wie die wichtigsten CONVERSIONS ❻ und zusätzlich die CONVERSION-RATE ❼, in den Auswertungsbericht übernommen.

Abbildung 14.7 Zusammenstellung eines Beispieltemplates für Anzeigengruppen

Außerdem schauen wir uns aus dem Bereich WETTBEWERBSMESSWERTE noch einmal den ANTEIL AN MÖGLICHEN IMPRESSIONEN ❽ an. Dies ist vor allem für Kampagnen interessant, die viele Impressionen verpassen. Während die Statistik auf Kampagnenebene ja nur die kumulierten Daten zeigt, erfahren wir über die Anzeigengruppen dann mehr über die einzelnen Themen, bei denen wir Impressionen verlieren. Wie bereits erwähnt, sollten im letzten Schritt dann die Keywords separiert werden, die für die größten Verluste an Impressionen verantwortlich sind.

In dem Ausschnitt aus unserem Beispielbericht, den Sie in Abbildung 14.8 sehen, erkennen Sie zunächst bei der oberen Anzeigengruppe eine recht gute Conversion-Rate. Bei den Conversions ist es sehr schwierig, Durchschnittswerte anzugeben, da dies sehr stark von der Art der gemessenen Conversions abhängt. Eine Conversion-Rate von über 7 % deutet entweder auf eine Conversion hin, die sehr einfach zu erzielen ist, oder ist ein Beleg für eine gut optimierte Zielseite. Eine Conversion-Rate ab 5 % muss allgemein schon als sehr gut bewertet werden.

Impr. (oberste Pos.) %	Impr. (obere Pos.) %	Conversions	Conv.-Rate	Anteil an mögl. Impr. im SN
32,61 %	72,24 %	31,00	7,26 %	79,44 %
33,97 %	70,01 %	11,00	1,31 %	54,91 %

Abbildung 14.8 Beispieldaten auf Anzeigengruppenebene: Anzeigepositionen, Conversion und Anteil an möglichen Impressionen

Außerdem können wir sehen, dass sich die beiden Anzeigengruppen bei den möglichen Impressionen im Suchnetzwerk unterscheiden. Daher sollte man nach der ersten Einschätzung auf Kampagnenebene auch noch tiefer in die Statistiken eindringen, um der Ursache für die kumulierten Daten auf den Grund zu gehen. Vielleicht kann man bei der unteren Anzeigengruppe ja noch mehr herausholen? Optimierung bedeutet also nicht nur, dass Sie Dinge entfernen, die schlecht laufen, sondern dass Sie versuchen, auch aus guten Anzeigengruppen oder Keywords noch mehr herauszuholen.

Nun schauen wir noch auf die beiden ersten Spalten unseres kleinen Beispiels. Die durchschnittliche Position, die uns immer ein vermeintlich sicheres Gefühl für die Ranking-Position unserer Anzeigen gegeben hat, wird von Google nicht mehr angeboten, da dieser Durchschnittswert aus Google-Sicht nicht so aussagekräftig war, wie er schien. Es gibt nun zwei andere Berichtsdaten, und zwar die prozentualen Angaben zu den Impressionen an erster Stelle der Suchergebnisse, das entspricht der Angabe zu (OBERSTE POS.), und die Angabe zur Auslieferung einer Anzeige auf den ersten vier oberen Plätzen. Das wäre dann die Angabe zu (OBERE POS.) %. Wenn man sich erst einmal an diese Darstellung gewöhnt hat, helfen die beiden Berichtsspalten, mehr über das Ranking zu erfahren. Die oberste Position, also Platz eins bei den bezahlten Suchergebnissen, ist mit Ausnahme von Brand-Werbung vielleicht nicht immer erstrebenswert. Wenn wir hier z. B. öfter einen Wert von über 70 % erreichen, können wir durch langsame Reduktion der CPC-Gebote auch niedrigere Positionen anstreben und unseren Wert zur obersten Position mit der Zeit vielleicht auf 20 % senken. Wenn wir jedoch andererseits immer im oberen Bereich, also über den organischen Ergebnissen, auftauchen möchten, dann sollte der Wert in der Spalte IMPR. (OBERE POS.) % bei ca. 70 bis 80 % oder höher liegen. Auf diese Weise können wir mithilfe dieser beiden Berichtsspalten unsere durchschnittliche Anzeigenposition einfach abschätzen und durch Erhöhen oder Reduzieren der Gebote die gewünschten Durchschnittspositionen erreichen.

Für unser nächstes Beispiel (siehe Abbildung 14.9) haben wir Spalten ausgewählt, die interessante Informationen über die Anzeigengruppen im Displaynetzwerk liefern. Hier sollten wir auch einmal die VIEW-THROUGH-CONVERSIONS ❶ erwähnen. Dies sind Conversions, die einer Einblendung im Displaynetzwerk zugeordnet werden, weil der potenzielle Kunde zwar die Anzeige im Displaynetzwerk gesehen, aber nicht darauf geklickt hat. Später hat dieser Nutzer dann eine Conversion auf der Webseite ausgeführt. Alle Kunden, die zusätzlich auf eine Suchanzeige geklickt und danach die Conversion durchgeführt haben, werden bei den Daten zur View-through-Conversion nicht berücksichtigt! Darum kann das Google-Ads-System von einem bestimmten Einfluss der Anzeige im Displaynetzwerk ausgehen.

Abbildung 14.9 Beispielkennzahlen für das Displaynetzwerk

Google legt viel Wert auf diese Conversions, weil sie natürlich zeigen, dass das Displaynetzwerk auch indirekt seinen Beitrag zu Conversions liefern kann, also ohne viele zusätzliche Klicks. Werden View-through-Conversions gemessen, ist dies natürlich für Google ein Anlass, auf die Bedeutung des GDN als Werbeumfeld hinzuweisen. In der Praxis spielt die View-through-Conversion zumindest für kleine und mittelständische Unternehmen kaum eine Rolle. Analog zum Anteil der Impressionen im Suchnetzwerk gibt es diese Berichtsspalte zu den Impressionen auch für das Displaynetzwerk ❷. Außerdem möchten wir bei unserem Beispiel die sichtbaren Impressionen ❸ im Vergleich zu den nicht sichtbaren Impressionen ❹ analysieren.

Wendet man den erstellten Bericht auf ein Beispiel an (siehe Abbildung 14.10), dann erkennt man den praktischen Nutzen. Die Beispielauswertung zeigt eine relativ geringe CTR ❶ von 0,59 %, die jedoch im Displaynetzwerk nicht ungewöhnlich ist. Der Anteil der möglichen Impressionen liegt bei dieser Anzeigengruppe im Displaynetzwerk bei ca. 20 % ❷. Dieser Wert ist schon relativ hoch und zeigt an, dass man die Einstellungen für das Targeting bewusst sehr eng eingegrenzt hat. Wird eine größere Abdeckung gewünscht und liegt das Problem nicht beim Budget, könnte man als Gegenmaßnahme kurzfristig die Gebote für die Displaykampagnen erhöhen. Außerdem sollten zusätzliche Anzeigen mit anderen Bildmotiven, Vorteilen und Calls-to-Action getestet werden, um Qualität und CTR zu erhöhen. Der Wert der sichtbaren Impressionen ❸ zeigt an, dass diese Anzeigen mindestens zu 50 % ihrer Fläche und mindestens eine Sekunde lang auf dem Bildschirm sichtbar waren. Diese Aussage ist natürlich wertvoller als die reine Angabe der Impressionen. In der letzten Spalte des Beispiels finden wir eine vergleichbar hohe Anzahl von Anzeigen mit nicht sichtbaren Impressionen ❹. Diese Anzeigen wurden nicht wahrgenommen, da sie mit weniger als 50 % ausgespielt wurden oder keine Sekunde sichtbar waren. Bei der tieferen Analyse geht es nun darum, die Gründe und die Webseiten zu finden, auf denen Anzeigen im Displaynetzwerk nicht sichtbar waren.

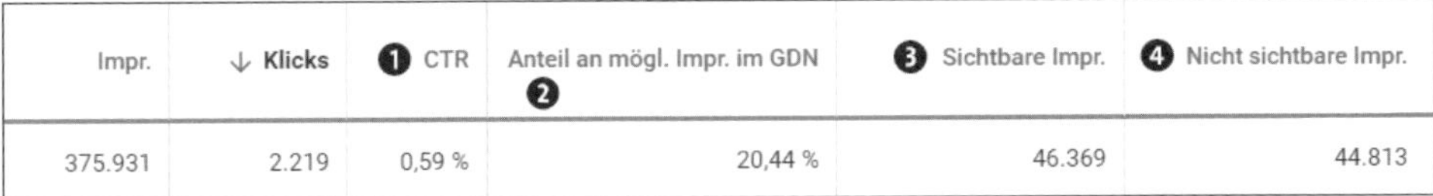

Impr.	↓ Klicks	❶ CTR	Anteil an mögl. Impr. im GDN ❷	❸ Sichtbare Impr.	❹ Nicht sichtbare Impr.
375.931	2.219	0,59 %	20,44 %	46.369	44.813

Abbildung 14.10 Daten zur Werbung im Displaynetzwerk

Wenn wir die beiden Spalten zu *sichtbar* und *nicht sichtbar* addieren und mit den gesamten Impressionen vergleichen, dann erkennen wir deutlich, dass uns noch ein sehr großer Anteil an Impressionen fehlt, der in der Statistik nicht eingeordnet wurde. Google sagt dazu: »Wenn eine Impression nicht messbar ist, wurde die Anzeige auf Websites, Apps oder Geräten ausgeliefert, auf denen keine Sichtbarkeitsinformationen für Active View erfasst werden.«

Die Informationen zu *sichtbar* und *nicht sichtbar* können also nur Hinweise für erste Einschätzungen sein, bis eine bessere Messbarkeit verfügbar ist.

14.3.3 Wichtige Kennzahlen auf Keyword-Ebene

Für die Analyse von Keywords werden oft andere Berichtsspalten als bei Kampagnen oder Anzeigengruppen genutzt (siehe Abbildung 14.11). Hier ist vor allem der QUALITÄTSFAKTOR ❶ zu nennen, der im Google-Ads-Konto nur auf Keyword-Ebene angezeigt wird. Dies sind natürlich nicht die Werte, mit denen Google rechnet. In die Berechnungen für das Ad-Ranking fließen viel feinere Werte ein, die Google natürlich nicht nennt. Trotzdem sollten Sie die Berichtsspalte für Ihre Keyword-Berichte aktivieren, damit Sie die Qualität Ihrer Keywords schon einmal grob einschätzen können.

Sie erhalten noch tiefergehende Informationen zu den Ursachen für gute oder schlechte Qualität, wenn Sie die folgenden drei Spalten hinzufügen, die Sie bei der Auswahl der Berichtsspalten ebenfalls in dem Unterpunkt mit der Bezeichnung QUALITÄTSFAKTOR finden:

- Erwartete CTR
- Anzeigenrelevanz
- Nutzererfahrung mit der Zielseite

Am besten ordnen Sie sich diese Spalten immer in dieser Reihenfolge an, denn diese Anordnung spiegelt den logischen Verlauf eines Kundenkontakts mithilfe der Suchanzeigen wider: von der guten CTR der Anzeige im Hinblick auf die ausgespielten Keywords über die passende Anzeige bis zur qualitativ hochwertigen Landingpage. Für diese Spalten gibt Google Ads die Werte UNTERDURCHSCHNITTLICH, DURCHSCHNITTLICH oder ÜBERDURCHSCHNITTLICH an. Bei der Optimierung sollten Sie immer dort beginnen, wo Sie unterdurchschnittliche Ergebnisse erzielen. Danach können Sie zusätzlich versuchen, die durchschnittlichen Ergebnisse zu verbessern.

Für alle Spalten zum Thema Qualität gibt es ergänzend die gleichen Bezeichnungen mit dem Zusatz (VERLAUF) ❷. Der Verlauf zeigt immer an, wie der Wert beim letzten Mal war, als die Google Ads-Crawler die Keywords bewertet haben. Sind die aktuellen Daten und der Verlauf unterschiedlich, dann wissen Sie, dass es Änderungen in Bezug auf die bewertete Qualität gab. Das ist im Idealfall eine positive, kann aber auch eine negative Veränderung sein. Die Beobachtung des Verlaufs ist wichtig, da es keine festen Besuchsintervalle der Ads-Crawler zur Qualitätskontrolle gibt.

Zur besseren Beurteilung bestimmter Leistungswerte wie Klicks und CTR spielt die durchschnittliche Position eines Keywords eine wichtige Rolle. Diese Position gibt es, wie bereits erläutert, nicht mehr. Daher müssen wir auf die prozentualen Werte der obersten ❸ und oberen ❹ Positionen schauen. Werden Ihre Anzeigen auf niedrigeren Positionen ausgeliefert, sollte auch die CTR viel geringer als auf einer oberen Position sein. Möchten Sie vor allem auf den Top-Positionen oberhalb der organischen Suchergebnisse erscheinen? Dann ist eine Aussage zum geschätzten Gebot für die oberen Positionen ❺ interessant. In diesem Fall gehört auch diese Spalte in einen Keyword-Bericht.

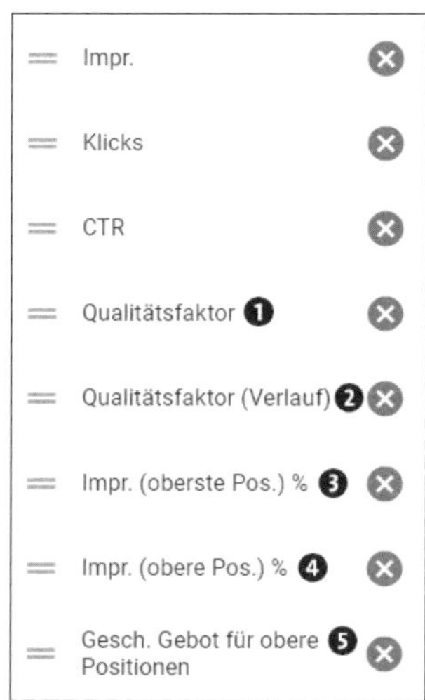

Abbildung 14.11 Kennzahlen auf Keyword-Ebene

In unserem Beispielbericht aus Abbildung 14.12 finden Sie nun zu jedem Keyword den entsprechenden QUALITÄTSFAKTOR ❶ mit dem Hinweis, dass 10 das Maximum ist. Ein Vergleich der Spalten CTR ❷ und QUALITÄTSFAKTOR ❶ ist recht interessant, weil er zeigt, dass die Verkürzung von Qualität im Hinblick auf die CTR falsch ist! Die CTR ist zwar ein wichtiges Indiz, aber nicht das alleinige Kriterium zur Qualitätsbestimmung. Zwei Keywords mit fast identischer CTR von ca. 14,6 % ❸ erzielen in unserem Beispiel recht unterschiedliche Qualitätsfaktoren ❹ von 10 und 7. Bitte denken Sie daran, dass eine überdurchschnittlich gute CTR für jedes Keyword von Google unterschiedlich festgelegt wird und dass es neben der CTR noch weitere Faktoren zur Bestimmung der Qualität gibt. Wenn Sie an den Qualitätsfaktoren gearbeitet haben, dann kontrollieren Sie auch immer zusätzlich den Verlauf des Qualitätsfaktors ❺.

Das geschätzte Gebot für die obere Position ❻ gibt einen Hinweis darauf, welche Gebote eingestellt werden sollten, um stets einen vorderen Platz zu erreichen. Das kann für Keywords mit niedrigen Prozentwerten für die Spalte IMPR. (OBERE POS.) % ❼ ein interessanter Hinweis sein.

Das Beispiel aus der letzten Zeile unseres echten Berichts zeigt, dass dieses Keyword nur zu ca. 58 % ❽ eine Anzeigenschaltung auf den oberen Positionen auslöst. Bei einer Einstellung des Gebots auf 0,97 € ❾ oder höher würden die Chancen für eine obere Position stark steigen. Dieses Ergebnis ist natürlich sehr individuell und hängt auch mit den jeweiligen aktuellen Geboten für die einzelnen Keywords zusammen. Ein Blick auf die Vorschläge zur Gebotsanpassung oder die Nutzung des Keyword-Gebotssimulators ist jedoch von Zeit zu Zeit sinnvoll, um entsprechende Gebotsanpassungen auf Keyword-Ebene durchzuführen.

❷ ↓ CTR	❶ Qualitätsfaktor	Qualitätsfaktor ❺ (Verlauf)	Impr. (obere ❼ Pos.) %	Gesch. Gebot für obere Positionen ❻
19,35 %	8 von 10	8 von 10	91,94 %	–
14,72 %	❹ 10 von 10	10 von 10	93,83 %	–
❸ 14,55 %	7 von 10	7 von 10	80,00 %	–
10,81 %	7 von 10	7 von 10	64,63 %	0,86 €
9,82 %	7 von 10	7 von 10	86,53 %	0,96 €
9,64 %	8 von 10	8 von 10	71,75 %	1,30 €
8,89 %	3 von 10	3 von 10	❽ 57,78 %	❾ 0,97 €

Abbildung 14.12 Beispieldaten mit Qualitätsfaktor und Gebotsschätzung

14.3.4 Wichtige Kennzahlen auf Anzeigenebene

Für den Anzeigenbericht sind als Leistungsdaten wieder die Klickraten (CTR) ❶ der einzelnen Anzeigen interessant (siehe Abbildung 14.13). Dieser Wert sollte regelmäßig kontrolliert werden, weil die CTR einer Anzeige Einfluss auf den Qualitätsfaktor und natürlich auch auf die Gewinnung neuer Kunden hat. Es sollten stets die Anzeigen mit der besten Klickrate weitergeführt werden, während die anderen Anzeigenvarianten nach einer Testphase deaktiviert und dann gelöscht werden können.

Falls Sie regelmäßig neue Anzeigen einstellen, ist es Ihnen sicher schon passiert, dass eine Anzeige abgelehnt wurde. Wenn Sie mehr über die Gründe erfahren möchten, sollten Sie Ihrem Anzeigenbericht die Spalte RICHTLINIENDETAILS ❷ hinzufügen. Dort werden die Gründe für eine Ablehnung näher erläutert, und zusätzlich wird auf eine passende Unterseite der Google-Hilfe verlinkt.

Als wichtiger Leistungsaspekt für Textanzeigen ist zunächst die CTR ❶ interessant (siehe Abbildung 14.14).

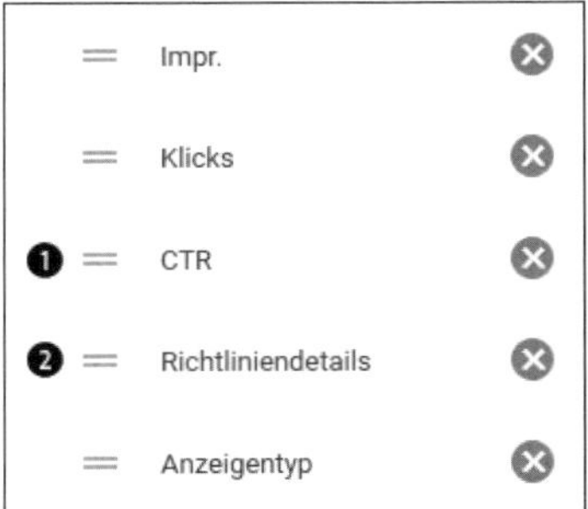

Abbildung 14.13 Berichtsspalten für Anzeigen

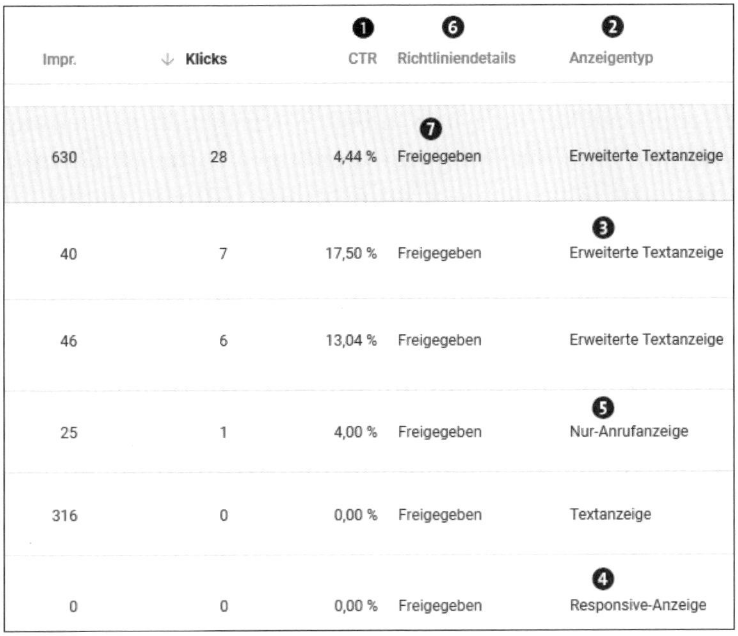

Impr.	↓ Klicks	❶ CTR	❻ Richtliniendetails	❷ Anzeigentyp
630	28	4,44 %	❼ Freigegeben	Erweiterte Textanzeige
40	7	17,50 %	Freigegeben	❸ Erweiterte Textanzeige
46	6	13,04 %	Freigegeben	Erweiterte Textanzeige
25	1	4,00 %	Freigegeben	❺ Nur-Anrufanzeige
316	0	0,00 %	Freigegeben	Textanzeige
0	0	0,00 %	Freigegeben	❹ Responsive-Anzeige

Abbildung 14.14 Beispieldaten für Google-Anzeigen

Die Anzeige mit der besten CTR enthält wahrscheinlich gute Argumente oder einen passenden Call-to-Action und weckt stärkeres Interesse bei den Google-Nutzern. Mithilfe der Spalte ANZEIGENTYP ❷ können Sie schnell erkennen, ob die Leistungsdaten zu einer Textanzeige ❸, zu einer Displayanzeige ❹ oder zum Beispiel zu einer reinen Anrufanzeige ❺ gehören. Hier gibt es bekanntlich große Unterschiede in der Performance. Dies sollten Sie bei einer Analyse berücksichtigen. Die RICHTLINIENDETAILS ❻ zeigen im aufgeführten Beispiel einer laufenden Kampagne den normalen Status FREIGEGEBEN ❼.

Weil im laufenden Google-Ads-Betrieb der Anzeigenstatus normalerweise auf Freigegeben steht, haben wir einmal unseren Google-Ads-Account nach gelöschten Anzeigen mit Ablehnung durchsucht. In Abbildung 14.15 finden Sie zwei Beispiele dafür, wie die Details zur Richtlinie bei einer abgelehnten Textanzeige aussehen. Direkt neben dem Wort Abgelehnt finden Sie den Ablehnungsgrund mit einer kurzen Beschreibung.

Dieser Text ist dann mit dem passenden Hilfebereich unter

https://support.google.com/adspolicy/answer/6008942

verlinkt. Unser Beispiel zeigt zwei typische Gründe für eine Ablehnung:

- Zeichensetzung und Symbole
- Nicht funktionierendes Ziel

Das Problem bei der Zeichensetzung besteht darin, dass Google hier mit der Zeit immer wieder neue Vorgaben festgelegt hat. Während man früher die Fortsetzung eines Satzes wie »weitere Infos...« mit drei Punkten andeuten durfte, ist dies nun nicht mehr erlaubt. Die letzte Fehlermeldung aus Abbildung 14.15 entsteht häufig, wenn die Adresse der Landingpage geändert und die neue Ziel-URL nicht in die Google-Ads-Anzeigen übertragen wurde.

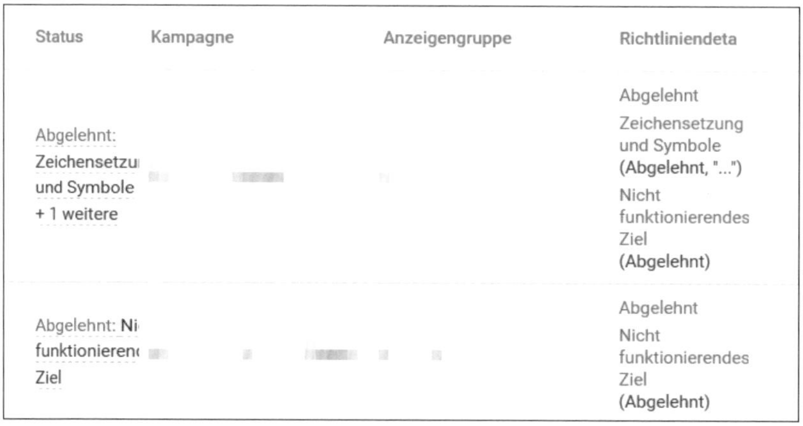

Status	Kampagne	Anzeigengruppe	Richtliniendeta
Abgelehnt: Zeichensetzu und Symbole + 1 weitere			Abgelehnt Zeichensetzung und Symbole **(Abgelehnt, "...")** Nicht funktionierendes Ziel **(Abgelehnt)**
Abgelehnt: **Ni** funktionieren Ziel			Abgelehnt Nicht funktionierendes Ziel **(Abgelehnt)**

Abbildung 14.15 Details zu den Google-Richtlinien bei abgelehnten Anzeigen

14.4 Gruppieren Sie Ihre Berichtsdaten mit Segmenten

Mithilfe der Segmentierung können Sie Ihre Berichtsdaten nach verschiedenen interessanten Aspekten gruppieren. Nutzen Sie dazu das Icon für die Segmentierung oberhalb Ihrer Google-Ads-Berichte (siehe Abbildung 14.16).

Abbildung 14.16 Verschiedene Gruppierungsmöglichkeiten über Segmente

Eine Segmentierung ist vor allem dann sinnvoll, wenn bestimmte Fragestellungen beantwortet werden sollen, bei denen unterschiedliche Aspekte verglichen werden müssen. In Tabelle 14.1 haben wir einige Fragestellungen aufgelistet, die in der Praxis häufiger vorkommen. Daneben finden Sie die Segmentierung, die bei der Beantwortung der Frage hilft.

Fragestellung	Segmentierung
Gibt es Leistungsunterschiede in Bezug auf Zeiträume?	Zeit • Tag/Woche etc.
Gibt es Leistungsunterschiede bei den Wochentagen?	Zeit • Wochentag
Gibt es Leistungsunterschiede in Bezug auf die Uhrzeit?	Zeit • Tageszeit
Welche Leistungen erzielen unterschiedliche Netzwerke?	Netzwerk (mit Suchnetzwerk-Partnern)
Welches Ziel wurde erreicht?	Conversions • Conversion-Aktion

Tabelle 14.1 Fragestellung und passende Segmentierung

Fragestellung	Segmentierung
Welche Leistungsunterschiede bestehen mit Blick auf die unterschiedlichen Endgeräte?	GERÄT
Welche Leistungsunterschiede bestehen zwischen der Top-Position im oberen Bereich und den anderen Anzeigenpositionen?	OBERE POSITION IM VERGLEICH ZU ANDEREN

Tabelle 14.1 Fragestellung und passende Segmentierung (Forts.)

Das Beispiel aus Abbildung 14.17 zeigt eine Gruppierung der Leistungen in Bezug auf Impressionen, Klicks, CTR und durchschnittlichen Klickpreis nach Monaten. Als Zeitraum wurde vorher ein ganzes Jahr, also 1. Januar bis 31. Dezember 2023, angegeben. Eine solche Segmentierung nach Monaten hilft bei der Analyse von externen Einflüssen, Messeauftritten, Pressemeldungen etc. auf die Werbung. Zudem können Sie über die Segmentierung in Monaten die Auswirkungen von Optimierungsmaßnahmen an der Google-Ads-Kampagne untersuchen.

Kampagne	Budget	Status	Impr.	↓ Klicks	CTR	Durchschn. CPC
Januar 2023			541	41	7,58 %	1,58 €
Februar 2023			2.929	186	6,35 %	2,57 €
März 2023			3.051	216	7,08 %	1,93 €
April 2023			2.205	122	5,53 %	1,41 €
Mai 2023			2.450	147	6,00 %	1,40 €
Juni 2023			1.507	76	5,04 %	1,44 €
Juli 2023			1.381	72	5,21 %	1,54 €
August 2023			1.019	45	4,42 %	1,31 €
September 2023			1.609	108	6,71 %	2,14 €
Oktober 2023			1.453	97	6,68 %	1,54 €
November 2023			1.739	116	6,67 %	1,31 €
Dezember 2023			957	68	7,11 %	1,32 €
Gesamt: Gefilterte Ka... ⓘ			20.841	1.294	6,21 %	1,73 €

Abbildung 14.17 Segmentierung nach Monaten

Um in eine andere Segmentierung zu wechseln, wählen Sie aus der Drop-down-Liste einfach den neuen Unterpunkt entsprechend aus. Ein Klick auf KEINE SEGMENTIERUNG hebt die Segmentierung wieder komplett auf.

Das Beispiel aus Abbildung 14.18 zeigt die Ergebnisse einer Segmentierung nach Gerät. Diese Analyse gibt zum Beispiel Hinweise darauf, ob sich die Aktivierung der mobilen Werbung auf Smartphones lohnt. Sie sollten aber auch die Leistungen für die Tablets genau kontrollieren: Gibt es deutliche Leistungsunterschiede bei den Conversions zwischen Computern und den mobilen Endgeräten, sollten Sie – Stichwort *Responsive Design* – entsprechende Anpassungen an dem Webdesign der verlinkten Seite vornehmen.

Optimieren Sie Ihre Landingpage, um auf allen Endgeräten mehr Kunden zu gewinnen, wenn die Kampagne grundsätzlich erfolgreich ist. Falls bestimmte Endgeräte immer schlechtere Leistungsdaten zeigen, ist natürlich auch der Ausschluss dieser Endgeräte eine Option. Das eingesparte Budget kann vielleicht sinnvoller für die anderen Endgeräte genutzt werden.

Kampagne	Budget	Status	Impr.	Klicks	CTR	Durchschn. CPC	Conversions
	...	Aktiv	6.742	598	8,87 %	1,52 €	61,00
Computer			5.250	446	8,50 %	1,55 €	56,00
Smartphones			1.294	129	9,97 %	1,43 €	5,00
Tablets			198	23	11,62 %	1,49 €	0,00
Gesamt: Alle aktivierten Kampagnen			6.742	598	8,87 %	1,52 €	61,00

Abbildung 14.18 Segmentierung nach (End-)Gerät

14.5 Berichte erstellen

Mithilfe der vorgestellten Spaltenauswahl stellen Sie sich die Berichte zunächst so zusammen, dass diese Ihren Informationsbedarf optimal erfüllen. Ihre Google-Ads-Berichte sind kein Selbstzweck, sondern sollen Sie dabei unterstützen, die passenden Antworten auf Ihre Fragen zu finden. Möchten Sie Ihre Berichte mit bestimmten Informationen regelmäßig nutzen, können Sie die Auswahl Ihrer Spalten und die Reihenfolge unter einem individuellen Namen abspeichern, bevor Sie den Bericht nach der Auswahl der Spalten abrufen. Die Namen zu den gespeicherten Spalten finden Sie in Form von Templates danach als Unterpunkte im Drop-down-Menü SPALTEN wieder, nachdem Sie auf das Spalten-Icon geklickt haben (siehe Abbildung 14.19).

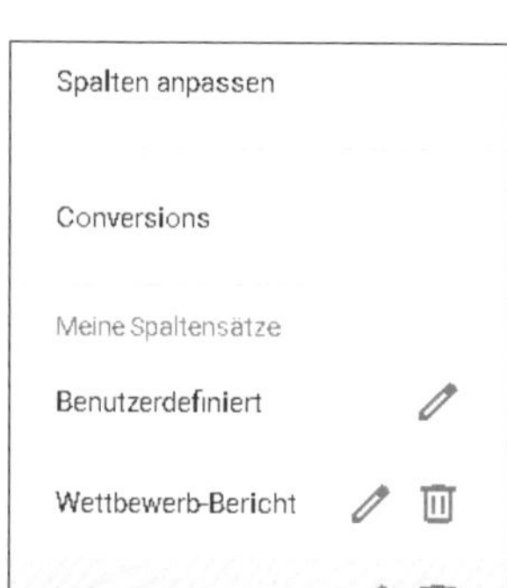

Abbildung 14.19 Gespeicherte Spaltentemplates

Mithilfe dieser Templates können Sie einfach und schnell Ihren Wunschbericht abrufen. Falls Sie den Bericht nicht mehr benötigen, löschen Sie das Spaltentemplate an dieser Stelle über das entsprechende Icon.

14.5.1 Download der Berichte

Nachdem Sie einen Bericht ausgewählt oder in der gewünschten Form zusammengestellt haben, können Sie ihn in verschiedenen Formaten zur weiteren Bearbeitung oder für einen Ausdruck herunterladen (siehe Abbildung 14.20). Dazu klicken Sie einfach auf den Button mit dem Download-Symbol ❶. Im nächsten Schritt können Sie das gewünschte Berichtsformat auswählen ❷. Ein Klick auf das jeweilige Format löst den Download aus. Es gibt verschiedene Formate, daher sollten Sie Ihre Auswahl davon abhängig machen, was Sie mit dem jeweiligen Bericht vorhaben. Dient er beispielsweise als reine Informationsquelle, oder wollen Sie die Daten weiterbearbeiten?

14.5.2 Auswahl der Berichtsformate

Sie können Ihre Berichte in unterschiedlichen Formaten erstellen. Für den täglichen Gebrauch sind folgende drei Formate interessant, wobei das Excel- und das PDF-Format am häufigsten genutzt werden:

1. **Excel-Format**
   Die Excel-Formate, entweder als CSV-Format für Excel ❸ oder direkt als Excel-Datei mit der Endung *.xlsx* ❹ sind vor allem dann interessant, wenn Sie mit den Berichten weiterarbeiten möchten. Mithilfe der Office-Software Excel können Sie die heruntergeladenen Google-Ads-Daten später weiter sortieren, gruppieren oder farblich kennzeichnen. Sie können zusätzliche Berechnungen durchführen oder

auch verschiedene Daten in einer Excel-Tabelle zusammenfügen. Wenn Sie das Excel-Format direkt in Ihr Google-Drive-Konto importieren möchten, dann können Sie auch direkt GOOGLE TABELLEN ❺ auswählen.

2. **PDF-Format**
   Benötigen Sie nur einen Bericht, den Sie zum Beispiel Ihren Vorgesetzen oder einem Kunden vorlegen möchten, können Sie die Daten als PDF-Datei ❻ herunterladen.
3. **CSV- bzw. TSV- oder XML-Format**
   Möchten Sie Ihre Daten in andere Programme oder Datenbanken importieren, sind die Datenformate CSV ❼ (die Datensätze werden durch Kommas getrennt), TSV ❽ (die Datensätze werden durch Tabulatoren getrennt) oder auch das XML-Format ❾ sehr nützlich.

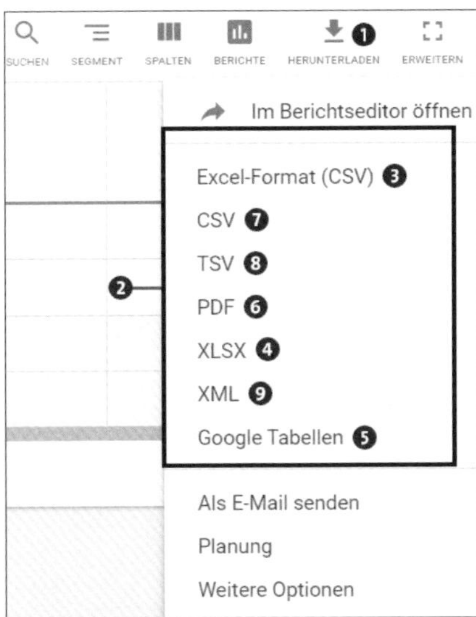

Abbildung 14.20 Berichte im gewünschten Format herunterladen

14.5.3 Berichte per E-Mail senden

Die zweite Möglichkeit neben dem direkten Download besteht darin, die Berichte per E-Mail zu versenden. Wenn Sie diese Option bevorzugen, klicken Sie auf den Unterpunkt ALS E-MAIL SENDEN. Sie können dann verschiedene Mailadressen auswählen oder an alle Berechtigten verschicken. Die Voraussetzung dafür ist jedoch, dass die E-Mail-Adressen unter VERWALTUNG • ZUGRIFF UND SICHERHEIT als Nutzer angelegt sind. Es reicht jedoch die Zugriffsebene NUR E-MAILS ERHALTEN, damit diese Nutzer als Empfänger ausgewählt werden können.

Segmentierung

Auf Ihre Berichte können Sie stets auch Segmentierungen anwenden. Der Vorteil bei den Downloads und den verschickten Berichten im Gegensatz zu den Live-Kontoberichten besteht darin, dass auch mehrere Segmente gleichzeitig angegeben werden können. Sie sollten jedoch sparsam mit den Segmenten umgehen, da jede Gruppierung unterhalb einer Gruppierung Ihren Bericht aufbläht und irgendwann unübersichtlich macht. Bei mehr als drei Segmentierungen gibt Google auch eine entsprechende Warnung aus.

Überlegen Sie vorher genau, welche Segmente für Ihre Analyse gerade sinnvoll sind. Wenn Sie beispielsweise die Hauptzeiten für Kundenanfragen des letzten Monats sehen möchten, segmentieren Sie Ihren Monatsbericht nach TAGESZEIT (siehe Abbildung 14.21). Wenn Sie mehrere Möglichkeiten für Conversions erstellt haben, dann können Sie hier beispielsweise auch noch nach *Conversion-Aktion* segmentieren.

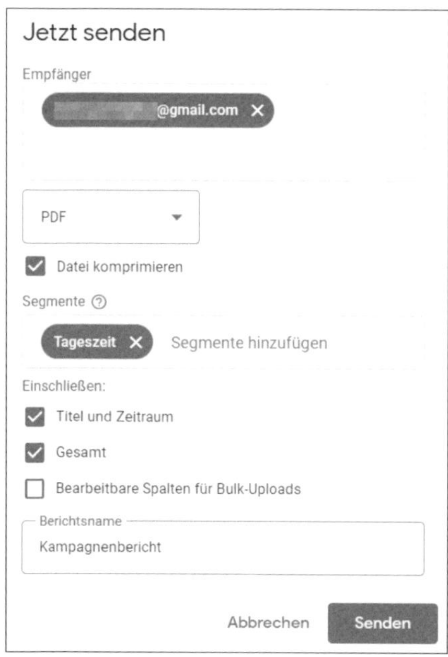

Abbildung 14.21 Verschicken Sie Ihre Berichte direkt per E-Mail.

Nachdem Sie alles eingestellt haben, können Sie Ihren Bericht versenden. Bitte beachten Sie, dass dieser Bericht im Gegensatz zum direkten Download zusätzlich unter KAMPAGNEN • STATISTIKEN UND BERICHTE • BERICHTSEDITOR gespeichert wird. Tragen Sie vor dem Absenden in das Feld unter BERICHTSNAME noch einen individuellen Namen für den Bericht ein, damit Sie ihn auch im BERICHTSEDITOR wiederfinden können.

> **Wichtig**
>
> Der Bericht wird nicht direkt per E-Mail versendet, vielmehr enthält die E-Mail einen Link, der dann zu dem gespeicherten Bericht führt.

14.5.4 Sparen Sie Zeit mit automatisierten Berichten

Falls Sie Ihre Berichte (bzw. die Links zu den Berichten) regelmäßig per E-Mail zugeschickt bekommen möchten, können Sie sogenannte automatisierte Berichte in Google Ads erstellen, indem Sie ebenfalls in den Drop-down-Einstellungen unter HERUNTERLADEN die Funktion PLANUNG auswählen.

Daraufhin öffnet sich ein neuer Bereich, in dem Sie die Einstellungen für die automatisierten Berichte vornehmen können (siehe Abbildung 14.22).

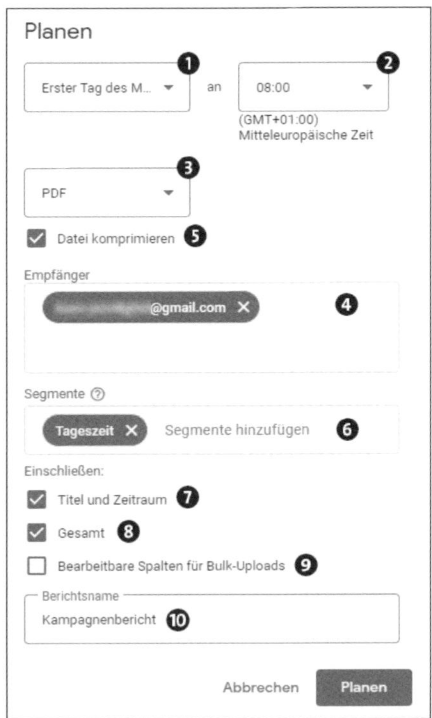

Abbildung 14.22 Automatisierte Planung der Berichte

Zunächst legen Sie fest, an welchem Tag bzw. mit welchem Rhythmus die E-Mails verschickt werden sollen ❶. Da diese Berichte meistens Monatsberichte zum vorangegangenen Monat sind, wird hier oft ERSTER TAG DES MONATS ausgewählt. Neben dem Tag lässt sich außerdem eine Uhrzeit festlegen ❷.

Nachdem Sie das Berichtsformat ❸ festgelegt haben, können Sie bestimmen, an welche E-Mail-Adresse(n) ❹ der automatisierte Bericht versandt werden soll. Dabei können Sie, wie bereits erläutert, nur E-Mail-Adressen auswählen, die dem aktuellen Google-Ads-Konto als Nutzer hinzugefügt worden sind.

Folgende Angaben müssen Sie ebenfalls eintragen, damit Ihre E-Mail mit dem Link zum jeweiligen Bericht bereit für den geplanten Versand ist:

- Soll die Datei komprimiert werden? ❺
- Sollen Segmente hinzugefügt werden? ❻
- Sollen Anzeigentitel und Zeitraum im Bericht erscheinen? ❼
- Benötigen Sie im Bericht eine GESAMT-Zeile, die alle Daten kumuliert? ❽
- Sollen Spalten für den Bulk-Upload hinzugefügt werden? ❾
- Unter welchem Namen soll der Bericht gespeichert werden? ❿

Zum Schluss können Sie per Klick auf PLANEN die automatisierte Berichtsplanung abschließen. Danach erhalten Sie regelmäßig den entsprechenden Bericht per E-Mail.

14.5.5 Der Berichtseditor

Bisher haben wir uns auf die Standardberichte konzentriert, die Google Ads z. B. für die Darstellung wichtiger Kampagnenkennzahlen zur Verfügung stellt. Auch hier gibt es Möglichkeiten zur individuellen Anpassung, wie das Hinzufügen oder Entfernen von Spalten, sodass Informationen passgenau für den benötigten Zweck angezeigt werden. In den meisten Szenarien reichen diese Möglichkeiten völlig aus.

Stoßen Sie jedoch mit den Standardberichten an Ihre Grenzen, bietet Google Ads Ihnen ein weiteres Werkzeug speziell zur Erstellung benutzerdefinierter Berichte: den *Berichtseditor*. Diesen finden Sie in der Navigation unter KAMPAGNEN • STATISTIKEN UND BERICHTE.

Standardberichte vs. Editor-Berichte

Bisher haben wir uns in Bezug auf das Reporting in Google Ads lediglich mit Statistiken und Tabellen beschäftigt, die Ihnen unabhängig vom Berichtseditor zur Verfügung stehen, und dabei den Begriff *Berichte* allgemeingültig verwendet. In Abschnitt 14.5.5, »Der Berichtseditor«, werden wir zur deutlicheren Abgrenzung derartige Berichte immer als *Standardberichte* und im Editor erstellte Berichte als *Editor-Berichte* oder als *Berichte* bezeichnen.

Auch in der Vergangenheit gab es bereits Möglichkeiten, über einen Editor individuelle Berichte zu konfigurieren. Mit den größeren Umstrukturierungen ab dem Jahr 2023 hat Google diese Funktion jedoch weiter ausgebaut und den Umfang sowie die Bedeutung dieses Werkzeugs auf ein neues Level gehoben. Zum jetzigen Zeitpunkt, d. h. zu Beginn des Jahres 2024, scheint dieser Ausbau noch nicht abgeschlossen zu sein. Man stößt an einigen Stellen auf Hinweise, die fehlende Funktionen benennen bzw. geplante Ergänzungen für die Zukunft ankündigen. Der Editor wird sich in den nächsten Monaten und Jahren somit sicherlich weiter verändern.

Fertige Vorlagen nutzen

Bevor wir einen Blick in die Erstellung von benutzerdefinierten Editor-Berichten werfen, schauen wir uns zunächst die VORLAGENGALERIE an. Scrollen Sie nach dem Aufruf des Berichtseditors ein wenig nach unten. Dort werden bereits fertige Berichte, sortiert nach Kategorien wie z. B. LEISTUNGSÜBERSICHT oder WETTBEWERBSPOSITION, aufgelistet (siehe Abbildung 14.23). Mit einem Klick gelangen Sie direkt in den entsprechenden Bericht. Vielleicht finden Sie hier bereits, was Sie suchen, ohne Zeit in eine vollständige Neuerstellung investieren zu müssen. Eine effektive Vorgehensweise könnte außerdem sein, dass Sie eine Vorlage als Basis für Ihren benutzerdefinierten Editor-Bericht nutzen.

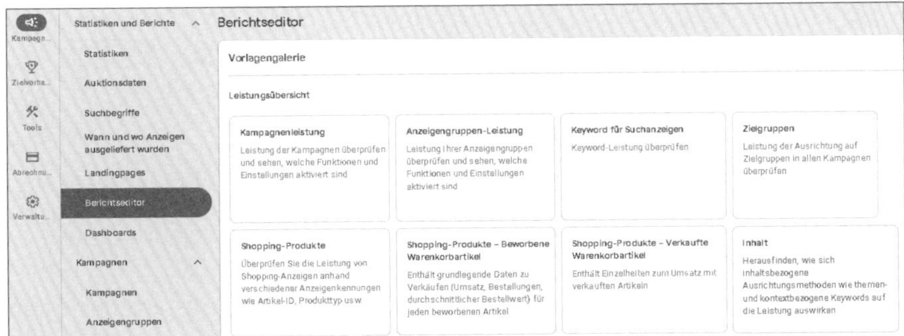

Abbildung 14.23 Die Vorlagengalerie im Berichtseditor

> **Unterschiedliche Vorlagen für unterschiedliche Ebenen**
>
> Beachten Sie, dass abhängig von eingestellten Filtern innerhalb der Filterleiste und damit abhängig von der ausgewählten Ebene, z. B. Kampagne oder Anzeigengruppe, unterschiedliche Vorlagen angezeigt werden.

Vor der Umrüstung auf den Berichtseditor gab es in Google Ads sogenannte *Vorgefertigte Berichte*, die einen eigenen Menüpunkt innerhalb der alten Navigation bildeten.

Diese vorgefertigten Berichte gehen nun in den Vorlagen des Berichtseditors auf. Dabei fallen einige Statistiken weg, während neue hinzugekommen sind. An einigen Stellen nutzt Google nach wie vor die Bezeichnung »Vorgefertigte Berichte«. Dies macht nochmals die Verschmelzung deutlich und zeigt, dass sich die verschiedenen Bezeichnungen synonym nutzen lassen.

Neben einem Aufruf der Vorlagen direkt aus dem Berichtseditor heraus können Sie auch das Icon mit der Bezeichnung BERICHTE direkt oberhalb der meisten Standardberichte nutzen. Im Drop-down-Menü gelangen Sie über die jeweilige Kategorie zur Berichtsvorlage und öffnen diese per Klick direkt im Berichtseditor (siehe Abbildung 14.24).

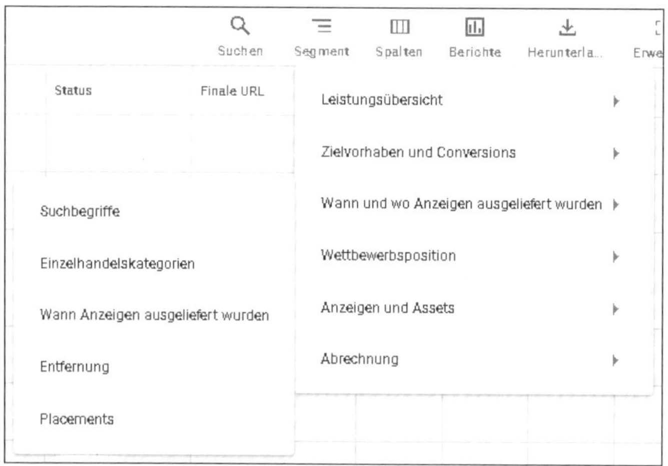

Abbildung 14.24 Aufruf der Vorlagen über »Berichte«

Benutzerdefinierte Editor-Berichte

Um mit der Erstellung eines benutzerdefinierten Editor-Berichts zu starten, klicken Sie nach dem Öffnen des Berichtseditors auf den Button BERICHT ERSTELLEN. Auf diese Weise gelangen Sie in den eigentlichen Editor (siehe Abbildung 14.25).

Auch hier können Sie sich noch durch den Klick auf das Auswahlfeld ❶, welches gleichzeitig den Namen Ihres Berichts enthält, für die Verwendung einer bestehenden Vorlage entscheiden, um diese als Basis für Ihren eigenen Bericht zu nutzen. Machen Sie sich keine Sorgen darüber, dass Sie versehentlich eine bestehende Vorlage überschreiben könnten, denn mit der Anpassung wird automatisch aus der Vorlage ein neuer, eigener Bericht. Den Aufbau Ihres neuen Editor-Berichts legen Sie nun anhand von einigen wesentlichen Parametern und Einstellungen fest. Das Ergebnis wird Ihnen dabei direkt angezeigt ❷.

- **Berichtstyp ❸**
  Wählen Sie aus verschiedensten Varianten. Neben der klassischen TABELLE, wie in unserem Beispiel, können Sie sich auch für eine verschachtelte BAUMSTRUKTURTABELLE oder verschiedenste Diagrammvarianten entscheiden. Berücksichtigen Sie dabei das gewünschte Komplexitätslevel sowie den Bedarf des vorgesehenen Empfängers.
- **Zeilen, Spalten und Co.**
  Legen Sie nun fest, mit welchen Daten und Informationen Ihr Bericht gefüllt werden soll. Dafür ziehen Sie per Drag-and-drop die relevanten Datenfelder aus der Gesamtliste ❹ in den gewünschten Bereich des jeweiligen Berichtstyps ❺. Abhängig vom Typ werden Ihnen verschiedene Bereiche angeboten. Während Sie bei klassischen Tabellen die Zeilen und Spalten füllen, sind es bei Diagrammen z. B. die verschiedenen Achsen oder Gruppierungen. Dabei gilt es zu beachten, dass sich nicht alle Datenfelder in jeden Bereich ziehen lassen.
- **Zeitraum ❻**
  Legen Sie – wie von den Standardberichten gewohnt – den relevanten Zeitraum fest, der für Ihren Editor-Bericht angewendet wird. Da diese Berichte normalerweise wiederkehrend abgerufen werden, sollten Sie z. B. mit der Option LETZTE 30 TAGE als dynamischen Zeitraum arbeiten.

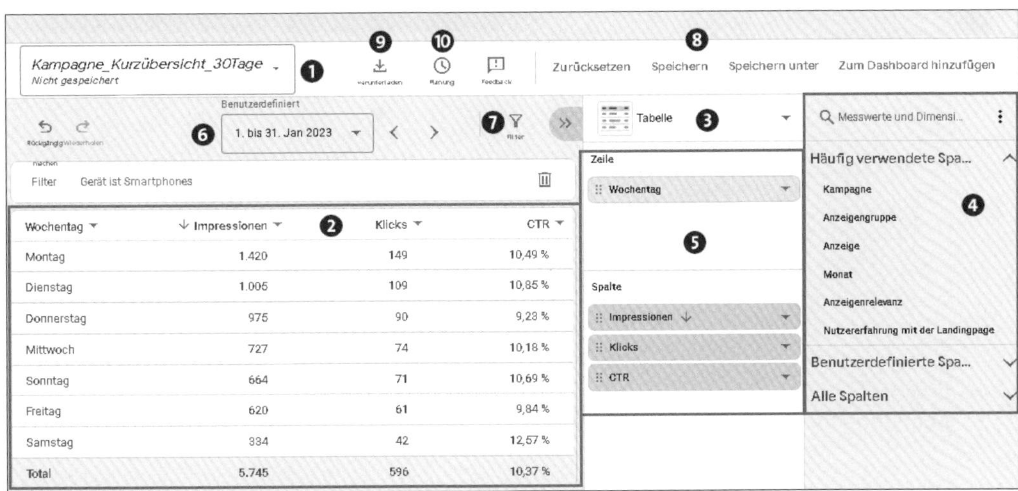

Abbildung 14.25 Erstellen Sie benutzerdefinierte Editor-Berichte.

- **Filter und Sortierung**
  Nutzen Sie Filter und erhalten Sie dadurch einen Bericht, der sich ausschließlich auf die für Ihren Zweck relevanten Daten beschränkt. Diese lassen sich über das Icon mit der Bezeichnung FILTER auf zentraler Ebene definieren ❼ oder durch

einen entsprechenden Klick direkt in den Einstellungen zum Datenfeld, das Sie zuvor Ihrem Bericht hinzugefügt haben. Dort können Sie auch die Sortierung bestimmen. Mit der richtigen Sortierung schaffen Sie ebenfalls Mehrwerte zum besseren Verständnis Ihrer Kennzahlen. Beispielsweise lassen sich Top- oder Flop-Listen sehr gut nutzen, um die größten Stärken oder Defizite ausfindig zu machen.

Die Möglichkeiten für die Gestaltung und den Aufbau von benutzerdefinierten Berichten sind sehr umfangreich. Genauso umfangreich sind die potenziellen Szenarien, die bei Ihnen zum Bedarf für einen individuellen Bericht führen können. Aus diesem Grund steigen wir nicht tiefer in konkrete Beispiele von Editor-Berichten ein. Der große Vorteil des Berichtseditors ist die sehr intuitive Bedienung, da Sie nach einer Anpassung unmittelbar das Ergebnis sehen können. Probieren Sie sich also aus und stellen Sie Ihren perfekten Bericht zusammen. Schließen Sie den Prozess der Erstellung durch einen Klick auf SPEICHERN ❽ ab.

Für Editor-Berichte lassen sich die Funktionen HERUNTERLADEN ❾ und PLANUNG ❿ auf die gleiche Weise nutzen wie bei den Standardberichten. Eine Erläuterung finden Sie in Abschnitt 14.5, »Berichte erstellen«, weiter oben.

Ihre benutzerdefinierten Berichte werden im Berichtseditor unter GESPEICHERTE BERICHTE innerhalb einer Tabelle aufgelistet (siehe Abbildung 14.26).

Berichtseditor

Gespeicherte Berichte

Filter hinzufügen

Berichte	Erstellungsdatu	Letzter Zugriff	Zeitraum	Erstellt von	Planung
Kampagne_Kurzübersicht_30Tage	27. Jan. 2024	28. Jan. 2024	Letzte 30 Tage	@gmail.com	Keine Angabe
Monatlicher_Kampagnenbericht Herunterladen	27. Jan. 2024	27. Jan. 2024	Letzte 30 Tage	@gmail.com	Monatlich (Excel .csv.gz)
Monatlicher_Wettbewerbsbericht Herunterladen	27. Jan. 2024	27. Jan. 2024	Letzte 30 Tage	@gmail.com	Monatlich (.pdf.gz)

1 bis 3 von 3

Abbildung 14.26 Liste mit gespeicherten Berichten

Diese Liste enthält unter anderem den individuellen Namen, das Datum der Berichtserstellung und des letzten Zugriffs, den relevanten Zeitraum des Berichts sowie den Autor. Am Ende finden Sie – sofern angelegt – das Berichtsformat und den aktuellen Zeitplan. Direkt innerhalb der Tabelle lassen sich Name und Zeitplan mit einem Klick auf den per Mouse-over erscheinenden Bearbeitungsstift anpassen. Ein Aufruf des gesamten Berichts erfolgt über einen Klick auf den Namen selbst.

Was machen Standardberichte im Berichtseditor?

Alle Standardberichte, die Sie per E-Mail versendet oder zum automatischen Versand eingeplant haben, werden ebenfalls abgespeichert, um diese zu einem späteren Zeitpunkt noch einmal abrufen oder auch einige Parameter verändern zu können. Auch diese Standardberichte werden in der Tabelle mit aufgeführt. Der wesentliche Unterschied liegt darin, dass sich diese Standardberichte nicht im Editor aufrufen, sondern lediglich unveränderbar herunterladen lassen. Dieser – aus unserer Sicht – etwas verwirrende Zustand ist sicherlich den aktuellen Umstrukturierungen zuzuschreiben. Vielleicht wird Google hier zur besseren Transparenz noch Anpassungen an dieser Darstellung vornehmen.

Sie haben nun die vielseitigen Möglichkeiten des Berichtseditors kennengelernt. Grundsätzlich gilt es immer abzuwägen, ob ein individueller Editor-Bericht tatsächlich notwendig ist oder ob ein gut angepasster Standardbericht nicht völlig ausreicht. Außerdem ist hier zu berücksichtigen, dass die benutzerdefinierten Berichte lediglich informativ sind, während einige Standardberichte auch zusätzliche Funktionen bieten, die teilweise eine wichtige Bedeutung für die Optimierung Ihrer Kampagne haben. Ein gutes Beispiel ist dabei der Standardbericht »Suchbegriffe«, der die Möglichkeit bietet, Suchbegriffe zu markieren und direkt auf die Ausschlussliste zu setzen. Lesen Sie mehr dazu in Abschnitt 14.6, »Keyword-Bericht: der wichtigste Bericht im Google-Ads-Konto«.

Ein einzelner guter Bericht kann bereits einen großen Mehrwert bieten. Fassen Sie jedoch mehrere Berichte zu einem Dashboard zusammen, schaffen Sie sich damit einen praktischen Gesamtüberblick über alle wichtigen Zahlen rund um Ihre Google-Ads-Kampagnen.

14.5.6 Dashboards erstellen

Auch bei der Erstellung von Dashboards hat Google im Rahmen der Umstrukturierungen einige Anpassungen vorgenommen. Sie finden den Bereich DASHBOARDS im Menü unter KAMPAGNEN • STATISTIKEN UND BERICHTE. Hier konfigurieren Sie innerhalb einer Rasterstruktur individuelle Übersichten, wie Sie das vielleicht bereits von Google Analytics kennen. Stellen Sie – insbesondere auf Basis bereits gespeicherter oder vordefinierter Berichte – wichtige Übersichtsstatistiken in Form von Tabellen, Kurzübersichten, Diagrammen oder auch Notizen zusammen (siehe Abbildung 14.27). Genau wie Berichte lassen sich diese Dashboards herunterladen oder per E-Mail in regelmäßigen Abständen mit anderen teilen.

Die Möglichkeit, Dashboards zu erstellen, ist eine sinnvolle Erweiterung der Berichtsfunktion. Berichte lassen sich hier sehr spezifisch und zweckgebunden kombinieren. Auf diese Weise erhalten Sie für sich, Ihre Kunden oder auch Ihren Vorgesetzten eine zugängliche Darstellung der wichtigsten Informationen. Sie sollten dabei natürlich den Fokus auf das Wesentliche behalten: Alle Informationen und Berichte dienen am Ende dazu, Ihre Ads-Kampagnen zielgerichtet zu bewerten und weiter zu optimieren.

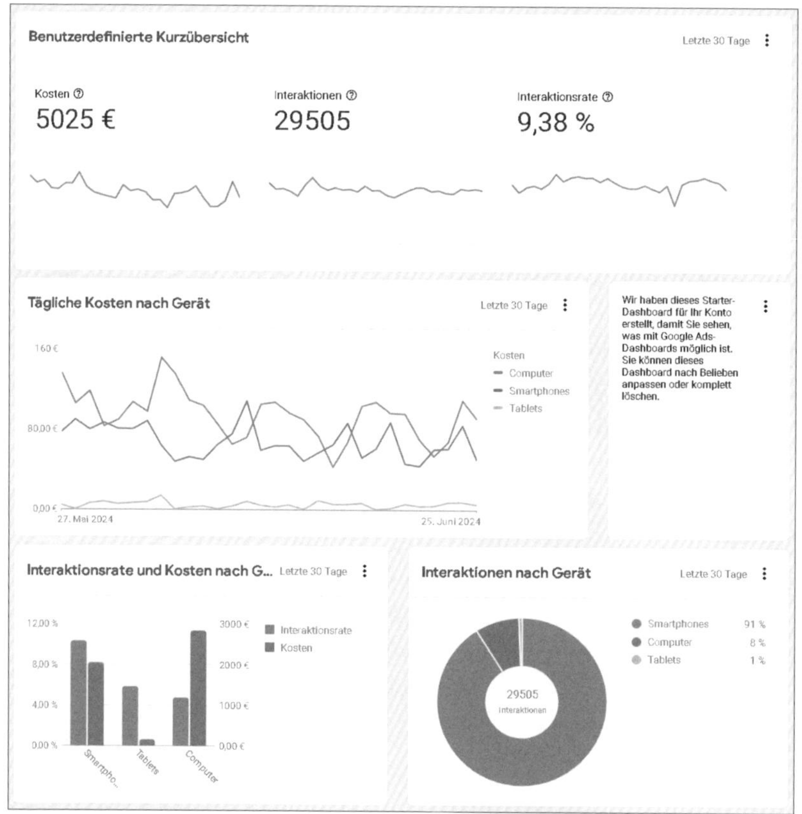

Abbildung 14.27 Bunte Übersicht – Dashboards erstellen

14.6 Keyword-Bericht: der wichtigste Bericht im Google-Ads-Konto

Der vielleicht wichtigste Bericht in Ihrem Google-Ads-Konto ist der sogenannte *Keyword-Bericht* oder *Bericht zu den Suchanfragen*. In diesem erfahren Sie, welche Suchanfragen Ihre potenziellen Kunden wirklich in das Google-Suchfeld eingegeben haben. So erhalten Sie einen tieferen Einblick in das Suchverhalten Ihrer Zielgruppe.

Sie finden diesen wichtigen Bericht, der im Konto die Bezeichnung *Suchbegriffe* besitzt, an drei Stellen:

- Unter den VORDEFINIERTEN BERICHTEN hinter dem Berichts-Icon beim Unterpunkt WANN UND WO ANZEIGEN AUSGELIEFERT WURDEN (siehe Abbildung 14.24), der Sie direkt zum Bericht im BERICHTSEDITOR weiterleitet.
- Im BERICHTSEDITOR selbst innerhalb der VORLAGENGALERIE.
- Innerhalb des Menüs als eigenen Unterpunkt unter KAMPAGNEN • STATISTIKEN UND BERICHTE.

Wichtiger Hinweis

In der Praxis sollten Sie die letztgenannte Vorgehensweise über den eigenen Menüpunkt nutzen, da hier weitere wichtige Funktionen für die Verwendung der Suchbegriffe zur Verfügung stehen, die Berichte im Berichtseditor nicht bieten.

Um einen Suchanfragenbericht zu erstellen, navigieren Sie also zunächst über KAMPAGNEN zu STATISTIKEN UND BERICHTE und wählen dann den Menüpunkt SUCHBEGRIFFE aus.

14

Die Statistik zeigt zunächst immer die Suchbegriffe zu den Kampagnen oder Anzeigengruppen, die Sie aktuell ausgewählt haben (zur Orientierung hilft hier bei der Betrachtung der aktuellen Statistik ein Blick nach oben in die Filterleiste). Zudem sehen Sie immer die Informationen mit Bezug zum Zeitraum, der rechts oben in Ihrem Ads-Konto angegeben wird.

Manchmal kommt es auch vor, dass gerade nur wenige Keywords für Sie interessant sind oder dass nur ein einziges, häufig gesuchtes Keyword für Ihre Analyse wichtig ist. In diesem Fall markieren Sie im Bericht zu Ihren KEYWORDS FÜR SUCHANZEIGEN ❶ zunächst ein ❷ oder auch mehrere Keywords per Checkbox und klicken dann in der blauen Leiste auf SUCHBEGRIFFE ❸ (siehe Abbildung 14.28).

Abbildung 14.28 »Keywords für Suchanzeigen« als Filter für Suchbegriffe nutzen

Nun wechseln Sie automatisch in den Bericht SUCHBEGRIFFE, der auf das ausgewählte Keyword oder die ausgewählte Keyword-Gruppe vorgefiltert ist und in der ersten Spalte die tatsächlichen Suchanfragen zeigt, die auf Grundlage der Keyword-Vorgaben eine Anzeigenschaltung ausgelöst haben.

Auch die Darstellung der Tabelle zu den Suchbegriffen können Sie über das Spalten-Icon und die Auswahl SPALTEN ANPASSEN verändern. Wir empfehlen Ihnen auf jeden Fall, noch eine weitere Spalte mit der Bezeichnung KEYWORD in den Bericht aufzunehmen. Diese Spalte finden Sie unter ATTRIBUTE. Platzieren Sie die Spalte KEYWORD per Drag-and-drop möglichst weit vorne in Ihrem Bericht. Auf diese Weise können Sie mit einem Blick den gesuchten Begriff und das zugehörige Keyword erfassen und vergleichen. Sie werden schnell erkennen, wie Google mit den verschiedenen Keyword-Optionen umgeht, denn Sie sehen direkt, welche Suchbegriffe bei welcher Keyword-Option eine Anzeigenschaltung ausgelöst haben.

In dem Beispielbericht aus Abbildung 14.29 sehen Sie eine Auswahl an Suchbegriffen, die zu unserem weitgehend passenden Beispiel-Keyword *damenskihosen* eine Anzeige ausgelöst haben. In unserem kleinen Ausschnitt aller Suchanfragen zum Thema Damenskihosen erkennen Sie an zwei Beispielen, wie die Suchanfragen variieren. Google ordnet dem vorgegebenen Keyword verschiedene Suchanfragen zu. Es kann daher im Zusammenhang mit *damenskihosen* auch Suchanfragen zu Größen, zu bestimmten Farben oder zu Marken geben – aber auch Tippfehler lösen eine Anzeigenschaltung aus. Falls Sie in den Berichten zu den Suchanfragen unpassende Anfragen oder auch besonders gute Keyword-Phrasen entdecken, dann wären dies ganz wichtige Erkenntnisse aus dem Suchanfragenbericht, die Sie zur Optimierung Ihrer Google-Ads-Kampagne nutzen sollten. Die zwei grundsätzlichen Wege stellen wir Ihnen im Folgenden vor.

Der Suchanfragenbericht liefert grundsätzlich zwei Erkenntnisse, die in verschiedene Richtungen weisen:

Zunächst einmal geht es darum, unpassende Suchanfragen zu finden und somit die Keywords zu eliminieren, die nicht zum Produkt oder zur Dienstleistung passen. Falsche Suchbegriffe haben neben unnötigen Klickkosten den Effekt, dass insgesamt die Klickrate sinkt, weil der Suchende seine Anfrage bzw. die Antwort auf seine Frage nicht im Text der Anzeige wiederfindet. In unserem Beispiel aus Abbildung 14.29 wäre »jetset damenskihosen« eine Suchanfrage, die vielleicht nicht richtig zu den Produkten aus unserem Webshop passt. Diese Suchanfrage müsste für die Zukunft ausgeschlossen werden. Sie können nun aus dem Suchanfragenbericht heraus das falsche Keyword per Klick markieren und oberhalb des Berichts auf den Button ALS AUSZUSCHLIESSENDES KEYWORD HINZUFÜGEN klicken. Danach kann dieses Keyword entweder auf Anzeigengruppenebene oder auch auf Kampagnenebene ausgeschlossen und direkt in eine vorhandene Liste mit negativen Keywords übernommen werden.

1 ausgewählt | Als Keyword hinzufügen | Als auszuschließendes Keyword hinzufügen

Suchbegriff	Keyword-Option	Hinzugefügt/Ausges	Anzeigengruppe	Keyword
Gesamt: Gefilterte Suchbegriffe				
☐ guenstige damenskihosen	Passende Wortgruppe	Keine Angabe	Skihosen Damen	"damenskihosen"
☑ jetset damenskihosen	Passende Wortgruppe	Keine Angabe	Skihosen Damen	"damenskihosen"

Abbildung 14.29 Keyword-Bericht zu ausgewähltem Keyword

Das große Problem besteht jedoch darin, dass Google markierte Suchbegriffe nur *genau passend* ausschließen möchte (siehe Abbildung 14.30). Ein genau passender Ausschluss hat aber den Nachteil, dass zusätzlich noch alle möglichen Varianten rund um den Begriff, der ausgeschlossen werden soll, hinzugefügt werden müssen. In unserem Beispiel würden wir jedoch mit dem Ausschluss des einzelnen Begriffs *jetset* die meisten Suchanfragen rund um dieses Thema ausschließen. Ein exakter Ausschluss der Suchanfrage *jetset damenskihosen* würde jedoch zukünftig nur exakt diese Suchanfrage ausschließen. Falls eine andere Anfrage beispielsweise dann *goldene jetset damenskihosen* lautet, würde die Anzeige wieder ausgelöst. Dies kann man nur durch einen *weitgehend passenden* Ausschluss verhindern, wobei am besten auch noch zusätzlich einzelne verwandte Begriffe rund um das Thema sowie Falschschreibweisen hinzugefügt werden sollten.

Als auszuschließendes Keyword hinzufügen zu:

- ○ Anzeigengruppe
- ◉ Kampagne
- ○ Liste mit auszuschließenden Keywords

Auszuschließendes Keyword	Kampagne	Anzeigengruppe
[jetset damenskihosen]	Skihosen	Skihosen Damen

Abbildung 14.30 Unpassendes Keyword ausschließen

Aus diesem Grund ist der genau passende Ausschluss aus dem Suchbericht heraus nicht zu empfehlen. Besser ist es, die komplette Liste der Suchanfragen herunterzuladen und in einem Editor so zu bearbeiten, dass nur noch die einzelnen negativen Begriffe übrig bleiben, die zukünftig möglichst viele Suchanfragen ausschließen. Diese bereinigte Liste wird dann zu der Keyword-Liste mit auszuschließenden Keywords hinzugefügt.

14.6.1 So helfen Ihre Besucher mit neuen Keyword-Ideen

Der Bericht mit den Suchanfragen hilft jedoch auch in positiver Weise. Falls zum vorgegebenen Keyword *damenskihosen* beispielsweise auch viele Anfragen nach *damenskihose pink* zu verzeichnen sind (siehe Abbildung 14.31), dann scheint es dafür einen Bedarf zu geben. Wenn dieser Bedarf durch unsere Produkte befriedigt werden kann, liegt darin der zukünftige Ansatz zur Optimierung.

Für unser fiktives Beispiel müsste nun eine eigene Anzeigengruppe zum Thema »Pinke Damenskihosen« erstellt werden – und natürlich zusätzlich zu allen anderen beliebten Farben. Alle Keywords der Anzeigengruppe drehen sich dann jeweils nur um dieses eine Thema, und in der Anzeige werden speziell die einzelnen Farben für Damenskihosen beworben. Vielleicht gibt es sogar noch eine besondere Angebotsaktion zu diesen Produkten?

Zusätzlich würde eine Anzeige natürlich direkt auf die spezielle Unterseite zu der jeweiligen Farbe der Damenskihose verlinken. Auf diese Weise kann man in Zukunft einen großen Teil der vorhandenen Nachfrage auf die eigene Webseite lenken. Die CTR und auch der Qualitätsfaktor für die neue Anzeigengruppe werden wahrscheinlich viel besser sein als die aktuellen Werte, die das Thema sehr allgemein bewerben.

Abbildung 14.31 Neue Keyword-Idee aus dem Suchbericht extrahieren

Analog zu diesem Beispiel sollten Sie nun regelmäßig zu Ihren Kampagnen Berichte mit Suchanfragen aufrufen, diese durchsuchen und dann neue Anzeigengruppen zu speziellen, häufig angefragten Themen erstellen – natürlich nur für die Anfragen, zu denen Sie auch passende Produkte oder Dienstleistungen anbieten.

Sie sollten also zukünftig mindestens einmal pro Monat Suchanfragenberichte erstellen und analysieren. Dabei sollten Sie eine Liste mit Keywords zusammenstellen, die Sie in Zukunft ausschließen können. Dadurch erhöhen Sie Ihre zukünftige Klickrate und verhindern unnötige Klicks auf Ihre Anzeige. Andererseits sollten Sie aber auch mithilfe der Berichte interessante Suchanfragen erkennen, für die Sie dann eigene Anzeigengruppen mit passenden Anzeigentexten und individuellen Landingpages erstellen. Nutzen Sie diesen Bericht. Er ist ein sehr wertvoller Helfer für jeden Google-Ads-Manager.

14.6.2 Welcher Bericht beantwortet meine Fragen?

Zum Abschluss haben wir in Tabelle 14.2 noch einige Beispiele für wichtige Fragestellungen aufgeführt und dahinter die passenden Berichtsformen aufgelistet, die dabei helfen, die Fragen zu beantworten.

Informationsbedarf/Fragestellung	Passende Berichte
Besteht eine Nachfrage nach meinen Produkten bzw. Dienstleistungen?	Bericht mit Angabe der Impressionen auf Kampagnen-, Anzeigengruppen- und Keyword-Ebene
Besteht Interesse an meinen Produkten bzw. Dienstleistungen?	Bericht mit Angabe der CTR auf Kampagnen-, Anzeigengruppen- und Keyword-Ebene
Lohnt sich die Google-Ads-Werbung?	Berichte zu Conversions, Conversion-Rate und Conversion-Wert auf allen Ebenen
Erreiche ich alle potenziellen Kunden mit meinen Keywords?	Kampagnenbericht mit Berichtsspalte zum Anteil der Impressionen im Suchnetzwerk oder Displaynetzwerk
Lohnen sich höhere Gebote, um mehr Kunden zu erreichen?	Bericht auf Keyword-Ebene mit Berichtsspalten zum Gebotssimulator
Welchen Qualitätsfaktor besitzen meine Keywords?	Bericht auf Keyword-Ebene mit Berichtsspalten zum Qualitätsfaktor
Was muss mit Blick auf den Qualitätsfaktor optimiert werden?	Bericht auf Keyword-Ebene mit Berichtsspalten zu ERWARTETER CTR, ANZEIGENRELEVANZ und LANDINGPAGE unter QUALITÄTSFAKTOR
Zu welchen Zeiten erreiche ich die meisten Besucher über Google Ads?	Standardbericht unter KAMPAGNEN mit Leistungskennzahlen aufrufen und über das Segment-Icon nach ZEIT • TAGESZEIT gruppieren

Tabelle 14.2 Informationsbedarf und passender Bericht im Google-Ads-Konto

Informationsbedarf/Fragestellung	Passende Berichte
An welchen Wochentagen erreiche ich die meisten Besucher über Google Ads?	Standardbericht unter KAMPAGNEN mit Leistungskennzahlen aufrufen und über das Segment-Icon nach ZEIT • WOCHENTAG gruppieren
Aus welchen Regionen und Orten erhalte ich die meisten Kundenanfragen?	Bericht unter KAMPAGNEN • STATISTIKEN UND BERICHTE • WANN UND WO ANZEIGEN AUSGELIEFERT WURDEN • PASSENDE ORTE aufrufen
Funktioniert die Werbung besser über PC, Tablet oder Smartphone, bzw. welchen Anteil am Erfolg haben die einzelnen Endgeräte, die die Werbung ausliefern?	Standardbericht unter KAMPAGNEN mit Leistungskennzahlen aufrufen und über das Segment-Icon nach GERÄT gruppieren
Funktioniert die Werbung im Partnernetzwerk genauso gut wie bei der Google-Suche?	Standardbericht unter KAMPAGNEN mit Leistungskennzahlen aufrufen und über den Button SEGMENT nach NETZWERK (MIT SUCHNETZWERK-PARTNERN) gruppieren
Funktioniert die Google-Ads-Werbung auf einer Top-Position besser als auf den anderen Anzeigepositionen?	Standardbericht unter KAMPAGNEN mit Leistungskennzahlen aufrufen und über Segment-Icon nach OBERE POSITION IM VERGLEICH ZU ANDEREN gruppieren

Tabelle 14.2 Informationsbedarf und passender Bericht im Google-Ads-Konto (Forts.)

14.7 Fazit

In diesem Kapitel haben Sie gelernt, wie Sie in Ihrem Google-Ads-Konto interessante Statistiken erstellen können. Wir haben verdeutlicht, wie wichtig die Informationen zu den Conversions für jeden Google-Ads-Manager sind. Nutzen Sie in jedem Fall die verschiedenen Möglichkeiten, um individuelle Berichte zu erstellen, die Ihre Fragen beantworten. Mithilfe der Berichte können Sie das Verhalten Ihrer Zielgruppe besser verstehen und zukünftig die Google-Ads-Kampagnen noch genauer auf diese Gruppe ausrichten.

Wir haben Ihnen mit dem Bericht zu den Suchanfragen auch den wichtigsten Bericht im Google-Ads-Konto vorgestellt. Sie wissen nun, wie Sie diesen Bericht in zweifacher

Hinsicht für sich nutzen können. Sie haben mit diesem Bericht zum einen ein Tool, um negative Keywords zu ermitteln, und zum anderen eine Statistik, die aufzeigt, welche Anfragen häufig gestellt worden sind. Sie haben in diesem Kapitel gesehen, dass die Berichte keinen Selbstzweck erfüllen, sondern Ihnen vor allem helfen sollen, Ihre Anzeigen weiter zu optimieren, indem Sie Ihre Google-Ads-Kampagnen sehr zielgerichtet auf potenzielle Neukunden ausrichten.

14.8 Checkliste

Gute Berichte bzw. Reports sind eine wichtige Grundlage zur Optimierung Ihrer Kampagnen. Nutzen Sie die Möglichkeiten des Google-Ads-Kontos.

Wichtige Vorbereitung für gute Google-Ads-Reports	Erledigt (✓)
Conversion-Tracking einrichten	
Google Ads und Google Analytics verknüpfen	
Google Ads und Google Search Console verknüpfen	
Spalten zur Analyse der Conversion-Daten hinzufügen	
Wichtige Kennzahlen für die einzelnen Ebenen hinzufügen	
Spaltentemplates anlegen	
Segmentierungen hinzufügen	
Automatisierte Berichte anlegen	
Bei Bedarf benutzerdefinierte Berichte im BERICHTSEDITOR nutzen	
Monatliche Auswertung des Suchanfragenberichts	

Tabelle 14.3 Berichte in Google Ads – Checkliste

Kapitel 15
Google Ads und Analytics (GA 4)

Google Ads bietet nützliche Mess- und Optimierungstools, die Ihnen helfen können, das Beste aus Ihren Kampagnen herauszuholen. Jedoch haben diese Tools ihre Grenzen. Um umfassende Einblicke in das Nutzerverhalten zu gewinnen und Ihre Kampagnen effektiv zu optimieren, empfehlen wir die Nutzung zusätzlicher Webanalysetools wie beispielsweise Google Analytics.

Anfang 2024 hat Google unter dem Namen *GA 4* die neue Version des Google-Webanalysetools vorgestellt. Neben einer kostenpflichtigen Version für große Unternehmen bietet Google GA 4 wie auch alle Vorgängerversionen für kleine und mittelständische Unternehmen kostenlos an. Google weiß, dass eine gute Webanalyse auch die Schaltung von Werbung unterstützt, und tut alles dafür, damit die Werbenden es so einfach wie möglich haben. Als Google-Ads-Nutzer sollte man auf jeden Fall ein Webanalysetool in Gebrauch nehmen. Es muss nicht GA 4 sein, aber dieses Google-interne Tool bietet die meisten Möglichkeiten in Verbindung mit Google Ads.

Im Folgenden erhalten Sie einen ersten Eindruck, warum die Nutzung von Google Analytics sinnvoll für Ihre Google-Ads-Arbeit sein kann.

Das Conversion-Tracking, das wir in Kapitel 2, »Google Ads – die Vorbereitung«, und in Kapitel 14, »Reporting und Conversion-Tracking«, vorgestellt haben, ist eine praktische Möglichkeit, um Google-Ads-Kampagnen nicht nur nach ausgelieferten Klicks, sondern darüber hinaus auch nach messbaren Zielen wie qualifizierten Leads (beispielsweise versendeten Anfrageformularen) oder verbindlichen Bestellungen in einem Online-Shop zu bewerten. Sie wollen schließlich mit Google Ads nicht nur die Besucherfrequenz auf Ihrer Webseite erhöhen und den Umsatz von Google steigern, sondern vor allem Neukunden für die beworbenen Produkte oder Dienstleistungen gewinnen.

Viele dieser Neukunden *konvertieren* jedoch nicht sofort nach dem ersten Klick auf eine Anzeige, und nicht immer muss eine erfolgreiche Google-Ads-Kampagne primär in einem Formularversand oder einer unmittelbaren Online-Bestellung gipfeln. Es ist daher nicht weniger wichtig, sogenannte *Mikro-Conversions* in Ihre Erfolgsmessung mit einzubeziehen. Und genau an dieser Stelle knüpfen Sie mit der Verwendung eines Webanalysetools an, wenn die Google-Ads-internen Mess- und Optimierungstools bei folgenden Fragestellungen an ihre Limits stoßen:

- Wie lange bleiben über Google Ads generierte Besucher auf meiner Webseite?
- Welche Seiten werden von meinen Kampagnenbesuchern nach ihrem Einstieg auf der Landingpage noch besucht?
- Bei welchen Themen und Keywords passt die Zielseite eventuell nicht zur Erwartungshaltung der Besucher und sorgt somit für sofortige Absprünge?
- Wie viele Klicks auf ein Video, einen Button oder wie viele PDF-Downloads konnten über meine Kampagne generiert werden?

Das heißt, ein Webanalysetool in Kombination mit Ihren Google-Ads-Kampagnen liefert all jene wertvollen Informationen darüber, was unmittelbar *nach dem Klick* auf die Anzeigen passiert.

Neben diesen erweiterten Leistungsdaten zur Webseitenbenutzung ist auch noch der folgende Faktor ein maßgebliches Argument, warum Sie Ihre Kampagnen mithilfe eines Webanalysetools auswerten und optimieren sollten. Schließlich werden Sie ja auch an der Beantwortung dieser Frage interessiert sein: »Wie verhält sich der Kampagnen-Traffic im Gesamtkontext aller Besucherquellen meiner Webseite?«

Google Ads ist zweifellos eine äußerst effiziente Möglichkeit, um Webseitenbesucher und potenzielle Neukunden zu gewinnen. Bezahlte Suchmaschinenwerbung ist jedoch in der Regel nur ein Teil Ihrer professionellen Online-Marketing-Strategie. Unterschiedliche Kampagnen und Maßnahmen beeinflussen sich gegenseitig, daher ist es wichtig, auch im fortgeschrittenen Optimierungsprozess nicht ausschließlich durch die »Google-Ads-Brille« zu blicken. Ein Webanalysetool bietet Einblicke in die Wechselwirkungen Ihrer SEA-Kampagnen mit organischem Suchmaschinen-Traffic oder den Displaynetzwerk-Kampagnen mit Social-Media-Aktivitäten.

In diesem Kapitel können wir Ihnen keine vollständige Anleitung zur Nutzung von GA 4 liefern, sondern wir konzentrieren uns auf die wichtigsten Grundvoraussetzungen und die speziellen Verbindungen zwischen GA 4 und Google Ads. Falls Sie umfassendere Kenntnisse in Google Analytics oder auch eine Einführung für das Hilfstool *Google Tag Manager* erlangen möchten, verweisen wir gern auf weiterführende Literatur – zum Beispiel entsprechende Bücher aus dem breiten Sortiment des Rheinwerk Verlags.

Wir stellen Ihnen in unserem Google-Ads-Buch in diesem Kapitel folgende »Analytics-Themen« vor:

- Aufbau des Google-Analytics-Kontos
- Einrichten von GA 4
- Automatisch erfasste Ereignisse
- Einrichten von Schlüsselereignissen (Conversions)
- Verknüpfung zwischen GA 4 und Google Ads
- Einrichten von Zielgruppen
- Berichte zu den Werbekanälen
- Bericht zum Nutzerverhalten auf der Webseite
- Bericht zur Landingpage

15.1 Webanalyse mit Google Analytics

Google Analytics bietet eine umfassende Suite von Analysetools, die es Website- und App-Betreibern ermöglichen, das Verhalten ihrer Nutzer zu verstehen, die Leistung ihrer digitalen Eigenschaften zu bewerten und datengesteuerte Entscheidungen zur Zielerreichung zu treffen. Auch für Sie bringt dieses Werkzeug einige wesentliche Vorteile mit:

- »hauseigenes« Google-Produkt für eine einfache und nahtlose Integration aller Traffic- und kostenrelevanten Kampagnendaten
- benutzerdefinierte Berichterstellung für Google-Ads-Daten
- Besucher- und Kampagnenanalysen in Echtzeit
- optimierte Analyse mit automatisch erfassten Ereignissen
- E-Commerce-Tracking
- kostenlos verfügbar

Einige alternative Tools stellen wir Ihnen der Vollständigkeit halber in einer kurzen Übersicht am Ende dieses Kapitels vor. Vorab sei erwähnt, dass diese weiteren selbstverständlich ebenfalls allesamt professionellen Webanalysewerkzeuge, was Integrationstiefe und Preis-Leistungs-Verhältnis betrifft, nur schwer mit dem Google-eigenen Analyseinstrument mithalten können.

Bevor Sie von dieser Leistungsfähigkeit einen Eindruck gewinnen können, starten wir jedoch zunächst mit einem Einstieg und einigen grundlegenden Themen.

15.1.1 Einstieg in Google Analytics

Als Basis für die Nutzung von Google Analytics benötigen Sie ein Google-Konto. Da wir davon ausgehen, dass Sie an dieser Stelle – weil es auch für die Verwendung von Google Ads obligatorisch ist – bereits darüber verfügen, überspringen wir dessen Erstellung. Wir starten im Browser, nachdem Sie sich bereits in Ihr Google-Konto eingeloggt haben.

Um mit der Nutzung von Google Analytics zu beginnen, geben Sie folgende Adresse in Ihren Browser ein und klicken auf MESSUNG STARTEN (siehe Abbildung 15.1):

https://analytics.google.com/analytics/web/provision/#/provision

Abbildung 15.1 Professionelle Website- und Kampagnenanalysen mit dem kostenlosen Tool »Google Analytics«

Sofern Sie mit Ihrem Google-Konto erstmalig in Analytics einsteigen und noch keinen Zugriff auf andere Analysekonten haben, führt Google Sie per Assistent Schritt für Schritt durch die initiale Kontoeinrichtung (siehe Abbildung 15.2).

Abbildung 15.2 Ein Assistent begleitet Sie durch die Google-Analytics-Kontoeinrichtung.

Vergeben Sie im ersten Schritt KONTOERSTELLUNG einen zentralen KONTONAMEN und bestimmen Sie dann, welche Ihrer Daten für Google freigegeben werden sollen. Abhängig von Ihrer Auswahl beschränkt das an manchen Stellen den Funktionsumfang. Im Sinne Ihrer Daten empfehlen wir Ihnen dennoch, zunächst alle Optionen zu deaktivieren und erst beim konkreten Bedarf für eine der dadurch beschränkten Funktionen nachträglich eine Aktivierung vorzunehmen. Gehen Sie mit WEITER zum nächsten Schritt.

Als Nächstes legen Sie Ihre erste *Property* an. Im folgenden Abschnitt werden wir genauer auf den Aufbau des Google-Analytics-Kontos eingehen. An dieser Stelle soll nur so viel gesagt werden: Eine Property entspricht der nächsten Ebene innerhalb Ihres Kontos und vereint alle Messdaten z. B. zu einer oder auch zu mehreren Websites oder Apps. Legen Sie auch hier einen Namen fest, definieren Sie die korrekte ZEITZONE FÜR BERICHTE, wählen Sie die für Sie relevante WÄHRUNG aus und klicken Sie erneut auf WEITER, um fortzufahren. Eine spätere Anpassung dieser Einstellungen ist bei Bedarf noch möglich.

Unter GESCHÄFTSINFORMATIONEN beantworten Sie nun Fragen zu Ihrer BRANCHENKATEGORIE und Ihrer UNTERNEHMENSGRÖSSE. Diese Angaben wirken sich an keiner Stelle auf Ihre Arbeit mit Analytics aus. Vielmehr geht es Google darum, Ihr Unternehmen zwecks eigener Optimierung besser einzuordnen.

Nachdem Sie auch hier den vorherigen Schritt mit einem Klick auf WEITER abgeschlossen haben, legen Sie Ihre wichtigsten Geschäftsziele fest. Diese Einstellung lässt sich ebenfalls im Nachgang anpassen. Google stellt Ihnen auf Basis Ihrer Auswahl später eine Tabelle mit Standardberichten zusammen. Es handelt sich somit um eine praktische Funktion, die Ihnen den Einstieg erleichtert bzw. die Berichte auf Ihre individuellen Bedürfnisse zuschneidet. Schließen Sie diese grundlegende Erstellung Ihres Analytics-Kontos mit einem Klick auf ERSTELLEN und der anschließenden Zustimmung zu den GOOGLE-ANALYTICS-NUTZUNGSBESTIMMUNGEN ab. Herzlichen Glückwunsch, Ihr Konto ist damit erfolgreich eingerichtet.

Google hält danach noch einen letzten optionalen Schritt für Sie bereit, bei dem Sie direkt Ihre erste Datenquelle bzw. Ihren ersten *Stream* einrichten können. Da wir dies zu einem späteren Zeitpunkt erledigen, schließen Sie den Assistenten mit einem Klick auf VORERST ÜBERSPRINGEN ab. Bevor wir intensiver in die Nutzung von Google Analytics einsteigen, widmen wir uns im nächsten Abschnitt zunächst dem allgemeinen Aufbau für eine bessere Übersicht.

Google stellt Ihnen einen Demo-Account bereit

Der Kern von Google Analytics ist die Erhebung und die Analyse von Daten. Erst mit dessen Einsatz über einen längeren Zeitraum ergibt sich jedoch eine ausreichende Datenbasis. Es ist somit insbesondere zum Start schwierig, die Möglichkeiten und die Funktionsweise dieses nützlichen, jedoch noch »leeren« Tools zu verstehen.

Zum Glück schafft Google hier Abhilfe und liefert Ihnen verschiedene Sets an Demodaten, die sich problemlos Ihrem Konto hinzufügen und später daraus auch wieder entfernen lassen. Auf diese Weise haben Sie eine »Daten-Spielwiese«, um einen guten Einstieg in Google Analytics zu finden. Unter folgendem Link erhalten Sie weitere Informationen:
https://support.google.com/analytics/answer/10993011?hl=de&sjid=8076971895566595354-EU

15.1.2 Aufbau des Google-Analytics-Kontos

Google Analytics verwendet eine klare Hierarchie, um die Organisation von Tracking-Daten zu strukturieren. Dabei stellen die *Konten* die erste Ebene dar und die zweite Ebene die *Properties*, die wiederum durch einzelne *Datenstreams* mit Daten versorgt werden (siehe Abbildung 15.3).

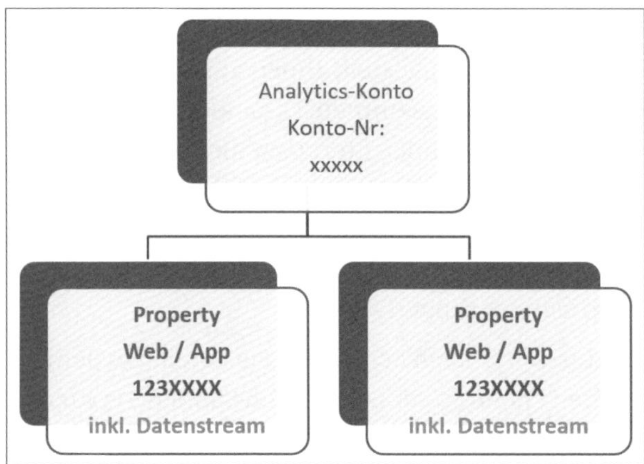

Abbildung 15.3 Schematischer Aufbau des Analytics-Kontos

Diese klare Hierarchie macht es einfach, die Datenverfolgung zu organisieren und sicherzustellen, dass die richtigen Daten an die richtigen Stellen gelangen. Auf diese Weise werden Sie darin unterstützt, für Ihr Unternehmen fundierte Entscheidungen auf der Grundlage präziser Analysen zu treffen. Außerdem ermöglicht Ihnen die geschilderte Struktur, einzelne Nutzer innerhalb der verschiedenen Ebenen zuzuordnen und dadurch ein Rechtekonstrukt zu entwerfen, das zu Ihren Bedürfnissen passt.

Im weiteren Verlauf dieses Abschnitts werden wir uns die einzelnen Ebenen genauer anschauen.

Konto

Ein Analytics-Konto repräsentiert in der Regel eine einzelne Organisation bzw. ein Unternehmen und bildet somit die höchste Ebene innerhalb der Analytics-Hierarchie ab. In manchen Fällen kann es jedoch auch innerhalb einer Organisation sinnvoll sein, mit mehreren Konten zu arbeiten. Gibt es in einem Unternehmen beispielsweise verschiedene Marken oder Geschäftsfelder, die sehr autark voneinander agieren, lassen sich diese auch anhand verschiedener Google-Analytics-Konten abbilden. Über ein Google-Konto können bis zu 100 Analytics-Konten erstellt und verwaltet werden. Sollten Sie diese Grenze – was in der Praxis eher selten vorkommt – einmal reißen, benötigen Sie ein neues Google-Konto. Die Betreuung unterschiedlicher Kunden und damit auch unterschiedlicher Analytics-Konten durch eine Werbeagentur ist ein weiteres realistisches Szenario für die gleichzeitige Verwaltung mehrerer Konten.

Property

Innerhalb jedes kostenlosen Standard-Analytics-Kontos können bis zu 2.000 Properties erstellt werden. Properties sind dabei einzelne Webseiten, mobile Apps oder andere digitale Assets, für die Daten verfolgt werden sollen. Diese Aufteilung findet sich auch in den Statistiken und Berichten wieder, kann jedoch gleichzeitig auf Kontoebene zusammengefasst werden. Vertreibt Ihr Unternehmen eine App, die auch per Landingpage beworben wird, stellt sowohl die App als auch die Landingpage eine eigene Property dar. Sie können Properties aber auch nutzen, um eine inhaltliche Trennung vorzunehmen. Betrachten wir an dieser Stelle erneut unser Beispiel eines Unternehmens mit unterschiedlichen Marken. Neben der bereits beschriebenen Differenzierung auf Kontoebene, die eine klare Trennung zwischen den Marken bewirkt, können Sie auch Properties zur Unterscheidung der Marken nutzen. Auf diese Weise lässt sich die Leistung jeder Marke getrennt analysieren, während Sie gleichzeitig eine übergreifende Sicht auf das gesamte Unternehmen behalten.

Jede Property erhält einen eindeutigen Tracking-Code, der auf der entsprechenden Website oder App implementiert wird und die Datenübertragung in Form von sogenannten Datenstreams an Google Analytics ermöglicht. Je Property lassen sich bis zu 50 Datenstreams einrichten, während dabei die Beschränkung für App-Datenstreams bei einer maximalen Anzahl von 30 liegt. Nur wenn die Datenstreams einwandfrei funktionieren, ist die notwendige Grundlage für Ihre Arbeit mit Analytics gegeben. Im nächsten Abschnitt werden wir uns daher genauer der Einrichtung dieser Datenstreams widmen.

15.1.3 Datenstream und Mess-ID

Im Zuge der initialen Einrichtung haben Sie bereits Ihre erste Property erstellt. Um diese nun mit Daten zu versorgen, benötigen Sie einen funktionierenden Datenstream. Um ihn anzulegen, navigieren Sie über das Zahnradsymbol in den Bereich VERWALTUNG ❶ und rufen dort DATENERHEBUNG UND -ÄNDERUNG • DATENSTREAMS ❷ auf (siehe Abbildung 15.4). Wählen Sie als Nächstes aus, um welche Datenquelle bzw. Plattform es sich handelt. Insbesondere zum Einstieg wird dies in den meisten Fällen die Option WEB ❸ (Website) sein, alternativ stehen Ihnen aber mit ANDROID-APP ❹ und IOS-APP ❺ die App-Varianten der hauptsächlich für mobile Endgeräte genutzten Betriebssysteme zur Verfügung. Wir gehen davon aus, dass auch bei Ihnen zunächst der Fokus auf der Unternehmenswebsite liegt und Sie sich somit für die erste Option entscheiden.

Abbildung 15.4 Nutzen Sie verschiedene Plattformen als Quelle Ihres Datenstreams.

Nach dem Klick auf Web öffnet sich ein neues Fenster Datenstream einrichten. Tragen Sie unter Website-URL die Internetadresse Ihrer Website ein und vergeben Sie unter Stream-Name einen sprechenden Namen (siehe Abbildung 15.5). Mit der in GA 4 neu eingeführten Funktion Optimierte Analysen beschäftigen wir uns intensiver im nächsten Abschnitt. Diese Funktion ist sehr nützlich, da Sie ohne großen Aufwand verschiedene Ereignisse Ihrer Webseitenbesucher erfassen können. Lassen Sie die zugehörige Checkbox somit aktiviert. Mit einem Klick auf Stream erstellen schließen Sie den ersten Teil der Einrichtung ab.

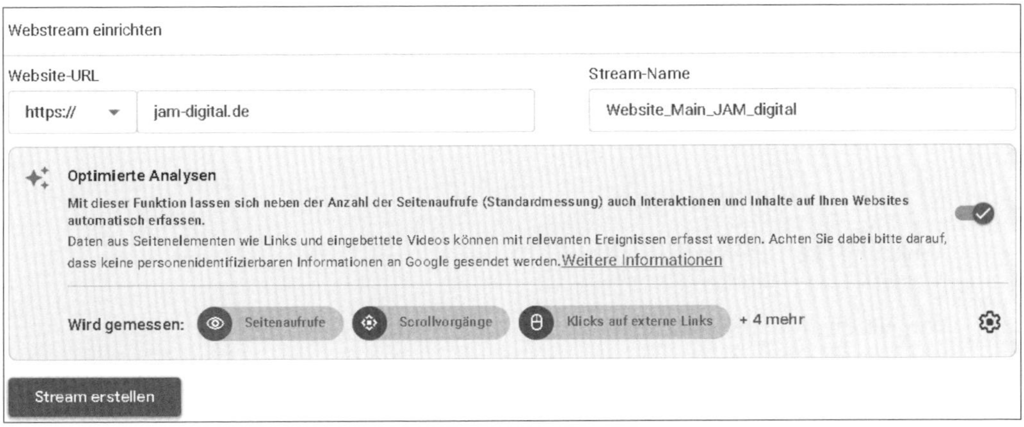

Abbildung 15.5 Richten Sie Ihren ersten Datenstream ein.

Die eigentliche Erstellung ist zwar damit abgeschlossen, um einen vollständig funktionsfähigen Stream einzurichten, fehlt jedoch noch die technische Verknüpfung zu Ihrer Website. Sofern Sie bereits Ihre Conversions in Google Ads z. B. über das *Google-Tag* verbunden haben, werden Sie feststellen, dass die Vorgehensweise bei Google Analytics sehr ähnlich dazu ist. Über Tag-Anleitung ansehen rufen Sie eine detaillierte Installationsanleitung auf, die Sie Schritt für Schritt durch den Einrichtungsprozess führt. Gegebenenfalls öffnet Google Ihnen diese Anleitung bereits automatisch. Innerhalb der Anleitung haben Sie die Möglichkeit, über die Auswahl des jeweiligen Tabs zwischen Mit einem Website-Builder oder CMS einbinden und Manuell installieren zu entscheiden. Beide Vorgehensweisen führen zum Ziel. Sofern Sie jedoch mit einem CMS (*Content Management System*) wie z. B. WordPress arbeiten, halten wir die erste Option für technisch weniger anspruchsvoll und damit einfacher.

Sobald auch dieser zweite Teil der Einrichtung erfolgreich abgeschlossen ist und Daten über den neu eingerichteten Datenstream übermittelt wurden, erhalten Sie den dauerhaften Hinweis DIE DATENERHEBUNG WAR IN DEN LETZTEN 48 STUNDEN AKTIV. (siehe Abbildung 15.6).

Abbildung 15.6 Datenstream mit Mess-ID

Wie sie eventuell schon festgestellt haben, vergibt Google eine Reihe von unterschiedlichen IDs, um zum Beispiel das Konto oder die Property eindeutig zu identifizieren. Innerhalb dieser Kennnummern nimmt die MESS-ID eine besondere Rolle ein. Zusammengesetzt aus der Zeichenfolge *G-* und einer Kombination aus weiteren Zahlen und Buchstaben, stellt diese ID den Kern der eindeutigen Verknüpfung zwischen Ihrer Website und dem zugehörigen Datenstream in Google Analytics dar. Wie Sie in Abbildung 15.6 sehen können, lässt sich die Mess-ID im jeweiligen Datenstream einsehen. Auf Ihrer Website haben Sie diese abhängig von der gewählten Vorgehensweise mehr oder weniger bewusst mit eingefügt. So oder so werden Sie diese Kennnummer im Code Ihrer Website wiederfinden.

15.1.4 Automatisch erfasste Ereignisse (Optimierte Analysen)

Sie haben die Funktion OPTIMIERTE ANALYSEN bereits im vorherigen Abschnitt kurz kennengelernt. Google Analytics bietet damit eine effiziente Möglichkeit, Interaktionen auf Ihrer Website zu messen, ohne dass dafür manuelle Codeänderungen erforderlich sind (siehe Abbildung 15.7). Durch die automatische Erfassung dieser Ereignisse können Sie oder Ihre Marketingteam schließlich fundierte Entscheidungen treffen, um die Benutzererfahrung zu verbessern und die Conversion-Raten zu steigern, ohne Zeit und Ressourcen für die manuelle Implementierung von Tracking-Codes aufwenden zu müssen.

Google überlässt Ihnen dabei die Entscheidung, mittels eines einfachen Schalters bestimmte Ereignisse zu aktivieren oder, falls die Messung nicht erwünscht ist, zu deaktivieren. Auf diese Weise erhalten Sie volle Flexibilität und Kontrolle über die erfassten Daten.

In Abbildung 15.7 sehen Sie alle Ereignisse, die Google Analytics Ihnen aktuell im Rahmen dieser Funktion anbietet, außerdem erhalten Sie eine Erläuterung dazu, welcher Auslöser für Google die jeweilige Messung verursacht.

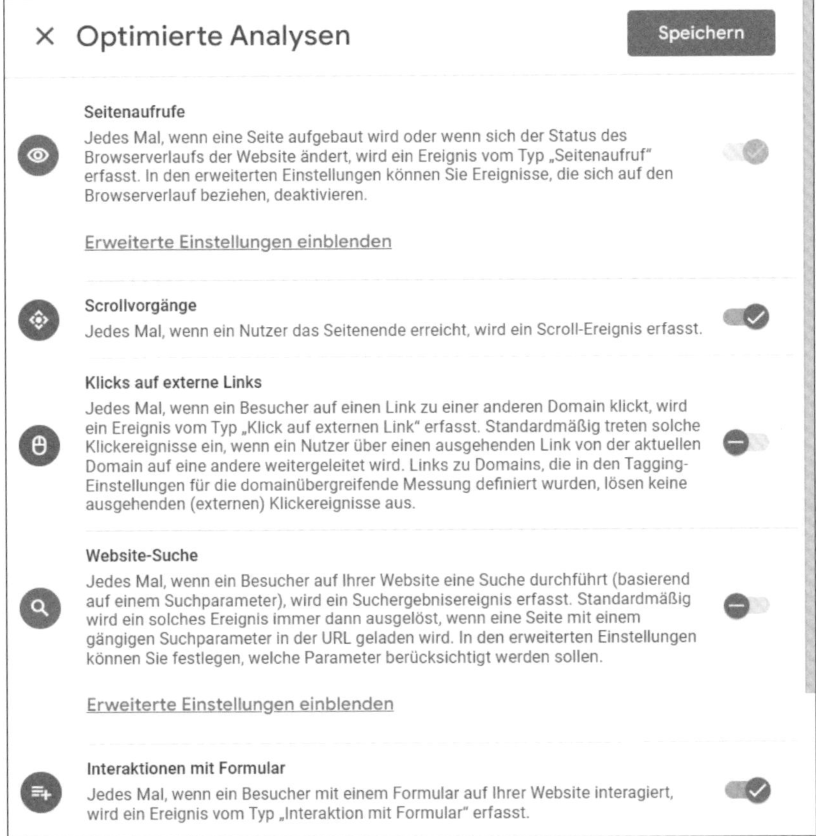

Abbildung 15.7 »Optimierte Analysen« in GA 4

15

Mit Aktivierung eines oder mehrerer Ereignisse startet Google unmittelbar die Datenerhebung. Diese Daten stehen Ihnen dann innerhalb der Berichte unter ENGAGEMENT • EREIGNISSE zur Verfügung. Indem Sie hier auf den Namen des jeweiligen Ereignisses klicken, erhalten Sie zusätzliche Informationen.

15.2 Schlüsselereignisse (Conversions)

Google-Ads-Conversions haben Sie bereits in Kapitel 2, »Google Ads – die Vorbereitung«, und in Kapitel 14, »Reporting und Conversion-Tracking«, ausführlich kennengelernt. Mithilfe der in Analytics verfügbaren Conversions, den sogenannten *Schlüsselereignissen*, können Sie auf einfache Art und Weise noch eine Menge weiterer sogenannter Mikro- und Makro-Conversions in die Analyse und Optimierung Ihrer Google-Ads-Kampagnen mit einbeziehen. Während früher auch in Google Analytics die Rede von *Conversions* war, wurden diese mittlerweile zu *Schlüsselereignissen* umbenannt, um dadurch eine bessere Abgrenzung zwischen den beiden Tools herzustellen.

Dennoch hat Google seine Tools enger miteinander verzahnt, sodass Sie nicht nur die erreichten Ziele Ihres Kampagnen-Traffics in Analytics messen, sondern diese auch bequem – und ohne die Einrichtung zusätzlicher Tracking-Codes – in Google Ads als Conversions importieren können.

Das hat vor allem dann Vorteile, wenn Ihre Erfolgsziele statt auf abgeschickten Formularen oder erfolgreichen Online-Transaktionen auf einfachen Webseiteninteraktionen (Aufenthaltsdauer, Klicks auf Videos oder PDF-Dokumente) basieren: Sie sparen sich die Konfiguration aufwendiger Google-Ads-Conversion-Codes und können vorhandene Analytics-Zielvorhaben schnell und einfach als Google-Ads-Conversions einrichten.

In diesem Abschnitt gehen wir zunächst auf die Analytics-Schlüsselereignisse und deren allgemeine Einrichtung sowie später auf den Import dieser Ziele als Conversions in Ihrem Google-Ads-Konto ein.

15.2.1 Schlüsselereignisse in Analytics einrichten

Die Grundlage der Schlüsselereignisse sind »normale« Ereignisse, die in Ihrem Analytics-Konto bereits eingerichtet wurden. Natürlich können Sie dazu jederzeit eigene, spezifische Ereignisse anlegen. Die automatisch über die Funktion OPTIMIERTE ANALYSEN aktivierten Ereignisse stehen jedoch ohne großen Aufwand zur Verfügung und bieten dennoch einen zusätzlichen Mehrwert. Aus diesem Grund konzentrieren wir uns im Kontext dieses Buchs auf diese bereits zur Verfügung stehenden Ereignisse.

Rufen Sie in der linken Navigationsleiste über das Zahnradsymbol den Bereich VERWALTUNG auf und klicken Sie dann auf DATENANZEIGE • EREIGNISSE. Als Ergebnis erhalten Sie eine Liste aller vorhandenen Ereignisse inklusive einiger statistischer Kennzahlen, die nun als Schlüsselereignis aktiviert werden können ❶ (siehe Abbildung 15.8), indem Sie den Schalter für das jeweilige Ereignis einfach nach rechts schieben. Hier können Sie auch neue Ereignisse anlegen ❷ oder bestehende Ereignisse bearbeiten ❸.

Ereignis bearbeiten ❸ | Ereignis erstellen ❷

Vorhandene Ereignisse

Ereignisname ↑	Anzahl	Änderung in %	Nutzer	Änderung in %	Als Schlüsselereignis markieren
anmelde_seite	78	↑8,3 %	56	↑24,4 %	an
anmeldung_pdf	7	↓22,2 %	6	↑100,0 %	an
click	43	↑22,9 %	27	↑3,8 %	aus
file_download	7	↓22,2 %	6	↑100,0 %	an ❶
first_visit	972	↑0,5 %	970	↑0,7 %	aus
form_start	106	↑1.077,8 %	20	↑300,0 %	aus
form_submit	106	↑960,0 %	19	↑280,0 %	an

Abbildung 15.8 Ereignisse als »Schlüsselereignisse« markieren

Auch wenn Sie mit Ihrer Webseite beispielsweise keine unmittelbaren Online-Umsätze generieren möchten, legen wir Ihnen die Konfiguration mindestens eines Schlüsselereignisses und damit einer Conversion in Analytics unbedingt nahe. Sollen sich die Besucher ausführlich mit Ihrer Website, Ihrer Marke und/oder Ihren Produkten beschäftigen? Dann betrachten Sie beispielsweise das Scrollverhalten. Geht es auf einer Microsite ausschließlich darum, ein kostenloses PDF herunterzuladen? Erfassen Sie dessen Download als Analytics-Ereignis und richten Sie Ihr Zielvorhaben-Tracking auf dieses aus. Selbst wenn manche Schlüsselereignisse für sich allein wenig Aussagekraft haben, für ein Benchmarking der unterschiedlichen Quellen in den Akquisitions- und Kampagnenberichten helfen sie unbedingt weiter!

15.2.2 E-Commerce-Tracking

Als Betreiber eines Online-Shops möchten Sie bestimmt nicht nur analysieren, *dass* jemand bei Ihnen eingekauft hat (so etwas wäre einfach mit einem Seitenziel für die Bestätigungsseite des Einkaufsprozesses möglich), sondern Sie wollen auch erfahren, *welche* Produkte gekauft wurden und *wie viel* Umsatz bei einer Online-Transaktion entstanden ist. Dazu müssen Sie jedoch zusätzlichen Code in Ihre Website einbauen oder einbauen lassen. Das sogenannte E-Commerce-Tracking-Modul von Google Analytics können Sie beispielsweise via Google Tag Manager in Ihre Website integrieren. Da die Erläuterung hier zu weit führen würde, verweisen wir an dieser Stelle auf das Buch »Google Analytics 4 – Grundlagen, Praxis, Migration« aus dem Rheinwerk Verlag.

Zudem finden Sie noch weitere technische Informationen auf den Google-Developer-Webseiten, z. B. hier:

https://developers.google.com/analytics/devguides/collection/ga4/ecommerce?hl=de&client_type=gtm

Einmal eingerichtet, füllen sich die E-Commerce-Berichte im Analytics-Konto automatisch. Sie ermöglichen Ihnen beispielsweise, die einzelnen Webshop-Verkäufe unter MONETARISIERUNG • E-COMMERCE-KÄUFE (siehe Abbildung 15.9) zu analysieren. Dabei erhalten Sie wertvolle Daten zu Artikelnamen und Umsätzen, um Ihre bestverkauften Produkte zu identifizieren.

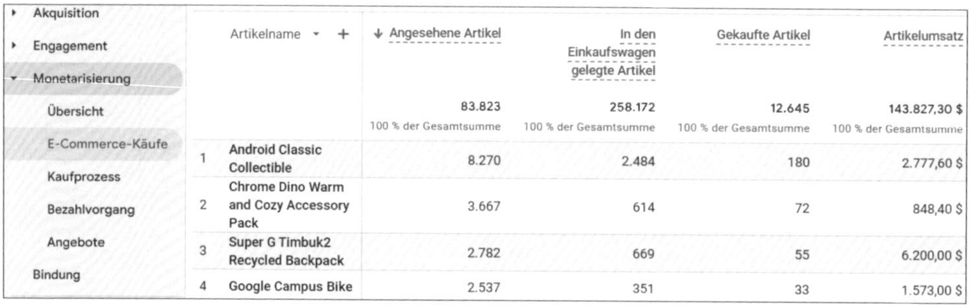

Akquisition
Engagement
Monetarisierung
Übersicht
E-Commerce-Käufe
Kaufprozess
Bezahlvorgang
Angebote
Bindung

	Artikelname	Angesehene Artikel	In den Einkaufswagen gelegte Artikel	Gekaufte Artikel	Artikelumsatz
		83.823 100 % der Gesamtsumme	258.172 100 % der Gesamtsumme	12.645 100 % der Gesamtsumme	143.827,30 $ 100 % der Gesamtsumme
1	Android Classic Collectible	8.270	2.484	180	2.777,60 $
2	Chrome Dino Warm and Cozy Accessory Pack	3.667	614	72	848,40 $
3	Super G Timbuk2 Recycled Backpack	2.782	669	55	6.200,00 $
4	Google Campus Bike	2.537	351	33	1.573,00 $

Abbildung 15.9 E-Commerce-Daten im Analytics-Konto

Ads-Traffic herausfiltern

Möchten Sie die Auswirkungen und insbesondere die Verkäufe Ihres Google-Ads-Traffics genauer analysieren, können Sie Filter im Analytics-Konto verwenden. Klicken Sie dazu auf FILTER HINZUFÜGEN + und wählen Sie als DIMENSION *Sitzung – Quelle/Medium* sowie als WERT *google/cpc* aus (siehe Abbildung 15.10).

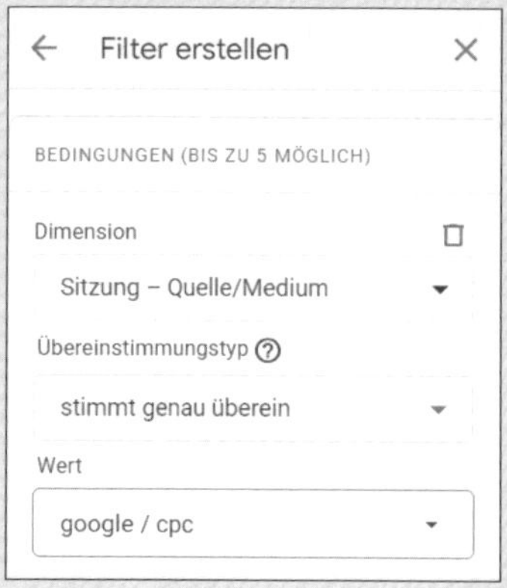

Filter erstellen
BEDINGUNGEN (BIS ZU 5 MÖGLICH)
Dimension
Sitzung – Quelle/Medium
Übereinstimmungstyp
stimmt genau überein
Wert
google / cpc

Abbildung 15.10 Google-Ads-Filter für Analytics-Berichte

Dadurch setzen Sie einen Filter auf den Bericht, der Ihnen ausschließlich die Besucher anzeigt, die über die Google-Ads-Anzeige auf Ihre Website gelangt sind.

15.2.3 Schlüsselereignisse in Google Ads importieren

Die in Abschnitt 15.2.1 vorgestellten Schlüsselereignisse lassen sich als Conversions in die Google-Ads-Berichte importieren. Wechseln Sie dazu im Google-Ads-Interface zu ZIELVORHABEN • CONVERSIONS • ZUSAMMENFASSUNG, klicken Sie auf das Symbol ⊕ und wählen Sie als Conversion-Art IMPORT aus (siehe Abbildung 15.11). In dem Tab, der sich dann öffnet, wählen Sie GOOGLE ANALYTICS 4-PROPERTIES • WEB als Quelle. Beachten Sie dabei bitte, dass sowohl die Kontoverknüpfung als auch die Zielvorhabenmessung in Analytics bereits mindestens 30 Minuten aktiv sein müssen und dass das zu importierende Zielvorhaben mindestens einmal erreicht worden sein muss, um diesen Vorgang abschließen zu können. Es kann bis zu neun Stunden dauern, bis Zielvorhaben- und Transaktionsdaten in Google Ads verfügbar sind.

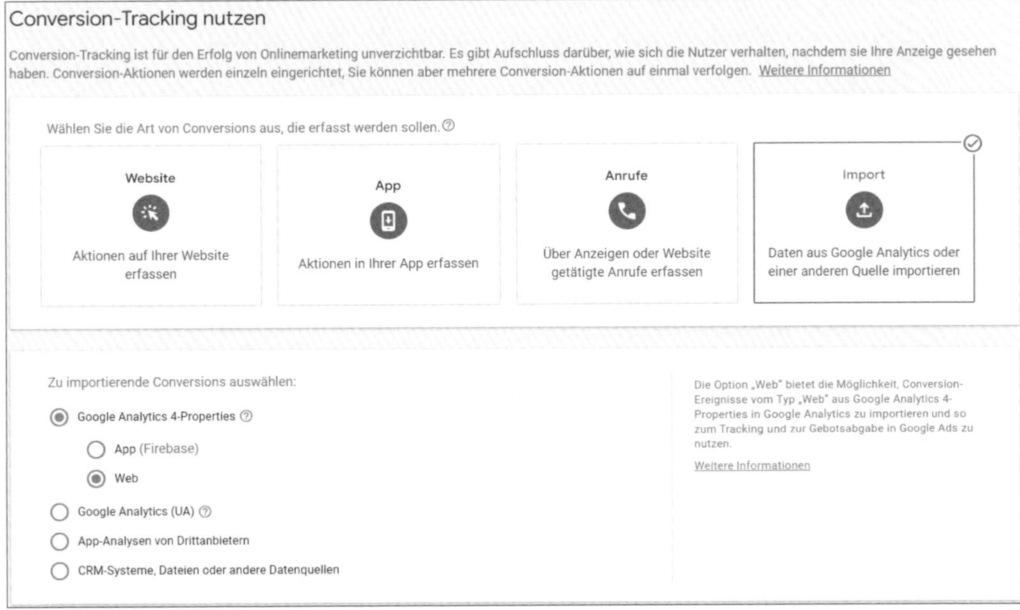

Abbildung 15.11 Funktion zum Import von Analytics-Conversions

Nach einem Klick auf WEITER können Sie auf der nächsten Seite dann gezielt einzelne Ereignisse auswählen, die Sie in Ihr Google-Ads-Konto importieren möchten. So können Sie alle Ziele – von Seiten über Ereignisse bis hin zu E-Commerce-Transaktionen – bequem und ohne die Implementierung von Google-Ads-Tracking-Codes als Google-Ads-Conversion einrichten.

Abschließend möchten wir Sie darauf hinweisen, dass dieser praktische Import auch einen kleinen Nachteil hat: Im Vergleich zu den direkten Google-Ads-Conversions gibt es bei der Darstellung der importierten Analytics-Conversion-Daten in den Berichten eine Verzögerung von bis zu zwei Tagen. Berücksichtigen Sie diese – in der Praxis oft leider etwas lästige – Tatsache bitte im Zuge Ihrer Auswertungen und Analysen.

15.3 Google Ads und Google Analytics verknüpfen

Das Google-Ads-Programm ist, wie Sie mittlerweile wissen, ein sehr umfangreiches und mächtiges Online-Marketing-Instrument. Während alle klick- und kostenrelevanten Kampagnendaten sowie Conversions beispielsweise für Formularanfragen, Online-Käufe oder auch Telefonanrufe mit Bordmitteln sehr gut erfasst werden können, enden die Möglichkeiten von Google Ads rasch, wenn es darum geht, herauszufinden, was der Benutzer nach dem Klick auf eine der Anzeigen tut.

Analytics kommt dann ins Spiel, wenn es einerseits darum geht, dieses On-Page-Verhalten näher zu betrachten. Andererseits hilft es Ihnen, den Google-Ads-Traffic im Gesamtkontext aller Besucher zu analysieren. Wie Sie dafür sorgen, dass Ihr Google-Ads-Traffic eindeutig als solcher in den Analytics-Berichten erscheint, zeigen wir Ihnen im Folgenden.

15.3.1 Allgemeines zu Google-Ads-Traffic in Google Analytics

Ihr Ziel ist es, sämtlichen Google-Ads-Klicks mindestens die korrekten Informationen zu den Dimensionen *Quelle* und *Medium* in Analytics zuzuordnen. Bei einer automatischen Verknüpfung wird jeder über Google Ads generierte Webseitenbesucher der Quelle *google* und dem Medium *cpc* zugeordnet. Wir empfehlen Ihnen, dieses Schema auch bei einem alternativen manuellen Kampagnen-Tagging beizubehalten. Damit stellen Sie sicher, dass Analytics Ihren Kampagnen-Traffic bei allen standardmäßig vorhandenen Akquisitionsberichten, Channel-Zuordnungen und Segmenten automatisch korrekt zuordnen kann. Selbst kleine Abweichungen in der manuellen Variante (beispielsweise die Bezeichnung *google-ads/ppc* als Quelle und Medium) können die Berichte durcheinanderbringen, weshalb wir Ihnen eine solche Vorgehensweise nicht empfehlen möchten.

15.3.2 Automatische Google-Ads-Verknüpfung

Die automatische Verknüpfung von Analytics und Google Ads können Sie bequem von einer zentralen Stelle aus in der Analytics-Verwaltung erledigen. Mit nur wenigen Klicks ordnen Sie Ihr Google-Ads-Konto der Analytics-Property zu. Beachten Sie dabei, dass sich eine Verknüpfung nicht rückwirkend auswirkt. Erst nach deren erfolgreichem Abschluss werden die Google-Ads-Kampagnen, wie oben beschrieben, den korrekten Quell- und Mediendimensionen zugeordnet. Gleiches gilt für die Aufhebung von Verknüpfungen: Sobald die Verbindung entfernt wird, verändern sich auch die Verweisquellen sofort.

Eigenschaften und Vorteile

Nach der Verknüpfung beider Konten können Sie Ihre Kampagnen mithilfe der Analytics-Daten noch besser optimieren. Es eröffnen sich unter anderem die folgenden Möglichkeiten:

- Die Google-Ads-Berichte in Analytics werden automatisch mit Daten zur Anzeigen- und Webseitenleistung gefüllt.
- Sie können Analytics-Ziele und E-Commerce-Transaktionen bequem in Ihr Google-Ads-Konto zurückführen.
- Erweiterte Remarketing-Funktionen stehen Ihnen zur Verfügung.

Voraussetzungen

Für die Verknüpfung ist es erforderlich, dass Ihr Google-Login sowohl einen Google-Ads-Zugriff als auch einen Analytics-Administratorzugriff besitzt. Wenn Sie das Analytics-Konto nicht selbst verwalten oder keine ausreichenden Rechte besitzen, müssen Sie dafür sorgen, dass Sie diese Rechte entweder bekommen oder dass jemand über ein Google-Konto mit den erforderlichen Zugriffsrechten für beide Tools die im Folgenden beschriebene Verknüpfung vornimmt.

Vorgehensweise

Navigieren Sie in Google Analytics über VERWALTUNG zu PRODUKTVERKNÜPFUNGEN • GOOGLE ADS-VERKNÜPFUNGEN ❶ (siehe Abbildung 15.12). Starten Sie den Verknüpfungsprozess durch einen Klick auf VERKNÜPFEN ❷, wodurch sich ein neues Fenster zur detaillierten Konfiguration öffnet.

Abbildung 15.12 Starten Sie die Verknüpfung Ihres Google-Ads-Kontos in Google Analytics.

Öffnen Sie zunächst über den Link GOOGLE ADS-KONTEN AUSWÄHLEN eine Liste aller Google-Ads-Konten, für die Sie mit Ihrem bei Analytics genutzten Google-Konto die erforderlichen Zugriffsrechte besitzen. Markieren Sie alle relevanten Listeneinträge und klicken Sie auf BESTÄTIGEN, um diese als zu verknüpfende Konten hinzuzufügen. In der Regel wird an dieser Stelle nur ein Konto erscheinen. Mit einem Klick auf WEITER gelangen Sie zum nächsten Schritt (siehe Abbildung 15.13).

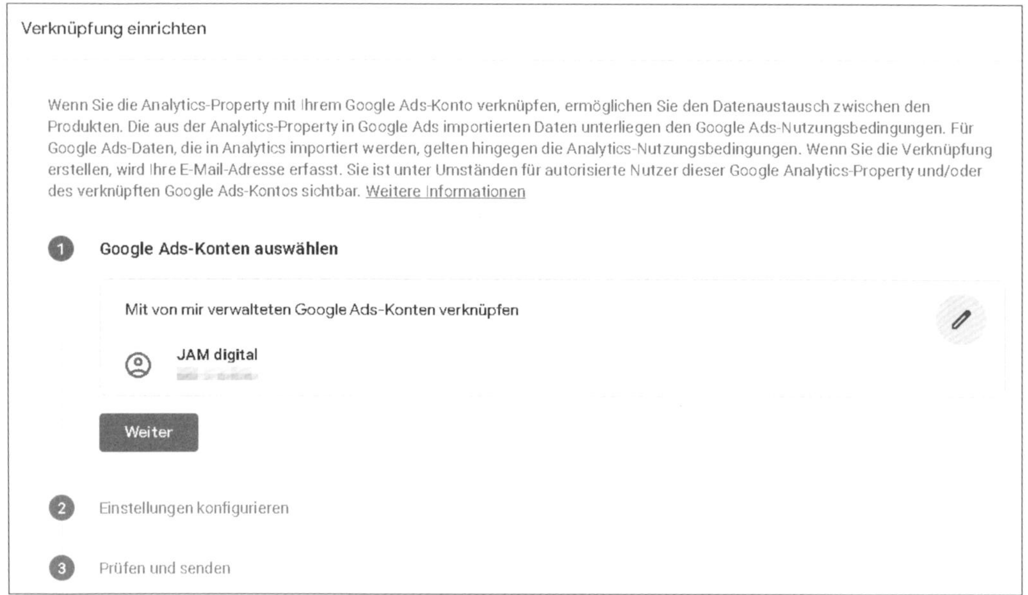

Abbildung 15.13 Wählen Sie alle zu verknüpfenden Google-Ads-Konten aus.

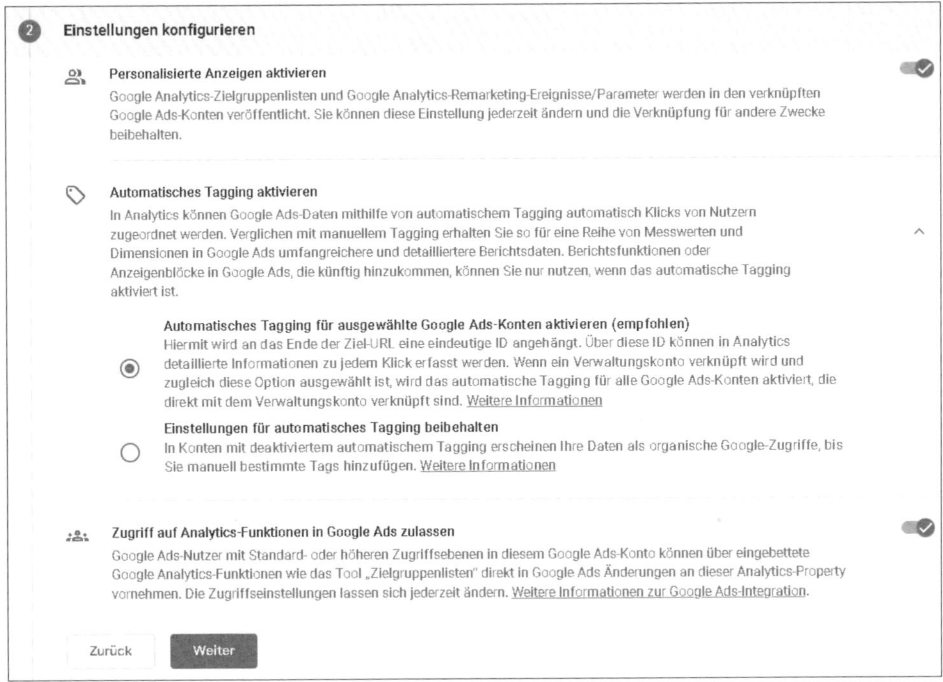

Abbildung 15.14 Für die Verknüpfung von Analytics und Ads stehen verschiedene Einstellungen zur Verfügung.

Im Schritt EINSTELLUNGEN KONFIGURIEREN nehmen Sie einige weitere grundlegende Einstellungen (siehe Abbildung 15.14) vor:

- PERSONALISIERTE ANZEIGEN AKTIVIEREN
  Diese Einstellung sorgt dafür, dass Daten zu Zielgruppen und Ereignissen an Google Ads übertragen werden. Auf diese Weise werden wesentliche Effekte aus dem Zusammenspiel dieser beiden Tools erst möglich. Sie sollten diese Einstellung dem Standard entsprechend aktiv lassen.
- AUTOMATISCHES TAGGING AKTIVIEREN
  Auch bei dieser Einstellung sollten Sie dem Standard folgen und somit die Option AUTOMATISCHES TAGGING FÜR AUSGEWÄHLTE GOOGLE ADS-KONTEN AKTIVIEREN (EMPFOHLEN) ausgewählt lassen. Beim automatischen Tagging handelt es sich um eindeutige IDs, die das Google-Ads-System selbstständig an Ihre Ziel-URLs anhängt. Mithilfe dieser IDs werden detaillierte Informationen zu jedem Klick übertragen. Überprüfen können Sie dies, indem Sie nach einem Klick auf eine beliebige Google-Ads-Anzeige den *Google Click Identifier* (GCLID), also den Parameter *&gclid=* als Bestandteil der Ziel-URL ausfindig machen. Fehlt diese

Kennzeichnung, ist die Verknüpfung unvollständig. Sie können übrigens den Status des automatischen Taggings, wie in Abbildung 15.15 ersichtlich, in den Einstellungen Ihrer Google-Ads-Konten jederzeit überprüfen und bearbeiten, indem Sie in Ihrem Google-Ads-Konto Tools • Data Manager wählen und im nächsten Fenster bei Google Analytics (GA4) & Firebase auf den Link Verwalten klicken.

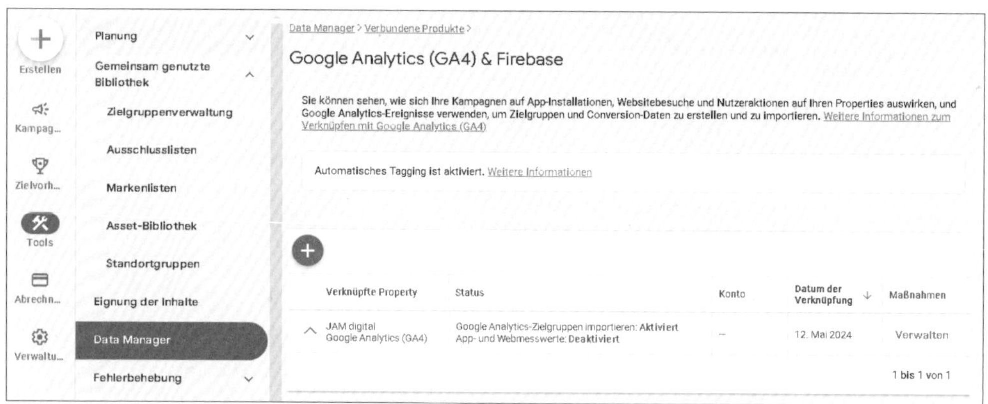

Abbildung 15.15 Verknüpfung von Google Ads und Google Analytics im Ads-Konto einsehen

- Zugriff auf Analytics-Funktionen in Google Ads zulassen
  Mit Aktivierung dieser Funktion können Nutzer in Google Ads abhängig von ihren jeweiligen Rechten Anpassungen vornehmen, die sich direkt auf Google Analytics auswirken. Da dies sehr praktisch für das Handling ist, können Sie diese Einstellung aktiviert lassen. Sie sollten jedoch dafür sorgen, dass nur vertrauenswürdige Nutzer mit den notwendigen Rechten ausgestattet sind.

Nachdem Sie alle Einstellungen vorgenommen haben, gelangen Sie über Weiter zum letzten Schritt. Kontrollieren Sie alle Angaben und schließen Sie den Verknüpfungsprozess durch einen Klick auf Senden ab.

Berücksichtigen Sie bitte, dass alle Nutzer mit Zugriff auf die hier ausgewählten Daten – auch jene mit lediglich untergeordneten Berechtigungen zum Lesen und Analysieren – ab diesem Zeitpunkt einen umfassenden Einblick in alle Informationen aus den verknüpften Google-Ads-Konten erhalten.

Natürlich lassen sich die Datenverknüpfungen im Nachhinein jederzeit bearbeiten und auch wieder entfernen. Rufen Sie dazu einfach erneut die Google Ads-Verknüpfungen in der Verwaltung auf und klicken Sie den relevanten Eintrag in der

Liste an. Nehmen Sie im sich öffnenden Fenster bei Bedarf Ihre Anpassungen vor oder löschen Sie die Verknüpfung über das Dreipunktemenü in der oberen rechten Ecke. Gehen Sie jedoch behutsam vor, denn beim Entfernen der Verknüpfung gehen unter anderem folgende Daten unmittelbar verloren:

- alle Klicks, Impressionen und Kosten in Analytics-Berichten
- neue Nutzer für Analytics-basierende Remarketing-Listen
- importierte Ziele und E-Commerce-Daten sowie weitere Messwerte in Google-Ads-Berichten

Eine direkte Verknüpfung von Google Ads und Google Analytics lässt sich ohne größeren Aufwand realisieren. Dennoch generieren Sie durch die Kombination der Stärken beider Tools viele praktische Vorteile. Neben der Vereinigung der Daten lassen sich beispielsweise auch in Analytics erstellte Zielgruppen für Ihre Google-Ads-Kampagnen nutzen. Erfahren Sie dazu mehr in Abschnitt 15.5, »Zielgruppen erstellen«. Im nächsten Abschnitt widmen wir uns zunächst einigen wichtigen Analytics-Berichten.

15.4 Wichtige Analytics-Berichte

In diesem Abschnitt gehen wir auf Berichte ein, die für Sie im Zusammenhang mit Google Ads interessant sind. An dieser Stelle möchten wir darauf verweisen, dass es zum Thema Webanalyse im Allgemeinen und Google Analytics im Speziellen weitere Bücher gibt, die den Arbeitsbereich sowie das Tool umfangreich beschreiben. Im Rheinwerk Verlag ist dazu 2023 das Buch »Google Analytics 4 – Grundlagen, Praxis, Migration« erschienen (*https://www.rheinwerk-verlag.de/google-analytics-4-grundlagen-praxis-migration*).

Berichte sind das Herzstück von Google Analytics, da diese die erhobenen Daten so aufbereiten, dass Sie als Anwender wichtige Informationen aufnehmen und auf dieser Basis fundierte Entscheidungen treffen können. Sobald Sie die BERICHTE in der Navigation aufrufen, erhalten Sie auf zweiter Menüebene eine Auflistung aller vorhanden Berichte.

Es gibt keine einheitliche Zusammensetzung der Berichte

Eine grundlegende Neuerung in Google Analytics 4 besteht darin, dass jeder Nutzer seine Berichtesammlung individuell zusammenstellen kann. Daher können wir hier nur die Berichte und Navigationswege beschreiben, die in der Standarddarstellung von Analytics eingestellt sind. Möglicherweise wurden die Berichte und Menüs in Ihrem Analytics-Konto bereits verändert.

Im Analytics-Konto gibt es unzählige Möglichkeiten, individuelle Berichte anzulegen oder bestehende Berichte anzupassen sowie die Darstellung zu verändern. Dieses Thema werden wir in diesem Buch jedoch nicht weiter erläutern. Stattdessen stellen wir Ihnen hier einige wenige, jedoch für SEA-Manager wichtige Standardberichte vor.

15.4.1 Neu generierte Zugriffe: Standard-Channelgruppe

Der Bericht NEU GENERIERTE ZUGRIFFE ist ein vordefinierter Bericht, der Informationen darüber liefert, woher Ihre Website-Besucher und App-Nutzer stammen. Dieser Bericht betrachtet immer die letzte Sitzung eines Nutzers, unabhängig davon, ob es sich um einen neuen oder einen wiederkehrenden Nutzer handelt. Darin liegt auch der wesentliche Unterschied zum Standardbericht BERICHT ZUR NUTZERGEWINNUNG, der nur neue Nutzer berücksichtigt. Sie finden diesen Bericht unter dem Menüpunkt AKQUISITION im Analytics-Konto. Wählen Sie als Dimension SITZUNG – STANDARD-CHANNELGRUPPE aus. Dadurch erhalten Sie eine Übersicht mit der Anzahl der Sitzungen, die über die verschiedenen Online-Kanäle gestartet wurden, sowie Informationen zur Qualität in Form von Interaktionsraten und Schlüsselereignissen (siehe Abbildung 15.16).

In Tabelle 15.1 erläutern wir Ihnen alle Kanäle, die Sie in unserem Beispiel aus Abbildung 15.16 wiederfinden. Weitere Informationen zu den Standard-Channelgruppen erhalten Sie über die folgende URL: *https://support.google.com/analytics/answer/9756891?hl=de*

Kanal	**Erläuterung**
Direkt/Direct	direkter Aufruf über die URL
Netzwerkübergreifend/Cross-network	Aufruf über verschiedene Werbenetzwerke wie z. B. beim Kampagnentyp PMax
Bezahlte Suche/Paid Search	Aufruf über bezahlte Suchanzeigen bei verschiedenen Suchmaschinen wie z. B. Bing oder Google
Nicht zugewiesen/Unassigned	Aufrufe konnten nicht eindeutig zugeordnet werden
Organische Suche/Organic Search	Aufruf über die organischen Suchergebnisse

Tabelle 15.1 Standard-Channelgruppe: die Kanäle im Überblick

Kanal	Erläuterung
Verweis/Referral	Aufruf über externe Links/Verweise, z. B. Blogs
Soziale Netzwerke (organisch)/Organic Social	Aufruf über organische und somit unbezahlte Social-Media-Inhalte
Mobile-Push-Benachrichtigungen/ Mobile Push Notifications	Aufruf über Links in Nachrichten auf Mobilgeräten

Tabelle 15.1 Standard-Channelgruppe: die Kanäle im Überblick (Forts.)

Was sind Dimensionen in Google Analytics?

In Google Analytics bezieht sich der Begriff *Dimension* auf Attribute oder Merkmale, die für Beschreibung und Kategorisierung von Messdaten verwendet werden. Daten können anhand von Dimensionen auf verschiedene Weise segmentiert und analysiert werden, um ein besseres Verständnis vom Verhalten und den Interessen der Nutzer zu gewinnen. Eine mögliche Dimension wäre beispielsweise die Geografie. Messdaten lassen sich dann z. B. anhand der Region segmentieren, aus der ein Nutzer agiert.

	Erste Nutzerint...-Channelgruppe ▾ +	↓ Neue Nutzer	Sitzungen mit Interaktionen	Interaktionsrate	Sitzungen mit Interaktionen pro Nutzer	Durchschnittliche Interaktionsdauer
		30.255 100 % der Gesamtsumme	115.280 100 % der Gesamtsumme	93,12 % Durchschn. 0 %	2,44 Durchschn. 0 %	8 m 36 s Durchschn. 0 %
1	Cross-network	15.166	42.374	96,03 %	2,31	5 m 31 s
2	Direct	9.737	58.937	92,71 %	2,79	12 m 57 s
3	Organic Search	2.572	8.267	92,85 %	2,28	6 m 27 s
4	Paid Search	2.476	5.891	88,59 %	1,51	1 m 43 s
5	Referral	279	126	43 %	0,45	14 Sek.
6	Unassigned	21	78	92,86 %	2,89	12 m 29 s
7	Organic Social	4	3	75 %	0,75	28 Sek.
8	Mobile Push Notifications	0	4	100 %	1,33	10 m 44 s

Abbildung 15.16 Der Bericht »Neu generierte Zugriffe: Standard-Channelgruppe«

Ergänzend zu den zwei interaktiven Diagrammen, die die Nutzeranzahl der Top-5-Kanäle im zeitlichen Verlauf sowie als Gesamtwerte darstellen, ermöglicht die Tabelle einen umfassenden Einblick in verschiedene Kennzahlen (siehe Abbildung 15.16). Neben den Nutzerzahlen finden sich hier auch Angaben zur durchschnittlichen Interaktionsdauer, zu Interaktionsraten oder zur Anzahl der ausgelösten Ereignisse sowie Schlüsselereignisse.

Durch die Analyse dieser Daten können Sie besser verstehen, welche Kanäle am effektivsten sind, um Nutzer zum Aufruf Ihrer Website oder Ihrer App zu animieren – und wie SEA im Vergleich zu den anderen Kanälen »abschneidet«.

15.4.2 Neu generierte Zugriffe: Quelle/Medium

Der zweite Bericht entspricht im Grundaufbau unserem ersten Beispiel. Der Unterschied liegt hier jedoch in der neuen Dimension SITZUNG – QUELLE/MEDIUM. Um die Dimension im bestehenden Bericht zu verändern, klicken Sie innerhalb der Tabelle auf die erste Spaltenüberschrift und wählen die passende Dimension aus (siehe Abbildung 15.17).

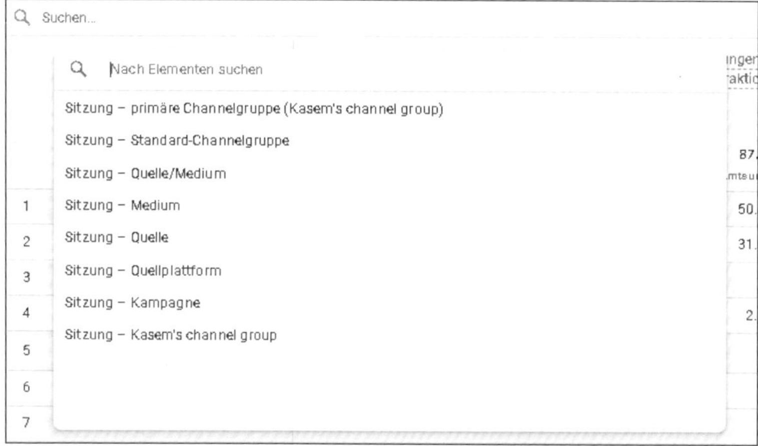

Abbildung 15.17 Passen Sie die Dimension für Ihren Bericht an.

Wie sich an der Bezeichnung bereits erkennen lässt, kombiniert diese Dimension zwei verschiedene Informationen. Die Quelle gibt dabei an, woher der Zugriff auf Ihre Website oder App gekommen ist. Beispiele für Quellen sind Suchmaschinen wie Google, Bing oder Yahoo, die URL einer Website, von der verlinkt wurde, oder soziale Medien wie Facebook und Instagram etc. Das Medium beschreibt ergänzend, wie der Traffic auf Ihre Website oder App übertragen wurde. Beispiele für Medien sind organisch (*organic*), verlinkt (*referral*) und bezahlt (*cpc*).

Gegenüber der Dimension STANDARD-CHANNELGRUPPE liefert dieser Bericht detailliertere Informationen. Falls Sie neben Google- auch SEA-Kampagnen bei Microsoft schalten, erhalten Sie in diesem Bericht eine Aufschlüsselung in *google /cpc* und *bing /cpc*, während die Channelgruppe beide Traffic-Kanäle unter *Paid Search* zusammenfasst.

	Sitzung – Quelle/Medium	Nutzer	Sitzungen	Sitzungen mit Interaktionen	Durchschnittliche Interaktionsdauer pro Sitzung	Sitzungen mit Interaktionen pro Nutzer
		47.197 100 % der Gesamtsumme	123.793 100 % der Gesamtsumme	115.280 100 % der Gesamtsumme	3 m 16 s Durchschn. 0 %	2,44 Durchschn. 0 %
1	google / cpc	25.855	58.892	57.487	2 m 08 s	2,22
2	(direct) / (none)	19.263	52.126	50.215	4 m 46 s	2,61
3	(not set)	3.941	10.158	1.393	1 m 35 s	0,35
4	google-play / organic	2.685	5.730	5.617	2 m 26 s	2,09
5	console.firebase.google.com / referral	280	291	126	13 Sek.	0,45
6	google / organic	270	344	142	1 m 14 s	0,53
7	invite_a_friend / invite_a_friend_campaign	24	54	54	3 m 19 s	2,25
8	bing / organic	15	18	13	24 Sek.	0,87
9	baidu / organic	9	9	0	0 Sek.	0,00

Abbildung 15.18 Der Bericht »Neu generierte Zugriffe: Quelle/Medium«

15.4.3 Berichte zur Landingpage

Auch der Bericht LANDINGPAGE (siehe Abbildung 15.19) steht Ihnen bereits als fertige Vorlage unter ENGAGEMENT zur Verfügung. Dieser Bericht bietet Einblicke in die Leistung und das Verhalten von Nutzern, die bestimmte Landingpages als Einstieg in eine Webseitensitzung aufgerufen haben. Dabei sind insbesondere die durchschnittliche Interaktionsdauer und die ausgelösten Ereignisse interessant, um zu analysieren, wie unterschiedliche Landingpages von den potenziellen Kunden angenommen werden. Denken Sie auch bei diesem Bericht daran, dass Sie den SEA- oder den Google-Ads-Traffic mit einem Filter gesondert analysieren können.

	Landingpage	Sitzungen	Nutzer
		5.589 100 % der Gesamtsumme	1.780 100 % der Gesamtsumme
1	/Google+Redesign/Stationery	4.157	783
2	(not set)	795	481
3	/canada	517	439
4	/	268	218
5	/canada/product/google-heather-forest-tee-ggcngxxx1044	181	127
6	/canada/shop/apparel/mens-unisex	83	62
7	/canada/shop/apparel/headgear	50	27

Abbildung 15.19 Bericht zur »Landingpage«

15.4.4 Explorative Pfadanalyse

Als letztes Beispiel möchten wir Ihnen die EXPLORATIVE PFADANALYSE vorstellen. Mit diesem Bericht können Sie erkennen, wie Besucher auf Ihrer Website navigieren und welche Seiten sie in welcher Reihenfolge als »Trampelpfad« nutzen. Zusätzlich können Sie erkennen, an welchen Stellen die Besucher Ihre Website vorzeitig verlassen. Diese Informationen sind wertvoll für die Optimierung von Unterseiten und Navigationselementen.

Rufen Sie zunächst in der Hauptnavigation EXPL. DATENANALYSE auf und wählen Sie dann die Vorlage EXPLORATIVE PFADANALYSE.

Einen optimalen Analysebericht (siehe Abbildung 15.20) für Ihren SEA-Traffic erstellen Sie folgendermaßen:

1. Wählen Sie als Segment BEZAHLTE ZUGRIFFE ❶.
2. Nutzen Sie als Startpunkt das Ereignis *session_start* ❷.
3. Ändern Sie den ersten Schritt in SEITENTITEL UND BILDSCHIRMNAME ❸ (alternativ können Sie SEITENPFAD UND BILDSCHIRMKLASSE nutzen).
4. Bearbeiten Sie den ersten Schritt mit dem Bearbeitungsstift ❹ und wählen Sie per Checkbox den oder die Seitentitel aus, die Sie als Start für Ihre Pfadanalyse nutzen möchten.
5. Klicken Sie dann auf einen Seitentitel (im Beispiel: *Apparel | Google Merc...*) ❺, um die nächsten Schritte in der Seitennavigation der Besucher zu sehen.

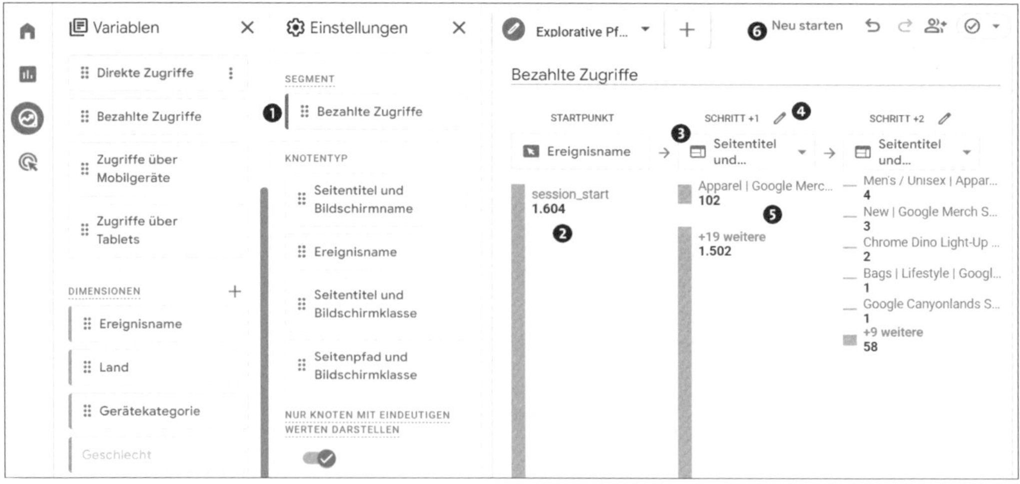

Abbildung 15.20 Explorative Pfadanalyse zum »SEA-Traffic«

Diese Methode ermöglicht Ihnen, den Weg der Besucher auf Ihrer Website zu analysieren und zu erkennen, auf welchen Unterseiten die Besucher interagieren bzw. an welchen Stellen sie die Website verlassen.

Hinweis: Um eine neue Pfadanalyse zu starten, klicken Sie auf NEU STARTEN ❻.

15.4.5 Fazit zu den Google-Analytics-Berichten

Alle vorgestellten Berichte beinhalten Möglichkeiten, Ihren Google-Ads-Traffic im Detail zu analysieren. Somit ist es sowohl für die Google-Ads-Daten als auch bei einer Analytics-übergreifenden Segmentierung und Auswertung sehr nützlich, dass Sie beide Tools miteinander verknüpfen. Die Potenziale durch diese Verbindung sind längst nicht ausgeschöpft. Die benannten Berichte sind jedoch ein guter Ausgangspunkt, um tiefer in die Berichte und Kennzahlen einzusteigen. Sammeln Sie Erfahrungen und bauen Sie das Thema bis hin zu individuell angepassten Berichten aus.

Die Kombination von Google Ads und Google Analytics und die daraus resultierende ganzheitliche Sicht auf Ihre Online-Werbestrategie ermöglicht es Ihnen, datenbasierte Entscheidungen zu treffen, um die Marketingziele effizienter zu erreichen.

15.5 Zielgruppen erstellen

Google Analytics bietet Ihnen auch die Möglichkeit, Zielgruppen auf Basis bestimmter Merkmale und Verhaltensweisen anzulegen. Das System bewertet den Status eines Nutzers permanent im Hinblick auf die Zielgruppenkriterien und entscheidet somit regelmäßig neu, ob dieser nach wie vor einer bestimmten Zielgruppe angehört oder nicht. Durch die sich daraus ergebende Segmentierung beispielsweise Ihrer Website-Besucher lassen sich dann nützliche Rückschlüsse ziehen, die für zukünftige Maßnahmen und Entscheidungen hinzugezogen werden können.

Zur Erstellung einer Zielgruppe öffnen Sie in der Navigation den Bereich VERWALTUNG • DATENANZEIGE • ZIELGRUPPEN ❶ (siehe Abbildung 15.21). Nachdem Sie ein neues Google-Analytics-Konto angelegt haben, finden Sie hier bereits zwei als Standard angelegten Zielgruppen:

- ALL USERS ❷
  Diese Zielgruppe beinhaltet ohne Einschränkung alle Nutzer.
- PURCHASERS ❸
  Diese Zielgruppe beinhaltet alle Nutzer, die einen Kauf getätigt haben.

Starten Sie mit einem Klick auf NEUE ZIELGRUPPE ❹ die Erstellung weiterer Zielgruppen.

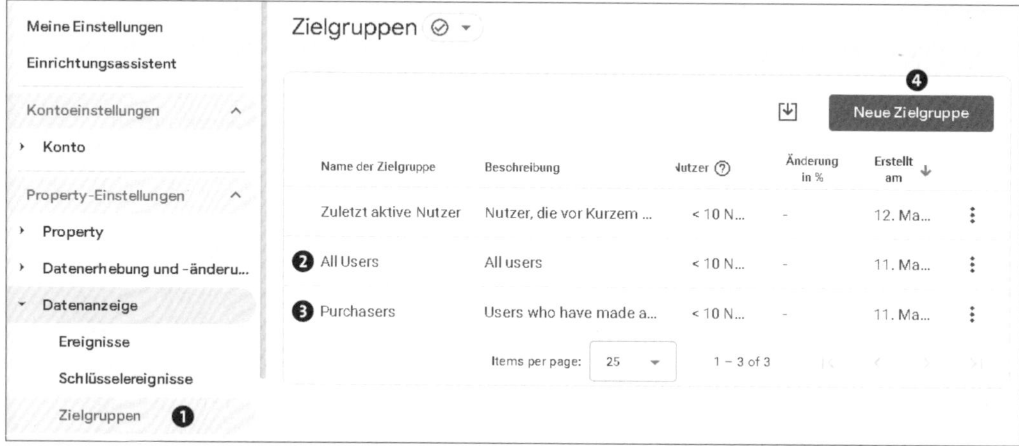

Abbildung 15.21 Verwenden Sie Zielgruppen, um Nutzer zu segmentieren.

Dabei haben Sie einerseits die Möglichkeit, vorgefertigte Vorlagen zu übernehmen, die entweder unverändert genutzt oder nach eigenem Bedarf angepasst werden können. Alternativ steht Ihnen mit einem Klick auf BENUTZERDEFINIERTE ZIELGRUPPE ERSTELLEN auch die Möglichkeit zur Verfügung, eine vollständig neue Zielgruppe anzulegen. Wir empfehlen, zunächst erste Erfahrungen mit den Vorlagen zu sammeln, um dann in einem zweiten Schritt spezifischere Anforderungen durch eine benutzerdefinierte Zielgruppe abzudecken.

Die Verwendung von Zielgruppen bietet bereits innerhalb von Google Analytics Vorteile für Ihre Berichte und die daraus abgeleiteten Ergebnisse. Sofern Sie Ihr Analytics-Konto mit Google Ads verknüpft haben, finden Sie die erstellten Zielgruppen direkt auch in Ihrem Ads-Konto wieder. Wie Sie die Verknüpfung der beiden Google-Tools vornehmen, haben Sie bereits in Abschnitt 15.3 erfahren. Dabei ist es wichtig, dass Sie die Einstellungen PERSONALISIERTE ANZEIGEN AKTIVIEREN und AUTOMATISCHES TAGGING AKTIVIEREN nutzen.

Sobald die Verbindung hergestellt ist, finden Sie die Zielgruppen aus Analytics in Google Ads unter TOOLS • GEMEINSAM GENUTZTE BIBLIOTHEKEN • ZIELGRUPPEN im Tab SEGMENT MIT SELBST ERHOBENEN DATEN und können diese außerdem für Ihre Kampagnen einsetzen.

Verwenden Sie diese Daten für gezieltes Remarketing, indem Sie Ihre Kampagnen darauf ausrichten, Nutzer, die bestimmte Aktionen auf Ihrer Website durchgeführt haben (z. B. das Ansehen bestimmter Seiten, das Hinzufügen von Produkten zum Warenkorb oder das Abschließen eines Kaufs), erneut anzusprechen und dazu zu ermutigen, weitere Aktionen durchzuführen. Durch das Verständnis der Interessen und Verhaltensweisen Ihrer Zielgruppen können Sie personalisierte Inhalte erstellen, die speziell auf bestimmte Segmente zugeschnitten sind. Dies verbessert die Benutzererfahrung und erhöht das Engagement Ihrer Anzeigen. Der Einsatz von präzise ausgearbeiteten Zielgruppen zahlt sich also aus!

15.6 Alternativen zu Google Analytics

Es steht außer Frage, dass Google Analytics – dank eines derzeit unschlagbaren Pakets aus Leistungsumfang, Implementierungsphilosophie und Preis – sowohl international als auch im deutschsprachigen Raum die erste Wahl bei Webanalysetools darstellt. Unterschiedliche Statistiken bestätigen, dass sich Google Analytics mit einem Markanteil zwischen 50 % und 80 % klar von allen Mitbewerbern abhebt. Dennoch gibt es weitere, teils kostenlose Alternativen zu Google Analytics.

Im Folgenden listen wir Ihnen einige Alternativen auf, die Sie gegebenenfalls für Ihre Kampagnenanalysen zurate ziehen können (siehe Tabelle 15.2). Die Liste erhebt keinen Anspruch auf Vollständigkeit.

Tool	URL	Pricing	Google-Ads-Integration
Matomo	*https://matomo.org/free-software/*	Kostenlos, Open Source	Synchronisation via Schnittstelle
etracker	*https://www.etracker.com*	Kostenpflichtig, aktuell ab 9 € pro Monat	Synchronisation via Schnittstelle
PiwikPRO	*https://piwikpro.de*	Teilweise kostenlos, bis ca. 11.000 € pro Jahr für eine Profiversion	Synchronisation via Schnittstelle
econda	*https://www.econda.de*	Kostenpflichtig, ab 59 € pro Monat	k. A.
Adobe Analytics	*https://business.adobe.com/de/products/analytics/adobe-analytics.html*	Kostenpflichtig, Preis auf Anfrage	k. A.

Tabelle 15.2 Überblick über alternativen Web-Analytics-Tools

Fazit zu den Google-Analytics-Alternativen

In der Praxis können wir bei vielen Kunden den parallelen Einsatz mehrerer Analytics-Tools beobachten. Oft hat es historische Gründe, oft sind es die individuellen Features bestimmter Tools, die den zusätzlichen Einbau rechtfertigen. Auch wenn in Sachen Einfachheit und Detailtiefe der Google-Ads-Integration Google Analytics das klar führende Produkt ist, können wir Ihnen nur empfehlen, einen genaueren Blick auf die hier vorgestellten Alternativen zu werfen. Vielleicht werden Sie dort ein oder mehrere attraktive und für Sie zusätzlich nützliche Features entdecken.

15.7 Fazit

Wir haben Ihnen in diesem Kapitel einen kurzen Einblick in die Möglichkeiten von Google Analytics gegeben, wobei wir überwiegend auf die Vorzüge und Eigenschaften im Zusammenspiel mit Google Ads eingegangen sind. Die Berichte und Analysen, die Sie mit dem mächtigen Google-Webanalysetool erstellen können, helfen Ihnen, viele neue Optimierungsansätze für Google Ads zu finden. Wir wünschen Ihnen daher stets ein »Happy Analyzing«!

Kapitel 16
Google Ads optimieren

Zurücklehnen und einfach laufen lassen? Das ist keine gute Strategie! Nutzen Sie jede Gelegenheit, um Ihre Kampagnen zu optimieren und Ihr Budget mithilfe bewährter Tipps und Tricks effizient zu steuern. Durch die Optimierung Ihrer Google-Ads-Kampagnen können Sie nicht nur Ihr Budget schonen, sondern auch Ihre Chancen erhöhen, mehr Kunden zu gewinnen.

Ihr Google-Ads-Konto ist eingerichtet, und Sie haben Ihre Kampagnen gestartet. Die ersten Euro wurden investiert, und Sie sehen bereits die ersten Website-Besuche und Conversions. Doch damit ist die Arbeit nicht getan. Jetzt geht es erst richtig los! Ihr Ads-Konto ist das Werkzeug, das Sie nun benötigen. Tauchen Sie in die Analyse Ihrer Kampagnen ein, um an verschiedenen Stellschrauben zu drehen und Ihren Erfolg weiter voranzutreiben. Das nötige Werkzeug, Ihr Ads-Konto, steht bereit. Steigen Sie jetzt in die Analyse Ihrer Kampagnen ein, um an der einen oder anderen Stellschraube zu drehen und Ihren Erfolg weiter auszubauen.

Einige Maßnahmen sollten unmittelbar nach dem Start Ihrer Kampagne durchgeführt werden. Die meisten Schritte erfordern jedoch eine solide Datengrundlage, die Zeit benötigt, um sich zu entwickeln.

Ein entscheidendes Kriterium für die Optimierung Ihrer Suchkampagnen ist der *Qualitätsfaktor*, eine Kennzahl, mit der Google jedes Keyword Ihrer Suchkampagnen bewertet. Diese Qualität setzt sich aus verschiedenen Komponenten zusammen. Ein hoher Qualitätsfaktor wird von Google mit günstigeren Klickpreisen und besseren Positionierungen belohnt. Entscheidend sind Faktoren wie die Klickrate, die Relevanz der Anzeigentexte, die Zielseite und die Verwendung von Anzeigenerweiterungen. In diesem Kapitel erfahren Sie, welche Möglichkeiten es gibt, durch gezielte Optimierungen Geld zu sparen und Ihr Budget so effizient wie möglich einzusetzen.

16.1 Erste Schritte nach dem Kampagnenstart

Die Basis jeder Optimierung ist eine gewisse Vorlaufzeit, die eine valide Analyse überhaupt erst möglich macht. Beginnen Sie daher nach dem Start einer Kampagne nicht sofort, wild »daraufloszuoptimieren«, sondern konzentrieren Sie sich zunächst auf grundlegende Aspekte.

16.1.1 Abgelehnte Anzeigen oder Keywords

Prüfen Sie Sie zunächst, ob alle Anzeigen und Keywords FREIGEGEBEN sind oder ob einige ABGELEHNT wurden. Um dies zu überprüfen, navigieren Sie zu den entsprechenden Abschnitten und sortieren die Anzeigen oder Keywords nach ihrem STATUS, indem Sie entweder auf den Spaltenkopf klicken oder die Filterfunktion verwenden. Fügen Sie als Filter den RICHTLINIEN-FREIGABESTATUS vom Typ ABGELEHNT hinzu. Sollten Anzeigen oder Keywords abgelehnt worden sein, sehen Sie in der Spalte STATUS einen entsprechenden Vermerk »Abgelehnt« in roter Schrift, gefolgt von dem Grund für die Ablehnung. Durch Bewegen des Mauszeigers über den Hinweis öffnet sich ein Pop-up-Fenster, das Sie darüber informiert, warum das Element abgelehnt wurde, ähnlich wie in Abbildung 16.1 dargestellt. Wenn Sie auf den enthaltenen Link klicken, erhalten Sie detailliertere Informationen und Tipps, wie Sie das Problem beheben können.

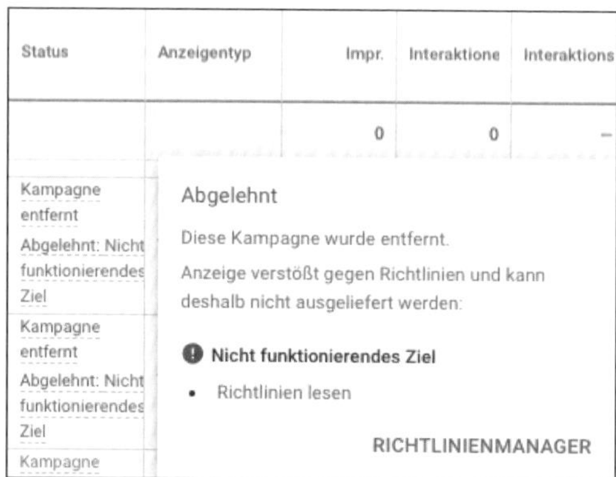

Abbildung 16.1 Anzeigen mit dem Status »Abgelehnt«

Um Ihnen dabei zu helfen, Probleme, die zur Ablehnung Ihrer Anzeigen geführt haben, schneller zu identifizieren, können Sie die Spalte RICHTLINIENDETAILS zu Ihrem Anzeigenbericht hinzufügen. Sie finden die Spalte via SPALTEN • SPALTEN ANPASSEN beim Unterpunkt ALLE SPALTEN • ATTRIBUTE. In Ihrem Konto könnten Sie beispielsweise folgende Hinweise zu abgelehnten Anzeigen finden:

Abbildung 16.2 Ablehnung aufgrund von Werbeinhalten

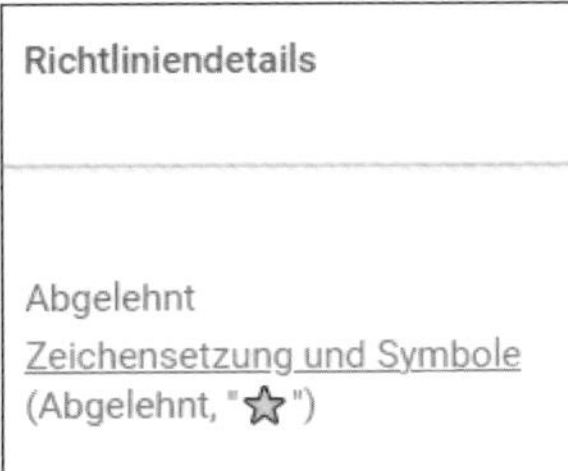

Abbildung 16.3 Ablehnung aufgrund von Zeichensetzung

Google benachrichtigt Sie außerdem durch eine Meldung rechts oben in Ihrem Google-Ads-Konto unter der Glocke mit dem Hinweis BENACHRICHT. unter anderem über Probleme mit abgelehnten Anzeigen oder Keywords.

16.2 Gebotsstrategien und Gebote anpassen

Bei der Einrichtung Ihrer Kampagnen müssen Sie sich stets für eine Gebotsstrategie entscheiden. Google schlägt meistens eine Optimierung auf Klicks oder Conversions vor. Sie können jedoch im Laufe der Zeit Ihre Strategie anpassen – zum einen, weil Sie möglicherweise den Schwerpunkt Ihrer Ziele ändern möchten und nach einer ersten Testphase mehr Wert auf Impressionen, Website-Besuche oder auf Kundengewinnung legen möchten. Zum anderen kann es aber auch vorkommen, dass sich die Ausgangssituation ändert, weil Sie nach einer Weile genug Conversions erzielt haben und somit über eine verlässliche Statistik verfügen, sodass Sie nun zu einer Conversion-Strategie wechseln möchten.

Es besteht auch immer noch die Möglichkeit, nach Einrichtung der Suchkampagne auf manuelle Gebote (MANUELLER CPC) umzusteigen. Die manuellen Gebote waren zunächst die einzig mögliche Gebotseinstellung, bevor die automatisierten Strategien von Google eingeführt wurden.

So ändern Sie eine bestehende Gebotsstrategie

1. Wählen Sie über die Filter die gewünschte Kampagne aus.
2. Klicken Sie unterhalb der Filter auf EINSTELLUNGEN, alternativ finden Sie ein Zahnradsymbol neben dem Kampagnennamen nach einer Mouseover-Bewegung. Per Klick auf das Zahnrad gelangen Sie ebenfalls in die Kampagneneinstellungen.
3. Wählen Sie die Einstellung GEBOTE.
4. Klicken Sie auf GEBOTSSTRATEGIE ÄNDERN.
5. Wählen Sie dann noch, obwohl nicht empfohlen, den Link STATTDESSEN DIREKT EINE GEBOTSSTRATEGIE AUSWÄHLEN.
6. Sie können jetzt aus den aktuell möglichen Gebotsstrategien (inklusive MANUELLER CPC) auswählen.

Abbildung 16.4 Auswahl der gewünschten Gebotsstrategie

16.3 Manuelle Gebotsstrategie für Suchkampagnen

Werfen wir zunächst einmal einen Blick auf die manuelle Gebotsstrategie (MANUELLER CPC), quasi die Ursprungsstrategie. Diese Gebotsmethode kann in bestimmten Situationen immer noch eine interessante Option darstellen. Wenn Sie zum Beispiel bestimmte Keywords verwenden möchten, die in automatisierten Strategien nicht berücksichtigt werden, oder wenn Sie die Kontrolle über die Klickkosten bestimmter Begriffe behalten möchten, kommt die manuelle Gebotsstrategie ins Spiel.

Wie hoch die Kosten für einen Klick tatsächlich sind, stellt sich erst heraus, wenn Sie mit der Werbung beginnen. Nachdem die ersten Impressionen und Klicks für Ihre Suchbegriffe eingegangen sind, sollten Sie deshalb unbedingt überprüfen, welche Keywords die gewünschten Klicks erzielen, die zum Besuch Ihrer Website führten und welchen durchschnittlichen Klickpreis (CPC) Sie bezahlt haben.

Zudem können Sie Ihre Keywords nach ihrem jeweiligen *Status* filtern. Dies ist besonders bei umfangreichen Keyword-Listen, zum Beispiel für alle Keywords zu Ihren Suchanzeigen aus Ihrem Ads-Konto, eine effiziente Methode, um Probleme zu entdecken. Dazu navigieren Sie zum Untermenü KEYWORDS FÜR SUCHANZEIGEN und stellen den gewünschten Filter ein. Bei manuellen Geboten könnte beispielsweise das Gebot für die erste Seite zu niedrig sein. Die entsprechenden Keywords filtern Sie mit dem Typ UNTER DEM GEBOT FÜR DIE ERSTE SEITE heraus. Dazu klicken Sie zunächst im Kopfbereich der Tabelle auf FILTER HINZUFÜGEN, suchen nach GRUND FÜR DEN STATUS und wählen den Filter aus. Anschließend aktivieren Sie per Checkbox die Gründe (siehe Abbildung 16.5), die Sie herausfiltern möchten.

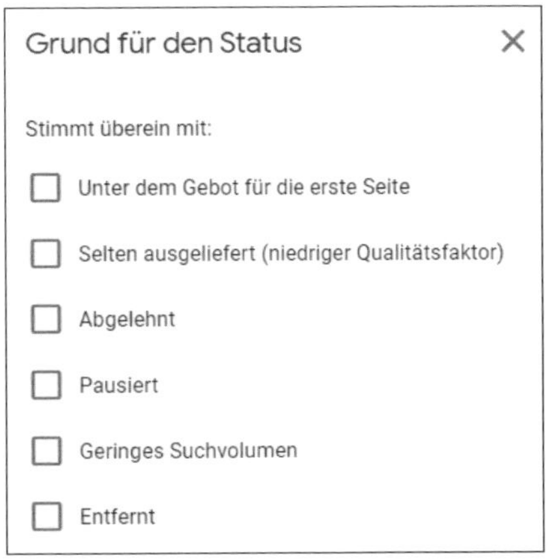

Grund für den Status ×

Stimmt überein mit:

- ☐ Unter dem Gebot für die erste Seite
- ☐ Selten ausgeliefert (niedriger Qualitätsfaktor)
- ☐ Abgelehnt
- ☐ Pausiert
- ☐ Geringes Suchvolumen
- ☐ Entfernt

Abbildung 16.5 Filtern Sie große Keyword-Listen nach Status.

In der Spalte STATUS sehen Sie nun bei den gefilterten Keywords, die unter dem Gebot für die erste Seite liegen, einen entsprechenden rot markierten Hinweis, versehen mit einem geschätzten Gebot für die erste Seite (siehe Abbildung 16.6). An diesen Schätzwert können Sie sich orientieren. Ändern Sie Ihr Gebot in der Spalte MAX. CPC auf das von Google geschätzte Gebot oder höher, dann verschwindet der rote Hinweis im STATUS.

Status	Max. CPC
Aktiv (eingeschränkt) Unter dem Gebot für die erste Seite (1,43 €)	1,20 € (auto-optimiert)
Aktiv (eingeschränkt) Unter dem Gebot für die erste Seite (1,66 €)	1,39 € (auto-optimiert)
Aktiv (eingeschränkt) Unter dem Gebot für die erste Seite (2,45 €)	1,34 € (auto-optimiert)

Abbildung 16.6 Unter dem Gebot für die erste Seite mit Hinweisen zum »Max. CPC«

Gebote für mehrere Keywords gleichzeitig anpassen

Wenn Sie eine große Liste mit Keywords finden, die ein zu niedriges Gebot besitzen, können Sie auch alle Keywords markieren und über Bearbeiten • Max. CPC-Gebote ändern die Gebote mit einem Klick durch die Auswahl des Radiobuttons Gebote auf CPC für erste Seite erhöhen anpassen.

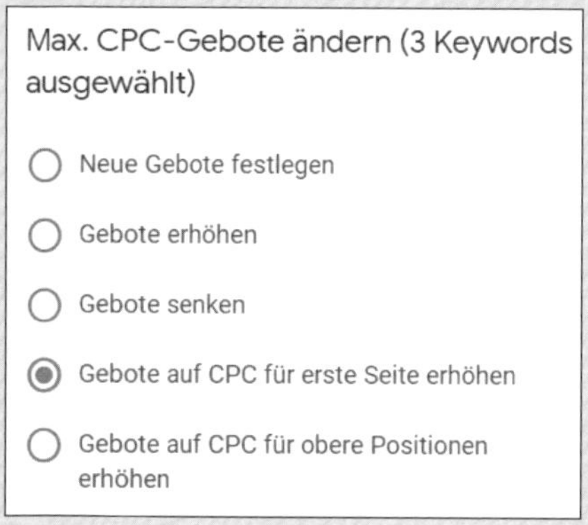

Max. CPC-Gebote ändern (3 Keywords ausgewählt)

- ○ Neue Gebote festlegen
- ○ Gebote erhöhen
- ○ Gebote senken
- ◉ Gebote auf CPC für erste Seite erhöhen
- ○ Gebote auf CPC für obere Positionen erhöhen

Abbildung 16.7 »Max. CPC-Gebote« unter »Bearbeiten« ändern

Im nächsten Schritt richten Sie Ihr Augenmerk auf die Auslieferungspositionen Ihrer Anzeigen. Da für das Ranking wiederum die Keywords verantwortlich sind, empfiehlt es sich, für eine detaillierte Analyse einen Bericht auf Keyword-Ebene zu verwenden. Sie können entweder die Keywords für Suchanzeigen in all Ihren Kampagnen betrachten oder »Step by Step« durch die wichtigsten Anzeigengruppen gehen. Fügen Sie zur Analyse Ihrem Keyword-Bericht die Spalte Impr. (obere Pos.) % hinzu. Diese Prozentangabe gibt Ihnen eine Vorstellung davon, wie viele Ihrer Suchanzeigen oberhalb der organischen Ergebnisse ausgeliefert wurden. Sortieren Sie die Keywords nach der Spalte IMPR. (OBERE POS.) % aufsteigend (siehe Abbildung 16.8). Dadurch zeigt der obere Bereich Ihrer Statistik die Keywords an, die nur selten zu Anzeigenschaltungen oberhalb der organischen Ergebnisse geführt haben. Alternativ können Sie auch einen Filter erstellen, um die Keywords anzuzeigen, die beispielsweise weniger als 25 % im oberen Bereich ausgespielt wurden. Diese Keywords sollten dann optimiert werden. Das Unterkapitel zum Qualitätsfaktor (siehe Abschnitt 16.5) liefert Ihnen Ansätze zur Optimierung Ihrer Keywords. Können die Keywords nicht weiter optimiert werden, sollten Sie diese »unbrauchbaren Keywords« auch entfernen und dafür neu Ideen austesten.

Sie sehen bestimmte Spalten nicht?

Falls Sie einige der hier erwähnten Spalten in Ihren Google-Ads-Berichten nicht direkt sehen, können Sie diese über das Menü SPALTEN • SPALTEN ANPASSEN einblenden. Wie das genau funktioniert, haben wir in Abschnitt 17.1.4, »Was verbirgt sich hinter den Spalten?«, beschrieben.

Besonders in der ersten Phase nach dem Start Ihrer Kampagne sollten Sie darauf achten, dass Ihre Anzeigen nicht zu häufig auf den hinteren Plätzen erscheinen, da sie dort weniger Klicks generieren. Ein primäres Ziel in dieser Anfangszeit ist jedoch die Datensammlung, und das funktioniert erfahrungsgemäß nicht so gut auf den letzten Plätzen. Gleichzeitig ist es nicht zwingend erforderlich, dass Ihre Anzeigen bei jeder Suchanfrage auf dem ersten Platz erscheinen. Um ein besseres Verständnis für die Auslieferungspositionen zu erhalten, empfehlen wir, neben der Spalte IMPR. (OBERE POS.) % auch die Spalte IMPR. (OBERSTE POS.) % hinzuzufügen und zu überwachen.

Keyword	Anzeigengruppe	Status	↑ Impr. (obere Pos.) %
" ment software"	Software	Aktiv	4,30 %
" tation software"	Software	Aktiv	6,25 %
" softwareentwicklung"	Software	Aktiv	6,67 %
software	Software	Aktiv	9,52 %

Abbildung 16.8 Keywords nach »Auslieferung auf oberen Positionen« sortieren

16.4 Gebotsstrategien optimieren

Es ist empfehlenswert, die Positionen Ihrer Keywords auf Anzeigengruppenebene zu betrachten. Dadurch wird schnell deutlich, ob Sie sich bei manuellen Geboten mit dem Standardgebot verschätzt haben, ob Ihre Gebotsstrategie auch tatsächlich zur Keyword-Intention passt oder ob die Qualität im Zusammenspiel von Keywords, Anzeigen und Landingpage wirklich optimal ist.

Zur Verbesserung Ihrer Positionen können Sie zum einen den Qualitätsfaktor Ihrer Keywords optimieren, was wir im Anschluss noch näher betrachten werden. Andererseits können Sie auch Veränderungen bei den Geboten und den Gebotsstrategien vornehmen. Folgende Anpassungen sind für die einzelnen Gebotsstrategien möglich:

1. Manueller CPC
   - Max. CPC-Gebote individuell pro Keyword oder Anzeigengruppe ändern
   - Auto-optimierten CPC aktivieren
2. Angestrebter Anteil an möglichen Impressionen
   - Anpassung des Prozentsatzes für ausgewählte Positionen
   - Änderung des maximalen CPC-Limits
3. Klicks maximieren
   - Änderung des maximalen CPC-Limits
4. Conversions maximieren
   - Ziel-CPA festlegen
5. Conversion-Wert maximieren
   - Ziel-ROAS festlegen

Hinweise zu den Gebotseinstellungen

Bei der manuellen Gebotsstrategie können Sie durch einen Klick auf das Gebot in der Spalte Max. CPC das Gebot manuell für jedes Keyword anpassen. Google hat bei Änderungen des Maximalgebots pro Klick (Max. CPC) und auch bei Budgetanpassungen einen Sicherheitsmechanismus eingebaut, der Sie davor schützt, versehentlich einen zu hohen Betrag einzutragen. Sie erhalten von Google dann einen Hinweis, dass Sie diese Erhöhung doppelt bestätigen müssen. Teilweise ist auch eine zusätzliche Authentifizierung Ihrer Person erforderlich.

Bitte denken Sie daran, dass Sie Änderungen bei *Ziel-CPA* und *Ziel-ROAS* in Abstimmung mit den aktuellen Daten vornehmen sollten und keine extremen Vorgaben einstellen. Bei solchen Vorgaben kommt es dann eher zu extremen Geboten und teuren Klickpreisen ohne die gewünschten Conversions.

Neben den Anpassungen an den bestehenden Gebotsstrategien können Sie auch einen vollständigen Wechsel der derzeit aktivierten Gebotsstrategie in Betracht ziehen. Die folgende Liste zeigt einige Beispiele mit Gründen, die für einen Wechsel sprechen, sowie Vorschlägen für eine neue Strategie:

- Hohe Klickkosten bei der Gebotsstrategie MANUELLER CPC: Wechsel auf die Gebotsstrategie KLICKS MAXIMIEREN.
- Viele niedrige Positionen bei wichtigen Suchbegriffen mit der Gebotsstrategie KLICKS MAXIMIEREN: Wechsel zu ANGESTREBTER ANTEIL AN MÖGLICHEN IMPRESSIONEN mit Vorgabe von bestimmten Anzeigepositionen.
- Viele Klicks bei KLICKS MAXIMIEREN auf sehr allgemeine Keywords und wenige Conversions bei bestehendem Conversion-Tracking: Wechsel auf CONVERSIONS MAXIMIEREN.
- Erreichen vieler Conversions bei unwichtigen Zielen und wenige Conversions bei wertvollen Zielen bei der Strategie CONVERSIONS MAXIMIEREN: Wechsel auf CONVERSION-WERT MAXIMIEREN, wobei den Conversions vorher unterschiedliche Werte zugeordnet werden müssen.

16.5 Der Qualitätsfaktor spart bares Geld

Eines der wichtigsten und am meisten diskutierten Themen im Zusammenhang mit Google-Ads-Suchkampagnen ist der *Qualitätsfaktor*. Der Qualitätsfaktor ist eine Kennzahl, mit der Google Ihre Keywords auf einer Skala von 1 (schlecht) bis 10 (sehr gut) bewertet. Seit seiner Einführung wird in der Google-Ads-Community intensiv darüber diskutiert, was genau der Qualitätsfaktor ist und welche Kriterien in seine Berechnung einfließen. Google nennt nicht alle Parameter, aber verspricht, dass ein hoher Qualitätsfaktor zu niedrigeren Klickpreisen und besserer Positionierung führt.

16.5.1 Lassen Sie sich den Qualitätsfaktor im Konto anzeigen

Sie können sich den Qualitätsfaktor Ihrer Keywords in Ihrem Google-Ads-Konto anzeigen lassen. Bitte beachten Sie, dass es den Qualitätsfaktor nur für Keywords gibt. Um den Qualitätsfaktor Ihrer Keywords in Ihrem Google-Ads-Konto anzuzeigen, gehen Sie bitte wie folgt vor: Navigieren Sie zu KAMPAGNEN • ZIELGRUPPEN, KEYWORDS UND INHALTE und wählen Sie den Punkt KEYWORDS FÜR SUCHANZEIGEN aus. Klicken Sie auf das Spaltensymbol im Tabellenkopf und wählen Sie unter SPALTEN ANPASSEN die Spalte QUALITÄTSFAKTOR (aus der Gruppe ALLE SPALTEN • QUALITÄTSFAKTOR) aus. Ziehen Sie dann die QUALITÄTSFAKTOR-Spalte per Drag-and-drop wie in Abbildung 16.9 ganz nach oben, um sicherzustellen, dass Sie den jeweiligen Qualitätsfaktor stets im Blick haben.

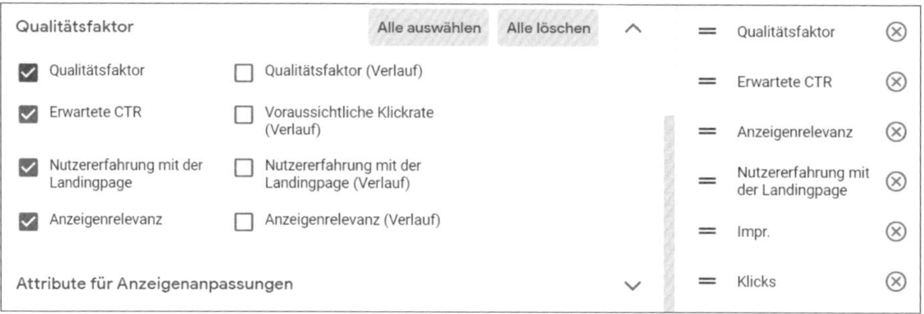

Abbildung 16.9 Fügen Sie die Spalte »Qualitätsfaktor« hinzu.

Vergabe des Qualitätsfaktors durch Google

Der Qualitätsfaktor ist kein statischer Wert, sondern kann sich kontinuierlich ändern. Die entsprechende Spalte in Ihrem Keyword-Bericht zeigt den aktuellen Durchschnittswert an (siehe Abbildung 16.10). Darüber hinaus bietet Google innerhalb der Gruppe QUALITÄTSFAKTOR auch eine Berichtsspalte mit dem Namen QUALITÄTSFAKTOR (VERLAUF) an. Diese Spalte zeigt den letzten bekannten vorherigen Qualitätsfaktor an. Durch den Vergleich mit dem aktuellen Wert können Sie feststellen, ob sich der Qualitätsfaktor seit der letzten Google-Bewertung positiv oder negativ verändert hat. Diese Information ist besonders nützlich, da Google die Bewertung nicht regelmäßig durchführt. Auf diese Weise erhalten Sie einen wichtigen Einblick darin, wie sich Ihre Maßnahmen zur Verbesserung der Qualität auswirken.

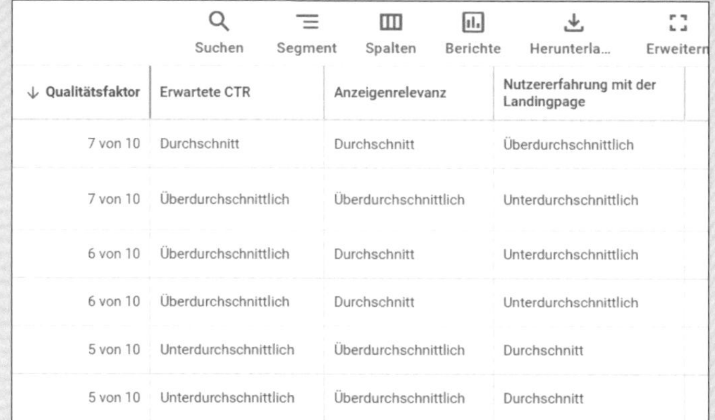

↓ Qualitätsfaktor	Erwartete CTR	Anzeigenrelevanz	Nutzererfahrung mit der Landingpage
7 von 10	Durchschnitt	Durchschnitt	Überdurchschnittlich
7 von 10	Überdurchschnittlich	Überdurchschnittlich	Unterdurchschnittlich
6 von 10	Überdurchschnittlich	Durchschnitt	Unterdurchschnittlich
6 von 10	Überdurchschnittlich	Durchschnitt	Unterdurchschnittlich
5 von 10	Unterdurchschnittlich	Überdurchschnittlich	Durchschnitt
5 von 10	Unterdurchschnittlich	Überdurchschnittlich	Durchschnitt

Abbildung 16.10 Keyword-Auswertung mit der Spalte »Qualitätsfaktor« und zugehörigen Berichtsspalten

Neben der Spalte QUALITÄTSFAKTOR liefert Google in drei weiteren Berichtsspalten Hinweise auf die Ursachen eines guten oder schlechten Qualitätsfaktors. Auch diese Informationen können über SPALTEN ANPASSEN als Berichtsspalten hinzugefügt werden (siehe Abbildung 16.10).

Die folgenden drei Kriterien sind laut Google entscheidende Komponenten, die die Berechnung des Qualitätsfaktors maßgeblich beeinflussen:

- ERWARTETE CTR: Die Wahrscheinlichkeit, mit der Ihre Anzeigen bei der Google-Suche zu dem Keyword angeklickt werden, ergibt die erwartete Klickrate. In die Ermittlung fließt die bisherige Klickrate des Keywords und auch die Performance in anderen Ads-Konten ein.
- ANZEIGENRELEVANZ: Mit Anzeigenrelevanz ist die Verbindung von Anzeigen und Keyword gemeint. Passen die Anzeigentexte zu den eingebuchten Suchbegriffen? Ist die Anzeige interessant, werden Vorteile genannt, sodass eine gute Anzeigen-CTR erzielt werden kann?
- NUTZERERFAHRUNG MIT DER LANDINGPAGE: Bei diesem Faktor geht es um die Beziehung zwischen Suchbegriff, Anzeige und Zielseite. Hält die ausgewählte Seite, was Sie in der Anzeige versprechen? Ist die Seite übersichtlich und gut strukturiert? Ein wichtiger Punkt zur Verbesserung der Qualität ist hier auch die Ladezeit der Landingpage.

Die Komponenten können den Status UNTERDURCHSCHNITTLICH, DURCHSCHNITT oder ÜBERDURCHSCHNITTLICH zugewiesen bekommen. Ist der Status »unterdurchschnittlich«, ist das ein klares Zeichen dafür, dass Sie Optimierungen vornehmen sollten. Auch für die drei Kriterien, die den Qualitätsfaktor beeinflussen, gibt es weitere Spalten mit dem Zusatz (VERLAUF). So kann auch hier wieder überprüft werden, ob eine Optimierung, beispielsweise der Landingpage, zu einer Änderung geführt hat, indem man die Berichtsspalten NUTZERERFAHRUNG MIT DER ZIELSEITE und NUTZERERFAHRUNG MIT DER ZIELSEITE (VERLAUF) miteinander vergleicht.

16.5.2 Qualität aus Google-Sicht

Googles oberstes Ziel lautet nach eigenen Aussagen, die relevantesten Suchergebnisse für Nutzer zu liefern und diese somit langfristig zufriedenzustellen, um ihre Bindung an die Google-Plattform zu festigen.

Mit den drei Berichtsspalten zur erwarteten CTR, der Anzeigenrelevanz und der Landingpage erhält man als Google-Ads-Admin schon einige Hinweise dazu, welche wichtigen Kriterien in die Berechnung des Qualitätsfaktors einfließen. Allerdings betont Google, dass neben diesen Kriterien auch eine Vielzahl anderer Faktoren den Qualitätsfaktor beeinflussen. Dazu gehören beispielsweise:

- **die bisherige Klickrate Ihrer angezeigten URL**: Historie und Erfahrung mit Ihrer angezeigten URL
- **das Kontoprotokoll**: Historie und Erfahrung mit Ihrem gesamten Konto
- **die Keyword-/Suchrelevanz**: Die Relevanz des gebuchten Keywords für die tatsächliche Suchanfrage der Nutzer. Hierbei berücksichtigt Google auch die Erfahrungen anderer Konten mit diesem Keyword.
- **die geografische Leistung**: der Erfolg Ihres Kontos in der Zielregion
- **Ihre Anzeigenleistung auf einer Website**: der Erfolg auf Seiten im Displaynetzwerk
- **die Geräteausrichtung**: der Erfolg auf dem entsprechenden Gerät; der Qualitätsfaktor wird für jedes Gerät separat vergeben

Nutzererfahrung mit anderen Konten

Google nutzt auch die Erfahrungen mit anderen Konten und aus der organischen Suche. Falls Sie zum Beispiel auf die Idee kommen, zum genau passenden Keyword *Mallorca* Ihr Hotel auf Mallorca zu bewerben, ist es sehr wahrscheinlich, dass Sie keinen höheren Qualitätsfaktor als 4 mit diesem Keyword erreichen. Denn Google hat die Erfahrung gemacht, dass Nutzer, die nur *Mallorca* in die Suche eingeben, hauptsächlich nach Informationen zur Insel und Ähnlichem suchen, aber kein Hotel buchen möchten.

In diesem Fall helfen Ihnen alle Optimierungsmöglichkeiten nichts. Testen Sie doch mal die Google-Suche und schauen Sie, was Google bei den organischen Treffern zum Thema *Mallorca* anbietet. Dies spiegelt sehr gut wider, was die Google-Nutzer als Ergebnis erwarten. Bitte beachten Sie, dass sich die Anzeige zum exakten Keyword *Mallorca* als Google-Ads-Anzeige trotzdem für Sie lohnen kann – nur der Qualitätsfaktor wird niedrig bleiben.

Auf die folgenden Kriterien hat der Qualitätsfaktor laut Google direkten Einfluss:

- **Aktivierung für die Teilnahme an Anzeigenauktionen**
  Je höher der Qualitätsfaktor ist, umso wahrscheinlicher ist es, dass Sie überhaupt an einer Auktion für das entsprechende Keyword teilnehmen. Keywords mit einem Qualitätsfaktor von 2 oder 3 werden beispielsweise selten bis gar nicht ausgespielt.
- **Tatsächlicher Cost-per-Click (CPC) des Keywords**
  Je höher der Qualitätsfaktor ist, desto geringer ist der Preis pro Klick für das Keyword.

- **Gebotsschätzung für die oberen Positionen und die oberste Position**
  Je höher der Qualitätsfaktor ist, umso geringer fällt die Top-of-Page-Gebotsschätzung für das Keyword aus.
- **Anzeigenposition**
  Der Qualitätsfaktor beeinflusst den Anzeigenrang und somit auch die Anzeigenposition. Ein hoher Qualitätsfaktor hat somit eine bessere Position zur Folge.
- **Eignung für Anzeigenerweiterungen und andere Anzeigenformate**
  Für einige Anzeigenformate gibt es einen Mindestqualitätsfaktor. Einige Anzeigenerweiterungen erscheinen nur auf der obersten Position, deshalb ist der Qualitätsfaktor auch dafür ein wichtiger Faktor, da er entscheidenden Einfluss auf die Position hat.

16.5.3 Skepsis gegenüber dem Qualitätsfaktor

Google betont stets, dass Qualität mit günstigeren Klickpreisen oder besserer Positionierung belohnt wird. Doch da nicht alle Faktoren der Qualitätsformel transparent sind, herrscht unter vielen Online-Marketing-Experten eine gewisse Skepsis darüber, ob die Qualitätsformel immer das hält, was sie verspricht. Viele Faktoren (wie die Ladezeiten Ihrer Webseiten oder auch die Klickrate Ihrer Anzeigen) helfen Ihnen jedoch auch, mehr Kunden via Internet zu erreichen, die schnell die gewünschte Information finden und somit ebenfalls zufrieden sind. Selbst wenn die Qualitätsvorgaben für Google weniger wichtig sind, ergeben sie im Hinblick auf Ihre Kunden auf jeden Fall Sinn.

Wenn wir die Kriterien, die für einen guten Qualitätsfaktor ausschlaggebend sind, genauer betrachten, stellen wir fest, dass sie auch unabhängig vom Google-Qualitätsfaktor für die Performance unserer Kampagnen von entscheidender Bedeutung sind.

Daher ist es wichtig, alle in diesem Kapitel genannten Optimierungsmaßnahmen in regelmäßigen Abständen an den einzelnen Elementen Ihrer Google-Ads-Kampagnen durchzuführen. So können Sie am Ende nicht nur einen guten Qualitätsfaktor erzielen, sondern vor allem auch zufriedene Kunden gewinnen.

Folgende Grundätze sind zudem wichtig:

- Ihre Anzeigen sollten Aufmerksamkeit erregen, um Klicks zu generieren.
- Es sollte eine Relevanz zwischen dem Suchbegriff, Ihren Keywords und Ihren Anzeigen bestehen, denn nur so erreichen Sie die passende Zielgruppe.
- Und am Ende sollte Ihre Zielseite zu den Keywords und den Anzeigen passen, denn nur so kann der kostenpflichtige Klick zur gewinnbringenden Conversion werden.

Es ist entscheidend, die Qualität Ihrer Kampagnen rational zu bewerten und zu analysieren, welche Faktoren zum Erfolg Ihrer Werbung führen. Durch gezielte Optimierungen unter diesen Gesichtspunkten können Sie auch den Qualitätsfaktor von Google positiv beeinflussen. Im Folgenden wird eine Reihe von Maßnahmen aufgeführt, die Sie in regelmäßigen Abständen an den einzelnen Elementen Ihrer Google-Ads-Kampagnen durchführen sollten.

16.6 Optimierung Ihrer Keywords

Keywords bilden die Grundlage der Anzeigenschaltung und bestimmen darüber, zu welchen Suchanfragen dem User Ihre Werbung eingeblendet wird. Daher bieten sie im Hinblick auf eine rentable Werbekampagne auch ein erhebliches Optimierungspotenzial. Die folgenden Maßnahmen gehören zur laufenden Kampagnenpflege und sollten regelmäßig wiederholt werden. Sie haben direkten Einfluss auf die wichtigsten KPIs wie CPC, CTR und die Gesamtkosten und somit letztlich auch auf Ihren ROI (*Return on Investment*) bzw. Ihre KUR (*Kosten-Umsatz-Relation*).

16.6.1 Analyse der tatsächlichen Suchanfragen

Unter dem Navigationspunkt KEYWORDS FÜR SUCHANZEIGEN im Seitenmenü erhalten Sie, wie in Abbildung 16.11 dargestellt, einen Überblick über die Performance Ihrer eingebuchten Suchbegriffe. Welche Suchanfrage aber gibt der User tatsächlich in die Suche ein? Haben Sie beispielsweise das Keyword *Nike Schuhe* in der Keyword-Option WEITGEHEND PASSEND eingebucht, wird Ihre Anzeige auch eingeblendet, wenn der User nach *Nike Laufschuhe* sucht.

☐	●	Keyword	Status	Max. CPC	Qualitätsfaktor	Impr.	Klicks	↓ CTR
		Gesamt: alle aktivierten Keywords ⓘ						
☐	●	al	Aktiv	0,38 €	–	3.313	18	0,54 %
☐	●	al .de	Aktiv	0,33 €	6 von 10	4.821	26	0,54 %
☐	●	al rges	Aktiv	0,50 €	8 von 10	3.053	16	0,52 %
☐	●	al wasserdicht	Unter dem Gebot für die erste Seite (1,00 €)	0,38 €	9 von 10	1.006	4	0,40 %

Abbildung 16.11 Keyword-Auswertung

Wenn Sie also nicht ausschließlich die Keyword-Option GENAU PASSEND verwenden, können die tatsächlichen Suchanfragen der User von Ihren Keywords stark abweichen bzw. diese ergänzen. Dabei kann es sich um sinnvolle Suchanfragen handeln, bei denen es sich eventuell lohnt, sie ins Keyword-Set aufzunehmen. Ihre Anzeige könnte jedoch auch für völlig unpassende Suchanfragen wie zum Beispiel *Nike T-Shirt* erscheinen, obwohl Sie ausschließlich Schuhe anbieten. Dann geben Sie Geld für Webseitenbesucher aus, die etwas anderes gesucht haben.

Um die Kontrolle über die Anzeigenschaltung auf Grundlage der vorgegebenen Keywords zu behalten, ist es wichtig, regelmäßig die tatsächlichen Suchbegriffe zu überprüfen, die Ihre Anzeigen auslösen ❶. Hierfür können Sie unter anderem den Bericht SUCHBEGRIFFE ❷ nutzen, der in Ihrem Google-Ads-Konto im sogenannten BERICHTSEDITOR ❸ (siehe Abbildung 16.12) verfügbar ist. Um auf den BERICHTSEDITOR zuzugreifen, klicken Sie auf das Icon mit der Bezeichnung KAMPAGNEN auf der linken Seite und öffnen anschließend den Unterpunkt STATISTIKEN UND BERICHTE.

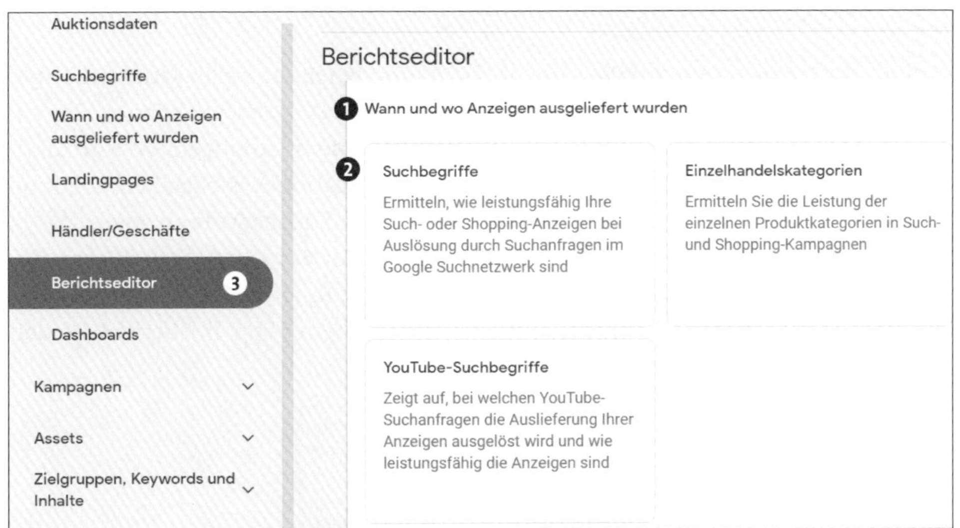

Abbildung 16.12 Bericht mit den Suchbegriffen im »Berichtseditor«

Unter STATISTIKEN UND BERICHTE finden Sie auch den Bericht SUCHBEGRIFFE (siehe Abbildung 16.13). Dieser Bericht ist aus unserer Sicht einfacher zu nutzen, da er nach dem gewohnten Tabellenschema aufgebaut ist und sich somit einfach über SPALTEN ANPASSEN, wie Sie es gelernt haben, verändern lässt. Im Vergleich dazu sind die Berichte, die Sie im BERICHTSEDITOR finden, etwas gewöhnungsbedürftiger. Der Bericht SUCHBEGRIFFE zeigt alle Suchbegriffe für Ihre aktuellen Keywords an. Wie bei

16

allen Google-Ads-Berichten bezieht sich auch dieser auf die aktuell gefilterten Kampagnen und den ausgewählten Zeitraum.

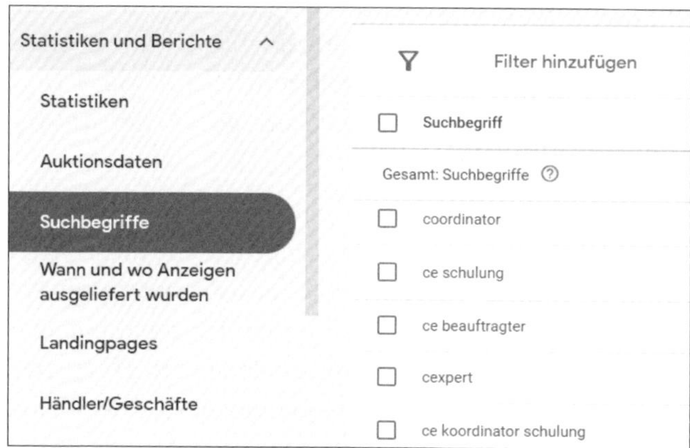

Abbildung 16.13 Bericht »Suchbegriffe« unter »Statistiken und Berichte«

Es gibt jedoch einen weiteren Weg, um die Suchanfragen potenzieller Kunden zu analysieren. Unter dem Unterpunkt KEYWORDS FÜR SUCHANZEIGEN können Sie zunächst ein oder mehrere Keywords per Checkbox vor dem jeweiligen Keyword aktivieren. Dadurch öffnet sich zusätzlich eine blaue Navigationsleiste (siehe Abbildung 16.14), in der Sie sich für die ausgewählten Keywords die Suchbegriffe anzeigen lassen können. Wenn Sie in der blauen Navigationsleiste auf SUCHBEGRIFFE klicken, erscheinen die entsprechenden Suchbegriffe zu den von Ihnen definierten Keywords. Die vorherige Keyword-Auswahl entspricht somit einem Filter im Bericht zu den Keywords für Suchanzeigen.

Keywords für Suchanzeigen

Keywords für Suchanzeigen | Auszuschließende Keywords für Suchanzeigen

2 ausgewählt | Bearbeiten | Suchbegriffe | Label | Auktionsdaten

Keyword	Keyword-Option	Status
sonnenbrillen online	Weitgehend passend	Aktiv
"sonnenbrillen herren"	Passende Wortgruppe	Aktiv
[sonnenbrillen herren]	Genau passend	Aktiv
"sonnenbrillentrend"	Passende Wortgruppe	Aktiv

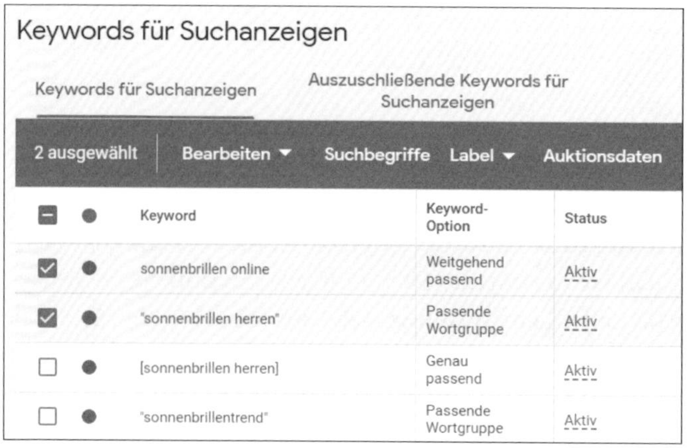

Abbildung 16.14 Suchbegriffe unter »Keywords für Suchanzeigen« via Checkbox aufrufen

Tipp: Fügen Sie die Spalte »Keyword« hinzu

Wenn Sie sich die Berichte unter SUCHBEGRIFFE anschauen, sollten Sie für diese Berichte immer die Spalte KEYWORD hinzufügen. Sie finden die Berichtsspalte, wenn Sie SPALTEN • SPALTEN ANPASSEN wählen und dann unter ALLE SPALTEN die Gruppe ATTRIBUTE aufrufen. Mit der zusätzlichen Spalte KEYWORD erfahren Sie, welches Keyword zu welchem Suchbegriff gehört, und können so besser entscheiden, ob dies in Ihrem Sinne ist. Sortieren Sie die Suchbegriffe am besten nach KLICKS, IMPR. oder KOSTEN, sodass zuerst diejenigen angezeigt werden, die am meisten Traffic oder Kosten generieren.

Beim Setup Ihrer Kampagnen haben Sie wahrscheinlich bereits einige Keyword-Ausschlüsse vorgenommen. Doch gerade wenn Sie die weitgehenderen Keyword-Optionen nutzen, werden Sie immer wieder auf Suchanfragen stoßen, die nicht wirklich zu Ihrem Angebot passen. Gleiches gilt für relevante Suchanfragen, die Sie bislang noch nicht eingebucht haben, die aber häufig von den Google-Nutzern gesucht und angeklickt werden. Es empfiehlt sich daher, diese Keywords aufzunehmen, um von ihrer Performance zu profitieren und ihnen gegebenenfalls eine separate Ziel-URL zu geben.

Setzen Sie vor die Suchbegriffe, die Sie hinzufügen bzw. ausschließen möchten, ein Häkchen, und führen Sie dann durch einen Klick auf den Link ALS KEYWORD HINZUFÜGEN oder ALS AUSZUSCHLIESSENDES KEYWORD HINZUFÜGEN die gewünschte Aktion aus (siehe Abbildung 16.15).

1 ausgewählt | Als Keyword hinzufügen | Als auszuschließendes Keyword hinzufügen

	Suchbegriff	Keyword-Option	Hinzugefügt/Ausges(	Kampagne
	Gesamt: Suchbegriffe ⑦			
☑	braucht desinfektion eine ce kennzeichnung in österreich	Weitgehend passend	Keine Angabe	
☐	ce kennzeichnung 0045	Weitgehend passend	Keine Angabe	

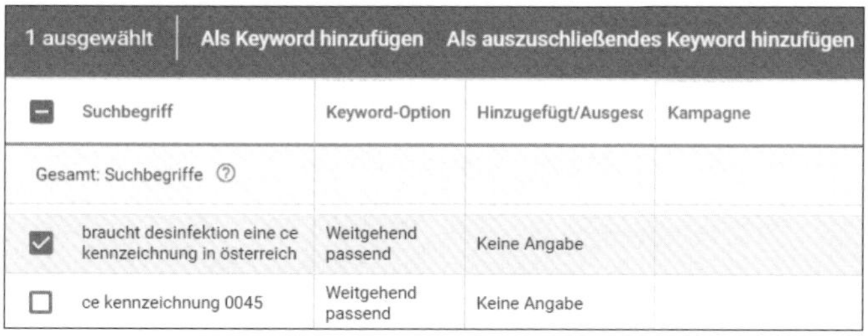

Abbildung 16.15 Anfragen aus der Liste der Suchbegriffe auswählen

Neue Keywords in den Keyword-Pool aufzunehmen bzw. unpassende auszuschließen, ist besonders bei sehr teuren und häufig gesuchten Keywords ratsam. Diese Maßnahme hilft Ihnen dabei, Ihre Keywords präziser auszurichten und auf diese Weise Streuverluste zu reduzieren.

Wenn Sie neue Keywords Ihrem Pool hinzufügen, haben Sie bei Bedarf gleichzeitig die Möglichkeit, jeweils pro Keyword individuell eine FINALE URL (OPTIONAL) bzw. einen MAX. CPC (OPTIONAL) zu vergeben, sofern er denn vom Standard-Anzeigengruppengebot abweichen soll (siehe Abbildung 16.16).

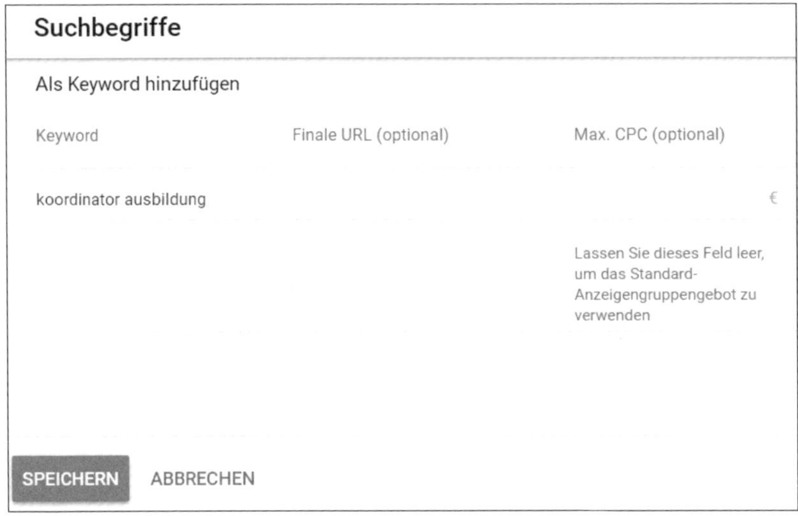

Abbildung 16.16 Keywords hinzufügen und optional CPC sowie URL bestimmen

Bei auszuschließenden Keywords können Sie bestimmen, ob Sie diese auf Anzeigengruppen- oder Kampagnenebene ausschließen möchten. Alternativ können Sie die negativen Keywords auch Ihrer Liste mit auszuschließenden Keywords hinzufügen (siehe Abbildung 16.17). Denken Sie an den wichtigen Tipp, die negativen Keywords als einzelne Wörter in der »weitgehend passenden Option« in eine Liste aufzunehmen, um den Ausschluss anschließend auf mehrere Kampagnen anwenden zu können.

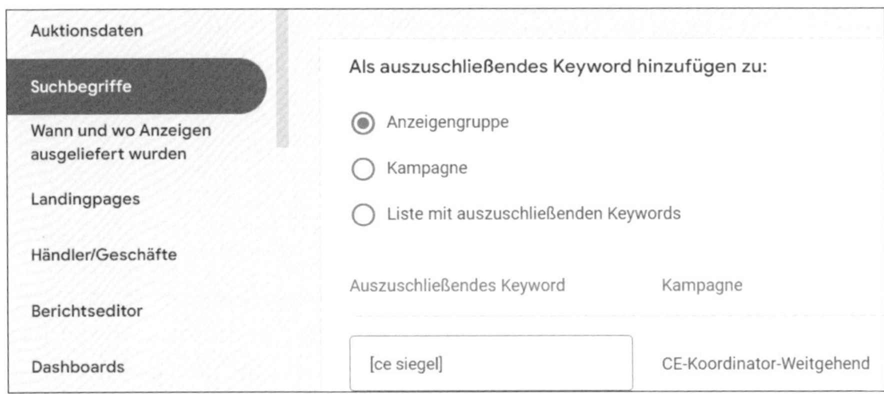

Abbildung 16.17 Auszuschließende Keywords hinzufügen

16.6.2 Keyword-Optionen

Wie bereits erwähnt, ist es zu Beginn einer Werbekampagne mit Google Ads zunächst wichtig, viele Klicks zu erzeugen und eine valide Datenbasis aufzubauen. Dabei kann es von Vorteil sein, die Keyword-Optionen nicht zu eng zu fassen und die Ausspielung nicht zu sehr einzugrenzen. Je nach Zielsetzung und Branche kann es natürlich auch von Anfang an sinnvoll sein, Ihre Anzeigenschaltung durch die Verwendung der Keyword-Optionen PASSENDE WORTGRUPPE oder GENAU PASSEND zu kontrollieren. Prinzipiell ist für den Anfang die Option WEITGEHEND PASSEND keine schlechte Wahl, wobei das Hinzufügen von auszuschließenden Keywords eine wichtige Ergänzung darstellt.

Keyword-Optionen bei der Eingabe definieren

Durch die Eingabe des Keywords definieren Sie, wie das Keyword behandelt werden soll. Wenn Sie nur einen Suchbegriff eingeben, wird er als weitgehend passend behandelt; geben Sie ihn in Anführungsstrichen ein, handelt es sich um eine passende Wortgruppe, und in eckigen Klammern geben wir das Keyword genau passend vor.

- Keyword = weitgehend passend
- "Keyword" = passende Wortgruppe
- [Keyword] = genau passend

Ohne festgelegte Keyword-Option mit der zusätzlichen Zeichensetzung wird eine neue Keyword-Eingabe von Google immer als weitgehend passend behandelt. Weitere Informationen zu den Keyword-Optionen finden Sie in Abschnitt 4.6.2.

Spätestens dann, wenn Ihnen eine ausreichende Datengrundlage zur Verfügung steht, sollten Sie Ihre Keywords gründlich analysieren und zumindest den Anteil der »weitgehend passenden« Keywords schrittweise reduzieren. Auf diese Weise können Sie Kosten einsparen und Ihr Budget effektiver einsetzen. Google empfiehlt häufig die »weitgehend passende« Option. Beachten Sie jedoch, dass dies nur dann gut funktioniert, wenn Sie auf eine Conversions-optimieren-Strategie setzen und zudem eine relative hohe Anzahl an Conversions verzeichnen können. Aus unserer Sicht bedeutet »hoch« mindestens 30 primäre Conversions pro Monat.

Obwohl Google betont, dass die Anzeigen auch bei »weitgehend passender« Keyword-Schaltung für passende Suchanfragen ausgespielt werden, zeigt die Praxis, dass dies bei kleinen und mittelständischen Unternehmen mit wenigen Conversions-Daten nicht immer zutrifft. Es kommt dann häufig vor, dass Anzeigen für Suchanfragen geschaltet und geklickt werden, die nicht unbedingt relevant sind. So wurde beispielsweise für die Suche nach einer Lösung von *Vertragskündigungen ohne Anwalt*

16

die Anzeige eines Anwalts geschaltet, der die Dienstleistung »Vertragsauflösung« anbietet. Besonders bei kleinen Budgets ist dies ärgerlich, da das Geld, das für unnötige Anfragen ausgegeben wird, dann für relevante Suchanfragen fehlt.

Viele Werbetreibende haben jedoch Angst, durch Einschränkungen relevante Suchanfragen und somit potenzielle Kunden zu verlieren. Um diese Verluste so gering wie möglich zu halten, die Anzeigen gleichzeitig aber zielgerichteter und effektiver zu schalten, bedarf es einer gut durchdachten Strategie.

Gehen Sie also überlegt an die Sache heran und ändern Sie nicht einfach kopflos alle Keyword-Optionen. Nutzen Sie stattdessen die Werkzeuge, die Google Ads Ihnen für eine erfolgreiche Umstellung bereitstellt.

Betrachten Sie Ihre Keywords am besten auf Anzeigengruppenebene. Versuchen Sie zu erfahren, in welcher Option das Keyword am häufigsten gesucht bzw. geklickt wurde und wann der Klick am günstigsten und die Klickrate am höchsten war bzw. wann die meisten Anfragen oder Bestellungen generiert wurden.

Ermitteln Sie auf diese Weise, bei welchen Keywords die präzisere Anzeigenschaltung in den Keyword-Optionen PASSENDE WORTGRUPPE oder GENAU PASSEND die erfolgreichere Wahl ist, und verzichten Sie dort auf die weitgefasste Ausrichtung, die lediglich Kosten verursacht. Prüfen Sie vor der Umstellung die Suchbegriffe für das entsprechende Keyword und fügen Sie die relevanten Suchbegriffe hinzu, die die Anzeigenschaltung am häufigsten ausgelöst haben. So sind Sie auf der sicheren Seite und verlieren keine relevanten Besucher.

16.6.3 Setzen Sie auf Longtail-Keywords

Generische, also sehr allgemeine Keywords erzielen meist viel und nicht unbedingt qualitativ hochwertigen Traffic und sind daher sehr kostspielig. Zu Anfang haben Sie aber sicher einige etwas allgemeinere Keywords eingebucht, um Ihre Marke in gewissen Bereichen bekannter zu machen. Es gibt viele Unternehmen, die das Suchnetzwerk zusätzlich als Branding-Kanal nutzen und für bestimmte Suchbegriffe stets auf einer der Top-Positionen präsent sind. Denken Sie bei dieser Strategie an separate Kampagnen mit einem eigenen Budget. Somit vermeiden Sie, dass diese allgemeinen Branding-Keywords den anderen Keywords das Budget »wegfressen«.

Sobald die Rentabilität Ihrer Werbung mehr in den Fokus rückt, sind die generischen Keywords ein wichtiger Optimierungsansatz. Wie schon erwähnt, erzeugen sie meistens hohe Kosten und bringen oft wenig Umsatz. Wesentlich effektiver sind dagegen Longtail-Keywords, also konkretere Phrasen, die aus mehreren Wörtern bestehen. Ermitteln Sie, zum Beispiel mithilfe des Keyword-Planers, die relevanten Longtail-

Keywords (siehe Abbildung 16.18), die hinter Ihren generischen Keywords stecken, und fügen Sie diese Ihrem Keyword-Pool hinzu. Gleichzeitig sollten Sie die sehr allgemeinen Suchbegriffe nach und nach reduzieren oder sie zumindest mithilfe von Keyword-Optionen in ihrer Reichweite eingrenzen oder, wie beschrieben, in separate Kampagnen auslagern.

Keyword
sonnenbrille herren klassiker
design sonnenbrille herren
sonnenbrille gold schwarz herren
herren sonnenbrille luxus
mango sonnenbrille herren
sonnenbrille groß herren

Abbildung 16.18 Vorschläge zu Longtail-Keywords zum Thema »sonnenbrille herren« aus dem Keyword-Planer

Chatbots generieren Longtail-Keyword-Ideen für Sie

Auch ein Chatbot wie zum Beispiel *ChatGPT* (*https://chat.openai.com/*) kann Ihnen wertvolle Anregungen für Longtail-Keywords liefern. Es ist wichtig, dem Chatbot stets die Aufgabe zu geben, bei seinen Antworten die Situation und die Wünsche potenzieller Kunden zu berücksichtigen. Auf diese Weise erhalten Sie relevantere Ideen zu Ihren generischen Keywords.

5. Designer-Sonnenbrille für Herren
6. Sonnenbrille für Herren mit verspiegelten Gläsern
7. Sonnenbrille für Herren mit Holzrahmen
8. Klassische Piloten-Sonnenbrille für Herren
9. Sonnenbrille für Herren mit polarisierten Gläsern

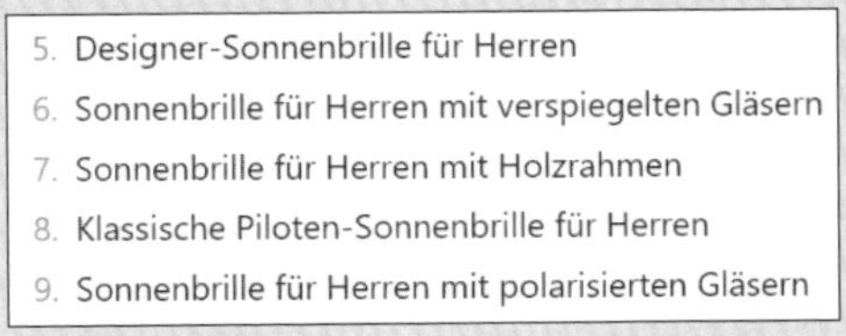

Abbildung 16.19 Auszug aus einer Liste mit Vorschlägen von ChatGPT zum Thema »sonnenbrille herren«

Auch wenn *ChatGPT* in aller Munde ist, sollten Sie bedenken, dass es noch andere Chatbots gibt. Daher ist es ratsam, auch andere Bots zu testen. Denken Sie zudem daran, sich nicht immer mit der ersten Antwort zufriedenzugeben, sondern führen Sie gegebenenfalls weitere »Gespräche« mit dem Chatbot, um die Antworten zu optimieren. Das folgende Beispiel zeigt ein Ergebnis von *Google Gemini* (*https://gemini.*

google.com) zu Keywords im Zusammenhang mit »Herrensonnenbrillen«, die nach verschiedenen Kundenbedürfnissen von dem Bot gruppiert wurden.

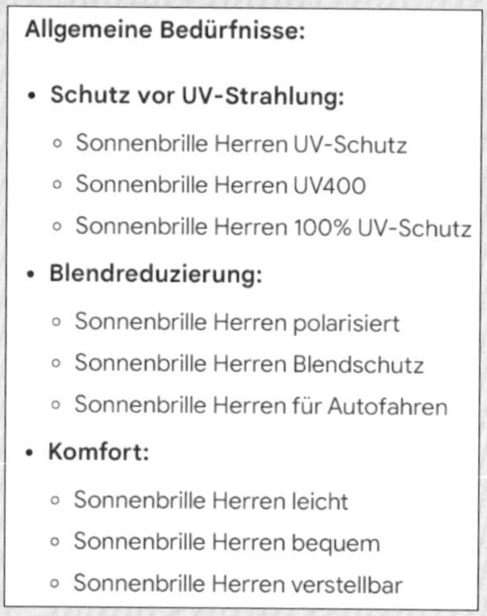

Allgemeine Bedürfnisse:

- **Schutz vor UV-Strahlung:**
  - Sonnenbrille Herren UV-Schutz
  - Sonnenbrille Herren UV400
  - Sonnenbrille Herren 100% UV-Schutz
- **Blendreduzierung:**
  - Sonnenbrille Herren polarisiert
  - Sonnenbrille Herren Blendschutz
  - Sonnenbrille Herren für Autofahren
- **Komfort:**
  - Sonnenbrille Herren leicht
  - Sonnenbrille Herren bequem
  - Sonnenbrille Herren verstellbar

Abbildung 16.20 Longtail-Keyword-Ideen, gruppiert nach Bedürfnis – generiert mit Google Gemini

16.6.4 Gute Keywords – schlechte Keywords

Es ist entscheidend, regelmäßig eine detaillierte Analyse Ihrer Keywords durchzuführen, um den Erfolg Ihrer Kampagnen entsprechend Ihrer Zielsetzung beurteilen zu können. Unterm Strich möchten Sie den Erfolg kontinuierlich steigern und den *Return on Investment* (ROI), speziell den *Return on Ad Spend* (ROAS), bzw. die *Kosten-Umsatz-Relation* (KUR) verbessern. Da es sich bei der KUR um die Umkehrung den Invers des ROAS handelt und Google ihn explizit in den Gebotsstrategien nennt, sollten wir uns bei der Auswertung auf den ROAS konzentrieren. Den ROAS können Sie jedoch nur nutzen, wenn Sie den Conversions im Ads-Konto Werte zugeordnet haben, andernfalls müssen Sie den CPA, den *Cost-per-Action*, optimieren. Um die Performance Ihrer einzelnen Keywords zu bewerten, sollten Sie ROAS und CPA im Blick behalten. Nach einer Analyse über einen längeren Zeitraum (mindestens drei Monate) können Sie die Top-Performer weiter fördern und sich von den Low-Performern trennen. In Ihrem Keyword-Bericht unter KEYWORDS FÜR SUCHANZEIGEN können Sie über SPALTEN • SPALTEN ANPASSEN unter ALLE SPALTEN in der Gruppe CONVERSIONS die beiden wichtigen KPIs im Zusammenhang mit Conversions hinzufügen, die Ihnen Aufschluss über die Kosten pro Conversion (CPA) und das Verhältnis zwischen den erzielten Conversion-Werten und den Werbekosten geben (siehe Abbildung 16.21).

Diese KPIs sind:

- der CPA = KOSTEN/CONV.
- der ROAS = CONV.-WERT/KOSTEN

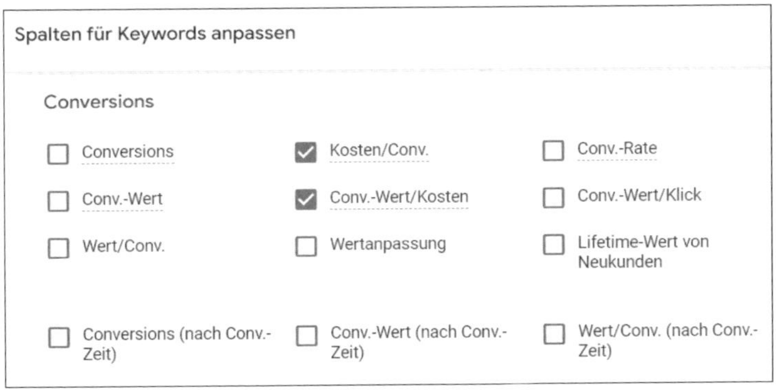

Spalten für Keywords anpassen

Conversions

☐ Conversions	☑ Kosten/Conv.	☐ Conv.-Rate
☐ Conv.-Wert	☑ Conv.-Wert/Kosten	☐ Conv.-Wert/Klick
☐ Wert/Conv.	☐ Wertanpassung	☐ Lifetime-Wert von Neukunden
☐ Conversions (nach Conv.-Zeit)	☐ Conv.-Wert (nach Conv.-Zeit)	☐ Wert/Conv. (nach Conv.-Zeit)

Abbildung 16.21 Spalten zu Kosten pro Conversion und Conversion-Wert pro Kosten hinzufügen

Mit diesen Informationen finden Sie eventuell Keywords, die zu teuer sind und für Ihre Zwecke nicht funktionieren. Bei dieser Vorgehensweise sollten Sie jedoch immer bedenken, dass aufgrund von technischen Beschränkungen nicht alle Conversions erfasst werden können und somit die Werte in den Statistiken nie den wirklichen Erfolg und die echten Kosten pro Keyword anzeigen. Nutzen Sie die Berichte daher immer, um Tendenzen besser erkennen zu können.

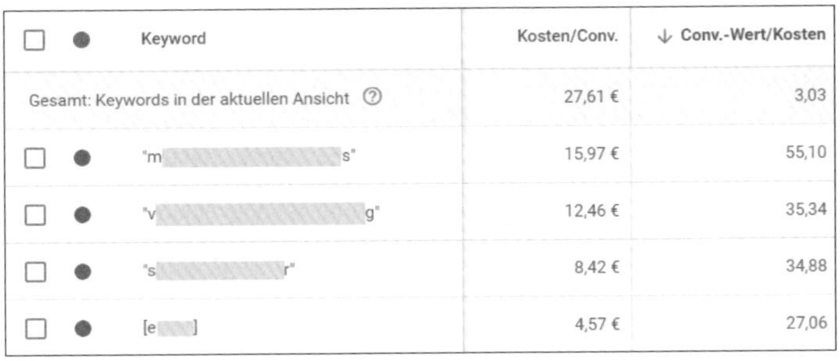

Keyword	Kosten/Conv.	↓ Conv.-Wert/Kosten
Gesamt: Keywords in der aktuellen Ansicht	27,61 €	3,03
"m s"	15,97 €	55,10
"v g"	12,46 €	35,34
"s r"	8,42 €	34,88
[e]	4,57 €	27,06

Abbildung 16.22 CPA und ROAS für Keywords

Holen Sie sich die ROAS-Spalte in Ihre Berichte

In Abbildung 16.22 ist erkennbar, dass CONV.-WERT/KOSTEN eine Kennzahl ist, die den Umsatz pro investierten Werbe-Euro anzeigt.

Google bietet jedoch bei der Gebotsstrategie »Conversion-Wert optimieren« nur die Möglichkeit, den ROAS als Prozentwert einzugeben. Um den gewünschten ROAS-Wert zu erhalten, können Sie Conv.-Wert/Kosten mit 100 multiplizieren und dann noch ein Prozentzeichen hinzufügen. Es gibt jedoch noch einen besseren Weg. Mithilfe einer benutzerdefinierten Spalte können Sie den ROAS direkt in Ihrem Bericht als Prozentzahl anzeigen lassen. Klicken Sie dazu auf Spalten • Spalten anpassen • + Benutzerdefinierte Spalte. Erstellen Sie Ihre neue benutzerdefinierte Spalte mit dem Namen »ROAS« ❶ im nächsten Schritt (siehe Abbildung 16.23). Wählen Sie als Spalte ❷ Conversion-Wert/Kosten ❸ aus und stellen Sie das Datenformat auf Prozent (%) ❹.

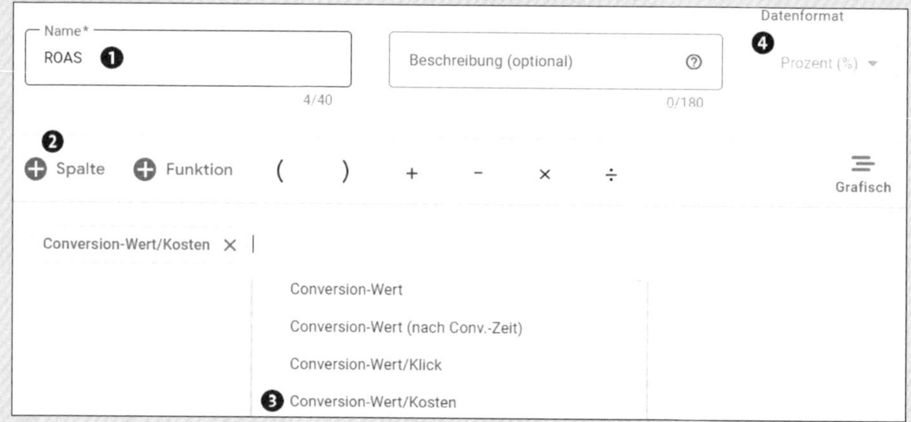

Abbildung 16.23 Anlage der benutzerdefinierten Spalte »ROAS«

Eine benutzerdefinierte Spalte funktioniert in Ihrem Bericht genau wie die von Google vordefinierten Spalten. Sie können diese Spalten nach Bedarf hinzufügen, entfernen und die Reihenfolge in Ihrem Bericht ändern. Nach Anlage einer benutzerdefinierten Spalte richtet Google unter Spalten für Kampagnen anpassen eine zusätzliche Gruppe namens Benutzerdefinierte Spalten ein, in der Sie die neue und alle zukünftigen benutzerdefinierten Spalten finden. In der folgenden Abbildung sehen Sie einen Vergleich zwischen der »alten Spalte« Conv.-Wert/Kosten und der »neuen Spalte« ROAS.

↓ Conv.-Wert/Kosten	ROAS
3,03	303,08 %
55,10	5.510,33 %

Abbildung 16.24 ROAS in Prozent ersetzt Conv.-Wert/Kosten.

Durch die Analyse der wichtigsten KPIs wie IMPR., KLICKS, CTR, DURCHSCHN. CPC, KOSTEN/CONV. oder CONV.-WERT/KOSTEN können Keywords mit guter oder schlechter Performance identifiziert werden. Es könnte sich lohnen, bei den erfolgreichen Keywords das Gebot zu erhöhen, um ihr Potenzial weiter auszuschöpfen. Bei den schlechteren Keywords ist es wichtig, genauer hinzuschauen: Versuchen Sie herauszufinden, was hinter der negativen Performance steckt. Ist möglicherweise die Position so schlecht, dass die Nutzer Ihre Anzeigen gar nicht bemerken und Ihre Klickrate deshalb so niedrig ist? Passt beispielsweise die Zielseite nicht zum Keyword, sodass Nutzer die Seite ohne Aktion verlassen?

Viele Faktoren lassen sich beheben und optimieren. Manchmal passt jedoch ein Keyword einfach nicht. Zögern Sie nicht, von Zeit zu Zeit Keywords zu deaktivieren oder zumindest Ihre Gebote drastisch zu reduzieren, wenn sie Ihnen nichts außer Kosten bringen.

Tipp: Räumen Sie regelmäßig auf

Scheuen Sie sich nicht davor, zwischendurch einmal ordentlich »auszumisten«. Wählen Sie einen Zeitraum von drei bis sechs Monaten aus und löschen Sie alle Keywords, die in diesem Zeitraum keine Impressionen erzielt haben, denn Sie können davon ausgehen, dass dies auch zukünftig nicht geschieht.

16.7 Optimierung Ihrer Kampagnenstruktur

Schon vor dem Aufsetzen Ihrer Werbekampagne im Google-Ads-Programm haben Sie sich intensiv damit beschäftigt, wie die Struktur Ihres Kontos aussehen könnte und wie Sie Ihre Kampagnen untergliedern. Je mehr Zeit und Grips Sie darauf verwendet haben, desto weniger Gedanken müssen Sie sich darüber nach dem Start Ihrer Kampagne machen. Dennoch gibt es auch auf dieser Ebene weiterhin viel zu tun, und es müssen Aufgaben erledigt werden, damit Sie die Qualität Ihrer Kampagnen halten und noch verbessern.

Das Ziel dabei bleibt stets eine thematisch sinnvolle und granulare Kampagnenstruktur. Aber erst durch die Maßnahmen, die Sie im Laufe der Zeit treffen, und durch die Daten, die Sie sammeln, stellt sich heraus, ob sich Ihre Struktur bewährt hat oder ob einzelne Themenbereiche vielleicht doch besser in einer separaten Kampagne oder Anzeigengruppe aufgehoben sind.

16.7.1 Anzeigengruppen in eine eigene Kampagne ausgliedern

Wie Sie Ihren Auswertungen entnehmen können, generieren einige Anzeigengruppen mehr Traffic als andere. Häufig kristallisieren sich einige Themenbereiche als so gefragt heraus, dass es sich lohnt, diese in eine separate Kampagne mit einem eigenen Budget auszulagern. Da Budgets nur auf Kampagnenebene zugewiesen werden können, ist dies manchmal notwendig, damit das Budget nicht nur von einer einzigen Anzeigengruppe aufgebraucht wird.

Das Budget ist nicht die einzige Einstellung, die Sie lediglich auf Kampagnenebene vornehmen können. Auch geografische Ausrichtungen, Spracheinstellungen sowie die Ausrichtungen auf Endgeräte oder Netzwerkpartner lassen sich nur für die ganze Kampagne einstellen. Daher ist es durchaus sinnvoll, aus bestimmten Anzeigengruppen eigene Kampagnen zu erstellen.

Beispiel: Anzeigengruppe auf Kampagne umstellen

Ihre Daten zeigen, dass das Budget von Kampagne I hauptsächlich durch die Anzeigengruppe C ausgeschöpft wird; Anzeigengruppe A und Anzeigengruppe B gehen meistens leer aus. Zudem finden Sie heraus, dass Anzeigengruppe A in einer bestimmten Region besonders gut funktioniert, und möchten diese Region für diesen Themenbereich priorisieren. Dazu lagern Sie Anzeigengruppe C in eine separate Kampagne (Kampagne II) aus, der Sie ein eigenes Budget und eine individuelle geografische Ausrichtung zuweisen können. Davon profitieren auch die übrigen Anzeigengruppen in Kampagne I.

16.7.2 Keywords in eigene Anzeigengruppen ausgliedern

Behalten Sie die Anzahl der Keywords in Ihren Anzeigengruppen im Blick. Eine Anzeigengruppe sollte in der Regel nicht mehr als 10 bis 15 Keywords enthalten, die thematisch zusammenpassen, damit die Anzeigentexte inhaltlich auf sie abgestimmt werden können. Insbesondere zu Beginn fügt man oft neue Keywords auf Basis von Google-Vorschlägen oder des Suchanfragenberichts hinzu, wodurch die Anzahl der Keywords schnell steigen kann. Dadurch entstehen manchmal mehrere Themenbereiche innerhalb einer Anzeigengruppe, die problemlos in separate Anzeigengruppen ausgelagert werden können.

Beispiel: Entstehung neuer Themenbereiche in einer Anzeigengruppe

Sie haben z. B. eine Anzeigengruppe für Jacken mit Keywords wie »Sommerjacken«, »Winterjacken«, »Strickjacken«, »Jeansjacken« etc. angelegt. Mit der Zeit fügen Sie weitere Keywords hinzu, die auf den tatsächlichen Suchanfragen der Google-Nutzer basieren. Durch die Auswertung dieser Suchanfragen bemerken Sie, dass der Bereich »Strickjacken« bei Ihrer Zielgruppe besonders gefragt ist. Basierend auf dieser Erkenntnis entscheiden Sie sich dazu, eine neue Anzeigengruppe speziell für Strickjacken einzurichten. Durch passende Anzeigentexte und eine individuelle Landingpage für Strickjacken können Sie die Suchenden nun gezielter ansprechen und letztlich bessere Conversions erzielen.

16.8 Optimierung Ihrer Kampagneneinstellungen

Eventuell bemerken Sie im Rahmen Ihrer Analysen, dass sich Ihre Werbung zu bestimmten Tageszeiten überhaupt nicht lohnt oder dass in manchen Bundesländern mehr Nachfrage besteht als in anderen. Nutzen Sie diese Erkenntnisse und optimieren Sie die unterschiedlichen Kampagneneinstellungen Ihres Kontos.

16.8.1 Überprüfen Sie Ihre Werbenetzwerke

Die Anzeigenschaltung im Google-Partner-Suchnetzwerk kann eine vorteilhafte Ergänzung zur Google-Suche sein. Oft sind die Klickpreise bei T-Online, Web.de & Co. günstiger, eventuell ist die Performance dort jedoch schlechter. Das hängt immer von der Branche und dem Produkt ab.

Um sich die Performance der Suchnetzwerke anzeigen zu lassen, gehen Sie wie folgt vor:

1. Wählen Sie im linken Navigationsbereich zunächst KAMPAGNEN aus.
2. Navigieren Sie im nebenstehenden Navigationsmenü zu KAMPAGNEN • KAMPAGNEN.
3. Nutzen Sie die Filter im Kopfbereich, um alle Suchkampagnen oder einzelne Kampagnen auszuwählen
4. Klicken Sie oberhalb der Statistik auf das Segment-Icon (siehe Abbildung 16.25).
5. Wählen Sie die Segmentierung NETZWERK (MIT SUCHNETZWERK-PARTNERN) aus.

So sehen Sie zu jeder Kampagne die entsprechenden KPIs und können beurteilen, wie die Kampagnen jeweils in der Google-Suche und bei den Suchnetzwerk-Partnern performen.

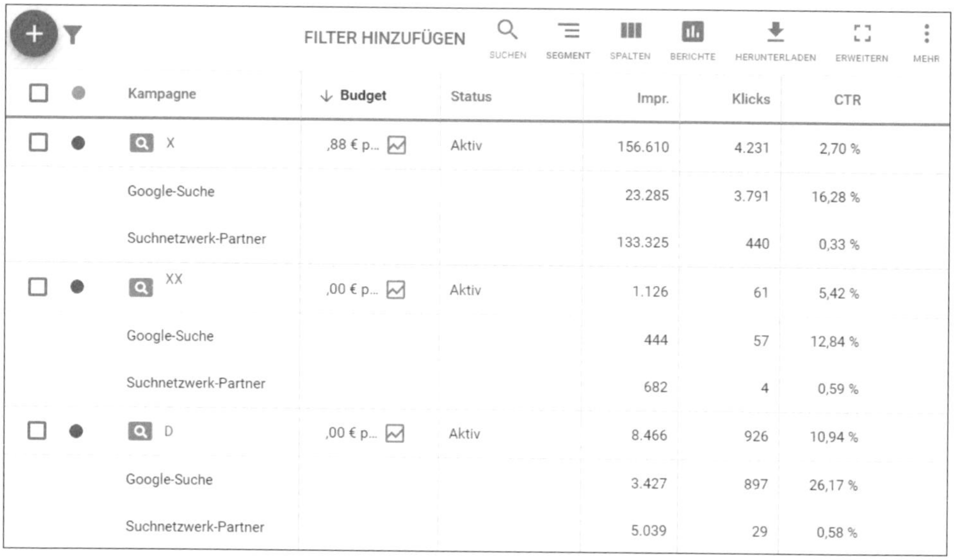

FILTER HINZUFÜGEN | SUCHEN | SEGMENT | SPALTEN | BERICHTE | HERUNTERLADEN | ERWEITERN | MEHR

Kampagne	↓ Budget	Status	Impr.	Klicks	CTR
X	,88 € p...	Aktiv	156.610	4.231	2,70 %
Google-Suche			23.285	3.791	16,28 %
Suchnetzwerk-Partner			133.325	440	0,33 %
XX	,00 € p...	Aktiv	1.126	61	5,42 %
Google-Suche			444	57	12,84 %
Suchnetzwerk-Partner			682	4	0,59 %
D	,00 € p...	Aktiv	8.466	926	10,94 %
Google-Suche			3.427	897	26,17 %
Suchnetzwerk-Partner			5.039	29	0,58 %

Abbildung 16.25 Segmentieren nach Netzwerk (mit Suchnetzwerk-Partnern)

Auffällig sind häufig die vergleichsweise schlechten Klickraten (CTR) im Partner-Suchnetzwerk, die durch eine immens hohe Anzahl an Impressionen ausgelöst werden. Dadurch entstehen Ihnen zwar auf den ersten Blick keine Kosten, jedoch trägt dies auch nicht zur Effektivität Ihrer Suchkampagne bei. Wenn zudem Klicks ohne Conversions generiert werden und Sie ein wenig Budget einsparen möchten, sollten Sie sich von diesem Partnernetzwerk trennen. Entfernen Sie dazu in Ihren Kampagneneinstellungen beim Unterpunkt WERBENETZWERKE das Häkchen vor SUCHNETZWERK-PARTNER EINBEZIEHEN, wie in Abbildung 16.26 gezeigt.

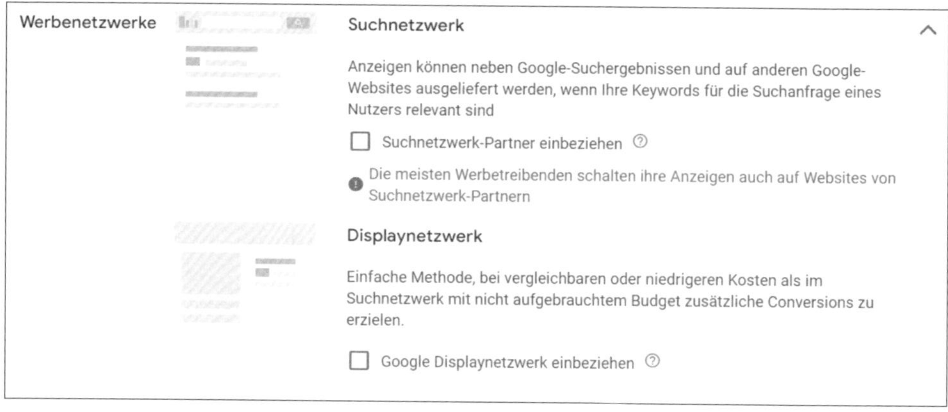

Abbildung 16.26 Deaktivierung der Werbenetzwerke

Unterschied zwischen Placements und Suchnetzwerk-Partnern

Bei *Placements*, die Sie als Targeting-Option für Ihrer Displaykampagnen nutzen können, handelt es sich um Webseiten, die unterschiedliche Inhalte bereitstellen. Auf diesen Seiten haben Sie die Möglichkeit, Ihre Google-Ads-Werbung in verschiedenen Formaten wie Textanzeigen, Bildanzeigen oder Videos zu platzieren.

Beispiele für Google-Werbepartnern sind Nachrichtenseiten wie *DER SPIEGEL*, das *Handelsblatt* oder *FOCUS Online* sowie Portale wie *T-Online*, *Frag Mutti*, *Chefkoch* und andere. Auch kleine Blogs und Foren, die über Google AdSense die Schaltung von Werbung auf ihren Seiten ermöglichen, gehören zu den Placements.

Im Gegensatz dazu sind *Suchnetzwerk-Partner* von Google Webseiten, die die Google-Suche als integralen Bestandteil auf ihren Seiten anbieten. Ein Hinweis wie zum Beispiel »Websuche mit Google« kann dabei im Suchfeld erscheinen. Wenn Sie hier einen Suchbegriff eingeben, erscheint eine Google-Suchergebnisseite, ähnlich wie bei der regulären Google-Suche.

Allerdings können die Suchergebnisseiten der Partner anders strukturiert sein. Zum Beispiel können bis zu zehn Google-Ads-Anzeigen oberhalb der organischen Suchergebnisse angezeigt werden, die auch anders gekennzeichnet sind. Ein Beispiel für eine solche Suchnetzwerk-Partnerseite ist erneut *T-Online*. Auf T-Online haben Sie die Möglichkeit, sowohl Placement-Anzeigen im redaktionellen Teil als auch Suchnetzwerk-Partner-Anzeigen bei der Suche zu schalten.

16.8.2 Passen Sie die regionale Ausrichtung an

Wenn Sie unter STATISTIKEN UND BERICHTE den Menüpunkt WANN UND WO ANZEIGEN AUSGELIEFERT WURDEN ❶ auswählen, können Sie im nächsten Schritt in der Kopfnavigation auf PASSENDE ORTE ❷ klicken. Dort wird zunächst eine Tabelle mit den Leistungsdaten und einer Unterteilung nach Ländern angezeigt. In unserem Beispiel ist das Deutschland. Wenn Sie dann auf das als Link gekennzeichnete Land klicken, können Sie eine Segmentierung der Statistiken nach Bundesländern und Landkreise bis hin zu einzelnen Städten und Postleitzahlen auswählen ❸.

In Kombination mit den passenden Berichtsspalten können Sie somit die Performance Ihrer Kampagnen ganz leicht nach regionalen Aspekten analysieren (siehe Abbildung 16.27).

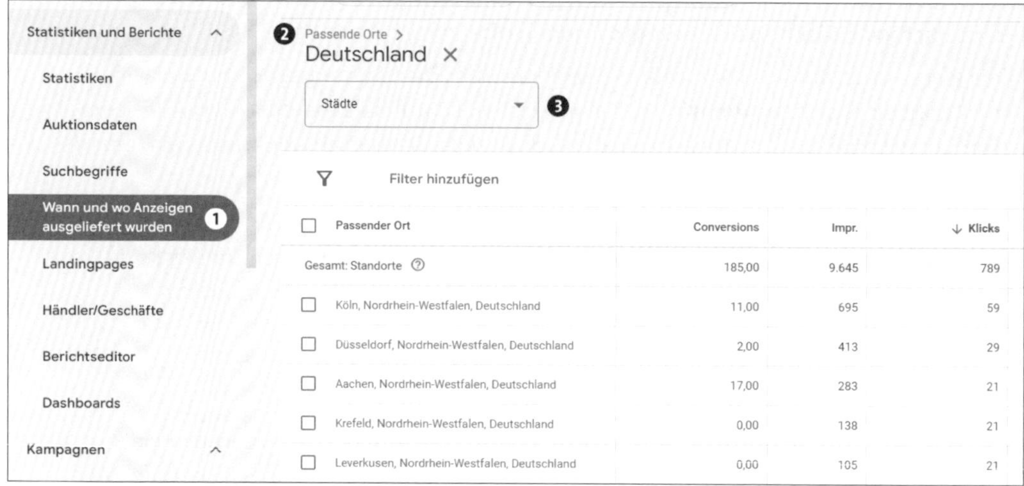

Abbildung 16.27 Segmentierung der Performance nach Städten

Die nach Standort segmentierten Daten bieten Hinweise darauf, in welchen Regionen die größte Nachfrage nach Ihrem Angebot besteht und wo sich die Werbung erkennbar an den Conversions rentiert bzw. weniger auszahlt. Möglicherweise wird durch die Statistik deutlich, dass Sie auf bestimmte Regionen verzichten könnten und das gesparte Budget besser an anderer Stelle investieren sollten. Der Bericht gibt zudem Aufschluss darüber, wo der Wettbewerbsdruck möglicherweise höher ist als in anderen Regionen und wo der Klick deshalb teurer ist. Sie können dann entweder bestimmte Regionen oder Städte in der Kampagneneinstellung unter STANDORTE ausschließen oder auch einzelne Regionen priorisieren.

Diese Priorisierung durch prozentuale Anpassung funktioniert jedoch nur bei folgenden Gebotsstrategien:

- Manueller CPC
- Klicks maximieren

Um die prozentuale Priorisierung vorzunehmen, navigieren Sie in Ihrem Ads-Konto zu KAMPAGNEN • KAMPAGNEN • ZIELGRUPPEN, KEYWORDS UND INHALTE und wählen den Unterpunkt STANDORTE ❶ aus. Dort können Sie die Gebote, wie in Abbildung 16.28 dargestellt, in der Spalte GEBOTSANP. ❷ durch eine Prozentangabe ❸ erhöhen ❹ oder gegebenenfalls verringern. Falls Sie bestimmte Bundesländer oder Städte etc. nicht beim Anlegen der Kampagne individuell hinzugefügt haben, müssen Sie diese vorher noch durch einen Klick auf den großen Bearbeitungsstift ❺ hinzufügen.

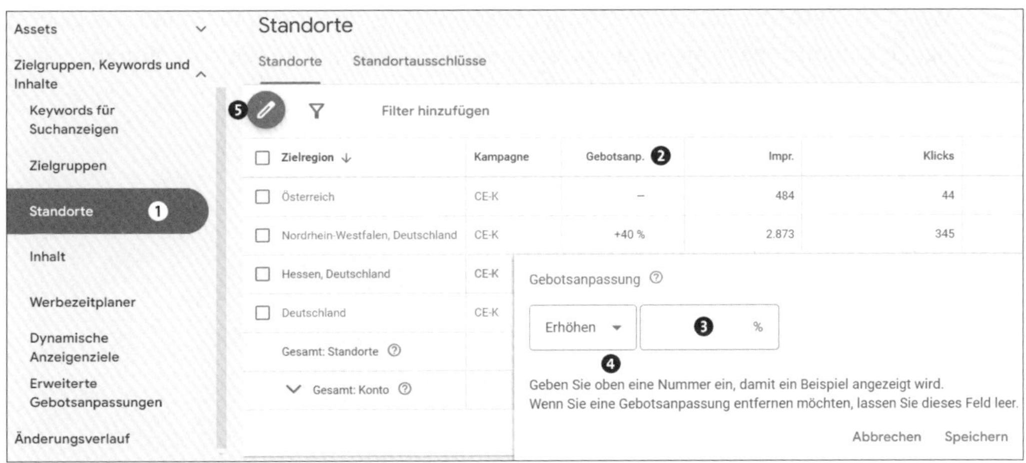

Abbildung 16.28 Gebote für ausgewählte Orte bzw. Regionen anpassen

16.8.3 Grenzen Sie Ihre Ausspielung zeitlich ein

Unter dem Menüpunkt WANN UND WO ANZEIGEN AUSGELIEFERT WURDEN, der Ihnen schon Hinweise auf die Standorte geliefert hat, finden Sie auch eine zeitliche Auswertung der Kampagnen unter dem Tab WANN ANZEIGEN AUSGELIEFERT WURDEN. Das *Wann* kann im Kopf der Tabelle auf der rechten Seite nach folgenden Kriterien näher bestimmt werden:

- TAG UND UHRZEIT
- TAG
- STUNDE

Sie können die Leistung aller oder einzelner Kampagnen (abhängig von Ihrer vorherigen Auswahl) zu den unterschiedlichen Tageszeiten und/oder Wochentagen (siehe Abbildung 16.29) einsehen. Auf diese Weise erhalten Sie zum Beispiel einen Einblick darin, an welchen Tagen Ihre Kunden nach Ihren Produkten oder Dienstleistungen gesucht, sie gekauft oder bestellt haben. Möglicherweise gibt es Zeiten oder Tage, an denen kaum oder sehr geringe Nachfrage besteht und die Sie eventuell aussparen könnten. Unter Umständen fällt Ihnen dadurch auf, dass Ihr Budget bereits in den frühen Abendstunden verbraucht ist.

Nachdem Sie Einblicke in die zeitliche Auslieferung Ihrer Anzeigen erhalten haben, ist es wichtig, Ihre Einstellungen entsprechend anzupassen. Wie in Abbildung 16.30 ersichtlich, können Sie im Navigationspunkt ZIELGRUPPEN, KEYWORDS UND INHALTE •

WERBEZEITPLANER analog zur Vorgehensweise, die Sie bereits für Standorte gelernt haben, Gebotsanpassungen für unterschiedliche Tage und Zeiten vornehmen.

Wann und wo Anzeigen ausgeliefert wurden

Wann Anzeigen ausgeliefert wurden | Wo Anzeigen ausgeliefert wurden | Geräte

Filter hinzufügen

Tag	↓ Alle Conv.	Klicks	Impr.
Mittwoch	79,00	262	2.162
Dienstag	67,98	231	2.227
Montag	64,50	223	2.022
Donnerstag	50,33	251	2.121
Freitag	25,00	194	1.743
Samstag	15,00	42	481
Sonntag	4,00	37	470
Gesamt: Tage	305,81	1.240	11.226

Abbildung 16.29 Auswertung der Wochentage

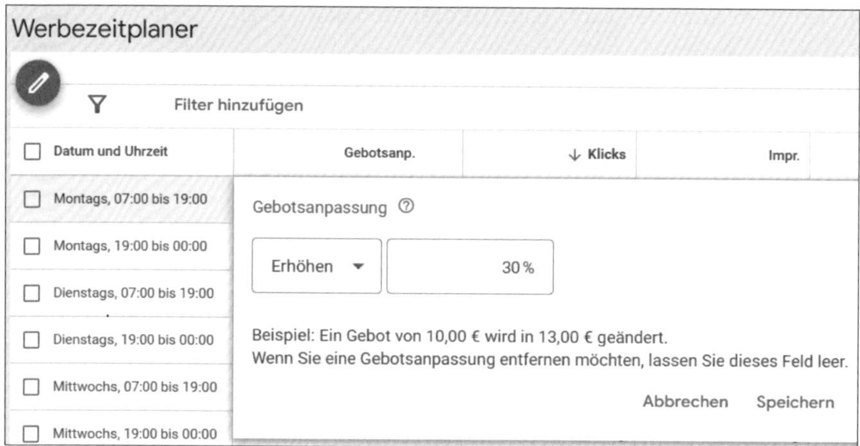

Abbildung 16.30 Gebotsanpassung einzelner Zeitintervalle

Sie können auch hier in der Spalte GEBOTSANP. prozentuale Veränderungen für einzelne Intervalle durch ERHÖHEN oder SENKEN vornehmen. Dies ermöglicht Ihnen, Ihre Gebote entsprechend der Leistung Ihrer Anzeigen zu optimieren und sicherzustellen, dass Ihr Budget effektiv eingesetzt wird.

Tipp: Budget automatisch erhöhen

Haben Sie beispielsweise festgestellt, dass die Nachfrage sonntags besonders hoch ist und Sie zu dieser Zeit einen hohen Umsatz erzielen, können Sie eine automatisierte Regel erstellen, um Ihr Budget entsprechend anzupassen. Sie können dazu eine automatisierte Regel nutzen:

1. Markieren Sie die gewünschte(n) Kampagne(n) per Checkbox.
2. Klicken Sie dann auf BEARBEITEN in dem blauen Balken oberhalb der Tabelle.
3. Wählen Sie in der Auswahl den Unterpunkt AUTOMATISIERTE REGEL ERSTELLEN.
4. Bestimmen Sie BUDGETS ÄNDERN als AKTION.
5. Legen Sie eine Regel fest, die das Budget wie in Abbildung 16.31 jede Woche sonntags zwischen 1:00 und 2:00 Uhr um einen bestimmten Betrag oder Prozentsatz erhöht.

Abbildung 16.31 Automatisierte Regel zur Budgeterhöhung am Sonntag

6. Vergessen Sie nicht, eine zweite Regel aufzusetzen, die das Budget am Montagmorgen wieder verringert, um sicherzustellen, dass es auf das reguläre Niveau zurückgesetzt wird.

16.8.4 Aussteuerung der Geräte

Um die Leistung Ihrer Kampagnen auf verschiedenen Geräten zu analysieren, können Sie Ihre Kampagnen in der Kampagnenstatistik über das Segment-Icon nach Geräten segmentieren. Sie werden feststellen, dass Klickraten, Klickpreise und Conversions je nach Endgerät oft variieren. Dies ist zudem abhängig vom beworbenen Thema und der Zielgruppe. Eine entsprechende Statistik erhalten Sie auch unter STATISTIKEN UND BERICHTE • WANN UND WO ANZEIGEN AUSGELIEFERT WURDEN im entsprechenden Tab GERÄTE. Wie bei den Standorten und den Werbezeiten können Sie die Einstellungen für Computer, Smartphones und Tablets über Gebotsanpassungen bearbeiten. Bewerten Sie also die Leistung, die Ihre Anzeigen auf den unterschiedlichen Geräten erzielen, und ziehen Sie Ihre Konsequenzen daraus.

Ist die Leistung auf mobilen Endgeräten schlecht oder nur mittelmäßig, könnten Sie darüber nachdenken, ob Sie geringere Gebote für Werbung auf Mobiltelefonen abgeben möchten und das Werbebudget durch höhere Gebote für die einzelnen Keywords und somit eine bessere und häufiger Auslieferung der Anzeigen auf die anderen Endgeräte umverteilen möchten. Dies ermöglicht Ihnen, Ihre Ressourcen effektiv zu nutzen und Ihre Kampagnen auf diejenigen Geräte zu konzentrieren, die die besten Ergebnisse erzielen.

Die prozentualen Anpassungen für die Endgeräte nehmen Sie im Gegensatz zu den Anpassungen für Standorte und Werbezeiten direkt in der Statistik unter WANN UND WO ANZEIGEN AUSGELIEFERT WURDEN im Tab GERÄTE vor. Möchten Sie für bestimmte Arten von Endgeräten weniger bieten, verringern Sie das Gebot durch Klick in die Spalte GEBOTSANP. (siehe Abbildung 16.32).

Wann Anzeigen ausgeliefert wurden | Wo Anzeigen ausgeliefert wurden | Geräte | Passende Orte

Ebene: Kampagne | Filter hinzufügen

Gerät	Ebene	Hinzugefügt zu	Gebotsanp.
Tablets	Kampagne	CE-K	–
Smartphones	Kampagne	CE-K	– Bearbeiten
Computer	Kampagne	CE-K	–
Gesamt: Kampagne			

Abbildung 16.32 Gebotsanpassungen für Geräte

Möchten Sie andererseits für bestimmte Endgeräte stärker präsent sein, dann erhöhen Sie das Gebot prozentual. Sie können auch Endgeräte komplett ausschließen, indem Sie die Gebotsanpassung um 100 % senken. Bitte denken Sie daran, dass der Ausschluss von Endgeräten über die Gebotsanpassung von –100 % immer funktioniert. Die prozentualen Anpassungen sind auch bei den Endgeräten nur für die Gebotsstrategien MANUELLER CPC und KLICKS MAXIMIEREN möglich.

16.9 Optimierung Ihrer Anzeigen

Ihre Anzeigen sind der erste Kontakt, den Sie mit Ihren potenziellen Kunden haben. Ihnen bleiben nur wenige Augenblicke, um den User davon zu überzeugen, sich für Ihre Anzeige zu entscheiden. Daher müssen Ihre Anzeigen einiges leisten, denn ihr Erfolg ist die Voraussetzung dafür, dass der User weiter auf Ihre Website klickt und dort im besten Fall eine Conversion auslöst.

Ein Blick auf Ihre Klickrate verrät Ihnen, ob Ihre Anzeigentexte funktionieren oder ob die erste Kontaktaufnahme fehlgeschlagen ist. Selbst wenn die Klickraten gut sind, bieten die Anzeigentexte ein großes Optimierungspotenzial. Es gibt einige Möglichkeiten, um Tests durchzuführen und aus den dadurch gewonnenen Erkenntnissen Konsequenzen zu ziehen

16.9.1 Fügen Sie neue Titel und Textzeilen hinzu

Google bevorzugt in Suchkampagnen die *responsiven Suchanzeigen*. Für diese Anzeigenart müssen Werbetreibende zunächst verschiedene Elemente wie Anzeigentitel und Textzeilen bereitstellen. Google wählt dann automatisch die beste Kombination zur Auslieferung basierend auf den Suchanfragen aus.

Ein erster Schritt zur Optimierung besteht in der Analyse der ausgelieferten Textanzeigen. Gehen Sie dazu zu Ihren Textanzeigen, filtern Sie Ihre Kampagnen nach »Suchkampagnen« und rufen Sie die Anzeigen über die Navigation KAMPAGNEN • ANZEIGEN auf. In der Spalte ANZEIGE können Sie unterhalb der allgemeinen Anzeigenvorschau auf den Link ASSETDETAILS AUFRUFEN (siehe Abbildung 16.34) klicken, um Statistiken zu den Impressionen einzelner Assets, also Ihrer Anzeigenelemente, zu erhalten. Wechseln Sie nun in der Kopfnavigation zu KOMBINATIONEN (siehe Abbildung 16.33). Dort finden Sie eine Übersicht der ausgelieferten Anzeigentexte in verschiedenen Zusammensetzungen. Obwohl Sie nur die Anzahl der Auslieferungen und den prozentualen Anteil der einzelnen Anzeigen sehen, können Sie mithilfe der dargestellten Beispiele grob abschätzen, ob Google die besten Argumente für Ihre Werbung nutzt und ob das Zusammenspiel von verschiedenen Anzeigentiteln und Textzeilen ansprechend für Ihre Zielgruppe ist.

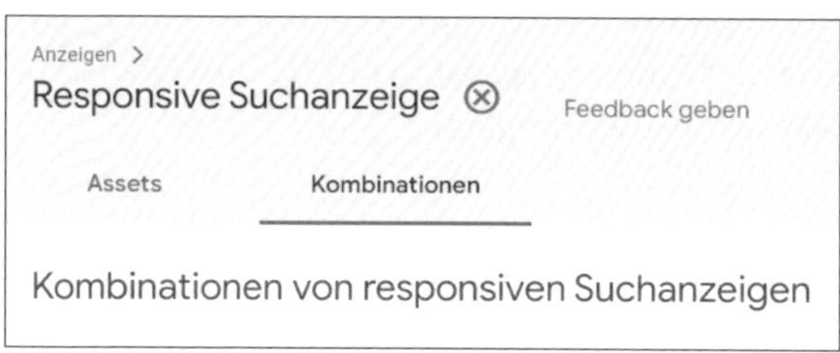

Abbildung 16.33 Unter »Kombinationen« finden Sie verschiedene Beispiele zu den ausgelieferten Textanzeigen.

Basierend auf der Auswertung der geschalteten Anzeigentexte können Sie im nächsten Schritt Ihre responsiven Textanzeigen durch neue oder verbesserte Anzeigentitel und Textzeilen optimieren. Klicken Sie dazu auf den Link ANZEIGEN im oberen Bereich, um zur Vorschau Ihrer Anzeigen zurückzukehren. Bewegen Sie dann die Maus in den rechten Bereich neben den Anzeigentext und klicken Sie auf den Bearbeitungsstift, der dann erscheint. Nach dem Klick auf den Stift können Sie die verschiedenen Elemente Ihrer Anzeige anpassen.

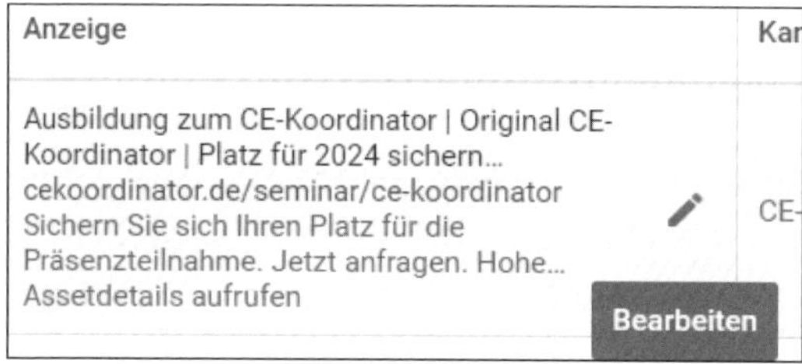

Abbildung 16.34 Bestehende Anzeigen können über den Bearbeitungsstift verändert werden.

Hier sind einige Vorschläge, die Ihnen Ideen zur Optimierung Ihrer Anzeigen liefern:

- Verwenden Sie aussagekräftige und relevante Keywords in den Überschriften, um die Aufmerksamkeit der Nutzer zu gewinnen und die Relevanz Ihrer Anzeigen zu steigern.
- Nutzen Sie wichtige Argumente für die Titelzeilen, die den Nerv Ihrer potenziellen Kunden treffen und ihre Bedürfnisse ansprechen.

- Schreiben Sie überzeugende Beschreibungstexte, die den Nutzern klar den Wert Ihres Angebots vermitteln und sie zum Handeln motivieren.
- Fügen Sie relevante Informationen und eine klare Handlungsaufforderung (Call-to-Action) in den Anzeigentext ein, um die Nutzer zum Klicken zu ermutigen und die Conversion-Rate zu steigern.
- Passen Sie die Sprache und den Tonfall Ihrer Anzeigen an Ihre Zielgruppe an. Verwenden Sie eine Sprache, die den Nutzern vertraut ist und ihre Bedürfnisse und Interessen anspricht.

16.9.2 Testen Sie verschiedene Vorteile und Verkaufsargumente

Welche Faktoren beeinflussen die Entscheidung eines Nutzers für eine bestimmte Anzeige? Wie können Sie ihn von Ihrem Angebot überzeugen? Sind es die Rabatte, mit denen Sie ihn locken, oder die schnellen Lieferzeiten oder doch der kostenlose Versand? Welche besonderen Vorteile besitzen Ihre Produkte? Worin unterscheiden sich Ihre Dienstleistungen von den Angeboten der Mitbewerber? Dies sind nur einige Beispiele für Fragen, die Ihnen bei der Optimierung Ihrer Anzeigentexte helfen können. Es ist äußerst nützlich zu verstehen, auf welche Anreize der Nutzer reagiert.

Mehrere Anzeigenvarianten

Sie haben die Möglichkeit, basierend auf unseren Empfehlungen und Ihren eigenen Ideen die Texte Ihrer aktuellen Anzeigen anzupassen. Falls Sie überzeugt sind, dass Sie bestehende Titel und Texte durch stärkere Argumente und Textbausteine verbessern können, dann tun Sie dies gerne. Alternativ können Sie jedoch auch eine oder sogar mehrere neue Anzeigen mit Ihren neuen Ideen erstellen, sie einer Anzeigengruppe hinzufügen und danach testen, welche Anzeige am Ende die besten Ergebnisse liefert. Wenn Sie mehrere Anzeigen in einer Anzeigengruppe testen möchten, empfehlen wir Ihnen, die Anzeigenrotation in den Kampagneneinstellungen auf NICHT OPTIMIEREN einzustellen. Dies hat den Vorteil, dass die Anzeigen gleichmäßig ausgespielt werden, was einen einfacheren und schnelleren Test der verschiedenen Anzeigenvarianten ermöglicht.

Um diese Einstellung vorzunehmen, wählen Sie einfach die gewünschte Kampagne aus, klicken auf KAMPAGNENEINSTELLUNGEN oben rechts, dann auf den Link WEITERE EINSTELLUNGEN unten in den Einstellungen und wählen schließlich ANZEIGENROTATION aus. Aktivieren Sie dort die Option NICHT OPTIMIEREN: UNBEGRENZTE ANZEIGENROTATION und speichern Sie die Einstellungen ab.

Auswertung

Um unterschiedliche Argumente oder Ansprachen Ihrer Zielgruppen zu analysieren und zu vergleichen, können Ihnen die *Labels* in Ihrem Ads-Konto helfen. Erstellen Sie passende Labels für einzelne Verkaufsargumente oder Formulierungen. Sie haben die Möglichkeit, Labels für Kampagnen, Anzeigengruppen, Anzeigen oder Keywords zu vergeben. Wenn Sie bestimmte Anzeigen mit Labels versehen möchten, setzen Sie einfach ein Häkchen in die Checkbox vor der gewünschten Anzeige und wählen über die dann erscheinende blaue Navigationsleiste unter LABEL ein vorhandenes Label aus oder erstellen ein neues Label (siehe Abbildung 16.35). Auf diese Weise könnten Sie beispielsweise alle Anzeigen kennzeichnen, die ein bestimmtes Qualitätsversprechen enthalten. Mithilfe der Labels können Sie später die Anzeigen filtern und mit Anzeigen vergleichen, die andere Vorteile enthalten.

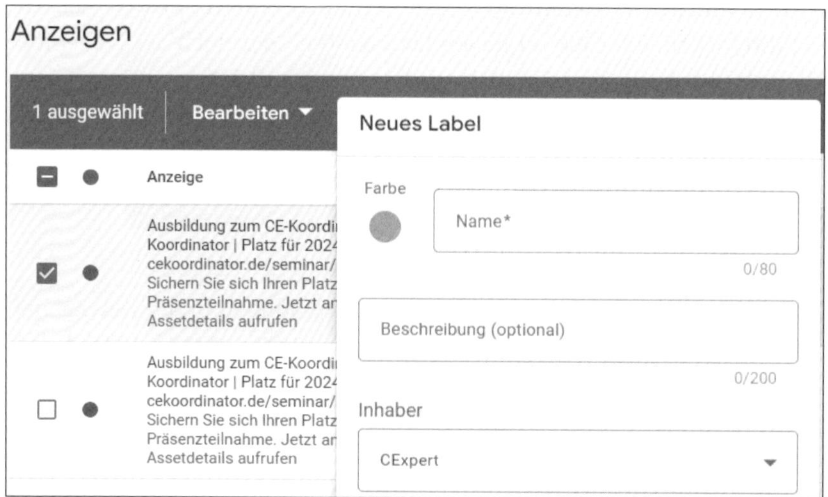

Abbildung 16.35 Vergabe eines Labels

Nach einer bestimmten Laufzeit, idealerweise mindestens ein bis zwei Monate, sollten Sie Ihre gelabelten Anzeigen auswerten, indem Sie die Statistiken der vergebenen Labels vergleichen. Die Statistiken zu den gelabelten Anzeigen mit dem Namen LABELLEISTUNG finden unter STATISTIKEN UND BERICHTE • BERICHTSEDITOR (siehe Abbildung 16.36).

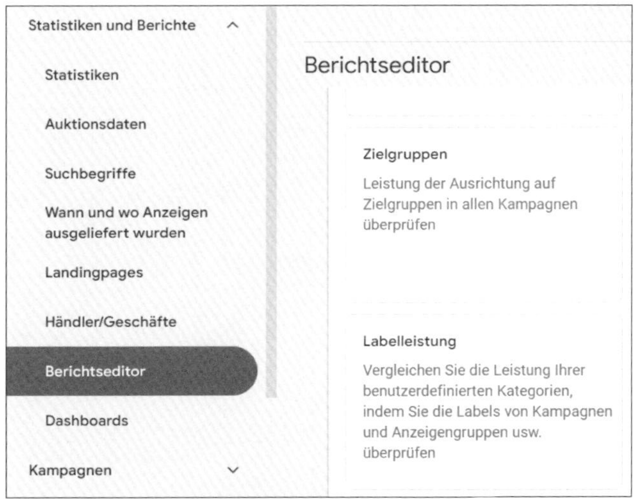

Abbildung 16.36 Berichte zur Auswertung der »Labelleistung« im Berichtseditor

Wichtiger Hinweis zur Nutzung des Berichts »Labelleistung«

Löschen Sie die voreingestellte Zeile LABEL (KAMPAGNE) und ersetzen Sie diese durch LABEL (ANZEIGE) (siehe Abbildung 16.37), um Ihre gelabelten Anzeigen zu analysieren.

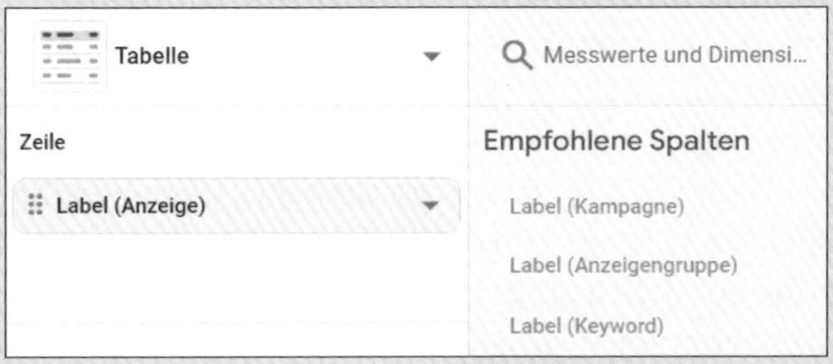

Abbildung 16.37 Achten Sie auf die Auswertungszeile Ihres Berichts.

Um Ihre markierten Anzeigen direkt in Ihrer Standard-Anzeigenauswertung im Google-Ads-Konto zu analysieren, können Sie einen Filter verwenden. Klicken Sie dazu auf FILTER HINZUFÜGEN, suchen Sie nach »Label«, klicken Sie auf LABEL und ordnen Sie das oder die gewünschten Labels zu. Anschließend können Sie wichtige KPIs (Key Performance Indicators) für die Anzeigen direkt im Bericht vergleichen.

Durch die Auswertung erfahren Sie, welche Art von Argumenten oder welche Art der Zielgruppenansprache die meiste Überzeugungskraft hat, indem Sie die KPIs, wie Klickrate, Klickpreis oder Conversions, miteinander vergleichen. Bringen Sie die Verkaufsargumente, CTAs und Ansprachen, die nachweislich gut funktionieren, auch in anderen Anzeigen unter und verzichten Sie auf die Textbausteine, die keinen Anklang finden.

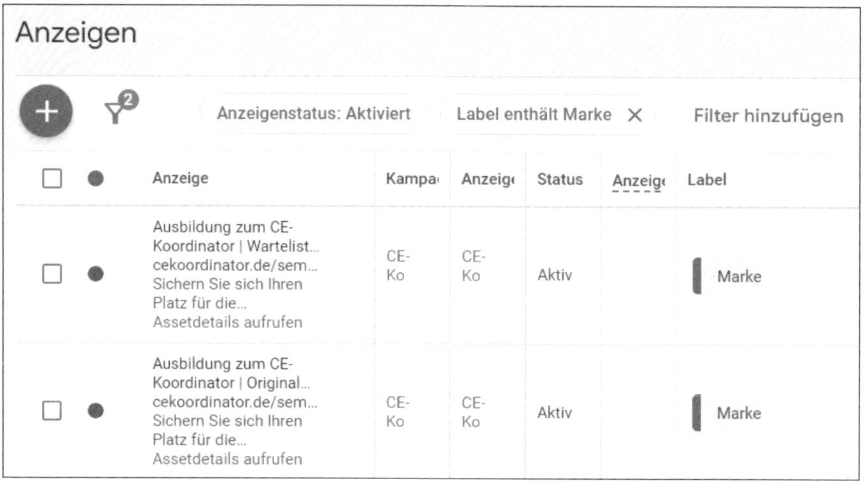

Abbildung 16.38 Anzeigenbericht mit Filter vom Typ »Label«

16.10 Optimierung der Anzeigen mit Platzhaltern

Erfahrungsgemäß werden Anzeigen mit einem unmittelbaren Bezug zu den gesuchten Inhalten, Produkten und Dienstleistungen besser geklickt als solche, die nur generische Aussagen beinhalten. Darüber hinaus werden alle übereinstimmenden Wörter der Suchanfrage im Anzeigentext automatisch fett markiert. Das bietet Ihnen die Möglichkeit, durch den geschickten Einsatz von dynamischen Keywords von dieser automatischen Hervorhebung zusätzlich zu profitieren. Selbst wenn Sie mit einem sehr granularen Set an Anzeigengruppen arbeiten, in denen jeweils nur wenige Keywords enthalten sind, ist es nahezu unmöglich, für jeden Suchbegriff eine optimal passende Anzeige zu verfassen. Hier kommt der Keyword-Platzhalter (engl. *Dynamic Keyword Insertion*, DKI) ins Spiel. Mithilfe dieser praktischen Google-Ads-Funktion können Sie Ihre Anzeigentexte individuell auf jedes gebuchte Keyword abstimmen.

Jedoch birgt die Verwendung von automatischen Funktionen wie Keyword-Platzhaltern und anderen dynamischen Anzeigenelementen nicht nur Vorteile. Daher möchten wir Ihnen im Rahmen einer kurzen Funktionsbeschreibung anhand von Tipps und praktischen Beispielen aufzeigen, worauf Sie beim Einsatz dieser Features achten sollten.

16.10.1 Dynamische Elemente für Textanzeigen

Wir starten die Vorstellung der *dynamischen Elemente* mit dem wichtigsten und am häufigsten genutzten Platzhalter, dem Keyword-Platzhalter. Neben dem Keyword-Platzhalter gibt es noch weitere dynamische Elemente, die Sie für Ihre Textanzeigen verwenden können. Auch diese werden wir Ihnen im späteren Verlauf vorstellen.

In Abbildung 16.39 sehen Sie ein Beispiel, wie Sie in der Praxis mit Keyword-Platzhaltern in Anzeigentexten arbeiten. Die Klammer mit dem Hinweis *Keyword* stellt den Platzhalter dar, der mit dem gebuchten Keyword gefüllt wird, das die Anzeige ausgelöst hat. Der Standardtext wird nur in bestimmten Ausnahmefällen genutzt.

Es ist jedoch wichtig zu beachten, dass grundsätzlich jedes gebuchte Keyword aus Ihrer Anzeigengruppe im Anzeigentext der entsprechenden Anzeige erscheinen kann. Daher sollten Sie beim Einsatz von DKI besonders darauf achten, wie sinnvoll die dynamischen Ersetzungen für jedes einzelne Keyword ausfallen können.

Beispiel zur Verwendung von DKI

Angenommen, der Textbaustein aus Abbildung 16.39 ist mit den Begriffen *rote laufschuhe* und *blaue laufschuhe* in einer Anzeigengruppen verknüpft und *rote laufschuhe* ist das auslösende Keyword, dann wird in der Anzeige folgende Zeile angezeigt:

Rote laufschuhe kaufen

Wie DKI über die sogenannten Keyword-Klammern definiert wird und warum *laufschuhe* in unserem kleinen Beispiel in Kleinschreibweise erscheint, erfahren Sie im Folgenden im Detail.

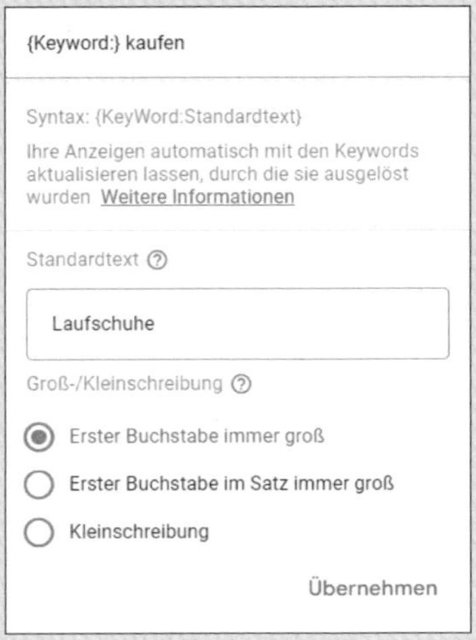

Abbildung 16.39 Keyword-Platzhalter im Anzeigentext

16.10.2 Dynamische Elemente einfügen

Sobald Sie in Ihrer responsiven Textanzeige in einem der folgenden Anzeigenfelder (ANGEZEIGTER PFAD, ANZEIGENTITEL, TEXTZEILE) eine öffnende geschweifte Klammer { einfügen, öffnet sich ein Drop-down-Menü (siehe Abbildung 16.40). Dort können Sie derzeit zwischen drei Varianten von dynamischen Platzhaltern wählen:

- KEYWORD-PLATZHALTER
- COUNTDOWN
- STANDORTPLATZHALTER

Nach Auswahl des gewünschten dynamischen Elements können Sie es entsprechend konfigurieren.

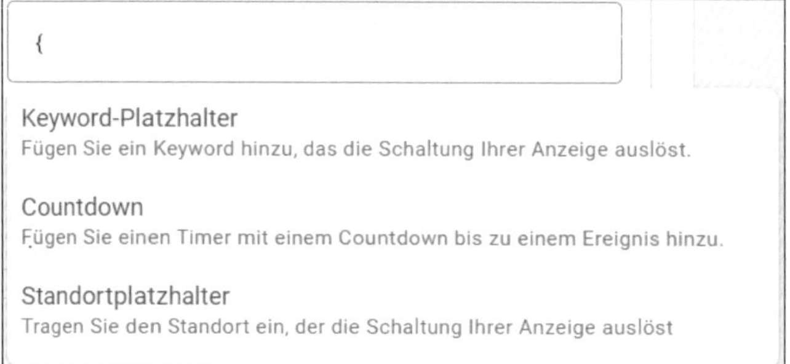

Abbildung 16.40 Optionen für den dynamischen Platzhalter

Keyword-Platzhalter

Sobald Sie die geschweifte Klammer { eingegeben und aus der Drop-down-Liste KEYWORD-PLATZHALTER ausgewählt haben, müssen Sie einen Standardtext eingeben. Dies verwirrt viele Google Ads Manager, die zum ersten Mal mit DKI arbeiten, da der Platzhalter laut Google mit den auslösenden Keywords gefüllt wird. Der Ersatztext wird jedoch als zusätzliche Absicherung hinterlegt und wird nur dann in der Anzeige erscheinen, wenn ein Keyword nicht dynamisch eingefügt werden kann. Meist ist das der Fall, wenn die Länge dieses Keywords die erlaubte Zeichenlänge für das jeweilige Feld überschreiten würde. Nach Eingabe des Ersatztexts wählen Sie über die folgenden Optionsfelder aus, wie sich das Keyword in puncto Groß-/Kleinschreibung verhalten soll. Diese Entscheidung ist relevant, da es sonst zu unschönen oder falschen Darstellungen in der Anzeige kommen kann (siehe auch unser Eingangsbeispiel: »Rote laufschuhe kaufen«). In Abschnitt 16.10.3, »Groß- und Kleinschreibung von Keyword-Platzhaltern«, gehen wir ausführlich auf die unterschiedlichen Einstellungsmöglichkeiten und die Darstellung im Anzeigentext ein.

Nachdem Sie über dieses Auswahlmenü Ihren Keyword-Platzhalter definiert und auf ÜBERNEHMEN geklickt haben, erstellt Google automatisch die entsprechende Syntax, die früher manuell eingegeben werden musste (siehe Listing 16.1).

```
{Keyword:Ersatztext}
```

Listing 16.1 Beispiel für Keyword-Platzhalter in Textanzeigen

Beachten Sie die Zeichenlänge

Berücksichtigen Sie unbedingt die möglichen Textlängen, wenn Sie dynamische Keyword-Einfügungen (DKI) verwenden. Ihr Einsatz ist beispielsweise nicht sinnvoll, wenn Sie ausschließlich lange Mehrwort-Schlüsselwörter verwenden, da ohnehin nur begrenzter Platz für den Ersatztext in den Anzeigentextfeldern zur Verfügung steht. Insbesondere bei den beiden Anzeigentiteln führt das 30-Zeichen-Limit schnell dazu, dass bei Verwendung eines Keyword-Platzhalters wenig Raum für zusätzliche feste Textelemente bleibt. Gleiches gilt für die beiden möglichen Felder für angezeigte Pfade, die auf 15 Zeichen begrenzt sind und somit keine langen Schlüsselwörter dynamisch aufnehmen können.

Countdown

Die Countdown-Funktion können Sie nutzen, um eine Verknappung in Ihre Anzeigen einzubauen. Im Marketing wird gerne mit einer Restlaufzeit gearbeitet, da dies das Motiv der Verknappung aufgreift, ähnlich wie Angaben zu Restbeständen von Produkten oder noch verfügbaren Seminarplätzen. Dies erregt Aufmerksamkeit und trägt zur Optimierung Ihrer Google-Ads-Anzeige bei. Über den COUNTDOWN können Sie angeben, wie lange ein bestimmter Aktionspreis oder ein Rabatt noch verfügbar ist. Sie können aber auch auf ein bevorstehendes Ereignis hinweisen, um eine gewisse Spannung aufrechtzuerhalten. Im Feld COUNTDOWN ENDET legen Sie fest, an welchem Datum und zu welcher Uhrzeit der Countdown enden soll. Sie können das Enddatum auf den Tagesbeginn oder das Tagesende setzen oder als dritte Option die genaue Uhrzeit festlegen (siehe Abbildung 16.41).

Bei COUNTDOWN BEGINNT geben Sie an, wie viele Tage vor dem festgelegten Enddatum der Countdown in der Anzeige erscheinen soll. Standardmäßig sind hier fünf Tage eingestellt, die Sie natürlich anpassen können. Bei internationalen Kampagnen sollten Sie möglicherweise bei ZEITZONE die Option ZEITZONE DES BETRACHTERS DER ANZEIGE aktivieren.

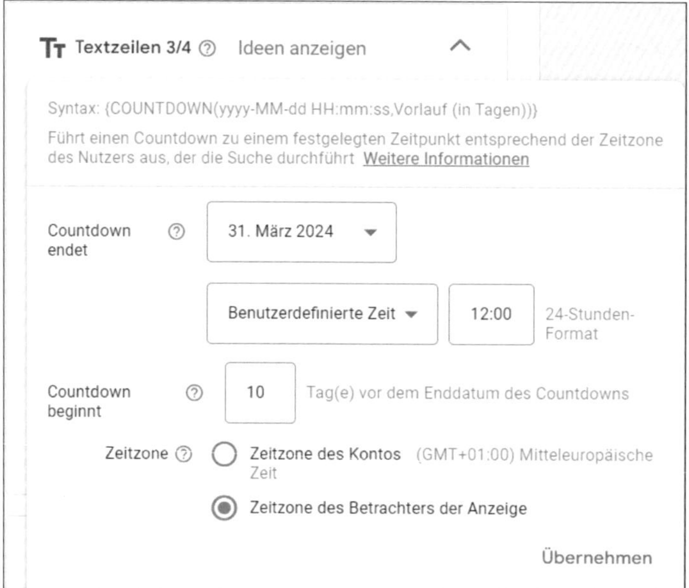

Abbildung 16.41 Countdown-Einstellungen für DKI

Bei Ausspielung der Anzeige wird die Anzahl der Resttage basierend auf dem festgelegten Termin angezeigt. Am letzten Tag wird der Countdown sogar auf Stunden und Minuten heruntergezählt, bis das Ende erreicht ist. Vor und nach dem Countdown-Code (siehe Listing 16.2) sollten Sie passende Textpassagen hinzufügen. So könnten Sie zum Beispiel den Countdown in folgenden Text einbetten:

»Jetzt anmelden – Early Bird nur noch« … »verfügbar.«

Sobald der Countdown-Termin erreicht ist, steht der Countdown für die Anzeige nicht mehr zur Verfügung.

```
{COUNTDOWN(2024-03-31 12:00:00,10)}
```

Listing 16.2 Beispiel für einen Countdown in Textanzeigen

Standortplatzhalter

Der Standortplatzhalter ermöglicht Ihnen, Anzeigen basierend auf dem Standort des Nutzers dynamisch anzupassen. Dadurch können Anzeigen relevanter und ansprechender gestaltet werden, da für den Suchenden passende Informationen wie der Name des Orts, des Bundeslandes oder auch Ländernamen in der Anzeige enthalten sind.

Wählen Sie STANDORTPLATZHALTER ebenfalls nach Eingabe der geschweiften Klammer { aus der Drop-down-Liste aus. Dieser Platzhalter kann im angezeigten Pfad, im Anzeigentitel und für die Textzeilen genutzt werden.

Nachdem Sie den Standortplatzhalter ausgewählt haben, können Sie über die folgenden Optionsfelder bestimmen, ob Sie Informationen zur Stadt, dem Bundesland oder dem Land des jeweiligen Betrachters dynamisch in Ihre Anzeige einfügen möchten. Ähnlich wie beim Ersatztext für den Keyword-Platzhalter müssen Sie auch für den Standortplatzhalter einen Ersatztext angeben, der verwendet wird, wenn das System den aktuellen Standort des Betrachters nicht ermitteln kann. In unserem Beispiel (siehe Abbildung 16.42) ist dieser Ersatztext die Stadt Köln.

Abbildung 16.42 Einstellungen für einen Standortplatzhalter mit Standort »Köln«

Die Ausgabe in der Anzeige erfolgt dann basierend auf unserem Beispiel wie in Listing 16.3 gezeigt. Dieser Platzhalter muss wiederum geschickt in einen Text eingebunden werden. Wie bei allen Platzhaltern können auch hier wieder zusätzliche Textbausteine davor und danach hinzugefügt werden.

```
{LOCATION(City):Köln}
```

Listing 16.3 Beispiel für einen Standortplatzhalter in Textanzeigen

16.10.3 Groß- und Kleinschreibung von Keyword-Platzhaltern

Das Feintuning beim Keyword-Platzhalter ist etwas anspruchsvoller, daher folgt hier eine ausführliche Beschreibung zur Bedeutung der verschiedenen Möglichkeiten der Groß- und Kleinschreibweise des `Keyword`-Begriffs. Die Schreibweise des Keyword-

Platzhalters bestimmt direkt die Darstellung im Anzeigentext. Es gibt verschiedene Möglichkeiten der Groß- und Kleinschreibung, die unterschiedliche Auswirkungen haben. Diese werden in Tabelle 16.1 detailliert erläutert. Wir gehen bei unserem Beispiel davon aus, dass ein Teeliebhaber bei Google nach grünem Tee sucht und das hinterlegte Keyword *grüner tee* eine Anzeigenschaltung auslöst.

Keyword-Platzhalter-Code	Groß-/Kleinschreibung	Darstellung in der Anzeige
`{KeyWord:Teesorten} aus aller Welt`	Der erste Buchstabe aller Keywords wird großgeschrieben.	Grüner Tee aus aller Welt
`{Keyword:Teesorten} aus aller Welt`	Großschreibung am Satzanfang: Nur der erste Buchstabe des ersten Keywords wird großgeschrieben.	Grüner tee aus aller Welt
`{keyword:Teesorten} aus aller Welt`	Durchgehend klein, es werden keine Großbuchstaben bei Keywords verwendet.	grüner tee aus aller Welt
`{KeyWord:Teesorten} aus aller Welt`	*Sonderfall:* *Das auslösende Keyword kann nicht dynamisch eingesetzt werden*	Teesorten aus aller Welt

Tabelle 16.1 Überblick und Beispiele zur Groß- und Kleinschreibung von Keyword-Platzhaltern

16.10.4 Vorteile von Keyword-Platzhaltern

Der Einbau von passenden Keyword-Platzhaltern erfordert etwas mehr Planung bei der Gestaltung der Textbausteine. Diese Option bietet aber einige Vorteile, die wir Ihnen in Folgenden kurz vorstellen möchten.

Anzeigenrang steigern, Klickpreise senken

Die Verwendung von dynamischen Keyword-Einfügungen (DKI) bietet einen direkten Vorteil durch die Personalisierung der Anzeigentexte, was zu einer Steigerung der Anzeigenrelevanz führt. Durch den Einsatz von DKI wird das gesuchte Thema direkt im Anzeigentext wiedergegeben, was die Wahrscheinlichkeit erhöht, dass der

Suchende die Anzeige als relevant empfindet. Ähnlich verhält es sich beim Standortplatzhalter, der dem Suchenden einen regionalen Bezug suggeriert.

In vielen Fällen führen diese Anpassungen zu höheren Klickraten. Verbesserte Klickraten wiederum haben einen unmittelbaren Einfluss auf den Qualitäts-faktor. Daher sollten Sie mittelfristig durch den geschickten Einsatz von Platzhaltern nicht nur von einem besseren Anzeigenrang, sondern auch von günstigeren Klickpreisen profitieren können.

Zeit sparen ohne Relevanzeinbußen

Ein weiterer Vorteil ist zweifelsohne der reduzierte Zeitaufwand. Auch bei einem sehr granularen Anzeigengruppen-Setup ist es praktisch unmöglich, auf jedes einzelne Keyword mit einer individuell gestalteten Anzeige einzugehen. Selbst wenn Ihre zu bewerbenden Angebote nur durch kleine Faktoren oder ausschließlich durch Modell- oder Versionsnummern (wie beispielsweise im Sortiment großer Online-Shops) voneinander abweichen, können Sie durch den Einsatz von Platzhaltern ohne große Einbußen in der Anzeigenrelevanz eine beträchtliche Menge Zeit sparen.

16.10.5 Nachteile und Grenzen von Keyword-Platzhaltern

Bis zu dieser Stelle könnten Sie leicht der Überzeugung sein, dass Sie von Platzhaltern, vor allem von DKI, ausschließlich profitieren können. Allerdings müssen Sie auch die folgenden Überlegungen zu den Schwächen dieses Systems berücksichtigen, damit der Einsatz von Keyword-Platzhalten für Sie nicht nach hinten losgeht.

Widersprüchliche Kombinationen

Insbesondere Anbieter mit einem umfangreichen Sortiment müssen sich häufig mit gänzlich unpassenden Auswirkungen von DKI auseinandersetzen. Typischerweise sind Unternehmen wie eBay oder Amazon von solchen Fehlern betroffen, da sie automatisiert mit einer Vielzahl von Anzeigenvariationen für Millionen von Keywords bieten. Es kann vorkommen, dass Anzeigen für bestimmte Produkte fälschlicherweise automatisiert eingebaute Vorteile oder Funktionen erhalten, die tatsächlich nicht vorhanden sind. Dies kann dazu führen, dass die falsche Zielgruppe auf die Webseite gelockt wird. Um dies zu vermeiden, ist es ratsam, die Suchbegriffe, die automatisch in Ihre Anzeigen über DKI übernommen werden können, bewusst auszuwählen. Dadurch können Sie sicherstellen, dass die Anzeigen relevanter für die tatsächlichen Produkte oder Dienstleistungen sind und potenzielle Kunden nicht irregeführt werden.

Probleme mit Marken

Die Verwendung von DKI in den Anzeigentexten birgt das Risiko, dass geschützte Marken-Keywords erscheinen, was Ihnen erhebliche Probleme bereiten kann. Obwohl es in bestimmten Fällen zulässig sein kann, Begriffe der Konkurrenz zu nutzen, besteht mit DKI die Gefahr, dass diese in Ihren Anzeigen erscheinen.

Dies könnte nicht nur zu verärgerten Nutzern führen, die auf Ihrer Zielseite nicht das gewünschte Angebot oder Unternehmen finden, sondern auch zu unnötigen Kosten durch irreführende Klicks. Darüber hinaus könnten Probleme mit der Rechtsabteilung des fälschlicherweise genannten Unternehmens entstehen.

Erfahrungsgemäß kann die Kontaktaufnahme unterschiedlich ausfallen: von freundlichen E-Mails inklusive Beleg-Screenshots mit der Bitte, den Eintrag zu entfernen, bis hin zu sofortigen Abmahnungen und Unterlassungsklagen inklusive Zahlungsaufforderung. Es ist daher äußerst wichtig, beim Einsatz von DKI äußerste Vorsicht walten zu lassen und potenzielle rechtliche Risiken zu berücksichtigen.

Tipp

Buchen Sie unpassende Produkt- und Markennamen nicht in Kombination mit DKI und fügen Sie zur Sicherheit Konkurrenzmarken als auszuschließende Keywords (am besten in zentralen Listen auf Kontoebene) ein, wenn Sie dazu keine Werbung schalten möchten.

Auch wenn wir auf den vorherigen Seiten bereits einige Tipps zum Umgang mit DKI direkt im Zusammenhang mit den passenden Themenbereichen gegeben haben, möchten wir hier abschließend noch einmal ein paar der wichtigsten Punkte zusammenfassen, die Sie berücksichtigen sollten.

Auch die angezeigte URL optimieren

Denken Sie daran, dass DKI auch in der angezeigten URL eingesetzt werden kann. Damit nutzen Sie zusätzlichen Platz im Anzeigentext aus, um passende Suchbegriffe unterzubringen und noch einmal die Relevanz der Anzeige zu steigern. Auch durch Leerzeichen getrennte Keyword-Kombinationen sind kein Problem, da sie von Google in der angezeigten URL automatisch durch Ersatzzeichen aufgefüllt werden. Zu beachten ist hierbei nur, dass Sie pro Pfad – Google erlaubt zwei Pfade zur URL-Erweiterung – nur 15 Zeichen zur Verfügung haben. Wenn also Ihre gebuchten Keyword-Phrasen von Haus aus bereits sehr lang ausfallen, sollten Sie auf deren Verwendung über DKI an dieser Stelle verzichten und gleich eine generische, gut passende »angezeigte URL« hinterlegen.

Formulierungen mit Keyword-Beispielen prüfen

Überprüfen Sie für Ihre Anzeigengruppe stets das Zusammenspiel von Keywords und dem Platzhalter innerhalb Ihrer Anzeigentexte. Es kommt leider oft vor, dass bestimmte Kombinationen im Suchergebnis einen unprofessionellen Eindruck hinterlassen, entweder weil die Grammatik nicht beachtet wird oder weil unnötige Wiederholungen auftreten, die als unseriös wahrgenommen werden könnten.

Vorsicht mit der eigenen Marke

Dass Sie bei DKI in Kombination mit Fremdmarken vorsichtig sein müssen, haben wir bereits erläutert. Aber auch für den Umgang mit eigenen Marken- und Produktnamen haben wir noch einen Tipp parat: Verzichten Sie bei allen konkreten Brand- oder Produktkampagnen auf DKI, um in solchen Anzeigentexten ausschließlich Ihre gewünschten Marken- und Produktbezeichnungen oder auch die unveränderten Werbeclaims anzeigen zu lassen.

16.11 Titel oder Beschreibungen anpinnen

Google liebt die responsiven Suchanzeigen, da laut Google eine dynamische Anpassung des Anzeigentexts ermöglicht wird, um den Suchenden maßgeschneiderte Botschaften zu präsentieren. Dieser Anzeigentyp bietet die Möglichkeit, potenzielle Kunden mit relevanteren Anzeigeninhalten anzusprechen, die besser auf ihre Suchbegriffe zugeschnitten sind. Jedoch kann es vorkommen, dass Google gelegentlich unpassende Botschaften schaltet oder Vorteile wiederholt, was die Qualität der Anzeige beeinträchtigen kann. Werbetreibende haben oft ein genaueres Verständnis davon, was ihre potenziellen Kunden anspricht. Beispielsweise möchten Sie vielleicht Ihren Markennamen als vertrauensbildende Maßnahme in der Anzeige hervorheben.

Das Anpinnen von Titel und Beschreibungstexten in Google-Ads-Anzeigen bietet eine Möglichkeit, die gewünschten Botschaften und Angebote gezielt zu kommunizieren. Indem Werbetreibende bestimmte Texte fixieren, können sie sicherstellen, dass wichtige Informationen in jeder Anzeige präsent sind. Dies ist besonders vorteilhaft, um eine konsistente Markenbotschaft zu vermitteln oder spezifische Vorteile hervorzuheben. Obwohl festgepinnte Texte in der Regel nicht zu höheren Klickraten führen, können sie zu verbesserten Conversion-Raten beitragen, da potenzielle Kunden genau die Botschaften erhalten, die sie suchen.

Das Anpinnen ermöglicht einem Werbetreibenden, im Voraus festzulegen, welche Botschaften in jedem Fall übermittelt werden sollen. Diese Strategie birgt sowohl Vor- als auch Nachteile. Google neigt dazu, angepinnte Texte weniger zu bevorzugen, da sie weniger Flexibilität bieten und die Anzeigen möglicherweise weniger relevant erscheinen. Dies spiegelt jedoch nur die Perspektive von Google wider. Es ist wichtig, sich nicht davon abschrecken zu lassen, wenn Sie wichtige Botschaften oder Ihre Marke in Ihren Anzeigen platzieren möchten. Letztendlich sollten die Ziele und Bedürfnisse Ihres Unternehmens im Vordergrund stehen, und das Festpinnen von Texten kann eine effektive Möglichkeit sein, diese Ziele zu erreichen, selbst wenn es von Google nicht bevorzugt wird.

Falls Sie unsicher sind, bietet sich die Möglichkeit, die Leistung zweier unterschiedlicher Anzeigenvarianten (mit und ohne Anpinnen) in einer Anzeigengruppe, wie in Abschnitt 16.9.2 beschrieben, zu testen.

So funktioniert das Anpinnen in responsiven Suchanzeigen:

1. Bewegen Sie Ihre Maus über die Titelzeile, die Sie festpinnen möchten.
2. Auf der rechten Seite erscheint ein Pin-Icon ❶, auf das Sie klicken.
3. In dem neuen Pop-up-Fenster können Sie festlegen, an welcher Position Sie den ausgewählten Titel festpinnen möchten, zum Beispiel, wie in unserem Beispiel (siehe Abbildung 16.43), NUR AN POSITION 2 ANZEIGEN ❷.
4. Nach dem Klick auf die gewünschte Positionsauswahl schließt sich da Pop-up-Fenster. Ein blaues Pin-Icon auf der rechten Seite des Titels zeigt an, dass dieser festgepinnt wurde.

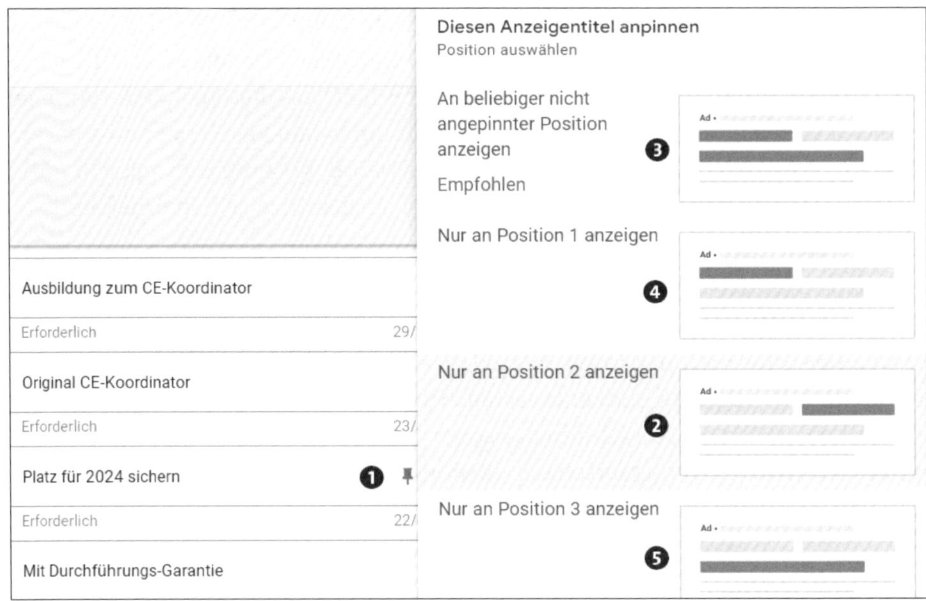

Abbildung 16.43 »Anpinnen« des Anzeigentitels

Wenn Sie das Festpinnen aufheben oder die Position verändern möchten, klicken Sie erneut auf das Pin-Icon ❶. Die erste Auswahl ❸ mit dem Hinweis EMPFOHLEN hebt das Festpinnen auf. Alternativ können Sie auch die Variante NUR AN POSITION 1 ANZEIGEN ❹ oder NUR AN POSITION 3 ANZEIGEN ❺ wählen. Wir raten jedoch von der Variante NUR AN POSITION 3 ANZEIGEN ab, da ein Anzeigentitel an Position 3 nur sehr selten ausgespielt wird.

Falls Sie in einer responsiven Anzeige unterschiedliche Titel an der derselben Position anpinnen, werden die ausgewählten Titel an dieser Position im Wechsel ausgespielt.

In der Praxis hat sich ein Anpinnen von zwei oder drei Titeln an Position 2 in Kombination mit der dynamischen Belegung der anderen Titelpositionen als guter Kompromiss mit positiver Performance erwiesen.

Sie können jedoch nicht nur Titel, sondern auch Anzeigentexte anpinnen, wie die folgende Abbildung zeigt.

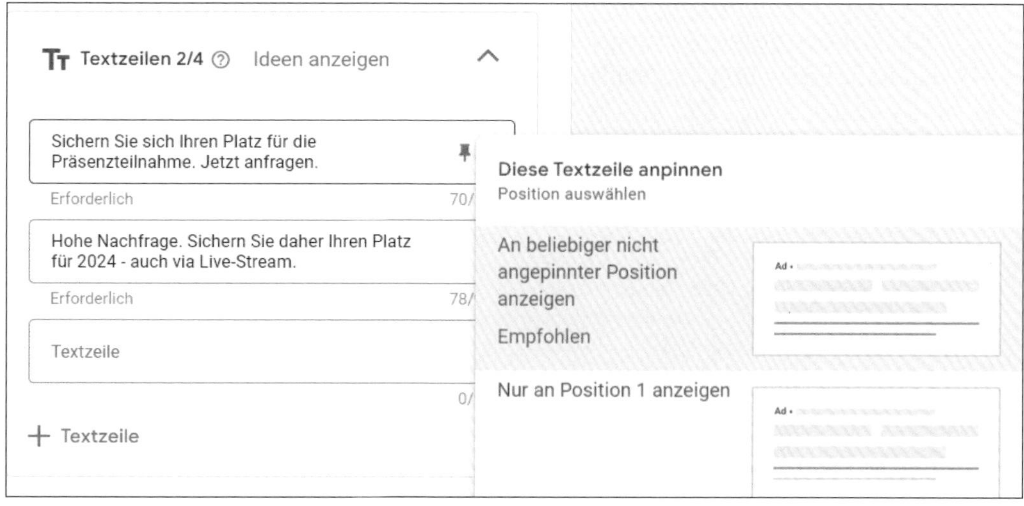

Abbildung 16.44 Auch Textzeilen können »angepinnt« werden.

Insgesamt kann das Festpinnen von Titel und Beschreibungstexten in Google-Ads-Anzeigen eine effektive Strategie sein, um Kontrolle über die Botschaft zu behalten und die Relevanz zu verbessern. Es ist jedoch wichtig, die damit verbundenen Einschränkungen zu berücksichtigen und sicherzustellen, dass die Anzeigen regelmäßig überprüft, optimiert und aktualisiert werden, um maximale Leistung zu erzielen.

16.12 Optimierung durch kreative Textanzeigen

Testen Sie verschiedene Anzeigenvariationen und seien Sie kreativ. Wenn Ihre Anzeige auf der Suchergebnisseite aus den Konkurrenzanzeigen hervorsticht, dann haben Sie schon einen kleinen Vorteil. Sie erzeugen mehr Aufmerksamkeit, Ihre Klickrate steigt, Sie erhalten mehr potenzielle Kunden und so weiter. Aus Optimierungssicht ist vor allem eine höhere Klickrate (CTR) erstrebenswert. Diese wird die Klickpreise Ihrer Keywords auf Dauer senken. Wir haben Ihnen einige Beispiele als Anregung zusammengestellt. Diese Ideen helfen dabei, die Aufmerksamkeit der Google-User in Bezug auf Ihre Anzeigen zu steigern.

16.12.1 Nutzen Sie Sonderzeichen

Auf der Suchergebnisseite halten sich die Nutzer nur wenige Sekunden auf. Als Werbender müssen Sie Aufmerksamkeit erzeugen und den Blick der Google-Nutzer auf Ihre Anzeige lenken. Sonderzeichen bieten sich hier als Blickfang (Eyecatcher) an!

Leider hat Google die Nutzung von Sonderzeichen stark eingeschränkt. Die Möglichkeiten, die noch übrig sind, sollten Sie jedoch an passender Stelle einsetzen. Bauen Sie die Sonderzeichen `& € % ! © ? + *` sinnvoll in Ihre Anzeigentexte ein. Abbildung 16.45 zeigt ein Beispiel mit `&`, `€` und dem Trademarkzeichen `TM`.

Abbildung 16.45 Erregen Sie Aufmerksamkeit durch Sonderzeichen.

16.12.2 Abkürzungen als Blickfang nutzen

Da Textanzeigen nur begrenzten Platz bieten (je 30 Zeichen im Anzeigentitel, je 90 Zeichen in den Beschreibungstexten sowie je 15 Zeichen in Pfad 1 und 2 der angezeigten URL), ist es entscheidend, kreativ mit den Anzeigentexten umzugehen. Hier helfen bekannte Abkürzungen (`kg`, `u.`, `unverb.`, `usw.`), weil sie die Textmenge erheblich reduzieren und gleichzeitig auch für eine schnellere Aufnahme der Information sorgen können, denn Textanzeigen werden in Google Ads oft eher gescannt als ausführlich gelesen. Falls Sie bestimmte Begriffe oder Marken nicht nutzen dürfen, bieten Abkürzungen oder geschickte Veränderungen eines Wortes in diesem Fall eine kreative Möglichkeit zur Gestaltung Ihrer Textanzeigen. Insgesamt helfen Abkürzungen dabei, Platz zu sparen und dennoch prägnante und ansprechende Anzeigen zu erstellen, die die gewünschten Informationen vermitteln.

Abbildung 16.46 Abkürzungen oder Änderungen geschickt nutzen

Neben bekannten Abkürzungen helfen kreative Neuschöpfungen. Das folgende Beispiel nutzt einfach `JoJo Effekt` anstelle des längeren Begriffs `Jo-Jo-Effekt`, und trotzdem weiß der User, was gemeint ist. Nutzen Sie also die Möglichkeit der schnellen Kommunikation mithilfe von Abkürzungen!

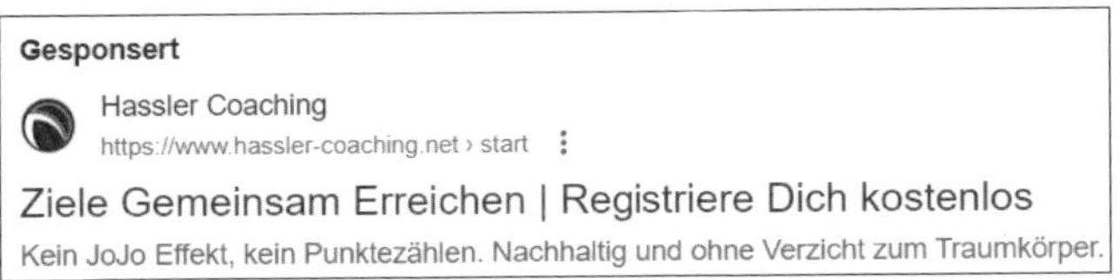

Abbildung 16.47 Abkürzungen helfen beim Anzeigen-Scan.

16

16.12.3 Setzen Sie Akzente

Texten Sie Anzeigen mit Großbuchstaben, wo immer es sinnvoll erscheint – auch an Stellen, an denen es von der Rechtschreibung her nicht erlaubt ist!

Abbildung 16.48 Aufmerksamkeit durch große Anfangsbuchstaben

16.12.4 Zaubern Sie mit Zahlen in den Anzeigen

Visuelle Effekte durch die verstärkte Nutzung von Zahlen heben Ihre Anzeigen aus der Masse hervor (siehe Abbildung 16.49).

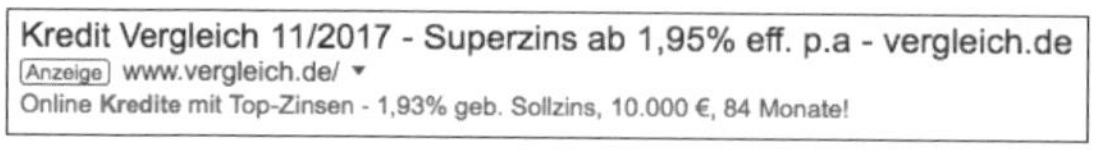
Kredit Vergleich 11/2017 - Superzins ab 1,95% eff. p.a - vergleich.de
Anzeige www.vergleich.de/
Online Kredite mit Top-Zinsen - 1,93% geb. Sollzins, 10.000 €, 84 Monate!

Abbildung 16.49 Zahlen benötigen wenig Platz bei hohem Informationsgehalt.

Hinweis

Den größten Teil der vorliegenden Beispiele haben wir aus aktuellen Live-Anzeigen in den Google-Ergebnissen gefunden – aber manche alten Beispiele treffen die Idee des vorgestellten Tipps so gut, dass wir auch einmal ein nicht mehr aktuelles, aber gutes Beispiel einer Anzeige zeigen möchten.

Arbeiten Sie mit Preisen und Prozenten. Verwandeln Sie Ihre Google-Ads-Anzeigen in Werbeplakate, die Aufmerksamkeit erregen. Dabei müssen Sie jedoch unbedingt wissen, was Ihre Konkurrenz bewirbt! Selbst 25 % Preisnachlass ist dann zu wenig, wenn direkt neben Ihrer Anzeige mit der Reduzierung um 27 % geworben wird. Dies ist kein Plädoyer für ruinöse Rabattschlachten, sondern ein Hinweis, dass Sie bei ungünstigeren Rabattmöglichkeiten einen anderen Vorteil in den Vordergrund stellen sollten, z. B. die kostenlose Lieferung. Hält Ihr Preis einem Vergleich stand, oder sind Sie sogar günstiger? Dann sollten Sie Ihren Preis auch zeigen (siehe Abbildung 16.50)!

Gesponsert
Leisure Gear GmbH
https://www.hol-eyewear.de
Fahrradbrille mit Gleitsicht | Direktverglasung ab 169 EUR
Ideal zum Radfahren, Laufen, Wandern, Tennis, Golf und Wassersport. Sportbrille in...

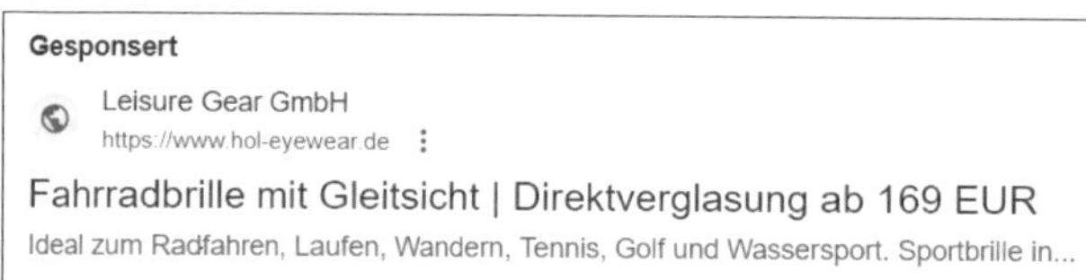

Abbildung 16.50 Mit Preisen werben

16.12.5 Übertreiben Sie einfach mal

Bei bestimmten Zielgruppen können Sie auch durch leichte Provokation oder mit einer Übertreibung Aufmerksamkeit erregen (siehe Abbildung 16.51). Beobachten Sie dabei immer die Anzeigen der Konkurrenz und stimmen Sie Ihre Google-Ads-Anzeigen entsprechend ab.

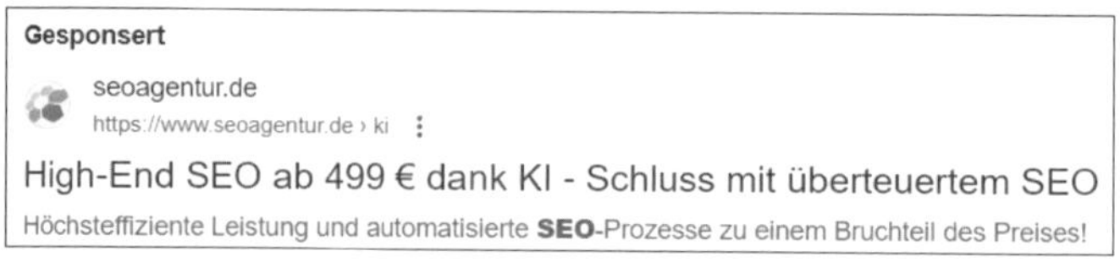
Gesponsert
seoagentur.de
https://www.seoagentur.de › ki
High-End SEO ab 499 € dank KI - Schluss mit überteuertem SEO
Höchsteffiziente Leistung und automatisierte SEO-Prozesse zu einem Bruchteil des Preises!

Abbildung 16.51 Übertreibung schafft Aufmerksamkeit.

Ist ein Angebot knapp und nur noch kurze Zeit verfügbar, erhöht dies den Druck auf die Interessenten. Kommunizieren Sie knappe Ressourcen und eine beschränkte Reaktionszeit, um potenzielle Kunden zum Handeln zu bewegen (siehe Abbildung 16.52). Bauen Sie einfach mal Druck auf.

Abbildung 16.52 Kurzentschlossenes Handeln ist gefragt.

16.13 Optimierung Ihrer Ziel-URLs

Wie sieht es nach dem Klick aus? Ist der Suchende und potenzielle Kunde zufrieden mit der Seite, auf die Sie ihn geleitet haben, oder findet er dort nicht das, was Sie ihm in Ihrer Anzeige versprochen haben? Das Zusammenspiel von Keyword, Anzeige und Zielseite ist ein entscheidender Faktor für den Erfolg Ihrer Kampagnen, den Sie im Optimierungsprozess nicht außer Acht lassen sollten.

16

16.13.1 Überprüfen der Absprungrate

Sie können noch so gute Anzeigen schreiben und die besten Klickraten verzeichnen – wenn Ihre Zielseite schlecht gewählt ist, wird der Besucher Ihre Seite ohne eine Aktion verlassen. Sie verschwenden dann nicht nur Zeit, sondern auch Geld. Wenn ein Keyword zwar häufig geklickt wird, daraus aber nie eine Conversion resultiert, ist dies ein erster Hinweis darauf, dass Sie sich die Ziel-URL (die Landingpage) eines Keywords gründlicher anschauen sollten. Externe Webanalysetools wie Google Analytics, Matomo, Piwik PRO, eTracker, Adobe Web Analytics etc. können Ihnen dabei helfen, die Absprungraten Ihrer Kampagnen zu kontrollieren.

Was ist die Absprungrate?

Die *Absprungrate* oder *Bounce-Rate* beschreibt das Verhältnis zwischen der Anzahl der Besuche einer Seite und der Anzahl der Besucher, die diese Seite wieder verlassen, ohne eine weitere Seite aufzurufen oder eine Aktion durchzuführen.

Mit GA 4 betrachtet Google Analytics neuerdings eher den positiven Aspekt – und zwar die *Interaktionsrate*. Diese Kennzahl drückt aus, dass ein Besucher längere Zeit auf der Landingpage war oder nach Aufruf dieser ersten Seite direkt eine Conversion ausgelöst oder eine weitführende Seite aufgerufen hat. Die Interaktionsrate ist somit die neue Absprungrate in GA 4, allerdings im positiven Sinne. Es gilt daher: Wenn die Absprungrate niedrig und somit die Interaktionsrate hoch ist, dann ist dies ein erster Hinweis darauf, dass die Landingpage gut zum beworbenen Thema und der Anzeige passt.

Wenn die Absprungrate Ihrer Anzeigenkampagne höher oder die Interaktionsrate niedriger ist als bei vergleichbaren Landingpages, deutet dies darauf hin, dass die Seite möglicherweise nicht optimal zu Ihren Keywords und/oder Anzeigen passt. Dies kann auch auf eine zu breite Anzeigen-schaltung mit generischen Keywords oder zu weit gefasste Keyword-Optionen zurückzuführen sein. Wenn Sie bereits die tatsächlichen Suchanfragen überprüft und optimiert haben, aber die Absprungrate weiterhin hoch ist, könnte dies auf Probleme mit Ihren Zielseiten hinweisen.

Durch die Verknüpfung Ihres Google-Ads-Kontos mit Ihrem Analytics-Konto haben Sie die Möglichkeit, die Informationen zur Interaktionsrate direkt im Google-Ads-Konto einzusehen.

Wenn Sie Google Analytics verwenden, können Sie Ihr Google-Ads-Konto mit dem Analytics-Konto verknüpfen. Dann stehen die Informationen zur Interaktionsrate direkt im Google-Ads-Konto zur Verfügung. Weitere Details dazu finden Sie in Abschnitt 15.3, »Google Ads und Google Analytics verknüpfen«.

Zu allgemeine Zielseiten

Möglicherweise vergeben Sie Ihre Ziel-URLs ausschließlich über die Anzeigen auf Anzeigengruppenebene, und die verlinkte Zielseite ist dabei sehr allgemein gehalten, um zu einer Vielzahl von Keywords zu passen. Dann kann es passieren, dass einige Google-Nutzer mit sehr konkreten Suchanfragen auf Ihrer Zielseite nicht das finden, wonach sie vorher gesucht haben.

Beispiel: Schlechte Nutzererfahrung durch zu allgemeine Seite

Ein Google-Nutzer sucht nach Strickjacken. Sie haben die Keywords zum Thema *Strickjacken* in der Anzeigengruppe *Jacken* untergebracht und verlinken auf eine Zielseite, die Ihr gesamtes Jackenangebot zeigt. Der Interessent gelangt auf diese Seite und ist überrascht, dass er nicht auf einer spezifischeren Seite gelandet ist, die nur Strickjacken präsentiert. Möglicherweise geht er nun davon aus, dass Sie keine Strickjacken im Sortiment haben, oder er übersieht schlichtweg die Kategorie *Strickjacken* auf Ihrer Seite. Infolgedessen verlässt der neue, durch den Anzeigenklick bezahlte Besucher Ihre Seite möglicherweise schneller, als Sie denken.

Sie können für solche Fälle Ihre passende Zielseite direkt auf Keyword-Ebene mit einzelnen Keywords verknüpfen. Das geht ganz einfach, indem Sie Ihrer Übersichtstabelle zu KEYWORDS FÜR SUCHANZEIGEN die Spalte FINALE URL hinzufügen (siehe Abbildung 16.53) und nach einem Klick darauf eine passende Zielseite für das Keyword eingeben.

Alternativ funktioniert auch folgender Weg, der vor allem dann interessant ist, wenn Sie die finale URL für mehrere Keywords gleichzeitig ändern möchten:

1. Keyword via Checkbox auswählen
2. Klick auf BEARBEITEN
3. Auswahl: FINALE URLS ÄNDERN
4. Option: URLS FESTLEGEN und unter NEUE URL Eintrag vornehmen
5. mit ÜBERNEHMEN bestätigen

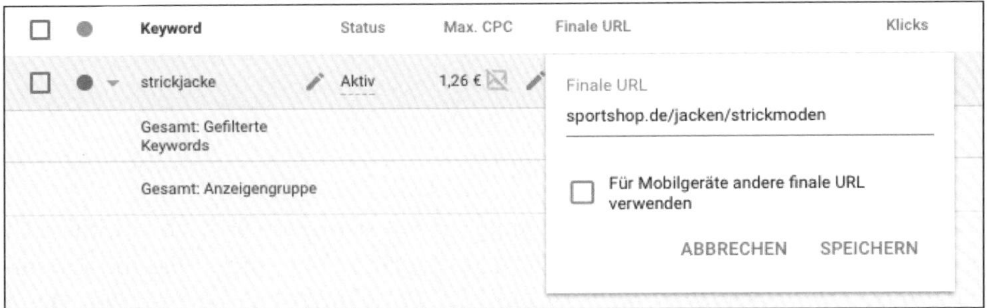

Abbildung 16.53 Verlinken Sie Ihr Keyword mit der richtigen Zielseite.

16.13.2 Zu spezifische Zielseite

Neben zu allgemeinen Zielseiten kann es andererseits auch vorkommen, dass die Zielseiten Ihrer Anzeigen zu spezifisch für die potenziellen Kunden sind.

Beispiel: Der Webseitenbesucher erwartet mehr Auswahl

Angenommen, Sie bieten fünf Strickjacken von fünf verschiedenen Marken an. Ein potenzieller Kunde sucht nach einer Strickjacke einer bestimmten Marke, und Sie leiten ihn direkt auf die Produktdetailseite dieser spezifischen Strickjacke. Der Webseitenbesucher hätte jedoch gerne mehr Auswahl gehabt und verlässt möglicherweise die Seite in dem Glauben, dass dies Ihre einzige Strickjacke ist.

Manchmal ist es daher sinnvoll, dem Nutzer Alternativen zu seiner konkreten Suchanfrage anzubieten.

16

16.14 Assets – Anzeigenerweiterungen als Qualitätsmerkmal

Falls Sie Ihren Suchanzeigen bisher keine Erweiterungen hinzugefügt haben, sollten Sie sich nun bei der Optimierung mit dem Thema beschäftigen.

Assets, die Google früher Erweiterungen genannt hat – und teilweise auch noch so bezeichnet –, sind äußerst effektiv, um die Aufmerksamkeit der Suchenden zu steigern und die Relevanz Ihrer Anzeigen zu erhöhen. Assets sind kleine Features wie etwa Ihr Logo, zusätzliche Deep Links, spezielle Angebote und vieles mehr, mit denen Sie Ihre Anzeigen anreichern können (siehe Abbildung 16.54).

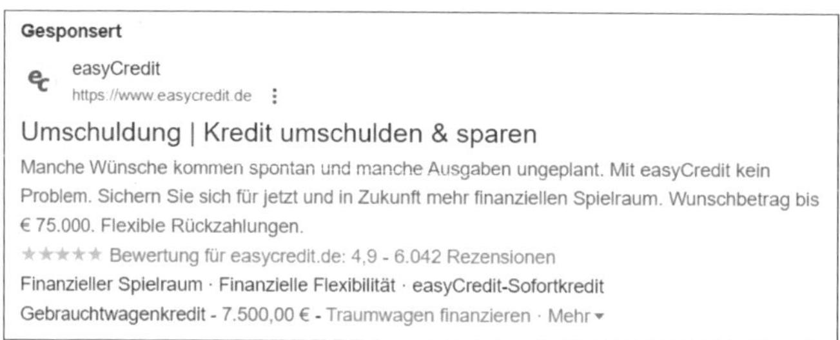

Abbildung 16.54 Klickaktivierende Anzeigen mit Verkäuferbewertung, Sitelinks und Preiserweiterung

Neben den Assets, die Sie selbst hinzugefügt haben, kann Google auch automatisch erstellte Erweiterungen (Assets) ausliefern. Dazu gehören beispielsweise die Verkäuferbewertungen, die als gelbe Sterne (siehe Abbildung 16.54) angezeigt werden. Diese erscheinen automatisch, sobald gewisse Voraussetzungen erfüllt wurden. Weitere Informationen zu den automatisch erstellten Assets finden Sie in Abschnitt 16.14.12, »Automatische Erweiterungen«.

Es ist wichtig zu beachten, dass wir als Werbetreibende keinen direkten Einfluss darauf haben, welche automatischen Assets Google hinzufügt.

Die wichtigsten zusätzlichen Informationen gewinnen

Generell entscheidet Google bei jeder Anfrage, welche Zusatzinformation für den Google-User im Moment seiner Suche die relevanteste ist. Deshalb finden sich bei Smartphone-Nutzern häufig eine Telefonnummer oder Angaben zum Unternehmensstandort in den Anzeigen. Sucht der User nach Produktangeboten, werden oft Sitelinks oder Verkäuferbewertungen in Form von kleinen Sternchen eingeblendet. Eine Anzeige kann nur eine, aber auch mehrere Erweiterungen erhalten. Zudem gibt es Anzeigen, die ohne Erweiterung ausgeliefert werden, obwohl im Konto Erweiterungen hinterlegt sind. Dies können Sie als Ads-Manager nicht steuern. Sie können Google nur möglichst viele unterschiedliche und sinnvolle Erweiterungen anbieten.

Mit den Assets verschaffen Sie sich mehr Platz und Aufmerksamkeit in den Suchergebnissen (*SERPs*) und bieten Nutzern gleichzeitig relevante Informationen mit Ihren Anzeigen. Dies kann dazu beitragen, die Klickrate zu steigern und letztendlich den Qualitätsfaktor zu verbessern. Durch die Implementierung zusätzlicher Assets können Sie daher die Gesamtleistung Ihrer Kampagnen optimieren. Es ist jedoch ebenso wichtig, die Auswahl der Assets sorgfältig zu treffen und nur diejenigen zu verwenden, die für Ihre spezifische Zielgruppe relevant sind. Zum Beispiel müssen Sie keine Angebotserweiterung hinzufügen, wenn Sie derzeit kein Angebot für Ihre Zielgruppe haben. Daher sollten Sie die verfügbaren Optionen abwägen und nur diejenigen Assets auswählen, die am besten zu Ihren Zielen und Angeboten passen.

Ihre Assets fügen Sie im Ads-Konto unter KAMPAGNEN • KAMPAGNEN • ASSETS • ASSETS hinzu. Wählen Sie zunächst in der Übersicht das gewünschte Asset aus – zum Beispiel SITELINK (siehe Abbildung 16.55).

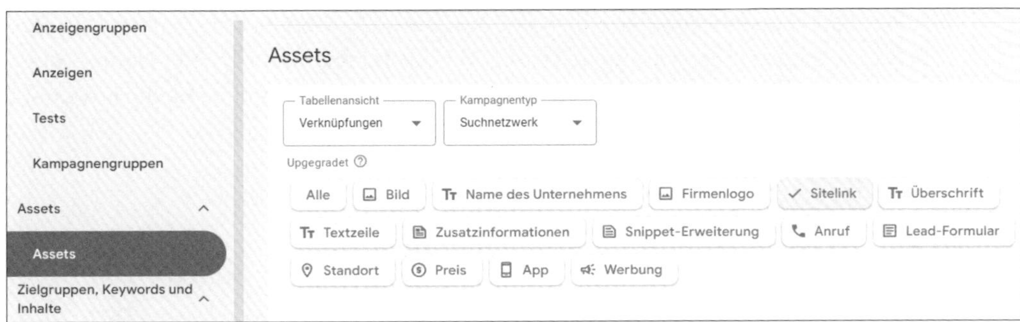

Abbildung 16.55 Assets (Anzeigenerweiterungen) hinzufügen

Dann klicken Sie als Nächstes auf das Symbol ⊕, um eine neue Erweiterung hinzuzufügen. Es öffnet sich ein neues Fenster mit den Einstellungsmöglichkeiten zu dem vorher ausgewählten Asset.

Bitte beachten Sie, dass Sie jedes Asset – abhängig von der gewählten Art – auf verschiedenen Ebenen, wie KONTO, KAMPAGNE oder ANZEIGENGRUPPE, einstellen können. Dazu wählen Sie im entsprechenden Erweiterungsfenster die gewünschte Ebene aus (siehe Abbildung 16.56).

Wählen Sie die Ebene für das Asset mit Bedacht. Eine Einstellung auf Kontoebene gilt dann für alle Anzeigen im Konto, während Anzeigengruppeneinstellungen nur für die ausgewählte Kampagne gelten. Beachten Sie, dass die Einstellungen auf den unteren Ebenen Vorrang vor den übergeordneten Ebenen haben. Die Nutzung von Anzeigenerweiterungen verursacht keine zusätzlichen Kosten: Wie bei regulären Textanzeigen zahlen Sie nur für den Klick auf die Anzeige oder eine verlinkte Erweiterung.

Abbildung 16.56 Wählen Sie die Ebene für das Asset aus.

Tipp: Anzeigenerweiterungen nur für kurze Zeit einsetzen

Sie können die Laufzeit der einzelnen Anzeigenerweiterungen zeitlich begrenzen. Dies ist zum Beispiel dann sinnvoll, wenn Sie in Ihren Sitelinks auf ein Gewinnspiel hinweisen, an dem der User nur für einen kurzen Zeitraum teilnehmen kann.

Außerdem können Sie die Anzeigen auf bestimmte Tageszeiten ausrichten. Das ist etwa ratsam bei einer Anruferweiterung mit der Telefonnummer Ihrer Hotline, die nur zu bestimmten Tageszeiten besetzt ist. Bei der Einrichtung einer neuen Erweiterung klappen Sie ERWEITERTE OPTIONEN ❶ auf (siehe Abbildung 16.57).

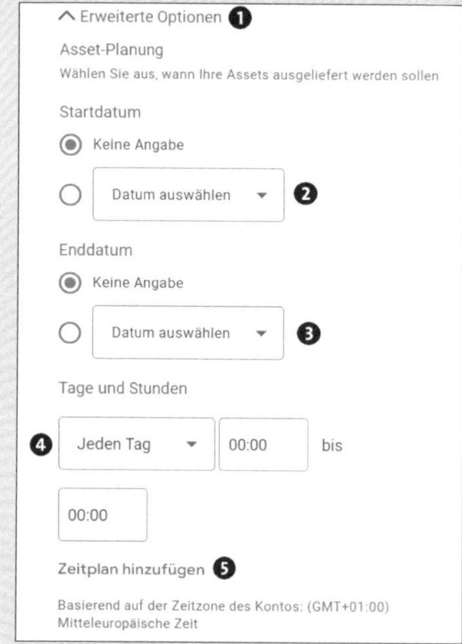

Abbildung 16.57 Zeitliche Steuerung des Assets

Geben Sie dort die gewünschten Daten, z. B. STARTDATUM ❷ und ENDDATUM ❸, ein, wenn die Anzeige nur für eine bestimmte Zeit ausgespielt werden soll. Unter TAGE und Stunden können Sie Wochentage und Uhrzeiten ❹ für die Laufzeit der Erweiterung angeben. Für diesen sogenannten Wochenzeitplaner können Sie zudem auch wie gewohnt mehrere Zeitfenster via Zeitplan hinzufügen ❺ angeben.

16.14.1 Sitelinks als wichtige Anzeigenfaktoren

Die populärste und wichtigste Anzeigenerweiterung in den SERPs ist die Sitelink-Erweiterung (siehe Beispiel in Abbildung 16.58). Mit kurzen Linktexten innerhalb Ihrer Anzeigen machen Sie den User auf Unterkategorien, einzelne Produkte, Marken, Preise, zusätzliche Serviceleistungen oder Ähnliches aufmerksam und leiten ihn direkt auf die passende Seite zum jeweiligen Thema. Unterhalb der Anzeigentexte können zwei bis sechs Sitelinks ausgespielt werden. Die Auswahl und Reihenfolge der Sitelinks bestimmt Google automatisch, darauf haben Sie wiederum keinen Einfluss.

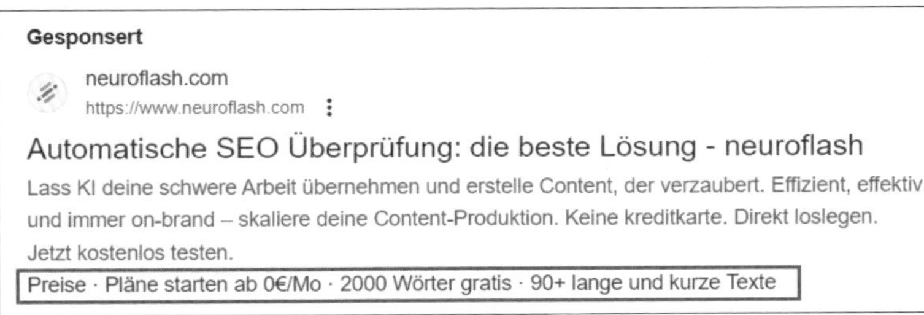

Abbildung 16.58 Anzeige mit Sitelinks

Um Ihren Anzeigen Sitelinks hinzuzufügen, gehen Sie zunächst in der Navigation zum Unterpunkt Assets und aktivieren dort in der Asset-Übersicht den Button Sitelink. Anschließend klicken Sie auf das Symbol ⊕, um ein neues Fenster mit den Sitelink-Einstellungen zu öffnen.

Dort wählen Sie die gewünschte Ebene (Konto/Kampagne/Anzeigengruppe) aus. Falls Sie bereits Sitelinks zu einem Thema und einer Landingpage besitzen, sollten Sie in diesem Fall die vorhandenen Sitelinks verwenden, da es sonst schnell unübersichtlich wird, wenn ständig neue Sitelinks zum gleichen Thema erstellt werden. Aktivieren Sie in diesem Fall die Option Vorhandene verwenden. Gibt es noch keine Sitelinks zu dem Thema, das Sie einstellen möchten, dann belassen Sie die Voreinstellung auf Neu erstellen und füllen Ihre ersten Sitelinks wie in Abbildung 16.59 dargestellt aus. Sie benötigen einen Sitelink-Text mit maximal 25 Zeichen sowie optional zwei Textzeilen mit maximal 35 Zeichen und eine Finale URL, zu der der Nutzer nach einem Klick auf den Sitelink weitergeleitet wird.

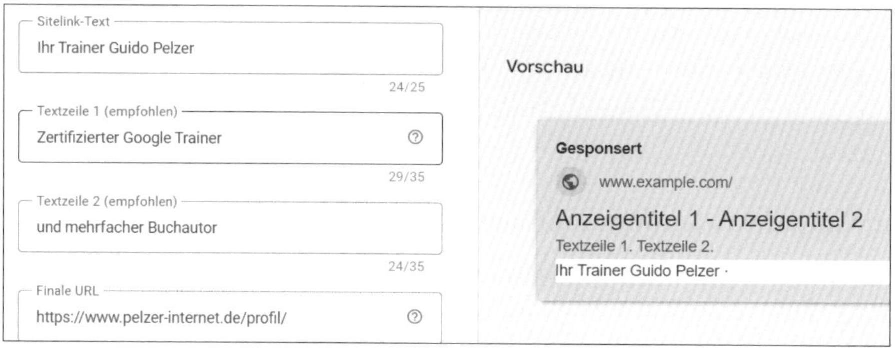

Abbildung 16.59 Einrichtung eines Sitelinks

Berücksichtigen Sie bei der finalen URL, dass sie nicht mit der Ziel-URL der Anzeige übereinstimmen darf. Zudem darf kein anderer Link in derselben Sitelink-Gruppe (egal ob auf Kampagnen- oder Anzeigengruppenebene) auf dieselbe Zielseite verweisen. In der Regel sollte der Sitelink auf dieselbe Domain wie der Anzeigenlink verweisen. In Ausnahmefällen können jedoch zu dem Unternehmen gehörende Facebook-Seiten, LinkedIn-Profile, YouTube-Videos oder Ähnliches verlinkt werden, sofern dies im Sitelink entsprechend erläutert wird. Ein Sitelink mit dem Hinweis »Sehen Sie sich unser Video auf YouTube an« wäre daher möglich.

Während Google die beiden optionalen Textzeilen früher fast nur bei Schaltung von Anzeigen zum Brand verwendet hat, taucht dieser Text mittlerweile immer häufiger auf. Daher empfehlen wir Ihnen, hier etwas mehr Zeit zu investieren und die beiden optionalen Textzeilen für sinnvolle, interessante Zusatzinformationen zu nutzen (siehe Beispiel in Abbildung 16.60).

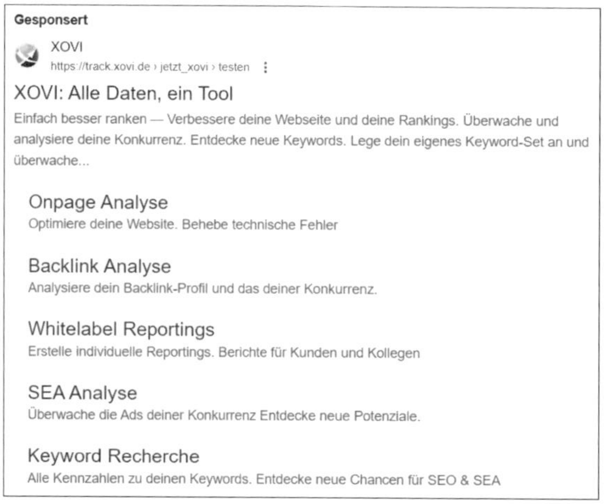

Abbildung 16.60 Sitelinks mit Beschreibungstext

Auswertung der Sitelinks

Wenn Sie unter Assets den Button Sitelink aktiviert haben, können Sie auch die Performance der bestehenden Sitelinks einsehen. Für diese Auswertung stellen Sie zunächst den gewünschten Analysezeitraum ein und fügen der Tabelle die wichtigen KPIs, wie Impressions, Klicks, Conversions etc., hinzu. Die Auswertung zu den Klicks kann leicht missverstanden werden, da die Daten zunächst die gesamte Anzeige inklusive Sitelink-Set umfassen. In der Standarddarstellung wird nicht zwischen dem Klick auf den Titel einer Anzeige und dem Klick auf einen Sitelink unterschieden. Durch die Segmentierung Diese Erweiterung im Vergleich zu anderen ❶ ist jedoch eine detailliertere Analyse der Sitelink-Klicks möglich. Das Segment Diese Erweiterung ❷ bildet die Performance des einzelnen Sitelinks ab, während Sonstiges ❸ die Performance der Anzeige und anderer Erweiterungen zusammenfasst (siehe Abbildung 16.61). Mithilfe dieser Segmentierung können Sie testen, welche Link- oder Beschreibungstexte ❹ am besten funktionieren. Für eine übersichtlichere Analyse sollten Sie vorher noch die passende Ebene (Konto, Kampagne ❺ oder Anzeigengruppe) herausfiltern!

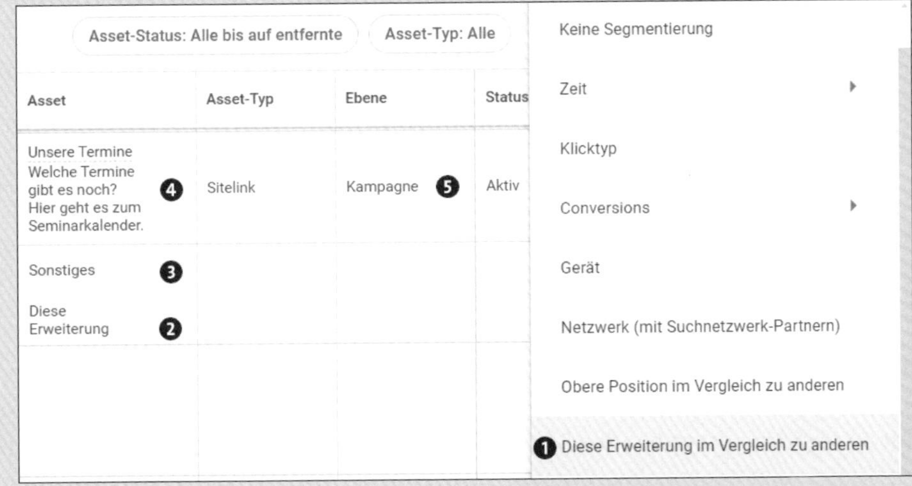

Abbildung 16.61 Segmentieren nach Sitelink-Klicks

Sitelinks sind eine gute Möglichkeit, um weitere Webseitenbereiche und spezielle Angebote ohne großen Aufwand zu bewerben und zusätzliche Aufmerksamkeit auf die Anzeige zu lenken. Diese Anzeigenerweiterung sollten Sie in jedem Fall nutzen.

Wir empfehlen, wie bereits erläutert, die angelegten Assets auch für andere Kampagnen oder Anzeigengruppen zu verwenden. Dazu wählen Sie in der Übersicht eine oder mehrere Erweiterungen per Checkbox aus. Es öffnet sich das bekannte blaue Navigationsmenü. Dort können Sie per Hinzufügen zu Ihre spezifische Kampagne oder Anzeigengruppe auswählen. Alternativ können Sie eine Erweiterung dem gesamten Konto hinzufügen. Kontrollieren Sie dann durch Filtern der unterschiedlichen Ebenen (KONTO/KAMPAGNE/ANZEIGENGRUPPE) noch einmal genau, wo Sie welche Erweiterung hinzugefügt haben. Die Erfahrung hat gezeigt, dass es vor allem durch die verschiedenen Ebenen schnell unübersichtlich wird.

16.14.2 Zusatzinformationen

Neben den Sitelinks sind die *Zusatzinformationen*, im Englischen auch *Callouts* genannt, der zweite Klassiker der Anzeigenerweiterungen. Diese Zusatzinformationen können in jeder Ads-Kampagne genutzt werden, sie erscheinen direkt nach dem Anzeigentext. Dabei spielt Google oft zwei bis vier kurze Zusatzinformationen aus. Diese Informationen sind nur durch Punkte getrennt und optisch kaum von dem Beschreibungstext zu unterscheiden. In unserem Beispiel (siehe Abbildung 16.62) finden Sie zum Thema Vermögensverwaltung Hinweise wie »Langfristige Konzepte« und »In allen Marktphasen«. Typische Aussagen in Zusatzinformationen sind oft auch Serviceangebote wie »Kostenlose Stornierung« oder vertrauensbildende Hinweise wie »Bestpreisgarantie«. Nutzen Sie die Callouts, um mit kurzen, knackigen Informationen zusätzlichen Anzeigenplatz und Aufmerksamkeit zu gewinnen.

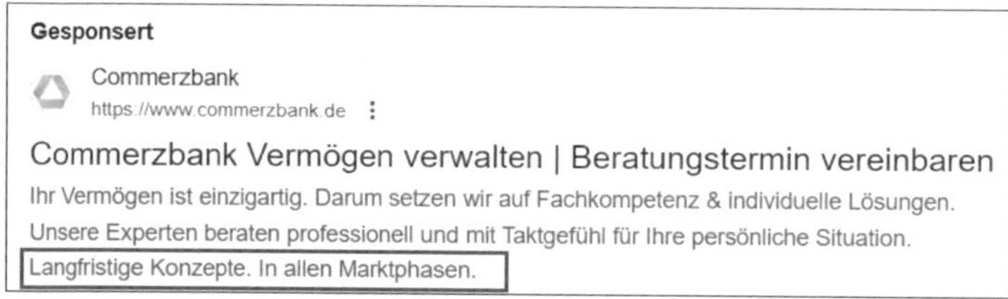

Abbildung 16.62 Anzeige mit Zusatzinformationen

Diesen Erweiterungstyp können Sie in Ihrem Konto ähnlich wie bei den Sitelinks im Menü unter ASSETS einstellen. Diesmal aktivieren Sie in der Asset-Übersicht den Button ZUSATZINFORMATIONEN. Klicken Sie dann auf das Symbol + und geben Sie die gewünschten Callouts ein (siehe Abbildung 16.63). Nutzen Sie dabei wichtige Alleinstellungsmerkmale Ihres Unternehmens oder Verkaufsargumente. Damit Ihre Zusatzinformationen angezeigt werden, müssen mindestens zwei Callouts hinterlegt sein, und sie dürfen jeweils nicht mehr als 25 Zeichen enthalten. Kürzere Texte sind generell besser, da sie Ihnen die Möglichkeit bieten, mehrere einzelne Callouts zu verwenden anstatt wenige mit vielen Zeichen. Geben Sie allgemeine Informationen zu Ihrem Unternehmen, die für alle Anzeigen gelten, eher auf Konto- und Kampagnenebene an und die spezifischen Informationen auf Anzeigengruppenebene.

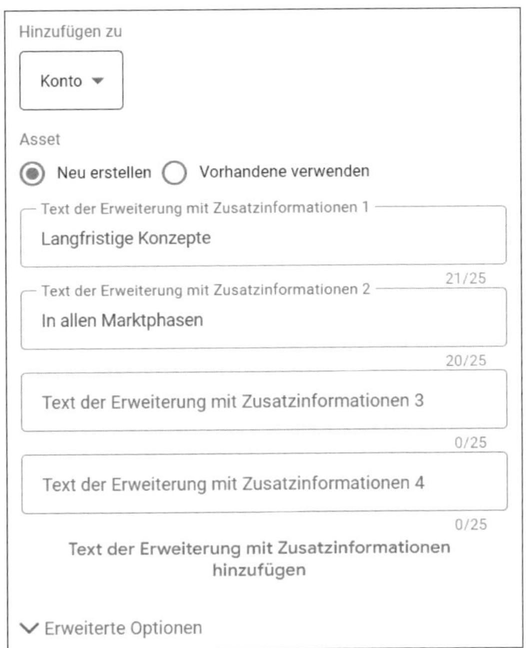

Abbildung 16.63 Asset »Zusatzinformationen« einrichten

Für Zusatzinformationen gelten dieselben Regeln wie für Textanzeigen, das heißt, Sonderzeichen wie Prozentzeichen etc. sind ebenfalls erlaubt. Achten Sie jedoch darauf, dass der Text Ihrer Zusatzinformationen nicht bereits an anderen Stellen, etwa in Anzeigentexten oder Sitelinks, zu finden ist, da dies überladen wirken kann. Es ist auch problematisch, wenn Sie alle Verkaufsargumente ausschließlich über Zusatzinformationen präsentieren und sie aus den Anzeigentexten entfernen, da diese Vorteile dann verloren gehen, wenn die Zusatzinformationen nicht angezeigt werden. Versuchen Sie daher, einen ausgewogenen Ansatz zu finden und Ihre Verkaufsargumente in den Anzeigentexten leicht anders zu formulieren als in den Zusatzinformationen.

Die Erweiterung mit Zusatzinformationen bietet Ihnen mehr Platz, um Ihre Vorzüge in Ihre Anzeigen einzubauen. Daher sollten Sie sich die Zeit nehmen, sie zu integrieren, was ohne viel Aufwand möglich ist.

16.14.3 Bild-Assets

Wenn Sie in die Google-SERPs schauen, werden Sie immer öfter Bilder neben den organischen, aber auch den bezahlten Ergebnissen finden. Um von diesem attraktiven visuellen Element in den Google-SERPs zu profitieren, ist es wichtig, die Bilderweiterung für Ihre Suchanzeigen zu nutzen. Die Bilder neben den Anzeigen in den textlastigen Ergebnissen können die Aufmerksamkeit der Suchenden effektiv auf sich ziehen. Dieser visuelle Aspekt kann dazu beitragen, Ihre Anzeigen von anderen abzuheben und das Interesse potenzieller Kunden zu wecken. Verpassen Sie nicht die Gelegenheit, Ihre Anzeigen mit Bildern zu dekorieren, ähnlich wie in Abbildung 16.64 dargestellt.

Abbildung 16.64 Anzeige mit Bilderweiterung

So fügen Sie Bilder als Erweiterung hinzu (siehe Abbildung 16.65):

1. Navigieren Sie unter KAMPAGNEN • ASSETS zu ASSETS ❶.
2. Klicken Sie in der Asset-Übersicht auf BILD ❷.
3. Anschließend klicken Sie auf den Plus-Button ❸.
4. Da Sie die Bilderweiterung nicht auf Kontoebene hinzufügen können, müssen Sie im nächsten Schritt eventuell die gewünschte Kampagne oder Anzeigengruppe bestimmen.
5. Klicken Sie dann auf + BILDER und wählen Sie das gewünschte Bild aus der Asset-Bibliothek.
6. Durch Mouse-over finden Sie einen Bearbeitungsstift zum jeweiligen Bild. Sie können das Bild somit noch zuschneiden.
7. Zum Schluss übernehmen Sie die bearbeitete Auswahl, indem Sie auf SPEICHERN klicken.

Neben der direkten Auswahl der Bilder aus der Asset-Bibliothek können Sie auch Bilder in die Bibliothek hochladen, um sie später zu verwenden:

- HOCHLADEN: Laden Sie Bilder von Ihrem Computer in die Bibliothek hoch.
- WEBSITE ODER SOZIALE NETZWERKE: Geben Sie eine Website vor, die das Google-Tool automatisch scannt, damit Sie die gefundenen Bilder in die Bibliothek hochladen können.
- KOSTENLOSE STOCKFOTOS: Wählen Sie aus einer Auswahl von Stockfotos, falls Sie keine eigenen Bilder haben.

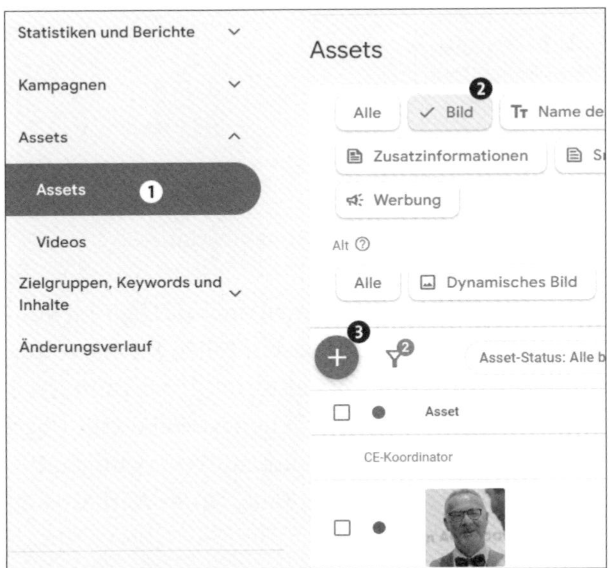

Abbildung 16.65 Bild-Assets im Ads-Konto hinzufügen

16.14.4 Name des Unternehmens und Firmenlogo

In den SERPs erscheinen immer öfter auch der passende Firmenname und ein Logo in den Suchergebnissen (siehe Abbildung 16.66). Dies gilt sowohl für organische als auch für bezahlte Anzeigen. Während Google für die SEO-Ergebnisse Informationen und Logo-Dateien aus dem Quellcode der Website verwendet, müssen Sie im Google-Ads-Konto diese Informationen für Ihre Anzeigen selbst hinterlegen.

Abbildung 16.66 Name und Firmenlogo in der Anzeige

Um diese Informationen hinzuzufügen, gehen Sie wie folgt vor:

1. Navigieren Sie unter KAMPAGNEN • ASSETS zu ASSETS.
2. Wählen Sie aus der Übersicht nacheinander zum einen NAME DES UNTERNEHMENS und dann im nächsten Durchgang FIRMENLOGO aus (siehe Abbildung 16.67).
3. Anschließend klicken Sie jeweils auf den Plus-Button und fügen den Namen und das Logo hinzu.

Abbildung 16.67 Unternehmensname und Firmenlogo unter Assets einfügen

Beachten Sie, dass es am besten ist, den Unternehmensnamen und das Logo auf Kontoebene hinzuzufügen, da diese Erweiterungen in den meisten Fällen für alle Anzeigen im Konto gelten. Zusätzlich müssen Sie möglicherweise eine Überprüfung des Werbetreibenden durchführen, falls dies noch nicht geschehen ist. Bei dieser Überprüfung müssen Sie mithilfe eingescannter, offizieller Dokumente den richtigen Unternehmensnamen und die verantwortliche Person für die Zahlung der Werbekosten offenlegen.

Den Unterpunkt ÜBERPRÜFUNG DES WERBETREIBENDEN finden Sie auch unter ABRECHNUNG in Ihrem Google-Ads-Konto (siehe Abbildung 16.68).

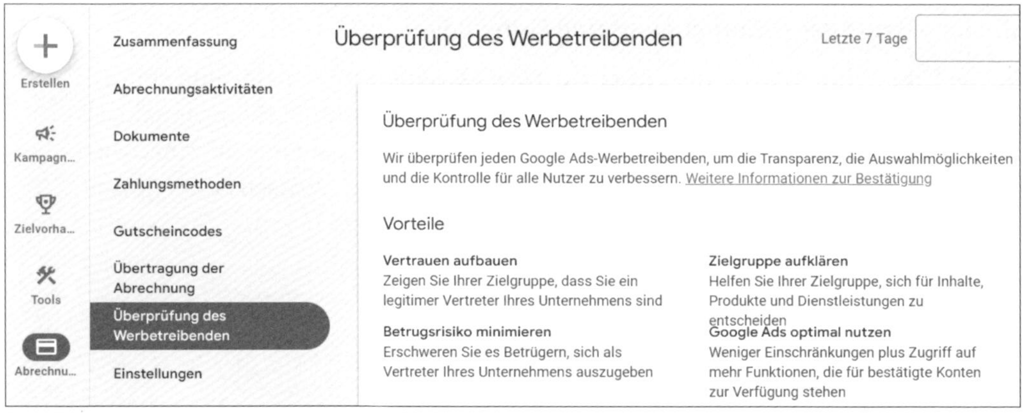

Abbildung 16.68 Überprüfung des Werbetreibenden durchführen

16.14.5 Snippet-Erweiterung

Die Snippet-Erweiterung ist ein Asset-Typ, bei dem Google im Ads-Konto noch den Begriff »Erweiterung« beibehalten hat. Snippets sind spezielle Aufzählungen ❶ (siehe Abbildung 16.69), die Sie unter einem übergeordneten Kopfzeilentyp (einer Überschrift) Ihren Anzeigen hinzufügen können. Als Kopfzeilentyp können Sie aus verschiedenen Optionen wie AUSSTATTUNGEN, DIENSTLEISTUNGEN, KURSE ❷, MARKEN bis hin zu VORGESTELLTE HOTELS und vielen anderen wählen. Es ist wichtig zu beachten, dass Sie diese Erweiterung nur nutzen sollten, wenn einer der verfügbaren Überschriften auch zu Ihren Produkten oder Dienstleistungen passt.

Auch die Snippets fügen Sie über den bekannten Weg hinzu:

1. Navigieren Sie unter KAMPAGNEN • ASSETS zu ASSETS.
2. Wählen Sie aus der Übersicht SNIPPET-ERWEITERUNG.
3. Klicken Sie anschließend auf den Plus-Button.
4. Im neuen Fenster wählen Sie zunächst die Ebene (KONTO/KAMPAGNE/ANZEIGENGRUPPE) und dann die Sprache ❸ des Kopfzeilentyps aus.
5. Bestimmen Sie über die Drop-down-Liste den Kopfzeilentyp (Überschrift) – in unserem Beispiel haben wir KURSE ❷ ausgewählt.
6. Nach Festlegung der Überschrift füllen Sie die einzelnen Formularfelder ❹ mit passenden Werten zur Überschrift.
7. Sie können neben den vier Vorgaben noch weitere Werte hinzufügen ❺. Beachten Sie, dass diese Werte am Ende in der Anzeige abgeschnitten werden, falls die Snippet-Erweiterung zu lang ist.
8. Bestätigen Sie Ihre Snippet-Erweiterung am Ende durch Klick auf SPEICHERN.

16

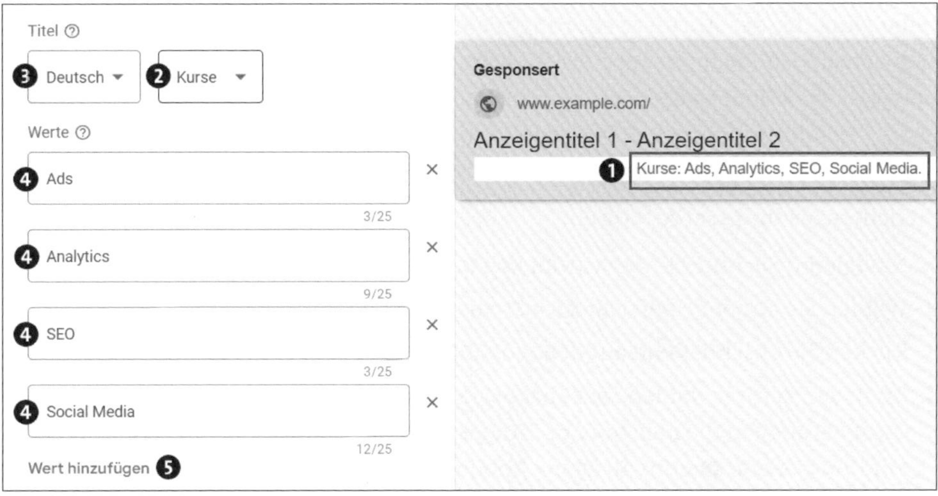

Abbildung 16.69 Snippet-Erweiterung im Ads-Konto und als Vorschau

16.14.6 Anruferweiterung hinzufügen

Die Anruferweiterung ermöglicht Ihnen, eine Telefonnummer in Ihre Anzeigen einzubinden. Auf Desktop-Computern wird die Telefonnummer dann innerhalb der Anzeige eingeblendet. Mobile Nutzer haben auf Smartphones die Möglichkeit, mit einem Tipp auf den Anruf-Button mit dem Hinweis ANRUFEN (siehe Abbildung 16.70) direkt aus der Anzeige heraus einen Anruf zu starten.

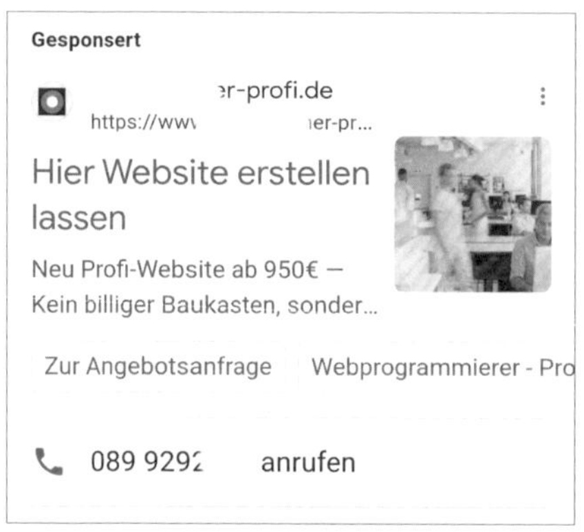

Abbildung 16.70 Anzeigen mit Anruferweiterung inklusive Anruf-Button auf dem Smartphone

Bei einem Anruf fallen die gleichen Kosten an wie bei einem Klick auf die Anzeige; die reine Nutzung der Anruferweiterung bleibt kostenfrei. Anruferweiterungen lassen sich sowohl im Suchnetzwerk als auch im Displaynetzwerk einsetzen. Im Displaynetzwerk funktionieren sie jedoch nur auf Smartphones, es werden keine zusätzlichen Telefonnummern auf Desktop-Computern zu Ihrer Displayanzeige hinzugefügt.

So richten Sie Ihr Asset ANRUF ein:

1. Navigieren Sie unter KAMPAGNEN • ASSETS zu ASSETS.
2. Wählen Sie aus der Übersicht ANRUF aus.
3. Klicken Sie anschließend auf den Plus-Button.
4. Im neuen Fenster wählen Sie zunächst die Ebene (KONTO/KAMPAGNE/ANZEIGENGRUPPE) aus. Für die meisten Ads-Nutzer ist die Einrichtung einer Telefonnummer auf Kontoebene ❶ sinnvoll (siehe Abbildung 16.71). Es kann jedoch auch individuelle Telefonnummern für bestimmte Produktbereiche geben.
5. Wählen Sie die Option NEU ERSTELLEN ❷, wenn es sich um die Anlage einer neuen Telefonnummer handelt. Andernfalls greifen Sie immer auf VORHANDENE VERWENDEN zurück!

6. Bestimmen Sie das Land ❸ für Ihre Telefonnummer und geben Sie dann die TELEFONNUMMER ❹ ohne Ländervorwahl analog zum angezeigten Beispiel ein.
7. Unter CONVERSION-AKTION können Sie den Anruf mit einer Anruf-Conversion aus Ihrem Ads-Konto verknüpfen ❺.

Anmerkung

ANRUFE ÜBER ANZEIGEN ist dabei die Standard-Conversion für diesen Fall. Weiter unten zeigen wir Ihnen noch, wie Sie eine eigene Anruf-Conversion für diesen Zweck anlegen können.

8. Nach dem Klick auf ERWEITERTE OPTIONEN ❻ können Sie noch eine Zeitplanung einstellen ❼. Bei der Erweiterung ANRUF ist es möglicherweise sinnvoll, die Telefonnummer nur einzublenden, wenn das Büro oder Callcenter besetzt ist.
9. Per Klick auf ZEITPLAN HINZUFÜGEN ❽ können Sie weitere individuelle Zeitfenster eingeben.
10. Zum Schluss speichern Sie die Anlage Ihrer Anruferweiterung, indem Sie auf SPEICHERN ❾ klicken.

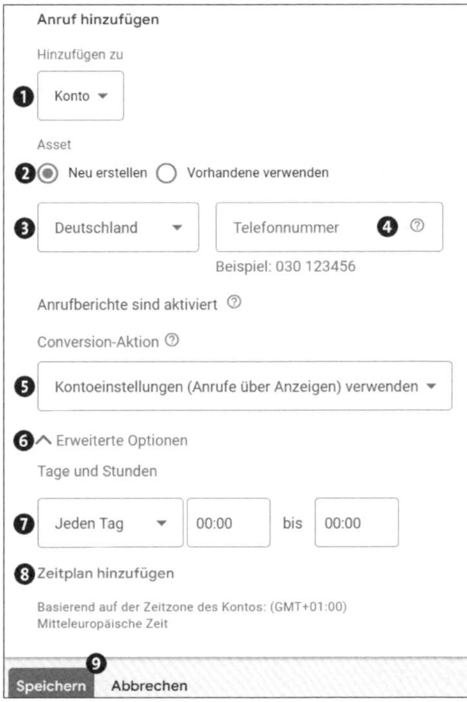

Abbildung 16.71 Fügen Sie Ihren Anzeigen das Asset »Anruf« hinzu.

Einrichten einer Anruf-Conversion unter Zielvorhaben

Um eine neue Anruf-Conversion mit eigenen Vorgaben in Ihrem Ads-Konto einzurichten, folgen Sie bitte diesen Schritten (siehe Abbildung 16.72):

1. Navigieren Sie über ZIELVORHABEN • CONVERSIONS • ZUSAMMENFASSUNG zur Anlage einer neuen Conversion.
2. Klicken Sie auf + NEUE CONVERSION-AKTION.
3. Wählen Sie dann ANRUFE mit der Option ANRUFE ÜBER NUR-ANRUFANZEIGEN ODER ANZEIGEN MIT ANRUFERWEITERUNGEN aus und klicken Sie auf WEITER.
4. Legen Sie folgende Einstellungen fest:
   - ANRUF-LEADS, PRIMÄRE AKTION ❶
   - Geben Sie einen individuellen Namen für das Telefon-Tracking ein ❷.
   - Vergeben Sie gegebenenfalls einen fiktiven Wert ❸ für die Anrufaktion.
   - Stellen Sie die gewünschte Mindestdauer ❹ des Anrufs ein, um versehentliche Anrufe herauszufiltern.
5. Speichern Sie Ihre Einstellungen mit ERSTELLEN UND FORTFAHREN ❺ ab.

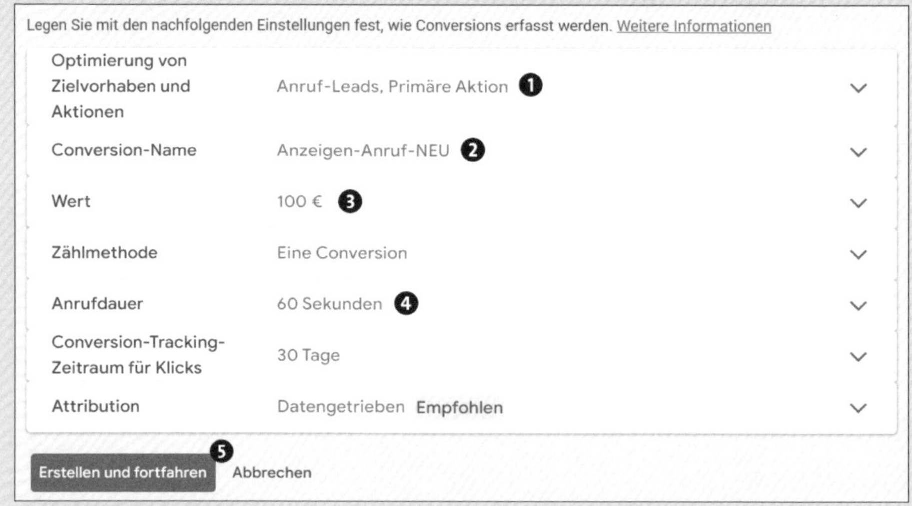

Abbildung 16.72 Anlage einer Anruf-Conversion unter »Conversions«

Nach Anlage Ihrer neuen Conversion können Sie diese mit Ihrer Anruferweiterung beim Unterpunkt CONVERSION-AKTION verknüpfen. So können Sie dem Anrufklick einen eigenen Conversion-Wert zuordnen und beispielsweise eine andere Anrufdauer mit einer bestimmten Anrufaktion verbinden.

Möchten Sie die Leistung Ihrer Anruferweiterung analysieren, rufen Sie via KAMPAGNEN • STATISTIKEN UND BERICHTE den BERICHTSEDITOR auf. Im Berichtseditor finden Sie beim Unterpunkt ANZEIGEN UND ASSETS das Berichtstemplate ANRUFDETAILS (siehe Abbildung 16.73).

Diesen Bericht können Sie nach Ihren Wünschen gestalten. Sie finden dort unter anderem folgende Spalten für Ihre Auswertung:

- STARTZEIT (mit Datum und Stunde)
- DAUER (SEKUNDEN)
- LANDESVORWAHL DES ANRUFERS
- ORTSVORWAHL DES ANRUFERS
- STATUS (angenommen oder nicht angenommen)
- QUELLE DES ANRUFS (z. B. Anzeige)
- ANRUFTYP (Click-to-Call oder manuell gewählt)
- KAMPAGNE
- ... und vieles mehr.

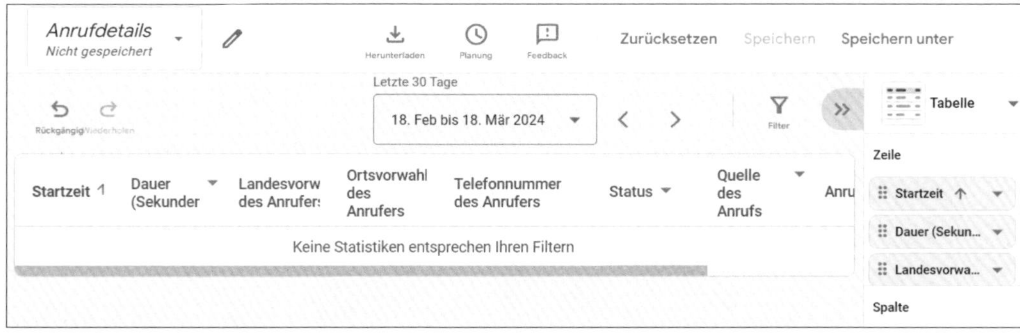

Abbildung 16.73 Bericht im »Berichtseditor« zu »Anrufdetails«

Anrufdetails als Berichtsspalten

Außer im Bericht ANRUFDETAILS im BERICHTSEDITOR können Sie sich bestimmte Anrufdetails auch direkt in Ihrer Kampagnen- oder Anzeigengruppenansicht anzeigen lassen, indem Sie bei dem jeweiligen Bericht auf SPALTEN • SPALTEN ANPASSEN klicken und dann unter ALLE SPALTEN • ANRUFDETAILS die gewünschten Spalten für die Anrufe auswählen.

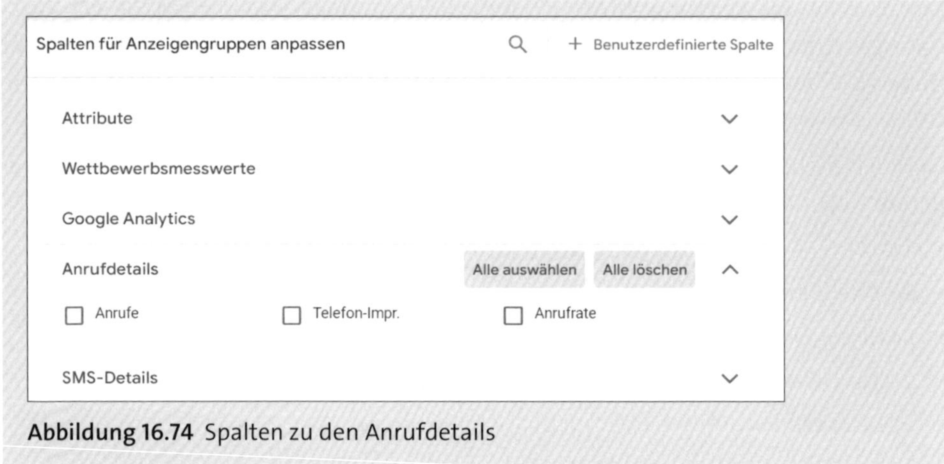

Abbildung 16.74 Spalten zu den Anrufdetails

Sie können zudem auch mithilfe der Segmentierung Ihrer Ads-Berichte erfahren, wie sich die Anruferweiterungen auswirken. Wenn Sie das Segment KLICKTYP (siehe Abbildung 16.75) für Kampagnen oder auch Anzeigengruppen nutzen, sehen Sie, wie viele Nutzer via Click-to-Call Kontakt mit Ihnen aufgenommen haben.

Abbildung 16.75 Segmentierung nach »Klicktyp«

16.14.7 Lead-Formular

Ähnlich wie die Anruferweiterung, die direkt aus der Anzeige heraus gestartet wird, gibt es auch die Möglichkeit, Lead-Formulare als Asset einer Anzeige hinzuzufügen.

Diese Formulare ermöglichen den Nutzern, direkt über die Anzeige mit einem Unternehmen zu interagieren – siehe Beispielvorschau in Abbildung 16.76. Anstatt auf die Website zu gehen, können die Nutzer innerhalb der Anzeige ein Formular ausfüllen und so beispielsweise Informationen anfordern, Angebote einholen oder Kontakt aufnehmen. Dies ist aus unserer Sicht jedoch auch der große Nachteil dieser Assets. Im Normalfall wird die Google-Suche genutzt, um Produkte, Dienstleistungen oder Unternehmen zu finden, um sich dann auf der Website ein Bild zu machen. Dies entfällt bei einer Anfrage direkt aus der Anzeige heraus. Nach unseren Erfahrungen wird daher das Lead-Formular, von dem Google sehr überzeugt ist, zumindest im deutschsprachigen Raum von Google-Nutzern nur sehr selten bis gar nicht genutzt.

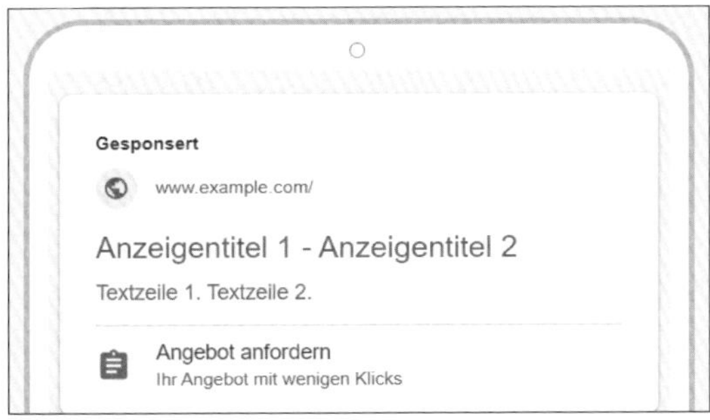

Abbildung 16.76 Vorschau: Lead-Formular-Asset in einer Ads-Anzeige (mobiles Endgerät)

Möchten Sie das Lead-Formular dennoch einmal austesten, gehen Sie folgendermaßen vor:

1. Navigieren Sie unter KAMPAGNEN • ASSETS zu ASSETS.
2. Wählen Sie aus der Übersicht LEAD-FORMULAR (siehe Abbildung 16.77) aus.

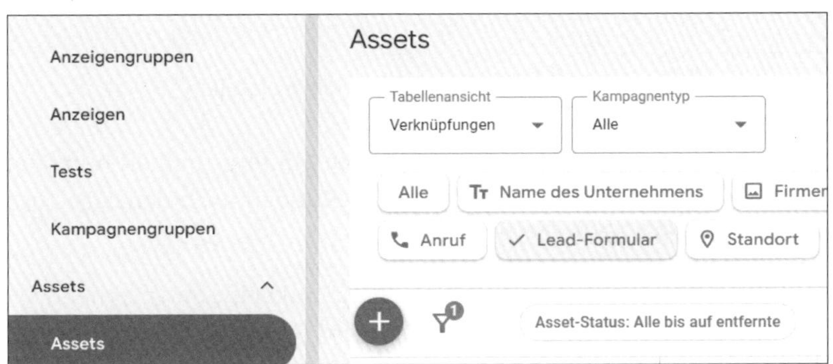

Abbildung 16.77 »Lead-Formular« als Asset auswählen

3. Klicken Sie anschließend auf den Plus-Button.

4. Im neuen Fenster wählen Sie zunächst die Ebene (KONTO oder KAMPAGNE) und dann eventuell die gewünschte Kampagne aus.
5. Unter der Option NEU ERSTELLEN können Sie Ihr Formular anlegen.
6. Gestalten Sie Ihr Formular mit einer Überschrift, Ihrem Unternehmensnamen und den gewünschten Fragen, die Ihre Kunden beantworten sollen.

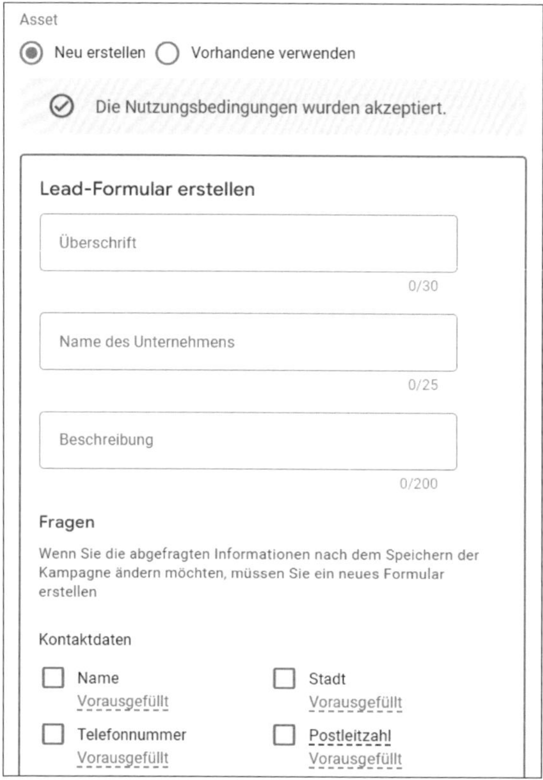

Abbildung 16.78 Lead-Formular mit verschiedenen Feldern erstellen

7. Sie können zudem eigene Fragen formulieren, ein Hintergrundbild hinzufügen und den Bestätigungstext, den Ihre potenziellen Kunden nach dem Abschicken des Formulars erhalten, gestalten.

Auf der rechten Seite erhalten Sie für jeden einzelnen Punkt eine entsprechende Vorschau, damit Sie genau nachvollziehen können, wie Ihr Formular für Ihre Zielgruppe dargestellt wird.

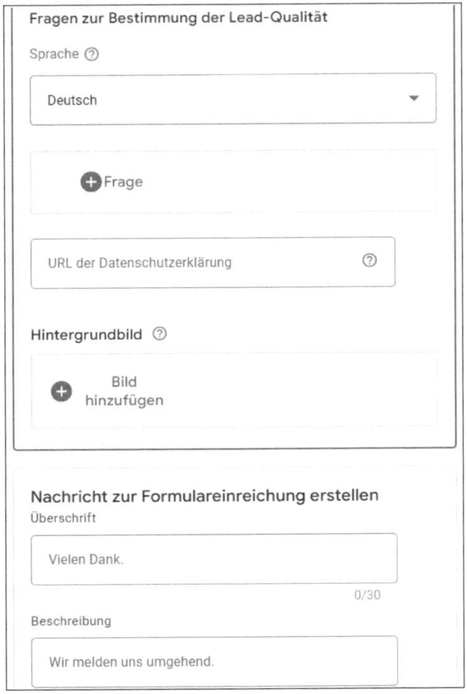

Abbildung 16.79 Link zu Datenschutzerklärung und Bestätigungstext hinzufügen

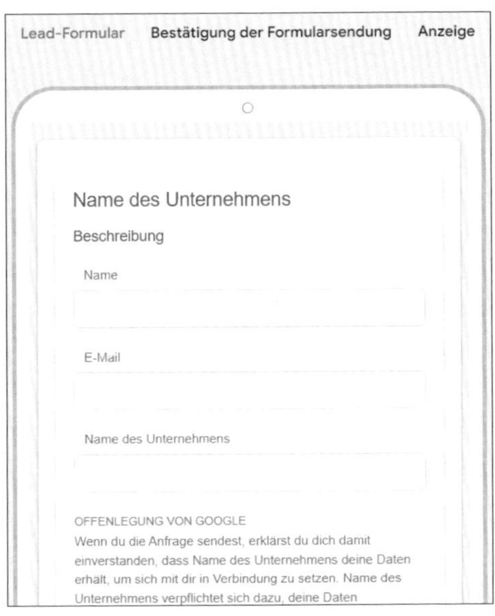

Abbildung 16.80 Vorschau eines Lead-Formulars im Ads-Konto

Lead-Export

Sie können das Lead-Formular zu Ihrer Anzeige mit Ihrem CRM-System verknüpfen und die gewonnenen Leads automatisch exportieren.

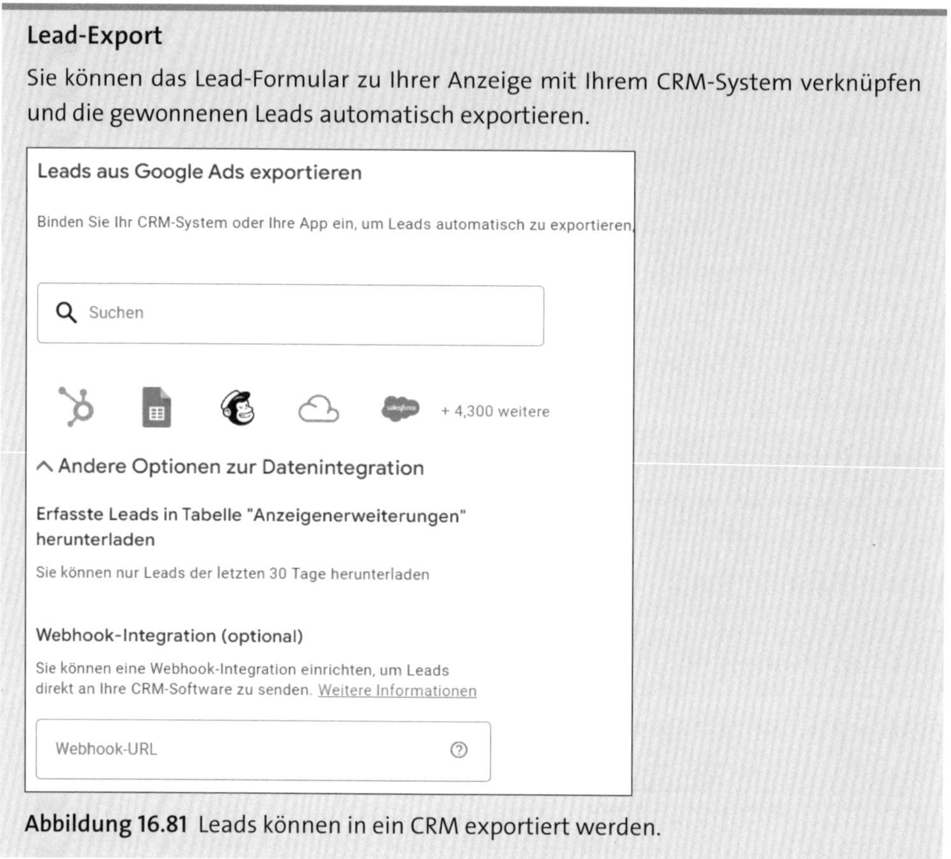

Abbildung 16.81 Leads können in ein CRM exportiert werden.

16.14.8 Standort hinzufügen

Mithilfe des Assets STANDORT fügen Sie Ihrer Anzeige die Adresse Ihres nächstgelegenen Unternehmensstandorts hinzu. Diese Adresse wird zum einen unterhalb Ihrer Anzeige bei Suchenden in der Region Ihres Standorts (bis ca. 60 Kilometer) angezeigt (siehe Abbildung 16.82), zu anderen wird die Anzeige bei der Suche in Google Maps in der Werbung angezeigt und auf der Landkarte mit einem speziellen Icon markiert (siehe Abbildung 16.83).

Versäumen Sie es unter keinen Umständen, diese Erweiterung einzurichten, wenn Sie über einen Unternehmensstandort verfügen, den Ihre Kunden besuchen können. Denn insbesondere von unterwegs sucht der User oft nach lokalen Geschäften – mit dem Asset STANDORT leiten Sie potenzielle Kunde einfach zu Ihrem Geschäft.

Abbildung 16.82 Asset-Standort und Click-to-Call-Button zu lokaler Anfrage

Abbildung 16.83 Anzeigen mit Standorterweiterung in Google Maps

Das Asset STANDORT fügen Sie ebenfalls nach bekannter Vorgehensweise hinzu:

1. Navigieren Sie unter KAMPAGNEN • ASSETS zu ASSETS.
2. Wählen Sie aus der Übersicht STANDORT aus.
3. Klicken Sie anschließend auf den Plus-Button.
4. Für die meisten Nutzer ist eine Verknüpfung des Standorts auf Kontoebene am besten geeignet. Sie können jedoch auch mehrere Standorte verknüpfen.

Die Verknüpfung erfolgt mit dem kostenlosen lokalen Brancheneintrag *Google Unternehmensprofil* – auch bekannt unter der früheren Bezeichnung *Google My Business* (*https://www.google.com/intl/de_de/business/*). Die Verknüpfung gelingt am besten, wenn der Google-Ads-Administrator auch Administratorrechte für das Google Unternehmensprofil besitzt. Ist dies nicht der Fall, muss aus dem Google-Ads-Konto heraus eine Anfrage an die E-Mail-Adresse des Administrators für das Unternehmensprofil gestellt werden.

Standorterweiterungen funktionieren im gesamten Suchnetzwerk, d. h. im Google-Suchnetzwerk und im Google-Partner-Suchnetzwerk. Auch im Displaynetzwerk können Textanzeigen durch Standorterweiterungen ergänzt werden.

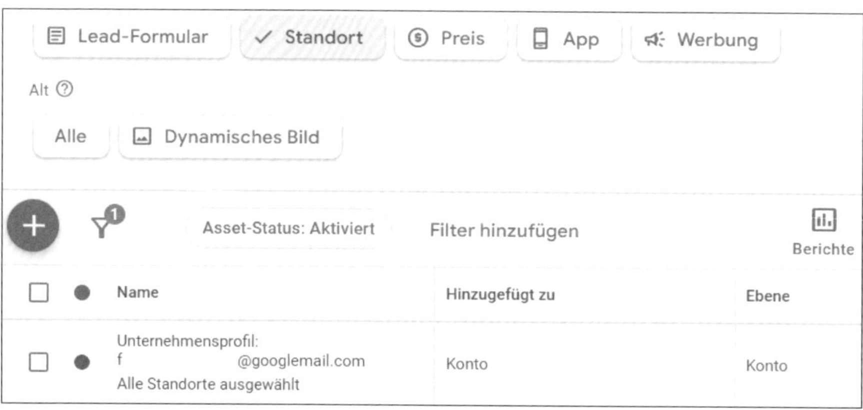

Abbildung 16.84 Standort-Asset über Unternehmensprofil einbinden

16.14.9 Preise – Angebote zur Textanzeige hinzufügen

Möchten Sie Ihre attraktiven Preise direkt in der Anzeige präsentieren, um die Sichtbarkeit für potenzielle Kunden zu erhöhen? Mit dem Asset PREIS können Sie Ihre Preise in die Anzeige integrieren und so mehr Platz auf der Suchergebnisseite einnehmen. Dies ermöglicht Ihrer Anzeige, sich von anderen abzuheben. Ein häufiges Gegenargument bezieht sich darauf, dass die eigenen Preise möglicherweise nicht so attraktiv sind und man lieber mit Qualität anstatt mit Preisen werben möchte. Selbst in solchen Situationen können Sie die Preiserweiterung nutzen. Denn auch für kostenlose Dienstleistungen oder Informationsmaterial können Sie, wie im Beispiel in Abbildung 16.85 zu sehen ist, Ihrer Anzeige mithilfe der Preiserweiterung einen Preis von 0,00 € hinzufügen.

Auf Smartphones werden die Preise unterhalb der Anzeigen meist in Form einer Karusselldarstellung präsentiert. Die Angebote können von Google-Nutzern durchsucht werden, indem sie nach links geschoben werden. Auf Desktop-Computern wird ein Preis direkt unter der Anzeige platziert, während weitere Angebote nach einem Klick auf MEHR sichtbar werden. Es ist wichtig zu beachten, dass Sie mindestens drei

Preisangaben als Asset hinzufügen müssen, damit Google das Asset einer Anzeige hinzufügt.

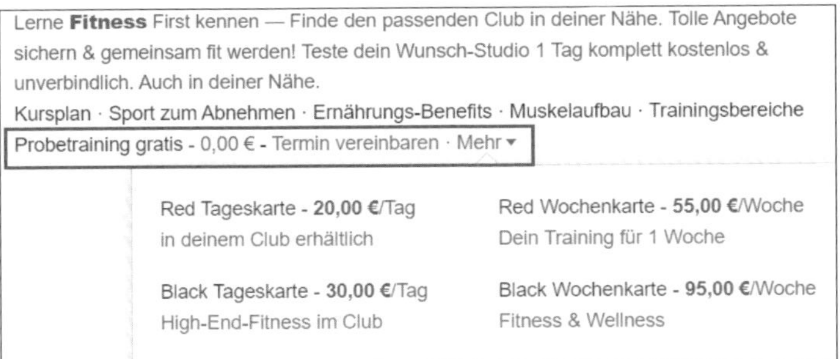

Abbildung 16.85 Preiserweiterung in der Ads-Anzeige

Ein Asset vom Typ Preis fügen Sie folgendermaßen Ihrer Anzeige hinzu (siehe Abbildung 16.85):

1. Navigieren Sie unter Kampagnen • Assets zu Assets.
2. Wählen Sie aus der Übersicht Preis aus.
3. Klicken Sie anschließend auf den Plus-Button.
4. Im neuen Fenster wählen Sie die gewünschte Ebene (Konto/Kampagne/Anzeigengruppe) aus.
5. Wählen Sie Neu erstellen und dann die Sprache, z. B. Deutsch aus.
6. Ein Preis-Asset können Sie auf Grundlage folgender Informationen ganz individuell auf Ihre Bedürfnisse und Ihre Ideen abstimmen. Sie können diese Infos hinzufügen:
   - Typ (Marken, Veranstaltungen, Dienstleistungen u. v. m.)
   - Währung
   - Preiskennzeichner (Ab, Bis, Durchschnitt)
   - Titel
   - Preis
   - Einheit (pro Stunde, pro Tag, pro Woche u. v. m.)
   - Textzeile
   - Finale URL

Fügen Sie nach diesem Schema mindestens drei Preis-Assets hinzu und bestätigen Sie danach Ihre Einstellungen durch einen Klick auf Speichern.

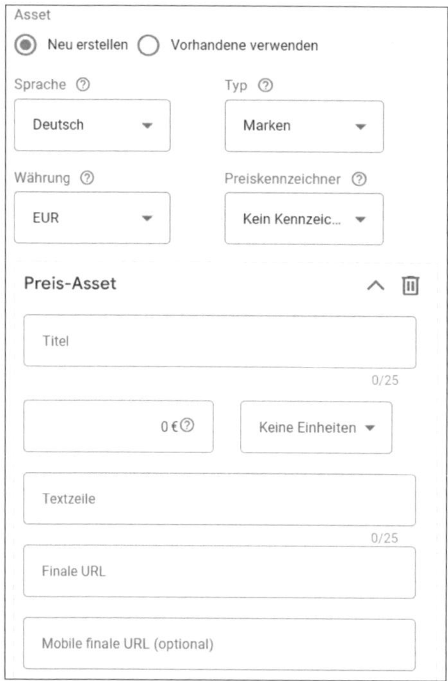

Abbildung 16.86 Asset »Preis« zur Anzeige hinzufügen

16.14.10 App-Erweiterung: Smartphone-User zum App-Store führen

Wenn Sie über eine eigene App verfügen, sollten Sie die App-Erweiterung in Ihre Anzeigen einbauen. Ein separater Hinweis mit Link unter Ihrer Anzeige (siehe Abbildung 16.87) leitet den Google-User sofort in den App-Store von Apple bzw. zu Google Play, wo er sich Ihre App herunterladen kann. Bei einem Klick auf den Anzeigentitel landet er hingegen auf Ihrer Website. Sie zahlen dabei, wie üblich, nur den Klick.

Ein Asset vom Typ APP fügen Sie auf folgende Weise Ihrer Anzeige hinzu:

1. Navigieren Sie unter KAMPAGNEN • ASSETS zu ASSETS.
2. Wählen Sie aus der Übersicht APP aus.
3. Klicken Sie anschließend auf den Plus-Button.
4. Im neuen Fenster wählen Sie die gewünschte Ebene (KONTO/KAMPAGNE/ANZEIGENGRUPPE) aus.
5. Wählen Sie NEU ERSTELLEN, falls Sie Ihre App noch nicht hinzugefügt haben.
6. Dann bestimmen Sie per Auswahl des entsprechenden Radiobuttons die Plattform Ihrer App: ANDROID oder IOS.

7. Im nächsten Schritt geben Sie den Namen Ihre App ein oder suchen danach.
8. Wählen Sie aus den Ergebnissen die richtige App aus und vergeben Sie noch einen LINKTEXT.
9. Ihre Eingaben bestätigen Sie zum Schluss wieder mit SPEICHERN.

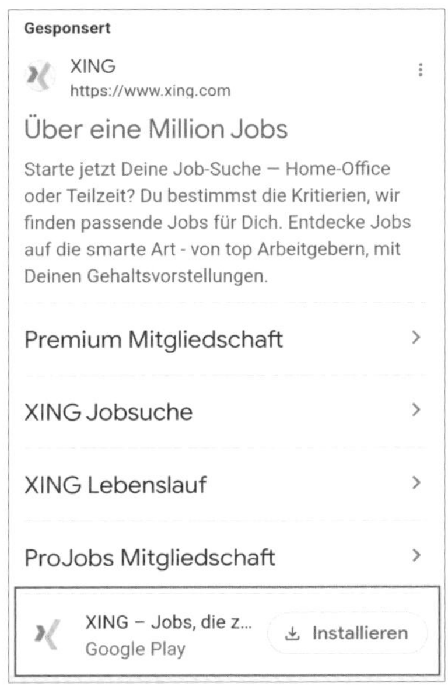

Abbildung 16.87 App-Erweiterung

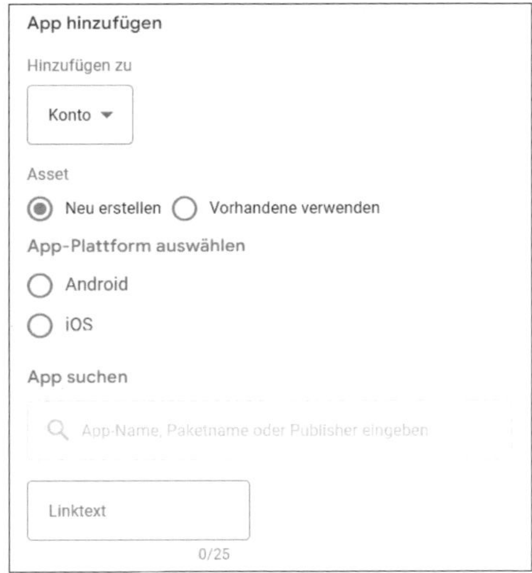

Abbildung 16.88 Asset vom Typ »App«

Tipp: Google erkennt das Betriebssystem des Users

Ist Ihre App mit beiden Betriebssystemen kompatibel, sollten Sie je eine App pro Betriebssystem anlegen. Das Google-Ads-System erkennt automatisch, von welchem Betriebssystem und welchem Gerät aus der User sucht, und zeigt ihm die passende App an.

Für Werbetreibende mit einer App im Angebot ist diese Anzeigenerweiterung eine komfortable Lösung, um die Nutzer innerhalb ihrer Anzeigen auf diese App aufmerksam zu machen.

16.14.11 Werbung – Rabatte zeigen

Es begann mit dem *Black Friday*, gefolgt vom *Cyber Monday* – die Rabattschlacht im Internet. Aber nicht nur für solche Anlässe, sondern auch für viele weitere (Frühlings-Sale, Ostern, Muttertag etc.) bietet Google Ads eine Erweiterung für Anzeigen an (siehe Abbildung 16.89). Sie können zudem Werbeaktionen mit entsprechenden Rabatten und prozentualen Nachlässen auch ohne konkreten Anlass hinzufügen. Dadurch erhöhen Sie die Aufmerksamkeit potenzieller Kunden. Denken Sie jedoch daran, diese Erweiterungen nur zu nutzen, wenn Sie tatsächlich eine entsprechende Aktion bewerben möchten – und nicht nur, um einen Rabatt anzugeben und die Funktion zu nutzen.

Abbildung 16.89 Asset vom Typ »Werbung«: Frühjahrsangebote für Reifen

Nach dem Praxisbeispiel werfen wir auch hier noch einmal einen Blick ins Ads-Konto und schauen, wie wir eine solche Werbung anlegen:

1. Navigieren Sie unter Kampagnen • Assets zu Assets. Wählen Sie aus der Übersicht Werbung aus.
2. Klicken Sie anschließend auf den Plus-Button.
3. Im neuen Fenster wählen Sie die gewünschte Ebene (Konto/Kampagne/Anzeigengruppe) aus.

4. Wählen Sie NEU ERSTELLEN aus, um eine neue Werbeaktion zu erstellen.
5. Beim nächsten Punkt bestimmen Sie den ANLASS für die Werbeaktion – in unserem Beispiel BLACK FRIDAY (siehe Abbildung 16.90). Sie können alternativ die Einstellung auch auf KEINE ANGABE belassen, dann wird kein spezieller Anlass in dem Asset angezeigt. Dennoch können Sie auch mit dieser Einstellung eine Werbeaktion erstellen.
6. Fügen Sie folgende Informationen für Ihre Werbekampagne hinzu:
   - SPRACHE
   - WÄHRUNG
   - TYP DER WERBEAKTION – z. B. Rabatt (Geldbetrag) oder Rabatt (Prozentwert) etc.
   - einen Geldbetrag oder einen Prozentsatz
   - ARTIKEL – Bezeichnung des Produkts oder der Dienstleistung
   - FINALE URL zum genannten Artikel

Optional können Sie zum Schluss unter DETAILS DER WERBEAKTION einen Gutscheincode oder bestimmte Bedingungen hinterlegen. Im Anschluss können Sie die Werbung mit Start- und Enddatum auf einen bestimmten Zeitraum begrenzen.

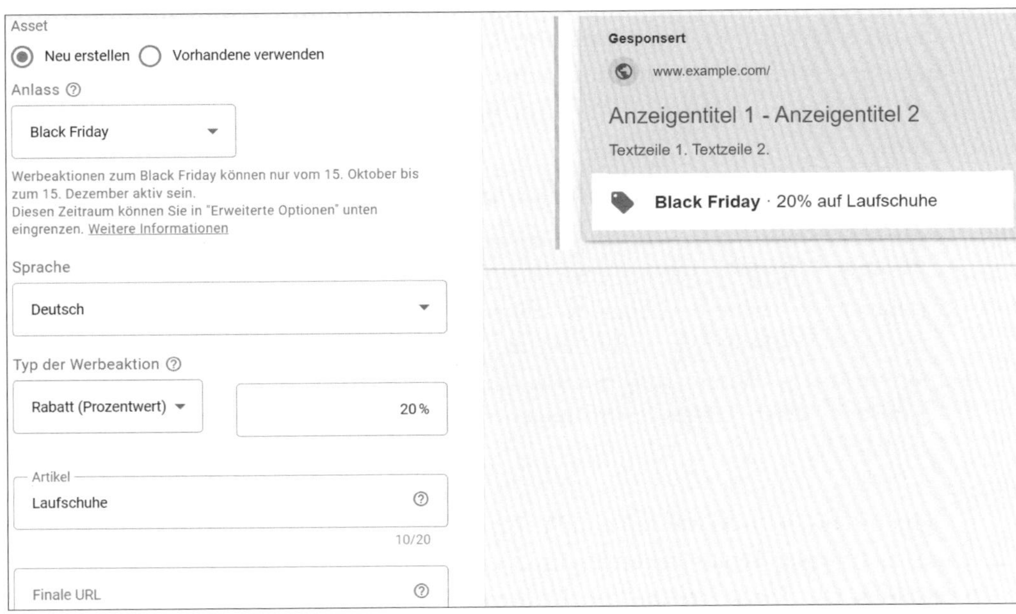

Abbildung 16.90 Anlage einer Werbung: »Black Friday« – Angebot für »Laufschuhe« im Ads-Konto

16.14.12 Automatische Erweiterungen

Google hat im Laufe der Zeit auch immer mehr automatische Erweiterungen für Anzeigen eingeführt, die Sie im Gegensatz zu den gewöhnlichen Assets nicht aktiv einrichten können. Die automatisch erstellten Assets werden bei verschiedenen Kampagnentypen und Endgeräten ausgespielt, wenn Google dies als sinnvolle Erweiterung erachtet. Aktuell (Stand: April 2024) gibt es acht dieser automatischen Erweiterungen:

- Dynamische Sitelinks
- Dynamische Erweiterungen mit Zusatzinformationen
- Dynamische Snippet-Erweiterungen
- Verkäuferbewertungen
- Längerer Anzeigentitel
- Automatisch erstellte App-Assets
- Automatische erstellte Standort-Assets
- Dynamische Bilder
- Dynamische Namen von Unternehmen
- Dynamische Firmenlogos

Auf Basis des Such- und Klickverhaltens des Nutzers ermittelt Google laut eigener Aussage, welche Erweiterungen für den Google-User relevant sein könnten. Weitere Informationen und Beispiele zum Thema automatische Erweiterungen finden Sie unter:

https://support.google.com/google-ads/answer/7175034?hl=de

Beispiel: Wie wählt Google die passende Seite für dynamische Sitelinks?

Nehmen wir an, dass ein Google-Nutzer wiederholt nach Tablets gesucht und sich immer wieder zu Tablets der Firma Samsung durchgeklickt hat. Google wird dann, wenn es Ihre Anzeige diesem Google-User präsentiert, einen dynamischen Sitelink zu Ihrer Samsung-Tablet-Unterseite hinzufügen – falls Sie diese Tablets in Ihrem Shop gelistet haben.

Dynamische Sitelinks werden häufig eingesetzt, wenn statische Sitelinks fehlen oder die Leistung der dynamischen Sitelinks voraussichtlich besser ist als die der eigenen Sitelinks. Die reine Anzeige der dynamischen Sitelinks ist kostenlos, jedoch sind Klicks darauf wie alle anderen Bestandteile der Anzeige kostenpflichtig.

Wie herkömmliche Erweiterungen erhöhen auch automatische Erweiterungen die Sichtbarkeit der Anzeigen und können daher für Werbetreibende, die keine Erweiterungen eingerichtet haben, eine weniger aufwendige Alternative darstellen. Sie haben jedoch keine Kontrolle darüber, welche Linktexte und Zielseiten Google tatsächlich auswählt. Sie erhalten eine Übersicht über die automatisierten Erweiterungen unter KAMPAGNEN • ASSETS und einen Klick auf das Dreipunktemenü auf der rechten Seite in der Übersichtstabelle. Unter MEHR finden Sie den Link AUTOMATISCH ERSTELLTE ASSETS AUF KONTOEBENE. Dort erhalten Sie zwar Zahlen zu den verschiedenen automatisierten Asset-Kategorien mit unterschiedlichen Kennzahlen, allerdings wissen Sie immer noch nicht genau, welche Texte und Links Google ausgespielt hat.

Vorsicht: Rechtlich nicht ganz sicher!

Gerade auf rechtlicher Seite kann es bei der Verwendung der dynamischen Sitelinks zu Problemen kommen, wenn etwa der Name einer Marke durch einen dynamischen Sitelink in der Anzeige einer anderen Marke auftaucht oder auch nicht autorisierte Bilder in den Anzeigen erscheinen.

Die dynamischen Anzeigenerweiterungen können Sie daher wahlweise auch deaktivieren. Gehen Sie folgendermaßen vor:

1. Rufen Sie KAMPAGNEN • ASSETS auf und klicken Sie auf das Dreipunktemenü auf der rechten Seite in der Übersichtstabelle. Unter MEHR finden Sie den Link AUTOMATISCH ERSTELLTE ASSETS AUF KONTOEBENE.
2. Klicken Sie über das Dreipunkt-Menü auf der rechten Seite oberhalb der Tabelle auf MEHR • ERWEITERTE OPTIONEN.
3. Wählen Sie in der Kopfnavigation den Tab EINSTELLUNG FÜR AUTOMATISCH ERSTELLTE ASSETS AUF KONTOEBENE.
4. Klicken Sie auf die gewünschte Erweiterung aus der Liste und wählen Sie die Option DEAKTIVIERT per Radiobutton. Dieser Vorgang muss für jede Erweiterung einzeln durchgeführt werden.
5. Fügen Sie eine Begründung für die Deaktivierung hinzu und bestätigen Sie diese zum Schluss per Klick auf SPEICHERN.

16.14.13 Sterne in den Anzeigen: Verkäuferbewertungserweiterung

Ein sehr vertrauenswirksames Feature sind die kleinen Sterne, die durch die *Verkäuferbewertung*, auch *Seller-Rating* genannt, in Ihre Anzeige eingebettet werden (siehe Abbildung 16.91).

Abbildung 16.91 Verkäuferbewertung als Asset in einer Anzeige

Verschiedene Arten von Bewertungen

Bewertungen in Form von Sternen sind an verschiedenen Stellen in den Google-SERPs zu finden:

- Sterne in den organischen Ergebnissen
- Sterne in den Shopping-Ergebnissen
- Sterne im Unternehmensprofil
- Sterne als Verkäuferbewertungen unter bezahlten Ergebnissen

Es ist daher wichtig zu verstehen, dass die angezeigten Sterne aus verschiedenen Quellen stammen und es keine direkten Zusammenhänge zwischen ihnen gibt. Gleichzeitig zeigt dies, wie wichtig Google das Thema ist, da Sterne an vielen verschiedenen Stellen eingeblendet werden.

Ein Vergleich aus der Recherche nach Live-Beispielen für dieses Buch zeigt anschaulich, dass die Sterne unter der Google-Ads-Anzeige (siehe Abbildung 16.91) nicht die gleiche Grundlage haben wie die Sterne aus dem Firmenprofil für dasselbe Unternehmen (Abbildung 16.92).

Abbildung 16.92 Sternebewertung im »Unternehmensprofil« – früher »Google My Business«

Seller-Ratings in den SERPs

Wie kann ein Unternehmen die Assets mit den gelben Sternen erhalten? Möglicherweise wundern Sie sich, dass Ihnen diese Erweiterung unter ASSETS nicht angezeigt wird.

Die Verkäuferbewertungen gehören, wie bereits erwähnt, zu den automatischen Erweiterungen, die Sie nicht manuell über die Google-Ads-Oberfläche einrichten können. Die Bewertungen werden aus verschiedenen Quellen gesammelt, und Google zeigt die Verkäuferbewertungen automatisch bei Suchnetzwerk-Kampagnen an, sobald mindestens 100 Rezensionen von verschiedenen Nutzern aus einem Land in den letzten zwölf Monaten vorliegen. Zusätzlich muss die durchschnittliche Gesamtbewertung mindestens 3,5 Sterne betragen. Der Durchschnitt der Bewertungen wird dann in Form der bekannten 1 bis 5 Sternchen in Ihren Anzeigen eingeblendet. Sie werden jedoch keine Sterne in den Google-SERPs bei den Anzeigen finden, die unter 3,5 Sternen liegen. Dies wird von Google nicht angezeigt, was mit Blick auf die Klicks, mit denen Google Geld verdient, auch Sinn ergibt.

Um festzustellen, ob Sie bereits über genügend Bewertungen für eine Anzeige verfügen, können Sie die URL

https://www.google.com/shopping/ratings/account/lookup?q={IhreWebsite}

aufrufen, wobei Sie *IhreWebsite* durch Ihre Domain ersetzen. Bitte beachten Sie, dass Sie selbst dann, wenn Sie alle Voraussetzungen erfüllen, nicht automatisch bei jeder Anzeigenauslieferung auch mit den Verkäuferbewertungen ausgespielt werden. Die Statistik zu den angezeigten VERKÄUFERBEWERTUNGEN finden Sie unter KAMPAGNEN • ASSETS • AUTOMATISCH ERSTELLTE ASSETS AUF KONTOEBENE.

Quellen für Verkäuferbewertungen

Google übernimmt die Bewertungen unverändert von verschiedenen unabhängigen Bewertungsportalen, wie zum Beispiel *Ausgezeichnet.org*, *eKomi*, *Trustpilot* und *Trusted Shops*, um nur die bekanntesten zu nennen.

Darüber hinaus bietet Google selbst ein kostenloses Programm namens *Google Kundenrezensionen* an. Über dieses Programm können Rezensionen nach dem Kauf erfasst werden. Sie benötigen dazu einen Webshop und ein Google Merchant Center.

Weitere Informationen zu den Quellen für Verkäuferbewertungen sowie zu Google Kundenrezensionen finden Sie unter:

https://support.google.com/google-ads/answer/2375474

Die Seller-Ratings (= Sterne) sind mittlerweile für viele Nutzer ein bewährtes Vertrauenselement, das ihr Klickverhalten maßgeblich beeinflusst. Daher sollten Sie keinesfalls darauf verzichten, wenn Sie die Möglichkeit und die Voraussetzungen für die Verkäuferbewertungserweiterung haben.

Assets strategisch planen

Google bietet eine Fülle von Assets (Erweiterungen), die sowohl manuell konfiguriert werden können (manuelle Erweiterungen) als auch automatisch Ihren Anzeigen hinzugefügt werden (automatische Erweiterungen), wie beispielsweise die Seller-Ratings.

Angesichts der Vielzahl an manuellen Assets ist es wichtig, strategisch zu planen, welche davon für Ihr Unternehmen am besten geeignet sind. Zunächst sollten Sie offline überlegen, welche Erweiterungen Sie verwenden möchten. Danach legen Sie fest, auf welcher Ebene (also auf Konto-, Kampagnen- oder Anzeigengruppenebene) Sie die Erweiterungen hinzufügen wollen.

Es ist wichtig zu beachten, dass Sie keine direkte Kontrolle darüber haben, welche einzelnen Erweiterungen von Google verwendet werden. Sie können jedoch beeinflussen, in welchem Kontext (auf welcher Ebene) bestimmte Assets erscheinen könnten. Da Sie nicht genau wissen, welche Erweiterungen zu welchem Zeitpunkt ausgespielt werden, ist es ratsam, vor dem Erstellen der Erweiterungen eine Matrix zu erstellen, um alle Möglichkeiten zu berücksichtigen. Auf diese Weise können Ihre Anzeigen sowohl mit als auch ohne Erweiterungen überzeugend sein und die Nutzer zum Klicken animieren. Die Erweiterungen sollten sinnvolle Ergänzungen zu Ihrem Anzeigentext bieten, um zusätzliche Aufmerksamkeit und Klicks zu generieren.

Ähnlich wie bei Keywords ist es auch bei Anzeigenerweiterungen wichtig, sie entsprechend Ihren spezifischen Zielen zu nutzen. Wenn Ihr Ziel beispielsweise darin besteht, Nutzer dazu zu bewegen, Ihren Geschäftsstandort zu besuchen, eignen sich Standorterweiterungen und Erweiterungen mit Zusatzinformationen. Wenn Sie jedoch Nutzer dazu bringen möchten, eine Conversion auf Ihrer Website durchzuführen, sind Sitelink-Erweiterungen sowie Erweiterungen mit Zusatzinformationen und Snippet-Erweiterungen die beste Wahl. Eine sorgfältige Planung zahlt sich auch in diesem Bereich aus.

16.15 Optimierungen im Google Displaynetzwerk

Für die Werbung im Google Displaynetzwerk (GDN) gelten zum Teil ähnliche Optimierungsansätze wie für das Suchnetzwerk. Schauen wir uns zunächst einmal an, welche der bekannten Möglichkeiten auch für das GDN funktionieren. Folgende Optimierungsmöglichkeiten sollten Sie für das GDN beachten:

- Optimierung regionaler Ausrichtungen
- Begrenzung von Werbezeiten
- Beschränkung auf bestimmte Endgeräte
- Optimierung durch Gebotsstrategien
- Optimierung der Kampagnenbudgets

Bei den Anzeigen sind zudem alle Hinweise für die unterschiedlichen kreativen Gestaltungsmöglichkeiten für die Textbausteine der responsiven Anzeigen zu nennen. Da die Anzeigen im Displaynetzwerk jedoch nicht durch eine Suche ausgelöst werden, können Sie diese Texte ruhig etwas allgemeiner gestalten, Sie müssen sie nicht so stark auf eine bestimmte Suchphrase hin optimieren. Zudem setzt Google die responsiven Anzeigen unterschiedlich zusammen, sodass Sie nie den ganzen optimalen Text betrachten können. Bei den Möglichkeiten zur Anzeigenerweiterung ist Google im GDN etwas zurückhaltender. Zur Optimierung können Sie im GDN nur die Standort- und Telefonerweiterung nutzen.

Auf der anderen Seite können Sie im Displaynetzwerk mit Image-Anzeigen punkten und diese entsprechend optimieren. Eine Optimierungsmöglichkeit besteht zum Beispiel darin, passende emotionale Bilder und klickaktivierende Informationen einzubauen. Es ist auch sinnvoll, den Nutzen eines Besuchs der Website hervorzuheben. Wenn Sie nach den ersten Tests im GDN wichtige Placements selektiert haben, können Sie zur weiteren Optimierung auch individuelle Image-Anzeigen für die wichtigsten Placements erstellen, die zum Beispiel inhaltlich und farblich auf die jeweiligen Webseiten abgestimmt sind. Für diese Werbung würden dann eigene Anzeigengruppen erstellt werden, die eventuell jeweils nur auf ein Placement ausgerichtet sind.

Bildoptimierung mit KI

Google hat angekündigt, dass KI-Tools Einzug in das Google-Ads-Konto halten werden. Zukünftig können Sie Ihre Bilder für die responsiven Displayanzeigen auch mithilfe der KI optimieren lassen. Behalten Sie diese Möglichkeit im Blick und testen Sie die mithilfe von KI optimierten Bilder zukünftig in Ihren Displayanzeigen.

16.15.1 Optimierung durch Ausschluss

Neben der Gestaltung der Anzeigen können Sie diese im GDN auch über den Ausschluss bestimmter Parameter optimieren. Zur effizienteren Ausrichtung auf Ihre gewünschten Anzeigenziele und Ihre Zielgruppe können Sie folgende Targeting-Parameter nicht nur einschließen, sondern auch jeweils ausschließen:

- Zielgruppen
- Demografische Merkmale
- Themen
- Placements
- Keywords

Zielgruppen ausschließen

Ein ganz wichtiger Punkt zur Optimierung von Displaykampagnen ist das Ausschließen von Zielgruppen, um die Anzeigenschaltung im Displaynetzwerk effektiver zu steuern. Gehen Sie dazu folgendermaßen vor:

Navigieren Sie zu KAMPAGNEN • ZIELGRUPPEN, KEYWORDS UND INHALTE und klicken Sie dann auf ZIELGRUPPEN. Im unteren Bereich finden Sie die Option AUSSCHLÜSSE. Klicken Sie auf den Link AUSSCHLÜSSE BEARBEITEN und wählen Sie die gewünschte Ebene (KAMPAGNE oder ANZEIGENGRUPPE) aus. Beachten Sie: In den meisten Fällen ist es effizienter, die höhere Ebene, also die Kampagne zu wählen.

In der Kopfnavigation wechseln Sie auf SUCHEN und können dann Ihre unerwünschten Zielgruppen in den verschiedenen übergeordneten Gruppen recherchieren. Sie finden hier die bekannten Gruppen, die Google erstellt hat, unterteilt in diese drei Bereiche:

- Zielgruppen auf Grundlage detaillierter demografischer Merkmale
- Zielgruppen, die Interesse an bestimmten Produkten oder Dienstleistungen haben
- Zielgruppen, die durch ihr Verhalten ein starkes Kaufinteresse signalisiert haben

Zudem können Sie auch ehemalige Besucher Ihrer Website ausschließen, falls dies sinnvoll ist und Sie die Besucher im Segment mit selbst erhobenen Daten mithilfe von Retargeting-Code erfasst haben. Sie können mehrere Zielgruppen aus unterschiedlichen Bereichen mischen und sollten auch möglichst viele Zielgruppen auf diese Weise ausschließen. Mit dieser Taktik können Sie Ihre Werbung im Displaynetzwerk viel effizienter einsetzen und häufiger Ihre Zielgruppen mit den potenziellen Kunden ansprechen. Gewünschte Ausschlüsse markieren Sie per Checkbox. Die ausgewählten Zielgruppen erscheinen dann automatisch im rechten Fenster unter AUSGEWÄHLT. Durch einen Klick auf SPEICHERN schließen Sie den Ausschluss der unpassenden Zielgruppen ab.

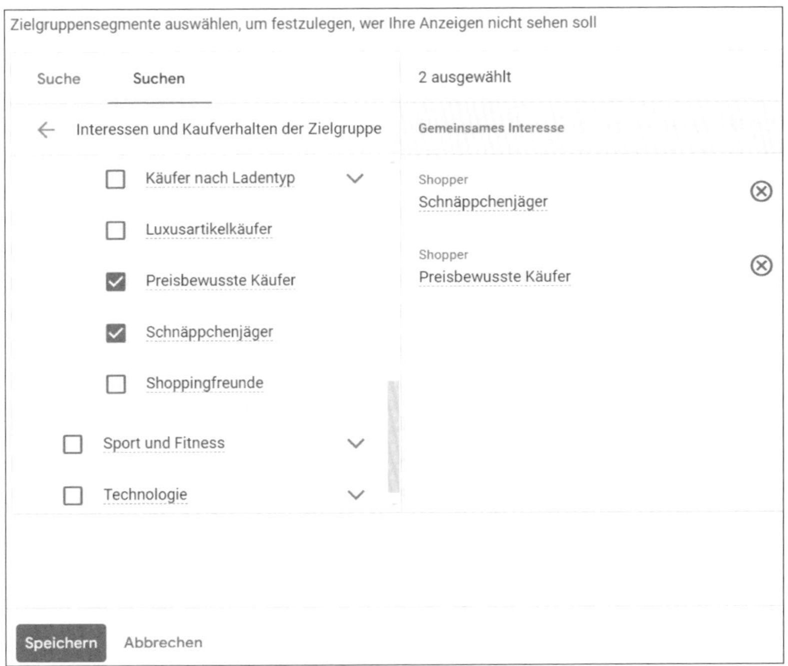

Abbildung 16.93 Zielgruppen ausschließen

Demografische Merkmale ausschließen

Unter dem Navigationspunkt ZIELGRUPPEN finden Sie oberhalb der Ausschlüsse die Übersichtsgrafik DEMOGRAFISCHE MERKMALE. Auch für diese Ausrichtungsoption können Sie Ausschlüsse vornehmen, die jedoch etwas anders eingestellt werden als über die im vorherigen Abschnitt beschriebene Methode. Um bestimmte demografische Daten auszuschließen, klicken Sie rechts unterhalb der dargestellten Grafik zu den demografischen Merkmalen auf den Link DEMOGRAFISCHE MERKMALE BEARBEITEN. Im nächsten Schritt wählen Sie über die Kampagnenebene die gewünschte Anzeigengruppe aus, da Sie die Einstellung nur auf Anzeigengruppenebene durchführen können. Im neuen Fenster erscheint eine Übersicht (siehe Abbildung 16.94). Dort deaktivieren Sie die Merkmale, die Sie ausschließen möchten. Dazu entfernen Sie den Haken in der jeweiligen Checkbox für die Bereiche GESCHLECHT, ALTER und ELTERNSTATUS nach Ihren Wünschen. Die Option HAUSHALTSEINKOMMEN ist derzeit nicht im deutschsprachigen Raum und in Europa verfügbar und kann daher nicht markiert werden. Bestätigen Sie Ihre Auswahl per Klick auf DEMOGRAFISCHE MERKMALE SPEICHERN.

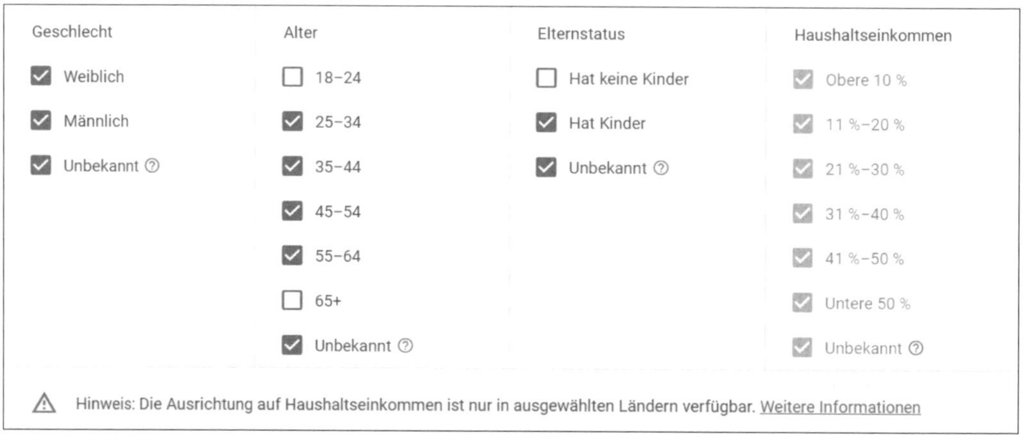

Geschlecht	Alter	Elternstatus	Haushaltseinkommen
☑ Weiblich	☐ 18–24	☐ Hat keine Kinder	☑ Obere 10 %
☑ Männlich	☑ 25–34	☑ Hat Kinder	☑ 11 %–20 %
☑ Unbekannt	☑ 35–44	☑ Unbekannt	☑ 21 %–30 %
	☑ 45–54		☑ 31 %–40 %
	☑ 55–64		☑ 41 %–50 %
	☐ 65+		☑ Untere 50 %
	☑ Unbekannt		☑ Unbekannt

Hinweis: Die Ausrichtung auf Haushaltseinkommen ist nur in ausgewählten Ländern verfügbar. Weitere Informationen

Abbildung 16.94 Demografische Merkmale per Checkbox deaktivieren

Alternativ können Sie auch folgendermaßen vorgehen:

1. Klicken Sie unterhalb der Grafik zu den demografischen Merkmalen auf der linken Seite auf den Link TABELLE EINBLENDEN.
2. Wählen Sie den gewünschten demografischen Bereich in der Kopfnavigation oberhalb der Grafik aus, zum Beispiel GESCHLECHT.
3. Markieren Sie eine oder mehrere Checkboxen in der Tabelle zum gewünschten demografischen Merkmal.
4. Klicken Sie auf BEARBEITEN und wählen Sie dann AUS DER ANZEIGENGRUPPE AUSSCHLIESSEN.

Mit Klick auf BEARBEITEN und der Auswahl AKTIVIEREN können Sie Ihre Auswahl wieder korrigieren.

Themen ausschließen

Neben Zielgruppen und demografischen Merkmalen können Sie auch drei weitere Kategorien ausschließen, die Google unter INHALT auflistet. Eine dieser Kategorien umfasst die Themen der Websites, auf denen Ihre Anzeigen erscheinen. Google hat die Webseiten seiner Werbepartner in verschiedene Themenbereiche unterteilt, wie beispielsweise STREICHEN UND HEIMWERKEN, WEBHOSTING und viele andere. Diese Themen können Sie bei der Erstellung Ihrer Displaykampagne als Targeting-Option nutzen. Auf der anderen Seite können Sie zur Optimierung auch Website-Themen ausschließen, die überhaupt nicht mit Ihren Produkten oder Dienstleistungen in Verbindung stehen.

Wenn Sie bestimmte Kategorien von Webseiten für Ihre Displaykampagnen ausschließen möchten, dann gehen Sie folgendermaßen vor:

1. Gehen Sie zu KAMPAGNEN • ZIELGRUPPEN, KEYWORDS UND INHALTE und wählen Sie den Menüpunkt INHALT aus.
2. Nachdem Sie INHALT ausgewählt haben, scrollen Sie im mittleren Fenster nach unten und klicken auf den Link AUSSCHLÜSSE BEARBEITEN.
3. Wählen Sie über die Drop-down-Liste die gewünschte Ebene für den Ausschluss aus (ANZEIGENGRUPPE, KAMPAGNE oder KONTO).
4. Im nächsten Fenster wählen Sie THEMENAUSSCHLÜSSE aus (siehe Abbildung 16.95).
5. Klicken Sie auf SUCHEN und navigieren Sie durch die Themenbereiche. Alternativ können Sie unter SUCHE ein Stichwort eingeben.
6. Markieren Sie Themen, die Sie ausschließen möchten, per Checkbox.
7. Bestätigen Sie Ihre Auswahl, indem Sie abschließend auf SPEICHERN klicken.

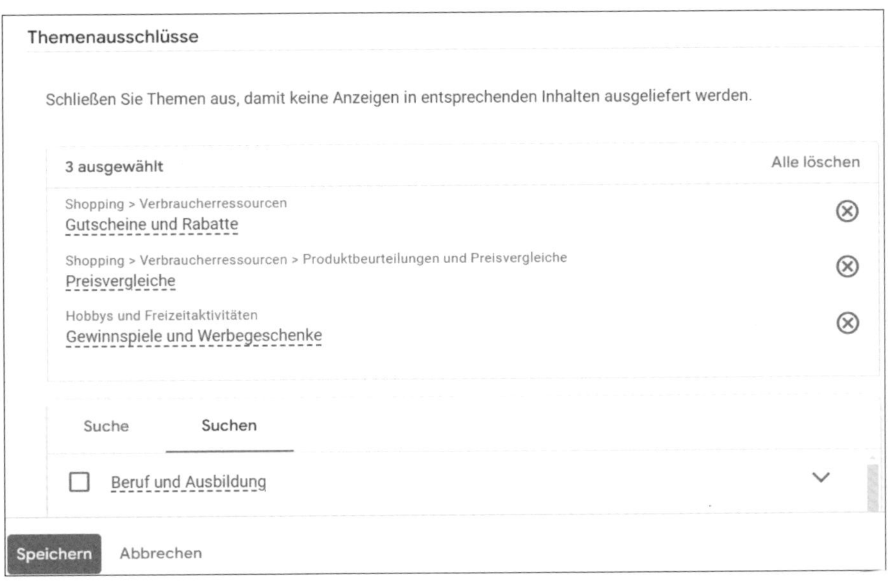

Abbildung 16.95 Themenausschlüsse hinzufügen

Placements-Ausschlüsse

Für Ihre Displaykampagnen können Sie auch *Placements* auszuschließen. Dazu gehören einzelne Webseiten, YouTube-Kanäle, YouTube-Videos, Apps und auch App-Kategorien. Das Ausschließen von Placements ist eine entscheidende Strategie, um die Effektivität Ihrer Kampagnen zu steigern, die Qualität des Traffics zu verbessern und die Markenreputation zu schützen. Durch gezieltes Ausschließen von Placements, die möglicherweise nicht zur Zielgruppe oder dem Thema Ihrer Kampagne passen, stellen Sie sicher, dass Ihre Anzeigen nur auf relevanten Webseiten erscheinen. Nicht alle Webseiten im Google Displaynetzwerk bieten die gleiche Traffic-Qualität, und einige könnten sogar Ihrer Marke schaden.

Um Placements auszuschließen, gehen Sie folgendermaßen vor:

1. Navigieren Sie zu KAMPAGNEN • ZIELGRUPPEN, KEYWORDS UND INHALTE und wählen Sie den Menüpunkt INHALT aus.
2. Nachdem Sie den Punkt INHALT aufgerufen haben, scrollen Sie im mittleren Fenster nach unten und klicken auf den Link AUSSCHLÜSSE BEARBEITEN.
3. Wählen Sie über die Drop-down-Liste die gewünschte Ebene für den Ausschluss aus (ANZEIGENGRUPPE, KAMPAGNE oder KONTO).
4. Im nächsten Fenster wählen Sie PLACEMENT-AUSSCHLÜSSE aus.
5. Geben Sie die Ausschlüsse analog zur Vorgehensweise beim Placement-Targeting ein. Sie können nach Placements suchen oder diese direkt eingeben (siehe Abbildung 16.96).
6. Bestätigen Sie Ihre Auswahl, indem Sie auf SPEICHERN klicken.

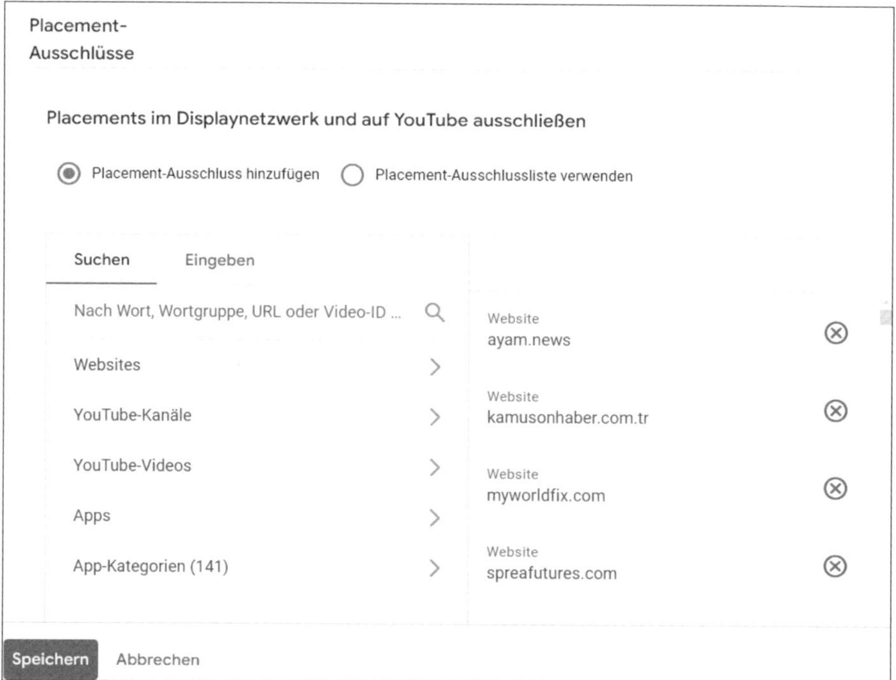

Abbildung 16.96 Placements-Ausschlüsse definieren

Wichtige Tipps zur Nutzung von Placement-Ausschlüssen

- Nutzen Sie den Bericht Wo ANZEIGEN AUSGELIEFERT WURDEN (siehe Abbildung 16.97). Diesen finden Sie unter STATISTIKEN UND BERICHTE • WANN UND WO ANZEIGEN AUSGELIEFERT WURDEN. Dort können Sie sehen, auf welchen Webseiten bzw. Placements Ihre Anzeigen ausgeliefert und geklickt wurden. Markieren Sie unerwünschte Placements und klicken Sie zum Schluss auf BEARBEITEN und dann auf AUS KAMPAGNE AUSSCHLIESSEN (alternativ auf AUS DER ANZEIGENGRUPPE AUSSCHLIESSEN).

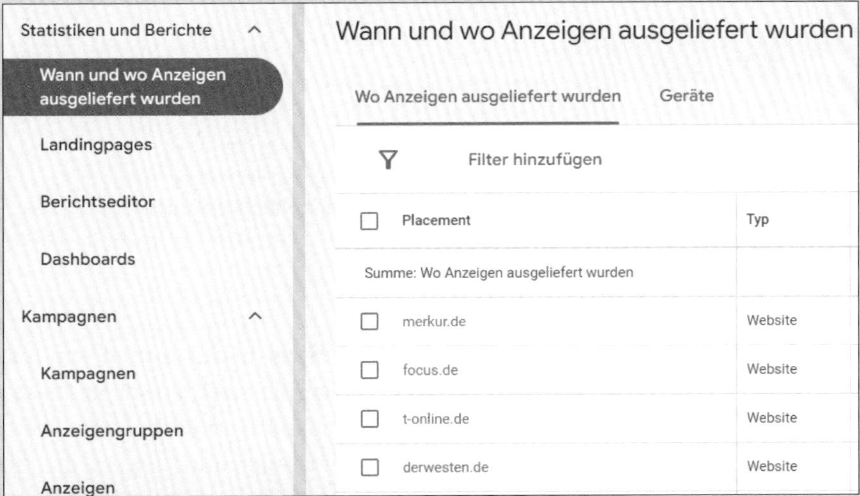

Abbildung 16.97 »Wo Anzeigen ausgeliefert wurden« zeigt einen Bericht zu den Placements der Displaykampagne.

- Schließen Sie Placements über Listen auf Kontoebene aus. Navigieren Sie dazu über TOOLS • GEMEINSAM GENUTZTE BIBLIOTHEK ZU AUSSCHLUSSLISTEN und klicken Sie in der Kopfnavigation auf PLACEMENT-AUSSCHLUSSLISTEN. Klicken Sie auf das Plussymbol, um eine neue Ausschlussliste zu erstellen, und geben Sie dieser einen aussagekräftigen Namen. Dann fügen Sie wie bereits erläutert Placements, YouTube-Videos und mehr als Ausschluss hinzu – nun jedoch in einer übergeordneten Liste, die Sie mit mehreren Kampagnen verknüpfen können.
- Erstellen Sie in der Bibliothek beim Unterpunkt AUSSCHLUSSLISTEN (siehe Abbildung 16.98) nach der vorherigen Anleitung zusätzlich auch eine Placement-Ausschlussliste für alle App-Kategorien. Leider erfordert dies das manuelle Ankreuzen aller App-Kategorien (derzeit sind es ca. 140). Die Erfahrung zeigt jedoch, dass Werbeanzeigen in Apps in Google-Displaykampagnen oft nicht gut funktionieren, da Nutzer häufig unabsichtlich darauf klicken. Es gibt natürlich Ausnahmen, etwa

16

wenn bestimmte Themen passend zur App beworben werden. Trotzdem empfiehlt es sich, die Mühe auf sich zu nehmen und alle Apps als Ausschlussliste zu erfassen. Diese Negativliste kann dann für jede neue Google-Displaykampagne in Ihrem Ads-Konto verwendet werden.

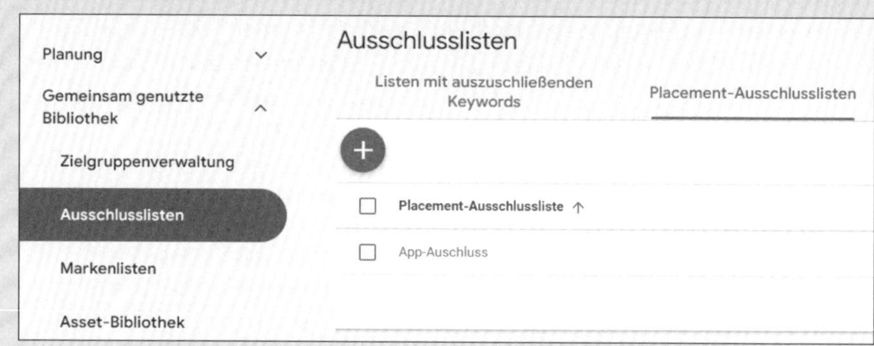

Abbildung 16.98 Ausschlusslisten für Placements in der »Bibliothek«

Keywords ausschließen

Im Displaynetzwerk können Sie auch negative Keywords bestimmen, um festzulegen, bei welchen Begriffen Ihre Anzeigen *nicht* ausgespielt werden sollen. Diese negativen Keywords sind jedoch nicht direkt mit Suchanfragen verbunden, wie es bei Suchkampagnen der Fall ist. Stattdessen beziehen sie sich auf Themen, die die Zielgruppe für die Werbekampagne im Vorfeld gesucht haben, und auf die Inhalte von Webseiten im Displaynetzwerk. Durch die Verwendung von negativen Keywords können Sie effektiv verhindern, dass Ihre Anzeigen Nutzern präsentiert werden, die zuvor nach Inhalten zu den entsprechenden Keywords gesucht haben oder auf Seiten surfen, die thematisch mit Ihren negativen Keywords verbunden sind.

Auszuschließende Keywords für Displaykampagnen legen Sie folgendermaßen an:

1. Gehen Sie zu KAMPAGNEN • ZIELGRUPPEN, KEYWORDS UND INHALTE und wählen Sie den Menüpunkt INHALT aus.
2. Nachdem Sie INHALT ausgewählt haben, scrollen Sie im mittleren Fenster nach unten und klicken auf den Link AUSSCHLÜSSE BEARBEITEN.
3. Wählen Sie über die Drop-down-Liste die gewünschte Ebene für den Ausschluss aus (ANZEIGENGRUPPE, KAMPAGNE oder KONTO).
4. Im nächsten Fenster wählen Sie KEYWORD-AUSSCHLÜSSE aus.

5. Geben Sie in das Formularfeld (siehe Abbildung 16.99) die gewünschten Ausschluss-Keywords ein. Analog zu den Keywords-Vorgaben in Suchkampagnen geben Sie ein Keyword pro Zeile ein und trennen Keywords mit [↵]. Als negative Keywords für Displaykampagnen eignen sich im Gegensatz zu den Suchkampagnen sehr allgemeine Begriffe.
6. Bestätigen Sie Ihre Keyword-Eingaben am Ende, indem Sie auf SPEICHERN klicken.

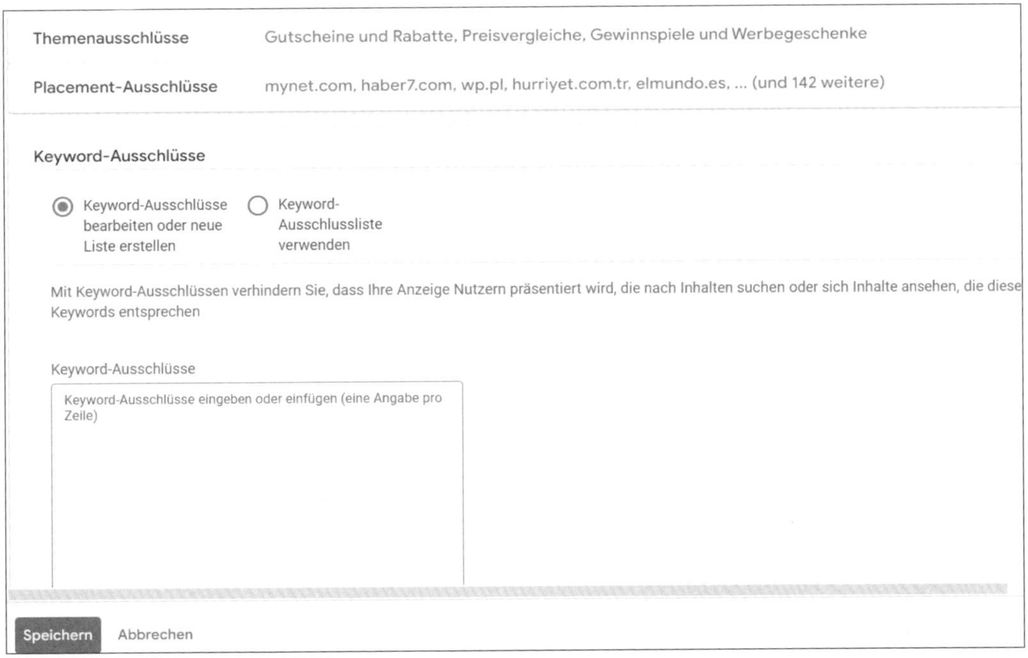

Themenausschlüsse Gutscheine und Rabatte, Preisvergleiche, Gewinnspiele und Werbegeschenke
Placement-Ausschlüsse mynet.com, haber7.com, wp.pl, hurriyet.com.tr, elmundo.es, ... (und 142 weitere)
Keyword-Ausschlüsse
Keyword-Ausschlüsse bearbeiten oder neue Liste erstellen
Keyword-Ausschlussliste verwenden
Mit Keyword-Ausschlüssen verhindern Sie, dass Ihre Anzeige Nutzern präsentiert wird, die nach Inhalten suchen oder sich Inhalte ansehen, die diese Keywords entsprechen
Keyword-Ausschlüsse
Keyword-Ausschlüsse eingeben oder einfügen (eine Angabe pro Zeile)
Speichern Abbrechen

Abbildung 16.99 Keyword-Ausschlüsse für Displaykampagnen

16.15.2 Ausrichtung im GDN kontrollieren

Auch beim Displaynetzwerk möchte Google, genau wie bei den anderen Kampagnentypen, immer möglichst viele Anzeigen ausliefern. Der Nachteil dieses Automatismus besteht darin, dass wir als Werbende die Kontrolle über die Ausspielungen und die Ausrichtung verlieren. Plötzlich erscheinen unsere Anzeigen an Stellen, die aus unserer Sicht unerwünscht sind. Überprüfen Sie daher regelmäßig die Ads-Einstellungen, um sicherzustellen, dass Google nicht automatisch zusätzliche Zielgruppen mit erweiterten Werbemöglichkeiten anspricht. Konkret sollten Sie die »Ausrichtung der Anzeigengruppen« (siehe Abbildung 16.100) in den Einstellungen der Displaykampagnen überprüfen. Wählen Sie dazu die gewünschte Anzeigengruppe aus und klicken Sie im

Navigationsmenü auf ANZEIGENGRUPPEN ❶. Klicken Sie im nächsten Schritt auf EINSTELLUNGEN ❷ in der Kopfnavigation. Unter EINSTELLUNGEN klicken Sie dann auf den Bearbeitungsstift mit dem Hinweis AUSRICHTUNG DER ANZEIGENGRUPPE BEARBEITEN ❸. In der Einstellung zu den Ausrichtungen finden Sie die eingestellten Ausrichtungsoptionen der Anzeigengruppen sowie die Option OPTIMIERTE AUSRICHTUNG. Stellen Sie sicher, dass die Checkbox OPTIMIERTE AUSRICHTUNG VERWENDEN deaktiviert ist (siehe Abbildung 16.101), um zu verhindern, dass Google eigenmächtig weitere Ausrichtungsoptionen zu Ihrer Anzeigengruppe hinzufügt.

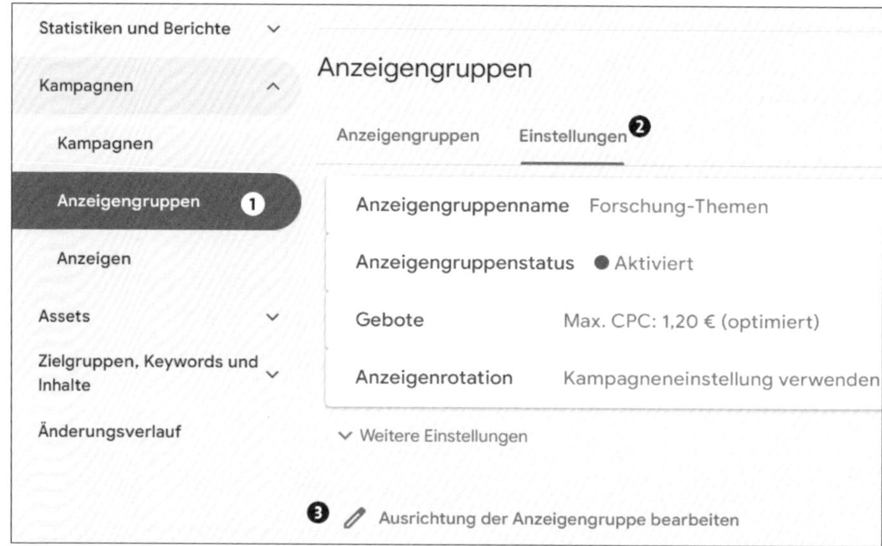

Abbildung 16.100 Ausrichtung unter den Einstellungen zur Anzeigengruppe

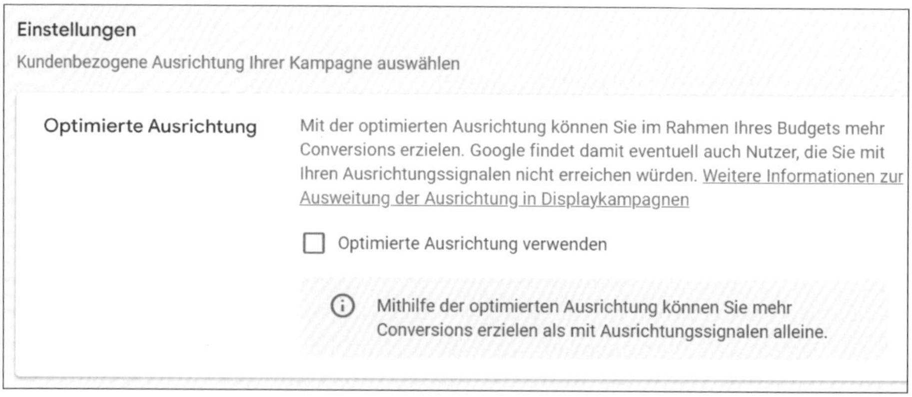

Einstellungen
Kundenbezogene Ausrichtung Ihrer Kampagne auswählen

Optimierte Ausrichtung

Mit der optimierten Ausrichtung können Sie im Rahmen Ihres Budgets mehr Conversions erzielen. Google findet damit eventuell auch Nutzer, die Sie mit Ihren Ausrichtungssignalen nicht erreichen würden. Weitere Informationen zur Ausweitung der Ausrichtung in Displaykampagnen

☐ Optimierte Ausrichtung verwenden

Mithilfe der optimierten Ausrichtung können Sie mehr Conversions erzielen als mit Ausrichtungssignalen alleine.

Abbildung 16.101 Die optimierte Ausrichtung deaktivieren

16.16 Optimierungen für Videokampagnen

Im Google-Ads-Konto stehen verschiedene Ausrichtungsmöglichkeiten für Videokampagnen zur Verfügung. Einige dieser Optionen ähneln den Ausrichtungsmöglichkeiten von Google-Displaykampagnen. Sie können Videokampagnen nach Zielgruppen, Themen, Placements und Keywords ausrichten. Daher können wir auch hier die zuvor genannten Optimierungsvorschläge für das Google Displaynetzwerk anwenden, insbesondere bezüglich des Ausschlusses unerwünschter Optionen.

Des Weiteren ist es wichtig, verschiedene Gebotsstrategien und Videoanzeigenformate zu testen. Experimentieren Sie mit unterschiedlichen Videoanzeigenformaten wie z. B. TrueView In-Stream, TrueView Discovery und Bumper-Anzeigen, um festzustellen, welche am effektivsten sind und die gewünschten Ergebnisse liefern.

Den größten Optimierungsansatz bei den Videokampagnen bieten jedoch die Werbemittel, also Ihre Videos. Daher ist es unerlässlich, regelmäßig die Performance anhand von Videometriken zu überprüfen, um Videos mit sowohl hoher als auch sehr niedriger Leistung zu identifizieren.

Erstellen Sie dazu einen Bericht für Videokampagnen mit KPIs (*Key Performance Indicators*) wie zum Beispiel diese:

- Impressionen
- Interaktionen
- Videowiedergabe
- Aufrufrate
- View-through-Conversions

Suchen Segment Spalten Berichte Herunterla... Erweitern Mehr

Impr.	Interaktionen	Durchschn. CPV	Videowiedergabe zu:				Aufrufrate:		
			25 %	50 %	75 %	100 %	In-Stream	In-Feed	Shorts
66.433	11.592	0,025 €	13,97 %	8,03 %	5,72 %	3,76 %	14,81 %	1,37 %	16,71 %
66.433	11.592	0,025 €	13,97 %	8,03 %	5,72 %	3,76 %	14,81 %	1,37 %	16,71 %
66.433	11.592	0,025 €	13,97 %	8,03 %	5,72 %	3,76 %	14,81 %	1,37 %	16,71 %

Abbildung 16.102 Bericht zu Videokampagnen mit wichtigen KPIs

Stellen Sie sicher, dass die Videos zu Ihrer Videokampagne von hoher Qualität sind und schnell geladen werden, um eine positive Nutzererfahrung zu gewährleisten.

Optimieren Sie die Dateigröße und implementieren Sie Best Practices für das Videostreaming.

Nachfolgend finden Sie noch einmal wichtige Best Practices für effektive Videoanzeigen:

- Abstimmung auf die Bedürfnisse und Interessen der Zielgruppe
- eine wichtige Botschaft in den ersten Sekunden
- kurze Videos, idealerweise unter 30 Sekunden.
- Geschichten erzählen – Storytelling nutzen
- Fokus auf den Nutzen
- hochwertige Bilder und Grafiken verwenden
- klaren Call-to-Action einfügen
- Untertitel nutzen
- Emotionen wie Humor, Mitgefühl oder Aufregung integrieren

Erstellen Sie A/B-Tests mit verschiedenen Videoinhalten, um herauszufinden, welche Kombinationen die besten Ergebnisse in Bezug auf wichtige KPIs erzielen. Eine einfache Möglichkeit für diese A/B-Tests bietet das Google-Ads-Konto unter dem Menüpunkt TESTS.

Folgen Sie dieser Anleitung, um einen Test für Ihre Videokampagnen im Ads-Konto zu erstellen:

1. Navigieren Sie zu KAMPAGNEN • TESTS.
2. Klicken Sie auf ⊕, um einen neuen Test zu erstellen.
3. Wählen Sie TEST FÜR VIDEOANZEIGEN und klicken Sie auf WEITER (siehe Abbildung 16.103).
4. Erstellen Sie Ihren Test für Videokampagnen, indem Sie zwei unterschiedliche Kampagnen mit gleichen Grundeinstellungen, aber unterschiedlichen Videos auswählen.

Weitere Informationen zu dem Menüpunkt TESTS erhalten Sie in Abschnitt 16.18. Bei den Tests für Videos gibt es die Besonderheit, dass Sie bereits im Vorfeld eine zusätzliche Kampagne für den Test erstellen müssen. Google gibt dazu folgende Best-Practices-Hinweise:

- Erstellen Sie Kopien einer Videokampagne, um dieselben Einstellungen zu verwenden.
- Weisen Sie den Ausgangskampagnen und den Kopien die unterschiedlichen Videos zu, die Sie testen möchten.

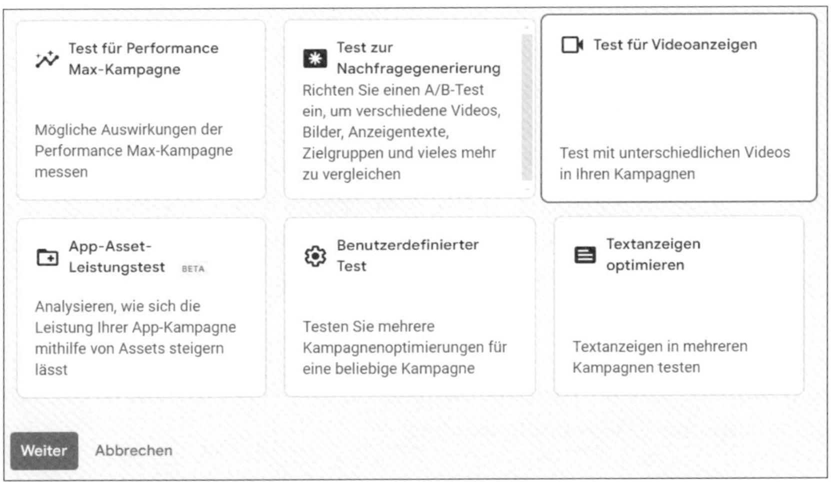

Abbildung 16.103 Spezielle Tests für Videokampagnen im Ads-Konto

16.17 Optimierungen für PMax-Kampagnen

Bei den KI-gesteuerten PMax-Kampagnen sind die Optimierungsmöglichkeiten im Vergleich zu den »herkömmlichen Kampagnen« in der Tat begrenzter. Dies liegt hauptsächlich daran, dass wir nur eingeschränkte Informationen über Suchanfragen, Placements, Anzeigenformate etc. erhalten.

Es gibt dennoch einige Punkte, die Optimierungspotenzial bieten und die Sie testen sollten:

- **Automatisierte Gebotsstrategien anpassen**
  Nutzen Sie automatisierte Gebotsstrategien wie Ziel-CPA oder Ziel-ROAS, um die KI zu besseren Ergebnissen zu führen. Passen Sie die Vorgaben entsprechend an, um die Leistung Ihrer Kampagnen zu verbessern.
- **Weitere Asset-Gruppen hinzufügen**
  Fügen Sie neue Asset-Gruppen mit klar abgegrenzten Produktthemen oder spezifischen Dienstleistungen zur PMax-Kampagne hinzu. In diesen spezifischen Asset-Gruppen können Sie Ihre Textbausteine, Multimedia-Elemente und Zielgruppen genauer aufeinander abstimmen.
- **Kreative Anzeigenvielfalt**
  Erstellen Sie eine Vielzahl neuer Assets wie Textanzeigen, Bildanzeigen und Videos. Experimentieren Sie mit verschiedenen Kombinationen von Anzeigenformaten und Assets, um die Performance zu verbessern und neue Zielgruppen anzusprechen.

- **Neue Zielgruppen testen**
  Nutzen Sie Targeting-Optionen wie neue Suchthemen, Retargeting-Listen, demografisches Targeting, Google-Zielgruppen und neue benutzerdefinierte Zielgruppen, um neue Zielgruppensignale zu testen.
- **Landingpage-Optimierung**
  Testen Sie auch neue Landingpages für Ihre PMax-Kampagnen. Eine Landingpage ist ein Bereich, in den die KI nicht direkt eingreifen kann. Ihre Ideen und Ihr Wissen über die optimale Ansprache Ihrer Zielgruppe sind hier gefragt.
- **A/B-Tests durchführen**
  Nutzen Sie A/B-Tests, um die Performance Ihrer Performance Max-Kampagnen zu optimieren. Die A/B-Tests für PMax-Kampagnen können ebenfalls im Ads-Konto unter dem Menüpunkt TESTS erstellt werden.

A/B-Tests für PMax-Kampagnen

1. Navigieren Sie zu KAMPAGNEN • TESTS.
2. Klicken Sie auf (+), um einen neuen Test zu erstellen.
3. Wählen Sie TEST FÜR PERFORMANCE MAX-KAMPAGNE, bestimmen Sie den TESTTYP und klicken Sie auf WEITER (siehe Abbildung 16.104).

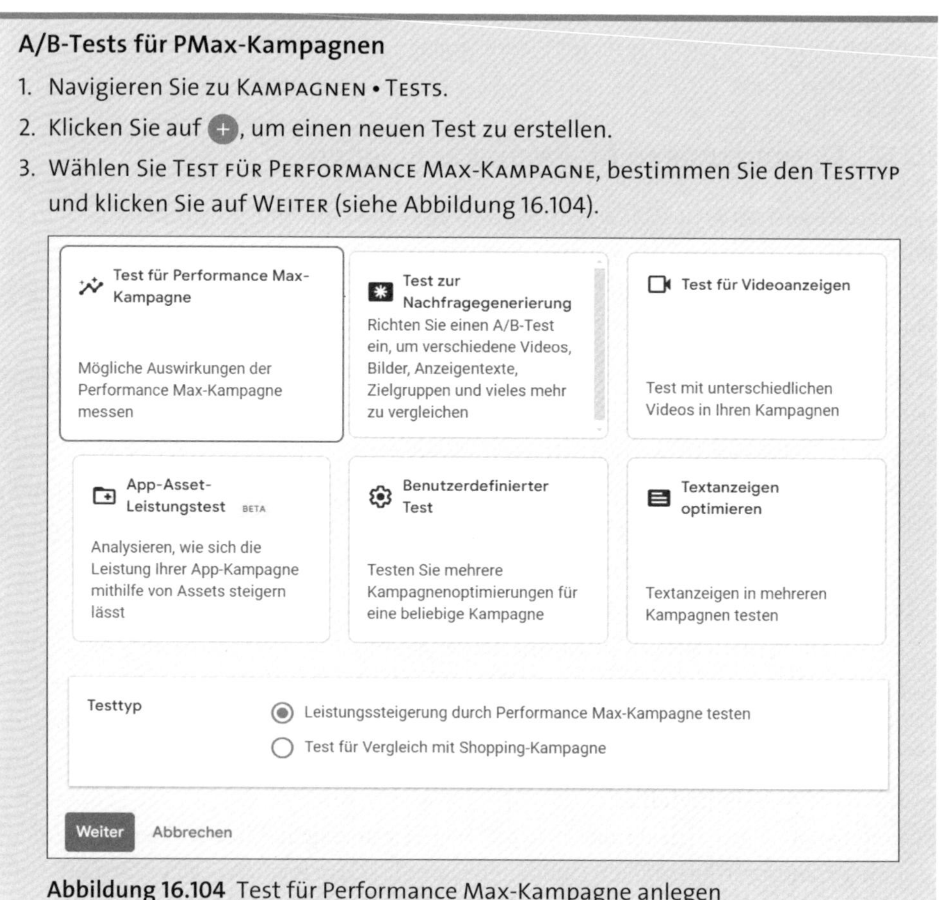

Abbildung 16.104 Test für Performance Max-Kampagne anlegen

4. Wählen Sie Ihre PMax-Kampagne aus. Abhängig vom ausgewählten Testtyp können Sie mit oder ohne Merchant Center testen.
5. Hinweis 1: Bei Performance Max-Kampagnen ohne Merchant-Center-Verknüpfung ändern sich bestehende Kontoeinstellungen nicht, und es werden nur die Leistungen der Anzeigen mit einer Testgruppe verglichen.
6. Hinweis 2: Bei Performance Max-Kampagnen mit Merchant Center wird die PMax-Kampagne mit der Performance einer reinen Shopping-Kampagne verglichen.

16.18 Testen im Ads-Konto

Nachdem wir bereits das Thema Tests im Zusammenhang mit der Optimierung von Video- und PMax-Kampagnen angesprochen haben, möchten wir Ihnen nun den speziellen Testbereich im Google-Ads-Konto vorstellen und die wichtigsten Funktionen näher erläutern.

Die Hauptfunktion der Tests im Ads-Konto besteht darin, A/B-Tests von Such- oder Displaykampagnen zur gleichen Zeit und ohne zusätzliches Budget durchzuführen. Wenn Sie einen Test erstellen, wird eine Kopie einer bestehenden Kampagne erstellt, die dann basierend auf Ihrer *Testhypothese* angepasst wird. Beide Varianten (A und B) werden während desselben Zeitraums ausgespielt, sodass nach Ablauf anhand der Zielvorgaben entschieden werden kann, ob die neue Variante signifikant bessere Ergebnisse erzielt hat. Google analysiert zusätzlich, ob die veränderten Ergebnisse zufällig sind oder ob es eine *statistische Signifikanz* gibt.

16

Beispiele: Hypothese für einen Test

Im Vorfeld eines Tests ist es entscheidend, eine klare Hypothese aufzustellen, die sowohl die geplante Veränderung als auch die angestrebten Ziele beschreibt.

Beispiel 1

- *Hypothese*: Durch die Optimierung der Landingpage wird die Ads-Kampagne eine höhere Anzahl an Conversions generieren, während gleichzeitig die Kosten pro Conversion reduziert werden.
- *Beschreibung der Veränderung*: Die Kopie der bestehenden Kampagne wird mit einer neuen, optimierten Landingpage versehen.
- *Formulierte Ziele*:
  - Steigerung der Conversion-Rate
  - Senkung des CPA

Beispiel 2

- *Hypothese*: Die Umstellung von manuellem CPC auf die Gebotsstrategie »Klicks maximieren« wird dazu führen, dass die Kampagne mehr Klicks zu niedrigeren Kosten erzielt.
- *Beschreibung der Veränderung*: Die Kopie der bestehenden Kampagne wird auf die Gebotsstrategie »Klicks maximieren« umgestellt.
- *Formulierte Ziele*:
  - Erhöhung der Click-Through-Rate (CTR)
  - Senkung des durchschnittlichen Cost-per-Click (CPC)

Bei der Erstellung eines Tests im Google-Ads-Konto haben Sie die Möglichkeit, festzulegen, welche Elemente in der Testkopie verändert werden, welche Ziele definiert sind und wie lange der A/B-Test dauern soll.

Der A/B-Test für Suchkampagnen ermöglicht Ihnen beispielsweise, unterschiedliche Varianten einer Anzeige, verschiedene Keywords oder Keyword-Optionen, verschiedene Gebotsstrategien oder auch einfach nur unterschiedliche Landingpages zu testen. Für alle Testszenarien gilt: Ändern Sie nur eine oder höchstens zwei Einstellungen in der Textvariante. Andernfalls können Sie nicht sicher wissen, welche Einstellung letztendlich für die veränderten und möglicherweise besseren Ergebnisse verantwortlich ist.

Folgen Sie dieser Anleitung, um einen benutzerdefinierten Test für eine Suchkampagne im Ads-Konto zu erstellen:

1. Gehen Sie Sie zu KAMPAGNEN • TESTS.
2. Klicken Sie auf (+), um einen neuen Test zu erstellen.
3. Wählen Sie BENUTZERDEFINIERTER TEST und als Kampagnentyp die Option SUCHEN (siehe Abbildung 16.105).

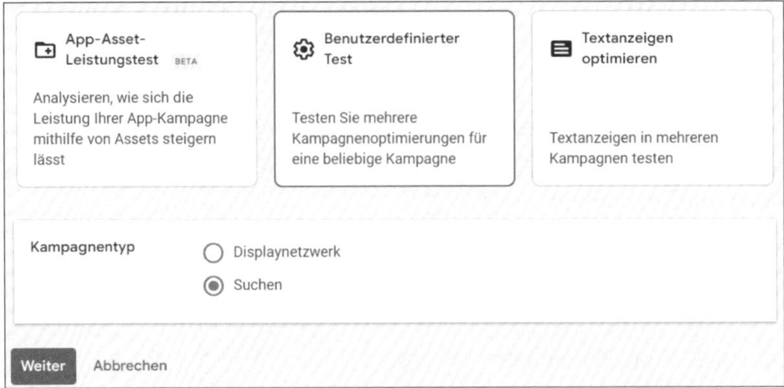

Abbildung 16.105 Erstellen Sie einen Test für eine Suchkampagne.

4. Klicken Sie anschließend auf WEITER.
5. Geben Sie im nächsten Fenster (siehe Abbildung 16.106) Ihrem Test einen aussagekräftigen Namen ❶. Verwenden Sie einen kurzen Namen, da der Name Ihrer neuen Testkampagne aus der Kombination des alten Kampagnennamens mit dem Testnamen bestehen wird. Zu lange Testnamen können die Übersichtlichkeit beeinträchtigen.

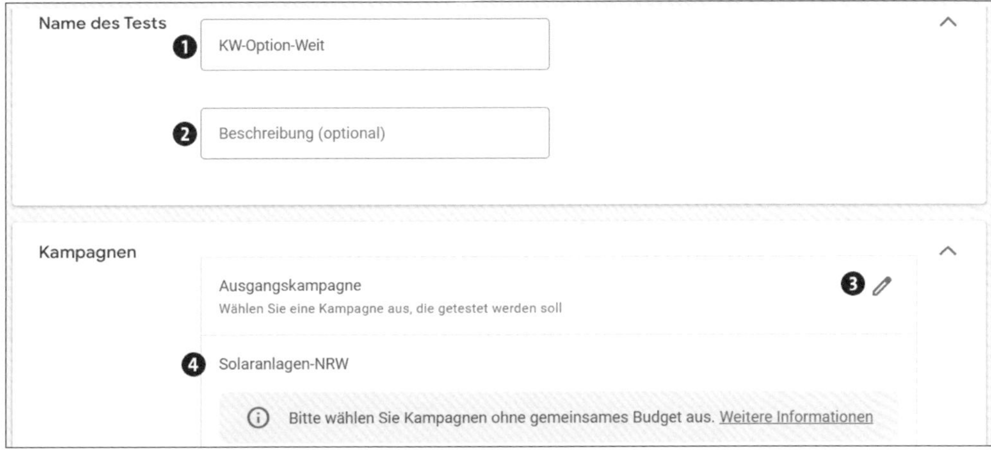

Abbildung 16.106 Ausgangskampagne auswählen und Testnamen vergeben

6. Optional können Sie Ihrem Test eine Beschreibung ❷ hinzufügen, um weitere Informationen bereitzustellen, die nicht im Testnamen enthalten sind.
7. Wählen Sie unter AUSGANGSKAMPAGNE über den Bearbeitungsstift ❸ die entsprechende Kampagne (hier »Solaranlagen-NRW« ❹), zu der Sie eine Testvariante erstellen möchten. Bestätigen Sie Ihre Auswahl am Ende mit SPEICHERN UND FORTFAHREN.
8. Klicken Sie im nächsten Fenster (siehe Abbildung 16.107) auf die Kopie Ihrer Ausgangskampagne (in unserem Beispiel lautet der Name »Solaranlagen-NRW KW-Option-Weit« ❶) und führen Sie dort die gewünschten Änderungen für den Test durch. In unserem Beispiel würden die Keyword-Optionen in der Testkopie alle auf WEITGEHEND PASSEND gesetzt werden.
9. Nachdem Sie die Änderungen in der Kopie durchgeführt und alles gespeichert haben, können Sie den Testlauf planen, indem Sie auf den Link SCHEDULE ❷ (Zeitplan) klicken.

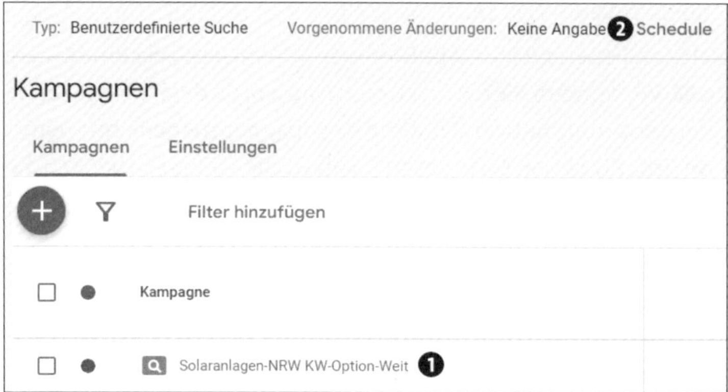

Abbildung 16.107 Änderungen durchführen und Test planen

10. Im neuen Fenster (siehe Abbildung 16.108) passen Sie die Grundeinstellungen Ihren Wünschen entsprechend an.
11. Wählen Sie bis zu zwei Ziele ❶, die vom Ads-System nach Abschluss statistisch signifikant bewertet werden.

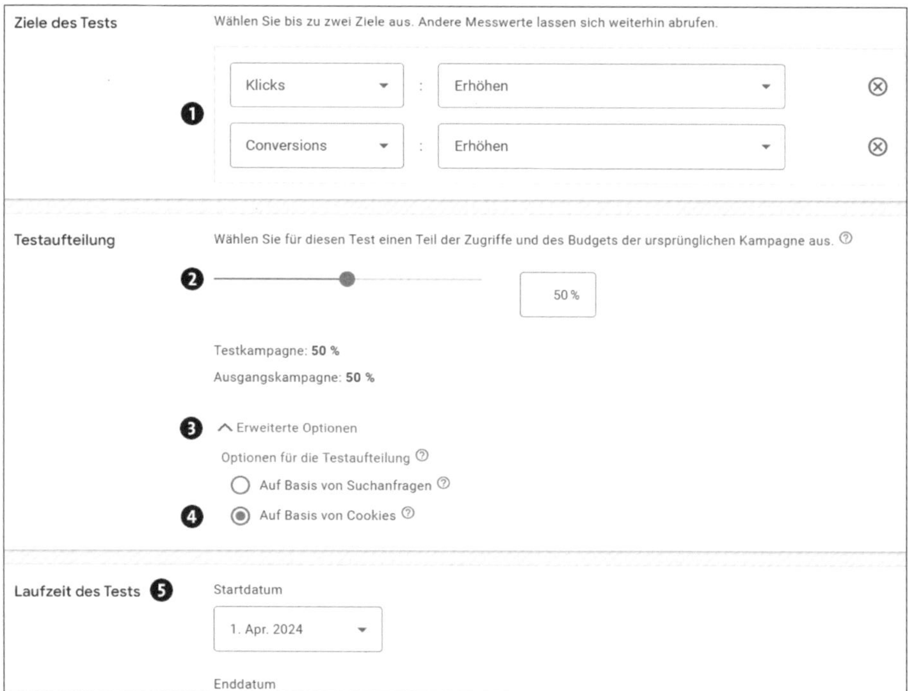

Abbildung 16.108 Wichtige Einstellungen für den Kampagnentest

12. Passen Sie die Testaufteilung über den Schieber ❷ an. Die schnellsten Ergebnisse erhalten Sie bei einer 50/50-Aufteilung!
13. Nutzen Sie die Option zur Testaufteilung (unter ERWEITERTE OPTIONEN ❸). Beachten Sie: Bei einer Aufteilung AUF BASIS VON COOKIES ❹ interagieren gleiche Google-Nutzer, die wiedererkannt werden, immer mit derselben Kampagne.
14. Legen Sie die Laufzeit ❺ mit Start- und Enddatum fest. Ein Test sollte mindestens 60 Tage laufen.
15. Aktivieren Sie ganz am Ende auch die Synchronisierung, damit Änderungen an der Ausgangskampagne (z. B. eine Änderung bei den Preisangaben) auch in der Testkampagne übernommen werden.
16. Bestätigen Sie alle Eingaben zum Schluss mit einem Klick auf den Button TEST ERSTELLEN.

Nachdem Sie Ihren neuen Test erstellt haben, wird dieser im Ads-Konto eingerichtet. Sie finden Ihre Tests im Ads-Konto unter KAMPAGNEN • TESTS beim Unterpunkt ALLE TESTS (siehe Kopfnavigation). Klicken Sie auf den Namen des erstellten Tests, um eine Übersicht mit den wichtigsten Kennzahlen zu erhalten (siehe Ausschnitt in Abbildung 16.109).

Testverzweigung	Kosten	Conversions	Impr.
Referenz	0,00 €	0,00	0
Test	0,00 €	0,00	0
Differenz ⓘ	+0,00 €	+0,00	+0
^ Differenz (%) ⓘ	–	–	–
Konfidenzintervall: 80 % ⓘ	Daten nicht ausreichend	Daten nicht ausreichend	Daten nicht ausreichend

Abbildung 16.109 Testergebnisse als Vergleich zwischen Ausgangskampagne (Referenz) und Test

Diese Kennzahlen können Sie wie gewohnt über SPALTEN • SPALTEN ANPASSEN noch verändern. In dem Übersichtsbericht können Sie die Daten der Ausgangskampagne (REFERENZ) mit den Daten der Testkampagne (TEST) vergleichen. Zusätzlich liefert Ihnen Google in der Zeile KONFIDENZINTERVALL eine Einschätzung zur Signifikanz der erzielten Werte. Die Konfidenz (Zuverlässigkeit) können Sie mithilfe des Bearbeitungsstifts anpassen, von GERINGE ZUVERLÄSSIGKEIT (80 %) bis HOHE ZUVERLÄSSIGKEIT (95 %).

Nachdem Ihr neuer Test im Google-Ads-Konto mindestens zwei Monate lang gelaufen ist, können Sie nach Analyse der Daten aus dem Übersichtsbericht entscheiden, ob Sie ...

- den Test weiterlaufen lassen, um mehr Daten für eine Entscheidung zu erhalten,
- den Test bei guten Ergebnissen übernehmen und somit die Ausgangskampagne durch die Testkampagne ersetzen,
- den Test beenden und somit die Ausgangskampagne fortsetzen.

Im Fenster mit dem Übersichtsbericht finden Sie dazu im oberen Bereich die beiden Links TEST ÜBERNEHMEN und TEST BEENDEN (siehe Abbildung 16.110).

Abbildung 16.110 Test »übernehmen« oder »beenden«

Denken Sie außerdem an folgende Testmöglichkeiten, die wir teilweise bereits vorgestellt haben:

- Test für Displaykampagnen (unter BENUTZERDEFINIERTER TEST)
- Test für Performance Max-Kampagnen
- Test für Videoanzeigen
- Test für einzelne Textelemente in allen Anzeigen (TEXTANZEIGEN OPTIMIEREN)
- Test für Demand Gen-Kampagnen
- Test für App-Kampagnen

Die Anzahl der Testmöglichkeiten (siehe Abbildung 16.111) hat sich im Laufe der Zeit stetig erhöht, sodass es sehr wahrscheinlich ist, dass auch in Zukunft weitere hinzukommen werden.

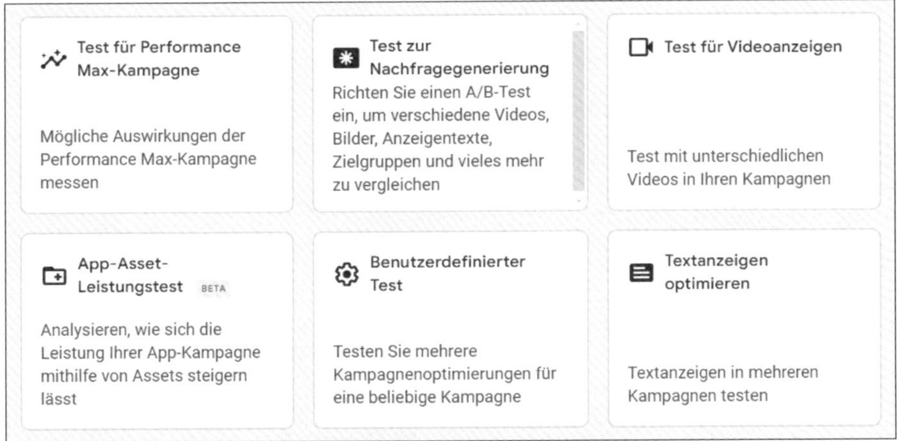

Abbildung 16.111 Testmöglichkeiten im Google-Ads-Konto unter »Tests«

16.19 Fazit

In diesem Kapitel haben Sie die wichtigsten Hebel zur Optimierung verschiedener Google-Ads-Kampagnen kennengelernt. Nutzen Sie die unterschiedlichen Optimierungsansätze – von der Kontostruktur über die Feinabstimmung von Keywords und Anzeigentexten bis hin zu Gebotsstrategien und der Gestaltung der Landingpage. Arbeiten Sie unbedingt mit den Möglichkeiten der Assets und der Ausschlüsse und bedenken Sie stets, dass Sie durch Optimierung echtes Geld sparen können. Der weitaus wichtigere Grund ist jedoch, dass Sie durch eine laufende Optimierung letztlich mehr Interessenten und Kunden gewinnen.

16.20 Checkliste

Optimieren Sie Ihr Google-Ads-Konto regelmäßig. Am besten führen Sie jedes Quartal oder mindestens jedes halbe Jahr einen Fitness-Check für Ihr Google-Ads-Konto durch. Wenden Sie dazu die Fragen aus Tabelle 16.2 an.

Daran sollten Sie denken, wenn Sie Ihr Google-Ads-Konto optimieren	Kontrolliert (✓)
Ist die Kampagnenstruktur noch sinnvoll?	
Gibt es neue Möglichkeiten zur Unterteilung der Anzeigengruppen?	

Tabelle 16.2 Optimierungspotenzial für Ihr Google-Ads-Konto – Checkliste

Daran sollten Sie denken, wenn Sie Ihr Google-Ads-Konto optimieren	Kontrolliert (✓)
Stimmt die Performance der Zielregionen?	
Stimmt die Performance der Partnernetzwerke?	
Funktioniert die Werbung auf den Smartphones?	
Welches Ergebnis liefert der A/B-Test der Textanzeigen?	
Können neue Anzeigen getestet werden?	
Gibt es optimale Werbezeiten?	
Soll das Werbebudget auf bestimmte Zeiträume konzentriert werden?	
Funktioniert das Conversion-Tracking?	
Müssen zusätzliche oder neue Ziele gemessen werden?	
Kann das Budget reduziert oder anders verteilt werden?	
Muss das Budget erhöht werden?	
Gibt es neue Keyword-Vorschläge?	
Stimmen die Keyword-Optionen?	
Wurden die negativen Keywords regelmäßig erweitert?	
Müssen doppelte Keywords im Konto ausgeschlossen werden?	
Sind die Keyword-CPCs noch wirtschaftlich?	
Gibt es Probleme mit dem Qualitätsfaktor?	
Stimmt der Anteil der möglichen Impressionen?	
Können neue Assets hinzugefügt werden?	
Können Zielgruppen oder Inhalte ausgeschlossen werden?	
Gibt es neue Bilder oder Videos?	
Können neue Zielgruppensignale erstellt und getestet werden?	
Kann eine neue Hypothese im Ads-Konto getestet werden?	

Tabelle 16.2 Optimierungspotenzial für Ihr Google-Ads-Konto – Checkliste (Forts.)

Kapitel 17
Bearbeiten und Analysieren

In Ihrem Google-Ads-Konto gibt es immer etwas zu tun. Darum sollten Sie alle Tipps und Tricks kennen, die Ihnen dabei helfen, Ihre Einstellungen schnell zu verändern – oder Informationen zu filtern oder zu gruppieren, um eine schnelle Ad-hoc-Analyse durchzuführen. Wenn man das Google-Ads-Konto aus den Anfangsjahren mit dem aktuellen Konto vergleicht, so hat sich bereits einiges getan, und es werden auch bestimmt noch weitere Analysemöglichkeiten hinzukommen. Daher sollten Sie sich auf jeden Fall die Grundprinzipien der Analyse aneignen.

Dieses Kapitel vermittelt Ihnen die nötigen Kenntnisse, um schnell und effektiv im Alltag in Ihrem Google-Ads-Konto zu arbeiten. Wir zeigen Ihnen Einstellungen, Filter- und Bearbeitungsmöglichkeiten, die Sie entweder regelmäßig oder immer mal wieder benötigen, um Ihr Konto mit geringem Aufwand zu analysieren. Es kann sein, dass bestimmte Möglichkeiten bereits an anderer Stelle direkt im Zusammenhang mit einer bestimmten Aufgabenstellung beschrieben worden sind. Diese werden jedoch auch hier noch einmal kurz vorgestellt, damit Sie einen Überblick über die verschiedenen Bearbeitungs-, Sortierungs- und Filtermöglichkeiten erhalten.

Ein wichtiger Teil dieses Kapitels beschreibt die Möglichkeiten zur Automatisierung Ihres Google-Ads-Kontos. Sie können Kontrollaufgaben, Änderungen oder auch Datensammlungen durch *automatisierte Regeln* oder *Google-Ads-Skripte* steuern. Die Übertragung von manuellen Arbeiten in automatisierte Prozesse nimmt Ihnen viel Arbeit ab und spart Zeit, die Sie wieder in andere wichtige Tätigkeiten (z. B. Recherche, Optimierung und Tests) stecken können.

17.1 Tricks, um Zeit zu sparen

Sie können zum einen Zeit sparen, wenn Sie mehrere Änderungen in einem Schritt zusammenfassen oder Aufgaben im Google-Ads-Konto automatisieren. Vor den Änderungen steht aber die Analyse. Ausgangspunkte sind dabei oft bestimmte Fragestellungen, die bei der Betrachtung Ihrer Google-Ads-Daten entstehen. Zu diesen Fragen zählen zum Beispiel:

- Welche Keywords funktionieren in meiner Kampagne, welche haben die besten Klickraten?
- Welche Keywords erzeugen Anzeigenpositionen, bei denen die Werbung nicht so gut gesehen wird, weil z. B. Ranking-Positionen nicht im oberen Bereich liegen?
- Welche Keywords haben grundsätzlich eine schlechte Performance?
- Welche Anzeigengruppen haben die meisten Kosten verursacht?

Wenn Sie sich durch Sortieren, Filtern oder Gruppieren Ihrer Google-Ads-Daten einen Überblick verschaffen können, sind viele Fragen schnell zu beantworten. Diese Möglichkeiten zur Datenanordnung und zu Veränderungen haben wir Ihnen in diesem Abschnitt zusammengefasst. Wir zeigen Ihnen:

- das gleichzeitige Ändern mehrerer Elemente
- das einfache Sortieren und Filtern
- die Nutzung komplexer Filter mit mehreren Bedingungen
- den Aufruf versteckter Dateninformationen
- die Gruppierung von Informationen
- das Filtern und Zuordnen über Kampagnen- und Anzeigengruppen hinweg
- die Möglichkeit zur Automatisierung Ihrer Kontobearbeitung
- die Erstellung automatisierter Benachrichtigungen
- die Schnelldiagnose von Keywords
- die Schnelldiagnose Ihrer Kampagnen im Konkurrenzvergleich
- die Erstellung automatisierter A/B-Tests in Ihren Kampagnen

17.1.1 Schnelle Bearbeitungsmöglichkeiten (Bulk-Edit)

Das sogenannte Bulk-Editing ermöglicht Ihnen, mehrere Elemente (Kampagnen, Anzeigengruppen, Keywords oder Textanzeigen) gleichzeitig zu bearbeiten. Das Wort »Bulk« steht für »Masse« oder »Menge«. Bulk-Bearbeitung beschreibt also die gleichzeitige Veränderung einer größeren Datenmenge.

Bei einer Bulk-Bearbeitung arbeiten Sie immer nach folgendem Ablaufschema:

1. Elemente auswählen – Entweder wählen Sie alle Elemente ❶ einer Tabelle aus oder markieren einzelne Elemente, indem Sie die vorangestellte Checkbox ❷ aktivieren (siehe Abbildung 17.1).

2. Klick auf BEARBEITEN ❸ in der blauen Kopfleiste.

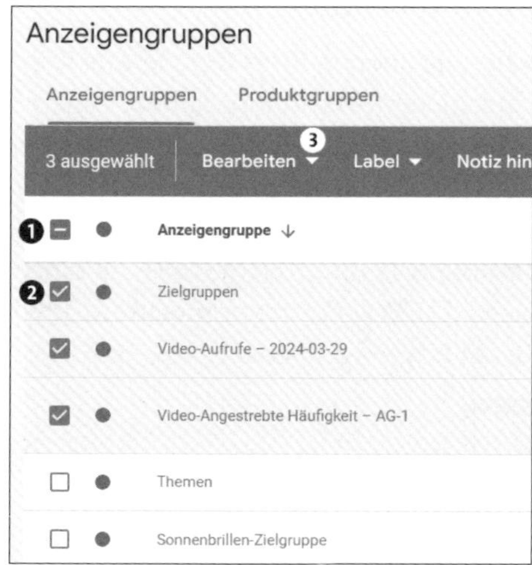

Abbildung 17.1 Mehrere Anzeigengruppen auswählen

3. Auswahl der gewünschten Aktion (AKTIVIEREN ❶, PAUSIEREN ❷ etc.) aus der Drop-down-Liste (siehe Abbildung 17.2).

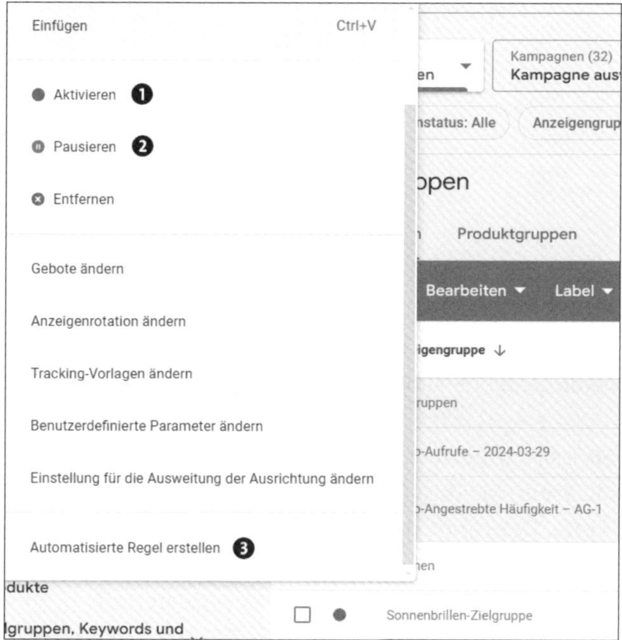

Abbildung 17.2 Mehrere Anzeigengruppen bearbeiten

Auf diese Weise können Sie auch via AUTOMATISIERTE REGEL ERSTELLEN ❸ passende Regeln für Anzeigengruppen aufsetzen.

Die Möglichkeit der Bulk-Änderung gibt es für alle Ebenen Ihres Google-Ads-Kontos, wobei auf den unterschiedlichen Ebenen verschiedene Aktionen wählbar sind. Während, wie in Abbildung 17.1 erkennbar, auf der Ebene der Anzeigengruppen relativ wenige Wahlmöglichkeiten bestehen, sieht dies auf der Ebene der Keywords ganz anders aus (siehe Abbildung 17.3). Hier sind vor allem die Möglichkeiten zur Änderung der Keyword-Texte ❶ und der Keyword-Optionen ❷ interessant. Falls Sie einzelne Keywords mit eigenen Landingpages (finale URLs) ❸ verknüpfen möchten, funktioniert dies ebenfalls über die Bulk-Änderung auf Keyword-Ebene.

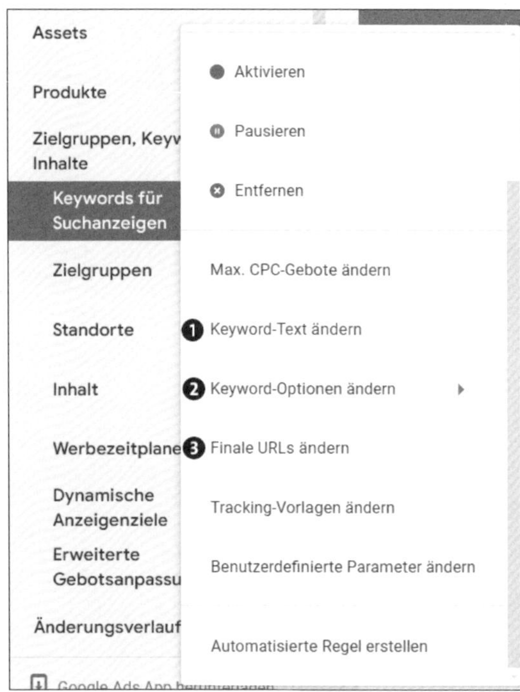

Abbildung 17.3 Mehrere Keywords bearbeiten und Optionen ändern

Wahrscheinlich vermuten Sie es schon: Auch die Ebene der Anzeigentexte hält eigene Bulk-Änderungen bereit. Wenn Sie Ihre Anzeigentexte öfter anpassen müssen, bietet sich hier eine große Hilfe. Denn mit den Bulk-Änderungen lassen sich auch gleichzeitige Textänderungen in mehreren Anzeigen zeitsparend umsetzen. Falls Sie z. B. Versandkosten in Höhe von 0 € planen und Ihr aktueller Anzeigentext in zig Anzeigen andere Versandkosten (z. B. in Höhe von 2 €) anzeigt, können Sie mithilfe der Suchen-und-ersetzen-Funktion für Textanzeigen viel Zeit sparen. Markieren Sie zunächst per Checkbox alle Textanzeigen, für die eine Textpassage geändert werden soll (siehe Abbildung 17.4).

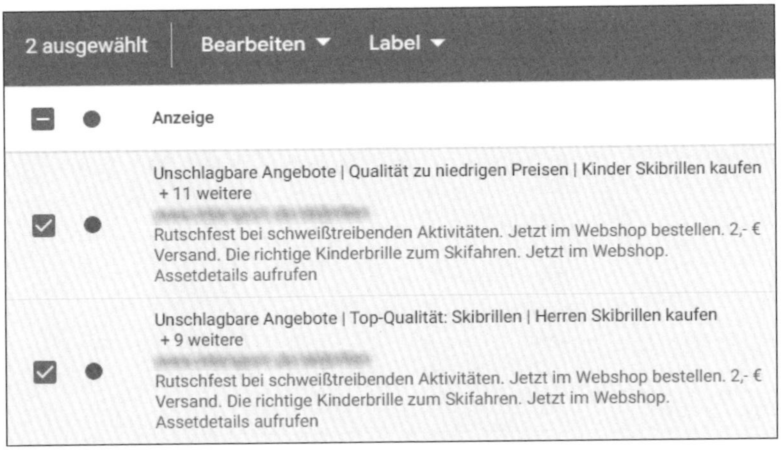

Abbildung 17.4 Anzeigentext vor der Bulk-Änderung: 2 € Versand

Danach klicken Sie wieder auf die bereits bekannte Schaltfläche BEARBEITEN und wählen im nächsten Schritt den Unterpunkt ANZEIGEN ÄNDERN aus dem Drop-down-Menü. Nun öffnet sich das Fenster aus Abbildung 17.5.

Bestimmen Sie hier zunächst die Art der Anzeige, die Sie ändern möchten. In unserem Fall ist dies der Typ RESPONSIVE SUCHANZEIGEN ❶. Da im Konto hier von Google der Typ RESPONSIVE SUCHANZEIGEN voreingestellt wurde, ist das immer eine Fehlerquelle, auf die Sie achten sollten. Falls an dieser Stelle der falsche Typ ausgewählt ist, ändert sich später nichts in der Anzeige! Nach der Auswahl des Anzeigentyps bestimmen Sie noch als Aktion SUCHEN UND ERSETZEN ❷. Danach können Sie festlegen, worauf sich diese Aktion beziehen soll, indem Sie rechts oben neben TEXT SUCHEN unter IN innerhalb der Drop-down-Liste das passende Element auswählen. Für unser Beispiel haben wir ALLE ANZEIGENTITEL UND TEXTZEILEN ❸ ausgewählt. Mit dieser Einstellung können Sie die Texte gleich an fast allen Stellen in den Anzeigen in einem Schritt verändern. Diese Auswahl ist vor allem dann interessant, wenn Sie nicht ganz sicher sind, ob mehrere Bereiche betroffen sind. Sie können aber auch ganz bewusst einzelne Teile der Anzeige, z. B. nur ANZEIGENTITEL ❹, auswählen, damit nur dort die gewünschten Änderungen vorgenommen werden. Unter TEXT SUCHEN geben Sie dann zuerst den Text ein, der ersetzt werden soll. In unserem Beispiel sind dies die 2,- € VERSAND ❺. Bei ERSETZEN DURCH notieren Sie den neuen Begriff. Im Beispiel ist dies der neue Versandpreis ❻. Der Austausch der Textstellen wird zum Abschluss per Klick auf ÜBERNEHMEN ❼ bestätigt.

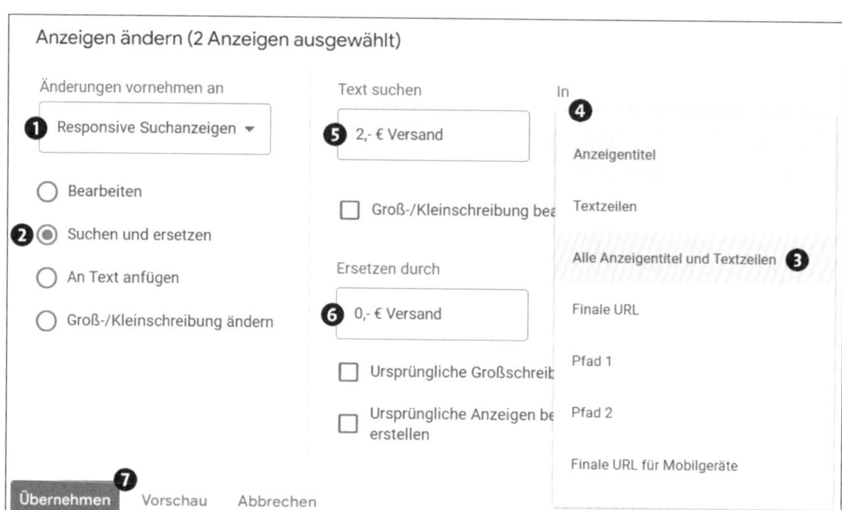

Abbildung 17.5 Bulk-Änderungen mit »Suchen und ersetzen«

Danach erscheint als Ergebnis die veränderte Anzeige (siehe Abbildung 17.6). In unserem Beispiel haben wir die Vorgehensweise mit zwei Anzeigen demonstriert. Ein Austausch dieser zwei Textstellen wäre wahrscheinlich in der gleichen Zeit auch auf herkömmliche Weise zu bewältigen. Wenn Sie jedoch irgendwann mal eine große Anzahl von Textanzeigen nach einem bestimmten Schema ändern müssen, werden Sie die beschriebene Massenänderungsfunktion nicht mehr missen wollen! Diese Möglichkeit sollten Sie auch nutzen, wenn Sie immer die aktuelle Jahreszahl in Ihrer Anzeige ausspielen möchten. Dann können Sie zu Beginn eines neuen Jahres die aktualisierte Jahreszahl mit einer Aktion in alle Anzeigen übernehmen.

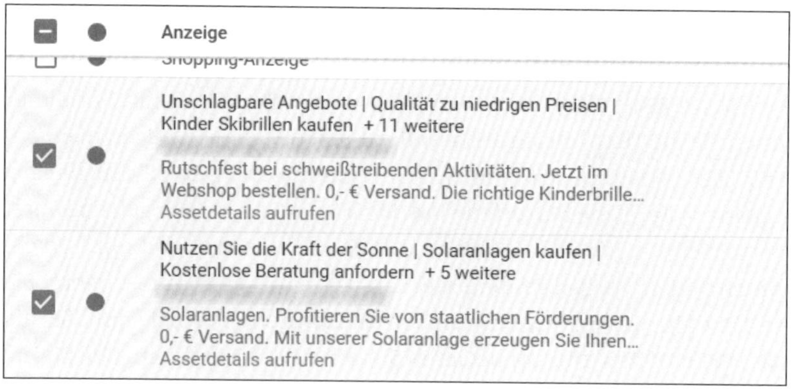

Abbildung 17.6 Anzeigentexte nach der Bulk-Änderung: »2,- € Versand« wurden gegen »0,- € Versand« ausgetauscht.

17.1.2 Richtig sortieren und filtern

Im Kopf Ihrer Google-Ads-Statistiken befinden sich neben einem Suchfeld noch verschiedene Möglichkeiten der Sortierung, Gruppierung und Filterung.

Filter oberhalb der Statistiken

Oberhalb der Statistiken, die wir gleich vorstellen, können Sie grundsätzlich die Kampagnen und Anzeigengruppen aktivieren, mit denen Sie gerade arbeiten möchten, um sich auf die wesentlichen Daten zu konzentrieren.

Im Filter können Sie eine Auswahl treffen. Dort können Sie z. B. bestimmen, dass nur die aktivierten Kampagnen und Anzeigengruppen eingeblendet werden (siehe Abbildung 17.7).

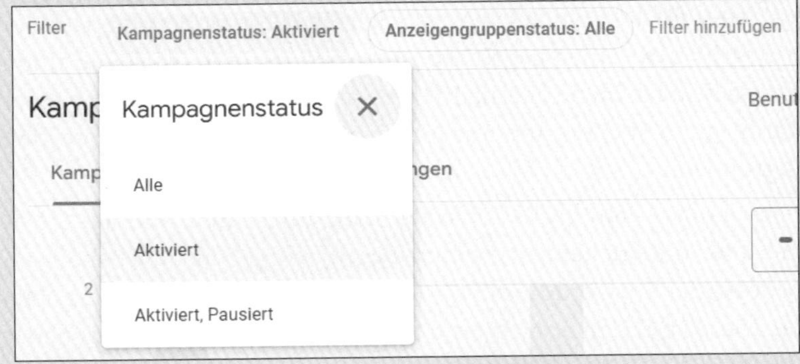

Abbildung 17.7 Filterfunktion oberhalb der Statistiken

Nun aber zu den Einstellungen der beiden Filter KAMPAGNENSTATUS und ANZEIGENGRUPPENSTATUS. Mit diesen Filtern können Sie drei unterschiedliche Darstellungen bestimmen (siehe Abbildung 17.7)

- ALLE Elemente anzeigen: So verschaffen Sie sich einen guten Überblick.
- AKTIVIERT Elemente: Das sollte die bevorzugte Einstellung sein.
- AKTIVIERT/PAUSIERT alle bis auf pausierte Elemente: wichtig, wenn Sie alte Elemente wieder aktivieren möchten.

Nutzen Sie auf jeden Fall die Möglichkeit, unnötige Elemente herauszufiltern, denn dies reduziert bei großen Konten mit vielen pausierten Elementen die Anzahl der aufgelisteten Datensätze erheblich – und schärft so den Blick für das Wesentliche.

Wir stellen Ihnen nun die fünf wichtigsten Elemente bzw. Funktionen vor, die Sie immer im Kopfbereich Ihrer Google-Ads-Tabellen finden und die Sie bei der Zusammenstellung und Analyse Ihrer Online-Statistiken täglich benötigen (siehe Abbildung 17.8).

1. **Filter**
   Filter sind vor allem dann sehr nützlich, wenn es darum geht, aus großen Datenmengen überschaubare Listen zu generieren, die einer bestimmten Schnittmenge von Leistungsmerkmalen entsprechen. Sie können zwar die Keywords mit der höchsten CTR oder die Keywords mit mindestens 200 Klicks im letzten Monat über die Sortierung einer Tabelle und durch eventuell zusätzliches Scrollen der Ergebnisse relativ einfach finden, dennoch ist die Kombination beider Vorgaben ohne die Filterfunktion nicht so einfach möglich oder nimmt auf jeden Fall mehr Zeit in Anspruch. Über FILTER HINZUFÜGEN ❶ können Sie Kombinationen von Bedingungen erstellen. Die genaue Vorgehensweise zeigen wir Ihnen im nächsten Abschnitt.
2. **Suchfeld**
   Die Funktion SUCHEN ❷ ist vereinfacht gesagt auch ein Filter, wobei hier nach dem eingegebenen Begriff bzw. einer Begriffskombination gefiltert wird. Sie finden diese Suchfunktion in jeder Ebene oberhalb Ihrer Daten, wobei Sie auf Kampagnenebene nach Kampagnen suchen und auf Anzeigengruppenebene entsprechend nach Anzeigengruppen.

   Haben Sie beispielsweise eine große Keyword-Liste aufgerufen, können Sie auf Keyword-Ebene über die Sucheingabe einen Begriff vorgeben und bekommen dann alle Keywords oder Keyword-Kombinationen angezeigt, die das vorgegebene Wort enthalten. Diese Funktion erleichtert die Recherche in Ihren Kampagnen erheblich.
3. **Segmentierung**
   Per Klick auf SEGMENT ❸ erhalten Sie verschiedene Möglichkeiten zur Segmentierung. Dies kann man mit einer Gruppierung von Daten gleichsetzen. Mit Segmenten können Sie Ihre Daten zu verschiedensten Gruppen zusammenfassen, um danach die Leistung der einzelnen Gruppen zu vergleichen. Dabei sind unter anderem Segmentierungen nach Wochentagen, Tageszeiten, Endgeräten und verschiedenen Conversions möglich. Die unterschiedlichen Möglichkeiten zur Segmentierung sollten Sie in Ihren Berichten immer dann nutzen, wenn Sie Daten gegenüberstellen bzw. vergleichen möchten.
4. **Spalten**
   Das Icon SPALTEN ❹ enthält wahrscheinlich die wichtigste Funktion der Kopfzeile. Mit diesem Button können Sie in allen Berichten einfach neue Datenspalten hinzufügen oder vorhandene entfernen, falls die Datenspalten zu unübersichtlich werden. Wenn Sie die Spalten neu anordnen, können Sie ihnen individuelle Namen geben und die Einstellungen speichern. Sie finden die gespeicherten Berichtsvorlagen in der Drop-down-Liste unter dem Spaltensymbol.

5. **Berichte**
   Hinter dem Icon BERICHTE ❺ finden Sie vordefinierte Berichte, die Sie auswählen können. Hierzu gibt es weiterführende Informationen in Abschnitt 14.5, »Berichte erstellen«.
6. **Mehr (weitere Möglichkeiten)**
   Achten Sie im Google-Ads-Konto immer auf die drei Navigationspunkte und den Hinweis MEHR ❻. Dort finden Sie zusätzliche Möglichkeiten, die aufgrund des beschränkten Platzangebots nicht angezeigt werden können. Im Kopf der Berichtstabellen findet sich hier der Link zu den automatisierten Regeln, die wir in Abschnitt 17.3 noch erläutern werden.

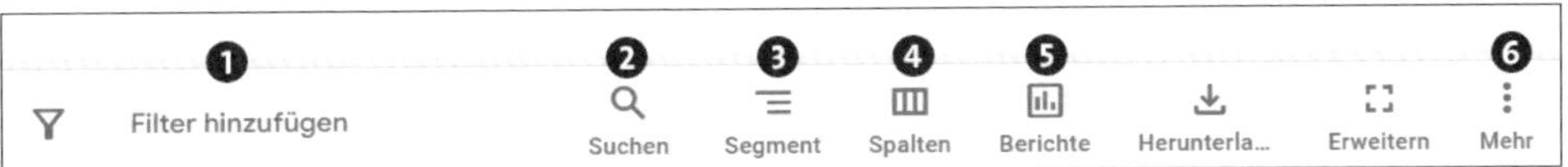

Abbildung 17.8 Tabellenkopf: die erste Zeile mit Such-, Gruppierungs- und weiteren Funktionen

Alle Statistiken im Google-Ads-Konto können Sie, wie bereits erwähnt, ganz einfach per Klick auf die Spaltenbezeichnung auf- oder absteigend sortieren. Ein Klick in den Spaltenkopf markiert zunächst die Spalte, angezeigt durch eine fette Überschrift (siehe Abbildung 17.9). Der Pfeil neben der Spaltenbezeichnung zeigt zudem die Richtung der Sortierung an (auf- oder absteigend). Diese Funktion ist sehr intuitiv und wird auch in anderen Google-Produkten, z. B. bei Google Analytics, für die Datensortierung genutzt.

Qualitätsfaktor	Impr.	↓ **Klicks**	CTR	Impr. (obere Pos.) %
8 von 10	979	142	14,50 %	94,38 %
7 von 10	1.837	120	6,53 %	77,72 %
8 von 10	754	72	9,55 %	70,82 %
5 von 10	792	48	6,06 %	88,62 %
7 von 10	492	46	9,35 %	87,60 %
8 von 10	676	36	5,33 %	52,37 %
8 von 10	150	32	21,33 %	99,33 %

Abbildung 17.9 Sortieren nach Spaltenüberschriften

17.1.3 Filter

Filter sind vor allem dann interessant, wenn Sie aus großen Datenmengen eine bestimmte Datengruppe extrahieren möchten. Die Filter erweisen sich als besonders wertvoll, wenn zwei, drei oder noch mehr Bedingungen für Ihre Datensätze kombiniert werden sollen. Hier wird die Filterfunktion zu einem mächtigen Werkzeug, das sehr schnell die passende Schnittmenge zu Ihren Vorgaben liefert.

Nachdem Sie die Filterfunktion per Klick auf FILTER HINZUFÜGEN aktiviert haben, können Sie in der Drop-down-Liste verschiedene Filtervorgaben suchen oder innerhalb der unterschiedlichen Gruppierungen auswählen und so kombinieren. Das folgende Beispiel, bei dem der Filter aus einer Kombination von vier Vorgaben erstellt wird, zeigt eindrucksvoll, wie Sie mit den Filtern arbeiten können. Unser Beispielfilter (siehe Abbildung 17.10) soll aus einer großen Keyword-Liste diejenigen Suchbegriffe herausfiltern, für die die folgenden vier Bedingungen gelten:

1. Die Keywords sollen eine schlechte Klickrate von unter 1 % besitzen ❶.
2. Gleichzeitig sollen die Keywords aber bereits genügend Anzeigenschaltungen ausgelöst haben, um statistisch verlässlich Daten zu erhalten. Als Vorgabe wählen wir einen Grenzwert von mindestens 200 Impressionen ❷ aus. Hierbei ist es natürlich wichtig, den Zeitraum zu bedenken, auf den der Filter angewendet wird!
3. Da die Klickraten an unterschiedlichen Positionen auch unterschiedlich bewertet werden müssen, konzentrieren wir uns auf Keywords im oberen Teil der Suchergebnisseite. Dies bedeutet, dass wir nur Keywords herausfiltern, die zu 60 % ❸ im oberen Bereich ausgespielt wurden.
4. Wir sind auf der Suche nach Keywords, die nicht gut funktionieren. Darum spielt auch die Anzahl der Conversions eine wichtige Rolle. Die Keywords in unserem Filter sollten daher keine Conversions erzielt haben. Auch diese Bedingung wird noch in den Filter aufgenommen ❹.

Wenn Sie die Gruppe der gefilterten Elemente noch weiter verfeinern möchten, können Sie über FILTER HINZUFÜGEN ❺ weitere Filterbedingungen erstellen. Nachdem Sie alle Bedingungen für einen Filter festgelegt haben, speichern Sie den neuen Filter für zukünftige Nutzungen. Dazu klicken Sie auf das SPEICHERN-Symbol ❻ und geben dem neuen Filter danach einen Namen. Sie aktivieren Ihre Auswahl anschließend per Klick auf SPEICHERN.

Sie können den Filter auch löschen ❼ und das Filterfeld am Ende schließen ❽, wenn Sie die Filtermöglichkeit nicht mehr benötigen. Die kumulierte Anzahl der konfigurierten Filter wird Ihnen ebenfalls angezeigt ❾.

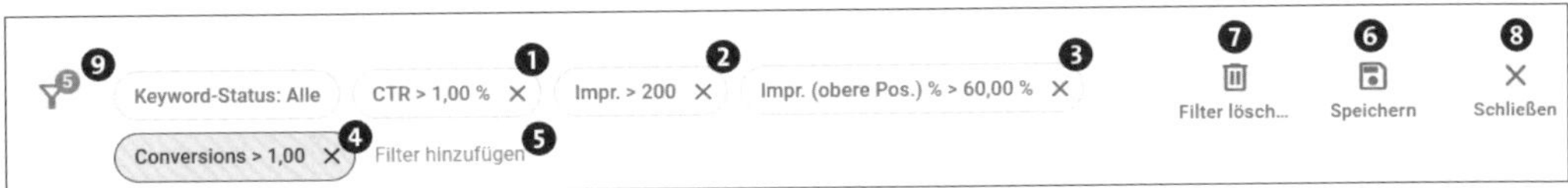

Abbildung 17.10 Komplexe Filter erstellen

Mit einem Filter reduzieren Sie die angezeigte Datenmenge erheblich. Falls Sie jedoch zu viele Vorgaben kombinieren und zudem extreme Werte vorgeben, erzeugen Sie eine leere Datentabelle, weil kein Element der Kombination der Filtervorgaben entspricht. Ihr Filter sollte außerdem immer auf einen bestimmten Analysezweck ausgerichtet sein. Unserem Beispiel lag die Idee zugrunde, dass Keywords herausgefiltert werden sollten, die eine schlechte Performance (niedrige Klickrate und kaum bzw. keine Conversions) besitzen.

Bei den so ermittelten Keywords besteht auf jeden Fall Handlungsbedarf. Diese Keyword-Gruppe sollte möglichst schnell optimiert werden. Falls alle Optimierungsmöglichkeiten ausgeschöpft sind, sollten Sie sich letztlich von den Keywords mit der schlechten Performance trennen. Die Suchbegriffe, die unseren Filtervorgaben aus dem Beispiel entsprechen, kosten nur Geld und erzielen fast keine Conversions. Zudem senken die schlechten Klickraten die Qualität Ihrer Anzeigengruppe und Ihrer Kampagne. Somit schaden die Keywords Ihrer Google-Ads-Werbung mehr, als sie nützen.

17.1.4 Was verbirgt sich hinter den Spalten?

Auf allen Ebenen und zu allen Berichten, die Sie in Ihrem Google-Ads-Konto finden, werden Sie in der Kopfzeile oberhalb der Berichte das Icon mit den drei Balken entdecken, das als Symbol für die Berichtsspalten steht. Die Anpassung der Berichte über die Spalten hat Google Ads irgendwann einmal eingeführt, als klar wurde, dass die Anzahl der Informationsspalten ständig zunimmt und die Berichte mit zu vielen Informationen überladen sind. Auch Google wurde schnell klar, dass nicht alle User alle Informationen zu einem bestimmten Zeitpunkt in jedem Bericht sehen müssen. Durch die Freiheit der Informationsauswahl sind die Berichte viel effektiver.

Wenn Sie längere Zeit mit Google Ads in der Praxis arbeiten, werden Sie erkennen, dass die Anzahl der Info-Spalten fast quartalsweise zunimmt. Daher ist es eine gute Entscheidung, über die Spaltenauswahl individuell den eigenen Informationsbedarf festzulegen (siehe Abbildung 17.11).

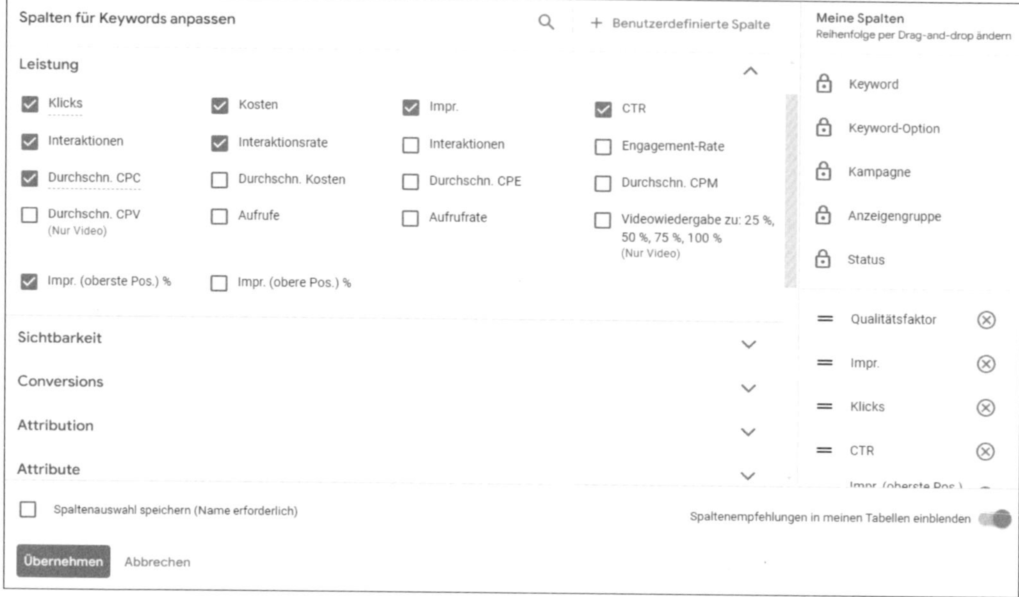

Abbildung 17.11 Individuelle Messwerte für Berichte zusammenstellen

Mit Blick auf die Überschrift dieses Kapitels können wir jedoch nicht wirklich sagen, was sich hinter den Spalten verbirgt, da für jedes Element bestimmte, teilweise unterschiedliche Daten verfügbar sind und stets neue Spalten hinzukommen. Die Frage »Was verbirgt sich hinter den Spalten?« soll also mehr eine Aufforderung an Sie sein, sich mit den Auswahlmöglichkeiten der Spalten zu beschäftigen und herauszufinden, welche Informationen Sie für Ihre Berichte benötigen. Schauen Sie sich also regelmäßig den Bereich SPALTEN • SPALTEN ANPASSEN an, damit Sie wissen, welche Daten für Ihre Berichte aktuell verfügbar sind.

17.1.5 Benutzerdefinierte Spalten

Google hat vor einigen Jahren zusätzlich zu den bereits vielfältig vorhandenen Spalten noch die Möglichkeit geschaffen, benutzerdefinierte Spalten anzulegen. Mithilfe dieser Spalten können Sie eigene Spaltenbezeichnungen erstellen und Messwerte mit spezieller Segmentierung hinzufügen oder auch Werte berechnen lassen. Sie finden diese Möglichkeiten, wenn Sie unter SPALTEN ANPASSEN ganz nach unten scrollen und den Unterpunkt BENUTZERDEFINIERTE SPALTEN öffnen. Zum Schluss wählen Sie noch + BENUTZERDEFINIERTE SPALTE.

Sie können auf diese Weise z. B. eine Spalte definieren, die nur Klicks von Smartphones auflistet, und diese Spalte SMARTPHONE-KLICKS nennen (siehe Abbildung 17.12). Wählen Sie dazu als Messwert KLICKS aus und segmentieren Sie diese Klicks nach GERÄT vom Typ SMARTPHONES. Da Sie die Anzahl der Klicks in Ihrem Bericht ausgeben möchten, wählen Sie als Datenformat ZAHL (123).

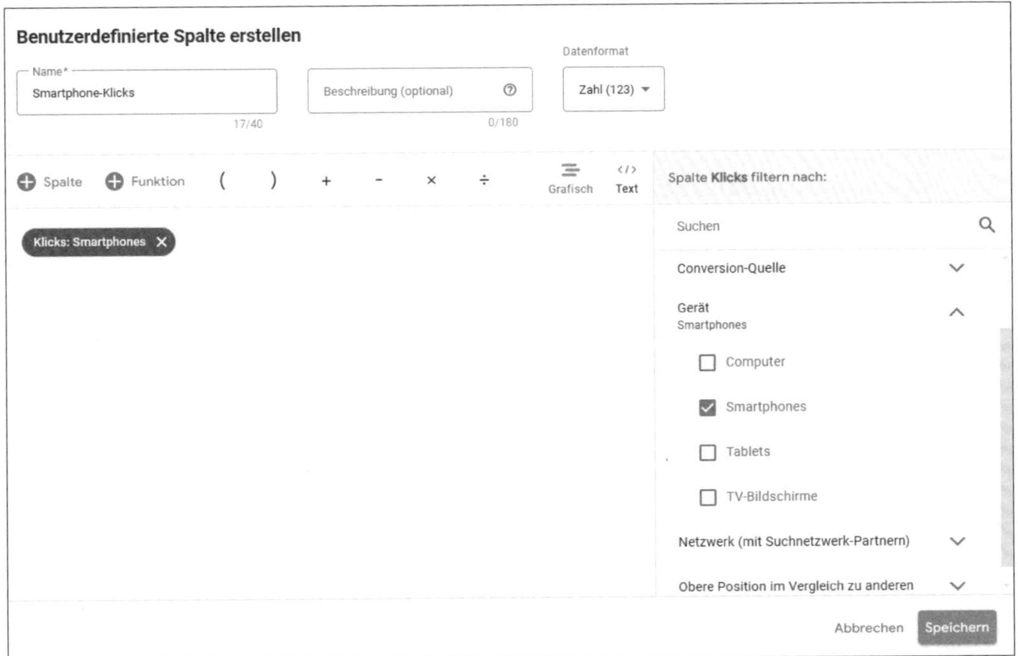

Abbildung 17.12 Eine benutzerdefinierte Spalte für »Smartphone-Klicks« anlegen

Abbildung 17.13 zeigt die neu kreierte Spalte SMARTPHONE-KLICKS im entsprechenden Bericht.

CTR	Impr. (obere Pos.) %	Smartphone-Klicks	Klicks
11,57 %	92,13 %	44,00	266
7,57 %	72,41 %	78,00	318

Abbildung 17.13 Google-Ads-Bericht mit benutzerdefinierter Spalte »Smartphone-Klicks«

17.2 Nutzen Sie Labels

Labels sind eine Besonderheit im Google-Ads-Konto, mit deren Hilfe Sie den Blick auf Ihre Google-Ads-Daten noch individueller gestalten können. Denn das Anlegen und Zuordnen der Labels schafft eine eigene Struktur für Ihre Berichte. Sie erstellen mithilfe der Labels eigene Gruppen, die Sie dann für Ihre Berichte und somit Ihre Analyse nutzen können.

Stellen Sie sich vor, Sie bewerben verschiedene Skibrillen in Kombination mit Ihrem Markennamen und den Begriffen »Webshop«, »Kinder Skibrillen« und »Skibrillen«. Dafür haben wir hier das Beispiel »SnowPeak« erfunden.

Die einzelnen Skibrillen haben Sie auf verschiedene Anzeigengruppen verteilt. Da jedes Thema ein eigenes Budget besitzt, haben Sie auch noch verschiedene Kampagnen erstellt. Nun benötigen Sie am Ende des Monats einen Bericht, der alle Ihre Skibrillen auflistet, aber nur in Kombination mit dem Begriff »SnowPeak«, also »SnowPeak Webshop«, »SnowPeak kinder skibrillen« und »skibrillen SnowPeak«. Da jede Kampagne und jede Anzeigengruppe mit unterschiedlichen Begriffen aufgebaut ist, ist es schwierig, einen Bericht in dieser Kombination zusammenzustellen.

Diese Aufgabe könnten Sie aber mithilfe von Labels lösen. Dazu markieren Sie zunächst Ihre Keyword-Kombinationen, die den Begriff »SnowPeak« enthalten, mit einem Label, das Sie passend benannt haben (siehe Abbildung 17.14). Dann können Sie diese Keyword-Kombinationen später über das Label filtern und in einem eigenen Bericht zusammenfassen. Auf diese Weise erhalten Sie einen Bericht, der nur den Suchbegriff »SnowPeak« berücksichtigt.

Folgende Berichtsideen können Sie unter anderem mit Labels umsetzen:

- Markieren und gruppieren Sie alle Kampagnen, die auf bestimmte Regionen verweisen.
- Markieren und gruppieren Sie alle Anzeigengruppen, die ein aktuelles Saisonangebot bewerben.
- Markieren und gruppieren Sie alle Anzeigengruppen, die nur genau passende Keywords enthalten.
- Markieren und gruppieren Sie alle Keyword-Kombinationen, die Ihren Firmennamen enthalten.
- Markieren und gruppieren Sie alle Anzeigentexte, die auf bestimmte Zielseiten verweisen.
- Markieren und gruppieren Sie alle Anzeigentexte, die emotionale Textbausteine enthalten.
- Markieren und gruppieren Sie alle Anzeigentexte, die Fakten und Zahlen nutzen.

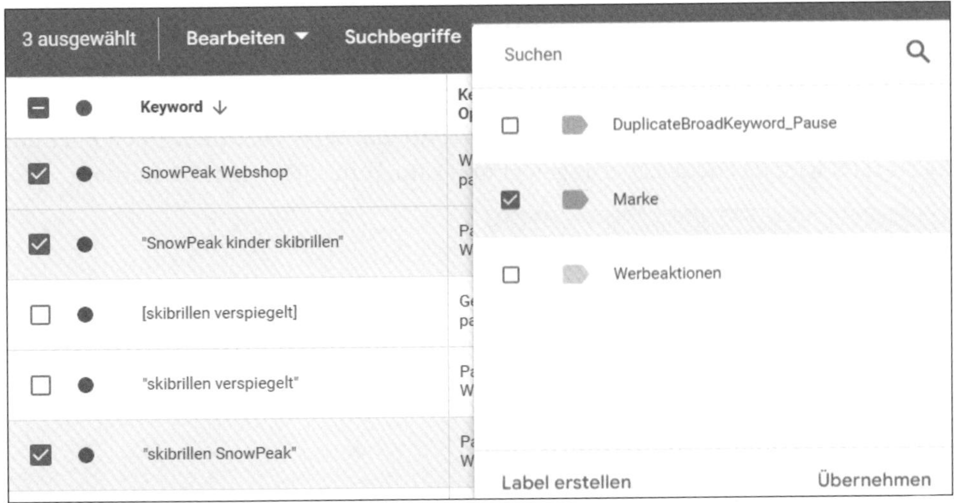

Abbildung 17.14 Labels im Google-Ads-Konto

Anhand dieser kleinen Beispielliste haben Sie sicher bereits eigene Ideen entwickelt, wie Sie die Labels in Ihrem Konto einsetzen können, um eigene Berichtsstrukturen zu bilden. Mit den Labels sind Sie in gewisser Weise unabhängig von den technischen Google-Ads-Vorgaben und können schnell die für Sie interessanten Informationen zusammenstellen. Falls Sie die speziellen »Label-Berichte« nicht nur einmalig verwenden, sondern öfter nutzen, dann ist auch der etwas höhere Aufwand für ihre Einrichtung gerechtfertigt.

17

17.2.1 Labels zuordnen

Wenn bereits Labels vorhanden sind, können Sie diese ganz einfach in drei Schritten zuordnen:

1. Markieren Sie zunächst auf entsprechender Ebene (Kampagnen, Anzeigengruppen, Keywords, Anzeigen) über die Checkbox diejenigen Elemente, die Sie unter einem Label verbinden möchten.
2. Klicken Sie dann im blauen Kopfbereich auf LABEL und markieren Sie in dem neu geöffneten Feld ein oder mehrere der vorhandenen Labels per Checkbox (siehe Abbildung 17.14).
3. Bestätigen Sie Ihre Wahl per Klick auf ÜBERNEHMEN.

Falls Sie noch kein Label erstellt haben oder ein neues Label hinzufügen möchten, müssen Sie natürlich zunächst ein neues Label kreieren.

17.2.2 Labels erstellen

Sie erstellen ein neues Label, indem Sie nach dem Aufruf von LABEL im Kopfbereich links unten auf den Link LABEL ERSTELLEN klicken. Geben Sie dem Label einen Namen und optional eine eigene Beschreibung (siehe Abbildung 17.15). Durch einen Klick auf ERSTELLEN wird das neue Label angelegt und kann nun sofort genutzt werden.

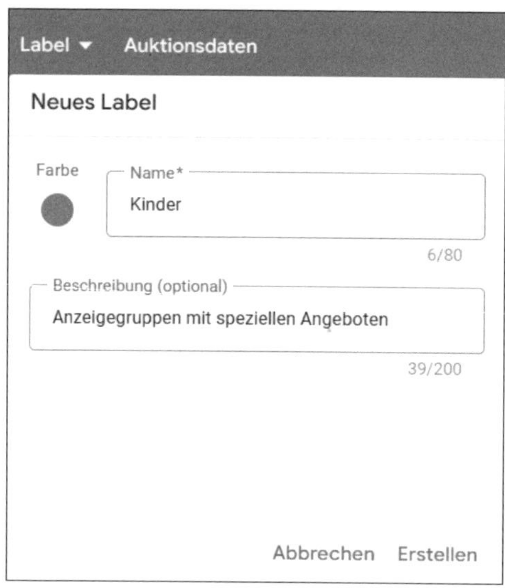

Abbildung 17.15 Ein neues Label mit Namen und Beschreibung erstellen

Jedes Label erhält automatisch eine individuelle Farbkennzeichnung, die Sie bei Bedarf ändern können. Klicken Sie dazu einfach auf die Label-Farbe und wählen Sie aus einer Farbpalette die gewünschte Markierung aus. Wenn Sie eine große Datentabelle in Ihrem Konto und viele Labels besitzen, können Sie über die Farbe die gekennzeichneten Elemente für spezielle Gruppen schneller identifizieren.

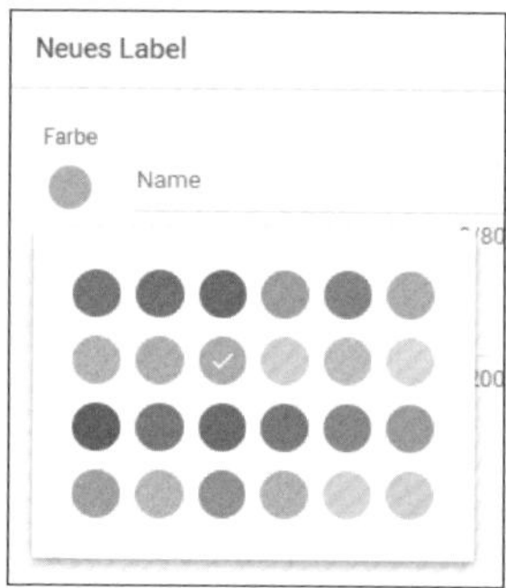

Abbildung 17.16 Individuelle Farbe für Labels vergeben

17.2.3 Labels anzeigen und filtern

Bei Ihren Berichtsspalten finden Sie in der Gruppe ATTRIBUTE auch die Spalte mit der Bezeichnung LABEL. Mithilfe dieser Spalte können Sie sich die Labels zu den einzelnen Elementen in Ihren Berichten anzeigen lassen. Um den erwünschten Effekt der neu gruppierten Berichte zu nutzen, müssen Sie die Labels jedoch als Filterelement einsetzen.

Wählen Sie im Kopf FILTER HINZUFÜGEN, geben Sie in das Suchfeld *Label* ein und wählen Sie LABEL aus. Sie können nun ein oder auch mehrere Labels per Checkbox auswählen (siehe Abbildung 17.17).

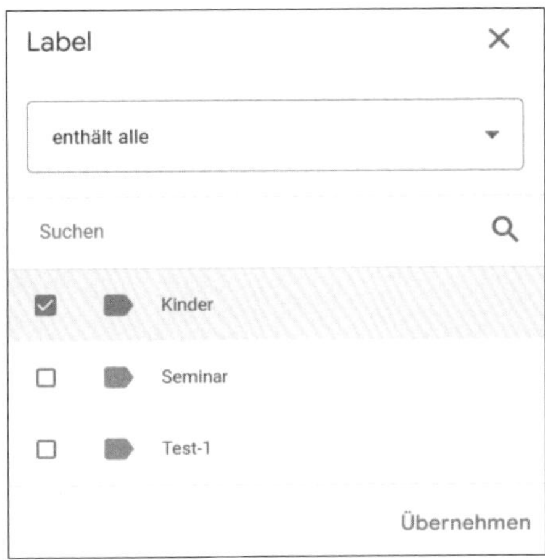

Abbildung 17.17 Auf der Grundlage von Labels filtern

Bitte beachten Sie, dass Sie die Filterfunktion mit ENTHÄLT, ENTHÄLT ALLE oder ENTHÄLT NICHT noch verfeinern können. Die Filterauswahl bestätigen Sie wieder mit ÜBERNEHMEN. Danach enthält Ihr Bericht nur die zuvor mit den Labels gekennzeichneten Elemente.

17.3 Google Ads arbeiten lassen – automatisierte Regeln

Vor allem von Besitzern größerer Google-Ads-Konten im Mittelstand hören wir oft die Aussage, dass bei der Verwaltung eines Google-Ads-Kontos eine Menge Arbeit anfällt. Viele kleine Schritte, die für eine Kontrolle und Bearbeitung notwendig sind, müssen regelmäßig durchgeführt werden. Es gibt jedoch verschiedene Möglichkeiten, um Google Ads mehr in diese Arbeit einzubinden. Diese werden jedoch oft nicht genutzt. Darum unser Tipp: Nutzen Sie alle Möglichkeiten, um durch automatisierte Prozesse Zeit zu sparen.

Eine wichtige Hilfe stellen wir Ihnen mit den automatisierten Regeln vor. Mit diesen Regeln können Sie auf verschiedenen Ebenen Prozesse automatisieren, die dann für Sie Budgetanpassungen vornehmen, Kampagnen stoppen und aktivieren, schlechte Keywords aussortieren, Klickpreise erhöhen oder senken, automatisierte Nachrichten verschicken und noch viele weitere Vorgänge steuern.

Sie können automatisierte Regeln auf verschiedene Weise erstellen. Wenn Sie die Datenansicht einer bestimmten Ebene (z. B. KAMPAGNEN) aufgerufen haben, können Sie auf der rechten Seite die drei vertikalen Navigationspunkte anklicken und den Unterpunkt AUTOMATISIERTE REGEL ERSTELLEN auswählen. Nun werden Ihnen die zur Ebene passenden Regeln angeboten; auf Kampagnenebene werden also entsprechende Regeln für die Kampagnen im Menü unter NEUE AKTION ❶ für Ihre automatisierten Regeln aufgelistet (siehe Abbildung 17.18).

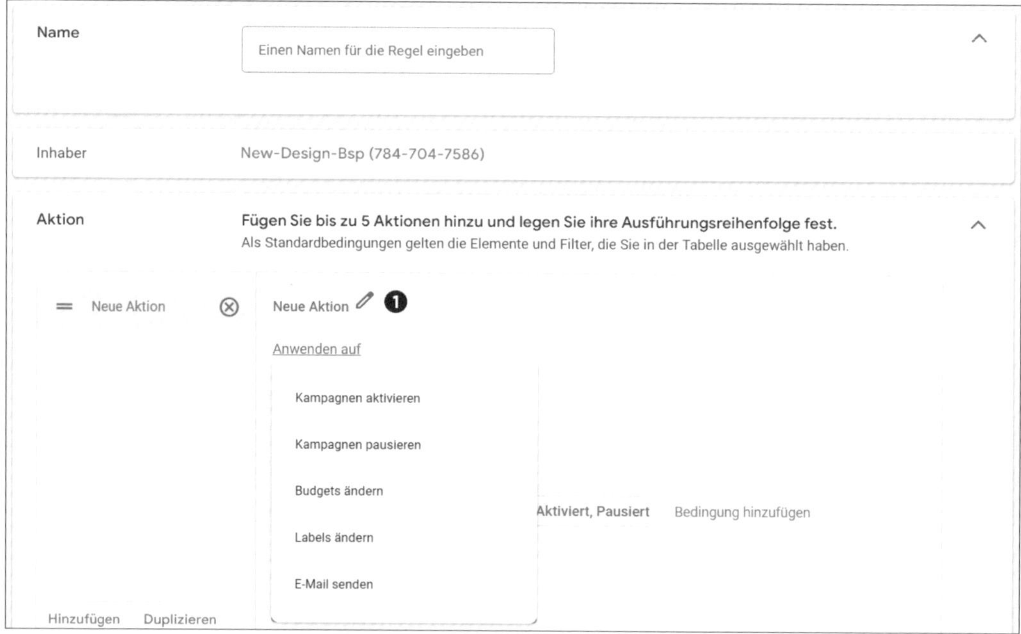

Abbildung 17.18 Auswahl an automatisierten Regeln auf Kampagnenebene

Sie können aber auch auf AUTOMATISIERTE REGEL ERSTELLEN zugreifen, wenn Sie zunächst Elemente per Checkbox markieren und dann auf BEARBEITEN klicken. Bitte beachten Sie, dass es auf unterschiedlichen Ebenen auch unterschiedliche Regeln gibt und Ihnen die jeweils passenden Regeln von Google Ads vorgeschlagen werden.

17.3.1 Regeln erstellen

Navigieren Sie zunächst über einen der vorab genannten Wege zur automatisierten Regel und bestimmen Sie die Art der Regel, z. B. BUDGETS ÄNDERN auf Kampagnenebene. Danach können Sie die Regeln näher definieren (siehe Abbildung 17.19).

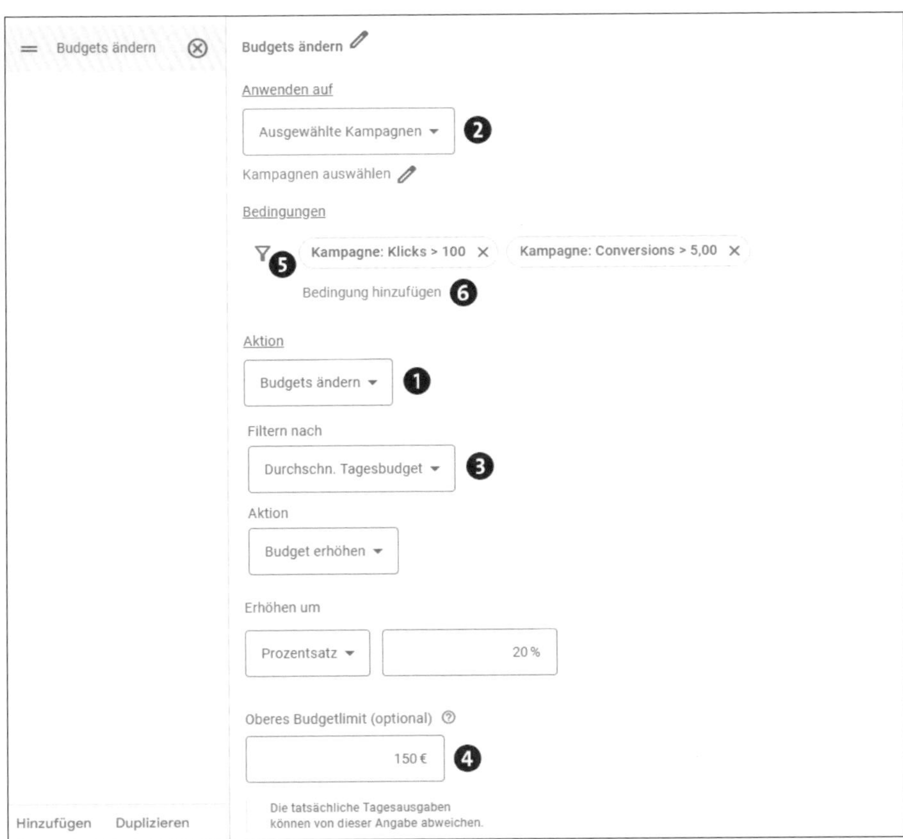

Abbildung 17.19 Angaben zur Erstellung einer automatisierten Regel

Jede Regel erhält am Anfang einen eindeutigen Namen, der später auch leicht dem Zweck der automatisierten Regel zugeordnet werden kann. Dies erleichtert vor allem dann den Überblick, wenn viele Regeln erstellt werden.

Falls Sie beispielsweise das Template für die Regel BUDGETS ÄNDERN ❶ ausgewählt haben, müssen Sie zunächst über ANWENDEN AUF ❷ festlegen, für welche Kampagnen die Regel gelten soll.

Nachdem die Regel nun den Geltungsbereich kennt, müssen Sie definieren, welche Aktion durchgeführt werden soll. Hier könnten Sie beispielsweise bestimmen, dass

Ihr Tagesbudget für die ausgewählten Kampagnen automatisch um 20 % erhöht werden soll. Denken Sie daran, dass Sie mittlerweile bei Google zwischen Tagesbudget ❸ und Gesamtbudget unterscheiden können. Außerdem sollten Sie bei Regeln, die automatisiert das Budget oder die Gebote erhöhen, auf jeden Fall immer ein Limit ❹ einbauen, damit die Kosten nicht durch die Decke gehen.

Nachdem Sie nun angegeben haben, was passieren soll, müssen Sie als Nächstes die Bedingungen ❺ festlegen. Das Budget könnte z. B. in Abhängigkeit von den erzielten Klicks sowie von den damit verbundenen Conversions erhöht werden. Zusätzliche Anforderungen können per Klick auf BEDINGUNG HINZUFÜGEN ❻ eingestellt werden.

Den Abschluss der Regel bildet die zeitliche Steuerung (siehe Abbildung 17.20). In dieser Zeile müssen Sie festlegen, wann und mit welcher Regelmäßigkeit Ihre automatische Regel ausgelöst werden soll. Hier kann z. B. vorgegeben werden, dass täglich zwischen um 05:00 und 06:00 Uhr ❶ die Regel »abgefeuert« wird, wie die Programmierer sagen würden. In dieser Zeile wird zudem noch vermerkt, auf welche Vergleichsdaten die Regel schauen soll, um die Anforderungen zu überprüfen.

Damit Sie immer auf dem Laufenden sind, sollten Sie sich über Änderungen oder Fehler beim Auslösen der Regel per Mail ❷ informieren lassen. Per Klick auf den Button REGEL SPEICHERN ❸ bestätigen Sie zum Schluss die neue Regel.

Abbildung 17.20 Schlussdefinitionen zur Erstellung einer automatisierten Regel

Nach dem gerade aufgezeigten Schema läuft die Regelerstellung auf jeder Ebene ab. Da wir bisher ausführlich die Einstellungen für eine Regel auf Kampagnenebene erläutert haben, stellen wir noch kurz weitere Möglichkeiten als Anregung für eigene Ideen vor.

Auf Keyword-Ebene könnte z. B. eine Regel erstellt werden, die täglich Ihre Keywords kontrolliert und jeweils diejenigen Keywords pausieren lässt, die eine CTR unter 1 % aufweisen (siehe Abbildung 17.21). Da die Performance dieser Keywords nicht gut ist, sollten sie zunächst pausiert werden. Anschließend sollten Sie gezielt nach der Ursache für die schlechte CTR forschen.

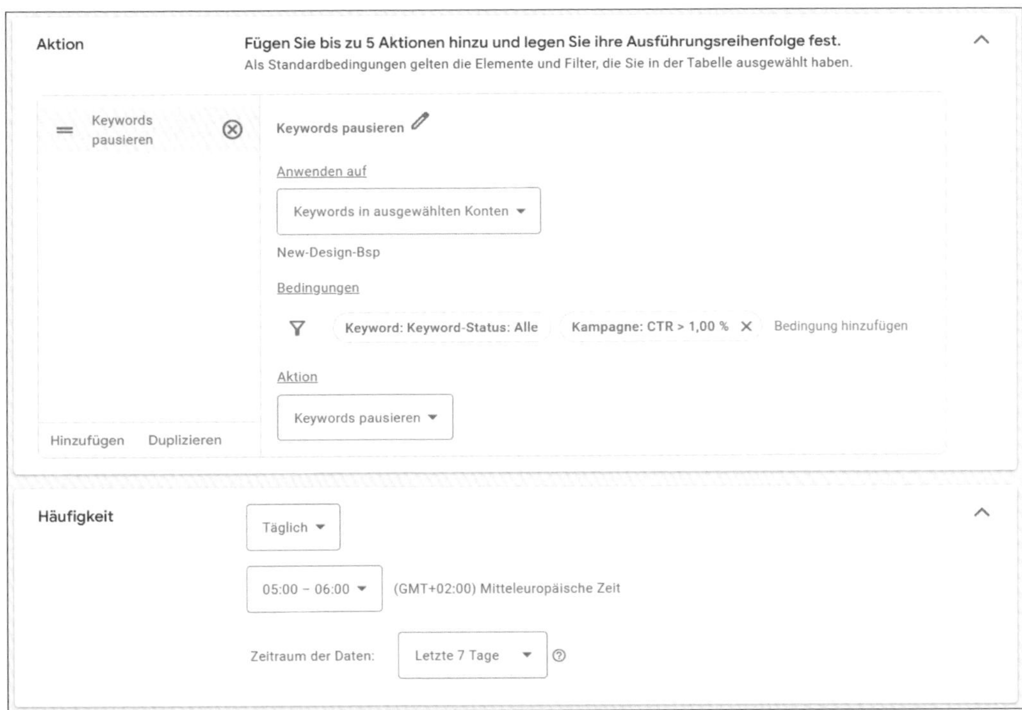

Abbildung 17.21 Keywords mit schlechter Klickrate via Regel automatisch pausieren

Eine andere Regel könnte CPC-Gebote für Keywords erhöhen, die unter ein bestimmtes Ranking gefallen sind, d. h. nur selten Anzeigenschaltungen im oberen Bereich auslösen (siehe Abbildung 17.22). Mithilfe der automatischen Anpassung werden die Anzeigen zu den Keywords häufiger den Suchenden präsentiert. Eine solche Regel ist sicher für die wichtigsten Keywords Ihrer Google-Ads-Kampagne sehr sinnvoll.

Eine weitere interessante automatisierte Funktion ist der Versand von E-Mail-Benachrichtigungen, die durch vorher definierte Ereignisse ausgelöst werden (siehe Abbildung 17.23). Durch diese Funktion können Sie sich über Entwicklungen in Ihrem Google-Ads-Konto informieren lassen, ohne dass Sie täglich in Ihre Kampagnen schauen müssen. Sie könnten z. B. jeden Morgen kontrollieren lassen, ob Ihre Werbung auch bei Google wie gewünscht ausgespielt wird. Falls Ihre Google-Ads-Werbung z. B. viel weniger Impressionen erzeugt, als dies im Durchschnitt um eine bestimmte Tageszeit der Fall ist, sollten Sie das Google-Ads-Konto kontrollieren.

Damit Sie dies jedoch zunächst einmal erfahren, benötigen Sie eine automatisierte Nachricht über die geringe Auslieferung. Es gibt verschiedene Gründe, warum keine oder nur wenige Anzeigen ausgeliefert werden. So könnten wichtige Keywords unter eine bestimmte Ranking-Position gefallen sein, oder das Gebot für die erste Seite hat sich bei Ihren wichtigsten Keywords geändert. Eventuell gibt es neue Anzeigentexte, die die Google-Prüfung nicht bestanden haben und nun nicht ausgeliefert werden. Es ist auch schon häufiger passiert, dass Google die Auslieferung der Kampagnen eingestellt hat, weil es Probleme mit der Abbuchung oder dem Limit der Kreditkarte gab.

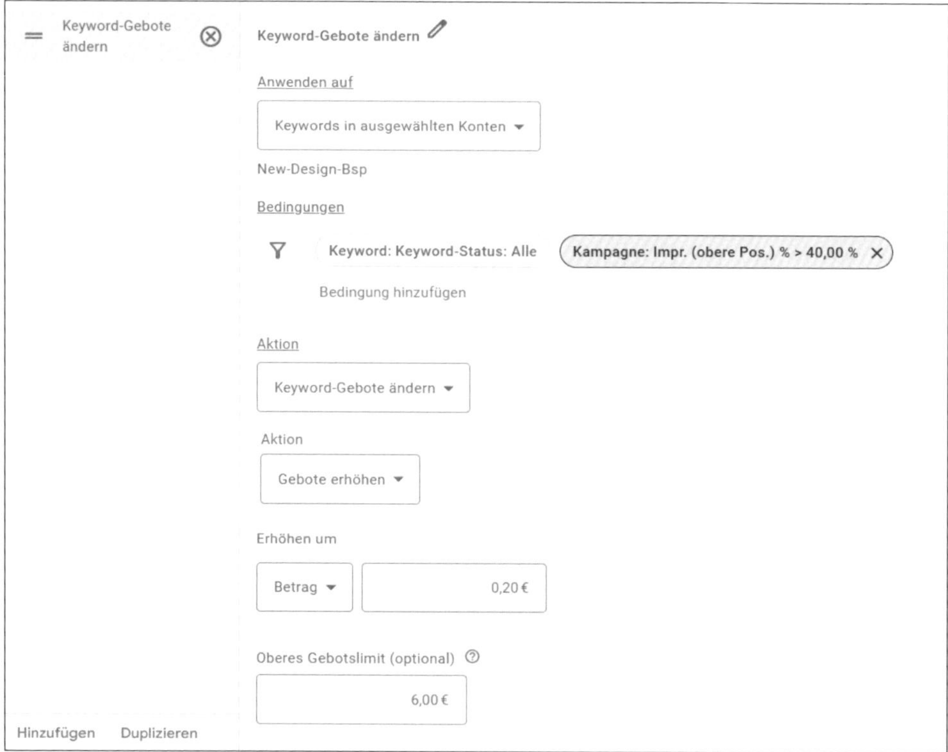

Abbildung 17.22 CPC-Gebote für Keywords mit niedrigem Ranking erhöhen

Natürlich können Sie Benachrichtigungen oder Kontrollmails für jeden einzelnen Punkt einstellen, aber bei einer übergeordneten Kontrolle der geringen Impressionen legen Sie mehr Wert auf die Auswirkungen (keine Auslieferung Ihrer Anzeigen), während die Ursache zunächst zweitrangig ist. Sie decken mit einer Regel also viele Eventualitäten gleichzeitig ab.

Wie funktioniert dieses Benachrichtigungssystem? Auf Grundlage der erzeugten Impressionen der aktuellen Kampagnen wird automatisiert eine E-Mail-Benachrichtigung an die hinterlegte Mailadresse geschickt. Dann kann der Mailempfänger, z. B. der Kampagnenmanager, eine entsprechende Kontrolle im Google-Ads-Konto durchführen.

Falls mehrere Kampagnen in einem Google-Ads-Konto vorhanden sind, ist es durchaus sinnvoll, jede einzelne Kampagne mithilfe dieses »Frühwarnsystems« zu beobachten. Es kann ja sein, dass die Auslieferung der Anzeigen nur bei einer Kampagne problematisch ist. Falls Sie jedoch nur kontrollieren möchten, ob insgesamt Anzeigen in Ihrem Konto geschaltet werden, reicht es aus, wenn Sie mit einer Benachrichtigungsregel alle Kampagnen beobachten. Für einen klugen Einsatz der automatisierten Regeln müssen Sie also vorher genau festlegen, was Ihr Ziel ist.

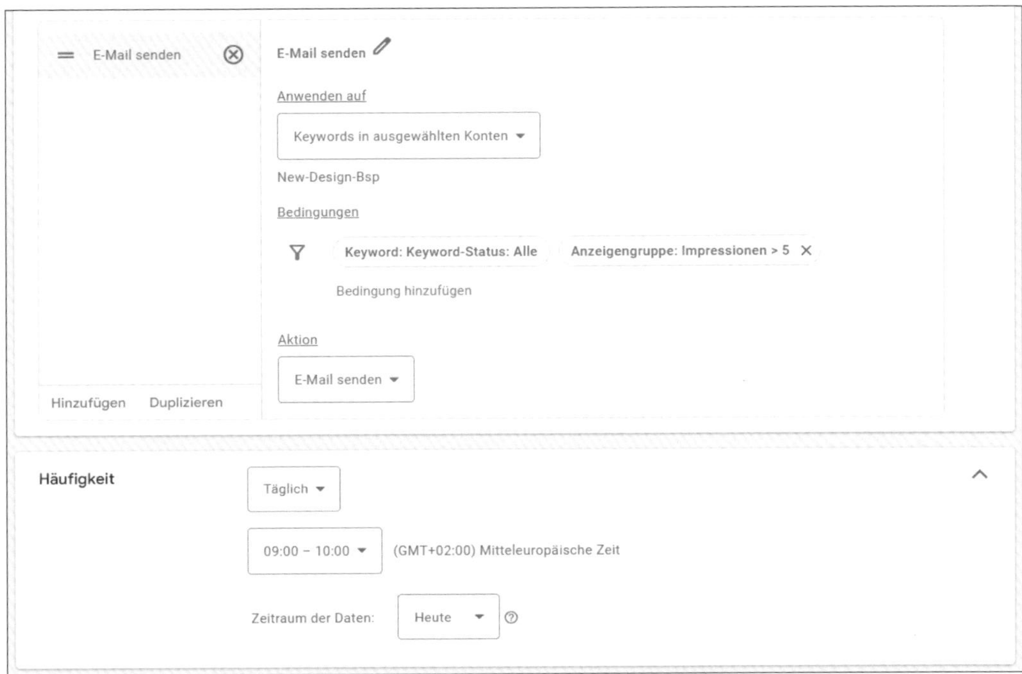

Abbildung 17.23 E-Mail-Benachrichtigung bei geringen Impressionen

> **Benachrichtigung zu den automatisierten Regeln**
>
> Bitte beachten Sie, dass Sie zusätzlich zu jeder Regel immer eine E-Mail-Benachrichtigung erhalten können. Diese Funktion legen Sie am Ende der Regelerstellung bei ERGEBNISSE PER E-MAIL SENDEN vor der Speicherung an.

Sie können dabei unter anderem die Option BEI JEDER AUSFÜHRUNG DIESER REGEL aktivieren. Diese sollten Sie aber nicht wählen, da ansonsten Ihr Mailkonto vollläuft. Denn bei dieser Option wird jedes Mal bei Auslösung einer Regel eine E-Mail versandt. Falls die Regel häufig ausgelöst wird, erhalten Sie folglich viele nichtssagende E-Mail-Informationen.

Interessanter ist schon die Benachrichtigung zu Änderungen, die durch Ihre Regel ausgelöst wurden. Die Option NUR BEI ÄNDERUNGEN ODER FEHLERN informiert Sie zusätzlich, falls es Probleme mit der automatisierten Regel gibt.

17.3.2 Regeln zeitlich steuern

Die zeitliche Steuerung einer Regel wird, wie Sie bereits gesehen haben, direkt bei der Regelerstellung festgelegt. Während es in den vorherigen Google Ads-Versionen noch Beschränkungen gab, sind Sie nun sehr flexibel bei den Möglichkeiten zur zeitlichen Steuerung. Von einem einmaligen Auslösen der Regel über stündliche bis hin zu monatlichen Intervallen haben Sie unterschiedliche Wahlmöglichkeiten (siehe Abbildung 17.24). Beachten Sie diese zeitlichen Steuerungsmöglichkeiten beim Anlegen Ihrer neuen Regel im Google Ads-Konto. Alternativ können Sie auch die im folgenden Abschnitt beschriebenen Möglichkeiten der Google Ads-Skripte nutzen.

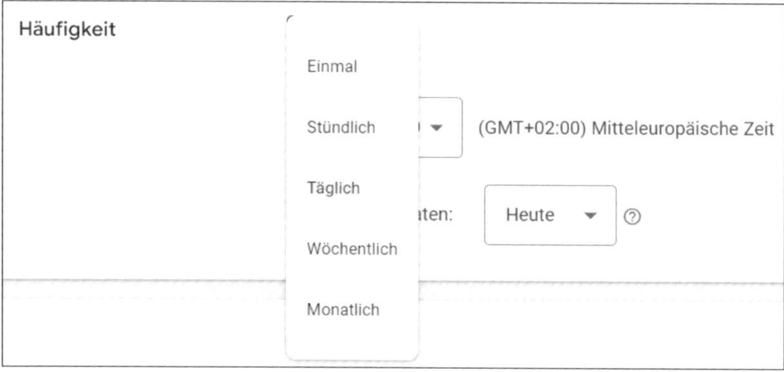

Abbildung 17.24 Zeitliche Steuerungsmöglichkeiten für automatisierte Regeln

17.3.3 Regeln verwalten

Eine Verwaltungsmöglichkeit zu den automatisierten Regeln finden Sie in Ihren Tools und Einstellungen (Navigation über das Hauptmenü) unter BULK-AKTIONEN • REGELN (siehe Abbildung 17.25).

Abbildung 17.25 Verwaltung der Regeln unter »Bulk-Aktionen«

Nach Aufruf des Unterpunkts erhalten Sie eine Tabelle, die alle bereits erstellten automatisierten Regeln mit verschiedenen Informationen auflistet. Unter anderem sehen Sie, wer die Regel zu welchem Zeitpunkt erstellt hat. In der Spalte AKTIONEN finden Sie einen Link BEARBEITEN, um Änderungen an der bestehenden Regel vorzunehmen.

Wenn Sie viele Regeln erstellt haben, ist vielleicht die Filtermöglichkeit zu dieser Übersichtstabelle für Sie interessant (siehe Abbildung 17.26). Sie können nach REGELSTATUS, REGELNAME, E-MAIL-BENACHRICHTIGUNG, REGEL-ID (jede Regel ist über eine ID eindeutig identifizierbar), REGELGÜLTIGKEIT und HÄUFIGKEIT LAUT ZEITPLAN FÜR REGEL filtern. Auf diese Weise können Sie z. B. einen Filter setzen, der nur die aktuell aktivierten Regeln erfasst.

Vor jeder Regel wird der Aktivierungsstatus angezeigt. Der bekannte grüne Punkt gibt an, dass die Regel gerade aktiviert ist. Mithilfe dieses Symbols können Sie eine aktivierte Regel dann auch pausieren lassen oder entfernen.

Abbildung 17.26 Regeln können auch gefiltert werden.

Im Kopfbereich können Sie vom Unterpunkt AUTOMATISIERTE REGELN zum VERSIONSVERLAUF wechseln (siehe Abbildung 17.27). Dort finden Sie eine Protokollliste zu den erstellten Regeln. Neben dem Datum und dem Namen der Regel wird hier angezeigt, ob eine Änderung im Konto durchgeführt wurde oder nicht.

Abbildung 17.27 Protokolle zu den automatisierten Regeln

Auf diese Liste sollten Sie in regelmäßigen Abständen einen Kontrollblick werfen. Auch wenn Sie keine regelmäßige Kontrolle durchführen können, so kennen Sie nun zumindest die Stelle, an der Sie nachschauen müssen, falls sich signifikante Änderungen im Konto zeigen, z. B. geringere Impressionen, steigende CPCs oder ein höheres Budget. Eventuell haben bestimmte Änderungen ihren Ursprung in automatisierten Regeln, mit denen Sie schon gar nicht mehr rechnen.

Falls Änderungen durchgeführt wurden, finden Sie im Kopfbereich neben dem Unterpunkt ERGEBNISSE einen entsprechenden Hinweis mit der Anzahl der durchgeführten Änderungen.

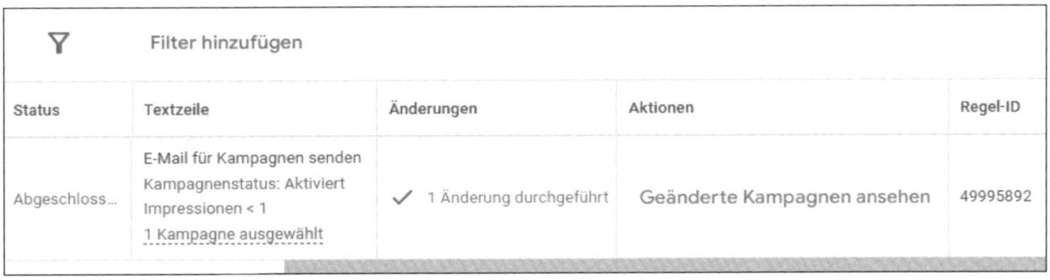

Filter hinzufügen

Status	Textzeile	Änderungen	Aktionen	Regel-ID
Abgeschloss...	E-Mail für Kampagnen senden Kampagnenstatus: Aktiviert Impressionen < 1 1 Kampagne ausgewählt	✓ 1 Änderung durchgeführt	Geänderte Kampagnen ansehen	49995892

Abbildung 17.28 Hinweise auf Änderungen durch automatisierte Regeln

Ein Klick auf den Link X ÄNDERUNGEN DURCHGEFÜHRT öffnet weitere Informationen zu den Änderungen (siehe Abbildung 17.29). Im Kopfbereich sehen Sie zudem auf einen Blick die Anzahl der gesamten Änderungen, der erfolgreichen Änderungen und eventueller Fehler.

Falls die Regeln öfter auch ohne Änderungen ausgelöst werden, entstehen schnell endlose Protokolllisten. Um eine sinnvolle Übersicht zu erhalten, können Sie wie bei allen Berichten filtern.

Abbildung 17.29 Detaillierte Informationen zu den durchgeführten automatisierten Änderungen

17.3.4 Stärker als Regeln – Google-Ads-Skripte

Die automatisierten Regeln, die wir gerade vorgestellt haben, sind im Grunde genommen auch Google-Ads-Skripte (offiziell bekannt als *Ads Scripts*), die jedoch über vordefinierte Menüs und Drop-down-Listen einfach gesteuert werden können. Wenn Sie Ihre Google-Ads-Kampagnen direkt mit den leistungsfähigeren Google-Ads-Skripten steuern möchten, gibt es leider eine schlechte Nachricht: Sie benötigen grundlegende Programmierkenntnisse in JavaScript. Nur mit Programmierfähigkeiten können Sie das volle Potenzial der Skripte ausschöpfen. Wenn Sie jedoch JavaScript-Code lesen können und ein grundlegendes Verständnis dafür haben, könnten Sie möglicherweise eigene Skripte für kleine Aufgaben in Google Ads erstellen und testen, basierend auf den zahlreichen Beispielen, die im Internet verfügbar sind. Hier sind einige Quellen zum Thema *Ads Scripts*:

Internetquellen für Google Ads Scripts (Stand: April 2024)

- *https://developers.google.com/google-ads/scripts/docs/solutions/account-summary?hl=de*
- *https://www.freeadwordsscripts.com/*
- *https://www.brainlabsdigital.com/blog/introduction-to-google-ads-scripts/*

> **Ads Script vs. Apps Script**
> Im Internet stoßen wir häufig auf den Begriff *Google Apps Script*. Dies ist jedoch der übergeordnete Ausdruck für eine Google-Plattform, mit der sich schnell und unkompliziert Anwendungen erstellen lassen, die in den Google-Workspace integriert werden können. Bei *Apps Script* geht es also nicht ausschließlich um die JavaScripts, die für Google Ads verwendet werden – daher sind beide Begriffe korrekt. Allerdings bezieht sich der Begriff *Ads Scripts* ausschließlich auf die Skripte für Google Ads.

Ein Skript anlegen

Sollten Sie die Beispielskripte lesen können, reichen kleine Anpassungen im Programmcode, um ein funktionierendes Skript zu erstellen. Um ein neues Skript unter Bulk-Aktionen • Skripts anzulegen, beginnen Sie mit einem Klick auf den Button ⊕ (siehe Abbildung 17.30) und dann auf + Neues Skript.

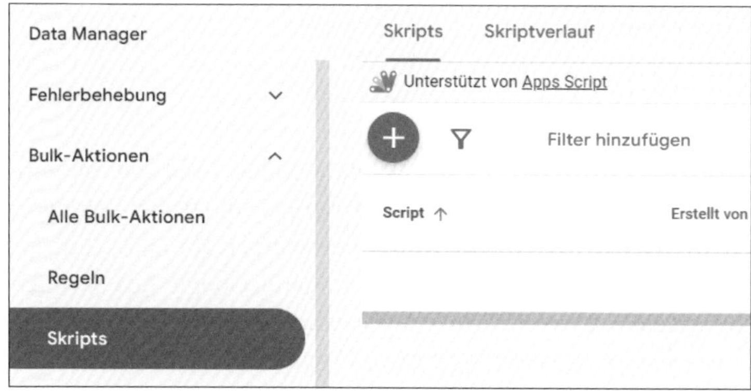

Abbildung 17.30 »Skripts« unter »Bulk-Aktionen«

Nach dem Klick können Sie in dem Formularfeld, das sich nun öffnet (siehe Abbildung 17.31), direkt mit der Programmierung beginnen oder einen fertigen Code in das Feld kopieren, wobei Sie den vorgegebenen Beispielcode einfach überschreiben. Wenn Sie selbst einen Code einstellen oder einen Beispielcode in das Feld kopieren, sollte jedes neue Skript einen eigenen Namen erhalten. Diesen hinterlegen Sie, indem Sie die Standardvorgabe UNBENANNTES SCRIPT überschreiben. Außerdem müssen Sie jedes neue Skript autorisieren, weil die Skripte ja eventuell Änderungen an Ihrem Konto vornehmen, teilweise auf Ihr Google Drive zugreifen oder auch automatisiert E-Mails verschicken können.

Neues Script
Skriptname: Unbenanntes Script
Unterstützt von Apps Script
Erweiterte APIs
Dokumentation
Erweitern
Mithilfe von Skripts werden Änderungen im Namen eines Nutzers vorgenommen. Sie müssen Skripts autorisieren, bevor Änderungen damit vorgenommen werden können. Weitere Informationen zum Thema Autorisierung
Autorisieren
Code.gs

```
function main() {

}
```

Abbildung 17.31 Skript mit individuellem Namen erstellen und autorisieren

Sie finden unterhalb des Eingabeformulars mehrere blaue Links (siehe Abbildung 17.32). Nachdem Sie Ihr Skript programmiert bzw. angepasst haben, können Sie es per Klick auf den Link VORSCHAU testen. Sie erhalten dann ein Ergebnis in Form eines Protokolls. Daneben finden Sie auch den Link zum Abspeichern des neuen Skripts. Mit AUSFÜHREN starten Sie das neue Skript, und über SCHLIESSEN können Sie das Eingabeformular auch ohne Speicherung wieder verlassen.

Abbildung 17.32 Vorschau und Speichermöglichkeit für neue Skripte

Skriptvorlagen – Google vereinfacht die Anlage von Skripten

Google hat die Erstellung von Skripten im Ads-Konto vereinfacht. Jetzt können Sie in der neuen Version nach Klick auf den +-Button (siehe Abbildung 17.30) alternativ auch auf + VORLAGE VERWENDEN klicken, um Zugang zu verschiedenen Skriptvorlagen zu erhalten (siehe Abbildung 17.33). Im übernächsten Beispiel im Abschnitt 17.3.6 zeigen wir Ihnen, wie Sie eine solche Vorlage nutzen können.

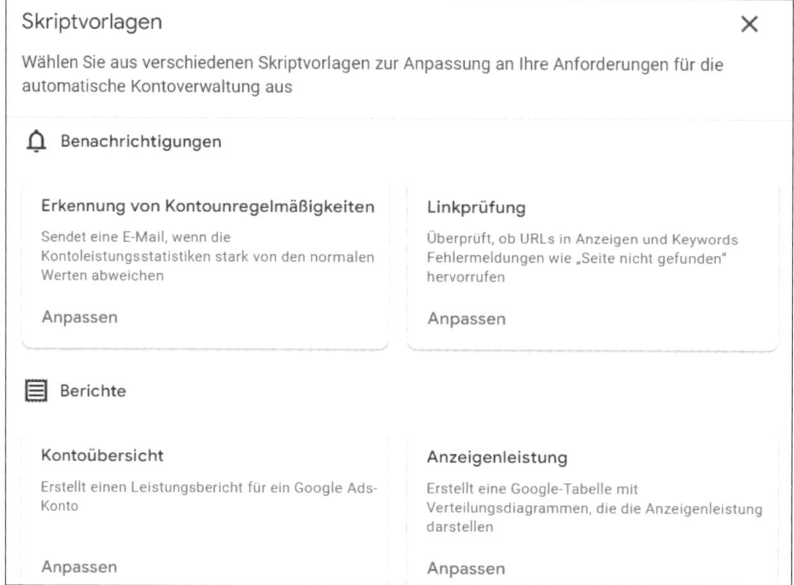

Abbildung 17.33 Skriptvorlagen verwenden

17.3.5 Ein Beispielskript für Ihr Google-Ads-Konto

Das folgende Skriptbeispiel wurde ohne Verwendung einer Vorlage erstellt und überwacht die Kosten einer Kampagne, um sie bei Bedarf zu pausieren. Dieses Skript kann äußerst nützlich sein, wenn Sie die Leistungsgrenzen einer Kampagne testen möchten, jedoch das finanzielle Risiko begrenzen wollen. Wir möchten Ihnen gern die Funktionsweise des Skripts kurz erläutern. Die Beschreibung macht es einfach, die verschiedenen Elemente im JavaScript-Code zu identifizieren.

Dieses Skript kontrolliert eine vorgegebene Kampagne (`XYZ-Kampagne`). Die Kampagne wird in Hinblick auf das am gleichen Tag (`TODAY`) ausgegebene Budget (`Cost`) überprüft. Die Budgetgrenze wurde auf 200 € festgelegt (`Cost > 200`). Wird der Wert 200 überschritten, so wird die Kampagne gestoppt (`campaign.pause`) und gleichzeitig eine E-Mail an eine vorgegebene Mailadresse (`max.mustermann@meine-domain.de`) übermittelt (`MailApp.sendEmail`). Der Titel (`var subject`) und der Inhalt (`var body`) der E-Mail werden ebenfalls durch das Skript vorgegeben.

```
function main() {
var recipient = "max.mustermann@meine-domain.de";
var subject = "Kampagne XYZ pausiert";
var body = "Kampagne wurde durch Skript pausiert";
```

```
var campaignName = "XYZ-Kampagne";
var campaignIterator = AdWordsApp.campaigns()
      .withCondition("Name = '" + campaignName + "'")
      .withCondition("Cost > 200")
      .forDateRange("TODAY")
      .get();

  while (campaignIterator.hasNext()) {
    var campaign = campaignIterator.next();
    campaign.pause();
    MailApp.sendEmail(recipient, subject, body);
  }
}
```

Listing 17.1 Beispielskript zur automatischen Kostenkontrolle

Das Skript zur Kostenkontrolle im Praxiseinsatz

Dieses Skript ist interessant, wenn Sie die Limits einer Kampagne austesten möchten. Falls Sie für eine Kampagne z. B. ein extrem hohes Tagesbudget ansetzen, ist dies ein Zeichen an Google, dass Ihre Anzeige für alle passenden Suchanfragen zu den vorgegebenen Keywords geschaltet werden soll. Die Anzahl der möglichen Schaltungen kann das Google-Ads-System ja immer nur anhand der Impressionen und Klickraten schätzen. Ein sehr hohes Budget wird also mit großer Wahrscheinlichkeit alle Suchanfragen des Tages zu Ihren Keywords abdecken und dabei das Budget zum großen Teil auch nicht ausschöpfen.

Damit Sie trotzdem nicht in die Situation geraten, dass durch unvorhergesehene Suchanfragen das Tagesbudget komplett ausgenutzt wird, kann ein Skript mit Budgetüberwachung eingesetzt werden. Dadurch haben Sie eine Art »Reißleine« eingebaut, die »gezogen« wird, falls Ihre Budget-Schmerzgrenze erreicht wird. Dazu muss die Kontrolle natürlich mindestens stündlich ausgelöst werden.

17

17.3.6 Skriptvorlagen nutzen

Wie bereits erwähnt, hat Google die Verwendung von Skriptvorlagen vereinfacht und stellt einige ausgewählte Beispiele direkt in Google Ads zur Verfügung. Sie müssen für diese Templates nun nicht mehr den Code einer Beispiel-Website kopieren, sondern können die gewünschte Vorlage direkt im Ads-Konto per Klick auswählen und dann anpassen.

Folgende Skriptvorlagen stehen aktuell (Stand Mai 2024) zur Verfügung:

- Erkennung von Kontounregelmäßigkeiten: *E-Mail-Benachrichtigung bei Kontounregelmäßigkeiten*
- Linkprüfung: *Überprüfung aller Links im Konto – besonders wichtig beim Relaunch von Webseiten*
- Kontoübersicht: *Automatisierter Leistungsbericht für Ihr Ads-Konto*
- Anzeigenleistung: *Übersichtliche Google-Tabelle zur Visualisierung der Anzeigenleistung*
- Flexible Budgets: *Skript zur dynamischen Anpassung Ihrer Kampagnenbudgets*
- Ausschlussliste (häufig): *Skript zur dynamischen Anpassung Ihrer Kampagnenbudgets*

Sobald Sie eine Skriptvorlage per Klick auf ANPASSEN ausgewählt haben, erscheinen auf der linken Seite neben dem Formularfeld mit dem Skriptcode drei Skriptbereiche (siehe Abbildung 17.34). Unter *Info.gs* finden Sie grundlegende Informationen zum ausgewählten Skript, einschließlich der verschiedenen Versionsnummern. In *Code.gs* befindet sich der JavaScript-Code für die ausgewählte Skriptvorlage, den Sie in der Regel nicht ändern müssen. Die einzigen Anpassungen nehmen Sie unter *Config.gs* vor. Dieser Codeschnipsel wurde aus Gründen der Übersichtlichkeit von der eigentlichen Programmierung getrennt.

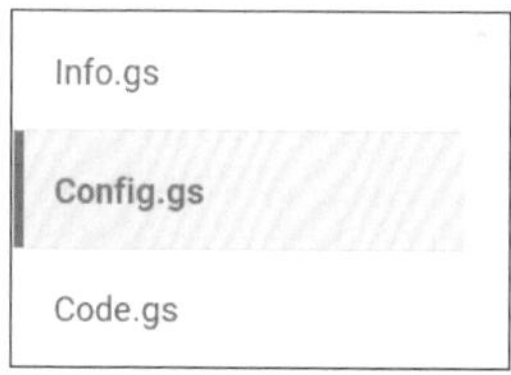

Abbildung 17.34 Skriptvorlagen bestehen aus drei JavaScript-Bereichen.

Für unser Beispiel haben wir die Skriptvorlage LINKPRÜFUNG ausgewählt. Anhand des folgenden Ausschnitts aus der *Config.gs* (siehe Abbildung 17.35) möchten wir Ihnen beispielhaft zeigen, welche Anpassungen Sie zur Konfiguration des Skripts vornehmen müssen:

- Zeile 7: Erstellen Sie eine Kopie des Spreadsheets, indem Sie die vorgegebene URL ❶ als Adresse in Ihren Browser eingeben. Stellen Sie sicher, dass Sie mit demselben Google-Konto angemeldet sind, das Sie auch für Google Ads verwenden.
- Zeile 8: Ersetzen Sie den Text »YOUR_SPREADSHEET_URL« ❷ durch die URL der gerade erstellten Kopie des Google-Spreadsheets.

- Zeile 12: Ersetzen Sie »YOUR_EMAIL_HERE« ❸ durch Ihre E-Mail-Adresse, um Benachrichtigungen zu erhalten, falls fehlerhafte Links in Ihren Anzeigen gefunden werden.
- Zeile 16: Ändern Sie gegebenenfalls die Bezeichnung des vorgegebenen Labels ❹ nach Ihren Wünschen. Dieses Label kennzeichnet die Anzeigen und Sitelinks, die das Skript überprüft hat.

Sobald Sie die Skriptvorlage bzw. die Konfiguration der Skriptvorlage angepasst haben, verfahren Sie mit dem neuen Skript genauso wie mit jedem manuell erstellten Skript. Das bedeutet, Sie müssen die Autorisierung einstellen, können das Skript testen, ausführen und/oder abspeichern.

```
1  /**
2   * Configuration to be used for the Link Checker.
3   */
4
5  CONFIG = {
6    // URL of the spreadsheet template.
7    // This should be a copy of https://docs.google.com/spreadsheets/d/1iO1iEGwlbe510qo3Li-j4KgyCeVSmodxU6J7M756ppk/copy. ❶
8    'spreadsheet_url': ❷ 'YOUR_SPREADSHEET_URL',
9
10   // Array of addresses to be alerted via email if issues are found.
11   'recipient_emails': [
12     'YOUR_EMAIL_HERE' ❸
13   ],
14
15   // Label to use when a link has been checked. Label will be created if it doesn't exist.
16   'label': 'LinkChecker_Done', ❹
17
```

Abbildung 17.35 Die Konfiguration der Skriptvorlage nehmen Sie in »Config.gs« vor.

17

17.3.7 Lösungen einsetzen

Nach der Einführung von Skriptvorlagen im Ads-Konto ist Google noch einen Schritt weitergegangen und bietet nun unter BULK-AKTIONEN • LÖSUNGEN vorgefertigte »Lösungen« an, die nur noch in einem Formular angepasst werden müssen. In Abbildung 17.36 sehen Sie einen Ausschnitt der Lösung LINKPRÜFUNG, die wir im vorherigen Abschnitt als Beispiel einer Skriptvorlage besprochen haben. In der Abbildung ist zu erkennen, dass Sie den Namen des Labels für die Linkprüfung nun ganz leicht in einem Formularfeld anpassen können. Weitere Einstellungen für die Linkprüfung können Sie bei den Lösungen einfach per Checkbox vornehmen. Für diese neue Möglichkeit benötigen Sie keine JavaScript-Kenntnisse mehr. Es gibt jedoch derzeit nur eine begrenzte Auswahl an Möglichkeiten, die durch die Lösungen abgedeckt werden. Daher kann es durchaus interessant sein, sich auch mit den Ads-Skripten vertraut zu machen.

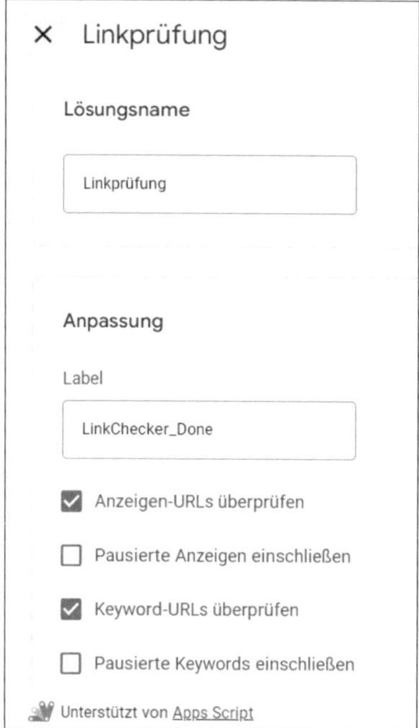

Abbildung 17.36 Lösungen als Alternative zu Skripten

17.3.8 Skripte verwalten

Falls Sie Skripte verwenden, finden Sie alle erstellten Skripte für Ihr Google-Ads-Konto ebenfalls in Ihren TOOLS unter BULK-AKTIONEN • SKRIPTS. Wenn Sie bereits viele Skripte erstellt und getestet haben, können Sie zunächst über das Menü mit den drei Punkten auf der rechten Seite deaktivierte Skripte aus- bzw. auch wieder einblenden. Über die Schaltfläche FILTER HINZUFÜGEN können Sie zusätzlich nach Namensbestandteilen von Skripten oder auch nach dem Namen (Login-Name bzw. E-Mail-Adresse) des Skriptbesitzers (ERSTELLT VON) filtern, wie Sie in Abbildung 17.37 sehen können. Die zweite Möglichkeit ist eher für große Agenturen interessant, in denen mehrere Nutzer an den Konten arbeiten.

Die Liste mit den erstellten Skripten enthält neben dem Namen des Skripts und des Autors (Login-Mailadresse) auch das Datum und die Uhrzeit der letzten Bearbeitung sowie den aktuellen Status, z. B. AKTIVIERT. Eine Tabellenspalte trägt die Bezeichnung AKTIONEN: Hier können die Skripte bearbeitet werden. Ein Klick auf OPTIONEN öffnet eine Drop-down-Liste mit vier Bearbeitungsmöglichkeiten (siehe Abbildung 17.38).

Skripts
Skripts
Skriptverlauf
Unterstützt von Apps Script
Suchen
Script
Skriptname
Google Auto
Erstellt von
Linkprüfung
RSA-ChatGPT

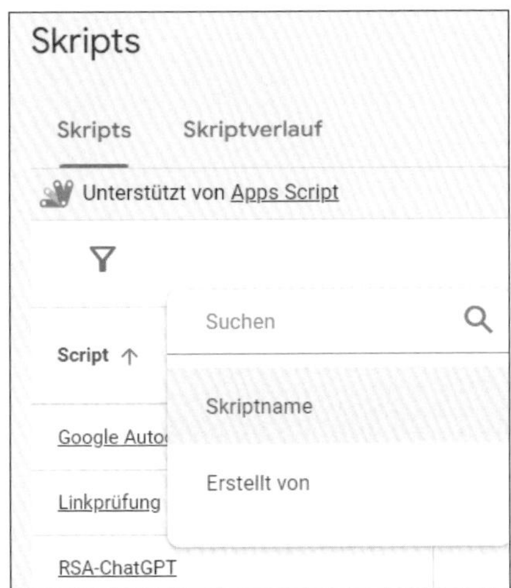

Abbildung 17.37 Filter für erstellte Skripte

Über BEARBEITEN öffnen Sie das Skript, sodass Sie im Skripteditor Anpassungen vornehmen können. Achtung: Ein Klick auf AUSFÜHREN startet das Skript zum aktuellen Zeitpunkt!

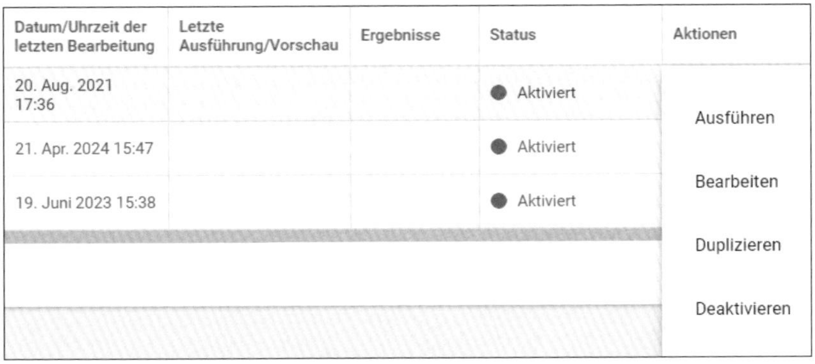

Datum/Uhrzeit der letzten Bearbeitung
Letzte Ausführung/Vorschau
Ergebnisse
Status
Aktionen
20. Aug. 2021 17:36
Aktiviert
Ausführen
21. Apr. 2024 15:47
Aktiviert
Bearbeiten
19. Juni 2023 15:38
Aktiviert
Duplizieren
Deaktivieren

Abbildung 17.38 Skripte bearbeiten und steuern

Möchten Sie eine zeitliche Steuerung Ihres Skripts vornehmen, navigieren Sie mit der Maus innerhalb der Tabellenspalte HÄUFIGKEIT in die Zeile, die Sie bearbeiten möchten. Klicken Sie auf den jeweiligen Bearbeitungsstift und wählen Sie dann die gewünschte Häufigkeit (siehe Abbildung 17.39).

Abbildung 17.39 Zeitplan für Skripte erstellen

In dem neuen Bearbeitungsfeld (siehe Abbildung 17.40) können Sie dabei zwischen fünf verschiedenen Möglichkeiten zur Steuerung Ihrer Skripte auswählen:

- EINMAL
- STÜNDLICH
- TÄGLICH
- WÖCHENTLICH
- MONATLICH

Je nach Auswahl können Sie den Zeitpunkt über das Datum, den Wochentag und die Uhrzeit näher bestimmen. *Uhrzeit* bedeutet bei den Skripten, wie übrigens auch bei den automatisierten Regeln, dass das Ereignis in der angegebenen Stunde ausgeführt wird, aber nicht genau beim Wechsel auf die volle Stunde.

Die stündliche Variante der Ausführung ist für alle Aufgaben interessant, die eine laufende Beobachtung des Google-Ads-Kontos benötigen, wie z. B. die Budgetüberwachung aus Abschnitt 17.3.5.

Abbildung 17.40 Häufigkeit der Skriptausführung wählen

Testen Sie doch einmal folgende Skripte für Ihre Kampagnen

- **Linkprüfung**
  Dieses Skript kontrolliert, ob es in Ihrer Kampagne Zielseiten gibt, die nicht mehr funktionieren. Ein Beispielskript finden Sie bei den Skriptvorlagen oder unter den Lösungen.
- **Kontoübersicht**
  Mit diesem Skript erhalten Sie täglich einen übersichtlichen Bericht zu der Leistung Ihres Google-Ads-Kontos und eine entsprechende Information per E-Mail. Die Kennzahlen werden in einem Spreadsheet in Ihrem Google-Drive-Konto gespeichert. Somit sind Sie stets über die aktuellen Entwicklungen in Ihrem Ads-Konto informiert, ohne selbst aktiv die unterschiedlichen Statistiken im Konto aufrufen zu müssen. Auch dieses Skript finden Sie bei den Skriptvorlagen oder unter den Lösungen.
- **Flexible Budgets**
  Dieses Skript passt Ihr Kampagnenbudget über ein benutzerdefiniertes Verteilungsschema täglich dynamisch an. Auch dieses Skript finden Sie bei den Skriptvorlagen oder unter den Lösungen.

Die drei Beispiele sollen lediglich als kleine Inspiration dienen, um die vielfältigen Möglichkeiten der Google-Ads-Skripte oder der neu angebotenen Lösungen im Ads-Konto anzudeuten. Die Lösungen in Ihrem Konto enthalten noch weitere Ideen zur Automatisierung. Es ist wahrscheinlich, dass Google unter dem Navigationspunkt LÖSUNGEN zukünftig noch weitere Möglichkeiten anbieten wird.

17.3.9 Zusammenarbeit von Ads-Skripten und ChatGPT

Seit dem ChatGPT-Hype werden Google-Ads-Skripte immer häufiger auch mit ChatGPT verknüpft. Auf diese Weise können die Automatisierungsmöglichkeiten der Skripte im Ads-Konto mit den interaktiven und kreativen Möglichkeiten der KI verbunden werden. Um eine Vorstellung davon zu bekommen, was Sie mit dieser Kombination erreichen können, sollten Sie sich einmal folgende Beispiele ansehen:

1. Ein Google-Ads-Skript, das mithilfe von KI neue Ideen für Responsive Search Ads erstellt (*https://searchengineland.com/google-ads-script-gpt-responsive-search-ads-395548*).
2. Ein Google-Ads-Skript, das ChatGPT zur Zusammenfassung der Google-Ads-Konto-Performance nutzt (*https://searchengineland.com/google-ads-script-gpt-summarize-account-performance-427822*).

17.4 Kontoanalyse mit Auktionsdaten: Wo steht die Konkurrenz?

Die Kontoanalyse zu den Auktionsdaten ist sehr spannend, weil Sie sich hier mit Ihrer direkten Konkurrenz bei der Google-Ads-Werbung vergleichen können. Die Konkurrenz ist in diesem Fall natürlich Ihre »Keyword-Konkurrenz« bei Google. Bei der Analyse mit der Bezeichnung *Auktionsdaten* nennt Google Ihnen die Domainnamen derjenigen, die zu Ihren wichtigsten Keywords ebenfalls Google-Ads-Anzeigen schalten.

Die Analyse zu den Auktionsdaten starten Sie, indem Sie zunächst z. B. die Kampagnenebene aufrufen und dann in die Unternavigation STATISTIKEN UND BERICHTE wechseln (siehe Abbildung 17.41). Bitte beachten Sie, dass Google inzwischen den Navigationspunkt AUKTIONSDATEN aus dem Kopfbereich entfernt und ihn nun als Unterpunkt in das Abschnittsmenü eingefügt hat.

Denken Sie daran, dass Sie die Auktionsdaten nicht nur für die Kampagnen, sondern auch für Anzeigengruppen und Keywords analysieren können.

Abbildung 17.41 Auktionsdaten – Aktivitäten der Konkurrenz auf Kampagnenebene analysieren

In die Auktionsdaten der ausgewählten Kampagnen gelangen Sie ebenfalls, wenn Sie aus dem Menüpunkt KAMPAGNEN ❶ heraus starten. Nach der Auswahl bestimmter Kampagnen per Checkbox ❷ erscheint im oberen Bereich eine blaue Leiste. Dort können Sie ebenfalls AUKTIONSDATEN ❸ anklicken (siehe Abbildung 17.42). Dann werden jedoch nur die Daten zu den ausgewählten Elementen analysiert. Dies funktioniert auf die gleiche Weise natürlich auch mit Anzeigengruppen und Keywords.

Abbildung 17.42 Auktionsdaten zu ausgewählten Kampagnen

Über beide Wege erhalten Sie als Ergebnis einen Auktionsdatenbericht, der Ihre Google-Ads-Aktivitäten mit der Konkurrenz vergleicht (siehe Abbildung 17.43). Ihre Kampagnenleistung ist in der Spalte zur DOMAIN DER ANGEZEIGTEN URL ❶ mit der Bezeichnung SIE ❷ gekennzeichnet. Bei der Konkurrenz ist in dieser Spalte die entsprechende Domain ❸ aufgeführt, die in Google Ads beworben wird.

❶ Domain der angezeigten URL	Anteil an möglichen Impressionen	❹ Überschneidungsrate	Rate der Position oberhalb	Rate für obere Positionen	Rate für oberste Pos.	Anteil an möglichen Impressionen gegenüber Mitbewerber
happy-size.de ❸	44,54 %	37,24 %	71,73 %	72,05 %	36,77 %	17,44 %
ullapopken.de	35,91 %	34,26 %	61,91 %	61,49 %	17,78 %	18,74 %
sheego.de	34,70 %	25,36 %	75,19 %	72,38 %	32,44 %	19,25 %
bonprix.de	27,28 %	22,95 %	67,36 %	65,55 %	25,22 %	20,11 %
Sie ❷	23,79 %	–	–	48,61 %	17,78 %	–

Abbildung 17.43 Die eigene Kampagne im Vergleich zur Konkurrenz

Die Prozentzahl unter ÜBERSCHNEIDUNGSRATE ❹ zeigt an, zu welchem Anteil die Keywords der Konkurrenz mit Ihren übereinstimmen. Falls dort also z. B. 50 % steht, haben Sie die Hälfte Ihrer Keywords mit dem entsprechenden Konkurrenten gemeinsam. Die weiteren Spalten bieten Ihnen verschiedene Leistungsdaten im Konkurrenzvergleich. Bei den Auktionsdaten auf Kampagnenebene erhalten Sie folgende Leistungsdaten:

- **Anteil an möglichen Impressionen**
  Die Prozentzahl gibt an, wie viel Prozent aller möglichen Impressionen mit den Anzeigen dieser Kampagne erzielt wurden.

- **Rate der Position oberhalb**
  Diese Prozentzahl zeigt, wie häufig eine Anzeige der Konkurrenz über der eigenen Anzeige in einer gemeinsamen Auktion geschaltet wurde.
- **Rate für obere Position**
  Diese Prozentzahl gibt an, wie häufig eine Anzeige ganz oben bzw. oberhalb der organischen Suchergebnisse geschaltet wurde.
- **Rate für oberste Position**
  Diese Prozentzahl gibt an, wie häufig eine Anzeige an Position eins geschaltet wurde.
- **Anteil an möglichen Impressionen gegenüber Mitbewerbern**
  Dieser Wert gibt an, zu wie viel Prozent Sie Ihren Mitbewerber bei der Impression, also der Auslieferung der Anzeige, geschlagen haben – weil Ihre Anzeige über der Anzeige des Mitbewerbers stand oder Ihre Anzeige ohne die Einblendung der Konkurrenzanzeige geschaltet wurde.

Anhand der unterschiedlichen Leistungsdaten können Sie nun einschätzen, ob Sie im Vergleich mit der Konkurrenz besser oder schlechter dastehen und in welchem Umfang Sie dies zukünftig ändern möchten. Wollen Sie beispielsweise durch höhere CPC-Gebote und weitere Optimierungsmaßnahmen bei verbessertem Qualitätsfaktor die Konkurrenten in Bezug auf die durchschnittliche Auslieferung auf bestimmte Ranking-Positionen überflügeln? Oder stehen Sie aktuell schon besser da als die Konkurrenz und müssen daher aus dieser Sicht zunächst nichts ändern?

Auf Keyword-Ebene können Sie mit dem Bericht AUKTIONSDATEN überprüfen, ob und in welchem Umfang Ihre Konkurrenz zu Ihren Markennamen bei Google Ads aktiv ist (siehe Abbildung 17.41). Falls Sie eine »Markenkampagne« besitzen, wählen Sie aus dieser Kampagne Ihre Marken-Keywords aus und wechseln dann in der blauen Leiste auf AUKTIONSDATEN.

Domain der angezeigten URL	↓ Anteil an möglichen Impressionen	Rate für oberste Pos.	Überschneidungsrate
Sie	80,91 %	85,97 %	–
se .com	22,91 %	14,14 %	26,59 %
si .de	11,19 %	25,84 %	8,51 %

Abbildung 17.44 Beobachtung der Konkurrenz zum eigenen Markennamen – die Domainnamen werden hier nicht verraten.

Zeigt Google Ads Ihnen danach eine Statistik mit Domainnamen an, wissen Sie, dass diese Konkurrenten ebenfalls zu Ihrem Markennamen in gewissem Umfang Werbung schalten. Dabei muss natürlich nicht genau Ihre Marke genutzt werden, denn Synonyme und Ergänzungen fallen ebenfalls in diese Statistik. Sie können jedoch anhand der Überschneidungsrate Ihre stärksten Keyword-Konkurrenten zu Ihren Marken-Keywords identifizieren.

Diese Statistik ist insofern interessant, weil man ja bei Google nicht so häufig nach seinem eigenen Markennamen sucht. Falls man jedoch mal nach seiner eigenen Brand googelt, könnte die Live-Suche trotzdem kein Ergebnis liefern, weil Ihre Mitbewerber den Sitz Ihres Unternehmens als Standort bei Google ausgeschlossen haben, um ganz bewusst die Schaltung der Google Ads zu Ihrer Marke zu verschleiern.

17.4.1 Tests

»Testen, testen, testen« ist ein entscheidendes Grundprinzip bei Google Ads, wie Sie bereits aus den verschiedenen Beispielen in diesem Buch erfahren haben. Auch Google selbst setzt auf Tests und hat daher im Laufe der Zeit sowohl für Google Ads als auch für Google Analytics verschiedene Möglichkeiten zur Verfügung gestellt, um Werbeeinstellungen und Landingpages zu testen. Allerdings wurden diese Möglichkeiten von der Mehrheit der Nutzer nie vollständig ausgeschöpft.

In Abschnitt 16.18, »Testen im Ads-Konto«, haben wir bereits den am häufigsten genutzten Test für Suchkampagnen vorgestellt. Da dieses Buch auch als Nachschlagewerk dient, möchten wir auch in diesem Kapitel, »Bearbeiten und Analysieren«, noch einmal kurz auf das wichtige Thema Tests eingehen. In Ihrem Ads-Konto finden Sie den Tab TESTS in der zweiten Navigationsebene unter KAMPAGNEN. Wir empfehlen Ihnen, sich diesen Bereich näher anzusehen und eigene Tests durchzuführen, um bestehende Kampagnen weiter zu verbessern.

Sie können verschiedene Tests durchführen, um die Performance unterschiedlicher Einstellungen, Gebote, Anzeigentexte, Videos etc. im gleichen Zeitraum zu vergleichen. Wenn Sie beispielsweise die Auswirkungen unterschiedlicher CPC-Gebote auf Position, Klickverhalten und vor allem Conversions untersuchen möchten, ist es nicht ausreichend, einfach die Berichte zweier Monate mit unterschiedlichen Geboten zu vergleichen. Bei dieser Vorgehensweise besteht das Problem darin, dass Sie die externen Faktoren nicht ausschließen können. Falls in einem Monat gerade Urlaubszeit ist oder ein großes Sportereignis stattfindet, etwa eine Fußballeuropameisterschaft, wird dies Auswirkungen auf Anfragen und Klickverhalten haben. Sie sprechen dann eventuell auch unterschiedliche Internetuser an. Auch die Wetterlage kann z. B. die Nachfrage nach Sonnenbrillen oder Regenschirmen positiv oder negativ beeinflussen.

Das Fazit aus diesen Beispielen lautet: Ein echter Vergleich sollte im selben Zeitraum stattfinden. Wenn Sie Kampagnentests aufsetzen, entfallen die äußeren Faktoren, weil diese Tests zeitgleich durchgeführt werden. Unterschiedliche CPC-Gebote würden innerhalb eines Tests also immer im Wechsel zwischen dem niedrigen und dem höheren Gebot geschaltet. Externe Einflüsse verändern somit die Statistik nicht. Wenn Sie sich zu einem Test entschließen, sind die Vorüberlegungen jedoch ganz wichtig. Sie müssen genau festlegen, was Sie verändern und testen möchten. Wir empfehlen Ihnen außerdem, jeweils nur eine Änderung gleichzeitig zu testen, da Sie ansonsten nicht wissen, was das Ergebnis (positiv oder auch negativ) beeinflusst hat.

Google möchte die Google-Ads-Administratoren für Tests sensibilisieren und hat kontinuierlich weitere Testmöglichkeiten zum Ads-Konto hinzugefügt. Aktuell (Stand Mai 2024) sind folgende Tests möglich (siehe Abbildung 17.45):

- Tests für Performance Max-Kampagnen ❶ (siehe auch Abschnitt 16.17)
- Tests für Demand Gen-Kampagnen ❷
- Tests für Videokampagnen ❸ (siehe auch Abschnitt 16.16)
- Tests für Apps ❹
- Tests für Suchkampagnen ❺ (siehe auch Abschnitt 16.18)
- Tests für Displaykampagnen ❺
- Tests zur Optimierung von Textanzeigen ❻

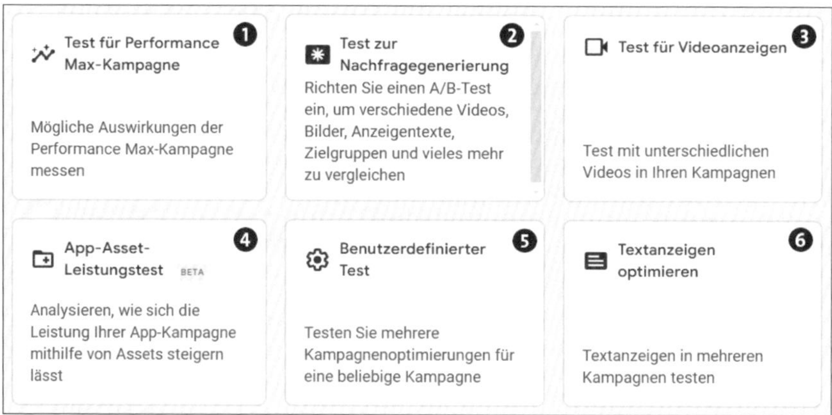

Abbildung 17.45 Tests im Ads-Konto

Nachdem wir Ihnen in Kapitel 16, »Google Ads optimieren«, bereits den grundsätzlichen Ablauf eines Tests erläutert haben, möchten wir nun speziell auf das Testen unterschiedlicher Textbausteine für Anzeigen eingehen.

Warum sollten Sie für Anzeigen einen Test erstellen? Die Google-Ads-Anzeigen ermöglichen doch standardmäßig, Anzeigenvarianten in einem A/B- bzw. Split-Test innerhalb einer Anzeigengruppen zu testen. Ein spezieller Anzeigentest über das Test-Tool ist daher doch nicht notwendig, oder?

Tatsächlich sind diese Tests über das Anzeigengruppen-Setup hilfreich, aber ein spezifischer Anzeigentest über das Test-Tool kann zusätzliche Vorteile bieten. Tests mit Anzeigenvariationen sind besonders sinnvoll, wenn Sie bestimmte Formulierungen oder Vorteile über viele Anzeigen hinweg prüfen möchten. Durch einen einzigen Test können wir schnell und effizient Formulierungen in vielen Anzeigen im gesamten Konto anpassen.

Darüber hinaus ermöglicht uns der Testtyp *Anzeigenvariationen* auch noch folgende Testmöglichkeiten:

- Änderungen von Ziel-URLs
- Hinzufügen oder Entfernen von Text in Titeln oder Beschreibungstexten
- Anpinnen von Titeln oder Beschreibungstexten

So erstellen Sie einen Test vom Typ *Anzeigenvariationen*:

1. Klicken Sie zunächst im Tab KAMPAGNEN • TESTS auf die Schaltfläche ⊕ und wählen Sie dann aus der Übersicht den Test TEXTANZEIGEN OPTIMIEREN aus (siehe Abbildung 17.46). 17

Abbildung 17.46 Test zu »Textanzeigen optimieren«

2. Wählen Sie die gewünschten Kampagnen aus, in denen Sie eine neue Anzeigenvariation testen möchten ❶ (siehe Abbildung 17.47). Alternativ können Sie auch ALLE KAMPAGNEN auswählen.
3. Filtern ❷ Sie die Anzeigen heraus, die Sie ändern möchten. In unserem Beispiel möchten wir für unseren Test die Anzeigentitel ❸ verwenden, die den Text »online kaufen« ❹ enthalten ❺.
4. Sie können den Filter noch weiter verfeinern, indem Sie zusätzliche Bedingungen mit UND ❻ verknüpfen.

5. Nachdem Sie den Filter gesetzt haben, klicken Sie auf WEITER ❼.

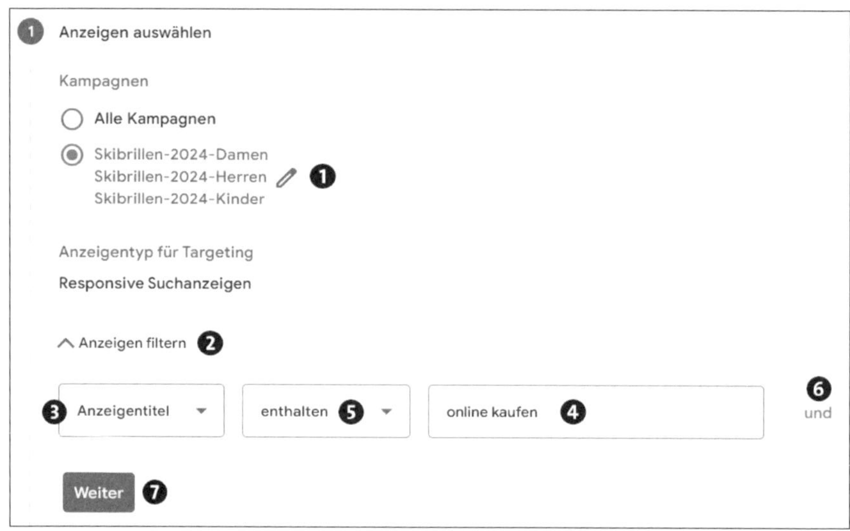

Abbildung 17.47 Kampagnen auswählen und Anzeigen filtern

6. Im nächsten Schritt wählen Sie die Variation aus, die Sie testen möchten. In unserem Beispiel (siehe Abbildung 17.48) ersetzen wir für unseren Test den bestehenden Call-to-Action »online kaufen« durch »online bestellen«.
7. Nach dem Klick auf WEITER können Sie die letzten Details festlegen.

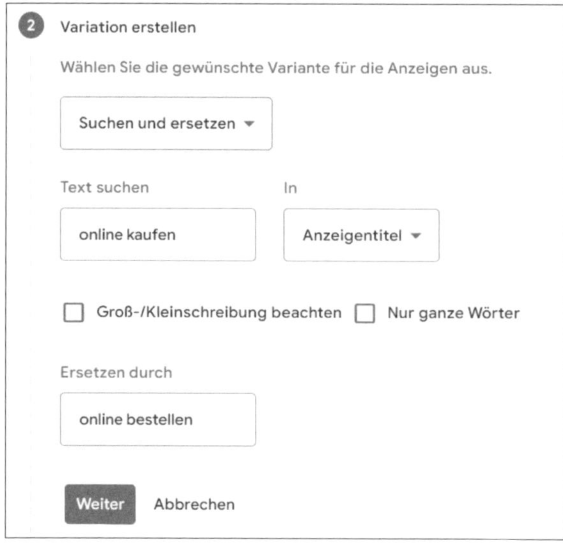

Abbildung 17.48 Textvariation durch »Suchen und ersetzen« bestimmen

8. Geben Sie Ihrem Anzeigentest einen eindeutigen Namen (siehe Abbildung 17.49).
9. Bestimmen Sie die Testdauer mit Start- und Enddatum.
10. Legen Sie die Testaufteilung in Prozent fest. Die Prozentzahl entspricht dem prozentualen Anteil des Kampagnenbudgets für die Variation. Für eine schnelle und aussagekräftige Statistik ist, wie auch bei den anderen Tests, eine Aufteilung von 50 % zu 50 % optimal.
11. Klicken Sie auf VARIATION ERSTELLEN, um den neuen Anzeigentest zu speichern.

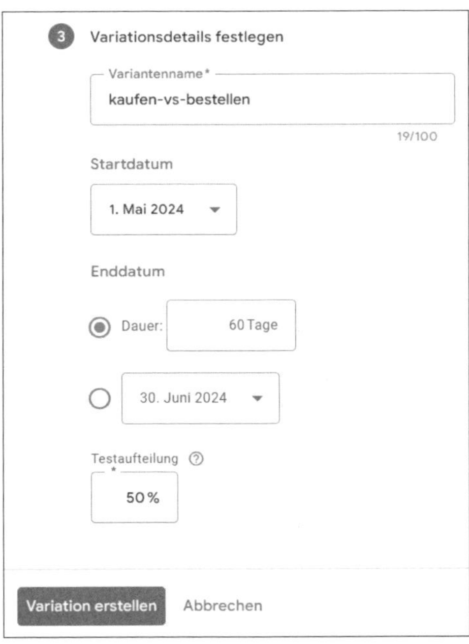

Abbildung 17.49 Anzeigenvariation erstellen

Anschließend erhalten Sie eine Übersicht über Ihren neuen Test. Dort sehen Sie unter anderem, wie viele Anzeigen vom Test betroffen sind (siehe Abbildung 17.50). In unserem kleinen Beispiel sind es nur drei Anzeigen. In der Praxis sollten es jedoch viel mehr Anzeigen sein, damit sich der Aufwand eines solchen Tests auch lohnt.

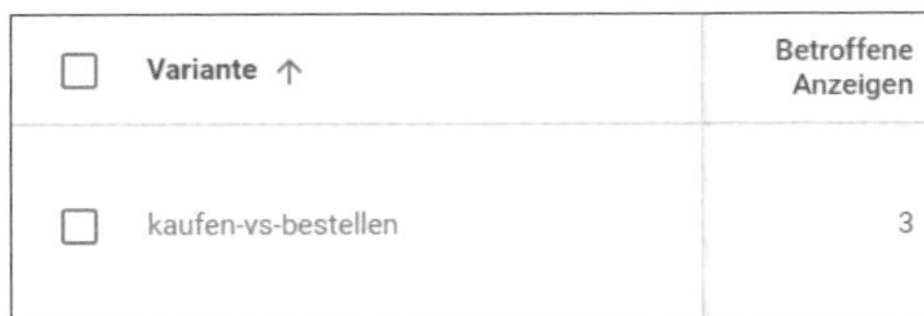

Variante ↑	Betroffene Anzeigen
kaufen-vs-bestellen	3

Abbildung 17.50 Eine Zusammenfassung des erstellten Tests enthält auch die Anzahl der betroffenen Anzeigen.

17.5 Fazit

In diesem Kapitel haben Sie erfahren, wie Sie schnell mithilfe der verschiedenen Einstellungsmöglichkeiten im Kopf der Statistikberichte Ihre Daten sortieren und filtern können. Zusätzlich können Sie nun über sogenannte Labels eigene Strukturen in Ihrem Google-Ads-Konto abbilden und in Berichten über Kampagnen und Anzeigengruppen hinweg zusammenfassen. Sie wissen jetzt, wie Sie über Spalten die unterschiedlichsten Daten zu Ihren Berichten hinzufügen und daraus entfernen können.

Wir haben Ihnen zudem wertvolle Möglichkeiten zur Automatisierung Ihrer Google-Ads-Werbung gezeigt, wobei Sie mit den Google-Ads-Skripten ein sehr mächtiges Werkzeug kennengelernt haben. Sie haben außerdem erfahren, was Auktionsdaten sind und wie Sie diese Angaben nutzen können, um interessante Schnellanalysen zu Ihrem Google-Ads-Konto durchzuführen. Zum Schluss haben Sie mit den Google-Ads-Kampagnentests eine wichtige neue Möglichkeit kennengelernt, um verschiedene Tests in Ihrem Konto durchzuführen, die unabhängig von externen Einflüssen im gleichen Zeitraum ablaufen können.

Kapitel 18
Das Google-Ads-Verwaltungskonto

Arbeiten Sie in einer Agentur, oder betreuen Sie als Consultant mehrere Google-Ads-Konten? Dann sollten Sie sich das Verwaltungskonto für Google Ads einmal näher anschauen. Dort erhalten Sie mit einem Login einen übergeordneten Zugriff auf alle Ihre Google-Ads-Konten. Zusätzlich stellt Google auf dieser Ebene verschiedene Tools bereit, um mehrere Konten gleichzeitig zu verwalten. Dies erleichtert die praktische Arbeit und schafft Übersicht bei der Betreuung mehrerer Konten. Dieses Kapitel zeigt Ihnen, wie Sie das Google-Ads-Verwaltungskonto nutzen können und welche Tools Google für Google-Ads-Kontenmanager bereithält.

Das Google-Ads-Verwaltungskonto können Sie sich als übergeordneten Google-Ads-Account vorstellen. Mit diesem Backend bietet Google Ihnen die Möglichkeit, mehrere Google-Ads-Konten über einen Login und mit einem zentralen Backend zu verwalten. Sie erreichen das Verwaltungskonto über folgenden Link:

https://ads.google.com/intl/de_de/home/tools/manager-accounts

Nachdem Sie die Webseite aufgerufen haben, können Sie sich wie bei einem Standard-Google-Ads-Konto rechts oben mit einem Google-Login anmelden. Aktuell können Sie bei Google bis zu 20 Google-Ads-Konten mit einem Login verwalten. Dabei ist es egal, ob dies einfache Google-Ads-Konten oder Google-Ads-Verwaltungskonten sind. Wir empfehlen Ihnen jedoch, einen eigenen Login für das Verwaltungskonto anzulegen, damit Sie einfacher zwischen dem Google-Ads-Konto und dem Google-Ads-Verwaltungskonto unterscheiden können und es nicht zu Verwechslungen kommt. Bei mehreren Google-Logins ist es außerdem sinnvoll, verschiedene Browser zu nutzen. So können Sie einfach und schnell von einem Google-Login zu einem anderen wechseln, ohne sich stets neu einzuloggen. Ansonsten müssen Sie immer rechts oben in Ihrem Browser in das gewünschte Konto gehen bzw. immer darauf achten, welches Konto gerade aktiv ist. Das ist oft sehr verwirrend.

So erhalten Sie zusätzliche Mailadressen für Google-Logins

Normalerweise benötigt man im digitalen Leben nur ein bis zwei Mailadressen. Wenn Sie jedoch mit mehreren Google-Ads-Konten oder Kundenverwaltungskonten arbeiten, kann es passieren, dass Sie noch zusätzliche E-Mail-Adressen zur Generierung neuer Logins benötigen. Mit folgenden Tipps erhalten Sie bei Bedarf einfach weitere Mailadressen.

Zunächst können Sie einen kostenlosen E-Mail-Dienst wie z. B. Gmail, Web.de oder GMX nutzen, um weitere Adressen zu erstellen. Falls Sie Ihre E-Mail-Adresse von Ihrem Webhoster erhalten haben, können Sie dort meistens auch noch zusätzliche Adressen generieren, die dann an Ihre Standard-E-Mail-Adresse weitergeleitet werden.

In vielen Fällen werden die Möglichkeiten zur Generierung von Mailadressen bei einem Webhoster gar nicht ausgeschöpft. Aber selbst wenn die Anzahl der zur Verfügung stehenden Mailadressen beschränkt ist, funktioniert bei vielen Mailanbietern folgende Mailgestaltung: Fügen Sie Ihrer Standardadresse ein Pluszeichen, gefolgt von weiteren Zahlen und/oder Buchstaben hinzu. Schon haben Sie eine neue E-Mail-Adresse, um einen Google-Login zu generieren. Sie können also die Standardadresse, wie zum Beispiel *guido.pelzer@meinedomain.de* mit *+1* zu *guido.pelzer+1@meinedomain.de* erweitern, ohne dass sich die Zieladresse für die E-Mail ändert: *guido.pelzer+1@meinedomain.de* wird also an *guido.pelzer@meinedomain.de* weitergeleitet. Trotzdem kann die neue +1-Adresse als Login-Mailadresse für ein zusätzliches Google-Ads-Konto bzw. Verwaltungskonto genutzt werden.

Wir raten folgenden Nutzergruppen, ein Google-Ads-Verwaltungskonto anzulegen:

- Agenturen für Online-Marketing
- großen Unternehmen mit mehreren Google-Ads-Konten
- Online-Marketing-Experten oder Consultants, die mehrere Kundenkonten verwalten

Abbildung 18.1 zeigt die einfache Beziehung zwischen einem Google-Ads-Verwaltungskonto als übergeordnetem Konto und drei verschiedenen Google-Ads-Konten. In der Praxis wird ein Verwaltungskonto noch viel mehr Google-Ads-Konten beherbergen. Die Höchstzahl hat Google auf 85.000 Ads-Konten (aktive und aufgelöste (!) Konten) festgelegt – bis dahin gibt es also viel zu tun.

Der Administrator des Verwaltungskontos kann ausgehend von der Weboberfläche alle Einstellungen, Änderungen und die Berichterstellung in den einzelnen Google-Ads-Konten durchführen. Es ist jedoch auch im Verwaltungskonto möglich, verschiedene Rechte der Verwaltung bzw. einen reinen Lesestatus zu vergeben. Durch diese Rechtebeschränkung sind dann nur bestimmte Aktionen in den einzelnen Konten erlaubt. Was das Google-Ads-Verwaltungskonto über die normale Kontenverwaltung hinaus noch anbietet, zeigen wir Ihnen in diesem Kapitel.

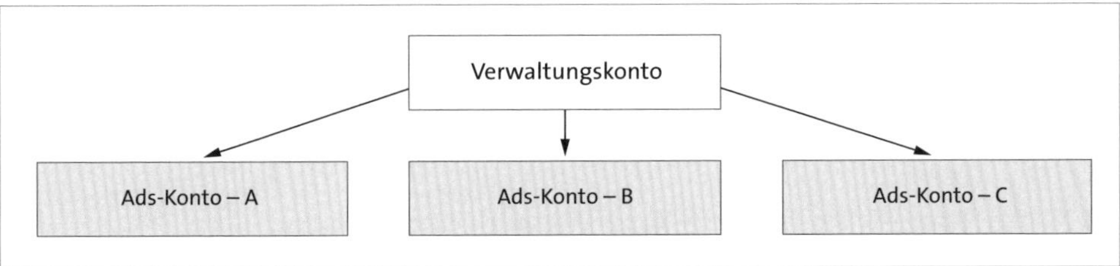

Abbildung 18.1 Struktur des Verwaltungskontos und der verbundenen Google-Ads-Konten

Neben der Standardstruktur, bei der über ein Verwaltungskonto mehrere Google-Ads-Konten verwaltet werden, gibt es auch die Möglichkeit, dass ein oder mehrere Verwaltungskonten einem anderen Verwaltungskonto untergeordnet sind. Die untergeordneten Verwaltungskonten steuern dabei jeweils eigene Google-Ads-Konten, wobei das Verwaltungskonto an oberster Stelle den Zugriff auf alle Google-Ads-Konten besitzt.

Eine solche Struktur, die in Abbildung 18.2 als Beispiel dargestellt ist, wird in größeren Unternehmen oder Agenturen mit unterschiedlichen Abteilungen genutzt. Dabei können einzelne Abteilungen mehrere Google-Ads-Konten über ihr Verwaltungskonto verwalten, aber die untergeordneten Verwaltungskonten können nicht gegenseitig ihre Kunden einsehen oder bearbeiten. Das übergeordnete Verwaltungskonto dient dem Unternehmensverantwortlichen quasi als Kommandobrücke, da dieses Verwaltungskonto Zugriff auf alle untergeordneten Verwaltungskonten und somit auch auf die jeweiligen Google-Ads-Kundenkonten erhält. 18

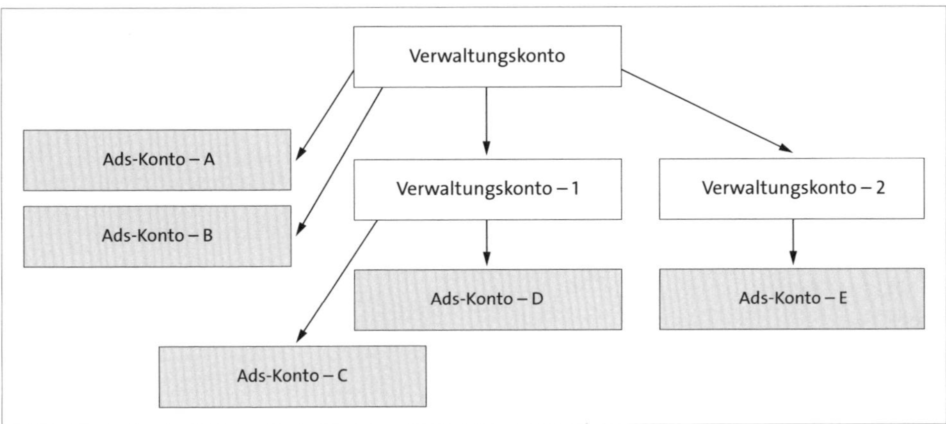

Abbildung 18.2 Struktur eines Verwaltungskontos mit untergeordneten Verwaltungs- und Standard-Google-Ads-Konten

Mit unterschiedlichen untergeordneten Google-Ads-Verwaltungskonten kann man die Verantwortung für einzelne Konten auf bestimmte Gruppen übertragen. Diese Gruppen erhalten entsprechende Admin-Rechte nur für ihre Google-Ads-Konten. Bei dieser Struktur ist sichergestellt, dass nicht jeder Mitarbeiter Einblick in alle Kundenkonten erhält.

18.1 Aufbau eines Google-Ads-Verwaltungskontos

Nachdem Sie sich in Ihr Verwaltungskonto eingeloggt haben, erkennen Sie, dass eine ähnliche Struktur wie in einem normalen Google-Ads-Konto vorhanden ist. Im Hauptmenü finden Sie nun jedoch den zusätzlichen Eintrag KONTEN, der wiederum verschiedene neue Unterpunkte beinhaltet (siehe Abbildung 18.3):

1. LEISTUNG
2. BUDGETS
3. BENACHRICHTIGUNGEN
4. EINSTELLUNGEN FÜR UNTERKONTEN

Abbildung 18.3 Das Hauptmenü im Google-Ads-Verwaltungskonto

Die Struktur des weiteren Hauptmenüs bleibt identisch. Lediglich auf zweiter Ebene gibt es innerhalb einiger Bereiche leichte Veränderungen. Meist handelt es sich dabei um zusätzliche Unterpunkte, die im Verwaltungskonto zur Verfügung stehen.

Neben diesen zusätzlichen Funktionen lässt sich außerdem an verschiedenen Stellen mit einer neuen, übergeordneten Kontoebene arbeiten. Auf die wichtigsten zusätzlichen Unterpunkte bzw. Funktionen werden wir im Verlauf dieses Kapitels eingehen.

18.1.1 Filtern und Suchen im Verwaltungskonto

Wenn Sie mehrere Konten verknüpft haben, gibt es verschiedene Möglichkeiten, um schnell das richtige Konto zu finden (siehe Abbildung 18.4).

Abbildung 18.4 Kontenverwaltung mit Filterfunktion

Wählen Sie zunächst die Drop-down-Funktion im Kopf neben Ihrer Verwaltungskontonummer ❶.

1. Rufen Sie über einen Klick auf die KONTOSTATUS-Zeile ❷ ein zusätzliches Fenster auf, das Sie die verschiedenen Kontostatus (aktiv, ausgeblendet, aufgelöst) aus-

wählen und für Ihre Filter nutzen lässt. So finden Sie im nächsten Schritt auch verschollen geglaubte Konten wieder.

2. Suchen ❸ Sie über Namensbestandteile nach dem gewünschten Konto.
3. Unter LETZTE ❹ finden Sie die Konten, die Sie zuletzt aufgerufen haben.
4. Alternativ können Sie unter KONTEN ❺ auch durch alle Konten scrollen.

18.1.2 Wichtige Informationen zu Ihren Konten

Wenn Sie KONTEN aufrufen, erhalten Sie unter LEISTUNG Informationen zu den wichtigsten Leistungsdaten im Überblick sowie Infos zu BUDGETS und BENACHRICHTIGUNGEN, die wir in Abschnitt 18.4 und in Abschnitt 18.5 noch kurz vorstellen.

Eine zentrale Funktion des Google-Ads-Verwaltungskontos befindet sich hinter dem Navigationspunkt KONTEN • EINSTELLUNGEN FÜR UNTERKONTEN. Hier können Sie unter anderem:

- ein neues Google-Ads-Konto aus Ihrem Verwaltungskonto heraus erstellen,
- ein vorhandenes Google-Ads-Konto verknüpfen,
- Konten aus- und einblenden,
- Kontoverknüpfungen aufheben,
- Einstellungen für Anzeigenvorschläge ändern sowie
- Konten auflösen.

Falls Sie gerade ein neues Verwaltungskonto angelegt haben und noch kein Google-Ads-Konto mit diesem Konto verknüpft ist, möchten Sie sicher wissen, wie Sie Ihr Verwaltungskonto mit den Google-Ads-Konten verbinden. Dazu haben Sie grundsätzlich zwei Möglichkeiten: Zum einen können Sie direkt aus dem Verwaltungskonto ein neues Google-Ads-Konto anlegen, zum anderen können Sie bereits bestehende Google-Ads-Konten mit dem Verwaltungskonto verknüpfen. Im nächsten Abschnitt werden wir beiden Vorgehensweisen genauer erläutern.

Das Verwaltungskonto enthält ähnliche Berichte und Statistiken wie ein Standard-Google-Ads-Konto, nur werden die Berichte über mehrere Konten hinweg erhoben. Falls Sie ein Verwaltungskonto öffnen, das bereits mit verschiedenen Einzelkonten verbunden ist, erscheint unter KAMPAGNEN • ÜBERSICHT das gewohnte Dashboard mit Kennzahlen zu den verbundenen Google-Ads-Konten (siehe Abbildung 18.5). Sie finden hier Informationen zu Leistungsdaten wie Impressionen und Klicks sowie zu den aufgelaufenen Kosten. Analog zu den Berichten im Google-Ads-Konto kann der Berichtszeitraum in der rechten oberen Ecke eingestellt werden. Abhängig von Ihren

Filtereinstellungen finden Sie unter ÜBERSICHT zusätzlich sowohl Berichte zu einzelnen Konten als auch zu wichtigen Kampagnen aus dem gesamten Bereich der verknüpften Konten.

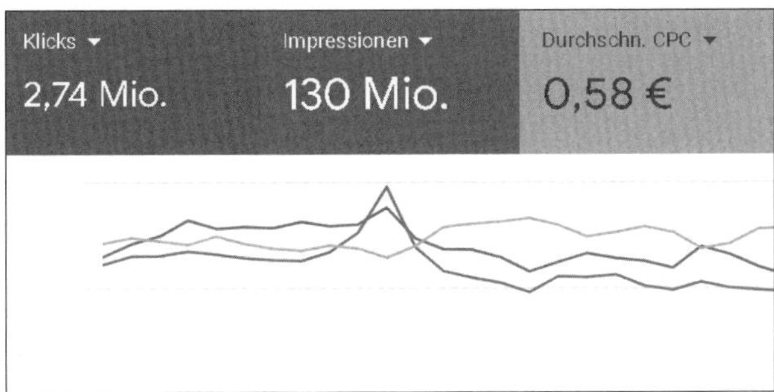

Abbildung 18.5 Ein statistischer Überblick über alle Konten

Die EMPFEHLUNGEN im Verwaltungskonto geben erste Hinweise auf die wichtigsten Optimierungsmöglichkeiten für alle Konten, die Sie dann noch einmal nach bestimmten Themenbereichen, z. B. GEBOTE UND BUDGETS oder ANZEIGEN UND ASSETS etc., filtern können (siehe Abbildung 18.6).

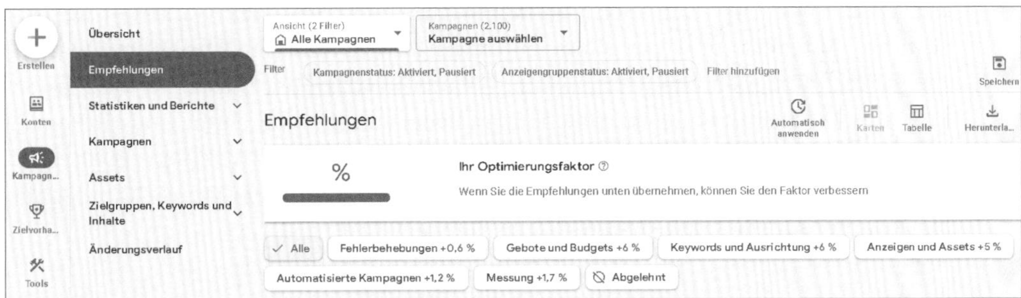

Abbildung 18.6 Empfehlungen auf Ebene des Verwaltungskontos

Der Konten-Optimierungsfaktor

In Google Ads stoßen Sie aktuell immer wieder auf den *Optimierungsfaktor*, der Ihnen auch im Verwaltungskonto als gemeinsamer Faktor für alle Ihre verknüpften Konten angezeigt wird. Bei den zugehörigen Empfehlungen sehen Sie dann, wie Sie den Optimierungsfaktor prozentual verbessern können.

Es ist jedoch wichtig zu verstehen, dass dies zunächst kein Optimierungsfaktor für Ihre Google-Ads-Kampagnen ist, sondern ein Optimierungsfaktor, bezogen auf die Empfehlungen von Google. In unserem Beispiel (siehe Abbildung 18.6) erkennen Sie, dass der Optimierungsfaktor um ca. 6 % erhöht werden kann, wenn die GEBOTE UND

BUDGETS angepasst werden. Das bedeutet aus Google-Sicht unter anderem, dass mehr Budget bereitgestellt werden soll. Dies ist aber vielleicht aus Sicht eines Werbenden aktuell nicht möglich. Für neue KEYWORDS UND AUSRICHTUNG gibt es in dem Beispiel noch weiteres Optimierungspotenzial von ebenfalls ca. 6 %. Auch hier kann es sein, dass die neuen Keywords ebenfalls zusätzliche Kosten verursachen – und dann das Budget zu knapp wird.

Vereinfacht gesagt, bedeutet daher ein Optimierungsfaktor von 100 %, dass Sie alles so gemacht haben, wie Google es wünscht. Das ist aber vielleicht aus Ihrer Sicht nicht optimal. Sie sollten also ruhig die Empfehlungen auf Ebene des Verwaltungskontos anschauen, aber nicht alles ungeprüft übernehmen und vor allem nicht alles übernehmen, nur um den Optimierungsfaktor von 100 % zu erreichen!

Neben einem ersten statistischen Überblick (KAMPAGNEN • ÜBERSICHT) und den Google-Vorschlägen zu den wichtigsten Optimierungsmaßnahmen (KAMPAGNEN • EMPFEHLUNGEN) finden Sie unter KAMPAGNEN • KAMPAGNEN aus übergeordneter Sicht Berichte zu allen Kampagnen der verknüpften Konten. Dies wird bei großen Verwaltungskonten natürlicherweise schnell unübersichtlich, sodass es meistens sinnvoller ist, diese Berichte auf Kontoebene bzw. innerhalb eines Kontos zu erstellen. Sie können hier aber auch automatisierte Regeln erstellen. So lassen sich bestimmte Aufgaben und vor allem automatisierte E-Mail-Benachrichtigungen für mehrere Kampagnen einfach erstellen. Wählen Sie dazu per Checkbox die Kampagnen aus, die Sie mit einer entsprechenden Regel versehen möchten, und klicken Sie danach, wie in Abschnitt 17.3 beschrieben, auf BEARBEITEN und AUTOMATISIERTE REGEL ERSTELLEN. Danach können Sie die Regel wie gewohnt, aber für viele Kampagnen gleichzeitig, erstellen und sparen so jede Menge Arbeit.

18.2 Ein neues Kundenkonto im Verwaltungskonto erstellen

Sie möchten als Agentur oder Consultant Ihren Kunden die Arbeit zur Erstellung eines Google-Ads-Kontos abnehmen? Oder möchten Sie als verantwortlicher Marketingleiter eines großen Unternehmens verschiedene Google-Ads-Konten zu unterschiedlichen Geschäftsbereichen erstellen? Neue Google-Ads-Konten können Sie ganz einfach aus dem Verwaltungskonto heraus anlegen. Dazu benötigen Sie keinen zusätzlichen Google-Login und daher auch keine weitere E-Mail-Adresse.

Falls Sie ein neues Konto für einen Kunden anlegen, sollten Sie jedoch bedenken, dass dieses Konto zunächst Ihnen gehört und der Kunde keinen eigenen Login dazu besitzt. Einem im Verwaltungskonto erstellten Google-Ads-Konto ist nicht automatisch ein weiterer Nutzer zugewiesen. Möchten Sie das Konto später einmal aus dem Verwaltungskonto entfernen, um es Ihrem Kunden in alleiniger Verantwortung zu übergeben, müssen Sie diesen Kunden entweder direkt als Nutzer mit Administratorzugriff hinzufügen oder ihn später als Administrator in das Konto einladen.

Der Kunde kann dann als Admin Ihren Zugriff über das Verwaltungskonto entfernen und ist danach eigenständiger Administrator seines Kontos.

Um ein neues Google-Ads-Konto aus dem Verwaltungskonto heraus anzulegen, rufen Sie unter KONTEN ❶ den Unterpunkt EINSTELLUNGEN FÜR UNTERKONTEN ❷ auf (siehe Abbildung 18.7). Das Anlegen eines Kontos starten Sie wie gewohnt mit einem Klick auf + ❸.

Abbildung 18.7 Navigieren Sie zu »Einstellungen für Unterkonten«.

Im nächsten Schritt haben Sie nun verschiedene Optionen: Sie können ein neues Verwaltungskonto anlegen, ein neues Standardkonto anlegen oder ein bestehendes Konto mit Ihrem Google-Ads-Verwaltungskonto verknüpfen (siehe Abbildung 18.8).

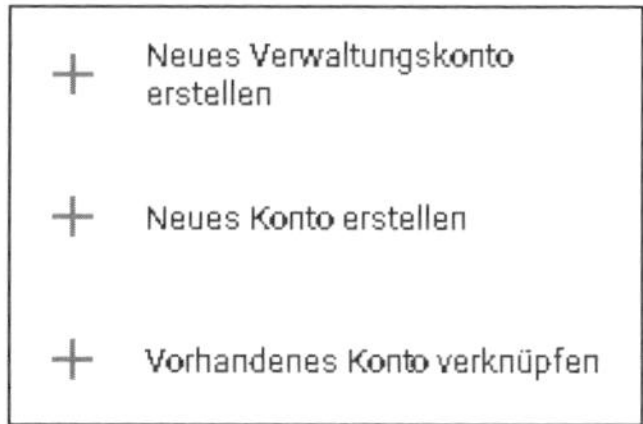

Abbildung 18.8 Erstellen Sie ein neues Konto oder verknüpfen Sie ein vorhandenes Konto.

Nach dem Klick auf + NEUES KONTO ERSTELLEN öffnet sich das Formular aus Abbildung 18.9, in dem Sie die wichtigsten Grundeinstellungen für Ihr neues Google-Ads-Konto eintragen müssen.

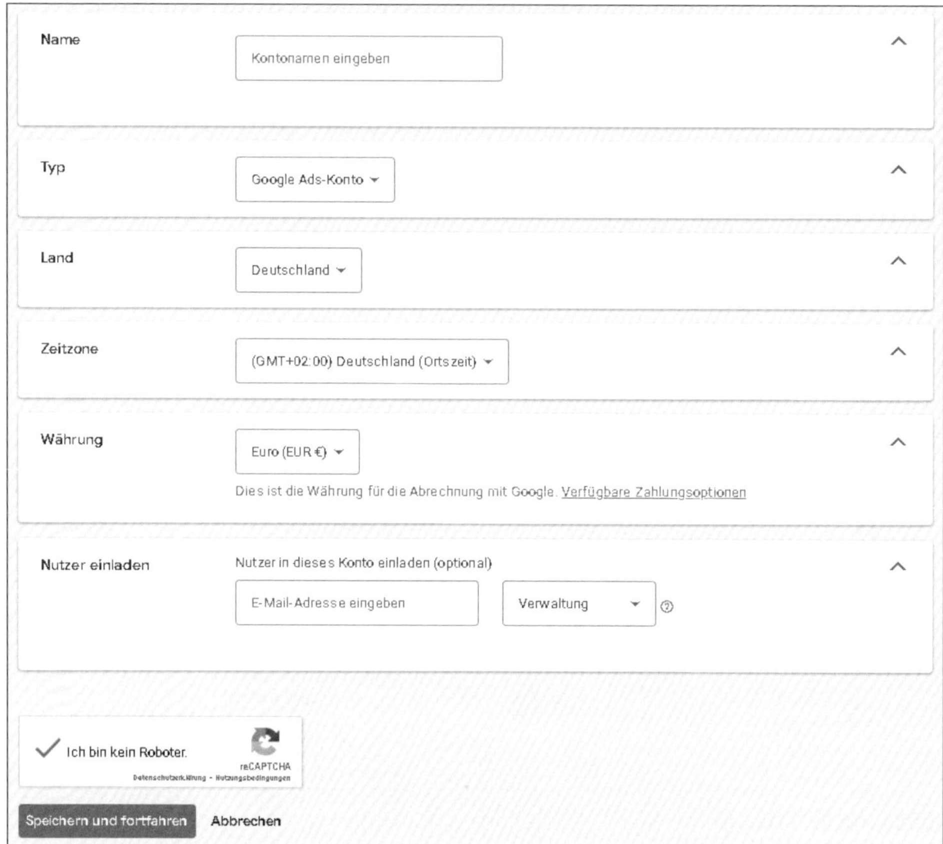

Abbildung 18.9 Formular zur Neuanlage eines Google-Ads-Kontos

Nachdem Sie einen Namen für Ihr neues Konto vergeben haben, bestimmen Sie zunächst, ob Sie ein Standard-Google-Ads-Konto oder ein Konto für smarte Kampagnen, d. h. für lokale Suchanfragen, einrichten möchten (siehe Abbildung 18.10). Sie können über das Verwaltungskonto also auch die abgespeckte Version der Google-Ads-Werbung verwalten.

Nach der Auswahl bestimmen Sie das LAND, die ZEITZONE und die WÄHRUNG für das neue Konto (siehe Abbildung 18.9). Die Angaben für die Kontoeinrichtung entsprechen den Standardangaben, die jeder neue Google-Ads-Nutzer festlegen muss. Eine Agentur oder ein Consultant kann optional unter NUTZER EINLADEN die E-Mail-Adresse zum Google-Login des Kunden hinterlegen, damit dieser später auch die volle Kontrolle über das neue Konto hat. Dies ist wichtig, wenn der Kunde später einmal das Ads-Konto übernehmen soll. Den erforderlichen Admin-Zugriff kann man natürlich auch jederzeit später noch hinzufügen.

Abbildung 18.10 Kontoauswahl: Standard oder »smart«?

Nach diesen relativ schnellen und einfachen Schritten ist das Konto noch nicht aktiv, weil natürlich ein entscheidender Punkt fehlt: die Einstellung der Zahlungsmodalitäten, ohne die Sie natürlich bei Google keine Werbung schalten können. Die Einstellung des sogenannten *Zahlungsprofils* mit Rechnungsadresse, Steuerinformationen und der Bankverbindung bzw. den Kreditkarteninformationen folgt natürlich als nächster Schritt. Falls Sie die Daten aktuell nicht zur Hand haben, können Sie diesen Schritt abbrechen und später nachholen.

Diese Zahlungseinstellungen müssen Sie dann wie gewohnt im neuen Konto über ABRECHNUNG • ABRECHNUNGSEINSTELLUNGEN vornehmen. Als Agentur müssen Sie dabei grundsätzlich entscheiden, ob die Bezahlung über den Kunden (per Abbuchung oder Kreditkarte) abgerechnet wird oder ob Sie zunächst für das Werbebudget geradestehen und dies dann später mit Ihrem Kunden abrechnen.

Ein neues Konto aus dem Verwaltungskonto heraus anzulegen, kann aus Agentursicht interessant sein, wenn man nach Beendigung einer Kundenbeziehung mit einem anderen Kunden zum gleichen Thema weiterarbeiten möchte. Die Kampagnen inklusive Keywords und Optimierungsarbeiten sind dann schon vorbereitet. Aus Sicht des ehemaligen Kunden ist genau das aber ein entscheidendes Problem: Der Ex-Kunde müsste sich das Konto und die Kampagnen neu aufbauen. Grundsätzlich sollte die weitere Verwendung des Kontos direkt beim Anlegen besprochen werden, damit es später keine Unstimmigkeiten gibt.

Für einen Endkunden ist es immer besser, zunächst ein eigenes Google-Ads-Konto anzulegen und dieses dann bei Bedarf mit einem Verwaltungskonto zu verknüpfen. Daher erläutern wir nun, wie eine Verknüpfung bestehender Google-Ads-Konten mit dem Verwaltungskonto funktioniert. Während übrigens früher nur jeweils ein Verwaltungskonto pro Google-Ads-Konto zugelassen war, können nun mehrere Verwaltungskonten auf ein einzelnes Konto zugreifen.

18.3 Bestehende Konten oder Verwaltungskonten verknüpfen

Die zweite und oft genutzte Möglichkeit zur externen Verwaltung eines bestehenden Google-Ads-Kontos ist die Verknüpfung von Verwaltungskonto und Google-Ads-

Konto. Als Agentur oder Besitzer mehrerer Konten ist dies eine komfortable Möglichkeit, alle Konten unter einem Zugriff zu vereinen. Dabei erhält der Admin des Verwaltungskontos die volle Kontrolle über die Google-Ads-Kampagnen, trotzdem bleibt der Kontobesitzer weiterhin der wichtigste Administrator. Denn er kann selbst aus seinem Google-Ads-Konto heraus die Verwaltung wieder aufheben.

Die Verknüpfung funktioniert folgendermaßen: Sie befinden sich in Ihrem Verwaltungskonto im Untermenü KONTEN • EINSTELLUNGEN FÜR UNTERKONTEN. Klicken Sie nun für das Neuanlegen auf den Button +. Im nächsten Schritt wählen Sie + VORHANDENES KONTO VERKNÜPFEN. In einem neuen Fenster erscheint ein Eingabefeld, in das Sie die zehnstellige Google-Ads-Kundennummer nach dem Schema XXX-XXX-XXXX eintragen (siehe Abbildung 18.11). Sie können in einem Schritt auch mehrere Google-Ads-Konten verknüpfen, indem Sie in das Formularfeld mehrere Kundennummern (jeweils nur eine Nummer pro Zeile) eintragen.

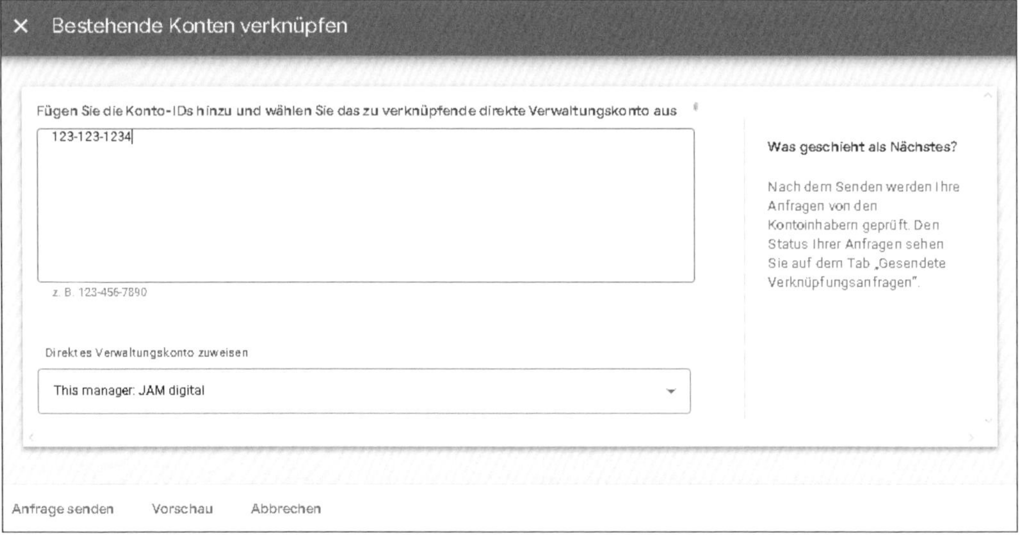

Abbildung 18.11 Bestehendes Konto über die Google-Ads-Kundennummer verknüpfen

Zum Abschluss des Verknüpfungsprozesses klicken Sie auf den Button ANFRAGE SENDEN.

Der eingeladene Nutzer erhält dann in seinem Konto eine Verknüpfungsanfrage unter VERWALTUNG • KONTOZUGRIFF UND SICHERHEIT im Unterpunkt ADMINISTRATOREN, die er akzeptieren oder auch ablehnen kann (siehe Abbildung 18.12).

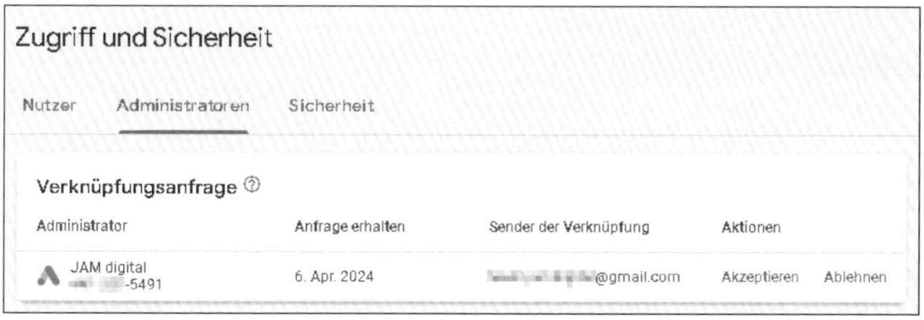

Abbildung 18.12 Anfrage im Konto des Kunden, also im zu verknüpfenden Konto

In Ihrem Konto werden Ihnen unter KONTEN • EINSTELLUNGEN FÜR UNTERKONTEN die aktuell ausstehenden Verknüpfungsanfragen angezeigt (siehe Abbildung 18.13). Dort können Sie noch vor Annahme die Anfrage jederzeit widerrufen, falls Sie die Verknüpfung nicht nutzen möchten.

Abbildung 18.13 Aktueller Stand der Verknüpfungsanfrage unter »Einstellungen für Unterkonten«

Das verknüpfte Konto bzw. der Admin dieses Kontos kann jederzeit bei Bedarf unter VERWALTUNG • KONTOZUGRIFF UND SICHERHEIT im Unterpunkt ADMINISTRATOREN den Zugriff beenden. Auf diese Weise bleibt der ursprüngliche Besitzer des Google-Ads-Kontos jederzeit Herr der Lage.

Die Auflösung der Verknüpfung kann jedoch auch aus dem Verwaltungskonto heraus erfolgen. Dazu wählen Sie unter KONTEN • EINSTELLUNGEN FÜR UNTERKONTEN per Checkbox-Klick ein oder mehrere Konten aus, die Sie aus Ihrem Verwaltungskonto entfernen möchten. Danach klicken Sie im Kopfbereich der Tabelle auf BEARBEITEN. Aus der Drop-down-Liste wählen Sie VERKNÜPFUNG AUFHEBEN aus (siehe Abbildung 18.14). Über diese Bearbeitungsschritte können Sie unter anderem auch Konten aus- bzw. einblenden oder das Google-Ads-Konto komplett auflösen.

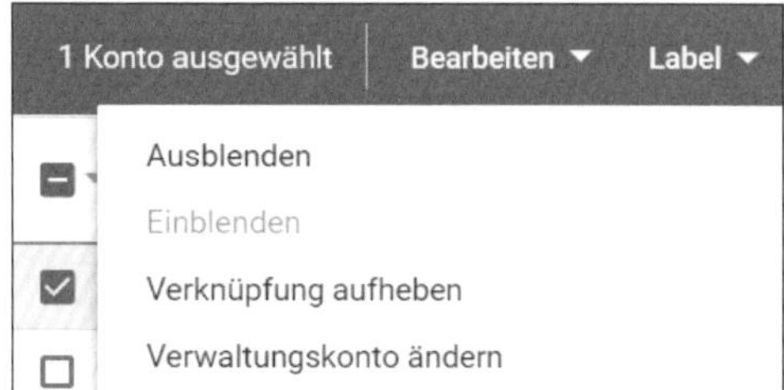

Abbildung 18.14 Verknüpfung aufheben

Ausstehende Einladungen

Falls Sie eine Verknüpfung durchgeführt haben und der Besitzer des Google-Ads-Kontos diese nicht bestätigt, spricht man von einer *ausstehenden Einladung*. Wenn Sie nur ein Konto verknüpfen möchten, erkennen Sie selbst schnell in der Übersicht, ob dieses schon bestätigt und somit der Liste hinzugefügt wurde. Falls Sie jedoch mehrere Anfragen zu Kontoverknüpfungen gestellt haben, kann schnell der Überblick verloren gehen. Anhand der Informationen unter KONTEN • EINSTELLUNGEN FÜR UNTERKONTEN können Sie bei Bedarf den Kontobesitzer, der Ihre Anfrage noch nicht bestätigt hat, entsprechend informieren bzw. an die noch ausstehende Verknüpfung erinnern.

18.4 Budgets im Verwaltungskonto

Die Informationen zu den Zahlungsprofilen und den Budgets finden Sie in Ihrem Verwaltungskonto unter KONTEN • BUDGETS. Dort wird für die verknüpften Konten z. B. die ZAHLUNGSEINSTELLUNG oder das KONTOBUDGET angezeigt (siehe Abbildung 18.15). Die meisten Konten werden eine automatische Zahlung nutzen, es gibt aber noch Konten, die manuell aufgeladen werden. Bei ihnen finden Sie den Hinweis MANUELLE ZAHLUNGEN in der Spalte ZAHLUNGSEINSTELLUNG.

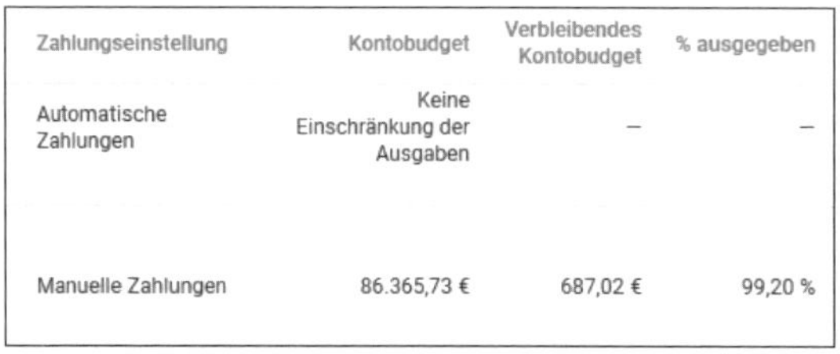

Zahlungseinstellung	Kontobudget	Verbleibendes Kontobudget	% ausgegeben
Automatische Zahlungen	Keine Einschränkung der Ausgaben	–	–
Manuelle Zahlungen	86.365,73 €	687,02 €	99,20 %

Abbildung 18.15 Der Unterpunkt »Budgets« im Google-Ads-Verwaltungskonto

Wichtig ist vor allem der Blick auf das verbleibende Budget, das aktuell zur Verfügung steht. Hier kann eine Budgetbeschränkung z. B. vorliegen, wenn manuelle Vorauszahlungen geleistet werden und das meiste Geld bereits für Klicks ausgegeben wurde.

Kontobudgets festlegen

Große Unternehmen arbeiten bei den Werbeausgaben oft mit Jahresbudgets oder zumindest mit Monatsbudgets. Bei Google Ads ist die Kontrolle der Ausgaben normalerweise nur über Tagesbudgets möglich, die dann auf den Monat hochgerechnet werden. Für große Kunden können aber unter bestimmten Umständen auch Monatsbudgets oder allgemein Budgets für bestimmte Zeiträume festgelegt werden. Dazu muss das Konto jedoch zunächst auf eine monatliche Abrechnung umgestellt werden.

Die Voraussetzungen für eine monatliche Abrechnung, bei der Google dem Google-Ads-Nutzer einen Kreditrahmen einräumt, sind:

- Der Nutzer ist mindestens ein Jahr als Unternehmen registriert.
- Das Ads-Konto gibt es mindestens seit einem halben Jahr, und es befindet sich – Zitat Google – »in einem einwandfreien Zustand«.
- Der Ads-Nutzer hatte mindestens 5.000 $ Werbeausgaben für mindestens drei Monate der letzten zwölf Monate.
- Er stellt einen Antrag auf Rechnungsstellung bei Google.

(Ausführlichere Informationen zu dem Vorgang finden Sie unter der URL *https://support.google.com/google-ads/answer/2375377.*)

Ein Unternehmen mit monatlicher Abrechnung kann dann auch ein Werbebudget für einen bestimmten Zeitraum festlegen. So können Sie z. B. ein vom Kunden vorgegebenes Budget für eine Winterwerbeaktion für den Zeitraum vom 1. November bis zum 28. Februar im Verwaltungskonto auf 2.000 € pro Monat festsetzen. Sobald die Budgetgrenze erreicht wird, erfolgt ein automatischer Stopp der Werbekampagne(n). Das Budget gilt also pro Kunde für alle Kampagnen. Durch diese Einstellung können Sie auch bei Umstellungen und Budgetänderungen in einer oder mehreren Kampagnen nicht mehr Geld für die Google-Ads-Werbung ausgeben, als vorher für den Zeitraum mit dem Kunden vereinbart wurde. Start- und Enddatum für die Budgetvorgabe sind frei wählbar.

Außerdem können Sie als Agentur oder Reseller eine sogenannte *konsolidierte Abrechnung* nach dem gleichen Muster wie die individuelle Rechnungsstellung beantragen. Diese Rechnungsform gilt dann für das Google-Ads-Verwaltungskonto, sodass Sie Ihr Abrechnungswesen vereinfachen können, weil Sie nur noch eine Rechnung für alle Konten erhalten. Die untergeordneten Konten können somit ebenfalls auf monatliche Rechnungsstellung umgestellt werden. Außerdem können Sie die Budgets dann auch für Ihre verwalteten Konten festlegen.

18

18.5 Benachrichtigungen im Verwaltungskonto

Wichtige Benachrichtigungen können Sie sich im Google-Ads-Verwaltungskonto ebenfalls an einer Stelle anschauen. Navigieren Sie dazu in der linken Menüleiste zu KONTEN • BENACHRICHTIGUNGEN. Sie erhalten auf einen Blick die wichtigsten Nachrichten zu den einzelnen Google-Ads-Konten mit einem entsprechenden Link in der Spalte AKTION (siehe Abbildung 18.16). Dieser Link führt entweder zu einer Lösung des Problems oder zu weiterführenden Informationen.

Abbildung 18.16 Benachrichtigungen mit einem Link zu weiterführenden Infos

Damit Sie nicht von den Informationen erschlagen werden, können Sie vor Ansicht der Benachrichtigungen nicht nur die Konten selektieren, sondern auch verschiedene weitere Filter setzen und dadurch den Inhalt der angezeigten Tabelle reduzieren. Beispielsweise lässt sich auf diese Weise die Liste auf Einträge beschränken, die lediglich einem bestimmten Typ von Benachrichtigungen entsprechen (siehe Abbildung 18.17).

Auf diese Weise haben Sie an einer Stelle im Verwaltungskonto alle wichtigen Infos im Blick und können Schritt für Schritt die gewünschten Ads-Konten auswählen und die wichtigsten Themen überprüfen, um Fehler schnell zu beheben.

Sie können nicht nur Informationen in Ihrem Konto aufrufen; es ist auch möglich, dass Sie bestimmte Nachrichten zu Ihrem Google-Ads-Verwaltungskonto per E-Mail erhalten. Damit Sie aber nicht in einer Benachrichtigungsflut versinken, können Sie natürlich bestimmen, welche Informationen Sie regelmäßig erhalten möchten. Klicken Sie dazu auf VERWALTUNG • BENACHRICHTIGUNGEN und wählen Sie das Register DIESES KONTO aus.

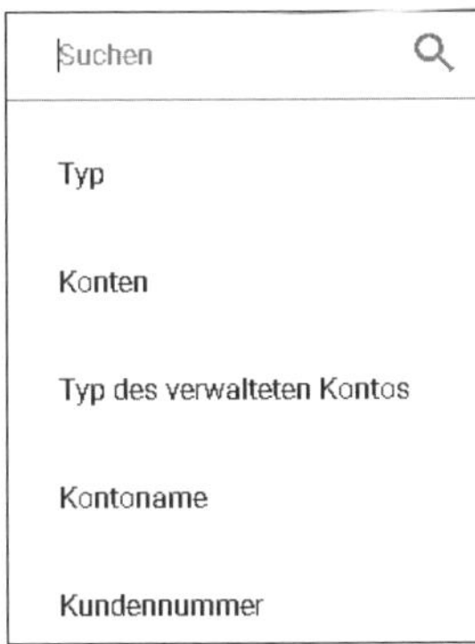

Abbildung 18.17 Benachrichtigungen filtern

Nun können Sie zum einen bestimmen, an welche E-Mail-Adresse ❶ die Benachrichtigungen gesendet werden. Zum anderen können Sie festlegen, welche Informationen ❷ Sie erhalten möchten.

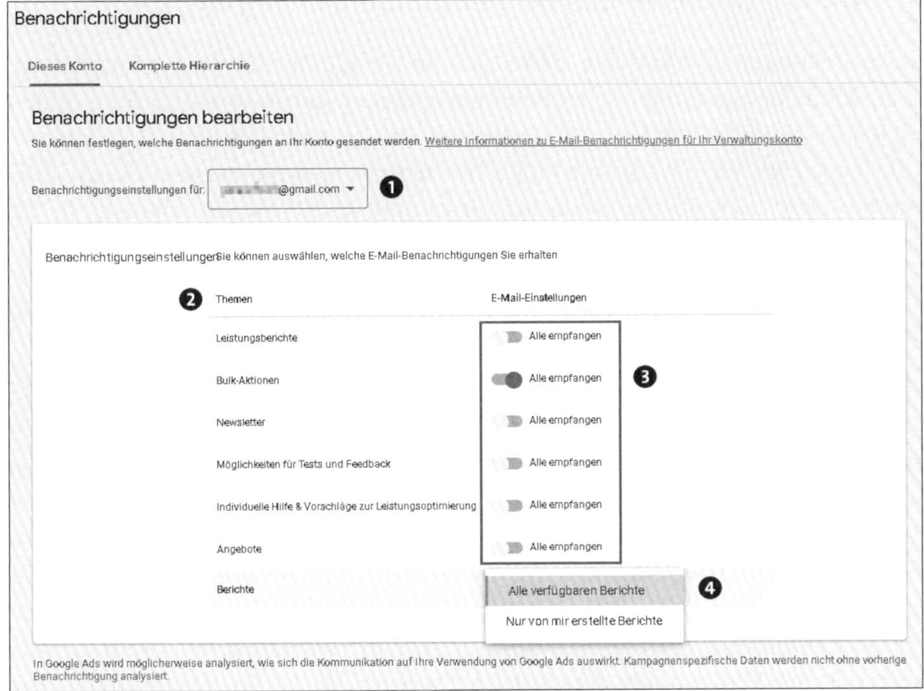

Abbildung 18.18 Themen für E-Mail-Benachrichtigung festlegen

Mit dem An/Aus-Schalter ❸ können Sie einzelne Themen aktivieren. Bei dem Unterpunkt BERICHTE können Sie noch zwischen allen verfügbaren Berichten und eigenen Berichten ❹ wählen.

Wenn Sie auf das Register KOMPLETTE HIERARCHIE umschalten, können Sie sich auch Informationen zu einzelnen Konten senden lassen. Dazu markieren Sie zunächst ein oder mehrere Google-Ads-Konten und geben über BEARBEITEN an, welche Benachrichtigungen Sie wünschen, z. B.:

- Abgelehnte Anzeigen und Richtlinienbenachrichtigungen
- Abrechnungsbenachrichtigungen
- Kampagnenpflege
- Optionale Überprüfung der Identität von Werbetreibenden
- Individuelle Hilfen und Vorschläge zur Leistungssteigerung
- Leistungsberichte
- Newsletter

18.6 Automatisieren – Zeit bei der Kundenverwaltung sparen

Viele Einstellungen und Berichte lassen sich im Google-Ads-Konto automatisieren. Eine ausführliche Beschreibung zu den Möglichkeiten der Automatisierung finden Sie in Kapitel 17, »Bearbeiten und Analysieren«, ab Abschnitt 17.3. Grundsätzlich sollten Sie jedoch wissen, dass Sie die Möglichkeiten, die Sie im einzelnen Google-Ads-Konto besitzen, auch übergeordnet im Verwaltungskonto nutzen können. Für die Automatisierung stehen bei Google-Ads zwei wesentliche Tools zur Verfügung:

- automatisierte Regeln
- Skripte

Die beiden Wege sind jedoch gar nicht so verschieden, da die automatisierten Regeln auf Skripten basieren. Der Unterschied besteht darin, dass automatisierte Regeln quasi Templates sind, die Sie ohne Programmierkenntnisse anpassen können. Sie müssen nur verschiedene Parameter eingeben. Mit Skripten können Sie hingegen noch viel weitreichendere automatisierte Steuerungen durchführen und Berichte erstellen lassen. Dadurch sind Sie bei der Steuerung über Skripte viel flexibler. Der Nachteil von Skripten besteht jedoch darin, dass Programmierkenntnisse in JavaScript notwendig sind. Sowohl die Regeln als auch die Skripte finden Sie im Google-Ads-Verwaltungskonto unter den BULK-AKTIONEN, die Sie im Hauptmenü über TOOLS erreichen.

18.6.1 Automatisierte Regeln

Schauen wir uns zum besseren Verständnis ein Beispiel für eine automatisierte Regel auf der Ebene des Verwaltungskontos an. Nehmen wir an, dass Sie nicht jeden Tag Zeit haben, um alle Keywords zu kontrollieren. Sie möchten jedoch, dass diejenigen Keywords, die am Vortag im Durchschnitt unter eine bestimmte Anzeigenposition gefallen sind, zunächst einmal pausiert werden. Durch die Deaktivierung des Keywords verhindern Sie, dass ein Keyword mit einem schlechten Ranking niedrige Klickraten erzeugt, was sich dann auf die ganze Anzeigengruppe oder Kampagne auswirken kann. Die Ursache für das schlechte Ranking können Sie dann später in Ruhe analysieren.

Für dieses Beispiel können Sie über die automatisierten Regeln eine Kontrolle definieren, die Keywords pausieren lässt, sobald diese unter eine festgelegte Position fallen. Über Ihr Verwaltungskonto können Sie nun diese Regel für alle oder mehrere Kunden definieren. Im Vergleich zur Bearbeitung einzelner Kampagnen oder Konten erleichtert dies Ihre Arbeit sehr. Das Anlegen und Pflegen einer kontoübergreifenden Regel nimmt erheblich weniger Zeit in Anspruch als das Anlegen einer solchen Regel für jedes einzelne Konto.

Eine automatisierte Regel im Verwaltungskonto erstellen Sie, indem Sie zunächst unter TOOLS • BULK-AKTIONEN die REGELN auswählen. Klicken Sie auf (+) und wählen Sie z. B. + KEYWORD-REGELN, um die Performance von Keywords über mehrere Konten hinweg zu beobachten und zu steuern. Nach Eingabe des Namens und Auswahl des Regelinhabers – dies sind normalerweise Sie als Administrator des Verwaltungskontos – legen Sie im Bereich AKTION unter ANWENDEN AUF fest, auf welcher Ebene bzw. für welches Element die Regel gelten soll. Da wir für unser Beispiel kontoübergreifend arbeiten möchten, belassen Sie die Standardeinstellung KEYWORDS IN AUSGEWÄHLTEN KONTEN und klicken auf den Bearbeitungsstift oder den Link unterhalb des Auswahlfelds. Wählen Sie im sich öffnenden Fenster per Checkbox die Google-Ads-Konten (siehe Abbildung 18.19) aus, auf die Ihre neue Regel angewendet werden soll.

Abbildung 18.19 Auswahl der Google-Ads-Konten zur Anwendung einer Regel

Danach wird die Regel zunächst mithilfe von Bedingungen genauer definiert und schließlich die dadurch ausgelöste Aktion ausgewählt, in unserem Beispiel KEYWORDS PAUSIEREN (siehe Abbildung 18.20).

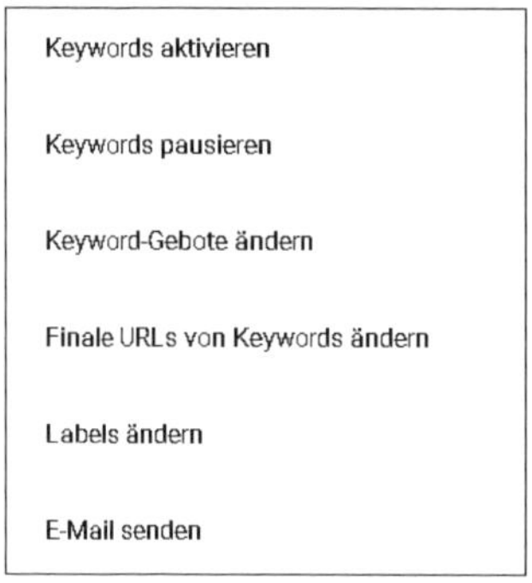

Keywords aktivieren

Keywords pausieren

Keyword-Gebote ändern

Finale URLs von Keywords ändern

Labels ändern

E-Mail senden

Abbildung 18.20 Die »Aktion« für eine automatisierte Regel wählen

Legen Sie abschließend fest, mit welcher Häufigkeit die Regel Anwendung finden soll und inwiefern Ergebnisse per Mail verschickt werden. Den genauen Ablauf haben wir in Abschnitt 17.3, »Google Ads arbeiten lassen – automatisierte Regeln«, beschrieben. Alle Regeln, die Sie im Verwaltungskonto erstellt haben, finden Sie später unter TOOLS • BULK-AKTIONEN • REGELN wieder. Dort können Sie die Regeln bearbeiten, aktivieren, pausieren und entfernen.

Ein neuer Weg für automatisierte Regeln im Verwaltungskonto

Wenn Sie eine Regel erstellen möchten, können Sie nun auch folgendermaßen vorgehen:

1. Wählen Sie zunächst im Verwaltungskonto in der linken Navigation die gewünschte Ebene aus (Kampagnen, Anzeigengruppen, Anzeigen, Keywords etc.).
2. Filtern Sie über FILTER HINZUFÜGEN im Kopfbereich die gewünschten Konten.
3. Markieren Sie über die Checkboxen die gewünschten Elemente.
4. Klicken Sie danach auf BEARBEITEN.
5. Wählen Sie aus der Drop-down-Liste AUTOMATISIERTE REGEL ERSTELLEN aus.
6. Erstellen Sie zum Schluss wie gewohnt die neue Regel durch die Definition von Bedingungen, die Auswahl der Aktion und die Angabe der Ausführungshäufigkeit.

18.6.2 Skripte

Die Skripte erstellen Sie ebenfalls unter TOOLS • BULK-AKTIONEN, und zwar direkt im Unterpunkt SKRIPTS. Klicken Sie zunächst auf diesen Unterpunkt. Wie Sie vielleicht schon wissen, benötigen Sie zur einwandfreien Erstellung eines funktionierenden Skripts Programmierkenntnisse in JavaScript. Google Ads hilft Ihnen jedoch auch hier, indem es Beispiele und Vorlagen zur Verfügung stellt. Diese können Sie für Ihre eigenen Zwecke anpassen und nutzen, wozu Sie jedoch gewisse Grundkenntnisse in Programmiersprachen besitzen sollten.

Viele Skriptbeispiele der Google Developer Community finden Sie im Internet unter:

https://developers.google.com/google-ads/scripts/docs/solutions/manager-account-summary?hl=de

Nutzen Sie für Ihr Verwaltungskonto die (fast) fertigen Skripte aus den Bereichen *Verwaltungskonten* oder *Einzelne oder Verwaltungskonten*, kopieren Sie diese und fügen Sie sie abschließend in das Formularfeld für neue Skripte ein. Meistens müssen dann noch kleinere Anpassung an Ihre Situation vorgenommen werden.

Die Vorlagen finden Sie direkt in Google Ads. Bei der Anlage eines neuen Skripts fragt Google Sie, ob Sie ein komplett neues Skript erstellen oder eine bestehende Vorlage verwenden möchten. Auch hier nehmen Sie bei Bedarf Ihre individuellen Veränderungen vor.

So erstellen Sie ein neues Skript in Ihrem Google-Ads-Verwaltungskonto:

1. Rufen Sie die TOOLS auf und navigieren Sie zu BULK-AKTIONEN • SKRIPTS.
2. Klicken Sie zunächst auf den blauen Button ⊕, wählen Sie + NEUES SKRIPT (oder + VORLAGE VERWENDEN) und geben Sie Ihrem neuen Skript einen eindeutigen Namen ❶. Danach fügen Sie den Skriptcode in das Formularfeld ein (siehe Abbildung 18.21).
3. Sobald Sie ein Skript eingefügt oder selbst erstellt haben, erscheint ein Hinweis auf die Autorisierung des Skripts. Diesen Hinweis müssen Sie AUTORISIEREN und im nächsten Schritt unter Angabe Ihrer Login-E-Mail mit ALLOW (Erlauben) positiv bestätigen. Ansonsten kann das Skript nicht ausgeführt werden. Für weitere Erklärungen zur Erstellung von Skripten möchten wir Sie auf Abschnitt 17.3.4 verweisen.

Jetzt sehen wir uns einmal das Beispielskript an. Wir haben dazu eine einfache Kontenabfrage ausgewählt (siehe Abbildung 18.21). Bei unserem Beispiel müssen keine Anpassungen durchgeführt werden, sodass das Skript nach dem Einfügen direkt gespeichert werden kann. Unser Skript ist eine einfache Abfrage, die alle vorhandenen Google-Ads-Konten im Verwaltungskonto auflistet. Dabei werden die Google-Ads-Kundennummer (`CustomerID`) ❷, die Standard-Login-Mailadresse (`loginEmail`) ❸, der Name des Google-Ads-Kontos (`accountName`) ❹ sowie die Zeitzone (`getTimeZone`) ❺ und die Kontowährung (`getCurrencyCode`) ❻.

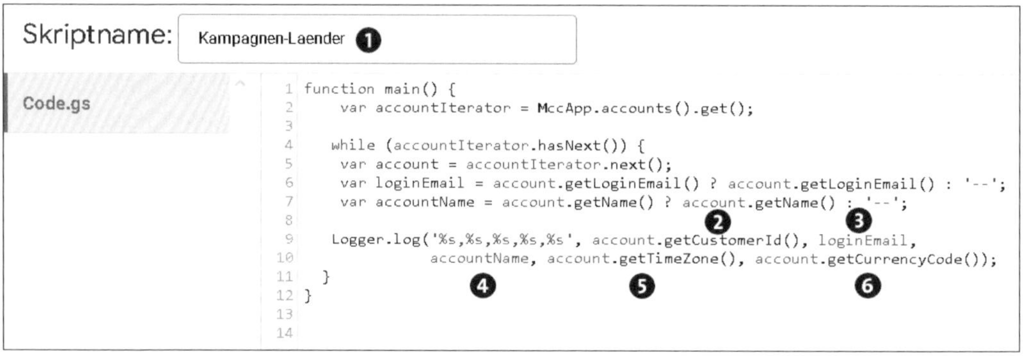

Skriptname: Kampagnen-Laender ❶

Code.gs

```
function main() {
    var accountIterator = MccApp.accounts().get();

   while (accountIterator.hasNext()) {
    var account = accountIterator.next();
    var loginEmail = account.getLoginEmail() ? account.getLoginEmail() : '--';
    var accountName = account.getName() ? account.getName() : '--';

   Logger.log('%s,%s,%s,%s,%s', account.getCustomerId(), loginEmail,
              accountName, account.getTimeZone(), account.getCurrencyCode());
  }
}
```

❷ ❸ ❹ ❺ ❻

Abbildung 18.21 Beispielskript zur Abfrage der Kundenkonten im Verwaltungskonto

Obwohl dies ein ganz einfaches Skript ist, das wir vor allem ausgesucht haben, weil es nur wenig Quellcode enthält, liefert es ein interessantes Ergebnis, das man im Alltag selten im Verwaltungskonto kontrollieren würde. Das Ergebnis aus Abbildung 18.21 zeigt, dass zwei Konten mit Firmenstandort in Deutschland beim Anlegen des Ads-Kontos als Standort den damaligen Vorschlag von Google, nämlich »Los Angeles«, übernommen haben! Dies findet man leider immer wieder in der Praxis. Der falsche Standort führt spätestens dann zu Problemen, wenn wir den Werbezeitplaner als Steuerungsinstrument nutzen möchten.

Unterhalb des Formularfelds zur Eingabe des Skripts können Sie die folgenden vier Aktionen starten:

- SCHLIESSEN: Das Formularfeld wird wieder geschlossen.
- AUSFÜHREN: Das Skript wird ausgeführt.
- SPEICHERN: Das Skript wird unter dem vorgegebenen Namen gespeichert.
- VORSCHAU: Das Skript wird in einem Testlauf ausgeführt.

Das Ergebnis der Vorschau können Sie sich unter PROTOKOLLE anschauen (siehe Abbildung 18.22), während alle Veränderungen im Konto unter ÄNDERUNGEN wiederzufinden sind. Sie können also auf jeden Fall nachvollziehen, was ein Skript mit Ihrem Google-Ads-Konto »angestellt« hat.

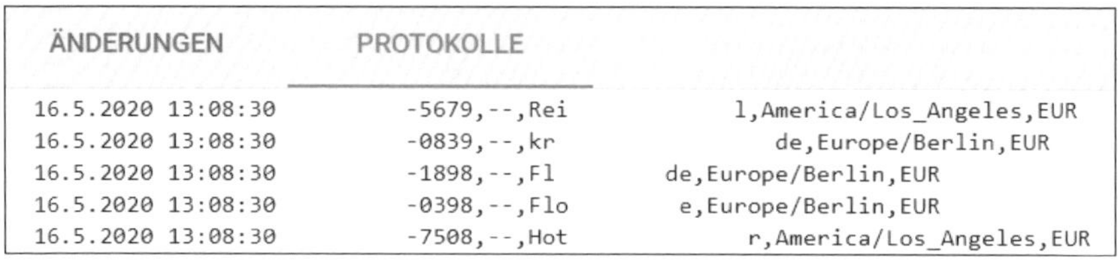

ÄNDERUNGEN   PROTOKOLLE

```
16.5.2020 13:08:30     -5679,--,Rei       l,America/Los_Angeles,EUR
16.5.2020 13:08:30     -0839,--,kr        de,Europe/Berlin,EUR
16.5.2020 13:08:30     -1898,--,Fl        de,Europe/Berlin,EUR
16.5.2020 13:08:30     -0398,--,Flo       e,Europe/Berlin,EUR
16.5.2020 13:08:30     -7508,--,Hot       r,America/Los_Angeles,EUR
```

Abbildung 18.22 Auszug aus dem Ergebnisprotokoll der Kontenabfrage

Unter dem Menüpunkt SKRIPTS können Sie nicht nur neue Skripte erstellen, Sie finden dort auch eine Liste mit den bereits erstellten Skripten, die Sie in der Spalte AKTIONEN beispielsweise bearbeiten, aktivieren oder deaktivieren können. Bitte beachten Sie, dass die deaktivierten Skripte über die drei vertikalen Navigationspunkte an der rechten Seite wieder eingeblendet werden können. Zusätzlich können Sie zu jedem Skript mithilfe des Bearbeitungsstifts in der Spalte HÄUFIGKEIT einen Zeitplan erstellen. Unter dem Navigationspunkt SKRIPTVERLAUF im Header finden Sie die Ausführungsprotokolle. Zu jedem Skript ist dort aufgelistet, wann es ausgeführt wurde und wie der aktuelle Status ist. Zusätzlich finden Sie einen Link zu den jeweiligen Protokollen und Änderungen. Beachten Sie auch, dass sich die Übersicht zum Skriptverlauf immer auf den aktuell ausgewählten Zeitraum bezieht.

Unser Beispiel zur Kontoabfrage war wie erwähnt nicht sehr spektakulär. Wir erhalten mit diesem Skript nur eine Liste von Google-Ads-Konten, die mit dem Verwaltungskonto verknüpft sind, sowie die wichtigsten Stammdaten zu den Konten. Mit ein paar zusätzlichen Zeilen Code kann man jedoch ein Skript generieren, das schon etwas mehr Informationen zusammenträgt. Das folgende Beispielskript setzt auf die Kontoabfrage auf und enthält noch einige interessante Ergänzungen.

Nach der Auflistung der Grunddaten

```
account.getCustomerId(), loginEmail,
              accountName, account.getTimeZone(), account.getCurrencyCode()
```

wird für jedes Konto die Anzahl der Kampagnen ermittelt:

```
campaignIterator.totalNumEntities()
```

Zusätzlich wird jeder Kampagnenname aufgeführt:

```
campaign.getName()
```

Es folgen alle Zielregionen (Länder bis hin zu Städten):

```
campaign.targeting().targetedLocations().get()
```

sowie der Ländercode, der der Zielregion zugeordnet ist:

```
targetedLocation.getCountryCode()
```

Hier sehen Sie das veränderte Beispielskript:

```
function main() {
    var accountIterator = MccApp.accounts().get();
  while (accountIterator.hasNext()) {
```

```
    var account = accountIterator.next();
    var loginEmail = account.getLoginEmail()
? account.getLoginEmail() : '--';
    var accountName = account.getName()
 ? account.getName() : '--';
 Logger.log('%s,%s,%s,%s,%s', account.getCustomerId(),
loginEmail, accountName, account.getTimeZone(), account.getCurrencyCode());
  MccApp.select(account);
  var campaignIterator = AdWordsApp.campaigns().get();
  Logger.log('Total campaigns found : ' +
      campaignIterator.totalNumEntities() + '    ###########');
  while (campaignIterator.hasNext()) {
    var campaign = campaignIterator.next();
    Logger.log(campaign.getName());
 var locationIterator = campaign.targeting().targetedLocations().get();
    while (locationIterator.hasNext()) {
      var targetedLocation = locationIterator.next();
      Logger.log('Location name: ' +
          targetedLocation.getName() + ', country code: ' +
          targetedLocation.getCountryCode());
    }
   }
  }
 }
```

Listing 18.1 Beispielskript zur Abfrage von Konten im Verwaltungskonto

18.7 Conversions

Analog zu den Skripten bietet Google mit der Funktion *Conversions* ein Tool an, das auch für jedes einzelne Google-Ads-Konto zur Verfügung steht. (Weitere Informationen zu Conversions und dem Conversion-Tracking finden Sie in Abschnitt 2.6.3 und Abschnitt 14.2.) Conversions sind die wichtigen Ziele, die mit der Google-Ads-Werbung erreicht werden sollen. Diese Ziele sollten stets in jedem Google-Ads-Konto hinterlegt sein, um den Erfolg einer Werbekampagne messen und kontrollieren zu können.

Der Menüpunkt CONVERSIONS im Verwaltungskonto bietet Ihnen die Möglichkeit, eine Conversion anzulegen, die dann für mehrere Google-Ads-Kontos eingesetzt werden kann. Falls z. B. ein Unternehmen mehrere Google-Ads-Konten nutzt und in einem Verwaltungskonto betreut, kann eine Conversion zum Ziel »Einkauf abgeschlossen« anlegt werden. Ein einziger Conversion-Code würde dann die Verkaufsabschlüsse messen und könnte für alle Konten, die im Verwaltungskonto zusammengefasst sind, kontrollieren, ob und wie oft das wichtigste Ziel erreicht wurde. Die Einrichtung eines kontoübergreifenden Conversion-Trackings erfolgt in den folgenden vier Schritten:

1. **Conversion-Code im Verwaltungskonto erstellen**
   Sie finden den Unterpunkt CONVERSIONS in Ihrem Verwaltungskonto – wie bereits aus dem Standardkonto bekannt – im Hauptmenü unter ZIELVORHABE. Dort erstellen Sie eine kontoübergreifende Conversion-Aktion genau so wie andere Conversion-Aktionen. Beginnen Sie wie gewohnt mit einem Klick auf + NEUE CONVERSION-AKTION.
2. **Conversion-Code in die Conversion-Seite einbauen**
   Fügen Sie das neue Conversion-Tracking-Tag allen Webseiten hinzu, die Sie mit dem neuen Code tracken möchten. Sollte bereits ein Conversion-Tracking unabhängig vom Verwaltungskonto anhand von bestehenden Tracking-Codes auf diesen Webseiten stattfinden, ergänzen Sie den neuen Tracking-Tag lediglich. Auf diese Weise bleibt die parallele Messung anderer Conversions bestehen und Sie verlieren keine wertvollen Daten.
3. **Konten zuordnen**
   Rufen Sie im Verwaltungskonto KONTEN • EINSTELLUNGEN FÜR UNTERKONTEN auf und markieren Sie per Checkbox die Konten, für die das kontoübergreifende Conversion-Tracking verwendet werden soll. Klicken Sie danach auf BEARBEITEN und wählen Sie den Unterpunkt CONVERSION- UND ZIELGRUPPENKONTEN ÄNDERN aus. Unter KONTO selektieren Sie noch CONVERSION und unter ÄNDERN ZU das gewünschte Verwaltungskonto (siehe Abbildung 18.23). Die Conversion-Aktionen werden dann in dem jeweiligen Konto in den Tools und Einstellungen unter CONVERSIONS mit dem Hinweis auf das Verwaltungskonto angezeigt.

18

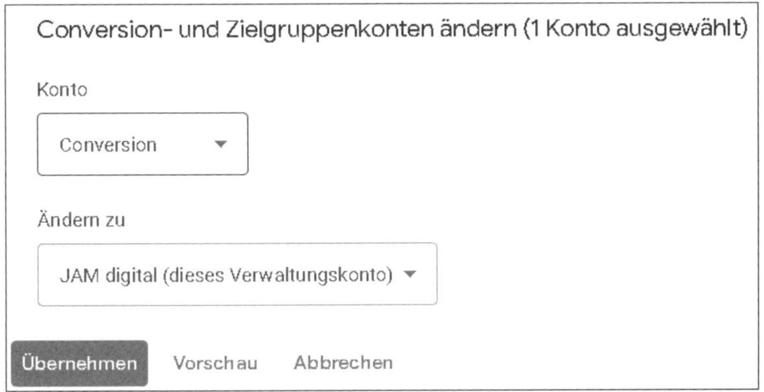

Abbildung 18.23 Conversions aus dem Verwaltungskonto zuordnen

4. **Die kontospezifischen Conversion-Aktionen deaktivieren**
   Falls in dem jeweiligen Kundenkonto bereits Conversion-Aktionen mit dem gleichen Ziel vorhanden sind, sollten Sie diese Conversions stoppen, wenn Sie alternativ die kontoübergreifenden Conversion-Aktionen verwenden.

   Sollten Sie einmal Änderungen an den Conversions vornehmen wollen, z. B. einen anderen Tracking-Zeitraum angeben, so müssen Sie dies dann natürlich auf Ebene des Verwaltungskontos durchführen. Ein Schloss-Icon weist darauf hin, dass die Einstellung der Conversions im jeweiligen Unterkonto nicht verändert werden können.

   Möchten Sie das kontoübergreifende Conversion-Tracking irgendwann nicht mehr nutzen und lieber wieder die Conversions individuell für ein Kundenkonto erstellen, können Sie natürlich die Verknüpfung mit dem Verwaltungskonto wieder rückgängig machen. Dazu rufen Sie im jeweiligen Kundenkonto ZIELVORHABEN • CONVERSIONS • EINSTELLUNGEN auf und öffnen den Unterpunkt CONVERSION-KONTO (siehe Abbildung 18.24). Dort wechseln Sie von dem Verwaltungskonto auf DIESES KONTO und speichern die Auswahl ab. Die kontoübergreifenden Conversions sind danach im Kundenkonto nicht mehr sichtbar.

Abbildung 18.24 Deaktivierung des kontoübergreifenden Conversion-Trackings

18.8 Mit Labels arbeiten

Labels dienen zur Gruppierung verschiedener Elemente, wie Kampagnen, Anzeigengruppen, Keywords etc. Labels sind vor allem dann hilfreich, wenn Elemente wie z. B. Keywords, die über unterschiedliche Kampagnen verstreut sind, gemeinsam analysiert werden sollen. Das Anlegen und die Funktionsweise von Labels haben wir in Abschnitt 17.2 schon gesondert besprochen.

Auf der Ebene des Verwaltungskontos dienen die Labels zur Gruppierung und Kennzeichnung verschiedener Kunden- bzw. Kontengruppen. Sie können für einzelne Kundenkonten ein oder auch mehrere Labels vergeben. Diese Labels werden dann zur Filterung in der Kontenübersicht genutzt. Sie könnten z. B. alle Ihre Kunden mit Webshops labeln und diese dann herausfiltern. So erhalten Sie schneller einen Überblick über eine spezielle Kundengruppe, vor allem wenn Sie eine große Anzahl von Google-Ads-Konten betreuen.

Außerdem können Sie die Kundenkonten zu einem gemeinsamen Thema analysieren oder bestimmte Konten labeln, die Sie dann mit automatisierten Skripten beobachten. Damit Sie eine Idee vom Nutzen der Labels erhalten, haben wir hier vier Beispielvorschläge zur Kennzeichnung verschiedener Gruppen zusammengestellt:

1. Art der Kundenwebseite:
   - Webshop
   - Seminaranbieter
   - Freiberufler
2. Priorisierung von Kundenkonten:
   - Konten mit großen Budgets
   - Konten mit teuren Keywords
   - Konten mit kleinen Budgets
3. Kontenverwaltung:
   - aktuell
   - Archiv (keine Verwaltung)
4. Kontokontrolle:
   - tägliche Kontrolle
   - wöchentliche Kontrolle
   - monatliche Kontrolle
5. Anstehende Kundenberichte für bestimmte Kunden:
   - Suchbegriffe
   - Conversions
   - Kosten

Um Ihre Kundenkonten mit einem Label zu versehen, markieren Sie das oder die ausgesuchten Konten in der Übersicht unter KONTEN. Aktivieren Sie dazu die vorangestellte Checkbox ❶. Danach klicken Sie im Kopfbereich auf LABEL ❷ (siehe Abbildung 18.25). Falls bereits Labels vorhanden sind, finden Sie diese in der nun geöffneten Drop-down-Liste. Hier können Sie per Checkbox die Labels aktivieren, die Sie für die ausgewählten Konten vergeben möchten, wenn Sie z. B. die ausgewählten Konten als WEBSHOPS ❸ kennzeichnen möchten.

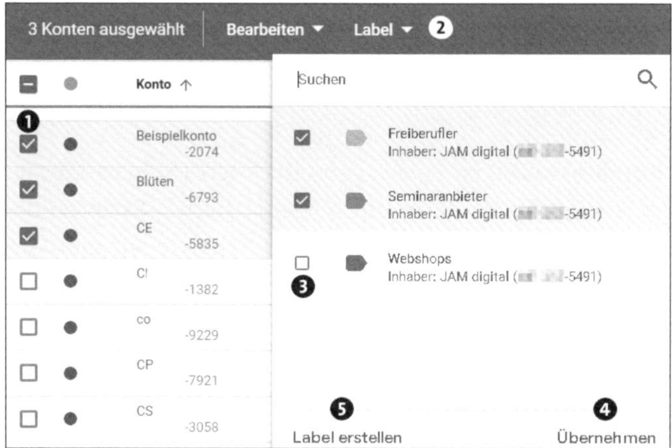

Abbildung 18.25 Labels für Kundenkonten vergeben oder erstellen

Sie können auch mehrere Labels in einem Durchgang vergeben. Falls Sie einmal den Namen des Labels verändern oder sogar das Label löschen möchten, klicken Sie einfach auf den Bearbeitungsstift, der erscheint, wenn Sie mit der Maus über den Namen des jeweiligen Labels fahren. Die Auswahl der Kontolabels bestätigen Sie zum Schluss noch mit ÜBERNEHMEN ❹.

Falls Sie noch nicht das passende Label erstellt haben, können Sie auf LABEL ERSTELLEN ❺ klicken. In dem neuen Fenster vergeben Sie einen Namen für das Label und klicken auf ERSTELLEN (siehe Abbildung 18.26).

Abbildung 18.26 Neue Labels für Kundenkonten erstellen

Nachdem Sie die Labels den Konten zugeordnet haben, können Sie diese einfach über die Filterfunktion nutzen, um so die gewünschten Kundengruppen als Liste zusammenzustellen. Klicken Sie dazu auf FILTER HINZUFÜGEN oberhalb der Kontenliste. Suchen und wählen Sie dann KONTOLABELS als Filtermöglichkeit aus. In dem neuen Fenster (siehe Abbildung 18.27) können Sie Ihre Filteranfrage mit

- ENTHÄLT
- ENTHÄLT ALLE
- ENTHÄLT NICHT

verfeinern und die gewünschten Labels per Checkbox aktivieren. Die Auswahl bestätigen Sie wieder mit ÜBERNEHMEN. Die aktuellen Kontolabels Ihrer Konten können Sie sich übrigens auch in der Übersichtsstatistik anzeigen lassen, indem Sie aus der Gruppierung ATTRIBUTE die LABEL als Spalte hinzufügen.

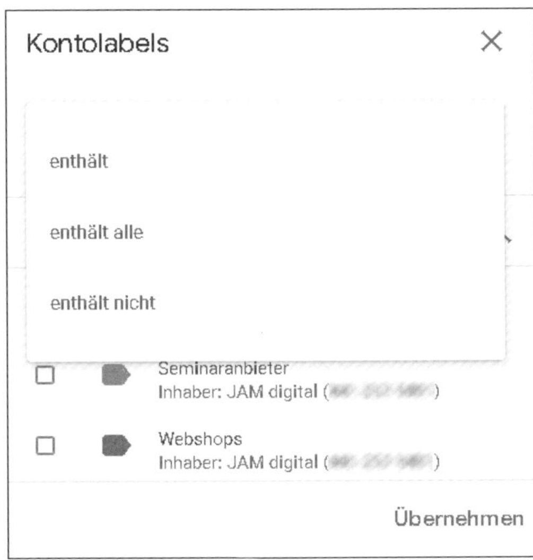

Abbildung 18.27 Kundenkonten mit Labels filtern

18.9 Berichte im Verwaltungskonto

Rufen Sie über die linke Menüleiste KONTEN • LEISTUNG auf, um einen statistischen Überblick über die von Ihnen verwalteten Konten zu erhalten. Über die bekannten Links und Icons im Kopfbereich der Tabelle können Sie die gewünschten Spalten auswählen, die Berichte segmentieren oder filtern (siehe Abbildung 18.28).

Abbildung 18.28 Leistungsberichte zu den Konten

Neben der Kontostatistik können Sie zudem im Hauptmenü unter KAMPAGNEN auch die Leistungsberichte zu allen Kampagnen, Anzeigengruppen, Anzeigen und Keywords aus den verwalteten Konten erhalten. Auch hier können Sie wieder filtern und segmentieren. Wichtige Berichte können Sie zudem herunterladen oder sich per E-Mail zuschicken lassen.

Automatisierte Kontrolle Ihrer Google-Ads-Konten

Wenn Sie stets mehrere Google-Ads-Konten beobachten müssen, Ihnen aber oft die Zeit für eine laufende Kontrolle fehlt, dann könnte ein Skript auf Ebene Ihres Verwaltungskontos genau die richtige Lösung für Sie sein.

Dieses Skript findet Unregelmäßigkeiten und informiert Sie darüber in Ihrem Konto. Es handelt sich um eine bestehende Google-Ads-Vorlage, sodass Sie bei der Erstellung eines neuen Skripts auf die Option + VORLAGE VERWENDEN klicken und im nächsten Schritt die Vorlage ERKENNUNG VON KONTOUNREGELMÄSSIGKEITEN durch einen Klick auf ANPASSEN auswählen.

Zur finalen Einrichtung der Kontoüberwachung sind nun vier grundlegende Schritte notwendig:

1. Erstellen Sie unter Ihrem Google-Ads-Admin-Login in Ihrem Google-Drive-Konto eine Kopie der Spreadsheet-Vorlage. Einen entsprechenden Link zum Template gibt es auf der Google-Developer-Seite: *https://developers.google.com/google-ads/scripts/docs/solutions/manager-account-anomaly-detector?hl=de*
2. Passen Sie in Ihrer Spreadsheet-Kopie die Vorgaben nach Ihren Wünschen an und hinterlegen Sie Ihre E-Mail-Adresse (siehe Abbildung 18.29).

Weeks to look at	52 (full year)	The longer the better
Impressions too low	80%	% of historical average
Clicks too low	80%	% of historical average
Conversions too low	50%	% of historical average
Cost too high	150%	% of historical average
Email	kontakt@pelzer-internet.de	Enter a valid email address

Abbildung 18.29 Einstellungen zur Kontoüberwachung im Google-Spreadsheet

3. Nehmen Sie folgende Anpassungen innerhalb des Skripts vor:
   - Zeile 8: Geben Sie Ihre Spreadsheet-URL mit den individuellen Vorgaben ein.
   - Zeile 11: Geben Sie ein `account_label` an, falls Sie nur bestimmte Konten überwachen möchten.

   Natürlich müssen Sie zuvor die jeweiligen Konten mit dem entsprechenden Label, in unserem Beispiel also `High Spend Accounts`, versehen haben (siehe Abbildung 18.30).

```
1  /**
2   * Configuration to be used for the Account Anomaly Detector.
3   */
4  CONFIG = {
5    // URL of the default spreadsheet template. This should be a copy of
6    // https://docs.google.com/spreadsheets/d/1Tj-UPGaTONtUbTAGCuJ2j_8hEABCBRr7bUH7b2aFh88/copy
7    // Make sure the sheet is owned by or shared with same Google user executing the script
8    'spreadsheet_url': 'YOUR_SPREADSHEET_URL',
9
10   // Uncomment below to include an account label filter
11   'account_label': 'High Spend Accounts', |
12
13   'mcc_child_account_limit': 50,
14
15   // More reporting options can be found at
16   // https://developers.google.com/google-ads/scripts/docs/reference/adsapp/adsapp#report_2
17   'reporting_options': {
18     // Comment out the following line to default to the latest reporting
19     // version.
20     'apiVersion': 'v10'
```

Abbildung 18.30 Anpassungen im Google-Ads-Skriptcode

4. Aktivieren Sie das Skript und erstellen Sie eine zeitliche Regel zur Ausführung (siehe Abbildung 18.31). Die Kontrolle sollte täglich am Ende des Tages, z. B. um 20:00 Uhr, durchgeführt werden, da der aktuelle Tag dann mit den Werten der gleichen Wochentage aus der Vergangenheit abgeglichen wird. Am nächsten Morgen können Sie reagieren, falls Unregelmäßigkeiten aufgetaucht sind.

Abbildung 18.31 Setzen Sie die Häufigkeit der Ausführung auf »Täglich«.

Als Ergebnis der Kontrolle erhalten Sie zwei Hinweise. Zum einen werden Unregelmäßigkeiten im Spreadsheet protokolliert und durch entsprechende Farbgebung deutlich gekennzeichnet (siehe Abbildung 18.32).

Wednesday, 10:00		Today
Customer ID	Impressions	Clicks
1[illegible]1	2	
5[illegible]1	5	
3[illegible]2	7038	

Abbildung 18.32 Die Ergebnisse zu Kontounregelmäßigkeiten werden im Google-Spreadsheet rot markiert.

Zum anderen erhalten Sie eine E-Mail-Warnung an die eingetragene Mailadresse. Dort wird mit Konto-ID, Leistungswerten und Abweichungen auf Anomalien hingewiesen (siehe Abbildung 18.33).

Account 9[illegible]

Impressions are too low: 297 Impressions by 10:00, expecting at least 431

Clicks are too low: 4 Clicks by 10:00, expecting at least 4.7

Abbildung 18.33 Zusätzlich werden Warnungen per E-Mail verschickt.

Mit diesem Skript können Sie Ihre Zeit für andere Aufgaben nutzen und müssen nur einschreiten, wenn bestimmte kritische Werte angezeigt werden. Das Skript ersetzt natürlich nicht eine regelmäßige Kontrolle zur Optimierung Ihrer Kampagnen.

Noch zwei interessante Navigationspunkte in Ihrem Verwaltungskonto

Wir möchten Sie zum Schluss kurz auf zwei Punkte aus dem Verwaltungskonto aufmerksam machen.

- ÄNDERUNGSVERLAUF: Hier behalten Sie den Überblick, wenn Sie Einstellungen und Änderungen aus dem Verwaltungskonto heraus vorgenommen haben. Diese Funktion entspricht der Änderungsverfolgung, die Sie bereits von den einzelnen Kundenkonten kennen.
- GOOGLE PARTNERS-PROGRAMM (unter VERWALTUNG): Dieser Punkt ist nur interessant, wenn Sie an dem Google-Partners-Programm teilnehmen. Unter diesem Punkt finden Sie Ihren Partnerstatus mit entsprechendem Logo. Interessant für Ihre Neukunden ist aber das Thema Werbeangebote. Wenn Sie ein neues Konto erstellen oder verknüpfen, werden Ihnen hier die entsprechenden Werbeangebote (bekannt unter dem Namen *Ads-Gutscheine* oder *Gutscheincodes*) angezeigt.

Vorteile der Verwendung eines Verwaltungskontos

Verwaltungskonten sind nicht für jeden Google-Ads-Nutzer interessant. Falls Sie als Ads-Manager jedoch mehrere Konten betreuen, ist ein Verwaltungskonto für Sie unbedingt zu empfehlen, da Sie

- mit einem Login auf alle Ihre Google-Ads-Konten zugreifen können,
- neue Google-Ads-Konten einfach über das Verwaltungskonto anlegen können,
- die Budgets der verwalteten Konten auf einen Blick einsehen können,
- die Leistung mehrerer Konten über eine gemeinsame Conversion steuern können und
- über ein gemeinsames Skript oder automatisierte Regeln mehrere Konten auswerten und/oder steuern können.

18.10 Fazit

In diesem Kapitel haben wir Ihnen das Google-Ads-Verwaltungskonto, kurz *Verwaltungskonto*, vorgestellt. Dies ist ein wichtiges Tool für alle Ads-Kampagnenmanager, die mehr als ein Google-Ads-Konto betreuen. Wir haben Ihnen gezeigt, wie Sie aus dem Verwaltungskonto heraus ein neues Ads-Konto anlegen oder ein bestehendes Konto einfach verknüpfen können.

Sie haben Tools kennengelernt, wie z. B. automatisierte Regeln oder Skripte, die es auch für die Standard-Ads-Konten gibt. Diese Tools sind jedoch im übergeordneten Verwaltungskonto besonders interessant, da hier mit einem Schritt viele Konten gleichzeitig bearbeitet und analysiert werden können. Diese Vorgehensweise spart Zeit, reduziert den Verwaltungsaufwand und erleichtert Ihnen somit das Leben als Google-Ads-Administrator.

Kapitel 19
Die größten Google-Ads-Fehler

»Aus Fehlern lernt man« lautet die Devise, doch das kann bei Google Ads richtig teuer werden. Daher sollten Fehler schnellstmöglich erkannt und behoben werden. Am besten ist es jedoch, wenn man von anderen lernen kann und die größten Fehler direkt von Anfang an vermeidet.

Auch bei Google Ads lernen wir aus den eigenen Erfahrungen und mitunter aus unseren Fehlern. Wir möchten Sie in diesem Kapitel auf einige Fehler aufmerksam machen, sodass Sie vielleicht aus unseren Erfahrungen lernen und diese Fehler von vornherein vermeiden können. So sparen Sie Zeit und Geld. Wenn Sie Ihre Kampagnen schon gestartet haben, ist es trotzdem noch nicht zu spät. Prüfen Sie Ihr Konto im Detail und korrigieren Sie Ihre Fehler frühzeitig.

19.1 Falsche Keyword-Vorgaben – Ego-Keywords

Wir haben den Begriff *Ego-Keywords* aus dem Englischen übernommen und bezeichnen damit sehr allgemeine Keywords, die bei Unternehmern häufig sehr beliebt, dabei aber sehr kostspielig und wenig zielführend sind. Selbstverständlich möchte eine Bank gern bei der Suchanfrage »Kredit« auf Position eins erscheinen und ein Anwalt für den Begriff »Recht«. Eine Versicherung verspricht sich großen Erfolg bei der Buchung des Keywords »Versicherung« und ein Autohändler, wenn er bei einer Suche nach dem Begriff »Kleinwagen« weit oben steht.

Auf den ersten Blick scheint all das verständlich – schauen Sie jedoch genauer hin. Generische Begriffe wie die oben genannten werden oft gesucht, und meistens ist der Wettbewerbsdruck sehr groß. Deshalb kommt es zu überteuerten Klickpreisen, und ein Klick kann Sie schnell einmal an die 10 € oder mehr kosten.

Keyword ↑	Anzeigengruppe	Impressionen	Klicks	Kosten	Durchschn. CPC
anwalt	Ego-Keyword-Ideen	321.175,38	11.719,87	39.333,87 €	3,36 €
arzt	Ego-Keyword-Ideen	566.279,44	11.240,01	7.570,81 €	0,67 €
auto	Ego-Keyword-Ideen	158.667.728,00	228.678,39	126.629,51 €	0,55 €
bank	Ego-Keyword-Ideen	2.202.670,75	32.940,38	100.170,55 €	3,04 €
cabrio	Ego-Keyword-Ideen	4.053.397,75	8.413,44	10.172,25 €	1,21 €
flüge	Ego-Keyword-Ideen	5.671.266,50	216.846,20	473.651,23 €	2,18 €
kleinwagen	Ego-Keyword-Ideen	982.060,63	10.123,39	21.624,53 €	2,14 €
kombi	Ego-Keyword-Ideen	1.262.128,25	7.180,64	12.052,08 €	1,68 €
kredit	Ego-Keyword-Ideen	2.030.149,88	99.865,72	774.595,04 €	7,76 €
rechtsanwalt	Ego-Keyword-Ideen	644.362,44	20.354,04	54.425,87 €	2,67 €
sofa	Ego-Keyword-Ideen	9.256.338,00	71.512,31	164.773,82 €	2,30 €
urlaub	Ego-Keyword-Ideen	4.154.945,00	152.052,61	360.113,60 €	2,37 €
versicherung	Ego-Keyword-Ideen	714.820,69	32.171,20	82.828,40 €	2,57 €

Abbildung 19.1 Schätzungen für einige Ego-Keywords im Keyword-Planer

Außerdem handelt es sich bei Ego-Keywords um sehr unspezifische Anfragen, aus denen sich noch nicht wirklich ergibt, worauf genau der Nutzer hinaus möchte (siehe Abbildung 19.1). Vielleicht benötigt er einen Anwalt für Familienrecht, ein Gebiet, das Sie in Ihrer Kanzlei gar nicht abdecken. Der Nutzer stellt das aber erst nach dem Klick auf Ihrer Website fest. Er verlässt Ihre Seite wieder, und Sie zahlen dafür einen hohen Preis.

Ego-Keywords fressen also einen großen Teil Ihres Budgets und führen häufig nicht zur gewünschten Conversion. Vielmehr versuchen viele Werbetreibende mit der Bewerbung solcher Keywords, ihre Marke für vermeintlich wichtige Branchenbegriffe zu stärken. Diese Branding-Maßnahmen sind aber vor allem eine Budgetfrage und nicht immer sinnvoll. Hier ist eine Branding-Kampagne im Displaynetzwerk empfehlenswerter.

Vermeiden Sie teure Ego-Keywords

Besonders wenn Ihnen nur ein begrenztes Werbebudget zur Verfügung steht, sollten Sie auf Ego-Keywords verzichten. Nutzen Sie diese Begriffe als Ausgangsbasis für Ihre Keyword-Recherche und setzen Sie auf konkretere Keywords, die zu Ihrem Angebot passen. So sprechen Sie diejenigen Nutzer an, die Sie auch zu Ihren Kunden machen können.

Wenn Sie die Anweisung bekommen, bestimmte Ego-Keywords zu schalten, machen Sie Ihren Vorgesetzten deutlich, welche Konsequenzen dies nach sich zieht. Legen Sie am besten eine separate Kampagne für die generischen Keywords an, sodass sie den effizienten Keywords nicht das Budget wegfressen. Außerdem sollten Sie die Reichweite der Ego-Keywords möglichst durch die Keyword-Option "PASSENDE WORTGRUPPE", besser [GENAU PASSEND], einschränken.

19.2 Die Werbeausrichtung ist zu allgemein

Quantität ist nicht gleich Qualität. Es ist nicht förderlich, zu jeder Zeit an jedem Ort für jeden Begriff, der vielleicht nur am Rande etwas mit Ihrem Angebot zu tun hat, mit Anzeigen präsent zu sein. Die Ausrichtung Ihrer Anzeigen ist also ein wichtiger Faktor, den viele Werbetreibende vernachlässigen, wodurch sie Geld verschwenden.

19.2.1 Zu allgemeine Keywords

Ego-Keywords haben Sie ja bereits im vorherigen Abschnitt kennengelernt, aber es gibt noch weitere Abstufungen von allgemeinen Keywords, die nicht den gewünschten Effekt, wie Abverkauf oder Kontaktaufnahme, bewirken. Vielmehr verursachen sie hohe Kosten für viele Klicks, die keine Relevanz haben. Daher setzen Sie besser auf Longtail-Keywords und bieten auf Nutzer, die speziellere Suchanfragen eingeben.

Außerdem sollten Sie nicht vergessen, die Keywords in den Keyword-Optionen "PASSENDE WORTGRUPPE" und [GENAU PASSEND] einzubuchen. So behalten Sie die Kontrolle darüber, zu welchen Suchanfragen Ihre Anzeigen ausgespielt werden, und reduzieren Streuverluste. Buchen Sie Ihre Keywords immer in der Option WEITGEHEND PASSEND, erreichen Sie zwar eine hohe Anzahl von Usern, die Klickrate bleibt aber vermutlich gering, und Sie zahlen für viele Klicks, die nicht relevant sind.

Wichtig ist es – besonders bei der Nutzung der Optionen WEITGEHEND PASSEND und "PASSENDE WORTGRUPPE" –, dass Sie sich regelmäßig die Suchanfragenberichte (im Menü unter KAMPAGNEN • STATISTIKEN UND BERICHTE • SUCHBEGRIFFE) ansehen und auszuschließende Keywords hinzufügen. So können Sie von vornherein verhindern, dass Ihre Anzeigen für Anfragen erscheinen, die nichts mit Ihrem Angebot zu tun haben. Es empfiehlt sich, gewisse Begriffe (zum Beispiel *gebraucht*, wenn Sie nur Neuware anbieten) von Anfang an über eine gemeinsame Liste für alle Kampagnen auszuschließen.

19.2.2 Zu große Zielregion

Mit nur wenig Aufwand können Sie Ihre Kampagnen in ganz Deutschland, Europa oder sogar weltweit schalten. Sie werden dadurch viele Klicks generieren, aber nicht immer ist das auch von Vorteil. Nehmen wir zum Beispiel an, Sie besitzen einen Friseursalon in Düsseldorf. Dann brauchen Sie Ihren Laden nicht in ganz Nordrhein-Westfalen oder gar deutschlandweit zu bewerben. Sie sollten sich vielmehr auf Düsseldorf beschränken und allenfalls noch angrenzende Ortschaften hinzuziehen.

Unter KAMPAGNEN • ZIELGRUPPEN, KEYWORDS UND INHALTE • STANDORTE können Sie bei jeder einzelnen Kampagne sehr präzise festlegen, auf welche Region(en) Sie Ihre Anzeigen ausrichten möchten. Hier können Sie nicht nur einzelne Bundesländer, Städte etc. auswählen, Sie können auch einen Umkreis definieren, in dem Sie Ihre Anzeigen schalten (siehe Abbildung 19.2).

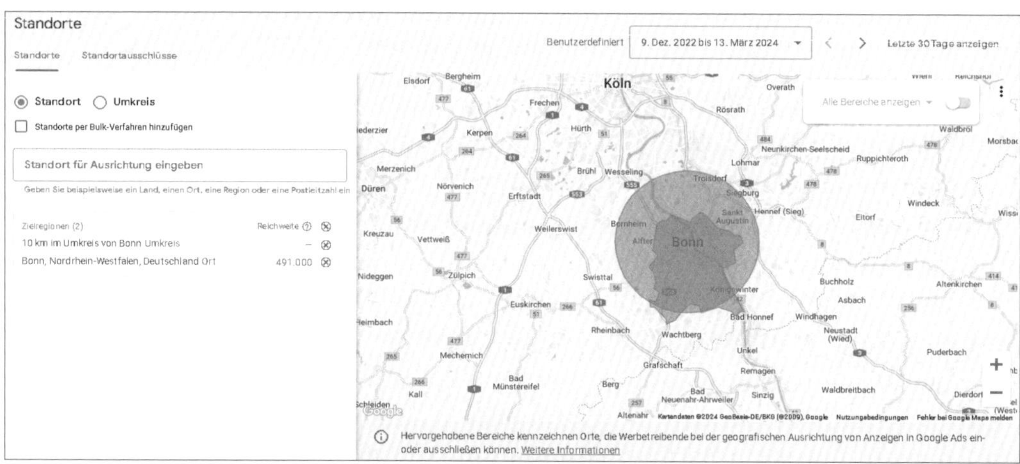

Abbildung 19.2 Einstellungen zur geografischen Ausrichtung

Wenn Sie international agieren, sollten Sie im besten Fall separate Kampagnen oder gegebenenfalls sogar Konten pro Zielland anlegen und Ihre Anzeigen nicht in mehreren Ländern gleichzeitig ausspielen. Schalten Sie beispielsweise Ihre deutschen Anzeigen in Spanien, können die spanischen Nutzer Sie nicht verstehen. Aber selbst wenn es von der Sprache passt, funktionieren Anzeigen häufig in jedem Land unterschiedlich, und außerdem hat jedes Land jeweils seine eigenen Richtlinien und Bestimmungen.

19.2.3 Zu breite zeitliche Ausrichtung

Standardmäßig laufen Ihre Anzeigen 24 Stunden an sieben Tagen die Woche. Das ist nicht immer notwendig. Richten Sie sich ausschließlich an B2B-Kunden, reicht es aus, wenn Ihre Anzeigen zu den üblichen Bürozeiten von 8 bis 18 Uhr erscheinen und Sie die Anzeigen am Wochenende und nach Feierabend deaktivieren. Vor allem bei einem eingeschränkten Budget ist es grundsätzlich ratsam, die Anzeigen nicht rund um die Uhr zu schalten. Lassen Sie sie etwa am späten Abend bis zum frühen Morgen pausieren.

Im Menü unter KAMPAGNEN • ZIELGRUPPEN, KEYWORDS UND INHALTE • WERBEZEITPLANER können Sie pro Kampagne die Zeiten festlegen, zu denen Ihre Anzeigen ausgespielt werden sollen (siehe Abbildung 19.3).

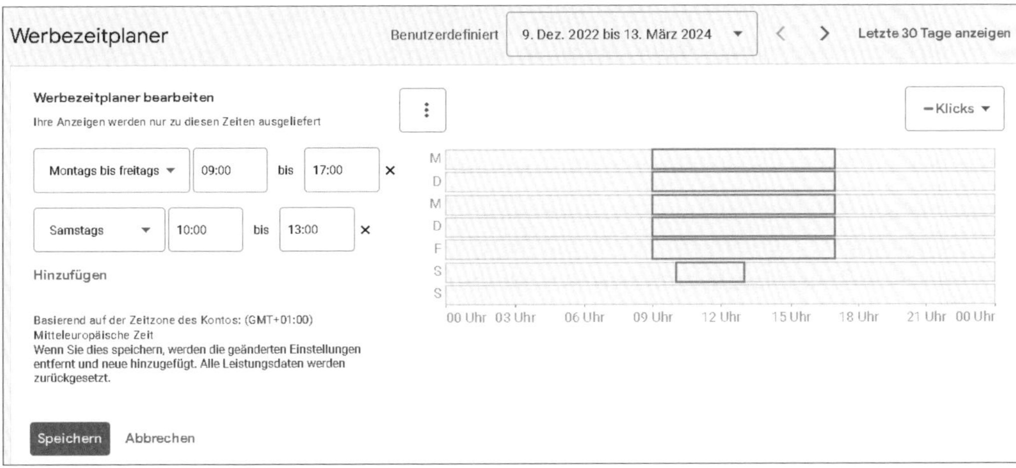

Abbildung 19.3 Einstellungen zur zeitlichen Schaltung

19.2.4 Zu viele Keywords in einer Anzeigengruppe

Ein häufiger Fehler, der meistens auf einer unzureichenden Vorbereitung und auf Zeitmangel basiert, ist das Einbuchen etlicher Keywords in nur eine einzige Anzeigengruppe. Dabei werden Begriffe zusammengezogen, die zwar im weitesten Sinne zusammengehören, jedoch eben nur im weitesten Sinne: Ein Couchtisch und ein Teppich sind zwar beide im Wohnzimmer zu finden, aber trotzdem komplett unterschiedliche Produkte. Daher sollten auch beide Produkte in separaten Anzeigengruppen beworben werden mit Anzeigen, die den Nutzer zielgerichtet ansprechen, und einer Zielseite, die ihn zum gesuchten Produkt führt.

Das ist bei Kampagnen, die unzählige Keywords in nur einer Anzeigengruppe beinhalten, nicht möglich, weil die Anzeigen alle Keywords bedienen müssen. Dementsprechend sind Klickraten und Qualitätsfaktoren sehr gering, und der Klickpreis ist möglicherweise höher als notwendig.

Investieren Sie also von Anfang an Zeit und Muße in die Struktur Ihrer Kampagnen. Erstellen Sie Anzeigengruppen, die auf etwa 10 bis maximal 15 Keywords beschränkt sind. Falls Sie eine größere Keyword-Liste besitzen, denken Sie über sinnvolle Untergruppierungen zu den Keywords nach.

19.3 Messen vergessen – Google Ads im Blindflug

Vertrauen ist gut – Kontrolle ist besser. Lassen Sie Ihre Kampagnen nach dem Setup nicht einfach laufen, sondern nehmen Sie sich regelmäßig Zeit, um die Performance zu überprüfen. Google hat die Berichte in Google Ads inzwischen sehr professionell gestaltet und entwickelt die Funktionen laufend weiter. Nutzen Sie die vielen Möglichkeiten, um Ihr Google-Ads-Konto mit wenig Aufwand stets im Blick zu behalten.

Einen ersten Überblick darüber, ob das Verhältnis zwischen Keywords und Anzeigen funktioniert, bietet die Klickrate. Mit dem Google-Ads-Conversion-Tracking erhalten Sie Aufschluss darüber, ob sich Ihre Werbung lohnt und ob die Besucher auf Ihrer Website das finden, wonach sie gesucht haben. Lassen Sie sich die Performance Ihrer Werbung bis auf Keyword-Ebene aufschlüsseln und nutzen Sie die Ergebnisse als Basis für Ihre Optimierungen.

Die Grafik KAMPAGNEN • ÜBERSICHT in der Google-Ads-Oberfläche kann eine erste Tendenz aufzeigen. Dabei können Sie bis zu vier Werte auswählen, gegeneinander laufen lassen und Unregelmäßigkeiten auf diese Weise schnell erkennen, wie in Abbildung 19.4 zum Beispiel die Impressionen, der Wert der Verkäufe, die Conversions und die Kosten pro Conversion. Die Werte können Sie wahlweise ändern, indem Sie in jeder der vier bunten Boxen über das Drop-down-Menü den gewünschten Wert auswählen.

Eine gute Kontrolle bietet auch der Vergleich zweier Zeiträume (siehe Abbildung 19.5). Es ist möglich, die Daten des aktuellen Monats mit denen des Vormonats zu vergleichen, Abweichungen frühzeitig zu ermitteln, zu bewerten und gegebenenfalls gegenzusteuern.

Vernachlässigen Sie also nicht die regelmäßige Kontrolle Ihrer Kampagnen. Detailliertere Ausführungen zum Thema Tracking lesen Sie in Abschnitt 2.6.4 und in Kapitel 14, »Reporting und Conversion-Tracking«.

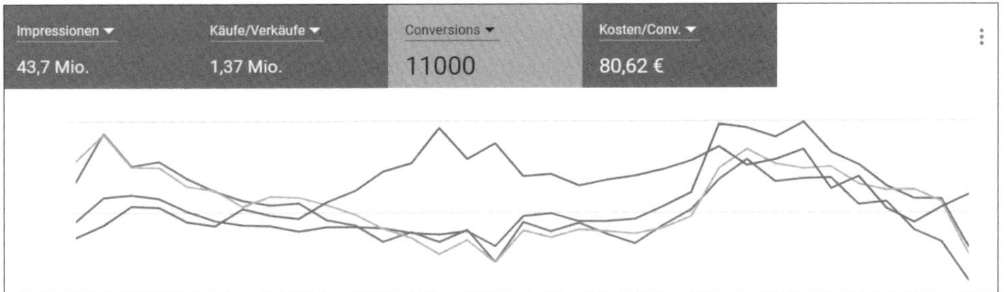

Abbildung 19.4 Verlauf von Impressionen, Verkäufen, Conversions und Kosten pro Conversion

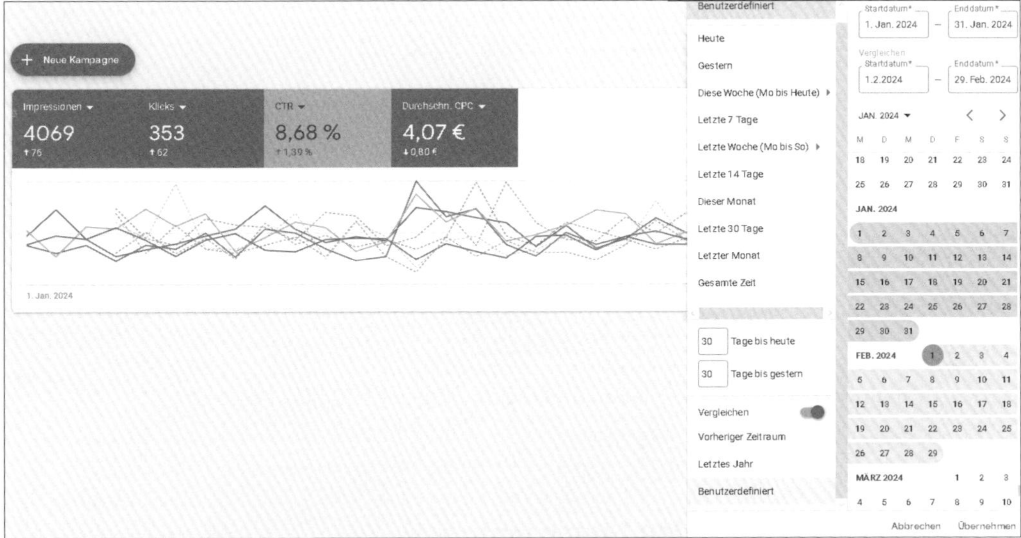

Abbildung 19.5 Zeiträume vergleichen

Tipp: Automatisierte Berichte

Damit es etwas schneller geht mit der Kontrolle, können Sie sich Ihre Berichte individuell zusammenstellen und dann regelmäßig (beispielsweise am ersten Tag des Monats) per E-Mail zuschicken lassen. Dazu klicken Sie im jeweiligen Bericht in der Kopfzeile auf das Download-Icon (HERUNTERLADEN) und wählen danach im Pop-up-Fenster den Unterpunkt PLANUNG. Nun stellen Sie ein, an wen Sie den Bericht wann und in welchem Format schicken möchten (siehe Abbildung 19.6). Auch zum Thema Berichte und deren Versand finden Sie weitere Erläuterungen in Kapitel 14, »Reporting und Conversion-Tracking«.

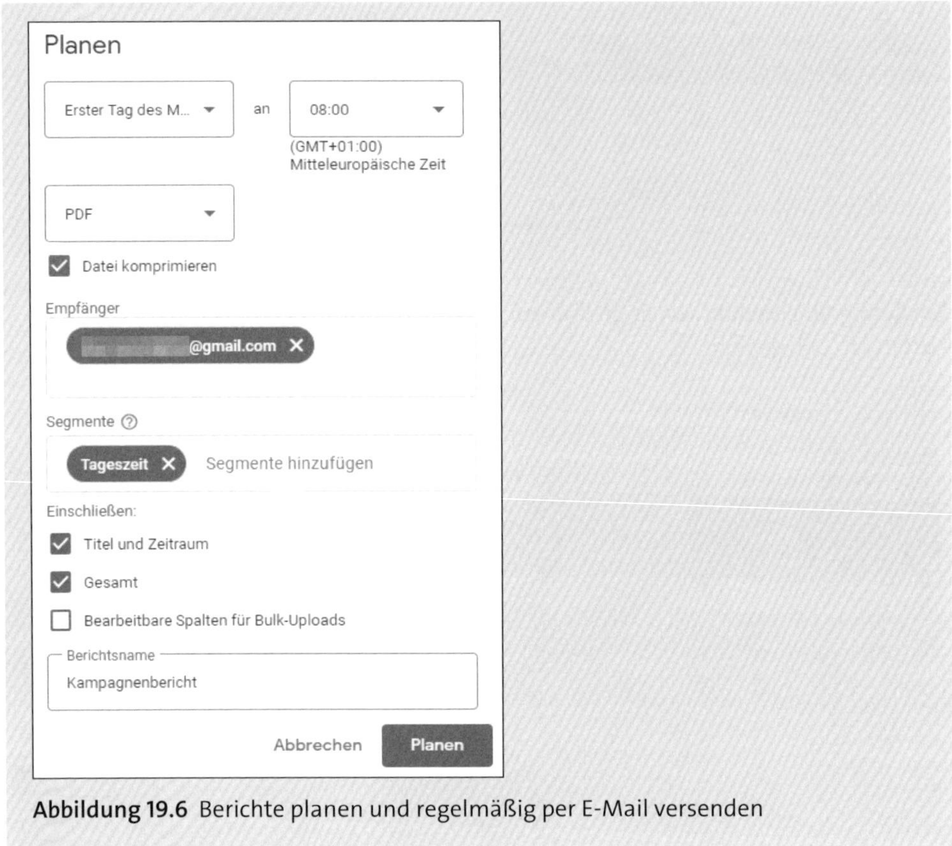

Abbildung 19.6 Berichte planen und regelmäßig per E-Mail versenden

19.4 Das Ziel aus den Augen verloren?

Wen möchten Sie mit Ihrer Werbung ansprechen? Was möchten Sie maximal investieren? Möchten Sie neben der Werbung in der Suche auch Displaywerbung schalten? Möchten Sie auch auf mobilen Endgeräten erscheinen? Welches Angebot möchten Sie wo und wann bewerben?

Dies sind alles Fragen, mit denen Sie sich vor dem Start Ihrer Google-Ads-Werbung auseinandersetzen sollten. Das Erstellen eines Google-Ads-Kontos erfordert eine genaue Planung und Zielsetzung. Es kann sich schnell rächen, wenn Sie ohne Konzeption direkt zu Werke gehen. Machen Sie sich lieber zu Anfang über einige Punkte Gedanken und erleichtern Sie sich dadurch langfristig das Management Ihrer Kampagnen. Lesen Sie Tipps und Tricks zur Planung Ihrer Google-Ads-Werbung in Kapitel 2, »Google Ads – die Vorbereitung«.

Achtung: Google Ads leicht gemacht

Google macht Ihnen die Einrichtung eines Google-Ads-Kontos sehr einfach. Mit diversen Voreinstellungen werden Sie durch die Anmeldung geführt, ohne dass Sie viel nachdenken müssen, damit Ihre Kampagnen schnellstmöglich live sind. Das ist meist nicht zu Ihrem Vorteil. Mit konkreten Zielvorgaben machen Sie sich das Leben leichter und richten Ihr Konto nach Ihrer eigenen Zielsetzung und nicht nach der von Google ein.

19.5 Falsche Zielvorgaben: Besucher statt Kunden

Werbetreibende geben sich häufig mit sehr wenig zufrieden. Es reicht ihnen schon, den Traffic auf der Website zu steigern. Das sollte die Werbung natürlich ebenfalls zur Folge haben, es sollte sich aber um qualitativen Traffic handeln. Sie möchten schließlich Kunden gewinnen und nicht bloß die Besuche Ihrer Website erhöhen: Das wäre zu einfach, und Sie würden ganz nebenbei Ihr Geld verschwenden.

Besonders Unternehmen, die ihre Marketingmaßnahmen in Agenturen auslagern, sollten ihre Ziele ausführlich mit der Agentur definieren. Für Agenturen ist es am einfachsten, über Ego-Keywords oder andere generische Keywords Traffic zu generieren, um damit ihre Aufgabe erledigt zu haben. Sicher genügt dieses Ziel jedoch nicht den Ansprüchen der allermeisten Agenturen, in denen Qualität großgeschrieben wird.

Die Zielsetzung sollte vielmehr im Zusammenhang mit Conversions wie Abverkäufen oder Kontaktaufnahmen stehen. Sie können in Ihrem Webanalysetool auch andere Ziele definieren. So kann z. B. ein Ziel erreicht sein, wenn ein Besucher etwas in den Warenkorb legt oder sich registriert. Diese Zwischenziele geben ebenfalls Auskunft darüber, ob Ihre Werbung zielführend ist und die richtigen Besucher auf Ihre Website lenkt. Stecken Sie sich also in jedem Fall klare Ziele, sodass Sie die Leistung Ihrer Marketingmaßnahmen sinnvoll bewerten können.

19.6 Thema verfehlt – die Wahl der richtigen Landingpage

Leiten Sie Ihren Besucher auf die richtige Seite und bringen Sie ihn dadurch Ihrem Ziel – dem Ausführen einer Conversion – einen Schritt näher? Auf der Zielseite, die Sie in Google Ads hinterlegen, verschafft sich der Besucher einen ersten Eindruck von Ihrem Unternehmen. Dieser Eindruck entscheidet häufig schon, ob Sie Ihren Besucher zum Kunden machen werden oder ob er Ihre Seite ohne Aktion wieder verlässt.

Über die Eingabe einer Suchanfrage hat der Nutzer seinen Bedarf bereits geäußert, nun erwartet er, dass dieser auf der Webseite befriedigt wird. Wenn er in die Suche »Couchtisch« eingegeben hat, sollte er auf eine Seite mit einer Auswahl von Couchtischen geführt werden und nicht bei Teppichen landen. Ebenso ungeeignet ist in den meisten Fällen die Startseite Ihrer Website, da sich der User trotz konkreter Anfrage selbstständig auf die Suche nach dem gewünschten Produkt machen muss.

Der User erwartet Service, und je passender die Zielseite ist, desto höher ist die Wahrscheinlichkeit, dass Sie den Nutzer halten können. Auch Google stellt Ansprüche an Ihre Ziellinks. Falls Google Ihre Landingpage als nicht relevant einstuft, wirkt sich das negativ auf den Qualitätsfaktor und damit auch auf Ihre CPCs aus. Somit werden Sie für schlechte Zielseiten gleich doppelt bestraft: Google verlangt mehr Geld, und Ihr Besucher springt gleich wieder ab.

Tipp: Zielseite auf Keyword-Ebene

In der Regel wählen Sie eine Zielseite pro Anzeigengruppe aus, auf die Ihre Anzeigen verweisen. Alle Keywords innerhalb dieser Anzeigengruppe leiten Besucher auf diese Zielseite weiter. Es besteht auch die Möglichkeit, spezifische Zielseiten für einzelne Keywords festzulegen. Dazu aktivieren Sie die Checkbox vor einzelnen Keywords, klicken auf BEARBEITEN in der blauen Kopfzeile und wählen dann FINALE URLS ÄNDERN aus dem Drop-down-Menü. Anschließend können Sie in der neuen Ansicht die NEUE URL festlegen. Haben Sie beispielsweise in der Anzeigengruppe für Couchtische das Keyword *Couchtisch weiß* geschaltet, sollten Sie das Keyword mit einer separaten Zielseite mit nur weißen Couchtischen verlinken. Ihre Besucher werden es Ihnen danken.

Verknüpfen Sie Ihre Anzeigen und Keywords mit relevanten Zielseiten, um Ihre Conversion-Rate zu erhöhen. Einen guten Hinweis, ob die ausgewählten Zielseiten funktionieren, bieten Ihnen Webanalysetools. Hier können Sie sich die Bounce-Rate bzw. Absprungrate Ihrer Zielseiten für jedes Keyword anzeigen lassen. Eine hohe Absprungrate deutet darauf hin, dass Sie eine alternative Zielseite auswählen sollten.

19.7 Ist Design wichtiger als Usability?

Ihre Werbung kann noch so gut sein – wenn Ihre Seite unstrukturiert und nicht selbstverständlich zu bedienen ist, werden Sie trotz klickaktivierender Anzeigen und schicken Designs Ihre Ziele nicht erreichen. Was Gewohnheiten angeht, sind User einfach gestrickt und vor allem bequem: Bestimmte Funktionalitäten setzen sie voraus und erwarten sie an gewohnter Stelle.

Die *Usability* oder *Bedienbarkeit* Ihrer Website bestimmt also im hohen Maße auch den Erfolg Ihrer Google-Ads-Kampagnen. Sie sollte bei der Planung Ihrer Website im Mittelpunkt stehen – und nicht nur das Design, wie es häufig der Fall ist und von vielen Webdesignern vorangetrieben wird.

Im Folgenden finden Sie nur einige Beispiele für eine schlechte Website-Usability:

- Die Navigation befindet sich nicht links oder oberhalb des Inhalts.
- Das Firmenlogo ist nicht klickbar.
- Die Links auf Ihrer Website sind nicht als solche erkennbar.
- Es gibt falsche Links, d. h., Textelemente sehen wie Links aus, aber sie sind nicht klickbar.
- Bilder und Buttons sind nicht klickbar.
- Die Schriftfarben haben kaum Kontrast zur Hintergrundfarbe.
- Die Website hat lange Ladezeiten.

Eine gute Usability ist somit ein absolutes Muss. Dennoch sollten Sie den Aspekt des Designs natürlich nicht vollkommen außen vor lassen. Wirkt die Optik Ihrer Landingpage veraltet oder unseriös, kann dies ebenfalls eine negative Wirkung auf die Besucher und damit auf Ihre verfolgten Ziele haben.

19.8 Fazit

Sie kennen nun die größten Fehler, die zumindest zu Beginn bei Google Ads begangen werden, und haben einige Tipps erhalten, wie Sie diese Fehler vermeiden können. Setzen Sie diese Tipps um, und Sie sparen bares Geld bei Ihren ersten Schritten mit Google Ads.

Tipp: Testen, testen, testen

Unterziehen Sie Ihre Website doch einmal einem *Fünf-Sekunden-Test*. Bitten Sie Freunde oder Bekannte, Ihre Website fünf Sekunden lang zu betrachten und Ihnen dann fünf Dinge zu nennen, an die sie sich erinnern. Ist das Thema, Produkt oder Angebot Ihrer Seite deutlich geworden?

Sie denken, fünf Sekunden seien zu kurz? Doch das ist die durchschnittliche Dauer, in der ein User entscheidet, ob er die richtige Seite aufgerufen hat. In dieser Zeit entscheidet sich, ob er auf der Seite bleibt oder nicht.

Auch ein *Klicktest* einer unabhängigen Person kann helfen. Stellen Sie dieser Person verschiedene Aufgaben, die sie auf Ihrer Website durchführen soll. Diese Aufgaben sollten dem entsprechen, was Sie von Ihren neuen Webseitenbesuchern und zukünftigen Kunden erwarten. Das könnte zum Beispiel das Ausfüllen und Absenden eines Kontaktformulars oder der Kauf eines Artikels sein. Aber auch das Auffinden bestimmter Produktinformationen kann eine Aufgabe für Ihren Tester darstellen. Beobachten Sie, an welchen Stellen er Probleme hat; bestimmt können Sie die Prozesse durch diesen Test optimieren.

19.9 Checkliste zur Fehlervermeidung in Google Ads

In Tabelle 19.1 haben wir Ihnen eine Checkliste zusammengestellt. Arbeiten Sie diese durch und vermeiden Sie auf diese Weise schon einmal die größten Google-Ads-Fehler.

To-do-Liste zur Fehlervermeidung	Erledigt (✓)
Genaue Zielvorgaben erstellt?	
Zwischenziele formuliert?	
Zielgruppe analysiert?	
Keyword-Optionen eingestellt?	
Liste mit auszuschließenden Keywords eingepflegt?	
Kampagnen räumlich begrenzt?	
Kampagnen zeitlich begrenzt?	
Anzeigengruppen fein unterteilt?	
Keywords und Landingpage abgeglichen?	
Anzeigentexte und Landingpage abgeglichen?	
Klicktest für Landingpage durchgeführt?	
Monatliche Kontrolle der Kontostatistik geplant?	
E-Mail-Versand monatlicher Google-Ads-Berichte erstellt?	
Monatliche Optimierung geplant?	

Tabelle 19.1 Checkliste zur Fehlervermeidung

Kapitel 20
Wichtige Fragen und Antworten rund um Google Ads

FAQs (Frequently Asked Questions) sind wiederkehrende Fragen zu einem bestimmten Thema. In unserer Auswahl der meistgestellten Fragen zu Google Ads finden Sie möglicherweise bereits Antworten auf Fragen, die Ihnen selbst schon einmal durch den Kopf gegangen sind.

Es gibt viele Fragen zu Google Ads, die teilweise sehr speziell sind. Viele dieser grundsätzlichen Fragen werden in dem vorliegenden Google-Ads-Buch beantwortet. Für dieses Kapitel haben wir noch einmal diejenigen Fragen aufgelistet, die häufiger in Zusammenhang mit Google Ads auftauchen und verschiedenste Aspekte des Google-Ads-Werbeprogramms und der zugehörigen Themen beleuchten. Wir haben Fragen ausgewählt, die wir so oder so ähnlich schon häufiger gehört oder in Google-Ads-Foren gelesen haben oder die in unseren Seminaren aufgetaucht sind.

20.1 Warum sehe ich meine Anzeigen nicht?

Eine sehr häufig aufkommende Frage bei Google Ads bezieht sich auf den Umstand, dass die eigenen Anzeigen nicht bei der Google-Suche auftauchen. Hierzu zunächst ein wichtiger Hinweis: Googeln Sie nicht in der »Live-Google-Suche« nach Ihren Keywords. Grundsätzlich verschlechtern Sie damit die Performance Ihrer Google-Ads-Anzeigen! Außerdem können Sie so keine objektive Aussage treffen. Auf diesem Weg können Sie nicht entscheiden, ob Ihre Anzeigen wirklich nicht geschaltet werden oder ob Sie die Anzeige nur gerade nicht sehen. Was Sie als Ergebnis auf Ihrem Computer in Ihrem Browser sehen, ist nicht die objektive Wahrheit, sondern zum Teil ein Suchergebnis, das genau auf Sie und Ihre aktuelle Situation zugeschnitten ist.

Die Antwort auf die Ausgangsfrage lautet: Es können sehr unterschiedliche Gründe dafür existieren, dass Ihre Suchanzeige gerade nicht auf der Suchergebnisseite zu sehen ist. Unter anderem folgende Gründe könnten infrage kommen:

- Ihre Google-Ads-Anzeigen sind nicht auf Ihren aktuellen Standort ausgerichtet.
- Die Google-Ads-Anzeigen werden zur aktuellen Tageszeit gar nicht geschaltet.
- Die Google-Ads-Anzeigen wurden gerade erst aktiviert und nehmen noch nicht an der Auktion teil.
- Das Tagesbudget ist so knapp bemessen, dass die Anzeigen nicht bei jeder Anfrage erscheinen, sondern über den Tag verteilt ausgespielt werden.
- Auszuschließende Keywords auf Anzeigengruppen- oder Kampagnenebene verhindern die Auslieferung der Anzeige zum eingegebenen Suchbegriff.
- Neue Textanzeigen wurden von Google noch nicht freigegeben.
- Keywords wurden abgelehnt, sind inaktiv oder werden aufgrund eines schlechten Qualitätsfaktors nur selten geschaltet.
- Die Keywords haben ein sehr schlechtes Anzeigen-Ranking, sodass die Anzeigen weit unten oder erst auf der zweiten Seite auftauchen und so bei der Kontrolle übersehen wurden.
- Automatisierte Gebotsstrategien verhindern, dass bestimmte Keywords mit schlechtem Ranking, bedingt durch einen niedrigen Qualitätsfaktor und niedrigem CPC durch begrenztes Budget, nicht ausgeliefert werden.
- Es besteht ein Abbuchungs- oder Kreditkartenproblem, sodass Google die Anzeigenschaltung kurzfristig abgeschaltet hat.

Wie Sie sehen, gibt es viele Gründe (und sicher noch einige mehr) für eine fehlende Anzeige – und wir haben schon fast alles erlebt. Ein einfacher Weg, um herauszufinden, ob Ihre Anzeigen geschaltet werden oder ob es ein Problem gibt und was letztlich die Ursache für das Problem ist, wäre eine schnelle Keyword-Analyse.

Sie haben in diesem Buch bereits das Tool zur ANZEIGENVORSCHAU UND -DIAGNOSE kennengelernt. Mit diesem Tool können Sie einzelne Keywords abfragen. Der Vorteil der Google-Ads-Analysetools besteht darin, dass keine Impressionen erzeugt werden und Ihre Statistik somit nicht verfälscht wird.

Zusätzlich können Sie im RICHTLINIENMANAGER nachprüfen, ob Sie gegen bestimmte Google-Richtlinien verstoßen haben, die eine Auslieferung verhindern könnten.

Des Weiteren können Sie in Ihrem Konto auf Kampagnenebene nachschauen, ob einige Tagesbudgets als beschränkt ausgewiesen werden. Auf Keyword-Ebene gibt es in der Spalte STATUS Hinweise zu Keywords, die Probleme bei der Ausspielung haben. Die Spalte STATUS ist fester Bestandteil der Keyword-Übersicht unter KEYWORDS FÜR SUCHANZEIGEN und muss nicht extra aktiviert werden.

20.2 Warum werden meine Anzeigen nicht angezeigt, obwohl ich genug Budget habe und meine Keywords relevant sind?

Diese Frage wird ebenfalls häufig in Seminaren und Online-Foren diskutiert. Sie ähnelt der vorherigen und kann mit vielen gleichen Argumenten beantwortet werden. Ein besonderes Merkmal dieser Frage ist jedoch, dass Budget und Qualitätsfaktor als ausreichend erscheinen. Dennoch könnte Google die Anzeigenauslieferung an das Profil des Suchenden angepasst haben. Falls ein Keyword beispielsweise mehrmals hintereinander von einem Nutzer gesucht, aber nicht angeklickt wurde, kann es passieren, dass die zugehörige Anzeige nach mehreren Versuchen nicht mehr erscheint. Daher ist es, wie bereits erläutert, nicht empfehlenswert, mit dem eigenen Profil Anzeigenrecherchen durchzuführen.

Als zusätzliche Orientierungshilfe sollte bei diesem Problem der *Impression Share* (Anteil an möglichen Impressionen im Suchnetzwerk: ANTEIL AN MÖGL. IMPR. IM SN) herangezogen werden. Dieser zeigt an, ob und in welchem Ausmaß Anzeigen für das jeweilige Keyword ausgeliefert wurden. Ein weiterer bedeutsamer Faktor sind automatisierte Gebotsstrategien. Diese können bewirken, dass bestimmte Keywords nicht geschaltet werden. Das kann daran liegen, dass sie entweder für die KLICKS MAXIMIEREN-Strategie zu teuer sind oder in der Vergangenheit keine Conversions erzielt haben und derzeit eine auf Conversions optimierte Strategie aktiv ist. Es ist daher ratsam, neben dem *Impression Share* auch die spezifische Strategie der jeweiligen Kampagne zu analysieren, um zu ergründen, warum bestimmte Keywords nicht ausgespielt werden.

20.3 Wieso finde ich Anzeigentexte, die ich nicht erstellt habe?

Falls Sie Ihre Anzeigen live bei Google sehen und dabei Textelemente entdecken, die Sie nicht selbst erstellt haben, könnte dies auf den Einsatz von künstlicher Intelligenz durch Google zurückzuführen sein. Google generiert zunehmend automatische Textbausteine und Werbeaussagen, die nicht manuell eingegeben wurden, sondern durch Algorithmen hinzugefügt werden.

Dies kann aktuell an unterschiedlichen Einstellungen in der Kampagne ausgelöst werden. Zum einen bietet Google bei der Erstellung responsiver Anzeigen immer wieder automatisierte Textvorschläge an. Diese könnten teilweise aus Versehen per Klick ohne genaue Überprüfung in die Anzeige integriert worden sein. Wurde im Bereich der automatisierten Empfehlungen der Punkt RESPONSIVE SUCHANZEIGEN HINZUFÜGEN ausgewählt, kann Google automatisch responsive Anzeigen anpassen.

Ein weiterer wichtiger Aspekt beruht auf der Grundeinstellung einer Performance Max-Kampagne. Hier ist im Unterpunkt AUTOMATISCH ERSTELLTE ASSETS die Checkbox ❶ TEXT-ASSETS (siehe Abbildung 20.1) standardmäßig aktiviert. Wenn Sie mehr Kontrolle über die Anzeigentexte wünschen, sollten Sie diese Option deaktivieren – dann können Sie die Textbausteine nach eigenen Ideen gestalten.

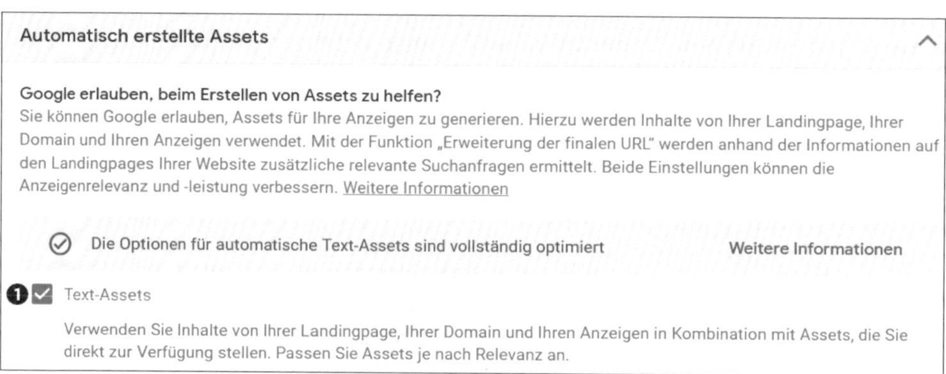

Abbildung 20.1 Automatische erstellte »Text-Assets« in der PMax-Kampagne

20.4 Wieso sehe ich Anzeigen mit unbekannten Assets (früher Erweiterungen)?

Sie wissen sicherlich, dass Sie Ihren Anzeigen durch das Hinzufügen von Assets weitere informative Elemente beifügen können. Aber sind Ihnen die automatischen Erweiterungen von Google auch bekannt? Diese Funktion ist in vielerlei Hinsicht nützlich, etwa bei der automatischen Integration von Bewertungssternen, sobald bestimmte Kriterien erfüllt sind. Allerdings fügt Google auch andere Assets wie Sitelinks, ergänzende Informationen und Snippets hinzu, die aus Ihrer Perspektive möglicherweise nicht erwünscht sind.

In Ihrem Konto finden Sie über den Menüpunkt ASSETS • ASSETS in der Headernavigation unter MEHR (Drei Punkt-Button) den Button AUTOMATISCH ERSTELLTE ASSETS AUF KONTOEBENE. Nach Aufruf erhalten Sie eine Statistik, die Ihnen anzeigt, ob Google solche Erweiterungen in der Vergangenheit automatisch hinzugefügt hat. Tipp: Analysieren Sie verschiedene Zeiträume über die Zeiteinstellung.

Die automatischen Erweiterungen können Sie, falls gewünscht, deaktivieren. Dazu klicken Sie unter AUTOMATISCH ERSTELLTE ASSETS ❶ (siehe Abbildung 20.2) auf EINSTELLUNGEN FÜR AUTOMATISCH ERSTELLTE ASSETS AUF KONTOEBENE ❷. Sie müssen nun jede automatische Erweiterung per Klick auf den Drop-down-Pfeil ❸ einzeln auswählen und können dann das Asset deaktivieren ❹. Die Auswahl speichern Sie zum Schluss noch ab ❺.

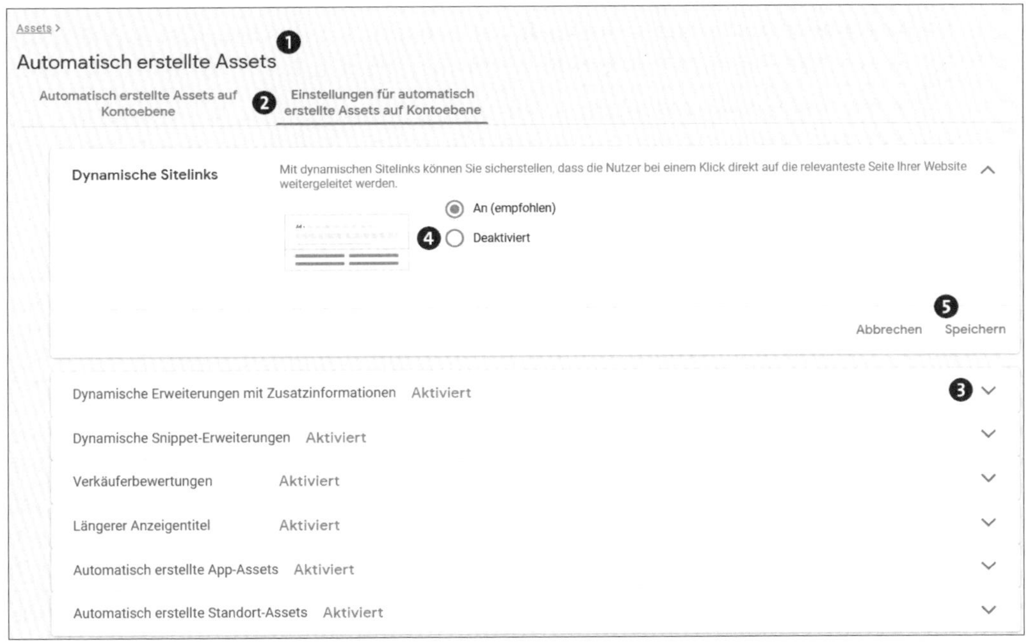

Abbildung 20.2 Automatische erstellte Assets können deaktiviert werden.

Manchmal erscheinen aber auch Anzeigen mit speziellen Erweiterungen in den Google-Suchergebnissen, die weder als Standard- noch als automatische Erweiterung in Ihrem Konto zu finden sind. Hinter diesem Phänomen steckt dann ein »Beta-Test«: Google führt regelmäßig spezielle Beta-Tests mit ausgesuchten Partnern durch. Dabei werden bestimmte Erweiterungen oder neue Features live getestet. Es kann also sein, dass Sie in Ihrem Konto keine Möglichkeit finden, neue Assets einzufügen, weil diese einfach noch nicht in Ihrem Konto verfügbar sind. Falls Sie also zukünftig zusätzliche Informationen, Symbole, Eingabefelder oder vielleicht sogar Videos in den Google-Ads-Textanzeigen entdecken, sollten Sie zunächst von einem Test ausgehen.

Informieren Sie sich daher zusätzlich regelmäßig über die aktuellen Änderungen in Google Ads, z. B. im *Google Ads & Commerce Blog*. Sie erreichen den Blog über folgenden Link:

https://blog.google/intl/de-de/

20.5 Wie lande ich auf den oberen Positionen?

Eine Top-Position bei Google Ads, also eine der Positionen oberhalb der organischen Suchergebnisse, kann man nicht bestimmen oder speziell buchen. Eine Top-Position ist immer das Ergebnis einer Kombination aus guter Qualität und dem maximalen Klickpreis, den man zu zahlen bereit ist.

Falls Sie, Ihre Vorgesetzten oder Kunden eine bevorzugte Position für bestimmte Keywords anstreben, gibt es zwei Strategien, die Sie in Betracht ziehen könnten.

Erstens könnten Sie die automatisierte Gebotsstrategie ANGESTREBTER ANTEIL AN MÖGLICHEN IMPRESSIONEN für Ihre wichtigsten Keywords in einer individuellen Kampagne verwenden. Wählen Sie als Auslieferungsposition GANZ OBEN AUF DER SUCHERGEBNISSEITE und legen Sie einen hohen Prozentsatz, etwa zwischen 85 % und 95 %, für den Anteil der möglichen Impressionen auf der obersten Position fest. Zusätzlich sollten Sie ein angemessen hohes Limit für das maximale CPC-Gebot bestimmen.

Die zweite Option wäre ein Wechsel auf die manuelle Gebotsstrategie, solange diese noch von Google angeboten wird. Nach der Erstellung einer Kampagne können Sie unter EINSTELLUNGEN die Gebotsstrategie aktuell (Stand Juni 2024) noch auf die Gebotsstrategie mit manuellem CPC umzustellen, um dann konsequent hohe CPC-Gebote für Ihre wichtigsten Keywords abzugeben. Diese Methode kann jedoch langfristig recht kostspielig sein. Zudem besteht die Gefahr, dass Ihre Anzeige trotz hoher Gebote eventuell nicht mehr ausgeliefert wird, wenn der Qualitätsfaktor zu niedrig ist. Ein guter Qualitätsfaktor ist daher in jedem Fall von Vorteil.

20.6 Soll ich mehrere Keyword-Optionen zum gleichen Keyword einstellen?

In der Praxis buchten einige Google-Ads-Nutzer früher wichtige Keywords parallel als WEITGEHEND PASSEND, PASSENDE WORTGRUPPE und GENAU PASSEND. Die Idee dahinter war, dass alle Anfragen möglichst mit der jeweils passenden Keyword-Option »beantwortet« werden, damit beispielsweise bei der genau passenden Anfrage ein Klick günstiger wird.

Diese Idee bzw. Hoffnung kann in der Praxis nicht eindeutig bestätigt werden: Ein »genau passendes« Keyword muss im Vergleich zur »passenden Wortgruppe« oder der »weitgehend passenden« Schaltung nicht immer günstiger sein. Außerdem gibt es keine Garantie dafür, dass Google bei einer Anfrage das genau passende Keyword schaltet; es kann auch sein, dass die weitgehend passsende Keyword-Option der Anfrage zugeordnet wird.

Sie sollten darum Ihre Keyword-Varianten auf eigene Anzeigengruppen verteilen. Versuchen Sie, die Intention des Suchenden zur jeweiligen Keyword-Option zu erahnen, und antworten Sie mit einer passenden Anzeigenvariante in der jeweiligen Anzeigengruppe darauf. Bei sehr allgemeinen Anfragen nutzen Sie allgemeine Anzeigentexte, bei speziellen, genau passenden Anfragen gehen Sie mit Textbausteinen und der verlinkten Landingpage stärker auf das spezielle Thema ein.

Um unerwünschte Zuordnungen von Suchanfragen zu vermeiden, ist es ratsam, auf Ebene der Anzeigengruppen mit auszuschließenden Keywords zu arbeiten. Für Anzeigengruppen mit passenden Wortgruppen sollten Sie die exakt passenden Varianten ausschließen. In der Anzeigengruppe für weitgehend passende Keywords sollten Sie wiederum die passende Wortgruppe ausschließen. Überwachen Sie die Leistung in den verschiedenen Anzeigengruppen und setzen Sie Keywords, die nicht die gewünschten Ergebnisse liefern, nach einer sorgfältigen Beobachtungsphase auf Pause oder löschen Sie sie.

Es ist zu beachten, dass Google zunehmend flexibler bei der Zuordnung von Suchanfragen zu Keyword-Optionen wird, was es schwieriger macht, gezielt kosteneffiziente Klicks zu generieren. Google selbst empfiehlt die Verwendung von »weitgehend passenden« Keywords. Für kleine und mittelständische Unternehmen, die nicht über die umfangreichen Datenmengen großer Werbekonten verfügen, kann diese Strategie jedoch riskant und kostspielig sein, da sie zu einer Vielzahl irrelevanter Klicks führen kann.

20.7 Wieso ist mein Tagesbudget höher als das von mir eingestellte Tagesbudget?

Das Tagesbudget, das Sie als Obergrenze vorgeben, ist im Normalfall auch die tägliche Ausgabenobergrenze. Technisch ist es jedoch so, dass das Google-Ads-System über den Klickpreis und über die prognostizierte Klickrate die Impressionen abschätzen muss, die abhängig vom Tagesbudget pro Tag zu Ihren Keywords ausgeliefert werden können.

Während Google früher das Tagesbudget schon einmal um 20 % überschreiten konnte, wurde im Herbst 2017 angekündigt, dass bei hoher Nachfrage und guter Performance an einzelnen Tagen auch das Doppelte des Tagesbudgets automatisch von Google ausgegeben werden kann. Das System muss jedoch diese Mehrausgaben später wieder einsparen, sodass am Ende des Monats das vorgegebene Tagesbudget, multipliziert mit 30,4, die Grenze der monatlichen Ausgaben für die jeweilige Kampagne bildet.

Es kann also sein, dass Ihr Tagesbudget an einigen Tagen zwar überschritten wird, aber das wird dann durch eine niedrigere Ausgabe in den folgenden Tagen wieder ausgeglichen.

20.8 Wieso kann ich bestimmte Einstellungen, z. B. den Werbezeitplaner oder das CPC-Gebot, nicht mehr ändern?

Dieses Phänomen tritt häufig im Google-Ads-Konto auf. Der Grund ist ganz einfach: Sie haben sicher eine der vielen Automatisierungsoptionen in Google Ads aktiviert. Damit haben Sie Google Ads die Verwaltung und Verantwortung übertragen und können nun nicht mehr zusätzlich eigene Einstellungen vornehmen. Falls Sie z. B. die Conversion-Optimierung aktiviert haben, entscheidet Google Ads von da an selbst, wann die Anzeigen geschaltet werden. Wurden z. B. in der Vergangenheit die besten Ergebnisse nach 18 Uhr erzielt, dann wird Google Ads den größten Anteil des Werbebudgets in dieser Zeit einsetzen. Diese Zeiten können Sie dann nicht mehr mithilfe des Werbezeitplaners selbst überschreiben. Wenn Sie die automatisierten Gebote wieder in eine manuelle Gebotsstrategie ändern oder die Gebotsstrategie KLICKS MAXIMIEREN wählen, können Sie Einstellungen auch wieder wie gewünscht ändern.

20.9 Warum verändert sich mein »max. CPC« plötzlich automatisch?

Diese Frage aus der Google-Ads-Community hat uns schon verwundert! Wir wissen zunächst nicht, ob dies wirklich so geschehen ist oder ob nur die Beobachtung falsch war. Es passiert jedem Google-Ads-Admin schon einmal, dass der Blick auf eine falsche Kampagne, Anzeigengruppe oder auf falsche Keywords fällt – und daher eine Beobachtung nicht richtig zugeordnet wird. Zurück zur Frage: Das maximale CPC-Gebot legen Sie selbst fest, und Google kann es zunächst nicht einfach so ändern.

Es gibt jedoch Ausnahmen, die entweder mit automatisierten Empfehlungseinstellungen, automatisierten Regeln oder mit Google-Ads-Skripten zu tun haben. Diese Kontoeinstellungen, Regeln oder der aktivierte Programmcode kann natürlich in Ihre Einstellungen eingreifen und diese verändern. Wenn sich also das maximale CPC-Gebot aus Ihrer Sicht selbstständig gemacht hat, dann sollten Sie zunächst einmal die Einstellungen unter den automatisierten Empfehlungen, Ihre automatisierten Regeln oder Ihre Skripte prüfen (TOOLS • BULK-AKTIONEN). Eventuell entdecken Sie hier die Regeln oder Skripte, die für die Änderungen verantwortlich sind.

20.10 Impressionen sind geringer bei gleichen bzw. besseren Klicks/Conversions – warum?

Ihr Google-Ads-Konto sollte normalerweise ständig bearbeitet und optimiert werden. Wenn die richtigen Optimierungsmöglichkeiten genutzt werden, kann es z. B. durch die Veränderungen der Keyword-Optionen oder durch die Aufnahme neuer »negativer Keywords« dazu kommen, dass insgesamt die Impressionen in Ihren Kampagnen abnehmen. Ihre Anzeigen werden dann weniger bei den sehr allgemeinen Suchanfragen geschaltet, sondern dafür häufiger bei spezielleren Anfragen, die besser zu Ihren Produkten oder Dienstleistungen passen.

Aus diesem Grund ist es auch normal, dass Ihre Klickrate bzw. besser gesagt Ihre Click-Through-Rate steigt. Denn wenn die Textanzeigen besser zur Nachfrage der Suchenden passen, dann erhöht dies auch die Wahrscheinlichkeit, dass öfter auf die Anzeigen geklickt wird. Wenn der Google-User auf Ihrer Seite auch noch das passende Produkt bzw. die passende Lösung für seine Suchanfrage findet, steigen die Conversions ebenfalls. Aus diesem Grund ist es also natürlich, dass durch eine Optimierung die Impressionen zurückgehen, aber die CTR und auch die Conversions ansteigen.

20.11 Was ist der Unterschied zwischen Anzeigenrang und Anzeigenposition?

Das Google-Ads-System berechnet den sogenannten Anzeigenrang, das *Ad Ranking*, vereinfacht gesagt das Produkt aus Qualitätsfaktor und maximalem CPC. Bei einer Auktion, also jedes Mal, wenn eine Suchanfrage an Google gestellt wird, erfolgt zunächst eine Berechnung des Ad Rankings. Der Anzeige mit dem besten Ranking wird danach die höchste Anzeigenposition zugeordnet.

Das folgende Beispiel zeigt die Berechnung des Anzeigen-Rankings und die daraus abgeleitete Anzeigenposition. Wir nehmen dazu an, dass drei Google-Ads-Kunden mit ihren Keywords eine Anzeige bei Google schalten möchten. Es gelten folgende Voraussetzungen:

- Google-Ads-Kunde A besitzt einen Qualitätsfaktor von 5 und bietet für das Keyword 0,80 €.
- Google-Ads-Kunde B besitzt einen Qualitätsfaktor von 6 und bietet für das Keyword 0,20 €.
- Google-Ads-Kunde C besitzt einen Qualitätsfaktor von 7 und bietet für das Keyword 0,50 €.

Das Ranking und die Anzeigenposition berechnen sich wie in Tabelle 20.1 dargestellt.

Google-Ads-Kunde	Qualitätsfaktor	Max. CPC in €	Anzeigen-Ranking	Anzeigenposition
A	5	0,80	4,0	1
B	6	0,20	1,2	3
C	7	0,50	3,5	2

Tabelle 20.1 Berechnung von Anzeigen-Ranking und Anzeigenposition

20.12 Warum sehe ich keine Google-Ads-Daten in Google Analytics?

Viele Unternehmen, die sowohl ein Google-Ads- als auch ein Google-Analytics-Konto besitzen, haben diese beiden Konten oft nicht richtig verknüpft oder erfüllen nicht alle Voraussetzungen für eine richtige Verknüpfung. Daher kann es passieren, dass die Google-Ads-Daten nicht in Google Analytics angezeigt werden, obwohl Google-Ads-Anzeigen geschaltet und Klicks auf die Anzeigen generiert werden. Falls keine Google-Ads-Daten in Google Analytics zu sehen sind, sollten Sie folgende Punkte kontrollieren:

1. Ist auf jeder Webseite, auch auf den speziellen Landingpages, der Google-Analytics-Code richtig eingebaut?
2. Ist in Google Ads die automatische Tag-Kennzeichnung aktiviert? Diese Kennzeichnung können Sie in Ihrem Google-Ads-Konto in den Kontoeinstellungen kontrollieren und bearbeiten.

   Rufen Sie dazu zunächst in der Hauptnavigation im unteren Bereich den Navigationspunkt VERWALTUNG auf und wählen Sie danach im oberen Bereich den Punkt KONTOEINSTELLUNGEN. Danach klicken im aktuell geöffneten Fenster auf den Drop-down-Pfeil bei AUTOMATISCHES TAGGING. Die Checkbox vor DIE URL TAGGEN, AUF DIE NUTZER ÜBER MEINE ANZEIGEN GELANGEN sollte aktiviert sein (siehe Abbildung 20.3).

   Durch die Aktivierung der Tag-Kennzeichnung wird der sogenannte *Google Click Identifier* (GCLID) an den Link angehängt, der von der Google-Ads-Anzeige zur Webseite führt. Dies zeigt dem Analytics-System dann an, dass der Verweis aus der Google-Ads-Werbung kam. Zusätzlich sind Informationen zu Kampagne, Keyword etc. enthalten.

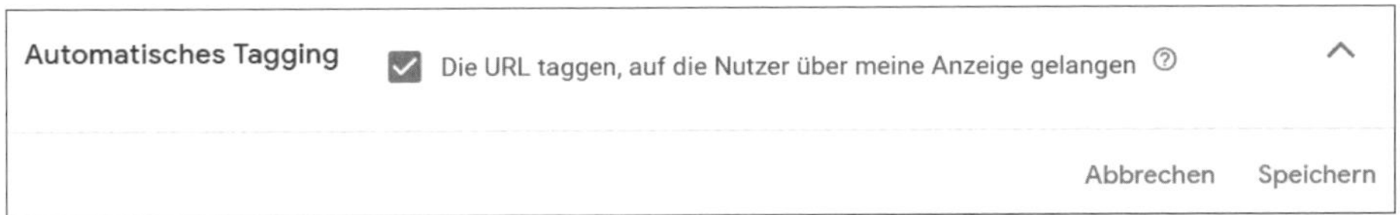

Abbildung 20.3 »Automatisches Tagging« mit dem Google Click Identifier ist aktiviert.

3. Wird der GCLID auf dem eigenen Server richtig weitergeleitet, oder wird der Anhang durch Einstellungen auf dem Webserver automatisch entfernt? Auch das kann passieren und führt dann dazu, dass der Webseitenbesuch nicht mehr der Google-Ads-Werbung zugeordnet wird, sondern nur noch als ein normaler Besuch von Google gekennzeichnet wird.
4. Schließlich muss im Google-Analytics-Konto auf der Property-Ebene die Verknüpfung mit Google Ads aktiviert sein. Dies können Sie in Google Analytics kontrollieren, indem Sie zunächst in der linken Navigation die Verwaltungseinstellungen aufrufen und danach unter PROPERTY den Unterpunkt GOOGLE ADS-VERKNÜPFUNGEN anklicken. Dort finden Sie den Hinweis auf das verknüpfte Google-Ads-Konto. Falls noch keine Verknüpfung besteht, können Sie an dieser Stelle auch eine neue Verknüpfung mit der passenden Google-Ads-KONTO-ID erstellen. Bitte beachten Sie, dass Sie nur dann eine Verknüpfung erstellen können, wenn Sie mit Ihrem Google-Login für beide Konten Administratorrechte besitzen.

20.13 Warum sehe ich meine Analytics-Daten nicht in den Google-Ads-Berichten?

Sie können sich in Ihrem Google-Ads-Konto verschiedene Analytics-Daten aus Google Analytics 4 Property, wie z. B.

% ENGAGED SESSIONS (GA4), EVENTS / SESSION (GA4),

AVG. ENGAGEMENT DURATION PER SESSION (IN SECONDS) (GA4)

anzeigen lassen. Falls Sie Ihre Konten (Google Analytics mit Google Ads) verknüpft haben und hier keine Daten sehen, müssen Sie noch folgende Einstellung vornehmen. Klicken Sie in der linken Navigation auf TOOLS • DATA MANAGER. In der Zeile GOOGLE ANALYTICS (GA4 & FIREBASE) klicken Sie am rechten Ende auf den Link VERWALTEN UND VERKNÜPFEN und unter MASSNAHMEN wiederum auf VERWALTEN. Aktivieren Sie APP- UND WEBMESSWERTE IMPORTIEREN und speichern Sie die Änderung ab. Zukünftig finden Sie die importierten GA 4-Daten in Ihren Google-Ads-Berichten.

Falls Sie die APP- UND WEBMESSWERTE bereits aktiviert haben, werden die Werte von Google Analytics nach Ads importiert. Sie sollten die Werte in diesem Fall in den Ads-Berichten finden, ansonsten wurde vielleicht eine falsche, inaktive GA 4-Property verknüpft.

20.14 Warum sehe ich unterschiedliche Daten in Google Ads und Analytics?

Wenn Sie ein Google-Ads- und ein Google-Analytics-Konto besitzen, sollten Sie Daten immer nur innerhalb desselben Kontos analysieren. Beim Vergleich zwischen Google Ads und Google Analytics gibt es auf jeden Fall Unterschiede. Das hat immer damit zu tun, wie Daten gemessen werden – und beide Systeme messen die Daten unterschiedlich. Es gibt unter anderem folgende Gründe für die Unterschiede:

1. Während Google Ads Klicks auf die Anzeigen erfasst, werden in Google Analytics Webseitenbesuche protokolliert. Klickt also jemand auf Ihre Google-Ads-Anzeige, kommt aber nicht auf der Webseite an, weil z. B. die Netzwerkverbindung gestört wurde oder der Suchende auf die Browserschaltfläche ZURÜCK klickt, wird zwar der Anzeigenklick gezählt, aber kein Webseitenbesuch. Das Gleiche gilt auch, wenn der JavaScript-Code noch nicht vollständig geladen ist oder auf bestimmten Unterseiten einfach fehlt.
2. Andererseits kann Google Ads mehrere Klicks auf die Anzeigen aufzeichnen, während Analytics den Besuch der Webseite während einer Session nur als einen Besuch bewertet. Klickt also z. B. ein Besucher während eines Webseitenbesuchs zweimal auf Ihre Anzeige, ohne dabei zwischendurch sein Browserfenster zu schließen, zählt Analytics einen Besuch und Google Ads zwei Klicks.
3. Ein weiterer Grund, der zu unterschiedlichen Ergebnissen führt, besteht darin, dass Google Ads bestimmte Klicks herausfiltert, die nicht in Rechnung gestellt werden. Diese werden bei Analytics trotzdem als Seitenaufruf und somit als Besuch gezählt.
4. Es gibt auch Unterschiede beim Conversion-Tracking. Während Google Ads die Conversions dem Tag des Klicks zuordnet, ist für Google Analytics das Tag der Conversion das entscheidende Datum. Darum wird eine Conversion-Kontrolle über einen bestimmten Zeitraum immer unterschiedliche Ergebnisse anzeigen.

20.15 Warum sind manchmal die Daten aus den Berichten verschwunden?

Es gibt eine Einstellung, die auch von erfahrenen Google-Ads-Managern schon mal übersehen wird: die Filtereinstellung. Wenn Sie also einmal Daten in einem Bericht vermissen, sollten Sie auf jeden Fall zunächst einen Blick in den Headerbereich werfen und prüfen, ob dort Filter eingestellt sind – und was aktuell gefiltert wird. Oft genügt eine entsprechende Filteränderung, um Ihre Daten auch wieder in den Berichten »erscheinen« zu lassen.

20.16 Wie kann ich verhindern, dass meine Anzeigen auf Websites mit fragwürdigem Inhalt angezeigt werden?

Diese Frage betrifft das Google Displaynetzwerk, in dem wir Anzeigen auf verschiedenen Content-Websites platzieren können. Die Auswahl der Websites, auf denen die Anzeigen geschaltet werden, trifft Google anhand der von uns festgelegten Targeting-Kriterien. Da Google im Displaynetzwerk mit einer Vielzahl von Partnern kooperiert, wie zum Beispiel kleineren Foren, Blogs oder journalistischen Websites, ist es für uns schwierig, die genauen Platzierungen unserer Anzeigen zu kontrollieren.

Trotzdem gibt es Möglichkeiten, die Auslieferung unserer Anzeigen in einem kontextuell fragwürdigen Umfeld zu vermeiden. Einerseits können wir spezifische Domains in einer Ausschlussliste festlegen, die wir unter dem Menüpunkt TOOLS • AUSSCHLUSSLISTEN im Headermenü unter PLACEMENT-AUSSCHLUSSLISTEN finden. Andererseits können wir die Eignung der Inhalte für unser Konto konfigurieren. Um dies einzustellen, navigieren Sie zu TOOLS • EIGNUNG DER INHALTE und wählen als Inventartyp BEGRENZTES INVENTAR, um die meisten sensiblen Inhalte auszuschließen. Laut Google-Schätzungen reduziert sich durch diese Auswahl das verfügbare Werbeinventar um etwa 20 %. In Anbetracht der Vielzahl an Möglichkeiten im Google Displaynetzwerk sehen wir das aber nicht als Problem an.

Auf der anderen Seite besteht jedoch das Problem, dass trotz der Einschränkung beim Inventartyp die Anzeigen vereinzelt noch in einem fragwürdigen Umfeld erscheinen können, da wir weiterhin auf die Einschätzung von Google hinsichtlich der Werbepartner angewiesen sind. Websites, die Google nicht als bedenklich einstuft, können wir auf diese Weise leider nicht ausschließen. Deshalb sollte die Auslieferung der Placements regelmäßig mit dem entsprechenden Bericht WO ANZEIGEN AUSGELIEFERT WURDEN überprüft werden.

20.17 Gibt es bewährte Methoden, um meine Unternehmen in den Google-Maps-Ergebnissen besser sichtbar zu machen?

Möchten Sie, dass Ihre Anzeigen auch in Google Maps erscheinen? Dann ist ein Google-Firmenprofil unerlässlich, früher bekannt als Google My Business. Nach der Erstellung müssen Sie dieses Profil mit Ihrem Google-Ads-Konto verknüpfen. Dadurch werden in Ihren Standardsuchanzeigen bei Google zusätzliche Informationen wie Standort und Öffnungszeiten angezeigt. Zudem erscheint Ihr Unternehmen als gesonderter Eintrag in Google Maps.

Sie haben die Möglichkeit, neben der organischen Maps-Listung ❶ auch als Anzeige ❷ ausgeliefert zu werden, damit Nutzer, die in Google Maps nach bestimmten Unternehmen oder Dienstleistungen in einem Ort suchen ❸, Sie auch finden können. Zudem wird das beworbene Unternehmen noch in Maps hervorgehoben ❹. Eine wichtige Voraussetzung neben der Verknüpfung von Google Ads und dem lokalen Firmenprofil ist die Aktivierung der Suchnetzwerk-Partner in den Grundeinstellungen der Suchkampagne.

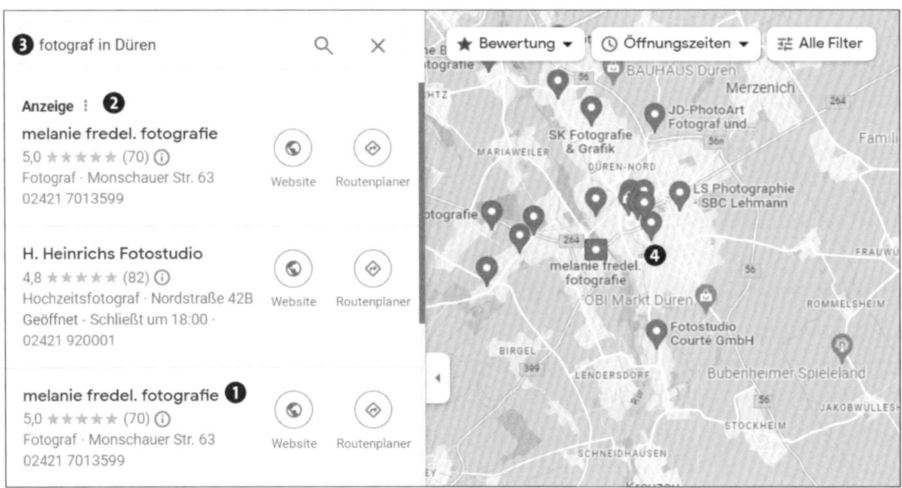

Abbildung 20.4 Suchanzeigen in Google Maps

20.18 Gibt es eine Möglichkeit, die Leistung meiner Google-Shopping-Anzeigen zu verbessern und mehr Käufe zu generieren?

Zur Optimierung der Google-Shopping-Leistungen sollten Sie folgende Punkte beachten.

- **Keyword-Optimierung**
  Achten Sie darauf, die Titel und Beschreibungen Ihrer Produkte gezielt mit relevanten Keywords zu optimieren. Google nutzt hauptsächlich die Informationen aus diesen beiden Bereichen zur Schaltung der Shopping-Anzeigen.
- **Produktbilder**
  Nutzen Sie stets hochwertige und professionelle Fotos Ihrer Produkte, um die Aufmerksamkeit der Kunden zu gewinnen.
- **Lockangebote**
  Als Strategie können Sie einige Produkte bewusst unter dem Durchschnittspreis anbieten. Dies dient dazu, mehr Traffic auf Ihren Shop zu lenken. Die Besucher könnten dann auch Interesse an Ihren anderen Produkten entwickeln und zusätzliche Käufe tätigen. Im Google Merchant Center können Sie dazu die Preise Ihrer Produkte mit denen der Konkurrenz vergleichen, um wettbewerbsfähige Preise bzw. Lockangebote festzulegen.
- **Partnerschaft mit Google-CSS-Partner**
  Eine weitere Möglichkeit, Ihre Präsenz in den Shopping-Ergebnissen zu erhöhen, ist die Zusammenarbeit mit einem Google-CSS-Anbieter (*Comparison Shopping Partner Program*; Anmerkung: CSS steht für Comparison Shopping Services). Durch diese Partnerschaft werden Ihre Anzeigen nicht nur von Google, sondern auch von anderen Shopping-/Preisvergleichsportalen bei Google Shopping geschaltet. Interessanterweise sind die Klickpreise der CSS-Partner bei Google Shopping im Durchschnitt etwa 20 % günstiger im Vergleich zu den Google-Klickpreisen. Beachten Sie jedoch, dass dafür zusätzliche monatliche Gebühren für die Betreuung durch den CSS-Partner anfallen.

Indem Sie diese Punkte beachten, können Sie Ihre Shopping-Kampagnen effektiv optimieren und Ihre Verkaufszahlen steigern.

20.19 Wie kann man bestehende Google-Ads-Kampagnen in ein neues Konto übernehmen?

Es kann vorteilhaft sein, eine gesamte Werbekampagne in ein neues Google-Ads-Konto zu migrieren. Allerdings ist dieser Prozess komplexer, als es auf den ersten Blick erscheinen mag. Während das Kopieren und Einfügen von Kampagnen innerhalb desselben Kontos unkompliziert ist, ist diese Methode nicht anwendbar, wenn es um die Übertragung zwischen verschiedenen Google-Ads-Konten geht – selbst wenn diese durch ein zentrales Google-Ads-Verwaltungskonto miteinander verknüpft sind.

Für die Kopie eines Ads-Kontos muss man den Umweg über den *Google Ads Editor* nehmen. Installieren Sie zunächst den Google Ads Editor auf Ihrem Computer, Sie finden ihn hier:

https://ads.google.com/intl/de_de/home/tools/ads-editor/

Im ersten Schritt importieren Sie die zu kopierende Kampagne in den Google Ads Editor und exportieren sie anschließend als CSV-Datei. Öffnen Sie dann das Zielkonto im Editor und importieren Sie die CSV-Datei in dieses Konto. Bei Bedarf können Sie die Kampagne im Editor weiter optimieren, bevor Sie sie in Ihr Google-Ads-Konto hochladen. Darüber hinaus ermöglicht der Google Ads Editor die vollständige Sicherung Ihres Kontos in einer CSV-Datei, sodass Sie jederzeit unabhängig von einem Google-Ads-Login auf Keywords, Anzeigen und Kontenstruktur zugreifen können.

20.20 Wie kann ich mehrere Google-Ads-Konten mit einem Login verwalten?

Die Verwaltung mehrerer Konten funktioniert am einfachsten über das Google-Ads-Verwaltungskonto (früher *My Client Center*, MCC). Erstellen Sie unter

https://ads.google.com/home/tools/manager-accounts

ein Google-Ads-Verwaltungskonto. Nutzen Sie dafür am besten einen neuen Google-Login. Zwar können Sie mehrere Ads- und Verwaltungskonten mit einem Login benutzen, Sie müssen dann jedoch immer die Konten wechseln. Das kann auf die Dauer sehr lästig sein und zu Verwirrung führen. Im neuen Verwaltungskonto verknüpfen Sie unter KONTEN • LEISTUNG per Klick auf den Plus-Button Ihre bestehenden Google-Ads-Konten mit dem Verwaltungskonto. Auf diese Weise können Sie über einen Login im Verwaltungskonto alle Ihre Konten bearbeiten und steuern.

20.21 Warum werden meine Anzeigen von Google abgelehnt?

Die Ablehnung einer Google-Ads-Anzeige kann verschiedene Gründe haben und kommt häufiger vor, als man zunächst annimmt. Da meistens keine böswillige Absicht des Google-Ads-Administrators dahintersteckt, wirkt die E-Mail von Google, die bei einer Ablehnung direkt verschickt wird, schon sehr übertrieben und bedrohlich. Wir haben für Sie einmal die wichtigsten Ursachen aufgelistet, die in der Praxis zu einer Ablehnung führen:

- **Ungültiger HTTP-Statuscode**
  Alle Anzeigen müssen auf eine Webseite weiterleiten, die unabhängig von Browser, Standort oder Gerät für alle Nutzer funktioniert.

- **Mehr als eine Domain in der Ziel-URL pro Anzeigengruppe**
  In einer Anzeigengruppe muss immer auf die gleiche Domain verlinkt werden.
- **Verstoß gegen die umfangreichen Google-Richtlinien, z. B.**
  - ein Verstoß gegen das Markenrecht, geschützte Marken dürfen nicht in Anzeigen verwendet werden
  - ein Begriff, der nicht erlaubt ist, z. B. *Glücksspiel*
  - übermäßige Großschreibung im Text, z. B. *TOP Bewertung*
  - mehrere Ausrufezeichen in einer Anzeige
  - wiederholte Satzzeichen oder Symbole, z. B. *Hier finden Sie weitere Infos ...*
  - nicht unterstützte Superlative, z. B. *das beste Produkt*
  - vergleichende Werbeaussagen
  - unverständliche oder sinnlose Werbung

Falls Sie unsicher sind, was Sie in der Anzeige nutzen dürfen, sollten Sie einfach noch einmal in den Google-Richtlinien nachschauen. Sie finden alle Informationen auf folgender Webseite:

https://support.google.com/adspolicy/answer/6021546

20.22 Wo finde ich meine Rechnung?

Das Thema *Google-Rechnung* führt vor allem bei mittelständischen Unternehmen immer zu großen Diskussionen und vielen Fragen. Es gibt tatsächlich Unternehmer, die erst dann nach der Google-Rechnung suchen, wenn ihr Steuerberater beim Jahresabschluss danach fragt. Die Rechnungen zu Ihren Google-Ads-Kampagnen werden jedoch monatlich nach Monatsende durch Google erstellt und sind dann ungefähr ab dem zweiten Werktag des Monats im Konto abrufbar. Alternativ können Sie als Großkunde eine Rechnungsstellung beantragen. Dies ist jedoch nur möglich, wenn Sie bestimmte Bedingungen erfüllen:

- Sie besitzen ein aktives Google-Ads-Konto mit einwandfreier Bonität seit mindestens zwölf Monaten.
- Sie sind zudem seit mindestens zwölf Monaten als Unternehmen registriert.
- Sie können in den letzten zwölf Monaten mindestens drei Monate mit Werbeausgaben von mehr als 5.000 € bei Google Ads vorweisen.

Weitere Infos zur Beantragung der monatlichen Rechnungsstellung finden Sie unter:
https://support.google.com/google-ads/answer/2375377?hl=de

Alle anderen Google-Ads-Nutzer finden die Rechnung zu den jeweiligen Monaten im Konto unter ABRECHNUNG • DOKUMENTE. Im Headerbereich sollte STEUER- UND GESETZLICH VORGESCHRIEBENE DOKUMENTE ausgewählt sein. Über einen Filter können Sie noch DOKUMENTTYP: RECHNUNG MIT AUSGEWIESENER UMSATZSTEUER auswählen. Zum Download der Rechnung klicken Sie in der Zeile mit dem jeweiligen Ausstellungsdatum auf den Link HERUNTERLADEN. Die ausgewählte Rechnung wird dann automatisch im PDF-Format auf Ihren Rechner heruntergeladen. Bitte beachten Sie noch, dass die Rechnungen von Google eine Umsatzsteuer von € 0,00 ausweisen und dem sogenannten *Reverse-Charge-Verfahren* unterliegen. Für die Umsatzsteuer kommt der Empfänger auf – Ihr Steuerberater kann Ihnen sicher dazu weitere Informationen liefern.

20.23 Kann ich das Abbuchungsintervall von 500 € ändern?

Viele Google-Nutzer, die 1.000 € und mehr an Monatsbudget bei Google Ads investieren, ärgern sich über die häufigen Abbuchungen in Höhe von 500 €. In der Standardeinstellung zur Abrechnung bucht Google bei größeren Konten nach den ersten Monaten immer nach dem Überschreiten von € 500 € ab. Achtung: Diesen Grenzwert können Sie in Ihrem Google-Ads-Konto verändern! Dazu klicken Sie auf ABRECHNUNG • EINSTELLUNGEN und wählen den Unterpunkt ZAHLUNGSOPTION aus. Klicken Sie dort auf den Drop-down-Pfeil und dann auf den Link ABRECHNUNGSGRENZBETRAG BEARBEITEN (siehe Abbildung 20.5) – falls dieser Link angezeigt wird. Dann können Sie den Schwellenwert für die Abbuchung an Ihre tatsächlichen Monatsausgaben anpassen. Google schlägt in den meisten Fällen dazu auch schon einen passenden Betrag vor – diesen können Sie jedoch jederzeit ändern.

Abbildung 20.5 Schwellenwert für Abbuchungen verändern

20.24 Wie erhalte ich eine Google-Ads-Zertifizierung?

Die Google-Ads-Zertifizierungen sind über den sogenannten *Google Skillshop* möglich. Sie müssen sich zunächst mit Ihrem Google-Login unter *https://skillshop.withgoogle.com/intl/de_ALL* einloggen.

Dort können Sie dann in E-Learning-Kursen grundlegende und erweiterte Kenntnisse über Google Ads erwerben und danach verschiedene Online-Prüfungen zu unterschiedlichen Google-Ads-Themen ablegen.

Sie können die Prüfungen auch ohne vorherige Bearbeitung des Online-Kurses ablegen, die Prüfungsfragen sind aber nicht ganz trivial und beziehen sich oft auf Daten, die in den Kursen erwähnt werden. Außerdem finden Sie im Google Skillshop auch noch Zertifizierungsmöglichkeiten zu anderen Google-Themen, wie zum Beispiel:

Google Analytics

- Google Marketing Platform
- YouTube
- Google Ad Manager

Alle Prüfungen im Google Skillshop können ohne zusätzliche Kosten durchgeführt werden.

20.25 Wie werde ich Google-Partner?

Google kennt drei Kategorien:

- *Mitglied*
- *Partner mit Logo Google Partner*
- *Premium- Partner mit Logo Google Partner (Premier)*

Um Mitglied bei Google Partners zu werden, benötigen Sie einen Google-Login, der Zugriff auf ein Verwaltungskonto hat. Dann können Sie sich unter *https://www.google.com/partners/signup* anmelden.

Aktuell (Stand: Januar 2024) müssen Google-Partner die folgenden vier Bedingungen erfüllen:

- **Google-Ads-Verwaltungskonto**
  Sie brauchen ein Verwaltungskonto mit einem oder mehreren Google-Ads-Konten.
- **Bestehen der Zertifizierungsprüfung**
  Sie, oder auch einer Ihrer Mitarbeiter, müssen für Google Ads zertifiziert sein (siehe Abschnitt 20.24). Als Partner muss man mindestens eine der Google-Ads-Zertifizierungen bestanden haben. Die Prüfungen müssen danach jährlich wiederholt werden.
- **Budgetverwaltung**
  Die im Verwaltungskonto betreuten Konten müssen innerhalb der letzten 90 Tage insgesamt mindestens 10.000 US-$ für Google Ads ausgegeben haben.
- **Der »Leistungsnachweis«**
  Dabei kontrolliert Google die richtige Betreuung der Kundenkonten, die über das Verwaltungskonto verknüpft sind. Als Google-Partner benötigen Sie einen durchschnittlichen *Optimierungsfaktor* von über 70 %.

Neben dem Standard-Google-Partner-Logo für Freelancer und kleinere Agenturen gibt es für größere Agenturen wie bereits erwähnt das Siegel *Google Ads Premium Partner*. Dafür müssen mindestens zwei Mitarbeiter zertifiziert sein, und es müssen höhere Werbeausgaben als die oben genannten 10.000 US-$ über die Kundenkonten erreicht werden. Für beide Partnerschaften gilt (Originalzitat von der Google-Partner-Webseite):

> *»Ihr Google Ads-Gesamtumsatz und -wachstum muss stabil sein und Sie müssen einen treuen und wachsenden Kundenstamm nachweisen …«*

Die Bedingungen werden laufend geprüft. Falls Google feststellt, dass ein Teil nicht erfüllt wird bzw. eine Frist (z. B. die Prüfungsfrist) demnächst abläuft, erscheint im Google-Partners-Programm zuerst eine Vorwarnung mit dem Hinweis, dass der Partner-Status gefährdet ist. Reagiert man nicht auf diese Warnung, kann man den Partner-Status auch ganz schnell wieder verlieren.

Die Startseite für die Google-Partnerschaft finden Sie unter:

https://www.google.com/intl/de_at/partners/about/join

Abbildung 20.6 Google-Partner-Logo

Google-Partner-Bedingungen – und das Problem für Ads-Kunden

Der Umsatz und der Optimierungsfaktor von Google sind wichtige Bestandteile für die Qualifikation als Google-Partner. Dies hat jedoch den Nebeneffekt, dass Agenturen oft die Empfehlungen von Google ungeprüft übernehmen. Leider führt dies nicht immer zu klaren Vorteilen für die Endnutzer von Google Ads, also die Kunden der Partner-Agenturen. Administratoren mit Partner-Status müssen einen bestimmten Umsatz über Google Ads generieren, was potenziell zu erhöhten Kampagnenbudgets führen kann. Zudem riskieren Google-Partner eine Herabstufung, falls sie den erforderlichen Optimierungsgrad von 70 % nicht erreichen. Dies begünstigt die Umsetzung der Google-Vorschläge zur Kampagnenoptimierung. Das Problem dabei ist, dass diese Vorschläge nicht zwangsläufig zum besten Ergebnis, jedoch oft zu höheren Kosten für die Ads-Kunden führen.

Kapitel 21
Was ist was? – Buttons, Symbole und mehr im Google-Ads-Konto

Machen Sie sich mit den verschiedenen Einstellungen, Buttons, Symbolen und Hilfsfunktionen von Google Ads vertraut – ein wichtiger Vorteil, wenn es mal schnell gehen muss.

In diesem Kapitel erfahren Sie, welche Funktionen sich hinter den verschiedenen Buttons, Symbolen und Einstellungsmöglichkeiten verbergen. Wir stellen Ihnen Symbole und Anwendungen vor, die immer wieder in den unterschiedlichen Ebenen und Unterseiten des Google-Ads-Kontos auftauchen. Die verschiedenen Funktionen benötigen Sie vor allem zur Analyse und Optimierung Ihres Google-Ads-Kontos.

21.1 Benachrichtigungen zu Google Ads

Google Ads liebt es, Benachrichtigungen und Hinweise zu Ihrem Konto zu erstellen. Es gibt regelmäßig neue Vorschläge zu Keywords, die noch hinzugefügt werden könnten, oder zu Kampagnen, die mehr Budget vertragen würden. Diese Benachrichtigungen werden rechts oben in Ihrem Google-Ads-Konto eingeblendet. Alternativ können Sie auf die Glocke klicken (siehe Abbildung 21.1). Per Klick auf den Button AUFRUFEN können Sie in der Vorschau entscheiden, ob die Vorschläge für Sie interessant sind. Alternativ können Sie die Empfehlungen aber auch ohne weitere Infos einfach durch einen Klick auf ÜBERNEHMEN aktivieren. Eine ungeprüfte Übernahme der Google-Vorschläge ist jedoch nicht empfehlenswert. Falls die Google-Tipps für Sie nicht relevant sind, klicken Sie einfach auf SCHLIESSEN.

Bitte denken Sie unbedingt daran, dass Sie nicht alle Vorschläge unreflektiert übernehmen sollten. Der Job von Google besteht natürlich darin, Ihnen viele neue Dinge und Möglichkeiten vorzuschlagen. Ihr Job besteht jedoch darin, nur das für Sie Notwendige auszuwählen. Es ist also wichtig, dass Sie die Vorschläge selbst beurteilen und nur solche Keywords oder Budgetempfehlungen übernehmen, die Sie selbst für sinnvoll erachten.

Falls Sie die Nachrichten gelesen, aber keine Schaltfläche angeklickt haben, bleiben die Nachrichten in Ihrem Konto erhalten. Möchten Sie die Benachrichtigung nochmals anschauen, klicken Sie einfach wieder auf die Glocke. Gibt es aktuelle, ungelesene Nachrichten, so werden diese durch ein rotes Ausrufezeichen an der Glocke signalisiert.

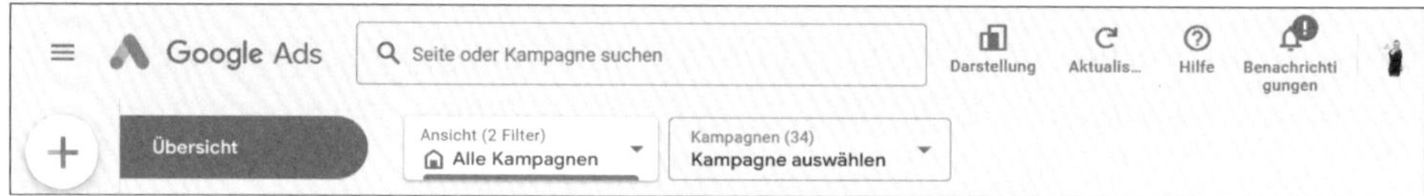

Abbildung 21.1 Neue Nachrichten und Empfehlungen von Google Ads

21.2 Auf den aktuellen Zeitraum achten

Hinweis

Achten Sie immer auf den aktuell festgelegten Zeitraum Ihrer Datenansicht im Google-Ads-Konto!

Bevor Sie sich eine Statistik genauer anschauen, sollten Sie sich immer zuerst vergewissern, welchen Zeitraum Sie aktuell betrachten (siehe Abbildung 21.2).

Abbildung 21.2 Den Zeitraum für die Statistiken festlegen

In der rechten oberen Ecke Ihres Google-Ads-Kontos finden Sie den Zeitraum, der gerade für Ihre Statistiken aktiviert ist.

Es kann schnell zu einer Schrecksekunde kommen, falls Sie nicht genau wissen, welchen Zeitraum Sie gerade in Ihrem Google-Ads-Konto betrachten, und Sie plötzlich höhere Ausgaben als erwartet in Ihren Berichten sehen. Bevor Sie also Ihre Daten anschauen, sollten Sie immer kurz den aktuell aktivierten Zeitraum kontrollieren. Standardmäßig sind in Google Ads beim Aufruf eines neuen Berichts die letzten sieben Tage eingestellt.

Nachdem Sie den Zeitraum ausgewählt und bestätigt haben, erscheint die aktuelle Auswahl in der rechten oberen Ecke des Google-Ads-Kontos unterhalb der Filterleiste. Achten Sie auch auf die kleinen Navigationspfeile neben der Zeitauswahl (siehe Abbildung 21.3). Hier können Sie einfach per Klick rückwärts und auch vorwärts springen. Die jeweiligen Zeitfenster haben dann immer die gleiche Größe wie der zuvor ausgewählte Zeitraum.

Abbildung 21.3 Zeiträume wechseln

Diese Standardeinstellungen sollten Sie nutzen

Sie sollten als Standardzeiteinstellung für Ihre Berichte den aktuellen Monat oder die letzten 30 Tage wählen. Nur bei sehr großen Konten oder aktuellen Veränderungen, die Sie vorgenommen haben, ergeben auch kürzere Zeiträume Sinn. Zum Beginn eines neuen Monats sollten Sie dann immer die Zahlen des vorherigen Monats kontrollieren. Zur Analyse längerer Zeiträume wählen Sie dann die benutzerdefinierte Zeitauswahl.

Für die benutzerdefinierte Zeitauswahl klicken Sie einfach zunächst auf das kleine Dreieck neben dem ausgewählten Zeitraum. Im nächsten Schritt folgt der Klick auf BENUTZERDEFINIERT ❶. Dann können Sie direkt neben BENUTZERDEFINIERT das Start- und das Enddatum ❷ im Zahlenformat eingeben oder die praktische Kalenderfunktion nutzen (siehe Abbildung 21.4). Tipp: Ein Klick auf das Dreieck ❸ neben der Monatsbezeichnung öffnet eine Liste, um schnell zurückliegende Monate ❹ und Jahre ❺ auszuwählen und so große Zeiträume zu bestimmen.

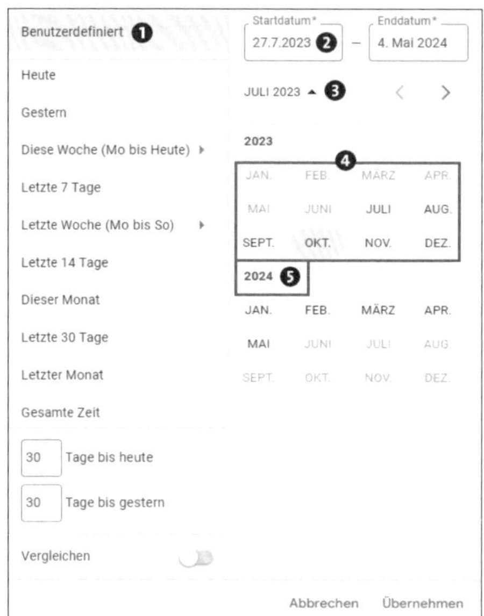

Abbildung 21.4 Benutzerdefinierte Zeitauswahl mit Kalenderfunktion

21.3 Filter: Alle – Aktiviert – Aktiviert, Pausiert

Die wichtigsten Funktionen sind die Filtermöglichkeiten, denn in Ihrem Google-Ads-Konto geht nichts verloren! Kampagnen, Anzeigengruppen, Keywords oder auch Anzeigentexte, die Sie gerade pausieren lassen, aber auch Elemente, die Sie bereits gelöscht haben, sind stets in Ihrem Google-Ads-Konto zugegen.

Dies hat zum einen den Vorteil, dass Sie auch zu einem späteren Zeitpunkt noch auf Ihre Statistiken zugreifen können – auch wenn das Element bereits gelöscht wurde. Es hat jedoch auf der anderen Seite den Nachteil, dass Ihr Google-Ads-Konto schnell durch viele Daten aufgebläht werden kann. Dies passiert vor allem, wenn Kampagnen, Anzeigengruppen oder Keywords öfter gelöscht worden sind. Viele Zeilen mit aktuell ungenutzten Daten machen die Statistiken in Ihrem Google-Ads-Konto dann sehr schnell unübersichtlich. Um das zu verhindern, gibt es jedoch eine geniale Möglichkeit, die Sie auf jeden Fall anwenden sollten: die Filter. Sie finden Filtermöglichkeiten an verschiedenen Stellen, die wir Ihnen im Folgenden vorstellen wollen.

Hauptfilter in der Filterleiste

Unter KAMPAGNEN in der Filterleiste werden Ihnen die wichtigsten Filteroptionen angezeigt (siehe Abbildung 21.5). Ein Klick öffnet eine Drop-down-Liste, mit der Sie Ihre aktuelle Ansicht filtern können. Sie können hier die beiden Ebenen KAMPA-

GNENSTATUS und ANZEIGENGRUPPENSTATUS ansprechen und nach den drei folgenden Kriterien filtern:

- ALLE
- AKTIVIERT
- AKTIVIERT, PAUSIERT

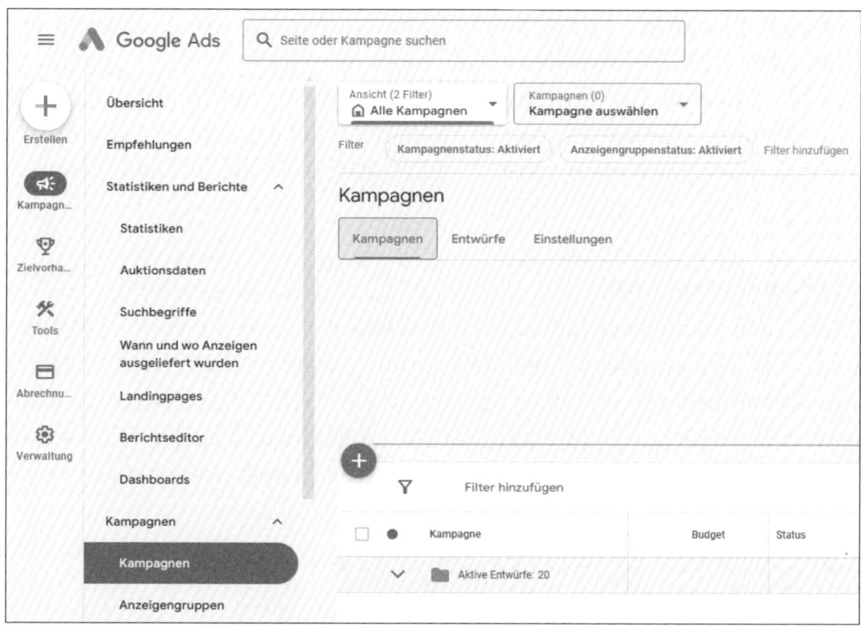

Abbildung 21.5 Hauptfilter im Google-Ads-Konto

Sie können mit dieser Funktion z. B. für die Kampagnenebene festlegen, ob Sie alle Kampagnen sehen möchten, die gerade aktiviert sind, oder ob Sie nur die gelöschten ausschließen wollen. In der Standardeinstellung sollten Sie über den Filter AKTIVIERT ❶ (siehe Abbildung 21.6) nur die Kampagnen auswählen, die gerade aktiviert sind. So erhalten Sie einen Überblick über die wichtigsten Daten für Ihren normalen »Google-Ads-Alltag«.

Abbildung 21.6 Filtern nach Kampagnenstatus

An dritter Stelle finden Sie die Filtermöglichkeit AKTIVIERT, PAUSIERT ❷. Bei dieser Auswahl werden neben den Kampagnen, die gerade aktiviert sind, zusätzlich diejenigen Kampagnen angezeigt, die gerade pausieren. Diese Auswahl ergibt vor allem dann Sinn, wenn Sie Ihr Konto nach solchen Kampagnen durchsuchen möchten, die Sie z. B. nach einer Optimierungsmaßnahme wieder aktivieren wollen.

Falls Sie ALLE ❸ ausgewählt haben, sehen Sie wirklich alle Kampagnen, egal ob diese aktuell pausieren oder auch schon zu einem früheren Zeitpunkt von Ihnen gelöscht wurden. Diese Ansicht verwirrt viele Google-Ads-Nutzer, weil allgemein angenommen wird, dass gelöschte Elemente auch wirklich gelöscht und somit nicht mehr sichtbar sind. In Ihrem Google-Ads-Konto können Sie die gelöschten Elemente jedoch nur »unsichtbar machen«, indem Sie diese über die Filtereinstellungen ausschließen.

Filtern nach Kampagnentypen

Wenn Sie neben den Kampagnen für das Suchnetzwerk auch noch andere Kampagnentypen nutzen (z. B. Display- oder Shopping-Kampagnen), dann werden Sie diese Filtereinstellungen lieben. In der Filterleiste können Sie nämlich einfach den jeweiligen Kampagnentyp auswählen (siehe Abbildung 21.7). So setzen Sie einen Filter, der die Übersicht erleichtert, wenn viele unterschiedliche Kampagnentypen erstellt worden sind.

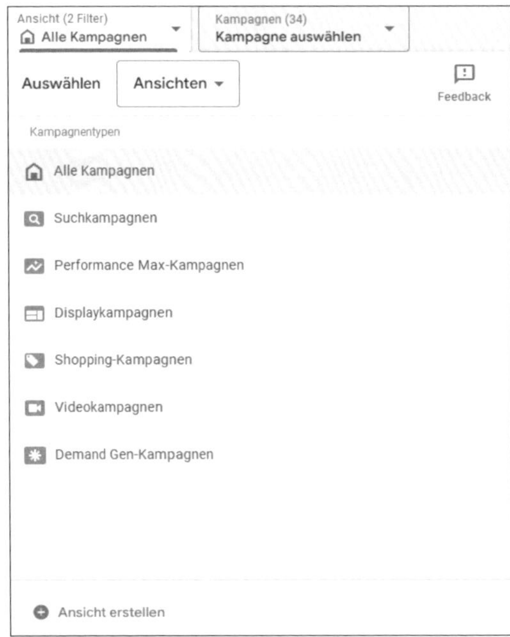

Abbildung 21.7 Filtern nach Kampagnentypen

In Kombination mit dem vorher besprochenen Aktivierungsstatus der Kampagnen und/oder Anzeigengruppen erhalten Sie auf diese Weise schnell einen Überblick über die aktuell wichtigen Kampagnen, die Sie dann genauer analysieren können. Möchten Sie wieder alle Kampagnen sehen? Dann klicken Sie im Kopf der Drop-down-Liste einfach auf ALLE.

Individuelle Filterfunktionen

Last, but not least gibt es in jeder Statistik noch einmal die individuellen Filtermöglichkeiten. So können Sie beispielsweise auf das Filtersymbol oberhalb der Statistik klicken und über SICHTBARE CTR festlegen, dass Sie nur Kampagnen angezeigt bekommen, deren Wert über 3 % liegt (siehe Abbildung 21.8).

Abbildung 21.8 Individuelle Filter

21.4 Die Suchfunktion im Google-Ads-Konto

Da Google quasi für den Begriff »Suche« steht, ist es nicht verwunderlich, dass auch im Google-Ads-Konto verschiedene Suchfunktionen integriert sind. Sie finden beispielsweise eine Suchfunktion in Ihrem Google-Ads-Konto jeweils oberhalb Ihrer Statistiken. Abhängig vom jeweiligen Bericht ist bereits vorgegeben, wonach man per Eingabe suchen kann, z. B. nach Kampagnen (siehe Abbildung 21.9).

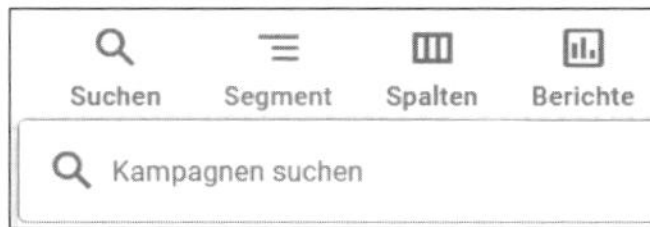

Abbildung 21.9 Suchfunktion auf Kampagnenebene

Oder Sie suchen nach Anzeigengruppen (siehe Abbildung 21.10).

Abbildung 21.10 Suchfunktion auf Anzeigenebene

Die Suchfunktion ist vor allem bei großen Konten interessant, wenn Sie eine bestimmte Kampagne oder Anzeigengruppe schnell finden müssen. In diesem Zusammenhang sei noch einmal darauf verwiesen, dass aussagekräftige Namen für Kampagnen und Anzeigengruppen immer hilfreich sind, um sich schnell zu orientieren oder wie hier schnell das Gesuchte zu finden. Nur wenn Sie die Namen von Kampagnen und Anzeigengruppen sinnvoll vergeben haben, können Sie diese über die Suchfunktion auch einfach wiederfinden.

Die Suchfunktion im Google-Ads-Konto wird in der Praxis öfter auf Keyword-Ebene eingesetzt. Da die Liste der Keywords meistens einen sehr großen Umfang besitzt, bietet die Suchfunktion hier eine sinnvolle Unterstützung, weil Sie auf diese Weise große Datenmengen zu bestimmten Begriffen schnell durchforsten können.

Beispiel: So nutzen Sie das Suchfeld

Sie möchten innerhalb Ihrer Keyword-Liste in Ihrem Konto alle Suchbegriffe finden, die mit dem Begriff »Skibrille« verbunden sind. Klicken Sie dazu auf die Lupe mit dem Hinweis SUCHEN oberhalb der Keyword-Statistik und geben Sie das Wort *Skibrille* ein. Bestätigen Sie Ihre Suche mit [↵]. Sie erhalten eine Liste mit Keywords, die den gesuchten Begriff enthalten.

Die Suchfunktion verhält sich dabei wie ein gesetzter Filter, der für alle Elemente überprüft, ob der vorgegebene Begriff enthalten ist (siehe Abbildung 21.11). Haben Sie das gesuchte Element gefunden, z. B. alle Keywords, die den Begriff »Skibrille« enthalten, können Sie den Filter wieder aufheben, indem Sie einfach auf den Begriff klicken und ihn dann ändern oder indem Sie über einen Klick auf das X die Eingabe verlassen und dann mit dem zweiten Klick auf das X hinter dem gesuchten Keyword die Suche entfernen.

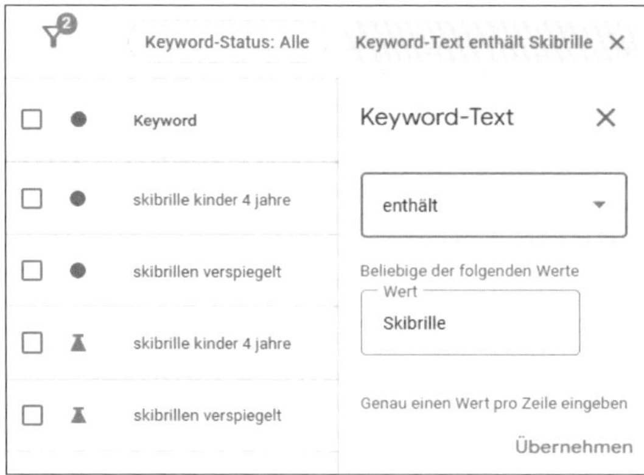

Abbildung 21.11 Aktivierte Suchfunktion mit eingeblendetem Filter

Weitere Tipps zur Suchfunktion

Sobald Sie einen neuen Begriff eingeben, überschreibt dieser den gesetzten Filter. Falls Sie zwei oder mehr Begriffe eingeben, müssen die eingegebenen Begriffe auch in dieser Reihenfolge vorkommen, damit sie angezeigt werden. Es werden jedoch ebenfalls Keywords angezeigt, die den gesuchten Begriff als Teilelement enthalten.

Sie können die Suchfunktion auch übergeordnet nutzen, selbst wenn Sie schon eine bestimmte Kampagne oder Anzeigengruppe gewählt haben. Geben Sie dazu die Begriffe nur in das Suchfeld ein. Google Ads erstellt direkt auch Vorschläge zu anderen Kampagnen, die den gesuchten Begriff enthalten (siehe Abbildung 21.12). Ein Klick auf das jeweilige Ergebnis verlinkt dann direkt in den zugehörigen Bereich.

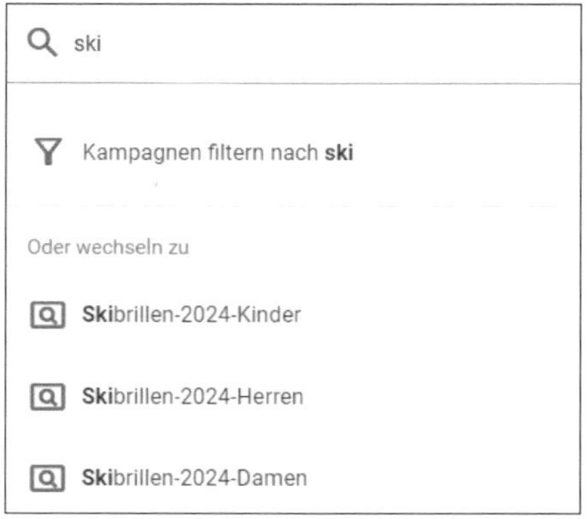

Abbildung 21.12 Allgemeine Suchfunktion mit Vorschlägen zu anderen Kampagnen

21.5 Suche und Tastenkombinationen

Google hat im Headerbereich noch eine Suchfunktion eingebaut, damit Sie schnell eine gewünschte Kampagne oder eine Seite, z. B. die Einstellungen, Abrechnungen oder die Anzeigegruppen etc., aufrufen können, ohne sich durch die Navigation klicken zu müssen. Ein Klick auf die Suchleiste im Headerbereich öffnet wie gewohnt eine Sucheingabe (siehe Abbildung 21.13).

Nachdem Sie die ersten Buchstaben getippt haben, schlägt Google, wie Sie das von Google Suggest in der Online-Suche schon kennen, erste passende Begriffe vor – hier dann Bereiche aus dem Google-Ads-Konto. Falls Sie wie in unserem Beispiel »Anzei« eingetippt haben (siehe Abbildung 21.14) und zum Anzeigenbereich in Ihrem Konto navigieren möchten, können Sie ganz einfach auf den Vorschlag ANZEIGEN klicken.

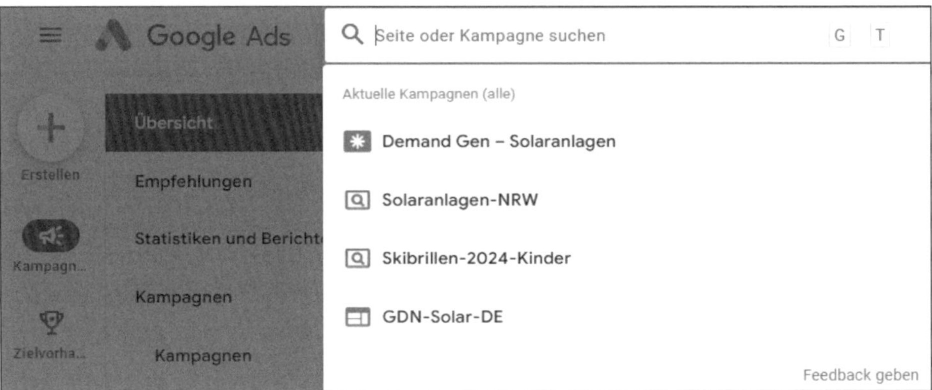

Abbildung 21.13 Suchfunktion im Header

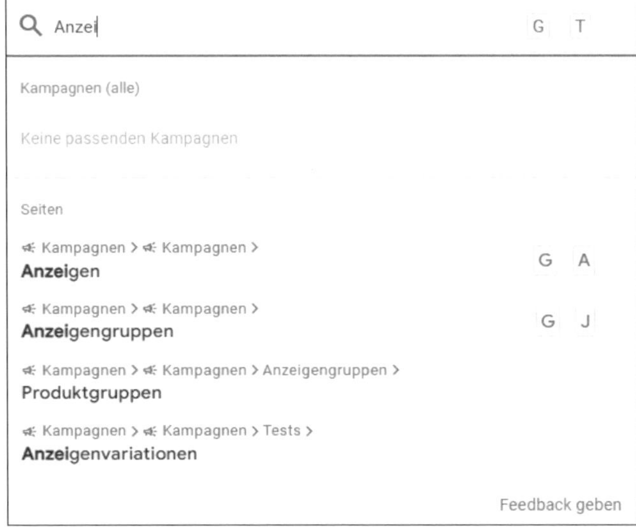

Abbildung 21.14 Google schlägt Bereiche aus dem Google-Ads-Konto vor.

Es gibt jedoch noch eine weitere Möglichkeit, um schnell zu einem bestimmten Bereich im Google-Ads-Konto zu gelangen, ohne die Navigation zu nutzen: Sie können auch sogenannte Shortcuts eingeben. In Abbildung 21.15 sehen Sie, welche Abkürzungen Google Ads für Sie bereithält. Möchten Sie beispielsweise den Bereich der »Abrechnungen« in Ihrem Ads-Konto aufrufen, geben Sie die Buchstaben [G] und dann [B] hintereinander ein. Die Tastenkombination [⇧]+[S] ruft wiederum die Suchkampagnen auf. Wenn Sie die wichtigsten Shortcuts verinnerlicht haben, ist das natürlich die einfachste Möglichkeit, um schnell in Ihrem Ads-Konto zu navigieren.

Allgemeine Aktionen

Mit den folgenden Tastenkombinationen lassen sich Ihre Arbeitsabläufe beschleunigen:

Tastenkombination	Funktion
Umschalttaste + ?	Liste der Tastenkombinationen ein- oder ausblenden
G dann T	Seite suchen
Umschalttaste + N	Neues Element erstellen. Diese Funktion ist verfügbar, wenn Sie das Pluszeichen ⊕ sehen.
Strg ⌘ + C	Kopieren
Strg ⌘ + V	Einfügen
Umschalttaste + H	Soforthilfemenü ein- oder ausblenden
Umschalttaste + R	Daten aktualisieren

Zwischen Bereichen wechseln

Mit den folgenden Tastenkombinationen wechseln Sie schnell zwischen den verschiedenen Bereichen in Google Ads:

Tastenkombination	Funktion
G dann B	Zum Menü „Abrechnung"
G dann O	Zum Bereich „Übersicht"
G dann Y	Zur Seite „Empfehlungen"
G dann C	Zur Seite „Kampagnen"
Umschalt + W	Filter für Kampagnenansicht aufrufen
Umschalttaste + A	Ansicht „Alle Kampagnen" aufrufen, nachdem Sie auf eine Kampagne geklickt haben
Umschalttaste + S	Ansicht „Suchkampagnen" aufrufen
Umschalttaste + D	Ansicht „Displaykampagnen" aufrufen
Umschalttaste + V	Ansicht „Videokampagnen" aufrufen
Umschalttaste + P	Ansicht „Shopping-Kampagnen" aufrufen
G dann J	Seite „Anzeigengruppen" aufrufen
G dann A	Seite „Anzeigen" aufrufen
G dann K	Seite „Keywords für Suchanzeigen" aufrufen
G dann S	Seite „Kampagneneinstellungen" aufrufen

Verwaltungskonten

Verwenden Sie die folgenden Tastenkombinationen, wenn Sie ein Verwaltungskonto haben.

Tastenkombination	Funktion
G dann U	Seite „Verwaltete Konten" aufrufen

Abbildung 21.15 Tastenkombinationen (Shortcuts) zum direkten Aufruf einer Funktion oder eines Bereichs im Ads-Konto

21.6 Spalten aktivieren und sortieren

Möchten Sie einzelne Kennzahlen in Ihrem Google-Ads-Konto näher analysieren und dazu bestimmte Daten auf- oder absteigend sortieren, so ist dies einfach über einen Klick auf die Spaltenbezeichnung im Kopf der Statistiken möglich (siehe Markierung in Abbildung 21.16).

Klicken Sie im Header auf den Namen der Datenspalte, die sortiert werden soll. In der ausgewählten Zelle im Headerbereich erscheint ein Pfeil, der anzeigt, ob die Spalte auf- oder absteigend sortiert wird. Ein weiterer Klick in die jeweilige Zelle ändert die Sortierrichtung. Möchten Sie z. B. in einer Kampagnenübersicht sehen, welche Kampagne die meisten Kosten verursacht hat, klicken Sie einfach in die Zelle KOSTEN und sortieren Ihre Kampagnen auf- bzw. absteigend nach Kosten.

↓ Kosten	Impr.	Klicks	CTR
8.921,57 €	1.095.979	19.227	1,75 %
753,43 €	56.220	1.694	3,01 %
403,27 €	29.358	746	2,54 %
313,10 €	35.598	526	1,48 %
308,45 €	48.555	435	0,90 %
306,14 €	30.939	451	1,46 %
299,69 €	37.431	451	1,20 %

Abbildung 21.16 Aktivierte Spalten sortieren

21.7 Wichtige Funktionen und Tools

Das Google-Ads-Konto verändert sein Aussehen mit der Zeit, denn es kommen öfter neue Tools, Icons oder grundsätzliche Funktionalitäten hinzu. Wenn Sie die Funktionen der verschiedenen Symbole kennen, ist es für Sie zukünftig auch einfacher, die Neuerungen im Konto intuitiv zu nutzen.

Einheitliche Symbole in verschiedenen Google-Tools

Viele Google-Programmierer arbeiten an unterschiedlichen Tools. Dadurch haben sich in der Vergangenheit unterschiedliche Icons und Bearbeitungsmöglichkeiten entwickelt. In letzter Zeit ist jedoch erkennbar, dass eine bessere Abstimmung der Entwickler untereinander stattgefunden hat. Durch diese Abstimmung haben sich Buttons, Symbole und Bearbeitungsmöglichkeiten etabliert, die Sie auch in anderen Google-Tools wiederfinden, z. B. in Google Analytics:
https://analytics.google.com/analytics/web/

21.7.1 Die Drop-down-Listen

Viele Buttons, die Sie im Google-Ads-Konto anklicken können, entpuppen sich als sogenannte Drop-down-Listen. Diese Listen sind durch ein kleines Dreieck auf der rechten Seite gekennzeichnet (siehe Abbildung 21.17). Nach dem Klick auf das Dreieck bzw. auf die zugehörige Schaltfläche können Sie eine Funktionsauswahl in der Drop-down-Liste treffen, die dann entweder direkt ausgeführt wird (wie z. B. KOPIEREN) oder den nächsten Schritt einleitet (beispielsweise die Auswahl von MAX. CPC-GEBOTE ÄNDERN). In unserem Beispiel wurden zunächst drei Keywords ausgewählt, die dann entsprechend bearbeitet werden können.

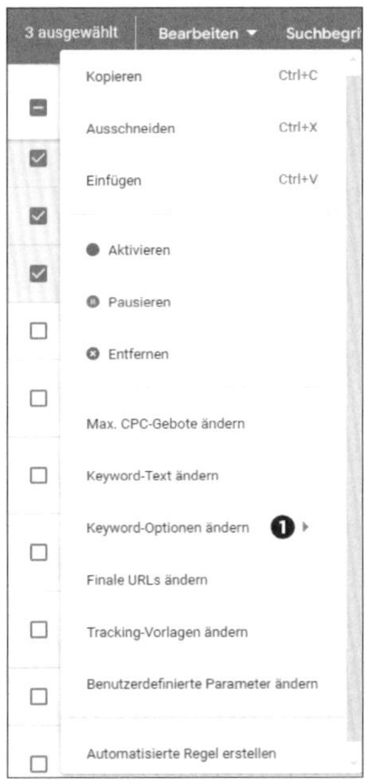

Abbildung 21.17 Drop-down-Liste mit Funktionsauswahl

Es kann auch vorkommen, dass Sie innerhalb der Drop-down-Liste über ein Dreieck auf der rechten Seite erneut zur Auswahl eines untergeordneten Tools oder einer Einstellungsmöglichkeit geführt werden ❶. Google nutzt das kleine Dreieck aber auch, um Seiten in Unterpunkten unterzuordnen, um Platzmangel entgegenzuwirken, wie in Abbildung 21.18 dargestellt.

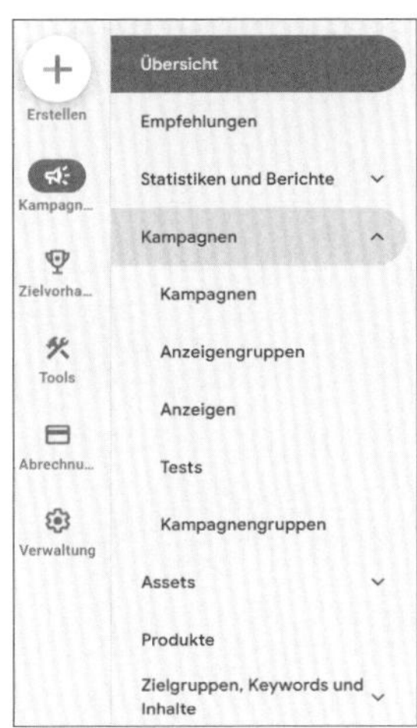

Abbildung 21.18 Weitere Navigationspunkte verstecken sich hinter dem Dreieck.

Wussten Sie, dass Sie Ihre Kampagnenliste nicht nur alphabetisch, sondern auch nach Kosten, Impressionen oder wie in unserem Beispiel nach Budget und noch nach vielen weiteren Attributen (siehe Abbildung 21.19) sortieren können? Hierfür müssen Sie lediglich den Spaltennamen im Header anklicken. Mit einem erneuten Klick auf den jeweiligen Spaltennamen drehen Sie die Sortierreihenfolge um.

Abbildung 21.19 Kampagnen nach unterschiedlichen Kriterien sortieren

21.7.2 Etwas »Neues« anlegen – so geht's

Möchten Sie in Google Ads etwas Neues anlegen, dann nutzen Sie den blauen Kreis ⊕. Google Ads »freut sich«, wenn etwas Neues angelegt werden soll. Das Google-Ads-Konto lebt von neuen Kampagnen, Anzeigengruppen oder Keywords. Daher wird die Möglichkeit zum Neuanlegen immer recht groß und prominent dargestellt. Im Google-Ads-Konto können Sie über den Kreis alle Standardelemente neu anlegen, also z. B. Kampagnen, Anzeigengruppen, Keywords (siehe Abbildung 21.20) und Textanzeigen.

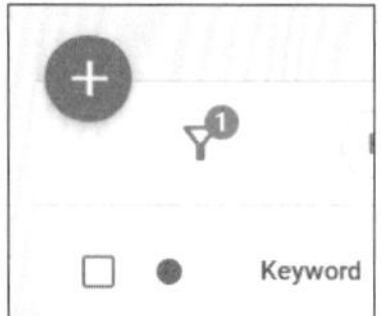

Abbildung 21.20 Button zum Einfügen neuer Keywords auf Keyword-Ebene

Im Hauptmenü finden Sie im neuen Google-Ads-Interface den Plus-Button in Google-Farben (siehe Abbildung 21.21). Mit diesem Button können Sie ebenfalls ein neues Standardelement anlegen, z. B.

- eine Kampagne,
- eine Anzeigengruppe,
- neue Keywords für Suchanzeigen oder
- eine Conversion-Aktion.

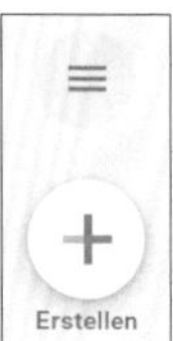

Abbildung 21.21 Erstellen-Button im Hauptmenü

Der blaue Kreis mit dem Pluszeichen wird im Google-Ads-Konto jedoch nicht immer konsequent für alle Bereiche genutzt, in denen etwas Neues angelegt werden soll. Abbildung 21.22 zeigt den Button, den Sie nutzen können, um eine neue Conversion-Aktion anzulegen.

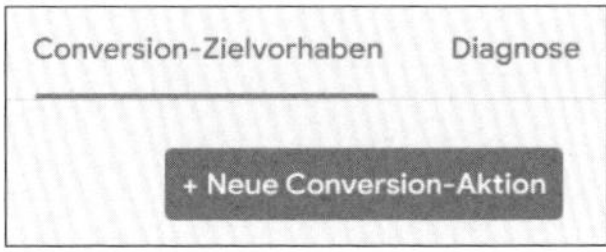

Abbildung 21.22 Button zum Einfügen neuer Conversion-Aktionen

21.7.3 Funktion der Checkboxen im Google-Ads-Konto

Checkboxen besitzen im Google-Ads-Konto eine wichtige Funktion, da die Nutzer über sie Elemente auswählen können, um diese dann im nächsten Schritt zu bearbeiten. Aktivieren Sie die Checkboxen vor mehreren Keywords, können diese beispielsweise gleichzeitig bearbeitet, kopiert oder entfernt werden (siehe Abbildung 21.23).

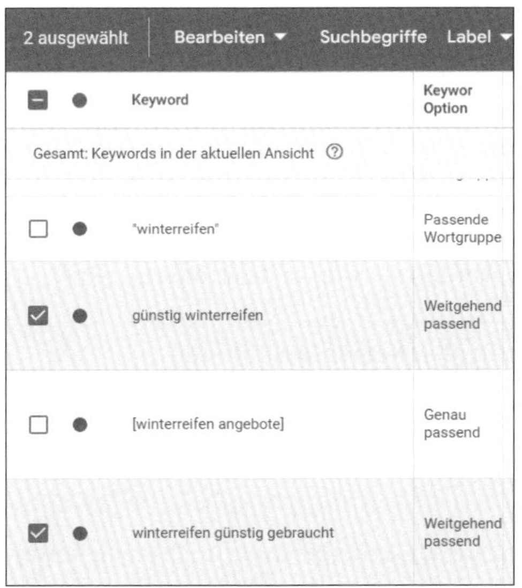

Abbildung 21.23 Checkboxen zur Markierung von Keywords

Markieren Sie einzelne Keywords zur Anpassung der CPC-Gebote

Die Auswahl bestimmter Keywords können Sie beispielsweise nutzen, wenn Sie die maximalen CPC-Gebote mehrerer ausgewählter Keywords gleichzeitig verändern möchten.

21

Wenn Sie die Checkbox im Header einer Tabelle aktivieren, werden alle Elemente innerhalb dieser Tabelle markiert (siehe Markierung in Abbildung 21.24).

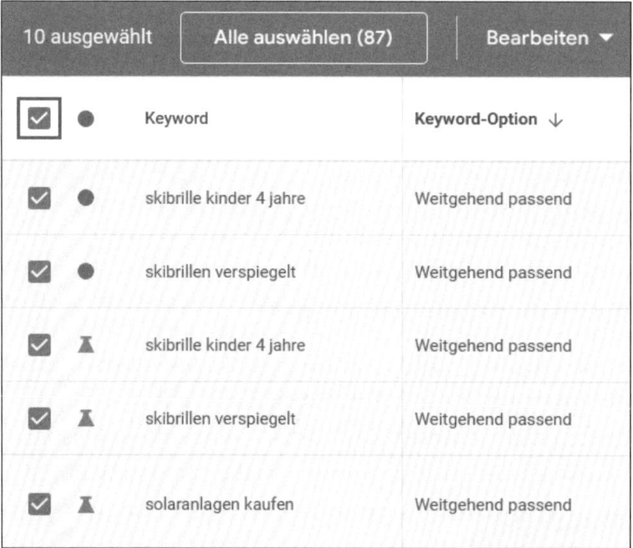

Abbildung 21.24 Aktivierung der Checkbox im Header

Diese Elemente können dann ebenfalls bearbeitet werden. Sie können die Checkbox im Header aber auch nutzen, um eine Auswahl bestimmter Keywords wieder aufzuheben. Klicken Sie einfach zweimal in die Header-Checkbox. Beim ersten Mal werden alle Elemente markiert, beim zweiten Klick werden sie wieder deaktiviert.

Markieren Sie alle Keywords zur Änderung aller Keyword-Optionen

Die Auswahl aller Keywords einer Anzeigengruppe ist nützlich, wenn Sie mit einem Arbeitsschritt die Keyword-Optionen sämtlicher Keywords dieser Anzeigengruppe gleichzeitig ändern möchten.

Im neuen Google-Ads-Design finden Sie die Checkboxen aber auch noch an vielen anderen Stellen. Sie können mithilfe der Checkboxen sowohl Einstellungsoptionen (wie z. B. bei Kampagnen im Displaynetzwerk, siehe Abbildung 21.25) als auch die Auswahl der Berichtsspalten (siehe Abbildung 21.26) in Ihren Statistiken vornehmen.

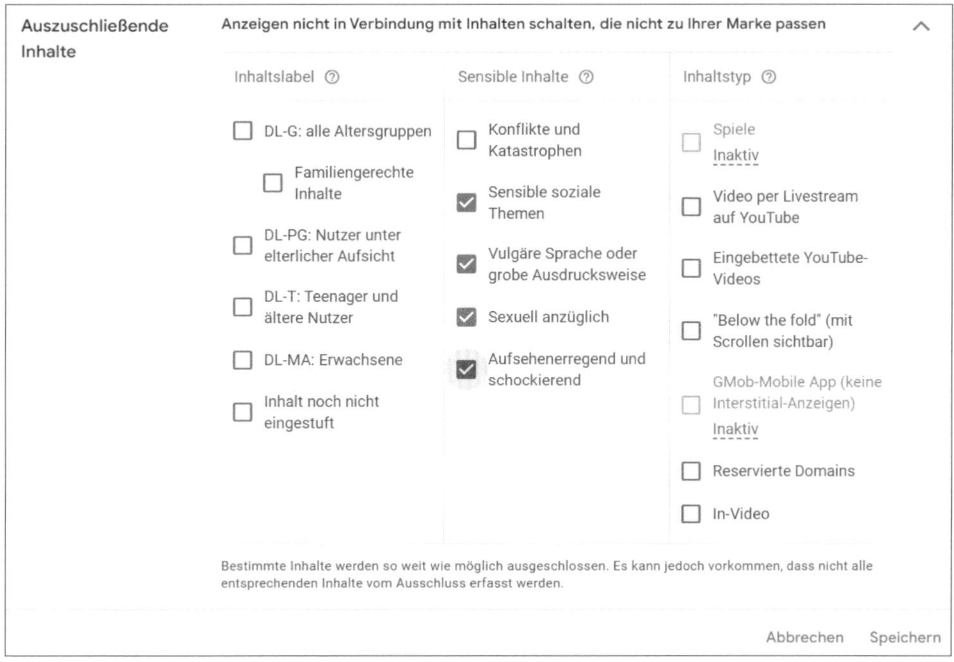

Abbildung 21.25 Checkboxen zur Auswahl unerwünschter Inhalte bei Werbepartnern im Displaynetzwerk

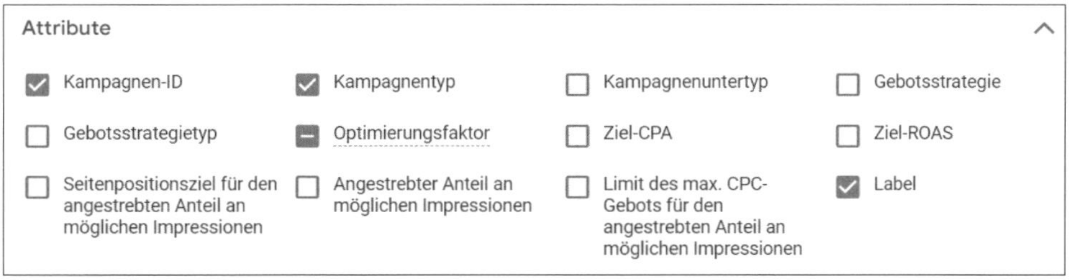

Attribute

☑ Kampagnen-ID	☑ Kampagnentyp	☐ Kampagnenuntertyp	☐ Gebotsstrategie
☐ Gebotsstrategietyp	⊟ Optimierungsfaktor	☐ Ziel-CPA	☐ Ziel-ROAS
☐ Seitenpositionsziel für den angestrebten Anteil an möglichen Impressionen	☐ Angestrebter Anteil an möglichen Impressionen	☐ Limit des max. CPC-Gebots für den angestrebten Anteil an möglichen Impressionen	☑ Label

Abbildung 21.26 Checkboxen bei der Spaltenauswahl

21.7.4 Der Stift zur Bearbeitung

An vielen Stellen in Ihrem Google-Ads-Konto finden Sie einen kleinen Stift ❶, hinter dem sich eine Bearbeitungsfunktion verbirgt (siehe Abbildung 21.27). Dieser Stift erscheint, wenn Sie mit Ihrer Maus über eine Fläche fahren, z. B. über die Texte Ihrer Anzeigen.

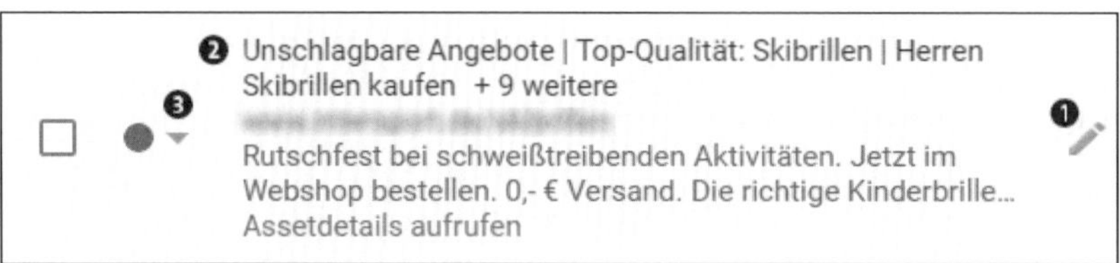

Abbildung 21.27 Stiftfunktionen zur Bearbeitung von Textanzeigen

Bei der Bearbeitung von Textanzeigen kommen jedoch mehrere Funktionen zusammen. Ein Klick auf den blauen Link ❷ im Titel der Textanzeigen öffnet in einem neuen Fenster die Landingpage, die als Ziel-URL in der Anzeige hinterlegt ist. Dieser Klick verursacht übrigens keine Kosten. Um die Bearbeitungsfunktion über den Stift zu erreichen, müssen Sie weiter rechts neben den Titel klicken.

Durch die beiden Funktionen in der kleinen Anzeigenbox kann es schon mal passieren, dass ungewollt die Landingpage aufgerufen wird, obwohl die Anzeige nur bearbeitet werden sollte.

Als dritte Möglichkeit finden Sie links neben der Anzeige dann auch noch ein kleines Dreieck ❸. Dort können Sie über eine Drop-down-Liste eine Einstellung zum AKTIVIEREN, PAUSIEREN oder ENTFERNEN der Anzeige auswählen.

Es gibt Flächen im Konto, bei denen Sie zunächst nicht direkt erkennen können, dass es eine Bearbeitungsmöglichkeit gibt. Sie müssen daher gelegentlich mit der Maus über eine Spalte oder Tabellenzelle fahren, damit der Stift und somit die Bearbeitungsfunktion erscheinen.

Neben dem eher unscheinbaren Bearbeitungsstift zur Änderung von Textanzeigen finden Sie im Google-Ads-Konto auch eine große Version, mit der die Ausrichtungsmöglichkeiten im Displaynetzwerk bearbeitet werden können (siehe Abbildung 21.28). Es könnte sein, dass Google dieses Symbol zukünftig standardisiert.

Abbildung 21.28 Großer Bearbeitungsstift im Google-Ads-Konto

21.7.5 Fragezeichen – versteckte Informationen finden

Wenn Sie hinter einer Bezeichnung im Google-Ads-Konto ein Fragezeichen sehen, können Sie sie mit Ihrem Mauszeiger ansteuern (Mouse-over). Sie erhalten dann weitere Informationen, sogenannte Tooltipps, zu dem entsprechenden Begriff oder der entsprechenden Funktion (siehe Markierung in Abbildung 21.29).

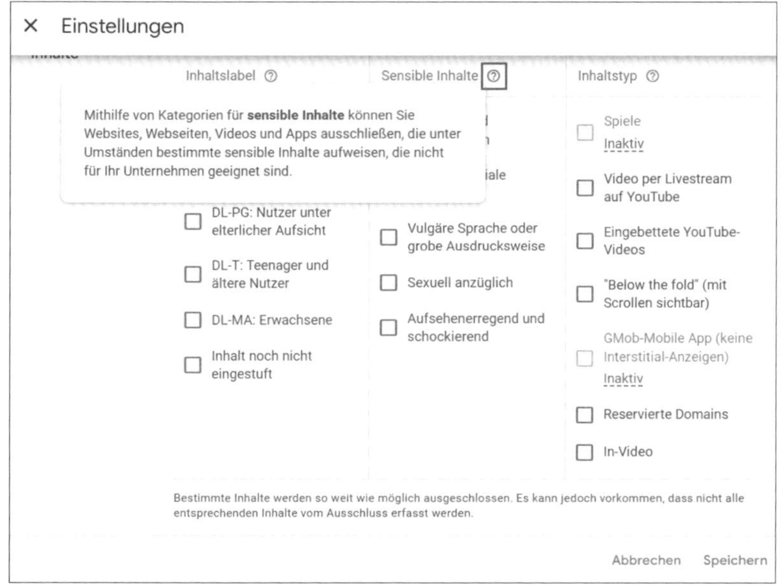

Abbildung 21.29 Fragezeichen rufen Zusatzinformationen auf.

Bei vielen Symbolen im Konto (z. B. bei Gebotsstrategien) oder auch bei den Spalten der Google-Ads-Statistiken fehlt jedoch ein Fragezeichen. Hier können Sie trotzdem per Mouse-over Informationen und Definitionen abrufen. Wenn Sie beispielsweise mit Ihrer Maus in den Kopf der Berichtsspalten fahren, erhalten Sie eine Erklärung zur jeweiligen Spalte. Mithilfe dieser Funktion werden im Google-Ads-Konto z. B. Begriffe wie *Impressionen*, *CTR* ❶ oder auch *Durchschn. CPC* erklärt und zum Teil anhand zusätzlicher Beispiele näher erläutert (siehe Abbildung 21.30).

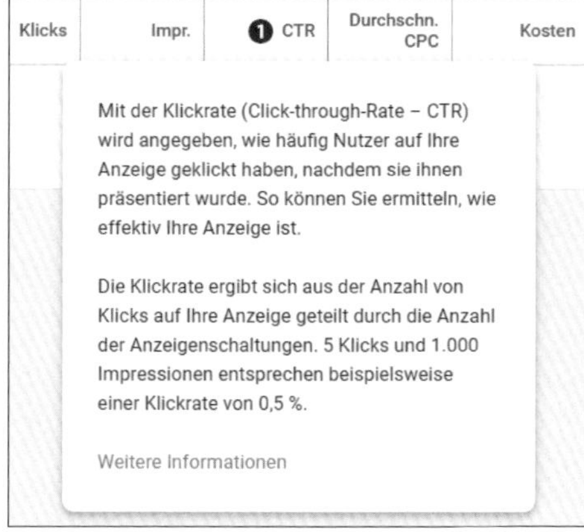

Abbildung 21.30 Rufen Sie eine Erklärung einfach per Mouse-over ab.

21.7.6 Simulationen im Konto

In Ihrem Google-Ads-Konto finden Sie an einigen Stellen ein kleines Kästchen mit einem Liniendiagramm. Dahinter verbergen sich die sogenannten *Simulatoren*. Abbildung 21.31 zeigt beispielsweise den Budgetsimulator auf Kampagnenebene, der eingeblendet wird, wenn das Kampagnenbudget eingeschränkt ist.

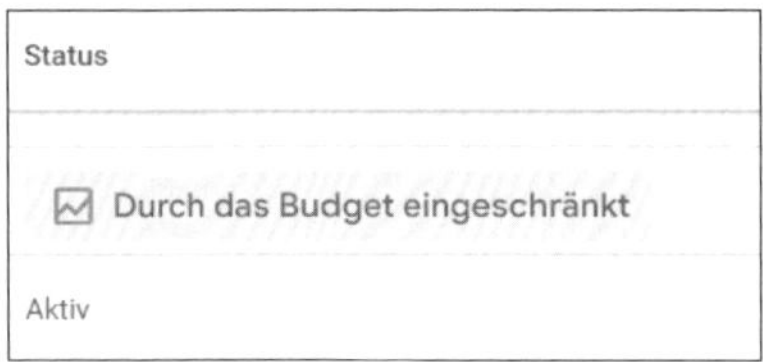

Abbildung 21.31 Budgetsimulator auf Kampagnenebene

Nach dem Klick auf das Icon erhalten Sie Tipps zu veränderten Budgets. Es wird simuliert, wie sich bestimmte Veränderungen auf Ihre Werbekampagnen auswirken. Wenn Sie beispielsweise den Budgetsimulator anklicken, sehen Sie, wie sich unterschiedliche – meistens höhere – Budgets auf Kosten und Interaktionen (Klicks) auswirken (siehe Abbildung 21.32).

Wöchentliche Schätzungen für Ihr neues Tagesbudget:

Tagesbudget ändern	Klicks pro Woche	Durchschn. CPC	Kosten pro Woche
72,00 €	+8	+0,00 €	+30,26 €
62,00 € Empfohlen	+8	-0,01 €	+29,90 €
52,00 €	+4	+0,01 €	+15,90 €
46,70 € (aktuell)	+0	+0,00 €	+0,00 €
€			

Abbildung 21.32 Budgetsimulator mit Performancedaten

Bei manuellen Gebotsstrategien finden Sie den Gebotssimulator auch auf Keyword-Ebene direkt hinter dem aktuellen MAX. CPC-Gebot (siehe Abbildung 21.33).

Nach einem Klick auf das Gebotssimulator-Icon können Sie analog zum Budget die MAX. CPC-Gebote ändern und erhalten direkt die geschätzten Auswirkungen in Bezug auf Klicks und Kosten (siehe Abbildung 21.34).

Max. CPC	↓ Klicks
0,10 € (auto-optimiert)	92
–	92
–	92
1,16 €	92
–	92

Abbildung 21.33 Gebotssimulator auf Keyword-Ebene

Max. CPC	Klicks	Kosten
2,92 €	15	35,30 €
1,58 €	12	18,20 €
1,16 € (aktuell)	10	11,40 €
0,93 €	9	7,86 €
0,85 €	8	6,43 €
0,80 €	7	5,59 €

Abbildung 21.34 Beispiel mit verschiedene Klickpreisen und Schätzungen im Gebotssimulator

21.7.7 Interne Verlinkung

Elemente im Google-Ads-Konto, die blau dargestellt werden, fungieren – wie oft in der Internetwelt – als Links. Ein Klick auf diese Links führt Sie zu untergeordneten Navigationsebenen oder öffnet weiterführende Informationen bzw. Bearbeitungsmöglichkeiten. Wenn Sie beispielsweise Ihre Kampagnen (siehe Abbildung 21.35) aufgerufen haben, können Sie durch Klicken auf einen Kampagnennamen die untergeordnete Navigationsebene mit den dazugehörigen Anzeigengruppen erreichen.

Supermarkt
Industriebedarf-Deutschland
Versicherungen
Sport-Shop

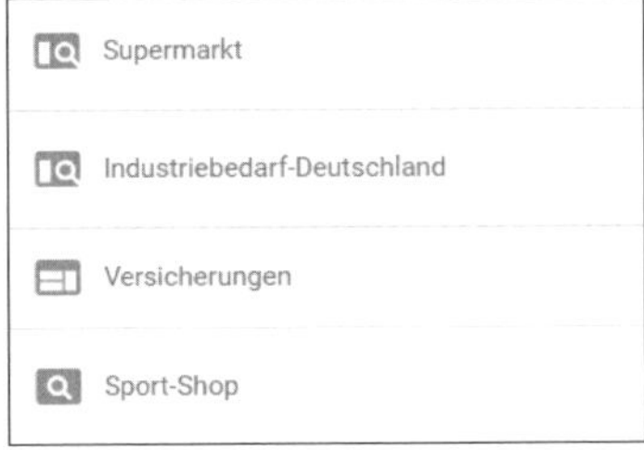

Abbildung 21.35 Kampagnennamen als interne Links

Ein Klick auf den Namen einer Anzeigengruppe führt Sie bei einer Suchkampagne wiederum direkt zu den Keywords für Suchanzeigen, die zu dem angeklickten Anzeigengruppennamen gehören.

21.7.8 Symbole: Aktivieren, Pausieren, Entfernen

Im Google-Ads-Konto finden Sie an vielen Stellen die drei Symbole aus Abbildung 21.36. Mithilfe dieser Auswahlmöglichkeiten können Elemente aktiviert, pausiert oder gelöscht werden.

Aktivieren
Pausieren
Entfernen

Abbildung 21.36 Symbole zum »Aktivieren«, »Pausieren« und »Entfernen«

Bei der Bezeichnung der Symbole war Google in der Vergangenheit nicht immer einheitlich. Falls Sie also irgendwo einmal statt Entfernen die Begriffe Gelöscht oder Löschen finden, dann steckt dahinter eigentlich immer die gleiche Funktion! Der grüne Kreis aktiviert, der Doppelstrich lässt pausieren, und der rote Kreis mit dem X entfernt das zugehörige Element. Mit diesen drei Funktionen werden im Google-Ads-Alltag meistens Kampagnen, Anzeigengruppen, Keywords oder Anzeigen gesteuert. Es können aber auch andere Elemente, z. B. die automatisierten Regeln, über diese Symbole aktiviert, pausiert oder entfernt werden.

21.7.9 Icons für verschiedene Kampagnentypen

Alle Kampagnen, die nur auf das Suchnetzwerk ausgerichtet sind, werden mit einem Lupensymbol markiert. Reine Displaynetzwerk-Kampagnen erhalten ein Icon, das an eine Website mit unterschiedlichen Inhaltsblöcken erinnert. Ein Preisschild dient als Symbol für eine Shopping-Kampagne. Eine Videokamera ist natürlich das passende Icon für die Videokampagnen, und ein Diagrammsymbol steht für die Performance Max-Kampagnen.

Achten Sie auf die Icons vor den Kampagnennamen

Falls Sie mit einem Blick wissen möchten, zu welchem Kampagnentyp eine bestimmte Kampagne gehört, so finden Sie diese Information vor dem Kampagnennamen. Die einzelnen Kampagnentypen werden nämlich durch vorangestellte Icons (siehe Abbildung 21.37) gekennzeichnet.

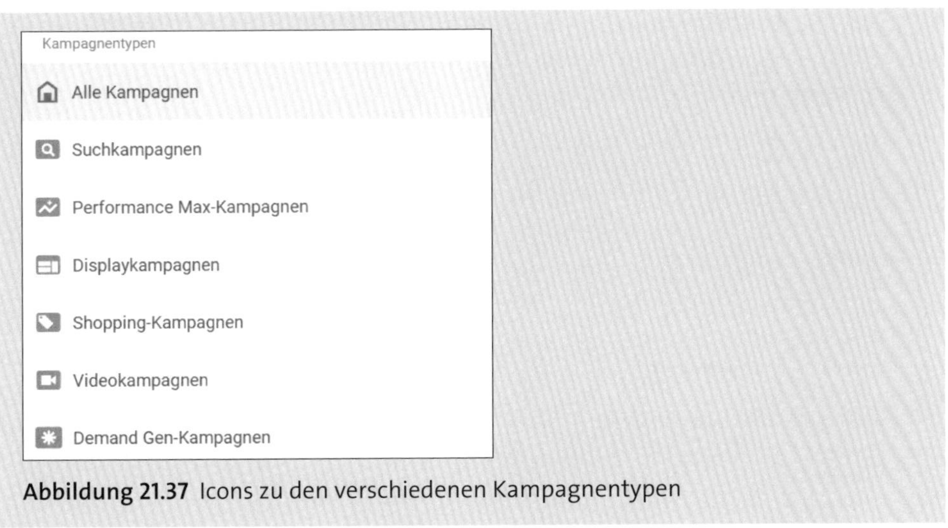

Abbildung 21.37 Icons zu den verschiedenen Kampagnentypen

21.7.10 Fortlaufende Weiterentwicklung des Interface

Bitte denken Sie daran, dass Google stets an seinen Tools arbeitet und auch das neue Interface immer noch weitere neue Features, Icons und Funktionen erhält. Somit finden Sie sicher noch zusätzliche Symbole, die hier nicht besprochen wurden.

21.8 Was bewirken Segmente?

Mit Segmenten können Sie die Informationen in den Google-Ads-Berichten gruppieren. So können Sie z. B. die Google-Ads-Berichte nach einzelnen Wochentagen, nach den Endgeräten oder vielen anderen Gruppen unterteilen. Sie erhalten eine Segmentauswahl als Drop-down-Liste per Klick auf das Symbol ❶ oberhalb Ihrer Kontostatistiken (siehe Abbildung 21.38).

Abbildung 21.38 Segmentierung ansteuern für Statistiken im Google-Ads-Konto

> **Segmentierung aufheben**
>
> Eine Segmentierung in Ihrem Google-Ads-Konto heben Sie per Klick auf KEINE SEGMENTIERUNG ❶ wieder auf (siehe Abbildung 21.39).

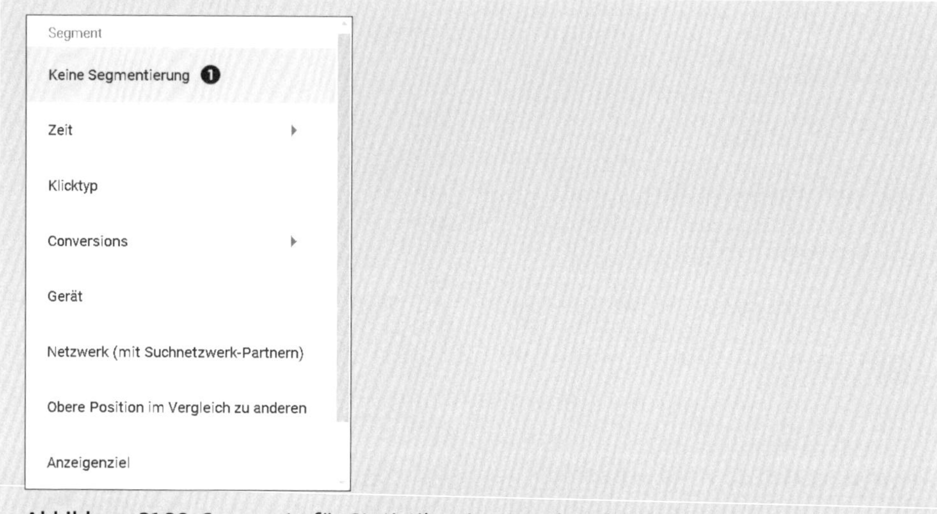

Abbildung 21.39 Segmente für Statistiken im Google-Ads-Konto auswählen

In Berichten, die Sie Als E-Mail senden oder für eine regelmäßige Auslieferung via Planung unter Herunterladen einstellen, können Sie im Gegensatz zur Live-Ansicht der Google-Ads-Statistiken mehrere Segmentierungen hinzufügen. So können Sie zum Beispiel eine Segmentierung nach Wochentag und zusätzlich nach der Stunde des Tages vornehmen. Beachten Sie jedoch, dass durch mehrere Segmentierungen die Berichte umfangreicher und weniger übersichtlich werden.

Wie viele Segmentierungen kann man maximal einstellen?

Sie können eine differenziertere Segmentierung im Download-Bereich der Berichte vornehmen (siehe Abbildung 21.40). Google warnt jedoch ab der vierten Segmentierung, dass der Download des Berichts eventuell nicht abgeschlossen werden kann. Sie sollten daher äußerst selten die maximale Anzahl der Segmentierungen ausreizen. Diese Art der Berichtsdarstellung erschwert zudem eine Auswertung eher, als dass sie nützt.

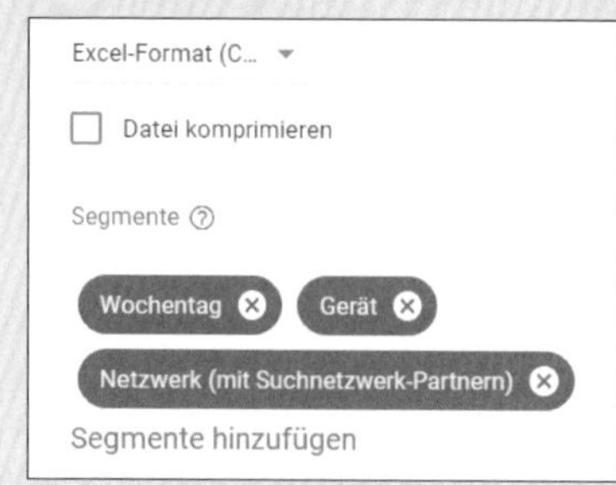

Abbildung 21.40 Segmentierung in der Download-Funktion eines Berichts

21.9 Grafiken – der schnelle Google-Ads-Überblick

Benötigen Sie einen schnellen Überblick über die Leistung Ihrer Werbekampagnen? Dann nutzen Sie einfach die Grafikfunktion oberhalb Ihrer Google-Ads-Statistiken. In der Standardeinstellung ist die Grafik eingeblendet. Mithilfe des kleinen Dreiecks (der spitzen Klammer), das Sie rechts unten neben der Grafik finden, können Sie diese ausblenden (siehe Abbildung 21.41). Zum Einblenden nutzen Sie wieder die spitze Klammer, die nun rechts oberhalb der Statistik platziert ist.

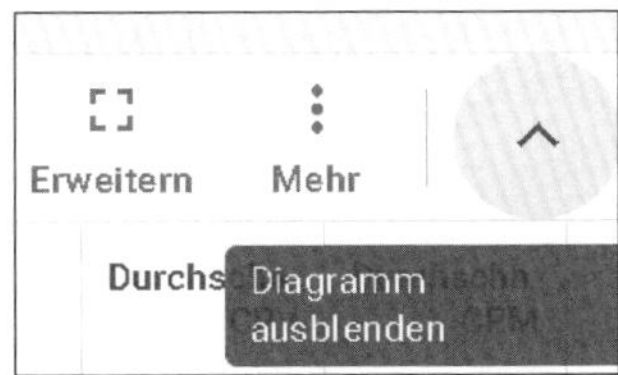

Abbildung 21.41 Diagramm ausblenden

> **Konzentration auf das Wesentliche**
> Die Grafik ist zwar in der Standardansicht eingeschaltet, es hat sich jedoch bewährt, die Grafikansicht für die tägliche Arbeit auszublenden. Möchten Sie hingegen einen intensiveren Blick auf die Grafikdarstellung werfen, können Sie diese per Klick auf das kleine Quadrat maximieren und später über diesen Weg auch wieder minimieren.

21.9.1 Daten als Grafik anzeigen

Nutzen Sie die Grafikübersicht in Ihrem Google-Ads-Konto, wenn Sie den Verlauf Ihrer Daten über einen gewissen Zeitraum beobachten möchten. Falls Sie z. B. sehen möchten, wie sich die Klickrate und die Kosten nach den Änderungen Ihrer Keyword-Optionen verhalten oder ob die Klickkosten für Ihre Kampagnen langfristig gestiegen sind, so finden Sie in der Übersichtsgrafik erste Hinweise, die Sie dann näher analysieren sollten.

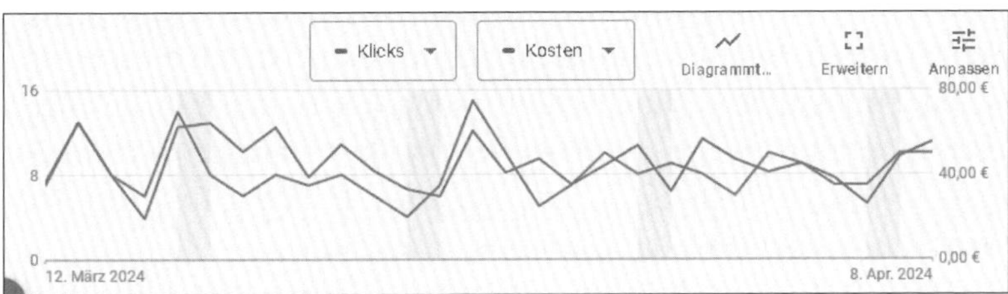

Abbildung 21.42 Infografik im Google-Ads-Konto

Bitte beachten Sie auch hier, dass die Grafik immer abhängig vom eingestellten Zeitraum dargestellt wird.

21.9.2 Die Infografik bearbeiten

Sie können Ihre Infografik bearbeiten, indem Sie die farbig markierten Drop-down-Listen oberhalb der Grafik anklicken und die gewünschten Kennzahlen auswählen (siehe Abbildung 21.43). Dabei können Sie entweder nur eine Kennzahl auswählen oder zwei Kennzahlen im Vergleich aktivieren. Auf diese einfache Weise analysieren Sie durch grafische Unterstützung bestimmte Entwicklungen.

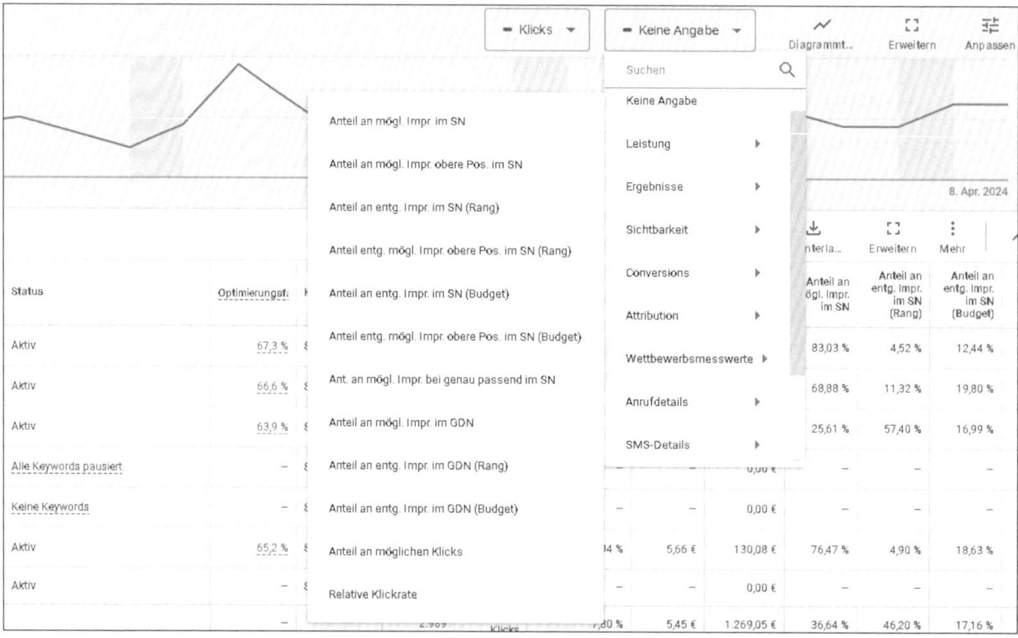

Abbildung 21.43 Kennzahlen für die Infografik auswählen

Die Darstellung der Liniendiagramme können Sie über die Zeitauswahl der Datenpunkte steuern. Während bei der täglichen Darstellung viele kleine Veränderungen bei den Daten anzeigt werden, »glätten« Sie Ihre Diagrammlinien durch die Auswahl der wöchentlichen oder monatlichen Durchschnittswerte. Zur Zeitauswahl gelangen Sie über die Diagrammoptionen rechts oberhalb der Grafik. Je nach gewähltem Datenzeitraum können Sie die Darstellung in der Drop-down-Liste auf TÄGLICH, WÖCHENTLICH, MONATLICH, VIERTELJÄHRLICH oder JÄHRLICH ändern.

So nutzen Sie die Grafikeinstellungen sinnvoll

Sie können in den Grafiken beliebige Werte kombinieren. Sie sollten jedoch nur Kombinationen nutzen, die sinnvoll sind und aus denen Sie Ihre Schlussfolgerungen ziehen können. Wenn Sie z. B. Ihre Klicks und Ihre Kosten vergleichen, sollten sich die beiden Linien einigermaßen parallel bewegen. Falls die Kostenlinie größere Ausschläge besitzt als die Diagrammlinie zu Ihren Klicks, werden Sie sicher einige Keywords in Ihrem Konto finden, die einen Anstieg des Klickpreises zu verzeichnen haben. Hier gilt es dann, die näheren Ursachen zu analysieren.

21.10 Zeiträume vergleichen

Sie können die Google-Ads-Grafik auch nutzen, um die Entwicklung zweier Zeiträume zu analysieren. Den Vergleich der Zeiträume aktivieren Sie in der Zeitauswahl (siehe Abbildung 21.44). Hier bestimmen Sie dann, ob z. B. der vorherige Zeitraum ❶ mit dem aktuell ausgewählten Zeitraum verglichen werden soll.

Sie können auch einen benutzerdefinierten Zeitraum ❷ als Vergleich auswählen.

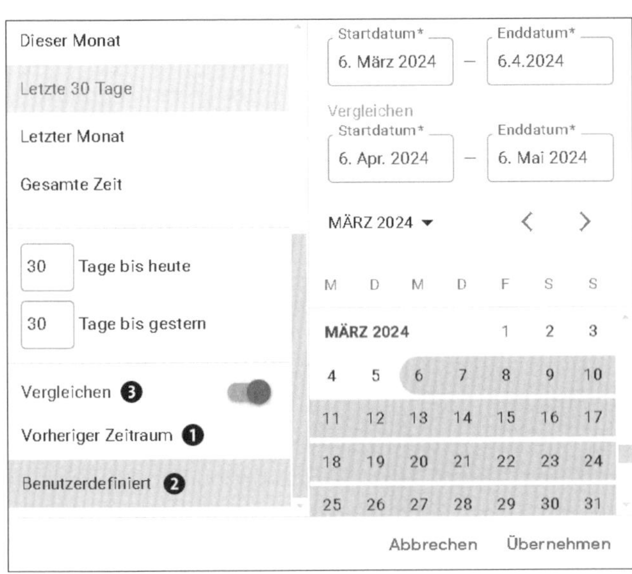

Abbildung 21.44 Vergleichszeitraum einstellen

Die Aktivierung zum Vergleich von Zeiträumen ist ganz einfach: Klicken Sie auf den Schieberegler ❸ neben VERGLEICHEN und wählen Sie danach den gewünschten Vergleichszeitraum aus den angebotenen Möglichkeiten aus. Zum Schluss aktivieren Sie den Vergleich noch per Klick auf ÜBERNEHMEN.

Nach der Aktivierung der Vergleichszeiträume enthält Ihre Google-Ads-Grafik nun weitere, gestrichelte Linien, die sich auf den hinzugefügten Vergleichszeitraum beziehen (siehe Abbildung 21.45). Die Darstellung erfolgt jeweils in der gleichen Farbe der aktivierten Kennzahlen. In unserem Beispiel werden die Klicks durch blaue und die Kosten durch rote Linien dargestellt.

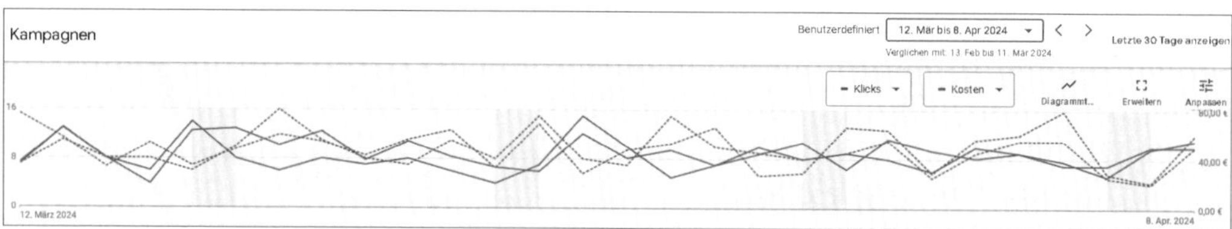

Abbildung 21.45 Grafik mit Vergleichszeiträumen

Vergleich von Zeiträumen in den Google-Ads-Statistiken

Sie finden einen Vergleich der Zeiträume auch in Ihren Statistikberichten. Klicken Sie zur Darstellung der Vergleichsdaten einfach auf die kleinen Pfeile im Headerbereich der jeweiligen Spalte, und die Vergleichszeiträume werden mit entsprechendem Datum angezeigt (siehe Markierung in Abbildung 21.46). Analog können Sie den Vergleich auch wieder schließen und sehen nur die Daten des ausgewählten Zeitraums ohne die Vergleichsdaten.

Abbildung 21.46 Aktivierung des Zeitraumvergleichs in den Statistiken

Tipp: Das Google-Standardsymbol

Falls Sie einmal eine bestimmte Einstellungsmöglichkeit oder eine Bearbeitungsfunktion nicht auf Anhieb sehen, lohnt sich immer ein Klick auf das Dreipunktemenü. Dieses finden Sie auch in vielen anderen Google-Produkten. Hier »verstecken« die Google-Entwickler alles, was sie sonst nicht mit eigenen Icons versehen und in der Hauptnavigation unterbringen können. Das Dreipunktemenü ist ein wichtiges Standardsymbol, hinter dem sich oft viele interessante Möglichkeiten verbergen.

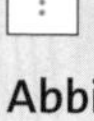

Abbildung 21.47 Die Standardlösung von Google: das Dreipunktemenü

21.11 Fazit

In diesem Kapitel haben Sie gelernt, welche speziellen Aktionen das Google-Ads-Konto bereithält. Sie wissen nun, mit welchen Klicks Sie wichtige Einstellungen oder Darstellungen aktivieren können und was sich hinter den verschiedenen Icons verbirgt, die im Konto immer wieder auftauchen. Mit diesem Wissen können Sie nun Ihre Aufgaben im Google-Ads-Konto schneller und effektiver durchführen und gewünschte Informationen leichter finden.

Tabelle 21.1 zeigt noch einmal die wichtigsten Aufgabenstellungen und Lösungen in der Zusammenfassung.

Aufgabenstellung	Hilfe oder Tool
Ich möchte schnell zu einer bestimmten Ebene navigieren.	Nutzen Sie die Suchfunktion im Header des Kontos, oder nutzen Sie die Shortcuts für die Aktionen, die Sie häufiger im Ads-Konto aufrufen.
Ich möchte schnell bestimmte Kampagnen, Anzeigengruppen etc. finden.	Nutzen Sie dazu die Suchfunktion oberhalb jeweiligen Statistik.
Ich möchte nur die aktivierten Kampagnen und Anzeigengruppen sehen.	Wählen Sie den Filter AKTIVIERT aus.
Ich möchte die Google-Ads-Statistiken schnell nach Impressionen, CTR, Klicks etc. sortieren.	Klicken Sie in die gewünschte Headerspalte und sortieren Sie mit einem weiteren Klick auf- oder absteigend.
Ich möchte etwas Neues anlegen, z. B. eine neue Kampagne erstellen oder neue Keywords hinzufügen etc.	Klicken Sie auf den blauen, runden Button mit dem Pluszeichen.
Ich möchte mehrere Kampagnen, Anzeigengruppen, Keywords etc. bearbeiten.	Aktivieren Sie die Checkbox vor den entsprechenden Elementen und klicken Sie danach auf BEARBEITEN.
Ich möchte alle aktivierten Checkboxen einer Tabelle wieder deaktivieren.	Klicken Sie zweimal nacheinander in die Checkbox, die sich im Header der Tabelle befindet.

Tabelle 21.1 Tipps zu Einstellungen und Vorgehensweisen im Google-Ads-Konto

Aufgabenstellung	Hilfe oder Tool
Ich möchte weitere Informationen zu bestimmten Begriffen oder Spaltenbezeichnungen erhalten.	Fahren Sie mit Ihrem Mauszeiger über das Fragezeichen, falls vorhanden. Weitere Infos zu den Tabellenspalten erhalten Sie, wenn Sie mit Ihrer Maus über die Spaltenbezeichnungen fahren.
Ich möchte Kampagnen, Anzeigengruppen, Keywords, Textanzeigen etc. aktivieren bzw. pausieren lassen.	Ändern Sie die Icons (grüner Punkt und Doppelstrich) vor dem jeweiligen Element.
Ich suche einen schnellen Hinweis zum Kampagnentyp einer Kampagne.	Achten Sie auf die Icons, die vor den Kampagnennamen stehen.
Ich möchte mehrere Segmentierungen gleichzeitig für meine Berichte nutzen.	Nutzen Sie die Segmentierungsmöglichkeit im Download-Bereich der Berichte.
Ich benötige einen schnellen Überblick über die Entwicklung meiner Google-Ads-Werbung.	Nutzen Sie die Grafikfunktion oberhalb Ihrer Statistiken und wählen Sie die gewünschten Kennzahlen aus.
Ich möchte die Leistung meiner Google-Ads-Kampagnen in Bezug auf zwei unterschiedliche Zeiträume vergleichen.	Aktivieren Sie einen Vergleichszeitraum in der Einstellung zur Zeitauswahl.

Tabelle 21.1 Tipps zu Einstellungen und Vorgehensweisen im Google-Ads-Konto (Forts.)

Kapitel 22
Optimierungstipps für Google-Ads-Kampagnen

Sie haben in diesem Buch an unterschiedlichen Stellen bereits viele Tipps zur Optimierung erhalten. Im Laufe der mittlerweile schon über 20 Jahre, die wir mit Google AdWords – nun Google Ads – verbracht haben, konnten wir verschiedene Ideen und Taktiken testen. Hier finden Sie unsere Favoriten.

Die folgenden Tipps und Anregungen haben wir eher für fortgeschrittene Nutzer als To-do-Liste notiert. Es sind daher nicht alle Schritte haarklein beschrieben, so wie Sie das aus dem restlichen Buch gewohnt sind. Die folgenden Tipps sollten Sie daher erst testen, wenn Sie grundsätzlich mit der Handhabung und den Kniffen des Google-Ads-Kontos vertraut sind.

22.1 Buchen Sie doch alle drei Keyword-Optionen

Diese Taktik haben Sie wahrscheinlich schon genutzt. Sie wird auch von vielen Agenturen praktiziert.

Die Idee: Für die wichtigsten Keywords soll durch die Schaltung aller drei Keyword-Optionen ein möglichst breites Spektrum an Suchanfragen abgedeckt werden. Bei genau passenden Suchanfragen zu den Keywords soll aufgrund der genau passenden Schaltung die optimale Qualität mit dem geringsten CPC erzielt werden.

Schalten Sie also Ihre wichtigsten Keywords in Ihrer Kampagne gleichzeitig mit den Optionen:

- WEITGEHEND PASSEND
- "PASSENDE WORTGRUPPE"
- [GENAU PASSEND]

Wichtiger Zusatztipp

Verteilen Sie die drei Optionen auf drei Anzeigengruppen und schließen Sie zusätzlich das jeweilige Keyword aus der folgenden Anzeigengruppe aus. Das klingt etwas kompliziert, darum schauen wir uns einmal ein Praxisbeispiel an. Das sieht dann am Beispiel der Keyword-Phrase *sonnenbrillen damen* folgendermaßen aus:

Keyword u. Option	Auszuschließendes Keyword	Gewünschte Ergebnisse
sonnenbrillen damen	"sonnenbrillen damen"	Alle Suchanfragen nach dem Keyword-Thema inklusive verwandter Begriffe, aber ohne die vorgegebene Suchphrase

Tabelle 22.1 Anzeigengruppe 1

Keyword	Auszuschließendes Keyword	Gewünschte Ergebnisse
"sonnenbrillen damen"	[sonnenbrillen damen]	Alle Suchanfragen nach der vorgegebenen Suchphrase zuzüglich Ergänzungen

Tabelle 22.2 Anzeigengruppe 2

Keyword	Auszuschließendes Keyword	Art der Suchanfrage
[sonnenbrillen damen]	–	Nur Suchanfragen, die genau zu der vorgegebenen Suchphrase passen

Tabelle 22.3 Anzeigengruppe 3

Durch die Aufteilung der Keywords auf Anzeigengruppen in Kombination mit den Ausschlüssen auf Anzeigengruppenebene können Sie genau steuern, welche Suchanfragen für die jeweilige Anzeigengruppe ausgelöst werden. Suchen Ihre potenziellen Kunden genau passend, dann erhalten Sie den Klick zu einem günstigen Klickpreis. Auf der anderen Seite verpassen Sie durch die weitgehende Schaltung der Suchphrase keine Suchanfragen, die thematisch zu Ihren Keywords passen. Je nach Budget und/oder Auftragslage können Sie zudem noch durch die gezeigte Aufteilung nach Anzeigengruppen die weitgehende und kostenintensivere Anzeigengruppe gezielt pausieren, während die Anzeigengruppen mit den passenderen Suchanfragen weiterlaufen. Bei Bedarf werden später die Keywords mit den weitgehenden Optionen wieder zugeschaltet, wenn man die Reichweite der Anzeigen wieder steigern möchte.

22.2 Spiegeln Sie Ihre Kampagnen

Bei dieser Strategie gehen wir zunächst davon aus, dass Ihre Kampagnen schon eine Zeit lang ausgespielt wurden und Sie bei den Keyword-Themen Gewinner und Verlierer bzw. Kampagnen, die nicht so gut performen, identifizieren können. Durch das Kopieren einer Kampagne können Sie nun mit zwei Kampagnen fortfahren, die zunächst die gleiche Ausrichtung haben.

In der Ausgangskampagne bleiben die »Gewinner-Keywords« mit der Ausrichtung GENAU PASSEND und eventuell PASSENDE WORTGRUPPE-Ausrichtung. In der Kopie nutzen Sie die Keywords, die bis jetzt nicht so gut performt haben, in weitgehender oder modifizierter Ausrichtung. Diese Kampagnenkopie ist Ihre zukünftige Testkampagne. Hier können Sie zukünftig verschiedene Optimierungsmöglichkeiten testen oder über die weitgehenden Keywords neue Suchanfragen der Zielgruppe finden. Die Ausgangskampagne kann dann zukünftig quasi ohne große Beobachtung und Bearbeitung mit genau passenden Keyword-Optionen weiterlaufen. Da in dieser alten Kampagne die schlechter performenden Keywords zunächst nur pausiert worden sind, können Sie später immer wieder zu dem alten Zustand zurückkehren, indem Sie die gespiegelte Kampagne pausieren oder löschen und die Keywords in der Ausgangskampagne wieder aktivieren. Zudem können Sie Ihr Gesamtbudget gezielt auf die beiden Kampagnen verteilen und bestimmen, welchen Anteil Sie für einen Test nutzen möchten.

22.3 Eine eigene Suchkampagne – nur für Smartphones

Diese Strategie der mobilen Kampagnen setzt auf die gespiegelte Kampagne auf. Bei dieser Strategie wird aber nicht nach Keywords und Keyword-Optionen unterschieden, sondern nach Endgeräten. Erstellen Sie eine Suchkampagne, die Sie über die Gebotsanpassung der unterschiedlichen Geräte nur auf Smartphones ausrichten, indem Sie Computer und Tablets auf –100 % Gebotsanpassung setzen. Die Einstellungsmöglichkeit finden Sie etwas versteckt unter STATISTIKEN UND BERICHTE •

Wann und wo Anzeigen ausgeliefert wurden im Headermenü unter Geräte. Für die neue Smartphone-Kampagne können Sie nun bestimmte Keywords, Anzeigentexte, Landingpages, Zielgruppen etc. bestimmen, sodass Sie ganz bewusst Ihre potenziellen Kunden in Situationen erreichen, wenn diese via Smartphone zum Beispiel unterwegs nach Ihren Produkten, Dienstleistungen, Geschäften etc. suchen.

22.4 Trennen Sie die Kampagnen nach Geschlecht

Bei der geschlechterspezifischen Ausrichtung der Suchkampagnen geht es um die Idee, eine bestimmte Zielgruppe viel genauer ansprechen zu können. Versuchen Sie, das gleiche Produkt (oder auch die gleiche Dienstleistung) einmal speziell für Frauen und einmal speziell für Männer zu bewerben. Ändern Sie hierfür die Ansprache in den Textanzeigen und die Ansprache auf der Landingpage. Eventuell können Sie auch noch die vorgegebenen Keywords nach den Vorlieben der Zielgruppe anpassen. Bei einer Displaykampagne können Sie zudem die Bildmotive in den Anzeigen anpassen.

Verteilen Sie die beiden Werbekampagnen in unterschiedliche Anzeigengruppen und bestimmen Sie über die demografischen Merkmale, für welches Geschlecht

- Weiblich
- Männlich

die jeweilige Anzeigengruppe ausgespielt werden soll bzw. welches Geschlecht auf Ebene der Anzeigengruppe ausgeschlossen wird (siehe Abbildung 22.1). Sicherlich kennt Google nicht immer das jeweilige Geschlecht eines Suchenden, sondern ordnet auch viele Nutzer der Kategorie Unbekannt zu. Diese unbekannte Gruppe ordnen Sie in Ihren Anzeigengruppen einfach der größten Nutzergruppe des jeweiligen Produkts bzw. der jeweiligen Dienstleistung zu. Wenn Sie beispielsweise in einer Kampagne spezielle Laufschuhe für Herren bewerben, sollten statistisch gesehen mehr Männer interessiert sein. Daher lassen Sie die unbekannte Gruppe in der Anzeigengruppe aktiviert, die Sie den Männern zugeordnet haben. Auch bei dieser Taktik geht es wieder nur um statistische Größen. Sie können natürlich nicht treffgenau jeden potenziellen Kunden ansprechen. Aber das vorgestellte Beispiel hat in der Praxis bei bestimmten Themen gut funktioniert. Mit zielgenauer Ansprache in den Anzeigen und einer individuellen Präsentation der Produkte auf der Landingpage für die jeweiligen Zielgruppen konnten im Vergleich zur Ausgangskampagne beispielsweise mehr Bohrmaschinen sowohl für Männer als auch für Frauen verkauft werden.

Abbildung 22.1 Anzeigengruppen – getrennt nach Geschlecht

Falls Sie zusätzlich bestimmte Budgets, Regionen und Zeiten für die geschlechtsspezifischen Gruppen individualisieren möchten, reicht die Verteilung in den Anzeigengruppen natürlich nicht – dann benötigen Sie zwei unterschiedliche Kampagnen. Bei der Aufteilung der Ausgangskampagne können Sie dann wie in Abschnitt 22.2, »Spiegeln Sie Ihre Kampagnen«, beschrieben vorgehen.

22.5 Optimieren Sie auf Regionen und Uhrzeiten

Falls Sie die Gebotsstrategie »Klicks maximieren« oder »Manueller CPC« in Ihren Suchkampagnen verwenden und dabei Conversions verfolgen, empfehlen wir Ihnen, die Statistiken dieser Kampagnen im Hinblick auf Conversions über einen längeren Zeitraum (mindestens drei Monate) zu analysieren. Erkennen Sie bei dieser Analyse bestimmte Regionen und/oder Uhrzeiten, die für Ihre Kampagnen besonders gut funktionieren? Falls Sie dabei bestimmte Regionen oder Zeiten identifizieren, die besonders effektiv sind, können Sie Ihre Gebote durch prozentuale Anpassungen optimieren (siehe Abbildung 22.2). Andererseits sollten Sie die Gebote reduzieren, wenn es in bestimmten Regionen oder zu bestimmten Zeiten weniger erfolgreich läuft.

Die Gebotsanpassungen für die Regionen nehmen Sie unter dem Navigationspunkt KAMPAGNEN • ZIELGRUPPEN, KEYWORDS UND INHALTE • STANDORTE vor. Zur Anpassung der Zeiten nutzen Sie den WERBEZEITPLANER unterhalb der STANDORTE. Wählen Sie jedoch zunächst die gewünschte Kampagne über die Filter aus.

Noch zwei Anmerkungen zu diesen Optimierungsmöglichkeiten:

1. Diese Taktik ist nur dann sinnvoll, wenn Sie nicht auf die automatischen Gebotsstrategien von Google setzen möchten, weil diese beispielsweise für Ihre Branche und Ihre Kampagnen nicht funktioniert haben.

2. Wenn Sie nicht mit Conversions arbeiten können oder wollen und daher nicht wissen, welche Region und welche Zeit für die Kampagnen gut funktioniert haben, dann besteht natürlich immer die Möglichkeit, wichtige Informationen aus Ihrem Kundenmanagementsystem zu erhalten. Stellen Sie sich dort, außerhalb von Google Ads, eine Liste mit den Regionen Ihrer Kunden zusammen. Außerdem können Sie vielleicht analysieren, zu welchen Zeitpunkten verstärkt Bestellungen oder E-Mail-Anfragen eintreffen. Sie wissen ja, es geht immer nur um statistische Abschätzungen.

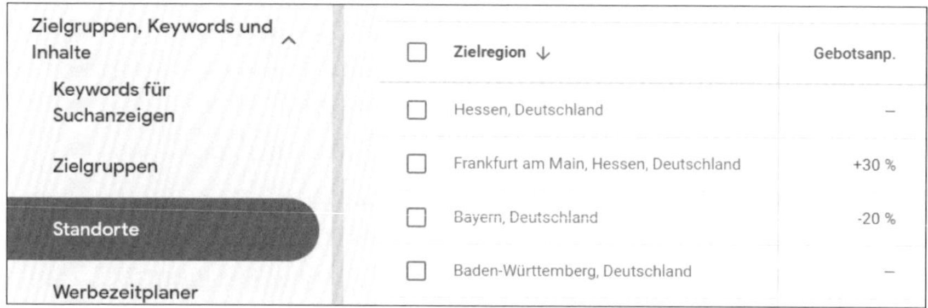

Abbildung 22.2 Gebotsanpassungen nach Regionen nutzen

22.6 Setzen Sie auf Smart-Bidding-Strategien

Nutzen Sie automatisierte Conversion-Strategien und Gebotsstrategien wie Ziel-CPA oder Ziel-ROAS, um Ihr Budget optimal einzusetzen. Sobald Sie verschiedene Conversion-Ziele festgelegt und ausreichend Daten gesammelt haben (mehr als 15 Conversions in den letzten 30 Tagen), sollten Sie unbedingt testen, ob das Google-System mithilfe der automatischen Gebotsstrategien (*Smart Bidding*) bessere Conversion-Raten erzielt.

Bei Smart Bidding setzt Google auf künstliche Intelligenz. Diese Kampagnen können sehr gut funktionieren, jedoch hängt der Erfolg stark von der Menge der verfügbaren Daten ab, die das System für das Lernen nutzen kann. Starten Sie einen Smart-Bidding-Test nicht mit den aggressivsten Gebotsanpassungen, sondern gehen Sie in folgender Reihenfolge vor, nachdem Sie zu Beginn die manuellen Gebote für Ihre Kampagne eingestellt haben:

1. Aktivieren Sie den auto-optimierten CPC für manuelle Gebote (siehe Abbildung 22.3).
2. Wenn die Gebotsstrategie positive Ergebnisse erzielt, wechseln Sie zu CONVERSIONS MAXIMIEREN oder CONVERSION-WERT MAXIMIEREN.

3. Nach den beiden allgemeinen Optimierungsstrategien können Sie dann im dritten Schritt die speziellen Gebotsstrategien testen:
   - ZIEL-ROAS: Dies ist eine gute Bidding-Strategie, wenn Sie verschiedene Produkte mit identifizierbaren Werten verkaufen, die beim Conversion-Tracking übermittelt werden. Mit dem Ziel-ROAS können Sie das Verhältnis zwischen den Ausgaben für Anzeigen und dem Umsatz der Produkte festlegen.
   - ZIEL-CPA: Wenn Sie einer Conversion keinen Wert zuordnen können und alle Conversions für Sie gleichwertig sind, dann ist der Ziel-CPA eine gute Möglichkeit, um die Ads-Gebote automatisch zu steuern.

Denken Sie jedoch immer daran, dass nicht alle Conversions erfasst werden. Gehen Sie langsam und behutsam bei der Optimierung vor und gleichen Sie die Daten mit Ihren tatsächlichen Verkäufen aus Ihrem Warenwirtschafts-system ab.

Falls Sie keine Makro-Conversions wie Käufe oder Kundenanfragen auf Ihrer Website generieren, können Sie vorübergehend auch Mikro-Conversions als Ziel setzen, zum Beispiel das Engagement der Besucher auf Ihrer Webseite. Auf diese Weise kann das Ads-System darauf optimiert werden. Allerdings sollten Sie sehr genau überwachen, was geschieht. Wenn es in Verbindung mit Ihrer Google-Ads-Werbung und den interessierten Besuchern auf Ihrer Website vermehrt zu Kundenanfragen oder Telefonanrufen kommt, dann sind Sie auf dem richtigen Weg.

Abbildung 22.3 Kampagnen mit Gebotsstrategien steuern

22.7 Schließen Sie konsequent aus

Das konsequente Ausschließen ist eine Optimierungstaktik, die leider zu selten genutzt wird. Am häufigsten werden noch Keywords ausgeschlossen. Denken Sie jedoch daran, dass Sie die Ausschlussmöglichkeiten bei allen Ausrichtungen nutzen können – und sollten! Schließen Sie daher auch immer, sofern dies sinnvoll ist, bestimmte Zielgruppen aus (siehe Abbildung 22.4). Nutzen Sie die Ausschlussmöglichkeiten bei allen Kampagnentypen, bei denen dies möglich ist – also neben der Suche auch für das Displaynetzwerk, die Shopping- und die Videokampagnen.

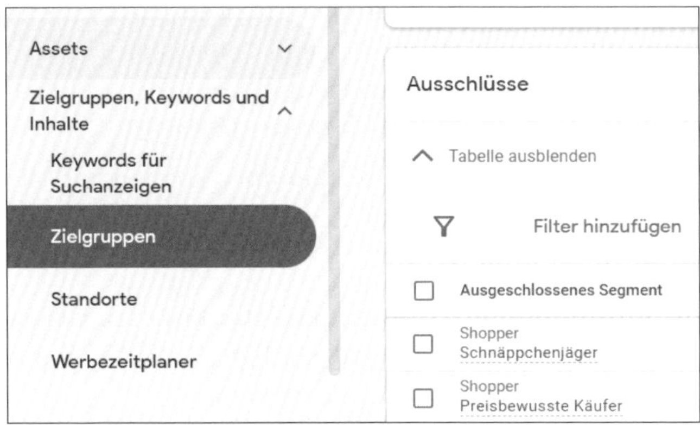

Abbildung 22.4 Zielgruppen ausschließen

22.8 Kombinieren Sie Ausrichtungen im GDN

Wenn Sie in Ihren Displaykampagnen nicht die automatisierte Ausspielung nutzen, wie von Google empfohlen, sondern unserer Empfehlung folgen und eine Targeting-Möglichkeit pro Anzeigengruppe verwenden, sollten Sie die ausgewählten Platzierungen und die Ergebnisse regelmäßig überprüfen. Falls die Interaktionen mit Ihren Anzeigen nicht den gewünschten Erfolg erzielen, können Sie Ihr Targeting durch zusätzliche Ausrichtungen weiter verfeinern. Gehen Sie dabei wie folgt vor:

1. Navigieren Sie zur Anzeigengruppe der Displaykampagne, für die Sie zusätzliche Ausrichtungen hinzufügen möchten.
2. Klicken Sie dann im Navigationsmenü auf INHALT.
3. Klicken Sie anschließend auf das große Bearbeitungssymbol im blauen Kreis und wählen Sie als Nächstes AUSRICHTUNG DER ANZEIGENGRUPPE BEARBEITEN.
4. Wählen Sie unter AUSRICHTUNGSSIGNALE HINZUFÜGEN die gewünschte Ausrichtung aus, z. B. ZIELGRUPPEN, THEMEN, KEYWORDS etc.
5. Danach können Sie die gewünschte Ausrichtung mit dem Bearbeitungsstift ❶ hinzufügen (siehe Abbildung 22.5).

Zusätzliche Tipps

Denken Sie auch daran, dass Sie Kriterien ausschließen ❷ und zusätzliche Signale hinzufügen können ❸.

Zudem sollten Sie die Optimierte Ausrichtung deaktivieren ❹. Vermeiden Sie zu viele Kombinationen, damit Sie besser testen können, was für Ihr Produkt oder Ihre Dienstleistung am besten funktioniert. Durch die gezielte Kombination können Sie Ihre Werbung zielgerichteter für potenzielle Kunden ausspielen.

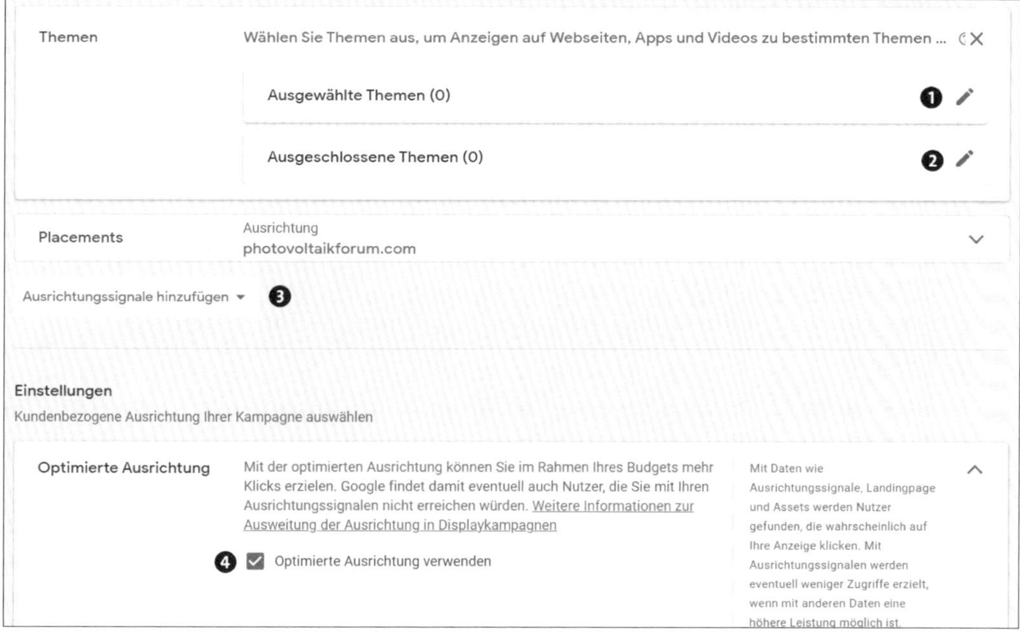

Abbildung 22.5 Ausrichtungssignale hinzufügen

Unterhalb der Einstellungen zur optimierten Ausrichtung können unter Zusätzliche Beobachtungen zudem weitere Targeting-Optionen zur Beobachtung eingestellt werden. Wie Sie bereits wissen, dient die Beobachtung lediglich dazu, weitere Ausrichtungsideen zu testen, ohne dass eine Ausrichtung als Targeting festgelegt wird.

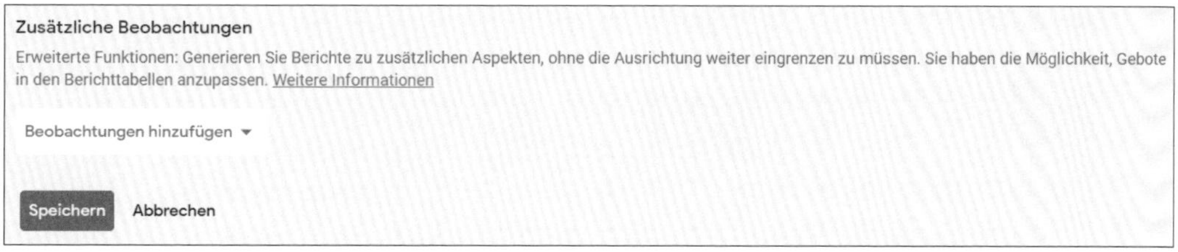

Abbildung 22.6 Neben einer Ausrichtung ist auch eine Beobachtung möglich.

22.9 Schalten Sie nur für spezielle Placements im GDN

Falls Sie nur gezielte Botschaften für bestimmte Interessenten ausliefern möchten und mit der breiten Auslieferung im Displaynetzwerk nicht zufrieden sind, weil Sie dort zwar eine große Sichtbarkeit erhalten, aber viele Einblendungen Ihrer Marketingkampagne nicht helfen, sollten Sie gezielt einzelne Placements (Webseiten) auswählen und nur dort Ihre Anzeigen schalten. Die Recherche ist zwar etwas aufwendiger, aber Sie können damit genau vorherbestimmen, wo Ihre Werbung im GDN ausgespielt wird.

22.10 Schalten Sie Videoanzeigen auf speziellen YouTube-Kanälen

Es kann auch sehr lohnend sein, bei Videoanzeigen nicht in die Breite zu gehen, sondern gezielt bestimmte Kanäle oder interessante Videos auszuwählen. Auf diese Weise können Sie Ihre Videobotschaften sehr gezielt an Ihre potenziellen Kunden ausliefern.

In Abbildung 22.7 können Sie erkennen, dass Sie auch ausgewählte VIDEOPAKETE ❶ buchen können. Videopakete kombinieren verschiedene beliebte Videos zu bestimmten Themen. Dies kann eine interessante und zusätzliche Möglichkeit sein, die Google-Ads-Administratoren testen sollten. Die Videopakete wurden im Laufe der Zeit als zusätzliche Placement-Möglichkeit bei YouTube-Kampagnen hinzugefügt. Daher sollten Sie auch bei bestehenden Kampagnen im Laufe der Zeit immer wieder die verfügbaren Ausrichtungsmöglichkeiten überprüfen – vielleicht gibt es Neues zu entdecken?

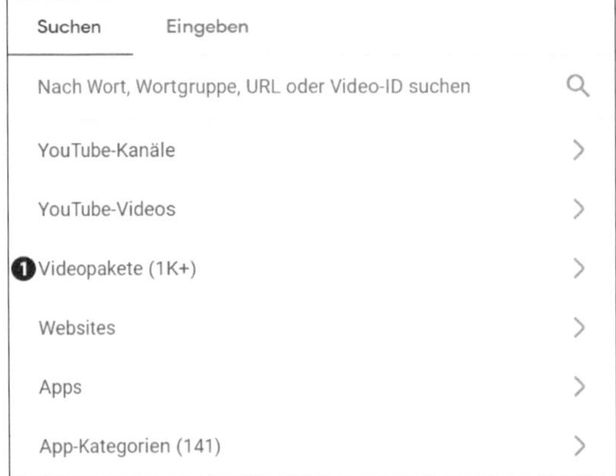

Abbildung 22.7 Wählen Sie YouTube-Kanäle, Videos und Videopakete bewusst als Targeting-Möglichkeit.

22.11 Nutzen Sie eigene Brand-Awareness-Kampagnen

Erstellen Sie Ihre eigenen Brand-Kampagnen für Ihr Unternehmen und Ihre Marke. Sie sollten daher Ihre Brand-Keywords von den anderen Kampagnen trennen. Verwenden Sie zudem Anzeigentexte und Bilder, die Ihr Marken-Image und Ihre Werte repräsentieren. Sie können mit einer eigenen Brand-Kampagne ein eigenes Budget festlegen, Zielgruppen und Remarketing definieren – und Sie erhalten individuelle Statistiken zu Ihrer Brand-Kampagne, die in jedem Fall besser performt im Vergleich zu Kampagnen mit generischen Keywords. Nutzen Sie auch Videoanzeigen, um die Markenbekanntheit über YouTube zu steigern.

22.12 Budgetmanagement

Überwachen Sie Ihre Ausgaben täglich, sofern Sie die Möglichkeit dazu haben. Andernfalls sollten Sie automatisierte Regeln verwenden und *Alerts* für definierte Situationen einrichten, über die Sie informiert werden möchten.

Wenn Sie Ihre Ads-Kampagnen täglich überwachen, können Sie sicherstellen, dass Sie Ihr Budget effizient nutzen und keine unnötigen Ausgaben verursachen. Überprüfen Sie Ihre Kampagnenleistung, die Kosten pro Klick (CPC), Conversion-Raten und andere relevante Metriken, um frühzeitig Anomalien oder Probleme zu erkennen und Anpassungen vornehmen zu können..

Nicht alle Ihre Kampagnen werden die gleiche Performance aufweisen. Einige könnten besser abschneiden als andere. Sie sollten Ihr Budget entsprechend der Performance einzelner Kampagnen anpassen. Das bedeutet, dass Sie mehr Budget auf diejenigen Kampagnen verteilen sollten, die eine hohe Conversion-Rate und einen positiven Return on Investment (ROI) aufweisen, während Sie das Budget für weniger erfolgreiche Kampagnen reduzieren oder pausieren sollten.

In einigen Branchen und für bestimmte Produkte oder Dienstleistungen können auch saisonale Schwankungen auftreten. Passen Sie Ihr Budget entsprechend an, um Spitzenzeiten und geringere Nachfragezeiten zu berücksichtigen.

22.13 Wettbewerbsanalyse

Beobachten Sie regelmäßig auch Ihre Mitbewerber in Bezug auf Google Ads. Informationen über Mitbewerber finden Sie in den Auktionsdaten. Zusätzlich können Sie professionelle SEO-/SEA-Tools wie zum Beispiel *Sistrix*, *Searchmetrics*, *SEMrush* oder

Xovi nutzen. Mithilfe des Auktionsdatenberichts können Sie analysieren, welche Keywords hohe Überschneidungen aufweisen, und zudem sehen, auf welchen Positionen Ihre Anzeigen im Vergleich zu den Mitbewerbern stehen. Über diese Tools oder Ihre eigenen Recherchen können Sie auch Anzeigentexte und Landingpages analysieren.

Nach der Analyse sollten Sie gegebenenfalls Anpassungen an Ihren Google-Ads-Elementen und -Strategien vornehmen. Bei den Anzeigen ist es wichtig, die Vorteile zu betonen, bei denen Sie Alleinstellungmerkmale besitzen.

22.14 Saisonale Kampagnen aufsetzen

Planen Sie frühzeitig im Voraus für saisonale Ereignisse oder Feiertage und passen Sie Ihre Anzeigentexte und Assets entsprechend an. Verwenden Sie saisonale Keywords und betonen Sie die Vorteile Ihrer Angebote für diese Zeit. Erstellen Sie außerdem spezielle Landingpages für saisonale Angebote und Werbeaktionen. Achten Sie darauf, den Zeitpunkt von saisonalen Ereignissen oder Feiertagen zu berücksichtigen, um sicherzustellen, dass Ihre Anzeigen rechtzeitig live geschaltet werden. Sie können saisonale Kampagnen pausieren, aktualisieren und mithilfe automatisierter Regeln zum gewünschten Zeitpunkt starten. Aktualisieren Sie veraltete Kampagnen und recherchieren Sie vorher die aktuellen Trends zu Ihrem Thema. Untersuchen Sie zudem vergangene Leistungsdaten, um herauszufinden, welche saisonalen Angebote oder Produkte in der Vergangenheit gut funktioniert haben. Dies wird Ihnen helfen, fundierte Entscheidungen über Ihre Kampagnen zu treffen. Überwachen Sie Ihre saisonalen Kampagnen während der saisonalen Hochphasen und passen Sie Ihre Gebote und Anzeigen an, um auf veränderte Marktbedingungen zu reagieren. Nach Abschluss der saisonalen Kampagne analysieren Sie die Leistungsdaten, damit Sie Ihre Strategie für zukünftige saisonale Kampagnen weiter optimieren können.

22.15 Erstellen und testen Sie verschiedene Zielgruppen

Die Zielgruppen, die Sie in Google Ads vorfinden, sind möglicherweise nicht von der gleichen Qualität wie diejenigen, die Sie aus Ihren Social-Media-Kampagnen kennen. Aus diesem Grund empfehlen wir, zusätzlich verschiedene Zielgruppen auf Basis von Kriterien wie Alter, Geschlecht, Interessen, Suchverhalten etc. zusammenzustellen und in verschiedenen Kampagnen oder Anzeigengruppen zu testen. Sie können unterschiedliche Zielgruppen für Ihre Google-Kampagnen in Ihrem Ads-Konto in der Zielgruppenverwaltung erstellen und kombinieren. Gehen Sie dazu zu TOOLS • GEMEINSAM GENUTZTE BIBLIOTHEK • ZIELGRUPPENVERWALTUNG.

Abbildung 22.8 »Zielgruppenverwaltung« in der Bibliothek

Nachdem Sie den Tab ZIELGRUPPEN (siehe Abbildung 22.8) ausgewählt haben, können Sie Ihre individuelle Zielgruppe zusammenstellen (siehe Abbildung 22.9). Geben Sie dieser neuen Zielgruppe einen Namen ❶ und kombinieren Sie gegebenenfalls BENUTZERDEFINIERTE SEGMENTE ❷, SELBST ERHOBENE DATEN ❸ und die von Google erstellten Zielgruppen, die Sie unter INTERESSEN UND DETAILLIERTE DEMOGRAFISCHE MERKMALE ❹ finden.

Um die Qualität Ihrer Zielgruppen zu erhöhen, sollten Sie jedoch nicht zu viele verschiedene Merkmale und Interessen miteinander kombinieren.

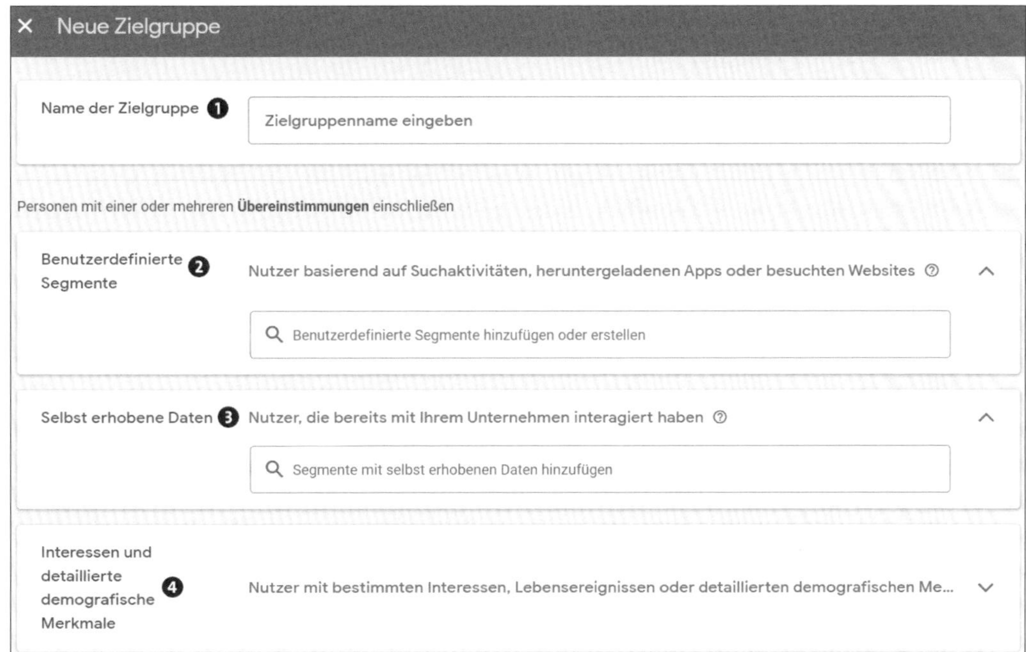

Abbildung 22.9 Neue Zielgruppen durch Kombination unterschiedlicher Segmente definieren

Weitere Tipps zu den Zielgruppen

Schauen Sie sich in der Zielgruppenverwaltung auch die Tabs BENUTZERDEFINIERTE SEGMENTE und KOMBINIERTE SEGMENTE an. Hier gibt es weitere Möglichkeiten, interessante Zielgruppen zusammenzustellen, die Sie dann auch wieder mit anderen Zielgruppen kombinieren können. Nachdem Sie verschiedene Zielgruppen erstellt haben, testen Sie diese einzeln nacheinander in Ihren Kampagnen, um immer bessere Erkenntnisse über passende Zielgruppen zu gewinnen. Diese Erkenntnisse helfen Ihnen auch bei der Einrichtung von Zielgruppensignalen für die neuen KI-gesteuerten Kampagnen, wie zum Beispiel die PMax-Kampagnen in Ihrem Ads-Konto.

22.16 Kombination von PMax- und Suchkampagnen

Obwohl Google behauptet, dass PMax-Kampagnen nicht mit der bezahlten Suche in Konkurrenz stehen, kann diese Aussage in der Praxis nicht immer bestätigt werden. Es gibt immer wieder Überschneidungen bei der gleichzeitigen Ausspielung dieser Kampagnentypen. Kleine Tests haben gezeigt, dass eine Kombination aus PMax-Kampagnen und Suchkampagnen einen deutlichen Einfluss auf die Leistung von Markensuchkampagnen haben.

Wenn PMax-Kampagnen mit Markensuchkampagnen kombiniert werden, können die Impressionen und Klicks in der Markensuche zwar sinken, aber die Gesamt-Conversions beider Kampagnen steigen, was sich positiv auf das Gesamtergebnis auswirkt. Es ist sehr wahrscheinlich, dass eine verstärkte Präsenz in den Online-Marketing-Kanälen in einer bestimmten Branche oder zu einem bestimmten Thema insgesamt positive Auswirkungen auf die Conversions hat. Daher empfehlen wir, unter genauer Beobachtung eine Kombination beider Kampagnentypen in Ihrem Konto zu testen.

22.17 Lokale Werbekampagnen für lokale Unternehmen

Lokale Unternehmen sollten unbedingt lokale Kampagnen einsetzen. Verwenden Sie als lokales Unternehmen auf jeden Fall Standorterweiterungen, um Nutzern die physische Adresse und Entfernungsinformationen anzuzeigen. Aktualisieren Sie zudem regelmäßig die Öffnungszeiten und weitere wichtige Informationen in Ihrem Google-Firmenprofil. Nutzen Sie außerdem lokale Keywords und vermitteln Sie einen lokalen Bezug, indem Sie Städte oder Bezirke in die Anzeigentexte einfügen. Dafür eignet sich der Standortplatzhalter in responsiven Textanzeigen besonders gut.

Auch wenn wir kein Fan davon sind, könnte eine smarte Kampagne als einfache Universallösung für kleine Unternehmen eine Möglichkeit sein, schnell eine erste Google-Ads-Kampagne zu erstellen.

22.18 App-Kampagnen nicht vergessen

Wenn Sie eine eigene App besitzen, dann sollten Sie auf jeden Fall auch App-Kampagnen in Ihrem Google-Ads-Konto nutzen. Für App-Kampagnen ist es besonders wichtig, dass Sie das App-Conversion-Tracking implementieren und die Nutzerinteraktion innerhalb der App analysieren. Testen Sie verschiedene Arten von App-Anzeigen, wie interaktive Anzeigen oder Videoanzeigen, und verwenden Sie tiefgreifende Links, um Nutzer direkt zu relevanten Seiten innerhalb der App zu führen.

22.19 Fazit

In diesem Kapitel haben wir Ihnen unsere wertvollsten Tipps zur Optimierung Ihrer Google-Ads-Kampagnen verraten. Schauen Sie, welche Taktik für Ihre Kampagnen am besten passt, und testen Sie verschiedene Dinge aus.

Sie wissen ja, im Online-Marketing geht es immer um das eine: testen, testen, testen.

Kapitel 23

Die Zukunft von Google Ads – wie geht es weiter?

Wohin werden sich das Suchmaschinenmarketing und speziell Google Ads entwickeln? Natürlich können wir das nicht wissen. Google weiß es teilweise selbst nicht und ist immer für eine Überraschung gut! Aber es gibt interessante Hinweise, wie es weitergehen könnte.

In seiner aktuellen vierten Auflage verdeutlicht das vorliegende Buch schon die dynamische Natur des Online-Marketings, insbesondere im Hinblick auf die kontinuierliche Entwicklung von Google Ads. Die fortlaufenden Innovationen, angefangen bei Videokampagnen über Google-Shopping-Kampagnen bis hin zu Performance Max-Kampagnen, zeigen die Evolution des Google-Ads-Werbeprogramms. Seit der Einführung von Google Ads in Deutschland haben wir diese Entwicklungen hautnah miterlebt – sowohl in eigenen Projekten als auch durch die Produktion von Lehrvideos und das Verfassen von Büchern über Google Ads.

Wir sind überzeugt, dass wir aktuell nur einen Zwischenstopp in der Entwicklung von Google Ads betrachten. Insbesondere werden KI und die Integration intelligenter Chatprogramme zentrale Elemente zukünftiger Updates sein. Google ist bekannt dafür, Änderungen ohne umfangreiche Vorankündigung einzuführen. Während unserer Arbeit an diesem Buch gab es bereits zahlreiche Neuerungen, die den dynamischen Charakter von Google Ads unterstreichen.

In diesem Kapitel werfen wir einen Blick in die nahe und potenziell auch fernere Zukunft von Google Ads. Es soll Ihnen helfen, die künftigen Trends und Entwicklungen besser zu antizipieren. Die Landschaft des Online-Marketings ändert sich rasant. Es ist daher ratsam, stets informiert zu bleiben und neue Werbemöglichkeiten zeitnah zu nutzen, um sich einen Wettbewerbsvorteil zu sichern.

23.1 Die mobile (standortungebundene) Nutzung wird weiter zunehmen

Die Internetnutzung auf mobilen Endgeräten ist aktuell bereits ein wichtiges Thema. Die Entwicklung geht aber sicher weiter – und es werden neben dem Smartphone noch andere Endgeräte hinzukommen.

Die mobile Internetnutzung hat in den letzten Jahren enorm zugenommen. Tatsächlich stieg laut einer Untersuchung der *Statista GmbH* der Anteil mobiler Internetnutzer in Deutschland von 68 % im Jahr 2018 auf 84 % im Jahr 2022.[1] Diese Entwicklung wird nicht nur beim Smartphone verweilen; weitere Endgeräte werden eine Rolle spielen.

Angesichts dieser Trends muss *Mobile* im Zentrum jeder Google-Ads-Kampagne stehen. Das Nutzerverhalten auf mobilen Endgeräten erfordert technische und inhaltliche Anpassungen von Unternehmenswebsites. Google priorisiert Responsive-Design-Webseiten – also Seiten, die sich an jedes Endgerät anpassen – in seinen Suchergebnissen. Die *Mobile First*-Strategie von Google betont den mobilen Index von Webseiten im organischen Ranking. Wer nicht mobil optimiert ist, wird auch mit seiner Desktop-Version Schwierigkeiten haben. Zudem hat Googles Fokus auf verschlüsselte Websites den Trend zu SSL-Zertifikaten beschleunigt, was schnelle und »sichere« Websites zum neuen Standard macht.

Googles steigendes Engagement in der mobilen Werbung signalisiert zukünftige Innovationen im Werbebereich. Ein zentraler Beweggrund für die Einführung von Google Analytics 4 Property war das geräteübergreifende Tracking von Websites und Apps. Dies deutet darauf hin, dass Google den Wunsch hat, potenzielle Kunden über diverse Geräte bis zum tatsächlichen Kauf vor Ort zu verfolgen. Googles Fokus liegt hier besonders auf der Verbindung zwischen mobilen Suchanfragen und lokalen Einkäufen. Mithilfe von lokalisierten Anzeigen können Händler ihre Produkte gezielt in der Nähe suchenden Nutzern vorstellen. Wenn ein Nutzer das Internet quasi immer in der Hosentasche dabeihat, wird er viel öfter im Internet nach lokalen Geschäften oder *Points of Interest* suchen.

Unternehmen wie Google und Apple erweitern zudem das Spektrum mit neuen, internetfähigen Geräten wie Smartwatches und Brillen. Zahlungssysteme wie Google Wallet und Apple Pay vereinfachen das komplette Shopping mit dem Smartphone. Weitere Entwicklungen mit neuen Geräten, wie zum Beispiel faltbaren Smartphones, sind nur ein Beispiel dafür, wie sich das mobile Ökosystem weiterentwickeln wird.

1 *https://de.statista.com/statistik/daten/studie/633698/umfrage/anteil-der-mobilen-internetnutzer-in-deutschland/*

Behalten Sie diese Entwicklungen im Blick und reagieren Sie mit der Nutzung neuer Kampagnentypen, Anzeigenversionen, neuer Assets und Gebotsstrategien auf diese Veränderungen.

23.2 Videos in den Textanzeigen

Eine Entwicklung in Google Ads ist schon konkret in den Ergebnissen zu beobachten und hat sich ständig weiterentwickelt – die Nutzung multimedialer Elemente in den Google-Suchergebnissen. Aktuell finden sich vermehrt Bilder in den Textanzeigen – eine Vorstellung, die vor Jahren noch unmöglich schien, weil Google immer die spartanische Gestaltung der Google-Suche (weiße Fläche mit Suchfeld) und der Google-Ergebnisseite (einfache Textanzeigen und organische Ergebnisse mit einer zweizeiligen Beschreibung) in den Vordergrund gestellt hat. Da Bilder in den Textanzeigen bei den Nutzern gut ankommen und daher diese Anzeigen mehr Aufmerksamkeit und am Ende auch mehr Klicks generieren, wird Google diese Ideen von Anzeigen mit stärkerer Aufmerksamkeit zukünftig weiter voranzutreiben. Es ist daher nicht unwahrscheinlich, dass auch noch Slideshows oder Videos neben den Anzeigentexten in den Suchergebnissen erscheinen können – bei Displaykampagnen können wir diese Einstellung bereits jetzt schon vornehmen. Insgesamt werden wir auch in den Suchergebnissen zukünftig noch eine Zunahme von Multimedia-Elementen sehen.

In einem Beta-Test hat Google bereits 2019 mit sogenannten *Image Extensions* experimentiert. Bei dieser Werbeform wurden drei zusätzliche Bilder zur Position eins in den Top-Ergebnissen eingeblendet (siehe Abbildung 23.1). Es ist durchaus denkbar, dass auch irgendwann zusätzliche Videoclips in den Standardtextanzeigen zugelassen werden.

Abbildung 23.1 Werbung mit Image Extension

Seit Ende 2019 bietet Google nun Ads für die mobilen Endgeräte an, auf denen sich, wie bereits erwähnt, zukünftig der überwiegende Teil der Internetnutzung abspielen wird. Diese sogenannten Galerieanzeigen (*Gallery Ads*) (siehe Abbildung 23.2) haben sich am Ende nicht durchgesetzt und sind wieder verschwunden. Die Idee ist bei Google jedoch noch nicht vom Tisch.

Es scheint, dass Google in Zukunft zusätzliche Bereiche auf der Google-Suchergebnisseite als Werbeflächen zwischen den organischen Ergebnissen definieren wird, die eine Kombination aus Text- und Bildinformationen enthalten. Interessanterweise hat Google vor einigen Jahren die Anzeige von Autorenbildern in der organischen Suche zurückgezogen, obwohl diese organischen Ergebnisse mit Bildern der Autoren (Website-Besitzern, die sich über *Google+* identifiziert hatten) sehr erfolgreich waren. Diese organischen Ergebnisse verzeichneten höhere Klickraten als vergleichbare Ergebnisse ohne Bild. Hier liegt die Vermutung nahe, dass die organischen Ergebnisse mit den Bildern zu stark von der Google-Ads-Werbung abgelenkt haben und daher von Google wieder ausgeschlossen wurden. Dies würde jedoch auf der anderen Seite bedeuten, dass solche Bilder als Werbung innerhalb der organischen Treffer interessant für Google sein könnten, weil sie ebenfalls zu einer höheren Klickrate führen würden – und eine höhere Klickrate bei der Google-Ads-Werbung ist aus Sicht von Google durchaus erwünscht. Es ist daher nicht unwahrscheinlich, dass eines Tages kleine Videoclips als Werbung in den Google-Ads-Anzeigen oder zwischen den organischen Ergebnissen erscheinen.

Abbildung 23.2 Vorschau einer Galerieanzeige im Ads-Konto

23.3 Lokale Ergebnisse

Lokale Käufe und damit die Verknüpfung von Online- und Offline-Verkauf werden in den kommenden Jahren neben dem reinen Online-Kauf auch immer wichtiger werden. Diese Entwicklung steht natürlich im engen Zusammenhang mit der zunehmenden Mobilität des Internets. Nutzer suchen natürlich auf Ihrem Smartphone oder den anderen zukünftigen mobilen Endgeräten nach Produkten, Restaurants, Hotels etc. in ihrer Nähe, und die Suchmaschine lenkt über organische Ergebnisse, aber auch mithilfe der Werbung die Aufmerksamkeit auf das passende Ergebnis in der direkten Umgebung. Google präsentiert bereits sogenannte *Anzeigen mit lokalem Inventar*. Wenn Google-User auf diese Werbeanzeigen klicken, gelangen sie zur Verkäuferseite, einer von Google gehosteten Website zum jeweiligen Geschäft. Dort finden Nutzer zum einen Informationen zum Produktinventar, das mithilfe von Produktfeeds bei Google Ads eingestellt wurde, und zum anderen zusätzliche Infos zu Öffnungszeiten sowie eine Wegbeschreibung zum lokalen Geschäft in der Nähe.

23.4 Zusätzliche Assets in Textanzeigen

Im Januar 2023 gab es – inklusive automatisch erstellter Assets wie beispielsweise Google-Bewertungssterne in den Anzeigen – etwa 20 mögliche Ergänzungen zu den Titelzeilen und den Beschreibungstexten für die Google-Textanzeigen.

Google führt ständige Tests mit diesen Assets (vormals Erweiterungen) durch, wobei einige Möglichkeiten nach der Erprobung wieder aufgegeben werden. Beispielsweise wurden die Suchfunktion und die Drop-down-Funktion, die in der Google-Ads-Anzeige integriert waren, um Nutzer zügig zu einer spezifischen Produktseite zu leiten, nach der Beta-Testphase wieder entfernt. Die Suchfunktion (siehe Abbildung 23.3) bot die Möglichkeit, aus der allgemeinen Anzeige heraus ein besonderes Produkt zu finden. Ähnliche Erweiterungen zu den Textanzeigen werden jedoch auch zukünftig immer mal wieder auftauchen.

Abbildung 23.3 Google-Ads-Test mit Suchfeld in der Textanzeige

Durch die längeren Anzeigentexte und die zusätzlichen Erweiterungen nehmen die Textanzeigen als Nebeneffekt einen immer größer werdenden Raum auf der Suchergebnisseite ein. Hier besteht jedoch für Google die Gefahr, dass die Nutzer sich gegen ein Übermaß an Werbung wehren und von Google abwenden. Google wird also auch zukünftig immer die optimale Verteilung zwischen einer möglichst großen Werbefläche für Google Ads und der User Experience bzw. der Zufriedenheit der Nutzer testen und entsprechende Ergebnisse präsentieren. Unserer Ansicht nach werden wir hier zukünftig noch viele interessante Erweiterungen der Google-Ads-Anzeigen sehen. Wir dürfen gespannt sein, welche Anzeigenformate sich letztlich durchsetzen werden.

23.5 Vertrauen in die Werbung – Bewertungen

Die bereits angesprochenen Bewertungssterne stehen für einen großen Erfolg der zusätzlichen Google-Features. Grundsätzlich spielen Bewertungen eine wichtige Rolle, weil dadurch Vertrauen aufgebaut wird, und das Vertrauen ist für den Erfolg des Online-Marketings ganz wichtig, wenn es darum geht, Kunden zu gewinnen. Das Internet ist trotz Anstrengungen der Werbung und ansprechender Webseiten für viele Nutzer immer noch ein sehr anonymes Medium, und aufseiten der Kunden herrscht großes Misstrauen. Berichte über unseriöse Firmen, Schadsoftware, Spam-E-Mails und die Diskussion über Datenklau verstärken dieses Misstrauen. Für die Online-Wirtschaft ist es daher sehr wichtig, dass zusätzliche Möglichkeiten zum Aufbau von Vertrauen geschaffen werden.

Google sammelt die Bewertungssterne, die automatisch zum Anzeigentext hinzugefügt werden können, aus unterschiedlichen Quellen von Drittanbietern. Seit September 2014 hat Google zusätzlich ein eigenes Bewertungsprogramm, die *Google Kundenrezensionen* (früher *Google Zertifizierter Händler*), für alle Google-Ads-Kunden an den Start gebracht. Die bekannte Marke Google soll so Vertrauen bei Shop-Kunden aufbauen. Da Bewertungen dabei eine große Rolle spielen, sind die markanten gelb-orangefarbenen Sterne auch schon im nicht bezahlten Bereich der Google-Ergebnisse aufgetaucht. Zudem fragt Google bei eingeloggten Usern regelmäßig Bewertungen zu lokalen Geschäften und Orten ab.

Das Thema »Bewertung und Vertrauensaufbau« ist vor allem im Online-Marketing sehr wichtig, und es wird mit großer Wahrscheinlichkeit zukünftig noch weitere Google-Initiativen geben, die alle von der Idee getragen werden, das Vertrauen in die Werbeanzeigen bzw. die Händler hinter den Werbeanzeigen zu erhöhen, um insgesamt Umsatz und Gewinn im Online-Marketing und speziell im Suchmaschinenmarketing zu steigern. Steigt der Gewinn bei den Google-Ads-Nutzern, stehen natürlich auch höhere Budgets für die Google-Ads-Werbung zur Verfügung.

23.6 Vergleichsportale in Google Ads

Google übernimmt immer mehr die Funktion eines Vergleichsportals. Dieser Trend zeichnet sich sehr deutlich auf den Suchergebnisseiten ab. So finden Sie z. B. bei der Suche nach Flügen ein eigenes Google-Angebot mit Flugterminen und Preisangeboten (siehe Abbildung 23.4).

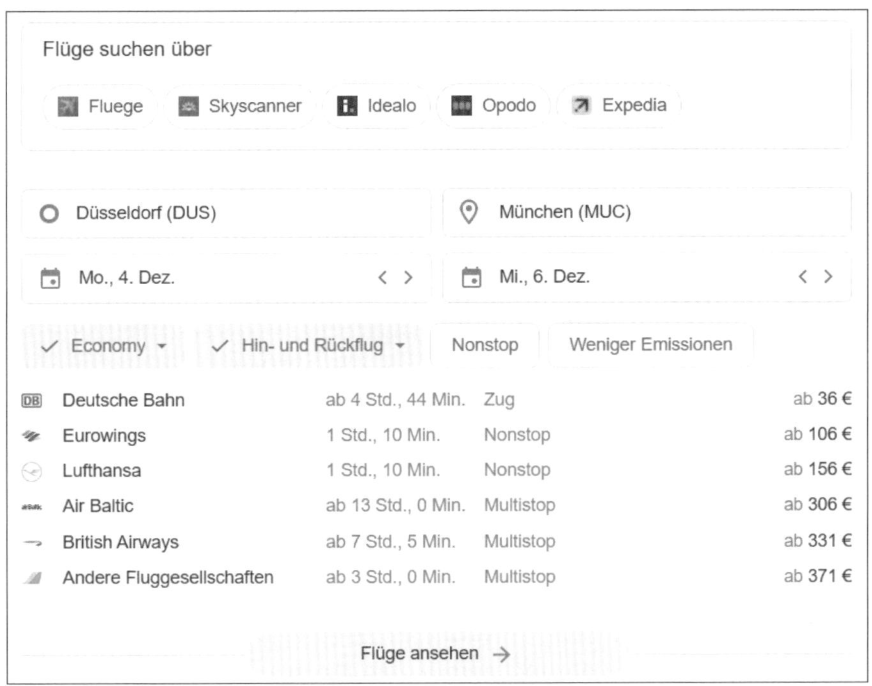

Abbildung 23.4 Google-Flugsuche als Werbemöglichkeit

Bei der Suche nach einem Hotel in einer bestimmten Stadt taucht ebenfalls neben den Google-Ads-Anzeigen eine Google-Maps-Karte mit Markierungen auf sowie darunter eine Liste mit verfügbaren Hotels inklusive Bewertungen, Preisen und Kurzbeschreibung. Außerdem kann der Nutzer noch in der Google-Oberfläche eine Suche für einen konkreten Zeitraum eingeben (siehe Abbildung 23.5).

Ausgehend von diesen Beispielen, kann man sich für die Zukunft natürlich auch weitere Möglichkeiten ausdenken. Warum sollte Google nicht auch bei der Neu- oder Gebrauchtwagensuche mitmischen, Strom- und Gaspreise vergleichen oder bei der Suche nach Immobilien, günstigen Versicherungen, Seminaren etc. in Form von zusätzlichen Auflistungen helfen?

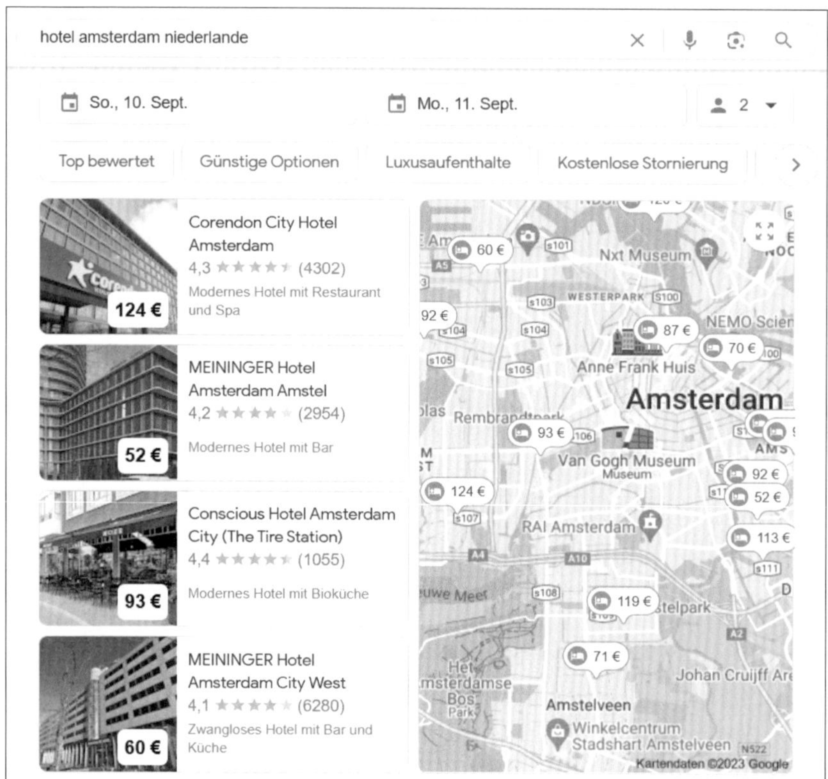

Abbildung 23.5 Google-Hotelsuche auf den vorderen Positionen bei den Suchergebnissen

Google zeigt sich meist unbeeindruckt vom lauten Prostest der Vergleichsportale und Spezialsuchmaschinen. Das Unternehmen strebt danach, wichtige Informationen für seine Nutzer schnell und mit minimalen Klicks verfügbar zu machen. Ein Umweg über ein Vergleichsportal wird von Google als hinderlich betrachtet. Außerdem kann Google über das eigene Vergleichsangebot zusätzliche Werbefläche vermarkten. Nach rechtlichen Streitigkeiten gibt es gelegentlich Verweise auf Konkurrenten, beispielsweise in der Flugsuche Hinweise auf Fluege, Idealo und Expedia etc. (siehe Abbildung 23.4). Dennoch behält Google insgesamt die dominante Position in Sachen Sichtbarkeit.

23.7 Dynamische und personalisierte Anzeigen

Ein wichtiger Bereich der Online-Werbung, den Sie in diesem Buch auch schon kennengelernt haben, besteht aus personalisierter Werbung. Die Strategie des *Retarge-*

tings beruht auf der Idee, Werbung sehr individuell für den einzelnen Nutzer zu schalten. Hinzu kommen dann noch die dynamischen Anzeigen, die genau das Produkt präsentieren, das vorher auf einer Webseite betrachtet wurde. Es geht bei diesen Ideen immer darum, dass die Anzeigen für einzelne Nutzer auf das individuelle Nutzerverhalten abgestimmt werden.

Diese Werbeform ist natürlich sehr erfolgreich und beruht letztlich auf dem Prinzip, mit dem Google gestartet ist. Die Idee von Google bestand von Anfang an darin, dem Suchenden möglichst schnell genau das passende Suchergebnis zu seiner Anfrage und letztlich zu seinem Problem zu liefern. Beim Retargeting und den dynamischen Anzeigen, die sowohl als Text- als auch als Bildanzeige geschaltet werden, geht es ebenfalls darum, genau das passende Produkt oder die passende Dienstleistung zu präsentieren, jedoch ohne dass der Google-Nutzer vorher etwas gefragt hat. Diese Einblendungen beruhen eher auf dem Surfverhalten jedes Einzelnen. Google möchte aber insgesamt mit seiner Suchmaschine noch einen Schritt weitergehen, nämlich Ergebnisse präsentieren, bevor der Nutzer danach gefragt hat! In diese Richtung wird sich die Werbung vor allem mithilfe von KI sicher noch weiterentwickeln. Sie wird also zukünftig verstärkt Produkte oder Dienstleistungen aufgrund des Kauf- und Surfverhaltens anbieten. Google bietet mittlerweile nicht nur für die Displayanzeigen, sondern auch für die Suche unterschiedliche Zielgruppen an, die ständig erweitert werden. Auf diese Weise kann man auch die Textanzeigen der Google-Suche auf Gruppen mit bestimmten Interessen, auf Verhalten oder auf demografische Vorgaben ausrichten. Hier kommen gefühlt jedes Quartal neue Gruppen hinzu, z. B. »Singles«, die Gruppe der »Wohnungseigentümer«, »Fans von sozialen Medien« oder auch die Einteilung in »Geschäftsleute«.

Zur Personalisierung gibt es eine starke Gegenbewegung, die insbesondere von Datenschützern vorangetrieben wird. Die *Europäische Datenschutz-Grundverordnung* (DSGVO) stellt in diesem Kontext einen Höhepunkt dar. Zwar gewinnt der Datenschutz bei Google und anderen großen US-Unternehmen zunehmend an Bedeutung, jedoch erreicht er in den USA noch nicht den Stellenwert wie in Europa. Da die Rechtsprechung sowohl ein berechtigtes Interesse am Datenschutz als auch ein berechtigtes Interesse der werbenden Unternehmen berücksichtigt, bleibt abzuwarten, welche Entwicklungen sich in Zukunft ergeben werden.

Ein Beispiel zeigt sich beim Thema Cookies. Hier sollen zukünftig Nutzerinteressen auf Browserebene gespeichert und dann regelmäßig gelöscht werden. Dadurch wird sehr sparsam mit der Datensammlung und -aufbewahrung umgegangen.

23.8 Automatisierte Anzeigenerstellung

Die Zukunft der Werbung ist eng mit *künstlicher Intelligenz* (KI) verknüpft, und bei Google Ads wird dies besonders deutlich. Die fortschreitende Integration von KI-Technologien in Google Ads ermöglicht es, Google-Anzeigen oder -Anzeigenbausteine für Werbetreibende zu gestalten. Durch die Analyse riesiger Datenmengen kann die KI Vorhersagen treffen, welche Anzeigen für welche Zielgruppen am relevantesten sind und wann diese am besten ausgespielt werden sollten. Außerdem kann sie A/B-Tests in Echtzeit durchführen, um die effektivsten Anzeigentexte und Designs herauszufinden.

Automatisierte Gebotsstrategien, basierend auf maschinellem Lernen, ermöglichen es, das Budget optimal einzusetzen.

Des Weiteren können neue Keywords automatisch vorgeschlagen und in Kampagnen integriert werden. Der große Knackpunkt ist jedoch immer die Datenmenge und damit die Datenqualität. Jede KI ist nur so gut wie die Daten, mit denen sie trainiert wird. Deshalb sollte ein Google Ads Manager auch in Zukunft nicht blind der Automatisierung vertrauen.

Ein passendes Beispiel dazu sind automatisierte Keyword-Vorschläge der KI, die wir in einem Kundenkonto entdeckt haben.

Um den Kontext zu erklären: Der Kunde ist im Bereich »Maschinenbau« tätig und richtet sich hauptsächlich an B2B-Kunden. Insofern sind Vorschläge von Google wie z. B. *mandelmus*, *superfoods* oder *peanut butter* völlig fehl am Platz.

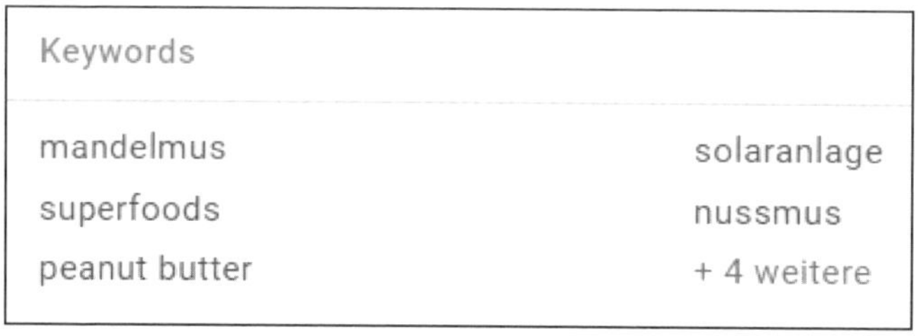

Keywords	
mandelmus	solaranlage
superfoods	nussmus
peanut butter	+ 4 weitere

Abbildung 23.6 Seltsame Keyword-Vorschläge für einen B2B-Maschinenbauer

23.9 Optimierung des Einkaufserlebnisses

Bei allem Hype um die verschiedenen Werbemöglichkeiten bei Google geht es für den kommerziellen Website-Betreiber am Ende immer noch um Kunden und Verkäufe. Daher kümmert sich Google auch darum, dass die Website-Besitzer und vor allem die Webshop-Betreiber möglichst erfolgreich sind (bzw. werden), und sucht ständig nach

Möglichkeiten, das *Sucherlebnis* bei der Google-Suche mit dem *Einkauferlebnis* zu verknüpfen, so wie man das beispielsweise von Plattformen wie Amazon kennt. Für die Google-Nutzer soll die Kaufabwicklung erleichtert und das Einkaufserlebnis gesteigert werden. Es könnte daher sein, dass sich Google in bestimmten Bereichen zu einer mit Amazon vergleichbaren Einkaufsplattform entwickelt.

23.10 Integration von Augmented Reality (AR)

Die Welt der digitalen Werbung ist ständig in Bewegung und sucht kontinuierlich nach innovativen Wegen, um die Zielgruppe zu erreichen und zu begeistern. Eine spannende Entwicklung in diesem Bereich ist die *Augmented Reality* (AR). Durch AR können digitale Daten nahtlos in die reale Umgebung des Benutzers integriert werden und so ein interaktives sowie immersives Erlebnis bieten. AR eröffnet Marken und Unternehmen eine neue Dimension der Kundeninteraktion. Bereits ein einfacher Scan mit der Smartphone-Kamera kann beispielsweise ein 3D-Produkt direkt in das Wohnzimmer eines Interessenten projizieren, sodass dieser sofort sehen kann, wie das Produkt in seiner Umgebung wirkt. Kleidungsstücke oder Accessoires wie Sonnenbrillen können virtuell anprobiert werden, bevor sie gekauft werden. Solche interaktiven Erfahrungen können die Kaufentscheidung maßgeblich beeinflussen und das Online-Shopping-Erlebnis individueller gestalten. Eine solche Integration könnte zukünftig auch direkt über eine Google-Ads-Anzeige realisiert werden.

Der Gedanke hinter der zukünftigen Einbindung von Augmented Reality (AR) entspricht dem bewährten Konzept erfolgreicher Online-Marketing-Strategien: »Gestalten Sie dem potenziellen Online-Kunden den Kaufprozess so einfach wie möglich.«

23.11 Verschmelzung oder Kooperation von Suchmaschinenmarketing mit anderen Werbeformen im Online-Marketing

Während Facebook es (noch) nicht geschafft hat, eine eigene Suchmaschine zu entwickeln, ist auch das Google+-Experiment gescheitert. Google löste bereits Ende 2017 die *Google+ Community* für Google-Ads-Partner auf und zog mit der Google-Ads-Partner-Gruppe zu XING um. Danach folgte dann bald das Ende von Google+, der großen Social-Media-Hoffnung. Es gibt aber immer noch Bestrebungen bei Google, zukünftig mit einer Social-Media-Plattform aktiv zu werden. Die Vergangenheit hat jedoch gezeigt, dass es immer schwer ist, die gleiche oder eine ähnliche neue Plattform als Konkurrenz zu einer bestehenden im Internet zu etablieren.

Es wird daher auch interessant sein, zu sehen, wie bestehende Plattformen zukünftig kooperieren werden. Facebook und WhatsApp haben sich beispielsweise schon längst zusammengeschlossen. Bei dieser Liaison ging es vor allem darum, das Verhalten und die Vorlieben von Nutzern mithilfe der Daten einer sozialen Plattform zu analysieren und dann für die Schaltung passender Werbung zu nutzen. Vielleicht findet ja auch Google noch andere Partner in der bestehenden Social-Media-Welt – oder vielleicht bei einer neuen Plattform, die zukünftig noch entstehen wird? Aus unserer Sicht ergibt diese Suche auf jeden Fall Sinn, da über das soziale Netzwerk eine Verbindung mit potenziellen Kunden und zusätzlich auch noch Vertrauen zu einem Unternehmen aufgebaut werden kann.

Eine gute Sichtbarkeit über Google Ads in der Google-Suche, verknüpft mit einer Social-Media-Plattform, wird sich auf jeden Fall positiv auf den Vertrieb eines Produkts oder auch einer Dienstleistung auswirken. Soziale Netzwerke werden zukünftig noch stärkeren Einfluss auf die Meinung und das Kaufverhalten im Internet haben. Marken, Produkte und lokale Geschäfte, die von »Freunden« aus dem sozialen Netzwerk empfohlen wurden, werden häufiger angeklickt und können zudem häufiger in der passenden Zielgruppe beworben werden. Dadurch sinkt die Hemmschwelle für einen Online-Kauf. Eine Verbindung oder vielleicht sogar Verschmelzung von Suche und Social Media kann auch zukünftig immer noch ein interessantes Thema für Google sein.

23.12 Video-Ads

Google betont bei Hinweisen auf zusätzliche Werbemöglichkeiten immer stärker den Bereich Multimedia. Dabei spielt vor allem YouTube eine wichtige Rolle. Die Erstellung professioneller Videoclips als Voraussetzung guter Videowerbung wird sicherlich in Zukunft von Google noch weiter gefördert. YouTube und andere Videoplattformen werden zum Teil das Fernsehen als Werbeplattform verdrängen. Es sind weiterhin interessante Verbindungen von Google Ads und Videowerbung zu erwarten. Sicherlich besteht die Möglichkeit, dass die Videos nicht nur bei YouTube und im Displaynetzwerk, sondern vielleicht sogar in bestimmten Bereichen der Google-Suche geschaltet werden. Zudem wird es Werbetreibenden ermöglicht werden, Videoclips und andere Multimedia-Formate mithilfe von KI direkt auf der Google-Plattform zu erstellen.

23.13 Sprachsuche

Alexa, Google Home & Co. werden weiter die Nutzung des Internets verändern. Bei der Google-Suche auf mobilen Geräten wird die Sprachsuche zukünftig zunehmen und somit zumindest die Keyword-Suchphrasen verändern, weil die Suchanfragen länger werden und öfter Fragen formuliert werden.

Im nächsten Schritt können die Suchanfragen dann auch ohne Sprache, vielleicht nur mit Gedanken, gesteuert werden – warten wir es ab, es scheint alles möglich.

23.14 Smart Bidding und KI

Tendenziell sieht man im Google-Konto immer wieder neue Möglichkeiten, smarte Kampagnensteuerung und automatisierte Gebotsstrategien zu nutzen.

Die Nutzung von künstlicher Intelligenz und maschinellem Lernen (*Machine Learning*) zur Vorhersage von Klicks und Conversions wird die Werbeausspielung und Gebotsfestlegung zunehmend effizienter gestalten und somit die Kundengewinnung weiter vorantreiben.

Selbst im organischen, dem nicht bezahlten Bereich hat Google schon länger angekündigt, die optimale Reihenfolge der Rankings mithilfe von künstlicher Intelligenz, des *RankBrain*, zu ermitteln. Die Tendenz, dass smarte Kampagnen und smarte Gebotsstrategien zunehmen, wird sich in jedem Fall zukünftig weiterentwickeln.

Think with Google

Mit *Think with Google* (*https://www.thinkwithgoogle.com*) liefert Google Ihnen Einblicke und Daten für Ihre Marketingstrategie. Von hier aus können Sie unter anderem auf das bereits erwähnte *Google Trends* zugreifen oder auf den *Market Finder*, mit dem Sie neue Zielmärkte analysieren können. Think with Google liefert Ihnen aktuelle Fallstudien sowie Infografiken zu Trendthemen. Ein Blick auf Think with Google ist also in jedem Fall lohnenswert, vor allem dann, wenn Sie neue Kampagnen planen.

23.15 Fazit

In diesem Kapitel haben wir Ihnen einen kleinen spekulativen Ausblick auf die weiteren Entwicklungen gegeben. Auch wenn nicht alles genau so umgesetzt wird, sind die Tendenzen dennoch erkennbar. Wir können Ihnen nur empfehlen, die Entwicklungen zu beobachten und frühzeitig zu reagieren, falls sich neue Möglichkeiten für Ihre Branche ergeben.

Eine Quelle für aktuelle Informationen zum Online-Marketing wäre die Seite *Think with Google*, wo Sie beispielsweise Artikel zu relevanten Zukunftstrends (natürlich aus Google-Sicht) finden, z. B. zum Thema »KI im Marketing«:

https://www.thinkwithgoogle.com/intl/de-de/marketing-strategien/automatisierung/ki-marketing-best-practice-/

Wenn Sie eine etwas neutralere Quelle im Internet suchen, dann schauen Sie sich einmal die verschiedenen Newsartikel zu SEA im deutschsprachigen Fachportal *Online-Marketing.de* an. Diese Beiträge finden Sie unter folgender URL im Internet:

https://onlinemarketing.de/sea

Index

A

L

M

T

U